Kolbendampfmaschinen und Dampfturbinen

Ein Lehr- und Handbuch
für Studierende und Konstrukteure

Von

Prof. **Heinrich Dubbel**
Ingenieur

Sechste
vermehrte und verbesserte Auflage

Mit 566 Textfiguren

Berlin
Verlag von Julius Springer
1923

ISBN-13: 978-3-642-89625-5 e-ISBN-13: 978-3-642-91482-9
DOI: 10.1007/978-3-642-91482-9

Softcover reprint of the hardcover 6th edition 1923

Vorwort zur fünften Auflage.

Der bei Abfassung der früheren Auflagen befolgte Gesichtspunkt, das für Entwurf und Berechnung Wesentlichste möglichst gedrängt darzustellen, war auch für die Bearbeitung der vorliegenden Auflage maßgebend.

Dem neueren Bestreben, das die konstruktive Richtung zugunsten der rechnerisch-wissenschaftlichen zurückstellt, wurde durch Vertiefung Rechnung getragen, Raum für Behandlung neuer Gebiete durch Auslassen überholter Ausführungsformen und Verfahren geschaffen, rein beschreibende Abschnitte auf das notwendigste Maß beschränkt. So interessant die Entwickelung moderner Bauarten aus älteren Formen sein mag, ihre Darstellung in Lehrbüchern ist nicht mehr am Platz, seitdem eine technikgeschichtliche Literatur besteht und sich dieser Aufgabe mit Erfolg unterzogen hat. Nach dieser Seite hin soll die noch heute in der Literatur zu findende rechnerische Behandlung der Wasserräder jedem Verfasser technischer Werke ein warnendes Beispiel sein.

Besonders ausführlich sind die Kapitel über Kondensation und Dampfturbinen dargestellt, der überragenden Stellung entsprechend, die sich diese Maschinenart gegenüber der Kolbendampfmaschine errungen hat.

In dem Kapitel „Kondensation" sind namentlich die Oberflächenkondensation und die Strahlluftpumpe eingehend behandelt worden, während in dem Kapitel „Dampfturbinen" neben der thermodynamischen Berechnung auch die Festigkeitsberechnung der umlaufenden Scheiben und der Wellen Berücksichtigung gefunden hat.

Die durch die Zeitverhältnisse geschaffene Lage zwingt zur Verbesserung der Wärmewirtschaft, so daß der Verwertung von Zwischen- und Abdampf eine besonderes Kapitel gewidmet wurde.

Zahlreiche Beispiele erläutern die angegebenen Berechnungsweisen.

Berlin, im November 1920.

H. Dubbel.

Vorwort zur sechsten Auflage.

Gegenüber der fünften Auflage ist der die Kolbendampfmaschinen behandelnde Teil nur wenig geändert worden.

Die Umarbeitung beschränkte sich hauptsächlich auf die Kapitel: „Dampfturbinen" und „Verwertung von Abdampf und Zwischendampf", die — den bedeutenden Fortschritten auf diesen Gebieten entsprechend — erheblich erweitert worden sind.

Um den Umfang des Buches nicht zu vermehren, wurde das erste Kapitel der früheren Auflagen: „Die Hauptsätze der Mechanik der Gase und Dämpfe" gestrichen. Dieses Kapitel entsprach zur Zeit der Entstehung des Buches einem Bedürfnis; es war aber neuerdings namentlich durch das im Verlag von Julius Springer erschienene kurzgefaßte Lehrbuch von Schüle: „Leitfaden der technischen Wärmemechanik" das zur Einführung in dieses Gebiet bestens empfohlen sei, überflüssig geworden.

Dank schulde ich den Firmen und Ingenieuren, die meine Arbeit durch Überlassung von Unterlagen unterstützt haben. Der Verlagsbuchhandlung danke ich für das weitgehende Entgegenkommen, das sie stets meinen Wünschen gegenüber zeigte.

Berlin, den 15. November 1922.

H. Dubbel.

Inhaltsverzeichnis.

A. Das Verhalten des Dampfes in der Dampfmaschine.

a) Konstruktion, Verlauf und Untersuchung des Dampfdiagramms.

Fig. 1 zeigt das Diagramm einer Auspuffmaschine. Kurz vor der Kolbentotlage wird im Punkt *V E* der Einlaßkanal geöffnet, damit schon im Anfang des Hubes sich der volle Eintrittsdruck im Zylinder einstellt. In *Ex* wird der Einlaßkanal geschlossen, und die Expansion beginnt. In dem ebenfalls vor der Kolbentotlage gelegenen Punkt *va* öffnet der Auslaßschieber, so daß der Gegendruck schon im Hubwechsel seinen niedrigsten Wert erreicht. Nach Schließung des Auslaßkanals beginnt in *Co* die Kompression des im Zylinder zurückgebliebenen Dampfes.

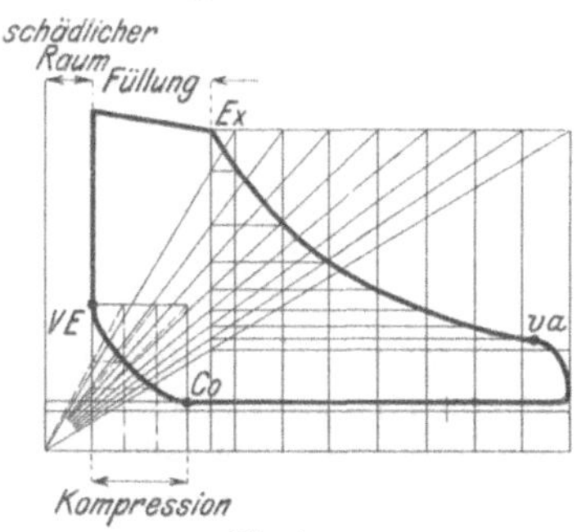

Fig. 1.

Das Diagramm zeigt demnach die Vorgänge auf einer Kolbenseite während einer Umdrehung.

In Fig. 1 ist weiterhin die Konstruktion des Diagramms wiedergegeben. Expansions- und Kompressionslinie werden bei Verwendung gesättigten Dampfes als gleichseitige Hyperbel gezeichnet.

Diese Übereinstimmung der Expansionslinie des Dampfes mit der Isotherme für Gase ist zufällig. Erstere ist selbstverständlich als Darstellung einer an und für sich adiabatischen Zustandsänderung aufzufassen, die in ihrem Verlauf durch den Wärmeaustausch mit den Wandungen beeinflußt wird.

Der Druckmaßstab, d. h. die Länge in mm für 1 kg/qcm, wird so gewählt, daß die Höhe des Diagramms 60 bis 70 mm nicht übersteigt; die Länge wird meist zu 100 mm angenommen. s_0 gibt die Größe des schädlichen Raumes an; als solcher wird derjenige Raum bezeichnet, der in der Totlage des Kolbens von diesem und den Steuerungsorganen eingeschlossen wird.

Für Maschinen, bei denen der Hub annähernd doppelt so groß ist wie der Zylinderdurchmesser, und deren Kolbengeschwindigkeit etwa 3 m/sek beträgt, kann der schädliche Raum in v. Ht. des Hubvolumens (= Hub × Kolbenfläche) geschätzt werden zu:

4 v. Ht. bei Anwendung von Rundschiebern,
7 v. Ht. „ „ „ Ventilen,
8 v. Ht. „ „ „ Flachschiebern } Grundschieberinhalt
12 v. Ht. „ „ „ Kolbenschiebern } eingerechnet.

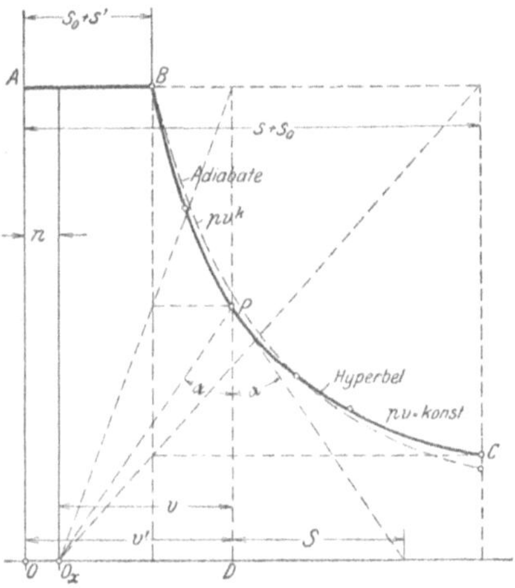

Fig. 2.

Vorstehende Werte nehmen mit kleiner werdendem Hub und mit wachsender Kolbengeschwindigkeit zu.

Der Verlauf der Expansionslinie bei überhitztem Dampf läßt sich nicht durch einfache Beziehungen ausdrücken, da selbst unter Voraussetzung der allgemeinen Form pv^n der Exponent im ersten Teil der Expansion größer ist als gegen Ende.

Liegt die Expansionslinie noch im Gebiete des gesättigten Dampfes, so ergibt sich in der Regel zwischen Anfangs- und Endpunkt die der Adiabate mit der bezüglichen Dampfnässe entsprechende Beziehung.

Bei sehr hohen Überhitzungen erreicht der Exponent im ersten Teil der Expansionslinie etwa den Wert 1,2 bis 1,25.

Nach den Versuchen Schröters u. a. nimmt der Dehnungs-Exponent mit der Dehnungsspannung, außerdem mit der Füllung ab, während er mit der Zunahme der Überhitzung wächst.

Statt der Aufzeichnung der Polytrope mit zwei Exponenten — einem größeren für den Beginn, einem kleineren für die zweite Hälfte der Expansion — schlägt Slucki[1]) die Verwendung einer „Heißdampfhyperbel" vor, die von einem Pol O_x aus, der gegenüber dem ursprünglichen Pol O verschoben ist, entworfen wird. Fig. 2.

Die Subtangente $S = y \cdot \frac{dx}{dy}$ nimmt für den Punkt P, der auf einer Polytrope von der Gleichung $pv^k = \text{const.}$ liege, den Wert $S = \frac{v}{k}$ an. Es ist also $k = \frac{v}{S}$. Für die gleichseitige Hyperbel mit $k = 1$ wird $S = v$. Die Subtangente S eines Punktes P der gleichseitigen Hyperbel ist sonach gleich der Entfernung der Projektion (D) dieses

[1]) Zur Dampfmaschinentheorie. Berlin 1918. Verlag Julius Springer.

Punktes vom Pol O_x. Der Entfernung des Punktes D vom Pol O entspricht also ein von Eins verschiedener Exponent k, dessen Größe sich aus der Beziehung: $k = \frac{v'}{S} = \frac{D\,O}{D\,O_x} = \frac{v'}{v' - n}$ findet. Aus dieser Gleichung folgt, daß mit zunehmendem v' der Exponent k immer mehr abnimmt und sich der Einheit nähert.

Aus einer großen Zahl von Vergleichsrechnungen für die verschiedensten Dehnungs- und Überhitzungsgrade hat Slucki die Größe der „Polverschiebung" zu

$$n = \frac{0{,}2 \,.\, \tau}{1 + s' + s_0} \cdot (s' + s_0)$$

ermittelt. Hierin ist

τ = Überhitzung über die Sättigungstemperatur in ^{0}C,
s_0 = schädlicher Raum als Teil des Hubraumes,
s' = Füllung.

Die durch diese Kurve bestimmte absolute Dampfarbeit entspricht mit großer Annäherung der mittels der JS-Tafel berechneten.

Die Größe der Füllung wird durch Rücksichten auf wirtschaftlichen Betrieb bestimmt. Die Betriebskosten einer Dampfanlage setzen sich aus den Ausgaben für Brennstoff, Wartung, Schmierung und Unterhaltung zusammen. Mit größer werdender Füllung nehmen für gleiche Leistung die Abmessungen und der Preis der Maschine ab, so daß Verzinsung und Abschreibung sich verringern. Da hierbei aber die Ausnutzung des Dampfes, der am Ende der Expansion noch mit verhältnismäßig hohem Druck aus der Maschine entlassen wird, ungünstiger wird, so vermehren sich entsprechend die Ausgaben für Brennstoff. Bei kleinen Füllungen liegt der Fall umgekehrt, doch nur bis zu einer bestimmten Grenze, da bei allzuweit getriebener Expansion aus der Diagrammspitze im Verhältnis zu den Mehranschaffungskosten nur wenig Arbeit mehr gewonnen wird. Außerdem treten die im Kapitel „Verbundwirkung" erwähnten Übelstände auf.

Wird möglichst wirtschaftlicher Betrieb angestrebt, so sind Enddrücke von 0,6 bis 1 at Überdruck für Auspuffmaschinen, bzw. 0,6 bis 1 at absoluter Druck für Kondensationsmaschinen normale Grenzwerte, bei Kondensationsbetrieb ebenso für Einzylindermaschinen wie für Verbundmaschinen. Bei den seltener gebauten Auspuffverbundmaschinen beträgt die absolute Endspannung etwa 1,7 bis 1,25 atm.

Die Normalleistung oder Nennleistung kann nach den Graßmannschen Formeln bestimmt werden. Ist p_1 = mittl. absol. Einströmdruck, p_{red} = Spannung auf Niederdruckzylinder reduziert, so folgt:

für Einzylinder-Auspuffmaschinen $p_m = 1{,}2 + 0{,}25\ p_1$
für Einzylinder-Kondensationsmaschinen $p_m = 1{,}2 + 0{,}2\ p_1$
für Zweiverbundmaschinen mit Kond. $p_{red} = 1{,}2 + 0{,}09\ p_1$
für Dreiverbundmaschinen mit Kond. $p_{red} = 1{,}2 + 0{,}05\ p_1$.

Höchstfüllungen: für Einzylindermaschinen etwa 60 v. Ht., für die Hochdruckzylinder etwa 70 v. Ht. Kleinste Füllung 0 bis 5 v. Ht., je nach dem im Leerlauf zu überwindenden Widerstand. Bei Kon-

1*

densationsmaschinen ist die durch Auffüllung des schädlichen Raumes infolge der Voreinströmung entstehende Leerlaufarbeit zu beachten. Man stellt deshalb bei diesen Maschinen die Steuerung häufig so ein, daß sie „absolute Nullfüllung" geben kann, d. h. es findet auch keine Voreinströmung mehr statt.

Die Eintrittspannung ist stets kleiner als der Kesseldruck, da die Spannung des Dampfes in der Rohrleitung durch Reibung und Drosselung vermindert wird. Der Druckabfall beträgt für gut bemessene, kurze Rohrleitungen 0,2 bis 0,3 kg/qcm, sonst normal 0,5 kg/qcm, welcher Wert bei langen Rohrleitungen auf das Doppelte und mehr steigen kann.

Die gleichen Ursachen führen Druckabfall während der Füllung herbei, so daß die Eintrittslinie je nach der zugelassenen Dampfgeschwindigkeit und der Schnelligkeit des Kanalschlusses abfallend zu zeichnen ist. Der hierdurch entstehende Verlust an Diagrammfläche wird wenigstens

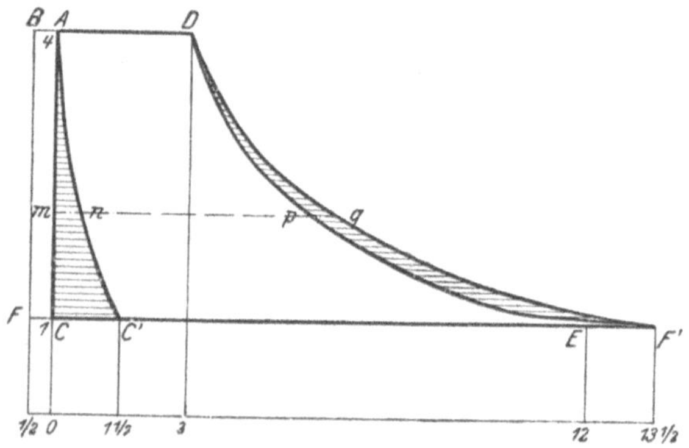

Fig. 3.

teilweise durch die bei der Drosselung auftretende Dampftrocknung ausgeglichen.

Die Vorausströmung wird um so reichlicher gewählt, je größer die Umlaufzahl ist: bei Auspuffmaschinen 5—10 v. Ht., bei Kondensationsmaschinen 10—15 v. Ht., um bei diesen rechtzeitiges Auftreten der Luftleere im Zylinder herbeizuführen.

Der Gegendruck beträgt in Auspuffmaschinen ungefähr 1,15 kg/qcm absol.; in Kondensationsmaschinen 0,15—0,2 kg/qcm absol. Diese Werte sind zu erhöhen, falls der Auspuffdampf für Heizzwecke durch lange Rohrleitungen geführt wird, oder wenn bei Kondensationsmaschinen besonders hohe Kühlwassertemperaturen vorliegen.

Die Kompression wird vielfach sehr hoch — bis zur Anfangsspannung — getrieben, womit die folgenden Vorteile verbunden sein sollen:

1. Der schädliche Raum braucht bei der Voreinströmung nicht mit Frischdampf aufgefüllt zu werden, und die Wechselwirkung zwischen Dampf und Zylinderwand wird günstig beeinflußt;

2. der Gang der Maschine wird sanfter.

Was den ersteren Punkt angeht, so trifft zunächst zu, daß das Diagramm einer Maschine mit beliebig großem schädlichen Raum, aber vollständiger Kompression und ebensolcher Expansion, dem Diagramm einer Maschine ohne schädlichen Raum völlig gleichwertig ist. Der Beweis läßt sich nach Fig. 3 leicht zeichnerisch führen.

Es sei *A D E C* das Diagramm einer Maschine ohne schädlichen Raum. Das Füllungsvolumen *A D* = 3 Einheiten dehne sich von 4 auf 1 at. aus, so daß das Endvolumen = 12 Einheiten wird. Die gewonnene Arbeit ist durch die Fläche *A D E C* dargestellt. Nimmt man nunmehr einen schädlichen Raum von ½ Einheit an, so dehnt sich, vollständige Expansion vorausgesetzt, das Anfangsvolumen von 3½ Einheiten auf 4 × 3½ = 14 Einheiten aus, und der vom Kolben durchlaufene Raum hat eine Größe von 13½ Einheiten. Schließt man den Auslaß 1½ Einheiten vor dem Totpunkt, so wird der Restdampf auf 4 at. komprimiert. Bei diesem Diagrammverlauf geht sonach die Kompressionsarbeit *A C C'* verloren und die Expansionsarbeit *D E E'* wird gewonnen. Die beide Arbeiten darstellenden Flächen sind einander gleich, da sie dieselbe Höhe und für jede Höhe dieselbe Breite haben (m n = p q). Das Vorhandensein eines schädlichen Raumes von ½ Einheit bedingt also zunächst nur eine Zunahme des Zylindervolumens von 1½ Einheiten.

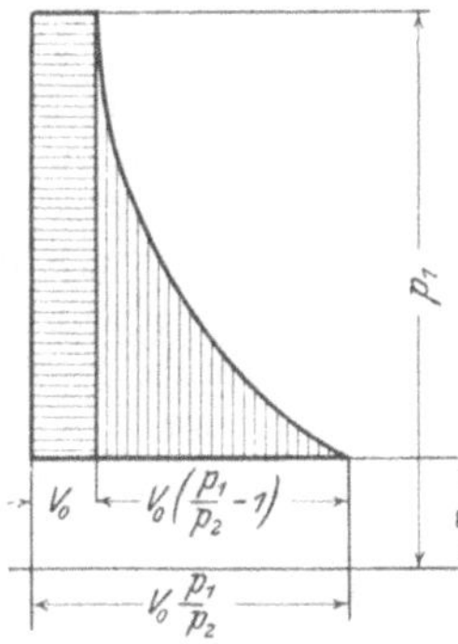

Fig. 4.

Das Ergebnis fällt jedoch anders aus, wenn zwei Maschinen mit gleichem schädlichen Raum miteinander verglichen werden, von denen die erste ohne Kompression, die zweite mit Kompression bis zur Anfangsspannung arbeitet. Die hierbei in Betracht kommenden Verhältnisse lassen sich aus der Fig. 4 ersehen. In der Maschine ohne Kompression muß der schädliche Raum bei jedem Hub mit Frischdampf gefüllt werden, der keine Volldruckarbeit leistet. Der betreffende Verlust beträgt:

$$V_0 (p_1 - p_2).$$

Die Füllung des schädlichen Raumes fällt zwar bei der mit Kompression arbeitenden Maschine fort, doch muß dafür eine Kompressionsarbeit geleistet werden von der Größe:

$$V_0 p_1 \log n \frac{p_1}{p_2} - V_0\left(\frac{p_1}{p_2} - 1\right) \cdot p_2 = V_0 \left(p_1 \log n \frac{p_1}{p_2} - p_1 + p_2\right).$$

Soll der durch diese Kompression hervorgerufene Verlust an Diagrammfläche durch eine Zusatzfüllung V_x ausgeglichen werden, so wird durch letztere eine Arbeit von der Größe

$$V_x p_1 \log n \frac{p_1}{p_2}$$

geleistet, die der Kompressionsarbeit gleich sein muß. Das Verhältnis der Größe V_x zu V_0 drückt sich dann aus durch:

$$V_x = \frac{1}{\eta \cdot \eta} \cdot \frac{p_1 \log n \frac{p_1}{p_2} - p_1 + p_2}{p_1 \log n \frac{p_1}{p_2}} \cdot V_0,$$

worin durch den Faktor $\frac{1}{\eta \cdot \eta}$ der doppelte Reibungsverlust berücksichtigt wird, der dadurch entsteht, daß die Kompressionsarbeit vom Schwungrad geleistet wird.

Für die Hochdruckseite einer Verbundkondensationsmaschine, bezw. für eine Auspuffmaschine mit $p_1 = 8$, $p_2 = 1$, $\eta = 0{,}85$ ist $V_x = 0{,}8\ V_0$. Dieser geringe aus dem Diagramm berechnete Vorteil der Kompression wird dadurch aufgewogen, daß, gleiche Füllung vorausgesetzt, nicht nur bei gleicher Expansionsendspannung der Zylinder und mit diesem die Anlagekosten und Abkühlungsverluste größer werden, sondern auch wegen des größeren Druckunterschiedes zwischen beiden Kolbenseiten Undichtheiten während der Kompression fühlbarer werden.

In diesen Ausführungen wurde zudem Expansion bis auf den Gegendruck vorausgesetzt. Die Expansionsendspannung liegt aber stets erheblich höher, so daß ein weiterer Verlust dadurch eintritt, daß zwar vom Gegendruck an komprimiert wird, die Expansionsarbeit des schädlichen Raumes aber nur bis zur Expansionsendspannung reicht.

Versuche über die Wirtschaftlichkeit der Kompression sind von Doerfel, Dwelshauvers-Dery, Barr, Carpenter und Boulvin gemacht worden, welche sämtlich Zunahme des Dampfverbrauches mit Steigerung der Kompression feststellten[1]).

Aus den Doerfelschen Versuchen folgte u. a., daß die zur Erzielung hoher Kompression erforderliche Arbeit größer war als jene, die sich nach dem Gesetz $p\,v =$ konst. ergab, so daß alle auf letztere Annahme sich stützenden Berechnungen zu günstig sind.

Doerfel fand nun als besonders wichtiges Ergebnis, daß sich der Eintrittsverlust bei den größeren Kompressionen verringerte. Es zeigte sich sogar, daß die Niederschlagverluste bei hoher Kompression und ohne Mantelheizung kleiner waren als bei kleiner Kompression und mit Heizung, wozu bei letzteren noch der Mantelverbrauch mit 10 v. Ht. des Dampfverbrauches hinzukommt, so daß der Vorteil deutlich auf seiten der hohen Kompression liegt. Bemerkenswert ist jedoch, daß durch die Kompressionsarbeit der theoretische Verbrauch so groß wird, daß der Gesamtdampfverbrauch bei hoher Kompression noch etwas ungünstiger ist als bei kleiner Kompression. Die seit diesen Versuchen häufig von anderen geäußerte Ansicht, daß sich durch hohe Kompression der Eintrittsverlust und dementsprechend auch der Gesamtverbrauch verringere, ist nicht stichhaltig, da ein wesentlicher Unterschied zwischen Wärmeentzug während der Kompression und während des Dampfeintrittes nicht besteht.

Dr. Ing. Klemperer kommt nach eingehenden Versuchen über den wirtschaftlichen Einfluß der Kompression zu dem Schluß: Die

---

[1]) S. des Verf. Aufsatz in Z. 1901, S. 189 ff.

Bedingung, daß Kompression dampfsparend sei, beruht darauf, daß die Temperatur des Dampfes im Kompressionsendpunkt die Wandungstemperatur nicht überschreite, daß also der Kompressionsenddruck nicht über den dieser Temperatur entsprechenden Druck hinausgehe. Da nun der Enddruck bei einem und demselben Kompressionsgrad hauptsächlich von der Größe des schädlichen Raumes und des Gegendruckes abhängt, so wird die Wirtschaftlichkeit der Kompression nicht durch die Dauer, sondern nur durch die Höhe des erreichten Enddruckes beeinflußt.

Zu ähnlichen Ergebnissen gelangt Boulvin auf Grund seiner Versuche. (Revue de Mécanique 1907.)

Aus neuerer Zeit liegen Versuche von E. Heinrich vor, die an einer Einzylindermaschine 250×760, n = 92,5 mit Kompressionen von 1, 12, 25 und 50 v. Ht. vorgenommen wurden. Füllung 18 v. Ht., Gegendruck 0,15 at. abs. Der Sattdampf hatte 7,2 atm. Überdruck. Schädlicher Raum 8,7 v. Ht. Die Versuche wurden mit und ohne Mantel- und Deckelheizung angestellt; jede Versuchsreihe umfaßte 4 Versuche mit verschieden großen schädlichen Flächen. Fig. 5—8.

Ergebnisse: Die vom Kompressionsgrad unabhängige Eintrittskondensation war der Größe der schädlichen Flächen proportional. Der kleinste Dampfverbrauch wurde bei Kompressionen zwischen 10 und 25 v. Ht. erreicht; in Bestätigung der Versuche Klemperers wurde festgestellt, daß Kompressionen mit Endtemperatur gleich Wandtemperatur die günstigsten waren. Hohe Kompressionen waren schädlicher ohne Heizung als mit Heizung; im ersteren Fall betrug die Vermehrung des Dampfverbrauches 5,4 v. Ht. des kleinsten Verbrauches gegenüber rd. 2 v. Ht. im zweiten Fall. Die Unterschiede waren somit gering.

In Fig. 6 ist die Abhängigkeit der Dampfverbrauchskurven von den verschiedenen Kompressionsgraden — hier vom Druckanstieg im Diagramm, also von der beginnenden Drosselung durch die Steuerung ab gerechnet — unter Annahme verschiedener Gütegrade wiedergegeben. Auf rechnerischem Wege ergeben sich (die stärker ausgezogenen) Kurven,

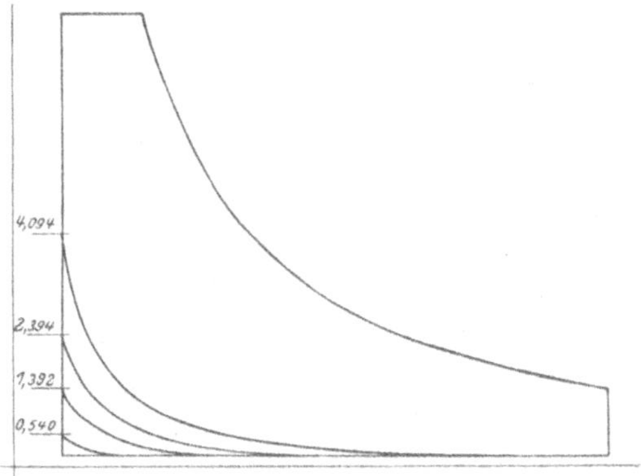

Fig. 5 (zu Fig. 6 gehörend).

deren Verlauf dem der eingetragenen Werte einiger Versuchsreihen ähnlich ist. Hiernach nimmt der günstigste Kompressionsgrad mit dem Gütegrad ab. Hohe Kompression wird günstig bei großem Gütegrad und umgekehrt.

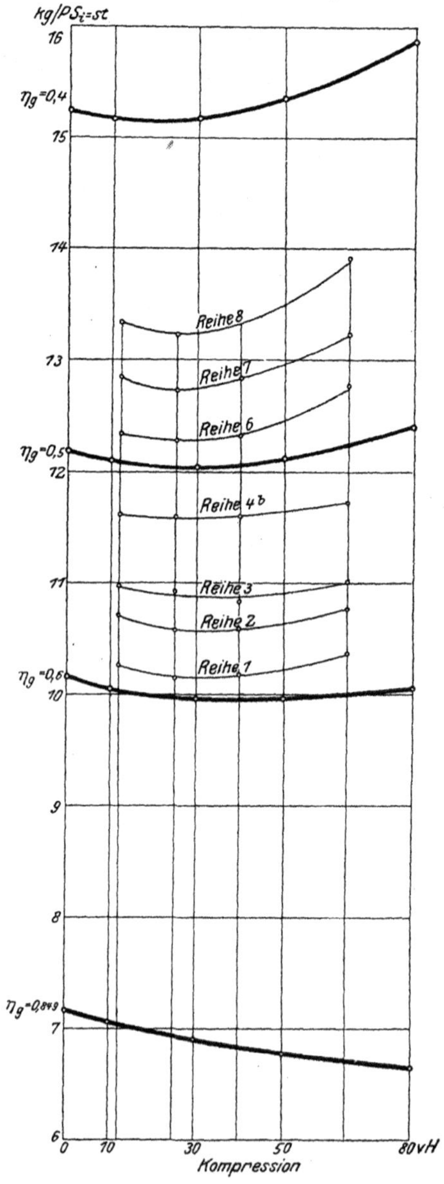

Fig. 6. Ergebnisse der rechnerischen Ermittlung des Dampfverbrauches bei verschiedenen Gütegraden in Abhängigkeit von der Kompression und Vergleich derselben mit den Versuchswerten.

Diese Ergebnisse dürften weitere Bestätigung durch die mit Gleichstrommaschinen gemachten Erfahrungen finden.

Die Annahme, daß der Dampf zu Beginn der Kompression trocken gesättigt sei ($x = 1$), würde bei den Versuchen von Klemperer in Einzelfällen auf eine Kompressionsendtemperatur von 728°, bei den Versuchen von Heinrich auf eine solche von 310° geführt haben. (Zeitschrift Ver. deutsch. Ing. 1905, S. 800 und 1914, S. 20.) Sowohl Klemperer als Heinrich haben die Annahme $x = 1$ abgelehnt, da sie eine Erhöhung der Kompressionstemperatur über die mittlere Zylinderwandungstemperatur für ausgeschlossen hielten.

In Fig. 9 und 10 sind Ergebnisse eines von Duchesne an einer Maschine mit Dampfmantel angestellten Versuches mit direkten Temperaturmessungen wiedergegeben. Der Dampf war gesättigt. Fig. 9 gibt in Linienzug *a* die gemessenen Dampftemperaturen, in *b* die gemessenen Wandungstemperaturen, in *c* die aus dem Dampfdiagramm bestimmten Dampftemperaturen wieder. Wie ersichtlich, ist der Auspuffdampf kurz nach Eröffnung des Auslasses infolge der starken Wärmezufuhr überhitzt, eine Erscheinung, die an mit überhitztem Dampf arbeitenden Maschinen sehr häufig zu beobachten ist. Trotz der Geringfügigkeit der Kompression erhebt sich die Dampftemperatur gegen Kompressionsende über die Wandungstemperatur.

Bei späteren Versuchen an derselben mit großen schädlichen Flächen arbeitenden Maschine stellte Duchesne bei Kompressionswegen von

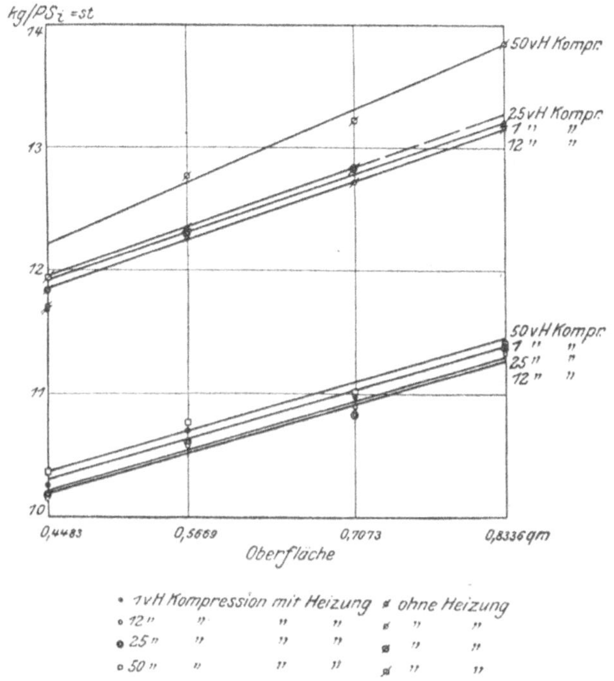

Fig. 7. Dampfverbrauch für 1 PS_i-st bei verschiedenen Kompressionen in Abhängigkeit von den Oberflächen. (Versuche Heinrich.)

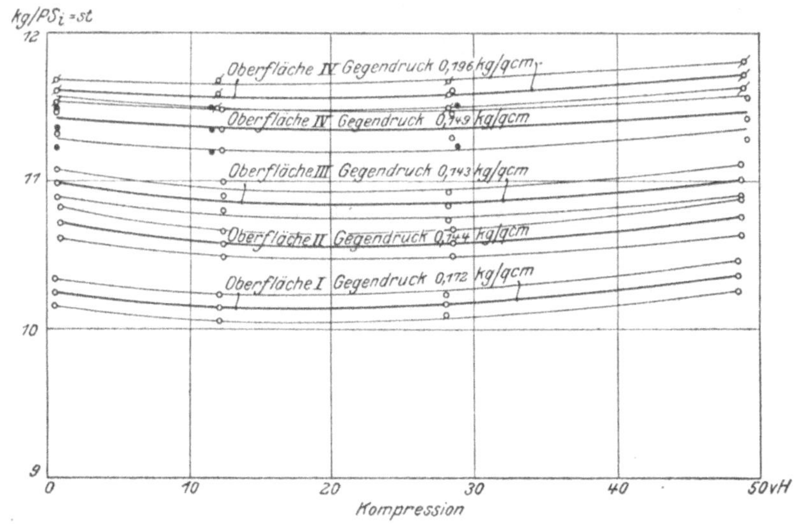

Fig. 8. Dampfverbrauch für 1 PS_i-st bei Mantel- und Deckelheizung in Abhängigkeit von der Kompression. (Versuche Heinrich.)

40 und 80 v. Ht. Endtemperaturen fest, welche die entsprechenden Sattdampftemperaturen um 100° C und mehr überstiegen.

Callendar und Nicholson fanden ebenfalls bei ihren Versuchen an einer einfachwirkenden Naßdampfmaschine mit Auspuffbetrieb (schädlicher Raum = 10 v. Ht., Kompression = 25 v. Ht.) leichte Überhitzung des Kompressionsdampfes (Zeitschrift Ver. deutsch. Ing. 1899, S. 867).

Bei Heißdampfbetrieb mit hohen Auspufftemperaturen ist deshalb Überhitzung des Kompressionsdampfes mit Sicherheit zu erwarten. (Vergl. auch Doerfel, Zeitschrift Ver. deutsch. Ing. 1899, S. 1523.)

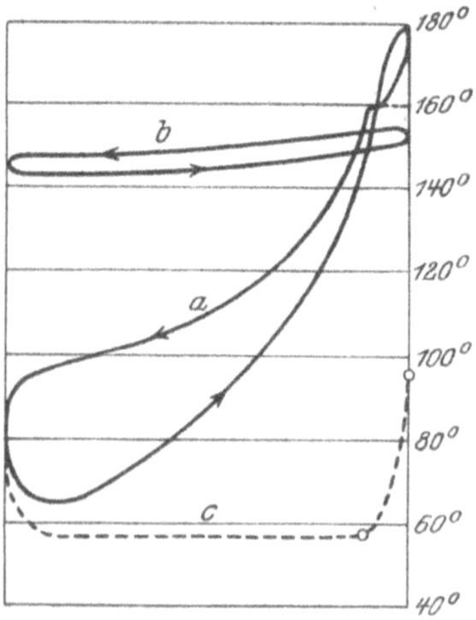

Fig. 9.

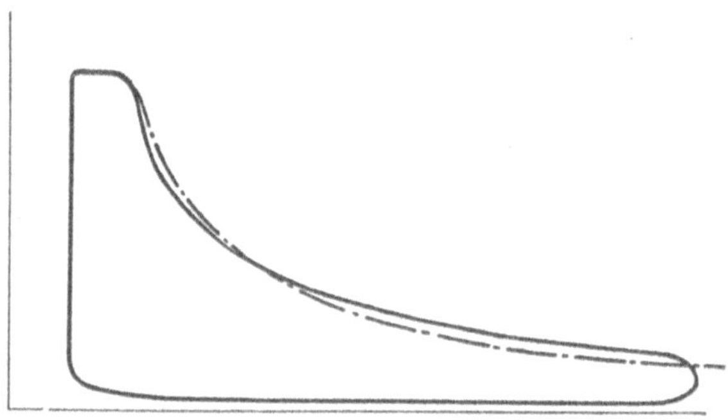

Fig. 10.

Bezüglich des Einflusses der Kompression auf die Ruhe des Ganges siehe unter Kapitel: Die Stöße an Kurbel- und Kreuzkopfzapfen.

Über das Verhalten des Dampfes in der Maschine gibt bezüglich der wichtigsten Punkte eine Untersuchung der Expansionskurve Aufschluß. Der Verlauf der letzteren hängt außer von der Größe des schädlichen Raumes — dessen Einfluß schon beim Entwurf des Diagramms hervortritt — weiterhin von Undichtheiten und von der Wechselwirkung zwischen Dampf und Zylinderwand ab.

Bei Undichtheiten des Kolbens fällt die Expansionslinie unter die entsprechende Hyperbel bis zum Schluß, an dem, falls auf der anderen Zylinderseite die Kompression erheblich ist, wieder ein Steigen stattfindet. Sind die Einlaßorgane undicht, so wird infolge des Nachströmens von Dampf die Expansionslinie hochgelegt. Undichtheiten von Kolben und Schieber zugleich können sich mitunter annähernd ausgleichen, doch ergeben sich bei sorgfältiger Untersuchung, die auch auf die Kompressionslinie auszudehnen ist, in der Regel genügende Anhaltspunkte zur Beurteilung. Unter allen Umständen soll vor oder nach der Aufnahme von Indikatordiagrammen die Prüfung des Dichtheitszustandes durch direkten Dampfdruck bei betriebswarmem Zylinder vorgenommen werden.

Soll die Expansionskurve einer mit gesättigtem Dampf arbeitenden Maschine bezüglich ihrer Übereinstimmung mit der Mariotteschen Linie untersucht werden, so empfiehlt sich die Einzeichnung der Doerfelschen Charakteristik. Fig. 11.

Durch den Endpunkt der Füllung *a* wird eine Senkrechte *a b* gezogen. Die Strecke *b c* wird in eine Anzahl Teile zerlegt, und es werden die Schnittpunkte *d'*, *e'*, *f'* der Teilordinaten mit der Expansionskurve auf die Senkrechte *a b* übertragen nach *d*, *e*, *f*.

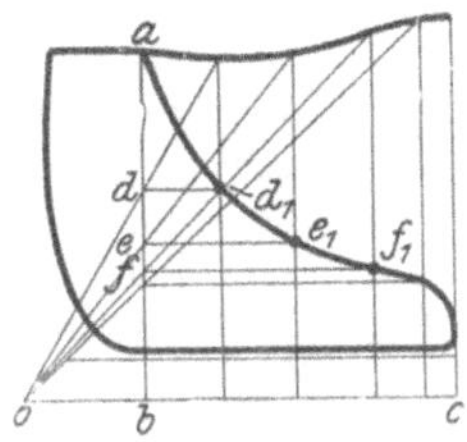

Fig. 11.

Die von *o* aus durch *d*, *e*, *f* gezogenen Strahlen treffen die zugehörigen Teilordinaten in der Charakteristik. Diese ist eine wagerechte Gerade, wenn die Expansionslinie eine gleichseitige Hyperbel, sie hebt sich, wenn die Expansionslinie infolge Nachverdampfens oder Schieberundichtheiten hochliegt.

Vor der Eintragung der gleichseitigen Hyperbel selbst hat das beschriebene Verfahren den Vorzug, daß die Expansionskurve frei von allen Linien und deutlich erhalten bleibt.

In Fig. 12 ist die Leinwebersche Charakteristik dargestellt[1]). An die Abszissenachse wird Winkel φ ($= 15^0$) angetragen und nach der Brauerschen Aufzeichnungsart die Teilordinaten ax, by, cz gezogen.

Legt man durch die Schnittpunkte der durch a, b, c gezogenen Wagerechten mit der Ordinatenachse Hilfslinien unter 45^0, so liegen die dadurch bestimmten Endpunkte dieser Wagerechten nur dann auf einer Geraden, wenn der Exponent n der Gleichung

$$(1 + \operatorname{tg} \psi) = (1 + \operatorname{tg} \varphi)^n$$

für den Verlauf der Zustandsänderung a, b, c konstant ist.

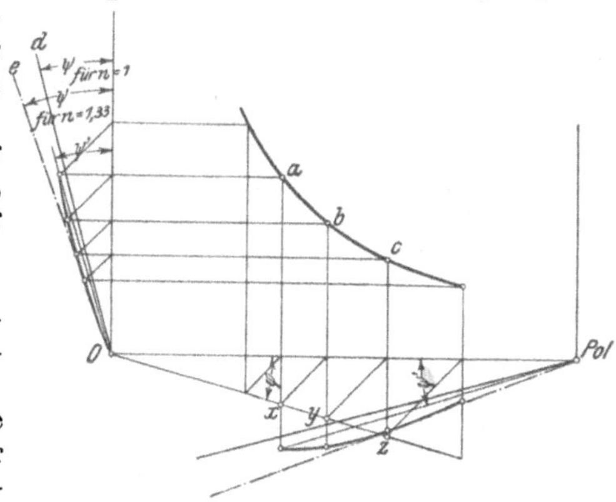

Fig. 12.

In Fig. 12 sind die Geraden Od und Oe für n = 1 und n = 1,33 (Adiabate des überhitzten Dampfes) eingetragen. Ist n veränderlich, so gibt die Kurve, welche die Endpunkte der durch a, b, c gezogenen Wagerechten verbindet, Aufschluß über den Verlauf der Zustandsänderung.

Da bei Benutzung der Druckordinate als Richtlinie die Charakteristik sehr verzerrt, gegen den äußeren Totpunkt zu stark verkürzt,

[1]) Zeitschrift Ver. deutsch. Ing. 1913, S. 534 und 1988.

gegen den inneren Totpunkt zu stark gedehnt wird, so empfiehlt sich Übertragung der Charakteristik auf die Volumenachse als Richtlinie. Als Länge der letzteren wird die Hublänge genommen, wobei von der inneren Totlage als Pol ausgegangen wird.

Fig. 12 zeigt die Übertragung für den Punkt a. Der zu Punkt a gehörige Winkel ψ' wird vom Pol aus angetragen. Der Schnittpunkt der durch a gelegten Senkrechten mit dem Schenkel des Winkels ψ' gehört der neuen Kurve an.

Das Verhalten des überhitzten Dampfes während der Expansion wird durch die Einzeichnung der Grenzkurve nach Fig. 13 klargelegt. Diese wird wie folgt bestimmt:

Das dem Kessel pro Hub der Maschine zugeführte Speisewasser wird beim Versuch durch direkte Messung ermittelt und betrage z. B. 0,05 kg. Das arithmetische Mittel der Füllungsgrade aus sämtlichen Dia-

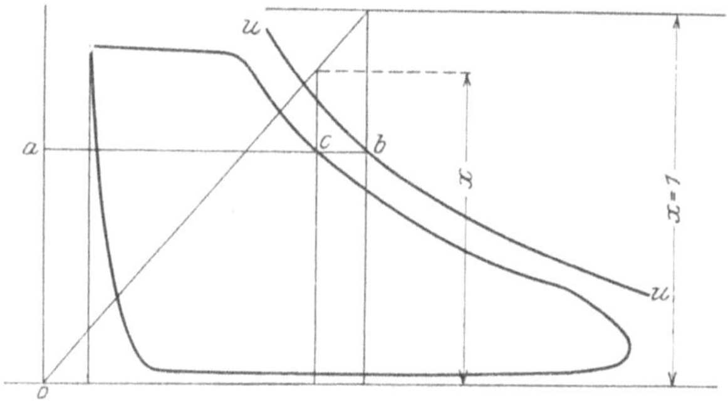

Fig. 13.

grammen sei 0,3, während das zu untersuchende Diagramm eine Füllung von 0,33 aufweise. Dann wird das für letztere gebrauchte Dampfgewicht annähernd gleich $0{,}05 \cdot \frac{0{,}33}{0{,}3} = 0{,}055$ kg sein. Für den Eintrittsdruck von 11,9 Atm. absol. des Diagramms geben die Dampftabellen ein spez. Volumen $(u + \sigma) = 0{,}166$ an, so daß für 0,055 kg Füllungsgewicht ein Rauminhalt von $0{,}166 \cdot 0{,}0055 = 0{,}00913$ cbm = 9,13 l folgt.

Bezüglich des im schädlichen Raum bei Eröffnung des Einlaßventils enthaltenen komprimierten Dampfes werde die Annahme gemacht — wie meist üblich —, daß er trocken gesättigt sei.

Nun ist:	Volumen des schädlichen Raumes (durch Ausmessung oder durch Berechnung nach Zeichnung bestimmt)	= 2,5 l
	Volumen des eintretenden Frischdampfes	= 9,13 l
	Gesamtvolumen:	11,63 l, oder

wenn das Hubvolumen des Zylinders = 40 l sei, so macht dies Gesamtvolumen $\frac{11{,}63 \cdot 100}{40} = 29$ v. Ht. des Hubvolumens aus. Dieses sei im Diagramm durch eine Länge von 100 mm dargestellt, so daß für das Füllungsvolumen eine Länge von 29 mm folgt. Diese Länge soll nun das spez. Volumen 0,166 cbm von trocken gesättigtem Dampf bei 11,9 Atm. wiedergegeben, sonach entspricht

$$1 \text{ cbm} = \frac{29}{0{,}166} = 175 \text{ mm}.$$

Für jeden Druck kann nunmehr das spez. Volumen den Dampftabellen entnommen werden, um, mit 175 multipliziert, in mm eingezeichnet zu werden. In Fig. 13[1]) ist die *uu*-Kurve in dieser Weise festgelegt. Wird im Abstand $x = 1$ (am zweckmäßigsten zu 100 mm gewählt) eine Wagerechte gezogen, und weiterhin durch den zu untersuchenden Punkt *c* der Expansionslinie ebenfalls eine Wagerechte gelegt, welche die Grenzkurve im Punkt *b* schneidet, so folgt aus der Ähnlichkeit der beiden rechtwinkligen Dreiecke: $\frac{ac}{ab} = \frac{x}{1}$; die Höhe, in der die Senkrechte durch *c* den Strahl durch *o* schneidet, gibt somit unmittelbar die spez. Dampfmenge an. Im vorliegenden Fall, wo die Expansionskurve unterhalb der Grenzkurve liegt, ist der Dampf gesättigt. Würden beide Kurven sich schneiden, so gäbe der Schnittpunkt diejenige Stelle an, bei welcher der Dampf in die Sättigung übergeht.

b) Berechnung der Maschinenleistung und des theoretischen Dampfverbrauches aus dem Diagramm.

Die vom Diagramm eingeschlossene Fläche stellt diejenige Arbeit dar, die pro qcm Kolbenfläche während einer Umdrehung geleistet wird. Zur Bestimmung dieser Arbeit ist die Feststellung der mittleren Diagrammhöhe erforderlich, die dem gewählten Druckmaßstab gemäß den mittleren Druck p_m ergibt. Fig. 14.

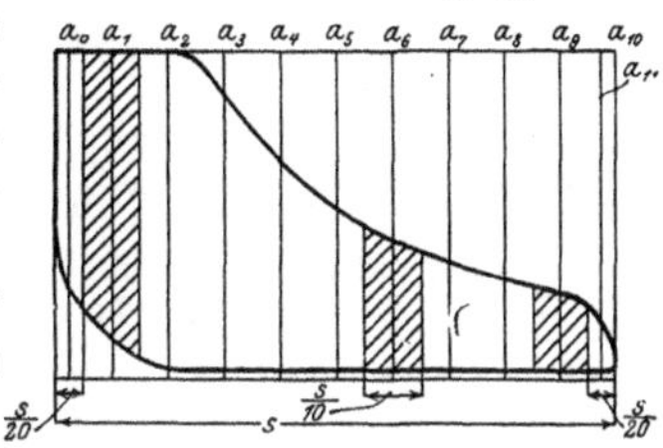

Fig. 14.

In einem Abstand von $^1/_{10}$ der Diagrammlänge *s* werden die Ordinaten a_1 bis a_{10}, in einer Entfernung vom Rande gleich $^1/_4$ der Breite eines Teiles die Ordinaten a_0 und a_{11} gezogen. Jede Ordinate wird als mittlere Höhe eines Trapezes betrachtet. Aus der Summe dieser Trapeze setzt sich die Diagrammfläche J zusammen. Es wird sonach:

$$J = \frac{s}{20}(a_0 + a_{11}) + \frac{s}{10}(a_1 + a_2 + \ldots + a_9),$$

oder:

$$J = \frac{s}{10}\left(\frac{a_0}{2} + a_1 + a_2 + \ldots + a_9 + \frac{a_{11}}{2}\right).$$

Nun kann $J = s \cdot h$ gesetzt werden, wenn h die mittlere Diagrammhöhe ist. Aus dieser und der vorhergehenden Gleichung folgt somit:

[1]) Vergl. Schröter, Z. 1895, S. 14. Seemann, Z. 1897, S. 1408.

$$h = \frac{1}{10}\left(\frac{a_0}{2} + a_1 + a_2 + \ldots + a_9 + \frac{a_{11}}{2}\right).$$

Nach Umrechnung von h in p_m und nach Einführung der mittleren Kolbengeschwindigkeit $c = \frac{2\,n \cdot s}{60} = \frac{n \cdot s}{30}$ wird die Arbeit pro qcm Kolbenfläche in mkg:

$$L = p_m \cdot c$$

und die Arbeit der Kolbenfläche 0 in Pferdestärken (PS):

$$N_i = \frac{O \cdot c \cdot p_m}{75},$$

wenn 0 in qcm ausgedrückt wird. Andere Arten, h zu ermitteln: mittelst der Simpsonschen Regel oder des Planimeters.

Vielfach wird der mittlere Druck noch mit einem Völligkeitsgrad (= 90 bis 95 v. Ht.) multipliziert, um den Verlust an Diagrammfläche infolge Spannungsabfalls usw. zu berücksichtigen. Da jedoch das Diagramm der ausgeführten Maschine häufig genug größer ausfällt als das entworfene (Einfluß des Nachverdampfens usw.), so kann die Einführung des Völligkeitsgrades wenigstens bei Einzylindermaschinen unterbleiben, namentlich wenn das theoretische Diagramm schon Rücksicht auf den Spannungsabfall während der Füllung zeigt.

Die im Zylinder verrichtete „indizierte Arbeit" N_i (in PS_i ausgedrückt) wird in N_e, d. h. in die an die Welle abgegebene „effektive Arbeit" umgewandelt, indem N_i mit dem mechanischen Wirkungsgrad η_m multipliziert wird:

$$N_e = \eta_m \cdot N_i = \eta_m \cdot \frac{O \cdot c \cdot p_m}{75}.$$

Je nach Ausführung, Steuerungsart und Vollkommenheit der Schmierung kann geschätzt werden:

η_m zu 85 bis 93 v. Ht. bei liegenden Maschinen,
η_m zu 90 bis 95 v. Ht. bei stehenden Maschinen.

Ist N_{in} die indizierte Normalleistung der Maschine, so ist nach Doerfel in v. Ht. bei gut eingelaufenen Maschinen, deren Triebwerk für 10 bis 12 atm. berechnet ist:

für Auspuffmaschinen: $$\eta_m = 88 + 0{,}33\sqrt{\frac{N_{in}}{c}},$$

für Kondensationsmaschinen: $$\eta_m = 85 + 0{,}40\sqrt{\frac{N_{in}}{c}}.$$

Vielfach wird angenommen, daß die Reibung in der Maschine bei normaler Beanspruchung größer als im Leerlauf sei.

Versuche haben jedoch häufig ergeben, daß eine Zunahme der Reibungsverluste bei wachsender Leistung nicht festzustellen war, mitunter nahmen die Reibungsverluste sogar ab. Man folgert daraus, daß eine „zusätzliche Reibung" im hergebrachten Sinne nicht vorhanden ist.

Tatsächlich ist der Zusammenhang in der Veränderung der Dampfverteilung und der Massendrucke auf die Zapfen meist feststellbar.

Der Leerlaufswiderstand ξ_0 beträgt in v. Ht. der indizierten Normalleistung etwa

$$\text{bei Auspuffmaschinen: } \xi_0 = 10 - 0{,}30\sqrt{\frac{N_{in}}{c}},$$

$$\text{bei Kondensationsmaschinen: } \xi_0 = 13 - 0{,}33\sqrt{\frac{N_{in}}{c}}.$$

c = Kolbengeschwindigkeit in m/sek.

Das Diagramm der Dampfmaschine gibt durch die Größe der Füllung diejenige Frischdampfmenge an, die pro Hub in den Zylinder strömt. Ist v_2 das Hubvolumen, ε der Füllungsgrad, $v_0 = \varepsilon_1 \cdot v_2$ der schädliche Raum, so ist das Dampfvolumen pro Hub $v_0 + v_1 = v_2 (\varepsilon + \varepsilon_1)$, wenn von der Kompression zunächst abgesehen wird. Bei starker Drosselung, nach Fig. 15, wird die Füllung festgestellt, indem durch Punkt b, der nach Augenschein bestimmt der Eintrittslinie angehört, und durch Punkt c, der auf der Expansionslinie liegt, Tangenten an Kurve bc gelegt werden. Der Schnittpunkt d der letzteren bezeichnet Füllungsende und p den Anfangsdruck der Expansion.

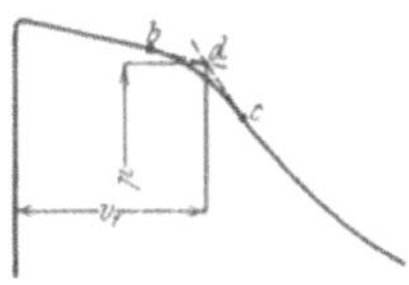

Fig. 15.

Aus der Dampftabelle ist das diesem Anfangsdruck entsprechende spez. Gewicht γ zu entnehmen, so daß das Füllungsgewicht $= (v_1 + v_0) \cdot \gamma$ wird. Von diesem wird die Dampfmenge abgezogen, die sich beim Beginn der Kompression im Zylinder vorfand. Ist ε_2 der Kompressionsgrad, γ_1 das der Ausströmungsspannung bei Kompressionsbeginn entsprechende spez. Dampfgewicht, so ist das pro Hub in den Zylinder eintretende Gewicht

$$G = v_2 [(\varepsilon + \varepsilon_1) \cdot \gamma - (\varepsilon_2 + \varepsilon_1) \cdot \gamma_1].$$

Bei n Uml./min. wird sonach in der Stunde verbraucht:

$$G_{st} = 2 \cdot n \cdot 60 [(\varepsilon + \varepsilon_1) \gamma - (\varepsilon_2 + \varepsilon_1) \cdot \gamma_1] \cdot v_2.$$

c) Die kalorimetrische Untersuchung der Dampfmaschine.

Die kalorimetrische Untersuchung der Dampfmaschine bezweckt die Ermittelung der von den Zylinderwandungen aufgenommenen und abgegebenen Wärmemengen, indem für die charakteristischen Punkte *a b c d e* des aufgenommenen Indikatordiagramms (Fig. 16) die bei den betreffenden Kolbenstellungen im Zylinder vorhandenen Wärmemengen festgestellt werden.

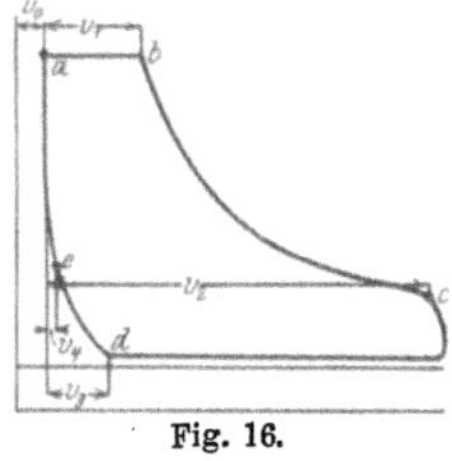

Fig. 16.

1. Vorgang während der Füllung. Durch die Messung der Speisewassermenge, von der die ebenfalls ermittelte Kondenswassermenge der Rohrleitung und des Dampfmantels in Abzug gelangt, wird das pro Hub in den Zylinder strömende Dampfgewicht G ermittelt, woraus die der Maschine pro Hub zugeführte Wärmemenge zu $G \cdot \lambda$ oder bei Anwendung überhitzten Dampfes zu $G \cdot \lambda_1$ bestimmt wird. Bei Beginn der Voreinströmung befindet sich im schädlichen Raum das Dampfgewicht g, dessen Wärmeinhalt den Wert $g \cdot (q_0 + x_0 \cdot \varrho_0)$ hat.

Infolge der Arbeitsleistung während der Füllung und der an die Wände abgegebenen Wärmemenge Q_a geht die Wärmemenge

$$G\lambda + g(q_0 + x_0 \varrho_0) \quad \text{auf} \quad (G+g)\cdot(q_1 + x_1 \varrho_1),$$

zurück, so daß die Beziehung besteht:

$$L_a + Q_a = G\lambda + g(q_0 + x_0 \varrho_0) - (G+g)\cdot(q_1 + x_1 \varrho_1),$$

wenn L_a den Wärmewert der absoluten Arbeit bezeichnet.

2. Vorgang während der Expansion. Bei Anwendung eines Dampfmantels wird während der Expansion an den Dampf die Wärmemenge Q_b zurückerstattet und die Expansionsarbeit L_b geleistet, wobei der Wärmeinhalt sich auf $(G+g)\cdot(q_2 + x_2 \cdot \varrho_2)$ verringert. Demnach:

$$L_b = Q_b + (G+g)\cdot(q_1 + x_1 \varrho_1 - q_2 - x_2 \cdot \varrho_2).$$

3. Vorgang während der Ausströmung. Der Wärmeinhalt am Ende der Expansion hat die Größe $(G+g)\cdot(q_2 + x_2 \cdot \varrho_2)$. Am Ende der Ausströmung befindet sich noch das Dampfgewicht g im Zylinder mit der Wärmemenge $g(q_3 + x_3 \cdot \varrho_3)$, so daß während des Auspuffes eine Verringerung des Wärmeinhaltes auf $(G+g)\cdot(q_2 + x_2 \varrho_2) - g(q_3 + x_3 \varrho_3)$ stattgefunden hat. Ist t_4 die Kondensatortemperatur, so hat das dem Zylinder entströmte Gewicht G bei vollständiger Kondensation den Wärmewert $G \cdot q_4$. Die Kühlwassermenge G_i in kg pro Kolbenhub ist von t_5 auf t_6 erwärmt worden, wozu eine Wärmemenge $G_i(q_6 - q_5)$ gedient hat, außerdem habe der ausströmende Dampf an den Wandungen der Leitungen und des Kondensators die Wärmemenge Q_i durch Strahlung verloren. Die Summe dieser Wärmemengen:

$$G \cdot q_4 + G_i(q_6 - q_5) + Q_i$$

wird also während des Auspuffes abgeführt.

Während des Auspuffes wurde aber weiterhin die Gegendruckarbeit L_c in Wärme verwandelt und gleichzeitig an den ausströmenden Dampf die Wärmemenge Q_c seitens der Wandungen übergeführt. Werden Q_c und L_c zu dem bei Beginn der Ausströmung vorhandenen Wärmeinhalt $(G+g)\cdot(q_2 + x_2 \varrho_2)$ addiert, so stellt der Ausdruck

$$Q_c + L_c + (G+g)\cdot(q_2 + x_2 \varrho_2)$$

die Gesamtwärmemenge dar, die gleich sein muß: der während der Ausströmung abgeführten Wärmemenge $G q_4 + G_i(q_6 - q_5) + Q_i$ und dem am Ende der Ausströmung im Zylinder befindlichen Wärmeinhalt $g(q_3 + x_3 \varrho_3)$. Es folgt:

$$Q_c + L_c + (G+g)\cdot(q_2 + x_2 \varrho_2) = G \cdot q_4 + G_i(q_6 - q_5) + Q_i + g(q_3 + x_3 \varrho_3),$$

und daraus:

$$L_c + Q_c = G \cdot q_4 + G_i(q_6 - q_5) + Q_i + g(q_3 + x_3 \varrho_3) - (G+g)(q_2 + x_2 \varrho_2).$$

4. Vorgang während der Kompression. Bei dieser wird die Kompressionsarbeit in Wärme verwandelt und eine Wärmemenge Q_d an die Zylinderwände abgegeben. Sonach:

$$L_d - Q_d = g(q_0 + x_0 \varrho_0 - q_3 - x_3 \cdot \varrho_3).$$

Nach diesen Gleichungen wird die indizierte Arbeit:

$$L_i = L_a + L_b - L_c - L_d.$$

Ist Q_v der Wärmeverlust durch Ausstrahlung nach außen,
Q_m die durch Mantelheizung zugeführte Wärmemenge,
Q_r die durch die Kolbenreibung an die Zylinderwände übertragene Wärmemenge, so gilt für den Beharrungszustand:

$$Q_a - Q_b - Q_c + Q_d + Q_m + Q_r - Q_v = 0.$$

Bei der Ausführung kalorimetrischer Untersuchungen können nach Feststellung der Größe des schädlichen Raumes die vom Dampf bei beliebigen Kolbenstellungen ausgefüllten Volumina sowohl aus dem Diagramm als auch durch Untersuchung der Steuerung ermittelt werden. Letzterer Weg ist namentlich dann vorzuziehen, wenn die Übergänge von einer Dampfverteilungsphase zur andern allmählich vor sich gehen. Findet z. B. starke Drosselung während der Füllung statt, so kann diese durch Ermittelung der Kolbenstellung im Augenblick des Schieberschlusses bestimmt werden.

Das Diagramm Fig. 16 gibt weiterhin die Drucke in den Punkten *a*, *b*, *c*, *d*, *e*, und die Wärmewerte der absoluten Arbeiten L_a, L_b, L_c und L_d an, die durch Planimetrieren der unter den betreffenden Diagrammlinien liegenden und bis zur Nulllinie reichenden Flächen festgestellt werden können.

Wäre das bei Kompressionsbeginn im Zylinder enthaltene Gewicht g bekannt, so ließen sich die Werte der spez. Dampfmengen x_1 bis x_4 aus den folgenden Gleichungen berechnen:

$$V_1 + v_0 = (G + g)\,(x_1 u_1 + \sigma)$$
$$V_2 + v_0 = (G + g)\,(x_2 u_2 + \sigma)$$
$$V_3 + v_0 = g\,(x_3 u_3 + \sigma)$$
$$V_4 + v_0 = g\,(x_0 u_0 + \sigma).$$

Wird σ als sehr klein vernachlässigt, so finden sich durch Einführung des spez. Gewichtes γ die folgenden einfacheren Gleichungen zur Berechnung von x:

$$(G + g) \cdot x_1 = (V_1 + v_0) \cdot \gamma_1$$
$$(G + g) \cdot x_2 = (V_2 + v_0) \cdot \gamma_2$$
$$g \cdot x_3 = (V_3 + v_0) \cdot \gamma_3$$
$$g \cdot x_0 = (V_4 + v_0) \cdot \gamma_0.$$

Die Werte von γ und u sind für die bekannten Drucke der Dampftabelle zu entnehmen. Wie schon bemerkt, läßt sich G durch Speisewassermessung genau bestimmen, ebenso der Wärmeinhalt dieses Dampfgewichtes, falls überhitzter Dampf verwendet wird. Da die genauere Bestimmung des Dampffeuchtigkeitsgehaltes z. Zt. nicht möglich ist, so ist man bezüglich der spez. Dampfmenge x_1 auf Schätzung angewiesen. Bei mäßig beanspruchten Kesseln wird x_1 nur wenig kleiner als Eins sein.

Größere Schwierigkeiten verursacht die Ermittelung des am Ende der Ausströmung im Zylinder vorhandenen Dampfgewichtes g, das aus den Volumina V_3 und v_0 nur dann berechnet werden kann, wenn x_3 bekannt ist. Im allgemeinen kann vorausgesetzt werden, daß der Dampf beim Kompressionsbeginn trocken gesättigt ist, demnach $x_3 = 1$.

Diese Annahme wird u. a. unterstützt durch Versuche von Barr, bei denen sich zeigte, daß durch die plötzliche Druckentlastung bei

Öffnung des Auslaßkanals das an den Zylinderwänden sitzende Wasser fast augenblicklich verdampfte. In allen Fällen wird das Ergebnis der kalorimetrischen Untersuchung durch die Annahme von x_3 sehr stark beeinflußt.

Was die Wärmemengen Q_r, Q_v und Q_m betrifft, so kann erstere aus dem Kolbengewicht, aus dem Flächendruck der Ringe gegen die Zylinderwand (= 0,5 kg/qcm) und aus dem Reibungskoeffizienten ($=1/_{50}$) berechnet werden. Der Ausstrahlungsverlust Q_v wird in der Weise ermittelt, daß die Niederschlagverluste im Dampfmantel während eines mehrstündigen Stillstandes durch Messung des Kondenswassers festgestellt werden. Die beim Betrieb aus dem Mantel in den Zylinder tretende Wärmemenge Q_m wird gleich $G_m \cdot r - Q_v$ sein, wenn G_m das aus dem Mantel während des Betriebes abfließende Kondenswasser und r die dem Manteldruck entsprechende latente Wärme bedeuten.

Da bei größeren Maschinen die Messung der Kühlwassermenge G_i sehr umständlich ist, andererseits aber die während des Auspuffes von den Wandungen wiedergegebene Wärmemenge Q_c eine besondere Bedeutung deshalb hat, weil sie für den Maschinenbetrieb gänzlich verloren geht, so kann Q_c auch aus der Gleichung:

$$Q_c + Q_v - Q_r =$$
$$G \cdot \lambda - (G + g)(q_2 + x_2 \varrho_2) + g(q_3 + x_3 \varrho_3) - (L_a + L_b - L_d) + Q_m$$

bestimmt werden[1]).

d) Die Vergleichskreisprozesse der Dampfmaschine.

Um über die gute Ausnutzung des Dampfes in der Maschine Aufschluß zu erhalten, werden die Ergebnisse von Dampfverbrauchsversuchen häufig mit dem Verbrauch idealer Dampfmaschinen — in denen möglichst vollkommene Prozesse ausgeführt werden — verglichen.

Für derartige Vergleiche kommen hauptsächlich in Betracht:

1. Der Carnotprozeß, 2. der Prozeß von Clausius-Rankine, 3. der von Prof. E. Meyer vorgeschlagene und vom „Verein deutscher Ingenieure“ als Norm aufgestellte Prozeß.

1. Der Carnotprozeß.

Die einfachste Form der vollkommenen Dampfmaschine würde erhalten, wenn die zur Durchführung des Carnotprozesses erforderlichen Zustandsänderungen in einem und demselben Zylinder vorgenommen werden könnten, der hierbei nacheinander als Kessel, Kondensator und Kompressor zu dienen hätte. Diese praktisch nicht angängige Ausführung kann durch die in Fig. 17 dargestellte Anordnung ersetzt werden. *A* ist der Kessel, in dem seitens des Heizkörpers die Wärme an den Wasserdampf abgegeben wird, dessen Zustand durch $x_1\ T_1\ p_1$ bestimmt ist. Im Expansionszylinder *B* wird die Expansionsarbeit verrichtet, wodurch das Gemisch in den Zustand $x_2\ T_2\ p_2$ übergeht. Im Kondensator *C*

[1]) Doerfel, Z. 1899, S. 1521 u. f.

nimmt der Kühlkörper die während der isothermischen Kompression entstehende Wärme auf. Der Kompressor *D* entnimmt aus dem Kondensator ein Gemisch von der bestimmten spez. Dampfmenge x_3, um es während der Kompression in Wasser von der Frischdampftemperatur zu verwandeln und in den Kessel zu drücken.

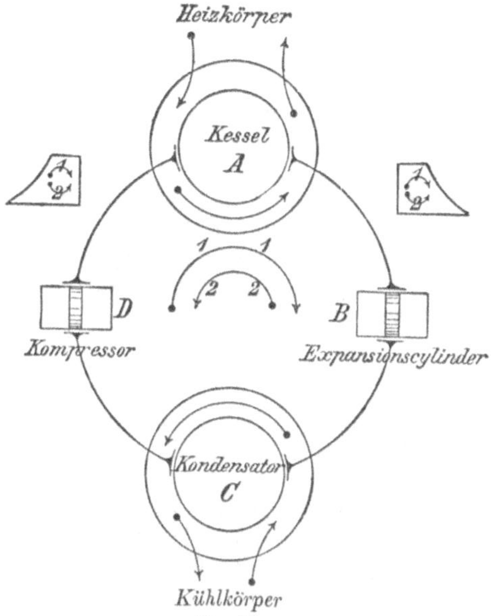

Fig. 17.

Die während der Füllung geleistete Arbeit hat die Größe $p_1 \cdot (\sigma + x_1 u_1)$ und die während der adiabatischen Expansion vom Zustand $x_1 T_1 p_1$ auf $x_2 T_2 p_2$ verrichtete Arbeit bestimmt sich zu:

$$\frac{1}{A}(q_1 + \varrho_1 x_1 - q_2 - x_2 \varrho_2).$$

Dieser positiven Arbeit steht die Gegendruckarbeit $p_2 (\sigma + x_2 u_2)$ gegenüber, so daß sich nach Abzug derselben und nach Einsetzung von $r = \varrho + A p u$ ergibt:

$$A L_1 = (q_1 + x_1 r_1) - (q_2 + x_2 r_2) + A \cdot \sigma (p_1 - p_2).$$

Im Wärmediagramm (Fig. 18) wird diese Arbeit durch die Flächen ADCEA + FGHJ dargestellt.

Der Kompressor saugt aus dem Kondensator das Gemisch $G(x_3 u_2 + \sigma)$ an und komprimiert es auf $G \cdot \sigma$. Während des Ansaugens wird somit die Arbeit $G \cdot p_2 (x_3 \cdot u_2 + \sigma)$ gewonnen, und während der Volldruckperiode die Arbeit $G p_1 \sigma$ aufgewendet.

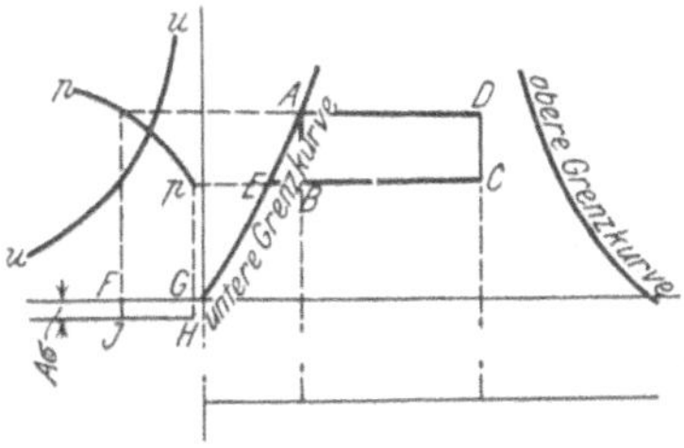

Fig. 18.

Die während der Kompression zu leistende Arbeit hat den Wert

$$\frac{1}{A} \cdot G (q_1 - q_2 - x_3 \cdot \varrho_2),$$

so daß für jedes kg die Arbeit im Kompressor sich bestimmt zu:

$$A L_2 = q_1 - q_2 - x_3 r_2 + A \sigma (p_1 - p_2),$$

dargestellt durch Flächen E A B E + F G H J. Die nutzbare Arbeit wird demnach:

$$A L = A L_1 - A L_2 = A D C E A - E A B E = A D C B = \frac{Q_1}{T_1} (T_1 - T_2),$$

$$L = \frac{Q_1}{A \cdot T_1} (T_1 - T_2).$$

Dieser Prozeß ergibt somit die gleiche Arbeit wie der Carnotprozeß, ist diesem also gleichwertig. Der Wirkungsgrad des ausgeführten Prozesses in bezug auf den unter denselben Temperaturen arbeitenden Carnotprozeß wird nun erhalten, indem die aus ersterem erhaltene Arbeit dividiert wird durch jene Arbeitsmenge, die mit dem Carnotprozeß erzielbar wäre.

2. Der Prozeß nach Clausius-Rankine.

Der zur Durchführung des Carnotprozesses erforderliche Kompressor, der auch wohl als „thermodynamischer Speisewassererhitzer“ bezeichnet wird, ist nicht mit der bei ausgeführten Maschinen zu findenden Speisepumpe zu verwechseln. Er hat vielmehr die Aufgabe, das angesaugte Gemisch in Flüssigkeit von der höchsten im Prozeß vorkommenden Temperatur zu verwandeln, damit die weitere Zufuhr von Wärme bei konstanter, höchster Temperatur vor sich gehen kann, wie es der Carnotprozeß verlangt. Aus letzterem Grunde wird der Carnotprozeß zur Unmöglichkeit bei allen mit überhitztem Dampf arbeitenden Maschinen, und da der Kompressor den ungefähren Hubraum eines Hochdruckzylinders erhalten müßte und sein wärmetheoretischer Nutzen durch die Verschlechterung des mechanischen Wirkungsgrades aufgewogen würde, so läßt sich auch bei Anwendung gesättigten Dampfes der Carnotprozeß praktisch nicht durchführen.

Clausius und Rankine haben deshalb einen anderen Kreisprozeß vorgeschlagen, bei dessen Aufstellung vorausgesetzt wurde:

Die Wandungen sollen keinen Einfluß auf den arbeitenden Dampf ausüben, der zudem auch sonst Wärme weder durch Strahlung noch durch Leitung verliert. Die Expansion ist vollständig und erfolgt adiabatisch bis auf die Gegenspannung. Ein schädlicher Raum ist nicht vorhanden. Das in den Kessel gelangende Wasser wird bis auf die Ausströmtemperatur des Dampfes vorgewärmt. Eintrittsdruck und Kesseldruck einerseits, sowie Auspuffspannung und Kondensatordruck andererseits sind einander gleich.

Das Diagramm einer solchen Maschine zeigt ebenfalls Fig. 18. Der Kreisprozeß für gesättigten Dampf weicht nur darin vom Carnotprozeß ab, daß kein Speisewassererhitzer vorhanden ist, es wird also das Speisewasser dem Kondensator mit dessen Temperatur entnommen. Dementsprechend muß nunmehr Fläche *A B C D* durch Fläche *A E C D* ersetzt werden, da der Auspuffdampf nicht mehr teilweise, sondern vollständig verflüssigt wird. Infolge der dadurch veränderten zuzuführenden Flüssigkeitswärme — diese war beim Carnotprozeß gleich Null, hier $q_1 - q_2$ — wird im Kessel pro 1 kg Dampf die Wärmemenge $q_1 - q_2$ mehr aufgewendet, wofür jedoch die Kompressorarbeit in Wegfall kommt.

Die im Zylinder verrichtete Arbeit hat die gleiche Größe wie beim Carnotprozeß:

$$A L_1 = G \left[\frac{x_1 \cdot r_1}{T_1}(T_1 - T_2) + q_1 - q_2 - T_2(\tau_1 - \tau_2) + A\,\sigma\,(p_1 - p_2)\right]^{1)},$$

wenn τ_1 und τ_2 wie üblich die Abszissen der unteren Grenzkurve bezeichnen.

Die Speisepumpe hingegen saugt das Wasservolumen $G \cdot \sigma$ unter konstantem Druck p_2 an und drückt es unter dem ebenfalls konstanten Druck p_1 in den Kessel, so daß der Wärmewert dieser geleisteten Arbeit durch $A L_2 = A \cdot G \cdot \sigma\,(p_1 - p_2)$ dargestellt wird.

Werden beide Gleichungen voneinander subtrahiert, so erhält man die nutzbare Arbeit wie vorhin:

$$A L = A L_1 - A L_2 = G \left[\frac{x_1 r_1}{T_1}(T_1 - T_2) + q_1 - q_2 - T_2(\tau_1 - \tau_2)\right].$$

Die Gleichung der Leistung für eine nach dem Carnotprozeß arbeitende Maschine ergab:

$$A L_c = G \frac{x_1 r_1}{T_1}(T_1 - T_2).$$

Der Vergleich beider Gleichungen beweist, daß die Leistung einer nach Clausius-Rankine arbeitenden Maschine größer ist als die in einem Carnotprozeß gewonnene. Trotzdem ist im letzteren die für die Arbeitseinheit aufzuwendende Wärmemenge kleiner, da diese hier den Wert $Q_1 = G\,x_1\,r_1$ hat, während beim Clausius-Rankine-Prozeß $Q_1' = G\,(x_1 r_1 + q_1 - q_2)$ war.

Die größte Arbeit, die mit dieser Wärmemenge für jedes kg hätte gewonnen werden können, ergibt sich zu:

$$A L_m = \frac{x_1 r_1 + q_1 - q_2}{T_1}(T_1 - T_2) = \frac{Q'_1}{T_1}(T_1 - T_2).$$

Der Arbeitsverlust infolge der Unvollkommenheiten des Prozesses hat somit die Größe:

$$A L_v = A\,(L_m - L),$$

und der Effektverlust:

$$E = \frac{L_v}{L_m}.$$

[1]) Da bei der adiabatischen Zustandsänderung die Entropie konstant bleibt, so folgt:

$$\tau_1 + \frac{x_1 r_1}{T_1} = \tau_2 + \frac{x_2 r_2}{T_2}.$$

Aus dieser und der auf S. 19 für $A L_1$ gegebenen Gleichung folgt nach Multiplikation mit G die oben angegebene Gleichung.

3. Der vom Verein deutscher Ingenieure aufgestellte Prozeß.

Die englische „Institution of Civil-Engineers“ hat den Clausius-Rankine-Prozeß als Vergleichsprozeß gewählt mit der Maßgabe, daß die obere Grenze für Druck und Temperatur durch Messung am Absperrventil und zwar auf der dem Dampfkessel zugekehrten Seite, die untere Temperatur durch Messung im Ausströmrohr dicht an der Maschine zu ermitteln sei. Gegen den Vergleich mit dem Clausius-Rankine-Prozeß hat Prof. E. Meyer den Vorwurf erhoben, daß derselbe wegen der vorausgesetzten vollständigen Expansion hierzu nicht geeignet sei. Vollständige Expansion kann der Konstrukteur für eine gegebene

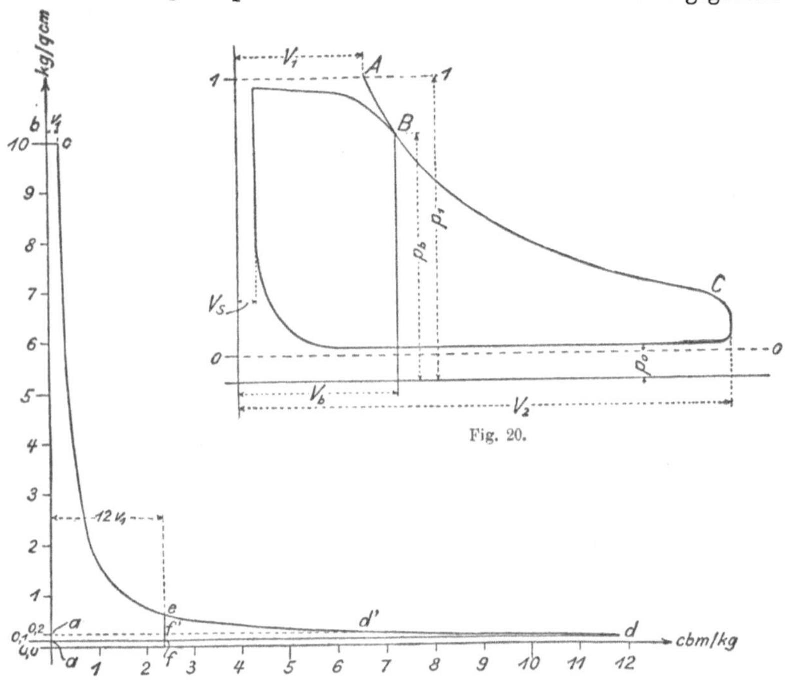

Fig. 20.

Fig. 19.

Leistung durch Schaffung eines großen Hubraumes immer erreichen. Dieser Weg zur Vervollkommnung des praktischen Prozesses wird aber aus wirtschaftlichen Gründen nicht beschritten. Nach dem englischen Vorschlag haben weiterhin Einzylinder- und Dreifachexpansionsmaschinen bei denselben Temperaturgrenzen den gleichen Idealprozeß, trotzdem die Bedingungen, unter denen der Dampf in beiden Maschinenarten arbeitet, gänzlich verschieden voneinander sind. Die Einzylindermaschine würde demnach bei bester Ausführung und Wirkungsweise stets der Dreizylindermaschine unterlegen sein, selbst wenn diese einen für eine derartige Maschine viel zu hohen Dampfverbrauch aufweisen würde.

In Fig. 19 ist ein zwischen den Drucken 0,1 kg/qcm und 10 kg/qcm arbeitendes Diagramm wiedergegeben. Sinkt in dem wirklich ausgeführten Diagramm *a b c e f' a*, das eine zwölffache Expansion zeigt, der Gegendruck von 0,2 kg auf 0,1 kg, so wird die Fläche *a f' f a'* gewonnen, während das theoretische Diagramm um die Fläche *a d' d a* zunimmt. Eine Verbesserung der Luftleere würde somit den Wirkungsgrad verschlechtern.

Als Vergleichsprozeß hat aus diesen Gründen der „Verein deutscher Ingenieure" in seinen Normen für Leistungsversuche einen Prozeß vorgeschlagen, bei dem der Expansionsgrad derselbe ist wie bei der

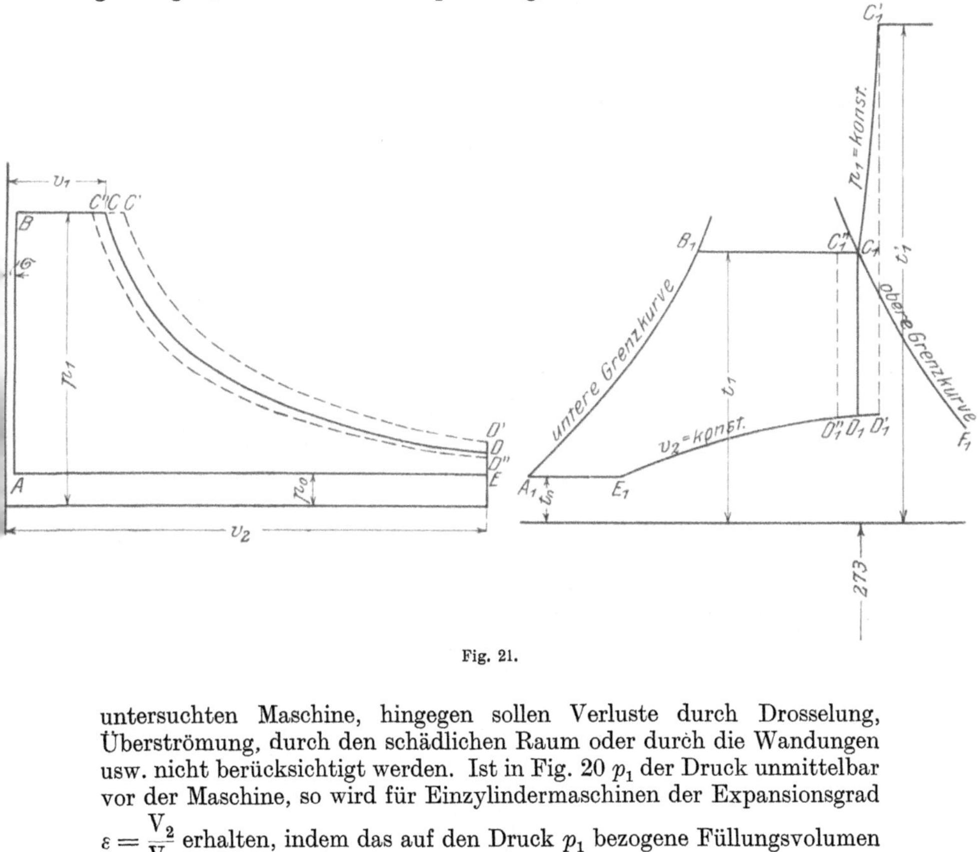

Fig. 21.

untersuchten Maschine, hingegen sollen Verluste durch Drosselung, Überströmung, durch den schädlichen Raum oder durch die Wandungen usw. nicht berücksichtigt werden. Ist in Fig. 20 p_1 der Druck unmittelbar vor der Maschine, so wird für Einzylindermaschinen der Expansionsgrad $\varepsilon = \frac{V_2}{V_1}$ erhalten, indem das auf den Druck p_1 bezogene Füllungsvolumen V_1 aus der Gleichung $V_1 = \frac{V_b \cdot p_b}{p_1}$ berechnet wird. V_b und p_b beziehen sich auf einen bestimmt der Expansionslinie angehörigen Punkt B[1]).

Als Expansionsgrad gilt für Verbundmaschinen:

$$\varepsilon = \frac{V_2}{V_1} = \frac{\text{schädlicher Raum} + \text{Hubraum des Niederdruckzylinders}}{\text{schädlicher Raum} + \text{Hubraum des Hochdruckzylinders}}.$$

[1]) S. Meyer, Z. 1900, S. 599.

Indikator- und Entropiediagramm der Vergleichsmaschine sind in Fig. 21 wiedergegeben. Dem Spannungsabfall DE entspricht die Kurve konstanten Volumens $D_1 E_1$, die zeigt, daß das Wärmegewicht nicht mehr bei durchweg tiefster Temperatur entzogen wird. Ist der Dampf überhitzt, so wird als Folge der Volumenvergrößerung BC auf BC' zunehmen, der Kurve konstanten Druckes $C_1 C_1'$ im Entropiediagramm entsprechend. Umgekehrt liegt eine Verringerung des Volumens von BC auf BC'' und eine solche des Wärmegewichtes von $B_1 C_1$ auf $B_1 C_1''$ vor, wenn die spez. Dampfmenge $x < 1$.

Heilmann hat in Zeitschr. Ver. deutsch. Ing. 1906, S. 319 darauf aufmerksam gemacht, daß sich bei der verlustlosen Maschine infolge des stärkeren Abfalls der Adiabate gegenüber der Expansionslinie stets ein kleinerer Expansionsenddruck einstellt. Bei kleinen Füllungen zeigt die Vergleichsmaschine Schleifenbildung, so daß unbegründet hohe Gütegrade gefunden werden. Heilmann schlägt deshalb den Expansionsenddruck als maßgebend für den Vergleich vor.

Neuerdings hat Doerfel diese Frage (in den „Technischen Blättern" 1916) behandelt und weist nach, daß der Vergleichsprozeß des V. d. I. auch theoretisch nicht einwandfrei ist.

Fig. 22 zeigt das Diagramm einer wärmedichten Maschine mit schädlichem Raum, vollständiger Expansion und Kompression, die ohne sonstige Verluste vollständig im Überhitzungsgebiet arbeitet. Das Diagramm ist flächengleich dem Diagramm einer Maschine ohne schädlichen Raum. Thermodynamischer Wirkungsgrad in beiden Fällen gleich Eins. Wird nun das Volumen v' des ausgeführten Zylinders oder nach Heilmann der Expansionsenddruck p_e eingetragen, so ist in beiden Fällen das vom Diagramm der wirklichen Maschine abgeschnittene Dreieck größer als das entsprechende Dreieck der Vergleichsmaschine. Der Gütegrad ist sonach kleiner als Eins, trotzdem infolge der adiabatisch angenommenen Vorgänge im ausgeführten Zylinder eine größere Leistung unmöglich ist.

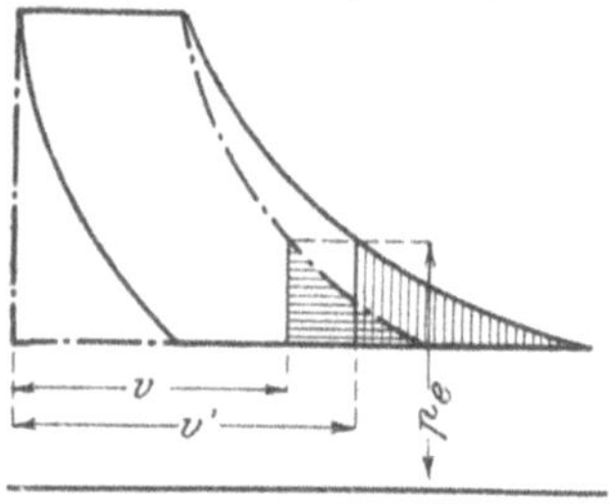

Fig. 22.

Bei kleinen Füllungen und Schleifenbildung kann $\eta_g > 1$ werden.

Doerfel schlägt dementsprechend zum Vergleich einen Prozeß vor, in dem die gleichen Dampfmengen wie in der gegebenen Maschine adiabatisch und verlustfrei bezüglich Dichtheit und Drosselung arbeiten. Bei Verbundmaschinen ist die Untersuchung in Berücksichtigung der verschiedenen Kompressionsinhalte für jeden Zylinder getrennt durchzuführen und die Ergebnisse sind zusamenzufassen (s. Schülesche Berechnung S. 26). Als Gütegrade für die von der Elsäss. Maschinenbau-A.-G. gebaute Stumpfsche Gleichstrommaschine (640×1000, $n = 121$, 12,6 atm. Überdruck, $t = 331^0$, Dampfverbrauch 4,60 kg) findet beispielsweise Doerfel

Gütegrad nach Clausius-Rankine:	63,93 v. Ht.
„ „ den Normen des V. d. I.:	78,06 v. Ht.
„ „ Heilmann:	82,33 v. Ht.
„ „ Vorschlag:	86,02 v. Ht.

4. Wirkungsgrade der Dampfmaschine und ihre Bestimmung.

1. Wirtschaftlicher Wirkungsgrad η_w ist das Verhältnis der effektiven Maschinenleistung zum absoluten Arbeitswert des verbrauchten Brennstoffes.

Ist C = gemessener Brennstoffverbrauch, H dessen Heizwert, so werden pro PS_e/St CH-W.E. verbraucht, denen 427 C · H mkg entsprechen, während in Wirklichkeit 75 · 3600 mkg geleistet werden. Es folgt:

$$\eta_w = \frac{3600 \cdot 75}{427 \cdot C \cdot H} = \frac{632,3}{CH}.$$

Der wirtschaftliche Wirkungsgrad wird mitunter auch auf den Dampfverbrauch bezogen, wobei für H der Wärmeinhalt i einzusetzen ist.

2. Der thermische Wirkungsgrad des Idealprozesses ist das Verhältnis der in der verlustlosen Maschine geleisteten Dampfarbeit L_0 zum mechanischen Äquivalent des Wärmeinhaltes i_1 von 1 kg Dampf.

$$\eta_{th} = \frac{L_0}{427 \cdot i_1}.$$

Da Dampfverbrauch D_0 (in kg für 1 PS-St.) $= \frac{3600 \cdot 75}{L_0} = \frac{270000}{L_0}$ und im Mittel $i_1 = 635$ W.E. für Sattdampf, so folgt für diesen

$$\eta_{th} = \frac{L_0}{271145} \backsimeq \frac{1}{D_0}.$$

3. Der Gütegrad hat die Größe

$$\eta_g = \frac{L_i}{L_0},$$

wenn L_i die in der Maschine tatsächlich indizierte Arbeit angibt.

4. Der indizierte Wirkungsgrad bezeichnet den Bruchteil der Dampfwärme, die in indizierte Arbeit umgesetzt worden ist.

$$\eta_i = \eta_g \cdot \eta_{th} = \frac{L_i}{427 \cdot i_1}.$$

5. Ist η_m = mechanischer Wirkungsgrad der Maschine, so ergibt sich der effektive thermodynamische Wirkungsgrad zu

$$\eta_e = \eta_m \cdot \eta_g \cdot \eta_{th}.$$

Mit η_k als Wirkungsgrad der Kessel- und Leitungsanlage folgt schließlich

$$\eta_w = \eta_k \cdot \eta_m \cdot \eta_g \cdot \eta_{th}.$$

Sehr einfach stellt sich die Ermittlung des Gütegrades an Hand der Mollierschen IS-Tafel[1]).

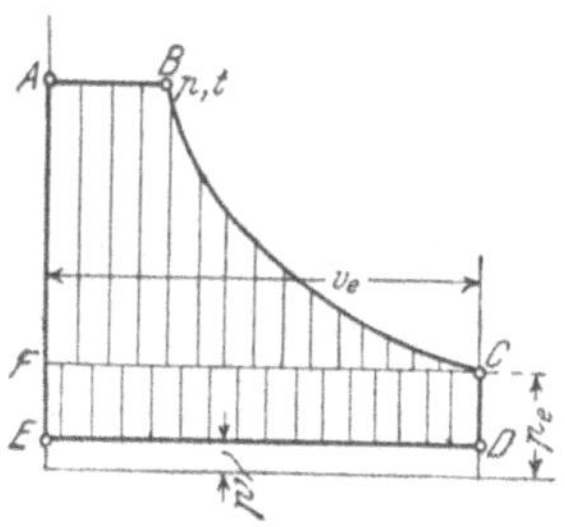

Fig. 23.

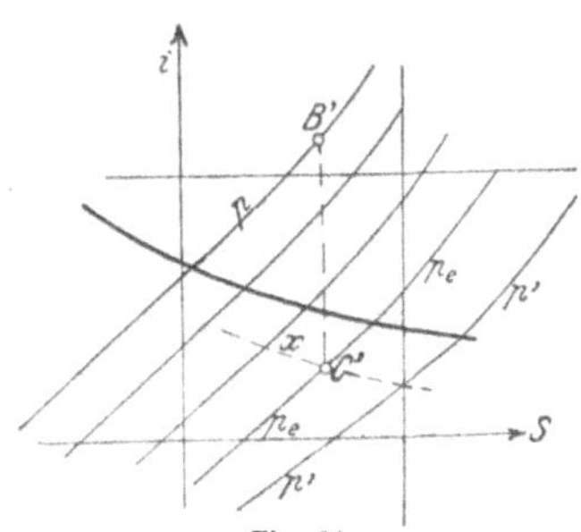

Fig. 24.

Die Arbeit L_0, die 1 kg Dampf in der verlustlosen Maschine höchstens leisten kann, wird in Fig. 23 durch die schraffierte Fläche

[1]) W. Schüle, Zeitschrift Ver. deutsch. Ing. 1911, S. 1506.

ABCDE dargestellt, die in die beiden Teile *ABCF* und *CDEF* zerfällt.

Fläche *ABCF* stellt die bei vollständiger, adiabatischer Expansion von p auf p_e gewonnene Arbeit L_1 dar, die als Strecke $B'C' = i_1 - i_e$ aus der IS-Tafel entnommen werden kann. Fig. 24.

$$L_1 = \frac{i_1 - i_e}{A}.$$

Ist v_e das spezifische Volumen im Punkte *C*, so hat die dem Rechteck *CDEF* entsprechende Arbeit den Wert

$$L_2 = (p_e - p') \cdot v_e.$$

Ist $(v_e)_s$ das Volumen des trockenen Sattdampfes, so wird

$$v_e = x \cdot (v_e)_s.$$

x findet sich aus der IS-Tafel. Wäre der Dampf im Punkte *C* noch überhitzt, so wäre $v_e = \frac{RT}{p} - C$.

Es folgt:

$$AL_0 = i_1 - i_e + A\,(p_e - p') \cdot v_e.$$

Mit $A = \frac{1}{427}$ und für p in at. erhält man in mkg:

$$L_0 = 427\,(i_1 - i_e) + 10\,000\,(p_e - p') \cdot v_e.$$

$$\eta_g = \frac{L_i}{L_0}.$$

Der mittlere Druck des in Fig. 23 dargestellten Diagramms hat den Wert

$$p_m = \frac{427\,(i_1 - i_e)}{10000 \cdot v_e} + p_e - p'.$$

Bei Feststellung des „englischen Gütegrades" (Vergleich mit dem Clausius-Rankine-Prozeß, s. S. 20) wäre zu setzen

$$L_0 = \frac{i_1 - i'}{A},$$

worin i' = Wärmeinhalt beim Druck p'.

e) Dampfverbrauchs-Bestimmung einer verlustlosen Maschine mit vorgeschriebenem Diagramm[1]).

Umrechnung des Dampfverbrauches.

Fig. 25 stellt das zu verwirklichende Diagramm dar. Strecke A_0B entspricht dem Volumen von 1 kg Dampf. Fläche A_0BCC_0 wird im IS-Diagramm durch die Senkrechte $BC = h_e$ W.E. wiedergegeben.

Der Dampfzustand in Punkt E, dem Anfangspunkt der Kompression, ist identisch mit dem Zustand in C' bei vollständiger Expansion. Der Kompressionskurve entspricht im IS-Diagramm die Senkrechte EF (h_c W.E.). Fig. 26.

[1]) Schüle, Technische Thermodynamik. Band I. Berlin. Julius Springer.

Bedeutet G die Durchgangsdampfmenge, G′ die Restdampfmenge, so folgt mit Rücksicht auf den gleichen Dampfzustand in E und C′:

$$\frac{G'}{G + G'} = \frac{D_0 E}{D_0 C'}.$$

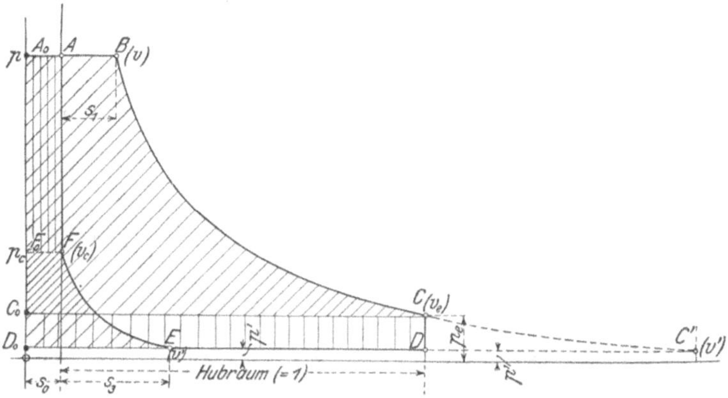

Fig. 25.

Bezüglich der Kompressionskurve verhält sich:

$$\frac{D_0 E}{F_0 F} = \frac{v'}{v_c}.$$

$$D_0 E = F_0 F \cdot \frac{v'}{v_c}.$$

In gleicher Weise ergibt sich für die Punkte C′ und C der Expansionslinie:

$$\frac{D_0 C'}{C_0 C} = \frac{v'}{v_e}, \quad \text{also} \quad D_0 C' = C_0 C \cdot \frac{v'}{v_e}.$$

$$\frac{G'}{G + G'} = \frac{F_0 F \cdot \frac{v'}{v_c}}{C C_0 \cdot \frac{v'}{v_e}}.$$

Die spezifischen Volumina v′, v_c und v_e sind durch die Punkte E, F und C des IS-Diagramms gegeben. Fig. 26.

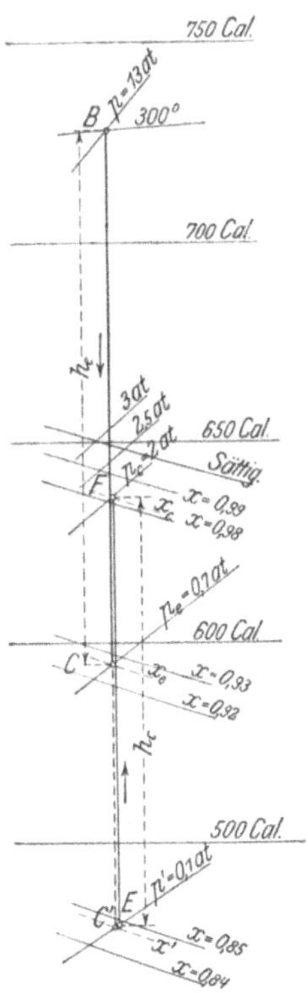

Fig. 26

Mit

$$\frac{F_0 F}{C_0 C} = \frac{s_0}{1 + s_0} \quad \text{und} \quad \frac{G'}{G + G'} = \frac{v_e}{v_c} \cdot \frac{s_0}{s_0 + 1} = \psi$$

wird $G' = \frac{\psi}{1 - \psi} \cdot G; \quad G + G' = \frac{1}{1 - \psi} \cdot G.$

Von 1 kg Frischdampf arbeiten sonach $\frac{1}{1 - \psi}$ kg während der Expansion, $\frac{\psi}{1 - \psi}$ kg während der Kompression.

Es ist nun in W.E.:

$$\text{Fläche } A_0 B C C_0 = + \frac{1}{1-\psi} \cdot h_e.$$

$$C_0 C D D_0 = + \frac{1}{1-\psi} \cdot \frac{1}{427} (p_e - p') \cdot v_e.$$

$$F_0 F E D_0 = - \frac{\psi}{1-\psi} \cdot h_c.$$

$$A_0 A F F_0 = - \frac{\psi}{1-\psi} \cdot \frac{1}{427} (p - p_c) \cdot v_c.$$

Die Summe dieser Flächen ergibt die Arbeit von 1 kg Dampf in der verlustlosen Maschine

$$A L_0 = \frac{1}{1-\psi} (h_e - \psi \cdot h_c) + \frac{10\,000}{427} \frac{1}{1-\psi} [(p_e - p') v_e - \psi (p - p_c) \cdot v_c] \text{ in W.E.}$$

mit p in kg/qcm.

$$\text{Dampfverbrauch:} \quad D_0 = \frac{632{,}3}{A L_0}.$$

$$\text{Thermischer Wirkungsgrad:} \quad \eta_{th} = \frac{A L_0}{i}.$$

Am Ende der Füllung wird in Punkt B der Wärmeinhalt i des Dampfes infolge der Mischung mit dem Restdampf kleiner sein als der Wärmeinhalt i_1 des Frischdampfes.

Es ist

$$\frac{i_1}{i} = \frac{1 - \psi \frac{i_c}{i}}{1-\psi},$$ worin $i_c = i - h' + h_c \cdot$ ($h' = A L_0$ = Gesamtgefälle, im IS-Diagramm durch Strecke BC′ dargestellt.)

Mit diesem Wert $\frac{i_1}{i}$ ist der Wirkungsgrad zu dividieren, der Dampfverbrauch zu multiplizieren.

Beispiel. Maschine mit schädlichem Raum von 4 v. Ht., p = 13 at. abs.; $t = 300^0$; $p_e = 0{,}7$ atm., $p_c = 1$ atm. Gegendruck $p' = 0{,}1$ atm.

Die IS-Tafel ergibt: $x_e = 0{,}927$, $h_e = 132{,}7$ W.E. und für $p_c = 1$, $x_c = 0{,}943$, $v_c = 1{,}622$. $h_c = 78$ W.E.

Nach den Dampftabellen ist: $(v_e)_s = 2{,}40$, sonach $v_e = 0{,}927 \cdot 2{,}40 = 2{,}23$ cbm/kg.

$$\psi = \frac{2{,}23}{1{,}622} \cdot \frac{0{,}04}{1{,}04} = 0{,}0529; \quad \frac{1}{1-\psi} = 1{,}056; \quad \psi \cdot h_c = 4{,}13 \text{ W.E.}$$

$$AL_0 = 1{,}056\,(132{,}7 - 4{,}13) + \frac{10\,000}{427} \cdot 1{,}056\,[(0{,}7 - 0{,}1) \cdot 2{,}23 - 0{,}0529\,(13-1) \cdot 1{,}622] = 143{,}42.$$

$$D_0 = \frac{632}{143{,}4} = 4{,}41 \text{ kg/PS/st.}$$

In gleicher Weise findet sich für einen schädlichen Raum von 2 v. Ht. und

für $p_c = 1$ atm.: $D_0 = 4{,}11$ kg/PS/st.
„ $p_c = 2$ „ : $D_0 = 4{,}06$ „
„ $p_c = 6$ „ : $D_0 = 4{,}02$ „
„ $p_e = 10$ „ : $D_0 = 4{,}04$ „

Für $p_c = 1$ atm. ergibt sonach die Verkleinerung des schädlichen Raumes von 4 v. Ht. auf 2 v. Ht. eine Abnahme des Dampfverbrauches von 4,41 auf 4,11 kg.

Erhöhung der Verdichtung über $p_c = 2$ at. ist von geringem Einfluß auf den Dampfverbrauch.

Der Dampfverbrauch des Vergleichsprozesses mit abgebrochener Expansion nach Fig. 23 folgt aus:

$$L_0 = (i_1 - i_2) \cdot 427 + 10000 \cdot (p_e - p') \cdot v_e = 132{,}7 \cdot 427 + 6000 \cdot 2{,}23 = 70043 \,\text{mkg}.$$

$$D_0 = \frac{270\,000}{70\,043} = 3{,}855 \text{ kg/PS/st.}$$

Kompression und schädlicher Raum bedingen sonach im theoretischen Diagramm einen Verlust von 4,41—3,85 = 0,56 kg.

Eine Gleichstrommaschine, die unter den oben angegebenen Verhältnissen, aber mit $p_c = 10$ atm. einen Dampfverbrauch von 4,6 kg aufweist, zeigt sonach gegenüber dem Diagramm nach Fig. 23 einen Mehrverbrauch von 0,75 kg, gegenüber Fig. 25 von 0,56 kg.

In Umrechnungen, auf gleiche Diagramme bezogen, ist der letztere Wert maßgebend.

Die Nachprüfung des theoretischen Dampfverbrauches der verlustlosen Maschine mit vorgeschriebenem Diagramm ist namentlich dann von Wert, wenn bei Garantieversuchen die den gewährleisteten Verbrauchsziffern zugrunde gelegten Dampfdrucke und Überhitzungstemperaturen nicht zur Anwendung gelangen können. Durch Ausschaltung der im Diagramm selbst liegenden Unvollkommenheiten wird bei der Umrechnung des Dampfverbrauches die Fehlerquelle beschränkt und die Übersichtlichkeit über den Einfluß der Veränderung von Druck und Temperatur erhöht.

Steigerung des Dampfdruckes läßt sich z. B. durch entsprechende, zeichnerische Ergänzung des aufgenommenen Indikatordiagramms berücksichtigen. Wird hierbei die Überhitzungstemperatur mindestens soweit erhöht, daß gleiche Dampfdichte wie bei den Versuchen vorhanden ist, so läßt sich innerhalb enger Grenzen (2—3 at.) annähernd auf gleichen Gesamtdampfverbrauch bei erhöhter Leistung schließen, während der Wärmeverbrauch der wachsenden Überhitzung entsprechend zunimmt.

Genaueren Vergleich der erhaltenen Versuchsergebnisse mit den gemachten Annahmen ermöglicht das für beide Fälle aufzuzeichnende Kondensationsfeld nach Fig. 181.

Selbst die auf die gleiche Maschine bezogenen Umrechnungen haben aber nur bedingten Wert. Die Übertragung der an einer bestimmten Maschine durch Versuche erhaltenen Ergebnisse auf eine zweite Maschine mit anderen schädlichen Räumen, Flächen, Überhitzungstemperaturen usw. ist wertlos.

Was das Verhalten bei veränderlicher Belastung betrifft, so sind gutgebaute Großdampfmaschinen in bezug auf Dampf- und Wärmeverbrauch für die PS_i-Stunde in sehr weiten Grenzen von der Belastung unabhängig. In Fig. 27[1]) sind Versuchsergebnisse von Schröter an einer älteren 1000 PS-Heißdampf-Tandemmaschine von Sulzer wiedergegeben. Für überhitzten Dampf unterscheidet sich der Wärmever-

[1]) Zeitschrift Ver. deutsch. Ing. 1902, S. 809.

brauch bei 500 und 1100 PS_i-Belastung nur um 2,5 v. Ht. des Mittelwertes voneinander.

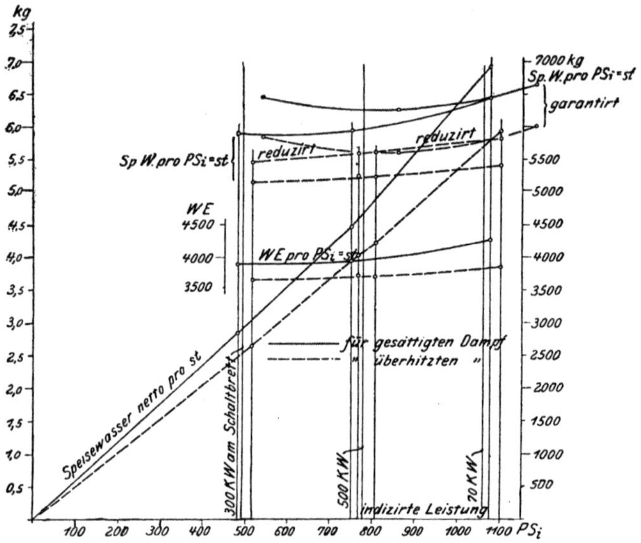

Fig. 27.

Die Kurve „reduziert" gibt die auf gesättigten Dampf umgerechneten Heißdampfverbrauchsziffern an.

Umrechnungen nach Strahl und Graßmann.

1. Strahl nimmt in Zeitschrift Ver. deutsch. Ing. 1904, S. 17 an, daß unter sonst gleichbleibenden Verhältnissen das Produkt $G \cdot v$ annähernd konstant bleibt, also

$$\frac{G_1}{G_2} = \frac{v_2}{v_1} \text{ wird.}$$

Beispiel. Verbundmaschine $\frac{723 \times 1102}{1300}$, $n = 90$, $p = 9{,}40$ atm. abs., $p' = 0{,}24$ atm., $t_1 = 189{,}4^0$,

$$D_i = 5{,}84; \quad D_0 = 4{,}95; \quad \eta_g = 0{,}847.$$

Es ist der Dampfverbrauch für 235⁰ zu berechnen.

$$G_2 = \frac{G_1 \cdot v_1}{v_2}; \quad v_1 = \frac{0{,}0047\,(273 + 189)}{9{,}4} - 0{,}016 = 0{,}215 \text{ cbm/kg.}$$

$$v_2 = \frac{0{,}0047\,(273 + 235)}{9{,}4} - 0{,}016 = 0{,}238 \text{ cbm/kg.}$$

$$G_2 = 5{,}84 \cdot \frac{0{,}215}{0{,}238} = 5{,}256 \text{ kg/PS/st.}$$

Mit $p' = 0{,}201$ wurde durch Versuch ermittelt: $G_2 = 5{,}30$ kg.

2. Graßmann[1]) multipliziert die für gesättigten Dampf gefundenen „unsichtbaren Verluste", d. h. den gegenüber dem Diagramm nach Fig. 25 festgestellten Mehrverbrauch mit einem Wert τ, der für Einzylinder-Kondensationsmaschinen die Größe

$$\tau = \frac{t_s}{t_s + (\alpha + \beta\, t_{ü}) \cdot t_{ü}}$$

hat mit $\alpha = 0{,}35$, $\beta = 0{,}001$.

Für Verbundmaschinen setzt Graßmann

$$\tau = \frac{t_s}{t},$$

wobei sich jedoch diese Umrechnung auf den Mehrverbrauch gegenüber dem Diagramm nach Fig. 23 mit abgebrochener Expansion, aber ohne schädlichen Raum bezieht.

t = Temperatur des Dampfes.
t_s = Temperatur des gesättigten Dampfes.
$t_{ü} = t - t_s$ = Übertemperatur des Dampfes.

---

[1]) Anleitung zur Berechnung einer Dampfmaschine.

B. Die Steuerungen.

Die Steuerung dient dazu, in der Maschine die gewünschte Dampfverteilung herbeizuführen. Je nach der Anzahl der in das Zylinderinnere führenden Kanäle unterscheidet man Steuerungen mit zweifachen und mit vierfachen Dampfwegen. Zu den ersteren gehören die Flach- und Kolbenschiebersteuerungen, zu den letzteren die Ventil- und Corlißsteuerungen.

I. Die Steuerungen mit zweifachen Dampfwegen.

a) Die Steuerungen mit einem Schieber.

1. Die Diagramme von Müller-Seemann und Zeuner.

In Fig. 28^{I} ist die einfachste Form eines Muschelschiebers dargestellt und zwar in dessen Mittellage, bei der die Dampfkanäle von der Weite a um die Beträge e und i überdeckt sind. e wird als äußere, i als innere Überdeckung bezeichnet. Der Schieber wird durch ein Exzenter angetrieben.

Ist I III V VIII in Fig. 29 der Kreis, auf dem sich der Exzentermittelpunkt bewegt, so findet man bei Annahme unendlicher Stangenlänge zu jeder Exzenterstellung die zugehörige Schieberstellung durch Projektion des Exzentermittelpunktes auf den wagerechten Durchmesser III VIII, der gleichzeitig die Schieberbahn darstellt. Zu der Mittelstellung des Schiebers in Fig. 28^{I} gehört demnach die Exzenterstellung $O\,I$.

Steht der Kolben in der Totlage $O\,K$, so soll der betreffende Einlaßkanal schon um das „lineare Voreilen“ v_e geöffnet sein. Fig. 28^{II}. Zu diesem Zweck muß sich der Schieber um den Betrag $e + v_e$ aus seiner Mittellage entfernt haben, wobei das Exzenter in die Lage $O\,II$ gelangt, die der Kurbeltotlage $O\,K$ entspricht. Das Exzenter eilt sonach bei normaler Ausführung der Kurbel um den Winkel $90^0 + \delta$ vor; δ wird der Voreilwinkel genannt.

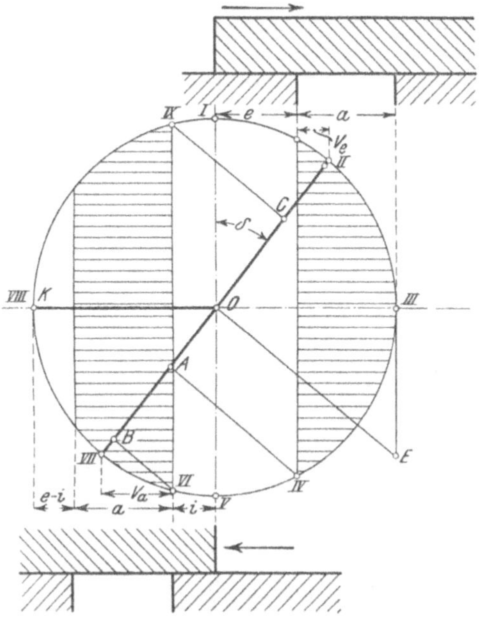

Fig. 29.

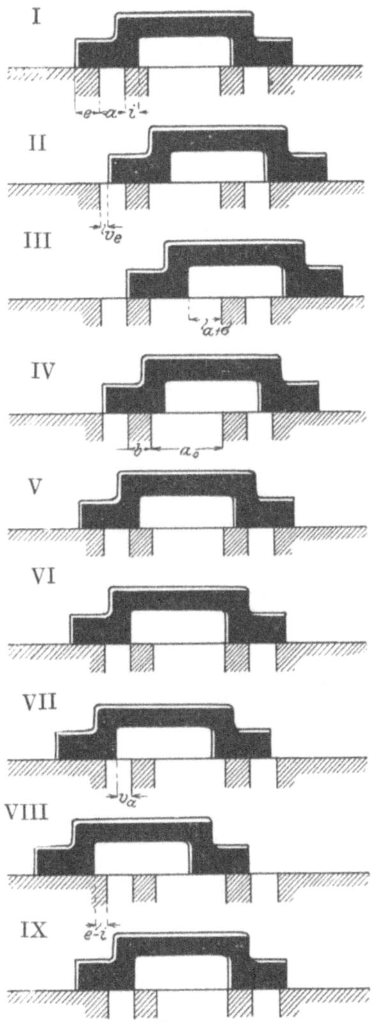

Fig. 28.

Das Müller-Seemannsche Schieberdiagramm gestattet in einfachster Weise, die Schieberbewegung graphisch zu verfolgen. Fig. 29. Schieber und Exzenterstellungen sind gleich bezeichnet.

Lage I. Mittellage. Kanäle um *e* und *i* überdeckt.

Lage II. Kurbel in der Totlage. Exzenter in der Voreilstellung. Einlaßkanal um v_e geöffnet. Entfernung des Schiebers aus der Mittellage $= e + v_e$.

Lage III. Totlage des Schiebers und des Exzenters. Einlaßkanal ganz geöffnet. Entfernung des Schiebers aus der Mittellage $= e + a = r$, wenn $r =$ Exzentrizität.

Lage IV. Der Schieber ist aus der Totlage um *a* nach links zurückgegangen. Die Füllung ist beendigt und hat während der Zurücklegung des Winkels II *O* IV gedauert. Den gleichen Winkel hat selbstverständlich die Kurbel beschrieben, so daß sich durch Projektion des Punktes IV auf den Durchmesser II VII der während der Füllung zurückgelegte Kolbenweg in II *A* findet.

Lage V. Mittellage wie unter I.

Lage VI. Der Schieber hat sich um *i* aus der Mittellage entfernt. Das Exzenter steht in *O* VI, und es beginnt die Eröffnung des Auslaßkanals.

Lage VII. Die Exzenterstellung *O* VII entspricht der rechten Kurbeltotlage. Der Schieber hat den Auslaßkanal schon um die Vorausströmung v_a geöffnet, dem Kolbenweg VII *B* entsprechend.

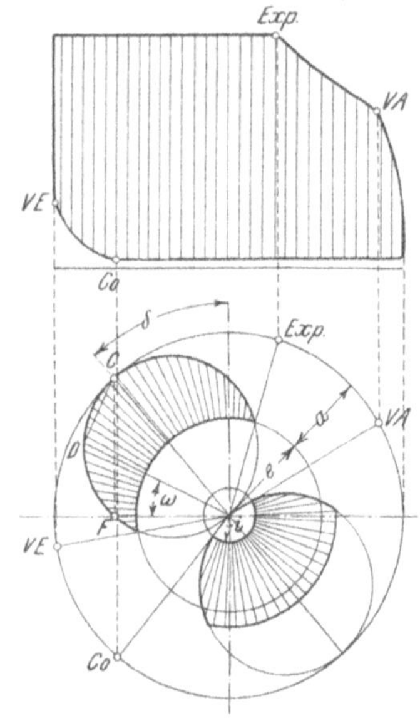

Fig. 30.

Lage VIII. Exzenter und Schieber in der linken Totlage; der Schieber überschleift den Kanal um den Betrag *e*—*i*.

Lage IX. Der Kanal ist geschlossen, und es beginnt die Kompression, die während des Kurbelwinkels IX*O*II andauert. Entsprechender Kolbenweg = II*C*.

Wird die Exzentrizität $r = e + a$ gewählt, wie hier vorausgesetzt, so ist der Dampfkanal in der Mittelstellung des Kolbens, in der dieser seine größte Geschwindigkeit hat, nur noch zum Teil geöffnet.

Soll die daraus folgende Eintrittsdrosselung vermieden werden, so muß das Exzenter die Größe $r' = \frac{e + a}{\cos \delta} = OE$ erhalten, falls der Dampfkanal in der der Kolbenmittelstellung entsprechenden Exzenterlage ganz geöffnet sein soll.

Eine andere ebenfalls viel gebräuchliche Darstellung der Schieberbewegung ergibt sich mittelst des Zeunerschen Diagramms, Fig. 30.

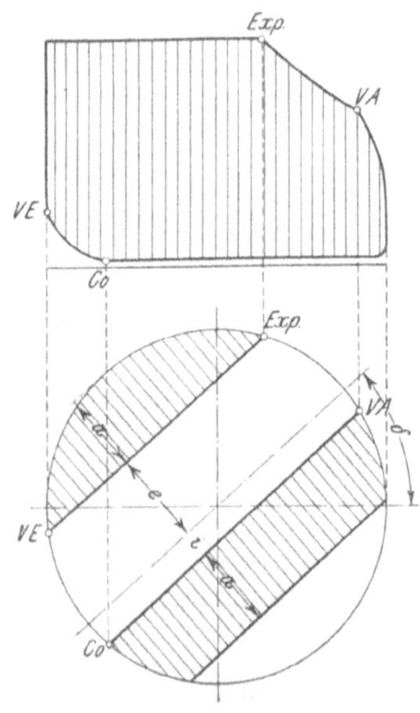

Fig. 31.

Bewegt sich die Kurbel um den Winkel ω aus der Totlage heraus, so entfernt sich das Exzenter um den gleichen Winkel aus seiner Voreillage, und der Schieberausschlag berechnet sich aus der Fig. 29 zu

$$\zeta = r \cdot \sin(\omega + \delta),$$

so daß für jeden Kurbelwinkel ω — und also auch für jede Kolbenstellung — der zugehörige Schieberaussschlag festgestellt werden kann. Diese Gleichung für ζ ist nun die Polargleichung zweier Kreise vom Durchmesser r, die sich im Pol *O* berühren. Die Lage der Kreise ist dadurch bestimmt, daß die Zentrale *CO* mit der Senkrechten den Winkel δ einschließt.

Zieht man unter dem Winkel ω einen Radius Vektor *OD*, so ist im

Dreieck OCD die Strecke $OD = OC \cdot \sin OCD = OC \cdot \sin (OCF + FCD) = r \cdot \sin (\omega + \delta)$.

Der Radius Vektor für irgend einen Kurbelwinkel ω gibt also den Schieberausschlag für diesen Winkel an, und zwar sind aus dem oberen positiven Schieberkreis die Ausschläge des Schiebers nach rechts, aus dem unteren negativen Kreis die Ausschläge nach links zu entnehmen. Schlägt man in der ersichtlichen Weise mit e und i um 0 Kreise, so ist in den Schnittpunkten dieser mit den Schieberkreisen die Dampfverteilung vollständig gegeben.

Das Müller-Reuleauxsche Diagramm nach Fig. 31, das gegen Fig. 29 um $90^0 + \delta$ verdreht ist, veranschaulicht ebenfalls die unmittelbare Abhängigkeit des Dampfdiagramms vom Schieberdiagramm. Wird von der beabsichtigten Dampfverteilung ausgegangen, so ist, nach Annahme der Füllung, der Voreilwinkel δ nahezu festgelegt, da das lineare Voreilen keine bedeutenden Änderungen zuläßt. Linie $VACo$ muß parallel zur e-Linie liegen, so daß nach Annahme der Kompression auch die Vorausströmung — oder umgekehrt — bestimmt ist.

Die Schieberabmessungen werden in der Weise festgestellt, daß nach Aufzeichnung des Schieberdiagramms die in diesem beliebig angenommene Kanalbreite mit der aus der Berechnung sich ergebenden Kanalbreite verglichen wird. Mit dem Verhältnis dieser beiden Werte sind sodann die Strecken e und i im Diagramm zu multiplizieren, um die Ausführungsmaße der Überdeckungen zu erhalten.

Der Kanalquerschnitt F wird aus der von Radinger aufgestellten Beziehung

$$F = a \cdot h = \frac{O \cdot c}{u}$$

ermittelt, worin:

h = Kanalhöhe, a = Kanalweite.

O = Kolbenfläche.

$c = \frac{n\,s}{30}$ = mittlerer Kolbengeschwindigkeit.

u = mittlerer Dampfgeschwindigkeit.

Hieraus wird a bestimmt, indem man h bei Schiebermaschinen zum 0,55 bis 0,8 fachen des Zylinderdurchmessers wählt. Die Weite des Auspuffkanals im Zylinder wird mit Rücksicht darauf bestimmt, daß in der Schiebertotstellung III, Fig. 28, bei der die stärkste Verengung des Auspuffkanals stattfindet, dieser noch um $a + \sigma$ geöffnet ist. σ stellt eine Zugabe dar, um mit Sicherheit eine Drosselung des abziehenden Dampfes zu verhüten.

Was die Dampfgeschwindigkeit betrifft, so setzt man nach Radinger meist u = 30 m/sek. Nach Doerfel hängt u von der Größe des Dampfdruckes ab.

Doerfel setzt für:

p =	5	8	11	kg/qcm Eintrittspannung
u =	40	30	25	m/sek.

Zu annähernd denselben Werten gelangt Schüle auf Grund theoretischer Untersuchungen[1]). Für überhitzten Dampf wählt man größere Werte, durchschnittlich u = 40 m/sek.

[1]) Zeitschr. Ver. deutsch. Ing. 1906. S. 1900 u. f.

Bei den Steuerungen mit vierfachen Dampfwegen werden die Auslaßquerschnitte namentlich bei Kondensationsmaschinen reichlicher bemessen, um die Luftleere des Kondensators möglichst unvermindert in den Dampfzylinder hineinzubringen.

Eine Grenze ist durch die Größe des mit wachsendem Auslaßquerschnitt zunehmenden schädlichen Raumes gegeben.

Meist wird hier u = 25 m/sek. gewählt.

Beispiel. Für eine Schiebermaschine von 300 mm Durchmesser, 500 mm Hub und 120 $^{\text{Uml.}}/_{\text{Min.}}$ ist der Muschelschieber zu zeichnen. Die Kanalhöhe h werde zu $0{,}65\,D = 195$ mm gewählt. Die Füllung betrage 65 v. Ht., die Kompression 15 v. Ht.

Nach diesen Angaben werden

$$O = \frac{D^2 \cdot \pi}{4} = 706 \text{ qcm} \qquad F = \frac{O \cdot c}{30} = \frac{706 \cdot 2}{30} = 47 \text{ qcm}$$

$$c = \frac{n\,s}{30} = \frac{120 \cdot 0{,}5}{3} = 2 \text{ m/sek} \qquad a = \frac{F}{h} = \frac{47}{19{,}5} \backsim 25 \text{ mm.}$$

Die verlangte Dampfverteilung sei im Diagramm der Fig. 31 in natürlicher Größe dargestellt, in dem die Kanalweite $a = 10$ mm, so daß der Maßstab, mit welchem die Strecken $e = 15$ und $i = 3{,}5$ mm zu multiplizieren sind, sich zu $\frac{25}{10} = 2{,}5$ ergibt. Demnach sind auszuführen:

die äußere Überdeckung $e = 2{,}5 \cdot 15 \backsim 38$ mm,
die innere Überdeckung $i = 2{,}5 \cdot 3{,}5 \backsim 9$ mm,
die Exzentrizität $r = e + a = 38 + 25 = 63$,
der Voreilwinkel δ.

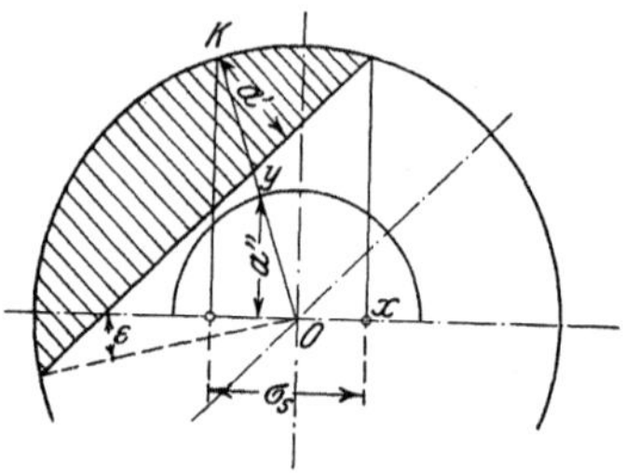

Fig. 32.

Prof. Graßmann schlägt eine einfache Bestimmung des Diagramm-Maßstabes auf Grund des zulässigen Drosselweges σ_s vor, Fig. 32[1]).

Nach Auftragen des Drosselweges σ_s vom Endpunkt x der Füllung ab wird die Kurbelstellung OK und die zu ihr gehörige Kanalöffnung a' gefunden. Mit $a = \frac{O \cdot c}{u_d \cdot h}$ (h = Kanalhöhe) wird ein Kreis geschlagen, der die Kurbellage OK in y schneidet. a'' ist die erforderliche Kanaleröffnung, demnach der Maßstab durch $\frac{a''}{a'}$ gegeben.

Nach Graßmann kann man in der Regel einen Drosselweg von 0 bis 50 v. Ht. des Füllungsweges zulassen, bei kleinen Füllungen mehr.

2. Die Schieberellipse.

Während aus dem Diagramm von Müller und Zeuner Beginn und Abschluß der einzelnen Dampfverteilungsphasen leicht ersichtlich sind, zeigt die Schieberellipse die Kanalöffnungen während der Füllung

[1]) R. Graßmann, Anleitung zur Berechnung einer Dampfmaschine. $u_d \leqq 70$ m/sek = Dampfgeschwindigkeit, bei der gedrosselt wird.

und Ausströmung. Die Schieberellipse entsteht, wenn zu den Kolbenstellungen als Abszissen die zugehörigen Ausschläge des Schiebers aus seiner Mittellage als Ordinaten aufgetragen werden. Fig. 33.

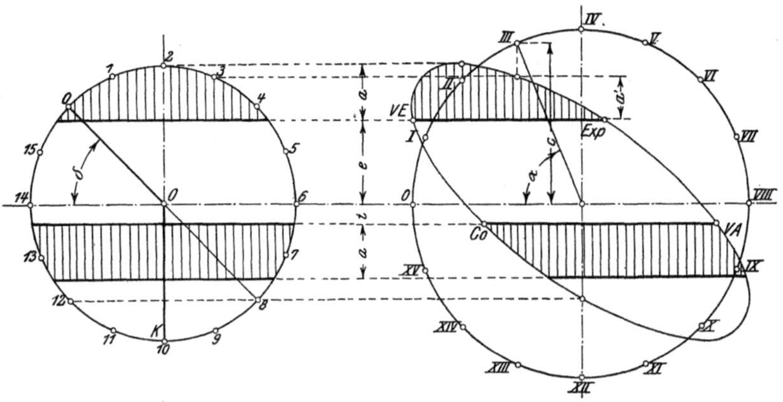

Fig. 33.

Die Umfänge von Kurbelkreis und Exzenterkreis, deren Durchmesser beliebig sein kann, werden in eine gleiche Anzahl von Teilen zerlegt, wobei auf dem Kurbelkreis von der linken Totlage, auf dem Exzenterkreis von der Voreilstellung *O* des Exzenters ausgegangen wird.

Die Schnittpunkte der durch die Teilpunkte 0, 1, 2, 3 des Exzenterkreises gelegten Wagerechten mit den durch die gleichbezeichneten Teilpunkte 0, I, II, III des Kurbelkreises gelegten Senkrechten sind Punkte der Ellipse. Werden im Abstande e und i vom Mittelpunkt des Kurbelkreises Wagerechte gezogen, so geben die Überragungen der Ellipse über diese Linien die Kanaleröffnungen an.

Ermittelt man zu jeder Stellung des Kolbens dessen Geschwindigkeit, so läßt sich mittelst den aus dem Diagramm abzugreifenden Kanaleröffnungen die Dampfgeschwindigkeit für jede Kolbenstellung feststellen.

Wird die größte Kolbengeschwindigkeit $c_{max} = \frac{\pi s \cdot n}{60}$ durch den Radius *O*IV dargestellt, so kann für jede andere Stellung des Kolbens dessen Geschwindigkeit durch das Verhältnis der zugehörigen Ordinate zum Radius *O* IV erhalten werden, unendliche Pleuelstangenlänge vorausgesetzt. Für die im Beispiel S. 36 erwähnte Maschine wird

$$c_{max} = \frac{0{,}5 \cdot \pi \cdot 120}{60} = 3{,}14 \text{ m/sek.}$$

Verhält sich die neue Ordinate zu *O* IV wie 35 : 50, so ist in der neuen Stellung die Geschwindigkeit des Kolbens $c_x = \frac{35}{50} \cdot 3{,}14 = 2{,}2$ m/sek.

Die erforderliche Kanaleröffnung muß die Größe $a_x = \frac{O \cdot c_x}{u_d \cdot h}$ erhalten, worin u_d diejenige Dampfgeschwindigkeit bedeutet, bei der beschleunigte Drosselung stattfindet. Der Eintritt stärkerer Krümmung der

Füllungslinie ist nicht an eine bestimmte Dampfgeschwindigkeit gebunden, sondern hängt nach Schüle[1]) von der Dampfgeschwindigkeit ab, die der Bemessung der Steuerungskanäle zugrunde gelegt wurde. Für die meist gebräuchlichen Werte $u = 30$ bis 40 m/sek. beträgt $u_d = 60$ bis 80 m/sek.

Nach Versuchen Gutermuths (Z. 1904, S. 329 u. f.) ergibt sich das Verhältnis der Drucke vor und hinter der Durchflußöffnung:

$$\text{für } u_d = 60 \quad \text{zu } \frac{p_2}{p_1} = 0{,}987 \text{ oder } \frac{\Delta p}{p_1} = 0{,}013,$$

$$\text{für } u_d = 100 \quad \text{zu } \frac{p_2}{p_1} = 0{,}975 \text{ oder } \frac{\Delta p}{p_1} = 0{,}025,$$

wenn $\Delta p = p_1 - p_2$.

Bei 8 at. Dampfdruck würde demnach ein Druckabfall von

$$0{,}013 \cdot 8 = 0{,}104 \text{ at. bei } 60 \text{ m/sek}$$

Geschwindigkeit und von

$$0{,}025 \cdot 8 = 0{,}2 \text{ at. bei } 100 \text{ m/sek}$$

Geschwindigkeit stattfinden.

Für $u_d = 60$ wird im vorliegenden Fall:

$$a_x = \frac{706 \cdot 2{,}2}{60 \cdot 19{,}5} = 13{,}3 \text{ mm.}$$

Die Auftragung der für die verschiedenen Kolbenstellungen erforderlichen Kanalöffnungen ergibt die sogenannte Drosselungskurve, Fig. 34, in deren Schnittpunkt z mit der Schieberellipse der Druckabfall auf obigen Betrag steigt. Soll die Drosselung nur während des Kolbenweges y' andauern, so wäre, der größeren Kolbengeschwindigkeit und der kleineren Eröffnung entsprechend, der freigelegte Kanalquerschnitt von a_1 auf a_2 zu vergrößern.

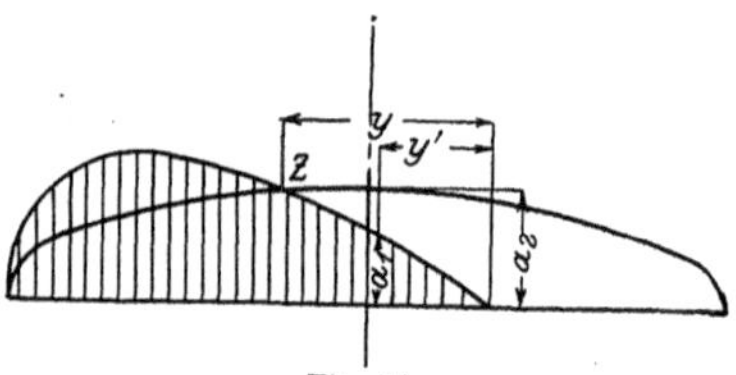

Fig. 34.

3. Die Abarten des gewöhnlichen Muschelschiebers.

Der Tricksche Schieber.

Diesem Schieber, Fig. 35, ist eigentümlich, daß er zur Erzielung doppelter Einströmung mit einem Hilfskanal, dessen Weite meist $\frac{a}{2}$ beträgt, versehen ist. Wird der Einlaßkanal durch die steuernde Außenkante des Schiebers freigelegt, so überschleift der Hilfskanal auf der entgegengesetzten Seite den Schieberspiegel, so daß auch durch ihn der Dampf zuströmen kann. Mit dem Trickschen Schieber kann entweder eine schnellere Wirkung der Steuerung, also ein rascheres Öffnen und Schließen der Steuerkanäle und damit eine Vermeidung der Drosselung, oder eine

[1]) Zeitschr. Ver. deutsch. Ing. 1906. S. 1992.

Verkürzung des Schieberhubes und dadurch Verringerung der Schieberreibung und der Abmessungen des Schieberkastens erreicht werden.

Im ersteren Falle erhält die Exzentrizität dieselbe Größe wie die des entsprechenden Muschelschiebers. Das Schieberdiagramm Fig. 36 zeigt, daß vom Punkte der Einströmung ab sich die Kanalöffnungen verdoppeln, bis sie die Größe a erreicht haben. In gleicher Weise wird der Kanal geschlossen. Sonach ist nach Zurücklegen eines Kurbelwinkels α, entsprechend k v. Ht. Kolbenweg, der Kanal schon ganz geöffnet, so daß eine Drosselung des Frischdampfes nicht stattfinden kann. Der Dampfauslaß geht in gleicher Weise wie beim Muschelschieber vor sich.

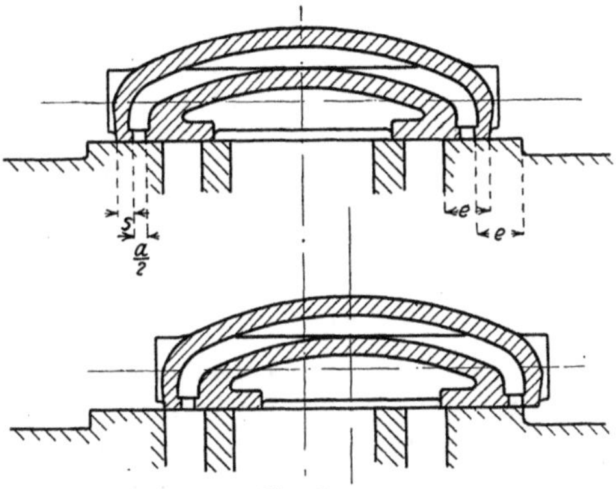

Fig. 35.

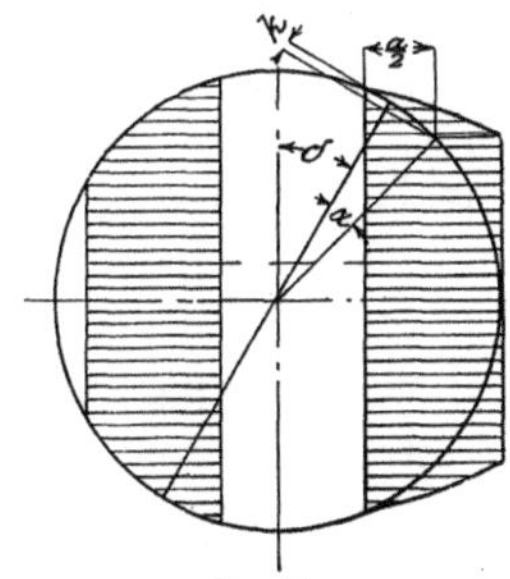

Fig. 36.

Im zweiten Fall erhalten Exzentrizität und Überdeckungen die Hälfte der Größe wie beim einfachen Muschelschieber, also $i_1 = \frac{i}{2}$; $e_1 = \frac{e}{2}$; $r_1 = \frac{r}{2}$. Öffnung und Schluß gehen hierbei in derselben Weise wie beim Muschelschieber vor sich, da die Vorteile der doppelten Eröffnung durch die auf die Hälfte verminderte Schiebergeschwindigkeit aufgehoben werden. Bei dieser Anordnung mit halbem Schieberhub wird die Ausströmung des Abdampfes verschlechtert, und es ist darauf zu achten, daß $r_1 > a + i_1$, da sonst der Auslaßkanal nicht mehr ganz geöffnet wird.

In beiden Fällen muß der Kanal im Schieberspiegel die Weite a + s haben, damit keine Verengerung desselben um die Stegbreite s stattfindet. Im übrigen können auch Zwischenwerte für die Exzentrizität gewählt werden; es findet dann sowohl Hubverkürzung als auch Beschleunigung der Steuerwirkung statt.

Schieber mit Überströmung.

Eine Erweiterung des Hilfskanals um soviel, daß er in der Mittellage des Schiebers — also wenn die Kurbel um den Winkel δ vor der Totlage steht — beide Zylinderkanäle nach Fig. 37 miteinander verbindet, führt während der Zurücklegung des Schieberweges $2c$ Überströmung herbei: der Dampf strömt von der Kolbenseite mit höherer Spannung auf diejenige mit niederer Spannung über. Dadurch wird bei Kondensationsmaschinen die Kompression bei gleichzeitiger Verbesserung der Ausströmung erhöht, während bei Auspuffmaschinen die Kompression ermäßigt wird.

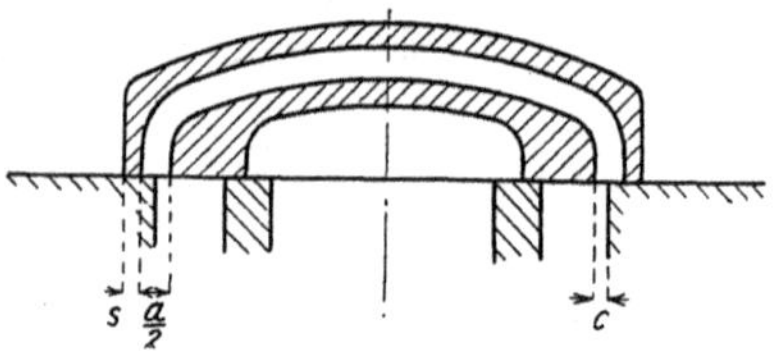

Fig. 37.

Soll der Trickscher Schieber mit Überströmung für kleinere Füllungen zur Anwendung gelangen, so wird die äußere Überdeckung e und damit auch die Stegbreite s sehr groß. Der Einlaßkanal muß an der Mündung die Weite $a + s$ erhalten, und der Schieber wird sehr lang. Dieser Übelstand wird durch Anwendung des Trick-Weißschen Schiebers vermieden, der außer der Überströmung auch noch doppelte Eröffnung des Auslaßkanals gestattet[1]).

Der Pennsche Schieber.

Dieser gibt ebenso wie der Trick-Weißsche Schieber doppelte Eröffnung, sowohl für den Einlaß als auch für den Auslaß, ohne jedoch Überströmung zu ermöglichen. Der Zylinderkanal läuft an der Mündung in zwei engere Kanäle von der Weite $a' = \frac{a}{2}$ aus. Zwei quer in den Schieber eingebaute Stege sind seitlich erweitert und stehen mit dem Schieberkasten in Verbindung, so daß durch sie der Frischdampf zuströmen kann. Die Art der Ein- und Ausströmung des Dampfes ist aus Fig. 38 ersichtlich. Es ist darauf zu achten, daß die Öffnungen am Schieberspiegel durch überschleifende Kanten nicht verengt werden. Der Pennsche Schieber findet am häufigsten Verwendung bei Schiffsmaschinen, um einen möglichst geringen Schieberhub zu erhalten. Selbstverständlich läßt sich auch hier durch Vergrößerung des Schieberweges eine Beschleunigung der Steuerwirkung erreichen. Die große Auflagerfläche dieses Schiebers und die Entlastung eines Teiles der Schieberfläche verursachen bei halber Exzentrizität geringere Abnutzung der Flächen und kleinere Reibungsarbeit als beim Muschelschieber. Versieht man den Pennschen Schieber nach Fig. 39[2]) noch mit einem Trick-Kanal, so erhält man dreifache Einströmung und doppelte Ausströmung.

Die entlasteten Schieber.

Die Anwendung der Flachschieber verursacht bei höherem Dampfdruck — etwa über 8 at — große Schwierigkeiten, da infolge des großen spez. Flächendruckes das Schmieröl zwischen den gleitenden Flächen fortgepreßt wird und das mit Zerstörung der Gleitflächen ver-

[1]) Weiß, Kondensation. (Verlag von Julius Springer in Berlin.)
[2]) Nach einer Ausführung der „Sundwiger Eisenhütte", Sundwig i. W.

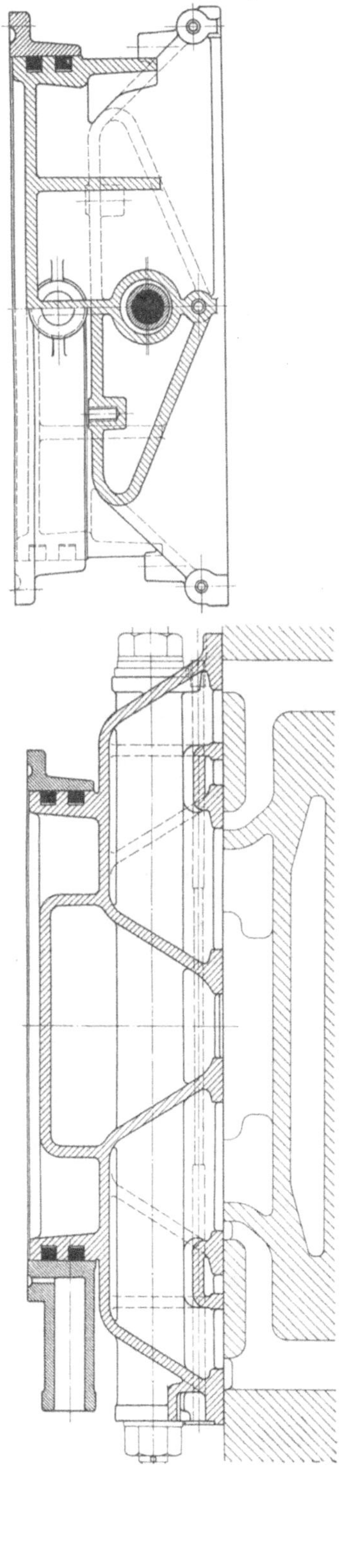

Fig. 38.

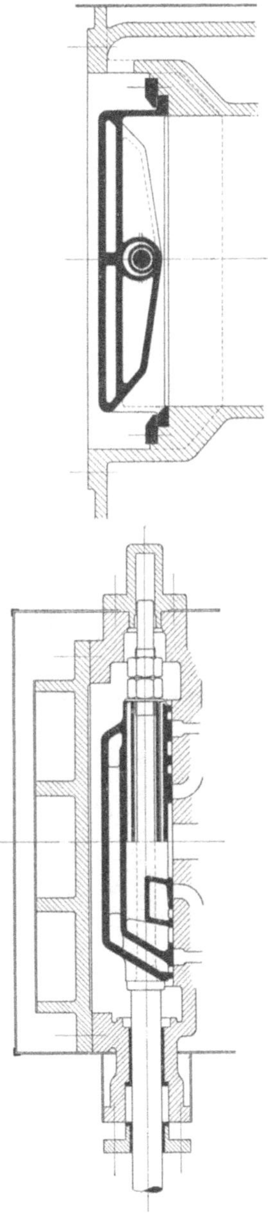

Fig. 39.

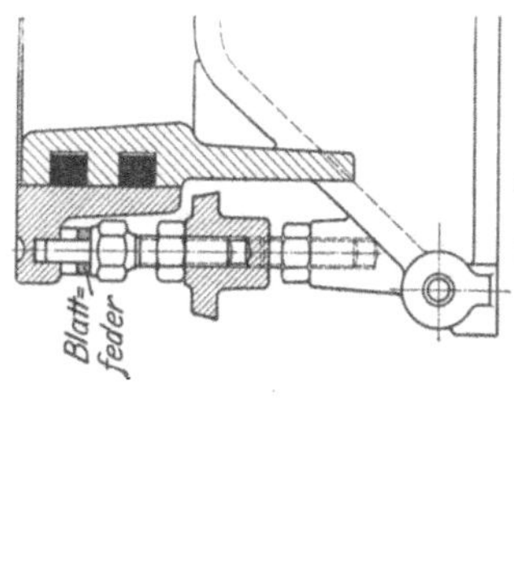

Fig. 38 a.

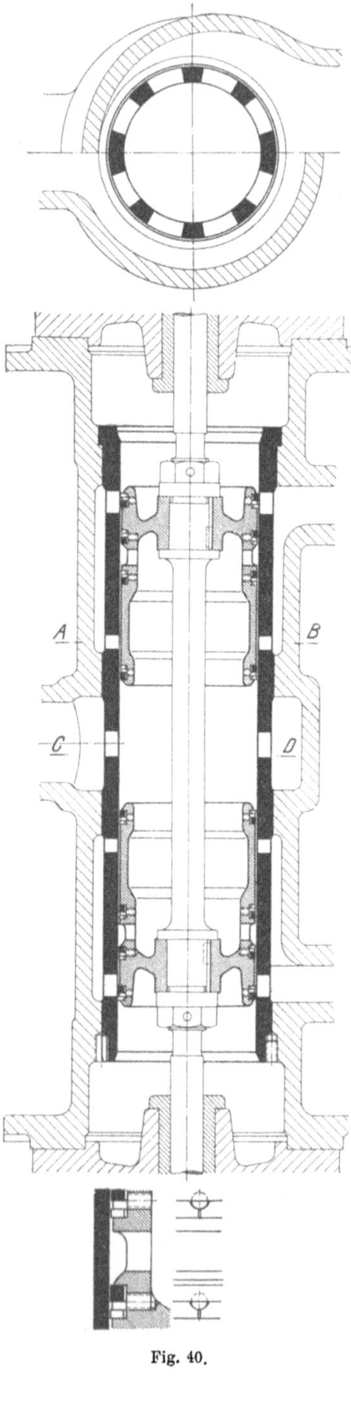

Fig. 40.

bundene „Fressen" des Schiebers eintritt, das sich nach außen hin durch knurrendes Geräusch bemerkbar macht. Der Flächendruck pro qcm läßt sich zwar durch Vergrößerung der tragenden Flächen vermindern; hiermit tritt aber gleichzeitig eine Vermehrung des auf dem Schieber lastenden Gesamtdruckes und der Reibungsarbeit auf. Die für den zulässigen Flächendruck geltenden Werte sind von der Ausführung, Schiebergeschwindigkeit, Art der Schmierung und besonders von der Güte des Schmiermaterials abhängig.

Da über die zwischen Schieber und Schieberspiegel herrschende Spannung Bestimmtes nicht bekannt ist, so setzt man bei Berechnung des Flächendruckes am zweckmäßigsten voraus, daß auf der Schieberfläche ein Druck von der Größe der höchsten Eintrittsspannung laste, und daß ein Gegendruck nicht vorhanden sei. Unter diesen Annahmen ist bei bester Ausführung und Schmierung ein spez. Auflagerdruck bis zu 25 $^{kg}/_{qcm}$ zulässig, doch ist es ratsam, in gewöhnlichen Ausführungen, namentlich bei größeren Schiebergeschwindigkeiten, 20 $^{kg}/_{qcm}$ nicht zu überschreiten.

Anwendung der Schieber auch für höchsten Dampfdruck und Verringerung der Reibungsarbeit wird durch Entlastung erreicht.

Der Kolbenschieber. Dieser entsteht, wenn der Querschnitt eines Flachschiebers als erzeugende Fläche eines Umdrehungskörpers benutzt wird. Zum Zweck vollständiger Entlastung müssen die Kanäle im Schieberspiegel rundgeführt werden, so daß die von allen Seiten wirkenden Dampfdrucke sich aufheben. Der schädliche Raum wird dadurch stark vergrößert. Der Kolbenschieber eignet sich besser für senkrechte als für wagerechte Anordnung, da in diesem Fall das Schiebergewicht einseitige Abnutzung und Undichtheiten verursacht.

Die Schieber werden entweder durch Einschleifen oder vermittelst Liderungsringe (Fig. 40)[1]) abgedichtet.

Sehr häufig werden die Kolbenschieber mit Inneneinströmung ausgeführt. Der Schieberkasten ist mit Abdampf gefüllt, so daß die Stopfbüchsen nur gegen diesen abzudichten brauchen, eine Bauart, die sich besonders für hohen Druck und überhitzten Dampf eignet. Fig. 40. Der Abdampf kann hierbei entweder durch einen, die beiden Schieberkastenenden verbindenden angegossenen Kanal, oder durch eine besondere Rohrleitung abgeführt werden; in gleicher Weise wird bei äußerer Einströmung der Frischdampf zugeführt.

Bei Kolbenschiebern mit innerer Einströmung ist der veränderten Bewegungsrichtung entsprechend das Exzenter entgegengesetzt aufzukeilen, so daß es der Kurbel um $90^0 - \delta$ nacheilt.

Wird der Dampf nur von einer Seite her zu- oder abgeführt, so muß statt der zwei Scheibenkolben ein rohrförmiger Schieber angewendet werden, dessen innerer Querschnitt nach Abzug der Rippen die erforderliche Durchgangsfläche für den Dampf ergeben muß.

Dem am Umfang stetig zunehmenden Dampfzufluß entsprechend nehmen die rundgeführten Kanäle entweder in radialer oder axialer Richtung zu. Letztere Ausführungsweise, die eine bequemere Verkleidung des Schieberkastens erlaubt, setzt wegen der gleichbleibenden Kanalbreite im Schieberspiegel den Einbau einer Büchse voraus. Diese findet ihrer leichten Auswechselbarkeit halber auch sonst häufig Verwendung. Der Kanal ist hierbei — um den Zusammenhang zwischen den einzelnen Teilen der Büchse herzustellen — mit Stegen zu versehen, die zur Vermeidung von Gratbildung am Schieber schräg gesetzt werden. Die Verengerung der Kanäle durch die Stege ist bei der Bemessung der Kanalquerschnitte zu berücksichtigen.

Ein von der Steuerung abgekuppelter Kolbenschieber kann bei abgeschlossenem Dampfeinlaßventil leicht von Hand bewegt werden. Nach Erhöhung des Dampfdruckes im Schieberkasten wird plötzlich ein bedeutender Widerstand bemerkbar, da die Schmiermittelschicht

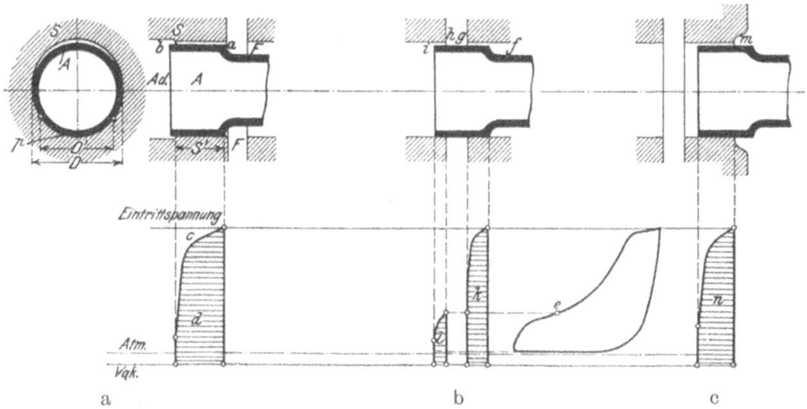

Fig. 41.

[1]) Ausführung der Maschinenbau-Gesellschaft Karlsruhe. Maßstab 1 : 5.5.

zwischen den Schleifflächen fortgepreßt wird. Diese Erscheinung ist auf die unvermeidliche Abnutzung zurückzuführen, wodurch Anliegen eines Teiles des Umfanges und damit Wegfall der Entlastung verursacht wird. Verminderung der Entlastung wirkt infolge der Rückwirkung namentlich bei Flachregler-Steuerungen störend.

Die Fig. 41 stellt die Verhältnisse für verschiedene Lagen eines Schiebers dar. Es bedeuten: *F* Frischdampfraum, *Ad* Abdampfraum. Linie *c* gibt die Druckverminderung des über *a* durchströmenden Frischdampfes wieder. Da der Schieber unten vollständig dicht schließt, so wird das Diagramm hier durch die absolute Nulllinie begrenzt. Aus Fläche *d* folgt der mittlere Belastungsdruck p_m. Der den Schieber belastende Druck ist durch das Produkt aus p_m und der Fläche *D'S'* gegeben (Becher, Zeitschrift Ver. deutsch. Ing. 1913, S. 184).

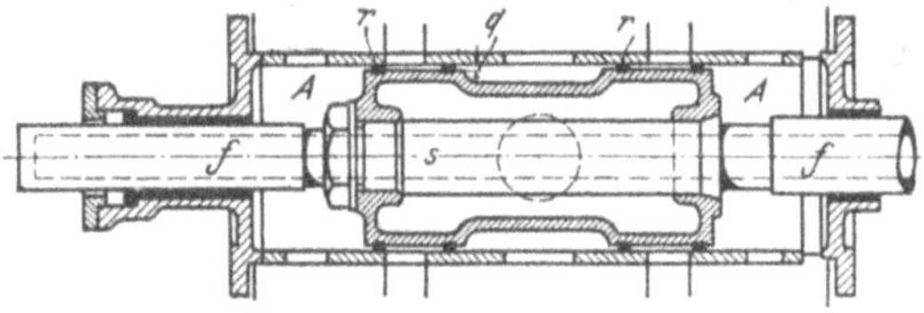

Fig. 42.

Fig. 41b. Der Frischdampf geht über *g* in den Zylinder, der Arbeitsdampf vom Zustand *e* des Dampfdiagramms über *h* nach dem Abdampfraum. Hiernach sind *l* und *k* die Belastungsflächen.

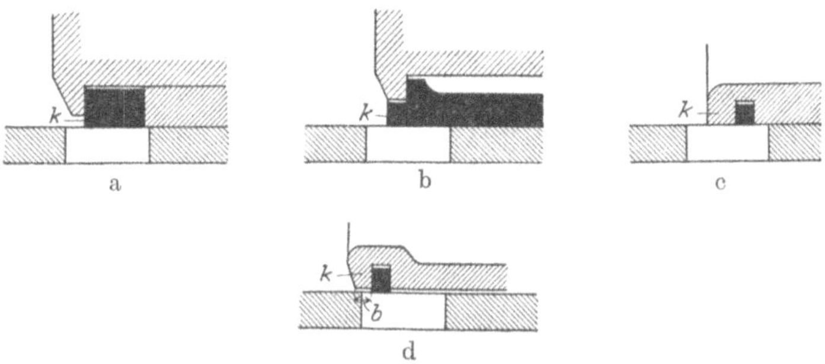

Fig. 43.

Fig. 41c. Auslaß geöffnet. Der Frischdampf entweicht bei *m* in den Auspuffraum.

Demgegenüber schlägt Becher vor, das Anliegen des Schieberkörpers an die Buchse durch Tragflächen, die außerhalb des Hochdruckdampfraumes liegen, zu verhindern. In Fig. 42 trägt die Stange den freischwebenden Schieber. Bei innerer Einströmung liegen die Führungen *f* im Abdampfraum. Schmale Liderungsringe *r* verhindern Undichtheit durch das von Anfang an vorhandene Spiel *q*. Nach Fig. 43 *d* werden die Schieber zweckmäßig in der Weise ausgeführt, daß die steuernden

Kanten dem abstehenden Schieberkörper zugeteilt werden. Infolge der bei Kolbenschiebern meist zu findenden größeren Arbeitsgeschwindigkeit macht sich der undichte Abschluß während des Weges *b* wenig bemerkbar. Die Ausführung nach Fig. 43b ist wegen des Aufbringens nur bei Schiebern von größerem Durchmesser angebracht; die verhältnismäßig geringe Auflagerfläche an den Stirnseiten dieser Ringe führt schnellen Verschleiß und Schlag herbei.

Schieber mit Entlastungsraum. Bei diesen wird die Rückseite des Schiebers ganz oder zum Teil gegen den Schieberkastendruck abgedichtet, so daß über dem Schieber ein Entlastungsraum entsteht, der mit der äußeren Atmosphäre oder dem Kondensator in Verbindung steht. In letzterem Fall kann der Entlastungsraum — und damit die Größe der Dichtungsflächen — besonders klein gewählt werden. In Fig. 38 ist eine derartige Entlastung dargestellt.

Der die Abdichtung bewirkende Ring wird nach Fig. 38a durch einstellbare Blattfedern gegen die Gleitfläche des Schieberkastendeckels gepreßt. Nach außen federnde Spannringe dichten den Entlastungsraum gegen den Schieberkasten ab.

Offene Schieber. Der Schieber von rechteckigem Querschnitt gleitet zwischen Schieberspiegel und einstellbarer Gegenplatte. Die Herstellung ist sehr kostspielig, die Verwendung in Deutschland selten.

b) Die Einschieber-Expansions-Steuerungen.

Werden Voreilwinkel und Hub des Exzenters verstellt, so wird die gesamte Dampfverteilung geändert, was zur Ausführung von Expansions-

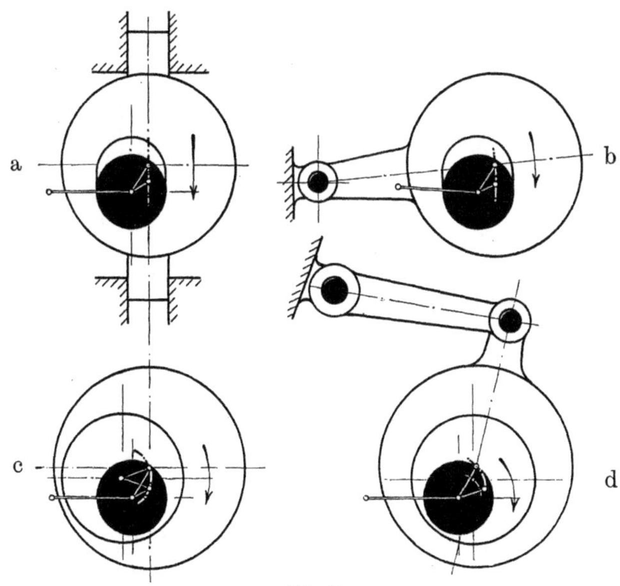

Fig. 44.

steuerungen mit einem Schieber Veranlassung gegeben hat. Die Änderung von Voreilwinkel und Schieberhub kann von Exzenterregulatoren entweder dadurch vorgenommen werden, daß das Exzenter geradlinig oder im Bogen verschoben wird, Fig. 44a und b, oder daß zwei Exzenter gegeneinander verdreht werden. Fig. 44c und d. Bei Verdrehung eines innen angeordneten Exzenters muß das äußere Exzenter durch einen Arm geführt werden. Diese Ausführung hat den Vorteil, daß der Regulator nicht an derjenigen Scheibe angreift, an deren Umfang die Exzenterreibung wirkt.

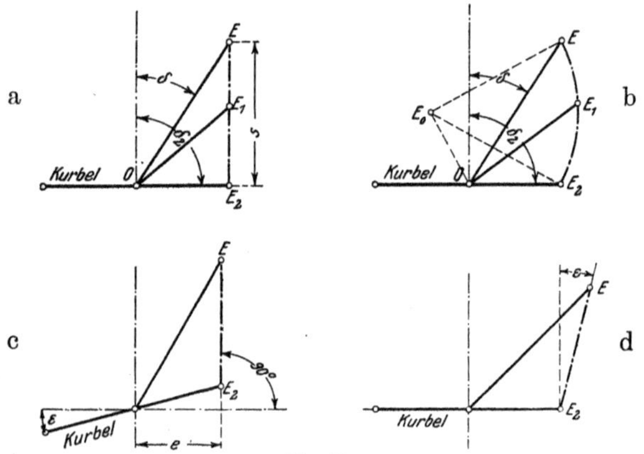

Fig. 45.

Bei der geradlinigen Verstellung nach Fig. 45a nimmt die Exzentrizität bei einer Senkung um s von OE auf OE_2 ab, gleichzeitig vergrößert sich der Voreilwinkel von δ auf δ_2. In Fig. 45b ist OE_0 das festaufgekeilte, der Kurbel um 60° bis 90° voreilende Exzenter, das vom Exzenter E_0E drehbar umfaßt wird. Bei der Verstellung des letzteren bewegt sich dessen Mittelpunkt auf dem von E_0 aus beschriebenen Kreisbogen EE_2, so daß für die Bewegung des Schiebers die resultierenden Exzenter OE bis OE_2 in Wirkung treten.

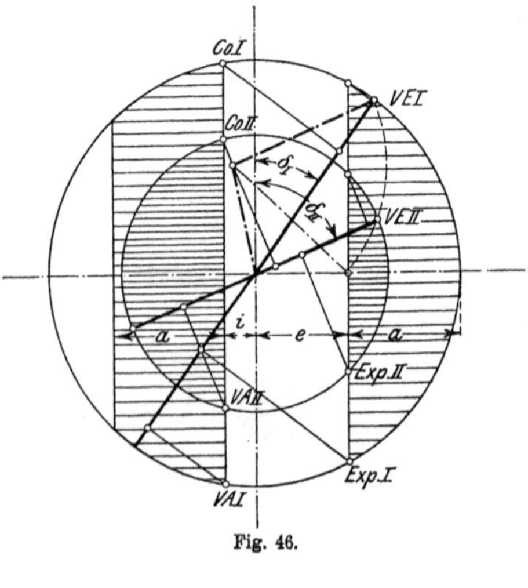

Fig. 46.

Fig. 45c zeigt die Kurbel in Voreilstellung, die geradlinige „Scheitelkurve“ ist so gelegt, daß für alle Füllungen bei dieser Kurbel-Voreilstellung die Kanaleröffnung beginnt, so daß die Voreinströmung konstant ist.

In Fig. 46 ist die Dampfverteilung für die bogenförmige Scheitelkurve mittels des Müller-Seemannschen Diagramms dargestellt. Die Scheitelkurve ist so gewählt, daß für die kleinste Füllung die Exzentrizität r = e, der Kanal also überhaupt nicht mehr geöffnet wird: absolute Nullfüllung. Das Diagramm läßt erkennen, daß nicht nur das lineare Voreilen, sondern in besonderem Maße auch der Voreinströmungswinkel veränderlich ist, der mit abnehmender Füllung größer wird.

In den Fig. 47—48 ist mittels des Müller-Reuleauxschen und des Zeunerschen Diagramms die geradlinige Scheitelkurve in der Anordnung nach Fig. 45a behandelt. Hierbei bleibt das lineare Voreilen konstant. Bei der kleinsten Füllung wird der Einlaßkanal noch um das lineare Voreilen geöffnet. Die kleinste Füllung selbst wird gleich der Voreinströmung in v. Ht. des Kolbenweges gemessen; hierbei ergänzen sich Vorausströmung und Kompression zu 100 v. Ht.

Die Diagramme werden am zweckmäßigsten in üblicher Weise für die größte verlangte Füllung entworfen, wobei sehr mäßige Kompression und eine Exzentrizität r > e + a anzunehmen ist. Hierauf ist probeweise der Exzenterkreis für die normale Füllung aufzusuchen, bei welcher der Einlaßkanal nur noch um einen zu wählenden Betrag seiner Weite geöffnet wird. Ergibt sich eine allzu große Dampfgeschwindigkeit, so ist die Exzentrizität entsprechend zu vergrößern.

Da die Einschieber-Expansionssteuerungen hauptsächlich an kurzhubigen Schnellläufern mit entsprechend großen schädlichem Raum zur Anwendung gelangen, so kann die Auffüllung des letzteren mit Frischdampf während der Voröffnung Durchgehen im Leerlauf herbeiführen. Der Wechsel der Kompression wird wegen der verschiedenen Endspannungen namentlich bei Auspuffmaschinen von Bedeutung. Die Zunahme der Kompression mit abnehmender Füllung ist für Maschinen, die genaueste Regelung verlangen, erwünscht, da hierbei zwei Ursachen für die Veränderung des mittleren Druckes tätig sind. Eine Steigerung der Kompression über den Einlaßdruck hinaus ist auch bei den kleineren Füllungen zu vermeiden, bei denen jedoch die mit der Füllungsverkleinerung wachsende Voreinströmung vielfach allzu hohe Kompression verhindert. Bei frühzeitiger Voröffnung wird nämlich der Kompressionsdampf, sobald sein Druck höher als die Schieberkastenspannung ist, aus dem Zylinder in den Frischdampfraum strömen.

c) Die Berücksichtigung der endlichen Stangenlängen.

In den bisherigen Ausführungen wurde unendliche Pleuelstangenlänge vorausgesetzt, so daß die Kurbelendpunkte auf den wagerechten Durchmesser mit Geraden projiziert werden konnten. Beträgt die Füllung nach den bisher angegebenen Diagrammen 50 v. Ht., findet also Einströmung während der Drehung der Kurbel um einen Winkel von 90° statt, so wird in Wirklichkeit der Kolben einmal die Strecke s_1, das andere Mal die Strecke s_2 von der Totlage aus zurückgelegt haben: die Füllung wird infolge der endlichen Pleuelstangenlänge auf der Deckelseite größer als auf der Kurbelseite. Fig. 49.

In Fig. 50 sind die Diagramme sowohl für die Deckelseite als für die Kurbelseite aufgezeichnet. Die Dampfverteilungspunkte *Ex.*, *V. A.* usw. sind einmal (für $L = \infty$) durch Geraden, das andere

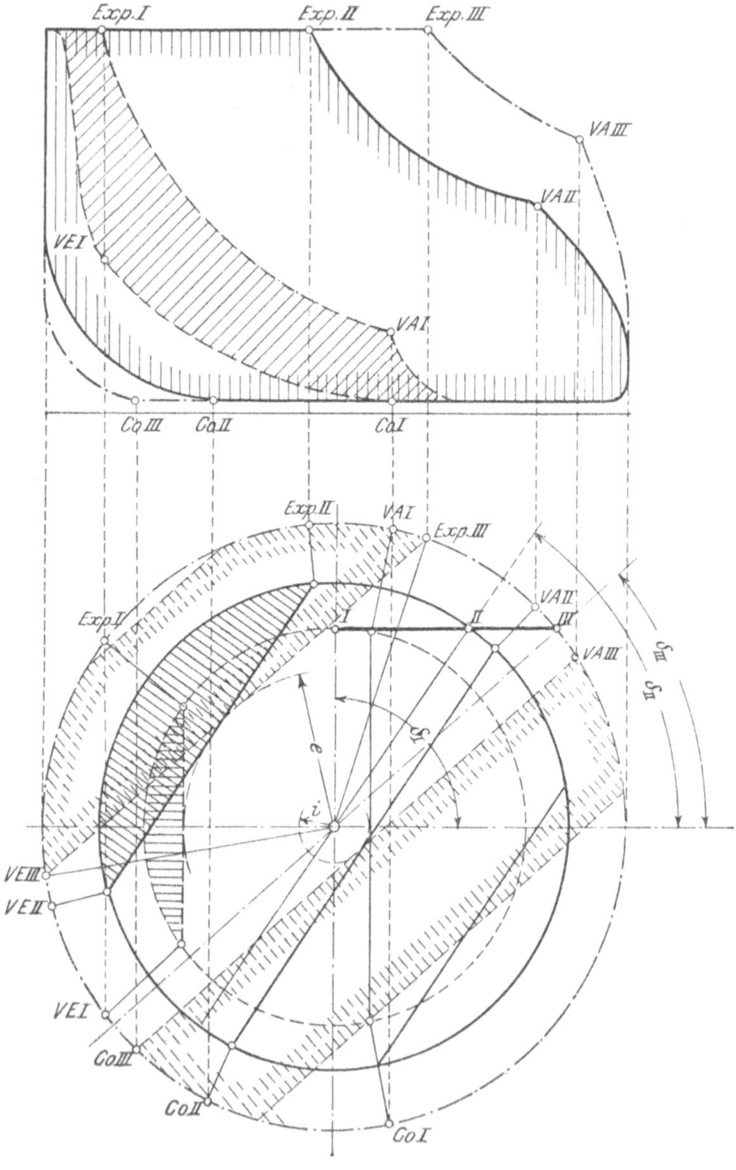

Fig. 47.

Mal (für $L = 5R$) durch Bogen auf die Wagerechte gelotet. Die Radien dieser Bogen stehen zum Radius des Schieberkreises, der gleichzeitig

Kurbelkreis ist, in demselben Verhältnis wie die Pleuelstangenlänge zum Kurbelradius. Fig. 50 zeigt, daß die Dampfverteilung auf der Deckelseite eine wesentlich andere als auf der Kurbelseite ist.

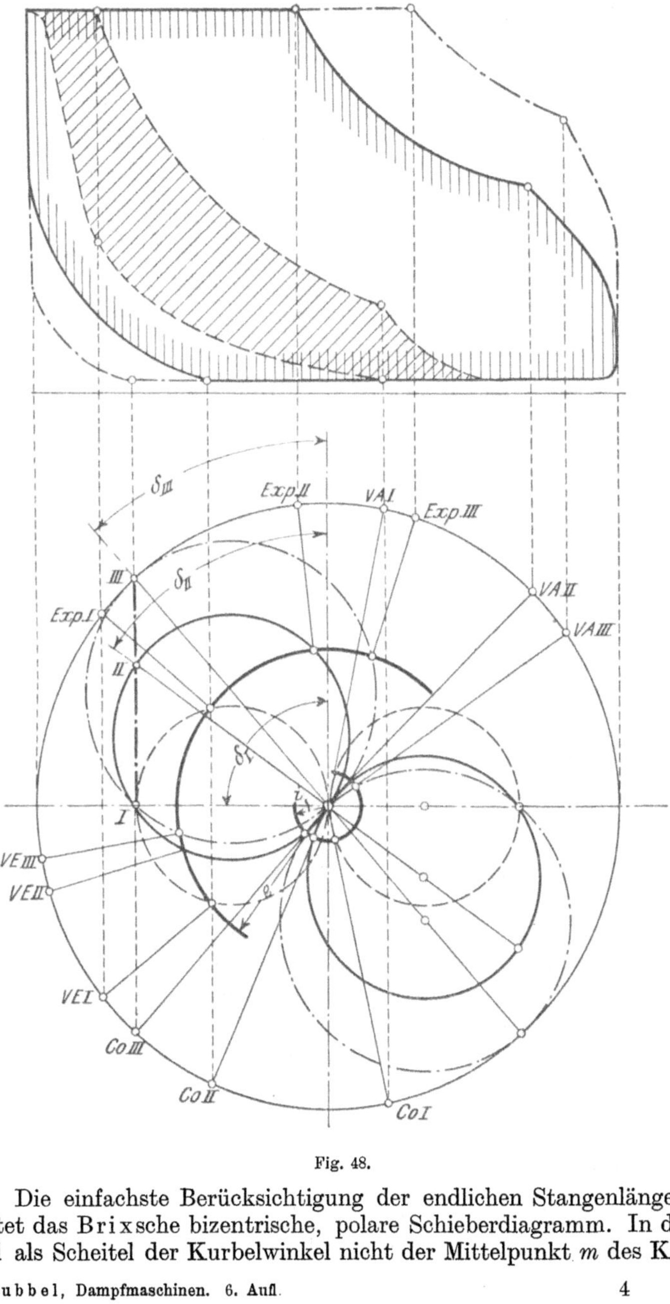

Fig. 48.

Die einfachste Berücksichtigung der endlichen Stangenlängen gestattet das Brixsche bizentrische, polare Schieberdiagramm. In diesem wird als Scheitel der Kurbelwinkel nicht der Mittelpunkt m des Kurbel-

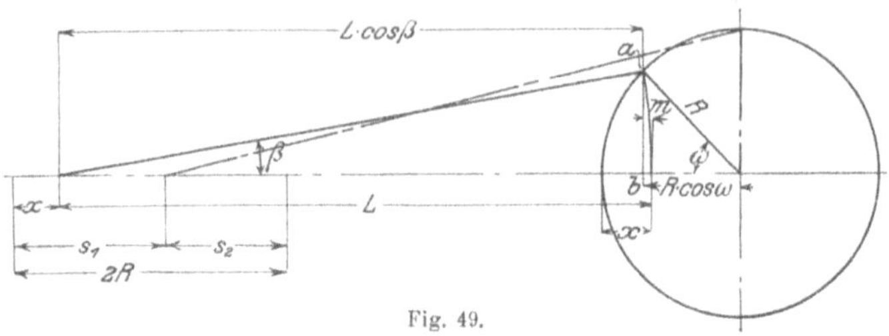

Fig. 49.

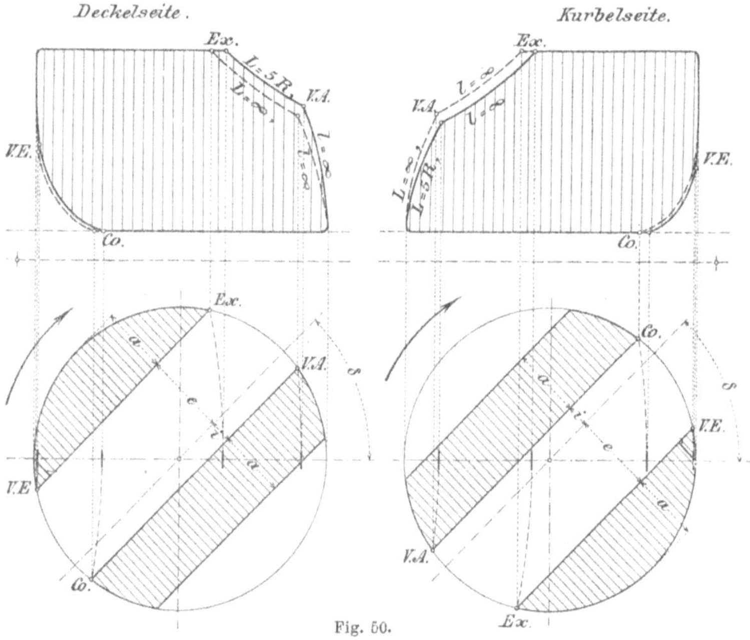

Fig. 50.

kreises, sondern ein Pol O gewählt, der im Abstand $\frac{R^2}{2\,L}$ vom Punkt m aus — im Sinne der Bewegungsrichtung beim Hingang — verschoben ist. Fig. 51. Dem beliebigen Kurbelwinkel ω entspricht dann der Kolbenweg x. Es wird:

$$x = R - R\cos(a\,m\,D) = R\,[1 - \cos(\omega + \gamma)].$$

Nach Fig. 49 ist der genaue Wert für den Kolbenweg:

$$x = R\,(1 - \cos\omega) \pm L\,(1 - \cos\beta)\,[1],$$

[1]) Es ist: $L \cdot \sin\beta = R \cdot \sin\omega$, sonach: $\sin\beta = \frac{R}{L} \cdot \sin\omega = \lambda \cdot \sin\omega$

$$\cos\beta = \sqrt{1 - \lambda^2 \cdot \sin^2\omega}.$$

Durch Reihenentwickelung folgt: $\cos\beta = 1 - \frac{1}{2}\lambda^2 \cdot \sin^2\omega$. Nach Einsetzung dieses Wertes ergibt sich: $x = R\left(1 - \cos\omega \pm \frac{1}{2}\,\frac{R}{L} \cdot \sin^2\omega\right)$.

Die Strecke m in Fig. 49, das sog. Fehlerglied, hat demnach den angenäherten Wert $m = \frac{1}{2}\,\frac{(R \cdot \sin\omega)^2}{L} = \frac{(a\,b)^2}{2\,L}$. Für $\omega = 90^0$ wird $m = \frac{R^2}{2\,L}$.

so daß die Abweichung gleich der Differenz beider Werte ist:

$$R\,[\cos(\omega + \gamma) - \cos\omega] \pm L\,(1 - \cos\beta).$$

Nimmt ω die Werte 0^0, 90^0, 180^0 und 270^0 an, so wird die Differenz gleich Null.

Für $\frac{R}{L} = \frac{1}{5}$ erreicht sie den Höchstwert $\pm$ 0,0019 R, kann somit vernachlässigt werden.

Wird von m aus unter dem Winkel ω ein Radius *m B* gezogen, so wird der durch Projektion ermittelte, zugehörige Kolbenweg ebenfalls $= x$, woraus sich die Richtigkeit des Verfahrens ergibt.

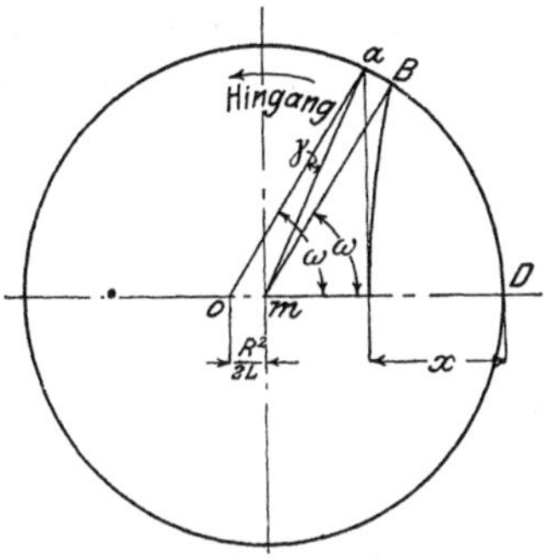

Fig. 51.

Bei der Einzeichnung des Zeunerschen Diagramms nach Fig. 52 ist nur die endliche Pleuelstangenlänge in Betracht gezogen. Die Projektionen der Punkte Va, Ex und Co auf den Durchmesser geben die Dauer der Vorausströmung, der Expansion und Kompression an.

In Fig. 53 ist mit Hilfe des Müllerschen Diagramms außerdem die endliche Exzenterstangenlänge berücksichtigt, indem der Mittelpunkt O_2 des Exzenterkreises ebenfalls in Richtung der Schieberbewegung im Sinne des Rückganges um den Betrag $z_1 = CO_2 = \frac{r^2}{2l}$ verschoben ist.

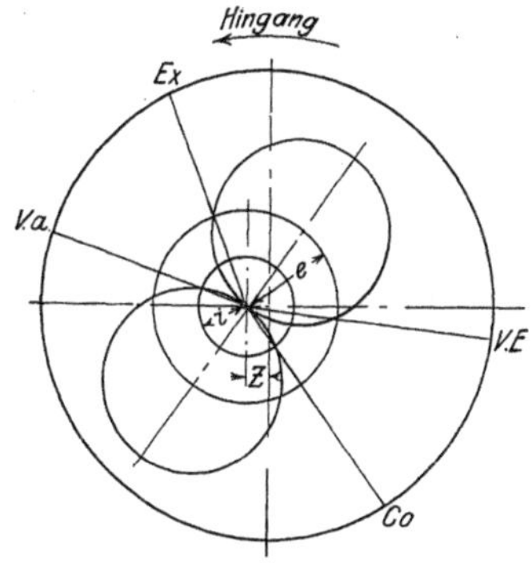

Fig. 52.

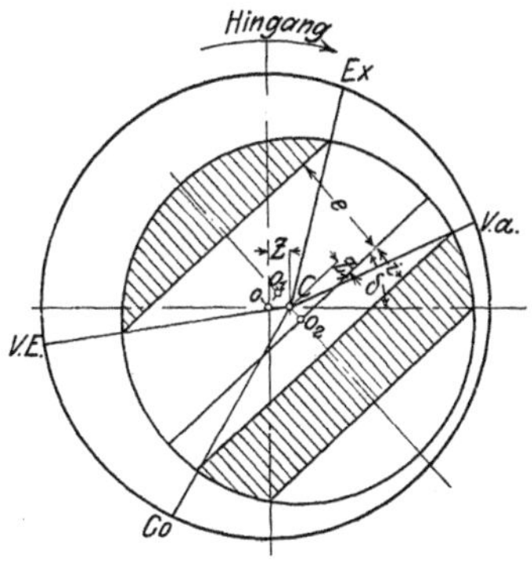

Fig. 53.

Eine Berücksichtigung der endlichen Exzenterstangenlänge wird im allgemeinen nicht erforderlich sein; nur wenn $\frac{r}{l} < \frac{1}{10} \div \frac{1}{15}$ wird genauere Ermittlung empfehlenswert.

a) **Füllungsausgleich für unveränderliche Füllung.** Der Füllungsunterschied kann wenigstens teilweise durch folgende Mittel ausgeglichen werden.

1. Der Schieber wird um einen bestimmten Betrag c aus der Mittellage nach der Deckelseite hin verschoben, damit hier bei Schieberrückgang früher geschlossen wird. Der Schieber überschleift den Kanal auf der Kurbelseite um c, während der Kanal auf der Deckelseite nur um $a - c$ geöffnet wird. Soll auch dieser voll eröffnet werden, so muß die Exzentrizität die Größe $r = a + e + c$ haben. Da bei dieser Einstellung das lineare Voreilen auf der Deckelseite den Wert $l - c$, auf der entgegengesetzten Seite den Wert $l + c$ annimmt, so empfiehlt es sich, so zu vermitteln, daß sowohl Voreilen als Füllung möglichst gleichmäßig werden. Im übrigen zieht gerade die Rücksicht auf das lineare Voreilen dieser Füllungsberichtigung enge Grenzen.

2. Der Schieber wird mit ungleichen Lappenlängen ausgeführt. Füllungsausgleich wird also schon im Entwurf angestrebt. Gegenüber der unter 1 behandelten Einstellung hat diese Ausführung den Vorteil, daß nicht sämtliche Überdeckungen um den gleichen Betrag c verkürzt oder verlängert werden, sondern jede Überdeckung unabhängig von den anderen bemessen werden kann. Nachteilig ist wie unter 1 die große Verschiedenheit der Voreinströmungswinkel; er wird auf der Kurbelseite unzulässig groß, wenn für die Deckelseite richtige Verhältnisse gewählt werden.

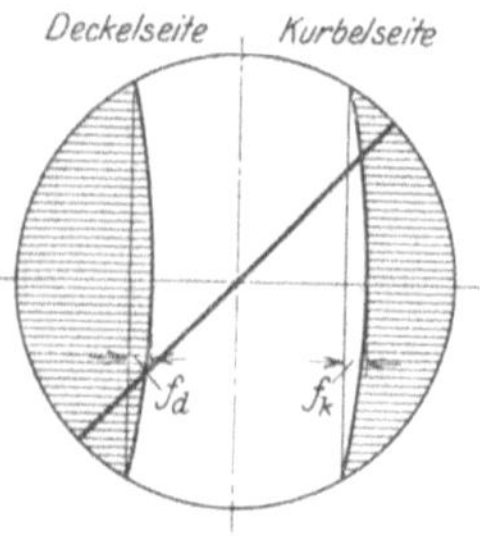

Fig. 54.

Für die Einstellung des Auslasses ist von der Kompression auszugehen, die auf beiden Kolbenseiten möglichst gleich groß gewünscht wird.

3. Verkürzung der Exzenterstange verbessert die Dampfverteilung durch Herbeiführung gleicher Eröffnungsweiten für beide Zylinderseiten, indem nach Fig. 54, die sich nur auf den Einlaß bezieht, der Kanal auf der Deckelseite um die Pfeilhöhe f_d des mit der Exzenterstangenlänge l gezogenen Bogens mehr, auf der anderen Seite um f_k weniger geöffnet wird. Diese günstige Wirkung tritt jedoch nur bei nacheilendem Exzenter — also bei Einschaltung eines die Schieberbewegung umkehrenden Zwischenhebels, bei Kolbenschiebern mit innerer Einströmung oder beim sogenannten E-Schieber — ein. Voreilende Exzenter verschlechtern bei kurzer Stangenlänge die Dampfverteilung.

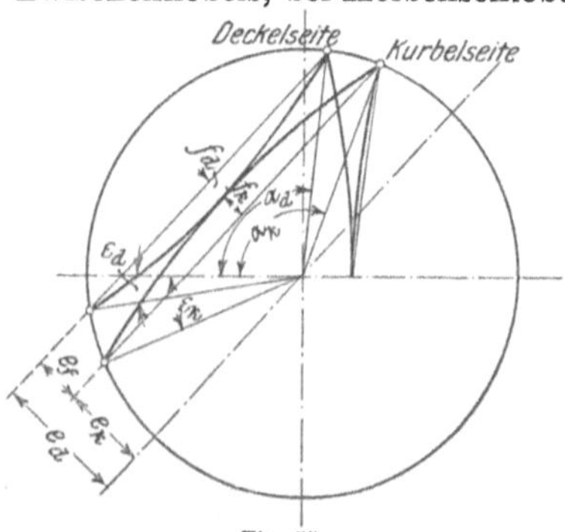

Fig. 55.

In Fig. 55 sind α_d und α_k die Öffnungswinkel auf Deckel- und Kurbelseite für die gewählte (Normal-) Füllung. Exzenterstangenlänge l wird so bestimmt, daß die Summe der Pfeilhöhen $f_d + f_k = e_f$ wird (nach Graßmann).

Wie ersichtlich, bringt Verkürzung der Exzenterstangenlänge l

die für $l = \infty$ vorhandene starke Verschiedenheit der Kanal-Eröffnungsweiten zum Verschwinden.

Als Folge der erwähnten Bewegungsumkehr des Schiebers muß in der Brixschen Darstellung Fig. 53 das Müllersche Schieberdiagramm um 180° gedreht werden, d. h. Punkt O_2 gelangt nach O_1. Da mit der Größe der Exzentrizität $O O_2$ die Ungleichheit der Füllungen wächst, jene aber bei Nacheilung des Exzenters abnimmt, so ist hier besonders klar zu ersehen, daß bei nacheilendem Exzenter die Dampfverteilung gleichmäßiger wird, und zwar im allgemeinen um so mehr, je kürzer die Exzenterstange ist. Strecke OO_1 wird am kleinsten, wenn OO_1 senkrecht zu O_1C steht, Fig. 53, wenn also $O_1C = OC \cdot \sin \delta$ wird, oder:

$$\frac{r^2}{2l} = \frac{R^2}{2L} \cdot \sin \delta.$$

Als günstigstes Verhältnis ergibt sich sonach:

$$\frac{r}{l} = \frac{R}{r} \cdot \frac{R}{L} \cdot \sin \delta.$$

4. Auch dieser Ausgleich ist jedoch mit dem Nachteil eines zu großen Voreinströmungswinkels auf der Kurbelseite behaftet. Dieser Fehler wird vermieden, wenn die Führungsbahn des Exzenterstangenendpunktes schräg gerichtet wird derart, daß ihre Verlängerung am Drehpunkt der Exzenterkurbel vorbeigeht. Dieses Mittel läßt gleiche Füllungen auch bei langen Exzenterstangen erreichen, doch muß die Führungsbahn dann sehr geneigt liegen, wodurch starke Kräftewirkungen in den Totlagen auftreten.

Die Neigung der Bahn wird nach Fig. 56 ermittelt. Voreinströmungswinkel ε und Füllung werden für beide Kolbenseiten gleich angenommen. Senkrechte, im Mittelpunkt der e-Linien errichtet, geben in

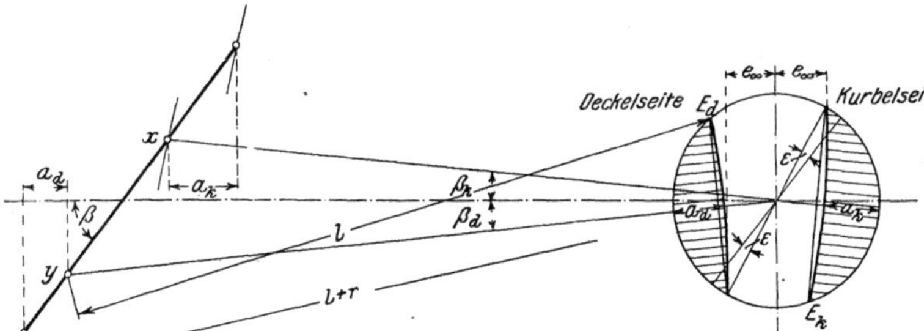

Fig. 56.

der Verbindungslinie xy der Schnittpunkte x und y mit den von E_d und E_k (mit der Exzenterstangenlänge l) geschlagenen Kreisbögen die Führungsbahn.

b) Füllungsausgleich für veränderliche Füllung. Bei Einschieber-Expansionssteuerungen nehmen die Ungleichheiten in der Dampfverteilung mit Abnahme der Füllung zu, wenn der Schieber unsymmetrisch eingestellt oder mit ungleichen Lappenlängen ausgeführt ist. Namentlich im Leerlauf entsteht ungleichmäßige Dampfverteilung dadurch, daß auf der Deckelseite infolge der größeren Überdeckung Nullfüllung vorhanden ist, $r = e_d = e + c$, während auf der Kurbelseite der Kanal um $r - e_k = e_d - e_k$ noch geöffnet und beträchtliche Füllung gegeben wird.

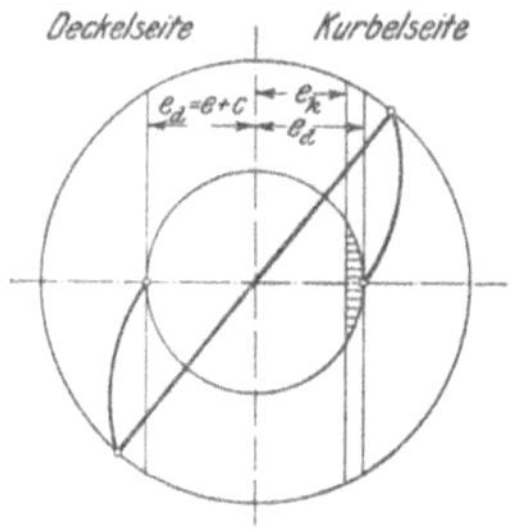

Fig. 57.

Dieser Umstand ist namentlich für Kondensationsmaschinen von Bedeutung. In Fig. 57 sind die Verhältnisse für den Einlaß dargestellt. Die schraffierte Fläche gibt die Kanalöffnungen auf der Kurbelseite bei Nullfüllung auf der Deckelseite wieder.

Mit kurzen Exzenterstangen läßt sich bei Nacheilung Nullfüllung auf beiden Seiten erreichen, doch nehmen mit wachsender Füllung die Unterschiede im Voreinströmungswinkel zu. Nach dem Vorgange Doerfels vereinigt man deshalb meist die kurze Exzenterstange, die gleiche Öffnungsweiten und gleichzeitig absolute Nullfüllung gibt, mit der schrägen Führung, die gleiche Voreinströmungswinkel für die vollkommen ausgeglichene Normalfüllung erzielt.

Als Maßstab für die Bemessung des Steuerungs-Triebwerkes gilt die Beziehung zwischen der in der Aufzeichnung erhaltenen Kanaleröffnung zu der auszuführenden.

d) Die Einstellung des Muschelschiebers.

Die Verbindung von Schieber und Stange.

Zeigt sich bei der Einstellung des Schiebers, daß das Voreilen auf beiden Seiten zwar annähernd gleich, aber entweder zu groß oder zu klein ist, so muß das während der Einstellung mittelst Hohlkeils oder besser mittelst Zahnkeils nach Fig. 58 aufgekeilte Exzenter um die Welle gedreht werden.

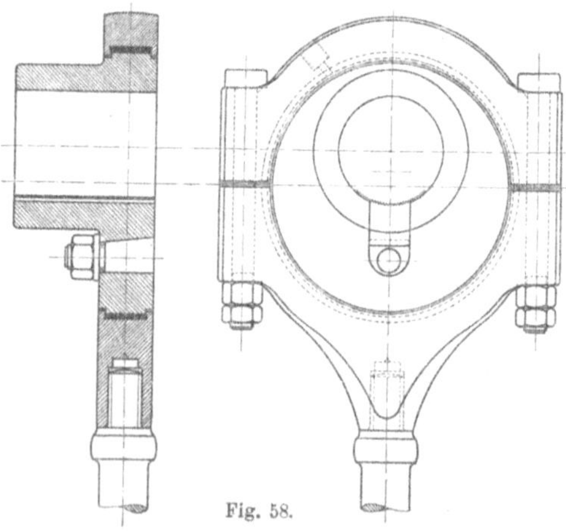

Fig. 58.

Die Exzenterscheibe ist dadurch auf der Welle befestigt, daß eine an der Stirnfläche geriffelte und in der Exzenterscheibe gleitend angebrachte Beilage mittelst Keiles gegen die fein genutete Steuerwelle gepreßt wird.

Allgemein gilt als Regel für die Aufkeilung des Exzenters, daß dieses um den Winkel $90^0 - \delta$ gegen die Schieberbewegungsrichtung geneigt sein soll, wenn der Kolben in der Totlage steht. Ist somit der Schieberantrieb um den Winkel α gegen die Wagerechte geneigt (Fig. 59), so muß das Exzenter um den Winkel $\delta_1 = \delta \pm \alpha$ gegen die Wagerechte aufgekeilt werden.

Bei Kolbenschiebern mit innerer Einströmung muß e nach innen angebracht werden. Der veränderten Bewegungsrichtung entsprechend, wird hierbei das Exzenter entgegengesetzt aufgekeilt, so daß es der Kurbel um $90^0 - \delta$ nacheilt.

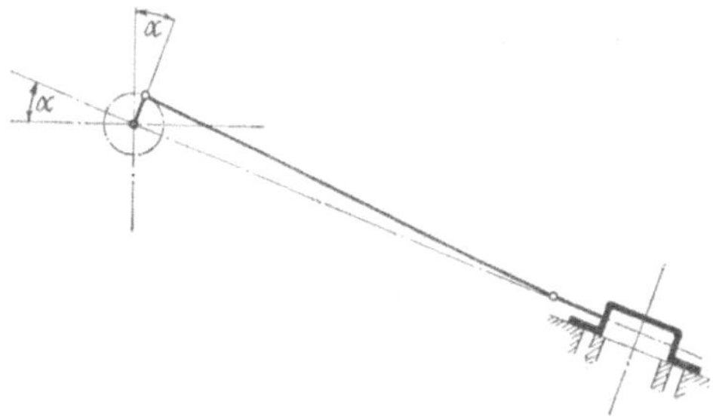

Fig. 59.

Die gleiche Aufkeilung wird erforderlich, wenn die Bewegungsrichtung des Schiebers durch einen in das Steuerungsgestänge eingeschalteten Hebel umgekehrt wird, wobei auch die Hebelübersetzung zu berücksichtigen ist. Der Schieberhub $2(e + a)$ ist mit dem Hebelarmverhältnis zu multiplizieren, um die Größe der Exzentrizität zu erhalten.

Eine starre Verbindung des Schiebers mit seiner Stange ist unstatthaft, da bei eingetretener Abnutzung entweder die Schieberstange stark durchgebogen oder der Schieber nicht mehr an der Gleitfläche aufliegen würde. Die Verbindung muß vielmehr derart sein, daß der Schieber in der

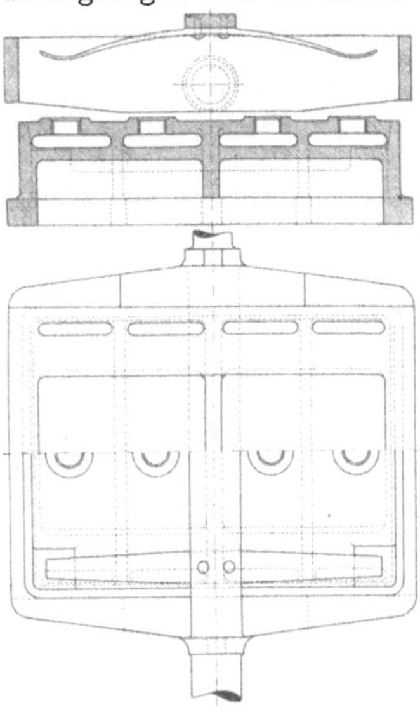

Fig. 60.

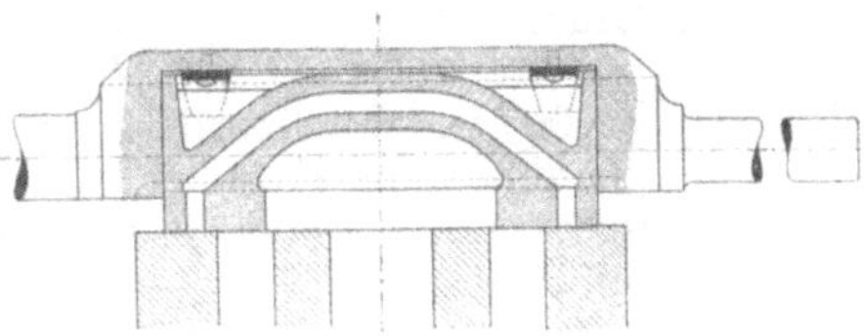

Richtung senkrecht zum Schieberspiegel eine gewisse Beweglichkeit besitzt und ständig vom Dampfdruck angepreßt wird.

Auch kann dadurch die Schieberstange ihre Lage beibehalten, wenn die Schieberhöhe durch nachträgliche Bearbeitung der Gleitflächen verringert wird.

In Fig. 61 wird der Grundschieber durch einen eingepaßten Hammerkopf mitgenommen, eine bei nicht zu großen Schiebern sehr gebräuchliche Konstruktion. Die vorteilhafte, aber auch teuere Verbindungsweise mittelst Rahmens ist in Fig. 60 wiedergegeben. Damit der Schieber auch bei Stillstand der Maschine angepreßt und im Falle hoher Kompression nicht abgedrückt wird, sind unter den Querbrücken Blattfedern angebracht. Bei diesen beiden Verbindungsarten muß die Schieberstange um 360 bzw. 180^0 gedreht werden, falls bei der Einstellung der Schieber auf seiner Stange verschoben werden soll. Die Schieberstangen sind deshalb mit feinem Gewinde zu versehen, um möglichst genau einstellen zu können.

In Fig. 39 ist die von einer Hülse (Gasrohr) umschlossene Schieberstange durch eine ovale Öffnung im Schieber hindurchgesteckt. Dieser wird durch zwei Unterlagscheiben mitgenommen, die durch Muttern auf die Hülse — nicht auf den Schieber — gepreßt werden. Durch diese häufig zu findende Verbindung werden namentlich bei kleineren Schiebern die Durchgangsquerschnitte stark verengt.

e) Die Expansionsschiebersteuerungen mit zwei Schiebern.

Bei guten Ausströmungs- und Kompressionsverhältnissen lassen sich mit dem Muschelschieber kleinste Füllungen von 40 bis 45 v. Ht. erreichen, wobei die Überdeckungen und Schieberreibung bedeutend zunehmen. Kleinere, für gute Dampfausnutzung geeignetere Füllungen erfordern die Anwendung der Expansionssteuerungen, doch sind solche mit einem Schieber für mittlere Umlaufzahlen nicht geeignet, da die mit großer Verstellkraft auszuführenden Exzenterregulatoren hierbei außerordentliche Größe erhalten müßten. Auch die bei kleinen Füllungen auftretende große Vorausströmung würde bei Maschinen, die dauernd mit hoher Expansion arbeiten, — wie z. B. Kondensationsmaschinen — erheblichen Verlust an Diagrammfläche verursachen. Aus diesen Gründen sind in vielen Fällen die Zweischiebersteuerungen vorzuziehen, die aus einem Grund- und einem Expansionsschieber bestehen.

Im Grundschieber, der wie ein gewöhnlicher Muschelschieber Voreinströmung, Ausströmung und Kompression unveränderlich steuert, befinden sich Durchlaßkanäle, die vom Expansionsschieber geschlossen werden können, wenn die zum Zylinder führenden Kanäle noch geöffnet sind. Dem Expansionsschieber fällt somit nur die Einstellung der Füllung zu.

Veränderliche Füllung kann nun erzielt werden:

entweder dadurch, daß die Entfernung der steuernden Kanten auf dem Rücken des Schiebers von Hand bzw. durch den Regulator verändert wird,

oder durch Änderung von Hub und Voreilwinkel des Expansionsschiebers mittelst Exzenterreglers.

1. Steuerungen mit veränderlicher Entfernung der steuernden Kanten.

Die Grundform dieser Steuerungen ist die Meyersche Expansionsschiebersteuerung nach Fig. 61. Die beiden Expansionsplatten werden von der Schieberstange durch Muttern mitgenommen, deren Gewinde für jede der Platten entgegengesetzt gerichtete Steigung aufweist. Durch Drehung der Schieberstange, an deren Ende außerhalb des Schieberkastens sich ein Handrad befindet, werden die Platten einander genähert oder voneinander entfernt. Je größer der Abstand der steuernden Kanten ist, um so beträchtlicher wird die Füllung, weil bis zum Schluß des Durchlaßkanals ein längerer Schieberweg zurückgelegt werden muß.

Da der Grundschieber wie ein Muschelschieber wirkt, so ist damit die Bemessung seiner Überdeckungen e und i an der dem Schieberspiegel zugekehrten Seite und die Art seiner Bewegung auf dem Spiegel bestimmt. Für die weitere Betrachtung bleibt nur die Ermittelung der Bewegung des Expansionsschiebers auf dem Rücken des Grundschiebers übrig. Zu dem Zweck stelle man sich vor, daß beide Schieber aus dem Schieberkasten herausgenommen seien, und daß man die Bewegung des Grundschiebers mitmache, so daß man in bezug auf diesen in relativer Ruhelage sei. Dann wird der Expansionsschieber auf dem ruhenden Grundschieber von einem besonderen Exzenter angetrieben erscheinen, dessen Exzentrizität gleich der größten Abweichung beider Schiebermittel voneinander sein muß. Steht in Fig. 62 die Kurbel in der Totlage, und eilt das Grundexzenter OG wie üblich um Winkel δ, das Expansions-

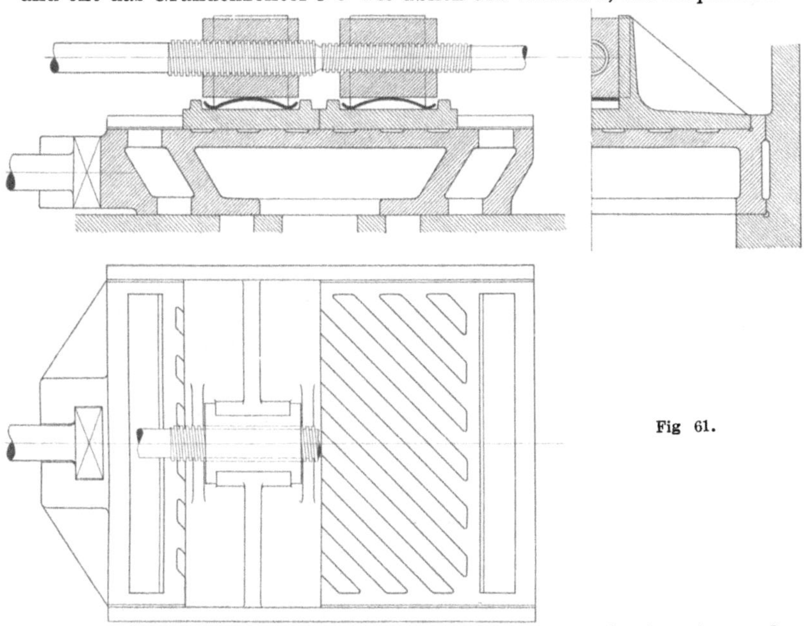

Fig 61.

exzenter OE um δ_r vor, so ist der Grundschieber um die Strecke z_1, der Expansionsschieber um die Strecke z_2 von der Schieberspiegelmitte entfernt. Die Entfernung beider Schiebermitten beträgt sonach $z_1 - z_2$. Diese Strecke $z_1 - z_2$ wird am größten, wenn die Endpunkte G und E der beiden Exzenter in einer Wagerechten liegen, das Relativexzenter wird demnach die Länge GE besitzen, und seine Lage bei der Kurbeltotstellung wird gefunden, indem durch den Mittelpunkt O eine Parallele zu GE gezogen wied. Die Expansionsexzentrizität wird die Diagonale eines Parallelogramms, dessen Seiten Grund- und Relativexzentrizität sind. Es kann dann angenommen werden, daß im Mittelpunkt O die Grundschiebermitte festgelegt sei, und daß sich auf dem Grundschieber der vom Relativexzenter bewegte Expansionsschieber bewege.

Für jede Kurbellage wird die Entfernung beider Schiebermittel wiedergegeben durch den wagerechten Abstand des Relativexzenterendpunktes *R* von der senkrechten Mittellinie. Dieser Abstand hat sonach für die Kurbeltotlage die Größe $z_1 - z_2$.

Soll aus dem Diagramm die Entfernung x der Schiebermittellinien für eine Füllung von 3 v. Ht. bestimmt werden, so dreht man die drei Exzenter um einen den 3 v. Ht. entsprechenden Kurbelwinkel α. Die Entfernung x wird nun sowohl im wagerechten Abstand der Endpunkte *G* und *E* von Grund- u. Expansionsexzenter als auch im Abstand des Relativexzenterendpunktes *R* von der Mittellinie gefunden. Die Schiebermittelentfernung y für eine größte Füllung von z. B. 60 v. Ht. kann demnach direkt dadurch ermittelt werden, daß 60 v. Ht. auf dem Relativkreisdurchmesser abgetragen und im Endpunkt dieser abgetragenen Strecke eine Senkrechte errichtet wird. Fig. 63.

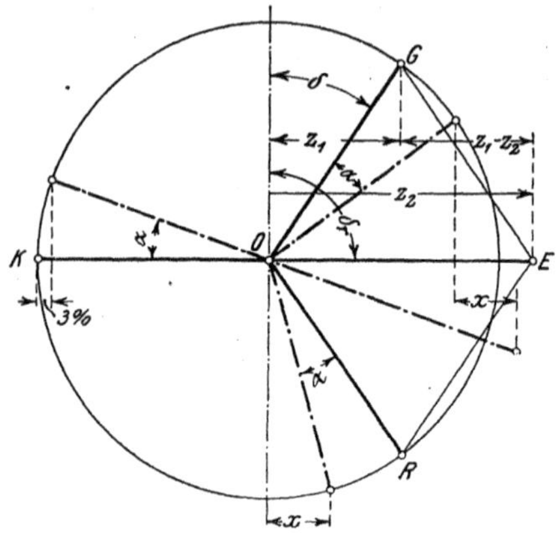

Fig. 62.

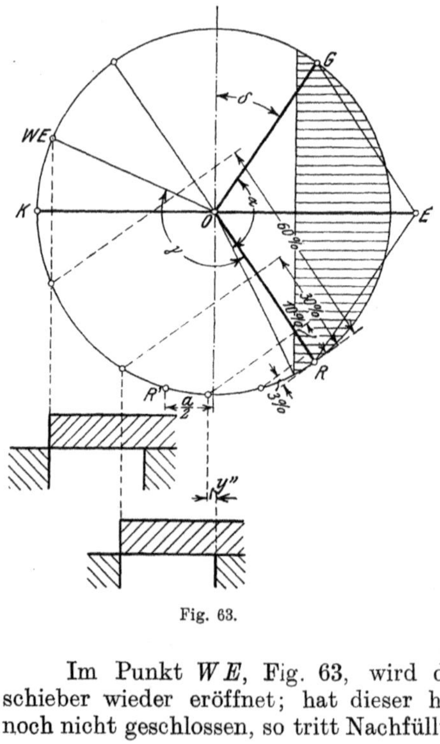

Fig. 63.

In Fig. 64a und b sind die vom Schieber im Augenblick des Füllungsschlusses eingenommenen Stellungen wiedergegeben. Sollen die Schieber mit zusammenfallenden Mittellinien dargestellt werden, so ist der Expansionsschieber auf dem Grundschieber um x nach links für die kleinste Füllung, um y nach rechts für die größte Füllung zu verschieben. Zur Herbeiführung der gewünschten Füllungen ist sonach der Expansionsschieber aus den Lagen *a* und *b* in die Lagen *c* und *d* zu bringen: es wird insgesamt eine Verschraubung der Platten um $x + y$ erforderlich. x wird die positive, y die negative Überdeckung genannt.

Im Punkt *WE*, Fig. 63, wird der Durchlaßkanal im Grundschieber wieder eröffnet; hat dieser hierbei die Kanäle im Zylinder noch nicht geschlossen, so tritt Nachfüllung ein. Da der Grundschieber während des Kurbelwinkels α Füllung gibt, so braucht Winkel α nur von OR abgetragen zu werden, um die Relativexzenterstellung zu finden, bei welcher der Grundschieber absperrt. Da im Punkt WE die erfolgende Wiedereröffnung hinter diese Stellung fällt, $\gamma > \alpha$ ist, so ist Nachfüllung ausgeschlossen. Wäre $y = OR$, so würde der Expansionsschieber nur für einen Augenblick den Kanal schließen, um ihn gleich danach wieder zu eröffnen, was wegen der dabei stattfindenden starken Dampfdrosselung unter allen Umständen zu vermeiden ist.

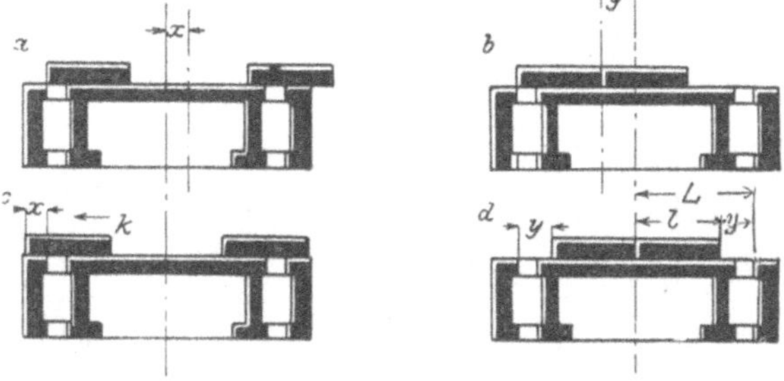

Fig. 64.

In Fig. 65 ist die gleiche Steuerung vermittelst des Zeunerschen Diagramms behandelt. Das Relativexzenter OR ist wieder die Seite eines Parallelogramms, dessen eine Seite aus dem Grundexzenter OG und dessen Diagonale aus dem Expansionsexzenter OE besteht. Der untere Kreis wird als positiver, der obere als negativer bezeichnet.

Jede Sehne, die durch den oberen Kreis von dem irgendeine Kurbellage wiedergebenden Strahl abgeschnitten wird, stellt einen relativen Ausschlag nach links, jede des unteren Kreises einen rechten Ausschlag des Expansionsschiebers von der Grundschiebermitte dar.

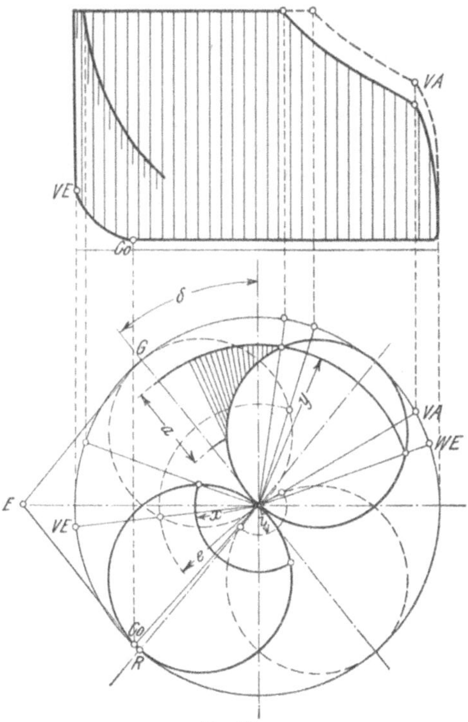

Fig. 65.

In Fig. 64d ist der Expansionsschieber um y nach links gegen den Grundschieber zu verschieben, wenn der linke Durchlaßkanal geschlossen werden soll. Die zu dieser Füllung gehörige Kurbellage wird im Schnittpunkt eines um den

Punkt O mit y geschlagenen Kreises mit dem oberen Relativexzenterkreis gefunden.

Umgekehrt muß in Fig. 64c der Expansionsschieber um x nach rechts verschoben werden, bis die steuernden Kanten übereinanderstehen, so daß hier zur Ermittelung der Kurbellage bei Füllungsschluß der Schnittpunkt des unteren Kreises mit dem x-Kreis aufgesucht werden muß. Wäre $y = OR$, so würden die Durchlaßkanäle momentan geschlossen und sofort wieder geöffnet.

Fig. 66 zeigt die Anwendung des Müller-Reuleauxschen Diagramms auf die Expansionssteuerung. Das Diagramm für den Grundschieber wird wie auf S. 36 dargestellt entworfen und die Relativexzentrizität in der ersichtlichen Weise ermittelt. Die Strecken x und y ergeben sich sodann aus den senkrechten Abständen der den einzelnen Kurbelstellungen entsprechenden Punkte von der Voreilstellung des Relativexzenters.

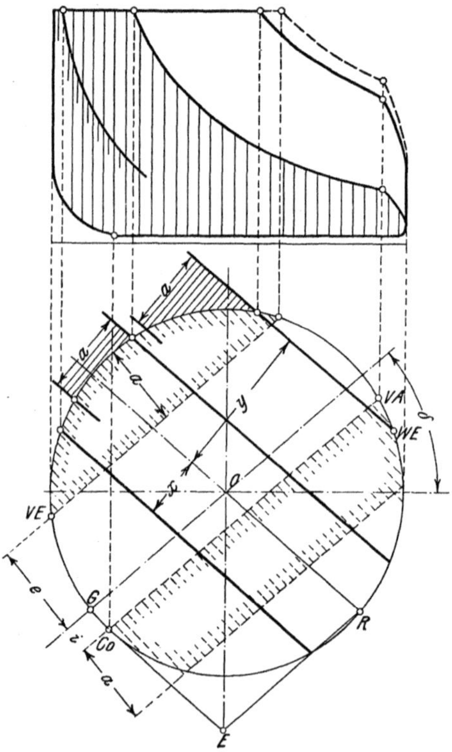

Fig. 66.

Die Diagramme nach Zeuner und Müller-Reuleaux weisen den Vorteil auf, daß sie in übersichtlicher Weise die Lage des Wiedereröffnungspunktes WE in bezug auf den Grundschieberschluß, sowie in den schraffierten Flächen die Schnelligkeit, mit welcher der Durchlaßkanal vom Expansionsschieber geschlossen wird, erkennen lassen.

Die aus dem Diagramm festgestellten Strecken x und y geben nicht nur in ihrer Summe das Maß für die Verschraubung an, sondern sind auch für weitere Schieberabmessungen bestimmend. In Fig. 64c sind die Schieber mit zusammenfallenden Mittellinien, und zwar für kleinste Füllung gezeichnet, so daß der Durchlaßkanal um x überdeckt ist. Bewegt sich der Expansionsschieber in der Pfeilrichtung um die Relativexzentrizität R nach links, so darf die rechte Kante k den Durchlaßkanal nicht nur nicht öffnen, sondern muß von diesem um eine Sicherheitsüberdeckung $\sigma = 10 \div 15$ mm entfernt bleiben; demnach wird die Plattenlänge:

$$l = x + a + R + \sigma.$$

Da bei ganz zusammengeschraubten Platten deren Kanten noch um y von denen der Durchlaßkanäle entfernt sein müssen, so bestimmt sich die Ausladung nach Fig. 64d zu:

$$L = (l + y).$$

Die wirklichen Längen der dem Diagramm entnommenen Überdeckungen ergeben sich wie i. O. die Längen von e und i durch den Maßstab des Diagramms, der durch das Verhältnis der berechneten zur gezeichneten Kanalweite bestimmt ist.

Was die Größe der Relativexzentrizität betrifft, so nimmt diese mit dem Voreilwinkel und mit der Größe des Expansionsexzenters zu. Kleine Relativexzenter führen zwar zur Verringerung der Expansionsexzentrizität und der Schieberreibungsarbeit, verursachen aber andererseits infolge der langsameren Schieberbewegung starke Dampfdrosselung.

Unter Benutzung des gleichen Exzenterringmodells sowohl für das Expansions- als für das Grundexzenter kann die Exzentrizität des ersteren größer als die des letzteren gewählt werden, indem auf dem Exzenterscheibenmodell die Kernmarke für die Wellenbohrung verschoben wird, so daß für das Expansionsexzenter eine kleinere Stegstärke folgt, die bei dessen geringerer Belastung zulässig ist. Die Relativexzentrizität soll 1,6 a' bis richtiger 2 a' betragen, wenn a' die Weite des Durchlaßkanals ist (oder einer Spalte davon, s. auch S. 68). Der Wert 1,6a' findet sich häufig bei der Ridersteuerung, 2a' bei der Steuerung Meyer.

Der Voreilwinkel des Relativexzenters wird mit Rücksicht darauf gewählt, daß am Schluß der gebräuchlichsten Füllung die Relativbewegung des Expansionsschiebers auf dem Grundschieber mit größtmöglicher Geschwindigkeit vor sich geht.

Wird nach Fig. 63 die halbe Kanalbreite von der Senkrechten nach links abgetragen, so erhält man diejenige Exzenterstellung OR', bei der schnellster Abschluß erfolgt. Die Voreilstellung OR des Relativexzenters ist dann dadurch bestimmt, daß eine auf den Relativexzenterweg vom Punkt R' aus zu fällende Senkrechte die normale Füllung auf jenem angibt. Zu dem Zweck braucht von R' aus nur die Tangente an einen um O geschlagenen Kreis vom Radius $(R - \varepsilon)$ gelegt und durch den Berührungspunkt ein Durchmesser gezogen werden, wenn $R =$ Relativexzentrizität, $\varepsilon =$ Füllungsgrad.

2. Die Berücksichtigung der endlichen Stangenlängen[1]).

In Fig. 67 ist der relative Voreilungsdurchmesser in 10 gleiche Teile geteilt und der erste und letzte dieser Teile nochmals halbiert worden. Die zu diesen Kolbenwegpunkten gehörigen Kurbelstellungen werden bei Berücksichtigung der endlichen Stangenlänge gefunden, indem durch die Teilpunkte Kreisbögen mit dem Radius $L = \lambda \cdot R$ gezogen werden. Die Abstände der Punkte 1, 2, 3 und I, II, III usw. von dem senkrechten Durchmesser ergeben die relativen Kantenentfernungen für die betreffenden Füllungen; sie sind auf der Kurbelseite verschieden von denen auf der Deckelseite.

[1]) Nach K. Reinhardt. „Steuerungstabellen für Dampfmaschinen".

Um die dadurch bedingte verschiedenartige Steigung der Schraube bei der Meyerschen Steuerung festzustellen, zieht man im beliebigen Abstand s zwei Parallele und trägt auf der oberen derselben nach rechts x_d für die kleinste Füllung — hier Nullfüllung — auf der unteren nach links die Kantenentfernung y_d für die größte Füllung ab, beide auf die Deckelseite bezogen. Auf der Verbindungslinie a b werden dann in ersichtlicher Weise die übrigen Kantenentfernungen aufgetragen und durch die Punkte c, d, e, f Wagerechte gelegt, auf die in gleicher Weise die relativen Kantenentfernungen für die Kurbelseiten projiziert werden, und zwar derart, daß auf einer Wagerechten z. B. f f′ die relativen Entfernungen für ein und dieselbe Füllung — 20 v. Ht. — angegeben sind. Die Verbindungslinie a′ b′ der zuletzt erhaltenen Punkte weicht stets von einer Geraden ab.

Da bei der Änderung der Kantenentfernungen durch die Verschraubung die Punkte b′, f′, a′ auf einer Geraden liegen müssen, so ist diese Verbindungslinie durch eine Gerade zu ersetzen, die in der Nähe der gebräuchlichsten Füllungen möglichst wenig von der Kurve abweicht. Weiterhin soll die Gerade die obere Parallele so schneiden, daß die dadurch bestimmte Kantenentfernung eine solche kleinste Füllung bestimmt, daß die Maschine im Leerlauf nicht durchgeht. Läßt sich dies bei der gewählten Höhe s nicht ermöglichen, so sind beide sich kreuzende Geraden nach oben zu verlängern, bis x eine geeignete Größe erhält. Der Regulatorhub nimmt dadurch stark zu.

Die untere Parallele soll in der Weise von der Geraden geschnitten werden, daß für das größte y der Expansionsschieber nicht wieder öffnet, ehe der Grundschieber geschlossen hat; auch soll vermieden werden, daß auf der Kurbelseite überhaupt nicht mehr geschlossen wird, was eintrifft, wenn y größer als die Relativexzentrizität wird. Um das letztere mit Sicherheit zu vermeiden, ist in Fig. 67 die Gerade, welche die Kurve a′ f′ b′ ersetzt, durch Punkt a′ gelegt. Zu frühes Wiedereröffnen tritt am ersten auf der Kurbelseite auf, so daß diese Seite allein darauf untersucht zu werden braucht. Der Endpunkt der die Kurve a′ b′ ersetzenden Geraden wird auf den Relativexzenterkreis gelotet, der im Punkt VII zum zweitenmal geschnitten wird. Dann erfolgt in VII Wiedereröffnung, und es muß der Winkel o O VII größer als derjenige Winkel sein, währenddem Füllung durch den Grundschieber gegeben wird.

Sind beide Geraden in ihrer Lage bestimmt, so lassen sich umgekehrt für zwei auf derselben Wagerechten liegenden Punkte durch Herunterloten derselben auf den Kreisumfang die Füllungen bestimmen.

So werden auf der	Deckelseite	Kurbelseite
die kleinste Füllung	Null v. Ht.	1 v. Ht.
die mittlere Füllung	20 v. Ht.	18½ v. Ht.
die größte Füllung	60 v. Ht.	60 v. Ht.

Aus der Fig. 67 sind nun zu entnehmen: 1. die relativen Kantenentfernungen x_k und x_d für die kleinste, y_k und y_d für die größte Füllung, 2. die Summen $(x_k + y_k)$ und $(x_d + y_d)$ als Maß für den Unterschied in der Schraubensteigung. Mit diesen Werten sind nunmehr Plattenlänge l und Ausladung der Kanäle L zu bestimmen, die ungleich werden.

Fig. 67.

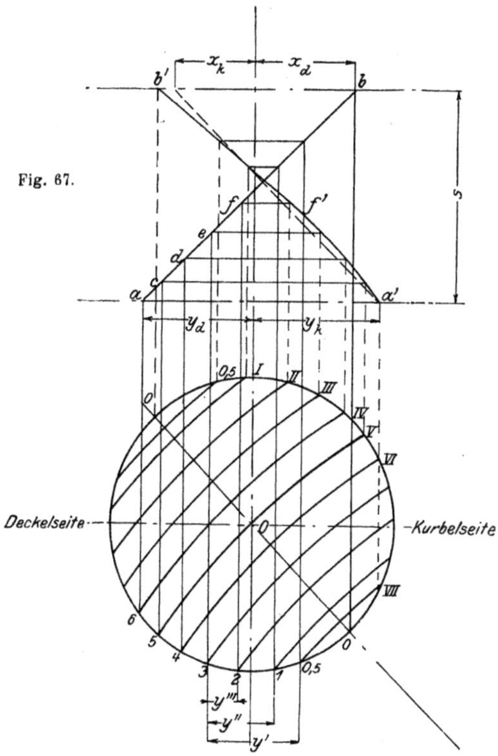

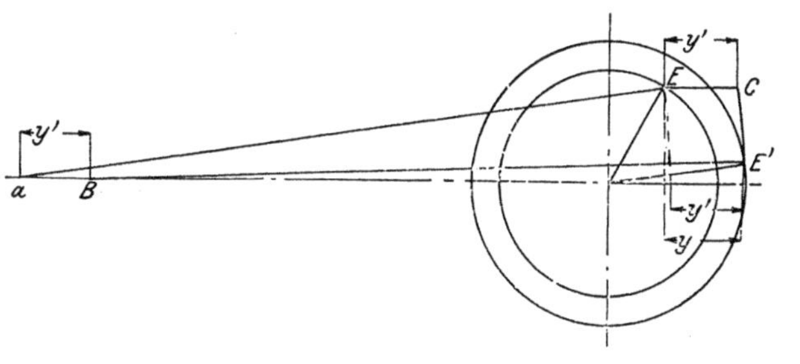

Fig. 68.

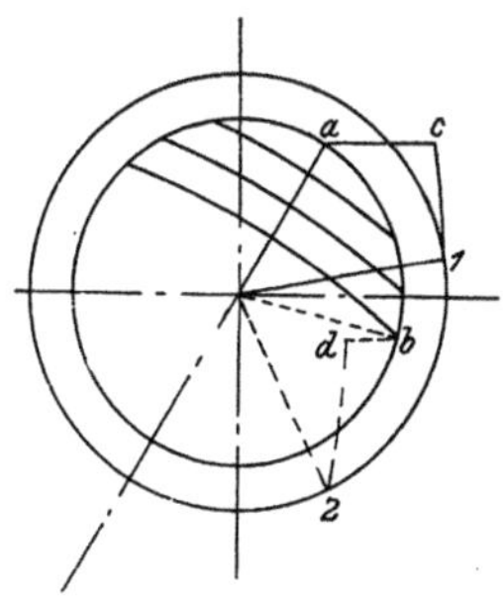

Fig. 69.

Soll neben der endlichen Pleuelstangenlänge auch die endliche Länge der Exzenterstangen in Betracht gezogen werden, so wird der Einfachheit halber vorausgesetzt, daß Grund- und Expansionsexzenterstange gleich lang seien.

Die Entfernung der beiden Schiebermittel voneinander, bzw. die relative Kantenentfernung wird nicht mehr als wagerechter Abstand y der beiden Exzentermittelpunkte E und E', sondern als Strecke a B = y' gefunden, indem von E und E' aus mit der Exzenterstangenlänge l Kreisbögen geschlagen werden, welche die Richtungslinie der Schieberbewegung in a und B schneiden. Fig. 68.

Wird durch E' ein Kreisbogen vom Radius l gelegt und durch E eine Wagerechte gezogen, so ist E C ebenfalls gleich y', woraus folgendes Verfahren abgeleitet werden kann. Fig. 69.

Zu beliebigen Stellungen a, b des Grundexzenters werden die zugehörigen Lagen des Expansionsexzenters in den Schnittpunkten 1, 2 des Expansionsexzenterkreises mit den aus a und b geschlagenen Bögen vom Radius E E' = a 1 = b 2 ermittelt. Werden durch die Punkte a und b Wagerechte, durch 1 und 2 Kreisbögen von Radius l gelegt, so geben die wagerechten Abstände a c und b d der Schnittpunkte c, d vom Grundschieberkreis die relativen Kantenentfernungen an. Diese werden in üblicher Weise zur Bestimmung der Schieberabmessungen benutzt. Die Abstände sind positiv, wenn sie vom Umfang des Grundschieberkreises sich nach innen erstrecken, sonst negativ.

3. Die Eröffnungskurve.

Zur Beurteilung der Schnelligkeit des Schieberschlusses und der dadurch bedingten Größe der Eintrittsdrosselung ist es besonders bei Expansionssteuerungen wünschenswert, nach Art der Schieberellipse für jede Kolbenstellung die zugehörige Kanaleröffnung festzustellen. Zu diesem Zweck wird zunächst nach der auf S. 36 gegebenen Anleitung die Schieberellipse für den Grundschieber entworfen, und zwar hier nur für die Eröffnung, so daß nach beiden Seiten der Senkrechten die äußere Überdeckung e abgetragen wird (Fig. 70), falls auch hier die endliche Pleuelstangenlänge berücksichtigt werden soll. In die Schieberellipse werden von der Senkrechten m m ab die relativen Kantenentfernungen für eine bestimmte Füllung — am häufigsten für die Normalfüllung — eingetragen, wobei vom Füllungsschluß ausgegangen wird. Soll z. B. die Eröffnungskurve für eine Füllung von 30 v. Ht. aufgezeichnet werden, so ist bei einer Kolbenstellung, die um 10 v. Ht. von der Totlage entfernt ist, die relative Kantenentfernung y'', Fig. 63, einzutragen, die sich nach einem Kolbenweg von 20 v. Ht. auf y''' verkleinert. Die Endpunkte dieser eingetragenen Kantenentfernungen liegen auf der Eröffnungskurve, und die Abstände derselben von der Senkrechten m m geben die Kanaleröffnungen wieder. Letztere sind bis zum Punkt Z durch die Bewegung des Grundschiebers bestimmt; von Punkt Z an beginnt das Zuschieben des Durchlaßkanals durch den Expansionsschieber.

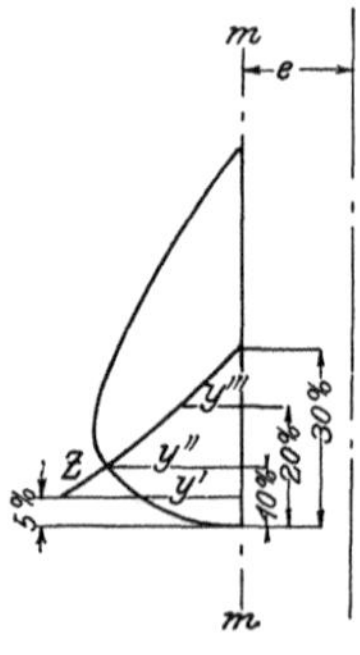

Fig. 70.

Für die Einzeichnung der Drosselungskurve und genauere Ermittelung der Kanalquerschnitte kann man sich desselben Verfahrens, wie auf S. 38 angegeben, bedienen.

4. Die Abarten der Meyerschen Steuerung.

Zur Erzielung der größten Kantenentfernung $x + y = s$ sind bei dem kleinen Gewindedurchmesser der Meyerschen Steuerung mehrere Umdrehungen der Schieberstange erforderlich, die nur von Hand ausgeführt werden können. Soll ein Regulator unmittelbar auf die Steuerung einwirken, so muß der Durchmesser der Schraube erheblich vergrößert werden, damit bei nicht zu steilem Gewinde der Drehwinkel in mäßigen Grenzen bleibt. Der Drehwinkel wird um so kleiner, je steilgängiger die Schraube ist; doch muß die Steigung $\frac{h}{d\pi} < \frac{1}{7}$ sein, damit Selbstsperrung und keine Rückwirkung auf den Regulator stattfindet. Eine Drehung der Schieberstange um 360° läßt den Schieber um eine Ganghöhe fortschreiten, und es muß demnach zur Herbeiführung der Gesamtverschiebung $s = x + y$ die Schieberstange um einen Winkel $\alpha = \frac{x + y}{h} \cdot 360^0$ verdreht werden.

Ein sehr häufig angewendetes Mittel zur Verringerung des Drehwinkels besteht in der Gabelung der Durchlaßkanäle des Grundschiebers an der dem Expansionsschieber zugekehrten Seite nach Fig. 71[1]). Die

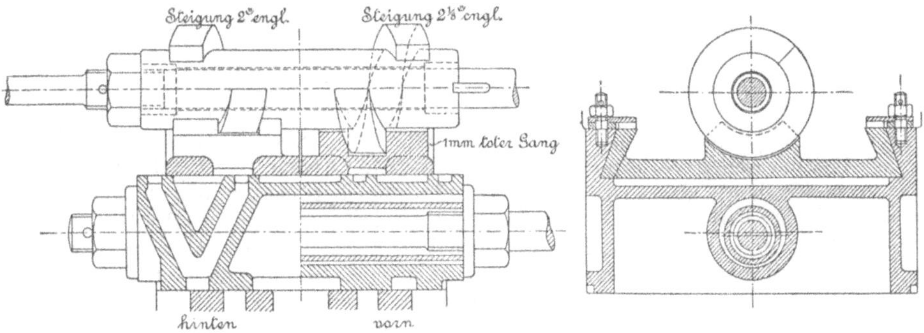

Fig. 71.

dadurch ermöglichte mehrfache Einströmung dient denn auch weitaus seltener zur Beschleunigung der Steuerwirkung als zur Verkleinerung der Relativexzentrizität und der Gesamtverschiebung $(x + y)$. Ist n die Anzahl der Kanäle, so braucht deren Weite nur $\frac{a}{n}$ zu betragen, und dem veränderten Diagrammmaßstab entsprechend nehmen nun auch die obigen Werte auf $r' = \frac{r}{n}$, $s' = \frac{s}{n}$, $\alpha' = \frac{\alpha}{n}$ ab. Trotz des verkleinerten Dreh-

[1]) Ausführung von Pokorny & Wittekind. Frankfurt a. M.-Bockenheim.

winkels ist es auch bei diesen Steuerungen nicht möglich, den Regulator an der Schieberstange mittelst Hebels angreifen zu lassen, da hierbei der angreifende Hebelarm in den äußersten Hebelstellungen zu sehr verkürzt würde. Meist wird ein Zahnrad auf der Schieberstange aufgekeilt, das so lang ausgeführt werden muß, daß es während des Schieberhubes nicht außer Eingriff mit der senkrecht geführten Regulatorstange kommt.

Die Verkleinerung der Relativexzentrizität bedingt einen kleineren Voreilwinkel des Expansionsexzenters. Fig. 72. Die Größe des letzteren selbst nimmt gegenüber einfacher Einströmung nur wenig ab. Die Reibungsarbeit erfährt jedoch eine beträchtliche Verminderung, wie sich schon aus der Betrachtung der Lage von Grund- und Expansionsexzenter ergibt, die jetzt mehr in derselben Richtung sich bewegen.

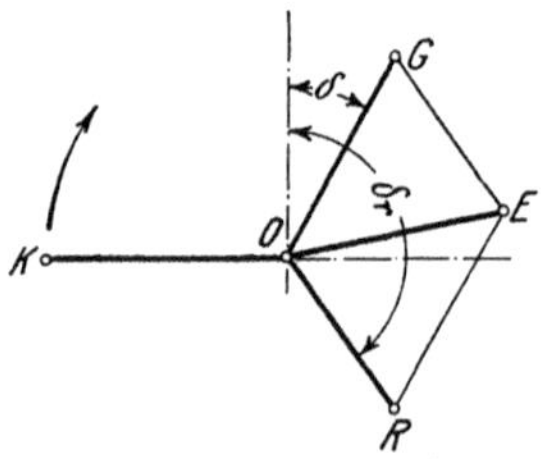

Fig. 72.

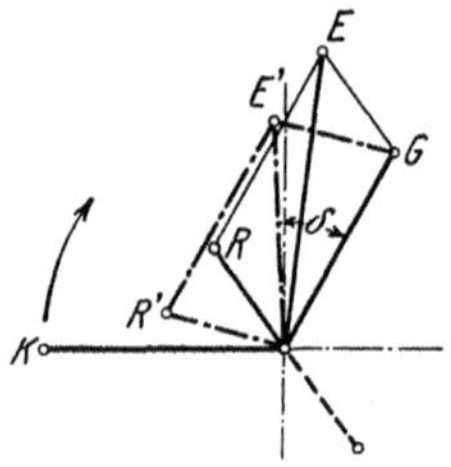

Fig. 73.

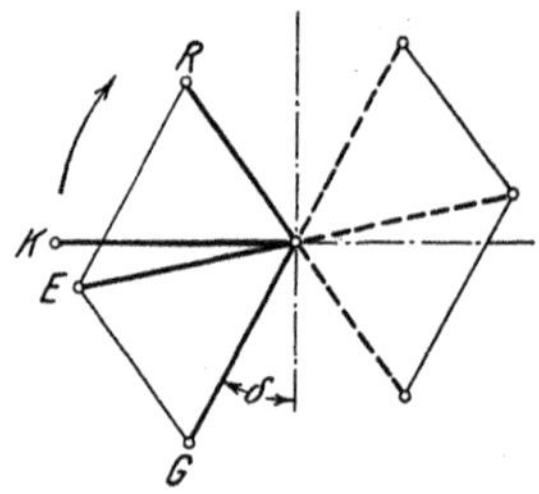

Fig. 74.

Wird aus den auf S. 43 angegebenen Gründen der Expansionsschieber mit Inneneinströmung ausgeführt, so muß das Relativexzenter eine der üblichen Aufkeilung entgegengesetzte Lage erhalten. Die sich hieraus ergebende Anordnung des Expansionsexzenters ist aus Fig. 73 zu ersehen. Seltener ist die Ausführung der Steuerung auch mit Inneneinströmung am Grundschieber. Hierbei müssen nach Fig. 74 Expansions- und Grundexzenter um 180° verdreht werden. Diese entgegengesetzte Aufkeilung ist nur in der Ausführung und nicht im Diagramm zu berücksichtigen; letzteres kann vielmehr in gebräuchlicher Weise mit den punktiert angegebenen Exzenterlagen aufgezeichnet werden.

Was die Abmessungen des Expansionsschiebers mit mehrfacher Eröffnung betrifft, so wird zunächst die Länge der einzelnen Platten in gleicher Weise wie auf S. 60 angegeben, unter Zugrundelegung der kleinsten Füllung, festgestellt, nur daß hier Relativexzentrizität und Überdeckungen infolge der verringerten Kanalweite $\frac{1}{n}$ mal so groß auszuführen sind wie beim Schieber mit gewöhnlicher Einströmung. Es wird also $l_1 = \frac{x}{n} + \frac{a}{n} + \frac{R}{n} + \sigma$. In gleicher Weise wird die Ausladung der inneren Kanäle $L_1 = l_1 + y_1$, falls die Platten bei größter Füllung ganz zusammengeschraubt sind. Die Lückenweite s wird mit Rücksicht darauf bestimmt, daß die Durchlaßkanäle im Grundschieber nicht in unzulässiger Weise verengt werden, ein Fall, der am leichtesten bei der Einstellung für größte Füllung (Fig. 75) eintritt. Soll der innere Durchlaßkanal, der beim Linksgang des Expansionsschiebers der eingestellten Füllung entsprechend ordnungsmäßig von der steuernden Kante α geschlossen wird, beim Rechtsgang überhaupt nicht von der Kante β überschleift werden, so wird nach Fig. 75 $s = y_1 + R_1$. Dieser Bedingung, die zu übermäßigen Schieberlängen führt, braucht jedoch nicht entsprochen zu werden. Ist c_{max} die größte Kolbengeschwindigkeit, so genügt die Eröffnung des äußersten Kanals so lange allein, als die augenblickliche Kolbengeschwindigkeit nicht größer als $\frac{c_{max}}{n}$ ist, wobei die mittlere Dampfgeschwindigkeit u_m in diesem Kanal auf den zulässigen Wert $\frac{\pi}{2} \cdot u_m$ steigt, wenn unendliche Pleuelstangenlänge angenommen wird.

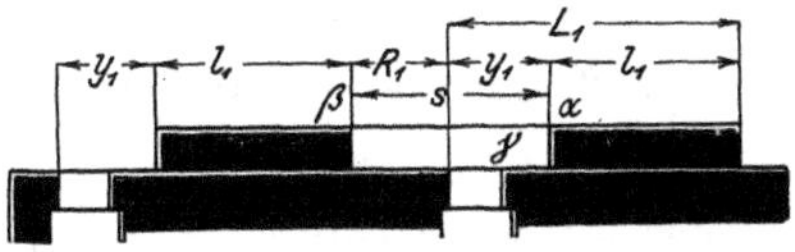

Fig. 75.

Die Kurbelstellung $0\,K_1$, in der dies eintritt und die Eröffnung des zweiten Kanals beginnen muß, wird durch Teilung des zum Relativexzenterkreisdurchmesser senkrechten Halbmessers in n Teile gefunden. Fig. 76. Nun beginnt bei Linksgang des Schiebers die Eröffnung des Durchlaßkanals, wenn Kante β über dessen rechter Kante γ steht. Fig. 75. Der Kanal wird geschlossen, wenn seine linke Kante von Kante α überschleift wird; die Eröffnung dauert demnach während des Weges $a + s$. Da andererseits in der Kurbellage $O\,K_2$ die Maximalfüllung beendigt ist, so wird durch wagerechte Abtragung des Schieberweges $a + s$ von K_2 an diejenige Kurbellage bestimmt, bei der die Eröffnung des zweiten Durchlaßkanals beginnt.

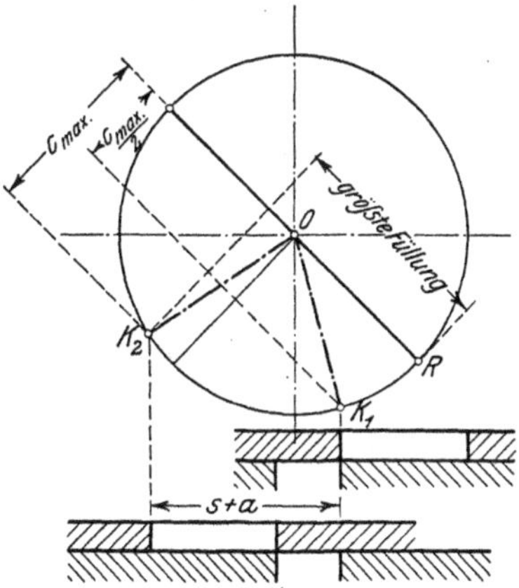

Fig. 76.

Beim Entwurf des Diagramms wird die Länge s in einfachster Weise durch Abtragung von a vom Punkt K_2 ab und Ermittelung der Kurbelstellung $O\,K_1$ gefunden.

Im übrigen geht aus den Figuren hervor, daß s im Verhältnis zu den übrigen Größen um so mehr wächst, je größer die Anzahl n der Kanäle wird; infolge der kleineren Teilung auf dem Halbmesser nähert sich eben die Kurbellage $O\,K_1$ mehr der Wagerechten, zudem wird das von K_2 abzutragende a kleiner, so daß die Strecke s größer werden muß. Ein Weg zur Verkleinerung der Lückenweite und damit zur Verkürzung des Schiebers ergibt sich, wenn der äußerste Kanal die Weite a der Zylinderkanäle beibehält.

Der zu diesem Kanal gehörige Schieberlappen wird zur Vermeidung der Nachfüllung entsprechend länger bemessen.

Die Lückenweite kann dann bis auf $\frac{a}{n}$ verringert werden. (Fig. 77.) In der gezeichneten Stellung beginnt das Zuschieben des äußeren Kanals und gleichzeitig die Eröffnung des innern Kanals, so daß letzterer während des Schieberweges $\frac{a}{2}$ stets um so viel freigelegt, als ersterer geschlossen wird.

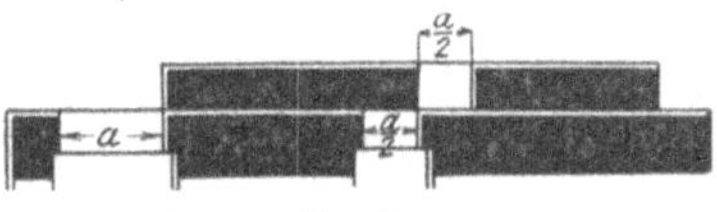

Fig. 77.

Nach Zurücklegung dieses Weges geht der Schluß des Durchlaßkanals mit derselben Geschwindigkeit vor sich, wie bei der Ausführung mit gleich weiten Kanälen.

Eine ebenfalls mit der Meyersteuerung grundsätzlich übereinstimmende Kolbenschiebersteuerung ist in Fig. 78 dargestellt.

Damit der Expansionsschieber nicht an der Drehung der Schraube teilnimmt, sondern sich nur verschiebt, wird er im Grundschieber durch Ansätze geführt, die derart angebracht sein müssen, daß der Expansionsschieber sich leicht in den Grundschieber einbringen läßt.

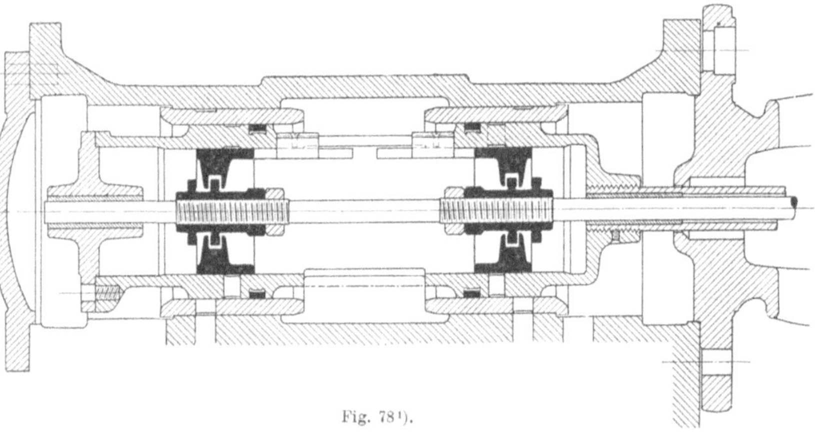

Fig. 78[1]).

Häufig wird der Schieber in der Weise ausgeführt, daß die Gewindegänge von kleinerem Durchmesser unmittelbar an der Hülse sich befinden und in Ausschnitte der Rippen am Expansionsschieber eingreifen. Der Dampf strömt nunmehr zwischen Gewinde und Innenwand des Expansionsschiebers hindurch. Fig. 78 zeigt innere Einströmung an beiden Schiebern, wodurch besondere Stangenabdichtung gegen den Abdampfraum des Schieberkastens nötig wird.

Dem verkleinerten Durchmesser entsprechend wird hierbei der Drehwinkel größer.

[1]) Ausführung von Pokorny & Wittekind, Frankfurt a. M.-Bockenheim.

Eine namentlich bei Walzenzugsmaschinen angewandte Steuerung zeigt Fig. 79. Jeder der beiden Expansionsschieber wird von einer besonderen Schieberstange angetrieben, die außerhalb des Schieberkastens mittelst Kreuzköpfen geführt werden. Die an diesen an-

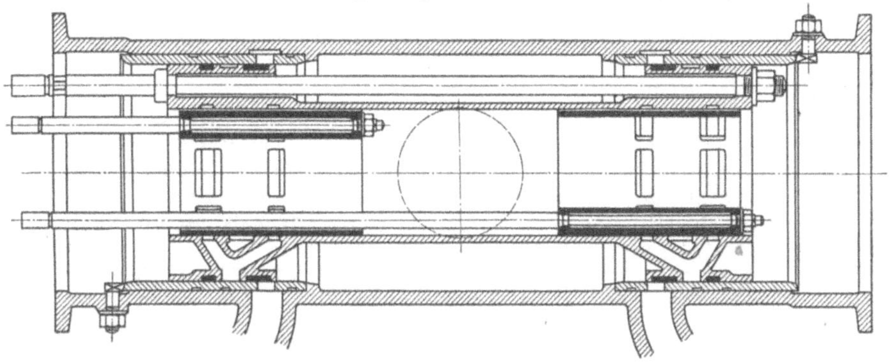

Fig. 79[1]).

greifenden Zugstangen sind mit zwei Armen eines dreiarmigen Hebels verbunden, der in einer an der Regulatorsäule aufgehängten und vom Expansionsexzenter bewegten Schwinge gelagert ist. Die Verdrehung des dreiarmigen Hebels durch den Regulator, dessen Zugstange an dem dritten Arm angreift, bewirkt eine Verschiebung der Schieber in entgegengesetzter Richtung, wodurch der Schiebermittelabstand geändert wird.

5. Die Rider-Steuerungen.

Auch diese nach ihrem Erfinder Rider benannten Steuerungen stellen nichts als eine andere konstruktive Lösung der Meyer-Steuerung dar. Die Durchlaßkanäle, die unten wie gewöhnlich parallel sind, laufen oben in einem Winkel aus. Die steuernden Kanten des Expansionsschiebers sind den schrägen Mündungen der Durchlaßkanäle parallel, so daß durch Heben und Senken des Expansionsschiebers die Kantenentfernung geändert wird. Die vertikale Verschiebung des Expansionsschiebers stellt sich infolge Verdrehung der Schieberstange durch den Regulator ein. Fig. 80 zeigt schematisch eine Rider-Flachschiebersteuerung. Die senkrecht schraffierten Kanäle gehören dem Grundschieber an. $ABCD$ ist der trapezförmige Expansionsschieber, der bei einer senkrechten Verschiebung um u eine Längsverschiebung $s = (x + y)$ ergibt. Es ist

$$u = s \cdot \operatorname{tg} \alpha,$$

wenn α = Neigungswinkel der Kanäle.

Die Kantenentfernungen x und y werden in genau derselben Weise, wie auf S. 58 für die Meyer-Steuerung angegeben, bestimmt.

[1]) Ausführung von Sack & Kießelbach, Düsseldorf-Rath.

Beim Entwurf einer derartigen Steuerung wird zunächst in der Weise vorgegangen, daß die senkrecht gemessene Höhe h und die wagerecht gemessene Weite a des Kanals aus der Beziehung $F = ah$ bestimmt werden, worin F = Kanalquerschnitt. Der Neigungswinkel der Kanäle wird $\alpha = 50 \div 60^0$ gewählt. Da $u = s \cdot \operatorname{tg} \alpha$, so wird mit dem Winkel α die durch den Regulator zu bewirkende Verstellung, bzw. die Verdrehung der Schieberstange zunehmen. Aus kleineren Werten für α folgen hingegen eine größere Schieberlänge und damit vermehrte Reibungsarbeit und größere Schieberkastenabmessungen. Mit der wagerechten Kantenentfernung y wird nunmehr der Schieber in seiner höchsten Stellung aufgezeichnet, wobei er die untere Durchlaßkante des Grundschiebers noch um die Sicherheitsüberdeckung $\sigma = 10 \div 15$ mm überdeckt. Da dasselbe bezüglich der oberen Durchlaßkanalkanten der Fall

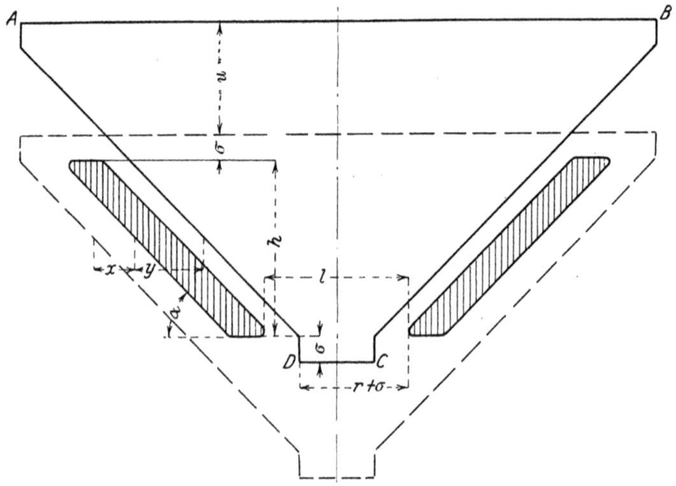

Fig. 80.

sein muß, wenn der Schieber in seiner tiefsten Stellung mit der Kantenentfernung x steht, so folgt hieraus die Höhe

$$H = h + u + 2\sigma.$$

Die Ausladung der Durchlaßkanäle ist dadurch bestimmt, daß z. B. die linke Kante D des Expansionsschiebers bei dem Ausschlag um die Relativexzentrizität aus der gezeichneten Mittellage die Kante des Durchlaßkanals auf der entgegengesetzten Seite nicht überschleifen darf, da dadurch Nachfüllung herbeigeführt würde, und zwar am ersten bei der höchsten Schieberstellung.

Eine erhebliche und wünschenswerte Verkürzung der Schieber ergibt sich, wenn die Ecken der schrägen Durchlaßkanäle stark abgerundet werden. Die hierdurch bedingte kleine Querschnittsverminderung hat auf die Eintrittsdrosselung keinen merklichen Einfluß. Da der Expansionsschieber niemals dauernd in seiner höchsten oder tiefsten Stellung arbeiten wird, so empfiehlt sich weiterhin, die rechteckigen Ansätze an demselben unten breiter zu nehmen, als der Entfernung y entspricht, wodurch die Ausladung l eine weitere Verringerung erfährt.

Die in Fig. 80 angedeutete Ausführung des Rider-Flachschiebers ist wenig gebräuchlich und wird fast ausschließlich durch die Bauart nach Fig. 81 ersetzt. Jeder Durchlaßkanal hat hiernach zwei parallele, schräge Mündungen, während der Expansionsschieber mit der Außenkante und mit der inneren Kante des Schlitzes steuert. Wegen der größeren Gesamtlänge der Durchlaßkanäle kann deren Weite entsprechend geringer gehalten werden, so daß die Größe der Relativexzentrizität und der Verschiebung durch den Regulator der verringerten Kanalweite gemäß abnimmt.

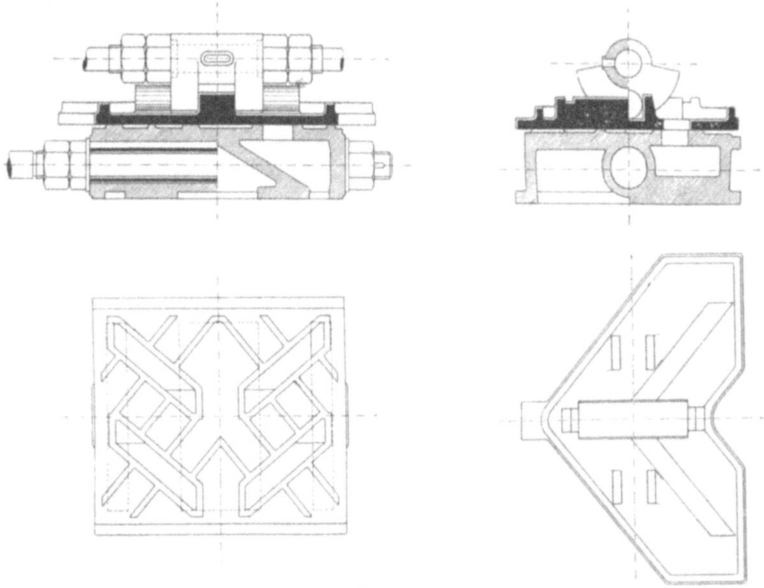

Fig. 81.

Die Rider-Steuerung wird häufiger mit Rundschiebern als mit Flachschiebern ausgeführt. Fig. 82. Auf dem Rücken des zylindrisch gestalteten Grundschiebers bewegt sich der kreisförmig aufgerollte Expansionsschieber, so daß Fig. 80 nunmehr die Abwickelung der beiden Schieberflächen darstellt und auch für diese Steuerung in gleicher Weise, wie oben ausgeführt, aufgezeichnet wird. Die senkrechte Verschiebung wird durch Verdrehung der Schieberstange um den Winkel γ erzielt, der aus der Gleichung $\gamma = 360 \cdot \frac{u}{D\pi}$ ermittelt wird. Winkel γ soll 60^0 nicht überschreiten. Aus dieser Gleichung geht hervor, daß γ mit wachsendem Durchmesser D abnimmt, während u, wie schon dargelegt, durch die Größe des Neigungswinkels α der Kanäle bestimmt ist. Geeignete Abmessungen für D werden erhalten, wenn die in den halbkreisförmig begrenzten Grundschieber auslaufenden Kanäle sich über einen Winkel $180^0 - 2 \cdot 15^0 = 150^0$ erstrecken, so daß Kanalhöhe

$$h = \frac{150}{360} \cdot D\pi,$$

demnach

$$D = 0{,}75\,h.$$

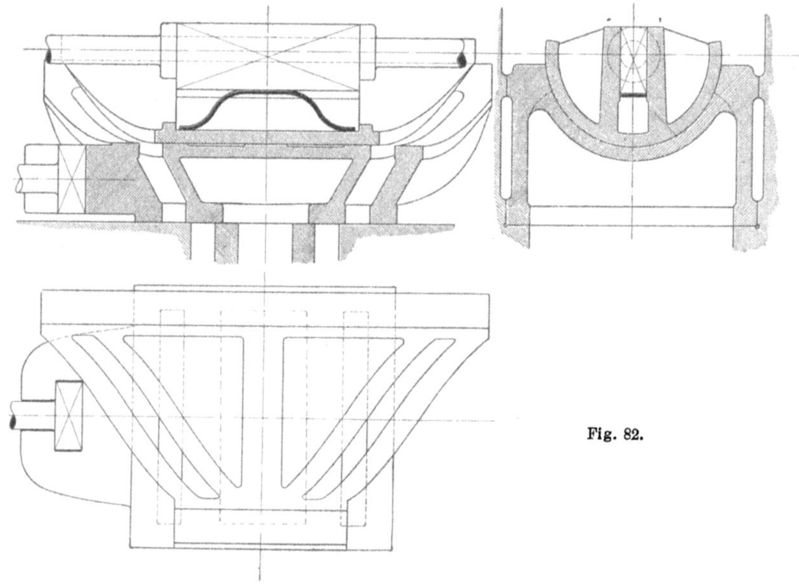

Fig. 82.

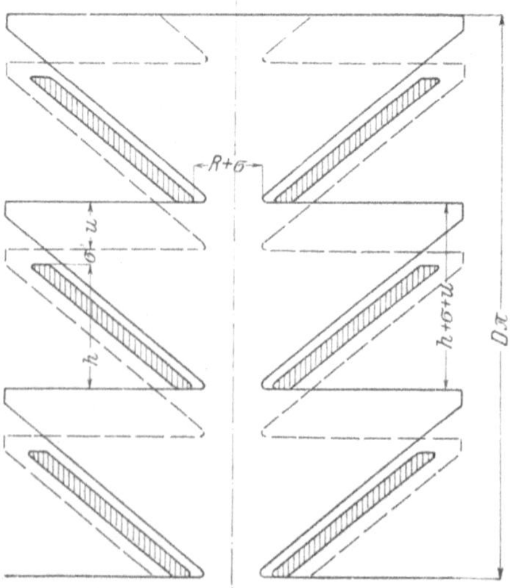

Fig. 83.

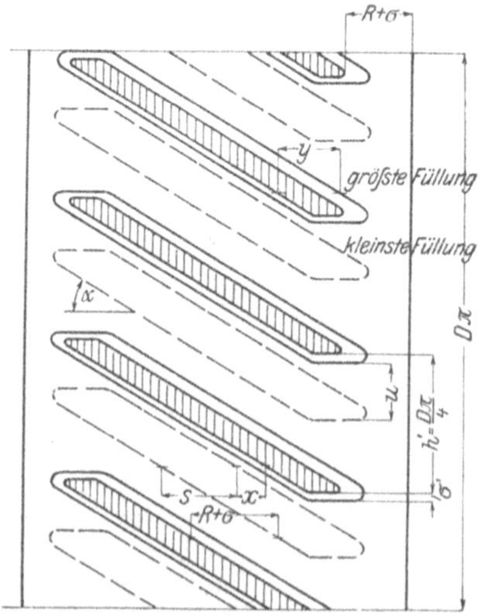

Fig. 84.

In den Fig. 83 und 84 sind Abwickelungen weiterer Ausführungsarten dargestellt, bei denen die Schieber als Kolbenschieber ausgebildet sind, um vollständige Entlastung und leichte Einwirkung des Regulators zu erhalten.

In Fig. 83 muß die Beziehung bestehen:

$$n \cdot (h + \sigma + u) = D\pi,$$

wenn n = Anzahl der Kanäle.

Als freie Durchgangsfläche bleibt:

$$F = a \cdot n \cdot h = a \cdot (D\pi - n\sigma - n \cdot u).$$

Die Kanalhöhe *h* wird durch probeweises Aufzeichnen der Abwickelung festgestellt, da erst nach Annahme von h die Kanalweite — und durch den nunmehr bestimmten Maßstab des Diagramms auch *u* — ermittelt werden kann.

Der am häufigsten zu findende entlastete Rider-Kolbenschieber ist in Fig. 85 wiedergegeben, in welcher Bauart er namentlich bei stehenden Schnellläufern sowie bei Walzenzugmaschinen angewandt wurde. Wie bei dem Flachschieber in Fig. 81 befinden sich auch

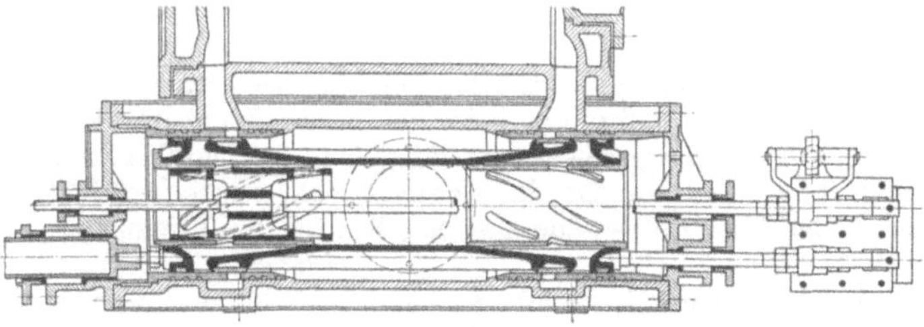

Fig. 85[1]).

hier die steuernden Kanten an den Innenseiten von Schlitzen, so daß eine Entfernung der Mündungskanten um $u + \sigma$ nicht mehr erforderlich ist und die senkrechte Abmessung des Schiebers kleiner wird, d. h. bei gegebenem Durchmesser kann die Gesamthöhe der schrägen Kanäle größer werden. Die Abwickelung des Expansionsschiebers zeigt Fig. 84.

Auch hier wird beim Entwurf probeweise vorgegangen. Der innere Durchmesser des Expansionsschiebers ist durch die Forderung bestimmt, daß für den durchströmenden Dampf genügend Querschnitt vorhanden ist. Nach Annahmen über die Stärke der einzusetzenden Büchsen, der Höhe des Grundschiebers — die von der Befestigungsart der Grundschieberstange abhängig ist — und der Anzahl der Stege in der den Zylinderkanälen vorgelagerten Büchse kann die Weite des Grundschieberkanals *a* aus der Beziehung

$$\frac{O \cdot c}{u_d} = F = a \cdot d \cdot \pi \cdot \varphi \quad (u_d = \text{Dampfgeschwindigkeit})$$

abgeleitet werden. Durch φ wird die Verengung durch Stege berücksichtigt.

---

[1]) Nach Kießelbach.

Ist der Durchmesser d mit Rücksicht hierauf festgelegt, so kann die Anzahl n der auf den Umfang zu verteilenden Kanäle gewählt werden, wodurch deren senkrechter Abstand voneinander festgelegt ist. Der Neigungswinkel α betrage 30 bis 40°.

Auf Grund der jetzt bestimmbaren Kanalweite a' werden dem Diagrammmaßstab gemäß die Überdeckungen x und y und damit u ermittelt. Die Schlitze des Expansionsschiebers werden für die größte Füllung, der Kantenentfernung y entsprechend, aufgezeichnet; ihre Weite s wird mit Rücksicht darauf bestimmt, daß die nicht steuernde Kante der Schlitze den Durchlaßkanal schon vor der Totlage der Kurbel eröffnet hat, damit die vom Grundschieber abhängige Voreinströmung rechtzeitig stattfindet. Die Art der Ermittelung der Schlitzweite s ist ähnlich wie im Diagramm, Fig. 76, durchzuführen. Es ist Punkt K_1 vor die der Kurbeltotlage entsprechende Relativexzenterstellung zu legen.

Der Diagrammmaßstab läßt sich am bequemsten dadurch feststellen, daß die Relativexzentrizität R = Grundexzentrizität r mal dem Verhältnis der Kanalweiten gesetzt wird, sonach, wenn a Kanalweite im Grundschieber:

$$R = r \cdot \frac{a'}{a}.$$

Bei der Einzeichnung der tiefsten Stellung des Expansionsschiebers ist darauf zu achten, daß dieser bei einer Abweichung um die Relativexzentrizität R aus der gezeichneten Mittellage die Durchlaßkanäle mit den nicht steuernden Kanten der Schlitze nicht wieder eröffnet. Der wagerechte Abstand der entsprechenden Kanten muß demnach $R + \sigma$ betragen.

In der Abwicklung nach Fig. 84 legen die Schlitze des Expansionsschiebers die Öffnungen im Grundschieber auch in senkrechter Richtung bei kleineren Füllungen nicht mehr ganz frei. Dadurch wird eine bei geringen Belastungen ganz erwünschte Drosselung des Dampfes erzielt.

Die Riderkolbenschieber nach Stein werden mit Zusatzabsperrung versehen. Der Dampf strömt den Riderkanälen durch axial angeordnete Schlitze im Mantel des beiderseits geschlossenen Expansionsschiebers und des Grundschiebers zu. Bei Füllungen unter 5 v. Ht. legen sich die Stege des einen Schiebers auf die Schlitze des anderen, so daß der Dampf gedrosselt und bei Nullfüllung weder der schädliche Raum noch der Grundschieber mit Frischdampf aufgefüllt werden.

6. Steuerungen mit veränderlichem Hub und Voreilwinkel des Expansionsschiebers.

a) Zweikammersteuerung von Doerfel[1]). Fig. 86. Bei dieser Bauart laufen die Schieber nicht ineinander, sondern sind in zwei getrennten Kammern untergebracht. Der Grundschieber wird meistens unveränderlich, der Expansionsschieber mittelst Flachregulators gesteuert, doch wird auch häufig das Grundexzenter derart mit dem Expansionsexzenter verbunden, daß bei der Füllungsregelung auch die

[1]) Ausführung der Dinglerschen Maschinenfabrik in Zweibrücken.

Kompression in mäßigen Grenzen verändert wird, um die Leistung der Belastung schnell anzupassen und den Leerlauf zu erleichtern. Der Entwurf dieser mit Inneneinströmung arbeitenden Steuerung gestaltet sich sehr einfach. Die Überdeckungen des Grundschiebers werden für günstigste Vorausströmung und Kompression bestimmt, ebenso weicht das Diagramm für den Expansionsschieber nicht von dem des gewöhnlichen Muschelschiebers ab, nur werden wesentlich frühere Voröffnungen

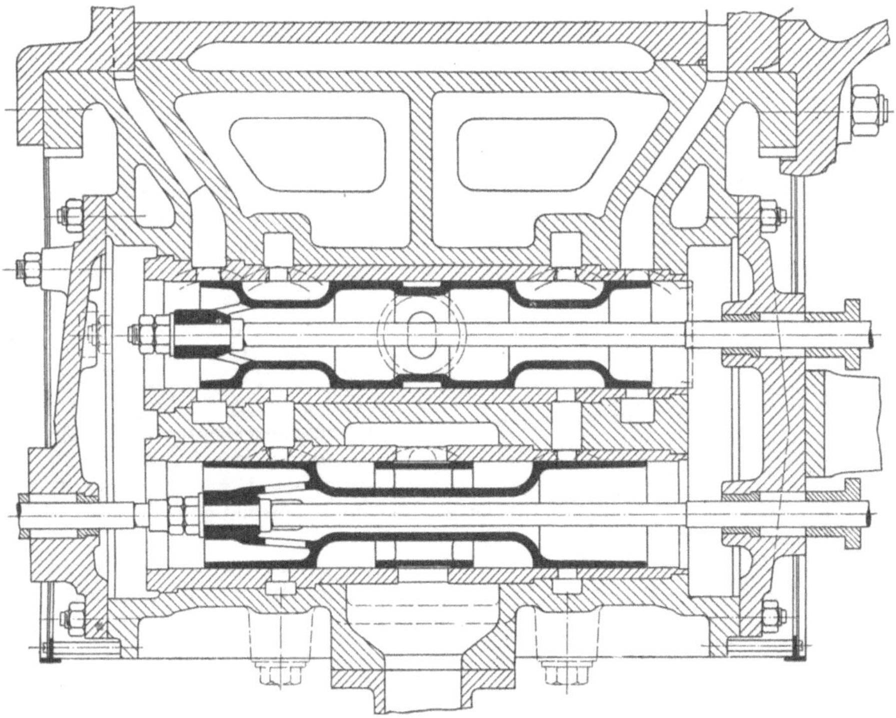

Fig. 86.

gegeben, damit bei kleinen Füllungen trotz Ausgleich der Füllungen durch ungleiche Deckungen genügend geöffnet wird. Damit absolute Nullfüllung stattfinden kann, ist die kleinstmögliche resultierende Exzentrizität kleiner als die Überdeckung zu wählen, so daß der Kanal zum Grundschieber überhaupt nicht mehr geöffnet wird.

Wie aus Fig. 86 ersichtlich, wird doppelter Abschluß des Expansionsschiebers erreicht, indem dieser mit einem dritten Kolben auch den Dampfeintritt in die erste Kammer steuert.

b) Einkammersteuerung. Bei der in Fig. 87 wiedergegebenen Bauart läßt der Expansionsschieber in seiner relativen Mittellage den Durchlaßkanal um die Strecke y frei, so daß dieser Weg zurückgelegt werden muß, ehe die Expansion beginnt, und außerdem jene Strecke, um die je nach Größe von Voreilwinkel und Exzentrizität die Schiebermitten bei der Kurbeltotlage voneinander entfernt sind.

In Fig. 88 und 89 sind gebräuchliche Arten der bei diesen Steuerungen zu findenden Exzenter-Aufkeilung wiedergegeben. In Fig. 88 umfaßt das Expansionsexzenter drehbar das Grundexzenter, bei welcher Anordnung der Durchmesser des ersteren außergewöhnlich groß wird. Die Endpunkte des resultierenden Exzenters, dessen Voreilwinkel zunimmt und dessen Exzentrizität von OE auf OE' abnimmt, liegen auf dem Kreisbogen $E'E$, und wird nun zu jeder Stellung desselben das zugehörige Relativexzenter aufgesucht, so zeigt sich, daß auch dessen Endpunkte auf einem Kreisbogen liegen, so daß Bogen $E'E$ in der Richtung des Grundexzenters um dessen Länge verschoben erscheint. Die gleiche Lage der Scheitelkurve zeigt sich bei der in Fig. 89 abgebildeten Aufkeilung. Das Expansionsexzenter wird hierbei nach Fig. 45a auf S. 46 auf einer Geraden verstellt, so daß sein Durchmesser kleiner als bei der Anordnung nach Fig. 88 gehalten werden kann.

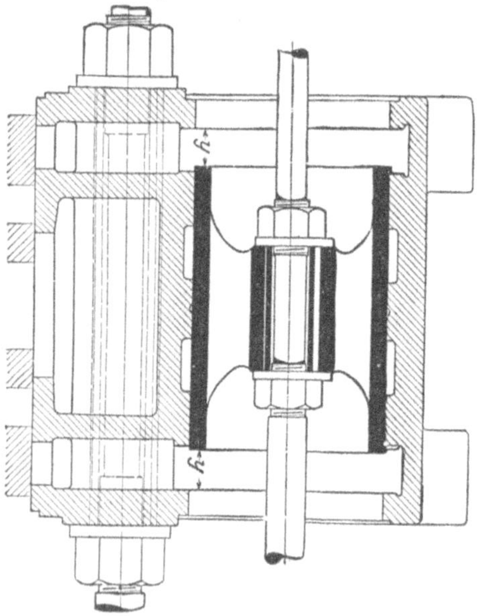

Fig. 87.

Die Dampfverteilung einer Steuerung nach Fig. 88 und 89 ist in Fig. 90 mittelst des Müller-Seemannschen Diagramms dargestellt.

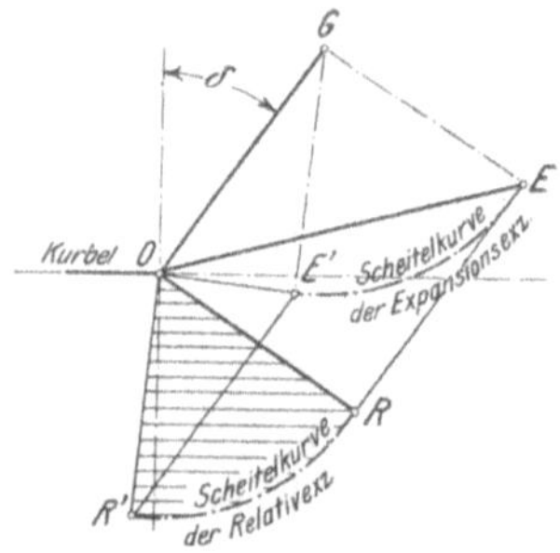

Fig. 88.

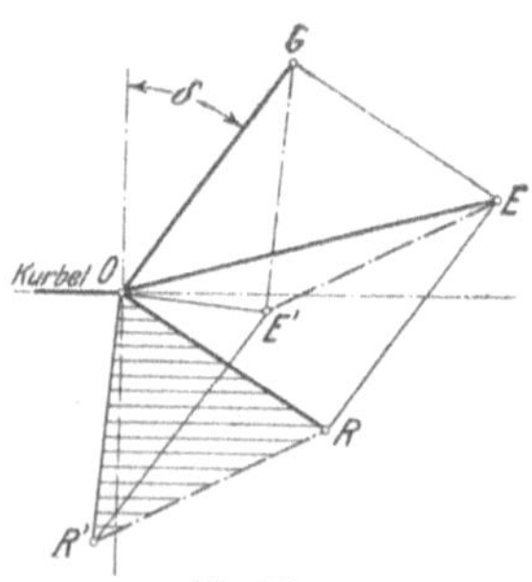

Fig. 89.

Größe und Voreilwinkel des Grundexzenters werden in üblicher Weise festgestellt. R_1 und R_2 sind die äußersten Lagen für das Relativexzenter. Denkt man sich wieder den Expansionsschieber auf dem ruhenden Grundschieber bewegt, so wird, wenn die Relativexzentrizität $= R_1$, bei der Kurbeltotlage die Expansionsschiebermitte um z_1 von der Grundschiebermitte nach rechts hin entfernt sein, und es muß bis zum Füllungsschluß ein Schieberweg $z_1 + y$ zurückgelegt werden. Diesem Schieberweg entspricht der Kurbelbogen $b\,d$. Im Falle der Relativexzentrizität R_2 hat die Expansionsschiebermitte die Grundschiebermitte bei der Kurbeltotlage schon um $y - z_2$ nach links überschritten. Die Expansion beginnt demnach nach Zurücklegung des Schieberweges z_2.

Die Wiedereröffnung beginnt im Punkte *WE* und ist am gefährlichsten bei den kleinsten Füllungen. Winkel α muß größer als γ sein, währenddem der Grundschieber Füllung gibt. Wäre $\alpha < \gamma$, so müßten entweder y oder der relative Voreilwinkel verkleinert werden.

In Fig. 91 ist die gleiche Steuerung mittelst des Müller-Reuleauxschen Diagramms behandelt. Die Art der Aufzeichnung gestattet unmittelbaren Zusammenhang mit dem Dampfdiagramm.

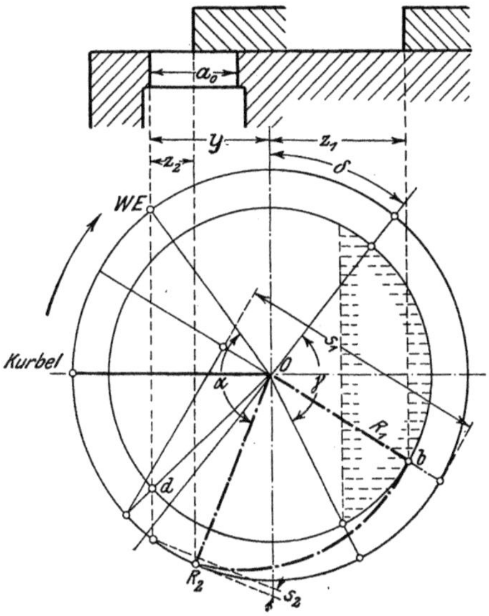

Fig. 90.

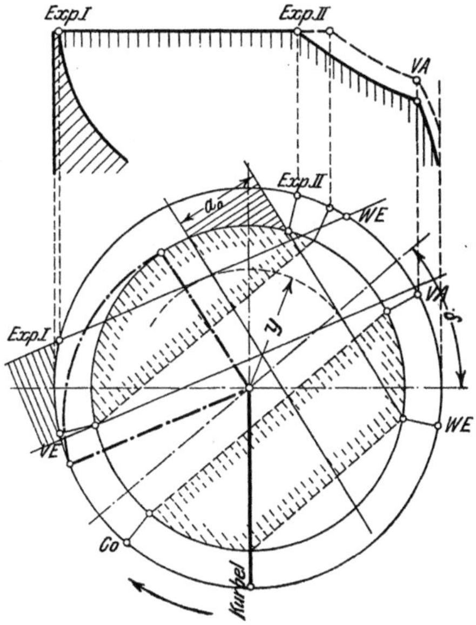

Fig. 91.

Es zeigt sich, daß bei dieser Exzenterverstellung die größeren Exzentrizitäten zu den kleineren Füllungen gehören und umgekehrt. Die vorstehenden Diagramme sind ohne weiteres auch dann noch gültig, wenn beide Schieber mit innerer Einströmung oder nur der Expansionsschieber mit Inneneinströmung steuert. In ersterem Fall muß das Relativexzenter nach Fig. 74 entgegengesetzte Lage einnehmen, doch kann zur Bestimmung der Abmessungen das punktierte Diagramm auch hier ohne Einschränkung benutzt werden, da unter Zugrundelegung der entgegengesetzten Relativexzentrizität die Strecke y nach rechts von der Mittellinie aus abgetragen werden müßte.

Selbst wenn der in Fig. 87 dargestellte Schieber abschließt, ehe der Grundschieber um das Voröffnen geöffnet hat — absolute Nullfüllung —, so wird doch der Grundschieberkanal bei der Voreinströmung mit Frischdampf gefüllt werden, und sich sein Inhalt in den Zylinder entleeren. Bei Kondensationsmaschinen mit hoher Eintrittsspannung wird diese

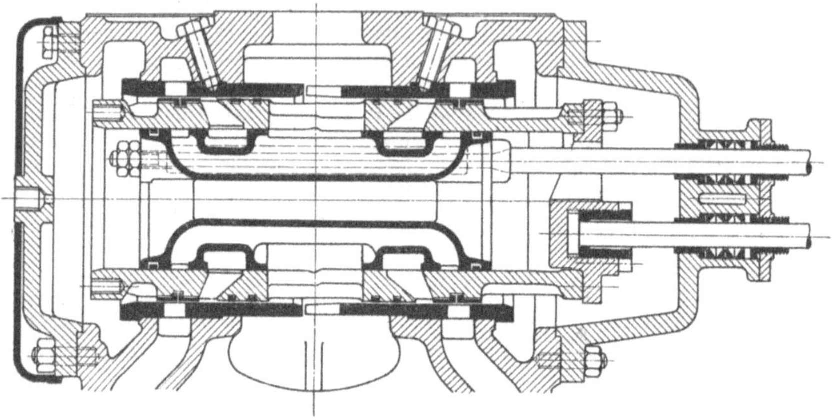

Fig. 92[1]).

Auffüllung selbst bei dichten Schiebern genügen, die Maschine zum „Durchgehen" im Leerlauf zu bringen. Aus dieser Erwägung heraus ist die in Fig. 92 dargestellte Steinsche Schiebersteuerung entworfen

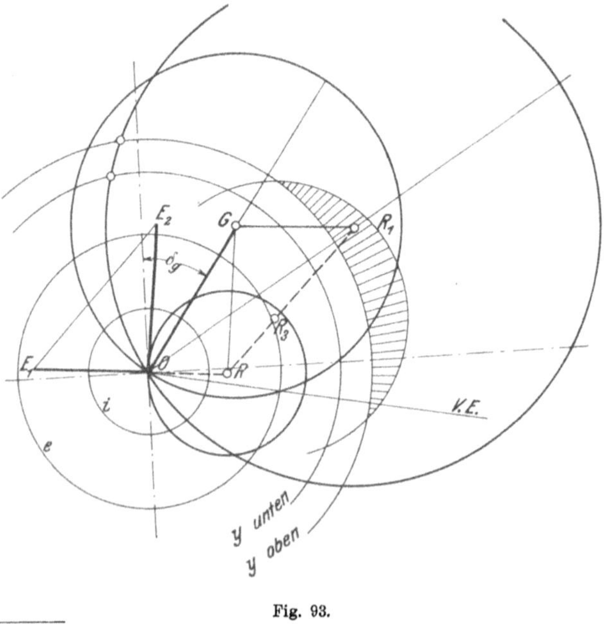

Fig. 93.

[1]) Hochdruckschieber einer stehenden Verbundmaschine der Lübecker Maschinenbau-A. G.

($OG = 35$ mm, $\delta = 35^\circ$; $OE_1 = 24$ mm, $OE_2 = 30$ mm; $OR_1 = 52$ mm, $OR = 17$ mm.)

worden, bei welcher der Expansionsschieber die Durchlaßkanäle in seiner Mittelstellung um y überdeckt; ist also das Relativexzenter kleiner als y, so wird der Durchlaßkanal überhaupt nicht geöffnet.

Das Grundexzenter $O\,G$ wird bei dieser Steuerung für äußere Einströmung mit dem gewöhnlichen Voreilwinkel δ_g aufgekeilt, während das Regelerexzenter $O\,E$ nacheilt. Bei der Aufzeichnung des Diagramms für innere Einströmung, Fig. 93, zeigt sich, daß die größeren Relativexzenter $O\,R$ zu den größeren Füllungsgraden, die kleineren Relativexzenter zu den kleineren Füllungen gehören. Als weiterer Vorteil stellt sich dadurch ein, daß bei den kleineren Füllungen infolge der geringen Kanaleröffnungen und Schiebergeschwindigkeiten der Eintrittsdampf stark gedrosselt wird, so daß schnell einwirkende Regelung bei kleiner Belastung erreicht wird.

Das Relativexzenter der absoluten Nullfüllung soll bei dieser Steuerung etwa so erhalten werden, daß die Expansionsexzentrizität $O\,E_2$ der kleinsten Füllung den Voreilwinkel Null hat, also der Kurbel um 90^0 vor- bzw. nacheilt. Im Zeunerschen Diagramm steht dann das Relativexzenter ungefähr in der Lage der Voreinströmung.

Da der Expansionsschieber doppelte Eröffnung gibt, so sind die in Fig. 93 für eine bestimmte Füllung (schraffiert) wiedergegebenen Kanalweiten zu verdoppeln.

Die Deckung y soll je nach Maschinengröße 2 bis 3,5 mm größer als die kleinste Relativexzentrizität sein. Die Relativexzentrizität der größten Füllung wird nach dieser und danach bestimmt, daß die Expansionsexzentrizität $O\,E_1$ dabei etwa in die Wagerechte fällt.

f) Die Ausführung und Einstellung der Expansionsschiebersteuerungen.

Wie aus Fig. 61 und 81 ersichtlich ist, werden die Gleitflächen der Schieber mit schrägen Nuten versehen, bzw. die Durchlaßkanäle von tragenden Leisten umgeben, wodurch die Schieber erheblich entlastet werden. Die schräge Lage dieser Aussparungen bezweckt die Verhinderung der Gratbildung am Expansionsschieber. Um die Meyer-Steuerung einbauen zu können, werden die Mitnehmermuttern entweder zweiteilig oder die Gewinde mit verschiedenem Durchmesser ausgeführt, damit die Mutter des einen Schiebers über das Gewinde des anderen gestreift werden kann. Die Expansionsplatten werden in Leisten am Grundschieber geführt und zur Vermeidung des Abklappens durch Federn angepreßt.

Das Handrad zur Einstellung der Füllung muß in seiner Lage festgehalten und durch Nut und Feder so mit der Schieberstange verbunden werden, daß diese seine Drehung mitmacht. Ein von dem Handrad mit Übersetzung bewegter Zeiger gibt auf einer Skala den Füllungsgrad an.

Mitunter wird das Gewinde außerhalb des Schieberkastens gelegt. Es ist dann jede Expansionsplatte durch eine besondere Schieberstange zu steuern, die nach Art der Fig. 79 übereinander liegen und an ihren Enden Zahnräder tragen. Durch Drehung der letzteren werden die Schieberstangen in dem gemeinsamen, vom Exzenter bewegten Geradführungsstück gleichmäßig verschraubt. Die Schieber werden durch Doppelmuttern mitgenommen, welche auf Hülsen sitzen, die sich mit den Stangen drehen.

Fig. 94 zeigt den Regulatorangriff einer Rider - Steuerung. Die ausgebüchsten Schieberführungen befinden sich an der Regulatorsäule.

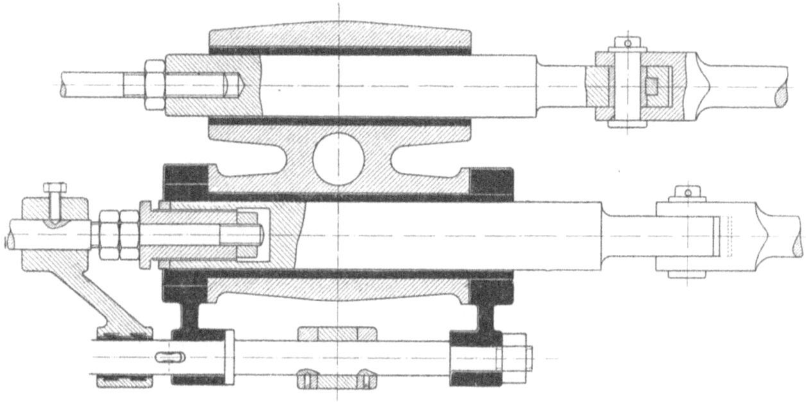

Fig. 94.

Die Büchse für das Führungsstück der Expansionsschieberstange ist durch zwei Hebel mit einer parallelen Führungsstange fest verbunden, in deren Mitte die Regulatorzugstange angreift. Ein auf der Expansionsschieberstange sitzender Hebel verschiebt sich auf der Führungsstange und macht deren Drehung mit. Die Einsatzbüchse, in der sich die Schieberstange dreht, ist durch Gegenmutter in ihrer Verbindung mit dem Führungsstück gesichert. Durch ihre auch während des Betriebes leicht vorzunehmende Verschraubung läßt sich der Expansionsschieber einstellen.

Greift die Regulatorzugstange unmittelbar an einem auf der Schieberstange sitzenden und mit dieser pendelnden Hebel an, so entsteht dadurch, daß das Ende der Stange einen Bogen beschreibt, während die Schieberstange sich geradlinig bewegt, eine Rückwirkung auf den Regulator. Dieser wird sich entweder um die Pfeilhöhe dieses Bogens verschieben, was für die Regulierung nicht ungünstig ist, oder bei reichlicher Energie in seiner Stellung verharren und den Schieber entsprechend drehen.

Bei den Rider - Flachschiebersteuerungen müssen die Expansionsschieber derart mit ihrer Stange verbunden werden, daß diese den Schieber mitnehmen und ihn gleichzeitig in senkrechter Richtung verschieben können. Die für letzteren Zweck früher häufig angewandten Zahnräder und Zahnstangen sind durch Nocken nach Fig. 81 ersetzt worden. Der Schieber greift mit einem Ansatz zwischen zwei Segmente auf der Stange und wird derart mitgenommen.

Die in Fig. 71 dargestellte Meyer-Steuerung mit großer Schraube wird vielfach mit Spielraum (etwa 1 mm) zwischen Gewindegang und Mitnehmer ausgeführt, damit der Regulator bei der Bewegungsumkehr leicht eingreifen kann.

Die Verbindung der Stange mit Rider-Expansionsschieber durch ein Hooksches Gelenk zeigt Fig. 95. Der Schieber kann sich nach allen Seiten richtig einstellen.

Bei den Kolbenschiebersteuerungen wird der Expansionsschieber von seiner Stange stets zentral gefaßt. Soll auch beim Grundschieber zentraler Angriff vorhanden sein, so sind die beiden Stangen ineinander zu führen.

Bei exzentrischer Verbindung des Grundschiebers mit der Schieberstange muß diese beiderseits in Grundbüchsen geführt werden, damit das infolge der Massen und Reibungswiderstände auftretende Kippmoment nicht von den Schieberkanten oder Liderungsringen aufgenommen wird und dadurch einseitigen Verschleiß verursacht. Häufig wird der Grundschieber durch zwei Schieberstangen bewegt, die außen durch eine Brücke verbunden sind, an der die Exzenterstange angreift. Um kurze Dampfkanäle und kleine schädliche Räume zu erhalten, ist es zweckmäßig, den Expansionsschieber durch das dem Lager zunächst sitzende Exzenter zu steuern.

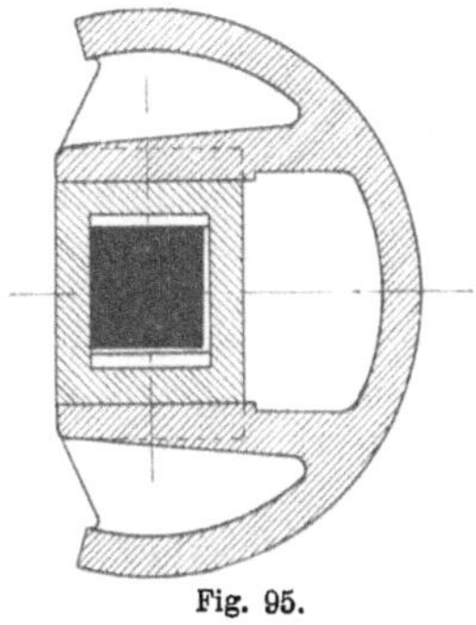

Fig. 95.

Was die Vorzüge der einzelnen, besprochenen Schieberarten betrifft, so werden die entlasteten Rider-Schieber mit Zacken, deren Abwickelung in Fig. 83 wiedergegeben ist, wegen der ungenügenden Ausnutzung ihres Umfanges bezüglich der Kanallänge und wegen des Zurückkrümmens der Zacken bei höheren Temperaturen nicht mehr angewandt. Vor den Kolbenschiebern nach Rider haben die nach Meyer den Vorzug geradliniger Kanäle auch im Expansionsschieber, so daß sie leichter hergestellt und zudem mit Dichtungsringen versehen werden können.

Von den Nachteilen, die ineinanderlaufende Schieber überhaupt besitzen, sind die auch für Rider - Schieber verwendbaren Zweikammersteuerungen frei, bei denen außerdem die Hintereinanderschaltung zweier Schieber die Undichtheitsverluste beschränkt.

Besondere Aufmerksamkeit verlangt die Konstruktion der Schieber für Betrieb mit überhitztem Dampf.

Lange Schieber sind überhaupt wegen des sich krümmenden Schiebergehäuses zu vermeiden. Die Rippen dürfen nur an nicht dichtende Flächen gelegt werden, damit die dichtenden Flächen sich nicht krumm ziehen. Die Kolbenfederringe werden aufgeschnitten und zweckmäßig so am Schieberkörper befestigt, daß eine bestimmte Federung nicht überschritten wird. Zu stark nach außen federnde Ringe zerstören bei hoher Temperatur die Laufbüchsen. Letztere sind mit kleinem Spielraum einzusetzen und erhalten an jeder Seite der Dampfkanäle Ansätze, die mit Asbest gedichtet werden.

Günstiges Verhalten der Rider - Expansionsschieber zeigt sich, wenn diese nach dem Vordrehen und dem Einfräsen der Kanäle ausgeglüht werden, wodurch Verziehen auch bei höchster Temperatur nicht mehr eintritt.

Vorteilhaft ist stets innere Einströmung, um den Schieber durch den Abdampf möglichst kühl zu halten. Das Einlaufen solcher Schieber soll nur unter langsamer Steigerung der Überhitzungstemperatur vorgenommen werden.

Hier sei noch erwähnt, daß bei Rider - Steuerungen zum Anlaufen der Maschine geeignete, große Füllungen ohne übermäßigen Regulatorhub dadurch erhalten werden können, daß der Expansionsschieber bei tiefster Regulatorstellung die unteren Kanalkanten nicht überdeckt, so daß die vom Grundschieber abhängige Füllung wirkt.

Der Grundschieber wird in derselben Weise, wie für den Muschelschieber auf S. 54 angegeben, eingestellt, nur fällt hier die Rücksicht auf möglichst geringen Unterschied der durch den Grundschieber gegebenen Füllungen fort, da diese vom Expansionsschieber bestimmt werden. Das lineare Voreilen und die Kompression werden für beide Seiten möglichst gleich eingestellt. Der Expansionsschieber wird so justiert, daß er für diejenige Füllung, mit der die Maschine voraussichtlich am meisten arbeitet, auf beiden Seiten gleich abschneidet. Die kleinste Füllung wird mit Rücksicht darauf bestimmt, daß die Maschine im Leerlauf nicht durchgeht und ist demgemäß davon abhängig, ob die Maschine in stetiger Verbindung mit der Transmission bleibt oder von dieser abgekuppelt werden kann.

Im übrigen ist die Minimalfüllung um so kleiner zu wählen, je größer der schädliche Raum ist.

II. Die Steuerungen mit vierfachen Dampfwegen.

Für die Maschinen größerer Leistung erhalten die Schieber bedeutende Abmessungen und müssen bei Anwendung höherer Dampfdrucke als Kolbenschieber ausgeführt werden. Die großen schädlichen Räume, welche diese Steuerungen bedingen, beeinflussen sehr ungünstig den Dampfverbrauch, so daß bei größeren Maschinen die Anwendung der Steuerungen mit vierfachen Dampfwegen bevorzugt wird. Außer der Verringerung der schädlichen Räume und der Reibungsarbeit gestatten diese Steuerungen leichte Einstellung, da jedes der getrennten Steuerungsorgane für sich eingestellt werden kann. Der Vorteil der getrennten Dampfwege, der darin bestehen soll, daß der Einlaßkanal nicht zugleich als Auslaßkanal dient und deshalb nicht im gleichen Maße wie bei den Steuerungen mit zweifachen Dampfwegen vom durchströmenden Auspuffdampf abgekühlt wird, ist hingegen nicht hoch zu veranschlagen, da während des Auspuffes auch der Einlaßkanal von Dampf mit Auspuffdruck erfüllt ist.

a) Die Ventilsteuerungen.

Fig. 96 bis 99 zeigen gebräuchliche Ventilausführungen. Im geschlossenen Zustand heben sich die Dampfdrucke, die oben und unten auf den Kreisring von der Breite b wirken — s. Fig. 101, S. 86 — gegenseitig auf, und es bleibt nur der Druck auf die Kreisringfläche $\pi \frac{D^2 - d^2}{4}$ übrig, so daß das Ventil weitgehend entlastet ist. Um diesen

Druck gering zu halten, werden die Durchmesser *d* und *D* möglichst gleich, also die Sitzbreite sehr schmal ausgeführt. Ventil und Sitz werden ausschließlich aus Gußeisen hergestellt und unter Dampfdruck eingeschliffen, damit der dichte Schluß auch im Betrieb bei der Ausdehnung durch die Wärme gewahrt bleibt.

Aus dem gleichen Grunde werden beide Teile zweckmäßig aus demselben Tiegel gegossen, um gleichmäßige Ausdehnung zu gewährleisten.

Der Ventilsitz wird entweder mit langer konischer Fläche oder kurzer wagerechter Fläche eingeschliffen. Die Steigung, auf die Durchmesser bezogen, beträgt im ersteren Fall meist 3:10. Die wagerechten Flächen haben den Vorteil, bequemere Herausnahme und leichtere Herstellung zu ermöglichen. An der oberen Dichtungsfläche wird der Sitz häufig mit einem aufragenden Rand nach Fig. 96 versehen, um den Dampf möglichst senkrecht einzuführen und Kippen des Ventils durch den Dampfstrom zu vermeiden.

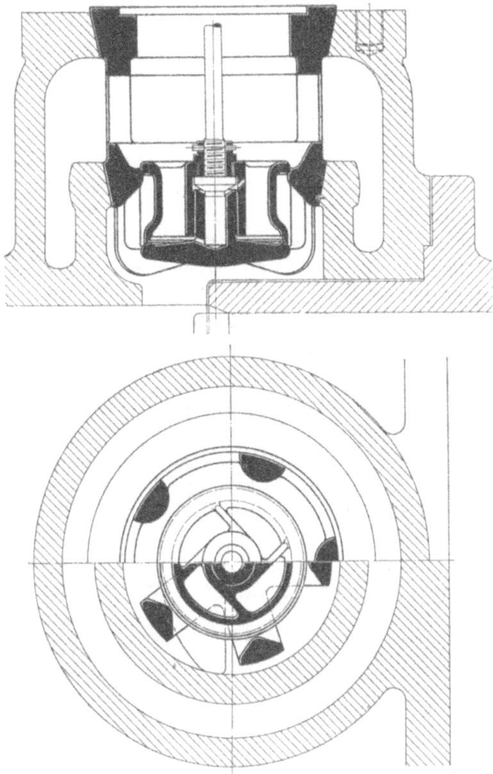

Fig. 96[1].

Collmann gibt der oberen und unteren kegelförmigen Dichtungsfläche der Ventile eine gemeinsame Spitze und will dadurch erreichen, daß infolge der Wärmeausdehnung die Dichtungsflächen sich gegeneinander verschieben, aber nicht abheben, da beim Kegel die Vergrößerung der Höhe proportional derjenigen des Durchmessers bleibt. Richtiger ist annähernd gleicher Neigungswinkel beider Sitze, so daß beide gleiche Schlagkraft erhalten. Fig. 101. Diese Bauart empfiehlt sich auch mit Rücksicht auf besseren Dampfweg und günstigere Wärmeausdehnung. Werden die Sitzflächen wagerecht ausgeführt (stumpfsitzig), so stimmt die Aufschlaggeschwindigkeit mit der Geschwindigkeit der Spindel überein. Bei scharfspitzigen Sitzen sind entsprechend dem Neigungswinkel, der bis zu 45° beträgt, höhere Aufschlaggeschwindigkeiten

[1]) Ausführung von Scharrer & Groß, Nürnberg.

zulässig, weil beim Aufsetzen nur deren Normalkomponente in Betracht kommt.

Sichere Führung des Ventils kann nach der in Fig. 96 dargestellten Ausführung oder auch dadurch erreicht werden, daß Rippen an der Außenseite des Ventils durch Gleitflächen der Ventilkörbe geführt werden. Die Führung nach Fig. 96 erfordert einen größeren Ventildurchmesser und dementsprechend eine kleine Zunahme des schädlichen Raumes. Das Ventil nach Fig. 96 ist außerdem mit Überdeckungsringen ausgeführt. Durch diese wird die Dampfeinströmung schon beendigt, wenn die Sitzflächen noch um die Ringhöhe voneinander entfernt sind. Die Verzögerung des Ventils kann ungefähr gleichzeitig mit dem Füllungsschluß erfolgen und bleibt somit ohne Einfluß auf die Schärfe des letzteren. Da die Überdeckungsringe namentlich bei Verwendung überhitzten Dampfes mit geringem Spielraum eingesetzt werden müssen, so ist eine doppelte Dichtung nicht vorhanden.

Dem Betrieb mit überhitztem Dampf ist das Einlaßventil des in Fig. 171 dargestellten Zylinders angepaßt. Ventil und Sitz sind so ausgeführt, daß beide stets dieselbe Temperatur haben müssen, gleichgültig mit welcher Überhitzung oder Füllung gearbeitet wird. Zu dem Zweck ist der Ventilsitz so geformt, daß er ebenso wie das Ventil selbst auf der einen Seite von Frischdampf, auf der anderen Seite von dem in der Temperatur stets wechselnden Zylinderdampf umspült wird. In den Wandungen beider herrscht somit stets die gleiche Temperatur.

Das in Fig. 97 dargestellte Hagemannsche Ventil gibt dreifache Eröffnung und eignet sich in der dargestellten Ausführung besonders für die mit hoher Kompression arbeitenden Gleichstrommaschinen.

Die Ausführung kann auch so getroffen werden, daß zuerst das Doppelsitzventil geöffnet und Druckausgleich zwischen Zylinderraum und Frischdampfraum hergestellt wird, worauf das nur noch auf der Sitzfläche belastete Tellerventil angehoben wird. Bei Anwendung des Hagemannschen Ventils erübrigen sich besondere Sicherheitsventile.

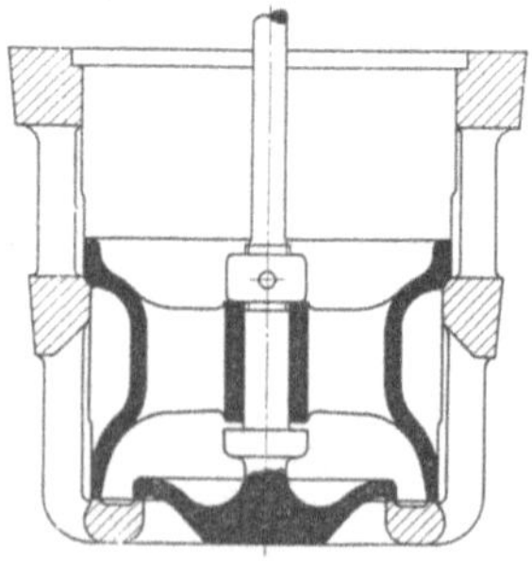

Fig. 97.

Mitunter wird das Ventil als einfacher Umdrehungskörper ohne jede Rippe ausgeführt; die Verbindung mit der Spindel wird durch zwei besondere Armkreuze hergestellt. Die Stege der Ventilsitze sind hierbei hohl, so daß sie denselben Temperaturverhältnissen wie die Ventile unterworfen sind.

Bei Maschinen von bedeutender Leistung werden vielfach viersitzige Ventile angeordnet, um leicht undicht werdende Ventile von sehr weitem Durchmesser, bzw. große Hubhöhen zu umgehen. O. Recke (Rheydt) ordnet auch bei kleineren Ventilen zwischen oberer und unterer Sitzfläche zwei weitere Sitzflächen an, um ähnlich wie beim Trickschieber die Durchgangsquerschnitte zu verdoppeln. Ventilhöhe und schädlicher Raum bleiben annähernd dieselben wie bei den gebräuchlichen Doppelsitzventilen. Fig. 98.

Fig. 99 zeigt die übliche Bauart der Auslaßventile, die so an-

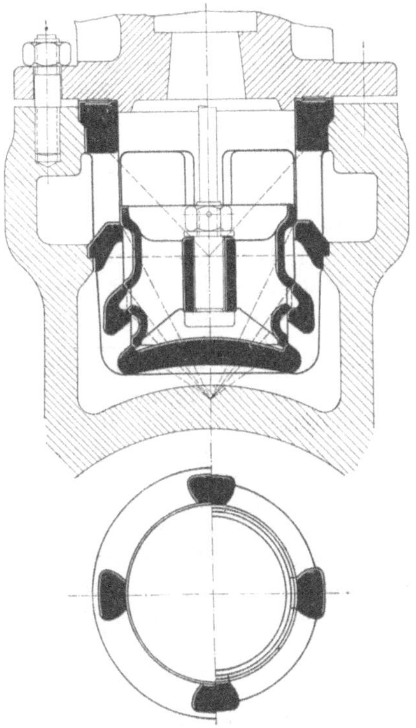

Fig. 98.

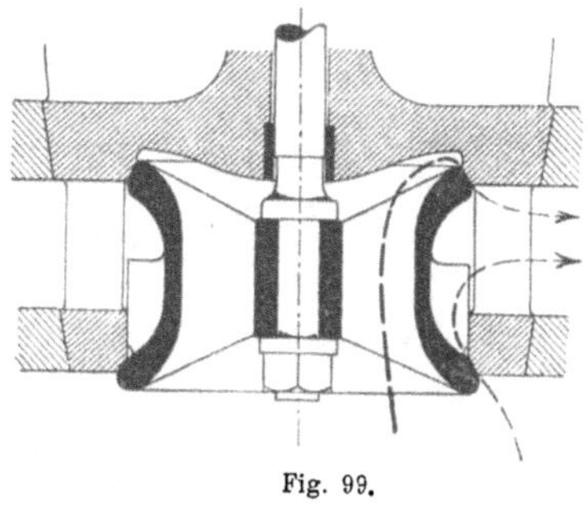

Fig. 99.

zuordnen sind, daß sie von dem im Zylinder arbeitenden Dampf gegen die Sitzflächen gepreßt werden.

Bei der Berechnung der Ventile ist die Verengung des Ventilquerschnittes durch Rippen und Naben durch die Annahme zu berücksichtigen, daß vom vollen Kreisquerschnitt 20 v. Ht. bei größeren, 40 v. Ht. bei kleineren Ventilen verloren gehen, so daß der freie Ventilquerschnitt nur $0{,}8$ bis $0{,}6\,\frac{\pi}{4}\,D_1^2$ beträgt. Fig. 101.

Demnach wird im Mittel:

$$0{,}7\,\frac{\pi}{4}\cdot D_1^2 = F, \quad D_1 = \sqrt[2]{\frac{4\,F}{0{,}7\,\pi}}.$$

Bei der Hebung des Ventils um h wird bei geneigten Sitzflächen unten und oben eine Öffnung freigelegt, deren Erstreckung senkrecht zu Strömungsrichtung $x = h\cos\alpha$ wird, wenn $\alpha =$ Neigungswinkel. Fig. 100. Die Summe beider Öffnungen muß gleich dem freien Ventilquerschnitt sein, demnach:

$$2\,\pi\,D_1\cdot h\cos\alpha = 0{,}7\,\frac{D_1^2\,\pi}{4}.$$

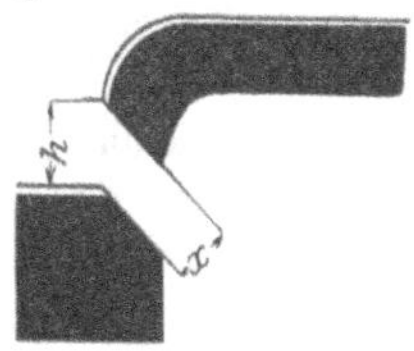

Fig. 100.

oder, da Winkel α meist nicht wesentlich verschieden von 45^0 ist, und $\cos 45^0 = 0{,}7$:

$$h = \frac{D_1}{8} = 0{,}125\,D_1.$$

Damit die doppelte Eröffnung richtig ausgenutzt wird, erhält der freie Querschnitt zwischen Nabe und Ventilrohr die gleiche Größe wie die Durchgangsfläche zwischen Ventilsitz und Ventilrohr.

Die Höhe y wird mit Rücksicht darauf bestimmt, daß beim größten Ventilhub zwischen den Kanten a und b' ein Abstand von 0,125 D_1 bleibt.

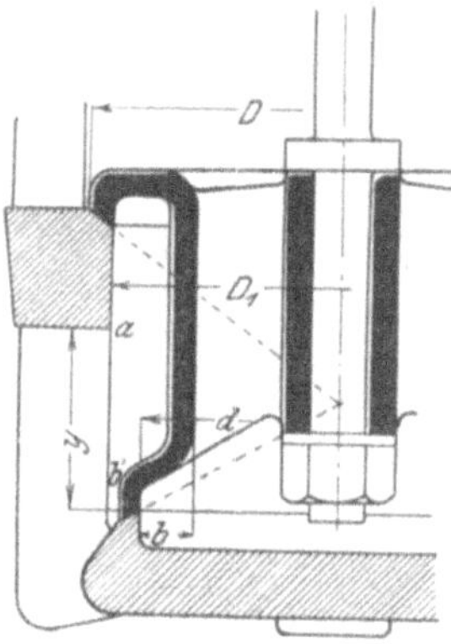

Fig. 101.

Eine Spindeldichtung mit geschliffener, selbstdichtender Büchse zeigt Fig. 102. Die Reibung gewöhnlicher Stopfbüchsen verursacht das sog. Hängenbleiben der Ventile. Bei den kleineren gewöhnlichen Füllungen und Ventilhüben schleißt die Ventilspindel auf der betreffenden Strecke ab, und die Stopfbüchse muß stärker angezogen werden. Gelangt nun bei den selteneren, größeren Ventilhüben die Spindel mit dem unverändert gebliebenen Durchmesser in die angezogene Stopfbüchse, so bleibt sie hängen: der Frischdampf strömt ununterbrochen ein und während der Auspuffperiode ins Freie, bzw. in den Aufnehmer bei Verbundmaschinen, wodurch diese leicht „durchgehen".

Diesem Übelstand wird durch Dichtungen nach Fig. 102 abgeholfen. Die mit Labyrinthdichtung versehene Spindel ist an einer bestimmten Stelle von einem Hohlraum umgeben, der mit dem Kondensator in Verbindung steht. Das Schmiermittel wird somit der Spindel in sicherer Weise unter dem Einflusse des atm. Druckes zugeführt. Die jeweils nötige Schmiermenge läßt sich durch Verstellen eines in die Rohrleitung eingeschalteten Hahnes regeln.

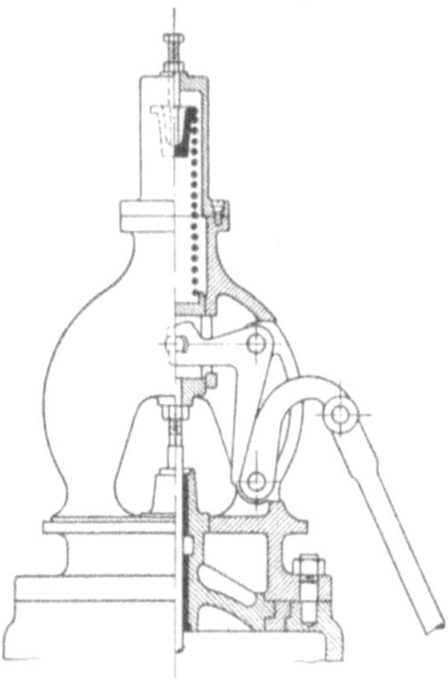
Fig. 102.

Derartige, zuerst von Lentz eingeführte Dichtungen sind namentlich für Betrieb mit überhitztem Dampf geeignet. S. auch Fig. 113.

Gewöhnliche Stopfbüchsen werden heute nicht mehr ausgeführt.

Die Ventilsteuerungen werden zwangläufig oder kraftschlüssig ausgeführt. Bei den kraftschlüssigen oder freifallenden Steuerungen wird der Füllungsschluß durch die vom Regulator bewirkte Aufhebung der Verbindung von Steuerwelle und Ventilspindel herbeigeführt, und das Ventil fällt gemäß der von der Schlußfeder ihm erteilten Beschleunigung frei herunter. Bei den zwangläufigen Steuerungen hingegen schließt das Ventil mit einer von dem äußeren Steuerungsgetriebe abhängigen Geschwindigkeit.

Die einfachste Form der zwangläufigen Steuerungen findet sich bei den Auslaßventilen und außerdem bei den Einlaßventilen mit unveränderlicher Expansion, wie sie an den Niederdruckzylindern der Verbundmaschinen ausgeführt werden.

1. Die zwangläufigen Ventilsteuerungen.

Die Übertragung der Bewegung auf das Ventil.

Die Fig. 103 und die Fig. 107—119 geben verschiedene Ausführungsarten von Ventilantrieben wieder, die (mit Ausnahme der

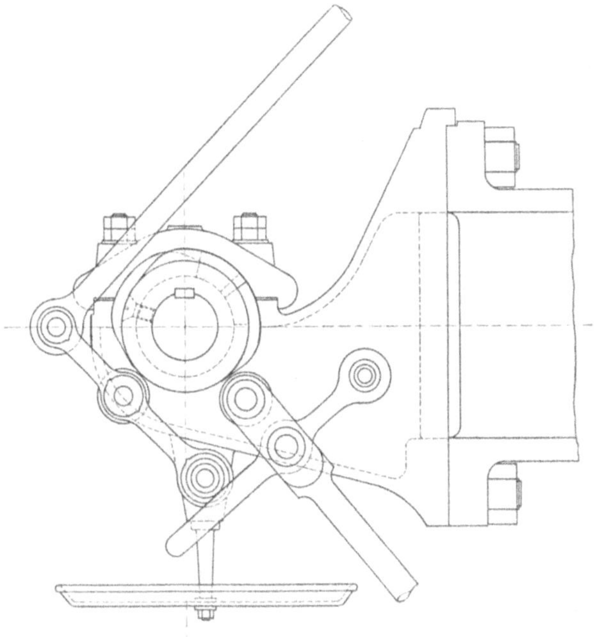

Fig. 103.

in Fig. 103 dargestellten selbständigen Steuerung mittelst unrunder Scheibe) für unveränderliche Füllung und für den Auslaß durch ein auf

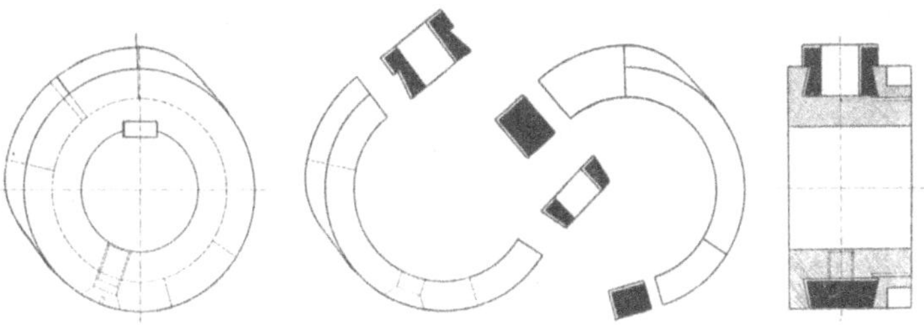

Fig. 104.

der Steuerwelle aufgekeiltes Exzenter, für veränderliche Expansion durch besondere Mechanismen betätigt werden.

Bei der Steuerung mit unrunder Scheibe, Fig. 103, wird das Ventil angehoben, sobald der Vorsprung der auf der Welle befestigten Nabe die zur Steuerwelle radial angeordnete Rolle berührt. Die Füllung, bzw. Ausströmung dauert an, bis die Rolle von der unrunden Scheibe abläuft. Im geschlossenen Zustand des Ventils ist zwischen Rolle und Nocken ein Spielraum von etwa ½ mm vorhanden, damit zuverlässiger Schluß des Ventils gesichert ist. Zwecks Veränderung der Dampfverteilung werden die unrunden Scheiben häufig nach Fig. 104 verstellbar ausgeführt. Die eine Hälfte des aus zwei Teilen bestehenden und schwalbenschwanzförmig in die Nabe eingelassenen Nockens ist mit Vorsprüngen versehen, die in Aussparungen der anderen Hälfte eingreifen, so daß bei einer Verstellung der Scheiben keine durchgehende Lücke entstehen kann.

Nach Bestimmung des Ventilhubes, der Übersetzung im Gestänge, sowie von Kompression und Vorausströmung und Füllung, sind die Höhe des Nockens und der Winkel, über den er sich erstreckt, gegeben. Der zur Sicherung des Ventilschlusses erforderliche Spielraum zwischen Nocken und Rolle soll möglichst klein sein, die An- und Ablaufkurve tangential in den Kreis der inneren Rast übergehen, um die Stoßwirkungen zu verringern. Die Neigung der Kurven selbst ist auf Grund der zulässigen Beschleunigung der zu bewegenden Massen zu wählen, demnach bei schnell laufenden Maschinen kleiner als bei langsam laufenden zu nehmen.

Der Aufzeichnung des Rollenweges wird entweder das Beschleunigungsdiagramm zugrunde gelegt, oder es wird der Rollenweg gewählt und hierauf das Beschleunigungsdiagramm entworfen. Der letztere Weg wird meist eingeschlagen, da er die Zusammensetzung der Kurven aus Kreisbögen und Geraden und damit erleichterte Herstellung der Daumen ermöglicht.

Die Begrenzungskurve des Nockens ist die Äquidistante zu der Kurve, auf der sich der Rollenmittelpunkt bewegt und wird als Umhüllende der von Punkten der Rollenkurve mit dem Rollenhalbmesser geschlagenen Kreisbögen erhalten.

Nach der Verzahnungslehre ist $v_n = r_n \cdot \omega$, wenn ω = Winkelgeschwindigkeit der Steuerwelle. Setzt man $\omega = 1$, also $r_n = v_n$, so wird unter Berücksichtigung der Ähnlichkeit der Dreiecke ODA und R_0EB, bzw. OAR_0 und R_0BC, Fig. 105:

Umfangsgeschwindigkeit des berührenden Nockenpunktes $v_u = R$, Rollengeschwindigkeit $v_r = r_r$.

Für irgendeinen Punkt N der Äquidistante, Fig. 106, wird die Rollenlage R_0' durch Schlagen von Kreisbögen mit ON um O und mit O_1R_0 um O_1 ermittelt. Die Berührungsnormale $R_0'x$, als Tangente an den die Berührungsnormale Ny tangierenden Berührungskreis gezogen, schneidet auf der durch O zu O_1R_0' gezogenen Parallelen die Geschwindigkeit $v_r = OA$ ab.

Je kleiner der Rollenhalbmesser ist, um so früher wird die obere Rast erreicht um so weniger liegt die Gefahr vor, daß die umhüllende Bahn „Rückkehrpunkte“ erhält. Der kleinste Rollendurchmesser ist durch die Größe des die Rolle tragenden Bolzens festgelegt.

Damit das Ventil mit Sicherheit schließt, ist die innere Rast als ein Kreisbogen auszuführen, dessen Mittelpunkt so gelegt ist, daß der

Bogen erst im Augenblick des Voröffnens in den Anlaufkreis übergeht. Um schnellen Wechsel der Beschleunigungskräfte zu vermeiden, zeigt die äußere Rast häufig nach Erreichen des erforderlichen Ventilhubes ein weiteres Ansteigen, womit ein kleiner Überhub verbunden ist.

Wird der Kurbelkreisumfang in eine Anzahl gleicher Teile, gleichen Zeiten entsprechend, zerlegt und für jeden Zeitpunkt die radiale Geschwindigkeit festgestellt, so ergibt die Auftragung dieser Geschwindigkeiten v als Ordinaten zu den Zeiten als Abszissen unter Berücksichtigung der Übersetzung eine Kurve der Ventilgeschwindigkeiten. Durch Tangenten an dieser Kurve lassen sich die Beschleunigungen $\frac{dv}{dt}$ ermitteln[1]).

Da beim Ventilschluß die beschleunigende Kraft von der Schlußfeder aufgebracht werden muß, so ist diese hiernach zu bemessen. Von

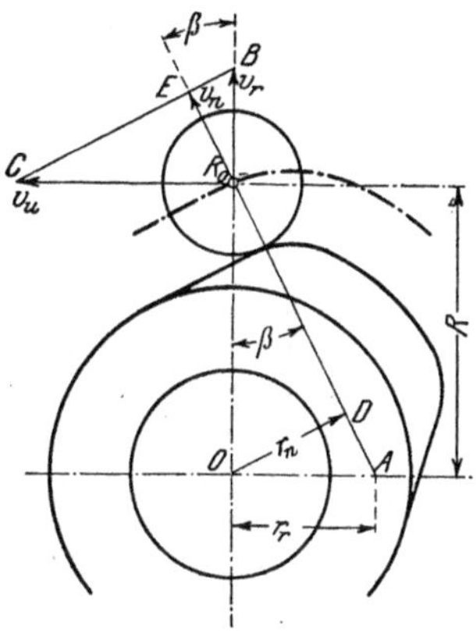

Fig. 105.

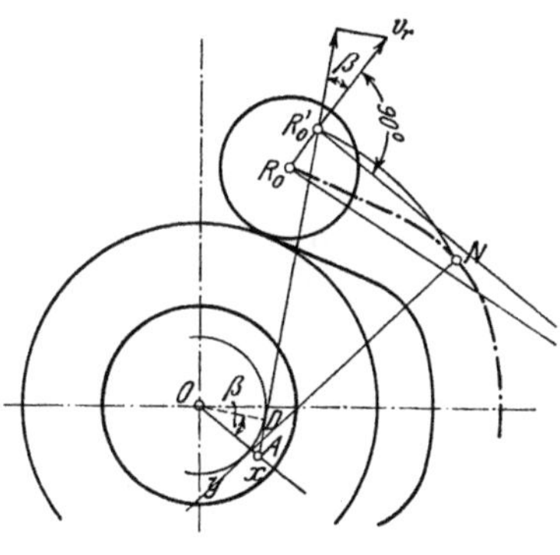

Fig. 106.

besonderer Bedeutung sind die Übergänge der Kurven an den Nabenkreis und an die „Rast“, an denen die Beschleunigung ihren größten Wert erreicht und die mit großem Krümmungsradius auszuführen sind. Der Neigungswinkel der Kurve α soll nicht größer als 40^0 gewählt werden, häufiger wird $\alpha = 20 \div 30^0$. Die Forderung, daß der Winkel α an allen Stellen der Kurve die gleiche Größe besitzen soll, führt auf die Ausführung der Kurve als logarithmische Spirale, bei der die Tangente in einem beliebigen Punkt mit dem Radius einen konstanten Winkel einschließt. Praktisch wird jedoch der Nocken in der Weise verzeichnet, daß aus einer Geraden mittelst Kreisbogens in die Rast übergegangen wird.

Die Wälzhebel, Fig. 102 und 107—110, bezwecken zur Schonung der Ventilsitzflächen sowie der Steuerungsbolzen und zur Vermeidung von Stößen langsames Anheben und Schließen des Ventils, womit namentlich bei schnelllaufenden Maschinen eine entsprechende Dampfdrosselung verbunden ist. Der erwähnte Zweck wird dadurch erreicht, daß während der Bewegung des Wälzhebels dieser auf einer Unterlagplatte rollt,

[1]) S. auch Fig. 126, S. 101.

wodurch das Hebelarmverhältnis fortwährende Änderung erfährt. Die Zugstange greift zuerst an einem längeren, zum Schluß an einem kürzeren Hebelarm an, dadurch anfangs langsames, dann sehr schnelles Ventilerheben, bzw. im umgekehrten Sinn Ventilschluß bewirkend. Je nachdem beide Bolzen des Wälzhebels beweglich sind, oder dieser einen festen Drehpunkt besitzt, unterscheidet man Wälzhebel mit beweglichem und festem Drehpunkt.

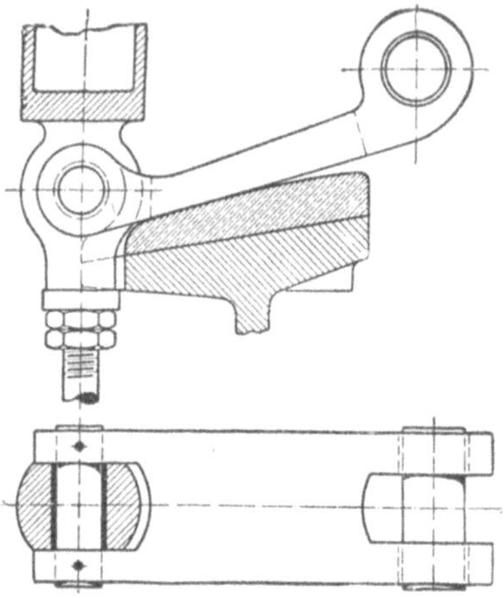

Fig. 107.

Letztere haben gegenüber der ersteren Anordnung den Vorteil, daß die zu beschleunigenden Massen verringert werden, so daß sie namentlich bei hohen Umlaufzahlen angewandt werden.

Sehr große Übersetzung erreicht man bei den Wälzhebeln mit fester Unterlagplatte durch Gabelung und Durchführung der Platte bis zur Spindelmitte. Fig. 107. Soll der Wälzhebel auf der festen Wälzfläche rollen und nicht gleiten, wodurch starker Verschleiß entsteht, so müßte der mit der Spindel verbundene Bolzen sich auf einer Geraden bewegen. Es könnte dies erreicht werden, wenn die Wälzfläche mit einem doppelt so großen Radius als der des Wälzhebels gekrümmt würde, da in diesem Falle die vom Bolzen beschriebene Zykloide eine Gerade würde. Der leichteren Herstellung wegen wird jedoch fast stets vorgezogen, nur die Unterlagplatte mit sehr großem Radius gewölbt anzufertigen. Der Bolzen des Wälzhebels bewegt sich dann auf einer Evolvente und der Hebel selbst ist so zu legen, daß zur Vermeidung des Gleitens die Evolvente sich möglichst der Geraden nähert.

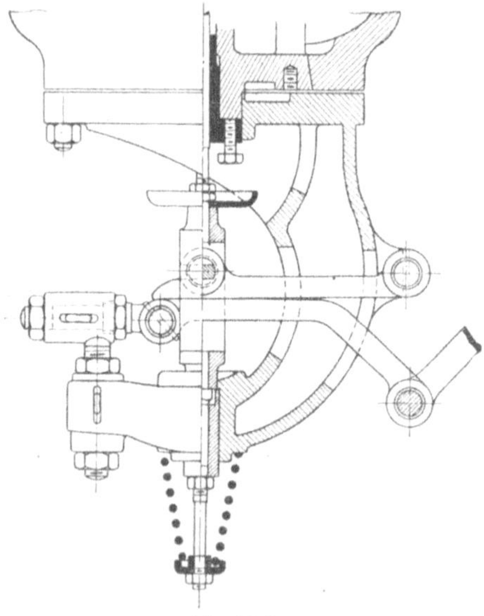

Fig. 108[1]).

Gebräuchliche Formen von Wälzhebeln für Ein- und Auslaßsteuerung sind in Fig. 109 wiedergegeben[1]). Die Kreisbögen der Abwälzungsbahnen tangieren bei a den Ventilhebel in der Lage AB

[1]) Ausführung von Schüchtermann & Kremer, Dortmund.

beim Ventilanhub und bei *b* den Hebel in der horizontalen Lage *CD*. Ist diese erreicht, so ändert sich das Übersetzungsverhältnis nicht mehr. Der Betrag des „Klaffens", d. h. die Entfernung der Endkante *b* der Unterlagsplatte vom Wälzhebel bei dessen Lage *AB* beeinflußt stark die Beschleunigungsverhältnisse. Läßt man die Hebel nur um einen geringen Betrag klaffen, so werden die horizontale Hebellage und damit das endgültige Übersetzungsverhältnis sehr schnell erreicht, es treten außerordentlich große Beschleunigungen auf, welche die Steuerung beim Anhub schwer belasten, während beim Niedergang des Ventils unter Umständen die Federkraft nicht ausreicht, um die Berührung zwischen Wälzhebel

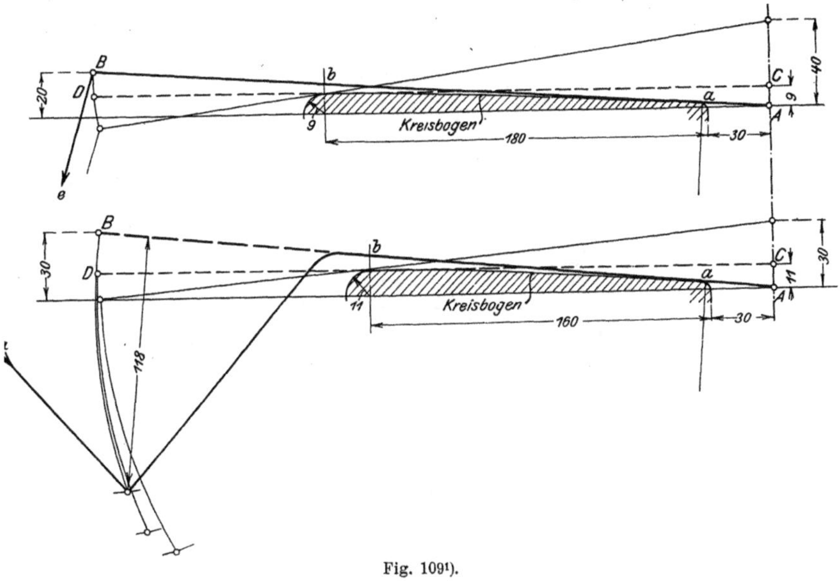

Fig. 109[1]).

und Unterlagplatte dauernd zu sichern. Das Ventil fällt dann „knallend" frei nach, was außer durch die auf S. 86 erwähnte Wirkung der Stopfbüchse auch dadurch bedingt wird, daß der strömende Dampf auf das Ventil einen sehr erheblichen, zur Federspannung sich addierenden Druck ausübt, der bei größeren Ventilhüben fehlt — vorausgesetzt, daß diese wie bei den später zu besprechenden Einlaßsteuerungen mit Regulatoreingriff veränderlich sind. Bei schnelllaufenden Maschinen ist es deshalb geboten, den Betrag des Klaffens größer zu nehmen, wobei jedoch die drosselnde Wirkung des langsamen Öffnens und Schließens länger andauert.

Da bei den heute üblichen hohen Umlaufzahlen nur noch Wälzhebel mit festem Drehpunkt angewandt werden, so werde nur auf deren Entwurf eingegangen[2]).

---

[1]) Zu einer Maschine von 570 mm Durchm., 800 mm Hub mit Radovanovic-Steuerung gehörend.

[2]) H. Holzer, Wälzhebel. Zeitschr. Ver. deutsch. Ing. 1908. S. 2043.

Nach der Verzahnungslehre teilt die im augenblicklichen Berührungspunkt errichtete Senkrechte die „Zentrale" $c_1 c_2$, Fig. 110, im umgekehrten Verhältnis der Winkelgeschwindigkeiten. Es ist $\frac{c_2 z}{c_1 z} = \frac{\omega_x}{\omega_y}$, wenn ω_x und ω_y die beim Zusammentreffen der Punkte z_3 und z_2 in z_1 herrschenden Winkelgeschwindigkeiten des angetriebenen und des treibenden Wälzhebels bedeuten. (S. weiter unten.) Soll das Ventil mit der Geschwindigkeit Null angehoben werden, so muß das Übersetzungsverhältnis $\frac{\omega_x}{\omega_y} = 0$, d. h. $c_2 z = 0$ sein: die Anfangsberührungssenkrechte muß durch den Treibhebeldrehpunkt c_2 gehen. Anhubgeschwindigkeit Null läßt sich bei Durchführung und Gabelung der Wälzfläche bis zum Treibhebeldrehpunkt erreichen, wie Fig. 107 für einen Wälzhebel mit beweglichem Drehpunkt zeigt. Da aber hierbei die Wälzflächen während der Ruhelage des Ventils dauernd anliegen

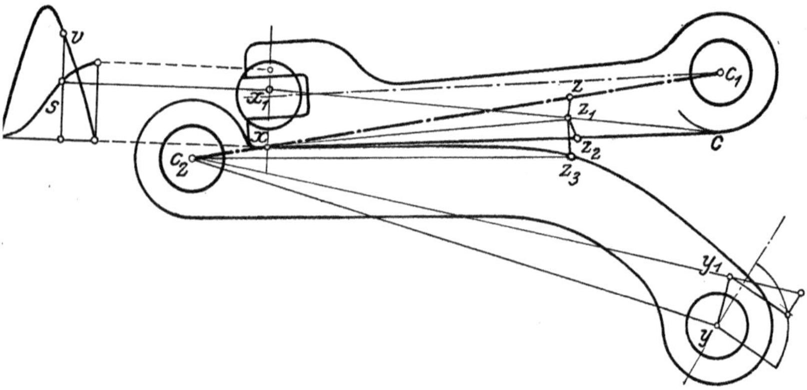

Fig. 110.

müssen, so läßt sich ein sicherer Ventilschluß nicht gewährleisten. (Bei den mittelst Überdeckungen dichtenden Kolbenschiebern hingegen wäre die Anordnung praktisch möglich.)

Gleiten der Wälzhebel findet dann nicht statt, wenn die Berührungspunkte stets in die Zentrale fallen, denn nur dann stimmen die senkrecht zur Zentralen liegenden Bewegungsrichtungen der beiden sich berührenden Punkte überein.

Gleitfreiheit und Anfangsübersetzung Null lassen sich nicht gleichzeitig erreichen.

Aus praktischen Gründen führt man eine der beiden Wälzflächen gerade aus. Beim Entwurf sind nach Wahl der Exzentrizität Geschwindigkeit und Weg des Treibpunktes y bekannt (Ermittlung s. S. 100). Weg- und Geschwindigkeitsdiagramm des Hubpunktes x werden nun punktweise zu Lagen des Treibpunktes y den Erfordernissen der Wälzhebelbewegung entsprechend so gewählt, daß das Verhältnis

$\frac{v_y}{v_x}$ der Geschwindigkeiten von Hub- und Treibpunkt mit dem Ventilhub dauernd wächst. (s-Kurve = Integralkurve der v-Kurve).

Durch diese gewählten Diagramme sind in Fig. 110 zur Lage des Punktes y_1 z. B. Lage x_1 und die in dieser herrschende Geschwindigkeit v_x bekannt. Zentrale $c_1 c_2$ wird nun im umgekehrten Verhältnis der Winkelgeschwindigkeiten geteilt und vom Teilpunkt z die Senkrechte $z z_1$ auf die Wälzlinie $c x_1$ — von x_1 tangential an den Augenkreis um c_1 gezogen — gefällt. Wird von c_2 aus ein Kreisbogen $z_1 z_3$ so gelegt, daß Winkel $z_1 c_2 z_3 = y_1 c_2 y$ wird, so ist z_3 ein Punkt der gesuchten Gegenkurve. Punkt z_2, der mit z_3 in z zum Anliegen kommt, wird in gleicher Weise wie z_3 gefunden, indem ein Kreisbogen von c_1 durch z_1 gelegt und Winkel $x_1 c_1 x = z_1 c_1 z_2$ gemacht wird[1]).

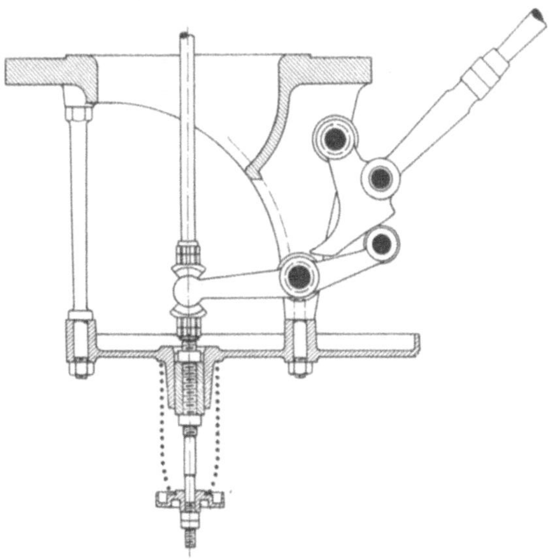

Fig. 111.

Wäre die Forderung gleitfreien Wälzens gestellt, so müßten die Punkte z_2 und z_3 so bestimmt werden, daß sie in z statt in z_1 zur Deckung gelangen. Die Kreisbögen von c_1 und c_2 aus wären durch z zu legen, und die Lage von z_2 und z_3 wie vorhin mit Hilfe der Winkel zu bestimmen. Beide Wälzflächen werden zu Kurven.

Um der Anforderung in bezug auf Steigerung der Umlaufzahl zu entsprechen, mußte man darauf bedacht sein, 1. den Ventilschluß völlig sicher zu machen, 2. übermäßige Federspannungen zu vermeiden, oder sogar ohne solche zu arbeiten. Im letzteren Fall, d. h. bei kettenschlüssigem Antrieb, mußte die einseitige Belastung der Gelenke aufgegeben werden, bei der kein Druckwechsel auftritt.

[1]) Zentrale $c_1 c_2$ ist in Fig. 110 der größeren Deutlichkeit halber nicht richtig geteilt.

Um die Federspannungen zu vermindern, wurden die Schubkurvenhebel eingeführt, die eine Abart der unrunden Scheiben darstellen, gegenüber diesen aber eine bedeutende Verringerung der zu beschleunigenden Massen gestatten. In Fig. 111 tritt Ventilerhebung ein, sobald die Kurve des vom Exzenter bewegten Daumens die Rolle des Winkelhebels berührt. Beim Rückgang des Daumens wird das Ventil durch die Feder geschlossen, wobei die Rolle mit der Kurve in Berührung bleibt, so daß die Schlußgeschwindigkeit ebenso wie die Geschwindigkeit beim Ventilanheben durch die Art der Kurve bedingt ist. Fig. 112 zeigt die

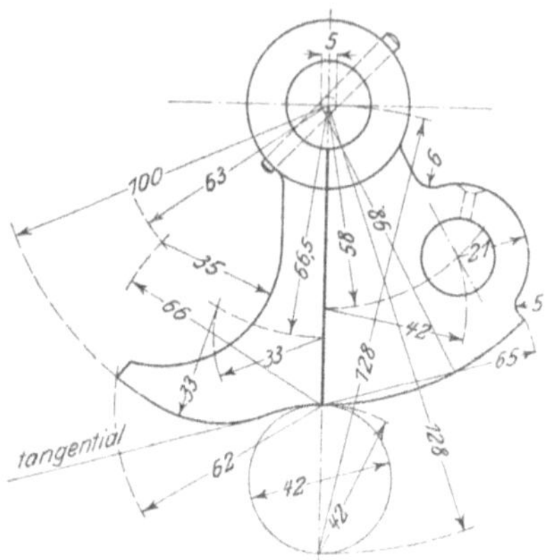

Fig. 112 [1]).

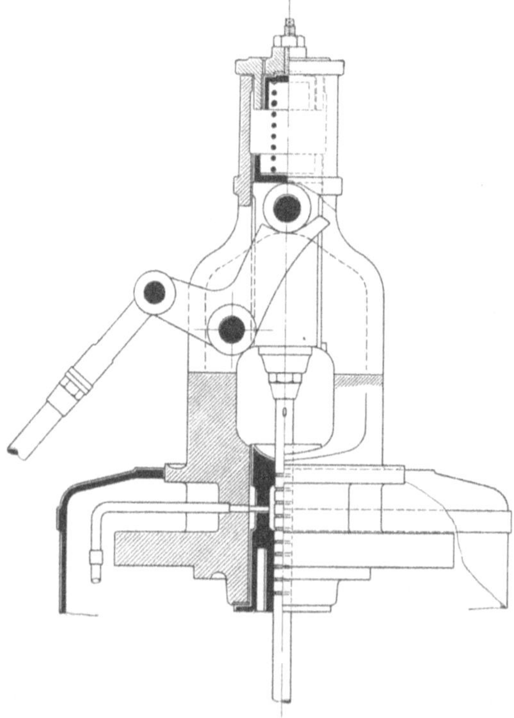

Fig. 113.

genauere Ausführung einer derartigen Schubkurve. Fig. 113 stellt die von Lentz herrührende Vereinfachung dar, bei der die Rolle

[1]) Nach einer Ausführung von Scharrer & Groß, Nürnberg.

nicht an einem Winkelhebel, sondern unmittelbar an der Verlängerung der Ventilspindel angebracht ist. Hierbei muß gute Führung der Spindel zur Aufnahme der wagerechten, Größe und Richtung wechselnden Komponente vorgesehen werden.

Weitere Ausführungsformen von Schubkurven sind in den Figuren 114—119 dargestellt.

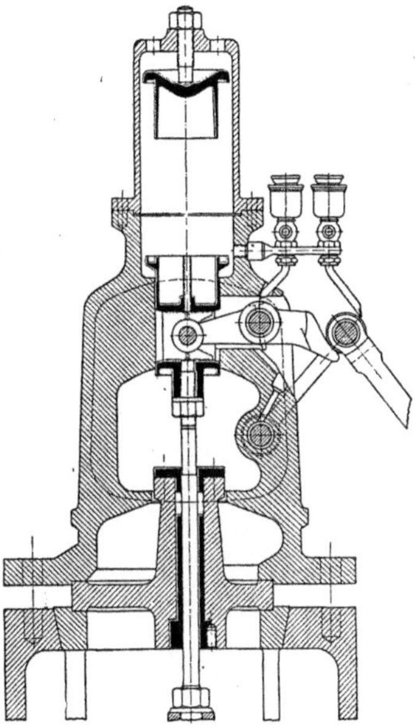

Fig. 114[1]).

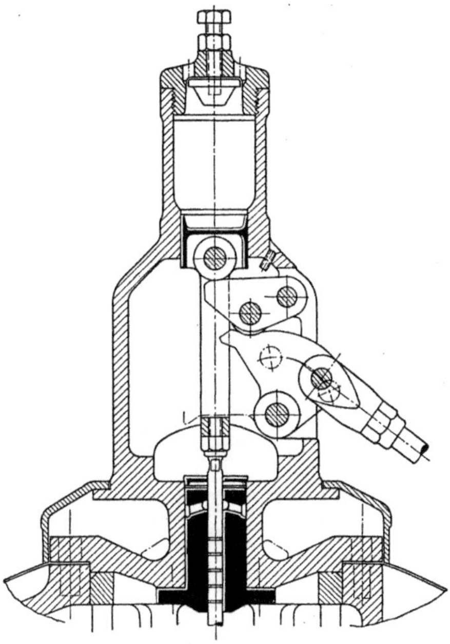

Fig. 115[2]).

Fig. 114 Steuerung von R. Proell. Der Winkel zwischen den Bewegungsrichtungen der Rolle und der Kurvenscheibe im Rollenmittelpunkt ist stumpf, woraus sich die Vorzüge nach Fig. 121, auf S. 99 behandelt, ergeben.

Für den spitzen Winkel entsprechen den Kurvenschüben:

1 2 3 4 5 6 7 8 9 10

die Ventilhübe

2 5,7 9,3 12,3 15,0 17,0 18,3 19,5 20 20 mm.

Für den stumpfen Winkel sind bei den gleichen Kurvenschüben die Ventilhübe

4,5 11,8 15,5 18,0 19,5 20 20 20 20 20 mm.

Sonach sind die Ventilhübe bei spitzem Winkel um die folgenden Beträge zu vergrößern, wenn sie denen bei stumpfen Winkel gleich sein sollen:

125 107 67 46 30 17,5 9 2,5 0 0 v. Ht

[1]) Bauart Proell.

[2]) Von Zivilingenieur Paul H. Müller, Hannover.

Der Müllersche Ventiltrieb, Fig. 115, besteht aus zwei Schubkurven, von denen die erste, von der Exzenterstange angetrieben, auf die Rolle der zweiten Kurve wirkt, die ihrerseits die Bewegung auf die Rolle der Ventilspindelführung überträgt

Bei der Steinschen Steuerung Fig. 116, besitzt die Rückenfläche der Schubkurvenstange eine ebene zur Bewegungsrichtung der

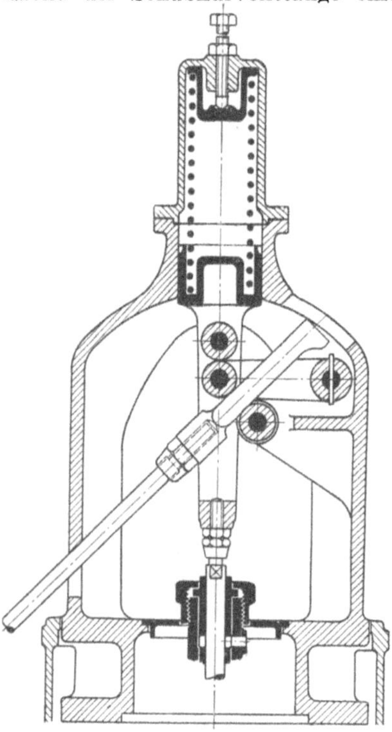

Fig. 116 [1]).

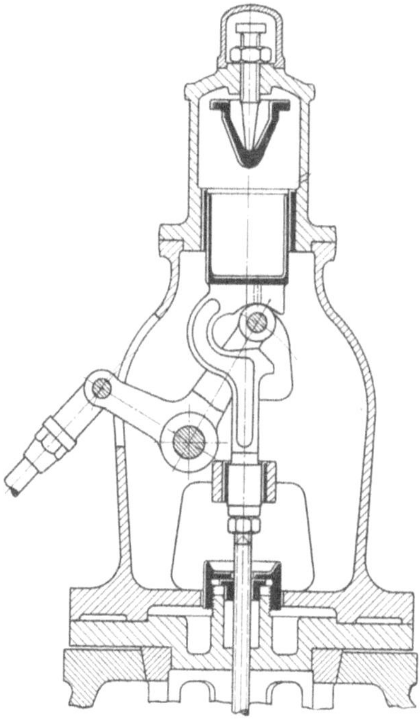

Fig. 117 [2]).

Steuerstange parallele Bahn und die Bewegungsrichtungen der Ventilspindel und der Schubkurvenstange schließen einen rechten oder stumpfen Winkel miteinander ein.

Diesen drei Bauarten ist gemeinsam, daß die Ventilspindel von seitlichen Kräften entlastet ist.

Fig. 117 zeigt die Anordnung der Schubkurve an der Ventilspindel. Zur Sicherung des Ventils gegen Hängenbleiben ist außer der Hubkurve noch eine Schlußkurve angebracht.

Fig. 118 [3]) stellt den kettenschlüssigen Ventilantrieb mittelst des Doerfelschen Rolldaumens dar. Dieser hat eine hebende und eine schließende Daumenseite, auf der die Rollen des Antriebhebels ohne

[1]) Bauart B. Stein, Zivilingenieur in Berlin-Schöneberg.
[2]) Bauart der Maschinenfabrik Grevenbroich.
[3]) Ausführung der Sundwiger Eisenhütte. Sundwig i. W.

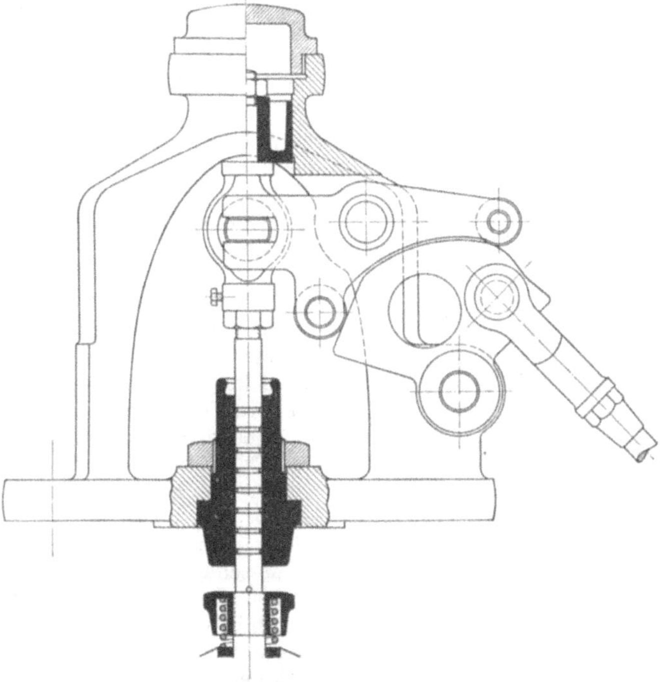

Fig. 118.

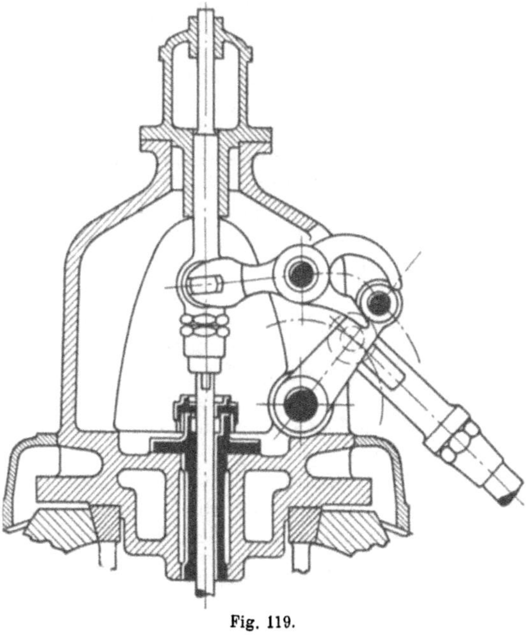

Fig. 119.

Spiel gleiten. Die schließende Kurve wird als Umhüllende der Stellungen der Schlußrolle während der Ventilerhebungen ausgeführt, und zwar in der Weise, daß man sich den Rolldaumen stillstehend denkt und den Rollenhebel relativ bewegt.

Damit einerseits das Ventil stets sicher schließt, andererseits Brüche unmöglich gemacht werden, wird der Ventilspindel ein größerer Hub erteilt als dem Ventil, so daß zwischen beide eine Feder eingeschaltet werden muß.

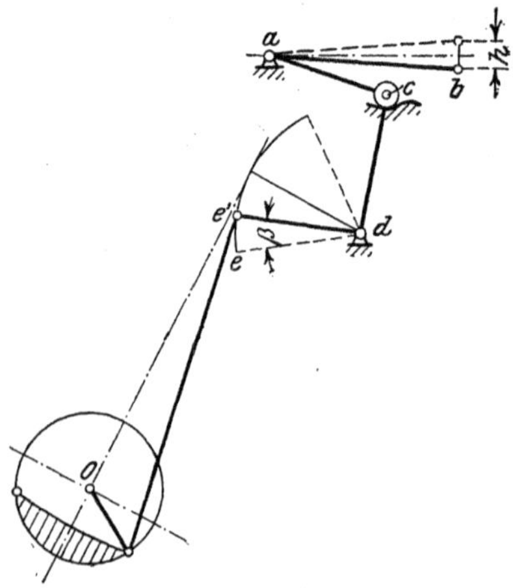

Fig. 120.

Die öffnende Kurve darf nicht in einen um den festen Drehpunkt des Daumens geschlagenen Kreis übergehen, damit das offene Ventil nicht zum Stillstand gelangt und der Berührungswechsel von der hebenden zur schließenden Rolle möglichst nahe der Hubumkehr, d. h. bei kleinster Geschwindigkeit vor sich geht.

Fig. 119 zeigt den von der Maschinenfabrik Gebr. Pfeiffer-Kaiserslautern angewandten paarschlüssigen Ventilantrieb, bei dem die Schubkurve zu einer Kulisse kinematisch erweitert ist. Nach Aufsetzen des Ventils tritt die Rolle aus der Kulisse heraus.

Der Hebel wird in der Weise hergestellt, daß die untere Rollenbahn nach Angabe in Gußeisen gefräst wird und danach auf einer Kopierfräsmaschine als Vorlage dient. Hier werden dann beide Rollenbahnen durch einen einzigen Fräser vom Rollendurchmesser gleichzeitig hergestellt.

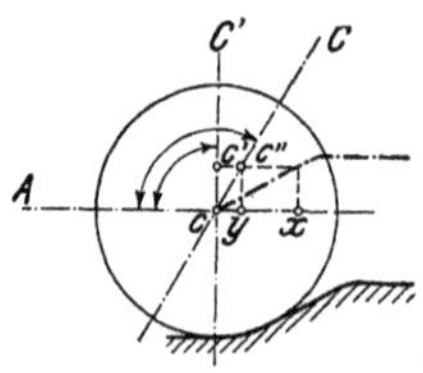

Fig. 121.

Die Rolle selbst wird um $^1/_{10}$ mm kleiner gedreht als der Fräser.

Entwurf der Schwingdaumen. Ausgangspunkt für den Entwurf der Schwingdaumen bildet zweckmäßig der nach S. 85 berechnete Ventilhub h. Es wird entweder der Kolbenweg, nach dessen Zurücklegung der volle Durchflußquerschnitt freigelegt sein soll (beim Auslaß üblich) oder der Drosselweg zugrunde gelegt, der für eine bestimmte Füllung noch für zulässig gehalten wird. Anhaltspunkte für die zu wählenden Verhältnisse geben Zahlentafeln, wie auf S. 95 wiedergegeben, und Ventilerhebungsdiagramme ausgeführter Steuerungen.

Namentlich bei den kleinen Ventilhüben der Einzylinder-Kondensationsmaschinen ist man bestrebt, die Exzenter möglichst klein zu halten. Als Mittel hierzu kommen in Betracht: Geeignete Übersetzung $\frac{\mathrm{ab}}{\mathrm{ac}}$ am Triebhebel, $\frac{\mathrm{de}}{\mathrm{dc}}$ am Treibhebel, sowie die Wahl eines stumpfen Triebwinkels und starke Schränkung zwischen Zugstange und Treibhebel.

In Fig. 120 steht im Augenblick der Ventileröffnung Hebelarm ac senkrecht zu dc, Rolle c bewegt sich demnach senkrecht zum inneren Rastkreis auf dem Bogen cc', Fig. 121, dem Daumenausschlag cx entsprechend. In Fig. 121 stellt cc'' die Erhebung der Rolle c für den Fall dar, daß Hebelarm ac gegen dc so geneigt ist, daß die Führungsrichtung nach cC fällt. Die Darstellung zeigt, daß bei kleinerem Hebelausschlag yx die Ventilerhebung die gleiche bleibt, wenn Winkel AcC stumpf ist. Mit Zunahme des Winkels AcC wächst jedoch die Gefahr der Selbstsperrung. Nach Wahl dieser Verhältnisse ist der erforderliche Ausschlagwinkel β des Treibhebels bekannt. Das Exzenter zur Erzielung dieses Ausschlages kann um so kleiner werden, je stärkere Neigung Bogen ee' gegen die mittlere Exzenterstangenrichtung aufweist. Fig. 122. Eine Grenze für die Größe der Schränkung ist durch die auftretenden Kräftewirkungen gesetzt. Man wählt äußerstenfalls $\tau = 35^0$ für die obere, bzw. $\tau = 145^0$ für die untere Exzenterlage, geht sonach zweckmäßig von dieser aus. Kann die Exzenterstangen-

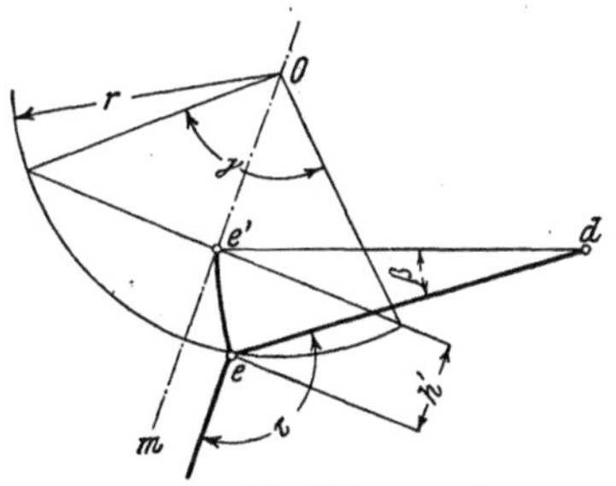

Fig. 122.

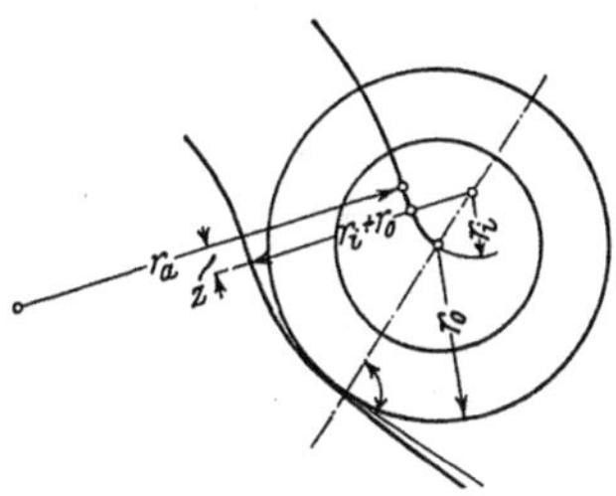

Fig. 123.

länge $l = \infty$ gesetzt werden, so ist nach Fig. 122 Bogen ee' in das Steuerungsdiagramm einzutragen, so daß die Pfeilhöhe h' des für die Ventilerhebung nutzbar gemachten Exzenterbogens gefunden ist. Mit Winkel γ, der gleich dem Füllungswinkel α vergrößert um den Voreinströmungswinkel ε ist, ergibt sich dann die Lage des Exzentermittelpunktes 0, also der Exzenterradius r aus der Beziehung:

$$h' = r\left(1 - \cos\frac{\gamma}{2}\right).$$

In Fig. 123 ist die Gestaltung der Rollenkurve, wie sie mitunter zu finden ist, wiedergegeben. Zwischen Anlaufkreis vom Radius r_i und Anlaufkreis vom Radius r_a ist eine Gerade von der Länge z eingeschaltet. Die Anfangsberührungsnormale muß am Drehpunkt O, Fig. 125, vorbeigehen, der endlichen Geschwindigkeit entsprechend, mit der das Ventil angehoben, bzw. geschlossen wird.

Im übrigen sind für den Entwurf der Schwingdaumen die gleichen Verhältnisse maßgebend, wie auf S. 88 für die unrunde Scheibe angegeben. Die Rollengeschwindigkeit v_r wird in gleicher Weise (als Strecke OA) gefunden wie dort, wobei jedoch die Winkelgeschwindigkeit ω nicht konstant, sondern für den jeweiligen Nockenpunkt N ermittelt werden muß.

Unter Voraussetzung sehr großer Exzenterstangenlänge im Verhältnis zum Exzenterhalbmesser stellt in Fig. 124 die Strecke $b b'$ für die Winkelgeschwindigkeit 1 des Exzentermittelpunktes die Geschwindigkeit des Punktes b' längs der mittleren Exzenterstangenrichtung dar, während die Strecke $a' c$ die Größe der augenblicklichen Geschwindigkeit des Treibpunktes z für $\omega = 1$ wiedergibt.

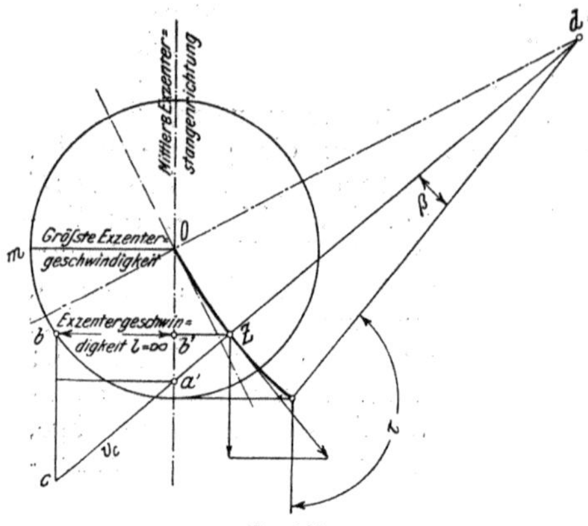

Fig. 124.

In Fig. 125 bedeuten: ε = Voreinströmungs-Winkel, α = Füllungswinkel. Soll das Ventilerhebungs - Diagramm für die größte Füllung entworfen werden, so ist die Strecke $x y$ den Kolbenweg-Zehnteln entsprechend einzuteilen und zu jedem Zehntel die Erhebung festzustellen, wie in Fig. 125 für den Weg s_0 — zum Ventilhub h gehörend — angegeben. (In Fig. 125 ist der Exzenterkreis vergrößert dargestellt.)

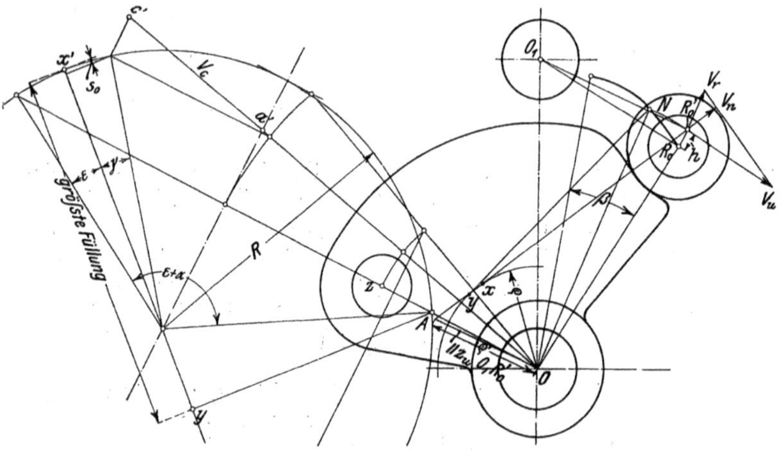

Fig. 125.

Beispiel. Der Exzenterradius sei R = 50 mm. Sek. Umlaufzahl n = 120. Damit ist die Geschwindigkeit des Exzentermittelpunktes $v = \frac{2 R \cdot \pi \cdot n}{60} = \frac{100 \cdot 3{,}14 \cdot 120}{60} = 628$ mm/sek. Diese Geschwindigkeit wird in Fig. 125 durch den Radius R = 120 mm (diese Zahl gilt wie die folgenden für die Originalzeichnung) dargestellt. Strecke $a'c'$ ergibt sonach bei 80 mm Länge die Geschwindigkeit $v_c = 628 \cdot \frac{80}{120} = 419$ mm/sek. = Geschwindigkeit des Treibpunktes z.

Nach Zeichnung ist $OA = 55$ mm, $Oz = r = 82$ mm, sonach Winkelgeschwindigkeit $\omega = \frac{v_c}{r} = \frac{419}{82} = 5{,}1$. $v_r = OA \cdot \omega = 55 \cdot 5{,}1 = 280{,}5$ mm/sek.

Da v_u nach Ermittlung der Triebpunktgeschwindigkeit bekannt ist, so kann v_r auch in der Weise gefunden werden, daß durch den Endpunkt von v_u eine Senkrechte zur Kurvennormale v_n bis zum Schnittpunkt der in R_0' zu O_1R_0' errichteten Senkrechten gezogen wird. Auf letzterer wird v_r abgeschnitten.

Geschwindigkeits- und Beschleunigungsdiagramm zur Bestimmung der Kurvenbahn und Ventilfeder für Niederdruck-Einlaßventile.

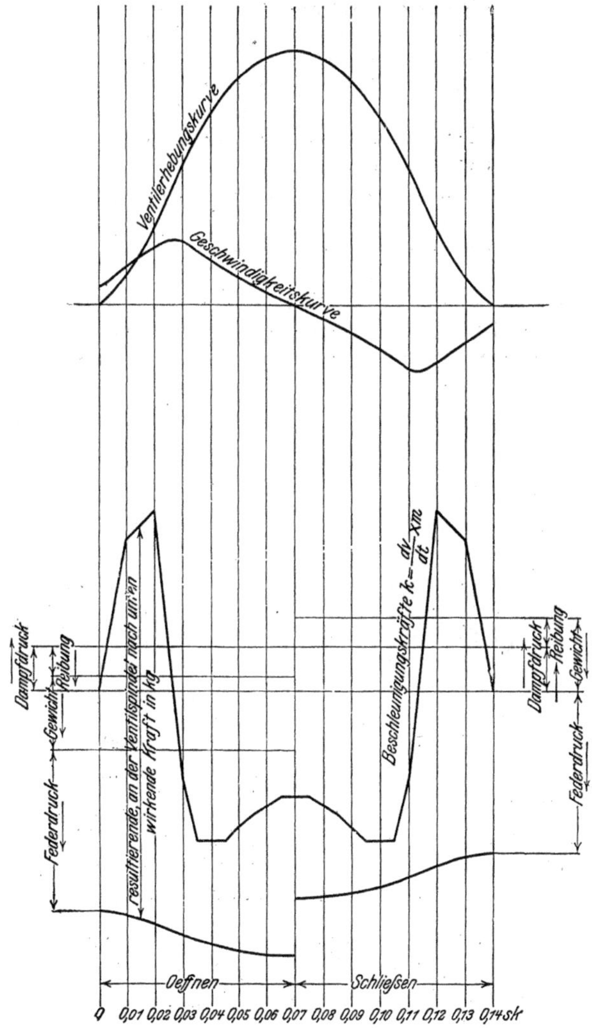

Fig. 126[1]).

[1]) Nach Wiegleb.

In Fig. 126 sind die Ventilhübe s als Ordinaten, die Zeiten t, die durch Zerlegung des während der Füllung zurückgelegten Kurbelwinkels gefunden werden, als Abszissen aufgetragen.

Durch Tangenten an diese Wegkurve ergeben sich die Ordinaten $v = \frac{ds}{dt}$ der Geschwindigkeitskurve, durch Tangenten an diese die Ordinaten $p = \frac{dv}{dt}$ der Beschleunigungskurve.

Um die Beschleunigungskräfte zu erhalten, sind die Gewichte der zu beschleunigenden Massen auf die Ventilspindel zu beziehen.

Beim Anhub z. B. des Einlaßventils sind — abgesehen von der Beschleunigung — folgende Kräfte zu überwinden:

1. Der Federdruck, der schon bei geschlossenem Ventil vorhanden ist und der weiteren Ventilerhebung entsprechend zunimmt.
2. Das Gewicht des Ventils.
3. Die Reibung der Spindel in der Führung und der Bolzen in ihren Lagern.

Der Dampfdruck auf die Ventilspindel wirkt im Sinne der Ventilbewegung.

Nach Erreichen der größten Ventilgeschwindigkeit muß die Beschleunigung negativ werden, d. h. die bewegten Massen müssen durch den Federdruck verzögert werden. Ist das Ventil in seiner höchsten

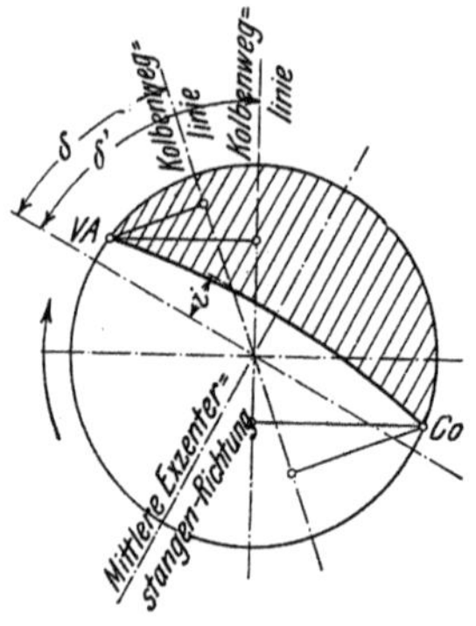

Fig. 127.

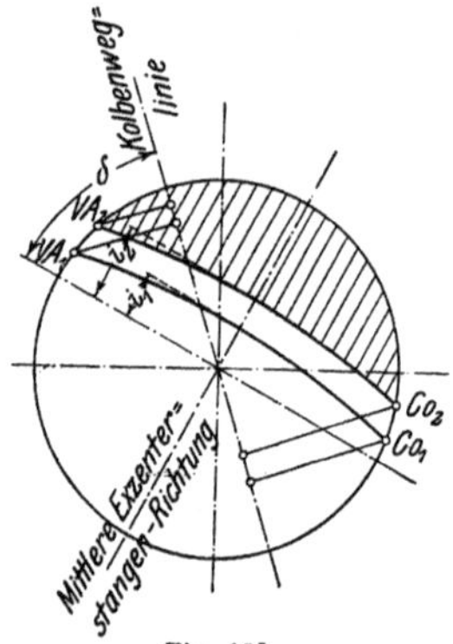

Fig. 128.

Lage, so hat der Federdruck während des ersten Teiles der Abwärtsbewegung die hierzu erforderliche Beschleunigungskraft aufzubringen, während im zweiten Teile die Rollenbahn der Schubkurve verzögert.

In Fig. 126 geben die Ordinaten zwischen der Beschleunigungs- und der Federdruckkurve die gesamten, an der Ventilspindel wirkenden Kräfte an.

Würde dieser Abstand an irgendeiner Stelle gleich Null, so würden Rolle und Rollenbahn der Schubkurve keinen Druck mehr aufeinander ausüben. Bei einem Abstande kleiner als Null würden Rolle und Rollenbahn sich trennen[1]).

[1]) S. auch Dubbel, Steuerungen der Dampfmaschinen. (Verlag von Julius Springer, Berlin.)

Fig. 127 zeigt für eine Auslaßsteuerung den Einfluß des Voreilwinkels auf die Dampfverteilung. Durch die Wahl der Dauer von Vorausströmung und Kompression ist der Kurbelwinkel festgelegt, während dessen Zurücklegung das Auslaßventil geöffnet sein muß. Die Kolbenweglinie, welche die Stellung des Exzenters bei der Kurbeltotlage angibt, ist dann so zu legen, daß die Bogenprojektionen der Endpunkte *VA* und *Co* des mit der Exzenterstangenlänge geschlagenen Kreisbogens sie in der gewünschten Weise schneiden.

In Fig. 128 ist die durch Verlängerung oder Verkürzung der Zugstange bewirkte Änderung der inneren Überdeckung *i* und damit der Dampfverteilung wiedergegeben.

Die zwangläufigen Ventilsteuerungen mit veränderlicher Expansion.

Als solche kommen hauptsächlich in Betracht:

1. Steuerungen mit verstellbarer Führung der Exzenterstange. (Ausführungen: Hartung, Radovanovic, Sondermann, Bromley.)
2. Steuerungen mit umlegbarem Lenker. (Widnmann, Recke, Hunger, Sondermann, Pröll.)
3. Steuerungen mit zwei Exzenterantrieben. (Collmann, Kliebisch.)
4. Steuerungen mit unrunder Scheibe. (Knoller, Zwonicek, Strnad.)
5. Steuerungen mit Achsenregeler. (Pröll, Doerfel, Lentz, Recke, B. Stein, Paul H. Müller.)

Steuerungen mit verstellbarer Exzenterstangenführung. In Fig. 129 ist die Steuerung der Maschinenfabrik Bromley in Moskau wiedergegeben. Die Ventilstange greift an dem Endpunkt *D* einer kurzen Exzenterstange *AD* an, die mittelst Schwinge *C* an dem Hebel *B* aufgehängt ist. Letzterer ist auf der Welle *F* aufgekeilt, die vom Regulator durch eine Zugstange verdreht wird. Bei dieser Verstellung durch den Regulator bewegt sich der Aufhängepunkt der Schwinge *C* auf einem vom Mittelpunkt der Steuerwelle *F* aus geschlagenen Kreisbogen, wodurch die ebenfalls kreisbogenförmige Führungsbahn des Exzenterstangenpunktes, der mit der Schwinge *C* verbunden ist, eine andere Neigung erhält. Je nach dieser Neigung beschreibt der Bolzen *D* Kurven, die eine Ventilerhebung bewirken, sobald sie — wie durch Schraffur angedeutet — über den vom Endpunkt der Ventilzugstange mit deren Länge geschlagenen Bogen hinausragen. Fast allgemein wird der Forderung zu entsprechen gesucht, daß die Voreinströmung — in Winkelgraden gemessen — bei allen Füllungen wenigstens annähernd konstante Größe habe. Wird die Kurbel in eine diesem Voreinströmungswinkel entsprechende Stellung vor der Totlage gebracht und hierauf der Regulator aus der tiefsten in die höchste Stellung geschoben, so daß das Steuerungsgestänge den verschiedenen Füllungen gemäß sich einstellt, so darf im Falle konstanter Voreinströmung der Ventilantriebhebel sich nicht bewegen.

Bei der Bromleyschen Steuerung trifft dies nicht zu, da die Hebel C und B verschieden lang sind.

Weiterhin soll im Beginn des Ventilanhebens, wo der auf den Ventilsitzflächen lastende Dampfdruck zu überwinden ist, die Rückwirkung auf den Regulator gleich Null sein. Es ist dies hier der Fall, da in diesem Zeitpunkt der Hebel C eine solche Lage hat, daß seine Mittellinie durch den Mittelpunkt der Regulierwelle F geht, in bezug auf diese also kein Hebelarm vorhanden ist.

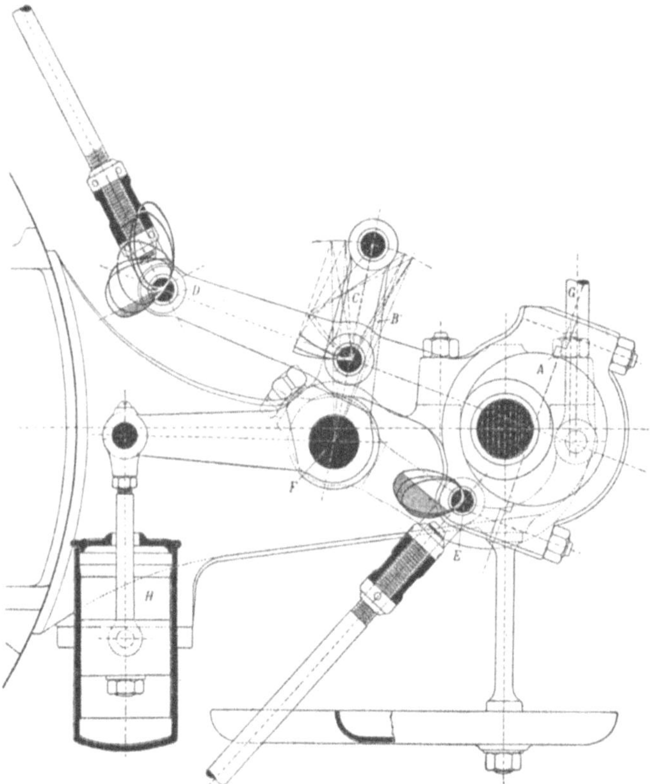

Fig. 129.

Fig. 130 zeigt die einfache Steuerung von Radovanovic. Ein ungefähr in der Mitte der Exzenterstange liegender Punkt wird hier in einer Geraden geführt. Auf der Regelerwelle, die vom Regulator durch den Hebel R verdreht wird, ist ein Kulissenstein aufgekeilt. Dieser gleitet in dem Schlitz einer in der Exzenterstange drehbar gelagerten Scheibe und nimmt bei der Verstellung durch den Regulator die Scheibe mit, wodurch auch die Neigung dieser und damit die Führung der Exzenterstange geändert werden. Nullfüllung tritt ein, wenn die Kurve den mit der Zugstange um den Angriffspunkt des Wälzhebels geschlagenen Kreisbogen nicht überragt.

Die Voreinströmung ist bei der Radovanovic-Steuerung konstant, da bei der betreffenden Kurbelstellung der Stein in der Mitte der Scheibe steht, diese sich also nur in der Exzenterstange um ihren Mittelpunkt dreht, wenn die Regulatorhülse verschoben wird.

Der große Durchmesser der Kulissenscheibe wirkt insofern günstig, als durch die Reibung am Umfang die Rückwirkung auf den Regulator vermindert wird. Hängt man nämlich eine Steuerungsseite ab und läßt

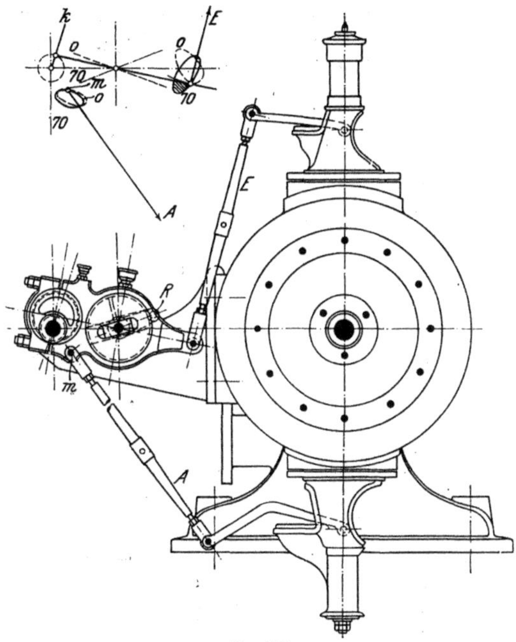

Fig. 130.

die Maschine einfachwirkend arbeiten, so ist die Rückwirkung selbst beim Leerlauf bedeutend größer als im normalen Betrieb mit zwei Ventilen.

Während bei diesen Steuerungen der Punkt, von dem die Ventilbewegung abgeleitet wird, veränderliche Kurven beschreibt, wird bei den

Steuerungen mit umlegbarem Lenker[1]) die Bewegung mittelst Lenkers von einer unveränderlichen Kurve abgenommen, von der, je nach Regulatorstellung, mehr oder weniger große Teile für die Ventilbewegung nutzbar gemacht werden. Die Anordnung ist gewöhnlich derart, daß das Exzenter den Auslaß wie üblich steuert, wobei ein Punkt auf dem Exzenterbügel eine kreis- oder ellipsenförmige Kurve beschreibt, von der die Ventilbewegung abgeleitet wird.

[1]) Dieses fruchtbare Prinzip ist zuerst von L. Stanek, dem Erfinder des bekannten Reduktors, eingeführt worden.

Eine besonders einfache Steuerung dieser Art, die Widnmann-Steuerung, ist in Fig. 131 dargestellt. Der mit dem Exzenterring verbundene Lenker greift an einem wagerecht gelagerten Hebel an, dessen anderes Ende mit der Ventilzugstange verbunden ist. Der mittlere Stützpunkt dieses Hebels wird durch den Regulator verstellt und dadurch die Neigung des Lenkers gegenüber der Kurve verändert. Im Schema Fig. 132 sind die Stellungen des Lenkers für die Füllungen Null, 30 v. Ht. und 70 v. Ht. eingezeichnet, und zwar für die dem Voröffnen entsprechende Stellung. Die Kreise, die mit der Lenkerlänge vom Punkt *f* aus geschlagen werden, geben in ihren Schnittpunkten mit der Kurve Beginn und Schluß der Ventilöffnung an.

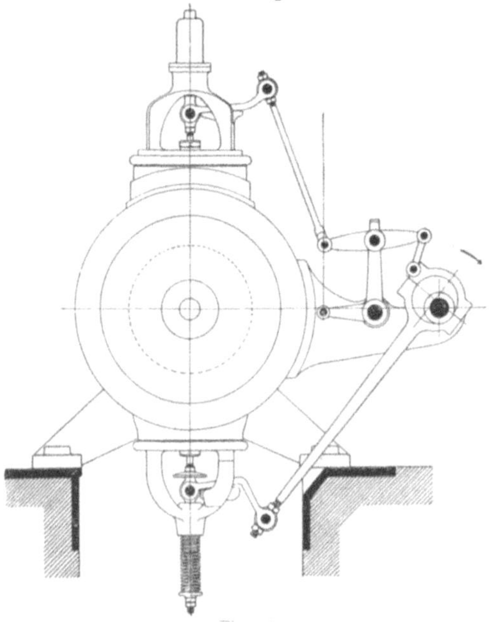

Fig. 131.

Für reichliche Ventilöffnung ist demnach geringe Lenkerlänge vorteilhaft, da hierbei die Pfeilhöhe des in die Kurve hineinragenden Kreisbogens vergrößert wird, doch nehmen andererseits die Neigung des Lenkers gegen die Senkrechte und die Rückwirkung auf den Regulator zu.

Nach Wahl der Längen des Hebels *f b*, des Lenkers und der Ventilzugstange, die mit Rücksicht auf die räumlichen Verhältnisse der Steuerung bestimmt werden, sind die Kreisbögen, auf welchen sich in der Stellung für Voreinströmung die Punkte *f* und *b* bewegen, bekannt und es kann die Bahn, die der Punkt *d* beschreibt, punktweise aufgesucht werden. Diese Bahn wird durch einen Kreisbogen vom Radius *d e* ersetzt, um konstantes Voröffnen zu erhalten. Wird nämlich in der gezeichneten Stellung der Regulierhebel um Punkt *e* gedreht, so bewegt sich der Punkt *b* auf dem Kreisbogen a *b c*; das Ventil bleibt unbeeinflußt. Nach

Feststellung dieser Hebellängen ist die Steuerung noch bezüglich ihrer Rückwirkung auf den Regulator im Beginn des Ventilanhebens zu untersuchen. Vollständige Entlastung des Regulators wird hier dadurch erzielt, daß im Augenblick des Ventilanhebens die Richtungslinien des Lenkers, des Hebels *d e* und der Zugstange sich in einem Punkt *o* schneiden, so daß das Drehmoment für die Regulierwelle gleich Null wird.

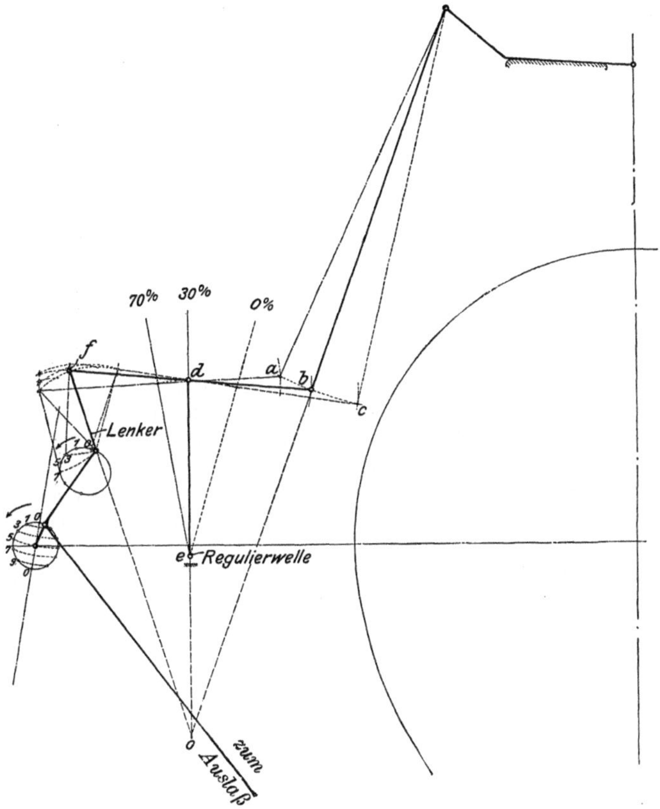

Fig. 132.

Steuerungen mit zwei Exzenterantrieben. Die bekannteste Steuerung dieser Art rührt von Collmann her, der damit als Erster die Konstruktion der zwangläufigen Ventilantriebe einführte. Fig. 133 [1]).

Bei der Collmann-Steuerung wird die Bewegung des Exzenters nach zwei Richtungen zerlegt, und die Bewegungskomponenten werden in einem Gelenk vereinigt, das veränderliche Kurven beschreibt. Der Regulator ändert die Größe der Seitenbewegung.

[1]) Ausführung der Görlitzer Maschinenbau-Anstalt und Gießerei.

Die Hauptbewegung wird vom Exzenter mittelst des Hebels *c d e* und des Kniehebels *e g h* auf das Ventil übertragen. Diese aufwärts gerichtete Bewegung, die bestrebt ist, das Ventil zu öffnen, vereinigt sich im Kniegelenk *g* mit einer quer zu ihr gerichteten Bewegung, die den Ventilschluß verursacht. Die Größe dieser Bewegung wird vom

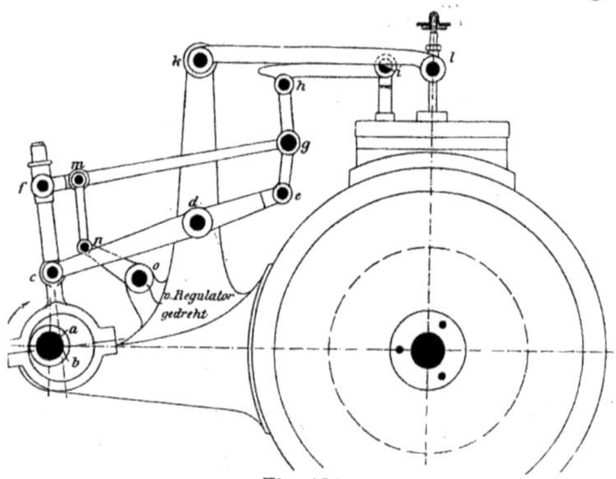

Fig. 133.

Regulator durch Verstellen der Hülse *f* auf der Exzenterstange veränderlich gemacht. Letztere ist aus Herstellungsgründen gerade ausgeführt und nicht bogenförmig, wie es mit Rücksicht auf unveränderliche Voreinströmung erforderlich wäre.

Da beim Ventilanhub die drei Punkte *e g h* des Kniehebels in einer Richtung liegen, so findet keine Rückwirkung auf den Regulator in dieser Stellung statt.

Die Steuerungen mit unrunder Scheibe. Steuerung von Zwonicek, Fig. 134. Der Bügel *C* des auf der Steuerwelle *A* sitzenden

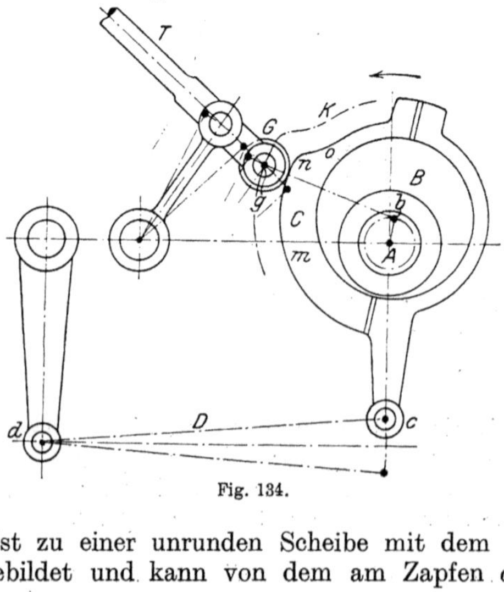

Fig. 134.

Exzenters *B* ist zu einer unrunden Scheibe mit dem konzentrischen Teil *m n* ausgebildet und kann von dem am Zapfen *c* angreifenden

Regulator verdreht werden. Die Ventileröffnung beginnt, sobald die Rolle *g* der Ventilstange *T* mit dem Teil *m n* in Berührung gelangt und geht in derselben Weise vor sich, als ob *g* unmittelbar mit dem Exzenter *A B* in Verbindung wäre. Läuft die Rolle an der Kurve *n o* ab, so wird das Ventil geschlossen, was nach der durch den Regulator bewirkten Verdrehung des Bügels *C* früher oder später der Fall ist.

Die Kraft zur Bewegung des Ventils wirkt — abgesehen vom Reibungswinkel — senkrecht zur Berührungsfläche zwischen Rolle und Umfang der Scheibe, so daß ihre Richtungslinie durch *b* geht, und eine Rückwirkung auf den Regulator nicht eintreten kann.

Die Steuerung gibt Ventileröffnungen, die bei den einzelnen Füllungsgraden den zugehörigen Kolbengeschwindigkeiten annähernd

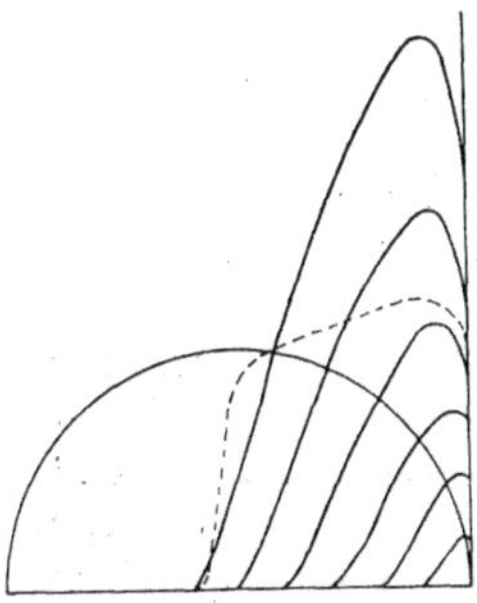

Fig. 135.

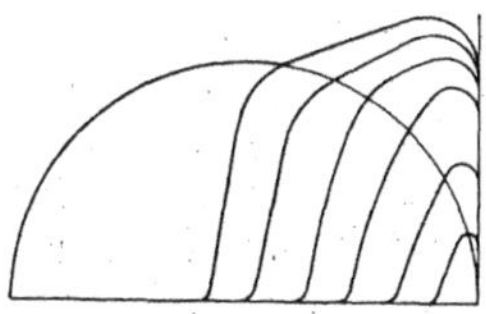

Fig. 136.

proportional sind. Je nach der Neigung der Strecke *n o* kann die Schlußgeschwindigkeit verschieden gewählt werden.

Ein vorzügliches Mittel zur Beurteilung der Zweckmäßigkeit angenommener Verhältnisse ergibt sich aus der Aufzeichnung der Ventilerhebungsdiagramme, indem aus dem Steuerungsschema für jedes Zehntel des Kolbenweges die zu den verschiedenen Füllungen gehörigen Ventilöffnungen oder auch die Wege des mit der Zugstange verbundenen Wälzhebelendpunktes aufgetragen werden. Nach Einzeichnung der Drosselungskurve ist aus der Lage der Schnittpunkte dieser Kurve mit dem Ventilerhebungsdiagramm die Schärfe des Abschlusses erkennbar. Das Diagramm, Fig. 135, zeigt nun die Nachteile der Lenkersteuerungen mit Wälzhebeln. Um nicht zu kleine Ventileröffnungen bei kleinen Füllungen zu erhalten, wird bei größeren Füllungen ein großer Überhub nötig, wodurch starke, den Regulator belastende Federspannungen entstehen. Sollen die veränderlichen Ventilschlußgeschwindigkeiten beurteilt werden — die bei kleinen Füllungen klein, bei großen Füllungen groß sind, und die 0,20 m/sek. nicht übersteigen sollen — so müssen die Ventilhübe als Ordinaten auf die Zeit als Abszisse bezogen werden. Zu diesem Zweck brauchen nur zu jedem Zehntel des über der Grundlinie des Ventilerhebungsdiagramms geschlagenen Kurbelkreises die zugehörigen Kolbenstellungen und die bei diesen vorhandenen

Ventilhübe bestimmt zu werden. Die Tangenten an den Kurven geben sodann die Momentangeschwindigkeiten. Fig. 136, von einer Lentz-Steuerung herrührend, läßt die Vorteile der Schubkurvenhebel erkennen.

Die Steuerungen mit Exzenterregulator werden ebenso entworfen, wie auf S. 45 für Schiebersteuerungen angegeben; in gleicher Weise werden auch die Exzenter verstellt.

Die Exzenter können sowohl durch zentrische als auch durch exzentrische Stellrohre verstellt werden. Im letzteren Falle ist das Stellrohr unmittelbar auf dem Grundexzenter verdrehbar, daher das Rohr mit dem verdrehbaren Exzenter aus einem Stück hergestellt werden kann. Diese Bauart wird hauptsächlich von Proell ausgeführt. (Siehe Kapitel Regulierung.) Um die Exzenter möglichst klein zu halten, werden mitunter die beiden Grundexzenter mit der Welle aus einem Stücke geschmiedet.

Bei der Doerfelschen Bauart nach Fig. 140 werden beide Exzenter durch Mitnehmer verdreht, die auf dem durchgehenden, zentrischen Stellrohr angebracht sind. In dieser ist die Welle abgesetzt; das Stellrohr hat den gleichen äußeren Durchmesser wie die Welle zwischen Kegelrad und Regeler.

Die Anordnung des Regelers zwischen den Exzentern weist bei einigen gebräuchlichen Bauarten unangenehme Eigenschaften auf. Der Regeler baut sich sehr breit, seine links und rechts ziehenden Stellstangen klemmen leicht infolge kleiner Ungenauigkeiten selbst dann, wenn die Exzenter auf zentrischen Stellröhren sitzen. Wirkt der Regeler unmittelbar auf die Drehexzenter ein, so muß wegen des Füllungsausgleiches das vordere einen größeren Verdrehungswinkel beschreiben als das hintere. Die Kuppelung mit zwei Stangen auf jeder Seite geht dann auch in der Zeichnung nicht mehr, weil die Längen zu ungleich ausfallen. Ist hingegen nur eine Hängestange angeordnet, so erhält diese allein die Stöße von der Ventileröffnung und überträgt sie auf dasjenige Pendel, an dem sie hängt. Die Lagerungsschneiden leiden dann einseitig etwas mehr.

Bei der Doerfelschen Anordnung, Fig. 140, bedarf es nur zweier Stellstangen, und auch diese werden sehr geschont, weil die Umfangsreibung des einen Exzenters nebst Stellrohrs bremsend gegen die Rückwirkung auf den Regulator durch das andere Exzenter wirkt, wie dies bezüglich der Radavanovic-Steuerung schon auf S. 105 bemerkt wurde.

Außerdem beeinflußt die Lage des Reglers vorne günstig das Äußere der Maschine, und die Trommelverschalung läßt sich besser anbringen.

Fig. 137 zeigt einen Schnitt durch Regeler und Exzenter.

Das Stellrohr R, das durch Zugstangen mit den Schwunggewichten verbunden ist, verdreht durch Mitnehmer die Drehexzenter E. Das Grundexzenter G, das die Stellröhre R umgibt, ist mit dem Regulatorgehäuse verschraubt, während das zweite Grundexzenter auf der Welle aufgekeilt ist.

Die Auslaßexzenter sind mit den Einlaßexzentern gekuppelt und ebenfalls um die Grundexzenter verdrehbar, so daß sich mit der Füllung auch Kompression und Vorausströmung innerhalb bestimmter Grenzen verändern. Die Kupplung durch Klemmschrauben und Schlitze ist einstellbar.

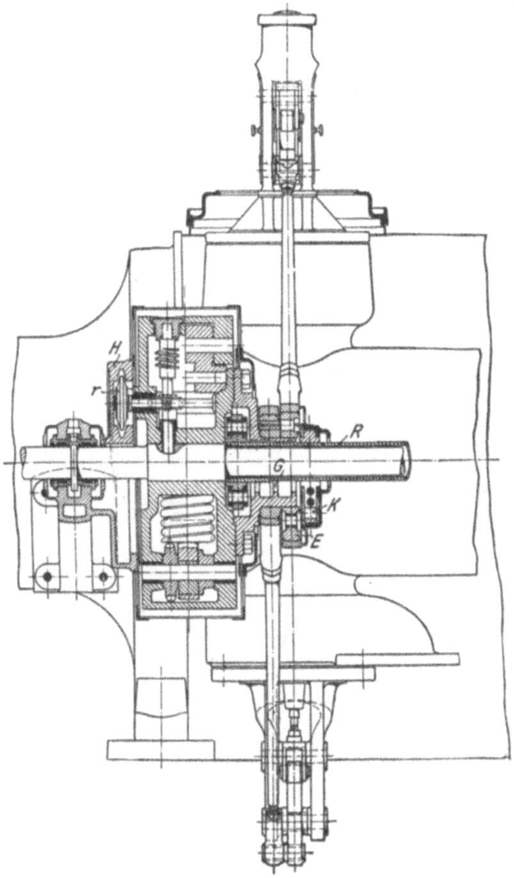

Fig. 137.

Durch die veränderliche Kompression wird bei kleinen Füllungen weicher Gang erhalten, während bei großen Füllungen namentlich im Hochdruckzylinder Überkompression und Schlingenbildung vermieden werden.

Aus den Fig. 138—139, die Einzelheiten darstellen, ist die Anordnung für sehr große Maschinen ersichtlich, wobei der Regeler besser getragen wird.

Dieser sitzt bei der Bauart nach Fig. 137 auch am Lager, aber der Abstand vom Lager ist größer. Da bei dieser Anordnung das Lager aber am Rahmen und nicht am heißen Zylinder befestigt ist, sich außerdem das Stellrohr leichter abnehmen läßt, so wird sie trotzdem der Bauart nach Fig. 138—139 meist vorgezogen.

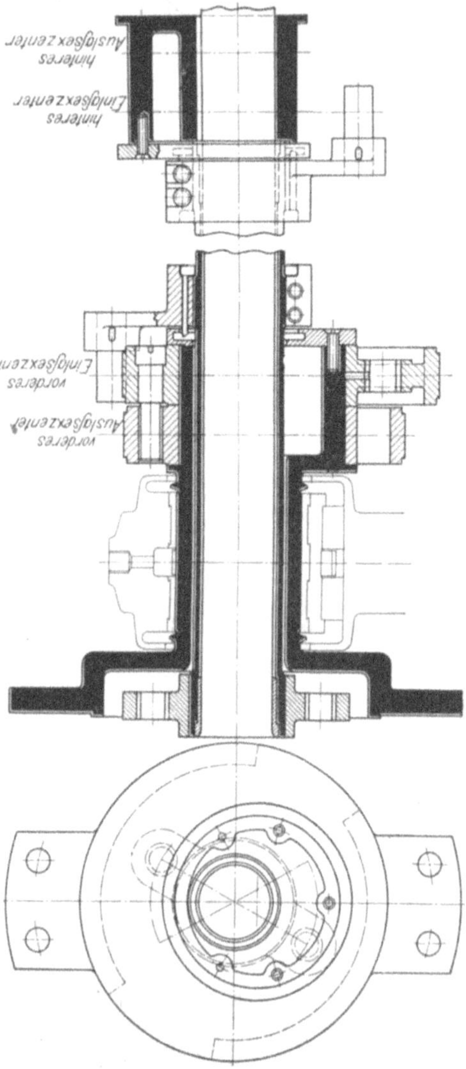

Fig. 138.

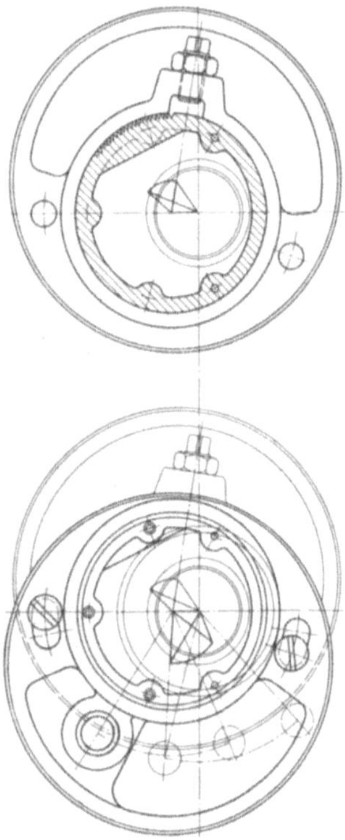

Fig. 139.

In Fig. 141 ist die Anordnung der Recke-Steuerung wiedergegeben. Da die Ventile nichts anderes als geteilte Muschelschieber darstellen, deren Überdeckungen nicht am Steuerungsorgan selbst, sondern in der äußeren Steuerung auftreten, so können sie durch nur ein Steuergetriebe, wie dies Fig. 141 zeigt, betätigt werden. Die Bewegungsübertragung vom Exzenter auf die Ventile ist so einzurichten, daß das eine

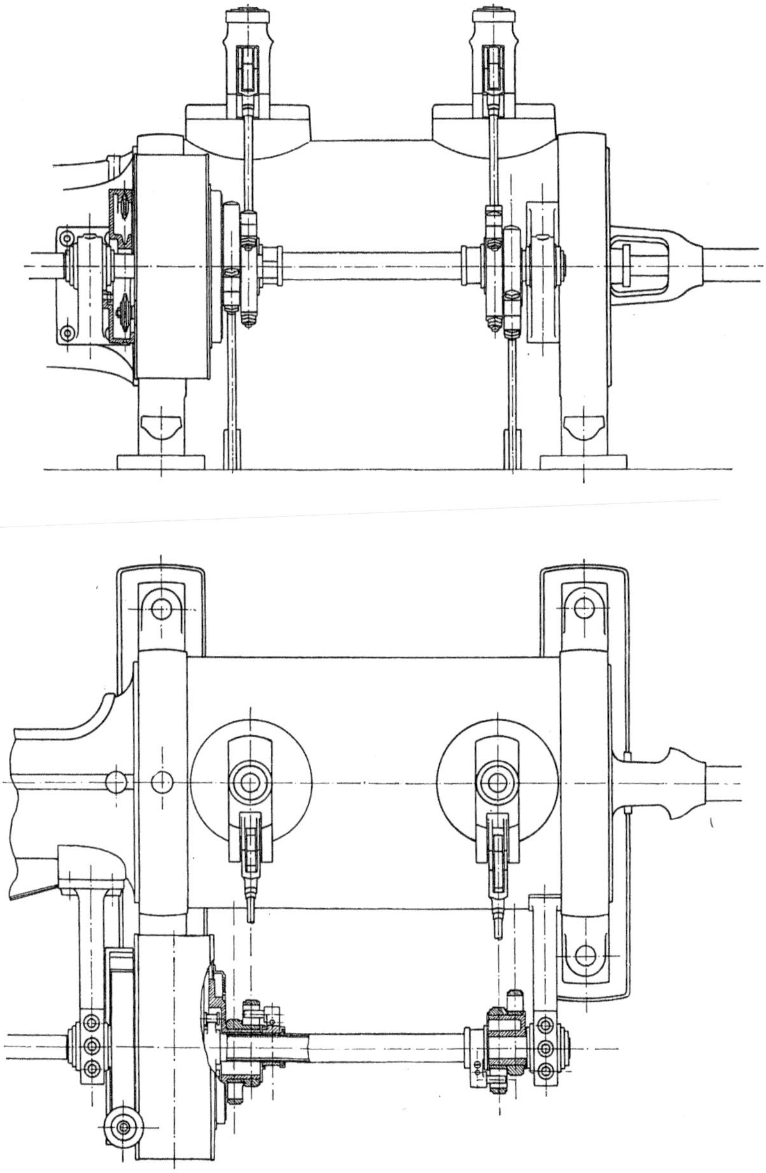

Fig. 140.

Ventil beim Aufwärtsgang, das andere beim Abwärtsgang der Ventilstange geöffnet wird.

Diese Anordnung[1]), mit der eine erhebliche Vereinfachung verknüpft ist, läßt sich mit allen Steuerungen durchführen, für die bei

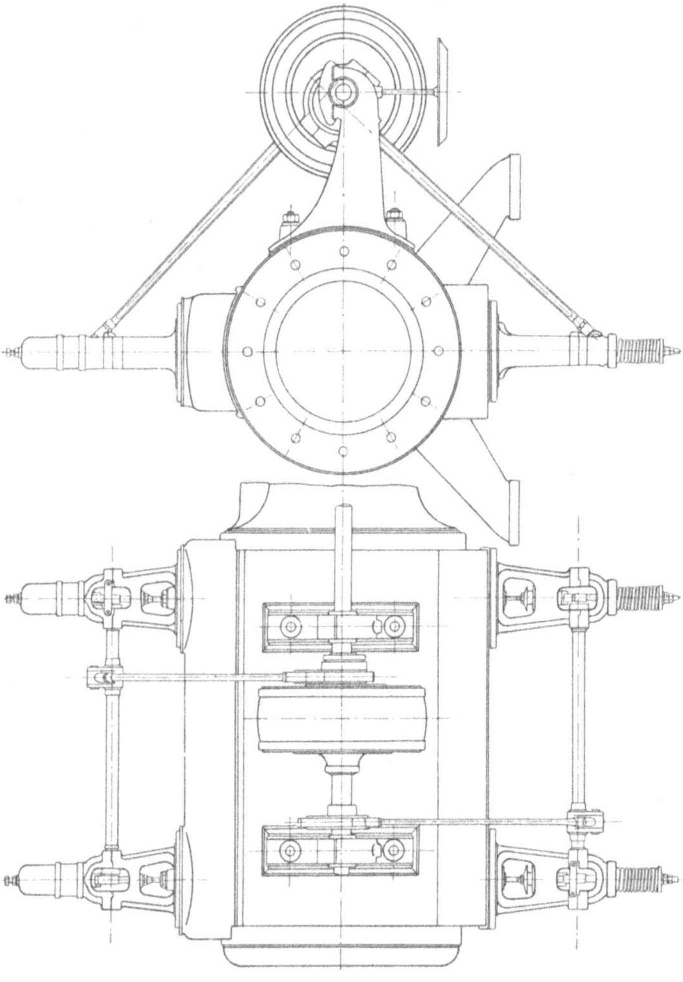

Fig. 141.

Anwendung von nur einem Exzenter die Voreinströmung, in Winkelgraden gemessen, für Deckel- und Kurbelseite annähernd gleich ist.

Sehr verbreitet ist die bekannte Lentz-Steuerung, Fig. 142, die in der Hauptsache aus einer Vereinigung des Schubkurvenhebels nach Fig. 113 mit einem Trägheitsregeler (s. unter Regulierung) besteht.

Auf der Steuerwelle *a* ist ein Stein fest aufgekeilt, der in einen Schlitz des Exzenters eingreift, so daß bei dessen Verschiebung der

[1]) Zuerst von Collmann vorgeschlagen.

Exzentermittelpunkt *b* sich auf einer Geraden bewegt und Exzentrizität und Voreilwinkel nach Fig. 45a auf S. 46 verstellt werden.

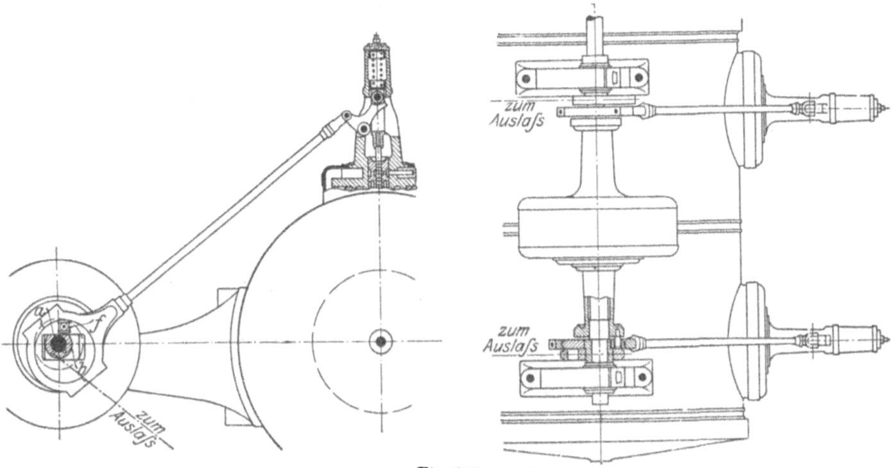

Fig. 142.

Der Exzenterregeler verdreht eine die Steuerwelle umschließende Hülse. Diese trägt an jedem Ende einen Zapfen, der in einen zweiten zu dem oben erwähnten Schlitz senkrecht stehenden Schlitz *f* des Exzenters eingreift.

2. Die freifallenden Ventilsteuerungen.

Je nach der Art der Klinkenbewegung und der Auslösung können hier unterschieden werden:

1. Steuerungen mit plötzlicher Verdrängung der Klinke.
2. Steuerungen mit allmählicher Verdrängung der Klinke.
3. Steuerungen mit zwangläufiger Bewegung der Klinke.

Während bei den zwangläufigen Ventilantrieben die Schlußgeschwindigkeiten für die verschiedenen Füllungen zwar nicht gleichbleibend, aber doch vom äußeren Steuerungsgetriebe abhängig sind und deshalb eine bestimmte Grenze nicht überschreiten, werden sie bei den auslösenden Steuerungen von der Größe des Ventilhubes und von der Spindelreibung stark beeinflußt. Die Geschwindigkeit des herabfallenden Ventils wird vor dem Aufsetzen durch Luftpuffer verzögert, indem ein in den Zylinder der Ventilhaube genau passender Kolben beim Aufwärtsgang durch eine Öffnung von einstellbarem Querschnitt Luft ansaugt, sie beim Abwärtsgang verdichtet und hierbei durch die erwähnte Drosselöffnung auspreßt.

Die Schlußgeschwindigkeit ist insofern vom Maschinisten abhängig, als dieser, je nach Füllung und Ventilhub, die Drosselöffnung einstellt. Soll auch bei kleinen Füllungen Ventilschlag vermieden werden, so muß der Austrittsquerschnitt für die Luft stark verengt werden, wodurch dann bei größeren Füllungen gedrosselt wird.

Dieser Übelstand wird durch die von Collmann eingeführten Ölpuffer vermieden. Fig. 143.

Mit der Ventilspindel ist ein Pufferkolben verbunden, der über Durchflußöffnungen eines eingesetzten Gehäuses gleitet. Beim Aufwärtsgang des Ventils tritt das über dem Kolben befindliche Öl durch diese Öffnungen unter den Kolben. Bewegt sich das Ventil nach der Auslösung abwärts, so strömt das Öl zunächst widerstandslos nach oben, um erst unmittelbar vor dem Aufsetzen des Ventils dessen Geschwindigkeit infolge des größeren Widerstandes in den immer enger werdenden Durchflußöffnungen zu verzögern, wie aus den Enden der Ventilerhebungskurven in Fig. 144 hervorgeht. Zur Sicherung des Ventilschlusses stellen Auszackungen der Durchflußöffnungen bei geschlossenem Ventil die Verbindung zwischen den Ölräumen unter und über dem Kolben her.

Bei der Ausführung nach Fig. 143 wird die Einstellung der Pufferwirkung während des Betriebes nach Abnahme der Haube möglich.

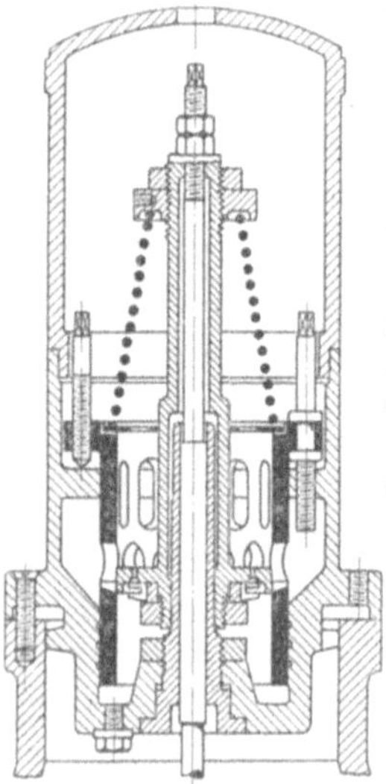

Fig. 143.

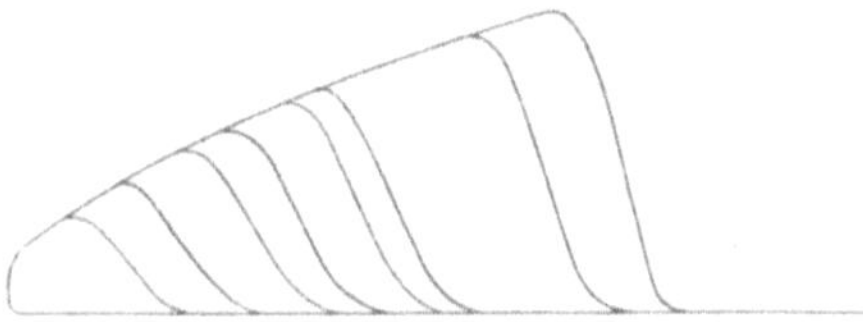

Fig. 144.

Die Schlußfeder der freifallenden Steuerungen wird überschläglich wie folgt berechnet:

Ist

P der mittlere Federdruck in kg,

Q die notwendige Schlußkraft in kg,

G das Ventilgewicht in kg,

t die Schließdauer in Sek.,

h der Ventilhub in m,

p die zum Schließen erforderliche Beschleunigung in m/sek^2,

so folgt:

$$h = \frac{1}{2} p\, t^2, \text{ somit } p = \frac{2\,h}{t^2}.$$

Ferner ist:

$$Q = p \cdot \frac{G}{g}, \text{ und } P = \frac{p - g}{g}\, G = \left(\frac{p}{g} - 1\right) \cdot G.$$

Schließt das Ventil nach oben, so ist mit Q statt mit P zu rechnen.

Für 100 Uml./Min. und 40 bis 45 m/sek Dampfgeschwindigkeit im Augenblick der Ausklinkung sind Schlußzeiten zulässig, die der Zurücklegung eines Kurbelwinkels von 12—15^0 entsprechen.

Die Steuerungen mit plötzlicher Klinkenverdrängung. Steuerung von Collmann. Fig. 145[1]). Die Exzenterstange wird am Ventilgehäuse durch Lenker geführt und trägt eine Klinke, die bei annähernd höchster Stellung übergreift und beim Abwärtsgang des Exzenters den Ventilhebel so lange mitnimmt, bis sie auf einen vom Regulator einstellbaren Auslösedaumen trifft und dadurch abgleitet. Die Klinke muß durch eine kleine Blatt- oder auch Spiralfeder zum rechtzeitigen Aufsetzen gezwungen werden. Bei vorliegender Ausführung

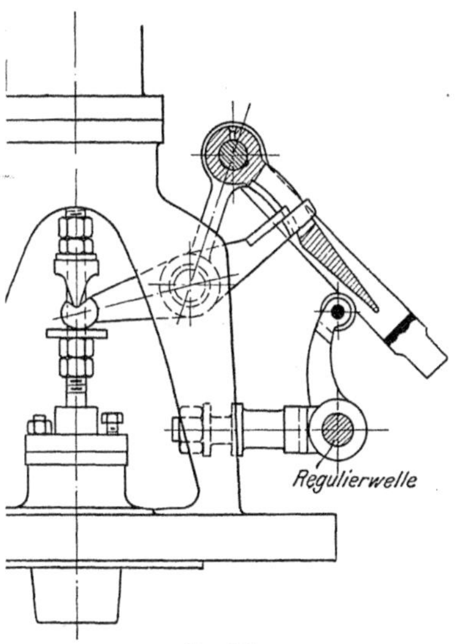

Fig. 145.

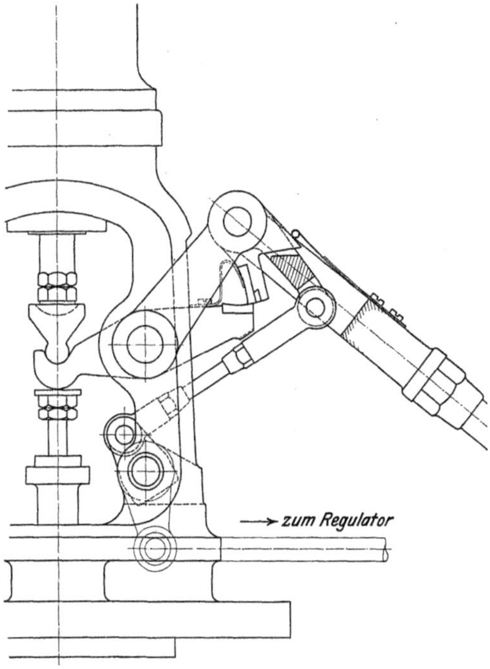

Fig. 146.

hat der Ventilhebel hinten eine Verlängerung, die in einen Schlitz der Expansionsklinke so eingreift, daß sie das hängenbleibende Ventil schließen muß. Ventilerhebungsdiagramm s. Fig. 144.

Falls es möglich wäre, die Klinke bei der oberen Totlage des Exzenters aufsetzen zu lassen, würde das Ventil geräuschlos mit der Anfangsgeschwindigkeit Null angehoben.

Aus praktischen Gründen — Ungenauigkeit der Ausführung, Ausdehnung durch die Wärme — wird jedoch ein Überhub der Klinke erforderlich, der etwa 1 bis 2 mm beträgt.

Diese Steuerungen lassen sich leicht entwerfen. Nach Bestimmung der Exzentrizität auf Grund der freizulegenden Eröffnungsquerschnitte und nach Wahl der Hebelverhältnisse wird die Stellung des Auslösers

[1]) Ausgeführt von Schüchtermann & Kremer, Dortmund.

für die verlangte größte und kleinste Füllung bestimmt, womit auch der für den Regulatorhub bestimmende Drehwinkel festgelegt ist.

Die Steuerungen mit allmählicher Klinkenverdrängung. Bei der Kaufhold - Steuerung, Fig. 146, hängt die Klinke in der Gabelung der durch Lenker geführten Zugstange und gleitet im Laufe der Abwärtsbewegung durch Auftreffen gegen eine Fläche des Auslösers ab, der ebenfalls im gemeinsamen Drehpunkt der Exzenterstange und der Lenker

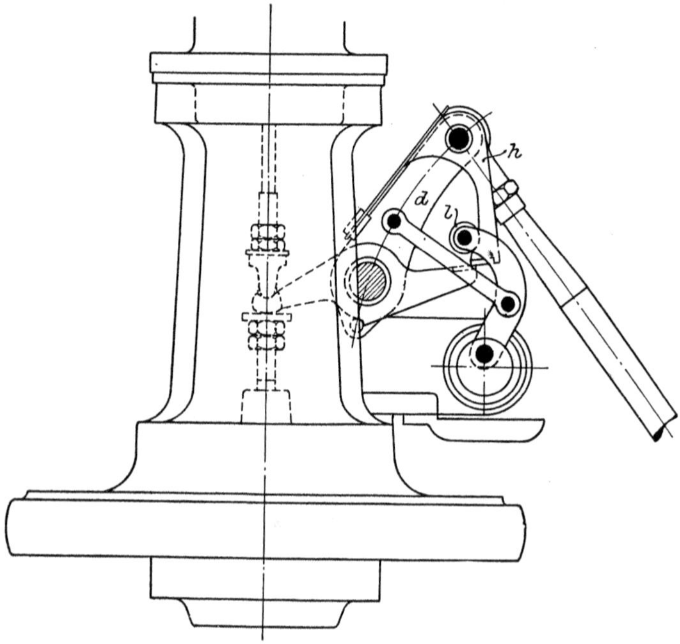

Fig. 147.

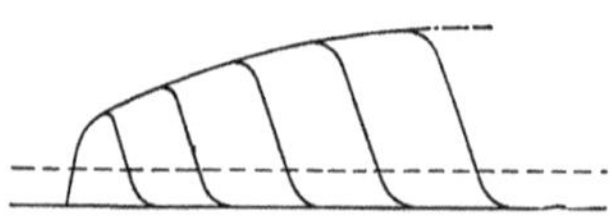

Fig. 148.

gelagert ist und vom Regulator verstellt wird. Die Regulatorstange reicht in ihrer höchsten Stellung unmittelbar an den Ventilhebel heran, so daß das Ventil, falls es hängen bleiben sollte, durch sie geschlossen wird. Während der gebräuchlichsten Füllungen findet der Ventilanhub ohne Bewegung der Klinke gegenüber dem Ventilhebel statt, indem sich die Klinke beim Einfallen gegen eine Anschlagfeder legt und dadurch stets in gleicher Tiefe eingreift.

Hochwald-Neuhaus-Steuerung, ausgeführt von A. Borsig, Berlin-Tegel. Fig. 147. Der die Auslöserrolle l tragende Hebel sitzt auf dem Zapfen einer vom Regulator verdrehbaren Kurbelscheibe und ist mit der Schwinge *d* gelenkig verbunden. Die dadurch bedingte Bewegung der Rolle *l* bewirkt ein beschleunigtes Abschieben der Klinke *h*, so daß auch bei kleinen Füllungen große Einfalltiefen möglich werden.

Rolle *l* und Klinke *h* bleiben in steter Berührung.

Fig. 148 zeigt das Ventilerhebungsdiagramm dieser Steuerung.

Die zwischen den beiden Wagerechten liegenden Kurvenstücke beziehen sich auf die Zurücklegung der Ventil-Überdeckungen.

Die Steuerungen mit zwangläufiger Klinkenbewegung. Bei den vorhergehenden Steuerungen bewegte sich die Klinke in einer an

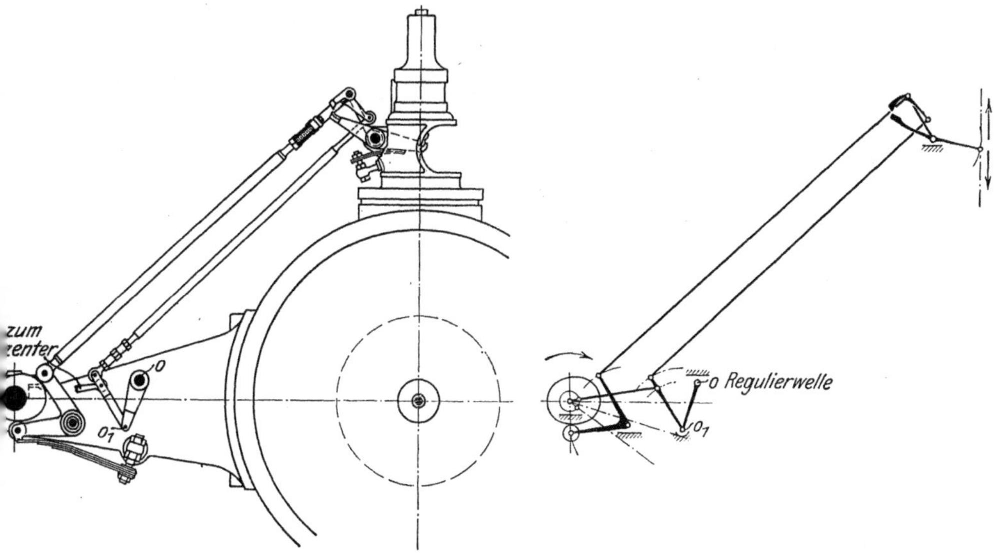

Fig. 149.

beiden Seiten abgeschnittenen Bahn, während bei den Steuerungen mit zwangläufiger Bewegung der Klinke diese eine geschlossene Kurve durchläuft.

Fig. 149 zeigt eine derartige Steuerung der Maschinenfabrik Augsburg-Nürnberg. Die Ventilzugstangen werden nicht durch Exzenter, sondern durch unrunde Scheiben gesteuert, während die am oberen Ende der Zugstangen angelenkten Klinken durch kleine Exzenter auf der Steuerwelle in Schwingungen versetzt werden. Die Bahn der Klinken wird durch Verstellung des Hebels $o o_1$ seitens des Regulators geändert.

Die unrunden Scheiben ermöglichen leichten Füllungsausgleich für beide Zylinderseiten.

Da innerhalb der gebräuchlichen Füllungsgrenzen der Ventilhub annähernd konstant bleibt, so wird mit dieser Steuerung auch bei Anwendung gewöhnlicher Luftpuffer eine nur wenig veränderliche Aufsetzgeschwindigkeit erzielt. Durch entsprechende Wahl der Anhubkurven der unrunden Scheibe läßt sich die Geschwindigkeit beim Auftreffen der Klinke sehr klein halten.

Der Überhub und damit die Aufsetzgeschwindigkeit werden bei den meisten Steuerungen dieser Art bedeutend größer, als bei den vorherbehandelten, da die Klinke nur bei ihrer wagerechten Bewegung ausgelöst werden kann, wie dies sehr deutlich Fig. 150 zeigt. Beim Auftreffen hat die Klinke ihre Höchstgeschwindigkeit. Eine Ausnahme bildet die Augsburger Steuerung nach Fig. 149.

Was das Anwendungsgebiet der verschiedenartigen Steuerungen betrifft, so sind lange Zeit die Wälzhebel-Steuerungen als besonders geeignet für hohe Umdrehungszahlen gehalten worden. Vielfach sind jedoch die freifallenden Steuerungen an Maschinen mit 150 Uml./Min. zur Anwendung gelangt, eine Umlaufzahl, die für Wälzhebel entweder einen großen Betrag des Klaffens und damit starke Drosselung des Frischdampfes oder klappernden Gang zur Folge haben würde. Höhere Um-

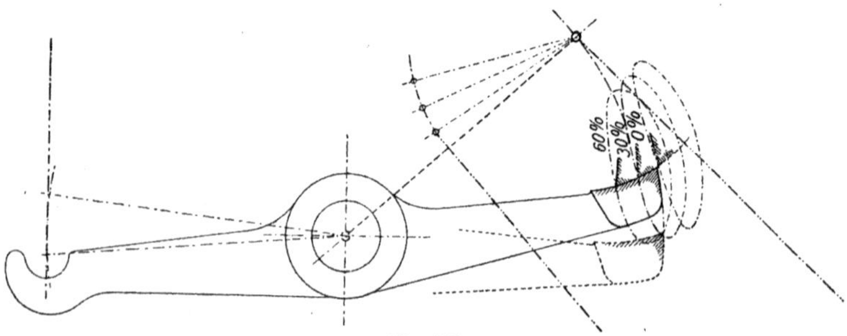

Fig. 150.

drehungszahlen — Lentz hat seine Steuerung an Maschinen mit 320 Uml./Min. angebracht und zu gleichen Leistungen ist die Doerfel-Steuerung befähigt — hat für den zwangläufigen Mechanismus die Einführung der Schubkurvenhebel ermöglicht, bei denen eine Abschneidung des überflüssigen Exzenterhubes und eine Verminderung der Federkraft sowohl dadurch, als auch durch die Beschränkung der zu beschleunigenden Massen stattfindet.

Der Eingriff wird dem Regulator bei den freifallenden Steuerungen bedeutend mehr erleichtert, als bei den zwangläufigen. Da aber die Regulierfähigkeit im Grunde genommen hauptsächlich von der Regulatorgröße abhängig ist, und die neueren Federregulatoren mit Beharrungswirkung bedeutende Verstellkräfte namentlich als Achsenregeler entwickeln, so läßt sich vorzügliche Wirkung auch durch zwangläufige Steuerungen erreichen. Diese ermöglichen zudem gleichmäßigeren Leerlauf als die meisten freifallenden Steuerungen, bei denen zwischen Nullfüllung und der durch noch so geringes Einschnappen der Klinke entstehenden größeren Füllung keine Zwischenstufen vorhanden sind. Dieser gleichmäßige Leerlauf ist besonders für das Parallelschalten von Dynamomaschinen wichtig.

Das Verhalten der auslösenden Steuerungen ist bei kleineren Füllungen überhaupt nicht einwandfrei. Gesteuerte Klinken treffen stets mit größerer Geschwindigkeit auf, als die im letzten Rücklaufende einfallenden Klinken. Sie leiden deshalb bei kleinen Füllungen meist mehr, weil sich die Ecke der Klinke abrundet und dann abgleitet. Dadurch wird der Regulator unruhig. Sonach erschweren gesteuerte Klinken fast immer die Regulierung; das Steuerungstriebwerk wird überdies sehr verwickelt.

Scharfe schmale Klinkenflächen, wie sie bei den Steuerungen mit plötzlicher Verdrängung zur Verwendung gelangen, bewähren sich bei entsprechender Ausführung sehr gut (wie auch ihre Anwendung bei den schwerer gehenden Corliß - Steuerungen mit Ausklinkung beweist).

3. Die Einstellung der Ventilsteuerungen.

Die durch die endliche Pleuelstangenlänge bedingte Verschiedenheit der Füllungen kann bei den Ventilsteuerungen in verschiedener Weise verringert werden.

Bei der Widnmann-Steuerung z. B. beschränkt man sich meist darauf, die Regulierhebel *e d*, Fig. 132, nicht in einer Ebene, sondern so aufzukeilen, daß der normale oder ein diesem naheliegender Füllungsgrad vorne und hinten bei gleicher Regulatorstellung eintritt. Die Füllungsgrade sind am gleichmäßigsten, wenn bei 10 v. Ht. Füllung genaue Übereinstimmung vorhanden ist.

Da der Gesamtverstellungsweg vorne größer ist als hinten, so kann noch bessere Übereinstimmung erzielt werden, wenn die Exzentrizität auf der Kurbelseite etwas kleiner als die auf der Deckelseite genommen wird. Für die Einlaßsteuerung hat diese Anordnung noch den Vorteil, daß die Ventilhübe von vornherein beiderseits gleicher werden, wobei allerdings die Auslaßhübe um so ungleicher sind. Angenäherte Gleichheit der Hubhöhen sowohl für Einlaß als für Auslaß kann durch verschiedene Wölbung und durch Verschiebung der Wälzbahnen erreicht werden, wodurch die Übersetzung der Wälzhebel geändert wird.

Ungefähr gleicher Beginn des Voreintrittes wird durch Aufkeilung der Exzenter nicht unter 180^0, sondern unter $178\frac{1}{2}^0$ erhalten; da hierbei jedoch die Auslaßsteuerung wieder verschlechtert wird, so wird meist — unter Beibehaltung des ungleichen Voreintrittes — die Aufkeilung unter 180^0 vorgezogen.

Bei der Radovanovic-Steuerung wird Füllungsausgleich durch Verstellung der Exzenter oder der Kulissensteine gegeneinander erzielt, so daß auch diese — ebenso wie Exzenter und Regulierhebel bei der Widnmann - Steuerung — nicht unter 180^0 gegeneinander versetzt aufgekeilt werden. Die große Übereinstimmung, die dadurch erhalten wird, geht aus der folgenden Zahlentafel hervor.

Füllung.

0 v. Ht.	40 v. Ht.	0 v. Ht.	43 v. Ht.
10 „	50 „	10 „	54 „
20 „	60 „	20 „	65 „
30 „		32 „	

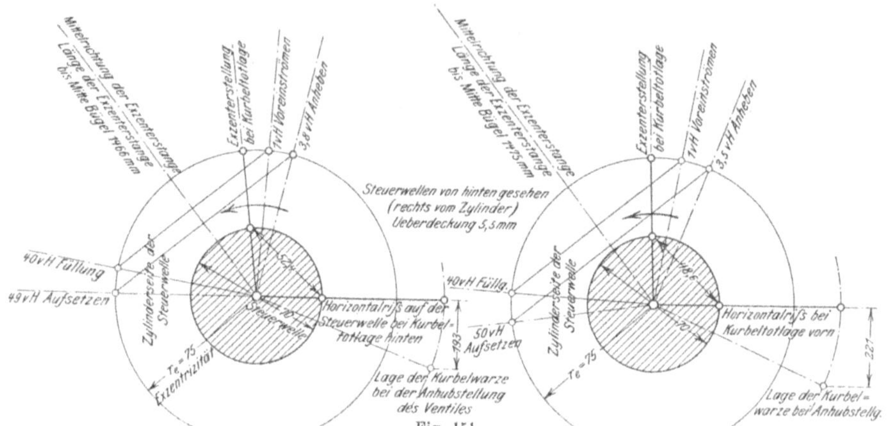

Fig. 151.

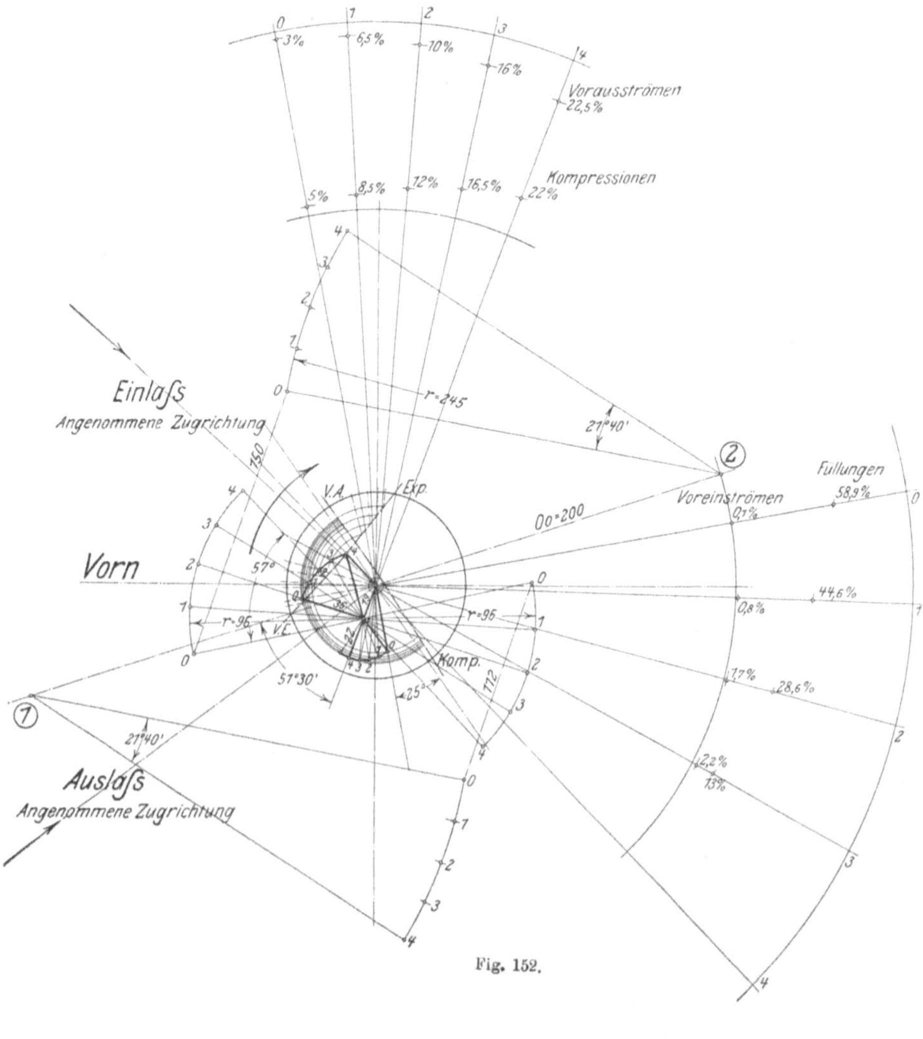

Fig. 152.

In den meisten Fällen begnügt man sich bei allen diesen Steuerungen, die Füllungen für bestimmte Grenzen, z. B. zwischen 20 und 30 v. Ht., durch Verlängerung der hinteren Ventilzugstange bei symmetrisch aufgekeilten Exzentern usw. auszugleichen, wodurch auf der Deckelseite Voreintritt, Füllung und Ventilhub kleiner werden.

In der Zahlentafel S. 125 und Fig. 151 ist die bei Füllungsausgleich vorzunehmende Aufkeilung von Niederdruckexzentern für feste Füllung (Proell-Steuerung) für einen bestimmten Fall angegeben. Die Ventile haben Überdeckung, so daß die Füllung vor dem Aufsetzen der Ventile beendigt ist.

Soll eine andere Füllung als 40 v. Ht. eingestellt werden, so ist der Voreilwinkel, gemessen in mm auf dem Umfang der Steuerwelle, von 40 v. Ht. als Ausgangspunkt gerechnet, positiv im Drehsinn, negativ dem Drehsinn entgegen zu ändern. Ebenso ist die Exzenterstangenlänge zu vergrößern, wenn das angegebene Maß positiv ist, und umgekehrt.

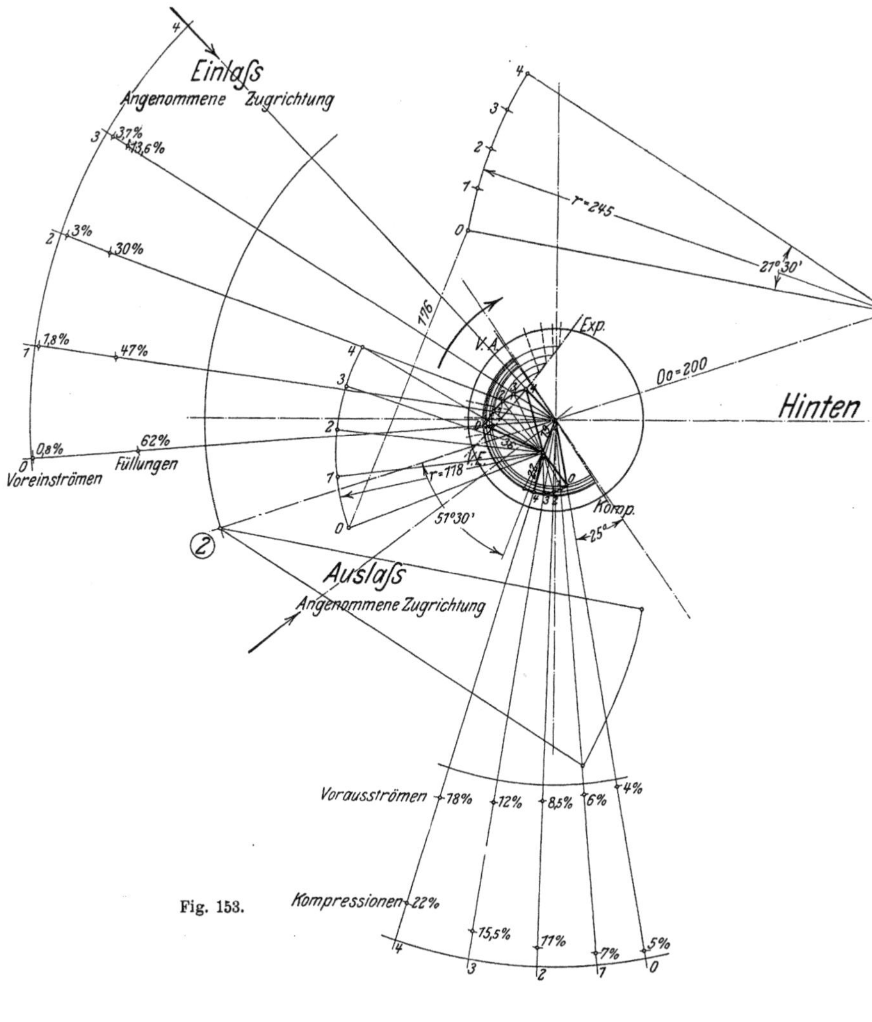

Fig. 153.

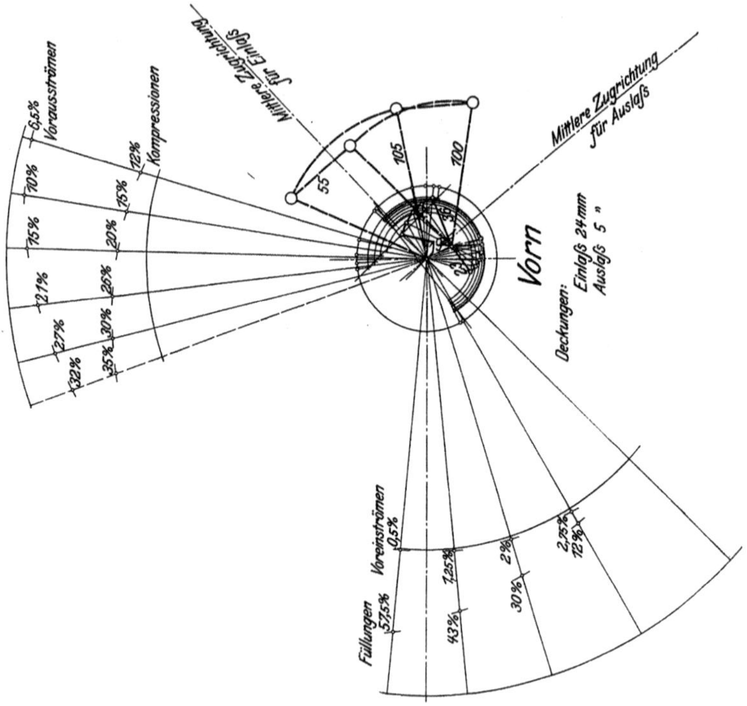

Fig. 155.

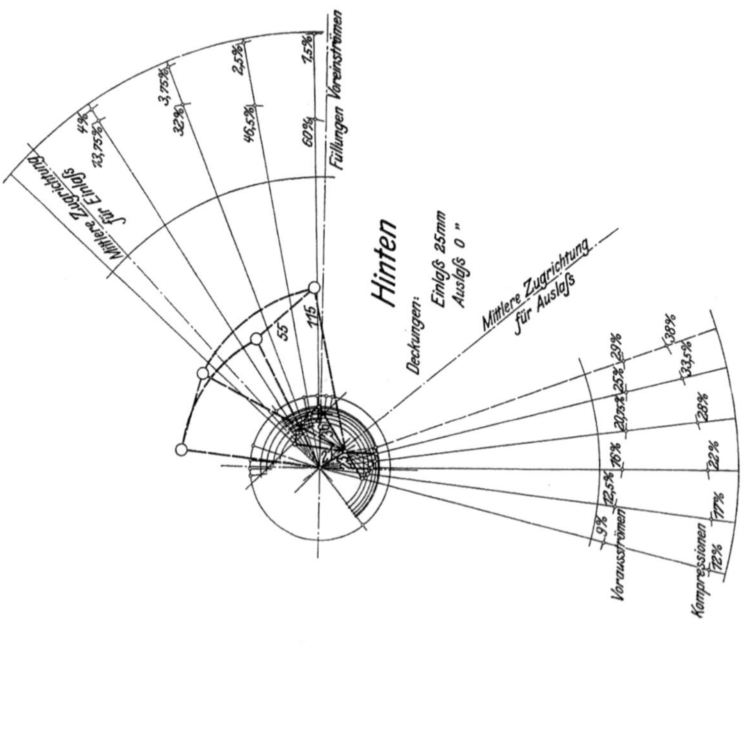

Fig. 154.

(Nach Doerfel.)

Soll z. B. die Füllung von 45 auf 50 v. Ht. vergrößert werden, so ist nach der Zahlentafel „vorn“ die Exzenterstange um 6, hinten um 5 mm zu verlängern. Gleichzeitig ist der Voreilwinkel so zu ändern, daß das Exzenter „vorn“ 3,6 mm, „hinten“ 3,4 mm dem Drehsinn entgegen versetzt wird.

Ausgangsstellung 40 v. Ht. Füllung.

Füllung vorn und hinten	Voreinströmen		Aufsetzen d. Vent.		Voreilwinkel		Stangenlänge	
	vorn	hinten	vorn	hinten	vorn	hinten	vorn	hinten
35 v. Ht.	1 v.Ht.	1 v.Ht.	45 v. Ht.	>44 v.Ht.	+1,8	+1,7	−3	−2,4
45 „	1 „	1 „	55 „	53,5 „	−1,8	−1,7	+3	+2,4
50 „	1 „	1 „	59,5 „	58,5 „	−3,6	−3,4	+6	+5
55 „	1 „	1 „	64,5 „	>63 „	−5,4	−5,1	+9	+8
60 „	1 „	1 „	69 „	<67 „	−7,1	−6,8	+12	+11

Änderung der Stangenlänge ist auch das bei Einstellung der Kompression und Vorausströmung am meisten angewendete Mittel. Um die Kompression ohne Verstellung der Steuerung selbst ändern zu können, gibt Widnmann den zum Wenden eingerichteten Auslaßhebelsätteln oben und unten je eine Wälzbahn von verschiedener Wölbung. Liegt die schwach gewölbte Seite oben, so findet große, umgekehrt kleine Kompression statt.

Bei den älteren Ventilsteuerungen mit Exzenterregulatoren konnte aus dem auf S. 110 angegebenen Grunde der Verdrehungswinkel des vorderen Exzenters nur wenig größer als derjenige des hinteren Exzenters gemacht werden, so daß der Füllungsausgleich hauptsächlich durch ungleiche Stangenlängen und verschiedenes Voröffnen angestrebt werden muß, woraus dann für die Deckelseite sehr kleine, stark drosselnde Ventilhübe folgen.

Die Figuren 152—153 zeigen den Füllungsausgleich für gleich große Grundexzentrizitäten unter Berücksichtigung der Verdrehung der Auslaßexzenter.

Bei kleinster Füllung fällt das resultierende Exzenter ungefähr in die Richtung der Zugstange.

In den Schnittpunkten der Drehexzenter mit dem im Augenblick der Ventileröffnung mit der Exzenterstangenlänge gezogenen Kreisbogen — hier fast eine Gerade — beginnen Voreintritt (*V. E.*) und Expansion (*Exp.*). In gleicher Weise werden Voraustritt (*V. A.*) und Kompression (*Komp.*) ermittelt.

Die Figuren 154—155 stellen eine zweite Art des Füllungsausgleiches dar. Die Drehexzenter sind wie vorhin mit gleicher Exzentrizität ausgeführt, die Grundexzenter sind aber von etwas verschiedener Größe. Durch die damit erzielte ungleiche Lage der Zentralkurve wird der Füllungsausgleich unterstüzt.

Für stehende Maschinen erhält Doerfel bei beiderseits gleicher Überdeckung nahezu vollkommenen Ausgleich durch Einschaltung eines Zwischenhebels nach Fig. 156, der die Anwendung einer kurzen, schrägziehenden Exzenterstange ermöglicht. Die Wirkungsweise folgt aus den

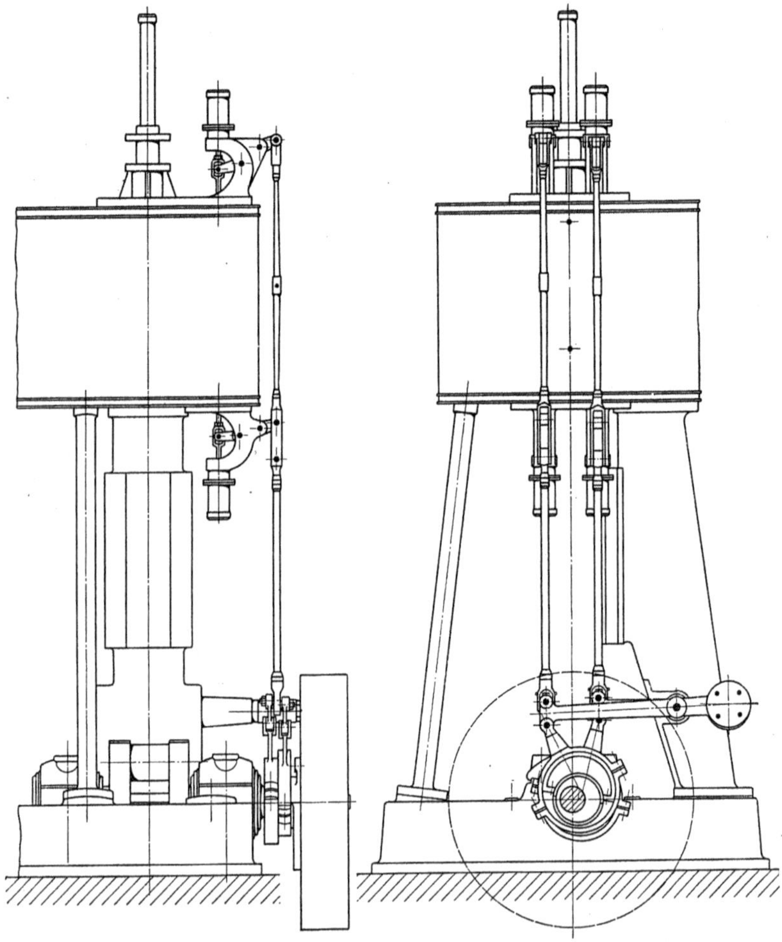

Fig. 156.

Bemerkungen auf S. 53. Diese Anordnung der Steuerung wird auch an liegenden Maschinen ausgeführt.

Den einfachsten Füllungsausgleich ermöglichen die unrunden Scheiben.

Bei den freifallenden Steuerungen wird die zur Steuerung der Kurbelseite gehörige Klinke vom Regulator in weiteren Grenzen verstellt als die Klinke auf der Deckelseite.

b) Die zwangläufigen Rundschiebersteuerungen für unveränderliche Füllung.

Während die auslösenden Corliß-Steuerungen in England, Frankreich und besonders in den Vereinigten Staaten von Amerika als Expansionssteuerung auch heute noch ausgeführt werden, war in Deutschland die Anwendung der Rundschieber (und zwar mit zwangläufigem Antrieb) auf die Niederdruckzylinder der Verbundmaschinen beschränkt, doch sind sie neuerdings auch hier nicht mehr zu finden, da bei den heute vorzugsweise gebauten Tandemmaschinen der Schieberantrieb zu umständlichen Steuerungen führt. Die Vorteile der Rundschieber gegenüber den Ventilen sind in der billigeren Herstellung, der größeren Dichtheit und den kleineren schädlichen Räumen begründet.

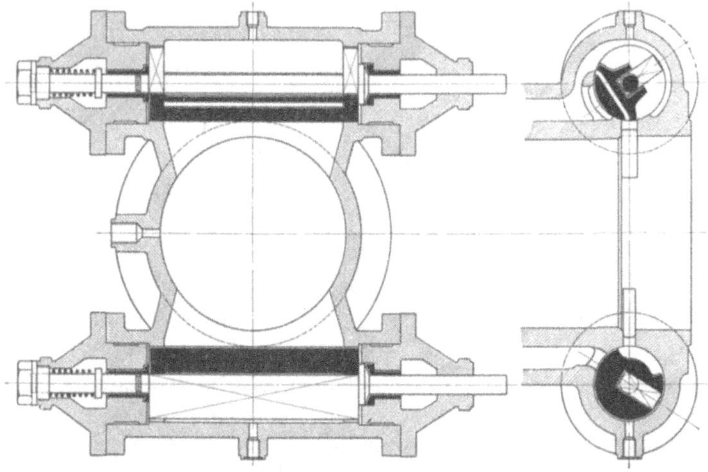

Fig. 157.

Die ausschließlich aus Gußeisen hergestellten Rundschieber werden von den Spindeln durch eingepaßte Blätter mitgenommen, die entweder über die ganze Länge des Schiebers oder nur über den vorderen Teil desselben eingelegt werden. Häufig wird auch der Schieber an seinen beiden Enden von kurzen Blättern gefaßt, die durch die Spindel miteinander verbunden sind. Fig. 157.

Damit der Schieber durch den Dampfdruck richtig angepreßt werden kann, muß die Spindelmittellinie in die Richtung $o\,o'$ fallen, wenn o' die Mitte des arbeitenden Umfanges bedeutet. Fig. 158.

Die Stopfbüchsen werden mit Vorteil durch konische, selbstdichtende Bunde ersetzt, die mittelst Spiralfedern gegen die entsprechenden Flächen eingeschobener Büchsen gepreßt werden. Das während des Betriebes durchdringende Wasser sammelt sich in den Hohlräumen der Gehäusedeckel an und wird durch Röhrchen abgeleitet.

Um die Spindel von biegenden Kräften zu entlasten und den Verschleiß in der Büchse zu verringern, wird vielfach die in Fig. 159 dargestellte Ausführungsform bevorzugt, bei welcher der Antriebhebel in den Gehäusedeckel hineinragt.

Die Anordnung der Auslaßschieber weicht von derjenigen der Einlaßschieber grundsätzlich ab. Legte man erstere mit ihrer Arbeitsfläche gegen die aus dem Zylinder führenden Kanäle, so würden sie vom Druck

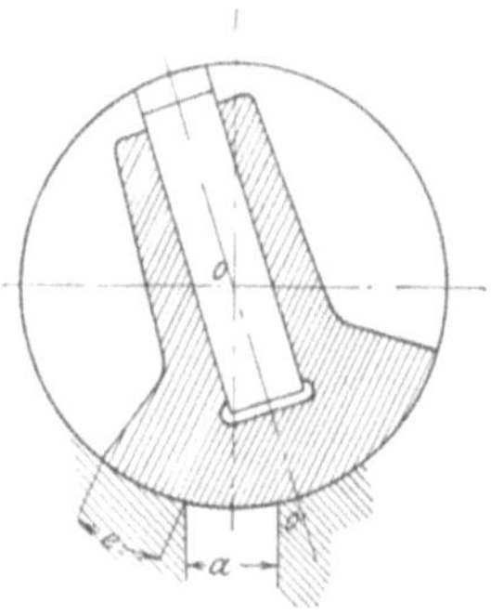

Fig. 158.

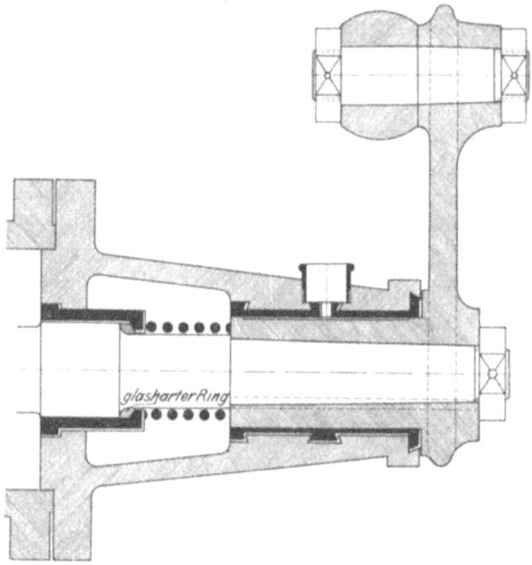

Fig. 159.

des im Zylinder arbeitenden Dampfes von der Sitzfläche abgepreßt. Hahnartig eingeschliffene Schieber halten zwar den Unterdruck aus, verreiben aber sehr schnell. Die Auslaßschieber sind deshalb in der Weise anzuordnen, daß der Arbeitsdampf sie gegen die aus dem Schiebergehäuse führenden Kanäle preßt. Beim Entwurf ist zu beachten, daß der Muschelinhalt des Auslaßschiebers schädlicher Raum ist. Der Auslaßkanal wird deshalb seitlich angesetzt.

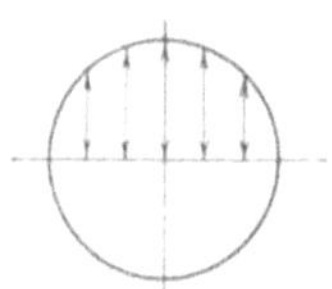

Fig. 160.

Bei der Berechnung der Kanalweite wird gewöhnlich die Kanallänge gleich Zylinderdurchmesser gewählt. Werden die vier einzelnen Schieber unmittelbar oder durch Einschaltung eines Übertragungshebels von einem Exzenter angetrieben, so sind die Überdeckungen in gleicher Weise wie beim Muschelschieber mittelst des Müller-Seemannschen oder Zeunerschen Diagramms zu bestimmen. Um gute Dichtheit zu erhalten, soll sich im Querschnitt die arbeitende Fläche über einen Winkel von höchstens 120° erstrecken, da der Auflagerdruck der Corliß-Schieber sich wie beim Zapfen nach Fig. 160 verteilt, in der die Ordinaten die Pressungen in den betreffenden Flächenelementen darstellen. Einhaltung dieser Regel ist sonach mit Rücksicht auf die notwendige Größe des Dichtungsdruckes geboten.

In Fig. 158 überdeckt die steuernde Schieberkante den Kanal um e, so daß die auf dem Umfang gemessene Länge seiner Arbeitsfläche $l = 2(e + a) + \sigma$ sein muß, falls eine Nacheröffnung des Kanals beim Rückgang des Schiebers vermieden werden soll. $\sigma = 10 \div 15$ mm = Sicherheitsüberdeckung.

Hiernach wird: $l = \pi d \cdot \frac{100}{360}$ bis $\pi d \cdot \frac{120}{360}$, woraus der Schieberdurchmesser d bestimmt wird.

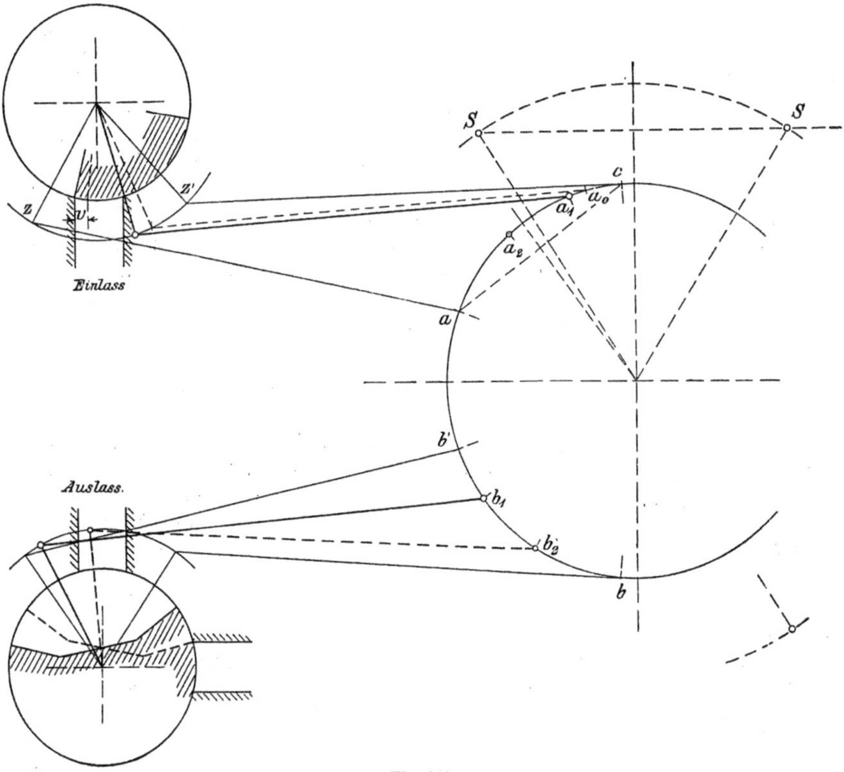

Fig. 161.

Nach Feststellung des Durchmessers ist der Ausschlagwinkel des Schiebers und nach Wahl der Länge des Antriebhebels auch dessen Weg 2 r und damit die auszuführende Exzentrizität bestimmt, wobei natürlich das Übersetzungsverhältnis eines eingeschalteten Übertragungshebels zu berücksichtigen wäre. Der Mittelpunkt der Exzenterbewegung soll, wenn möglich, in der Verbindungslinie der Endpunkte des Hebelausschlages liegen.

Der Schieberumfang wird wesentlich verringert durch Anwendung der sog. Schwingscheibe, die, in der Mitte des Zylinders gelagert, vom Exzenter angetrieben und so mit den Antriebhebeln der Schieber verbunden wird, daß die Bewegung mit Kniehebelwirkung vor sich geht. Die Wirkungsweise geht aus dem Steuerungsschema, Fig. 161 hervor[1]).

Der Exzenterstangenendpunkt bewegt sich auf dem Bogen S S.

Der Einlaßschieber ist im Augenblick beginnender Voreinströmung wiedergegeben, und er wird, während der Antriebspunkt a_1 der Schwingscheibe sich von a_1 nach c und zurück bewegt, schnell geöffnet und geschlossen. Bei der weiteren Bewegung des Punktes a_1 über a_2 nach a nimmt der Angriffsradius der Schwingscheibe ab und verlangsamt die Schieberbewegung immer mehr. Bei einer etwas weitergehenden Bewegung des Punktes a würden Mittellinie der Steuerungsstange und der durch den Angriffspunkt gehende Radius der Schwingscheibe in einer Richtung liegen, so daß dieser Totlage des Gestänges entsprechend der Schieber still stünde. Mitunter läßt man *a* noch über diese Totlage hinausgehen, wobei der Schieber eine kurze, der vorhergehenden entgegengesetzte Bewegung macht. Dieses „Nicken" der Schieber ist jedoch für die Schmierung nachteilig.

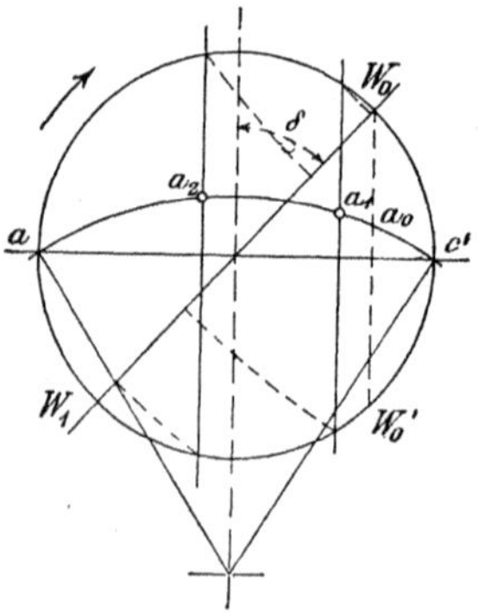

Fig. 162.

Beim Auslaßschieber findet die „Corliß-Schränkung" auf dem Wege $b_2 b_1 b'$ des Antriebspunktes statt.

Wird auf dem Bogen ac die Lage a_1 des Antriebspunktes beim Schluß der Füllung, auf Bogen $b'b$ die Lage b_2 beim Schluß der Ausströmung ermittelt, so gibt das nach Fig. 162 über ac gezeichnete Müllersche Diagramm die Dampfverteilung wieder. Da $aa_2 = bb_2$, so entspricht a_2 dem Punkt b_2. Das lineare Voreilen v wird erhalten, indem Punkt a_0 des Diagramms Fig. 161 in Fig. 162 übertragen wird.

Beim Entwurf einer neuen Steuerung geht man in der Weise vor, daß auf Grund des Schieberdiagramms die Überdeckungen festgestellt werden. Nach Annahme der Hebellängen wird die Lage des Angriffspunktes der Schieberstange für die Mittelstellung des Steuerungstriebes so gewählt, daß beim Hingang die Kanalöffnung möglichst schnell vor sich geht (d. h. die Richtungslinien der Hebel mit der Schieberstange müssen hierbei annähernd rechte Winkel miteinander einschließen), dagegen beim Rückgang die Totlage des Gestänges erreicht wird.

Aus der Stellung des Schiebers für die Totlage kann nach Wahl der Sicherheitsüberdeckung der Schieberumfang bestimmt werden.

Da die schädlichen Räume sehr klein sind und bei kleinen Füllungen hohe Kompression verursachen, so wird mitunter Antrieb der Schieber durch zwei Exzenter mit verschiedenen Voreilwinkeln erforderlich, was größere Unabhängigkeit in der Wahl der Dampfverteilung herbeiführt.

---

[1]) Seemann, Z. 1898, S. 669.

c) Steuerung des Auslasses durch den Kolben.

In den Fig. 163—165 sind die drei grundsätzlich verschiedenen Ausführungsarten dieser Steuerung dargestellt; der Auslaßkanal ist aus der Dampfeinlaßzone hinausgerückt.

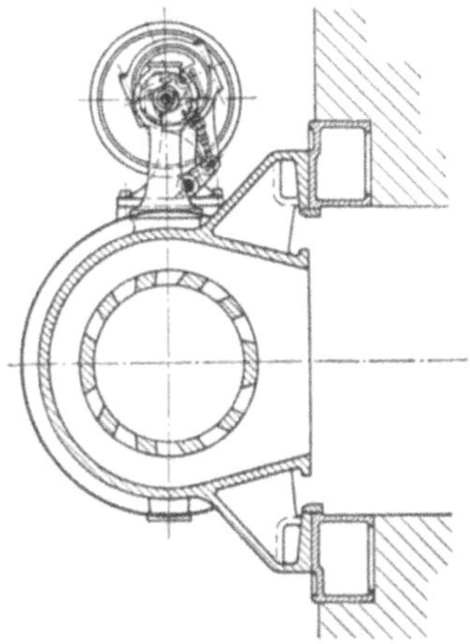

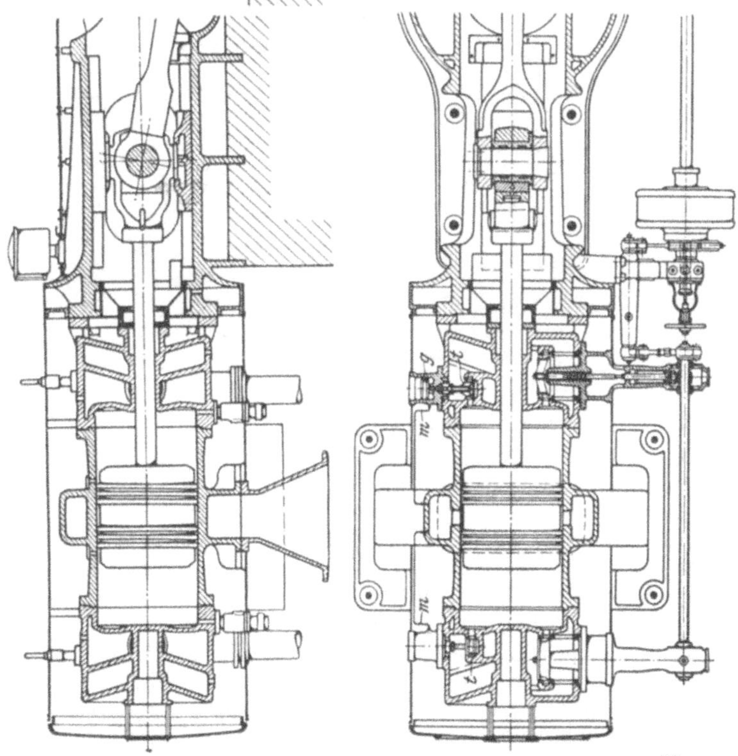

Fig. 163[1]).

[1]) Ausführung der Maschinenfabrik Augsburg-Nürnberg. Bauart Stumpf.

In Fig. 163 dient, wie auch bei der Bauart nach Fig. 166, der Auslaßkanal beiden Zylinderseiten gemeinsam, er ist an das Ende des Hubes gelegt und der Dampfkolben muß eine Länge gleich Hub minus Schlitzbreite erhalten. Wird von der Wirkung der endlichen Pleuelstangenlänge abgesehen, so beträgt die Vorausströmung 10 v. Ht., die Kompression 90 v. Ht., wenn, wie meist üblich, die Auspuff-Schlitzlänge gleich 10 v. Ht. des Hubes gewählt wird.

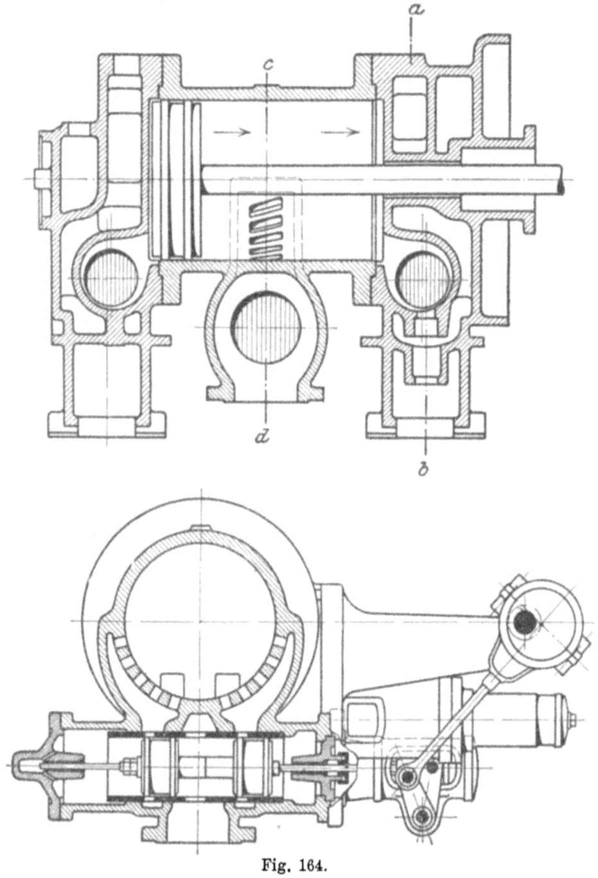

Fig. 164.

In Fig. 164 liegt der Kanal in Hubmitte, die Kompression erstreckt sich auf rd. 60 v. Ht. des Hubes; der Kolben erhält normale Länge, doch wird Steuerung des Auspuffschlitzes durch ein besonderes Organ erforderlich, das den Beginn der Vorausströmung bestimmt.

Bei der Bauart nach Fig. 165 sind zwei Kanäle vorgesehen. Das Exzenter eilt der Kurbel um 90^0 nach (also $\delta = 0^0$), die innere Überdeckung ist negativ, so daß in der (für $L = \infty$) zur Kolbentotlage gehörenden Schiebermittellage beide Kanäle um $-i$ geöffnet sind.

Geht der Kolben z. B. aus der Deckeltotlage heraus, so wird der zunächst liegende Kanal *I* ungefähr gleichzeitig durch Kolben und Schieber geschlossen, Kanal *II* der Kurbelseite wird weiter geöffnet.

Die Kompression auf der Kurbelseite wird durch Überschleifen des Kanals *II* vom Kolben, die Vorausströmung auf der Deckelseite vom Schieber durch Eröffnung des Kanals *I* und gleichzeitig durch Überlaufen des Kanals *II* vom Kolben bestimmt.

Die Vorzüge dieser Steuerungen sind in der bedeutenden Verringerung der schädlichen Räume und Flächen, an denen der eintretende Dampf niederschlägt, begründet. Diese Vorzüge werden durch Lagerung

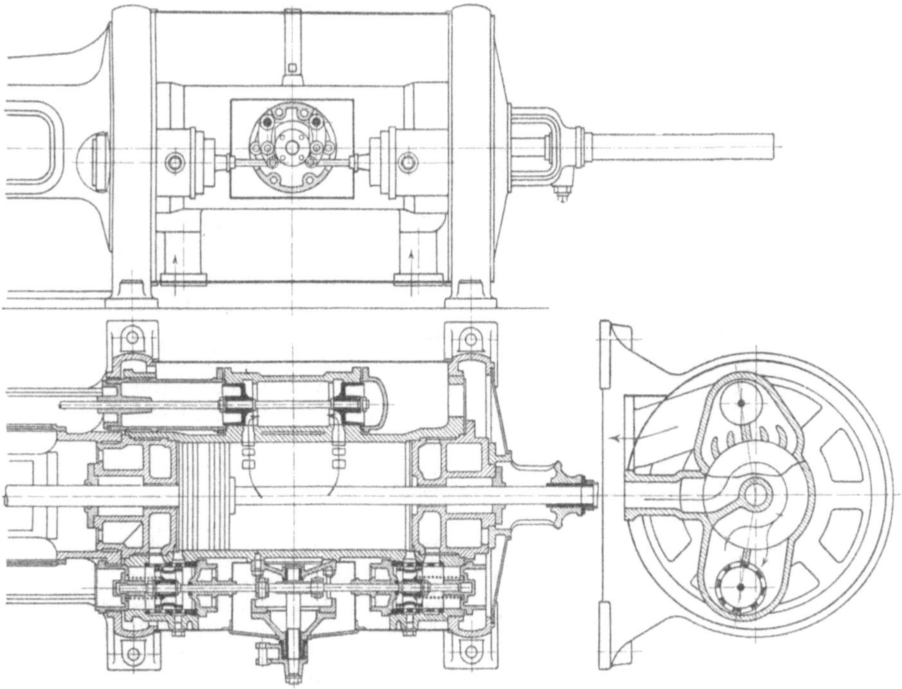

Fig. 165[1]).

der Einlaßventile in den Deckel und Deckelheizung mittelst strömenden Frischdampfes (Ausführung als „Stromdeckel") noch gesteigert und machen sich um so mehr geltend, je geringwertiger der Zustand des mit den Flächen des Auslaßkanals in Berührung tretenden Dampfes ist. Soweit diese Einflüsse maßgebend sind und nicht durch die Kompressionsverhältnisse beeinträchtigt werden, wird sonach die Ausführung nach Fig. 163 günstigere, die nach Fig. 165 ungünstigere Arbeitsweise zeigen, während Bauart nach Fig. 164 zwischen beiden steht.

Infolge des langen Kompressionsweges ermöglicht die „Gleichstromdampfmaschine" wirtschaftlichen Betrieb nur bei Anwendung von

---

[1]) Bauart von O. Hunger, Schweidnitz.

Kondensation. Auspuffbetrieb macht zur Verringerung der Kompressionshöhe Zuschaltung von zusätzlichen schädlichen Räumen nötig, die besonders durch ihre schädlichen Flächen den Dampfverbrauch außerordentlich erhöhen, so daß Maschinen dieser Art für dauernden Auspuffbetrieb — wenn von dem andere Verhältnisse zeigenden Lokomotivbetrieb abgesehen wird — unbrauchbar sind.

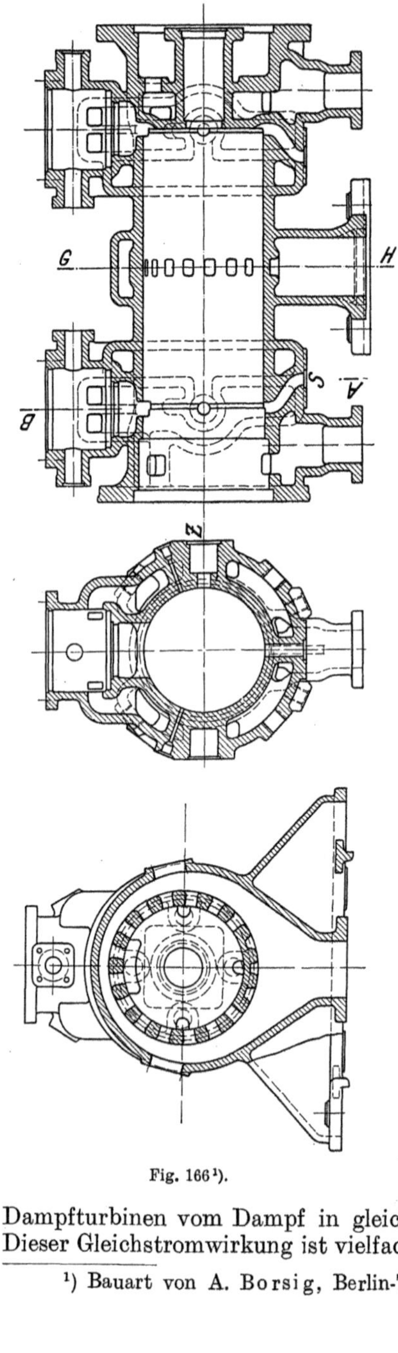

Fig. 166[1]).

Die Zusatzräume werden entweder im Deckel oder in besonderen mit dem Zylinderraum durch eine kurze Rohrleitung verbundenen Gefäßen untergebracht. Fig. 163 zeigt eine Ausführung der ersteren Art. Das selbsttätige Sicherheitsventil t wird durch einen Kolben g, der auf einer Seite durch Rohr m unter Kondensatorspannung, auf der anderen Seite unter atm. Druck steht, auf seinen Sitz gedrückt. Bei Versagen der Kondensation stellt das Ventil die Verbindung des Hubraumes mit dem Zuschaltraum her und schließt erst bei sich wieder einstellendem Unterdruck.

Eine Anordnung der zweiten Art s. Zeitschrift Ver. deutsch. Ing. 1914, S. 729, Fig. 1—3. In Fig. 166 umgeben die Zuschalträume mantelförmig den Zylinder. Bei Z wird das Zuschaltventil, bei S das Sicherheitsventil angeschlossen. Mitunter werden auch Auslaßventile vorgesehen, die getrennte nahe Zylindermitte liegende Kanäle steuern, aber nur während des Auspuffbetriebes in Bewegung gesetzt werden. S. Fig. 9—11 auf S. 732 der Zeitschrift Ver. deutsch. Ing. 1914.

Zylinder von Maschinen nach Fig. 163 und 166 werden wie die Dampfturbinen vom Dampf in gleichbleibender Richtung durchströmt. Dieser Gleichstromwirkung ist vielfach der Hauptanteil an der günstigen

[1]) Bauart von A. Borsig, Berlin-Tegel.

Arbeitsweise dieser Maschinenart zugeschrieben worden. Es wurde vorausgesetzt, daß der Dampfinhalt des schädlichen Raumes bei der Expansion nur bis zu den Auspuffschlitzen gelange, also während des Auspuffes nicht ausgestoßen werde. Hierbei soll eine Schichtung des Dampfes der Art stattfinden, daß die dem Eintrittsende zunächst liegende Dampfschicht überhitzt bleibt, während der Feuchtigkeitsgehalt nach den Schlitzen hin immer mehr zunimmt. Derartige Schichtung würde den Vorteil aufweisen, daß die von den heißesten Wandungen an den Dampf übertragenen Wärmemengen nicht durch den Auspuff verloren gehen.

Nun ist jedoch die Ausströmung namentlich bei der Plötzlichkeit, mit der sie in der Gleichstrommaschine vor sich geht, als ein sehr stürmischer Vorgang aufzufassen, währenddem eine Schichtung geschilderter Art ausgeschlossen ist. Bei der während der Vorausströmung entstehenden Druckentlastung findet eine bedeutende Wechselwirkung zwischen Dampf und Wand statt, an der die Gleichstromwirkung nichts ändert (Zeitschr. Ver. deutsch. Ing. 1901, S. 194). Die allerdings kleinere Fläche des Gleichstromkolbens wird während der Ausströmung in derselben Weise (oder wegen des zentralen Auspuffes und des dadurch verursachten Fortfalls des Strömungsschattens noch mehr) abgekühlt wie die größere Deckelfläche der normalen Maschine. Kolben und Deckelfläche haben während dieses Vorganges einfach ihre Rollen vertauscht und nur die Kanäle und Ventilnester verhalten sich günstiger.

Um den vielumstrittenen Einfluß der Strömungsrichtung auf den Dampfverbrauch festzustellen, hat Prof. Graßmann-Karlsruhe Versuche an zwei Maschinen von gleichem Hub, gleichem Zylinderdurchmesser und gleicher Umlaufzahl angestellt. Bei 12 at Überdruck, rd. 3,2 at. mittlerer Druck betrug die Leistung 50 PS_i.

Die eine der Maschinen war eine normal gesteuerte Vierventilmaschine mit möglichst eingeschränkten schädlichen Räumen und Flächen, die andere eine Gleichstrommaschine mit Schlitzauslaß. Die Kompression der normalen Vierventilmaschine konnte durch ein verstellbares Exzenter verändert werden. Um die Wirkung der Strömungsrichtung losgelöst von den anderen Einflüssen festzustellen, war die Gleichstrommaschine an den Enden genau so wie die normal gesteuerte Maschine ausgebildet. Zu dem Zweck war für den Zylinderguß beider Maschinen dasselbe Modell benutzt, das für die Gleichstrommaschine nur durch Einfügung eines die Zylinderschlitze und den Auspuffwulst enthaltenden Mittelstückes entsprechend verlängert war. In die Auslaßventilgehäuse der Gleichstrommaschine waren Auslaßventile, die jedoch unbenutzt blieben, eingebaut. Um Undichtheitsverluste auszuschließen, waren die Ventile noch durch besondere Druckschrauben fest angedrückt. In dieser Weise wurde vollkommene Gleichheit der schädlichen Flächen beider Maschinen nicht nur der Größe, sondern auch der Form nach erreicht.

Zwecks Ausschaltung der Kompressionswirkung wurde die Kompression der normal gesteuerten Maschine auf den höchsten Wert eingestellt, die Luftleere der Gleichstrommaschine etwas verschlechtert und derart fast vollkommene Übereinstimmung der Gegendrucklinien herbeigeführt.

Die Versuche ergaben völlige Gleichheit des Dampf- und Wärmeverbrauches beider Maschinen, womit die Bedeutungslosigkeit der Strömungsrichtung bewiesen wurde.

Der Einbau von Stromdeckeln ergab bei der Gleichstrommaschine durch Verringerung des Wärmeverbrauches von 3954 auf 3841 W.E. einen Gewinn von über 3 v. Ht. Fast der gleiche Gewinn folgte für die Vierventilmaschine.

d) Entwurf und Ausführung der Dampfzylinder.

Die Zylinder werden meistens stehend aus Gußeisen mit Zusatz von zähem Schweißeisen gegossen und mit großem, verlorenem Kopf versehen, damit auch die oberen Teile dicht werden. Die Dampfkanäle großer Ventil- oder Corliß - Zylinder werden zweckmäßig von kräftigen Rippen durchsetzt, die einerseits der weit unterbrochenen Wandung größere Festigkeit geben und andererseits bewirken sollen, daß sich beim Gießen des Zylinders Unreinigkeiten nicht in der Lauffläche festsetzen, sondern durch die Rippen in weniger wichtige Teile oder in den verlorenen Kopf gelangen. Wird der Dampfmantel angegossen, so ist der innere Abstand der beiden Mantelwände mindestens 40 mm weit zu wählen; die in den Flanschen befindlichen Kernlöcher sind durch eingeschraubte Putzen zu verschließen. Bei dieser Ausführung wird das Gußstück sehr kompliziert, und es stellen sich im Betrieb infolge der verschiedenen Temperaturen in den einzelnen Teilen und der verschiedenen Massenverteilung sehr leicht gefährliche Spannungen ein, die unter Umständen zu Rissen Veranlassung geben. Auch muß der ganze Zylinder verworfen werden, falls sich bei der Wasserdruckprobe undichte Stellen zeigen. In dieser Beziehung ist das Einsetzen besonderer, leicht auswechselbarer Büchsen vorteilhafter, die durch Einschrumpfen oder durch verstemmte Kupferringe abgedichtet werden. Der schädliche Raum nimmt bei eingesetzten Büchsen zu. Eingepreßte Büchsen sind nur bei bester Arbeit fest, meist lockern sie sich und wandern; sie sind deshalb durch vorgelegte Leisten festzuhalten.

Das Einschieben der Buchse in den Zylinder von der Kurbelseite her ist insofern vorteilhaft, als die Buchse vom vorderen Deckel und von einem Absatz im Zylinder sicher festgehalten werden kann. Das freie, hintere Buchsenende, dessen Dichtung bequem zugänglich ist, kann sich verschieben.

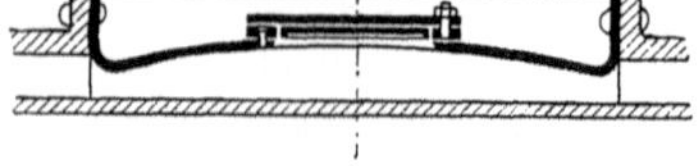

Fig. 167.

Fig. 167 zeigt eine Mantel-Konstruktion Doerfels. Der mittlere Teil des Außenmantels wird hierbei durch einen mit Handlöchern zur Ausführung der Vernietung versehenen Blechmantel gebildet, der gewölbt ist, um leicht der Wärmeausdehnung folgen zu können.

Im übrigen hat der Dampfmantel infolge der allgemeinen Einführung der Überhitzung nahezu gänzlich seine frühere Bedeutung verloren, er gelangt nur noch an Niederdruckzylindern zur Anwendung.

Die Zylinder werden womöglich auf Horizontalbohr- und Fräsmaschinen bearbeitet, da häufiges Umspannen des Arbeitsstückes die Genauigkeit der Ausführung beeinträchtigt. Die Zylinder stehender Maschinen sollen stehend ausgebohrt werden. Größere Zylinder werden mit Vorteil unter der Arbeitstemperatur fertiggestellt, da die im kalten Zustand ausgebohrten Zylinder während des Betriebes unrund werden.

Gleichstromzylinder werden nach dem Verfahren von G. Kuhn, Stuttgart-Berg, in der Weise bearbeitet, daß der Zylinder beim Ausbohren an den Enden durch Dampf, der in angegossene Ringkanäle eingeführt wird, erhitzt wird, während durch die die geschlossenen Auslaßschlitze umgebende Ringwulst ein Kühlmittel geleitet wird. Es werden dadurch annähernd dieselben Ausdehnungsverhältnisse wie im späteren Betrieb geschaffen.

Der Durchmesser der beiden Zylinderenden muß einige Millimeter größer als derjenige der Lauffläche sein, damit in der Totlage des Kolbens dessen Ringe etwa ½ bis 1 mm in diese „Vorbohrung" hineinragen, und kein Grat entstehen kann. Beträgt das Überlaufen der Ringe mehr, so werden sie während der Kompression und Voreinströmung vom Dampf nach innen zusammengepreßt, sie „klatschen" und brechen leicht. Auch ermöglicht die Vorbohrung die Benutzung der gleichen Deckel, falls der Zylinder nachgebohrt werden muß. Die Dampfkanäle müssen in die Vorbohrung und dürfen nicht in die Lauffläche münden. Zwischen Deckel und Kolben soll in dessen Totlage ein Spielraum von etwa 5 mm vorhanden sein. Damit die schädlichen Oberflächen klein bleiben, müssen die Deckel so eingepaßt werden, daß der Dampf durch eine schmale, ringförmige Leiste gehindert wird, in den Raum zwischen Zylinderwand und Deckel einzudringen. Diese sind in kleinen Berührungsflächen aufzuschleifen, oder, wenn dies infolge Anwendung von Stiftschrauben nicht möglich ist, durch Zwischenlage von Asbest, Gummi, Papier usw. zu dichten.

Zylinder bis zu etwa 600 mm Hub können freihängend mit dem entsprechend unterstützten Rahmen verbunden werden; größere Zylinder verlangen Unterstützung durch einen breiten Fuß oder besser durch zwei an jedem Zylinderende angebrachte Füße. Diese sollen nicht unmittelbar mit dem Fundament verankert, sondern mit den Gleitflächen einer Unterlage so verschraubt werden, daß die Zylinder der Ausdehnung durch die Wärme folgen können. Bei schmalen Füßen entstehen leicht Kippmomente, die diese Längsbewegung des Zylinders gänzlich hindern.

Sehr große Zylinder werden mitunter zur Erleichterung der Bearbeitung aus besonderen Endstücken, die z. B. die Drehschieber oder bei vertikalen Zylindern die Ventile enthalten, und einem Mittelstück zusammengesetzt.

Um die Wärmeausstrahlung der arbeitenden Maschine nach außen hin zu verringern, wird der Zylinder mit einer Wärmeschutzmasse — Kieselgur, Torf, Kork usw. — umgeben, die des Aussehens halber durch einen Mantel von Stahlblech verkleidet wird. Auflagerflächen für diesen Stahlblechmantel sind an den Flanschen vorzusehen.

Bemessung. Die Wandstärke δ wird weniger mit Rücksicht auf die Festigkeit, als auf Formveränderung bei der Bearbeitung gewählt. Bei D cm lichtem Zylinderdurchmesser wird:

$$\delta = \frac{1}{45} D + 1{,}3 \text{ cm}$$

bei stehend gegossenen Zylindern,

$$\delta = \frac{1}{35} D + 1{,}5 \text{ cm}$$

bei liegend gegossenen Zylindern.

Flanschstärke $s = 1{,}4 \div 1{,}5\ \delta$.

Die ebenen Wandungen des Zylinderdeckels werden durch den darauf lastenden Dampfdruck auf Biegung beansprucht. Das durch den Dampfdruck auftretende Moment, angreifend im Schwerpunkt der halben Kreisfläche, ist:

$$M_1 = \frac{r^2 \pi}{2} \cdot p \cdot \frac{4 r}{3 \pi}.$$

Diesem Moment wirkt das im Schwerpunkt des Halbkreisbogens angreifende Moment des Auflagerdruckes:

$$M_2 = \frac{r^2 \pi}{2} \cdot p \cdot \frac{2 r}{\pi}$$

entgegen, so daß das resultierende Biegungsmoment wird:

$$M_b = M_2 - M_1 = \frac{1}{3} \cdot r^3 \cdot p = W \cdot k_b = \frac{2 r s^2}{6} \cdot k_b,$$

woraus folgt:

$$k_b = \frac{r^2}{s^2} \cdot p.$$

In diese Gleichung ist noch ein Berichtigungskoeffizient $\varphi = 0{,}8 \div 1{,}2$ einzuführen, der von der Art der Auflagerung, bzw. der Einspannung abhängig ist und für vorliegenden Fall meist $= 1$ gesetzt wird. Sonach:

$$s = r \sqrt{\frac{p}{k_b}}. \qquad k_b \leqq 250.$$

Ist der Deckel z. B. durch vier Rippen versteift, so kann diese Berechnungsweise beibehalten werden, indem jeder Quadrant der Deckelfläche als eine kreisrunde, ebene Platte angesehen wird.

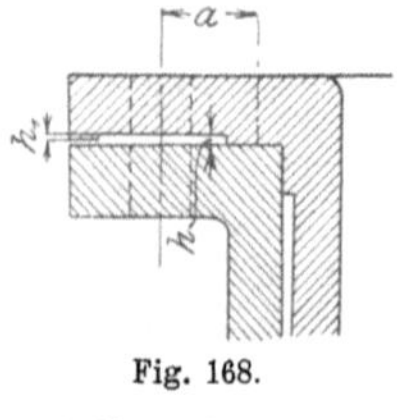

Fig. 168.

In vorstehender Berechnung ist das durch den Schraubenanzug entstehende Biegungsmoment Pa, Fig. 168, nicht berücksichtigt worden, da dasselbe bei größerem Abstand a durch Anbringung einer Leiste wesentlich verringert werden kann, deren Höhe h_1 etwas kleiner als h ist, so daß sie erst bei einer bestimmten, dem Dichtungsdruck entsprechenden Durchbiegung aufliegt. Die Anzahl der auf Zug beanspruchten Deckelschrauben ist so zu wählen, daß ihre Entfernung voneinander zwecks Erzielung gleichmäßigen Dichtungsdruckes höchstens 15 cm beträgt. Zugbeanspruchung $k_z \leqq 300$ kg/qcm.

Armaturen. An solchen soll jeder Zylinder besitzen: Indikatorstutzen. Die 8 bis 10 mm weiten Indikatoröffnungen müssen dicht an den Innenseiten der Zylinderdeckel in die Vorbohrung münden, damit sie in der Kolbentotstellung nicht verschlossen werden. Gewinde des Anschlusses = 1″. Entwässerungshähne für den Dampfmantel, bzw. für den Zylinder selbst. Anschlüsse für Schmierölleitungen. Sicherheitsventile, die bei Wasserschlag oder allzuhoher Kompression abblasen und reichlich zu bemessen sind.

Sollen Kondensationsmaschinen, die mit hoher Kompression bei kleinen schädlichen Räumen arbeiten, zeitweise mit Auspuff betrieben werden, so empfiehlt sich die Anordnung von Ventilen in den Zylinderdeckeln, wodurch der schädliche Raum um den zu dem geöffneten Ventil gehörigen Raum des Deckels vergrößert und die Kompression entsprechend verringert wird. S. S. 134. Infolge der außerordentlichen Steigerung des Dampfverbrauches ist diese Betriebsweise jedoch nur vorübergehend möglich.

Der Entwurf des Zylinders wird in hohem Maße durch die Wahl der Steuerung beeinflußt.

Schieberzylinder. Fig. 169. Der Schieberspiegel muß vorstehen, damit er, falls die Gleitfläche schadhaft geworden ist, bequem nachgearbeitet werden kann. Häufig bewegt sich der Schieber auf einer besonderen, leicht auswechselbaren Platte. Bei größeren Maschinen wird

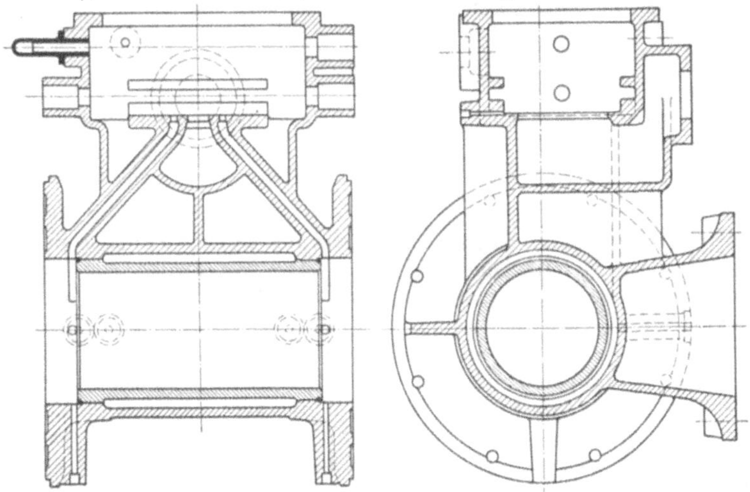

Fig. 169.

der Schieberkasten meistens getrennt vom Zylinder ausgeführt und mit diesem verschraubt, um die Bearbeitung der Schieberfläche zu erleichtern. Damit das im Zylinder sich ansammelnde Kondenswasser vom Kolben leicht ausgestoßen werden kann, sind die unteren Kanten der Dampfkanäle so zu legen, daß sie den Durchmesser der Vorbohrung tangieren.

Bei sehr großen Abmessungen — wie bei Walzenzugmaschinen usw. — ist der Schieberkasten durch einen besonderen Fuß zu unterstützen, am vorteilhaftesten durch Federn, um Aufnahme des Gewichtes auch wirklich zu sichern.

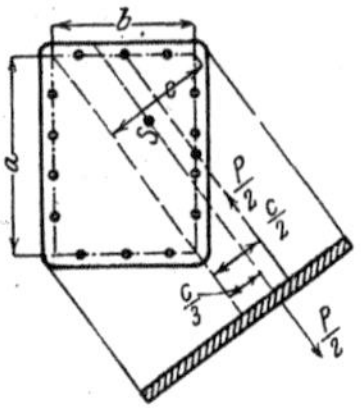

Fig. 170.

Die Schieberkastendeckel werden in folgender Weise berechnet. Fig. 170.

Die Hälfte des auf dem Deckel lastenden Gesamtdruckes $P = a\,b\,p$ greift im Schwerpunkt S der halben Deckelfläche an, und da aus Versuchen von v. Bach hervorgeht, daß der Bruch nach der Diagonale erfolgt, so hat das auf letztere bezogene Biegungsmoment die Größe:

$$\frac{P}{2} \cdot \frac{c}{3}.$$

Das Moment des Auflagerdruckes greift in der Mitte der beiden Seiten a und b an, so daß resultiert:

$$M_b = \frac{P}{2} \cdot \frac{c}{2} - \frac{P}{2} \cdot \frac{c}{3} = \frac{P \cdot c}{12}.$$

Wird $P = a \cdot b \cdot p$ gesetzt und c durch die Längen a und b ausgesetzt, so folgt nach Einführung des Koeffizienten φ:

$$M_b = \varphi \cdot \frac{p \cdot a^2 \cdot b^2}{12\sqrt{a^2 + b^2}} = \frac{\sqrt{a^2 + b^2} \cdot s^2}{6} \cdot k_b.$$

$$k_b = 0{,}5 \cdot \varphi \cdot \frac{p \cdot a^2 \cdot b^2}{(a^2 + b^2)\,s^2}.$$

φ, das innerhalb der Grenzen 0,75 bis 1,125 liegt, wird meistens $= 1$ gesetzt.

In gleicher Weise werden die flachen Wände des Schieberkastens berechnet.

Ventilzylinder. Ausführungsformen für liegende Zylinder sind in Fig. 171—173, für stehende in Fig. 174—175 dargestellt. Die Ventile werden meistens oben und unten in der Mittelebene der Zylinder gelagert, seltener seitlich.

Die von Doerfel herrührende seitliche Ventillage nach Fig. 171[1]) ist wegen des bequemen Ventilantriebes durch Exzenter gewählt worden, doch bietet diese Anordnung weitere Vorzüge bei Verwendung überhitzten Dampfes. In diesem Fall verlangen nämlich die Ventilzylinder eine ganz besonders sorgfältige Durchbildung, namentlich in bezug auf Massenverteilung, um die schon erwähnten Spannungen infolge der verschiedenen Temperaturen zu vermeiden. Die Zylinder sollen soweit wie möglich rohrförmig ohne jeden Ansatz gestaltet werden.

In Fig. 172—173 wird der Dampf jedem Einlaßventil durch ein besonderes, angegossenes Rohr zugeführt. Die den unteren Ventilkorbsitz tragende Wand steht in der Ausührung nach Fig. 173 frei vor, wodurch gleichmäßigere Ausdehnung dieser Sitzfläche erreicht wird.

---

[1]) Ausgeführt von Easton & Co., London. Maschinenfabrik Schlan.

Eine sehr vorteilhafte Form zeigt Fig. 173. Die Ventile sind in besonderen Steuerungsköpfen gelagert, so daß der Zylinder als einfaches Rohr sich frei und ungehindert ausdehnen kann. Gleiche Vorteile bietet die Lagerung der Ventile im Deckel nach Fig. 179.

Die Ventilgehäuse stehender Maschinen werden meist nach Fig. 174 oder nach Fig. 175 ausgeführt. In Fig. 174 liegt die Steuerwelle parallel zur Maschinenwelle, von der sie durch konische Räder angetrieben wird; namentlich bei Mehrzylindermaschinen ergibt sich durch die nebeneinanderliegenden Ein- bzw. Auslaßventilgehäuse ein

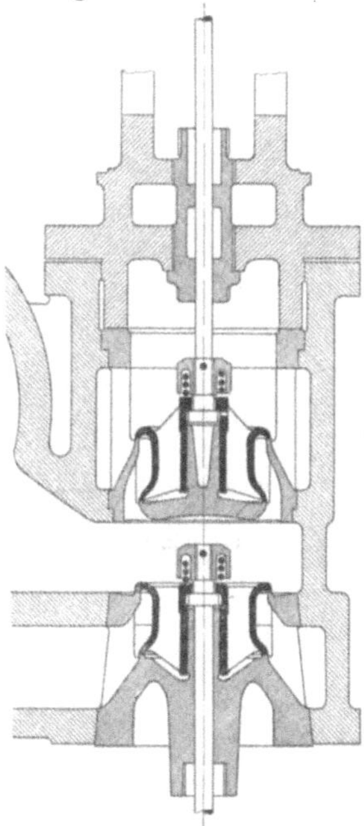

Fig. 171.

sehr einfaches Aussehen und bequemer Ventilantrieb. Die hierfür erforderliche Verlängerung einer Einlaß- und einer Auslaßventilspindel bringt jedoch besonders bei höheren Umlaufzahlen eine unliebsame Vermehrung der Massen mit sich.

Die Auslaßventilspindel ist gegen den Abdampfraum abzudichten, was entweder durch eine innenliegende, daher unzugängliche Labyrinthdichtung am Ventilkorb oder nach Fig. 174 durch ein Rohr bewirkt wird, das die Spindel bis zum Austritt aus dem Gehäuse umgibt.

Bei der Anordnung nach Fig. 175 sind die Gehäusemittellinien gegeneinander zu versetzen, um bequemen äußeren Antrieb zu erzielen. Die Bauart eignet sich besonders für den Antrieb mit Exzenter, wobei die konischen Zahnräder mit ihrem häufig lärmenden Gang vermieden werden.

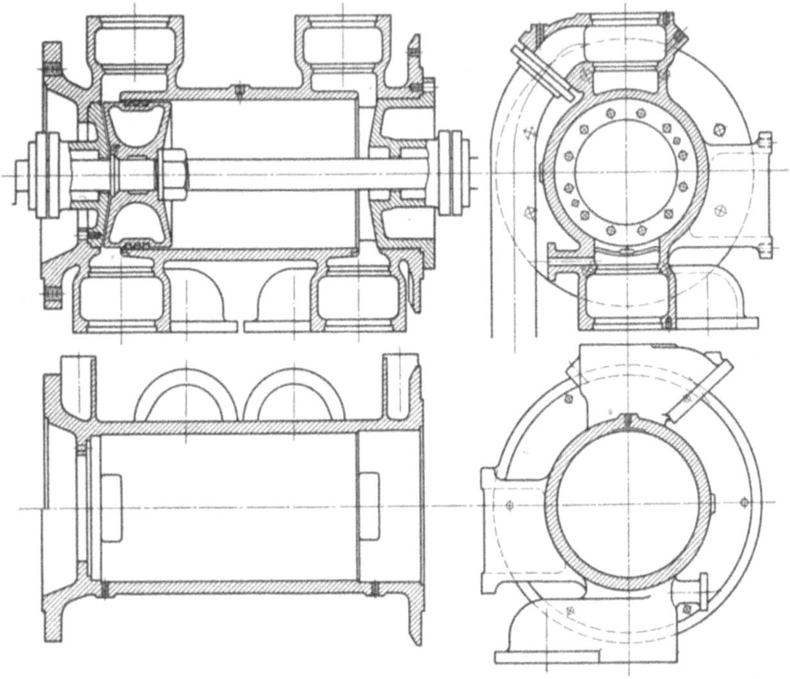

Fig. 172 [1]).

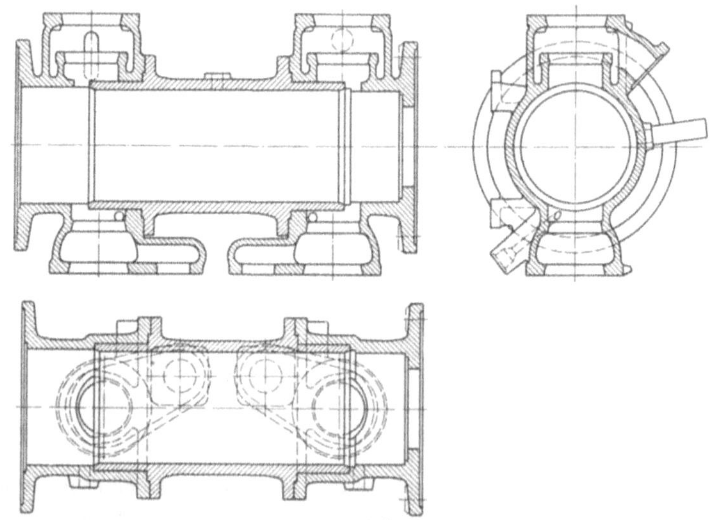

Fig. 173 [2]).

[1]) Ausführung der Maschinenfabrik Augsburg-Nürnberg.
[2]) Ausgeführt von Scharrer & Groß, Nürnberg.

Fig. 176 zeigt eine derartige Bauart, allerdings für die Ventillage nach Fig. 174. Die Übertragungshebel werden durch Exzenter auf der Maschinenwelle betätigt. (Entwurf Dr. Proell.)

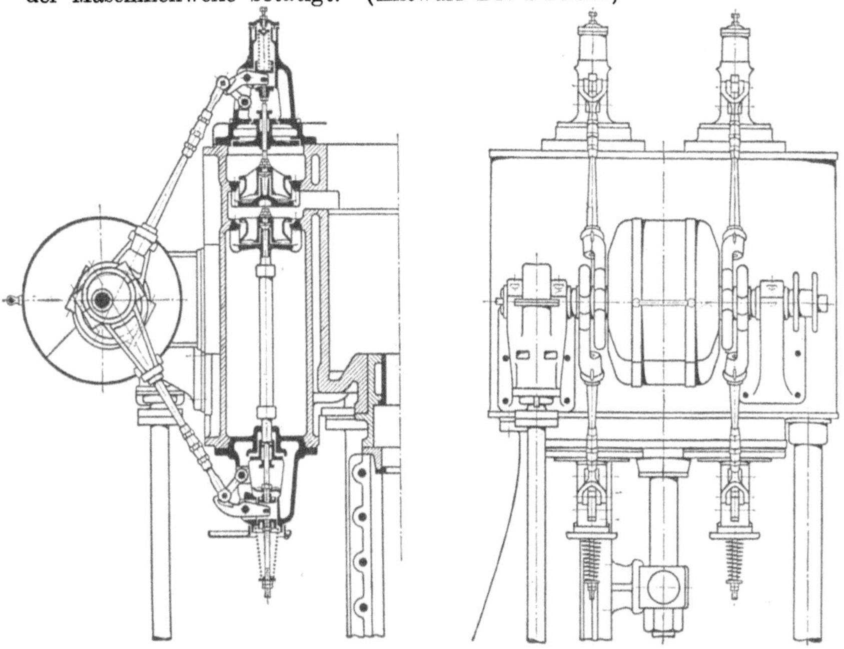

Fig. 174[1]).

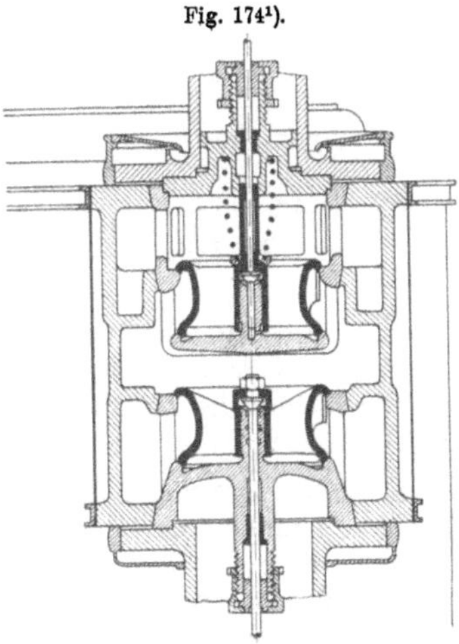

Fig. 175.

Lage der Ventile in den Deckeln ergibt sehr einfache und kurze Dampfwege, sowie einfache Laufzylinderform. Da hierbei das

[1]) Steuerung von Dr. Proell.

Gewicht zweier Ventile in Richtung der Eröffnung wirkt, so sind diese Ventile hängend so anzuordnen, daß ihr Gewicht von den Schlußfedern getragen wird.

Corliß-Zylinder. Eine dem Ventilzylinder, Fig. 173, ähnliche Corlißzylinder-Bauart ist in Fig. 177 dargestellt. Die getrennten Schiebergehäuse ermöglichen einen sehr einfachen Zylinder, der ohne Holzmodell hergestellt werden kann. Die Herstellung wird namentlich bei großen Zylindern infolge dieser Teilung erleichtert.

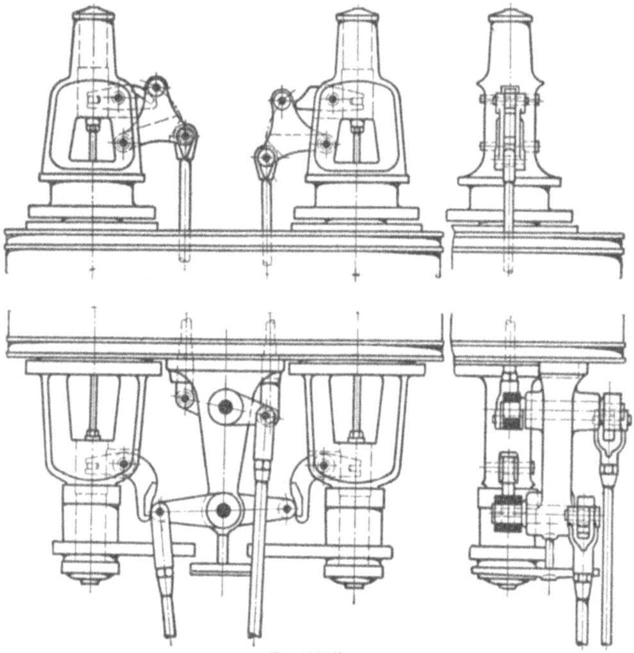

Fig. 176[1]).

Der schädliche Raum wird erheblich verkleinert, wenn die Dampfkanäle der im Deckel gelagerten Schieber den Dampf senkrecht auf den Kolben führen, doch leidet hierbei die Zugänglichkeit des Kolbens; auch wird der Wasserschlag gefährlicher.

Fig. 178 zeigt die Schieberanordnung nach Wheelock. Die Steuerung wird außen sehr einfach, das Modell wird aber kompliziert, und außerdem ist die Verteilung des Materials sehr ungünstig, so daß derartige Zylinder sich leicht verziehen.

Vielfach ist auch die Ausführung mit nur zwei Rundschiebern zu finden, von denen jeder sowohl Einlaß als auch Auslaß auf der betreffenden Zylinderseite steuert.

[1]) Ausführung von Dr. Proell.

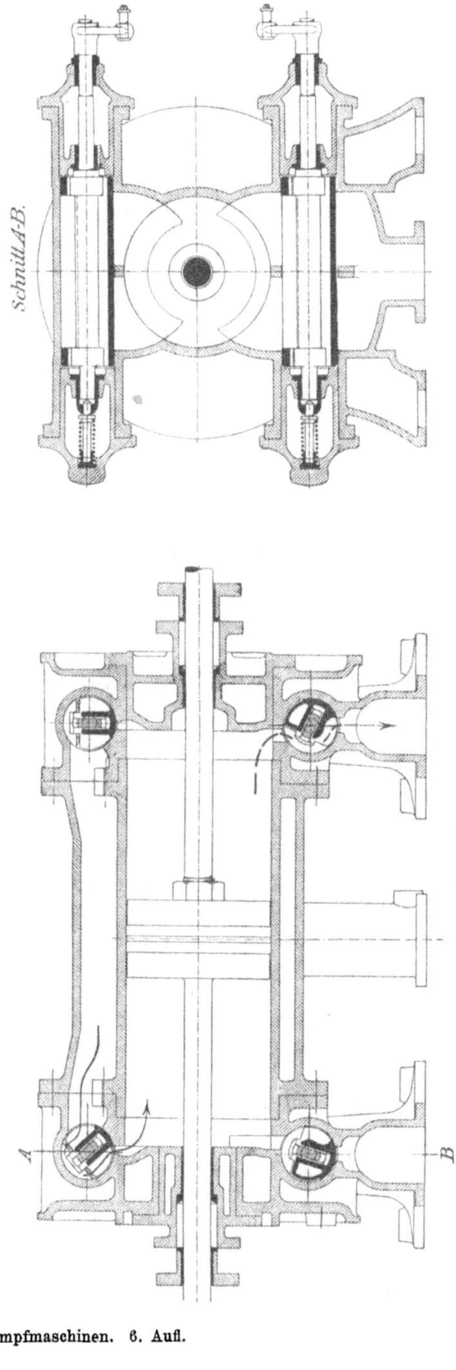

Fig. 177.

Die vorstehend erwähnten Ausführungsformen können ohne weiteres auch bei stehenden Maschinen Anwendung finden, da viele Konstrukteure es mit Recht nicht für nötig halten, daß das Schiebergewicht senkrecht zur Gleitfläche wirkt.

Fig. 179 und 180 zeigen Ausführungsformen von Zylindern mit vierfach geteiltem Kolbenschieber, eine Steuerungsanordnung, die infolge der mit ihr an einer van den Kerchoveschen Maschine[1]) erzielten Ergebnisse weitgehende Beachtung gefunden hat.

In Fig. 179 ist die Konstruktion der Firma van den Kerchove in Gent wiedergegeben. Die mit doppelter Eröffnung arbeitenden Schieber

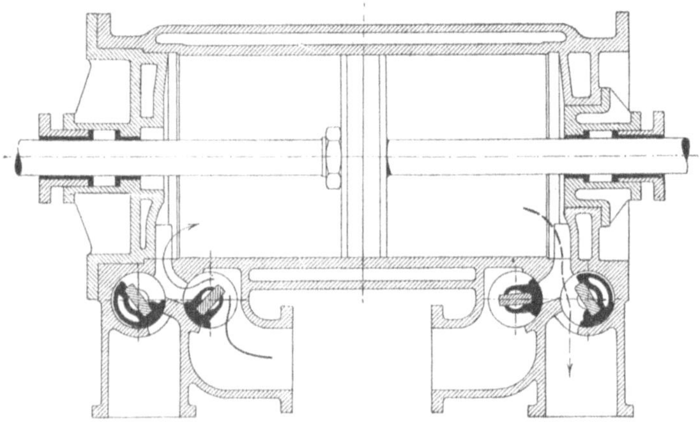

Fig. 178.

sind zur Erzielung kleiner schädlicher Räume in die Zylinderdeckel eingebaut und werden senkrecht bewegt, so daß eine Abnutzung ausgeschlossen erscheint.

Der Umstand, daß bei dieser Anordnung die Zugänglichkeit des Kolbens leidet, hat zu der (von der Elsässischen Maschinenbau-Gesellschaft in Mülhausen gebauten) Anordnung nach Frikart, Fig. 180, geführt. Die Schieber sind wagerecht, rechtwinklig zur Zylinderachse und tangential zum Zylinder gelagert. Diese Bauart ist der van den Kerchoveschen in bezug auf schädlichen Raum und schädliche Flächen gleichwertig, übertrifft sie bezüglich Zugänglichkeit des Kolbens und leichter Herausnahme der Schieber; geringe Abnutzung und dauernde Dichtheit der Schieber lassen sich jedoch mit der senkrechten Anordnung

[1]) Die Versuche von Schröter und Koob sind in Z. 1903 S. 1281 wiedergegeben. Versuche, die nachher von Vincotte an derselben Maschine, aber ohne Dampfmantel angestellt wurden, ergaben:

einen Dampfverbrauch für 1 P.S_i-Stunde
von 3,85 kg bei 359° Überhitzung
von 3,63 kg bei 403° Überhitzung.

Die Sächsische Maschinenfabrik vorm. R. Hartmann in Chemnitz und Maschinenbau-A.-G. Karlsruhe führen ebenfalls diese Steuerung aus.

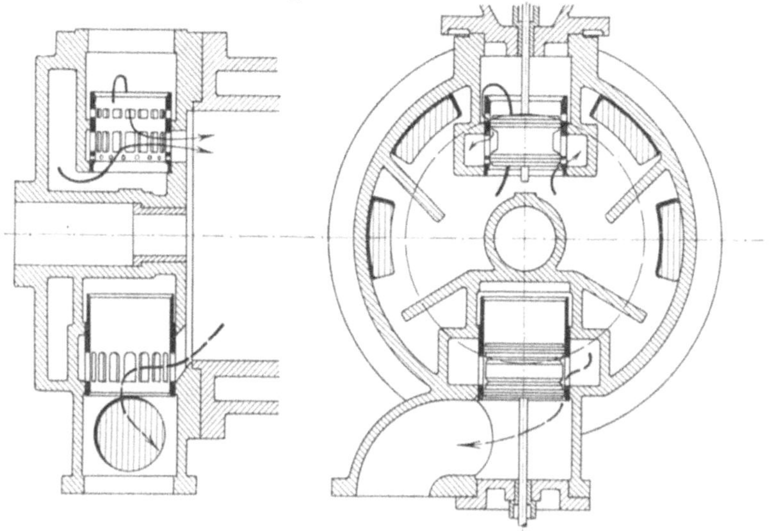

Fig. 179.

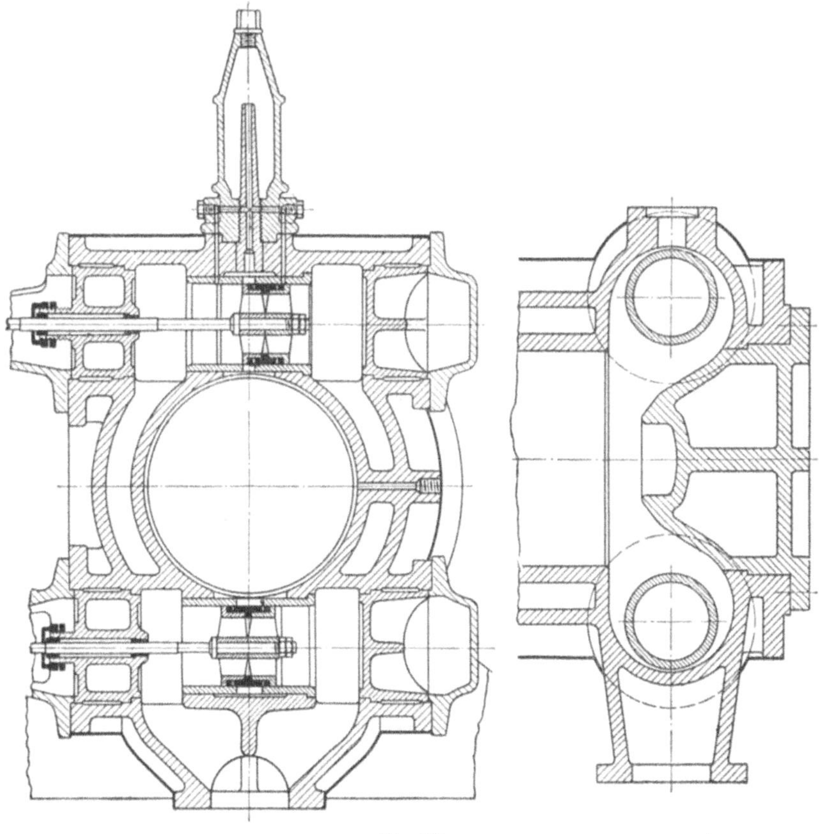

Fig. 180.

leichter erreichen. Die Antriebe der beiden Steuerungen sind freifallend ausgeführt, so daß der Vorteil hoher Umlaufzahl, die der Kolbenschieber infolge Fehlens einer die Bewegung begrenzenden Schlußlage gestattet, nicht ausgenutzt wird.

Da die Reibung der Kolbenringe sehr gering ist, so treten bei der Bewegung der Schieber in der Hauptsache nur Massenwiderstände auf, so daß sich hier die Verbindung der Schieber mit einem kettenschlüssigen Antrieb nach Art des Doerfelschen Rolldaumens besonders empfehlen würde.

C. Die Mittel zur Verringerung des Wärmeaustausches.

Das aus dem Indikatordiagramm berechenbare Dampfgewicht wird als „nutzbarer" oder „sichtbarer" Dampfverbrauch bezeichnet, der in Wirklichkeit um 20 bis 50 v. Ht. und mehr überschritten wird. Dieser Mehrbedarf hat seine Ursache in Verlusten durch Abkühlung und Undichtheiten, von denen die ersteren die weitaus größten sind. Tritt nämlich der Frischdampf von hoher Temperatur in den Zylinder ein, so gelangt er mit Wandungen in Berührung, die während der vorhergehenden Ausströmperiode stark abgekühlt waren, so daß ein Teil des eintretenden Dampfes sich an den Zylinderwänden niederschlägt. Die an diesen sich festsetzende dünne Wasserschicht hat an ihrer Oberfläche fast genau denselben Temperaturverlauf wie der Eintrittsdampf, da der Wärmeübergang nur wenig Widerstand findet.

Beginnt die Expansion, so wird die Wärmeabgabe an die Wandungen fortdauern, bis die Dampftemperatur kleiner als die Wandtemperatur ist, und der Wasserbeschlag an der Wand verdampft. Die Rückerstattung der Wärme seitens der Wand an den Dampf wird in erheblichem Maße jedoch erst am Ende der Expansion und während der Ausströmung vor sich gehen, so daß die rückerstattete Wärme nicht nur nutzlos mit dem Auspuffdampf entweicht, sondern auch durch Erhöhung des Gegendruckes schädlich wirkt. Durch die hierbei stattfindende Verdampfung des Wasserbeschlages wird die Zylinderwand bei Kompressionsbeginn annähernd trocken sein, wodurch der Wärmeaustausch verringert wird. Die im Dampf noch etwa enthaltenen Wasserteilchen werden während der Kompression verdampft, so daß am Ende derselben nur noch trocken gesättigter Dampf im Zylinder vorhanden sein wird.

Einen guten Einblick in diese Verhältnisse gestattet das von Callendar und Nicholson auf Grund ihrer Versuche eingeführte Verfahren zur rechnerischen Bestimmung der Niederschlagsverluste, wenngleich es sich hierbei nur um eine Annäherung handeln kann. Callendar und Nicholson fanden, daß die an die Wandungsflächen abgegebene Wärmemenge dem Temperaturunterschied zwischen Dampf und

Wandung proportional war und 3,6 W.E. für 1° C, 1 qm Oberfläche und 1 Sek. betrug[1]).

Trägt man die aus dem Dampfdiagramm ermittelten Temperaturen als Ordinaten zu den Kurbelwinkeln als Zeitabszissen auf, so ergibt die mittlere Höhe der unter dieser Temperaturlinie liegenden Fläche angenähert die mittlere Wandungstemperatur, die sonach unter Vernachlässigung der Temperaturschwingungen als konstant angesehen wird. Die über dieser Linie der Wandungstemperatur liegende, von der Dampftemperaturlinie begrenzte Fläche wird als „Kondensations-

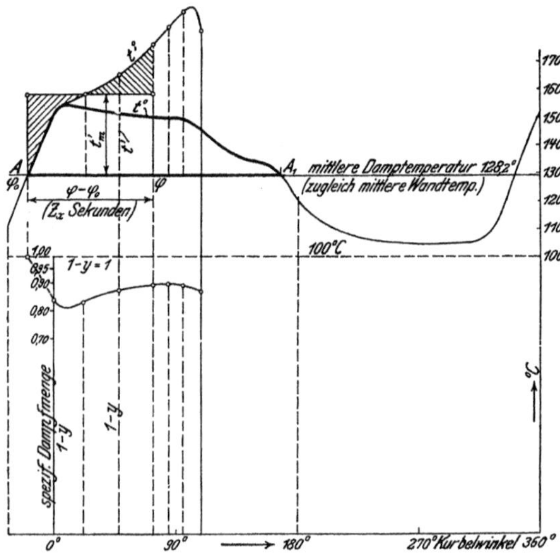

Fig. 181 [2]).

feld" bezeichnet und gibt ein Bild von der Größe der Niederschlagsverluste.

Ist in Fig. 181 F_0 die dampfberührte Fläche bei A, F diejenige bei dem beliebigen Winkel φ, so gewinnt man ein Maß für die während des Winkels $\varphi - \varphi_0$ niedergeschlagene Dampfmenge durch Multiplikation der Ordinaten des ursprünglichen Kondensationsfeldes mit $\frac{F}{F_0}$.

Ist t'_m die mittlere Höhe der derart erhaltenen Fläche von A bis φ, z_x die Zeit in sek, r die mittlere Verdampfungswärme, so sind auf dieser Strecke

$$G_x' = \frac{3{,}6 \cdot t_m' \cdot z_x \cdot F_0}{r} \text{ kg}$$

Dampf kondensiert worden.

---

[1]) Statt 3,6 W.E. erhielt Dr.-Ing. Heinrich bei Versuchen über Strömungswiderstände in den Steuerungsventilen einer Kolbendampfmaschine (Zeitschr. Ver. deutsch. Ing. 1912, S. 1191 u. f.) den Wert k = 13 (bzw. k = 11).

[2]) Nach Schüle.

An trockenem Dampf zeigt das Dampfdiagramm bei φ:

$$G_x = O \cdot s\,(s_0 + s_1) \cdot \gamma_x,$$

worin s = Hub in m

s_1 = Kolbenweg, in Teilen des Hubes von der Totlage ab gemessen,

s_0 = schädlicher Raum in Teilen des Hubvolumens,

γ_x = spezifisches Gewicht des Dampfes vom Druck p beim Kolbenweg s_1.

Damit folgt die spezifische Dampfmenge:

$$x = \frac{G_x}{G_x + G_x'} = \frac{1}{1 + \frac{G_x'}{G_x}}.$$

Wie Fig. 181 zeigt, erreicht in dem behandelten Beispiel x den Mindestwert kurz nach Totlage.

Um die Verdampfung des im Dampf enthaltenen Wassers während der arbeitverrichtenden Expansion und nicht während der arbeitverzehrenden Ausströmung herbeizuführen, umgibt man den Zylinder mit einem Dampfmantel, der die mittlere Zylinderwandtemperatur erhöht. Als weitere und wirksamere Mittel für die Verringerung des Wärmeaustausches sind die Verbundwirkung und die Anwendung des überhitzten Dampfes zu nennen

a) Der Dampfmantel.

Ein anschauliches Bild von der Wärmebewegung in Zylinderwandungen gibt die folgende Darstellung Grashofs, zunächst für einen ungeheizten Zylinder. Fig. 182.

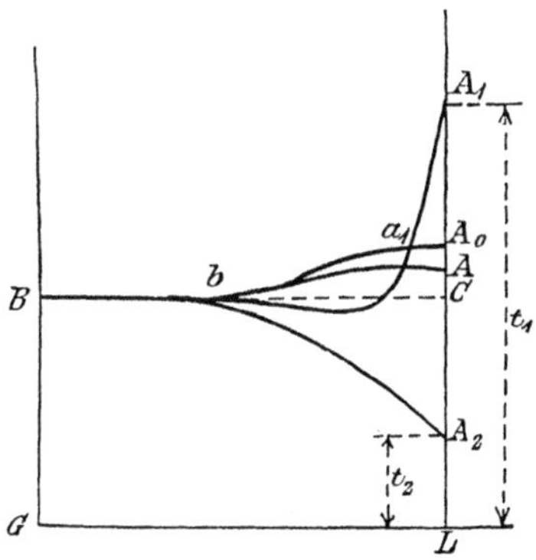

Fig. 182.

G L bedeutet die Stärke der Deckelwand oder einer nahe der Einströmung gelegenen Zylinderwand. Während der Ausströmung hat die dampfberührte Innenfläche die Auspufftemperatur $t_2 = LA_2$ angenommen, und die Temperaturverteilung längs der Wanddicke wird durch die Kurve $A_2\,b\,B$ dargestellt. Strecke *G B* gibt die konstant bleibende Temperatur an der Wandaußenseite wieder. Im Verlauf der Dampfeinströmung wird die Temperatur der inneren Oberfläche plötzlich von t_2 auf die Frischdampftemperatur t_1 erhöht. Da nun die der Innenseite nächstliegenden Eisenschichten ihre Temperatur nicht mit gleicher Schnelligkeit ändern können, so wird sich zwischen der Oberfläche und diesen Schichten ein großes Temperaturgefälle und ein dementsprechender, rascher Wärmeübergang einstellen, so daß trotz der infolge der Expansion abnehmenden Temperatur eine lebhafte Wärmebewegung von innen nach außen stattfindet. Letztere dauert an, bis das Temperaturgefälle der inneren Schichten gleich Null geworden, diese also gleiche Temperatur besitzen. Kurve $A_1\,b\,B$ geht nach etwa $^5/_8$ Hub in Kurve $A_0\,b\,B$ über, aus der ersichtlich ist, daß in der Eindringungstiefe $A_0\,a_1$ die gleiche Temperatur herrscht. Bei Beginn der Vorausströmung verteilt sich die Temperatur nach A b B und geht infolge starker Wärmebewegung von außen nach innen in Kurve $A_2\,b\,B$ über.

Da die zwischen diesen Kurven liegenden Flächen die an die Wand übergehenden und die von ihr zurückgegebenen Wärmemengen darstellen, so ist bei der Einströmung eine Wärmemenge $A_1\,b\,A_2$ an die Wand abgegeben worden, die während der Expansion auf $A_0\,b\,A_2$ zunahm. Letztere Wärmemenge wurde bis zum Beginn der Vorausströmung um $A_0\,b\,A$ verkleinert, so daß die Fläche $A_0\,b\,A$ die während der Expansion zurückerstattete Wärmemenge darstellt. Der weitaus größere Teil $A\,b\,A_2$ geht während der Ausströmung an den Dampf zurück, ist also nicht ausnutzbar.

Diese Überlegung Grashofs ist in unerwartet vollständiger Weise durch Versuche von Callendar und Nicholson bestätigt worden, welche die Zylinderwand-Temperatur mittelst thermoelektrischen Meßverfahrens feststellten[1]).

Fig. 183 veranschaulicht eine ähnliche Darstellung für die Wand eines mit Frischdampf geheizten Zylinders. Die konstante Außenwandtemperatur ist hier durch $BG = t_1$ wiedergegeben. Die Gerade BbC stellt den Verlauf der mittleren Temperatur dar, so daß die Kurven der zeitweilig auftretenden Temperaturen an diese Gerade im Punkt b sich tangential anschließen müssen. Während der Füllung nimmt Kurve A_3bB die Form A_1bB an. Der gegen vorhin weniger steile Verlauf der letzteren zeigt, daß die Temperatur in den der dampfberührten Fläche nächstgelegenen Schichten geringere Unterschiede aufweist, so daß schon bald Kurve $A_1\,b\,B$ in $A_0 b\,B$ übergeht, die gleiche Temperatur bis zu der Tiefe $A_0\,a_1$ angibt. Von jetzt ab, d. h. kurz nach Beginn der Expansion, geht die Wärme von der Wand an den expandierenden Dampf über. Der Temperaturpunkt A entspricht etwa der Vorausströmung, so daß die aus der Wand während der Expansion ausgetretene Wärmemenge durch Fläche $A_0\,b\,A$ dargestellt wird. Die Kurve $A\,b\,B$ senkt sich bei der nun folgenden Ausströmung und geht in die Form $A_2\,b\,B$ über. Die ganze Wärmemenge, die während eines Doppelhubes aus der Wand tritt und zunächst durch die Fläche $A_0\,b\,a_2\,A_2$ wiedergegeben wird, muß noch durch diejenige Wärmemenge ergänzt werden, die während der Ausströmung infolge der Heizung an der Außenseite eintritt und an der Innenseite austritt. Da durch die Verdampfung der

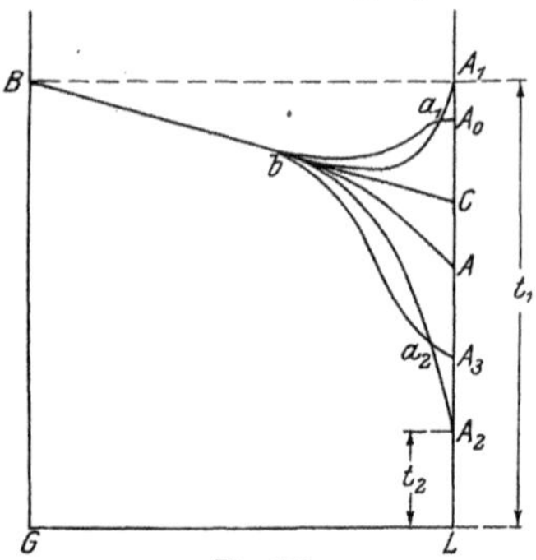

Fig. 183.

[1]) Bantlin, Z. 1899, S. 774.

auf der Wandinnenseite sitzenden Wasserschicht die Abgabe der von der Heizung herrührenden Wärme an den Auspuffdampf erschwert ist, so steigt die Oberflächentemperatur von t_2 auf A_3 L, und die Wärme strömt aus den nächstgelegenen inneren Schichten zur Oberfläche hin. Die Kurve $A_2\, b\, B$ erhebt sich gegen Ende der Ausströmung zur Kurve $A_3\, b\, B$.

Ein Vergleich dieses Diagramms mit dem in Fig. 182 zeigt, daß die Rückgabe der Wärme während der Expansion in reichlicherem Maße vor sich geht, und daß der Wärmeübergang während der Ausströmung sich verringert hat. Der Punkt b rückt der Innenwand näher, d. h. die am Wärmeaustausch teilnehmende Metallmasse bzw. Wärmemenge wird vermindert. Hierzu wird keine Wärme des Mantelinhaltes verbraucht. Allerdings wird an den Auspuffdampf auch die von der Heizung herrührende und durch die Flächenzunge $b\, a_2$ dargestellte Wärmemenge übertragen.

Im übrigen ist die Wechselwirkung zwischen Dampf und Zylinderwand abhängig:

1. von dem durchschnittlichen Temperaturüberschuß des Dampfes über die mittlere Zylinderwandtemperatur;

2. von der Zeit, während welcher dieser Temperaturunterschied stattfindet;

3. von der Größe der schädlichen Oberflächen, d. h. derjenigen Wandflächen, mit denen der Dampf bei der Voreinströmung in Berührung kommt;

4. von der Umdrehungszahl;

5. von der Dichtheit des Dampfes.

Hieraus folgt, daß der Wert der Mantelheizung sich vermindern wird:

1. mit wachsender Füllung, mit der auch die mittlere Zylinderwandtemperatur steigt[1]);

2. mit zunehmender Umlaufszahl. Die Zeit, während welcher die Dampftemperatur die mittlere Oberflächentemperatur überragt, wird kürzer.

Aus neuerer Zeit liegen Versuche von Prof. Capper[2]) vor (Versuchsmaschine [mit Auspuff] 165 × 356, Füllung konstant $\frac{3}{8}$, Schieberkastenspannungen von 1,9 at bis 9,5 at abs., Umlaufzahl von 50 bis 250 wechselnd), bei denen sich ebenfalls zeigte, daß mit Zunahme der Dampfspannung und der Umlaufzahl der Wert des Dampfmantels abnahm. So wurde bei 250 Uml./min. von 5,85 at an, bei 200 Uml./min. von 7 at an der Dampfmantel unwirksam. Dasselbe stellte sich ein,

---

1) Ist $O = \frac{d^2 \pi}{4}$ die Kolbenfläche eines Zylinders vom Durchm. d und Kolbenhub s und εs der Füllungsgrad, so ist die Oberfläche F des Zylinders ohne Kanäle pro Einheit des Füllungsvolumens: $F = \frac{\pi \cdot d \cdot \varepsilon s + 2 \cdot O}{O \cdot \varepsilon s} = \frac{4 + 2\frac{d}{\varepsilon \cdot s}}{d}$. F nimmt sonach mit kleiner werdender Füllung zu und damit auch der Abkühlungsverlust.

2) Bantlin, Z. 1906. S. 1066.

wenn bei 250 Uml./min. der mittlere Druck 3,13 kg/qcm, bei 200 Uml./min. 4,6 kg/qcm erreichte.

Fig 184 zeigt die aus diesen Versuchen folgende Abnahme der Eintrittskondensation mit steigender Umlaufzahl und sinkendem Eintrittsdruck.

Der Mantel von Heißdampfmaschinen muß durch strömenden Dampf geheizt werden, da ruhender, überhitzter Dampf im Mantel

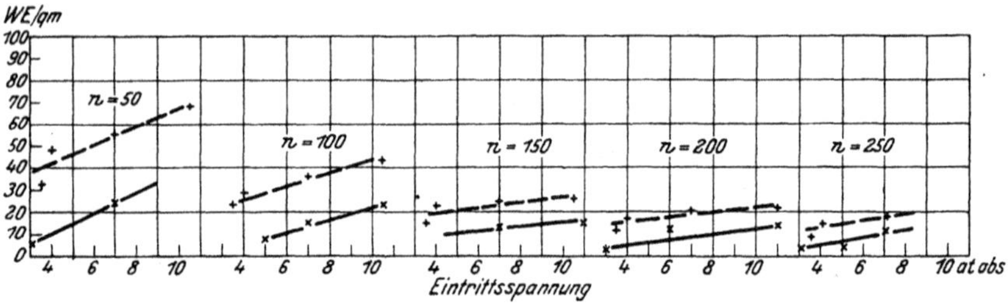

Fig. 184.

Sättigungstemperatur annimmt. Infolge der geringen, spezifischen Wärme nimmt die Überhitzung des strömenden Dampfes schnell ab, der Temperaturverlust im Mantel beträgt etwa 20° bei Hochdruckzylindern.

Für die heutigen Dampfmaschinen mit ihren großen Kolbengeschwindigkeiten und ihren bei Verbundwirkung großen Füllungen hat die Mantelheizung — im Gegensatz zur Deckelheizung — viel an Wert verloren.

b) Die Verbundwirkung.

1. Vorteile der Verbundwirkung.

Beste Dampfausnutzung wird durch Anwendung hohen Druckes bei niedriger Expansionsendspannung erzielt. Die Vorteile der hohen Dampfspannung ergeben sich aus dem Diagramm Fig. 185. Bei einer Drucksteigerung z. B. von p = 5 auf p_1 = 12 at. wird die Arbeitsfläche a b d c gewonnen, während der Mehraufwand an Wärme für 1 kg Speisewasser nur 11 W.E. beträgt, im praktischen Kesselbetrieb also vernachlässigt werden kann. Andererseits ist aus dem Diagramm ersichtlich, daß der Arbeitsgewinn bei einer Drucksteigerung von 5 auf 6 at. bedeutend größer wird, als bei einer Spannungserhöhung von 11 auf 12 at., so daß, wenn auch im letzteren Fall die aufzuwendende Wärmemenge kleiner ist als im ersteren Fall, der Arbeitsgewinn

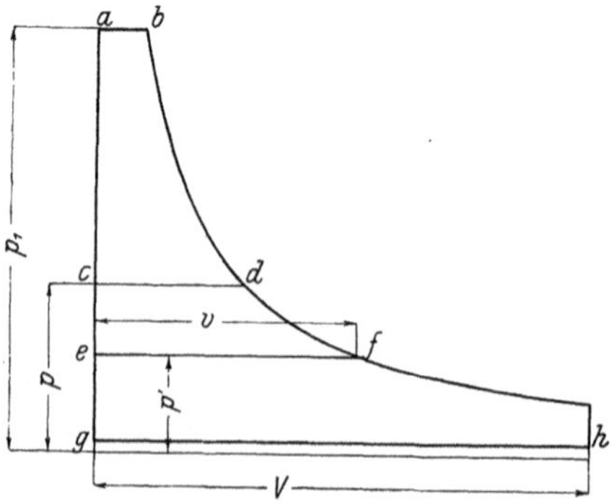

Fig. 185.

mit wachsendem Druck für 1 W.E. Mehraufwand wieder abnimmt. Die den betreffenden Spannungen entsprechenden Arbeitswerte, dividiert durch die zugehörigen Gesamtwärmen, ergeben bei ihrer Auftragung eine Kurve, die deutlich zeigt, wie mit wachsender Spannung die Vorteile der Zunahme abnehmen. Nach neueren Versuchen von W. Schmidt ist jedoch noch Steigerung des Dampfdruckes bis auf 60 at vorteilhaft. S. letztes Kapitel.

Die Expansionsendspannung bestimmt die Größe der Maschine und beeinflußt dadurch die Betriebskosten, insofern diese von der Tilgung und Verzinsung des in der Maschine angelegten Kapitals abhängig sind. Dieser Teil der Betriebsausgaben tritt jedoch bei hohen Brennstoffpreisen gegenüber den Ausgaben für den Kohlenbedarf zurück, und es wird eine Verlängerung des Diagramms in wagerechter Richtung, gleichbedeutend mit einer Vergrößerung des Hubraumes, wünschenswert, so daß man unter besonders schwierigen Verhältnissen selbst bis 0,5 bis 0,4 at. absol. herunter expandieren läßt.

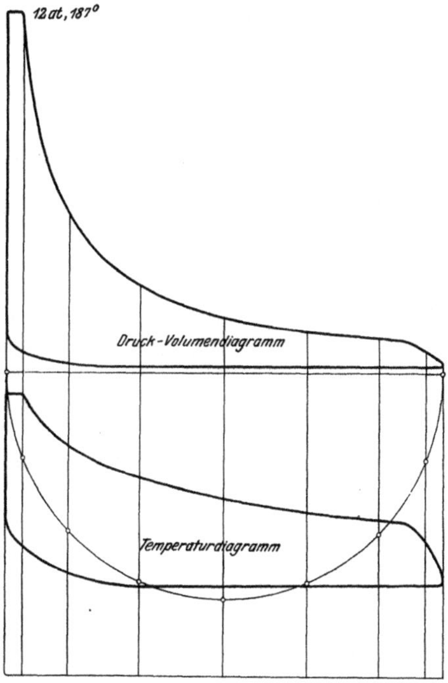

Fig. 186.

Die Ausführung eines Diagramms mit sehr hoher Eintrittsspannung in einer Einzylindermaschine hat jedoch andererseits Nachteile im Gefolge, deren Wirkung sich durch die Aufzeichnung des Kondensationsfeldes nach Fig. 181 ergibt.

In Fig. 186—187 sind das Dampfdiagramm, das auf den Kolbenweg und das auf den abgewickelten Kurbelkreis als Grundlinie bezogene Temperaturdiagramm wiedergegeben. Die mittlere Höhe t_m ist die mittlere Temperatur der schädlichen Flächen sowie derjenigen Zylinderwandungen, die nur vom Dampf einer Kolbenseite bespült werden und für die Größe der Eintrittskondensation maßgebend sind.

Erhöhung des Eintrittsdruckes vergrößert das Kondensationsfeld, da sich die mittlere Temperatur nur um einen Betrag hebt, der gleich ist dem Quotienten aus der hinzukommenden Temperaturfläche und der Grundlinie $\pi \cdot s$.

Die Anwendung der Mehrfachexpansionsmaschine bezweckt die Verringerung dieses Nachteiles. Dem Zylinder, in dem sich der Dampf auf die Endspannung ausdehnt, werden ein oder mehrere kleinere

Zylinder (Hochdruck-, bzw. Mitteldruckzylinder) vorgeschaltet, die der Dampf nacheinander durchströmt.

Vielfach wird als wichtigster Vorteil der Verbundwirkung geltend gemacht, daß die Undichtheitsverluste durch Teilung des Druckgefälles, die Eintrittskondensation durch Verkleinerung der Temperaturunterschiede zwischen ein- und austretendem Dampf verringert werden.

Die Größe der Undichtheitsverluste wird in erheblichem Maße durch die Art der Steuerungsorgane beeinflußt. Das Verhalten der Schieber ist auf S. 178 geschildert. Die durch die Verbundwirkung erzielte Teilung des Temperaturgefälles ist hier zweifellos von Bedeutung.

Bei Ventilen sind die Durchlässigkeitsverluste dem Betrage nach abhängig von der Größe der durch Verzerrung entstandenen Durchtrittsflächen und den in diesen herrschenden Dampfgeschwindigkeiten, die ihrerseits durch das kritische Druckverhältnis (s. Kapitel Dampfturbinen) bestimmt werden. In dieser Beziehung besitzt die Verbundmaschine keine erheblichen Vorteile gegenüber der Einzylindermaschine.

Ebensowenig ist dies bezüglich der Verkleinerung der Temperaturunterschiede der Fall.

Wie aus den unten folgenden Ausführungen hervorgeht, muß der Niederdruckzylinder der Verbundmaschine größer als der Zylinder der gleichstarken Einzylindermaschine ausgeführt werden, was bei gleicher Expansionsendspannung zu einem größeren nutzbaren Dampfverbrauch der Verbundmaschine führt.

Mit Berücksichtigung dieses Umstandes hat Radinger in seinem Werk „Dampfmaschinen mit hoher Kolbengeschwindigkeit“ den in der Zahlentafel wiedergegebenen Vergleich zwischen Einzylinder- und Verbundmaschinen gezogen, wobei er mit Rankine annahm, daß der Wärmeaustausch mit dem Quadrat des (im Beispiel auf die Hälfte verkleinerten) Temperaturunterschiedes abnimmt.

Angenommen: Auspuff-Verbundmaschine $\frac{400 \times 600}{850}$, n = 75, p = 7 atm. abs.

	Einzylinder-maschine	Verbundmaschine
Nutzbarer Dampfverbrauch kg/st . .	7,5	8,23
Abkühlungsverlust kg/st/PSi	3,0	—
Verringerung des Abkühlungsverlustes infolge Teilung des Temperaturgefälles kg/st/PSi	—	0,75 (1,5)
Zunahme des Abkühlungsverlustes infolge der um 50 v. Ht. größer geschätzten Flächen der Verbundmaschine kg/st/PSi	—	$1{,}5 \cdot 0{,}75 = 1{,}1$ $(1{,}5 \cdot 1{,}5 = 2{,}25)$
Gesamtdampfverbrauch kg/st/PSi . .	$7{,}5 + 3{,}0 = 10{,}5$	$8{,}23 + 1{,}1 = 9{,}33$ $(8{,}23 + 2{,}25 = 10{,}48)$

Nach den Versuchen von Callendar-Nicholson ist jedoch der Wärmeübergang dem Temperaturunterschied direkt proportional, worauf sich die eingeklammerten Zahlen beziehen. Wie ersichtlich, ist bei der Radinger-Rankineschen Auffassung der Dampfverbrauch der Verbundmaschine um 10,5—9,33 = 1,17 kg kleiner als der der Einzylindermaschine, während sich unter Voraussetzung der Richtigkeit der Callendar-Nicholsonschen Versuche ein Minderverbrauch von nur 10,5—10,48 = 0,02 kg ergibt. Diese Vergleichsart ergibt sonach keine Vorzüge der Verbundwirkung.

In Fig. 187 ist das Kondensationsfeld der Einzylindermaschine mit den Kondensationsfeldern der gleichartigen Verbundmaschine verglichen. Die Summe der letzteren ist ungefähr gleich dem ersteren; ein Unterschied zuungunsten der Verbundmaschine entsteht, wenn die erforderliche Vergrößerung des Niederdruckzylinders gegenüber dem Zylinder der gleichstarken Einzylindermaschine in Betracht gezogen wird. Die günstigen Erfolge der Mehrfachexpansionsmaschine sind

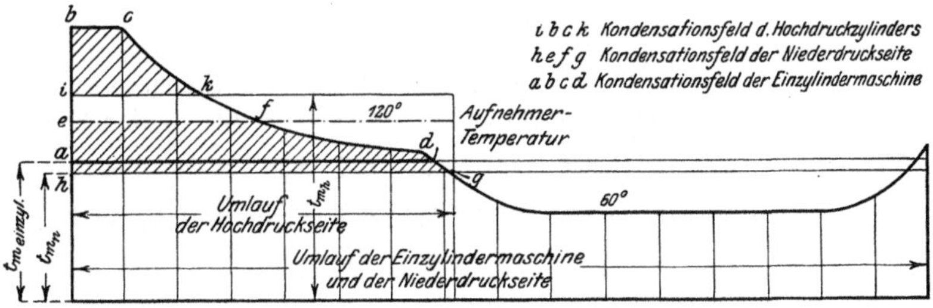

Fig. 187.

sonach darauf zurückzuführen, daß das Hochdruck-Kondensat wenigstens teilweise während der Ausströmung aus dem Hochdruckzylinder verdampft und noch Niederdruckarbeit leistet, während das Niederdruck-Kondensat vor dem Niederschlag Hochdruckarbeit verrichtet hat. Der infolge seiner größeren Dichte zum verstärkten Wärmeaustausch neigende Hochdruckdampf trifft beim Eintritt in den Zylinder auf kleinere Flächen als in der Einzylindermaschine.

Weitere Vorteile liegen in der Vergrößerung der Füllungen, durch welche die mittlere Zylinderwandtemperatur erhöht wird, so daß auch aus diesem Grunde die Eintrittskondensation verringert wird. Das allerdings doppelt auszuführende Gestänge wird leichter, und die Drehgeschwindigkeit ist gleichmäßiger, falls die Kurbeln versetzt sind.

Als Nachteile der Verbundmaschinen ergeben sich ihre größeren Anlagekosten, die schwierigere Wartung und der größere Ölverbrauch. Der mechanische Wirkungsgrad ist nur wenig kleiner als bei entsprechenden Einzylindermaschinen.

Der Einfluß des Aufnehmerinhaltes auf die Regelung der Verbundmaschine ist, wie Gutermuth[1]) nachgewiesen hat, stark überschätzt worden. Stellt z. B. der Regler bei abnehmender Belastung eine kleinere Hochdruckfüllung ein, so bleibt die Aufnehmerspannung zunächst höher, als den veränderten Verhältnissen entspricht. Bei gleichbleibendem Kompressionsgrad im H. D. Z. wird hier die Kompressionsdampfmenge, bei gleichbleibender Füllung im Niederdruckzylinder hier der Dampfabfluß größer, als der neue Beharrungszustand erfordert. Beide Umstände wirken auf Verringerung der Aufnehmerdampfmenge und beschleunigen den Übergang zur neuen Belastung. Die vermehrte Gegendruck- und Kompressionsarbeit gleicht sich zum überwiegenden Teil mit der zu großen Niederdruckarbeit aus. Nur bei sehr leichtem Schwungrad macht sich die Aufnehmerwirkung bei Belastungsänderungen bemerkbar.

Von größerem Einfluß ist die Verschleppung des Regelvorganges infolge der periodischen Dampfzufuhr. Bei einer Tandemmaschine, die ohne Aufnehmer vorausgesetzt werde, expandiert der aus dem H. D. Z. austretende Dampf unmittelbar im N. D. Z. weiter. Füllung und Expansion erstrecken sich auf eine volle Umdrehung gegenüber einer halben Umdrehung bei der Einfachexpansionsmaschine. Beträgt die Füllungsdauer z. B. 0,1 Umdrehung, so wird die Steuerverstellung im N. D. Z. erst nach 0,4 Umdrehung wirksam werden und eine Verschleppung um $0{,}4 \cdot \frac{60}{n}$ sek. eintreten. Bei der Versuchsmaschine[1]) würde eine Entlastung von 70 auf 0 KW einen zusätzlichen vom Schwungrad aufzunehmenden Arbeitsbetrag von $70 \cdot 0{,}4 \cdot \frac{60}{110} = 15{,}3$ KW.-st und eine Schwankung der Umlaufzahl um 1,7 v. Ht. verursacht haben.

Diese Verhältnisse werden durch Regelung auch der Niederdruckfüllung verbessert. Aufnehmer-Spannung und Temperatur bleiben konstant, die Verluste durch Einfluß der Wandungen werden geringer.

Aus der Betrachtung der Fig. 185 folgt, daß der Niederdruckzylinder theoretisch denselben Hubraum haben muß wie der Zylinder der gleichstarken Einzylindermaschine.

Im Diagramm stellt nämlich die Länge v den Hubraum des Hochdruckzylinders, V den des Niederdruckzylinders dar. Ist das Gesamtdiagramm behufs Erzielung gleicher Arbeitsverteilung auf beide Zylinder gleich verteilt worden, so wird, wenn z. B. V = 2 v, d. h. wenn das Zylinderverhältnis = 1 : 2, der mittlere Druck im Hochdruckzylinder doppelt so groß als der mittlere Druck im Niederdruckzylinder. Da nun andererseits der Querschnitt des Hochdruckkolbens nur die Hälfte desjenigen des Niederdruckkolbens beträgt, so werden die mittleren Kolbendrucke und (infolge der gleichen Umdrehungszahl und des gleichen Hubes) die Leistungen beider Zylinder einander gleich sein, so daß die Summe der Leistungen beider Zylinder gleich der Leistung der

[1]) Über Kraftmaschinen-Regelung. Forschungsarbeiten auf dem Gebiete des Ingenieurwesens. Heft 160. Berlin 1914. Verlag Julius Springer.

Einzylindermaschine mit gleichem Hubraum wie der Niederdruckzylinder und gleichem Gesamtdiagramm sein muß.

Unter Zugrundelegung der Fig. 188 treffen diese Darlegungen auch hier zu, wenn die schädlichen Räume von den zugehörigen Hubinhalten den gleichen Prozentsatz ausmachen. In diesem Falle setzt sich die Kompression durch beide Zylinder ununterbrochen fort, und es wird die gemeinsame Kompressionslinie von demselben Nullpunkt aus entworfen. Sind die v. Ht. der schädlichen Räume nicht einander gleich, wie dies bei Anwendung verschiedener Steuerungen vorkommt, so sind die Kompressions- und Expansionskurven von verschiedenen Nullpunkten aus zu entwerfen.

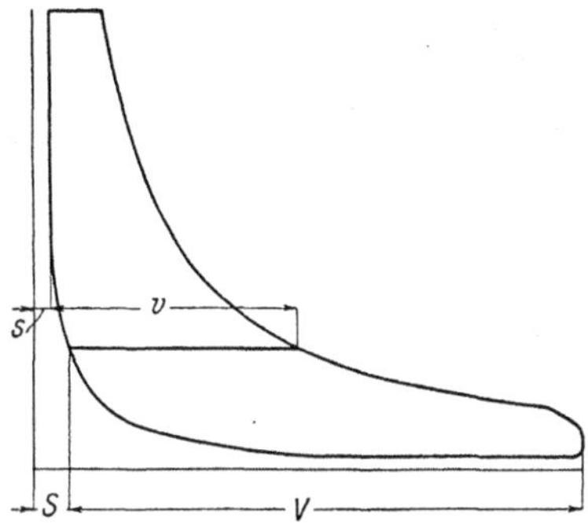

Fig. 188.

2. Die Berechnung der Mehrfachexpansionsmaschinen.

Bei der vorläufigen Bestimmung der Zylinderabmessungen wird das durch die Wahl der Eintrittsspannung und Expansionsendspannung bestimmte Diagramm nach Fig. 188 durch eine Wagerechte so geteilt, daß womöglich folgende Bedingungen erfüllt werden:

1. Die Arbeit soll auf beide Zylinder möglichst gleichmäßig verteilt werden. Diese Forderung ist für Maschinen mit versetzten Kurbeln die wichtigste.

2. Das Temperaturgefälle soll in beiden Zylindern gleich sein.

3. Der Unterschied in den Kolbendrücken soll gering sein, um das symmetrisch auszuführende Kurbelgestänge zweckmäßig auszunützen.

Die wagerechte Trennungslinie als Auspufflinie des Hochdruckzylinders und Füllungslinie des Niederdruckzylinders setzt unendlich großen Aufnehmerinhalt voraus. Bei der genauen Ermittelung der Diagramme wird sich zeigen, daß durch den Aufnehmerinhalt Druckschwankungen auftreten, die eine Änderung des Zylinderverhältnisses bewirken und bei der Teilung des Diagramms wenigstens schätzungsweise zu berücksichtigen sind.

Die senkrechten Begrenzungslinien der Diagramme liegen fast immer so, daß der dadurch festgelegte Inhalt der schädlichen Räume mit dem später vorhandenen annähernd übereinstimmt. Größere Unterschiede sind, wie oben erwähnt, durch Konstruktion der Kompressions- und Expansionslinien von verschiedenen Punkten der Nulllinie aus zu berücksichtigen.

Mit dem aus dem Gesamtdiagramm festgestellten mittleren Druck werden nun die Abmessungen des Niederdruckzylinders in der Weise berechnet, als ob dieser die Gesamtarbeit allein zu leisten habe. Da das tatsächliche Diagramm kleiner ausfällt als das theoretische Diagramm nach Fig. 188, so ist der dem letzteren entsprechende mittlere Druck durchschnittlich zu multiplizieren:

mit 0,80 bei Verbundmaschinen,
mit 0,75 bei dreizylindrigen Dreifachexpansionsmaschinen.

Hierbei ist die Verschiedenheit der bei Berücksichtigung der endlichen Aufnehmergröße erhaltenen Diagramme gegenüber dem Diagramm Fig. 188 in Betracht zu ziehen. Vgl. die Diagramme in Fig. 189 und 190.

Bei Tandemmaschinen z. B. ist das Hochdruckdiagramm der Fig. 188 im Falle gleicher Arbeitsverteilung um 10 v. Ht. zu vergrößern.

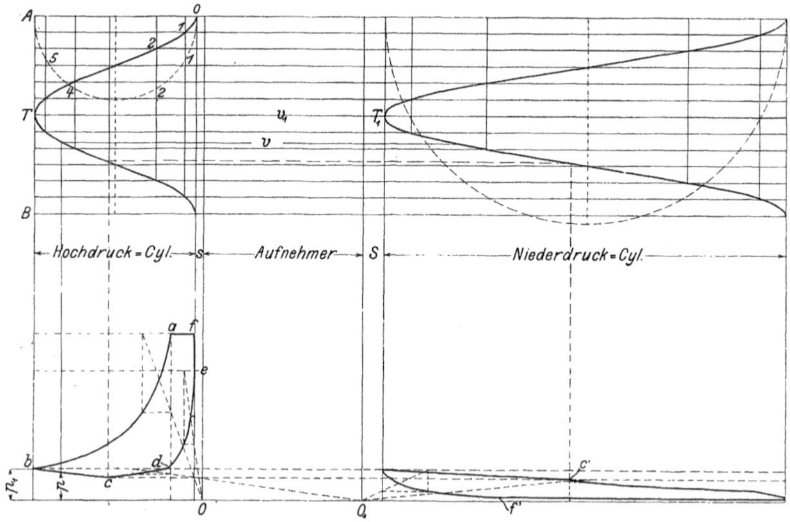

Fig. 189.

Umgekehrt ist bei den Hochdruckdiagrammen der Zwillingsverbund- und Dreifachexpansionsmaschinen vorzugehen.

Gelangt hoch überhitzter Dampf zur Verwendung, so wird die Expansionslinie des Hochdruckzylinders als Polytrope nach den Angaben auf S. 2 aufgezeichnet.

Das Zylinderverhältnis ist durch die Teilung des Diagramms bekannt.

Häufig vorkommende Werte von $\frac{v}{V}$ sind 1 : 2,5 bis 1 : 3. Bei den Wolfschen Heißdampfverbundlokomobilen ist $\frac{v}{V} = \frac{1}{4}$.

Zur genaueren Feststellung der Zylinderabmessungen und der Steuerungsverhältnisse eignet sich das Schröter-Zeunersche Diagramm, aus dem für jeden Zeitpunkt die Stellung der Kolben und der zwischen denselben befindliche Raum bestimmt werden kann. Ist das Verhältnis $\frac{v}{V}$ vorläufig festgelegt, so trägt man nach Fig. 189 die Hubräume der Zylinder, deren schädliche Räume und den Aufnehmerinhalt ihrem Größenverhältnis entsprechend wagerecht auf.

Die Größe des Aufnehmers wird meist gleich dem Inhalt des Hochdruckzylinders angenommen. Die Kurbelhalbkreise werden in eine gleiche Anzahl von Teilen geteilt, und die Teilpunkte auf wagerechte Linien gelotet, die in gleichen, aber beliebigen Abständen voneinander gezogen sind. Dann stellt die Senkrechte A B offenbar die Dauer einer Umdrehung dar und die wagerechten Abstände der Kurvenpunkte von dieser Senkrechten den zu jedem Kurbelwinkel gehörigen Kolbenweg.

a) Verfahren für Tandemmaschinen (Kurbeln unter 0^0 oder 180^0) Fig. 189.

Von Punkt O aus läßt sich mit der aus dem Einzylinderdiagramm, Fig. 188, bekannten Füllung, die mit $\frac{V}{v}$ zu multiplizieren ist, die Expansionslinie a b aufzeichnen. Im Punkt b wird der Auslaß des Hochdruckzylinders geöffnet, und der Dampf strömt in den Aufnehmer. Beide Kolben stehen gleichzeitig im Totpunkt, so daß der Dampf den Hochdruckzylinder, den Aufnehmer und den schädlichen Raum des Niederdruckzylinders — dessen Einlaß der Voreinströmung wegen schon geöffnet ist — ausfüllt. Im Kolbenwegdiagramm werden diese Räume durch die Linie v_1 dargestellt. Gehen beide Kolben aus ihrer Totlage heraus, so vergrößert sich der vom Dampf auszufüllende Raum, da die Verdrängung des Hochdruckkolbens kleiner ist als der vom größeren Niederdruckkolben freigelegte Raum. Dementsprechend expandiert der Dampf, und die Linie b c senkt sich.

Der Zustand des Dampfes in der Kolbentotlage ist nach Druck p_1 und Volumen v_1 gegeben, ebenso lassen sich bei der Weiterbewegung der Kolben die vom Dampf auszufüllenden Räume als wagerechte Abstände beider Kurven abgreifen, so daß sich die Drucke $p = \frac{p_1 v_1}{v}$ in der angedeuteten Weise berechnen lassen, wodurch Linie b c bestimmt wird. Im Punkte c, dessen Lage noch ermittelt werden muß, wird der Niederdruckzylinder abgeschlossen. Der Auspuffdampf des Hochdruckzylinders wird nunmehr im Aufnehmer komprimiert, bis der Auslaß im Punkt d schließt und Kompression im Hochdruckzylinder allein stattfindet. Konstruktion der Kompressionslinie e d von 0 aus. Der Anfangspunkt dieser Kurve liegt in gleicher Höhe wie b, damit der beim folgenden Hub in den Aufnehmer strömende Dampf hier wieder die Spannung p_1 vorfindet. Ist der Aufnehmerdruck größer, so läuft das Hochdruckdiagramm in eine Schleife[1]) aus, während bei geringerem Druck ein mitunter absichtlich herbeigeführter Druckabfall eintritt.

Hierauf Konstruktion der Linie c d als Kompressionslinie vom Punkt O_1 aus. Diese schneidet die berechnete Kurve b c in c.

Während des Kolbenweges b c standen beide Zylinder miteinander in Verbindung, so daß in beiden gleiche Drucke herrschten. Die Linie b c

[1]) In der Kolbentotlage strömt dann Dampf aus dem Aufnehmer in den Hochdruckzylinder zurück, was leicht Abheben der Auslaßorgane zur Folge hat.

wird daher in der Weise in das Niederdruckdiagramm übertragen, daß man zu jeder Stellung des Hochdruckkolbens die des Niederdruckkolbens mit Hilfe der Kolbenweglinien aufsucht und die zugehörigen Druckordinaten gleich macht.

Das Niederdruckdiagramm wird nun im weiteren Verlauf in der üblichen Weise entworfen: vom Punkt c′ ab Expansion im Niederdruckzylinder. Entwurf der Kompressionslinie zweckmäßig bis zur Anfangsspannung. Konstruktion beider Linien von O_1 aus.

Die Diagramme lassen gegenüber Fig. 188 den Einfluß der endlichen Aufnehmergröße erkennen. Die Expansionsendspannung im Hochdruckzylinder hat in beiden Diagrammen die gleiche Größe, gleiche

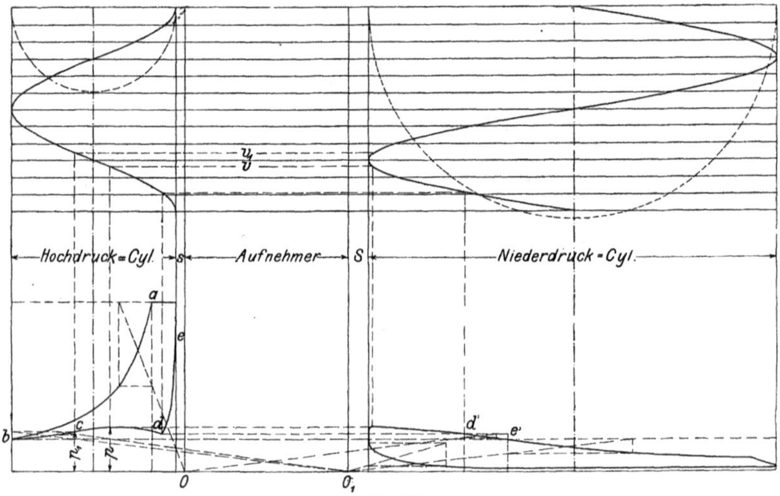

Fig. 190.

Füllung vorausgesetzt, so daß das Hochdruckdiagramm infolge der nach unten ausgebauchten Auspufflinie größer geworden ist. Diese Druckschwankung in der Auspufflinie wird um so stärker, je kleiner der Aufnehmer ist.

b) Verfahren für Zwillingsverbundmaschinen (Kurbeln unter 90° versetzt) Fig. 190.

Die Kolbenweglinien werden versetzt gezeichnet. Konstruktion der Expansionslinie a b des Hochdruckzylinders wie vorhin vom Punkt O aus. Bei der Totlage des Hochdruckkolbens im Punkt b hat der Einlaß des Niederdruckzylinders noch nicht geöffnet. Es findet deshalb zunächst noch Kompression im Hochdruckzylinder und Aufnehmer statt, bis zum Punkt c, in dem der Einlaß des Niederdruckzylinders geöffnet und dessen Lage mittelst der Kolbenweglinien festgestellt wird. Linie bc wird vom Punkte O_1 aus als Kompressionslinie gezeichnet. Beide Zylinder stehen von jetzt an miteinander in Verbindung, so daß wie vorhin der Verlauf der Linie cd rechnungsmäßig $\left(p = \frac{p_1 v_1}{v}\right)$ festgestellt werden muß. Im Punkt c sind Druck p_1 und Volumen v_1 des Dampfes gegeben.

Linie c d steigt anfangs, da der schnell voraneilende Hochdruckkolben mehr Dampf in den Aufnehmer drängt, als in den Niederdruckzylinder einströmen kann.

Punkt d wird als Schnittpunkt dieser berechneten Kurve mit der von Punkt O aus rückwärts konstruierten Kompressionslinie e d gefunden.

Die Linie c d wird mittelst der Kolbenweglinien in das Niederdruckdiagramm übertragen. Von d′ aus Expansion im Niederdruckzylinder und Aufnehmer. Konstruktion der Linie d′ e′ von Punkt O aus bis zum Punkt e′, der in gleicher Höhe wie Punkt b liegen soll, damit die diesem Punkt entsprechende Spannung im Aufnehmer vorhanden ist, wenn der Hochdruckdampf in diesen strömt. Von e′ aus Expansion im Niederdruckzylinder allein. Konstruktion dieser Linie als auch der Kompressionslinie von O_1 aus.

Der Vergleich dieser Diagramme mit dem der Fig. 188 zeigt, daß bei Berücksichtigung der endlichen Aufnehmergröße das Hochdruckdiagramm der Zwillingsverbundmaschine kleiner wird.

c) Verfahren für Dreifachexpansionsmaschinen mit Kurbeln unter 120°.

Das Gesamtdiagramm wird hier in drei Teile geteilt, derart, daß sich die Arbeit gleichmäßig auf die Zylinder verteilt. Bei den Dreikurbelmaschinen werden zwei Anordnungen unterschieden:

Mit vorangehender Hochdruckkurbel, Reihenfolge: Hoch-, Mittel-, Niederdruckkurbel; mit vorangehender Niederdruckkurbel, Reihenfolge: Nieder-, Mittel-, Hochdruckkurbel. Bei ersterer Anordnung kommen leicht Aufnehmerspannungen vor, die den Expansionsenddruck im Hochdruckzylinder übersteigen und zur Schleifenbildung Veranlassung geben. Die zweite Ausführungsweise wird deshalb vorgezogen. Fig. 191.

Aufzeichnungen der Linien a b und b c wie vorhin. In d wird der Mitteldruckzylinder geöffnet, vorher — von c bis d — wurde in den Aufnehmer hineinkomprimiert. Für Punkt d sind p_1 und v_1 bekannt, so daß die Linie d e rechnerisch festgestellt und als Linie gemeinsamen Vorganges in das Mitteldruckdiagramm übertragen werden kann.

Linie e′ wird vom Punkt o_2 aus gezeichnet. In Punkt i wird der Niederdruckzylinder eröffnet. Übertragung der rechnungsmäßig festgestellten Kurve i h als Linie i′ h′ in das Niederdruckdiagramm.

Liegen die Punkte c, e, e′, bzw. g, h, h′ nicht auf einer Wagerechten, so ergibt sich eine etwas andere Dampfverteilung. Nach Abschluß des Mitteldruckzylinders ist Kompression im Hochdruckzylinder und ersten Aufnehmer, bis der zu Punkt c gehörige Aufnehmerdruck erreicht ist. Dann erst schließt das Auslaßorgan des Hochdruckzylinders. Der dem Punkte e′ des Mitteldruckdiagramms entsprechende Punkt des Hochdruckdiagramms wird als Schnittpunkt der berechneten Kurve mit der aus Punkt o_2 entworfenen Kompressionslinie gefunden.

Das Einlaßorgan des Niederdruckzylinders schließt, wenn die dem Punkt g entsprechende Aufnehmerspannung erreicht ist. Liegt Punkt h über der Linie g h′, so folgt im Niederdruckdiagramm auf die Linie des gemeinsamen Vorganges eine von o_2 aus zu entwerfende Expansionslinie, bis der erwähnte Aufnehmerdruck erreicht ist.

d) Verfahren für Dreifachexpansionsmaschinen mit zwei Kurbeln unter 90°.

Bei dieser Anordnung, die für liegende Dreifachexpansionsmaschinen mittlerer Größe die gebräuchlichste war, liegen Hoch- und Mitteldruckzylinder auf der einen, der Niederdruckzylinder auf der andern Seite. Der gleichmäßigen Arbeitsverteilung auf beide Kurbeln wegen müssen die beiden ersteren Zylinder zusammen die Hälfte der Leistung aufbringen, während die andere Hälfte vom Niederdruckzylinder allein übernommen wird. Dementsprechend ist das Gesamtdiagramm zu teilen.

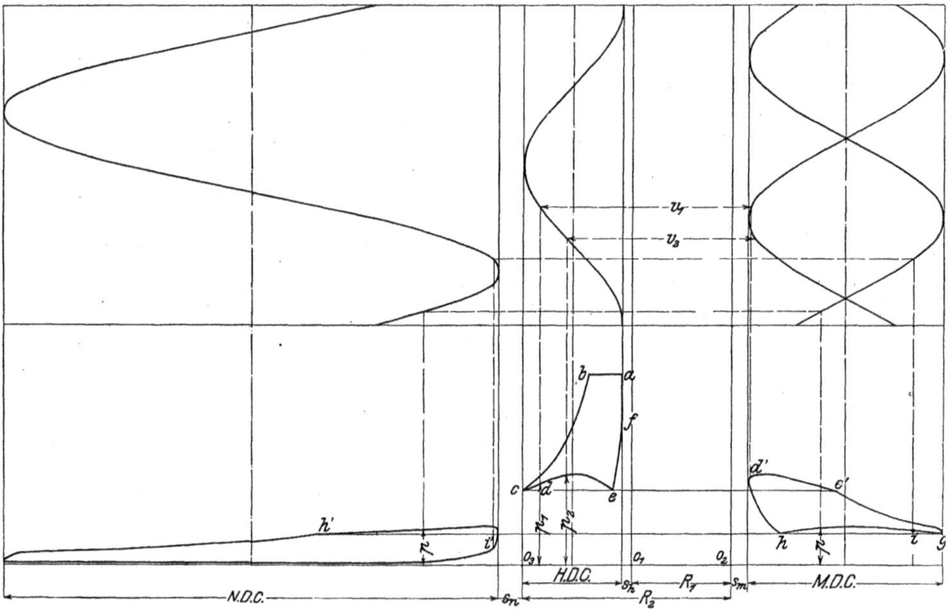

Fig. 191.

Die Feststellung der Diagramme verursacht nach dem Vorausgegangenen keine Schwierigkeiten. Ausströmlinie des Hochdruckzylinders und Einströmlinie des Mitteldruckzylinders werden in gleicher Weise wie bei den Tandemmaschinen aufgezeichnet, während Ausströmlinie des Mitteldruck- und Einströmlinie des Niederdruckzylinders wie bei den Zwillingsverbundmaschinen gefunden werden.

e) Verfahren für vierzylindrige Dreifachexpansionsmaschinen mit zwei Kurbeln unter 90°.

Diese Bauart war nur für größte Leistungen, über 1200 PS_i, gebräuchlich. Die Dampfverteilung in den einzelnen Zylindern ist aus den Diagrammen der Fig. 192 ersichtlich, herrührend von einer 2000 PS_i-Maschine der Krimmitschauer Maschinenfabrik. (Die strichpunktierten Linien verdeutlichen die Arbeitsweise der Maschine mit drei Zylindern in der ersten Betriebszeit: Hoch-, Mittel- und einem Niederdruckzylinder.) Auslaß des Hochdruckzylinders und Einlaß des Mitteldruckzylinders arbeiten wie bei der Zwillingsverbundmaschine, in gleicher Weise arbeitet der erste Niederdruckzylinder mit dem Mitteldruckzylinder zusammen, während der zweite mit letzterem wie bei Tandemmaschinen in Verbindung steht.

Die nach diesem Verfahren erhaltenen Diagramme werden für die Berechnung wieder in der Weise benutzt, daß der Gesamtinhalt der Diagramme durch die Länge des Niederdruckdiagramms dividiert wird.

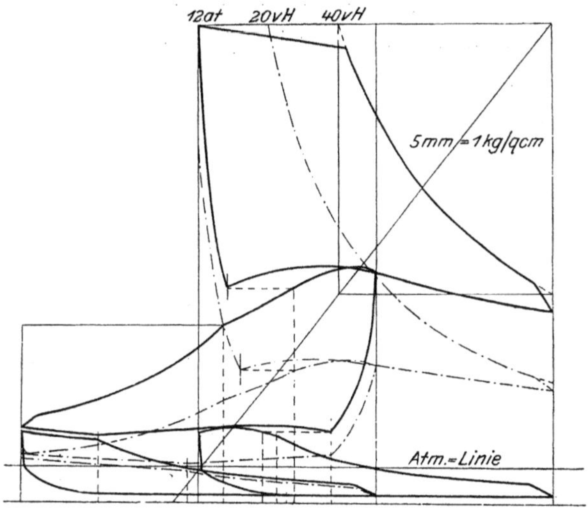

Fig. 192.

Mit dem dadurch erhaltenen mittleren Druck wird der Niederdruckzylinder für die Gesamtleistung berechnet.

Falls trockener oder schwach überhitzter Dampf verwendet wird, hat man den mittleren Druck der so erhaltenen Diagramme zu multi plizieren:

durchschnittlich mit 0,90 bei Verbundmaschinen,
" " 0,85 bei dreizylindrigen Dreifachexpansionsmaschinen.

Bei überhitztem Dampf empfiehlt sich wieder die Konstruktion der Hochdruckexpansionslinie als Polytrope.

3. Das Rankinisieren der Diagramme.

Um Aufschluß über die Ausnutzung des Dampfes in der Maschine zu erhalten, und um Diagramme von Maschinen, die unter ähnlichen Verhältnissen arbeiten, miteinander vergleichen zu können, rankinisiert man dieselben, d. h. man zeichnet die entsprechend umgeänderten Diagramme in ein Hilfsdiagramm abcde ein, bei dessen Entwurf angenommen wird:

1. Die Füllung hat dieselbe Größe wie die „reduzierte" Füllung.
2. Die Expansion geht nach der gleichseitigen Hyperbel oder bei überhitztem Dampf nach einer Polytrope vor sich.
3. Es findet weder Vorausströmung noch Kompression statt. Der schädliche Raum wird also bei jedem Hub frisch gefüllt.
4. Der Gegendruck ist = 1 at. abs. bei Auspuffmaschinen und = 0 bei Kondensationsmaschinen.

Das Verhältnis der Fläche des Verbund-Diagramms zu der des Hilfsdiagramms nennt man den Völligkeitsgrad. Je nach der Feuchtigkeit

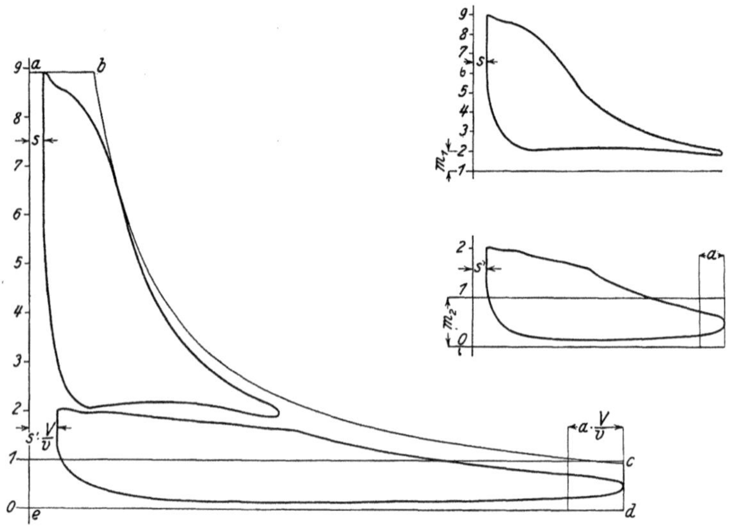

Fig. 193.

des Dampfes, der Höhe der Kompression usw. schwankt er innerhalb weiter Grenzen, er beträgt annähernd:

für Verbundmaschinen: 65 bis 75 v. Ht.,
für dreizylindrige Dreifach-Expansionsmaschinen: 55 bis 65 v. Ht.,
für vierzylindrige Dreifach-Expansionsmaschinen: 58 bis 62 v. Ht.

Die in Deutschland gebräuchlichste Art der Rankinisierung ist in Fig. 193 dargestellt. Da die an der Maschine aufgenommenen Diagramme gewöhnlich gleiche Längen haben, diese aber dem Zylinderverhältnis angepaßt werden müssen, so „verstreckt" man das Niederdruckdiagramm, indem man die Länge des Hochdruckdiagramms als Einheit annimmt. Man „verstreckt" in der Weise, daß das betreffende Diagramm durch Parallelen in etwa 10 gleiche Teile geteilt und ihr Abstand a im Verhältnis $\frac{V}{v}$ vergrößert wird. Die Federmaßstäbe, d. h. die Höhe in mm pro 1 at., sind bei beiden Diagrammen verschieden. Einheitlicher Maßstab wird dadurch erhalten, daß man den Maßstab des Niederdruckdiagramms als Einheit annimmt und demgemäß die Druckordinaten des Hochdruckdiagramms im Verhältnis $\frac{m_2}{m_1}$ vergrößert.

Die derart umgezeichneten Diagramme werden nunmehr in Entfernungen s und $s' \cdot \frac{V}{v}$, die den Inhalten ihrer schädlichen Räume entsprechen, an die Senkrechte a e gelegt, worauf die Mariotte oder die Polytrope vom Punkte 0 aus konstruiert werden kann.

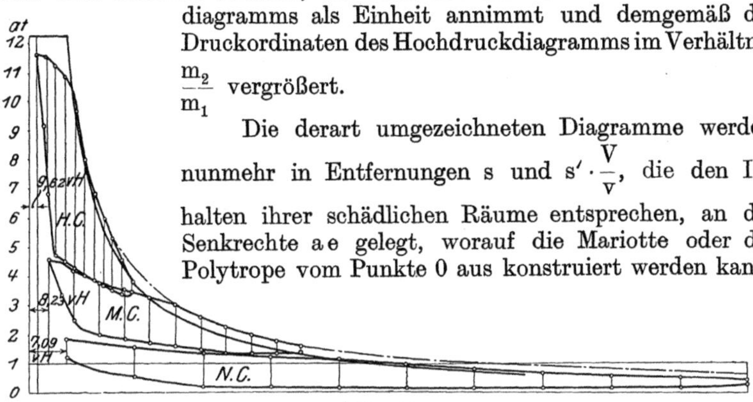

Fig. 194.

Bei überhitztem Dampf wird diese Linie durch den Anfangspunkt der Expansion im Hochdruckzylinder gelegt, bei gesättigtem Dampf auch durch deren Endpunkt. Als Einheit für den Federmaßstab und für die Diagrammlänge nimmt man bei Dreifachexpansionsmaschinen meistens die betreffenden Größen des Mitteldruckzylinders.

Fig. 194 stellt das rankinisierte Diagramm einer Dreifachexpansionsmaschine dar. Die ausgezogene Kurve zeigt den Verlauf adiabatischer Expansion, die strichpunktierte Kurve ist eine gleichseitige Hyperbel. Der bedeutende Völligkeitsgrad ist auf die Heizung der Aufnehmer und der Zylindermäntel, sowie der Zylinderdeckel und -böden zurückzuführen.

4. Spannungssprung und Aufnehmerheizung.

Eine Veränderung in der Dampfverteilung wird in nachdrücklichster Weise durch einen „Spannungssprung" erreicht, worunter man einen durch Vergrößerung der Niederdruckfüllung herbeigeführten Druckabfall bei der Ausströmung des Hochdruckdampfes versteht. Die Einführung dieses Druckabfalles vergrößert die Hochdruckarbeit auf Kosten der Niederdruckarbeit; die Höchstkolbendrücke werden ebenso wie die Temperaturverhältnisse durchgreifend geändert, so daß der Spannungssprung ein bequemes Mittel an die Hand gibt, um unerwünschte Verhältnisse zu ändern.

Als Vorteile desselben lassen sich überdies anführen: Verkleinerung des Hochdruckzylinder-Volumens von $\mathfrak{v}_h$ auf v_h, infolgedessen Vergrößerung der Füllung dieses Zylinders und dadurch Erhöhung der mittleren Zylinderwandtemperatur (Fig. 195)[1]. Während der Ausströmung des Hochdruckdampfes tritt durch den Druckabfall mit Sicherheit Nachverdampfen des während der Expansion entstandenen Kondenswassers

[1]) Lynen, Z. 1890, S. 490.

ein. Infolge der niedrigen Aufnehmerspannung steigt die Kompression im Hochdruckzylinder weniger hoch an.

Endigt das Hochdruckdiagramm einer Verbundmaschine in einer Spitze, und wird sodann durch Vergrößerung der Niederdruckfüllung Spannungsabfall herbeigeführt, so steigt der Regulator bis zu einer gewissen Größe der Niederdruckfüllung und stellt kleinere Füllungen[1]) ein, wodurch die genannten Vorteile in die Erscheinung treten.

Hierbei ist bei Zwillingsverbundmaschinen zu beachten, daß der Niederdruckzylinder nachgefüllt wird, wenn sein Einlaßorgan nicht vor Beginn der Ausströmung des Hochdruckdampfes geschlossen hat. Diese

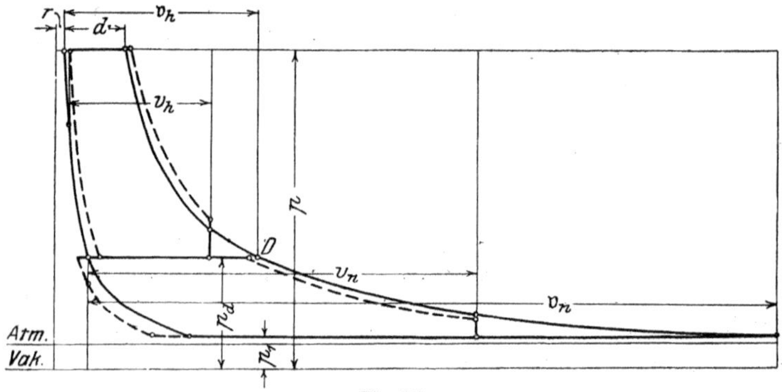

Fig. 195.

Nachfüllung, obgleich mit einem kleinen Verlust an Diagrammfläche verknüpft, ist häufig ganz zweckmäßig und erwünscht.

Spannungsabfall kann auch durch Vergrößerung der Kompression im Hochdruckzylinder herbeigeführt werden, da hierdurch eine größere Füllung erforderlich wird.

Läuft das Hoch- und Mitteldruckdiagramm in eine Schleife aus, so kann diese, von zu hoher Aufnehmerspannung herrührend, durch Vergrößerung der Füllung des folgenden Zylinders beseitigt werden.

Wie im allgemeinen über den Spannungssprung, so gehen auch über die Zweckmäßigkeit der Aufnehmerheizung die Meinungen weit auseinander. Viele Konstrukteure ziehen sie nur deshalb vor, um größere Völligkeit der Diagramme und dadurch einen geringeren nutzbaren Dampfverbrauch zu erhalten. Trotzdem ist ein Nutzen der Aufnehmerheizung durch Versuche nicht erwiesen. Prof. Witz stellt z. B. durch eingehende Versuche an einer Zwillingsverbundmaschine mit Corliß-Steuerung fest, daß der Dampfverbrauch bei Aufnehmerheizung zunahm[2]).

[1]) N. O. muß dann der schädliche Raum mit Frischdampf aufgefüllt werden, was jedoch nach S. 5 keine Erhöhung des Dampfverbrauches zur Folge hat.

[2]) Hat z. B. der Aufnehmerdampf einen Druck von 2,5 atm. absol. entsprechend 128 W.E. Flüssigkeitswärme und 517 W.E. Verdampfungswärme, und hat der Heizdampf 11 atm. absol. Druck bei 183 W.E. Flüssigkeitswärme und 477 W.E. Verdampfungswärme, so kann 1 kg Heizdampf $\frac{477}{571} = 0{,}92$ kg Kondens-

Von Interesse sind Versuche, die 1901 von Prof. Lorenz an einer von Riedinger-Augsburg gebauten Dreifachexpansionsmaschine angestellt wurden. Es sollte festgestellt werden, ob die Maschine bei stark schwankender Belastung mit oder ohne Heizung der Aufnehmer und Zylinder günstiger arbeite. Hoch- und Mitteldruckzylinder, sowie die beiden Aufnehmer waren mit Frischdampf, der Niederdruckzylinder mit Arbeitsdampf aus dem ersten Aufnehmer geheizt.

Die hier in Betracht kommenden Versuchsergebnisse sind in folgender Zahlentafel zusammengestellt. Die Maschine indizierte rd. 600 PS, der mittlere Kesseldruck betrug 12 at., und es wurde ein Dampfverbrauch pro PS_i-Stunde von 5,45 kg mit Heizung, gegenüber 5,67 kg ohne Heizung ermittelt.

Versuchsbedingung:	mit Mantelheizung	ohne Mantelheizung
Kondensat des Arbeitsdampfes aus Aufnehmer I pro st.	33,6	172,2
Kondensat des Arbeitsdampfes aus Aufnehmer II pro st.	0	136,2
Heizdampf für Hoch- und Mitteldruckzylinder zusammen . . . . pro st.	228	0
Heizdampf für Niederdruckzylinder . pro st.	61	0
Heizdampf für Aufnehmer I . . . pro st.	65	0
Heizdampf für Aufnehmer II . . . pro st.	126	0

Aus der Zahlentafel geht hervor, daß durch die Heizung die Kondenswassermenge im Aufnehmer I um $172{,}2 - 33{,}6 = 138{,}6$ kg abnahm, wozu 65 kg Heizdampf gebraucht wurden. Dieses günstige Ergebnis war jedoch nur auf eine teilweise Überhitzung des Arbeitsdampfes im Hochdruckzylinder durch dessen Mantelheizung zurückzuführen. Im Aufnehmer II verschwindet bei Heizung das Kondensat des Aufnehmerdampfes sogar vollständig, wozu 126 kg Heizdampf gebraucht wurden, so daß hier der Aufwand an Heizdampf ungefähr dem Betrag des wiederverdampften Kondenswassers entspricht. Die allerdings nur unbedeutende Verringerung des Dampfverbrauches bei Heizung um noch nicht 4 v. Ht. gegenüber ohne Heizung ist also der Mantelheizung zuzuschreiben.

wasser im Aufnehmer verdampfen. Ohne Heizung wäre dieses mit der Flüssigkeitswärme $0{,}92 \cdot 128 = 118$ W.E. abgelaufen. 1 kg des kondensierten Heizdampfes entweicht hingegen mit 183 W.E. Flüssigkeitswärme, so daß, namentlich wenn noch der Wärmeverlust des Heizdampfes durch Ausstrahlung in betracht gezogen wird, sich Verluste ergeben, die nicht immer durch die Verringerung des nutzbaren Verbrauches und durch die Vorteile trockneren Arbeitsdampfes ausgeglichen werden.

Die Wirkung der Zylindermantelheizung ist eine gänzlich andere. Die großen Temperaturschwankungen des im Zylinder arbeitenden Dampfes verursachen einen viel lebhafteren Wärmeaustausch, als dies bei der nahezu konstanten Temperatur des Aufnehmerdampfes der Fall ist. Nicht umkehrbare Zustandsänderungen mit größerem Temperaturgefälle sind hier ausgeschlossen.

Versuchsergebnisse, die Weighton im Ingenieurlaboratorium des Durham College of Science in Newcastle on Tyne ermittelt hat, sind in Fig. 196 dargestellt. Wie ersichtlich, wird die spez. Dampfmenge bei Aufnehmerheizung größer, gleichzeitig wächst aber auch der Dampfverbrauch pro PS_i-Stunde.

Die Zahlentafel gibt Versuche wieder, die von Barrus an drei Maschinen von 600 bis 1000 PS_i bei Betrieb mit gesättigtem oder nur

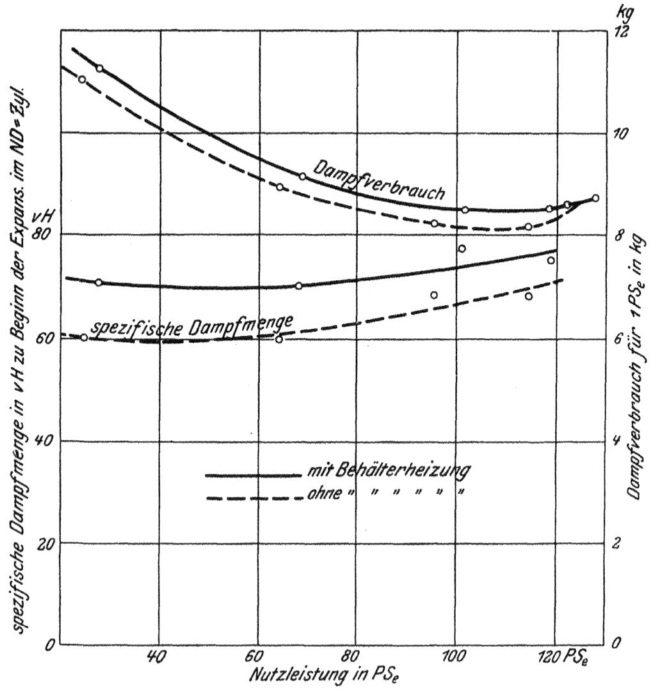

Fig. 196.

schwach überhitztem Dampf angestellt worden sind. Ein Unterschied im Dampfverbrauch wurde nicht festgestellt, der Nutzen der Aufnehmerheizung deckte ungefähr den durch das nicht ausgenutzte Heizungswasser entstehenden Wärmeverlust[1]).

Bei Verbundmaschinen zeigt sich, daß die Niederschlagverluste, in v. Ht. des Gesamtdampfverbrauches, im Niederdruckmantel durchweg größer als im Hochdruckmantel sind. Bei großen Zylindern ist infolge des ungünstigen Verhältnisses zwischen Heizfläche und Zylinderinhalt die Einwirkung der Heizung gering, die Ausstrahlungsverluste nach außen hin nehmen hingegen zu.

[1]) Berner, Z. 1905, S. 1471.

Zahlentafel.

Bezeichnung der Maschine	Liegende Verbund-maschine (Bauart Greene)		Tandem-Corliß-maschine		Corliß-Verbund-maschine	
Zyl. Durchmesser:	660 u. 1270		457 u. 1016		u. 1016 406	
Hub:	1523		1219		1219	
Mantelheizung:	ohne Dampfmäntel		ohne Dampfmäntel		ohne Mantelheizung	
Zylinderverhältnis:	1: 3,64		1 : 5		1 : 6,29	
Heizfläche des Aufnehmers:	—		7		51	
Behälterheizung:	ohne	mit	ohne	mit	ohne	mit
Uml./Min.	76,7	77	73	73,2	80,1	80,2
Dampfdruck in d. Maschine (kg/qcm abs.)	9,55	9,75	11,2	11,25	13,09	13,11
indizierte Leistung PS_i	1073,3	1106,7	624,1	601,9	574,8	573
Mehrleistung des NDZ. durch die Behälterheizung in PS_i	—	37,6	—	78,4	—	59,6
Mehrleistung des NDZ. durch die Behälterheizung v. Ht. der Gesamtleistung	—	3,5	—	12,8	—	10,6
Niederschlagwasser in den Heizröhren in v. Ht. des Dampfverbrauches:	—	4	—	8,7	—	10,3
Dampfverbrauch in kg für PS_i-Stunde einschließlich Aufnehmerkondensat:	6,23	6,36	6,05	6,05	5,05	5,02
abzüglich Aufnehmerkondensat:	6,23	6,11	6,05	5,52	5,05	4,50
Wärmeersparnis durch die Behälterheizung bei Ausnutzung der Flüssigkeitswärme des Niederschlagwassers in v. Ht.:	—	0,82	—	1,98	—	4,6

Die Figuren 197 und 198 geben Versuchsergebnisse wieder, die Hanßel[1]) an der Dreifachexpansionsmaschine der Technischen Hoch-

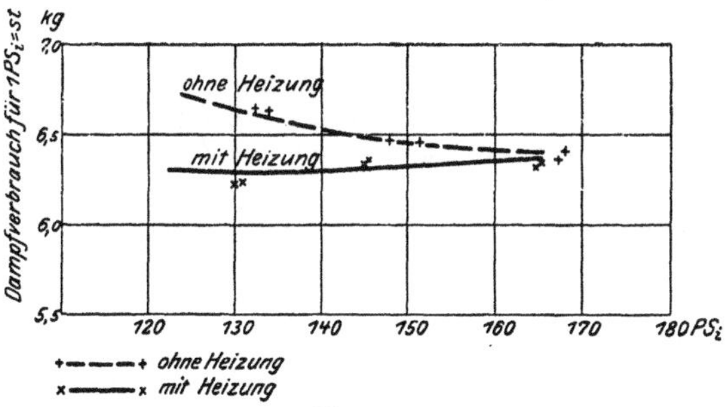

Fig. 197.

schule Charlottenburg erzielt hat, wobei sämtliche Zylinder das eine Mal mit, das andere Mal ohne Mantelheizung arbeiteten. In Fig. 197 — Versuche mit Sattdampf — verschwindet die bei kleineren Leistungen vorhandene günstige Einwirkung der Heizung bei stärkerer Belastung. Bei Verwendung überhitzten Dampfes ist der Gesamtdampfverbrauch

[1]) Hanßel, Versuche an einer Dreifachexpansionsmaschine. Berlin 1911. Julius Springer. Heft 101 der „Mitteilungen über Forschungsarbeiten".

mit und ohne Heizung derselbe, durch die Überhitzung im Hochdruckzylinder fällt der Einfluß der Heizung auf den Eintrittsverlust fort.

Die senkrechte Entfernung zwischen beiden Kurven gibt den Heizdampfverbrauch an.

Bei Maschinen mit einem Wärmeverbrauch unterhalb 3500 bis 4000 W.E. pro PS/Stunde ist die Heizung überflüssig. Ihre Anwendung

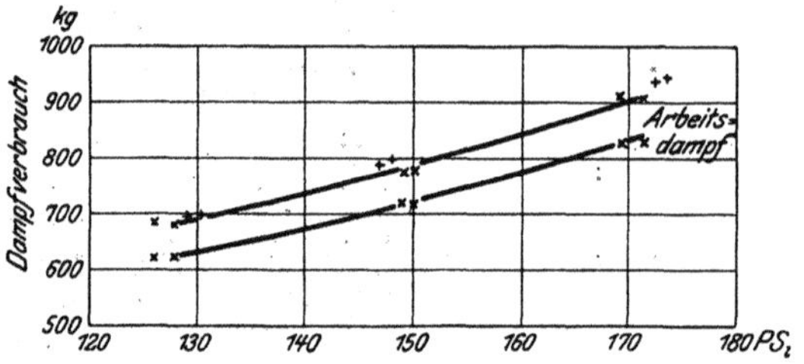

× *mit Heizung* + *ohne Heizung*

Fig. 198.

ist weiterhin begrenzt durch die Rücksicht auf die betriebssichere Wandungstemperatur, die 200° nicht überschreiten soll.

Sehr häufig wurde früher die Anordnung ausgeführt, den Dampf vor Eintritt in den Zylinder in dessen Dampfmantel zu führen. Diese Art der Heizung ergibt etwas günstigeren Dampfverbrauch als die mit ruhendem Kesseldampf.

In allen Fällen ist für reichlichste Entwässerung zu sorgen.

5. Zylinder-Anordnung und konstruktive Gesichtspunkte.

Das Gesamtbild der Verbundmaschine ist gegeben, sobald die Zylinderanordnung bestimmt ist. Für die Verbundmaschine kommt hier die Ausführung als Tandemmaschine oder als Zwillingsverbundmaschine fast ausschließlich in Betracht.

Als Vorteile der Tandemmaschine sind anzuführen: geringer Raumbedarf, einfache Fundamente und einfacheres Triebwerk. Vorteile bezüglich der Massenwirkung bestehen nicht. Als Nachteil ergibt sich die schwierige Zugänglichkeit des an die Geradführung angeschlossenen Zylinders. Seit der Einführung der Überhitzung ist es gebräuchlich geworden, den Niederdruckzylinder mit der Geradführung zu verbinden und nicht mehr, wie ehedem, den Hochdruckzylinder. Hieraus ergibt sich eine geringere Erwärmung der Geradführung und des Kreuzkopfes infolge der niedrigeren Niederdruck-Dampftemperatur. Die Übertragung der größeren Längsdehnung des Hochdruckzylinders auf den Niederdruckzylinder wird vermieden. Auch die Folgen der senkrechten Ausdehnung verschwinden mehr. Man nimmt nämlich an, daß der Hoch druckzylinder sich im Verhältnis der weiteren Entfernung von der Geradführung mehr hebt als der Niederdruckzylinder. Die Mittellinie der Maschine wird also stetig gekrümmt sein.

Schließlich kann die hintere Kolbenstangenführung wegfallen, da der kleinere Hochdruckkolben diese entbehren kann.

Die Zylinder werden durch Strebestangen oder durch „Laternen" (Verbindungsmulden) nach Fig. 199 bis 202 miteinander verbunden.

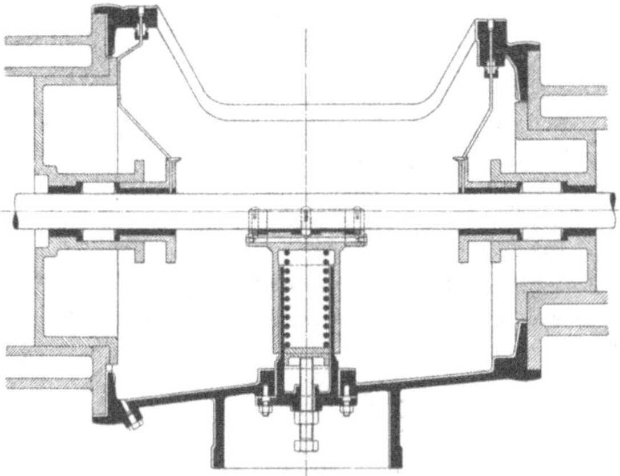

Fig. 199.

Erstere Bauart ist trotz guter Zugänglichkeit der Stopfbüchsen nicht häufig. Fig. 199 zeigt eine Laterne bei vorne liegendem Niederdruckzylinder. Die Kolbenstange muß in diesem Falle zweiteilig ausgeführt werden, damit der Niederdruckkolben durch die Öffnung der Laterne

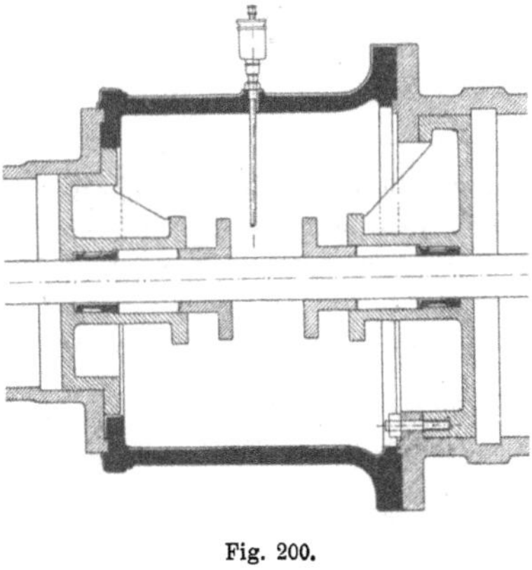

Fig. 200.

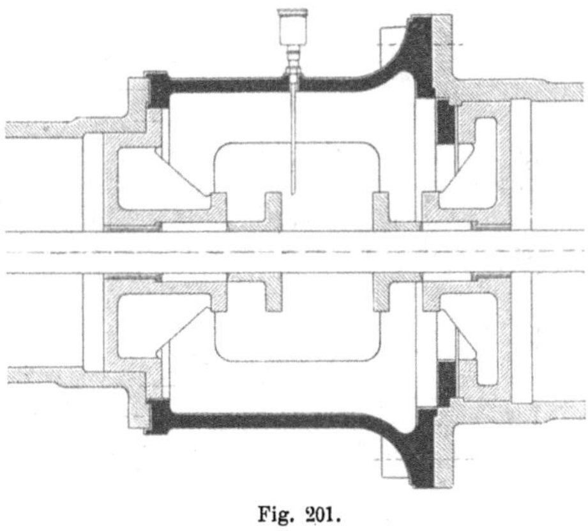

Fig. 201.

herausgeholt werden kann. Absteifung des Ausschnittes durch Abstandsbolzen ist bei größeren Ausführungen empfehlenswert. Zur Entlastung der Stopfbüchsen und zur Verminderung der Kolbenreibung ist eine Unterstützung der Kolbenstange in der Laterne vorteilhaft, und zwar, wie dargestellt, in nachgiebiger Weise durch genau einstellbaren Federdruck.

In Fig. 200 ist die gebräuchlichste Laterne für die umgekehrte Anordnung wiedergegeben. Der Hochdruckkolben wird in der Weise herausgenommen, daß der hintere Hochdruckdeckel und die beiden Niederdruckdeckel gelöst werden. Beide Kolben mit Stangen und Deckeln werden sodann durch den Niederdruckzylinder geschoben. Die Kolbenstange kann also hierbei einteilig hergestellt werden. Der Flansch für den vorderen Niederdruckdeckel befindet sich am Zylinder selbst, so daß zur Ermöglichung der oben beschriebenen Kolbenherausnahme der Durchmesser des Hochdruckzylinders oft kleiner gewählt werden muß, als mit Rücksicht auf richtige Arbeitsverteilung erwünscht ist. Diesem Übelstand helfen die beiden Laternen nach Fig. 201 und 202 ab. In Fig. 201[1]) ist der Niederdruckdeckel an einen zweiteiligen Ring geschraubt, der durch die Laterne eingeschoben wird und sich gegen einen niedrigen Ringansatz des Zylinders stützt. Die Herausnahme des Kolbens wird dadurch erleichtert.

Fig. 202 stellt eine amerikanische Ausführung dar. Der vordere Deckel des Niederdruckzylinders ist ohne Flansch in die Zylinderbohrung

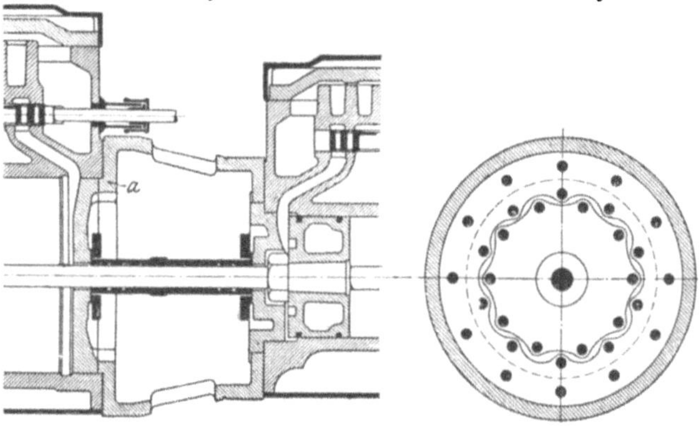

Fig. 202.

eingesetzt und an dem mit Butzen versehenen Flansch *a* des Zwischenstückes festgeschraubt. Der hintere Deckel des Hochdruckzylinders läßt sich durch die Öffnung des Flansches *a* derart hindurchziehen, daß die an dem Umfange seines Flansches angeordneten Butzen für die Befestigungsschrauben zwischen den Schraubenbutzen des Flansches *a* hindurchgehen.

Bei dem Entwurf der Laternen ist darauf zu achten, daß der Schwerpunkt des Querschnittes womöglich in die Mittellinie der Kolbenstange fällt. Ist der Raum für eine größere Baulänge der Maschine vorhanden, so ist es vorteilhaft, beide Zylinder durch eine Geradführung zu verbinden und in dieser den die beiden Kolbenstangen kuppelnden Kreuzkopf zu führen. Die Kolben werden dadurch gut geführt und sind leicht herauszunehmen.

Das Bestreben, die Raumbeanspruchung möglichst zu verringern und in dieser Hinsicht dem Wettbewerb der Dampfturbinen besser zu begegnen, hat andererseits zu dem Entwurf der „kurzgebauten" Tandemmaschinen von Max Schmidt, Proell und Lentz geführt.

[1]) Nach einer Ausführung der Maschinenfabrik Rheydt, O. Recke.

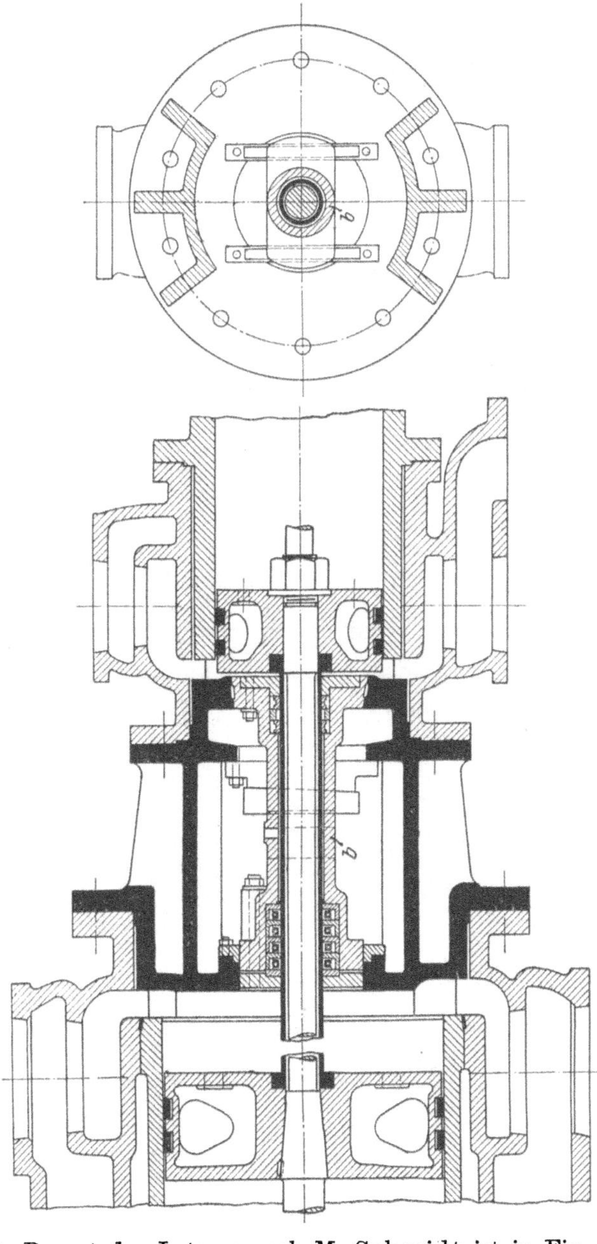

Fig. 203.

Die Bauart der Laterne nach M. Schmidt ist in Fig. 203 dargestellt. In das Zwischenstück wird vom Hochdruckzylinder aus eine gußeiserne Kompensationshülse *b* eingeschoben, an die auf der Niederdruckseite die eigentliche Stopfbüchse (nach Schwabe) angeschraubt ist.

Durch den Überdruck der Hochdruckseite würde die Hülse am Hochdruckdeckel schon genügend in dem Konus abdichten. Zur Sicherheit sind jedoch noch zwei seitliche Keile angebracht.

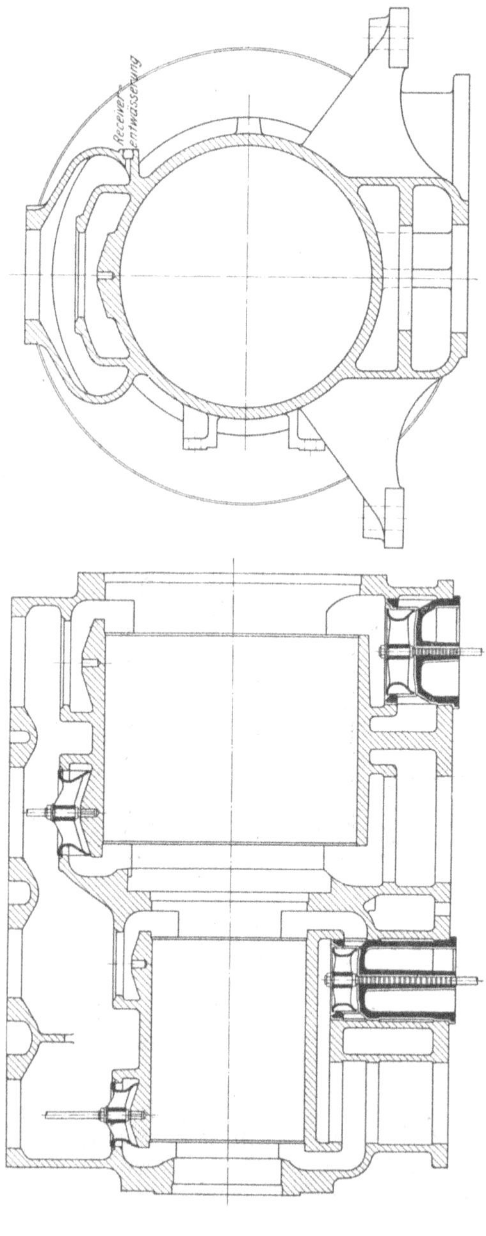

Fig. 204.

Zur Ermöglichung freier Wärmeausdehnung ist die Hülse im Niederdruckdeckel nicht starr befestigt, sondern durch einen Kupferring abgedichtet.

Die Spannung des aus dem Hochdruckzylinder entweichenden Dampfes wird durch Drosselringe stark verringert, so daß die vom Heißdampf nicht berührte Stopfbüchse nur zwei Räume niederer Spannung voneinander zu trennen hat.

Die Kolbenstange setzt sich aus einem äußeren Stahlrohr und der darin liegenden Verlängerung der Niederdruck-Kolbenstange zusammen, so daß beide Kolben durch eine einzige Mutter gleichzeitig und einheitlich vom freien Ende des Hochdruckzylinders aus angezogen werden können.

Nach Lösung der Keile und Verschiebung der Hülse *b* nach dem Hochdruckzylinder hin kann die Stopfbüchse leicht einer Besichtigung unterworfen werden.

In Fig. 204 ist das Zylindergußstück der „kurzgebauten" Tandemmaschine, Bauart Lentz, dargestellt.

Die Hubräume beider Zylinder, von denen der Hochdruckzylinder mit der Geradführung verschraubt ist, werden durch einen Zwischendeckel mit packungsloser ‚Lentz'scher Stopfbüchse getrennt.

Der Dampf tritt unten am Hochdruckzylinder ein, durchströmt den Aufnehmerkanal über beiden Zylindern und tritt unten am Niederdruckzylinder wieder aus.

Die Zylinder der Tandemmaschinen sollen auf einer gemeinsamen Grundplatte gleitbar angeordnet sein. Kräfte dürfen durch diese nicht übertragen werden.

c) Überhitzung.

Die Vorteile der Überhitzung sind theoretischer und praktischer Art. Fig. 205 zeigt im Entropiediagramm den theoretischen Nutzen, der in dem durch die kreuzweis schraffierte Fläche wiedergegebenen Arbeitsgewinn besteht, während die einfach schraffierte Fläche die indizierte Sattdampfarbeit darstellt. Dieser Arbeitsgewinn wird einen um so größeren Betrag der gesamten Arbeitsfläche ausmachen, je höher die untere Diagrammbegrenzung liegt. Bei Auspuffmaschinen ist sonach der — auch hier aber nur wenige v. Ht. betragende — theoretische Nutzen größer als bei Kondensationsmaschinen. Im pv-Diagramm zeigt sich dieser theoretische Gewinn durch die Volumenvergrößerung. Teilweise wird dieser Vorzug allerdings dadurch aufgewogen, daß wegen der stärker abfallenden Expansionslinie des überhitzten Dampfes die Füllung bei Anwendung des letzteren zur Erzielung gleicher Arbeit größer sein muß als beim gesättigten Dampf. Je nach den Verhältnissen leistet bei gleicher Füllung eine Heißdampfmaschine um 5 bis 20 v. Ht. weniger als eine Sattdampfmaschine von gleichen Abmessungen. Weit bedeutender sind die praktischen Vorteile, da der überhitzte Dampf ähnliches Verhalten wie die Gase zeigt. Infolge seiner geringeren Dichte ist er ein schlechter Wärmeleiter, so daß trotz des erhöhten Temperaturgefälles im Zylinder der Wärmeaustausch mit den Wandungen erheblich beeinträchtigt wird. Die große Bedeutung der Dampfdichte für die Wärmeübertragung hat zuerst Doerfel festgestellt (Zeitschr. Ver. deutsch. Ing. 1899, S. 658). Er fand, „daß der Wärmeaustausch bei gleicher Füllung und gleichem Temperaturgefälle bei Auspuffbetrieb weit größere Wärmemengen erfordert als bei Kondensationsbetrieb (mit Niederdruck), so lange mit niedriger Überhitzung oder gesättigtem Dampf gearbeitet wird. Bei höherer Überhitzung schwindet dieser Unterschied. Die größere Dampfdichte bedingt bei sonst gleichen Füllungen und gleichem Temperaturgefälle erhöhten Wärmeaustausch und hohe Überhitzung nimmt dem Dampf diese Eigenschaft."

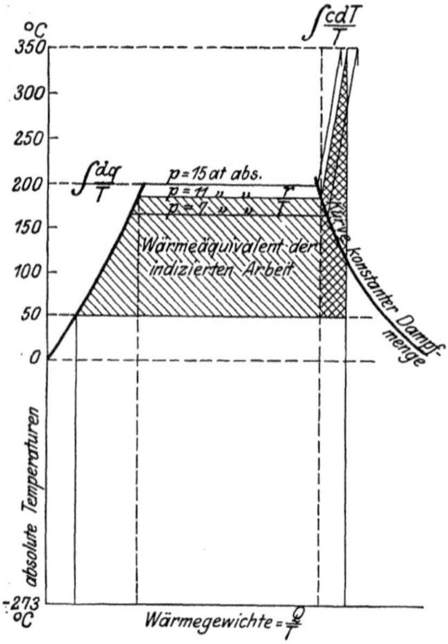

Fig. 205.

In einem der von Doerfel untersuchten Fälle ging bei einer Überhitzungstemperatur von etwa 300° die Empfindlichkeit des Dampfes gegen das Temperaturgefälle soweit herab, daß z. B bei Versuchen mit 15 v. Ht. Füllung fast gleiche Verluste entstehen, ob mit Kondensation (108° Temperaturgefälle) oder mit Auspuff (76° Gefälle) gearbeitet wird.

Der Einfluß der Dampfdichte geht aus weiteren Versuchen Doerfels hervor, bei denen sich zeigte, daß durch Steigerung der Überhitzungstemperatur von 25,5° auf 142,5° C die während der Füllung an die Wandungen abgegebenen Wärmemengen von 2106,5 W.E. auf 480,6 W.E. verringert wurden, so daß durch noch höhere Überhitzung der Wärmeaustausch vielleicht überhaupt vermieden worden wäre, wenn von dem dem Ausstrahlungsverlust entsprechenden Teil abgesehen wird. Versuche von Seemann zeigten, daß bei einer Erhöhung der Überhitzung von 0° auf 170° die an die Zylinderwände abgegebene Wärmemenge von 36,2 v. Ht. auf 9,3 v. Ht. der ganzen zugeführten Wärmemenge zurückging.

Ergebnisse gleicher Art haben Schröter, Dwelshauvers-Dery, Duchesne u. a. festgestellt.

Was die Verringerung der Durchlässigkeitsverluste bei Anwendung überhitzten Dampfes betrifft, so zeigten die Versuche von Callendar-Nicolson, sowie neuerdings die von Capper, daß bei Schiebern die Ölschicht zwischen den Gleitflächen eine dichtende Wirkung ausübt und daß bei Heizung des Zylinders die Durchlässigkeit abnimmt.

Bantlin[1]) erklärt dies dadurch, daß sich der Dampf auf den freigelegten Flächen des Schieberspiegels niederschlägt und daß dieser Belag

[1]) Z. 1906. S. 1184.

verdampft, sobald er in den Auspuff gelangt. Bei stillstehendem Schieber genügt die Ölschicht zur Erzielung einer zuverlässigen Dichtung. Wird jedoch der Schieber bewegt, so zerreißt die Ölschicht, der Dampf kondensiert fortwährend an den freigelegten Schieberspiegelflächen und der Belag arbeitet sich unter dem Einfluß der Pressung und der Schieberbewegung zwischen den Gleitflächen durch, wobei die Verdampfung des Belages die Temperatur der Flächen niedrig hält und dadurch die Kondensation noch mehr fördert.

Weitere Versuche bewiesen, daß die Durchlässigkeit in Form von Wasser größer ist als diejenige in Form von Dampf.

Bei Kolbenschiebern und Ventilen läßt sich die größere Dichtheit bei Überhitzung häufig auf eine rein mechanische Ursache zurückführen. Es liegt dann der Umstand vor, daß die Steuerungsorgane bei höherer Temperatur geschliffen waren; bei niedrigerer Dampftemperatur vermindert sich der Durchmesser der Kolbenschieber mehr als jener der Büchse, so daß der Undichtheitsverlust steigt. Bei Ventilen ist ziemlich regelmäßig zu beobachten, daß sie, wenn sie im Betrieb mit Naßdampf dicht waren, bei Einführung von Überhitzung durchlässig werden und umgekehrt.

Bei seinem Eintritt in den Zylinder gibt der überhitzte Dampf zunächst seine Überhitzungswärme ab, ehe er niederschlägt. Der Wasserbelag an den Wandungen, der in hohem Maße den Wärmeaustausch begünstigt, verschwindet. Die mittlere Zylinderwandungstemperatur wird höher.

Die Überhitzung des Frischdampfes bewirkt weiterhin Trocknung oder sogar Überhitzung des ausströmenden Dampfes, die bei Auspuffmaschinen schon bei einer Überhitzung des Frischdampfes um etwa 50^0 bei mittleren Füllungsgraden meist festzustellen ist. Bei Kondensationsmaschinen zeigt sich diese Erscheinung erst bei höheren Überhitzungsgraden. So fand Schröter (Zeitschr. Ver. deutsch. Ing. 1903, S. 1181) an der 250 PS-Van den Kerchove-Maschine folgende (ideelle) spezifische Dampfmenge im Niederdruckzylinder 5 v. Ht. vor Totlage bei 9,2 atm. Eintrittsdruck

Dampftemperatur in ^{0} C	204,3	233,6	263,9	352,8
Spezifische Dampfmenge	1,000	1,015	1,005	1,023.

Diese Temperaturerhöhung des Auspuffdampfes bewirkt keine Steigerung des Austrittsverlustes, die Versuche zeigten sogar, daß bei der höchsten Auspufftemperatur der Verlust am kleinsten war. Auch hierfür ist die Ursache in dem durch Verschwinden des Wasserbelages verringerten Übergang der Wandungswärme an den ausströmenden Dampf zu suchen.

Der praktische Vorteil der Überhitzung ist um so größer, je unwirtschaftlicher die Maschine vor Einführung der Überhitzung arbeitete; er ist größer bei Auspuffmaschinen als bei Kondensationsmaschinen. Fig. 206 zeigt die geringe Abnahme des Dampfverbrauches bei der Van den Kerchove-Maschine. Zu beachten ist, daß der überhitzte Dampf infolge steileren Abfalles der Expansionslinie für gleiche Leistung größere Füllung als der Sattdampf erfordert. Als Wärmeersparnis gibt O. Berner unter Annahme von Proportionalität zwischen Temperatur und Wärmeverbrauch für einen Temperaturunterschied von 50° C folgende ungefähre Werte an[1]):

Einzylinder-Auspuff	8 v. Ht.
Einzylinder-Kondensation .	7 v. Ht.
Zweizylinder-Kondensation .	6,5 v. Ht.
Dreizylinder-Kondensation .	6,5 v. Ht.

Oberingenieur V. Kammerer[2]) stellt für die meisten von ihm der Betrachtung unterzogenen Versuche an Kondensationsmaschinen fest, daß die Dampfverbrauchskurve bis gegen 300° eine lineare Funktion der Temperatur ist, d. h. der Dampfverbrauch fällt proportional der Temperaturzunahme. Für Maschinen mit geheiztem Hochdruckzylinder scheint sich diese Proportionalität sogar über 300° hinaus zu erstrecken, während für ungeheizte Hochdruckzylinder die Abnahme des Dampfverbrauches über 300° weniger stark zunimmt.

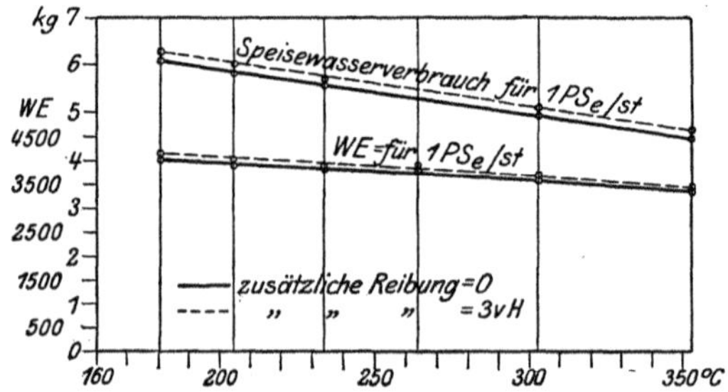

Fig. 206.

Kammerer gibt für gute Zwei- und Dreizylindermaschinen mit geheiztem Hochdruckzylinder bei Temperaturen bis 300° oder gar 350° eine Verminderung des Dampfverbrauches durch die Überhitzung um 10—11 g für 1° C an, während bei sehr guten Maschinen mit geringem Dampfverbrauch und schwacher Belastung 7—8 g, für weniger gute Maschinen mit starker Belastung 13—16 g Ersparnis anzunehmen sind.

Für ungeheizte Hochdruckzylinder sind für schwache Überhitzung und geringe Füllung höhere, für Temperaturen über 300° geringere Werte einzusetzen. Für Einzylinder- und Verbund-Auspuffmaschinen schätzt Kammerer bei niedrigeren Temperaturen die Verbesserung des Dampfverbrauches auf 20 g und mehr für 1° Überhitzung.

Bezüglich der Verwendung überhitzten Dampfes[3]) in Verbundmaschinen ist noch zu bemerken, daß solche mit kleinem Hochdruckvolumen bei steigender Belastung größeren Wärmeverbrauch aufweisen als solche mit großem Hochdruckzylinder. Stark zu belastende Maschinen sind sonach mit großem Hochdruckzylinder auszuführen.

Umgekehrt zeigt sich, daß Verbundmaschinen mit großem Zylinderverhältnis bei kleineren Belastungen größeren Nutzen von starker Über-

[1]) Zeitschr. Ver. deutsch. Ing. 1905. S. 1114.
[2]) Zeitschr. f. Dampfkessel und Maschinenbetrieb 1914. S. 500.
[3]) Berner, Z. 1905. S. 1061 u. f.

hitzung haben. Die Temperatur, mit welcher der Dampf den Hochdruckzylinder verläßt, ist um so höher, je größer Leistung und Zylinderverhältnis sind. Die Verluste im Aufnehmer und in den Zwischenleitungen nehmen damit zu.

Als Folge der erwähnten Veränderung ergibt sich, daß bei gleichbleibender Gesamtleistung die Arbeit des Hochdruckzylinders mit wachsender Dampftemperatur zunimmt. Gleiche Leistungsverteilung wie beim gesättigten Dampf läßt sich bei überhitztem Dampf durch Änderung des Zylinderverhältnisses herbeiführen. So wurde durch Versuche an einer Verbundmaschine mit dem Zylinderverhältnis 1 : 3 festgestellt, daß

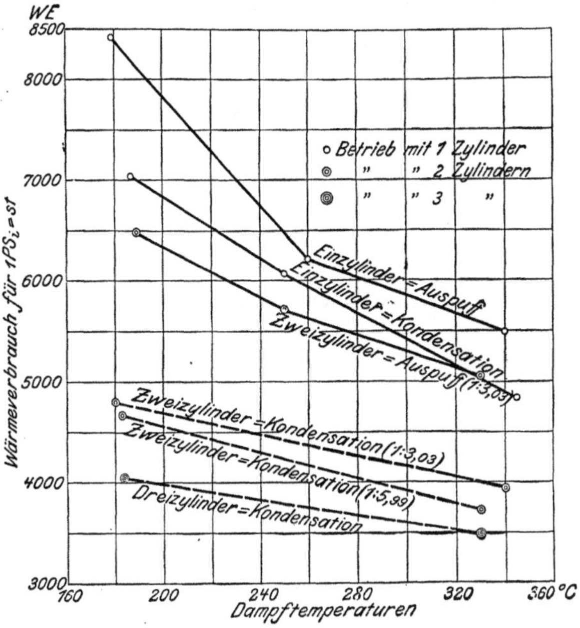

Fig. 207.

bei Betrieb mit gesättigtem Dampf die Leistung beider Zylinder verschieden war, während sich die Arbeit bei mittlerer Überhitzung gleichmäßig verteilte. Versuche an einer Maschine mit dem Zylinderverhältnis 1 : 2,47 ergaben bei Sättigung gleiche Arbeitsverteilung, hingegen leistete bei 350^0 Überhitzung der Hochdruckzylinder eine um 44 v. Ht. größere Arbeit als der Niederdruckzylinder.

In Fig. 207 sind Versuchsergebnisse wiedergegeben, die von Gebr. Sulzer an einer älteren Maschine mit verschiedener Zylinderzahl erhalten wurden. Es sollte hierbei die Abhängigkeit des Wärmeverbrauches von der Temperatur festgestellt werden. Die angegebenen Verbrauchswerte beziehen sich auf die günstigste Leistung.

Wie ersichtlich, nimmt die relative Wärmeersparnis bei größerer Zylinderzahl ab. Die Einzylindermaschine weist bei starker Überhitzung

(350°) denselben Wärmeverbrauch auf wie die Sattdampf-Verbundmaschine, während die Heißdampf-Verbundmaschine schon bei mittlerer Überhitzung den Verbrauch der Sattdampf-Dreifachexpansionsmaschine erreicht. Durch die Einführung der Überhitzung ist die Anwendung der Dreifachexpansionswirkung überhaupt sehr selten geworden, denn die großen Füllungen im Hochdruckzylinder und die hohe Temperatur des aus diesem austretenden Mitteldruckdampfes sind mit Rücksicht auf betriebsichere Zylinderwandtemperaturen höheren Überhitzungsgraden hinderlich.

Um in den Niederdruckzylindern der Verbundmaschinen die Eintrittsverluste zu verringern, wird mitunter Zwischenüberhitzung aus-

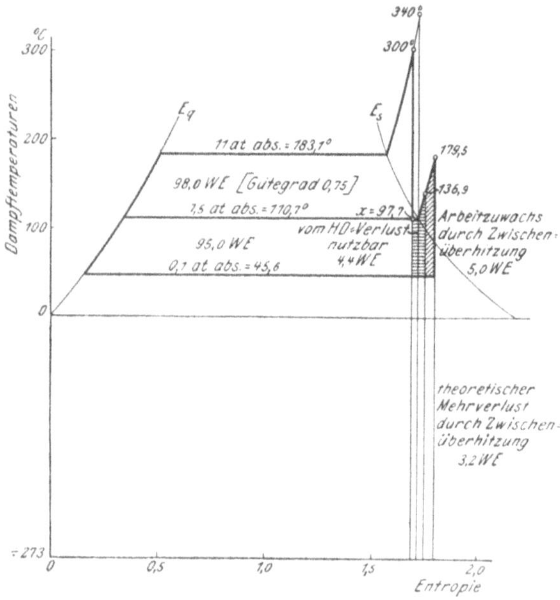

Fig. 208.

geführt, d. h. der den Aufnehmer durchströmende Niederdruckdampf wird mittelst Röhrenheizung durch den Frischdampf überhitzt.

Im Entropiediagramm, Fig. 208, das auch die nicht außer acht zu lassende Ausnutzung der Hochdruckwärmeverluste im Niederdruckzylinder berücksichtigt, ist Übertragung von 20 W.E. an den Aufnehmerdampf angenommen, wobei mit $c_p \sim 0{,}5$ die Überhitzung des Frischdampfes von 340° auf 300°, die Arbeitsfähigkeit um 8,2 W.E. abnimmt. Von diesen werden 5 W.E. im Niederdruckzylinder nutzbar gemacht, so daß ein theoretischer Verlust von 3,2 W.E. folgt.

Ein Nutzen der Zwischenüberhitzung ist sonach erst dann zu erwarten, wenn dieser Verlust durch Wärmeersparnis infolge verminderter Wechselwirkung zwischen Dampf und Zylinderwand im Niederdruckzylinder übertroffen wird.

Eingehende Versuche hat Watzinger[1]) an einer von Gebr. Stork in Hengelo (Holland) erbauten Maschine von 700 und 1160 mm Zyl.-Durchm., 1300 mm Hub vorgenommen. Der Zwischenüberhitzer gleicht der in Fig. 210 dargestellten Bauart, nur daß der Mischschieber von Hand eingestellt wurde.

Mit steigender Zwischenüberhitzung nahm die Niederdruckleistung bei entsprechender Abnahme der Hochdruckleistung zu. Die Verluste durch Eintrittskondensation und Undichtheit zeigten gegenüber dem Betrieb ohne Zwischenüberhitzung keine wesentliche Änderung. Fig. 209 zeigt, daß nur ein geringer Teil der aufgewandten Frischdampfwärme Arbeitszuwachs im Niederdruckzylinder bewirkt. Der theoretische Verlust beträgt rd. $^2/_3$ des Arbeitszuwachses, während bei hohen

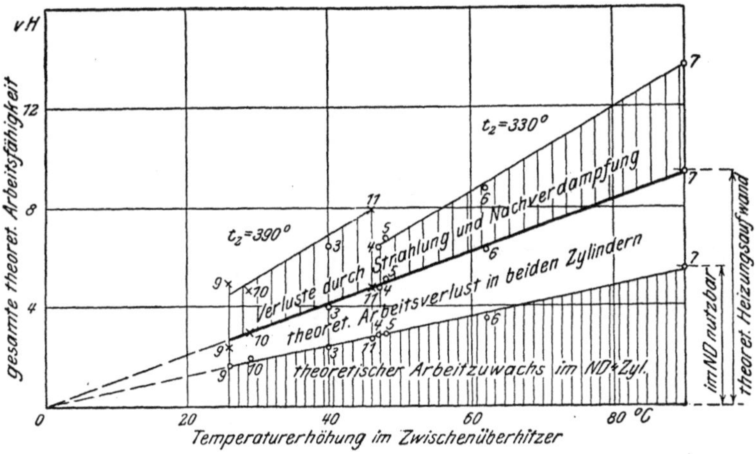

Fig. 209.

Frischdampftemperaturen (Versuch 11, t = 387°) die Strahlungsverluste die doppelte Höhe des theoretischen Verlustes erreichen.

Unter Berücksichtigung der raschen Zunahme der Strahlungsverluste und theoretischen Verluste mit gesteigerter Aufnehmerdampftemperatur erwies sich die Zwischenüberhitzung als zwecklos.

Versuche des Bayerischen Revisionsvereins an einer Sulzer-Maschine von 680 und 1200 mm Zyl.-Durchm., 1700 mm Hub zeigten Gleichwertigkeit der Zwischenüberhitzung um 40° mit Heizung des Niederdruckzylindermantels durch strömenden Arbeitsdampf.

Die an die Anwendung der Zwischenüberhitzung geknüpften Erwartungen sind sonach nicht in Erfüllung gegangen. Die großen Füllungen des Niederdruckzylinders, die geringe Dichte des Niederdruckdampfes beeinflussen die Wechselwirkung zwischen diesem und Zylinderwand in günstigster Weise, so daß Zwischenüberhitzung nur

[1]) Watzinger, Über den praktischen Wert der Zwischenüberhitzung bei Zweifachexpansionsmaschinen. Jul. Springer, Berlin 1910. Heft 92 der „Mitteilungen über Forschungsarbeiten".

in solchen Fällen angebracht erscheint, in denen der Hochdruckzylinder die zugeführte Überhitzungswärme nicht verarbeiten kann.

Die Ascherslebener Maschinenbau-A.-G. führt nach dem Vorschlag von Schmidt Dampfmaschinen mit „Füllungsüberhitzung“ aus, wobei von folgenden Erwägungen ausgegangen wird.

Bei Füllungen von 15 bis 20 v. Ht. und bei einer Dampftemperatur bis zu 350° wird die Überhitzung noch vor Beendigung der Expansion aufgezehrt, und der Dampf schlägt sich nieder. Bei größeren Füllungen dagegen bleibt der Dampf bis Ende der Expansion überhitzt, so daß die Arbeitsflächen des Zylinders trocken bleiben, und jede Selbstschmierung

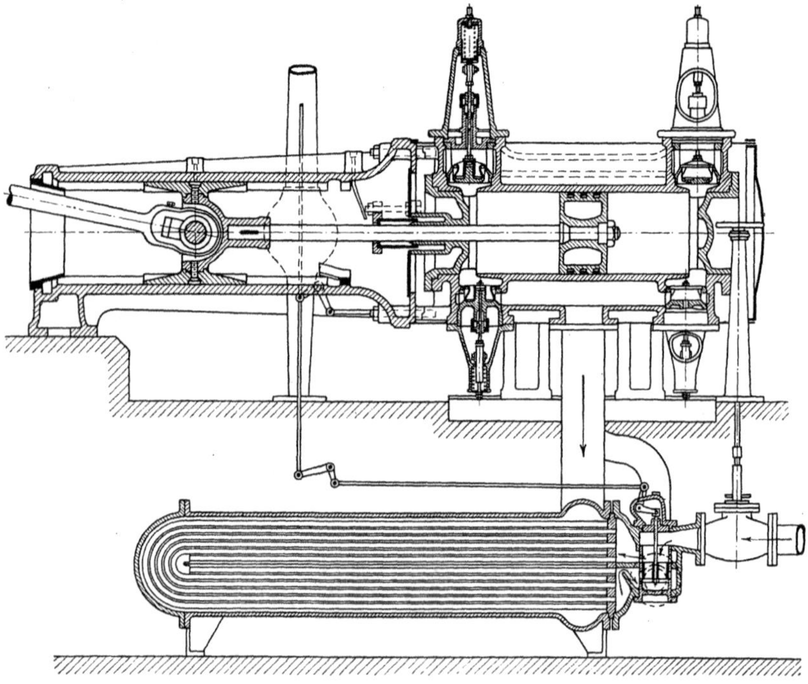

Fig. 210.

aufhört. Außerdem steigt die Wandtemperatur infolge der größeren Füllung. Wenn sonach eine doppeltwirkende Maschine bei 15 bis 20 v. Ht. Füllung und 350° noch anstandslos arbeitet, so ist doch stets die Gefahr vorhanden, daß bei größeren Füllungen die Arbeitsflächen im Dampfzylinder zerstört werden. Es muß also dem Dampf bei jeder größeren Füllung Wärme vor seinem Eintritt in den Hochdruckzylinder entzogen werden, und zwar um so mehr, je größer die Füllung ist. Diese dem Hochdruckdampf entzogene Wärme wird am vorteilhaftesten zur Heizung des Aufnehmerdampfes verwendet, denn mit der Hochdruckfüllung wachsen gleichzeitig Aufnehmerspannung und Temperaturgefälle im Niederdruckzylinder.

Da nun der Regulator die Hochdruckfüllung einstellt, so ist er auch am besten zur Regelung der Überhitzung geeignet, indem er je nach der Größe der Füllung mehr oder weniger Hochdruckdampf durch den Aufnehmer strömen läßt.

Eine diesbezügliche Bauart des Aufnehmers zeigt Fig. 210. Der Hochdruckdampf tritt vom Hauptdampfrohr durch ein Absperrventil in einen Mischschieber, dessen Gehäuse an den Deckel des Aufnehmers angegossen ist. Die Büchse dieses Schiebers hat zwei Ringkanäle; der obere Kanal steht mit der oberen und der untere mit der unteren Rohrkammer in Verbindung. Von dem unteren Kanal führt ein Dampfrohr nach dem Hochdruckzylinder. Schließt nun der Schieber den oberen Kanal ab, so tritt der Hochdruckdampf durch den unteren Kanal und gelangt unabgekühlt nach dem Hochdruckzylinder; nur ein kleinerer Teil, nämlich so viel als im Aufnehmer kondensiert wird, tritt durch die untere Rohrkammer zurück in die Rohre des Aufnehmers.

Bei Füllungen von über 20 v. Ht. stellt der Regulator den Schieber so ein, daß er den oberen Kanal öffnet und den unteren verengt, so daß ein Teil des Hochdruckdampfes seinen Weg durch die Rohre nimmt, hier seine Überhitzung an den Aufnehmerdampf abgibt, und dann nach Mischung mit dem übrigen direkt durch den Schieber gehenden Dampf nach dem Hochdruckzylinder gelangt.

Füllungsüberhitzung ist nur bei zeitlich weit auseinander liegenden Belastungsänderungen von Vorteil, da bei Schwankungen von kurzer Dauer eine Änderung der Wandtemperatur infolge der in den Eisenmassen des Zylinders aufgespeicherten Wärmemenge kaum eintreten wird.

D. Die Wirkungen der Massen und des Schwungrades.

a) Die Geschwindigkeits- und Kraftverhältnisse des Kurbelgetriebes.

Bei unendlich langer Pleuelstange.

Dieser Fall liegt vor, wenn der Kurbelzapfen in den Schlitz einer Kurbelschleife eingreift. Die bei irgend einem Kurbelwinkel α zurückgelegte Wegstrecke x wird durch die Projektion des Kurbelendpunktes auf den wagerechten Durchmesser gefunden. Es wird:

$$x = R\,(1 - \cos\alpha).$$

Die Geschwindigkeit c der Kurbelschleife ist gleich der wagerechten Komponente der Kurbelzapfengeschwindigkeit w, sonach:

$$c = w \cdot \sin\alpha.$$

Wird die gleichbleibend angenommene Umfangsgeschwindigkeit durch den Halbmesser R dargestellt, so ist $c = R \cdot \sin\alpha$, d. h. die zu einer bestimmten Kurbelstellung gehörige Ordinate gibt durch ihr Verhältnis zu R die augenblickliche Geschwindigkeit der Kurbelschleife an.

Die Beschleunigung b, welche die Kurbelschleife während des Hubes $s = 2\,R$ erfährt, ist gleich der wagerechten Komponente der Zentripetalbeschleunigung $\frac{w^2}{R}$:

$$b = \frac{w^2}{R} \cdot \cos\alpha.$$

Nun ist:

$$x = \frac{s}{2}\,(1 - \cos\alpha); \quad \cos\alpha = 1 - \frac{2\,x}{s}.$$

Setzt man diesen Wert in die Gleichung für b ein, so erhält man:

$$b = \frac{w^2}{R}\left(1 - \frac{2\,x}{s}\right),$$

die Gleichung einer Geraden von der Form $y = a + b \cdot x$.

Bei Pleuelstangen von endlicher Länge.

Nach Seite 50 ist:

$$x = R\left(1 - \cos\alpha \pm \frac{1}{2}\frac{R}{L}\cdot \sin^2\alpha\right).$$

Der Kolbenweg kann entweder durch zwei den Kurbelkreis tangierende Bögen vom Radius L oder mittelst des Brixschen Verfahrens zeichnerisch bestimmt werden. (S. 49.)

Die Kolbengeschwindigkeit wird durch Differentiation des obigen Ausdruckes für x nach der Zeit erhalten:

$$v = \frac{dx}{dt} = R\left(\sin\alpha \pm \frac{1}{2}\frac{R}{L}\cdot \sin 2\alpha\right)\cdot \frac{d\alpha}{dt};$$

nun ist:

$$R\cdot d\alpha = w\cdot dt \text{ und somit } \frac{d\alpha}{dt} = \frac{w}{R}.$$

$$v = w\left(\sin\alpha \pm \frac{1}{2}\frac{R}{L}\cdot \sin 2\alpha\right).$$

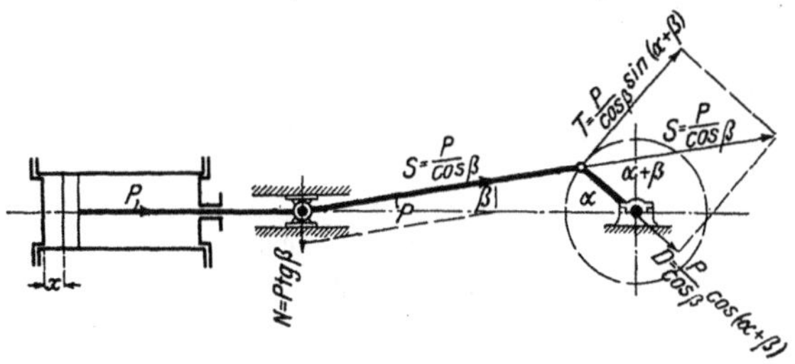

Fig. 211.

Die Differentiation dieses Ausdruckes nach der Zeit ergibt die Beschleunigung:

$$b_e = \frac{dv}{dt} = w\left(\cos\alpha \pm \frac{R}{L}\cdot \cos 2\alpha\right)\cdot \frac{d\alpha}{dt}, \text{ oder, da } \frac{d\alpha}{dt} = \frac{w}{R}:$$

$$b_e = \frac{w^2}{R}\left(\cos\alpha \pm \frac{R}{L}\cdot \cos 2\alpha\right).$$

Wird nach Fig. 211 die Kolbenkraft P in der ersichtlichen Weise zerlegt, so wird:

der Normaldruck auf die Gleitbahn:

$$N = P\cdot tg\,\beta = S\cdot \sin\beta,$$

worin S = Schubstangenkraft.

Für $(\alpha + \beta) = 90^0$ wird

$$N = P\cdot \frac{R}{L}.$$

Weiterhin ist:

$$S = \frac{P}{\cos\beta}.$$

Für $\alpha = 90^0$ $(\beta = \beta_{max})$ wird:

$$S_{max} = \frac{P}{\sqrt{1 - \left(\frac{R}{L}\right)^2}}$$

Für $L = \infty$:

$$S = P.$$

Der Tangentialdruck an der Kurbel hat den Wert:

$$T = P \cdot \frac{\sin(\alpha + \beta)}{\cos \beta}.$$

Es wird für:

$\alpha = 90^0$ $\qquad T = P.$

$(\alpha + \beta) = 90^0$ $\qquad T_{max} = S = P \sqrt{1 + \left(\frac{R}{L}\right)^2}.$

$L = \infty$ $\qquad T = P \cdot \sin \alpha.$

b) Der Beschleunigungsdruck.

Die Massen des Kolbens nebst Stange, des Kreuzkopfes und der halben Schubstange erfahren in der kurzen Zeit von rd. $\frac{1}{4}$ Umdrehung eine Steigerung ihrer Geschwindigkeit von Null bis auf die Kurbelzapfengeschwindigkeit. Der hierzu erforderliche Beschleunigungsdruck K muß vom Kolbendruck oder, falls dieser mangelt, von der im Schwungrad aufgespeicherten lebendigen Kraft hergegeben werden, und zwar in der Größe:

$$K_u = \frac{G}{g} \cdot \frac{w^2}{R}\left(1 - \frac{2x}{s}\right)$$

bei unendlicher Pleuelstangenlänge, und

$$K_e = \frac{G}{g} \cdot \frac{w^2}{R}\left(\cos \alpha \pm \frac{R}{L} \cdot \cos 2\alpha\right)$$

bei endlicher Pleuelstangenlänge.

Da dieser Beschleunigungsdruck von der ganzen Kolbenfläche F aufzubringen ist, so entfällt auf 1 qcm der Druck:

$$k_u = \frac{G \cdot w^2}{g \cdot R \cdot F}\left(1 - \frac{2x}{s}\right), \text{ bezw.}$$

$$k_e = \frac{G \cdot w^2}{g \cdot R \cdot F} \cdot \left(\cos \alpha \pm \frac{R}{L} \cdot \cos 2\alpha\right).$$

Für den Totpunkt, in dem x und $\alpha = 0$, wird

$$k_u = \frac{G \cdot w^2}{g \cdot R \cdot F},$$

$$k_e = \frac{G \cdot w^2}{g \cdot R \cdot F}\left(1 \pm \frac{R}{L}\right).$$

Unter Voraussetzung unendlicher Pleuelstangenlänge wird demnach im Totpunkt der Beschleunigungsdruck gleich der Fliehkraft der im Kurbelzapfen vereinigt gedachten schwingenden Massen. In diesem Fall können fernerhin die Beschleunigungsdrucke ebenso wie die Beschleunigungen selbst durch die Ordinaten einer Geraden dargestellt werden, welche die Wagerechte in der Mitte schneidet, da für $x = \frac{1}{2}s$, $k_u = o$ wird und deren Anfangs- und Endordinate den Wert $k_u = \frac{G \cdot w^2}{g \cdot R \cdot F}$ haben. Fig. 215.

Bei Annahme endlicher Pleuelstangenlänge genügt in den meisten Fällen die Kenntnis der 11 Ordinaten der Beschleunigungsdruckkurve, die durch eine Zehnteilung des Kolbenweges entstehen. Diesen zehn

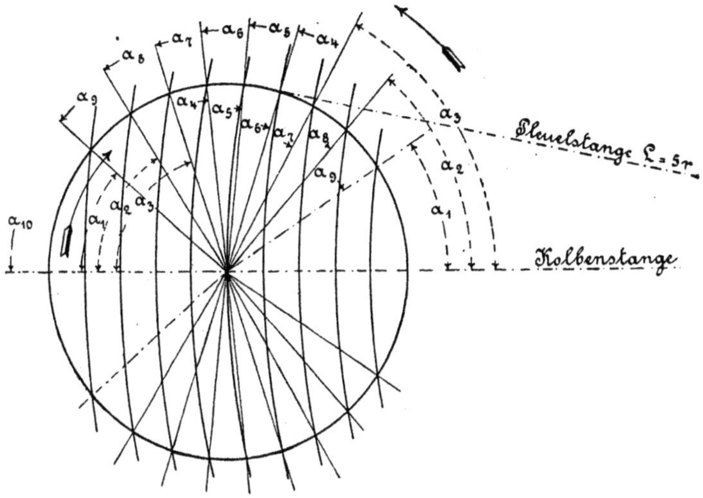

Fig. 212.

Teilen entsprechen Kurbelwinkel von verschiedener, durch das Verhältnis $\frac{R}{L}$ bestimmter Größe, Fig. 212. Setzt man die durch die Zehnteilung erhaltenen Werte von α in die Rechnung ein, so ergibt sich die Zahlentafel auf S. 190.

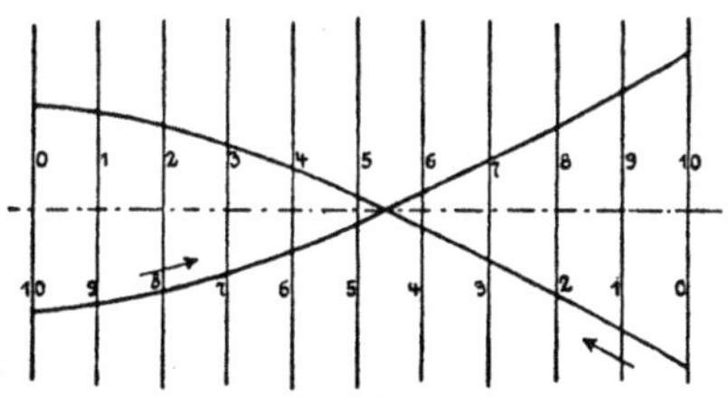

Fig. 213.

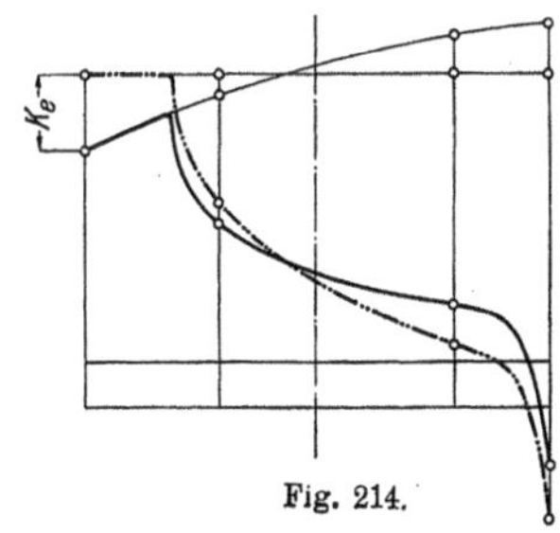

Fig. 214.

Diese Werte, als Ordinaten der Beschleunigungsdruckkurve, Fig. 213, beziehen sich auf

$$\frac{G}{g \cdot F} \cdot \frac{w^2}{R} = 1.$$

Eine weitere einfache Art der Aufzeichnung wird davon abgeleitet, daß in den Totpunkten

$$k_e = k_u \left(1 \pm \frac{R}{L}\right).$$

Werte von $\left(\cos\alpha \pm \frac{R}{L}\cdot\cos 2\,\alpha\right)$.

	Ordinate	$\frac{R}{L}=\frac{1}{4}$	$\frac{R}{L}=\frac{1}{5}$	$\frac{R}{L}=\frac{1}{6}$	Ordinate	
Hingang ←	0	1,25	1,2	1,167	10	→ Rückgang
	1	0,941	0,92	0,84	9	
	2	0,664	0,639	0,633	8	
	3	0,409	0,379	0,376	7	
	4	0,129	0,126	0,134	6	
	5	—0,101	—0,091	—0,078	5	
	6	—0,318	—0,3	—0,284	4	
	7	—0,471	—0,465	—0,458	3	
	8	—0,610	—0,613	—0,608	2	
	9	—0,715	—0,717	—0,742	1	
	10	—0,75	—0,8	—0,833	0	

und für $\alpha = 90^0$

$$k_e = -k_u\cdot\frac{R}{L}.$$

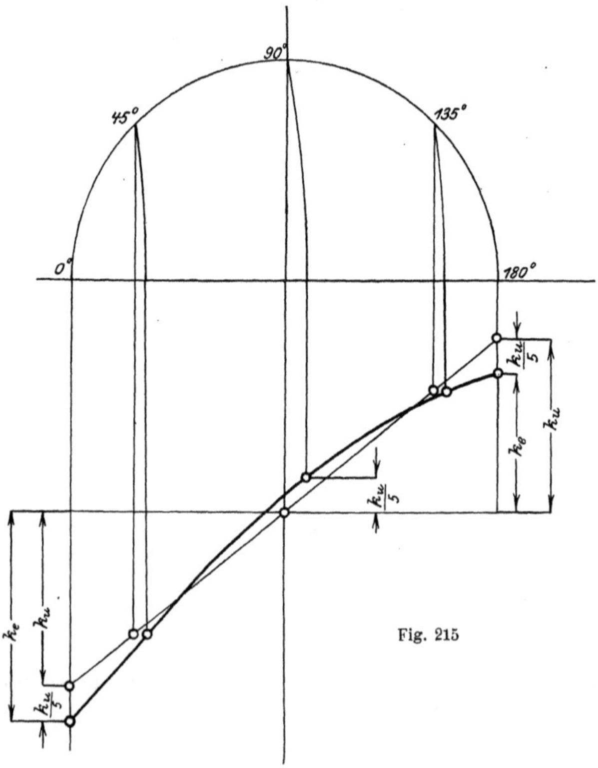

Fig. 215

Ist z. B. $\frac{R}{L} = \frac{1}{5}$, so braucht die Anfangsordinate der zuerst für $L = \infty$ aufgezeichneten Beschleunigungskurve nur um $\frac{1}{5}$ ihrer Länge vergrößert, die Endordinate um dasselbe Stück verkleinert zu werden. Hierauf wird unter Berücksichtigung der Pleuelstangenlänge die Kolbenstellung für $\alpha = 90^0$ ermittelt und auf der betreffenden Senkrechten die gleiche Strecke nach Fig. 215 abgetragen. Zwei weitere Punkte der Kurven ergeben sich bei den Kurbellagen $\alpha = 45^0$ und 135^0, für welche die Beschleunigungsdrucke bei endlicher und unendlicher Pleuelstangenlänge einander gleich sind. Aus diesen fünf Punkten kann sodann die parabelähnliche Linie gezogen werden.

Da die Beschleunigungsdruckkurve gewöhnlich in das Dampfdiagramm eingezeichnet wird, so muß für die Darstellung von k_u, bzw. k_e der Druckmaßstab des Diagramms gewählt werden.

Die zur Berechnung der Beschleunigungsdrucke erforderliche Kenntnis der Gewichte könnte bei ausgeführten Maschinen durch Wägung, bei entworfenen Maschinen durch Gewichtberechnung festgestellt werden. Da es sich meist aber nur um eine angenäherte Wiedergabe der Kurven handelt, so kann der Wert $\frac{G}{F}$ — das Gewicht der hin- und hergehenden Maschinenteile pro 1 qcm Kolbenfläche — nach Radinger gesetzt werden:

Für Hochdruckmaschinen:	Kolbenhub $\leqq 0{,}7$ m,	$\frac{G}{F} = 0{,}28$ kg,
	„ „ $\geqq 0{,}7$ m,	$\frac{G}{F\ s} = 0{,}4$ kg.
Für Niederdruckmaschinen:	„ „ $\leqq 0{,}9$ m,	$\frac{G}{F} = 0{,}2$ kg,
	„ „ $\geqq 0{,}9$ m,	$\frac{G}{F \cdot s} = 0{,}22$ kg,

wenn s = Hub in m.

Als Niederdruckmaschinen kommen die Niederdruckseiten der Mehrfachexpansionsmaschinen in Betracht.

Werden Pumpen, Gebläse usw. von dem Kolbengestänge angetrieben, so sind deren Massen, wie auch die zu beschleunigenden Wassermassen besonders in Rechnung zu stellen.

c) Das Tangentialdruckdiagramm und die Schwungradberechnung.

Fig. 216—218. Steht der Kolben in der durch die Senkrechte y — y bezeichneten Stellung, so wirken auf ihn die fördernde Hinterdampfspannung p_h und die hindernde Vorderdampfspannung p_v. Um die den Kolben treibende Differenz beider Spannungen, den Überdruck $p_h - p_v$ für jede Kolbenlage zu erhalten, wird die Linie der Hinterdampfspannungen des einen Diagramms in der Weise über die der Vorderdampfspannungen des anderen Diagramms gelegt, daß, dem tatsächlichen Vorgang entsprechend, Kompression und Füllung an entgegengesetzten Enden liegen. Die zwischen beiden Linienzügen liegenden Ordinaten geben dann für jede Kolbenstellung den Überdruck $p_h - p_v$ an. Ihre am zweckmäßigsten von der absoluten Null-Linie aus vorzunehmende Auftragung ergibt das Dampfüberdruckdiagramm.

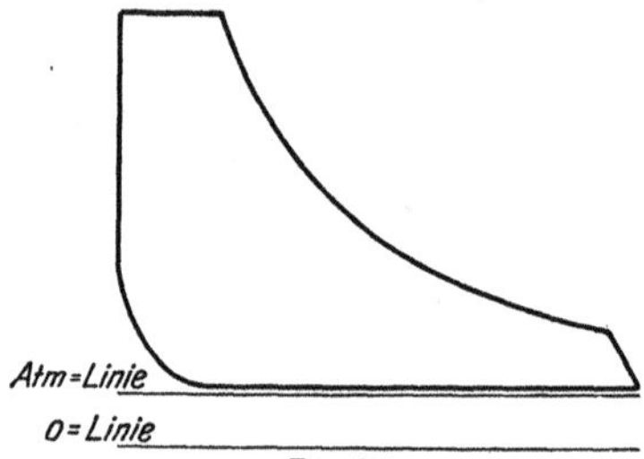

Fig. 216.

In dieses ist noch die Beschleunigungskurve einzuzeichnen, deren Ordinaten in der ersten Hubhälfte von denen des Dampfüberdruckdiagramms zu subtrahieren sind, während sie in der zweiten Hälfte zueinander addiert werden, so daß die Überdrucklinie zuerst gesenkt, nachher gehoben wird.

Das schließliche Diagramm Fig. 218 gibt in seinen Ordinaten für jede Kolbenstellung den wagerechten Druck auf den Kurbelzapfen an.

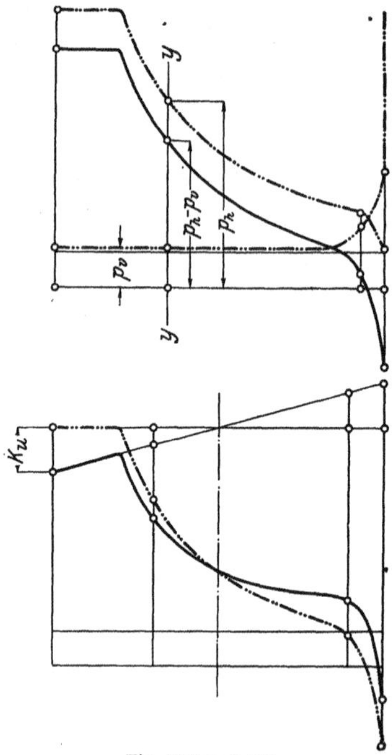

Fig. 217 und 218.

Da der Tangentialdruck die Größe

$$T = P \cdot \sin \alpha$$

für unendliche Pleuelstangenlänge,

$$T = P \cdot \frac{\sin(\alpha + \beta)}{\cos \beta}$$

für endliche Pleuelstangenlänge hat, so lassen sich die Tangentialdrücke berechnen. Schneller führt die zeichnerische Ermittelung zum Ziel. In Fig. 219 wird für jede Kolbenlage die zugehörige Kurbelstellung aufgesucht und auf dieser der Überdruck P abgetragen; die Entfernung des Endpunktes dieser abgetragenen Strecke von der Wagerechten gibt dann den Tangentialdruck $T = P \cdot \sin \cdot \alpha$ wieder.

Soll die endliche Pleuelstangenlänge berücksichtigt werden, so wird in Fig. 220 P vom Zapfen z aus auf dem Kurbelradius abgetragen. Der senkrecht gemessene Abstand des Endpunktes e von der Schubstangenrichtung stellt T dar. Der Beweis ergibt sich aus dem Sinussatz.

Um das Tangentialdruckdiagramm zu erhalten, wird der Kurbelhalbkreis in eine Anzahl gleicher Teile geteilt und zu der Länge $L = \frac{\pi \cdot s}{2}$ ausgestreckt. Die zu den verschiedenen Kurbellagen gehörigen Tangentialkräfte werden sodann in den zugehörigen Teilpunkten als Ordinaten aufgetragen.

Da das derart entstehende Tangentialdruckdiagramm die Dampfarbeit während eines Hubes wiedergibt, so muß seine Fläche ebenso groß wie die des Dampfdiagramms Fig. 216 sein.

Wirkt der Widerstand tangential an der Kurbelwelle, wie dies bei Ableitung der Kraft durch Riemen, Seile oder Zahnräder der Fall ist, und wird Beharrungszustand angenommen, so ist das Diagramm des tangentialen Widerstandes ein Rechteck, das, auf der gleichen Grundlinie BC errichtet, im Inhalt dem Tangentialdruckdiagramm gleich sein muß, da zwischen Widerstand und Tangentialkraft im Beharrungszustand Gleichgewicht besteht. Die Höhe des Rechteckes wird durch Ermittelung des Flächeninhaltes des Tangentialdruckdiagramms und durch Division dieses Inhaltes durch die Länge erhalten.

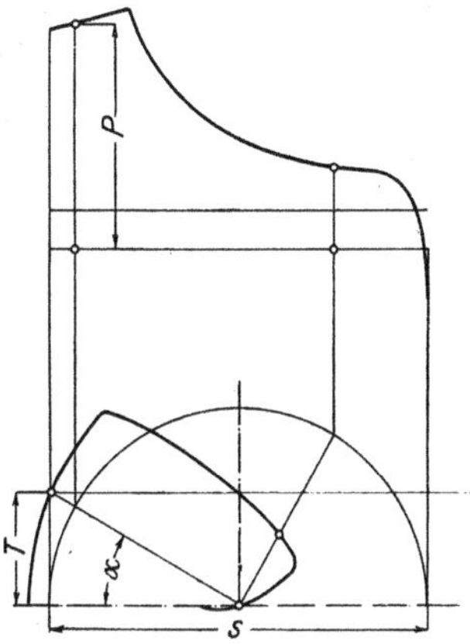

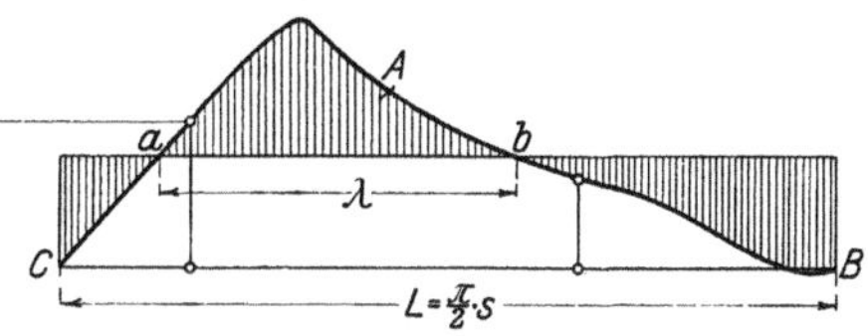

Fig. 219.

Wirkt der Widerstand unmittelbar an der Kolbenstange, wie dies häufig bei Pumpen, Gebläsen usw. zutrifft, so werden nach Fig. 221 die beiden Überdruckdiagramme über derselben Grundlinie aufgetragen, nachdem die Ordinaten des Widerstandsdiagramms durch Multiplikation mit dem Zylinderverhältnis auf den Dampfzylinder zurückgeführt und durch Multiplikation mit dem reziproken Wert $\frac{N_i}{N_e}$ des Wirkungsgrades vergrößert worden sind.

Wird hingegen z. B. eine Pumpe unter Vermittelung einer Kurbel angetrieben, so sind aus den Ordinaten des annähernd rechteckigen

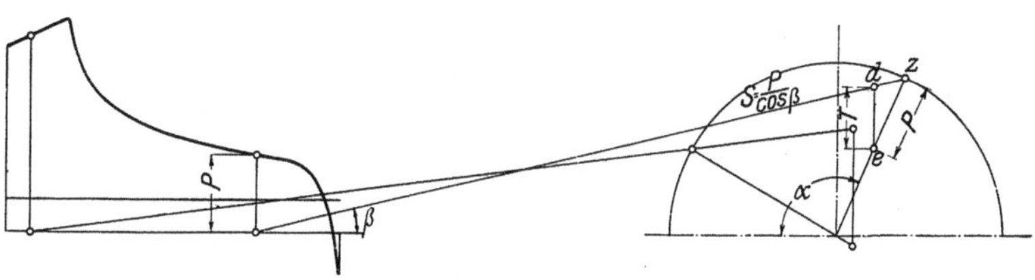

Fig. 220.

Pumpenüberdruckdiagramms die Tangentialdrucke in derselben Weise, wie im vorhergehenden für das Dampfüberdruckdiagramm angegeben, zu ermitteln. Für 2 unter 180° angeordnete, einfachwirkende Pumpen ergibt sich dann für einen bestimmten Fall das in Fig. 222 wiedergegebene Diagramm, während Fig. 223 die Tangentialdrucke von zwei unter 90° angeordneten Differentialpumpen darstellt. Wie aus Fig. 223

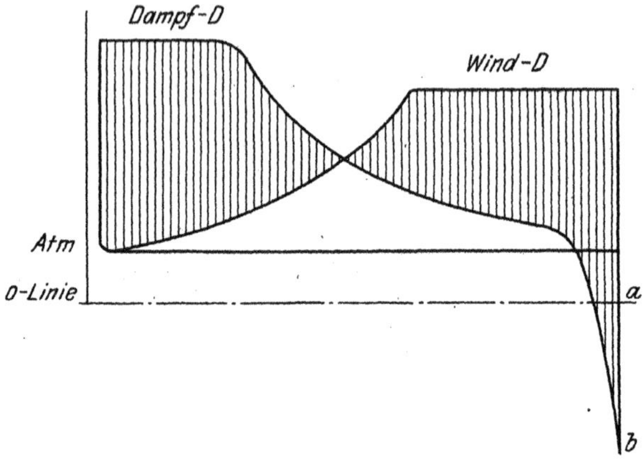

Fig. 221.

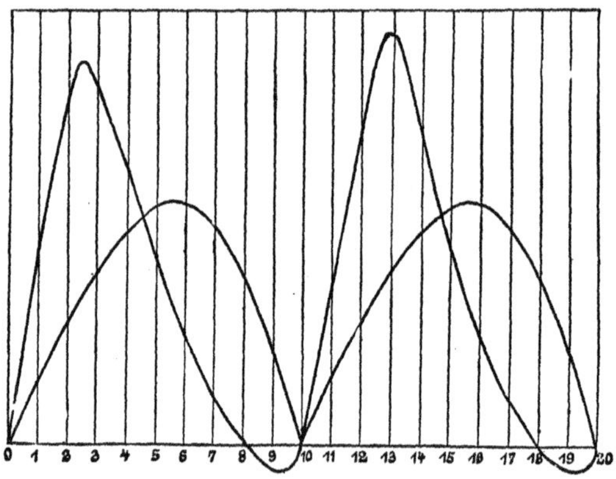

Fig. 222.

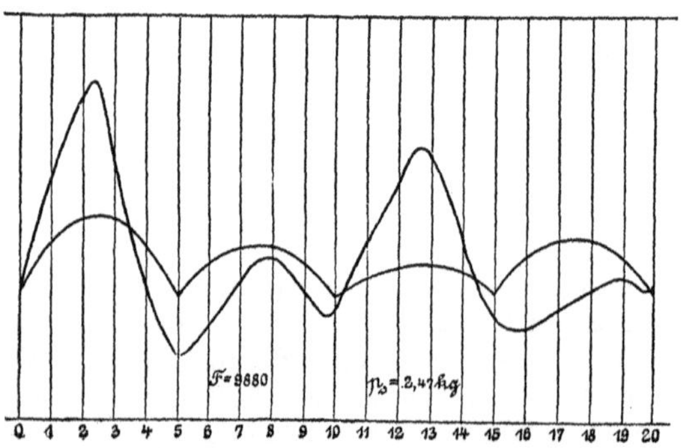

Fig. 223.

hervorgeht, ist bei dieser Ausführungsweise der Tangentialdruck bedeutend gleichmäßiger als in Fig. 222. Auch hier muß Flächengleichheit zwischen Dampf- und Widerstandsdiagramm vorhanden sein.

Diejenigen Flächen, die im Tangentialdruckdiagramm die Linie des Widerstandes überragen, stellen nun die Mehrarbeit dar, die zeit-

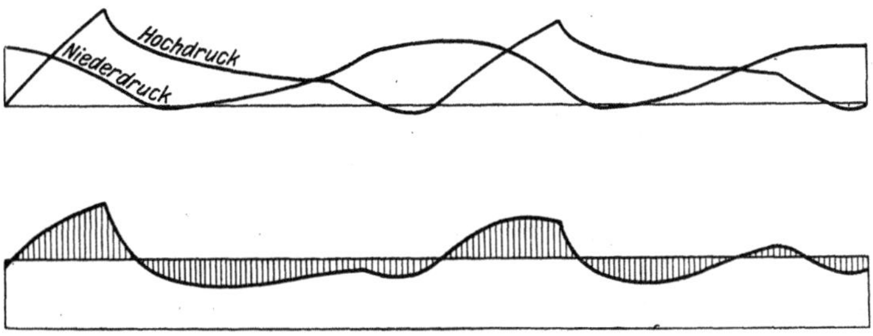

Fig. 224.

weise geleistet und als lebendige Kraft ins Schwungrad übertragen werden muß, damit dieses zur Zeit fehlender Arbeit solche abgeben kann. Die Umfangsgeschwindigkeit des Kurbelzapfens kann sonach nicht konstant sein. Im Punkte *a* des Diagramms Fig. 219 ist die Geschwindigkeit am kleinsten, da bis dahin die fehlende Arbeit durch die lebendige Kraft des Schwungrades geleistet werden mußte. In *a* beginnt die Beschleunigung der umlaufenden Massen, die im Punkte *b* gleich Null wird, während die Geschwindigkeit hier ihren Höchstbetrag erhält.

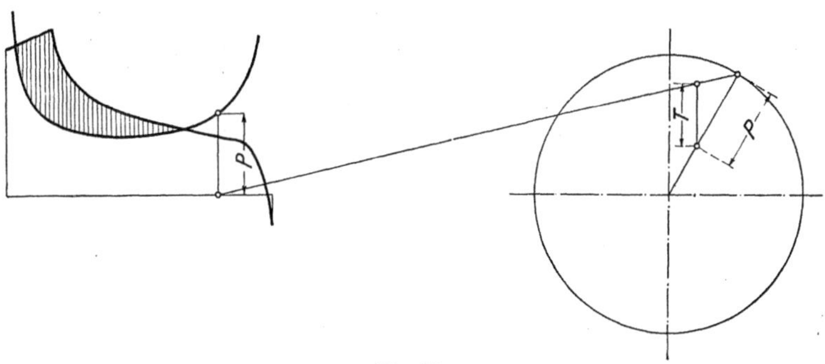

Fig. 225.

Die Tangentialdruckdiagramme der Mehrfachexpansionsmaschinen werden aus den Einzeldiagrammen der verschiedenen Zylinder zusammengesetzt, Fig. 224. Bei dieser Zusammensetzung sind die Kurbelversetzung, die verschiedenen Druckmaßstäbe der Hoch- und Niederdruckdiagramme, sowie das Zylinderverhältnis zu berücksichtigen. Meist werden die Diagramme auf den Niederdruckzylinder bezogen, indem unter Voraussetzung gleichen Druckmaßstabes die Ordinaten des Hochdruckdiagramms im Verhältnis der Hubvolumina verkleinert werden.

Soll bei der Aufzeichnung der Tangentialdruckdiagramme die endliche Pleuelstangenlänge berücksichtigt werden, so sind wegen der verschiedenartigen Einzeichnung der Beschleunigungsdruckkurve die Überdruck- und Tangentialdruckdiagramme sowohl für Hingang als auch für Rückgang des Kolbens zu entwerfen. Für die Schwungradberechnung kommt hierbei die größte der Überragungs- oder der Unterschneidungsflächen in Betracht, da diese die größte Arbeit darstellt, die das Schwungrad aufzunehmen bezw. abzugeben hat.

Wird mit λ die Länge der Grundlinie, mit h die mittlere Höhe der Überschußfläche A, Fig. 219, bezeichnet, so ist:

$$A = \lambda \cdot h.$$

Der Arbeitsmaßstab für A ergibt sich aus dem Verhältnis $\lambda : \frac{\pi s}{2}$ (da die Diagrammlänge $\frac{\pi \cdot s}{2}$ = Kurbelhalbkreis) und aus dem gewählten Druckmaßstab.

Beispiel. Maschine 300 mm Zyl.-Durchm. s = 600 mm Hub, n = 120. Die Länge des Tangentialdruckdiagramms stellt sodann $\frac{\pi}{2} \cdot s = 0{,}942$ m vor. Nach der Zeichnung sei $\lambda = 0{,}45 \cdot \frac{\pi}{2} \cdot s = 0{,}424$. Die mittlere Höhe der überschießenden Fläche A betrage 16 mm = 1,6 kg/qcm, da in sämtlichen Diagrammen als Maßstab 1 kg/qcm = 10 mm gewählt sei. Sonach ist: $A = \lambda \cdot h = 1{,}6 \cdot 0{,}424$ und, auf die ganze Kolbenfläche $\frac{30^2 \pi}{4} = 706$ bezogen, $A = 1{,}6 \cdot 0{,}424 \cdot 706 \backsim 480$ mkg.

Für Einzylinder und Tandemverbundmaschinen ergibt sich eine bequemere Ermittelung der Fläche A, wenn nach Fig. 225 der mittlere Tangentialdruck T rückwärts in das Kolbendruckdiagramm eingetragen wird[1]). T kann aus der Maschinenleistung und der Kurbelzapfengeschwindigkeit berechnet werden; ist der mittlere Druck p_m des Dampfdiagramms bekannt, so ist $T = \frac{2\,p_m}{\pi}$.

Die schraffierte Fläche in Fig. 225 hat dieselbe Größe wie die Überschußfläche des entsprechenden Tangentialdruckdiagramms. Diese Aufzeichnungsweise ist besonders vorteilhaft, wenn die Überschußfläche für verschiedene Füllungen zu bestimmen ist, in welchem Fall die Ordinaten der Kurve den verschiedenen mittleren Drucken p_m entsprechend zu ändern sind.

Im Punkt a, Fig. 219, betrug die Geschwindigkeit v_{min}, im Punkt *b* v_{max}. Die lebendige Kraft, die sonach an die umlaufenden Massen M — als welche mit großer Annäherung nur das Schwungrad in Betracht kommt — übertragen wurde, hat die Größe

$$M \cdot \frac{v^2_{max} - v^2_{min}}{2}.$$

---

[1]) A. Baumann, Dinglers polytechn. Journal 1902.

Dieser Wert muß der durch die Überschußfläche dargestellten Arbeitsgröße gleich sein, so daß, wenn noch gesetzt wird:

$$\frac{v_{max} + v_{min}}{2} = v, \qquad \frac{v_{max} - v_{min}}{v} = \delta,$$

folgt:

$$A = M v^2 \cdot \delta.$$

Die Größe δ wird als Ungleichförmigkeitsgrad bezeichnet, der das Verhältnis der während einer Umdrehung auftretenden größten Geschwindigkeitsschwankung zur mittleren Geschwindigkeit angibt. Unter sonst gleichen Verhältnissen beeinflußt δ allein das Schwungradgewicht, das um so größer ausfallen muß, je kleinere Ungleichförmigkeit in der Umdrehungsgeschwindigkeit gewünscht wird. Als mittlere Werte von δ gelten für die verschiedenen Betriebe:

Antrieb von Pumpen und Schneidewerken:	$\delta = 1 : 25$
„ „ Webstühlen und Papiermaschinen:	$\delta = 1 : 40$
„ „ Werkstättentriebwerken:	$\delta = 1 : 35$
„ „ Mahlmühlen:	$\delta = 1 : 50$
„ „ Spinnmaschinen für niedrige Garnnummern:	$\delta = 1 : 60$
„ „ Spinnmaschinen für hohe Garnnummern:	$\delta = 1 : 100$
„ „ Dynamos für Lichtbetrieb:	$\delta = 1 : 150$ (bis 1 : 300).

Ist z. B. die mittlere Umlaufgeschwindigkeit des Schwungradkranzes $v = 20$ und $\delta = 1 : 120$, so wird die größte vorkommende Geschwindigkeitsschwankung:

$$v_{max} - v_{min} = \delta \cdot v = \frac{20}{120} = 0{,}166 \text{ m}.$$

Demnach:

$$v_{max} = 20{,}083 \text{ m}; \; v_{min} = 19{,}917 \text{ m}.$$

Von der aus A berechneten Masse M braucht wegen des Einflusses der Arme nur etwa 0,9 M ausgeführt zu werden, so daß das Schwungradkranzgewicht:

$$G = 0{,}9\,M \cdot g = 8{,}83\,M$$

wird.

Für Überschlagsrechnungen kann das Kranzgewicht bestimmt werden aus der Formel:

$$G = \frac{C \cdot N}{\delta \cdot n v^2}.$$

Hierin ist:

N = Anzahl der PS_e, $C = 7200$ für Auspuff-Einzylindermaschinen,
n = Uml./min. $C = 7500$ für Kondensations-Einzylindermaschinen,
$C = 2900$ für Zwillingsmaschinen.

Für Tandemmaschinen sind die Werte um rd. 10 v. Ht. kleiner als bei den Einzylindermaschinen zu wählen.

Das Gesamtgewicht kann zu 1,35 G geschätzt werden.

Setzt man in vorstehende Formel $v = \frac{D_s \pi \cdot n}{60}$ (D_s = Schwerkreisdurchmesser), so wird mit $\pi^2 \cong 10$:

$$GD^2 = \frac{C \cdot N}{\delta \cdot n^3} \cdot 360.$$

Von den Elektrikern wird häufiger das Schwungmoment $G D^2$, seltener der Ungleichförmigkeitsgrad δ vorgeschrieben.

d) Ausführung und Festigkeitsberechnung der Schwungräder.

Da beim Guß der Schwungräder die Arme infolge ihrer geringeren Masse und ihrer im Verhältnis zur letzteren großen Abkühlungsflächen eher als Kranz und Nabe erstarren, so ziehen sie sich zusammen und ver-

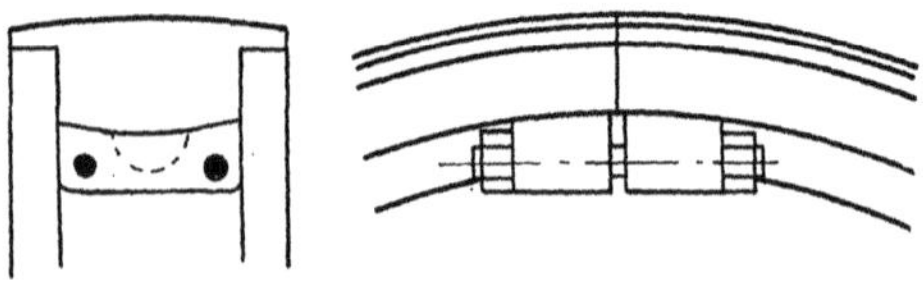

Fig. 226.

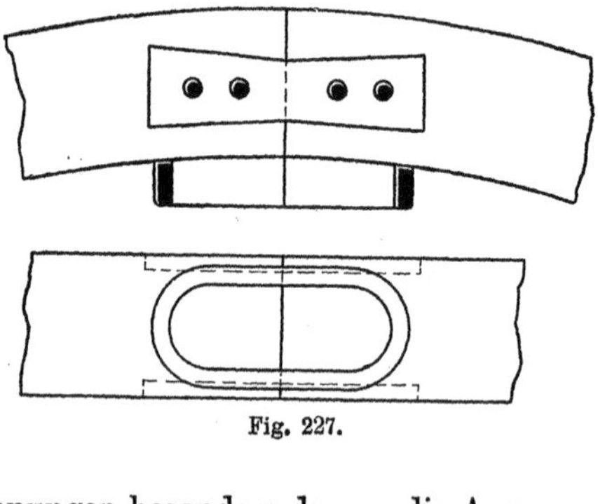

Fig. 227.

ursachen Zugspannungen besonders da, wo die Arme an den Kranz übergehen. Diese Gußspannungen lassen sich zum Teil durch früheres Abdecken des Kranzes verhindern; zweckmäßiger ist es jedoch, auch bei Rädern mit ungeteiltem Kranz die Nabe mit Fuge zu gießen, damit die Arme sich freier dehnen können. Die in der Nabe entstehende Lücke wird durch Bleche ausgefüllt.

Scharfe Querschnittsübergänge sind zu vermeiden. Richtiger Ansatz der Arme am Kranz wird durch eine Wulst herbeigeführt. Der Kranzquerschnitt muß profiliert hergestellt werden.

Schwungräder bis zu 3 m Durchmesser werden meist einteilig hergestellt.

Die durch Schrauben oder Schrumpfringe vorzunehmende Verbindung der Radhälften zweiteiliger Räder soll das Rad nach außen hin glatt lassen. Schrumpfringe werden nach dem Zusammenpassen der Radhälften warm über Hornansätze gebracht und durch das Erkalten bis zur Elastizitätsgrenze angespannt.

Die Richtungslinie der von diesen Verbindungen ausgeübten Kraft soll, wenn möglich, den Schwerkreisdurchmesser tangieren, da exzentrische Verbindung der Kranzhälften zusätzliche Biegungsbeanspruchungen verursachen. Fehlerhafte Ausführung s. Fig. 226 und Fig. 227. Die Schraubenverbindung Fig. 226 gibt außerdem keine Sicherheit gegen radial auftretende Kräfte. Empfehlenswert ist die Verbindung mit Keilplatte nach Fig. 228[1]), ebenso mit Schrumpfringen.

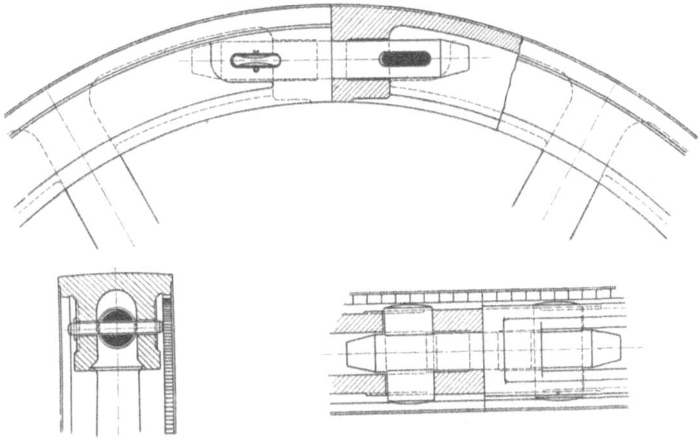

Fig. 228.

Bei der Verbindung Fig. 227 wird die Stoßfuge nach außen hin etwas geöffnet bleiben, da die durch das Horn ausgeübte Kraft von der Radinnenseite nach außen hin abnimmt.

Die Laschen können nur dadurch in Wirksamkeit treten, daß diese Stoßfuge im Betriebe sich weiter öffnet. Da das Schrumpfband vorher schon bis zur Elastizitätsgrenze angespannt war, so erhält es eine bleibende Verlängerung, und die Laschen nehmen einen Teil der auf Zerreißen des Ringes wirkenden Kraft auf. Infolge ihrer Keilform erfahren sie hierbei eine Querzusammendrückung, werden aus ihrer Lage gebracht und liegen zum Schluß überhaupt nicht mehr an, in welchem Fall das nunmehr überlastete Horn leicht reißt. (Z. 1898, S. 352.)

Die Teilfuge wird meist zwischen zwei Arme gelegt; richtiger ist es namentlich bei größeren Rädern, sie auf Mitte Arm oder doch so zu legen, daß die Kranzverbindungen möglichst nahe an die Arme herangebracht

[1]) Ausführung der Maschinenfabrik Rheydt, O. Recke.

werden. Eine sehr zweckmäßige Kranz- und Nabenverbindung ist in Fig. 229 dargestellt.

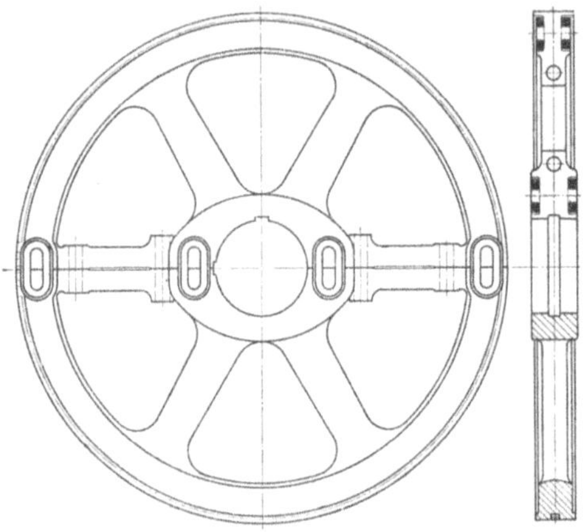

Fig. 229[1]).

Die Arme werden vielfach mit elliptischem Querschnitt ausgeführt, bezüglich der Festigkeit ist der ⊢⊣-förmige Querschnitt günstiger. Große

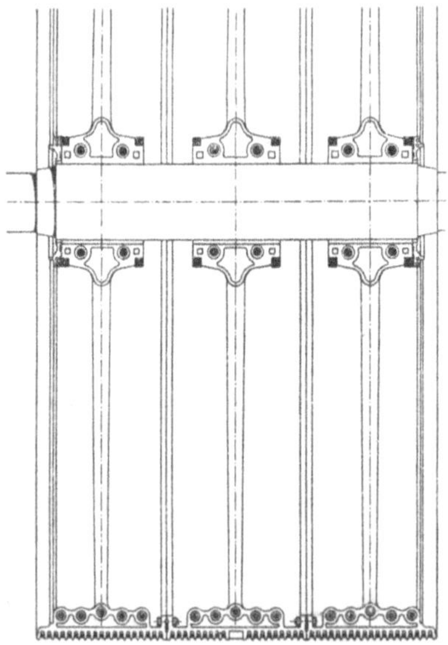

Fig. 230.

Räder mit breiten Kränzen sind durch mehr als zwei Armsysteme zu unterstützen. Die Bauart eines außergewöhnlich großen, aus drei

[1]) Ausführung der Maschinenfabrik Augsburg-Nürnberg.

Einzelrädern bestehenden Seilschwungrades ist in Fig. 230 wiedergegeben.

Die Naben werden in der Mitte ausgespart, damit sie nicht voll durchbohrt zu werden brauchen.

H. Bollinckx (Brüssel) klemmt das Rad durch die Schrauben der Nabe ohne Keil auf die Welle.

Bei großen Rädern werden Tangentialkeile statt der Nasenkeile verwendet.

Die Massenschwungräder der Walzenzugmaschinen werden besonders ausgebildet. Die Nabe und der mehrteilige Kranz werden gesondert gegossen. Die aus Flacheisen bestehenden Arme werden an den Enden eingepaßt, und zwar vorteilhaft nicht keilförmig, um seitliche Kraftkomponenten zu vermeiden. Die Arme werden gegeneinander durch Abstandshülsen versteift. Die Schrauben sollen nur auf Zug beansprucht werden, gegen Scherkräfte sind sie durch eingepaßte Scherhülsen zu entlasten. Fig. 231.

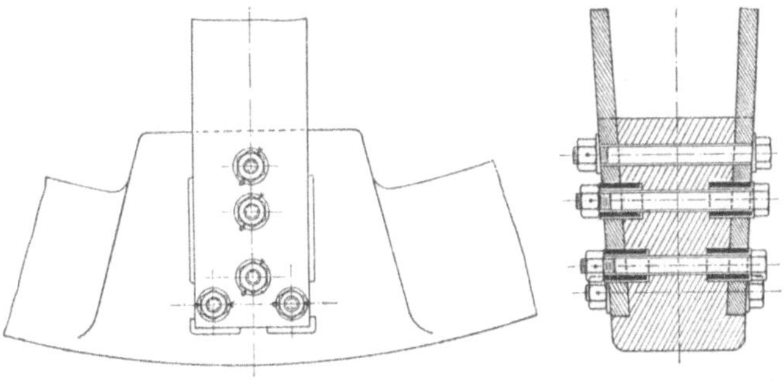

Fig. 231.

Da bei Einzylinder- und Tandemmaschinen die Belastung des hinteren Lagers oft wesentlich größer als die des Kurbellagers ist, außerdem in diesem wegen der wechselnden Kraftrichtung die Schmierung erleichtert wird, so soll das Schwungrad dem hinteren Lager nicht zu nahe gesetzt werden.

Der Kranz wird hauptsächlich durch die Fliehkraft beansprucht und kann — falls zunächst vom Einfluß der Arme abgesehen wird — in derselben Weise wie ein um seine Achse rotierender Ring berechnet werden. Dieser würde durch die Fliehkraft der beiden Hälften an zwei gegenüberliegenden Stellen vom Querschnitt F (in qcm) reißen, wenn hier nicht die Spannungswiderstände aufträten.

Somit besteht die Beziehung:

$$2\,F \cdot k_z = M \cdot x_0\,\omega^2, \text{ worin } M = \frac{G + \frac{G_1}{3}}{2\,g},$$

wenn G_1 = Gewicht der Arme,
G = Schwungradkranzgewicht.

$x_0 = \frac{2\,R}{\pi}$ = Entfernung des Radmittelpunktes vom Schwerpunkt der Radhälfte in cm, g = 981 cm.

Weiterhin ist nun:

$$M = \frac{F \cdot R \cdot \pi \cdot \gamma}{g},$$

worin $\gamma = \frac{7{,}25}{1000}$ = Gewicht pro ccm.

R = mittlerer Radmesser in cm.

Nach Einsetzung dieser Werte in obige Gleichung nimmt diese die Form an:

$$2\,F \cdot k_z = \frac{2\,\gamma \cdot F \cdot R^2 \cdot \omega^2}{g},$$

und da $R^2\,\omega^2 = v^2$, so ergibt sich:

$$k_z = \frac{\gamma \cdot v^2}{g} = 0{,}074\;v^2,$$

wenn v in m/sek. ausgedrückt ist.

Für v = 30 m/sek. wird k_z = 67 kg/qcm.

Die Arme verursachen Biegungsspannungen, welche die Beanspruchung bis auf das Dreifache steigern können.

Soll unter Voraussetzung einer starren Verbindung die durch den Einfluß der Arme und der Verbindungskonstruktion erzeugte Biegungsspannung berücksichtigt werden, so kann bei der Armzahl i ein Kranzsegment von der Länge $l = \frac{D\,\pi}{i}$ als ein beiderseits eingespannter Träger mit gleichmäßiger Belastung C und einer Einzellast C′ in der Mitte angesehen werden, wenn C = Zentrifugalkraft des Kranzsegmentes, C′ = Zentrifugalkraft der Verbindungskonstruktion. Es folgt für den Einspannungsquerschnitt:

$$\frac{C\,l}{12} + \frac{C'\,l}{8} = M_b = W \cdot k_b.$$

Die Arme werden durch die Fliehkraft auf Zug, durch das übertragene Moment auf Biegung beansprucht. Ist F der Armquerschnitt, so wird, wenn C wie vorhin die Fliehkraft eines Segmentes bedeutet:

$$1{,}25\,C = F \cdot \sigma_z,$$

worin durch 1,25 der Einfluß des Armgewichtes selbst berücksichtigt wird.

Bei der Berechnung auf Biegung wird angenommen, daß das Moment von der Hälfte der Armzahl i aufgenommen wird. Ist N = Anzahl der effekt. Pferdestärken, so wird

$$N = \frac{P \cdot v}{75}; \qquad P = \frac{75\,N}{v}.$$

$$P \cdot R_1 = \frac{}{2} \cdot W \cdot \sigma_b,$$

wobei R_1 die Entfernung der Armansätze bedeutet.

Die Gesamtbeanspruchung wird gewählt:

$$\sigma_z + \sigma_b \leqq k_b = 100 \text{ kg/qcm für Gußeisen.}$$
$$= 400 \text{ kg/qcm für Schweißeisen.}$$

Die Schrumpfbänder üben eine Kraft aus, deren Größe durch Multiplikation des Bandquerschnittes mit der Spannungszahl an der Elastizitätsgrenze (bei Schweißeisen = 1400) erhalten wird.

Durch diese Kraft wird der Hornansatz auf Abscherung beansprucht.

Ist 2 f_1 = Bandquerschnitt,

f_2 = Hornquerschnitt, so wird $2\ f_1 \cdot 1400 = f_2 \cdot \tau$.

Die Keil- und Schraubenverbindungen müssen als Spannungsverbindungen mit einer Kraft angezogen werden, die größer als die durch die Fliehkraft erzeugte Zugkraft im Kranz ist.

Wandstärke w der Nabe = 0,45 d, wenn d = Wellendurchmesser, Schraubenstärke s = 0,6 w.

e) Die Andrehvorrichtungen.

Die Andrehvorrichtungen haben bei Einzylinder- und Tandemmaschinen in erster Linie den Zweck, die Kurbel in eine für das An-

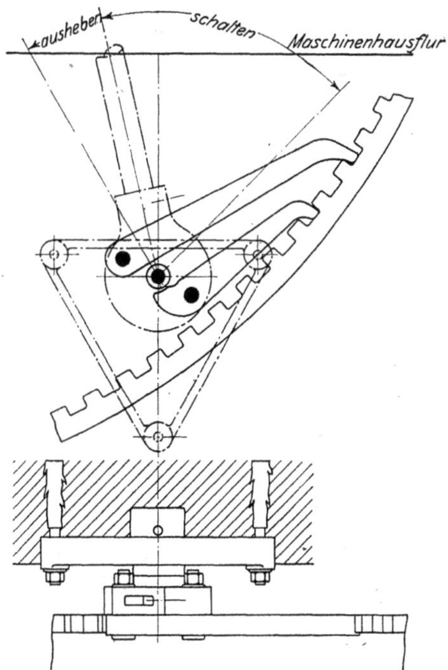

Fig. 232.

lassen geeignete Stellung zu bringen. Bei Zwillingsverbundmaschinen erleichtern sie die Einstellung der Steuerung und die genaue Untersuchung aller Teile der Dynamomaschinen, falls die Maschinen als Dampfdynamos ausgeführt sind.

Die Vorrichtungen müssen derart eingerichtet sein, daß jede Gefahr für den Maschinisten ausgeschlossen ist, wenn das Rad infolge der zunehmenden Dampfwirkung sich mit wachsender Geschwindigkeit zu drehen beginnt. Da der Riemenzug bestrebt ist, die Maschine etwas

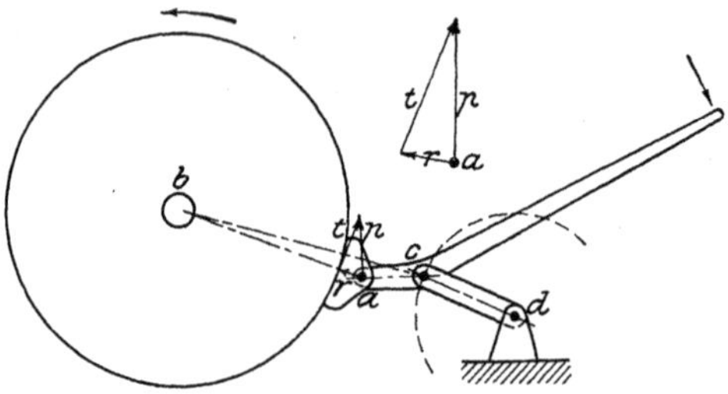

Fig. 233.

zurückzudrehen, so empfiehlt sich die Ausführung doppeltwirkender Schaltwerke nach Fig. 232[1]).

Fig. 233[2]) zeigt eine einfachwirkende Anhubvorrichtung, deren Wirkung auf der Reibung zwischen dem Radkranz und dem mit Leder

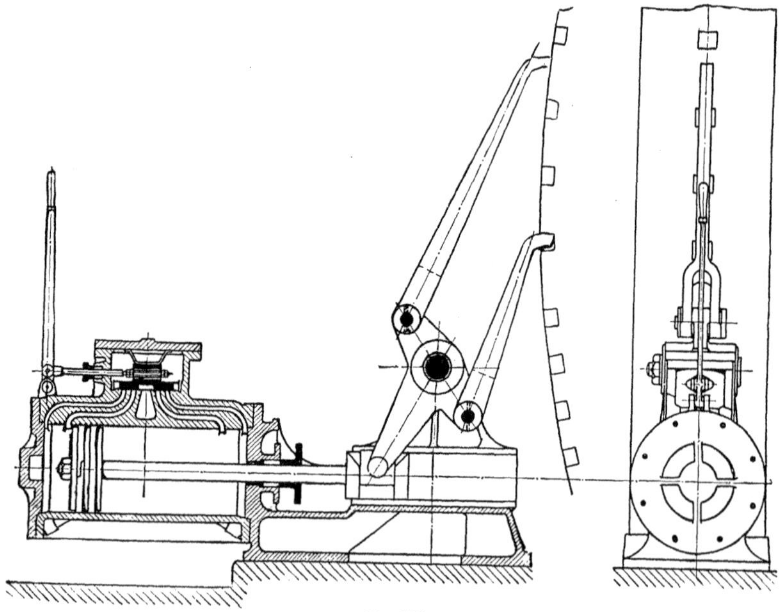

Fig. 234.

bekleideten Schuh des Kniehebels beruht. Der Drehpunkt c schwingt im Kreisbogen um den festen Punkt d, so daß während der kleinen Drehung des Handhebels der Reibungsdruck, der durch die radiale Komponente r dargestellt wird, konstant bleibt. Da die Tangential-

[1]) Ausführung der Maschinenfabrik Scharrer & Groß, Nürnberg.
[2]) Zechlin, Z. 1893. S. 736.

kraft t, welche die Drehung bewirkt, dem Reibungsdruck r proportional ist, so folgt, daß bei richtiger Anordnung der Schuh sich weder festklemmt, noch abgleitet. Die Schaltvorrichtungen größerer Maschinen werden häufig durch kleine Dampfzylinder angetrieben, Fig. 234[1]). An jeder Seite des durch einen Muschelschieber gesteuerten Dampfzylinders befinden sich zwei Dampfkanäle, der äußere für den Eintritt, der innere für den Austritt. Wird am Ende der Bewegung der innere Kanal durch den Kolben geschlossen, so wird dieser durch die zunehmende Kompression zum Stillstand gebracht.

Fig. 235 gibt schematisch eine sich selbst ausrückende Andrehvorrichtung wieder. Beim Andrehen wirken auf das Anlaßrad f die

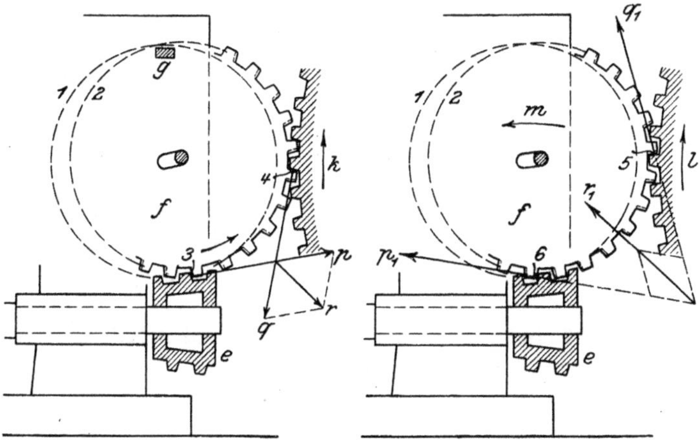

Fig. 235 [2]).

Reaktion des Zahnkranzes am Schwungrad und die des Schneckenrades e, das auf einer von Hand oder durch eine Dampfmaschine gedrehten Welle sitzt. Die in einem Langloch ruhende Achse des Anlaßrades f wird durch die Resultierende beider Kräfte nach rechts gedrängt. Wird die Geschwindigkeit des Schwungrades größer als die des Anlaßrades, so treten die beiden Kräfte in entgegengesetzter Richtung auf, und die Resultierende drängt das Rad in die Anfangslage 1.

f) Die Stöße an Kurbel- und Kreuzkopfzapfen [3]).

In der zweiten Hälfte des Überdruckdiagramms nimmt die Kolbenkraft trotz der sich addierenden Massendrucke infolge der Kompression auf der anderen Kolbenseite sehr schnell ab, und im Punkt C, Fig. 236, ist der Druck auf den Kolben gleich Null geworden. Dieser, vorher

---

[1]) Ausgeführt von der Duisburger M.-A.-G. vorm. Bechem & Keetmann.

[2]) Kemmann, Die Berliner Elektrizitätswerke.

[3]) Nach Prof. Stribeck, Zeitschr. Ver. deutsch. Ing. 1893. S. 10 und Dr.-Ing. H. Polster, „Untersuchung der Druckwechsel und Stöße im Kurbelgetriebe von Kolbenmaschinen". Nr. 172 und 173 der „Forschungsarbeiten auf dem Gebiete des Ingenieurwesens" 1915.

durch den Dampfdruck vorgeschoben, muß nun samt Kreuzkopf und einem Teile der Pleuelstange vom Schwungrad bis zum Hubende geschleppt werden.

Bis zum Punkt *C* lag die Lagerschale am Kreuzkopfzapfen an. Während der Zapfen mit der durch das Kurbeltriebwerk bestimmten Geschwindigkeit seinen Weg fortsetzt, erleidet der Kreuzkopf durch die negativen Horizontaldrucke eine zusätzliche Verzögerung. Durchläuft der Zapfen den stets vorhandenen Spielraum s_1, so legt gleichzeitig die verzögerte Lagerschale ein weiteres Stück Weg zurück, und beide treffen erst nach Verlauf einer bestimmten Zeit t_1 zusammen, wobei unter Umständen sehr heftige Stöße entstehen.

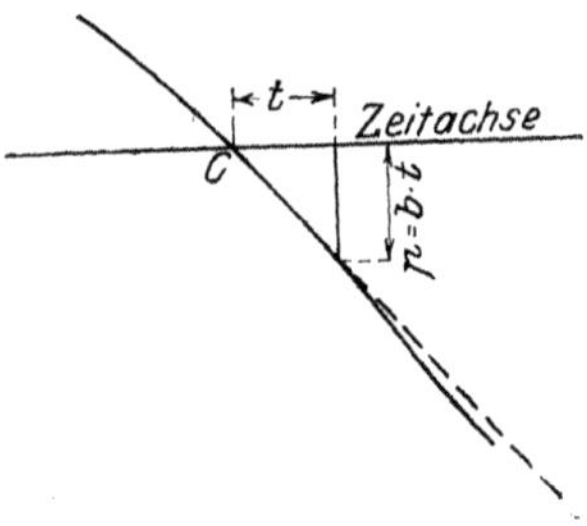

Fig. 236.

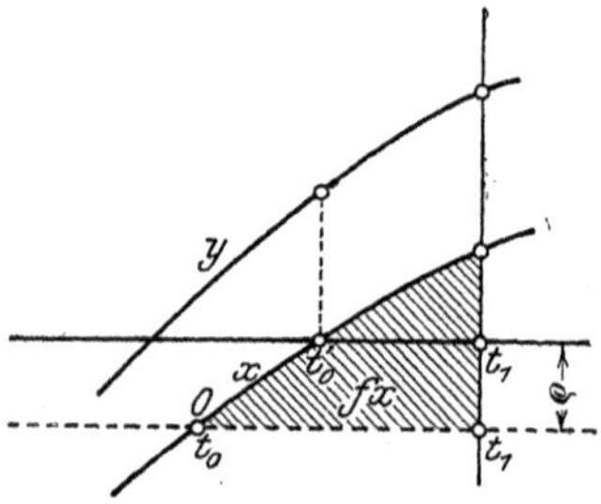

Fig. 237.

In Fig. 237 sind die auf den Kolben wirkenden Kräfte angegeben.

$P_v = p_v \cdot F$ = Vorderdampfkraft,
$P_h = p_h \cdot F$ = Hinterdampfkraft,
$P_1 = p_1 \cdot F$ = Massenkraft,
$R = \varrho \cdot F$ = Kolben- und Stopfbuchsenreibung.

Als „scheinbare Überdruckkurve" ist diejenige Horizontaldruckkurve zu bezeichnen, die durch Subtraktion der Ordinaten p_h des hinteren Indikatordiagramms und der Massenkraft p_1 von den Ordinaten p_v des vorderen Diagramms entsteht, also die Überdrucke der von vorn auf den Kolben über die von hinten auf ihn wirkenden Kräfte unter Vernachlässigung der Reibung ϱ angibt (Fig. 238). In Fig. 237 stellt die y-Kurve die aus p_v, p_h und ϱ „resultierende Dampfdruckkurve" und x die „wirkliche Überdruckkurve", beide die Reibung ϱ berücksichtigend und auf die Zeit bezogen, dar. Der Unterschied $y - x$ gibt dann den Massendruck p_1 der hin- und hergehenden Teile an. Im Punkte *o* ($t = t_0$) liegt der wirkliche Druckwechsel, während der „scheinbare", ohne Berücksichtigung der Reibung ϱ angenommene Druckwechsel seine Lage in t_0' hat.

Zur Zeit t_0 beginnt sonach die Lösung der Kreuzkopfschale vom Zapfen, und der Kreuzkopf bewegt sich nunmehr unter Einfluß des Überdruckes y — bei Vernachlässigung des Widerstandes der Ölschicht zwischen Zapfen und Lager — als freier Körper, bis im Zeitpunkt t_1 der Kreuzkopf mit seiner anderen Schale wieder auf den Zapfen trifft.

Im Punkte *o* gleichen sich die fördernde Hinterdampfkraft p_h und Massenkraft p_1, sowie die hindernde Gegendampfkraft p_v und die Reibung ϱ aus. In höherem Maße als die Beharrungskraft nimmt infolge der Kompression der Druckunterschied ($p_v - p_h$) bei konstant bleibender Reibung ϱ zu. Kolben- und Kreuzkopfmasse werden dementsprechend durch Kräfte von der Größe $x = b \cdot t$ verzögert, wenn b den Druckanstieg der „wirklichen Überdruckkurve" in at. pro Sek. bezeichnet.

Ist k die von x herrührende Beschleunigung der Relativbewegung von Zapfen und Lager zur Zeit t, so folgt:

$k = \frac{x}{m_1} = \frac{b\,t}{m_1}$, worin $m_1 = \frac{G}{g \cdot F}$ = Masse der hin- und hergehenden Teile pro cm^2 Kolbenfläche.

Aus dieser Beschleunigung der Relativgeschwindigkeit ergibt sich diese selbst in einem beliebigen Zeitpunkt t aus $w = \frac{b}{m_1} \cdot \int_{t_0}^{t} t \cdot dt$ zu:

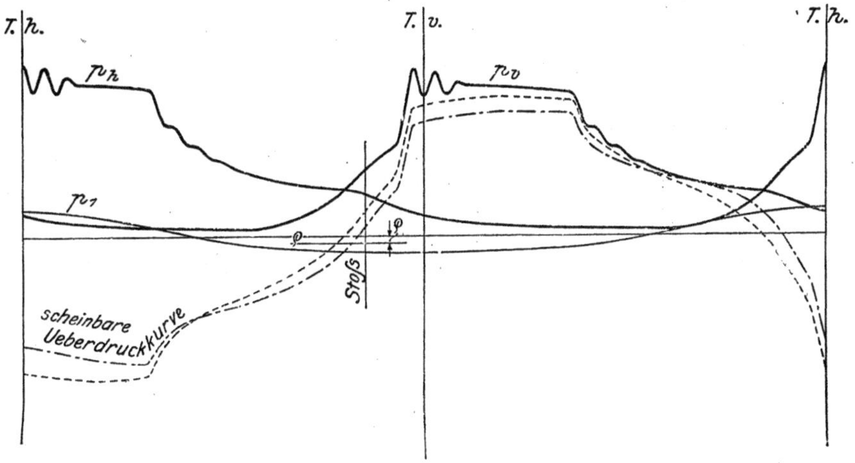

Fig. 238.

$$w = \frac{b}{2\,m_1} \cdot (t - t_0)^2 \quad . \; . \; . \; . \; . \; . \; . \; . \; . \quad (1)$$

Ist s der bis zu diesem Zeitpunkt durchlaufene Teil des Spieles in cm, so kann auch geschrieben werden:

$$w = \frac{d\,s}{d\,t} = \frac{b}{2\,m_1}(t - t_0)^2$$

$$s = \frac{b}{2\,m_1}\int_{t_0}^{t}(t - t_0)^2 \cdot d\,t = \frac{b}{6\,m_1}(t - t_0)^3$$

Mit s_1 als Gesamtspiel und $(t_1 - t_0)$ als „theoretische" Zeit[1]) des Schalenwechsels im Kreuzkopflager wird:

$$s_1 = \frac{b}{6\,m_1}(t_1 - t_0)^3,$$

sonach

$$t_1 - t_0 = \sqrt[3]{\frac{6\,m_1\,s_1}{b}} \quad . \; . \; . \; . \; . \; . \; . \; . \quad (2)$$

[1]) Theoretisch, da vom Widerstand der Ölschicht abgesehen wird.

Durch Einsetzen von Gleichung 2 in Gleichung 1 folgt:

$$w_1 = \frac{b}{2\,m_1}(t_1 - t_0)^2 = \sqrt[3]{4{,}5\,\frac{b}{m_1}\cdot s_1^2}\quad . \; . \; . \; . \; . \; . \; (3)$$

Wächst die Stoßstärke von Null bis P_1 an und entsteht hierbei eine Formänderung von der Größe δ, so wird die Formänderungsarbeit

$$A = \frac{P_1}{2}\cdot\delta$$

und wenn $\delta = \varphi \cdot P$ gesetzt wird

$$A = \frac{\varphi\,P_1^2}{2}.$$

Somit wird:

$$\frac{m_1 \cdot w_1^2}{2} = \frac{\varphi \cdot P_1^2}{2}$$

$$P_1 = C_1 \cdot w_1 \sqrt{m_1}\quad . \; . \; . \; . \; . \; . \; . \; . \; . \; . \; (4)$$

Die Kraft P_m, die vom Kolben in Richtung seiner Bewegung auf die Schubstange ausgeübt werden muß, um deren Masse zu beschleunigen oder zu verzögern, ist gering. Es wird deshalb im Augenblick des Kreuzkopfstoßes die große Stoßkraft P_1 sofort das Kurbelzapfenlager vom Zapfen lösen, falls dies nicht schon vorher infolge des die Kraft P_m überwiegenden Öldruckes im Kreuzkopfzapfenlager geschehen ist. Bei genügender Größe des Öldruckes kann dieser nämlich eine vorzeitige Bewegung der Schubstange zum Kurbelzapfen und damit ein Ausweichen des Kreuzkopfzapfens vor seinem sich ihm nähernden Lager verursachen.

Die „theoretische Relativgeschwindigkeit“ w_1 kann sich nicht in voller Größe ausbilden, da das Öl die Zapfenbewegung dämpft. Es ergibt sich jedoch ein vorzüglicher Vergleich zwischen Theorie und Wirklichkeit, wenn — wie in Fig. 240 — w_1 als Abszisse und die durch Versuche festgestellte Stoßstärke P als Ordinate aufgetragen wird.

Ist w_2 die Geschwindigkeit des Kurbelzapfenlagers gegen den Kurbelzapfen, s_2 das Spiel im Kurbelzapfenlager, m_2 die Masse der Schubstange, so folgt in gleicher Weise wie oben:

$$w_2 = \sqrt[3]{4{,}5\,b\,\frac{(s_1 + s_2)^2}{(m_1 + m_2)}}\quad . \; . \; . \; . \; . \; . \; . \; . \; . \; (5)$$

$$P_2 = C_2 \cdot w_2 \sqrt{m_1 + m_2}\quad . \; . \; . \; . \; . \; . \; . \; . \; . \; (6)$$

Nach diesen Gleichungen wächst die Stoßkraft mit der Quadratwurzel aus den hin- und hergehenden Massen und im einfachen Verhältnis zur Relativgeschwindigkeit. Die Koeffizienten C_1 und C_2 berücksichtigen die Dehnbarkeit, Abmessung, Gestalt usw. der stoßenden Teile.

Aus den Gleichungen 3) und 5) ist weiterhin ersichtlich, daß w nur von der dritten Potenz des Wertes b, der den Druckanstieg im Punkte *o* angibt, beeinflußt wird, da die Spielräume und Massen in jedem Fall gegebene Größen sind. b ist geometrisch die Tangente des Winkels, unter dem die wirkliche Überdrucklinie die wagerechte Zeitachse schneidet.

Die Übereinstimmung dieser auf theoretischem Wege sich ergebenden Folgerungen mit der Wirklichkeit hat Dr.-Ing. H. Polster durch eingehende Versuche an der Versuchsmaschine der Technischen Hochschule Dresden geprüft. Diese Versuche bezweckten die Feststellung

a) der größten wirklich auftretenden Stoßkraft,

b) des Zeitpunktes des Stoßes,

c) des Augenblickes des Druckwechsels.

Außerdem wurde jeder einzelne der während einer Umdrehung auftretenden Stöße (zwei Stöße im Kreuzkopf-, zwei im Kurbelzapfenlager) untersucht.

Fig. 239 zeigt schematisch die Vorrichtung zur Ermittlung der größten Stoßkraft. Erreicht die Beschleunigung in Richtung der Achse xy einen bestimmten Betrag b_0, so wird die Masse m gerade noch ein wenig oder gar nicht mehr entgegen der Federkraft F von der Unterlage abgehoben. Es ist $b_0 \cdot m = F$. Ist M = Gesamtmasse der Schubstange einschließlich des eingeschraubten Gehäuses B, so wird auf die Schubstange eine Kraft

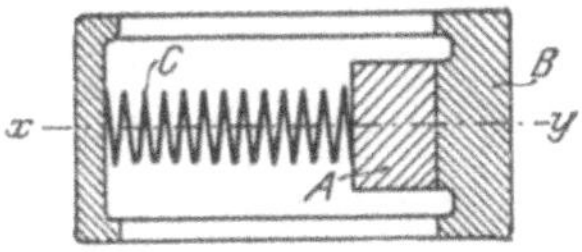

Fig. 239.

$P = M \cdot b_0 = \frac{M}{m} \cdot F$ ausgeübt, so daß die Stoßkraft P aus der Federvorspannung leicht berechnet werden kann.

Diese Vorrichtung ermöglicht auch die Bestimmung des Stoßzeitpunktes, indem in einen Stromkreis des Stoßmessers ein das Abheben des Körpers A anzeigender Apparat eingeschaltet ist. Der Augenblick des Druckwechsels auf den Kolben wurde aus umlaufenden Indikatordiagrammen ermittelt. Die Indikatortrommeln wurden von der Maschinenwelle gedreht, der Druckverlauf sonach in Abhängigkeit von der Zeit dargestellt.

Der Zeitpunkt t_1, d. h. der Stoßzeitpunkt, war durch Versuch festgelegt worden: die „wirkliche Überdruckkurve" war wegen der Unkenntnis der Kolbenreibung ϱ unbekannt, dafür jedoch die „scheinbare Überdruckkurve" aus den Indikatordiagrammen ermittelt. Hiermit war auch die „scheinbare Schalenwechseldauer" $(t_1 - t_0')$ bekannt, d. h. diejenige, die sich ohne Berücksichtigung der Reibung aus den Versuchen ergibt.

Da eine Bestimmung der Kolbenreibung durch Versuch ausgeschlossen war, so wurde der „theoretische" Wert $(t_1 - t_0)$ als richtig angenommen, vom Zeitpunkt t_1 aus rückwärts aufgetragen, damit auf der „scheinbaren Überdruckkurve" der „theoretische Druckwechsel" angeschnitten und dessen Abstand von der Abszissenachse als Reibung ϱ angesehen. Der nicht bedeutende Fehler dieses Verfahrens liegt in der Vernachlässigung des Ölschichtwiderstandes beim Schalenwechsel, wodurch dessen Dauer verlängert wird.

Die Versuche sollten darüber Aufschluß geben:

a) welche Größen die Stoßhärte merklich beeinflussen,

b) in welchem Sinne dieser Einfluß sich geltend macht,

c) welche Stoßkräfte in kg an den beiden Zapfen bei bestimmten Verhältnissen überhaupt zu gewärtigen sind.

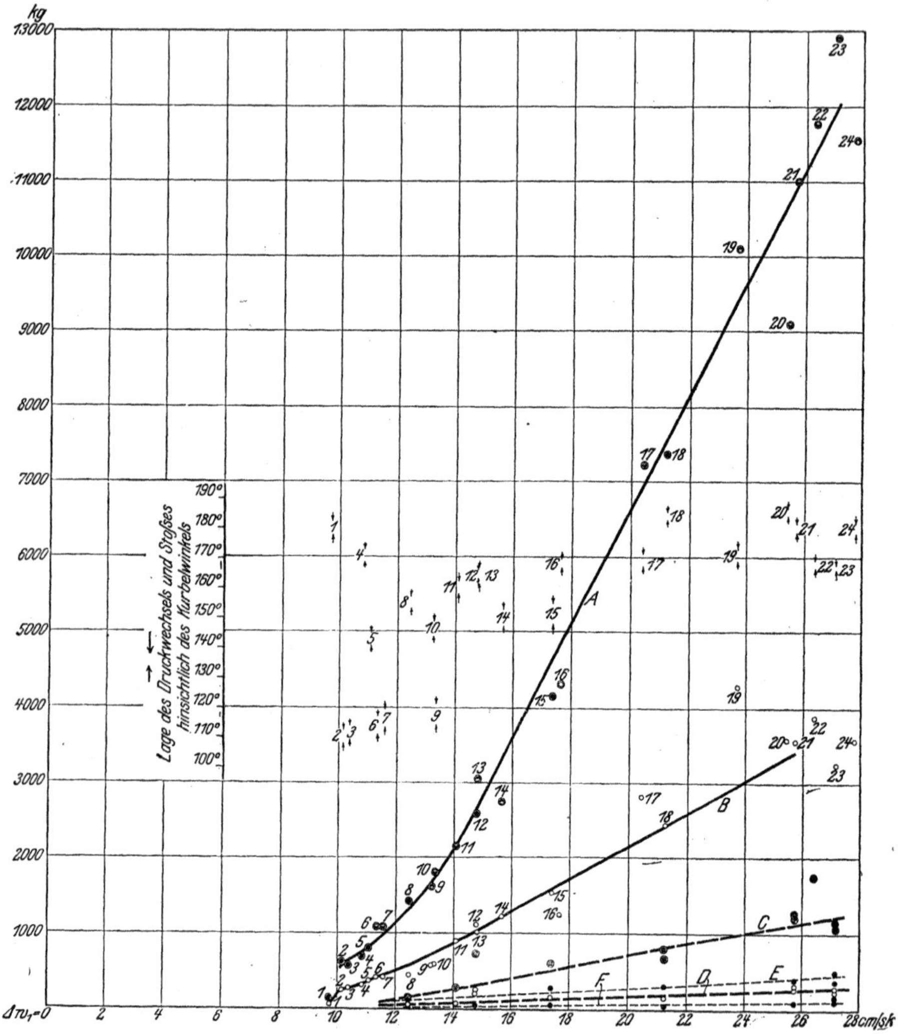

Fig. 240.

Stoßstärke P als Funktion der „theoretischen Stoßgeschwindigkeit" Δw_1.

Spiel: am Kreuzkopfzapfen $s_1 = 0{,}5$ mm, am Kurbelzapfen $s_2 = 0{,}1$ mm.

Erklärung: *A* = Stoß am Kurbelzapfen bei Tropfölschmierung I
B = „ „ Kreuzkopfzapfen bei „ I
C = „ „ Kurbelzapfen bei Druckölschmierung II (25 cm Ölsäule),
D = „ „ Kreuzkopfzapfen bei „ II (25 „ „),
E = „ „ Kurbelzapfen bei „ III (4,6 m Ölsäule),
F = „ „ Kreuzkopfzapfen bei „ III (4,6 „ „),

Die Zahlen an den Punkten der *A*- und *B*-Kurven geben die Nummern der betreffenden Maschineneinstellung an. Den Punkten der *C*-, *D*-, *E*- und *F*-Kurven kommt dieselbe Nummer zu, wie sie der senkrecht darüber liegende Punkt der *A*- und *B*-Kurve hat.

An den Versuchspunkten der *A*-Kurve erkennt man die Umlaufzahl, es bedeuten nämlich:

◉ = 50 Umdr./min (Punkte 1, 2, 3, 4, 5, 8, 12, 15, 18, 23),
◉ = 75 „ („ 6, 7, 10, 11, 17, 20, 21, 22),
◉ = 100 „ („ 9, 13, 14, 19, 24),
◎ = 125 „ (Punkt 16).

Die Pfeile über den Punkten geben die Lage des Schalenwechsels hinsichtlich des Kurbelwinkels an.

Bei den Versuchen wurden geändert: die „Lage" und „Steigung" des Druckwechsels, die Umlaufzahl, Spiel s_1 und Art der Schmierung. Wären die aus Gleichung 3) berechneten Werte w_1 identisch mit den wirklichen Stoßgeschwindigkeiten, so müßte auch die über der w_1-Abszisse aufgetragene Kurve der durch die Versuche festgestellten Stoßstärken P einen geradlinigen Verlauf zeigen. Fig. 240 zeigt jedoch, daß mit zunehmendem w_1 die Steigung der P-Kurve wächst.

In Fig. 240 sind die Lagen des „theoretischen Druckwechsels" und „wirklichen Stoßes" aus den über den Punkten befindlichen Pfeilen, die also den „theoretischen Schalenwechsel" umschließen, zu erkennen.

Aus den Kurven geht die außerordentliche Bedeutung der Schmierung für die Schlagstärke hervor.

Theoretisch müßten die A- und B-Kurve beide geradlinig verlaufen und durch den Koordinaten-Anfangspunkt gehen. Von $w_1 =$ 14 cm/sek.$^{-1}$ ab ist geradliniger Verlauf vorhanden, bei Werten unterhalb $w_1 = 10$ cm/sek.$^{-1}$ war ein Stoß nicht mehr wahrnehmbar, was auf den Einfluß der Ölschicht zurückzuführen ist. Eine Schmierung von minutlich etwa 2 Tropfen genügte zur erheblichen Minderung des Stoßes. Auf die Schmierung ist auch die große Streuung der Punkte zurückzuführen, die bei hohen Stoßstärken auftritt, da bei diesen eine zufällig mangelhafte Ölschicht viel mehr ausmacht.

Bei den Kurven C und D sinken die größten Schlagstärken auf den zehnten Teil, bei den E- und F-Kurven sogar auf den zwanzigsten Teil herunter. Hierbei zeigte sich, daß die Schlagstärke auch von der Öltemperatur beeinflußt wird; mit der Ölwärme nimmt die Schlagstärke zu. Dr.-Ing. Polster faßt die Hauptergebnisse seiner Versuche wie folgt zusammen:

1. Der am meisten umstrittene Punkt, die „Lage des Druckwechsels" kann nicht als Kriterium für die Härte und Gefährlichkeit des Stoßes gelten. Die Stöße im Totpunkt sind ebenso weich wie die in der Mitte des Hubes.

2. Die Umlaufzahl der Maschine hat einen Einfluß auf den „sekundlichen Druckanstieg" b der Überdrucklinie. Der letztere ist nämlich proportional der Umlaufzahl. Ein weiterer Einfluß der Umlaufzahl der Maschine auf die Stoßstärke P besteht nicht.

3. Die Stoßstärke P ist, abgesehen von den Abmessungen der Maschine, nur eine Funktion von
dem sekundlichen „Druckanstieg" b,
der Größe des Spieles und
der Schmierung.

P ist praktisch für kleines b überhaupt nicht vorhanden, steigt dann erst langsam, solange die Ölschicht nicht weggequetscht wird, dann schneller, um schließlich linear mit $\sqrt[3]{b}$ anzusteigen.

Mit wachsendem Spiel vergrößert sich zunächst die Schlagstärke und nimmt dann je nach der Art des Druckwechsels und der Schmierung wieder ab oder läßt wenigstens im Wachstum nach, weil mit dem größeren Spiel auch bessere Ölzufuhr eintritt. Darüber hinaus findet wieder starke Steigerung der Schlagstärke statt.

Die Art der Schmierung hat einen ganz wesentlichen Einfluß auf die Stoßstärke. Schlechte Schmierung bedingt harte Schläge. Es ist nur ein geringer Öldruck nötig, um die Schläge ganz wesentlich zu mindern. Großer Öldruck verbessert die Verhältnisse zwar noch mehr, aber nicht in gleichem Maße, wie der Ölverbrauch wächst.

g) Die Ausgleichung der Massenwirkungen.

Bei langsamem Gang der Dampfmaschine, z. B. beim Anlassen, sind der Dampfdruck auf den Kolben und der Horizontaldruck auf den Kurbelzapfen annähernd einander gleich. Läuft die Maschine schneller, so wird nach dem Vorhergehenden ein Teil des Dampfdruckes dazu verwendet, die hin- und hergehenden Massen zu beschleunigen, so daß jetzt nicht mehr der volle Dampfdruck als Horizontaldruck auf den Kurbelzapfen gelangt. Der Beschleunigungsdruck tritt als freie Kraft

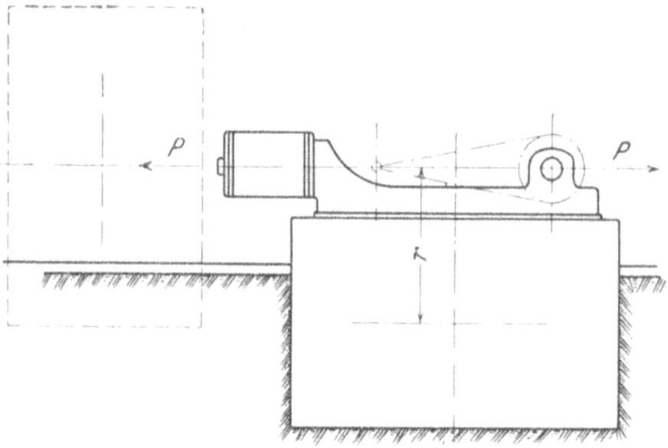

Fig. 241.

auf, die bestrebt ist, die Maschine in der Richtung der Kolbenstange zu verschieben. Würde die Maschine auf einen Wagen gesetzt, so würde dieser hin- und herpendeln. Bei ortfesten Maschinen wird das Fundament durch ein gewisses Moment $P \cdot r$ beansprucht, so daß das Fundament eigentlich die punktiert angedeutete, stehende Lage haben müßte. Fig. 241.

Bei höheren Geschwindigkeiten, mit denen die freie Kraft im Quadrat wächst, und bei großen Massen wird es deshalb vorteilhaft, diese in ihrer Wirkung durch ein Gegengewicht auszugleichen.

Bei stehenden Maschinen äußert sich die freiwirkende Massenkraft dadurch, daß sie beim Kolbenaufgang die Grundplatte belastet, während sie beim Kolbenniedergang bestrebt ist, die Maschine vom Fundament abzuheben.

Ist z. B. das Gewicht der Maschine, bezogen auf 1 qcm Kolbenfläche = 2,8 kg, das Gewicht der hin- und hergehenden Massen = 0,28 kg pro qcm Kolbenfläche und der Kurbelhalbmesser = 0,3 m, so tritt dieses

Abheben bei einer Kurbelgeschwindigkeit ein, die sich berechnet aus der Gleichung:

$$2{,}8 = \frac{0{,}28 \cdot v^2}{9{,}81 \cdot 0{,}3},$$

und daraus folgt die Umdrehungszahl:

$$v = 5{,}4 = \frac{n \cdot s \cdot \pi}{60}; \quad n = 172.$$

Bei einer höheren Umlaufzahl würde sonach während jeder Umdrehung die Maschine einmal von ihrem Fundament aufspringen, wenn hieran die Fundamentschrauben nicht hinderten. In mehrkurbeligen Maschinen treten außer den Massendrucken noch deren Momente auf, welche die Maschine in der Ebene der Kolbenstangen zu verdrehen suchen.

Soll demnach eine mehrkurbelige Maschine „in sich ausgeglichen" sein, so müssen die Summe der Vertikalkräfte und die Summe von deren Momenten gleich Null sein, vorausgesetzt, daß die Fliehkraft der rotierenden Teile durch ein Gegengewicht schon unschädlich gemacht ist.

Nach S. 188 ist für $L = \infty$ die Massenkraft gleich der Zentrifugalkraft der im Kurbelzapfen vereinigt gedachten Massen M, multipliziert mit dem Kosinus des jeweiligen Kurbelwinkels. Wird im Kurbelkreis, dem Kurbelzapfen gegenüber, eine Masse $\frac{M}{2}$ angebracht, so ergibt die Fliehkraft $\frac{M v^2}{2 r}$ dieser Ausgleichmasse mit der stets wagerecht verlaufenden Massenkraft P für jeden Kurbelwinkel eine konstante Resultierende $\frac{M}{2} \cdot \frac{v^2}{r}$, deren Richtung in den Totlagen mit der von P übereinstimmt. Jedoch kreist diese Resultierende entgegengesetzt zur Kurbel, Fig. 242; die von ihr im Polardiagramm beschriebene Kreisfläche erhält eine etwas verdrückte Form, wenn die endliche Pleuelstangenlänge berücksichtigt wird. Fig. 243 zeigt ein Beispiel dieser Anordnung, bei dem also das Gegengewicht nicht nur die rotierenden Massen ausgleicht, sondern auch ein Überschußmoment von der Größe $\frac{M v^2}{2 r}$ erzeugt[1]).

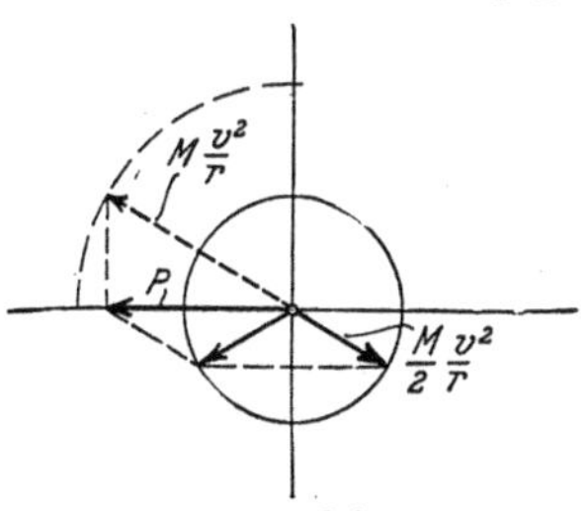

Fig. 242.

Fig. 243 stellt die Massenkräfte P für endliche Pleuelstangenlänge dar. In Fig. 244 gibt Kreis I als Polardiagramm die überschüssigen Fliehkräfte des Gegengewichtes, Kreis II die der exzentrisch rotierenden Massen wieder. Die Vektoren des Kreises II, mit den wagerechten Massenkräften P zusammengesetzt — wie für Kurbellage 1

[1]) Bestehorn. Zeitschr. Ver. deutsch. Ing. 1920, S. 42.

angedeutet — ergeben Kurve III als Polardiagramm der resultierenden Massendrucke bei fehlendem Ausgleich auch der exzentrisch rotierenden Massen.

Aus der Zusammensetzung der Massendrucke P mit den Vektoren des Kreises I, ebenfalls für Kurbellage 1 angegeben, folgen die Massendrucke der Kurve IV bei bestmöglichem Ausgleich.

Die ruhige Lage einer Maschine wird weiterhin durch statische Wirkungen infolge der Schwerpunktwanderung des Kurbelgetriebes gestört. Denkt man sich die Masse der Maschine mit Fundament aufgehängt, so verändert der Schwerpunkt während des Ganges der Maschine seine Lage nicht, da die Ortsveränderungen der hin- und

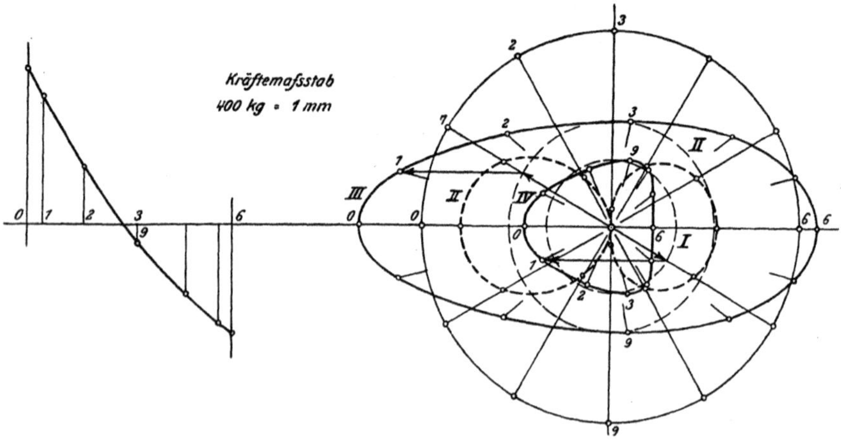

Fig. 243 und 244.

hergehenden Massen entgegengesetzt gerichtete der übrigen Masse zur Folge haben. Die günstigsten Verhältnisse sind dann vorhanden, wenn sich die Schwerpunktkurve der primär wandernden Massen möglichst dem Kreise nähert, d. h. sich nach jeder Hauptrichtung gleich weit erstreckt. Als solche Massen kommen nicht nur die hin- und hergehenden, sondern auch die zu ihrem Ausgleich dienenden in Betracht, die in masseloser Kupplung miteinander verbunden gedacht sind. Die kreisenden Massen mit ihrem Ausgleich beeinflussen die Verhältnisse nicht. Ist demnach das Gewicht der hin- und hergehenden Teile $K = Mg$ und dementsprechend ihr auf den Kurbelarm bezogenes Ausgleichgewicht $G = \frac{M}{2} g$, mithin ihre Resultierende $R = {}^3/_2\, Mg$, so ist nach Fig. 245, worin für die zusammengehörigen Lagen von K, G und R gleiche Zeiger gewählt wurden,

$$a = \frac{G}{R}(l + 2r) = \frac{l + 2r}{3},$$

$$b = \frac{G}{R}(l - 2r) = \frac{l - 2r}{3},$$

$$x = b + 2r - a = \frac{l - 2r}{3} + 2r - \frac{l + 2r}{3} = {}^2/_3\, r;$$

und

$$e = \frac{G}{R}\, l = \frac{l}{3},$$

$$y = 2\, r\, \frac{e}{l} = {}^2/_3\, r;$$

also

$$x = y = {}^2/_3\, r,$$

womit die gestellte Bedingung erfüllt ist.

In Fig. 246 gibt (für das Beispiel nach Fig. 243—244) Kurve I den Schwerpunktweg für die Maschine ohne Gegengewichte wieder, Kurve II

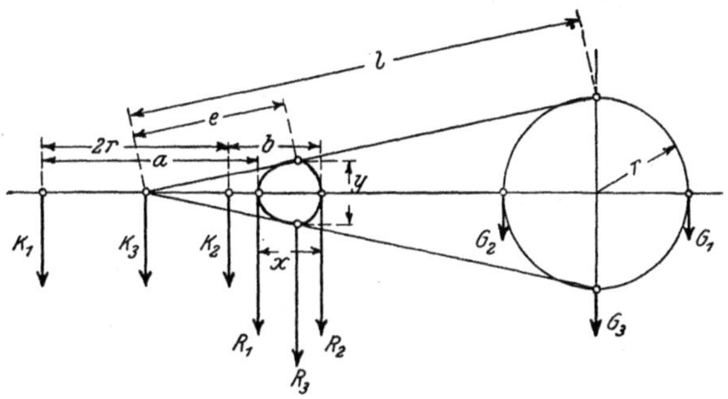

Fig. 245.

dasselbe für die Maschine mit Ausgleich nur der umlaufenden Massen. Kurve III gilt für den vollkommensten Ausgleich. Es ist hierbei je-

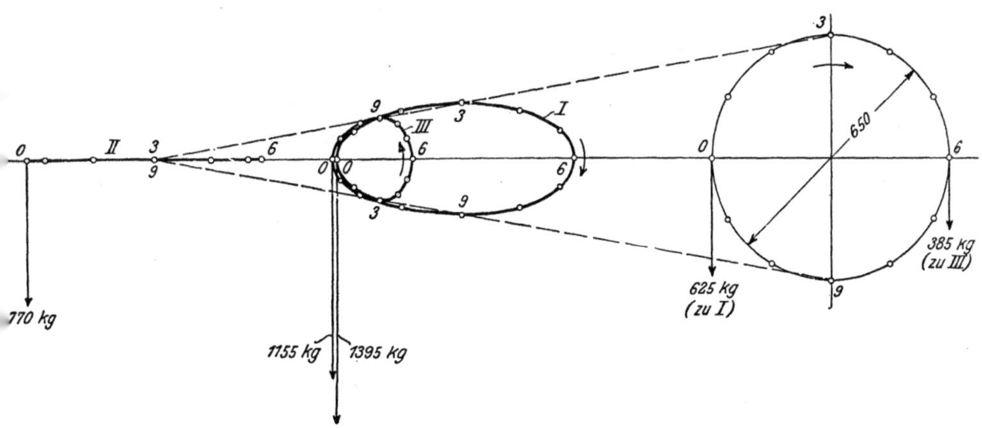

Fig. 246.

doch zu beachten, daß die Gewichte, wie in der Figur angegeben, für die drei Fälle verschiedene Größe haben.

Ein richtiger Überblick wird nach Annahme von Maschinen- und Fundament-Gewicht durch Aufzeichnung der Schwerpunktbahnen dieser ruhenden, wieder aufgehängt gedachten Massen erhalten.

h) Der Massen-Ausgleich nach Taylor-Schlick[1]).

Unter Voraussetzung unendlicher Pleuelstangenlänge ist vollkommener Ausgleich bei stehenden Maschinen nur dann möglich, wenn die Maschine mehr als drei Kurbeln hat.

Um die resultierende Vertikalkraft bei einer Mehrkurbelmaschine zu erhalten, werden die nach oben und unten gerichteten Komponenten $G \cos \omega$ der einzelnen schwingenden Gewichte ermittelt, indem nach Fig. 247 letztere auf den zugehörigen Kurbelstellungen aufgetragen werden. Die Projektionen dieser aufgetragenen Strecken auf die Senkrechte geben sodann die Vertikalkräfte $G \cdot \cos \omega$ wieder. Da sämtliche Kurbeln gleiche Radien und Umfangsgeschwindigkeiten haben, so braucht die algebraische Summe dieser Komponenten nur mit $\frac{v^2}{r \cdot g}$ multipliziert zu werden, um die in vertikaler Richtung freiwirkende Massenkraft $\frac{G \cdot v^2}{g \cdot r} \cdot \cos \omega$ zu erhalten.

Einfacher ist das Taylorsche Verfahren mittelst Seilpolygons. Nach diesem werden wie vorhin auf den einzelnen Kurbelradien die zugehörigen Gewichte in einem bestimmten Maßstab aufgetragen (z. B. 1 mm = 100 kg). Steht die Kurbel A O im oberen Totpunkt, so wird, da in diesem Falle $\cos \omega = 1$, $G \cdot \cos \omega = G$. Fig. 248. Auf O B werden sodann, den in Fig. 249 angegebenen Gewichten entsprechend, 1500 kg, auf O C 2000 kg usw. aufgetragen. Durch den Endpunkt A wird hierauf eine Parallele zur Kurbel O B gezogen, deren Länge $A B' = 1500$ kg und deren Projektion auf die Senkrechte die Komponente $1500 \cos \omega$ ergibt, so daß in Verbindung mit OA die Massenkraft $1000 + 1500 \cos \omega$ der beiden Kurbeln O A und O B gegeben ist. Eine durch B′ gelegte Parallele zu O C von der Länge 2000 kg stellt in ihrer Projektion die negative Vertikalkraft $2000 . \cos \omega'$ dar, worin $\omega' = (\omega + \alpha)$ und $\alpha =$ Versetzungswinkel der Kurbel O C gegen O B. Verfährt man in dieser Weise weiter, so wird zum Schluß die Resultierende E′F erhalten, die, mit $\frac{v^2}{r \cdot g}$ multipliziert, die freiwirkende Vertikalkraft darstellt. Soll diese beseitigt werden, so könnte dies einmal durch Änderung der Kurbelwinkel erfolgen, so daß ein Polygon nach Fig. 250 erzielt würde, oder es müßte nach Fig. 251 ein weiteres Gewicht E′ O eingeführt werden, das an der in gleicher Richtung liegenden Kurbel O G angriffe.

Bei der Zusammensetzung der auf irgend einen Drehpunkt bezogenen Momente, deren Summe ebenfalls gleich Null sein muß, wird in gleicher Weise durch Aufzeichnung eines Momentenpolygons vorgegangen. In Fig. 249 ist angenommen, daß der Drehpunkt um $l_1 = 1$ von der ersten Kurbel entfernt sei, und daß die Kurbelabstände unter sich gleich

---

[1]) Fränzel, Z. 1898. S. 907. Die Methode wurde in den Grundzügen von Taylor angegeben. Schlick hat sie erweitert und vor allem ihre praktische Durchführung ermöglicht.

seien. Aus der Fig. 252 ist ersichtlich, daß ein Moment E′ F übrig bleibt, das die Maschine zu kippen sucht. Soll dieses Moment gleich Null werden, d. h. soll die Maschine auch bezüglich der Momente ausgeglichen werden, so können zu diesem Zweck die Kurbelwinkel, die Kurbelradien, die Hebelarme l oder die Gewichte geändert werden.

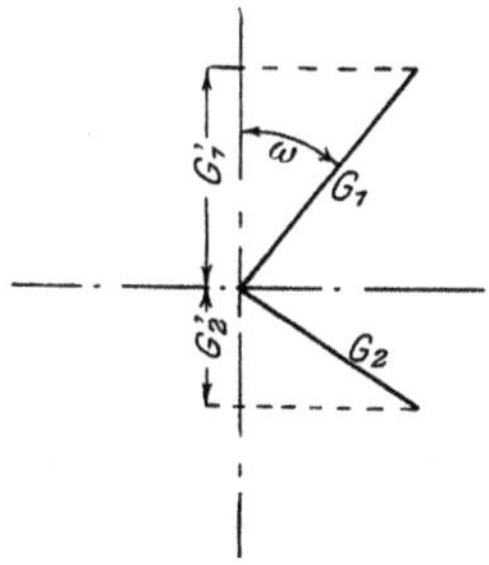

Fig. 247.

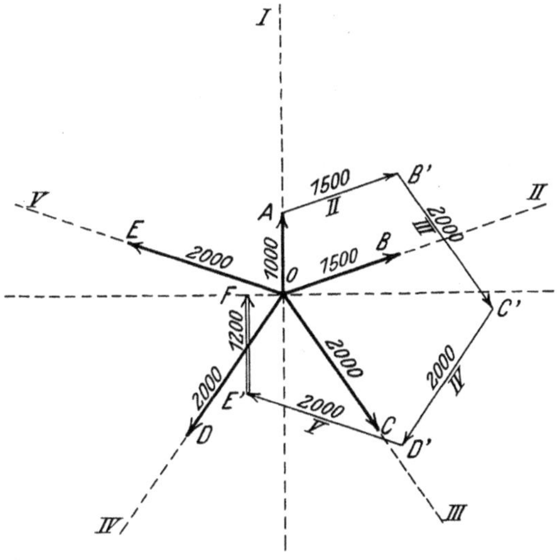

Fig. 248.

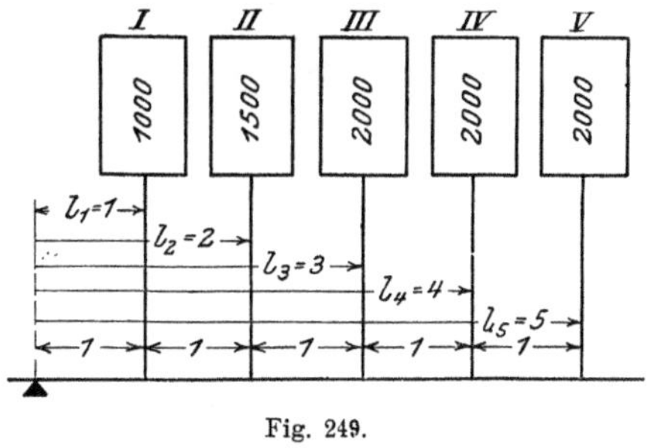

Fig. 249.

Eine Maschine ist erst dann vollständig ausgeglichen, wenn die Polygone der Kräfte und Momente geschlossen sind und parallele Seiten haben, da die Kurbelwinkel dann, wie erforderlich, in beiden Polygonen übereinstimmen.

Eine Vereinfachung der Aufzeichnung wird erreicht, wenn nach Fig. 253 der Drehpunkt in die Ebene des ersten Zylindermittels gelegt wird, so daß das Moment der ersten Kurbel gleich Null wird.

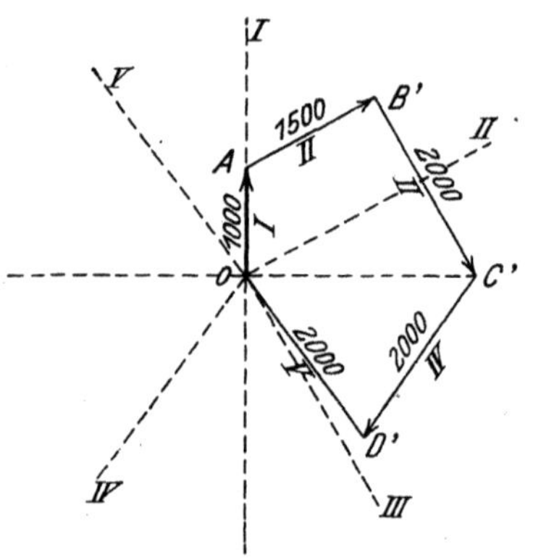

Fig. 250.

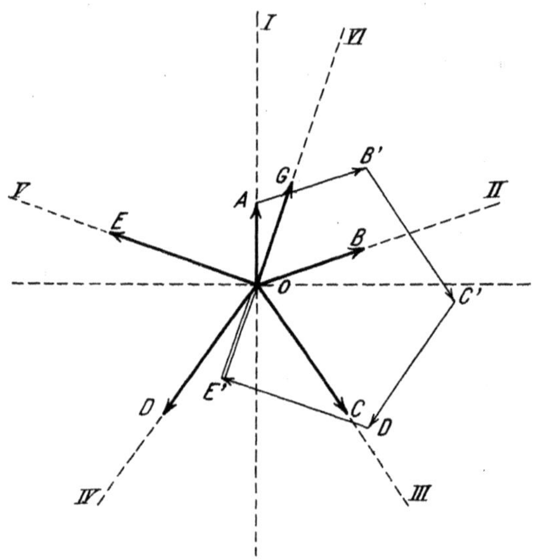

Fig. 251.

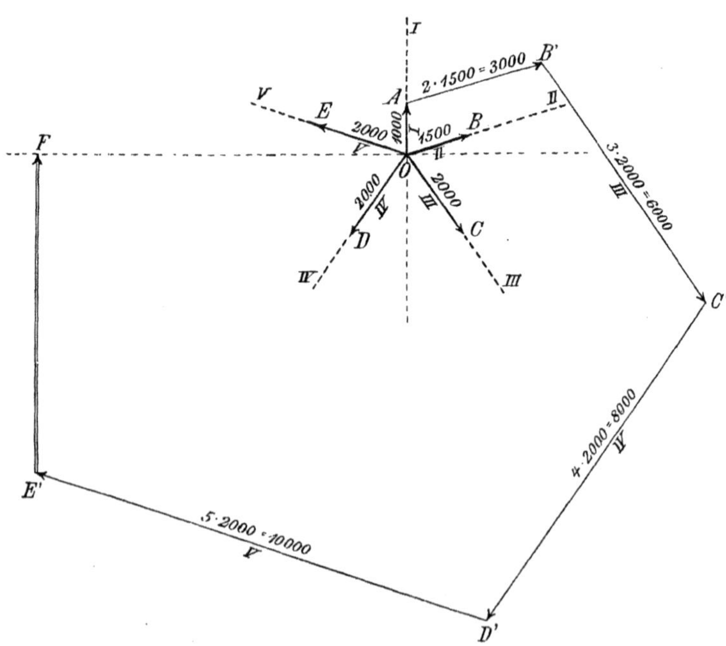

Fig. 252.

Eine sechskurbelige Maschine mit den in Fig. 253 angegebenen Gestnägegewichten und Zylinderabständen hat die Momente:

$M_1 = 0$ $\qquad$ $M_4 = 5000 \cdot 3.$
$M_2 = 4500 \cdot 1$ $\qquad$ $M_5 = 5000 \cdot 4.$
$M_3 = 4500 \cdot 2$ $\qquad$ $M_6 = 5000 \cdot 5.$

Das Gewicht der ersten Kurbel sei noch zu bestimmen.

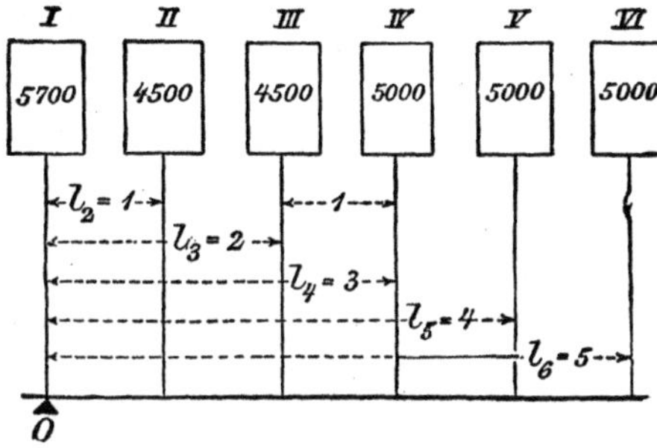

Fig. 253.

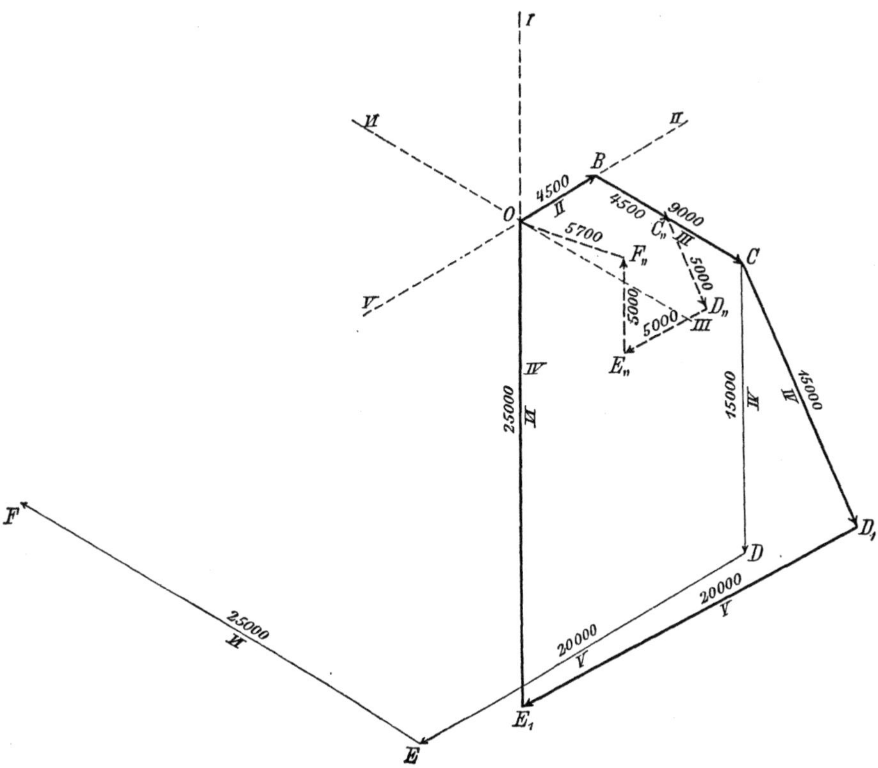

Fig. 254.

Das mit Rücksicht auf eine Kurbelversetzung von 60° entworfene Momentenpolygon ist in Fig. 254 durch den Linienzug O B C D E F wiedergegeben. Durch Änderung der Kurbelwinkel muß dieses offene Polygon geschlossen werden. Fällt Kurbel VI in die frühere Richtung der Kurbel IV, so lassen sich durch einfache Dreieckkonstruktion die Lagen der Kurbeln IV und V ermitteln, und es entsteht der geschlossene Linienzug O B C D_1 E_1 O.

Die bezüglich der Kippmomente ausgeglichene Maschine werde nun durch Auftragung der Gewichte auf Parallelen zu den neuen Kurbelstellungen betreffs der Wirkung der Vertikalkräfte untersucht. Das Kräftepolygon O B C,, D,, E,, F,, ergibt dann eine Resultierende O F,, deren Länge das anzubringende Gewicht und deren Richtung die der ersten Kurbel angibt.

Vollkommener Ausgleich mit Berücksichtigung der endlichen Pleuelstangenlänge ist nur bei fünf- und sechskurbeligen Maschinen möglich[1]).

---

[1]) Allgemein gilt nach einem von Knoller auf Grund der Lorenzschen Abhandlung in Z. 1897, S. 998, abgeleiteten Satz: Eine Maschine ist dann vollkommen ausgeglichen, wenn sie selbst und gleichzeitig auch jene Maschine, welche aus ihr durch Verdoppelung der Kurbelwinkel entsteht, angenähert (d. i. für unendliche Schubstangenlänge) ausgeglichen ist. Z. 1897, S. 1371.

E. Die Regulierung.

a) Die Grundbegriffe.

Während die Anwendung des Schwungrades die Beibehaltung konstanter Winkelgeschwindigkeit während einer Umdrehung bezweckt, hat der Regulator die Aufgabe, die Umlaufzahl möglichst konstant zu halten.

Wird der Beharrungszustand durch Änderung der Belastung oder des Dampfdruckes gestört, so muß der Regulator das Gleichgewicht zwischen Kraft und Widerstand durch Änderung des mittleren Druckes wieder herstellen. Jeder Muffenstellung entspricht sonach ein bestimmter, mittlerer Druck. Die Regelung wird um so genauer sein, je schneller der Regulator die Dampfzufuhr der neuen Belastung anpaßt und je kleiner die hierbei auftretenden Geschwindigkeitsschwankungen sind.

Die erforderliche Veränderung der Diagrammfläche kann durch Drosselung oder durch Füllungsänderung erreicht werden. Bei der Drosselregulierung wird der Eintrittsdruck geändert. Damit eine dauernde oder vorübergehende Erhöhung der Leistung möglich wird, kann die Maschine auch bei ihrer mittleren Beanspruchung nur mit gedrosseltem Dampf arbeiten, der Kesseldruck kann somit auch bei normaler Belastung nicht ausgenutzt werden. Sieht man vom Einfluß der durch die Drosselung herbeigeführten Dampftrocknung und von der durch den kleineren Temperaturunterschied bedingten Verringerung der Eintrittskondensation ab, so nimmt bei einer Leistungsverringerung der Dampfverbrauch nur mit der geringeren Dampfdichte ab.

Wird hingegen die Füllung geändert, so wird alle Wärme bei der höchsten Temperatur zugeführt; die Regelung wird wirtschaftlicher und ist daher in fast ausschließlichem Gebrauch.

Je nach Anordnung und Ausführung können die Regulatoren eingeteilt werden in:

1. Gewichts- oder Federregulatoren, je nachdem die Gegenkraft der Zentrifugalkraft in der Hauptsache durch Gewichte oder Federn gebildet wird.

2. Kegel- und Flachregeler. (Letztere zutreffender Achsen- oder Exzenterregeler genannt.) Bei ersteren greifen die Pendelarme an einer Muffe an, die eine hin- und hergehende Bewegung macht und mit dem „Stellzeug" verbunden wird. Die Flachregeler verstellen unmittelbar das steuernde Exzenter, meist dessen Hub und Voreilwinkel ändernd.

3. Fliehkraft- und Beharrungsregeler. Die zur Beeinflussung der Steuerung erforderliche Verstellkraft wird bei den letzteren zum größten Teil durch die Trägheit sich drehender Massen bewirkt.

4. Geschwindigkeits- und Leistungsregeler. Diese ermöglichen in weiten Grenzen eine Veränderung der Umlaufzahl, wie dies bei Kompressoren, Gebläsen, Pumpen wünschenswert ist.

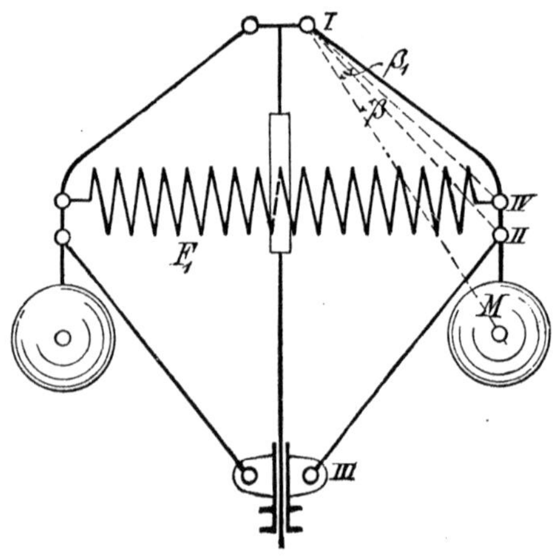

Fig. 255.

5. Direkt und indirekt wirkende Regulatoren. Letztere schalten für Verstellung der Steuerung eine Hilfskraft ein. (Beispiele s. unter Dampfturbinen.)

Als Übertragungsteil von den Schwunggewichten nach der Muffe kommen das Schubkurbelgetriebe und die Kurbelschleife in Betracht. Drehen sich die Schwungmassen um einen festen Drehpunkt an der Spindel, Fig. 255, so hat man unmittelbare, sonst umgekehrte Aufhängung, Fig. 268. Ein brauchbarer Regulator soll „stabil" sein, d. h. zunehmender Geschwindigkeit muß fortschreitende Entfernung der Schwungmassen von der Spindel entsprechen. „Labile" Regulatoren sind unbrauchbar. In Fig. 255[1]), die eine labile Anordnung darstellt, nehmen die senkrecht gemessenen Hebelarme, an denen die Feder angreift, so schnell ab, daß bei einer Vergrößerung des Kugelabstandes Gleichgewicht nur durch Verkleinerung der Winkelgeschwindigkeit möglich ist, d. h. mit steigender Muffe müssen die Umlaufzahlen abnehmen.

---

[1]) Tolle, Regelung der Kraftmaschinen.

Ändern sich Federspannung und Zentrifugalkraft in genau demselben Verhältnis, so ist der Regulator „astatisch". Derartige Regulatoren sind bei jeder beliebigen Muffenstellung im Gleichgewicht, aber nur bei ein und derselben Umlaufzahl; jede noch so kleine Änderung derselben treibt den Regulator in eine der Endstellungen.

Aus Fig. 255 erhält man einen astatischen Regulator durch Wahl eines kleineren Winkels β; damit die Momente dann in jeder Lage gleich groß sind, müssen die Federspannungen schneller zunehmen als die Zentrifugalkräfte.

Ein Regulator ist statisch, wenn das Moment der Federspannung schneller als die Zentrifugalkraft wächst. Pseudo-astatisch werden diejenigen statischen Regeler genannt, die sich dem astatischen Zustand nähern, d. h. deren Umlaufzahlen in engen Grenzen liegen.

Diese Grenzen werden schon im Entwurf festgelegt. Denkt man sich den Regulator reibungslos und freischwingend ohne Verbindung mit dem Stellzeug, und hat derselbe bei höchster Muffenlage die minutliche Umlaufzahl n_2, bei tiefster n_1, so wird das Verhältnis

$$\delta = \frac{n_2 - n_1}{n}$$

als „Ungleichförmigkeitsgrad" (Stabilitätsgrad) bezeichnet, wenn n die mittlere Umlaufzahl angibt. Der Unterschied in den Umlaufzahlen wird größer, wenn die Reibung in den Gelenken und Gleitflächen des Regulators, sowie die zur Verstellung der Steuerung nötige Kraft berücksichtigt wird. Um diese Widerstände zu überwinden, müssen die Zentrifugalkraft C und damit die Umlaufszahl um einen bestimmten Betrag d C zu- oder abnehmen.

Angenommen, der Regulator befinde sich in mittlerer Stellung, der Umlaufzahl n entsprechend, so müßte, falls die höchste Stelle erreicht werden sollte, nach der Gleichung für δ die Umlaufzahl um $n_2 - n$ steigen, während unter Berücksichtigung der Reibung eine Steigerung um $(n_2 - n) + dn$ nötig wird. Umgekehrt wird eine Abnahme um $(n_1 - n) + dn$ erforderlich, so daß sich ein gesamter Ungleichförmigkeitsgrad ergibt von der Größe:

$$\delta_g = \frac{(n_2 - n + dn) - (n_1 - n - dn)}{n} = \frac{n_2 - n_1}{n} + \frac{2\,dn}{n}.$$

Dieser Ausdruck setzt sich aus zwei Teilen zusammen: aus dem theoretischen Ungleichförmigkeitsgrad und aus dem „Unempfindlichkeitsgrad" $\varepsilon = \frac{2\,dn}{n}$. Da der Regulator innerhalb der Grenzen $(n + dn)$ und $(n - dn)$ unbeweglich oder unempfindlich bleibt, so kann ε auch definiert werden als: Ungleichförmigkeitsgrad für zwei unendlich nahe Muffenlagen.

Wird für die Umlaufzahl n die Winkelgeschwindigkeit ω eingesetzt, so bestehen folgende Beziehungen:

$$\omega_2^2 = (\omega + d\omega)^2 = \frac{C + dC}{m\,r}; \quad \omega_1^2 = (\omega - d\omega)^2 = \frac{C - dC}{m\,r},$$

$$\frac{\omega_2^2 - \omega_1^2}{\omega^2} = \frac{2\,dC}{m\,r\,\omega^2} = \frac{2\,dC}{C},$$

$$\frac{\omega_2^2 - \omega_1^2}{2\,\omega^2} = \frac{dC}{C} = \varepsilon.$$

Denn es ist:

$$\varepsilon = \frac{\omega_2 - \omega_1}{\omega} = \frac{(\omega_2 - \omega_1)(\omega_2 + \omega_1)}{\omega(\omega_2 + \omega_1)} = \frac{\omega_2^2 - \omega_1^2}{2\,\omega^2}.$$

Der Unempfindlichkeitsgrad ist also gleich dem Verhältnis zwischen der zur Überwindung des gesamten Muffenwiderstandes erforderlichen Zunahme der Zentrifugalkraft zu dieser selbst.

Energie. Als „Energie" wird diejenige Kraft bezeichnet, die den auf die Muffe reduzierten abwärts wirkenden Kräften beim ruhenden Regulator das Gleichgewicht hält. Die Energie kann durch Rechnung oder praktisch durch Auswägen des Muffendruckes ermittelt werden.

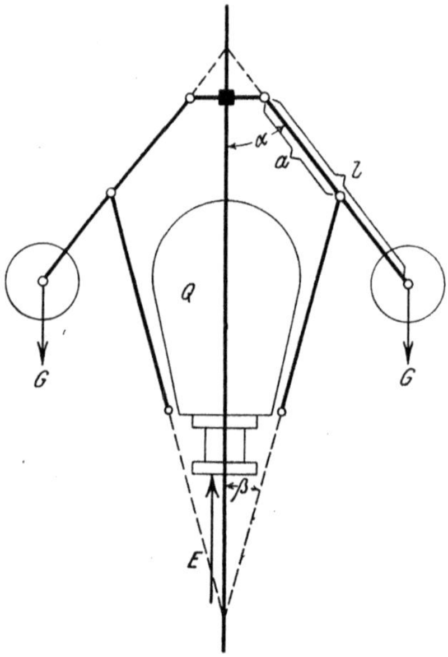

Fig. 256.

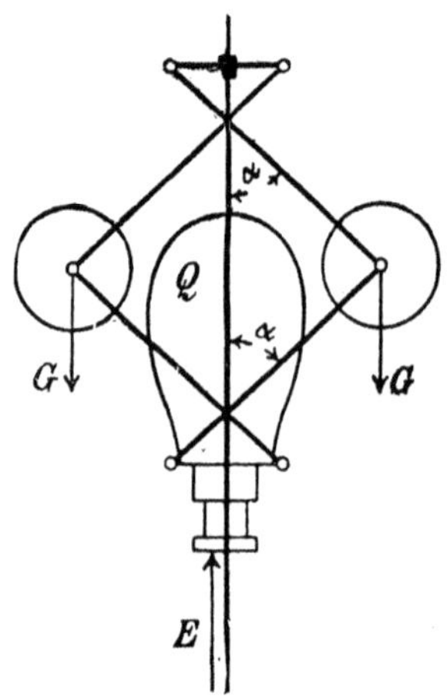

Fig. 257.

Sie steht zu der Zentrifugalkraft für jede Muffenstellung in einem ganz bestimmten Verhältnis, so daß

$$E = a \cdot C, \text{ worin } a = \text{konst.}$$

Die Energie ist von der Konfiguration des Regulators abhängig und hat selten für den ganzen Muffenhub einen konstanten Wert. So ist z. B. für Fig. 256

$$E = 2 \cdot \frac{l}{a} \cdot G \cdot \frac{\operatorname{tg}\alpha}{\operatorname{tg}\alpha + \operatorname{tg}\beta} + Q.$$

E ändert sich sonach mit dem Ausschlagwinkel α. Bei der sog. „rhombischen" Aufhängung, Fig. 257, ist $\alpha = \beta$, und

$$E = G + Q = \text{konst.}$$

Ist die Energie veränderlich, so soll sie mit wachsendem Muffenhub zunehmen, da der Regulator meist in den oberen Lagen reguliert.

Das Produkt aus Energie und Muffenhub s wird „Arbeitsvermögen" genannt, so daß allgemein gilt:

$$A = \int E \cdot ds.$$

Bei einer Zunahme der Zentrifugalkraft um d C ändert sich die Energie um den Betrag P, da das Übersetzungsverhältnis zwischen C und E dasselbe ist wie zwischen d C und P:

$$dC : P = C : E.$$

Daraus folgt:

$$\frac{P}{E} = \frac{dC}{C} = \varepsilon; \quad P = \varepsilon \cdot E = \frac{2\,dn}{n} \cdot E.$$

P ist die bei einer Zunahme der Zentrifugalkraft um d C entstehende „Verstellkraft". Sie ist gleich der Energie, multipliziert mit dem doppelten Betrag der prozentuellen Geschwindigkeitsänderung und dient sowohl zur Überwindung der Eigenreibung R, als auch für die Verstellung der Steuerung, wozu die Kraft W nötig sei. Dann ist

$$P = W + R.$$

Demnach setzt sich auch der Unempfindlichkeitsgrad aus zwei Teilen:

$$\varepsilon_w = \frac{W}{E} \text{ und } \varepsilon_r = \frac{R}{E}$$

zusammen, von denen der letztere als sehr schädlich anzusehen ist. Es ist die nutzbare Verstellkraft

$$W = P - R = E\left(\frac{2\,dn}{n} - \varepsilon_r\right),$$

und es wird:

$$E = \frac{W}{\varepsilon - \varepsilon_r}.$$

Die Größe der Verstellkraft ist nur abhängig von der zugelassenen Unempfindlichkeit, so daß kleine Unempfindlichkeitsgrade immer durch große Verstellkräfte erreicht werden können.

Die Prospekte der meisten Regulatorenfabriken geben einen Unempfindlichkeitsgrad von 2 v. Ht. an, wobei die Änderung der Umlaufzahl auf- und abwärts gemeint ist, sonach ist

$$P = E \cdot \frac{2\,dn}{n} = E \cdot 0{,}04 = \frac{1}{25} E.$$

Weiterhin wird dieser Unempfindlichkeitsgrad ohne Rücksicht auf die Eigenreibung angegeben, wodurch die nützliche Verstellkraft eine Verringerung erfährt.

$$W = E\left(\frac{1}{25} - \varepsilon_r\right) = P\,(1 - 25\,\varepsilon_r).$$

Ist sonach in einem Prospekt die Verstellkraft zu 8 kg angegeben und beträgt die Eigenreibung $\varepsilon_r = 0{,}02$, so hat die für die Verstellung der Steuerung übrig bleibende Kraft nur die Größe:

$$W = 8\,(1 - 25 \cdot 0{,}02) = 4 \text{ kg}.$$

Wäre hingegen $\varepsilon_r = 0{,}01$, so würde

$$W = 8\,(1 - 25 \cdot 0{,}01) = 6 \text{ kg}.$$

Befindet sich ein Regulator mit $\varepsilon = \delta = 0{,}04$ in der Mitte seines Hubes, wobei $n = 100$, und tritt etwa durch Einrücken neuer Arbeitsmaschinen eine Vermehrung der Belastung ein, so wird die Umlaufzahl abnehmen, und der Regulator fängt an, die Muffe nach unten zu drücken. Dieser Druck ist aber erst bei $n = 98$ imstande, die Steuerung zu verstellen. War die Änderung der Muffenlage sehr gering, so wird die Maschine in dem neuen Beharrungszustand mit $n = 98$ weiter arbeiten. War die Belastungsänderung jedoch so bedeutend, daß größte Füllung eingestellt werden mußte, so geht der Regulator in seine tiefste Stellung, und auf dem Wege dahin kommt nunmehr auch der Ungleichförmigkeitsgrad zur Geltung, so daß in der tiefsten Muffenlage $n_1 = 96$ wird.

Hierbei wirkt der Muffendruck immer noch nach unten hin; tritt jetzt eine plötzliche Entlastung der Maschine ein, so wird die steigende Umlaufzahl zunächst eine Abnahme des nach unten wirkenden Muffendruckes herbeiführen, dieser wird gleich Null und kehrt bei $n = 98$ seine Bewegungsrichtung um, worauf bei $n = 100$ das Stellzeug verstellt wird. Auf diesem Wege bis zur höchsten Muffenlage bewirkt der Ungleichförmigkeitsgrad eine weitere Steigerung der Umlaufzahl um 4, so daß $n_2 = 104$ wird.

Die Umlaufzahl kann sonach von 4 v. Ht. über bis 4 v. Ht. unter der normalen schwanken.

Wäre der Ungleichförmigkeitsgrad des Schwungrades $\delta_s = \frac{1}{25} = 0{,}04$, so würde bei jeder Umdrehung die Winkelgeschwindigkeit nach oben und unten hin um $\frac{1}{50}$ vom normalen Wert abweichen, so daß diese Geschwindigkeitsschwankung gerade hinreichen würde, um einen Muffendruck von der Größe der Verstellkraft zu erzeugen. Bei einem größeren δ_s würde der Regulator tatsächlich das Stellzeug während eines jeden Hubes verstellen, so daß als Regel gilt:

$$\varepsilon \geqq \delta_s.$$

Dieses „Tanzen“ des Regulators ist für die Regulierung günstig und wird häufig mit Absicht herbeigeführt. Als Reibungskoeffizient kommt nunmehr derjenige der Bewegung zur Geltung. Nimmt z. B. die Winkelgeschwindigkeit um einen geringen Betrag ab, so wird in der Hülse ein nach unten gerichteter Druck ΔP auftreten. Infolge des Tanzens wirkt sonach bei jeder Umdrehung ein Druck $P + \Delta P$ nach unten, ein solcher von der Größe $P - \Delta P$ nach oben. Die Folge ist, daß der Regulator seinen Schwingungsmittelpunkt nach unten, der neuen Gleichgewichtslage entsprechend, verschiebt.

Hierzu genügte also eine Änderung des Muffendruckes um ΔP.

Andererseits verursacht das Tanzen einen schnelleren Verschleiß der Bolzen und Gleitflächen.

Die Zuckungen treten auch dann auf, wenn der Regulator zu kräftig gewählt worden ist, d. h. eine zu große Energie besitzt, in welchem Fall der Unempfindlichkeitsgrad bei gleicher Verstellkraft P gemäß der Beziehung $P = \varepsilon \cdot E$ zu klein wird. Hierbei empfiehlt sich Änderung der Hebelübersetzung zwischen Regulator und Steuerung, es wird jetzt zwar nur noch ein kleinerer Teil des Muffenhubes benutzt, jedoch die Regulierfähigkeit verbessert.

In den vorhergehenden Ausführungen wurde vorausgesetzt, daß der Regulator sofort eine neue Gleichgewichtslage einnehme; tatsächlich ist sein Verhalten anders.

Wird die Belastung verringert, so steigt der Regulator. Während dieser Zeit des Steigens wird die Kraft immer noch größer als der Widerstand sein, so daß eine fortwährende Zunahme der Geschwindigkeit stattfindet. Infolgedessen wird der Regulator über seine neue Gleichgewichtslage hinausschießen und den mittleren Druck zu klein einstellen, die Geschwindigkeit nimmt ab, und der Regulator sinkt. Auch jetzt sinkt er tiefer, als dem Gleichgewicht entspricht: der Regulator pendelt.

Diese Pendelungen werden um so geringer ausfallen:

1. je schwerer das Schwungrad ist, da dadurch die Geschwindigkeitsänderungen verringert werden;
2. je kleiner die zu beschleunigenden Massen des Regulators sind;
3. je kleiner der Regulatorhub ist;
4. je größer der Ungleichförmigkeitsgrad ist. Je größer δ, um so schneller nimmt der Regulator die neue Gleichgewichtslage ein.

Der erforderliche kleinste Ungleichförmigkeitsgrad kann nach Tolle berechnet werden aus:

$$\delta = \sqrt{\frac{s_r}{g t^2}}.$$

Hierin ist: s_r = reduzierter Muffenhub in cm,
$g = 981$ cm,
t = Zeit in Sekunden, in welcher die Maschine vom Stillstand aus mit größter Füllung und ohne Belastung die normale Umlaufzahl erlangt.

Es ist

$$s_r = \frac{\text{Summe aller Gewichte mal den Quadraten ihrer Wege}}{\text{Arbeitsvermögen des Regelers}}.$$

Schon hieraus ergibt sich die bessere Regulierfähigkeit der Federregeler, da deren geringe Massen einen kleinen reduzierten Muffenhub und also auch einen kleineren Ungleichförmigkeitsgrad zur Folge haben. Bei den Gewichtsregulatoren hat s_r ungefähr die Größe des wirklichen Hubes. t kann bei ausgeführten Maschinen durch Beobachtung, in allen Fällen durch Berechnung festgestellt werden.

Ist L die Leistung bei größter Füllung in PS,
M die Masse des Schwungringes,
v dessen Geschwindigkeit in m/sek.,
so ist während der Anlaufzeit t die mittlere Leistung der Maschine $= \frac{t \cdot L \cdot 75}{2}$ mkg; diese dient ausschließlich dazu, die lebendige Kraft des Schwungrades auf $\frac{m v^2}{2}$ zu bringen, so daß

$$\frac{t \cdot L \cdot 75}{2} = \frac{m v^2}{2},$$

$$t = \frac{m v^2}{75 \cdot L}.$$

Die oben erwähnten Pendelungen können bei Gewichtsregulatoren auch durch Anwendung von Ölbremsen verringert werden, deren Widerstand proportional mit der Geschwindigkeit wächst, im Gegensatz zur nahezu konstant wirkenden Reibung. Immerhin zehren die Ölbremsen Verstellkraft auf, so daß die Regulatoren schwerer gewählt werden müssen.

Von größerer Bedeutung ist die Verringerung der trägen Regulatormassen in den Federregulatoren, die nur insofern den Gewichtsregu-

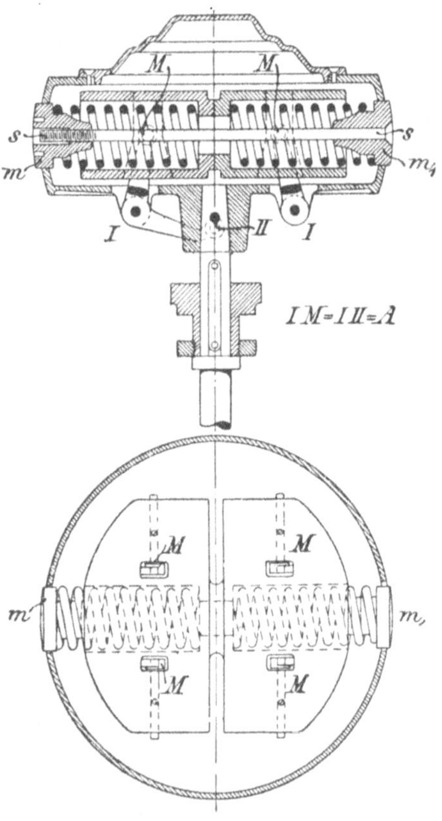

Fig. 258.

latoren nachstehen, als ihr Verhalten in hohem Maße von der Feder abhängig ist.

In Fig. 258 bis 263 sind einige bekannte Federregulatoren wiedergegeben.

Der Hartungsche Regulator, Fig. 258, wird mit Querfedern ausgeführt. Die Schwunggewichte, in deren zylindrischen Bohrungen je eine Spiralfeder liegt, sind in ihren Schwerpunkten auf Bolzen M gelagert und bewegen sich wagerecht. Feder und Zentrifugalkraft übertragen sich direkt ohne Zwischenschaltung, so daß bedeutendere Bolzendrücke vermieden werden. Die Bolzen M gehören festgelagerten Winkelhebeln an, die durch Schienen mit der Muffe verbunden sind. Die Spannung der Federn kann durch Drehung der leicht zugänglichen Mutter m geändert werden.

Auch bei dem Regulator von Tolle, Fig. 259, wird die Fliehkraft möglichst unmittelbar aufgenommen, so daß die Eigenreibung sehr gering

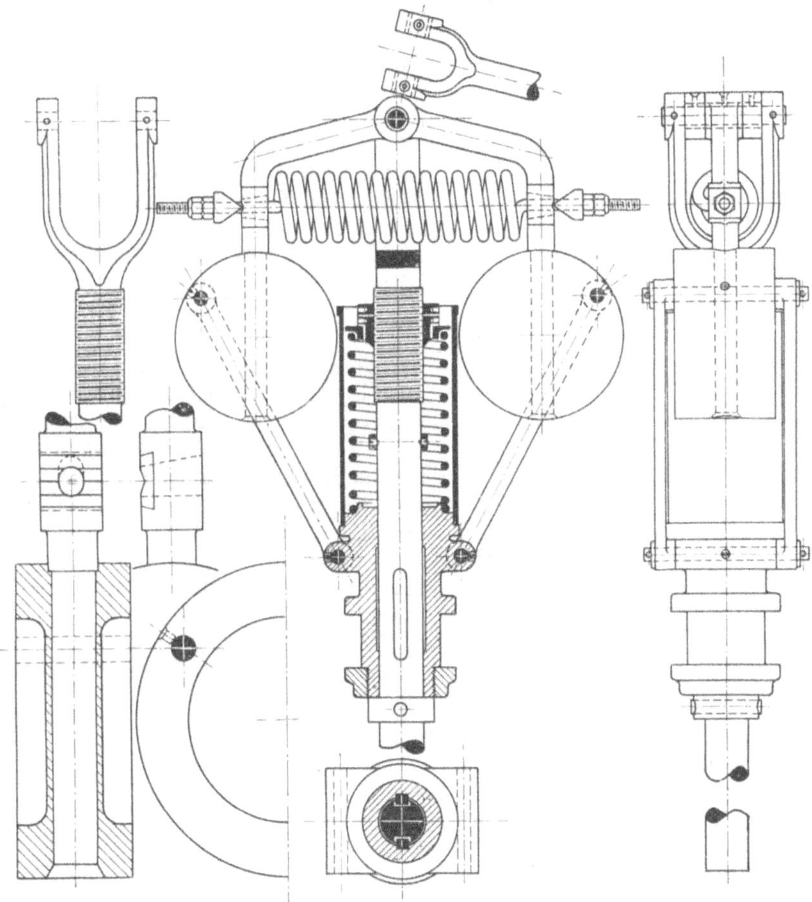

Fig. 259[1]).

wird. Die Anwendung von Zugfedern ist vorteilhafter als die von Druckfedern, da die Spannung der ersteren stets proportional der Verlängerung wächst, während Druckfedern leicht seitlich ausknicken. Der Tolle-Regulator — und das ist sein wesentlicher Vorteil gegenüber anderen Bauarten — gestattet Einstellung des Ungleichförmigkeitsgrades ohne Beeinflussung der Umlaufzahl.

[1]) Figur aus „Tolle, Regelung der Kraftmaschinen".

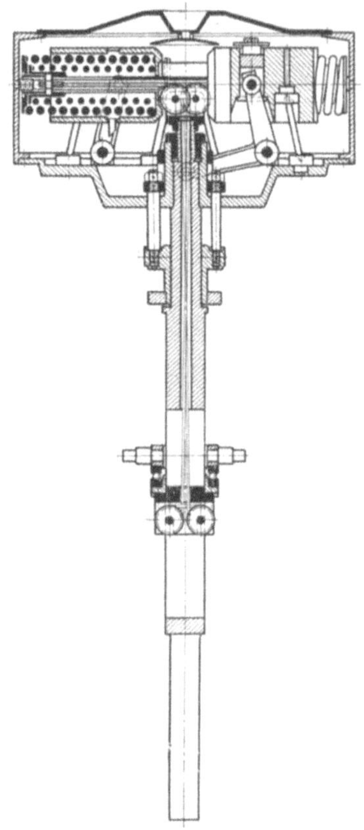

Fig. 260.

Fig. 260 zeigt eine Ausführung der Regulatorenbau - Gesellschaft de Temple, Leipzig-Plagwitz.

Äußerst geringe Unempfindlichkeit wird durch Anordnung besonderer Stützen zum Tragen der Schwunggewichte erreicht.

Ohne jegliche Belastung der Gelenke durch Zusatzkräfte wird in der dargestellten Ausführung die Umlaufzahl durch ein in der hohlen Regulatorspindel geführtes Drahtseil geändert, das unmittelbar an den äußeren Enden der Zusatzfedern angreift.

Bei dem Recke-Regulator, Fig. 261, schwingt ein Zweischeibenkörper um eine senkrecht zur Regulatorspindel angeordnete Welle. Die Federn werden auch hier auf Zug beansprucht und die Fliehkraft unmittelbar aufgenommen. Die Eigenreibung ist infolgedessen sehr gering. Der Ungleichförmigkeitsgrad ist in allen Reglerstellungen nahezu gleich groß, was eine wertvolle Eigenschaft des Reglers ist.

Dieser wird nach Fig. 262 auch zur direkten Verstellung eines Drehexzenters eingerichtet.

Wird in Fig. 263 die Muffe m durch einen Regler beliebiger Bauart

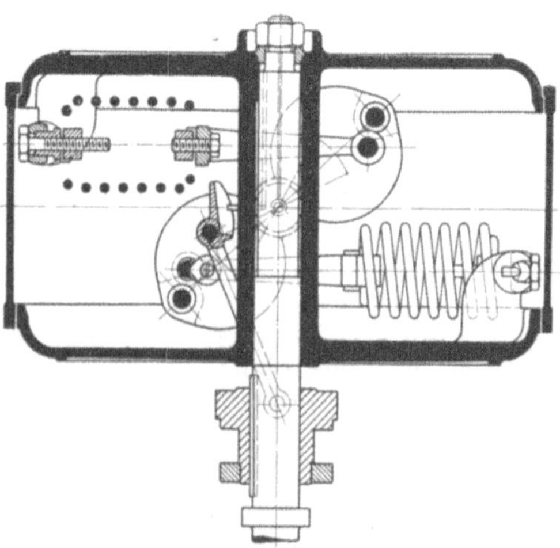

Fig. 261.

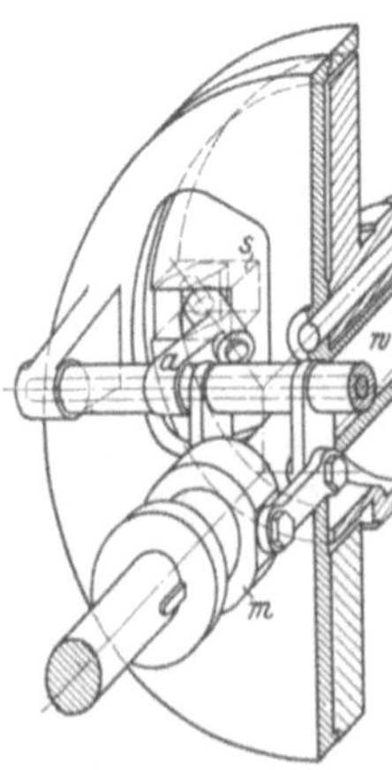

Fig. 263.

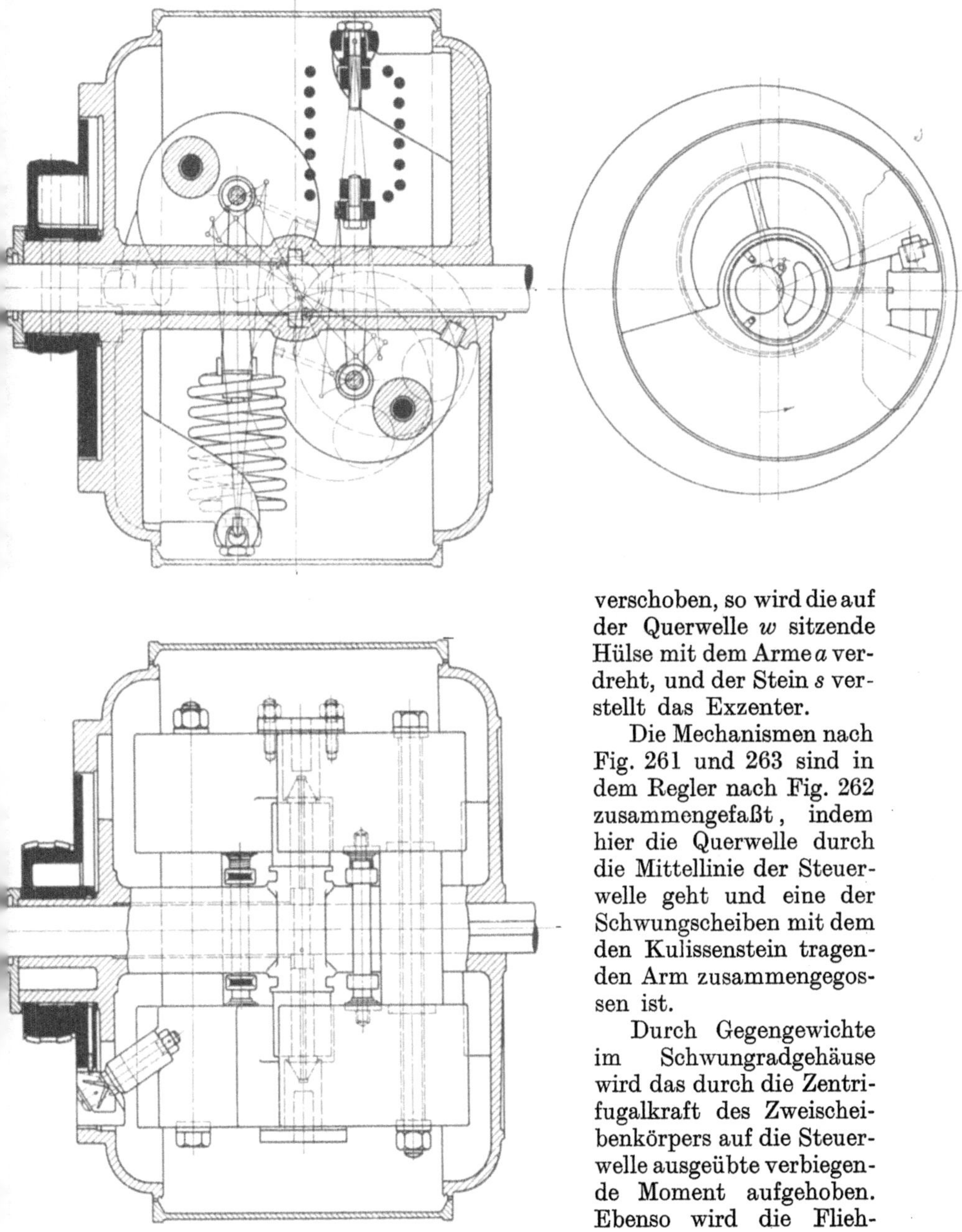

Fig. 262.

verschoben, so wird die auf der Querwelle *w* sitzende Hülse mit dem Arme *a* verdreht, und der Stein *s* verstellt das Exzenter.

Die Mechanismen nach Fig. 261 und 263 sind in dem Regler nach Fig. 262 zusammengefaßt, indem hier die Querwelle durch die Mittellinie der Steuerwelle geht und eine der Schwungscheiben mit dem den Kulissenstein tragenden Arm zusammengegossen ist.

Durch Gegengewichte im Schwungradgehäuse wird das durch die Zentrifugalkraft des Zweischeibenkörpers auf die Steuerwelle ausgeübte verbiegende Moment aufgehoben. Ebenso wird die Fliehkraft des Exzenters ausgeglichen.

b) Die C-Kurven nach Tolle[1]).

Werden für die verschiedenen Muffenstellungen die Zentrifugalkräfte, die den Gegenkräften das Gleichgewicht halten, ermittelt und als Ordinaten, die zugehörigen Ausschläge der Schwungmassen senkrecht zur Spindel als Abszissen aufgetragen, so entsteht die C-Kurve, aus der die Eigenschaften des Regulators nahezu vollständig zu ersehen sind. Fig. 264.

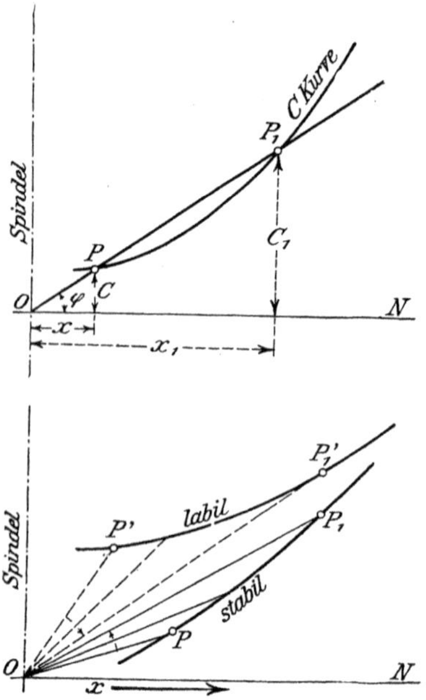

Fig. 264.

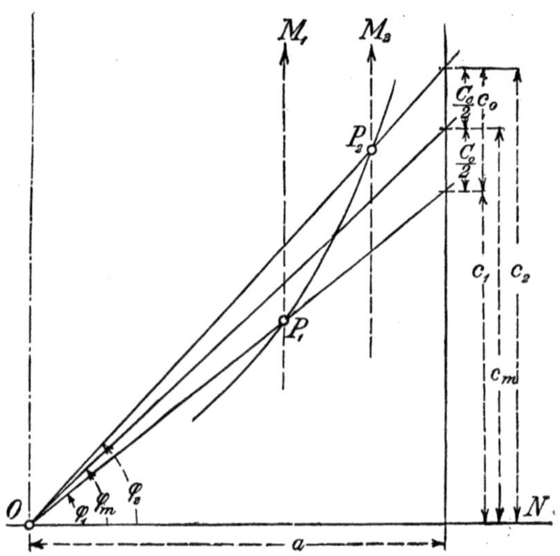

Fig. 265[2]).

Denkt man sich die Zentrifugalkraft im Mittelpunkt der Schwungkugeln angreifend und jede dieser letzteren um x von der Drehachse entfernt, so ist, wenn ω = Winkelgeschwindigkeit, n = Umlaufzahl/min.

$$C = m \cdot x \cdot \omega^2 = \frac{G}{g} \cdot \omega^2 \cdot x,$$

woraus folgt:

$$\omega = \sqrt{\frac{C}{x} \cdot \frac{g}{G}},$$

und

$$n = \frac{30}{\pi} \sqrt{\frac{C}{x} \cdot \frac{g}{G}}.$$

[1]) Die hier aufgestellten Beziehungen gelten nur dann, wenn die Schwungkörper Umdrehungskörper sind, deren Drehachsen senkrecht zur Pendelebene stehen.

[2]) Nach „Tolle, Regelung der Kraftmaschinen".

Nach Fig. 264 ist:

$$\operatorname{tg}\varphi = \frac{C}{x}.$$

Nach Einsetzung dieses Wertes in die obigen Gleichungen wird:

$$\omega = \sqrt{\frac{g}{G}} \cdot \sqrt{\operatorname{tg}\varphi},$$

$$n = \frac{30}{\pi}\sqrt{\frac{g}{G}} \cdot \sqrt{\operatorname{tg}\varphi} = k\sqrt{\operatorname{tg}\varphi}, \text{ worin } k = \text{konst.}$$

Aus dieser Gleichung folgt, daß unter gegebenen Verhältnissen die Umlaufzahl durch $\operatorname{tg}\varphi$ eindeutig bestimmt ist. Hat nach Fig. 264 Winkel φ für die beiden Punkte P und P_1 gleiche Größe, so bleibt für die betreffenden Regulatorstellungen die Umlaufzahl dieselbe. Ist die C-Kurve eine durch O gehende Gerade, so ist $\operatorname{tg}\varphi = \text{konst.}$, folglich auch $n = \text{konst.}$, d. h. die Regulierung ist astatisch. Da die pseudoastatische Regulierung sich dem astatischen Zustand nähern soll, so muß im allgemeinen die C-Kurve sich einer durch O gehenden Geraden nähern.

Nimmt Winkel φ mit x zu, so wächst auch die Umlaufzahl: die Regulierung ist statisch, im umgekehrten Fall labil. Fig. 264. Weist die C-Kurve einen Punkt auf, an den von O aus eine Tangente gelegt werden kann, so hat die Kurve einen sog. astatischen Punkt, d. h. für zwei unendlich naheliegende Stellungen hat der Regulator die gleiche Winkelgeschwindigkeit.

Der Ungleichförmigkeitsgrad hat auch den Wert:

$$\delta = \frac{\omega_2 - \omega_1}{\omega}, \text{ worin } \omega = \frac{\omega_1 + \omega_2}{2},$$

sonach:

$$\delta = \frac{(\omega_2 - \omega_1) \cdot \frac{\omega_1 + \omega_2}{2}}{\omega^2} = \frac{\omega_2^2 - \omega_1^2}{2\,\omega^2}.$$

Setzt man:

$$\omega_1^2 = \frac{g}{G} \cdot \operatorname{tg}\varphi_1, \qquad \omega_2^2 = \frac{g}{G} \cdot \operatorname{tg}\varphi_2, \qquad \omega^2 = \frac{g}{G} \cdot \operatorname{tg}\varphi_m,$$

so wird:

$$\delta = \frac{\operatorname{tg}\varphi_2 - \operatorname{tg}\varphi_1}{2\operatorname{tg}\varphi_m}.$$

Wird im beliebigen Abstand *a* eine Senkrechte zu *O N* gezogen, Fig. 265, und werden auf diese die Punkte P_1 und P_2 durch Strahlen von *O* aus übertragen, so wird $c_m = \frac{c_1 + c_2}{2}$ und $c_0 = c_2 - c_1$. Weiterhin wird:

$$\operatorname{tg}\varphi_1 = \frac{c_1}{a}; \qquad \operatorname{tg}\varphi_2 = \frac{c_2}{a}; \qquad \operatorname{tg}\varphi_m = \frac{c_m}{a}.$$

$$\delta = \frac{c_2 - c_1}{2\,c_m} = \frac{c_0}{2\,c_m}.$$

Auch das Arbeitsvermögen läßt sich aus der C-Kurve unmittelbar ermitteln.

Nach S. 225 ist

$$A = \int E \cdot ds.$$

Da zwischen der Energie E und der Zentrifugalkraft C Gleichgewicht herrscht, so wird bei einem Ausschlag dx der Schwungmassen in Richtung von C:

$$A = \int E \cdot ds = \int C \cdot dx.$$

Das Integral $\int C \cdot dx$ wird in Fig. 265 dargestellt durch diejenige Fläche zwischen $P_1 P_2$ und $O N$, die von den durch die Punkte P_1 und P_2 gelegten Senkrechten seitlich begrenzt wird.

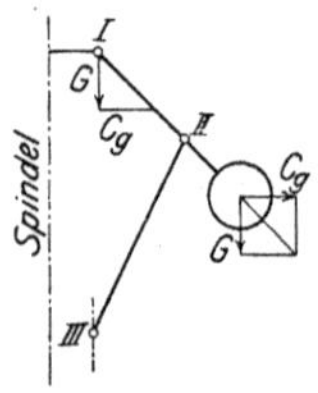

Fig. 266.

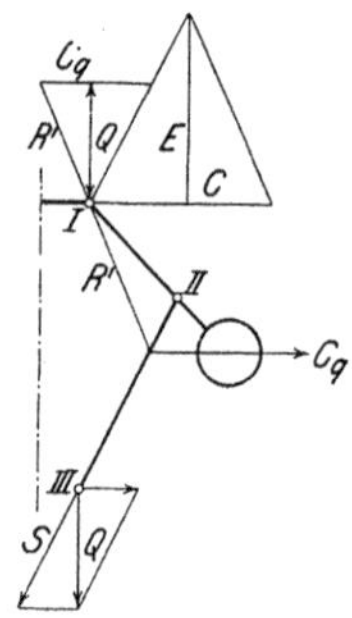

Fig. 267.

Bei der Untersuchung eines Regulators wird nicht nur die bis jetzt betrachtete resultierende C-Kurve aufgezeichnet, sondern es werden auch die C_g- und die C_q-Kurven eingetragen, welche diejenigen Zentrifugalkräfte darstellen, die den Schwunggewichten G bezw. der Hülsenbelastung Q das Gleichgewicht halten.

Fig. 266 und 267 zeigen die Ermittelung der Kurven eines Wattschen Regulators mit Gewichtsbelastung der Muffe.

G und C_g sind am Schwunggewicht im Gleichgewicht, wenn die Richtung ihrer Resultierenden durch Zapfen I geht. Trägt man G vom Zapfen I nach unten senkrecht ab und wird durch den Endpunkt dieser Senkrechten eine Wagerechte gelegt, so gibt diese bis zum Schnittpunkt mit den Richtungen des Armes $I\ II$ die Größe C_g bei den verschiedenen Regulatorstellungen wieder.

Die Belastung Q ruft in der Stange $II\ III$ (Fig. 267) die Spannung S hervor, die am Arm $I\ II$ mit C_q nur durch Vermittelung einer durch Zapfen I gehenden Reaktion R' im Gleichgewicht sein kann. Trägt man vom Zapfen I aus Q senkrecht nach oben ab, verlängert die Richtung von R' über I hinaus und legt durch I eine Parallele zu $II\ III$, so wird auf einer durch den Endpunkt der Strecke Q gelegten Wagerechten die Größe C_q in ersichtlicher Weise abgeschnitten.

Fig. 267 zeigt gleichzeitig die Ermittelung der Energie E. Es verhält sich nämlich

$$Cq : Q = C : E.$$

Da die Muffenbelastung Q häufig den weitaus größten Teil der Energie E ausmacht, so empfiehlt sich in diesem Falle die besondere

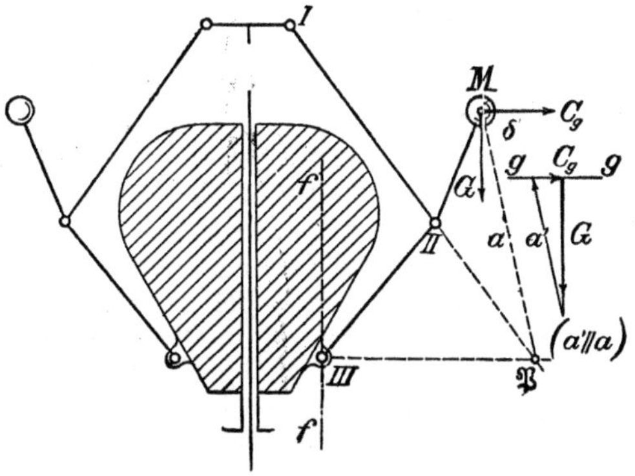

Fig. 268.

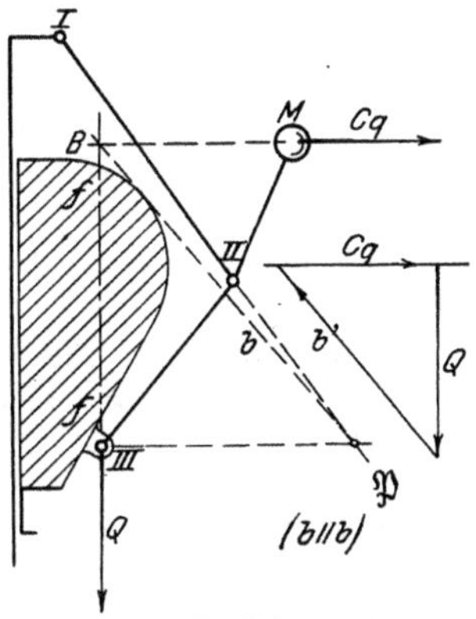

Fig. 269.

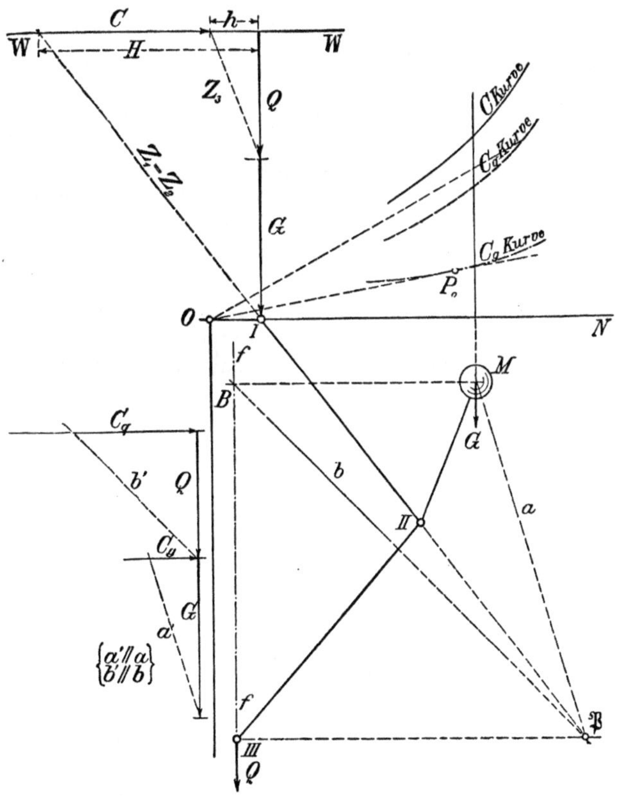

Fig. 270 [1]).

[1]) Nach „Tolle, Regelung der Kraftmaschinen".

Ermittelung des von C_g herrührenden Teiles E_g der Energie. Es wird: $E = Q + E_g$.

C_g läßt sich gemäß der Beziehung: $C_g : Q = C_g : E_g$, mit Hilfe ähnlicher Dreiecke erhalten.

Als weiteres Beispiel einer derartigen Untersuchung sei Proells Regulator, Fig. 268—270, gewählt, der mit „umgekehrter" Aufhängung ausgeführt wird.

Der Endpunkt *III* der Stange *II III* wird in einer Geraden *ff* geführt, Fig. 268, während Endpunkt *II* bei einem Kugelausschlag um *I* gedreht wird. G und C_g bezw. Q und C_q sind nur dann im Gleichgewicht, wenn ihre jeweilige Resultierende durch den augenblicklichen Drehpunkt $\mathfrak{P}$ geht. C_g wird erhalten, indem M mit $\mathfrak{P}$ verbunden und (in dem rechts gezeichneten Dreieck) durch den Endpunkt der Strecke G eine Parallele a' zu a gezogen wird. Diese schneidet auf der Wagerechten die Strecke C_g ab.

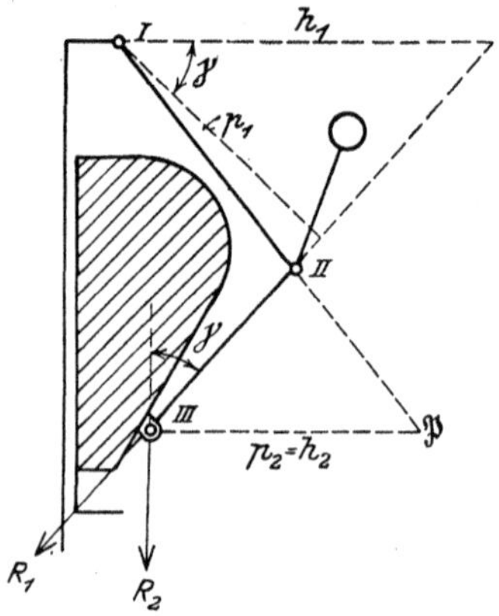

Fig. 271.

In gleicher Weise wird C_q aufgesucht, Fig. 269, indem von dem Schnittpunkt B der Senkrechten *ff* mit der durch M gelegten Wagerechten eine Verbindungslinie b nach $\mathfrak{P}$ gezogen wird. Die Parallele b' zu b bestimmt auf der durch den Endpunkt der Strecke Q gelegten Wagerechten C_q. Da die Führung *ff* des Zapfens *III* nur eine wagerechte Reaktion leisten kann, so muß das Gesamtgewicht $Q + G$ durch den Zapfen *I* aufgenommen werden. $Q + G$ ist also die Vertikalkomponente des Zapfendruckes Z_1, der gleich Z_2 sein muß, da in der Lenkstange *I II* keine anderen Kräfte wirken.

Wird demnach $Q + G$ als Vertikale aufgetragen, Fig. 270, so ergibt sich der Zapfendruck $Z_1 = Z_2$ in der Verlängerung der Lenkstange *I II*. H stellt die Horizontalkomponente des Zapfendruckes dar. Auf Zapfen *III* wirken: das Gewicht Q und der Horizontalschub $h = H - C$. Z_3 ist somit die Resultierende aus h und Q.

Die Größe der Eigenreibung ε_r kann in folgender Weise bestimmt werden (Fig. 271).

Dreht sich die Hängestange *I II* um den Winkel $d\alpha$, so wird dieser Drehung eine Winkeländerung der Stange *II III* um $d\beta$, bezogen auf den Pol $\mathfrak{P}$, entsprechen. Der Zapfen *II* dreht sich sonach in seinem Lager um den Winkel $(d\alpha + d\beta)$.

Bezeichnen d_1, d_2, d_3 die Durchmesser der Zapfen *I*, *II* und *III*, $\mu = 0{,}1$ den Zapfenreibungskoeffizient, so hat die infolge der Drehung der Stange *I II* entstehende Reibungsarbeit die Größe:

$$\frac{\mu}{2}\, d\alpha\, (Z_1 d_1 + Z_2 d_2).$$

Von der Lagenänderung der Stange *II III* werde also zunächst abgesehen.

Die Kraft, die dieser Reibungsarbeit entspricht, kann durch eine in Richtung der Stange *II III* wirkende Kraft R_1 ersetzt werden, die mit Bezug auf Zapfen *I* am Hebelarm p_1 angreift und bei einer Drehung um $d\,\alpha$ die Arbeit $R_1\,p_1 \cdot d\alpha$ leistet, so daß:

$$R_1\,p_1\,d\,\alpha = \frac{\mu}{2} \cdot d\,\alpha\,(Z_1\,d_1 + Z_2\,d_2),$$

oder

$$R_1 = \frac{\mu}{2\,p_1}\,(Z_1\,d_1 + Z_2\,d_2).$$

In gleicher Weise findet sich für die Drehung der Stange *II III* um den Pol $\mathfrak{P}$:

$$R_2 = \frac{\mu}{2\,p_2} \cdot (Z_2\,d_2 + Z_3\,d_3).$$

Wird R_1 im Punkt *III* in eine wagerechte und eine senkrechte Komponente zerlegt, so ergibt sich durch Addition der letzteren zu R_2 der gesamte, auf die Muffe reduzierte Reibungswiderstand R.

Die senkrechte Komponente von R_1 hat die Größe:

$$R_1{}^1 = R_1 \cdot \cos\gamma = \frac{\mu}{2}\,\frac{Z_1\,d_1 + Z_2\,d_2}{h_1},$$

$$\text{da } h_1 = \frac{p_1}{\cos\gamma}.$$

Es ist

$$\varepsilon_r = \frac{R}{E}.$$

Aus obiger Aufzeichnung der C-Kurven ist ersichtlich, daß für deren Entstehung die Spindellage gar nicht in Betracht kommt. Hieraus folgt ein einfaches Mittel, den Ungleichförmigkeitsgrad beim Entwurf zu ändern. Wie nämlich aus Fig. 265 ersichtlich ist, wird δ verringert, wenn Punkt *O* nach rechts, und vergrößert, wenn *O* nach links verschoben wird.

Wird sonach die Spindel nach den Schwungmassen hingerückt, so wird δ verringert. Diese Verschiebung der Spindel wird praktisch auf zwei Wegen erreicht: entweder durch Kreuzung der Arme, s. Fig. 257, welche den Kley-Regulator darstellt, oder durch Knickung der Pendelarme, s. Fig. 255, die schematisch den Tolle-Regulator darstellt. Letztere Anordnung ist vorzuziehen, da die konstruktiv unbequeme Kreuzung dadurch vermieden wird.

Wie im übrigen aus Fig. 270 ersichtlich, hat bei der vorliegenden „umgekehrten" Aufhängung die *Cg*-Kurve einen astatischen Punkt, während die *Cq*-Kurve und infolgedessen auch die *C*-Kurve einen statischen Charakter besitzen. Vorteilhafter ist es, eine möglichst astatische *Cq*-Kurve zu erhalten, da infolge des Überwiegens von *Q* gegenüber *G* hauptsächlich diese die *C*-Kurve bestimmt, außerdem ergeben sich Vorteile bezüglich der Umlaufzahl-Änderung.

Vorzüge gegenüber der unmittelbaren Aufhängung weist die umgekehrte Aufhängung nicht auf. Letztere hat vielmehr den Nachteil,

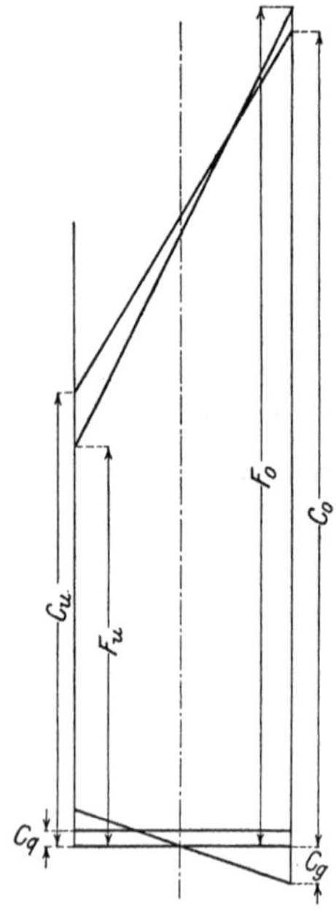

Fig. 272.

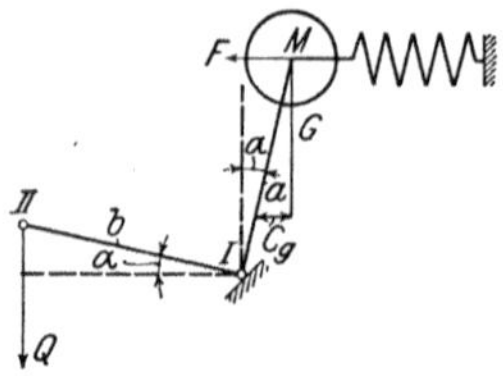

Fig. 273.

daß bei gleichen Gewichten G kleinere Werte für Cg folgen, so daß die Energie kleiner und die Eigenreibung größer wird. Diese nimmt nämlich um so mehr zu, je größer G gegen Q, um so kleiner also die Umlaufzahl ist.

Bei den Federregulatoren setzt sich die resultierende C-Kurve zusammen: aus der Cg-Kurve, aus der C_f-Kurve, deren Ordinaten diejenigen Zentrifugalkräfte angeben, die der Federspannung das Gleichgewicht halten, und aus einer Cq-Kurve.

Da die mit steigender Muffe zunehmende Zusammendrückung der Feder eine starke Zunahme der Zentrifugalkraft bedingt, so hat die C_f-Kurve meist einen stark statischen Charakter. Soll die resultierende C-Kurve einen pseudoastatischen Verlauf nehmen, so muß infolgedessen die Cq-Kurve einen labilen Charakter aufweisen.

In Fig. 272 sind die C-Kurven des Hartung-Regulators (Fig. 258) wiedergegeben. Nach dem Schema in Fig. 273 wird:

$$\mathrm{Cq} \cdot \mathrm{a} \cdot \cos \alpha = \mathrm{Q} \cdot \mathrm{b} \cdot \cos \alpha,$$

$$\mathrm{Cq} = \frac{\mathrm{b}}{\mathrm{a}} \cdot \mathrm{Q} = \text{konst.}^{1)}$$

$$\mathrm{Cg} \cdot \mathrm{a} \cos \alpha = - \mathrm{G} \cdot \mathrm{a} \sin \alpha$$

$$\mathrm{Cg} = - \mathrm{G} \cdot \mathrm{tg}\, \alpha.$$

Berechnet man für ein gegebenes Schwunggewicht und einen bestimmten Ungleichförmigkeitsgrad die Zentrifugalkräfte C_u und C_0, so ergeben sich nach Abzug von $Cq + Cg$ die Federspannungen F_u und F_0. Die C_f-Kurve wird eine Gerade.

(Die Ermittlung der Eigenreibung gestaltet sich für diesen Regulator besonders einfach. Für $\alpha = 0^0$ wird Zapfen M durch G, I durch $(Q + G)$, II durch Q belastet. Dementsprechend wird:

$$\varepsilon_r = \frac{R}{E} = \frac{\mu}{2} \cdot \frac{Q \cdot d + (Q + G) \cdot d + G \cdot d}{E \cdot l}, \text{ worin } l = \text{Armlänge I II.)}$$

Fig. 274 zeigt die Durchrechnung eines Tolle-Regulators Nr. 0 ($G = 4{,}48$ kg, $Q = 1{,}6$ kg, n = 360).

C_g, C_q und C_f, sowie C sind nach Fig. 266—267 ermittelt.

Die C_f'-Kurve findet sich aus den auf Zapfen I als Drehpunkt bezogenen Federspannungen F'.

Die Zahlentafel gibt über die einzelnen Stellungen Aufschluß, diese sind so gewählt, daß die Federspannung um die gleiche Größe zunimmt.

---

[1]) Neuerdings werden die Hartung-Regulatoren mit stumpfwinkligem Hebel M I II ausgeführt, wodurch die Cq-Kurve astatisch wird.

Regulatorstellung		1	2	3	4	5	
Abstand der Scheiben		70	74,3	78,5	83,2	88	mm
Zentrifugalkraft		42,5	47,5	52	56	60,5	kg
Umlaufzahl		349	356	363	368	371	pro/Min
Zapfendrücke	Z I	38,5	46,6	55,6	65	75	kg
	Z II = Z III	5,65	6,65	7,35	8,65	10,2	kg
	Z IV	37,4	43,7	50	56,7	63	kg
Arme	h_1	143,5	147,5	151,5	155,5	158	mm
	h_3	207	221	235	254	273,5	mm
Energie		31,4	32,5	33,3	33,7	34,2	kg
Reibungsbetrag R.		0,2238	0,2592	0,294	0,331	0,3728	kg
Verstellkraft W.		1,26	1,26	1,26	1,26	1,26	kg

(Eigenreibung: Zapfen IV wird durch die Federspannung F' belastet. Die Zapfendrucke $Z_2 = Z_3$ werden nach Fig. 271 aus der Muffenbelastung $Q + F$ ermittelt. Die senkrechte Komponente des Zapfendruckes Z_1 hat die Größe $(Q + G + F)$, die wagerechte Komponente beträgt $C - F' - H$, wenn H = wagerechter Reaktion des Zapfens III.)

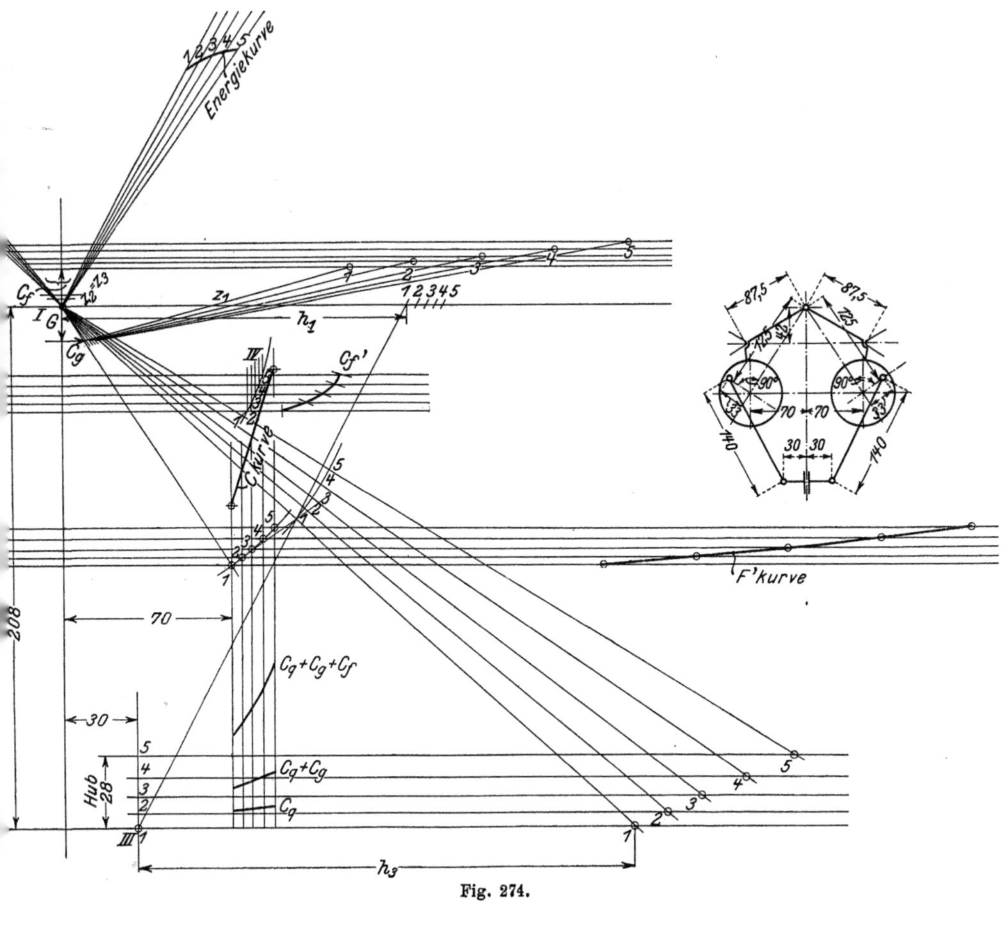

Fig. 274.

c) Die Flachregeler.

Diese werden vielfach als Beharrungsregeler ausgeführt.

Die Anwendung der Beharrungsmassen ist insofern vorteilhaft, als diese eingreifen, sobald die Maschine beschleunigt wird, sie treten also in Wirksamkeit, ehe Geschwindigkeit und Zentrifugalkraft sich merklich geändert haben. Bei einer auftretenden Beschleunigung rückt die Beharrungsmasse die Schwunggewichte sofort nach außen und zwar so weit, daß in dem neuen Beharrungszustand die Zentrifugalkraft der Federspannung das Gleichgewicht hält. Das ist allerdings nicht ohne weiteres der Fall.

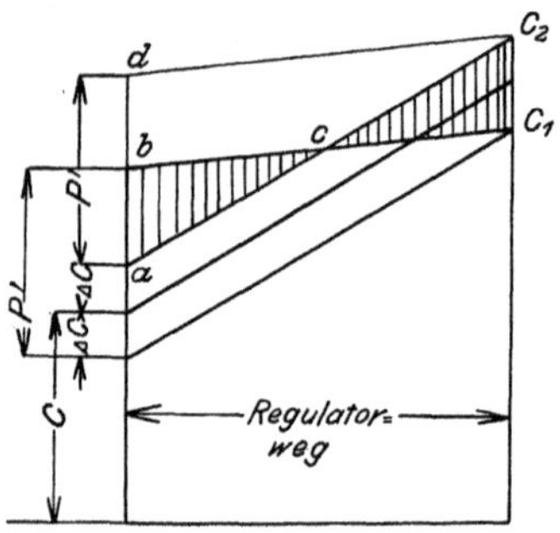

Fig. 275.

Die Beharrungskräfte wachsen im gleichen Verhältnis wie die Beschleunigungen bezw. wie die Triebkraftüberschüsse, diese sind aber bei einer eintretenden Belastungsänderung der Entfernung der Schwungmassen von ihrer neuen Gleichgewichtslage proportional[1]). Denn je weiter diese Entfernung, desto größer ist die dem früheren Beharrungszustand entsprechende Füllung gegenüber der neu einzustellenden.

Annähernd können die Beharrungskräfte durch Ordinaten eines Dreieckes (z. B. des Dreieckes adc_2 in Fig. 275) dargestellt werden.

Auf S. 226 wurde dargelegt, daß im Ruhestand des Regulators zwei äußerste Fälle möglich sind: der Regulator drückt mit der Verstellkraft P nach oben oder nach unten; jede kleinste Zu- oder Abnahme der Winkelgeschwindigkeit bewirkt sofortige Verstellung der Steuerung.

Trägt man die zur Erzeugung der Verstellkraft P erforderliche Zunahme ΔC der Zentrifugalkraft unter und über der C-Kurve ab, so erhält man zwei Kurven, c_1 und c_2, welche die Grenze für diejenigen Zentrifugalkräfte bezeichnen, bei welchen der Regulator in Ruhe bleibt[2]). Fig. 275. Das Dreieck, das die Beharrungskräfte darstellt, ist sowohl über der c_1-Linie als auch über der c_2-Linie aufgetragen.

Angenommen, die Muffe drücke mit der Kraft P nach unten, und es erfolge eine plötzliche Entlastung, so wird, falls diese groß genug ist, die Beharrungskraft P′ die Eigenreibung und den Widerstand der Steue-

---

[1]) Es trifft dies nur annähernd zu. Die Triebkraft wächst weit mehr bei einer Steigerung der Füllung von 5 auf 10 v. Ht. als von 90 auf 95 v. Ht., auch ist das Übersetzungsverhältnis zwischen Muffe und Schwungkugel häufig so, daß in den oberen Lagen gleichen Schwungkugelausschlägen größere Muffenhübe entsprechen als in den unteren Lagen. Andererseits erfordern kleinere Füllungen größere Bewegungen der Muffe.

[2]) Die Verstellkraft P stellt je nach der Richtung, in welcher sie ausgeübt wird, eine Belastung oder Entlastung der Muffe dar. Bezüglich der C_1- und C_2-Kurve gilt also alles, was auf S. 265 u. f. bezüglich Änderung der Muffenbelastung gesagt wird. Sollen demnach die C_1- und C_2-Kurve denselben Stabilitätsgrad wie die C-Kurve aufweisen, so muß die Cq-Kurve wieder astatisch sein.

rung überwinden, also die sonst erforderliche Steigerung der Zentrifugalkraft um $2 \Delta C$ ersetzen. Der weitere Überschuß $P' - 2 \Delta C$ erzeugt eine Beschleunigung der Regulatormassen. Die lebendige Kraft derselben muß nun während der zweiten Hälfte des Regulatorweges — wo die Beharrungskraft stark abnimmt — die Verstellarbeit leisten, d. h. es muß Dreieck $abc = cc_2c_1$ sein, also $P' = 4 \Delta C$. Ist P' größer, so werden die Beharrungsmassen in der neuen Gleichgewichtslage noch Arbeits-

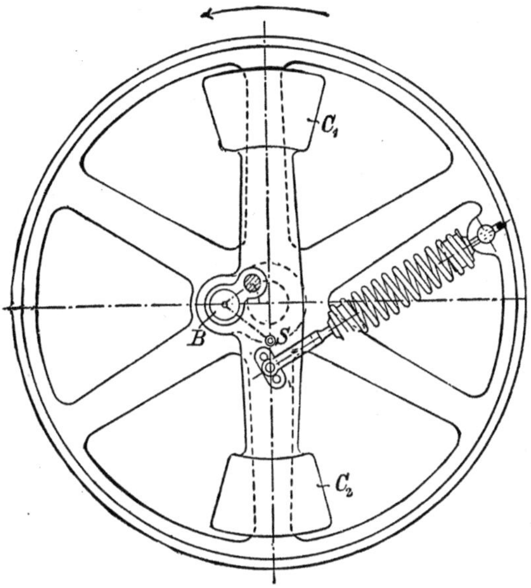

Fig. 276.

vermögen besitzen und über diese Lage hinausschießen. Sie regulieren also über, was nur durch kräftig wirkende Ölbremsen verhindert werden kann.

Überregulieren würde bestimmt stattfinden, wenn im vorliegenden Fall eine plötzliche Belastung der Maschine eingetreten wäre. Infolge des nach unten wirkenden Druckes ist dann die ganze Arbeit der Beharrungskraft überschüssig, und der Regulator schießt um den angegebenen Regulatorweg über die neue Gleichgewichtslage hinaus. Dasselbe ist der Fall, wenn der Regulator in der Ruhelage einen Druck P nach oben ausübt, und die Maschine wird plötzlich entlastet: dann dient die durch Dreieck adc_2 dargestellte Arbeit der Beharrungskraft ebenfalls zur unnützen Beschleunigung der Massen. Sind andererseits die Belastungsänderungen sehr gering, die Beschleunigungen also sehr klein, so treten die Beharrungsmassen nicht in Wirkung, und der Fliehkraftregeler muß die Steuerung verstellen. Da dieser aber bei Anwendung von Beharrungsmassen mit Absicht schwach bemessen wird, so muß die Geschwindigkeit sich stark ändern, um die zur Verstellung erforderliche Zentrifugalkraft zu erzeugen. Erschwerend tritt hinzu, daß der Fliehkraftregeler nun auch die Beharrungsmassen zu verstellen hat.

Hieraus geht hervor, daß Beharrungsregeler sich nur für solche Maschinen eignen, die — wie die ohne Pufferbatterie arbeitenden Straßenbahnmaschinen elektrischer Zentralen — starken und plötzlichen Belastungsschwankungen unterworfen sind. Zur Verhinderung des Über-

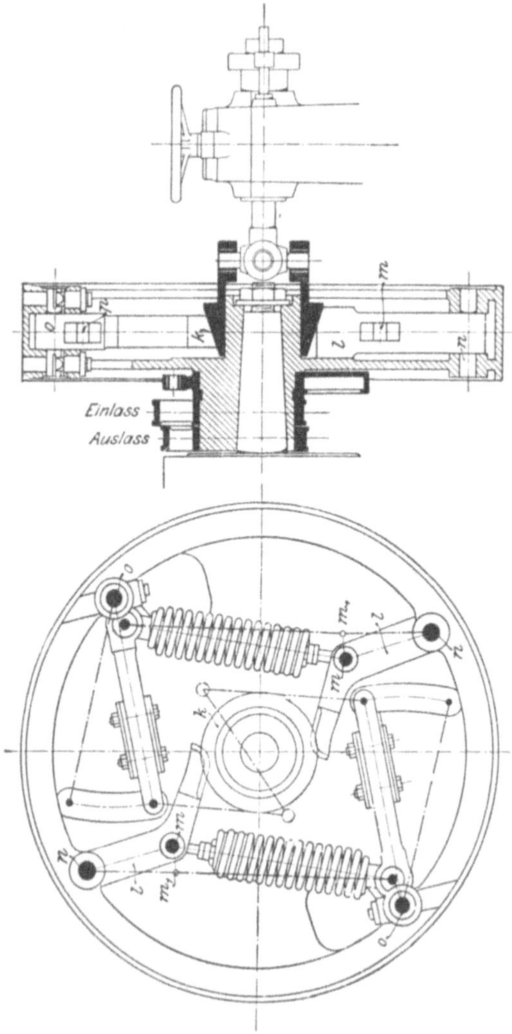

Fig. 277.

regelns sind Ölbremsen anzubringen, welche die Regulierfähigkeit allerdings wieder verschlechtern.

Im folgenden sind einige der bekanntesten Bauarten beschrieben.

Fig. 276 zeigt den in den Vereinigten Staaten vielfach ausgeführten Ball-Regulator[1]), bei dem die Achse des Beharrungsgewichtes senk-

[1]) Stodola, Z. 1899, S. 506.

recht zur Schubrichtung des Exzenters steht. Damit der Schwerpunkt S richtige Lage zum Drehpunkt B erhält, müssen die Schwungmassen C_1 und C_2 verschiedenes Gewicht haben. Die Federbefestigung ist mit drei Bohrungen versehen, um die Umlaufzahl ändern zu können.

Bei allen Regulatoren, deren Beharrungsmasse unmittelbar mit dem Exzenter verbunden ist, hat bei richtiger Ausnützung des Beharrungsmomentes die Scheitelkurve eine der üblichen entgegengesetzten

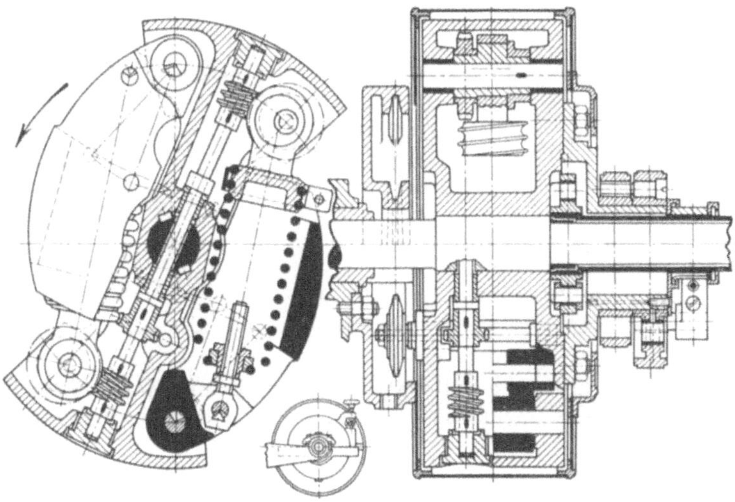

Fig. 278.

Lage. Mit kleiner werdender Exzentrizität nimmt auch das lineare Voreilen ab, so daß absolute Nullfüllung möglich wird.

In Fig. 277 ist der Doerfelsche Regulator dargestellt. Das vorauseilende Pendelgewicht wirkt als Beharrungsmasse. Vergl. S. 258.

Soll die Umlaufzahl dieses Regulators geändert werden, so wird mittelst Handrad und Schneckenübersetzung der Kegel K verschoben. Auf diesen stützten sich zwei um n drehbare Hebel, an denen die Federn befestigt sind. Es wird somit außer der Federspannung auch der Hebelarm geändert, an dem die Federn in bezug auf die Punkte o angreifen.

Bei dem Doerfelschen Regulator nach Fig. 278 hängen die Federn an kleinen Exzentern, die durch Schneckenräder zwecks Änderung der Federspannung verstellt werden können. (Vergl. Fig. 137.)

Eine senkrecht zur Steuerwelle angeordnete Welle, welche die erwähnten Schneckenräder trägt, wird durch ein federndes Reibrad verdreht, wenn dieses zum Streifen an einem von Hand einstellbaren Hebel mit entsprechenden Reibungsflächen gebracht wird.

Da das Reibrad den Hebel bei jedem Umlaufe nur einmal berührt, so wird die Federspannung langsam geändert.

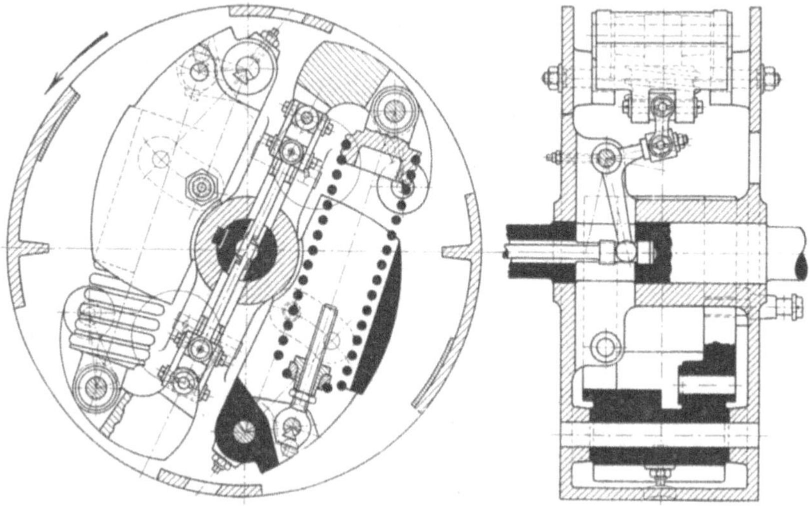

Fig. 279.

Wird die Lösung der Regulatorschaltung vom Maschinisten vergessen, so wird eine unzulässige Zunahme der Umlaufzahl in einfachster

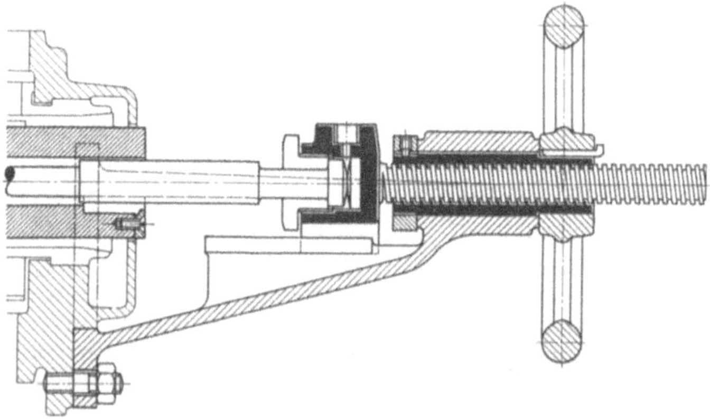

Fig. 280.

Weise dadurch verhütet, daß das Exzenter seine Bewegungsrichtung umkehrt und die Feder wieder entspannt.

Fig. 279 stellt eine weitere Ausführung von Doerfel dar, bei welcher der Hebelarm der Federspannung und diese selbst durch Verlegung des Federangriffspunktes geändert werden können.

Fig. 280 gibt die zum Regulator Fig. 279 gehörige Verstellvorrichtung wieder.

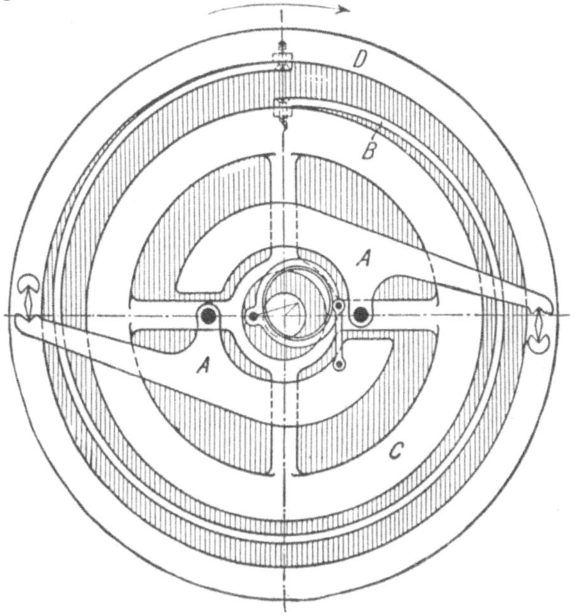

Fig. 281.

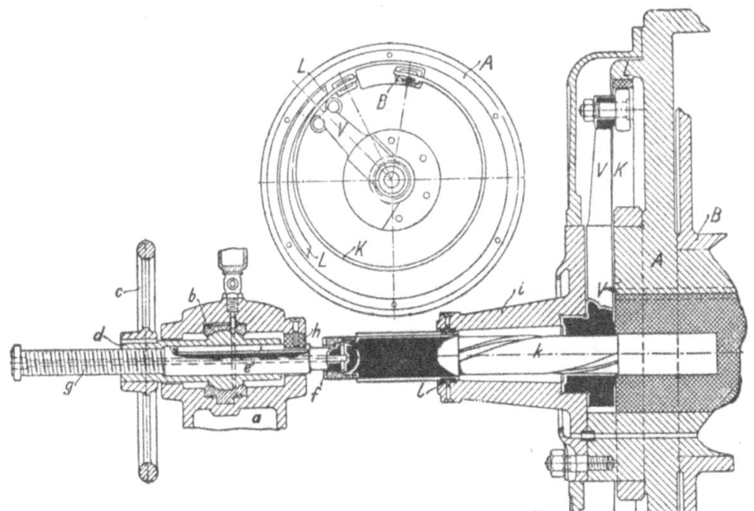

Fig. 282.

Fig. 281 zeigt den Lentzschen Regulator mit Trägheitsscheibe. An dem auf der Welle festgekeilten Gehäuse D ist eine Flachfeder B befestigt, deren anderes Ende mit dem Trägheitsring C verbunden ist.

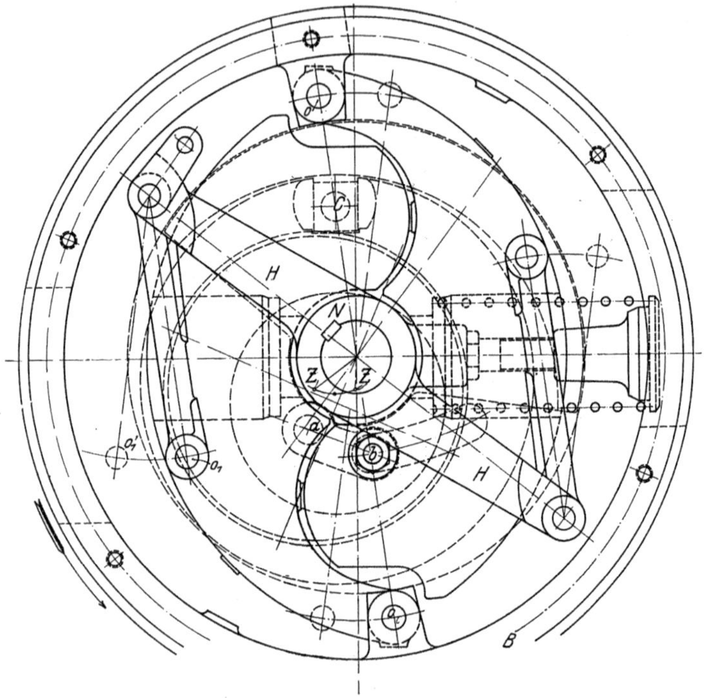

Fig. 283.

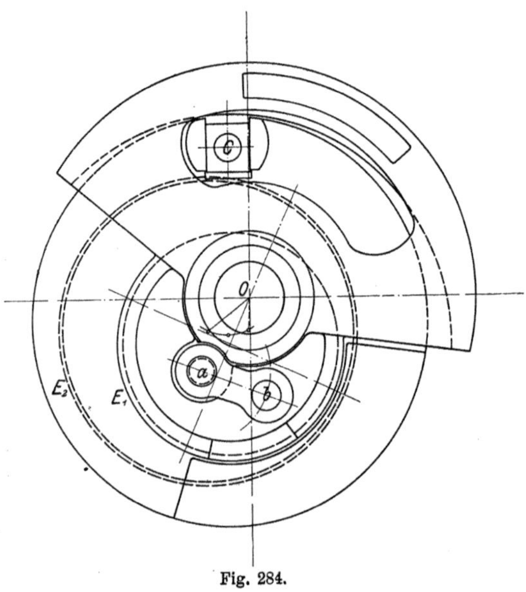

Fig. 284.

An diesem greifen die in Schneiden gelagerten Schwunggewichte A an. Tritt eine Geschwindigkeitszunahme ein, so wird der Ring C zurückbleiben, die Pendel nach außen drängen und den neuen Füllungsgrad einstellen. In dem nun folgenden, neuen Beharrungszustand sind Flieh- und Federkraft im Gleichgewicht, und der Trägheitsring hängt frei zwischen der Feder und den Pendeln.

Die Umlaufzahl kann auch bei diesem Regulator in einfachster Weise geändert werden. Fig. 282. Um die bei Steigerung der Umlauf-

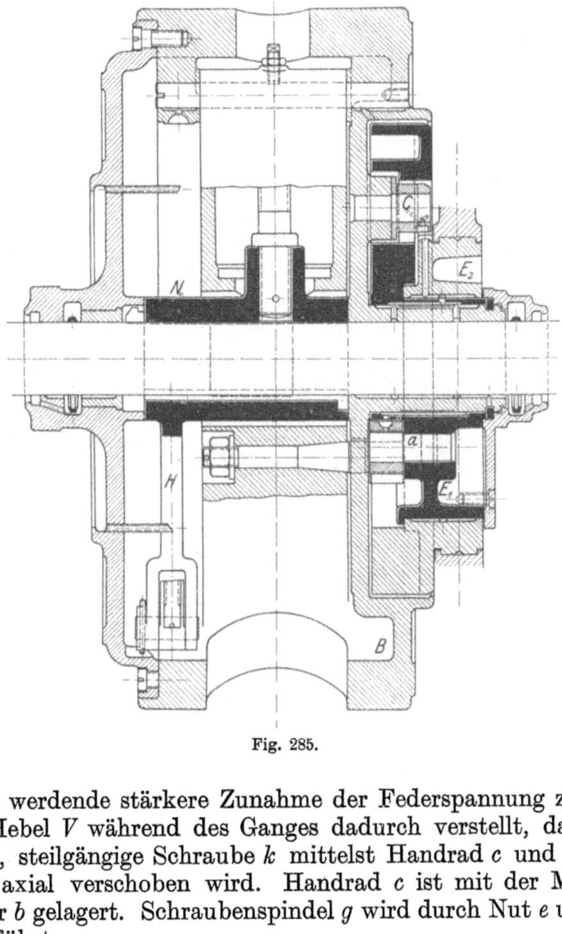

Fig. 285.

zahl nötig werdende stärkere Zunahme der Federspannung zu erhalten, wird ein Hebel V während des Ganges dadurch verstellt, daß die mitrotierende, steilgängige Schraube k mittelst Handrad c und Schraubenspindel g axial verschoben wird. Handrad c ist mit der Mutter d im Kugellager b gelagert. Schraubenspindel g wird durch Nut e und Feder h gerade geführt.

Der Hebel V gleitet mit zwei Rollen auf der Bahn L, wodurch ein Teil der Feder K abgedeckt, d. h. verkürzt werden kann. Durch diese Verkürzung wird die Feder steifer, so daß zur Durchbiegung größere Kräfte als bei der unverkürzten Feder erforderlich sind.

Figg. 283—285 stellen den Reckeschen Beharrungsregeler dar. Auf der Steuerwelle ist der Hebel HNH aufgekeilt, der mittelst zweier

Lenker die Schwunggewichte mitnimmt. Diese sind durch die Zapfen O O mit der als Regulatorgehäuse ausgebildeten Beharrungsmasse B verbunden. Diese Zapfen O O sind um die Lenkerlänge vom Wellenmittelpunkt entfernt, so daß bei einem Ausschlag der Schwunggewichte bezw. der Trägheitsmasse jeder Punkt der Gewichte einen Kreisbogen O_1 O_1' beschreibt. Die Schwunggewichte werden also annähernd gerade geführt und wirken den radial angeordneten Federn direkt entgegen. Bei diesem Ausschlag wird das vom steuernden Exzenter E_2 umfaßte innere Exzenter E_1 mittelst des kurzen Lenkers a b verdreht. Die Fliehkräfte beider Exzenter sind durch Gegengewichte ausgeglichen.

Exzenter E_2 wird durch den in einem Schlitz der Beharrungsmasse gleitenden Kulissenstein C geführt. Bei eintretenden Belastungsänderungen drehen sich Exzenter E_1 und Beharrungsmasse in entgegengesetzter Richtung, bewegen sich also nach derselben Seite hin. Die Entstehung der Scheitelkurve Z Z ist aus Fig. 286 erkennbar.

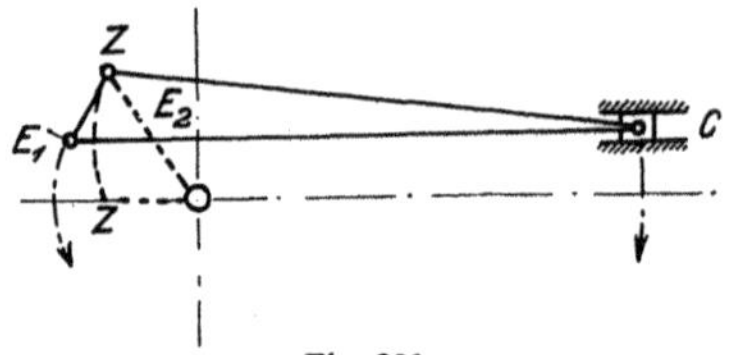

Fig. 286.

Das äußere Exzenter E_2 erfährt sonach beim Regulatoreingriff eine Parallelverschiebung, durch die — wenn vom Einfluß der endlichen Exzenterstangenlänge abgesehen wird — jede Relativbewegung zwischen Exzenter und Ring vermieden wird.

Eine Verdrehung der beiden Exzenter E_1 und E_2 gegeneinander findet bei der Verstellung nur insoweit statt, als die von ihren Mittelpunkten beschriebenen Kreisbögen Unterschiede bezüglich der Radien aufweisen.

Eine Rückwirkung auf den Regulator tritt nicht ein, da die Umfangsreibung am äußeren Exzenter durch die Führung des Kulissensteines C aufgenommen wird.

Die Anordnung der Feder derart, daß ihre Achse stets durch das Wellenmittel geht, ist insofern vorteilhafter als die seitliche Anordnung, als bei dieser die Feder durch die Zentrifugalkraft ausgebaucht wird. Radiale Lagerung gestattet überdies genauere Berücksichtigung bei der Berechnung und unmittelbares Abfangen der Kräfte.

Fig. 287 zeigt den weit verbreiteten Flachregeler von Paul H. Müller in Hannover.

Die Schwunggewichte, die durch zwei Lenker mit einer Traverse auf der Welle verbunden sind, nehmen das auf der Welle lose drehbar angeordnete Beharrungsgehäuse mit, das bei Entlastung der Maschine eine der Umlaufrichtung entgegengesetzte Drehung, die maximal 34° beträgt, erfährt.

Die Fliehkräfte der Schwunggewichte wirken den radial angebrachten Federn unmittelbar entgegen.

Durch axiale Verschiebung einer in der hohlen Welle liegenden Zugstange wird die Lage zweier Winkelhebel, welche die Widerlager der Federn tragen, geändert, so daß die Spannung der Federn und damit die Umlaufzahl während des Betriebes in engen Grenzen verstellt werden kann.

Die beiden Handräder der Verstellvorrichtung, Fig. 288, werden während der Verstellung festgehalten und dann gegeneinander verdreht.

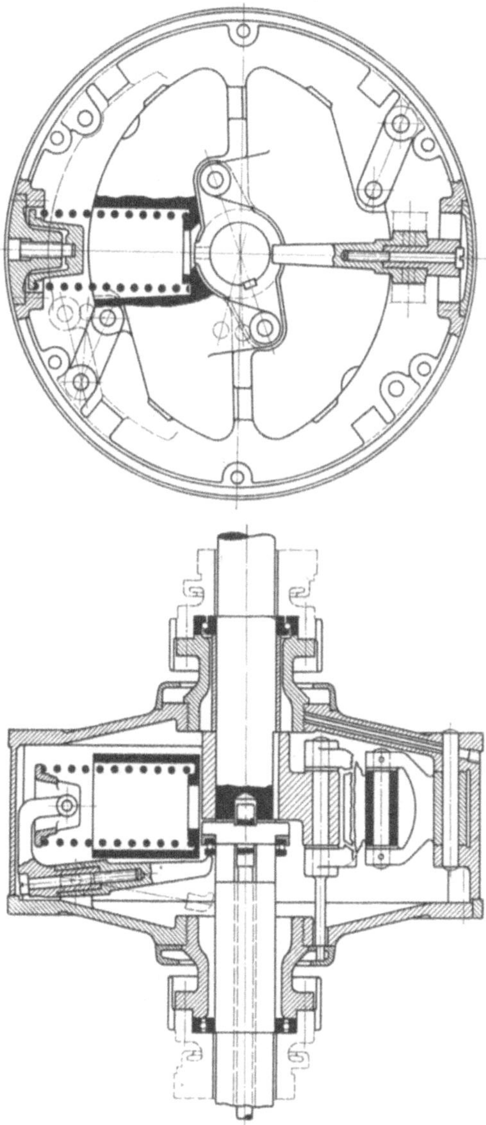

Fig. 287.

Die Stellrohre, die die Einlaßexzenter um einen Festpunkt auf den Auslaßexzentern verdrehen, bestehen mit dem Reglergehäuse aus einem Stück oder werden an rohrförmige Ansätze desselben angeschlossen.

d) Die Berechnung der Flachregeler[1]).

Die Figuren 289 a—c zeigen schematisch den zu berechnenden Regeler. Um das Wellenmittel O dreht sich das in O_1 aufgehängte Pendel mit dem Schwunggewicht G. Die radial gelagerte Feder wirkt in der Richtung B O E, greift also an O_1 mit dem Hebelarm *a* an. Die Drehung des Pendels um O_1 wird durch eine Hängestange auf das zu verdrehende Exzenter übertragen.

Wird durch G eine Parallele A B zu O_1 O gezogen, so wird wegen Gleichheit der Winkel: $\Delta O\,A\,B \backsim O_1\,E\,O$, woraus folgt: $x : z = d : a$; $x\,a = z\,d$.

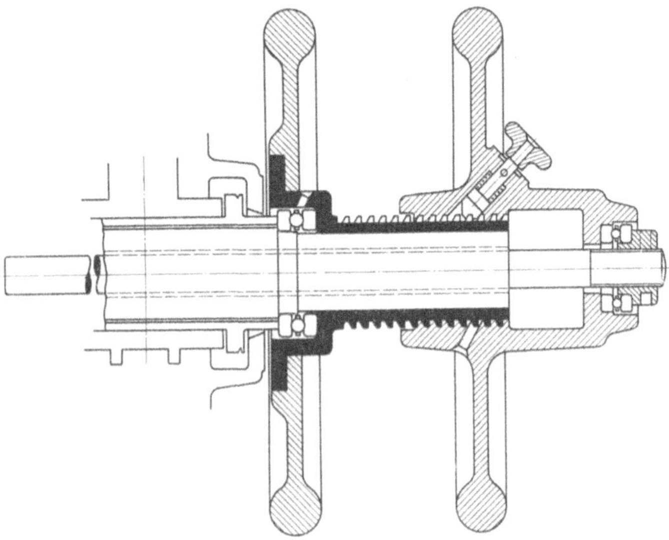

Fig. 288.

Ebenfalls wegen Gleichheit der Winkel ist:

$\Delta O_1\,D\,O \backsim G\,A\,O$, so daß: $z : b = r : d$; $r\,b = z\,d$; also auch: $r\,b = x\,a$

$$x = \frac{r\,b}{a}.$$

Als rechtsdrehende Momente ergeben sich in bezug auf Punkt O_1:

1. das von der Zentrifugalkraft des Schwunggewichtes G herrührende Moment $C \cdot b = \frac{G}{g} \cdot \omega^2 \cdot r \cdot b$.

2. das von der Zentrifugalkraft des Pendelarmes herrührende Moment.

Hier greift die Fliehkraft nicht im Schwerpunkt an. Für irgend ein Massenteilchen des Pendels ist das Zentrifugalmoment $M_c = m\,r'\,\omega^2 \cdot b'$. Fig. 289 c.

---

[1]) Nach Dr. Proell, „Zivilingenieur", 1886.

Da die oben aufgestellten Verhältnisse zwischen den Strecken x, z, d, a, b usw. auch für Fig. 289 c entsprechende Gültigkeit haben, so folgt:

$r' b' = z' d$ und daraus das Zentrifugalmoment: $m \omega^2 z' d = \frac{p}{g} \omega^2 z' d$.

Hierin ist der Faktor $\frac{\omega^2}{g} \cdot d$ konstant, so daß durch Summation folgt:

$$\frac{\omega^2}{g} d \cdot \Sigma (p z') = M_c.$$

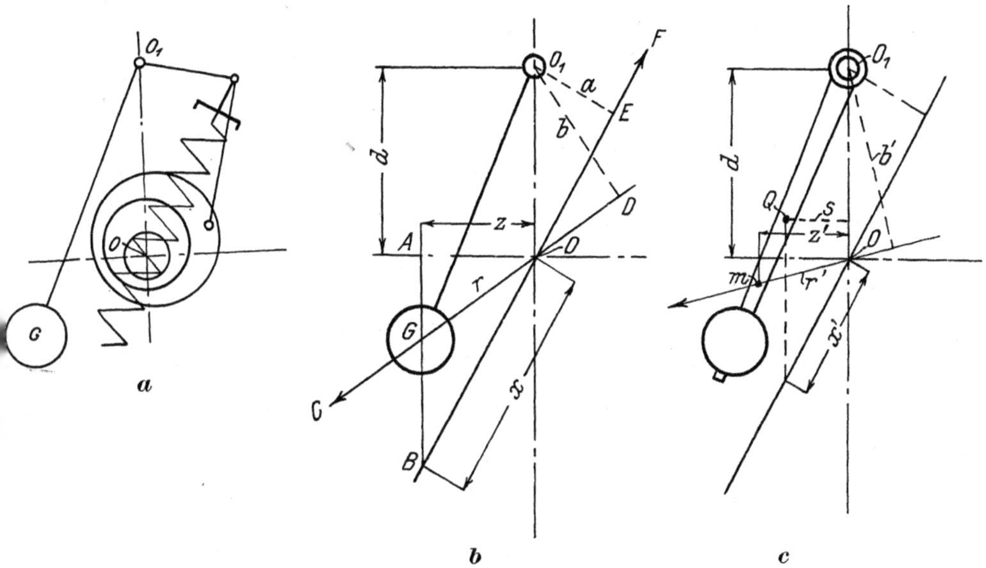

Fig. 289.

Σ (pz') ist das statische Moment des Pendelarmes in bezug auf O_1 O. Ist Q das Gewicht dieses Armes, s der wagerechte Abstand des Schwerpunktes von O_1 O, so wird:

$$\Sigma (p z') = Q s.$$

Die rechtsdrehenden Momente haben sonach die Größe:

$$\frac{\omega^2}{g} \cdot G r b + \frac{\omega^2}{g} Q \cdot s \cdot d.$$

Diesen wirken außer der Federkraft F die Zentrifugalmomente des kürzeren Hebelarmes des Pendels, sowie der am Exzenter angreifenden Hängestange entgegen.

Sind Q' und Q'' deren Gewichte, s' und s'' die Abstände ihrer Schwerpunkte von O_1 O, so findet sich das von diesen Stangen herrührende und linksdrehende Moment wie vorhin zu:

$$\frac{\omega^2}{g} (Q' s' d + Q'' s'' d).$$

Wird zunächst noch von der Fliehkraft der Federwindungen abgesehen, so ergibt sich als Gleichgewichtsbedingung:

$$\frac{\omega^2}{g}(G r b + Q s d - Q' s' d - Q'' s'' d) = F \cdot a,$$

oder:

$$\frac{\omega^2}{g}\left(G \cdot \frac{r b}{a} + Q \cdot \frac{s \cdot d}{a} - Q' \cdot \frac{s' d}{a} - Q'' \cdot \frac{s'' d}{a}\right) = F.$$

Nun ist:

$$\frac{r \cdot b}{a} = x; \quad \frac{s d}{a} = x'.$$

$$\frac{\omega^2}{g}(G \cdot x + Q \cdot x' - Q' x'' - Q'' x''') = F.$$

Von der linken Seite dieser Gleichung gelangt noch das linksdrehende Zentrifugalmoment der Federwindungen in Abzug.

Stellt man sich die Feder aus einzelnen, konzentrischen Ringen bestehend vor, von denen jeder das Gewicht G_f hat, so ist $\frac{G_f}{g} \cdot \varrho' \cdot \omega^2$ die Fliehkraft eines solchen Ringes im Abstand ϱ' vom Wellenmittel O. Die Fliehkraft der ganzen Feder hat demnach die Größe $K = M \cdot \omega^2 \Sigma \varrho'$.

Bezeichnen: n die Anzahl der Windungen,

ϱ der Abstand des äußersten Ringes vom Wellenmittel O, so daß

$\frac{\varrho}{n}$ der Abstand zweier Ringe voneinander ist,

so wird:

$$\Sigma(\varrho') = \frac{\varrho}{n}(1 + 2 + 3 + \ldots + n) = \frac{\varrho}{n} \cdot \frac{n(n+1)}{2} = \varrho \frac{n+1}{2}.$$

$$K = M\omega^2 \cdot \varrho \frac{n+1}{2} = \frac{G_f}{g} \cdot \omega^2 \varrho \frac{n+1}{2}.$$

Werden sämtliche Werte dieser Gleichung mit Ausnahme von ϱ und $\frac{\omega^2}{g}$ in der Konstanten A zusammengefaßt, also

$$K = \frac{\omega^2}{g} \cdot \varrho \cdot A,$$

so folgt die endgültige Gleichgewichtsbedingung:

$$\frac{\omega^2}{g}(G \cdot x + Q \cdot x' - Q' x'' - Q'' x''' - A \cdot \varrho) = F.$$

Als Wert für die Energie, in der Federachse gemessen, ergibt sich hier ohne weiteres:

$$E = 2 \cdot F,$$

ebenso die Verstellkraft

$$P = 2\varepsilon \cdot F.$$

Für die Bestimmung des von der Eigenreibung herrührenden Betrages ε_r des Unempfindlichkeitsgrades sind die Zapfenreibungen bei O_1 und E zu ermitteln.

Auf Zapfen O_1 wirkt die Resultierende R der am Pendel angreifenden Kräfte. Zapfen E wird nur durch die Federkraft F belastet.

Ist μ der Reibungskoeffizient, d_1 der Durchmesser des Zapfens O_1, d_2 der Durchmesser des Zapfens E, und wird die Neigungsänderung der Federachse E O B beim Pendelausschlag vernachlässigt, so folgt als Reibungsmoment:

$$M = \mu \cdot R \frac{d_1}{2} + \mu \cdot F \cdot \frac{d_2}{2}.$$

Dieses Moment kann durch eine in Richtung der Federachse am Hebelarm a angreifende Kraft $\frac{K}{2}$ ersetzt werden, so daß:

$$\frac{K}{2} \cdot a = \frac{\mu}{2} (R d_1 + F d_2),$$

$$K = \frac{\mu}{a} (R d_1 + F d_2),$$

$$\varepsilon_r = \frac{K}{2F}.$$

Bei der Berechnung sind als bekannt vorauszusetzen oder sind wählbar: mittlere Umlaufzahl n, der Ungleichförmigkeitsgrad $\frac{n_0 - n_u}{n}$, der Ausschlag der Pendelarme und die kleinste Energie. Letztere ist zugleich die kleinste Federspannung F_{min} für die innerste Lage des Regulators. Die Strecken x werden durch geometrische Konstruktion für die innerste, mittlere und äußerste Stellung der Pendel ermittelt, indem durch die Schwerpunkte der betreffenden Stangen Parallelen zu O_1 O gezogen werden. Diese schneiden auf der Federachse F O B die Strecken x ab, von O aus gemessen.

Aus der Gleichgewichtsbedingung für die kleinste Umlaufzahl n_u kann die Größe des Schwunggewichtes G berechnet werden. Die größte Federspannung F_{max} wird aus der Gleichgewichtsbedingung für n_0 berechnet.

Die mittlere Federkraft $F = \frac{F_{max} + F_{min}}{2}$ muß sodann bei der mittleren Umlaufzahl n im Gleichgewicht gehalten werden.

Die Umlaufzahlen sind aus mehreren Zwischenlagen zu ermitteln.

Besonders einfach gestaltet sich die Berechnung solcher Regeler, deren Federkraft der Fliehkraft unmittelbar entgegenwirkt. Fig. 290.

Bezeichnen C_g die Fliehkraft der Federwindungen,
C_f diejenige des Schwunggewichtes,
F die Federspannung, so muß sein:

$$C_f + C_g = F.$$

Bei einer Zunahme des Abstandes r auf r_1 ist die neue Gleichgewichtsbedingung:

$$C'_f + C_g \frac{r_1}{r} = F'; \text{ es wird: } C_g \frac{r_1}{r} = F' - C'_f; \quad \frac{r}{r_1} = \frac{C_g}{F' - C'_f}.$$

Damit der Regulator nicht astatisch wird, muß

$$\frac{r}{r_1} > \frac{C_g}{F' - C'_f}$$

sein.

Fig. 291 zeigt schematisch die Anwendung des Tolleschen Verfahrens auf Flachregeler.

Ist r der Abstand des Schwerpunktes s_0 vom Wellenmittel A, h der Hebelarm der Fliehkraft C in bezug auf Drehpunkt I, so hat das Zentrifugalmoment die Größe:

$$\mathfrak{M} = M\,\omega^2\,r\,h.$$

Nun ist $rh = ax =$ doppeltem Inhalt des $\triangle\, A\, s_0\, I$, folglich $\mathfrak{M} = M\,\omega^2\,a\,x$. Trägt man auf den Loten, die von den Schwerpunktlagen s_0 auf die Wagerechte $O\,N$ gefällt werden, die Momente $\mathfrak{M}$ ab, so bilden die Endpunkte dieser Ordinaten die $\mathfrak{M}$-Kurve, die in dergleichen Weise zu beurteilen ist, wie die C-Kurven der Muffenregeler.

Die Momente lassen sich am bequemsten durch Ermittlung der auf

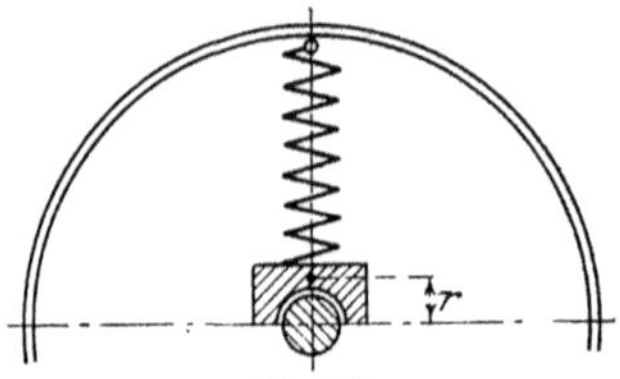

Fig. 290.

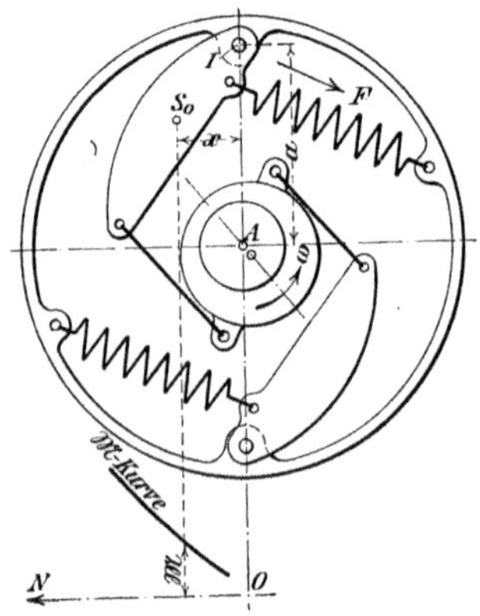

Fig. 291.

Drehpunkt I bezogenen Federkraftmomente für die verschiedenen Reglerstellungen feststellen.

Soll mit Kräften statt mit Momenten gerechnet werden, so empfiehlt sich die Darstellung nach Fig. 292, bei der die durch den Feder-Aufhängepunkt gehende Kraft C_b so bestimmt wird, daß

$\mathfrak{M} = F \cdot h = C_b \cdot b$ (h = Hebelarm der Federkraft F in bezug auf I).

Da nach Vorhergehendem:

$$\mathfrak{M} = M\,\omega^2\,x\,a,$$

so folgt

$$C_b = \frac{a}{b} \cdot M\,x \cdot \omega^2.$$

Die Resultierende der Kräfte C_b und F muß durch den Punkt I gehen, woraus die einfache Darstellung von C_b für die verschiedenen Reglerstellungen sich ergibt. F wird von II aus abgetragen und durch den Endpunkt dieser abgetragenen Strecke eine Wagerechte bis zum Schnitt mit $I\,II$ gelegt Die derart erhaltene C_b-Kurve kann durch Multiplikation der Ordinaten mit b, bzw. durch entsprechende Änderung des Maßstabes auf die $\mathfrak{M}$-Kurve zurückgeführt werden.

Nach Fig. 292 ist das Moment $\mathfrak{M} = F \cdot h$ gänzlich unabhängig von der Lage des Wellenmittels A.

Ohne Beeinflussung der $\mathfrak{M}$-Kurve können durch Änderung der Größen a und M $\left(\omega = \sqrt{\frac{\mathfrak{M}}{M \times a}}\right)$ verschiedene Umlaufzahlen erhalten werden. Durch Verkleinerung des Abstandes a wird die Umlaufzahl verringert und umgekehrt, wobei der Ungleichförmigkeitsgrad derselbe

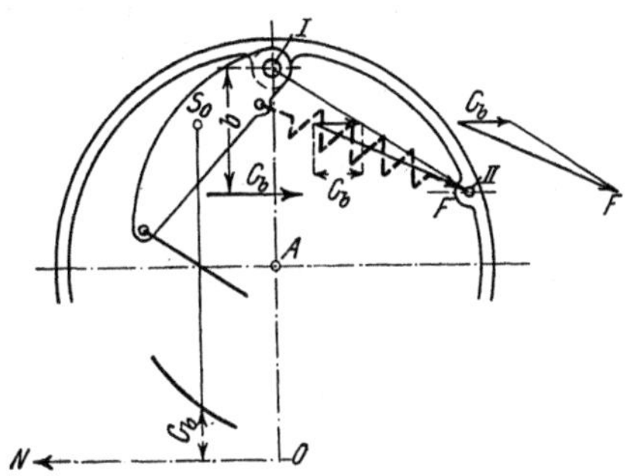

Fig. 292.

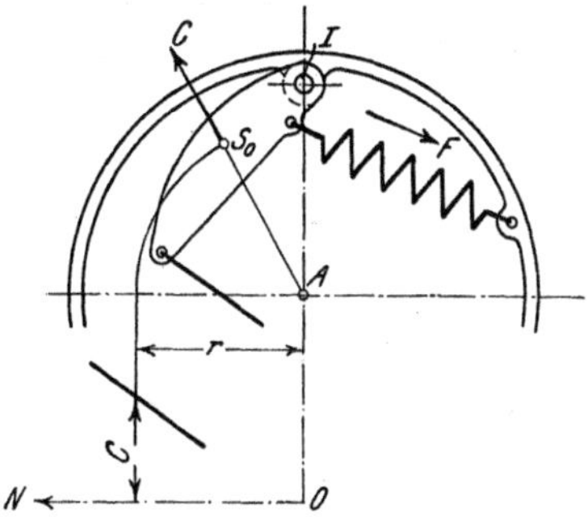

Fig. 293.

bleibt. Änderung des letzteren wird durch Verschiebung des Wellenmittels A senkrecht zu A I erzielt.

Die $\mathfrak{M}$- und C'-Kurve weichen nur insoweit von den bei den Kegelreglern behandelten C-Kurven ab, als die unter ihnen liegenden Flächen nicht das Arbeitsvermögen angeben. Soll auch in dieser Beziehung Gleichheit erreicht werden, so ist nach Fig. 293 zu verfahren. Die Fliehkräfte werden als Ordinaten zu den Entfernungen r als Abszissen aufgetragen.

Beispiel. Es ist ein Flachregler zu berechnen, der einen das Exzenter verstellenden Ring um den Winkel α dreht, wobei in der mittleren Lage die Verstellkraft bei 4 vH Unempfindlichkeit für jede Reglerhälfte, in der Federachse gemessen, 11,65 kg, also insgesamt 23,3 kg betragen soll. Auf Grund der gewählten Hebelverhältnisse beträgt die Zugkraft an jeder Verstellstange $11{,}65 \cdot \frac{6}{7} = 10$ kg. Theoretischer Ungleichförmigkeitsgrad: 4 vH. Unempfindlichkeitsgrad ebenfalls zu 0,04 angenommen. n = 300 Uml/min. Fig. 294.

Die Abszissenachse der aufzuzeichnenden Momentenkurve muß senkrecht zur Verbindungslinie OO_1 liegen.

Der vom Feder-Aufhängepunkt a beschriebene Kreisbogen weicht nach jeder Seite um gleiche Beträge von der zur Mittellage des Aufhängehebels errichteten Senkrechten ab; diese Abweichungen sind so geringfügig, daß für die Feder ein konstanter Hebelarm von 60 mm angenommen werden kann.

Kleinster Abstand der Schwungmassen angenommen zu $x_u = 142$ mm bei $n_u = 300\left(1 - \frac{0{,}04}{2}\right) = 294$, größter Abstand der Schwungmassen $x_0 = 254$ mm bei $n_0 = 306$ Uml/min. Auf der in beliebigem Abstand von O' in C errichteten Senkrechten wird die Strecke $CE = 100$ mm, sowie über und unter E 4 mm abgetragen, wodurch in den Strecken AD und BF die Momente M_u und M_0 in noch unbekanntem Maßstab wiedergegeben werden. Dieser wird durch Einzeichnen der Mittellage S_m des Schwunggewichtes ermittelt; der Schnittpunkt der durch S_m gelegten Senkrechten mit dem Strahl $O'E$ stellt das mittlere Moment dar, das errechnet werden kann.

Das Verstellmoment M_w beträgt nach Fig. 294 für beide Schwungmassen zusammen 20.7 = 140 cmkg = 1,4 mkg bei $\varepsilon = 0{,}04$, sonach ist das Moment der Fliehkraft:

$$M_m = \frac{M_w}{0{,}04} = 35 \text{ mkg},$$

in der Momentenkurve (im Original) durch 77 mm dargestellt. Maßstab der Momente: $\frac{35}{77} = 0{,}455$ mkg = 1 mm. Hiermit wird $M_0 = 44{,}82$ mkg, $M_u = 22{,}98$ mkg.

Pendelgewicht: $\frac{G}{g} \cdot \omega^2 \cdot x_m \cdot d = M_m = 35$ mkg. $\omega = \frac{\pi \cdot 300}{30} = 31{,}4$, $x_m = 0{,}204$, $d = 0{,}235$, $G = 7{,}26$ kg.

Pendel-Einzelgewicht = 3,63 kg.

Berechnung der Feder.

$$F_u = \frac{M_u}{2 \cdot 0{,}06} = \frac{22{,}98}{0{,}12} = 191{,}5 \text{ kg. (Hebelarm } O_1 a = 0{,}06 \text{ m)},$$

$$F_o = \frac{M_o}{0{,}12} = \frac{44{,}82}{0{,}12} = 373{,}5 \text{ kg.}$$

Ist n = Anzahl der wirksamen Windungen,
d = Drahtdurchmesser in cm,
r = Windungshalbmesser in cm,
$\varphi = \frac{f_{max}}{n}$ = Einsenkung einer Federwindung in cm unter der Kraft P_{max},
$k_d \backsim 3600$ kg/qcm = zulässiger Beanspruchung des Federmaterials,
G = 850 000 = Schubmodul in kg/qcm für Stahl,

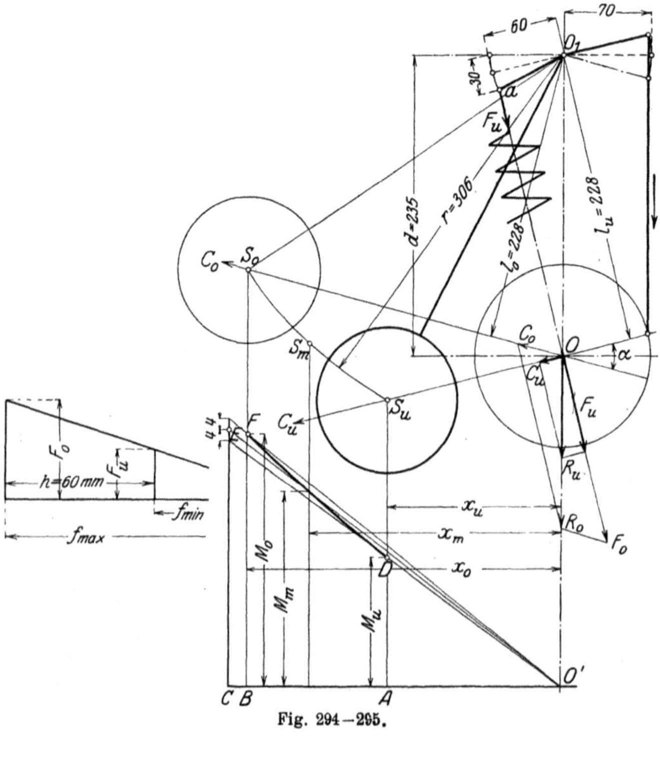

Fig. 294–295.

so wird:

$$P_{max} = \frac{\pi d^3}{16 \cdot r} \cdot k_d \cong 0{,}2 \frac{d^3}{r} \cdot k_d = 373{,}5 \text{ kg}$$

$$r = 4{,}5 \text{ cm gewählt.}$$

$$d = \sqrt[3]{\frac{4{,}5 \cdot 373{,}5}{0{,}2 \cdot 3600}} \cong 13{,}3 \text{ mm},$$

$$\varphi = \frac{f_{max}}{n} = \frac{64 r^3}{d^4} \cdot \frac{P_{max}}{g} = \frac{4 \pi r^2}{d} \cdot \frac{k_d}{G} = \frac{4 \cdot \pi \cdot 4{,}5^2}{1{,}33} \cdot \frac{3600}{850\,000} = 0{,}8 \text{ cm.}$$

Die Anzahl der Windungen wird in folgender Weise bestimmt:

Nach Fig. 295 ist: $F_o : F_u = f_{max} : f_{min} = (f_{min} + h) : f_{min}$

$$f_{min} = \frac{h}{\frac{F_o}{F_u} - 1} = h \cdot \frac{F_u}{F_o - F_u} = 60 \cdot \frac{191{,}5}{182{,}0} = 63 \text{ mm}$$

$$n = \frac{f_{min} + h}{\varphi} = \frac{6{,}3 + 6}{0{,}8} = 15{,}4.$$

Ist die Feder bei a in einer Schneide aufgehängt, so kann deren Reibung vernachlässigt werden. Zapfen O_1 wird durch die Resultierende R_u aus C_u und F_u belastet. Es wird:

$$K \cdot l = 2 \cdot R \cdot \mu \cdot \frac{d}{2} = R\mu \cdot d,$$

worin K die auf die Federachse bezogene Ersatzkraft bedeutet; $l = 0{,}06$ m; $d = 0{,}015$ m gewählt; $\mu = 0{,}1$ geschätzt.

$C_u = \frac{G}{g} \cdot \omega^2 \cdot r = \frac{M_u}{l_u} = \frac{22{,}98}{0{,}228} = 100{,}8$. Für jede Reglerhälfte bilden $\frac{C_u}{2}$ und R_u mit F_u ein Kräftedreieck, wie in Fig. 294 dargestellt. (Hier fallen R_o und R_u zufällig in Richtung $O\,O_1$). Es wird $R_u = 200$ kg und damit

$$K_u = \frac{200 \cdot 0{,}1 \cdot 0{,}015}{0{,}06} = 5 \text{ kg.}$$

In gleicher Weise findet sich:

$$K_0 = \frac{340 \cdot 0{,}1 \cdot 0{,}015}{0{,}06} = 8{,}5 \text{ kg.}$$

Unempfindlichkeitsgrad, durch die Eigenreibung verursacht:

$$\varepsilon_r = \frac{K_u}{2 F_u} = \frac{5}{383} = 0{,}013,$$

$$\varepsilon_r = \frac{K_0}{2 F_0} = \frac{8{,}5}{747} = 0{,}014.$$

Kleinste Verstellkraft $P_u = \varepsilon \cdot E_u = 0{,}04 \cdot 383 = 15{,}32$ kg, größte Verstellkraft $P_0 = 29{,}88$ kg, in der Federachse gemessen.

e) Größe und Angriffspunkt der Trägheitskräfte[1]).

Die an den Massenteilchen $m_1, m_2 \ldots$ auftretenden Massenkräfte $p_1 = m_1 \cdot r_1 \cdot \frac{d\omega}{dt}$, $p_2 = m_2 \cdot r_2 \cdot \frac{d\omega}{dt} \ldots$ stehen senkrecht zu den Halb-

[1]) Dr. R. Proell, Zeitschr. des Ver. deutsch. Ing. 1913. S. 1339.

messern r_1, r_2... Ihre Mittelkraft wird gefunden, indem in Drehachse C des Flachreglers gleich große und entgegengesetzt gerichtete Kräfte angreifend gedacht werden, die bei Drehung ihrer Angriffsrichtung um 90° in die Richtung der Fliehkräfte fallen und wie diese dem Produkt mr proportional sind. Fig. 296.

Sonach wird für die Mittelkraft:

$$\Sigma p' = M \cdot R \cdot \frac{d\omega}{dt}.$$

Die Mittelkraft aus den Trägheitskräften ist gleich dem Produkte aus der Masse M, dem Schwerpunkthalbmesser R und der Winkelbeschleunigung $\frac{d\omega}{dt}$; sie greift senkrecht zu CS an.

Die Zusammenfassung der Momente pr ergibt:

$$\mathfrak{M} = \Sigma pr = -\Sigma mr^2 \cdot \frac{d\omega}{dt} = -J_c \cdot \frac{d\omega}{dt},$$

worin J_c = Trägheitsmoment der Schwungmasse, bezogen auf Drehpunkt C. Durch Zusammensetzung dieses Momentes mit der in C angreifenden Kraft $\Sigma p' = M \cdot R \cdot \frac{d\omega}{dt}$ erhält man eine Kraft P im Abstand x von C, für die gilt:

$$-Px = \mathfrak{M} = -J_c \cdot \frac{d\omega}{dt};$$

$$M \cdot R \cdot \frac{d\omega}{dt} \cdot x = J_c \cdot \frac{d\omega}{dt};$$

$$x = \frac{J_c}{M \cdot R}.$$

Die Mittelkraft greift in der Entfernung $x = \frac{J_c}{MR}$ vom Drehpunkt C an. Ist J_s = Trägheitsmoment der Schwungmasse in bezug auf den Schwerpunkt S, so ist:

$$J_c = J_s + MR^2$$

$$x = \frac{J_s}{MR} + R.$$

Der Angriffspunkt liegt in der Entfernung $\frac{J_s}{MR}$ vom Schwerpunkt der Schwungmasse.

Bezogen auf Punkt C als gedachten Aufhängepunkt der Masse M ist der Angriffspunkt von P der Schwingungsmittelpunkt und EC die reduzierte Pendellänge.

Wird in S auf dem Strahl CS das Lot SH von der Länge des Trägheitshalbmessers $k_s = \sqrt{\frac{J_s}{M}}$ errichtet, so greift die mittlere Trägheitskraft $P = M \cdot R \cdot \frac{d\omega}{dt}$ im Schnittpunkt der in H zu HC errichteten Senkrechten mit der Verlängerung von CS an.

Die Trägheitskraft soll die Bewegung des Pendels nach außen unterstützen und dieser nicht entgegenwirken, was von der Anordnung des Reglers abhängt.

Wird in Fig. 296 ein Halbkreis über *CD* als Durchmesser geschlagen, so übt bei vorauseilendem Pendel das Beharrungsvermögen einen günstigen Einfluß aus, wenn der Angriffspunkt *E* der Trägheitskraft außerhalb dieses Kreises fällt. Liegt *E* auf dem Halbkreise selbst, so geht die Mittelkraft *P* durch *D* hindurch und es wird kein Moment erzeugt.

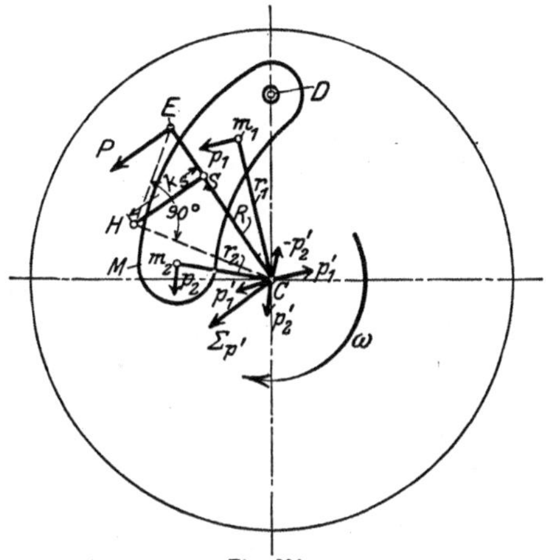

Fig. 296.

Ist das Pendel in seinem Schwerpunkt aufgehängt, so ist die Größe des Beharrungsmomentes unabhängig von der Lage des Aufhängepunktes; dieser kann mit dem Wellenmittel zusammenfallen, ein Fall, der bei den Trägheitsringen vorliegt.

Verhalten im Betrieb.

Es ist weiterhin das Verhalten des Beharrungsreglers gegenüber den während einer Umdrehung auftretenden Geschwindigkeitsschwankungen zu beachten.

Wird nach Dr. R. Proell[1]) angenommen, daß angenähert die Winkelgeschwindigkeit dem Sinusgesetz

$$\omega = \omega_0 + \omega_0 \cdot \frac{\delta}{2} \cdot \sin 2\,\omega_0 \cdot t$$

folgt, worin:

ω_0 = mittlerer Winkelgeschwindigkeit,

$\omega_0 \cdot \frac{\delta}{2}$ = größter Abweichung von ω_0 nach oben und unten hin

bedeuten, so folgt für die Winkelbeschleunigung:

$$\frac{d\omega}{dt} = \omega_0{}^2 \cdot \delta \cdot \cos 2\,\omega_0 \cdot t$$

und es ist:

$$\frac{\left(\frac{d\omega}{dt}\right)_{max}}{\omega_0{}^2} = \delta, \text{ sonach } MR \cdot \left(\frac{d\omega}{dt}\right)_{max} = MR \cdot \omega_0{}^2 \cdot \delta.$$

Die größten innerhalb einer Umdrehung vorkommenden Trägheitskräfte sind gleich den Fliehkräften, multipliziert mit dem Ungleichförmigkeitsgrad, und von gleicher Größe wie die Änderungen $\Delta C = \delta C$ der Fliehkräfte selbst.

---

[1]) Zeitschr. Ver. deutsch. Ing. 1913.

Für das Zusammensetzen der Beharrungskräfte mit den Fliehkräften ist zu beachten, daß 1. ihre Wirkungsrichtungen senkrecht zueinander stehen, 2. die Höchst- und Kleinstwerte um $^1/_8$-Umdrehung gegeneinander versetzt sind. Die Trägheitskraft ist gleich Null für die Werte ω_{max} und ω_{min}, während hierbei die Änderung der Fliehkraft die Größe der Reibungskraft $\varepsilon \cdot C$ erreicht, wenn $\varepsilon =$ Unempfindlichkeitsgrad des Reglers. In dem Augenblick nach Aufhebung der Reibungskraft kommt die Trägheitskraft allein zur Geltung und leitet die Bewegung der Schwungmassen ein. Der Regler spielt während jeder Umdrehung, wenn $\varepsilon = \delta$.

f) Widerstandsvermögen der Regler gegen periodische Rückwirkungen[1]).

Bei den Riderkolbenschiebern und anderen Schiebersteuerungen findet bei richtiger Bauart des Reglerangriffes eine Rückwirkung auf den Regler nicht statt; bei der Verdrehung des Expansionsschiebers ist dessen Reibung durch die Verstellkraft des Reglers zu überwinden, es wird diesem nur ein passiver Widerstand entgegengesetzt.

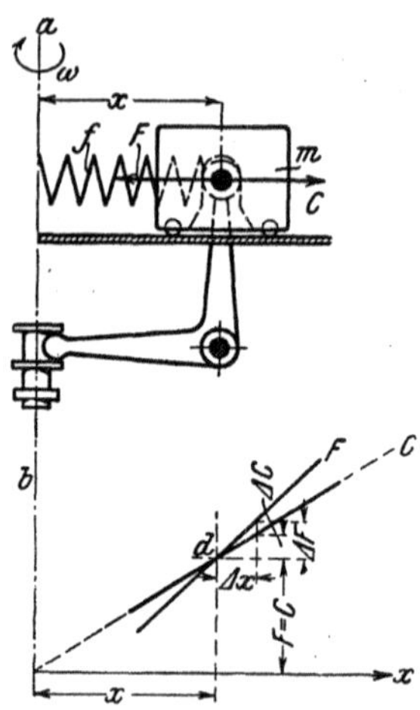

Fig. 297.

Zwangläufige Ventilsteuerungen verhalten sich insofern wesentlich anders, als starke Kräfte während der Ventileröffnung auftreten, welche die Verstellbewegung des Reglers unterbrechen oder sogar Rückdrücke ausüben, die den Regler aus der Gleichgewichtslage herausdrängen. Zwischen diesen Rückdruckperioden spielt dann der Regler nahezu frei.

Während also bei den erstgenannten Steuerungen die Verstellkraft maßgebend ist, ist bei den zwangläufigen Ventilsteuerungen das Widerstandsvermögen gegen Rückdruckimpulse zu beachten.

In den nachstehenden Ausführungen sind folgende Voraussetzungen gemacht: 1. Während der rückdruckfreien Periode bewegt sich der Regler nach den Gesetzen der harmonischen Schwingungen. 2. Die Zeitdauer eines Rückdruckimpulses $R = \int k \cdot dt$ ist sehr klein, im Grenzfall unendlich klein. 3. Zwischen zwei Rückdruckimpulsen, die nach Größe und Richtung gleich sind, liegt der Zeitraum t_0.

Nach Fig. 297 ist in der Gleichgewichtslage:

$$C = F = m \cdot x \cdot \omega^2 \quad \ldots \ldots \ldots \quad (1)$$

Wird der Regulator durch einen Kraftimpuls von sehr kleiner Zeitdauer um Δx aus seiner Gleichgewichtslage herausgeschoben, so tritt als Gegenkraft der um den Betrag ΔF vermehrten Federspannung

[1]) Dr. R. Proell, Zeitschr. Ver. deutsch. Ing. 1913.

F nur die durch den vergrößerten Radius $(x + \Delta x)$ vermehrte Zentrifugalkraft auf. Letztere erhält keine Zunahme durch vergrößerte Winkelgeschwindigkeit, so daß der diesem Betrag entsprechende Teil $p = \Delta x$ der Federkraft nicht ausgeglichen wird und bestrebt ist, die Regulatormasse in die Gleichgewichtslage zurückzubringen. Es wird:

$$p = \frac{\Delta F - \Delta C}{\Delta x}$$

und für sehr kleines Δx:

$$p = \frac{dF}{dx} - \frac{\partial F}{\partial x}.$$

Nun ist:

$$dF = \frac{\partial F}{\partial x} \cdot dx + \frac{\partial F}{\partial \omega} \cdot d\omega$$

oder

$$\frac{dF}{dx} = \frac{\partial F}{\partial x} + \frac{\partial F}{\partial \omega} \cdot \frac{d\omega}{dx}$$

$$p = \frac{\partial F}{\partial \omega} \cdot \frac{d\omega}{dx}.$$

Durch Differentiation von Gl. 1 findet sich:

$$\frac{\partial F}{\partial \omega} = 2 m x \omega = \frac{2F}{\omega}.$$

$$p = 2F \cdot s, \text{ wenn}$$

$$s = \frac{d\omega}{\omega \cdot dx} \text{ gesetzt wird.}$$

Proell bezeichnet den Ausdruck für s als „Statik" für die betreffende Regulatorlage. s gibt die spezifische Geschwindigkeitssteigerung $\frac{d\omega}{\omega}$ in ihrem Verhältnis zur Zunahme dx des Schwungmassenweges an.

p ist diejenige Kraft, die bestrebt ist, in der betreffenden Stellung des Regulators dessen Masse in die Gleichgewichtslage zurück zu bringen.

Die Schwungmassen werden nun durch einen Massenpunkt ersetzt gedacht, der unter dem Einfluß einer mit der Abweichung ξ aus der Gleichgewichtslage zunehmenden Kraft $P = p \cdot \xi$ steht, also harmonische Schwingungen ausführt.

Es wird die Dauer einer vollen Eigenschwingung:

$$T = 2\pi \sqrt{\frac{m}{p}} = 2\pi \sqrt{\frac{m}{2Fs}},$$

für Flachregler:

$$T = 2\pi \sqrt{\frac{\mathfrak{J}}{2\mathfrak{M}s}}$$

worin: $\mathfrak{J}$ = Trägheitsmoment der Schwungmassen in bezug auf den Pendeldrehpunkt, $\mathfrak{M}$ = Moment der Belastungsfeder, bezogen auf den gleichen Drehpunkt.

In Fig. 299 werde die Schwingung durch Bewegung des Massenpunktes auf der Kreislinie, also die Zeit T durch den Winkel 2π wiedergegeben. Die Abszissen stellen die Abweichungen ξ aus der Mittellage 0, die Ordinaten die Geschwindigkeiten v und sonach auch die Bewegungsgrößen m v dar.

Mit $\varrho = m\,v$ folgt die lebendige Kraft $\frac{m\,v^2}{2} = \frac{\varrho^2}{2\,m}$, die gleich der von der Kraft $P = p \cdot \xi$ geleisteten Arbeit $\frac{1}{2}\,p\,\xi^2$ zu setzen ist.

$$\frac{\varrho^2}{2\,m} = \frac{1}{2}\,p\,\xi^2;$$

$$\xi_0 = \frac{\varrho}{\sqrt{m\,p}}$$

Befindet sich der Massenpunkt in A und tritt ein ihn nach B drängender Rückdruck auf, so nimmt die Bewegungsgröße sprunghaft

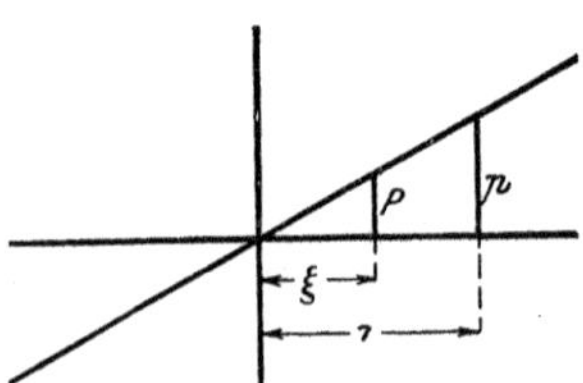

Fig. 298.

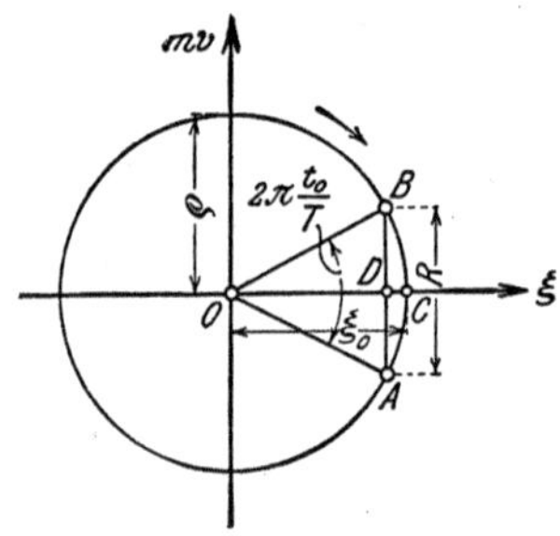

Fig. 299.

um $R = AB$ zu. Während der nun folgenden rückdruckfreien Periode bewegt sich der Massenpunkt von B aus in früherem Sinne weiter und erreicht nach der Zeit t_0 die Lage A, wenn Winkel $B\,O\,A = 2\,\pi\,\frac{t_0}{T}$, $O\,B = O\,A = \varrho$.

Nach Fig. 299 ist weiterhin:

$$R = 2\,\varrho\,\sin\frac{\pi\,t_0}{T}; \quad \varrho = \frac{R}{2\,\sin\frac{\pi\,t_0}{T}}$$

$$\xi_0 = \frac{R}{\sqrt{m\,p}\cdot 2\,\sin\frac{\pi\,t_0}{T}} = \frac{R}{W_p} \quad \ldots \ldots \ldots \quad (2)$$

W_p kann als Widerstandsvermögen des Reglers gegen periodisch auftretende Rückdruckimpulse bezeichnet werden.

Setzt man die Werte: $p = 2\,F\,s$, $T = 2\,\pi\,\sqrt{\frac{m}{p}}$ in die Gleichung

$$W_p = \sqrt{m\,p}\cdot 2\,\sin\frac{\pi\,t_0}{T} \text{ ein, so wird:}$$

$$W_p = \sqrt{2\,F\,m\,s}\cdot 2\,\sin\left[\frac{1}{2}\sqrt{\frac{2\,F\,s}{m}}\cdot t_0\right].$$

Wie aus Gl. 2) ersichtlich, ist die Ausweichung ξ_0, die unter Einwirkung eines Rückdruckimpulses von sehr kleiner Zeitdauer auftritt, um so kleiner, je größer die Federkraft F, die Statik s und die Masse m sind.

Für Achsenregler wird:

$$W_p = \sqrt{2\,\mathfrak{M}\cdot s\cdot\mathfrak{J}}\cdot 2\sin\left[\frac{1}{2}\sqrt{\frac{2\,\mathfrak{M}\cdot s}{\mathfrak{J}}}\cdot t_0\right],$$

worin $s = \dfrac{d\,\omega}{\omega\cdot d\varphi}$ die auf den Ausschlagwinkel φ bezogene Statik darstellt.

Mit φ als jeweiligem Winkel zwischen Radius Vektor und Horizontalachse wird $\xi = \xi_0\cdot\cos\varphi$.

Die gesamte mittlere Ausweichung als arithmetisches Mittel aus sämtlichen Ausschlägen beträgt

$$\xi_m = \frac{\int\limits_0^{\frac{\pi t_0}{T}} \xi_0\cdot\cos\varphi\cdot d\varphi}{\frac{\pi t_0}{T}} = \frac{\xi_0\cdot T}{\pi\cdot t_0}\cdot\sin\frac{\pi t_0}{T}.$$

Nach Einsetzen des Wertes für ξ_0 folgt: $\xi_m = \dfrac{R}{p\cdot t_0}$, sonach mittleres Widerstandsvermögen $Wp_m = p\cdot t_0 = 2\,Fs\cdot t_0$.

ξ_m hat also dieselbe Größe, als ob an Stelle der periodischen Impulse R eine ruhende Kraft $\dfrac{R}{t_0}$ am Regler angriffe.

Wie Fig. 300 zeigt, erhält der Regler dadurch eine neue Charakteristik, indem die Kräfte $\dfrac{R}{t_0}$, auf den Schwerpunktweg bezogen, mit der ursprünglichen Charakteristik durch Addition oder Subtraktion — je nachdem sie die Fliehkraft unterstützen oder ihr entgegenwirken — vereinigt werden. Der Regler wird labil, wenn die an einen Punkt der neuen Kurve $A_1 B_1$ gelegte Tangente die positive Abszissenachse nicht schneidet.

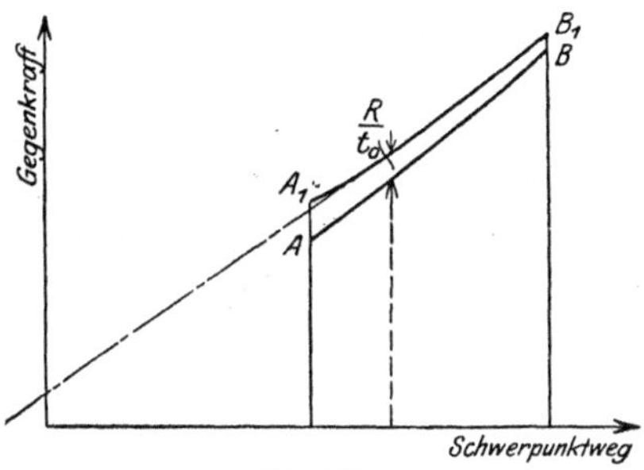

Fig. 300.

Beispiel. Umlaufzahl des Reglers n = 150, sonach Dauer zwischen zwei Stößen:

$$t_0 = \frac{60}{2\cdot 150} = 0{,}2 \text{ sek.};$$

jeder Stoß habe die Intensität R = 100 kg 0,025 sek. = 2,5 kg/sek. Dann wird

$$\frac{R}{t_0} = \frac{2{,}5}{0{,}2} = 12{,}5 \text{ kg}.$$

Ist h = 12 cm Ausschlag der Schwungmassen, $\delta = 0{,}04$ und gleichmäßig über den Ausschlag verteilt, so wird:

$$\text{Statik } s = \frac{\delta}{h} = \frac{0{,}04}{12} = \frac{1}{300}\,\text{cm}^{-1}.$$

Mit $G_r = mg = 72$ kg = Schwungmassengewicht, auf genannten Ausschlag h reduziert und F = 300 = reduzierter Federspannung wird:

$$T = 2\pi \sqrt{\frac{m}{2 F s}} = \text{rd } 1{,}2 \text{ sek.}$$

Einfluß der Reibung. Die Reibung vergrößert das Widerstandsvermögen und wirkt günstig, wenn sie zeitweise und gleichzeitig mit Störungen auftritt. Die Reibung übt einen ungünstigen Eindruck aus, wenn sie ständig wirkt und größere Werte annimmt, als mit Rücksicht auf vorhandene Rückdruckimpulse erforderlich ist.

In dieser Beziehung zeigen namentlich die Drehexzenter günstiges Verhalten, da sie unter Umständen sogar selbstsperrend wirken. Scharfen Regelungsbedingungen wird mitunter durch Einbau von Kugellagern entsprochen, doch pendeln derartige Regler infolge zu großer Empfindlichkeit und kommen schwerer zur Ruhe.

Rückdrucke der Steuerung und Änderungen der Fliehkraft durch die innerhalb einer Umdrehung auftretenden wechselnden Winkelgeschwindigkeiten überwinden die Reibung der Ruhe, so daß die kleinere Reibung der Bewegung zur Geltung gelangt und die Empfindlichkeit vergrößert.

g) Die Änderung der Umlaufzahl.

Änderung der Umlaufzahl kann durch Veränderung des Gewichtes der Schwungmassen oder durch Änderung der Hülsenbelastung bezw. der Federspannung bei den Federregulatoren erreicht werden.

Nach S. 224 ist

$$E = a \cdot C = a m r \omega^2,$$

wird sonach die Umlaufzahl eine andere, so ändert sich auch die Energie und zwar im quadratischen Verhältnis zur Umlaufzahl.

Bei einer Verminderung der Umlaufzahl 200 um 20 v. Ht., d. h. um 40 Uml./min., sinkt z. B. die Energie, die bei 200 Uml./min. den Wert 1 habe, auf $\left(\frac{160}{200}\right)^2 = 0{,}64$. Da die zur Verstellung der Steuerung erforderliche Kraft $P = \varepsilon \cdot E$ ihren Wert auch für die verringerte Umlaufzahl behält, so folgt, daß der Unempfindlichkeitsgrad auf das $\frac{1}{0{,}64}$ des früheren Betrages steigt. Es ist dies insofern erwünscht, als durch die Herabsetzung der Umlaufzahl auch die Gleichförmigkeit des Schwungrades auf 0,64 des früheren Betrages gesunken ist, so daß zwischen Gleichförmigkeit des Schwungrades und Unempfindlichkeitsgrad wieder das frühere Verhältnis herrscht.

Von größerer Bedeutung ist die bei derartigen Tourenänderungen eintretende Veränderung des Ungleichförmigkeitsgrades. Da die Änderung der Hülsenbelastung die Regel bildet, so sei diese zunächst in Betracht gezogen.

In Fig. 301 zeigen sowohl die Cq-Kurve als die C-Kurve astatischen Verlauf. Die Vergrößerung der Hülsenbelastung Q um q z. B. kann bei Gewichtsregulatoren durch unmittelbares Anhängen eines Gewichtes von der Größe q, bei Federregulatoren durch entsprechendes Spannen der Feder erfolgen, da dadurch eine konstante Kraft hinzutritt. Die Zentrifugalkräfte steigen auf $Cq + c_q$. Durch Vergrößerung der Ordinaten der Cq-Kurve und der C-Kurven um c_q werden somit die neuen Lagen dieser Kurven ermittelt. Diese behalten, wie Fig. 301 zeigt, ihren früheren Charakter bei.

In Fig. 302 ist die C-Kurve wieder astatisch, die Cq-Kurve labil, Strecke l' gibt den Labilitätsgrad an. Die einer Vermehrung der Hülsenbelastung entsprechende Cq''-Kurve geht von dem gleichen Punkt wie die Cq-Kurve aus.

Werden die Überschüsse derselben über die frühere Cq-Kurve zur C-Kurve addiert, so ergibt sich die neue C''-Kurve, die labil verläuft. Durch eine Verminderung der Hülsenbelastung wird andererseits die C'-Kurve erhalten, die statisch verläuft.

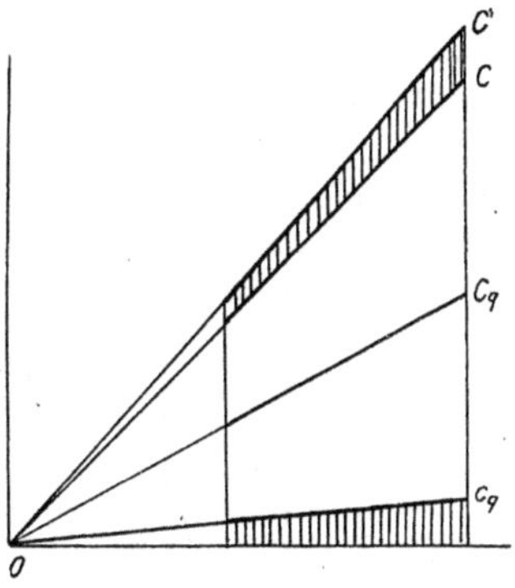

Fig. 301.

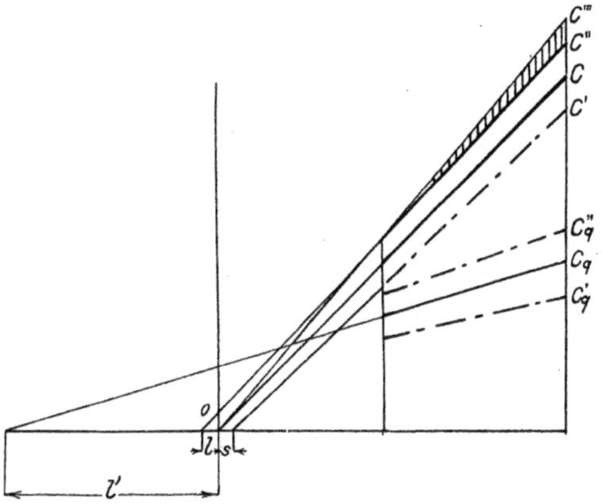

Fig. 302.

Bei den meisten Federregulatoren ist nun die Cq-Kurve stark labil, ohne Ausnahme trifft dies bei den Regulatoren mit Längsfeder zu. Der Grund für die Labilität der Cq-Kurve ist leicht einzusehen: da die stark zunehmende Federspannung eine sehr statische C_f-Kurve ergibt, so kann nur durch deren Ausgleich mit einer labilen Cq-Kurve eine pseudoastatische C-Kurve erhalten werden.

Das Spannen bezw. das Entspannen der Feder ist demnach bei allen Regulatoren mit labiler Cq-Kurve unstatthaft, da hierdurch zwar eine Änderung der Umlaufzahl, aber auch eine weitgehende Änderung des Ungleichförmigkeitsgrades eintritt; unter Umständen wird der Regulator labil, also unbrauchbar.

Fig. 302 gibt aber das Mittel an Hand, auch bei diesen Regulatoren brauchbare Verhältnisse zu erhalten. Wird nämlich die C''-Kurve in die Lage C''' gebracht, so ist wieder astatische Regelung vorhanden. Zu diesem Zweck muß die Hülsenbelastung so eingerichtet sein, daß mit steigender Muffe die senkrecht schraffierten Zentrifugalkräfte auftreten. Dies kann erreicht werden:

1. Durch Anbringung sogenannter Federwagen. An die Hülse wird eine zweite Feder angeschlossen, deren Spannung mit wachsendem Muffenhub natürlich zunimmt. Der Hebelarm, falls die Feder an einem solchen angreift, kann ebenfalls veränderlich gemacht werden. Bei dieser Anordnung nimmt durch die hinzukommende Zapfenbelastung die Eigenreibung namentlich bei größeren Änderungen der Umlaufzahl stark zu.

2. Durch Längenänderung der Feder, indem sie mit mehr oder weniger Gängen in einen Teller hineingeschraubt wird. Durch Spannen der Feder wird eine konstante Kraft hinzugefügt; die dadurch labil werdende C-Kurve erhält wieder ihre richtige Lage, indem die Feder durch Einschrauben verkürzt wird. Die Kräfte zur Zusammendrückung der Feder nehmen zu, und die dadurch hervorgerufene statische Wirkung gleicht sich mit der labilen C-Kurve aus.

Ist die Cq-Kurve astatisch, so ist nach Fig. 301 Hinzufügung einer konstanten Belastung ohne weiteres zulässig. Astatische Cq-Kurven werden aber nach S. 237 erhalten: durch Kreuzung der Arme oder durch Knicken der Pendelarme. Letzteren Weg hat Tolle bei dem in Fig. 255 (schematisch) und Fig. 259 dargestellten Regulator eingeschlagen.

Um genauere Einstellungen zu ermöglichen, und um Hinzufügung träger Massen zu vermeiden, ist nach Fig. 259 die konstante Belastung durch eine senkrecht angeordnete Feder ersetzt. Da deren Zusammendrückung bei steigender Muffe dem Regulator einen stark statischen Charakter erteilt, so ist die wagerechte Feder so berechnet, daß sie allein labiles Verhalten herbeiführen würde. In ihrer Wirkung gleicht sie sich sonach mit den Eigenschaften der Längsfeder aus. Wird die Querfeder gespannt, so wird der Ungleichförmigkeitsgrad verringert und umgekehrt, die hierbei eintretende Änderung der Umlaufzahl wird durch Änderung der Längsfederspannung beseitigt. Anziehen der Längsfeder allein vergrößert Energie und Umlaufzahl ohne Beeinflussung des Ungleichförmigkeitsgrades.

Was die Tourenverstellung bei Gewichtsregulatoren betrifft, so läßt sie sich durch Änderung der Hülsenbelastung meist ohne weiteres herbeiführen, da hier die Cq-Kurve annähernd den Charakter der C-Kurve hat.

Soll bei beiden Regulatorarten Änderung der Umlaufzahl durch Änderung der Schwunggewichte erreicht werden — was seltener geschieht —, so muß die Cg-Kurve astatisch sein.

Änderung der Umlaufzahl[1]) bei Flachreglern.

Die Umlaufzahl der Flachregler wird selten durch Federwagen, meist durch Veränderung der Federspannung und des Federhebelarmes (Doerfel, Proell) oder durch Verkürzen der Feder mittels Abdeckens (Lentz) verändert.

Für die Darstellung der entstehenden Verhältnisse ist Rückführung der Pendelfliehkräfte auf die Richtung der Federachse zweckmäßig.

[1]) Dr. K. Kaiser, Achsenregler mit während des Betriebes zu bedienender Verstellung der Umlaufzahl. Zeitschr. Ver. deutsch. Ing. 1911. S. 254.

Bedeuten in Fig. 303 C_0 die Pendelfliehkraft, h' den Hebelarm der Fliehkraft, F die Federkraft, h den Hebelarm der Federkraft, so ist im Gleichgewichtszustand:

$$C_0 \cdot h' = F \cdot h.$$

$$F = \frac{C_0 \cdot h'}{h} = C = \frac{h'}{h} \cdot m r \omega^2 \qquad (1)$$

C = Pendelfliehkraft, reduziert auf den Federhebelarm.

In Fig. 304 stellen die Ordinaten der astatischen Kurve $C\,C'$ die für $\omega =$ konst. berechneten, auf die Richtung der Federachse bezogenen

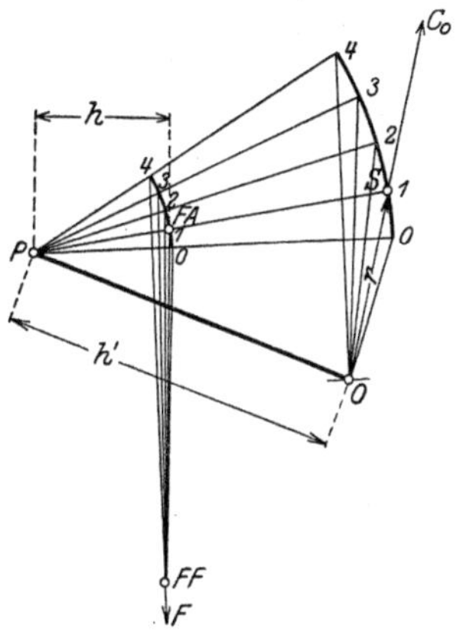

Fig. 303.

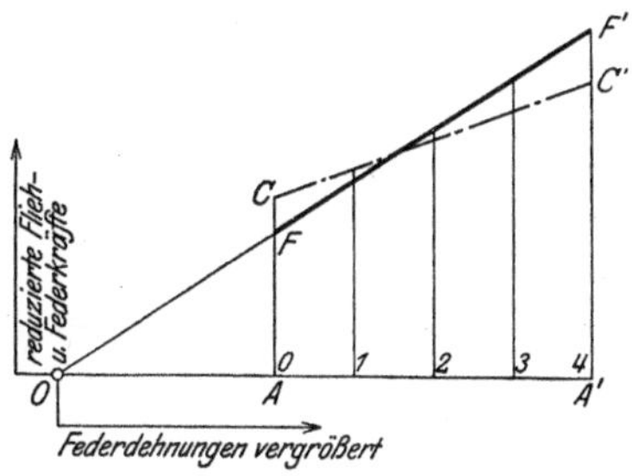

Fig. 304.

Fliehkräfte dar, denen die Feder direkt Widerstand zu leisten hat. FF' ist die Federkraftkurve. Ist der gewählte Ungleichförmigkeitsgrad $\pm\,\delta'$, so wird mit $\delta' = \frac{\delta}{2}$, $\omega_1 = \omega - \delta'\omega$, $\omega_2 = \omega + \delta'\omega$:

$$\begin{aligned} AF &= (1 - \delta')^2 \cdot AC \\ A'F' &= (1 + \delta')^2 \cdot A'C' \end{aligned} \qquad (2)$$

Durch diese Darstellung wird jeder Regler auf die Form der Fig. 303 zurückgeführt.

Gleichung 1) kann geschrieben werden $\left(\text{mit } \omega = \frac{\pi n}{30}\right)$:

$$F = C = \frac{h'}{h} \cdot m r \frac{\pi^2 \cdot n^2}{900} \qquad (3)$$

$$F = C = \frac{\pi^2 \cdot m}{900} \cdot \frac{h'}{h} \cdot r \cdot n^2 \qquad (4)$$

Einfaches Nachspannen der Feder ändert nicht die Neigung der Federcharakteristik, hingegen ändert sich die Neigung der astatischen C-Kurve gegenüber der Abszissenachse. Es ist $\operatorname{tg} \alpha = \frac{\text{Differenz der Ordinaten}}{\text{Abszisse}}$, also abhängig von n. Bei gleichbleibendem Pendelausschlag bleiben die Federdehnungen als Abszissen konstant. Die Ordinaten werden durch die Umlaufzahlen n bestimmt. Bei höheren Umlaufzahlen zeigen die astatischen Kurven steileren Verlauf. Geringere Neigung wird erhalten, wenn den größeren Fliehkräften durch Verlängerung der Federhebelarme entsprochen wird, womit die Federdehnung von Δ_1 auf Δ_2 zunimmt. Gleichzeitiges Nachspannen der Feder ermöglicht sodann weitgehende Änderung der Umlaufzahl ohne bedeutende Änderung des Ungleichförmigkeitsgrades.

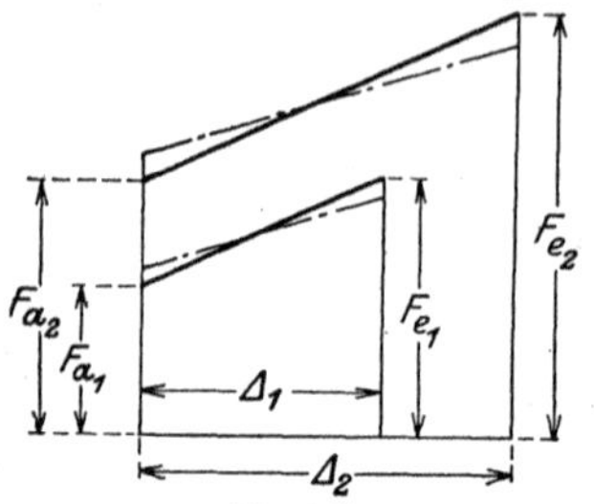

Fig. 305.

1. Änderung der Federspannung und des Federhebelarmes. Letzterer soll jedoch während des Pendelausschlages konstant bleiben.

In Fig. 305 sind die Kräftediagramme für die Umlaufzahlen n_1 und n_2 wiedergegeben.

Für die Nachspannung der Feder gilt:

$$\frac{F_{e_1} - F_{a_1}}{\Delta_1} = \frac{F_{e_2} - F_{a_2}}{\Delta_2},$$

wobei sich Zeiger *a* auf die Anfangs-(Innen-), *e* auf die Endstellung des Pendels bezieht.

Setzt man

$$K = \frac{m\pi^2}{900} \cdot h' \cdot r, \text{ so wird } C = K \cdot \frac{n^2}{h}.$$

$$\left.\begin{aligned} C_{a_1} &= K_a \cdot \frac{n_1^2}{h_1}, \quad & C_{a_2} &= K_a \cdot \frac{n_2^2}{h_2} \\ C_{e_1} &= K_e \cdot \frac{n_1^2}{h_1}, \quad & C_{e_2} &= K_e \cdot \frac{n_2^2}{h_2} \end{aligned}\right\} \quad \ldots \ldots \quad (5)$$

$$\left.\begin{aligned} F_{a_1} &= (1 - \delta_1')^2 \cdot C_{a_1}; \quad & F_{a_2} &= (1 - \delta_2')^2 \cdot C_{a_2} \\ F_{e_1} &= (1 + \delta_1')^2 \cdot C_{e_1}; \quad & F_{e_2} &= (1 + \delta_2')^2 \cdot C_{e_2} \end{aligned}\right\} \quad \ldots \quad (6)$$

Vereinigt man die Gleichungen 5) und 6) so erhält man:

$$\frac{(1 + \delta_1')^2 \cdot C_{e_1} - (1 - \delta_1')^2 \cdot C_{a_1}}{(1 + \delta_2')^2 \cdot C_{e_2} - (1 - \delta_2')^2 \cdot C_{a_2}} = \frac{\Delta_1}{\Delta_2} \quad \ldots \ldots \quad (7)$$

Die Federdehnungen stehen zu den Hebelarmen im einfachen Verhältnis, also

$$\frac{\Delta_1}{\Delta_2} = \frac{h_1}{h_2} \quad \ldots \ldots \ldots \ldots \quad (8)$$

Aus den Gleichungen 5), 7), 8), folgt:

$$\frac{n_1^2 \cdot h_2^2}{n_2^2 \cdot h_1^2} \cdot \frac{(1 + \delta_1')^2 \cdot K_e - (1 - \delta_1')^2 \cdot K_a}{(1 + \delta_2')^2 \cdot K_e - (1 - \delta_2')^2 \cdot K_a} = 1.$$

Soll $\delta_1' = \delta_2'$ sein, so muß sein:

$$\frac{n_1^2}{n_2^2} \cdot \frac{h_2^2}{h_1^2} = 1$$

$$\frac{n_1}{n_2} = \frac{h_1}{h_2} \quad \ldots \ldots \ldots \ldots \quad (9)$$

Bei konstantem Ungleichförmigkeitsgrad verhalten sich die Federhebelarme wie die Umlaufzahlen.

Aus Gl. 6) und 5) ergibt sich für $\delta'_1 = \delta'_2$:

$$F_{a_2} = (1 - \delta')^2 \cdot K_a \cdot \frac{n_2^2}{h_2},$$

$$F_{a_1} = (1 - \delta')^2 \cdot K_a \cdot \frac{n_1^2}{h_1}$$

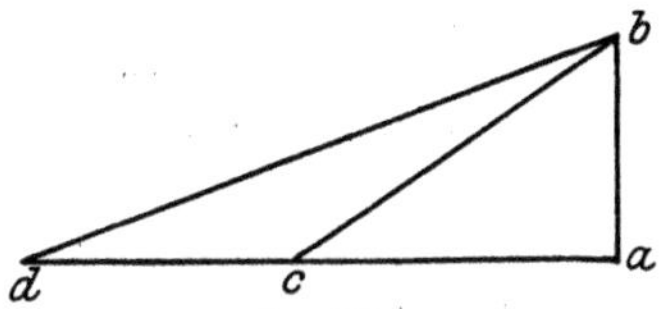

Fig. 306.

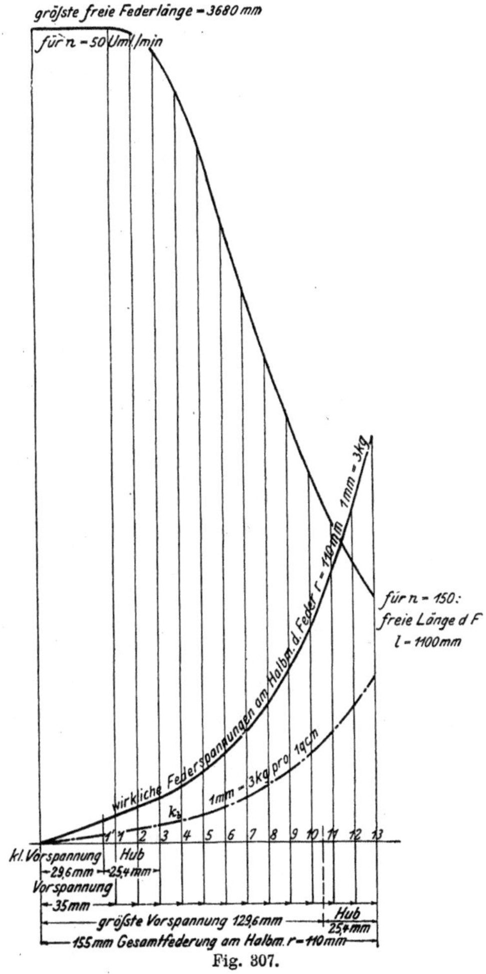

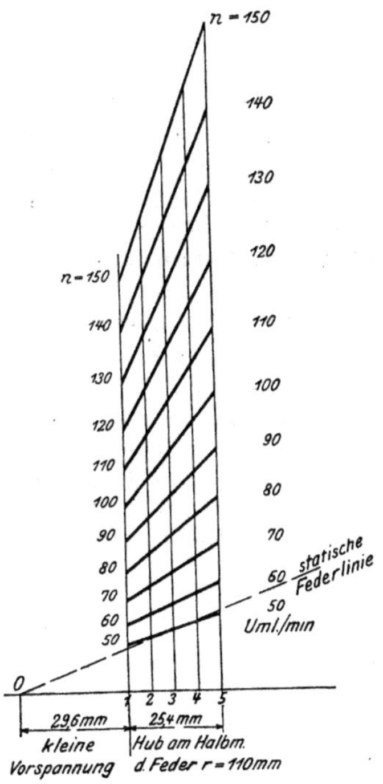

Fig. 308.

Fig. 307.

und daraus unter Verwendung von Gl. 9 als zweite Bedingungsgleichung:

$$\frac{F_{a_2}}{F_{a_1}} = \frac{n_2}{n_1} \quad . \quad . \quad . \quad . \quad . \quad . \quad . \quad . \quad . \quad . \quad . \quad (10)$$

Bei konstantem Ungleichförmigkeitsgrad verhalten sich die Federspannungen wie die Umlaufzahlen.

Änderung der Umlaufzahl ohne Änderung des Ungleichförmigkeitsgrades wird erzielt, wenn sich Hebelarm und Federspannung einfach und direkt proportional mit der Umlaufzahl ändern.

Wird statt Änderung des Federhebelarmes allein auch der Fliehkrafthebelarm geändert, so bleibt δ konstant, wenn

$$\frac{h_1}{h_1'} : \frac{h_2}{h_2'} = \frac{n_1}{n_2},$$

h_1' und h_2' = Fliehkrafthebelarmen bei den Umlaufzahlen n_1 und n_2.

2. Änderung der Federspannung durch Verkürzen (Einschrauben der Federgänge) oder durch Abdecken (Lentz).

In Fig. 306 stellt *a b d* die Charakteristik der längeren Feder dar, während *a b c* die steiler verlaufende Charakteristik der kurzen Feder, die bei gleicher Beanspruchung eine geringere Dehnung erfährt, wiedergibt. Dieser steilere Verlauf gestattet, die Federcharakteristik der bei höheren Umlaufzahlen ebenfalls steiler werdenden astatischen Kurve anzupassen.

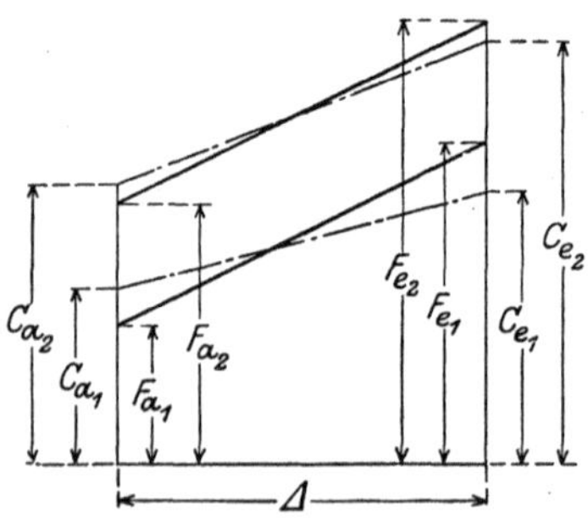

Fig. 309.

In Verbindung mit der Nachspannung soll die Feder ihre freie Länge so verändern, daß der Ungleichförmigkeitsgrad konstant bleibt. Die Federcharakteristik wird zu einer Kurve, deren einzelne für bestimmte Umlaufzahlen in Benutzung genommene Stücke sich den astatischen Kurven für dieselben Umlaufzahlen möglichst anschmiegen sollen, so daß mit großer Annäherung δ konstant bleibt.

Fig. 307[1]) zeigt die zeichnerische Ermittlung der Federcharakteristik für einen Lentz-Regler, die durch Aneinanderreihung der statischen Federlinien aus Fig. 308 erhalten wird. Zu den in gleichen Abständen eingezeichneten Ordinaten wird die freie Federlänge l aus der Gleichung $f = \frac{P}{EJ} \cdot l\, r^2$ berechnet und jedesmal eingetragen.

3. Zum Schluß sei noch die Änderung der Umlaufzahl durch Nachspannen der Feder allein behandelt. Fig. 309.

Mit den Bezeichnungen unter 1) wird:

$$K = \frac{m\pi^2}{300} \cdot \frac{h'}{h} \cdot r; \quad C = K n^2.$$

Für die Umlaufzahlen n_1 und n_2 gilt:

$$\begin{aligned} C_{a_1} &= K_a \cdot n_1^2; \quad F_{a_1} = (1 - \delta_1')^2 \cdot K_a \cdot n_1^2 \\ C_{e_1} &= K_e \cdot n_1^2; \quad F_{e_1} = (1 + \delta_1')^2 \cdot K_e \cdot n_1^2 \end{aligned} \quad \ldots \ldots (11)$$

$$\begin{aligned} C_{a_2} &= K_a \cdot n_2^2; \quad F_{a_2} = (1 - \delta_2')^2 \cdot K_a \cdot n_2^2 \\ C_{e_2} &= K_e \cdot n_2^2; \quad F_{e_2} = (1 + \delta_2')^2 \cdot K_e \cdot n_2^2 \end{aligned} \quad \ldots \ldots (12)$$

Bei der Nachspannung bleibt die Neigung der Federcharakteristik unverändert, s. S. 267, sonach:

$$F_{e_2} - F_{a_2} = F_{e_1} - F_{a_1}.$$

---

[1]) Freytag, Zeitschr. Ver. deutsch. Ing. 1902. S. 1927.

Die Verbindung der Gl. 11) 12) ergibt:

$$(K_e - K_a) \cdot [n_2^2 (1 + \delta_2'^2) - n_1^2 (1 + \delta_1'^2)] = 2 (K_e + K_a)(n_1^2 \cdot \delta_1' - n_2^2 \cdot \delta_2').$$

Da aber $n_2 > n_1$, $K_e > K_a$, so müssen unter Vernachlässigung von $\delta_1'^2$ und $\delta_2'^2$ alle Klammerausdrücke positiv sein. Es folgt:

$$n_1^2 \cdot \delta_1' > n_2^2 \cdot \delta_2' \text{ oder } \frac{\delta_1'}{\delta_2'} > \frac{n_2^2}{n_1^2}$$

Der Ungleichförmigkeitsgrad nimmt rascher ab, als n^2 zunimmt.

h) Die Leistungsregulatoren.

Dampfmaschinen, die zum Betrieb von Pumpen und Kompressoren dienen, arbeiten mit gleichbleibender Füllung, vorausgesetzt, daß der Kesseldruck und der Druck des geförderten Wassers, bezw. der Luft sich nicht ändern. Ein gewöhnlicher Geschwindigkeitsregeler, an einer solchen Maschine angebracht, nimmt stets die gleiche Lage ein.

Ändert man nun z. B. bei einer vom Regulator betätigten Rider-Steuerung die Länge der Zugstange, die Stellzeug und Steuerhebel verbindet, so wird, da der Regulator infolge der Trägheit der Massen seine Lage beibehält, der Schieber z. B. auf kleinere Füllung gestellt. Die Maschine läuft langsamer, der Regulator sinkt und stellt die erforderliche Füllung wieder ein. Der tieferen Regulatorstellung entsprechend läuft jetzt die Maschine langsamer. Diese bequeme Änderung der Zugstangenlänge gestattet sonach jederzeit, die Leistung dem Bedarf anpassen zu können.

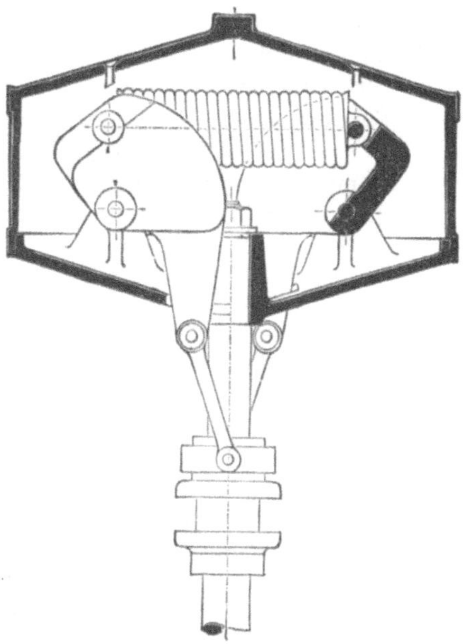

Fig. 310.

Je statischer ein derartiger Regeler ist, um so größer ist der Bereich der Umlaufzahlen, mit denen die Maschine laufen kann.

Wird die Dampfmaschine — etwa durch Bruch eines Druckrohres — entlastet, so muß sie zur Verhinderung des „Durchgehens" auf kleinste Füllung gestellt werden. Die hierzu erforderliche Höchstlage des Regulators kann wegen dessen Stabilität nur durch eine gefährliche Steigerung der Umlaufzahl erreicht werden. Stand der Regulator schon hoch, so kann er bis zur Erreichung der Höchstlage die Füllung nur um einige v. Ht. verkleinern, und die Maschine geht durch.

Diesem Übelstand kann dadurch abgeholfen werden, daß der Regulator vor Erreichen der Höchstlage eine Ausklinkvorrichtung löst, welche die Füllung auf Null stellt, so daß die Maschine zum Stillstand kommt. Die unsichere Wirkung dieser Vorrichtungen und die unliebsame Betriebsunterbrechung im Falle der Betätigung haben zur Konstruktion des in Fig. 310 dargestellten Leistungsregelers[1]) von Stumpf Veranlassung gegeben.

Der reichlich große Hub des Regulators zerfällt in zwei Teile. Nur der untere Teil ist stark statisch und wird zur Leistungsregulierung verwandt. Der obere Teil ist pseudoastatisch wie der Hub eines gewöhnlichen Geschwindigkeitsregulators, er dient als Sicherheitshub und hat die Aufgabe, die Maschine bei Überschreitung der größten Betriebsgeschwindigkeit auf Leerlauf einzuregulieren.

Die Feder greift an den Schwungpendeln direkt an, so daß die Eigenreibung klein wird.

Der Übergang des statischen Teiles in den pseudoastatischen wird dadurch erzielt, daß der Angriffspunkt der Feder bei weiterem Ausschlag nach unten rückt. Der Hebelarm der Feder in bezug auf den Hebeldrehpunkt wird dadurch so stark verkleinert, daß die Spannungszunahme der Feder nicht zur Geltung kommen kann.

Bei Anwendung des Regelers sind zwei Regeln zu befolgen:

1. Das Übersetzungsverhältnis zwischen Maschine und Regulator muß so gewählt sein, daß die höchste vorkommende Betriebsumlaufzahl der höchsten Umlaufzahl des unteren, stark statischen Hubteiles entspricht.
2. Das Übersetzungsverhältnis zwischen Regulatorhub und Angriffspunkt des die Füllung verstellenden Steuerteiles muß so gewählt sein, daß der obere, pseudoastatische Hubteil des Regulators allein imstande ist, die Maschine von der größten vorkommenden Betriebsfüllung bis zur Nullfüllung abzustellen.

Sind diese beiden Bedingungen erfüllt, so kann ein Durchgehen der Maschine nicht eintreten.

Nimmt bei einer Kompressor-Anlage der Luftdruck infolge sinkender Dampfspannung oder vermehrten Verbrauches ab, so muß die Umlaufzahl der Maschine gesteigert werden. Es wird dies in der Weise herbeigeführt, daß der abnehmende Luftdruck auf einen Kolben wirkt, der den festen Drehpunkt des von der Muffe zur Zugstange führenden Stellhebels verlegt. Der die Zugstange mit diesem Stellhebel verbindende Zapfen dient hierbei als fester Drehpunkt. War die Abnahme des Luftdruckes eine Folge sinkender Dampfspannung, so wird die Füllung vergrößert, während bei vermehrtem Verbrauch der Regulator in eine höhere Lage gelangt, die der erforderlichen Geschwindigkeitszunahme entspricht. Bei steigendem Luftdruck ist der beschriebene Vorgang umgekehrt.

Als weitere Leistungsregeler sind zu nennen: der Gewichtsregulator von Weiß — der erste Regulator dieser Art — und der

[1]) Ausgeführt von Steinle & Hartung, Quedlinburg a. H.

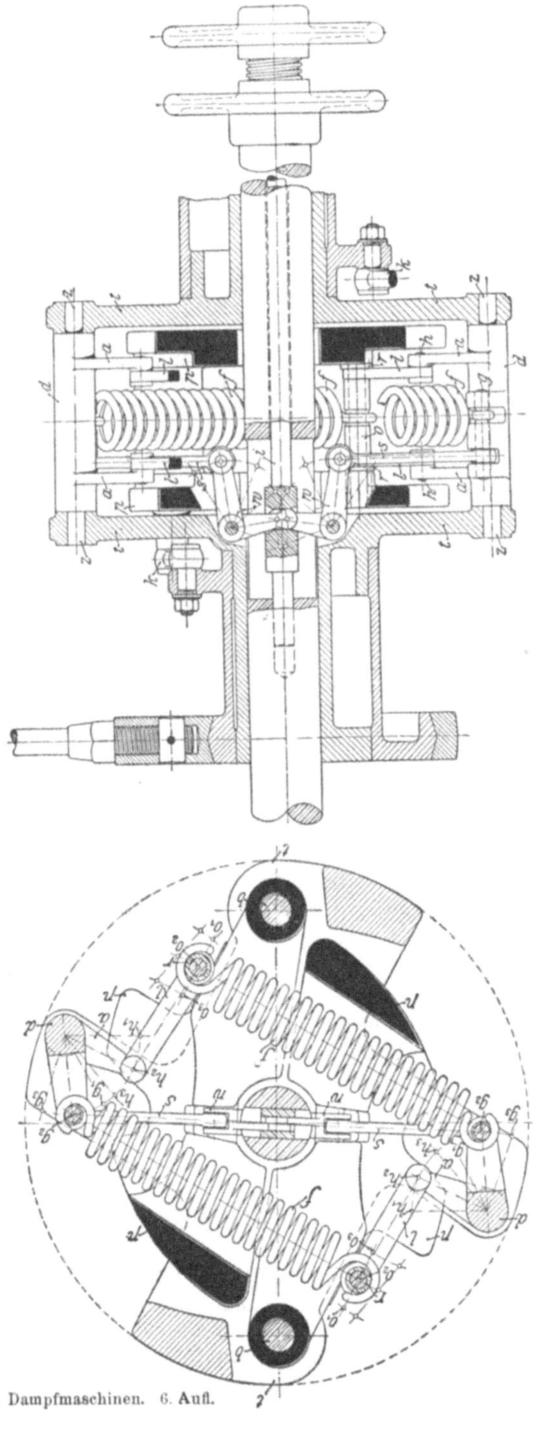

Fig. 311.

Tollesche Regulator. Letzterer wird im Gegensatz zu dem Tolleschen Geschwindigkeitsregeler mit stark statischer C_q-Kurve ausgeführt. Um diese zu erhalten, muß natürlich das Gegenteil von dem angewandt werden, was zur Erzielung einer astatischen C-Kurve nötig ist: die Pendelarme werden nach außen geknickt und die Schwungmassen von der Spindel abgerückt.

Fig. 311 stellt den pseudo-astatischen Leistungsflachregeler von Proell dar. Die um die Bolzen b schwingenden Gewichte p sind durch die Kuppelstangen k mit den Drehexzentern verbunden. Bei einer Verschiebung der Stange i werden vermittelst der Winkelhebel w und der Stangen s die Federangriffspunkte o auf Rollbahnen, die sich an den Schwunggewichten befinden, verschoben. Gleichzeitig wird durch Verdrehung der andern Federangriffspunkte g um die Bolzen d die Federspannung in der Weise geändert, daß sie mit der Vergrößerung des Federhebelarmes wächst. Beim Ausschlag der Gewichte werden die Rollenbolzen durch die Lenker $o\,h$ auf Kreisbögen um Bolzen h geführt.

Die Vorzüge dieses Regelers ergeben sich aus der nachfolgenden Berechnung. Die Zeiger a, b und c geben die Innen-, Mittel- und Außenlage der Pendel, 1, 2 und 3 dieselben Stellungen der Verstellvorrichtung an. Fig. 312.

$a_1\, b_1\, c_1$, $a_2\, b_2\, c_2$ und $a_3\, b_3\, c_3$ sind Kreisbögen, von den Punkten h_1, h_2 und h_3 aus geschlagen und stellen die Rollenbahnen für die drei erwähnten Lagen dar.

Für die Berechnung ist ein Pendelgewicht von 40 kg bei 15^0 Pendelausschlag angenommen. Die Umlaufzahlen sollen zwischen $n = 66$ und $n = 130$ veränderlich sein. Die Lenkermittellinie $c_1\, h_1$ wird verlängert bis zum Schnittpunkt b_1 mit der Linie CC, die durch den Pendeldrehpunkt senkrecht zur Rollenbahn $c_1\, c_3$ gezogen ist.

Der Abstand H_{c1} des Punktes C_1 von der Federmittellinie $g_1\, c_1$ gibt dann den wirksamen Hebelarm.

Das wirksame Moment setzt sich nämlich aus dem Produkt von Bahndruck und dessen Entfernung vom Pendeldrehpunkt zusammen. Da die Linie CC senkrecht zur Rollenbahn $c_1\, c_3$, also parallel zum Bahndruck angenommen ist, so kann als Moment auch das Produkt aus Bahndruck und dessen Entfernung vom Punkte C_1 genommen werden.

Der Bahndruck setzt sich aber aus zwei Komponenten zusammen: aus der vom Lenker $h\,c$ ausgeübten Kraft, die durch C_1 hindurchgeht und dementsprechend das Moment Null hat, und aus der Federkraft, deren Hebelarm in bezug auf C_1 die Länge H_{c1} hat. In gleicher Weise sind die Linien AA und BB senkrecht zu den Rollbahnen $a_1\, a_3$ bzw. $b_1\, b_3$ durch den Pendeldrehpunkt gezogen und die Schnittpunkte A_1 A_2 A_3, B_1 B_2 B_3 und C_1 C_2 C_3 ermittelt.

Aus der Zeichnung lassen sich nun für die verschiedenen Stellungen entnehmen:

die Federlängen:

$L_{a_1} = 368{,}3$ mm	$L_{b_1} = 376{,}1$ mm	$L_{c_1} = 384{,}1$ mm
$L_{a_2} = 380{,}5$ mm	$L_{b_2} = 392{,}3$ mm	$L_{c_2} = 404{,}3$ mm
$L_{a_3} = 394{,}6$ mm	$L_{b_3} = 410{,}3$ mm	$L_{c_3} = 426{,}5$ mm

die Hebelarme:

$H_{a_1} = 57{,}3$ mm	$H_{b_1} = 57{,}7$ mm	$H_{c_1} = 60{,}6$ mm
$H_{a_2} = 89{,}3$ mm	$H_{b_2} = 88{,}5$ mm	$H_{c_2} = 93{,}2$ mm
$H_{a_3} = 120{,}6$ mm	$H_{b_3} = 118{,}3$ mm	$H_{c_3} = 124{,}1$ mm

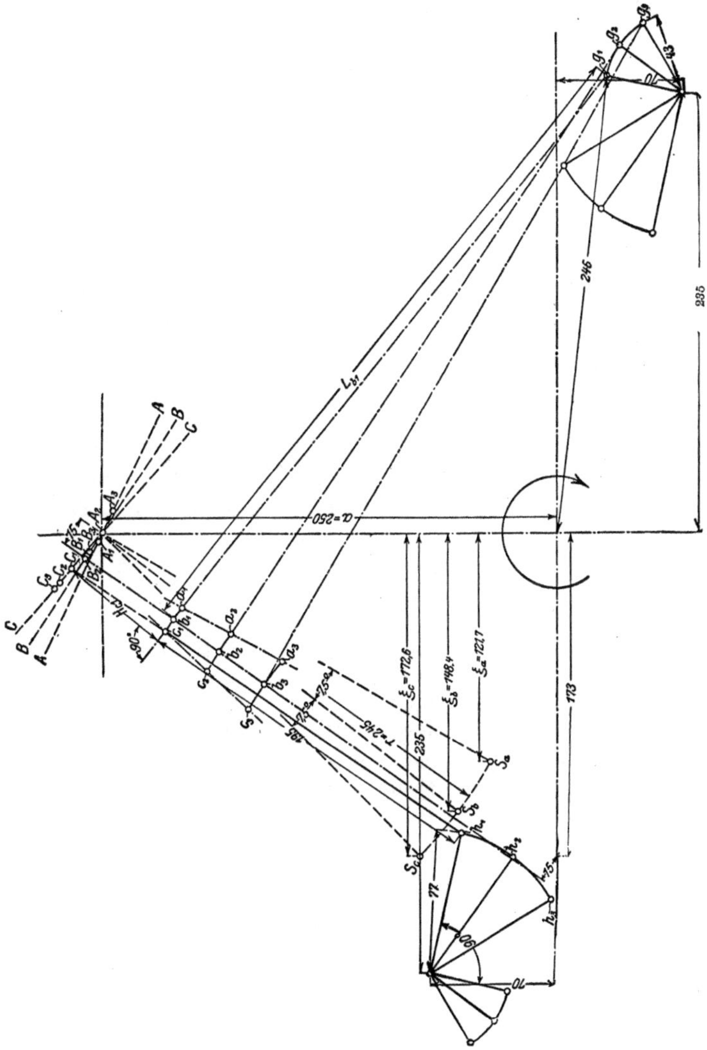

Fig. 312.

Die Gleichsetzung der Momente der Federkraft P und der Zentrifugalkraft ergibt:

$$P \cdot H = \frac{G}{g} \cdot \omega^2 \cdot \xi \cdot a = \frac{G}{g} \cdot \xi \cdot a \cdot \frac{n^2 \pi^2}{900}.$$

Hierin ist ξ = Abstand des Pendelschwerpunktes von der die Pendeldrehpunkte verbindenden Geraden (vgl. S. 250).

a = Abstand des Pendeldrehpunktes von Wellenmitte. (In Fig. 312 ist a = 250 mm.)

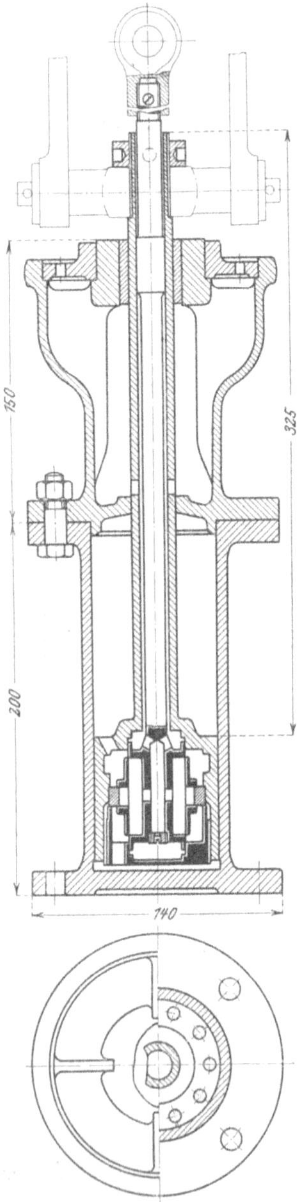

Fig. 313.

Nach n aufgelöst, ergibt die Gleichung:

$$n = \frac{30}{\pi} \cdot \sqrt{\frac{g}{a \cdot G}} \cdot \sqrt{\frac{P \cdot H}{\xi}}.$$

In dieser sind sämtliche Größen bis auf die Federkraft P bekannt. Diese steht zur Federlänge in der Beziehung:

$$P = A\,(L - L_o),$$

worin A und die Länge L_0 der ungespannten Feder konstant sind. Wird $L = 338$ gesetzt, so folgt $P_{b2} = 180{,}0$ kg für die mittlere Federlage $b_2 g_2$, für die $n = \frac{66 + 130}{2}$ angenommen ist.

Die Konstante A_2 ermittelt sich aus:

$$A_2 = \frac{P_{b2}}{L_{b2} - L_o} = \frac{180{,}0}{54{,}3} = 3{,}32.$$

Aus den bekannten Federkräften ergeben sich nunmehr die Umlaufzahlen:

$$\begin{array}{lll} n_{a1} = 65 & n_{b1} = 66 & n_{c1} = 69 \\ n_{a2} = 96 & n_{b2} = 98 & n_{c2} = 103 \\ n_{a3} = 129 & n_{b3} = 131 & n_{c3} = 137. \end{array}$$

Trotz der weiten Veränderlichkeit der Umlaufzahlen bleibt also der Ungleichförmigkeitsgrad von 6 bis 7 v. Ht. praktisch konstant.

Dr. Proell erzielt eine weitere Vergrößerung des Verstellgebietes durch ungleiche Ausführung beider Federn. In Fig. 311 soll z. B. Feder f_2 gegenüber f_1 eine größere Kraftänderung, bezogen auf den gleichen Federungsweg, aufweisen. Feder f_2 wird so bemessen, daß sie in der Pendelaußenlage vollständig entspannt ist, wenn die Verstellvorrichtung auf die niedrigste Umlaufzahl eingestellt ist. Die Federlänge muß sonach im ungespannten Zustand größer oder gleich sein der Entfernung der Punkte h_3 und o_1 in Fig. 311. Durch eine besondere Hilfsfeder wird bei ungespannter Feder das Abheben der Rollen o von den Laufbahnen verhindert.

Bei der niedrigsten Umlaufzahl wird also f_2 spannungslos und die Fliehkraft beider Pendel ist von f_1 aufzunehmen. Das Verstellgebiet von Reglern, die z. B. im Verhältnis 1:3 verstellbar waren, wird dadurch auf $\frac{1}{3\sqrt{2}} = 1:4{,}2$ erweitert.

Die Ausführung läßt sich auf alle Regler übertragen, bei denen die Spannung zweier auf zwei Pendel einwirkenden Federn zum Zweck der Umlaufzahlveränderung verändert wird.

i) Die Duffingsche Stellhemmung.

Da das „Tanzen“ des Regulators, falls es ein gewisses Maß überschreitet, die Regelung der Maschine erschwert, so erfordern Steuerungen mit starker Rückwirkung Regulatoren mit sehr großem Arbeitsvermögen. Bei der Duffingschen Stellhemmung, Fig. 313, ist jeder Rückdruck auf den Regulator ausgeschlossen; dieser kann mit sehr kleiner Verstellkraft ausgeführt werden, da der Rückdruck selbst zur Verstellung der Steuerung herangezogen wird.

Die hohle Stange des in den Zylinder passenden Sperrkolbens, mit dem sich zwei Rückschlagventile bewegen, ist mit der Steuerung verbunden. Der Regulator hat nur die in der hohlen Kolbenstange steckende Spindel zu verstellen, die an ihrem unteren Ende zu einem Kolbenschieber, auf dem sich die erwähnten Rückschlagventile führen, erweitert ist.

In der gezeichneten Mittellage wird der Kolben durch eine Sperrflüssigkeit festgehalten.

Verschiebt der Regulator z. B. die Spindel nach oben, so entsteht zwischen dem oberen Rückschlagventil und dem Kolbenschieber ein Spalt, so daß der Rückdruck der Steuerung den Sperrkolben nach oben verschieben kann, während die Bewegung nach unten gesperrt bleibt.

Ein Voreilen des Sperrkolbens gegenüber der vom Regulator verstellten Spindel ist ausgeschlossen, da bei Erreichen der relativen Mittellage keine Durchflußspalten mehr vorhanden sind.

Stete Ausfüllung des Zylinders mit Sperrflüssigkeit, sowie Vermeidung von Stopfbüchsen, ist für betriebssichere Wirkungsweise unerläßlich.

Über dem Zylinder ist ein Ölvorratsraum vorgesehen, aus dem durch Öffnungen in der Spindel und im Kolbenschieber Öl in den Raum zwischen den Rückschlagventilen nachgefüllt wird.

Da dieser Vorratsraum nicht unter Sperrdruck steht, so kann die Kolbenstange ohne Stopfbüchse durchgeführt werden.

Die dargestellte Vorrichtung (70 mm Kolbendurchmesser) ist für Rückdrücke von 200 bis 250 kg bestimmt.

F. Die Kondensation.

a) Wirkungsweise.

Die Kondensation hat die Aufgabe, vor dem Kolben einen luftleeren Raum zu schaffen, so daß der Auspuffdampf nicht in die äußere Atmosphäre gedrückt zu werden braucht und der Gegendruck verringert

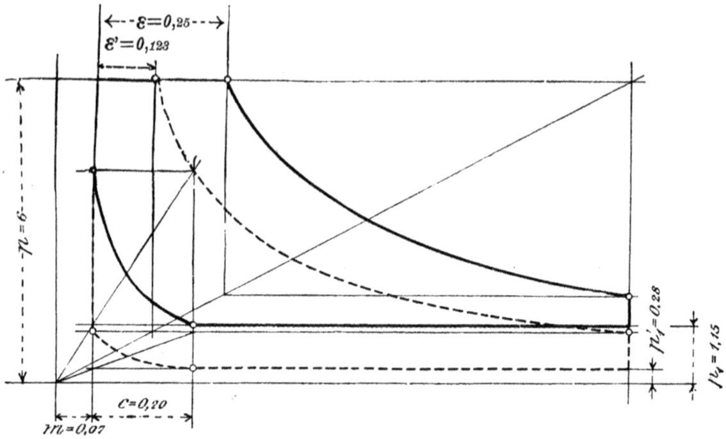

Fig. 314.

wird. Bei Dampfturbinen findet infolge der stets vollständigen Expansion eine weitgehende Vergrößerung der Arbeitsfähigkeit des Dampfes statt. Der Abdampf tritt in ein Gefäß, den Kondensator, in dem er durch Abkühlung niedergeschlagen wird.

Das Diagramm, Fig. 314, veranschaulicht für einen bestimmten Fall die hierdurch verursachte Dampfersparnis. Das ausgezogene Diagramm der Auspuffmaschine hat gleichen Flächeninhalt wie das punktierte der Kondensationsmaschine, während die Füllung von 25 v. Ht. auf 12,3 v. Ht. zurückgegangen ist. Die infolgedessen eintretende Dampfersparnis erstreckt sich allerdings nur auf den „sichtbaren“ Verbrauch, hingegen nehmen die Verluste durch Undichtheiten und Eintrittskondensation wegen des nunmehr größer gewordenen Druck- und Temperaturunterschiedes zu; außerdem kommt der Kraftbedarf der zur Kondensation nötigen Pumpen in Betracht.

Die Dampfersparnis ist, außer von der Höhe der Luftleere, abhängig von der Größe des Eintrittsdruckes und der Füllung, da die durch die Kondensation hinzukommende Diagrammfläche im Verhältnis zum ganzen Diagramm um so geringer wird, je größer das letztere ist.

Im allgemeinen läßt sich annehmen, daß bei gleichbleibender Füllung — also bei nachträglicher Anlage einer Kondensation zwecks Vergrößerung der Leistung — der mittlere Druck des Auspuffdiagramms sich um den Betrag der Verringerung des Gegendruckes hebt, kleine Kompression vorausgesetzt. Diese Zunahme des mittleren Druckes gibt dann annähernd den theoretischen Arbeitsgewinn wieder.

Der Dampf kann nun dadurch niedergeschlagen werden, daß er direkt mit eingespritztem Kühlwasser gemischt wird — Einspritz- oder Mischkondensation —, oder daß er an wassergekühlten Flächen vorbeistreicht — Oberflächenkondensation. Je nachdem Kühlwasser und Dampf sich hierbei in gleicher oder entgegengesetzter Richtung bewegen, unterscheidet man Parallelstrom- und Gegenstromkondensation.

Demnach ergeben sich als Bestandteile einer Kondensation:

1. Die Abdampfleitung, die von den Auslaßorganen des Dampfzylinders zum Kondensator oder Niederschlagsraum führt; 2. der Kondensator selbst; 3. die Pumpen für die Entleerung des Kondensators und für die Förderung des Kühlwassers; 4. die Kühlwasserzuleitung; 5. die Ausgußleitung; 6. eine Rückkühlanlage, falls Kühlwasser mangelt.

b) Die Abdampfleitung[1]).

Diese soll so bemessen und angeordnet sein, daß die im Kondensator erzeugte Luftleere sich schnell zum Zylinder fortpflanzt und womöglich, bei reichlicher Vorausströmung, schon im Kolbentotpunkt vorhanden ist. Der Spannungsfall zwischen Zylinder und Kondensator, der sich zur Erzeugung der Dampfgeschwindigkeit und zur Überwindung der Widerstände im Rohr einstellt, muß möglichst klein sein.

Der zur Hervorbringung der Geschwindigkeit u erforderliche Druckabfall kann vernachlässigt werden, während für den durch die Reibungswiderstände bedingten Druckverlust Z das Gesetz

$$Z = a \cdot \gamma \frac{l}{d} \cdot u^2$$

zugrunde gelegt werden kann.

Hierin ist: a ein für Dampf von geringer Dichtheit noch nicht bestimmter Koeffizient,

l die Länge der Rohrleitung in m,
d der Durchmesser der Rohrleitung in m,
γ das spez. Dampfgewicht.

---

[1]) Die hier angegebene Berechnungsweise bezieht sich in erster Linie auf die Rohrleitungen der Zentralkondensationen. Bei Einzelkondensationen geht man vom Kanalquerschnitt aus, welcher reichlich zu wählen ist.

Nach Weiß ist der Spannungsfall Z_1 bei kurzen Leitungen bis etwa 30 m und von etwa 0,4 m lichter Weite bei einer Dampfgeschwindigkeit von 90 m kaum merklich, so daß, wenn bei einer Kondensationsleitung von l m Länge und d m Durchmesser ein ebenso geringer Spannungsfall eintreten soll, zu setzen ist:

$$a\gamma \cdot \frac{l}{d} \cdot u^2 = a \cdot \gamma \cdot \frac{l}{d_1} \cdot u_1^2,$$

woraus folgt:

$$u = \frac{u_1}{\sqrt{d_1}} \cdot \sqrt{d},$$

und nach Einsetzung obiger Werte für u_1 und d_1:

$$u = \frac{90}{\sqrt{0,4}} \cdot \sqrt{d} = 143\sqrt{d}.$$

Die Bemessung des erforderlichen Querschnittes soll nicht wie bei Auspuffmaschinen vom sek. Hubvolumen, sondern vom Volumen des sek. durchströmenden Dampfgewichtes abhängig gemacht werden. Ist V das Volumen von 1 kg Dampf, bezogen auf den Druck im Abdampfrohr, D der minutliche Dampfverbrauch in kg, so wird:

$$u\frac{d^2\pi}{4} = \frac{V \cdot D}{60},$$

$$d^2 = \frac{4 \cdot V \cdot D}{\pi \cdot 60 \cdot u} = \frac{V \cdot D}{47,1 \cdot u} \text{ oder, da } V = \frac{1}{\gamma}:$$

$$d^3 = \frac{D}{47,1 \cdot \gamma u}$$

und nach Einsetzung des Wertes für u

$$d^2 = \frac{D}{6720 \cdot \gamma \cdot \sqrt{d}},$$

$$d^{\frac{5}{2}} = \frac{D}{6720 \cdot \gamma}.$$

Wird im Mittel $\gamma = 0,13$ angenommen, so findet sich:

$$d^{\frac{5}{2}} = \frac{D}{873}.$$

Bei langen Leitungen wird zunächst d ebenfalls nach dieser Gleichung ermittelt und hiernach der Durchmesser d_l bestimmt aus:

$$d_l = \left(1 + \frac{L}{600}\right) \cdot d. \quad (L = \text{Länge der Leitung.})$$

In die Abdampfleitung sollen eingeschaltet sein: ein Sicherheitsventil, das den Betrieb selbsttätig auf Auspuff umschaltet, sobald sich der geringste Überdruck im Kondensator einstellt, und weiterhin ein Wechselventil, damit die Maschine schnell auf Betrieb mit Auspuff umgestellt werden kann. Bei dieser Umstellung ist zu beachten, daß die Kompression namentlich bei kleineren schädlichen Räumen infolge der größeren Anfangsspannung unzulässig hoch steigen kann, falls sich die Steuerung nicht ändern läßt oder keine besonderen Vorrichtungen — wie nach S. 139 — vorhanden sind. Da auf eine Verdampfung des im Abdampf befindlichen Wassers in der Luftleere nicht zu rechnen ist, ein Teil des Dampfes hingegen in der Abdampfleitung schon kondensiert, so soll letztere mit Gefälle zum Kondensator hin angeordnet sein, damit alles Kondenswasser diesem zufließt. Wird diese Anordnung z. B. bei hochliegenden Kondensatoren nicht möglich, so muß für reichliche Entwässerung durch Pumpen oder Gefäße mit Doppelküken gesorgt werden, die den Austritt des Wassers ermöglichen, ohne daß Luft eintritt.

Sammelt sich Wasser in der Leitung an, so wird dieses den Rohrquerschnitt verengen und einen hohen Gegendruck im Zylinder verursachen, während das Vakuummeter große Luftleere anzeigt. Hat diese Verengung eine gewisse Größe erreicht, so reißt der Abdampf das Wasser zum Kondensator über: der Zeiger des Vakuummeters sinkt plötzlich, um dann langsam der wieder erfolgenden Verengung entsprechend zu steigen.

Zweigleitungen sollen an das Hauptabdampfrohr durch tangential und nicht senkrecht sich ansetzende Stutzen angeschlossen werden.

Fig. 315 zeigt eine Vorrichtung, um das bei unrichtiger Bedienung vorkommende Aufsteigen des Kühlwassers in den Zylinder zu verhindern.

In diesem Falle hebt der Schwimmer ein Ventil an, Außenluft strömt ein und zerstört die Luftleere.

c) Der Kondensator.

Bringt man in einen geschlossenen Raum eine verdampfende Flüssigkeit, so kann der Raum bei jeder Temperatur nur eine bestimmte Menge Dampf, die sog. Sättigungsmenge, aufnehmen. Nach dem Daltonschen Gesetz ist letztere ganz unabhängig davon, ob in demselben Raum noch irgend ein Gas von irgend einem Druck vorhanden ist. Ein Gefäß kann also stets die gleiche Menge Wasserdampf enthalten, gleichviel ob es luftleer oder mit Luft von atm. Spannung angefüllt ist; nur findet im letzteren Fall die Dampfentwickelung weniger schnell statt.

Die Gesamtspannung ist gleich der Summe der Einzelspannungen.

Hieraus folgt zunächst, daß der Kondensator stets mit Dampf gefüllt ist, der aus dem Kondensat entsteht und daß die Spannung dieses Dampfes durch die Temperatur des Kondensates bestimmt ist.

Außerdem dringt Luft in den Kondensator ein und zwar hauptsächlich auf zwei Wegen: mit dem Kühlwasser und durch Undichtheiten an Flanschen, Stopfbüchsen usw. Ist p_l die Pressung dieser Luft, p_d die des Dampfes, so wird nach dem Daltonschen Gesetz die Kondensatorspannung

$$p_k = p_l + p_d.$$

Eine gute Kondensation soll diese Gesamtspannung mit einem Minimum von Anlage- und Betriebskosten möglichst niedrig halten. An dem vom Dampf herrührenden Anteil am Gesamtdruck läßt sich nicht viel ändern, da derselbe durch die Kondensattemperatur festgelegt und diese wieder durch die Kühlwassertemperatur bestimmt ist, die aus wirtschaftlichen Gründen eine obere Grenze hat. Um so sorgfältiger sind die Mittel zu behandeln, die eine gute Abführung der Luft aus dem Kondensator bezwecken.

Im folgenden bedeuten:

t_e die Eintrittstemperatur des Kühlwassers,
t_a die Austrittstemperatur des Kühlwassers,
t_d die Temperatur des eintretenden Dampfes,
t_c die Kondensat-Temperatur,
t_k die zu p_k gehörige Dampftemperatur,
i den Wärmeinhalt des Abdampfes,
G_w das Gewicht des Einspritzwassers in kg,
G_l das Luftgewicht,
G_d das Kondensatgewicht,
$G = G_w + G_l + G_d$.

V_l = sekundl. Ansaugevolumen der Luft vom Druck $p_l = p_k - p_d$.

$= \frac{G_l \cdot R \cdot T_l}{p_l}$, worin $R = 29{,}3$, T_l = abs. Lufttemperatur.

$V_l' = \frac{V_a}{p_l}$, worin V_a = Luftvolumen, auf 1 kg Dampf entfallend.

Die Kühlwassermenge wird wie folgt bestimmt: Tritt 1 kg Dampf aus dem Zylinder in den Niederschlagsraum, so wird seine Temperatur bis auf die des Kondensates herabgezogen. Gleichzeitig wird das Kühlwasser von $t_e{}^0$ auf $t_a{}^0$ erwärmt, so daß also 1 kg $(t_a - t_e)$ W.E. aufnimmt.

$$i - t_c = n\,(t_a - t_e);$$

$$n = \frac{i - t_c}{t_a - t_e}.$$

$t_e \cong 10^0$ bis 15^0 bei Brunnenwasser,
$t_e \cong 20^0$ bei Wasser aus Teichen,
$t_e \cong 25^0$ bis 35^0 bei Rückkühlung (wobei $t_a = 40^0$ bis 45^0),
$t_e \cong 15^0$ für Seewasser.

1. Mischkondensation mit Parallelstromwirkung.

Das Kühlwasser wird durch die Luftleere des Niederschlagsraumes angesaugt und durch eine Brause mehr oder weniger fein verteilt. Das aus Wasser, Dampf und Luft bestehende Gemisch wird gemeinsam von der Luftpumpe abgesaugt und ins Freie befördert.

Hier ist $t_c = t_a$.

Luftmenge $V_l' = \frac{V_a}{p_l}$, wenn die infolge der Steigerung von der Außentemperatur t auf t_a stattfindende Volumenzunahme auf $V_l'\left[1 + \frac{1}{273}(t_a - t)\right]$ vernachlässigt wird.

Kühlwassermenge $n = \frac{i - t_a}{t_a - t_e}$.

Im Mittel: n = 25 bis 30 für 1 kg Dampf.

Wäre im Gleichstromkondensator $p_k = p_d$, so müßte $p_l = 0$, das abzusaugende Luftvolumen und also auch der Hubraum der Luftpumpe unendlich groß sein. Dem erforderlichen Abstand zwischen p_k und p_d entsprechend ist $t_a < t_k$. Ungefähr: $t_a = t_k - 5^0$ bis 10^0.

In Fig. 315 ist ein Balcke-Mischkondensator dargestellt. Das durch eine Brause fein verteilte Kühlwasser fließt in zwei Absätzen nach unten. Die Luft, die infolge der feinen Verteilung des Wassers nicht besonders gekühlt zu werden braucht, wird unmittelbar aus dem Raum über dem Warmwasser abgesaugt. Luft und Wasser werden durch rotierende Pumpen getrennt abgesaugt.

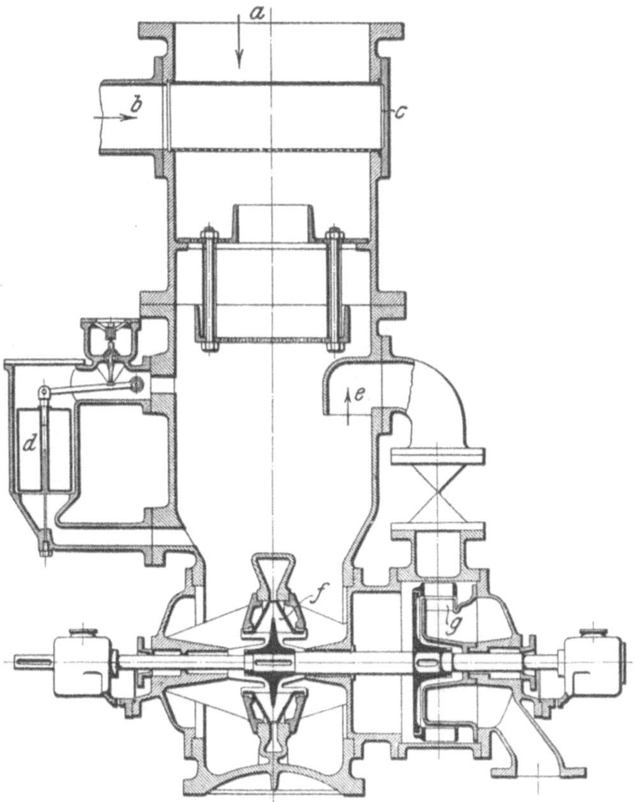

Fig. 315.
a Dampfeintritt. *b* Kühlwasser-Eintritt. *c* Reinigungsöffnung. *d* Luftleere-Zerstörer. *e* Luftabsaugung. *f* Warmwasserpumpe. *g* Luftpumpe

2. Gegenstromkondensation.

Fig. 316[1]) gibt einen Weißschen Gegenstromkondensator wieder. Dampf und Luft einerseits und das ablaufende Kühlwasser andererseits werden durch getrennte Pumpen abgesaugt. Fig. 316a stellt die Druckverteilung im Innern des Kondensators dar. Infolge des Gegenstroms sind Temperatur und Dampfdruck im oberen Teil des Kondensators, wo das Kühlwasser zufließt, am niedrigsten, der Luftdruck am größten.

[1]) Weiß, Kondensation.

Die Luft wird also an der kühlsten Stelle in möglichst verdichtetem Zustand abgesaugt[1]).

Im idealen Gegenstrom-Mischkondensator wäre $t_d = t_a$, $t_e = t_c$, sonach

$$n_i = \frac{i - t_d}{t_d - t_e}.$$

Als Gütegrad des Kondensators kann das Verhältnis $\frac{n_i}{n}$ bezeichnet werden. Wie Fig. 316a zeigt, ist — wenigstens mit großer Annäherung —

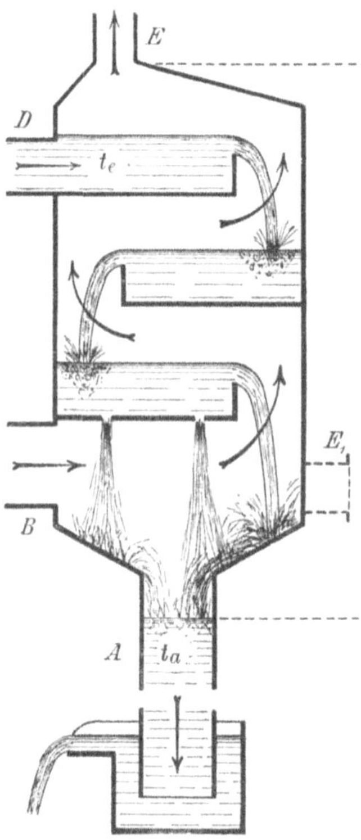

Fig. 316.

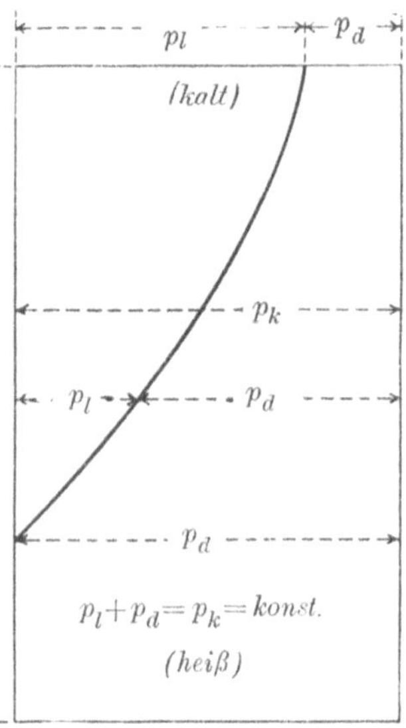

Fig. 316a.

$p_k = p_d$, d. h. es wird das Vakuum des idealen Kondensators nahezu erreicht.

Wird angenommen: $t_e = 20^0$, $t_a = 40^0$, so wird im Gegenstromkondensator, da ungefähr $p_k = p_d$, der Kondensatordruck den zu 40^0 gehörigen Wert 0,075 at. annehmen. Mit $i \cong 600$ W.E. folgt:

$$n = \frac{600 - 40}{40 - 20} = 28 \text{ kg}.$$

---

[1]) Nach **Weiß** ist die Temperatur im oberen Teil des Kondensators um $\alpha = 4 + 0{,}1\,(t_a - t_e)$ Grade höher als die Temperatur des eintretenden Kühlwassers.

Die Temperatur im oberen Teil des Kondensators sei um 5^0 höher als t_e. Es wird dann $(t_e + 5) = 25^0$ hier ein Dampfdruck $p_d = 0{,}0323$ at. entsprechen, so daß der Luftdruck $p_l = p_k - p_d = 0{,}075 - 0{,}0323 = 0{,}043$ at. beträgt. In dem mit gleichen Kühlwasserverhältnissen arbeitenden Gleichstromkondensator muß $p_k > p_d$ sein, also $t_a < t_k$. Schätzt man $t_a = t_k - 5^0$, so wird $t_k = 45^0$, $p_k = 0{,}0977$, gegenüber 0,075 at. bei Gegenstromwirkung.

Luftdruck $p_l = p_k - p_d = 0{,}0977 - 0{,}075 = 0{,}023$ at. Die Luft ist also im Gegenstromkondensator an der Stelle, wo abgesaugt wird, $\frac{0{,}043}{0{,}023} \sim 1{,}9$ mal dichter, und der Hubraum der Luftpumpe braucht nur das $\frac{1}{1{,}9} = 0{,}55$ fache von dem der Luftpumpe bei Gleichstromwirkung zu haben. Die Kühlwassermenge ist naturgemäß dieselbe. Für *gleichen* Kondensatordruck von 0,075 at. auch bei Gleichstromwirkung würde $t_a = t_k - 5^0 = 40 - 5^0 = 35$ folgen:

$$n = \frac{600 - 35}{35 - 20} \cong 38 \text{ Liter.}$$

Als Hauptvorteil der Gegenstromwirkung folgt: bedeutende Verringerung der Abmessungen und des Arbeitsbedarfes der Pumpen, die allerdings stets getrennt für Luft und Wasser ausgeführt werden müssen.

3. Oberflächenkondensation.

Die Mischkondensation wird ihres einfachen und übersichtlichen Betriebes wegen bei kleineren Anlagen überall da bevorzugt, wo reines Speisewasser zur Verfügung steht. Ist das nicht der Fall, so empfiehlt sich die Anwendung der Oberflächenkondensation, bei der die verbrauchte Dampfmenge als mehr oder minder heißes Kondensat wiedergewonnen und dem Dampfkessel zugeführt werden kann.

Bei Oberflächenkondensation wird die Kühlwassermenge in gleicher Weise wie für Mischkondensation ermittelt, nur muß wegen der Flächenkühlung die Abflußtemperatur t_a des Kühlwassers um etwa 3^0 niedriger als die Kondensattemperatur t_c angenommen werden, so daß

$$t_a = t_c - 3.$$

$$n = \frac{600 - t_c}{(t_c - 3) - t_e}.$$

Ausführungsarten. Je nach der Ausführung unterscheidet man geschlossene und offene Kondensatoren; letztere können als stehende Kesselkondensatoren oder auch als Berieselungs- und Bassinkondensatoren gebaut werden.

Bei den Berieselungskondensatoren umspült das Wasser die Kühlelemente. Das Kühlwasser rieselt über Rohrschlangen oder Kühlplatten und entzieht dem im Innern strömenden Dampf einmal durch direkte Kühlung, das andere Mal durch Verdunstung Wärme. Diese Wirkung ist so kräftig, daß etwa nur $^2/_3$ der bei anderen Kondensatoren erforderlichen Kühlwassermenge nötig sind, so daß auch die

Kühlwasserpumpen in Abmessungen und Kraftbedarf kleiner werden. Auch können diese Kondensatoren, die durch einfaches Abbürsten zu reinigen sind, ohne Schwankung der Luftleere stark überlastet werden.

Die Bassinkondensatoren bestehen aus Bündeln von Messingrohren, die wagerecht und in einem solchen Abstand voneinander angeordnet sind, daß jede Rohrreihe leicht gereinigt werden kann. Der

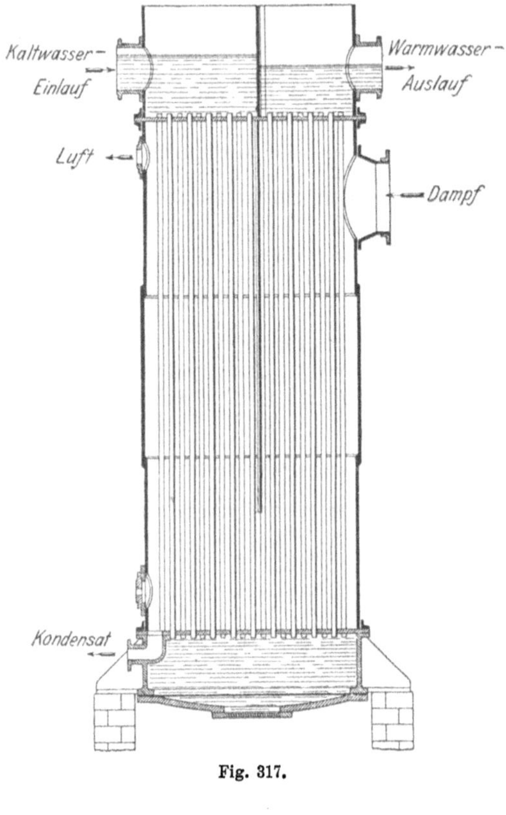

Fig. 317.

Kondensator wird in einem gemauerten Behälter in das Kühlwasser hineingelegt.

Beide Kondensator-Bauarten werden nicht mehr ausgeführt, da sich an den Berieselungskondensatoren Kesselstein absetzt, während die Bassinkondensatoren ungenügende Kühlwirkung ergeben.

Offene Kondensatoren, schematisch in Fig. 317 dargestellt, gelangen nur noch selten zur Anwendung. Der oben offene Kondensator wird zweckmäßig durch einen leicht abnehmbaren Deckel gegen Verstaubung geschützt. Die Rohre können während des Betriebes innen durch Stangenbürsten gereinigt werden. Der Schlamm sammelt sich unterhalb des Rohrbündels in einem großen, kegelförmigen Schlammsack, der durch Schieber entleert wird.

Die weitaus größte Verbreitung weist die liegende, geschlossene Bauart auf, in den Fig. 318 bis 321 dargestellt. Trennungswände in den seitlichen Wasserkammern zwingen das Wasser, in Gegenstromwirkung und mehrfachem — meist vierfachem — „Fluß“ den Kondensator zu durchfließen. Der Dampf strömt oben durch einen zur Erleichterung des Eintritts kegelförmig gestalteten Stutzen zu; das Kondensat wird an der tiefsten Stelle *a*, Fig. 318, die Luft an der höchsten Stelle *b* der vom kältesten Fluß durchströmten, ersten Abteilung abgesaugt.

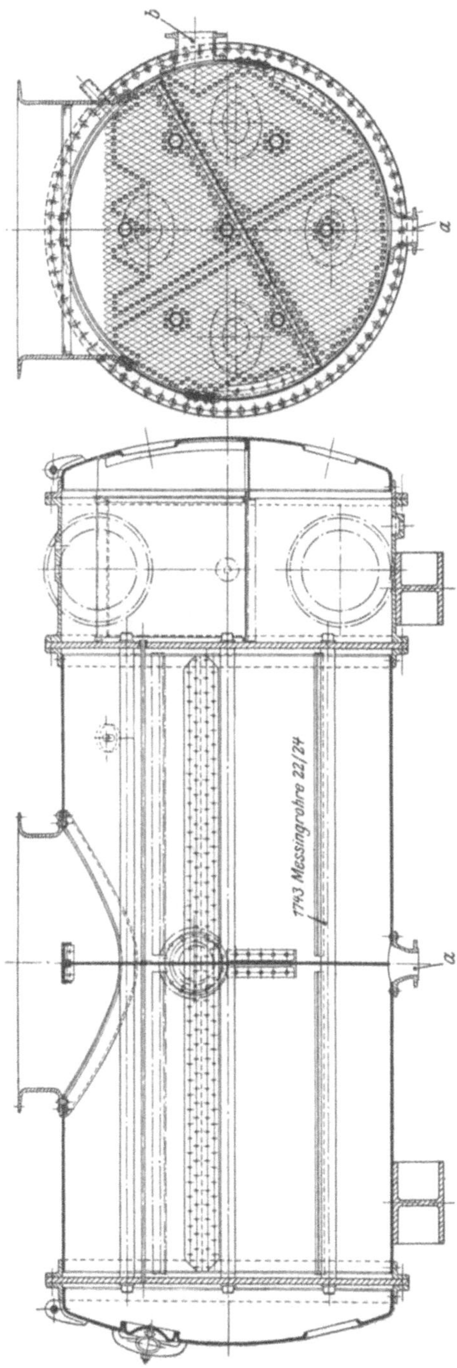

Fig. 318[1]).

Figur 319. Querstromkondensator der Maschinenbau-A.G. Balcke, der Dampf wird quer zu den Rohren geführt. Führungsbleche am Eintritt verteilen den Dampf ohne Wirbelungen auf die beiden Seiten.

Bemerkenswert ist die Luftabsaugung längs des ganzen Kondensators durch trompetenförmige Saugrohre, die sich in einem Luftsammelrohr vereinigen. Durch diese Anordnung werden tote Räume im Kondensator vermieden und außerdem die ganze Kühlfläche zum Niederschlagen des Dampfes ausgenutzt. Die Sammlung des Kondensats in einem besonderen Topf

[1]) Ausführung von Gebr. Sulzer.

ermöglicht Ausfüllung des Kondensators bis unten hin mit Kühlrohren ohne die damit sonst verbundene starke Unterkühlung des Kondensats.

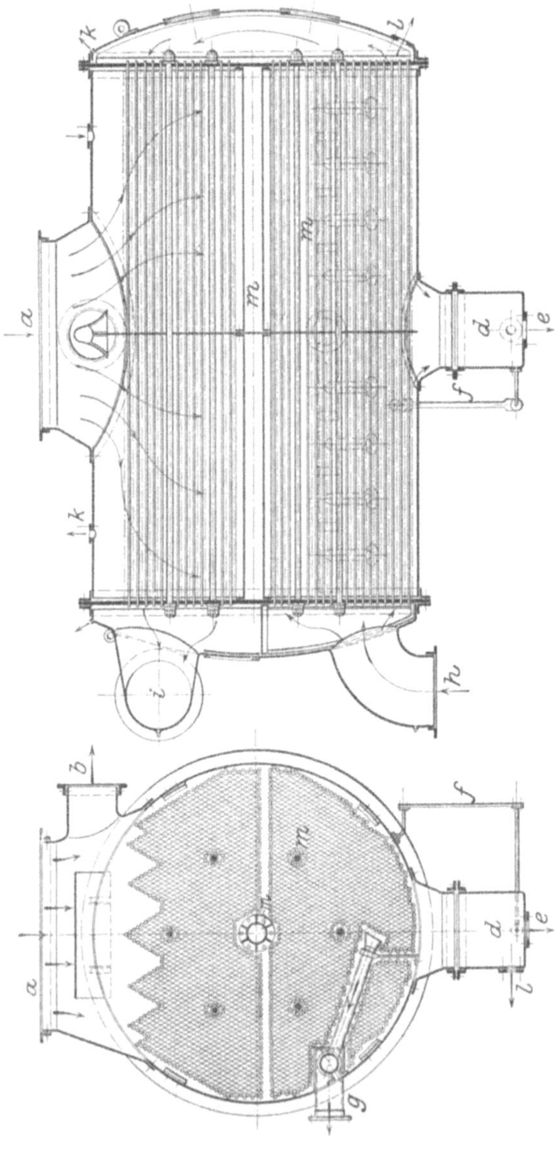

Fig. 319.

a Dampfeintritt. *b* Notauspuff-Stutzen. *c* Dampfleitblech. *d* Kondensat-Sammeltopf. *e* Kondensat-Austritt. *f* Wasserstand. *g* Luftabsaugung. *h* Kühlwasser-Eintritt. *i* Kühlwasser-Austritt. *k* Entlüftung. *l* Entwässerung. *m* Anker.

(Diese Unterkühlung wird mitunter mit Absicht herbeigeführt, siehe Fig. 322 und vgl. S. 295.)

Dem abnehmenden Dampfvolumen entsprechend nimmt die Rohrteilung nach unten hin ab. Da die in der Nähe des Dampfeintrittes liegenden Rohre dem Anfressen am leichtesten ausgesetzt sind, so sind diese mit Stopfbuchsen eingesetzt, um die Erneuerung zu erleichtern, während die Rohre im unteren Kondensatorteil eingewalzt sind, um eine größere Anzahl unterbringen zu können.

Die größten Wärmemengen nehmen in Kondensatoren nach Fig. 318—320 die am Dampfeintritt gelegenen Rohre an, obgleich sie das wärmste Wasser führen. So wurden z. B. am Kondensator einer 7500 kW-Turbine bei Vollast folgende Temperaturen gemessen und aufgenommene Wärmemengen ermittelt:

	1. Fluß	2. Fluß	3. Fluß
Temperaturerhöhungen	0,2°	2,2°	6,5°
Aufgenommene Wärmemenge (v. Ht.)	2,3	24,7	73

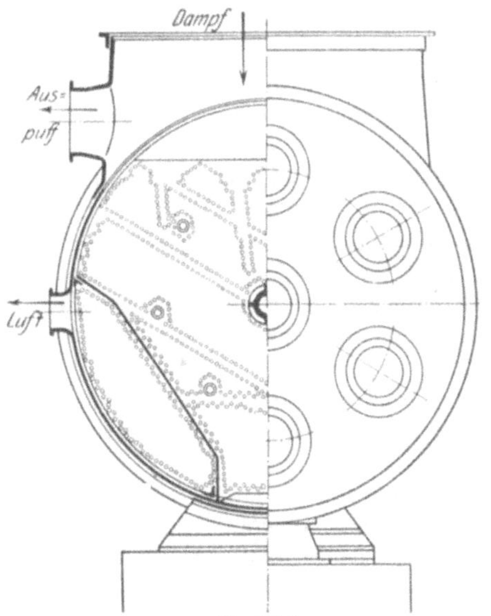

Fig. 320[1]).

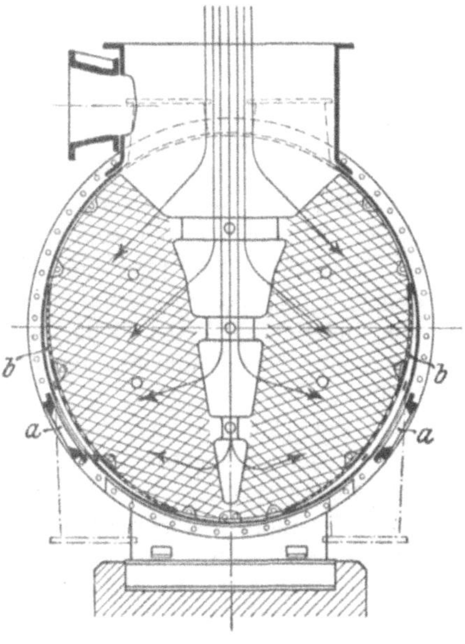

Fig. 321.

Diese Erscheinung ist auf die mit der fortschreitenden Kondensation des Dampfes verbundene Abnahme der Dampfgeschwindigkeit und Zunahme des Luftgehaltes im Dampfluftgemisch zurückzuführen. Die unkondensierbaren Gase, infolge der kleinen Dampfgeschwindigkeit im Kondensator stagnierend, bilden eine Hülle um die Rohre, die den Zutritt neuen Dampfes erschwert und die Wärmeübertragung vermindert. Dieser Übelstand wird durch den *OV*-Kondensator von Brown, Boveri & Co. vermieden, Fig. 321. Der Dampf gelangt aus dem freien mittleren Raum in die seitlichen Rohrbündel, die in angenähert wagerechter Richtung durchströmt werden. An jeder Seite bei *a* wird die Luft abgesaugt, wobei ein gelochtes, vor jeder Absaugestelle angeord-

[1]) Ausführung der Maschinenfabrik Augsburg-Nürnberg.

netes „Schikanenblech" mit entsprechend verteilten Löchern die Absaugung gleichmäßig gestaltet. Das Kühlwasser fließt im Gegenstrom zum Dampf gegen die Mitte zu.

Infolge der in Richtung des strömenden Dampfes rasch abnehmenden Querschnitte der Rohrbündel bleibt die Dampfgeschwindigkeit des Dampfes erhalten und die Entstehung von Luftsäcken wird verhindert. Da in gleicher Richtung die Rohrbündel nur geringe Tiefe zeigen, so nimmt die Kühlfläche gleichmäßig an der Kondensation teil.

Das im Kondensator von Kühlrohr zu Kühlrohr nach unten tropfende Kondensat kühlt sich hierbei ab, da das Kühlwasser im untersten Fluß die niedrigste Temperatur hat. Dadurch wird die mittlere Temperatur $\frac{t_d + t_c}{2}$ im Dampfteil und das mittlere Temperaturgefälle zwischen Kühlwasser und Dampf und damit die Wärmeübertragung verringert.

In dem sog. Contraflow-Kondensator, Fig. 322, werden ein oder mehrere schräge Wände in den Dampfteil eingebaut, die nach jedem Fluß das in diesem gebildete Kondensat bei a abführen.

Der Rest des Kondensats wird mit der Luft nach „Unterkühlung" (s. S. 295) bei *b* durch eine nasse Luftpumpe abgesaugt.

Bezüglich des hier behandelten Übelstandes zeigt der *OV*-Kondensator den Vorteil, daß — da das Kühlwasser angenähert wagerecht von außen nach innen fließt — das Kondensat auf seinem Wege nach unten nur über Kühlrohre gleicher oder angenähert gleicher Temperatur fließt.

Fig. 323 zeigt den von der Firma Schaffstaedt in Gießen ausgeführten Kondensator, der sich durch hohe spezifische Leistungsfähigkeit auszeichnet.

Messingröhren von 30 und 40 mm l. W. sind ineinander gesteckt. Der Dampf strömt durch die inneren Rohre und umspült die äußeren Rohre, während das Kühlwasser im Gegenstrom den zwischen den Rohren befindlichen Ringraum durchfließt.

Versuche ergaben einen Niederschlag von 126 kg Dampf pro Stunde auf 1 qm bei 10^0 Kühlwassertemperatur am Eintritt und bei einer Kühlwassermenge gleich dem 16 fachen Dampfgewicht. Dieses Ergebnis entspricht einem Wärmedurchgang von 70 000 W.E. pro Stunde und qm.

Damit der Dampf nicht auf die Röhren stößt und sich besser verteilt, wird am Eintritt häufig ein durchlöchertes Prallblech angebracht, das ihn auffängt. Durch kegelförmige Ausbildung des Dampfstutzens und Aussparungen im Rohrsystem am Eintritt ist dem Dampfstrom Gelegenheit zur Entwicklung und genügender Querschnitt zur Strömung in axialer Richtung nach den Kondensatorenden hin zu geben. Auch in dieser Beziehung verhält sich der *OV*-Kondensator besonders günstig. Die das Rohrbündel umgebenden Gehäuse werden bei kleinen Anlagen aus Gußeisen, bei größeren Ausführungen aus genietetem Eisenblech hergestellt; bei stehenden Maschinen mäßiger Größe werden die Rohrbündel auch in den Ständern untergebracht.

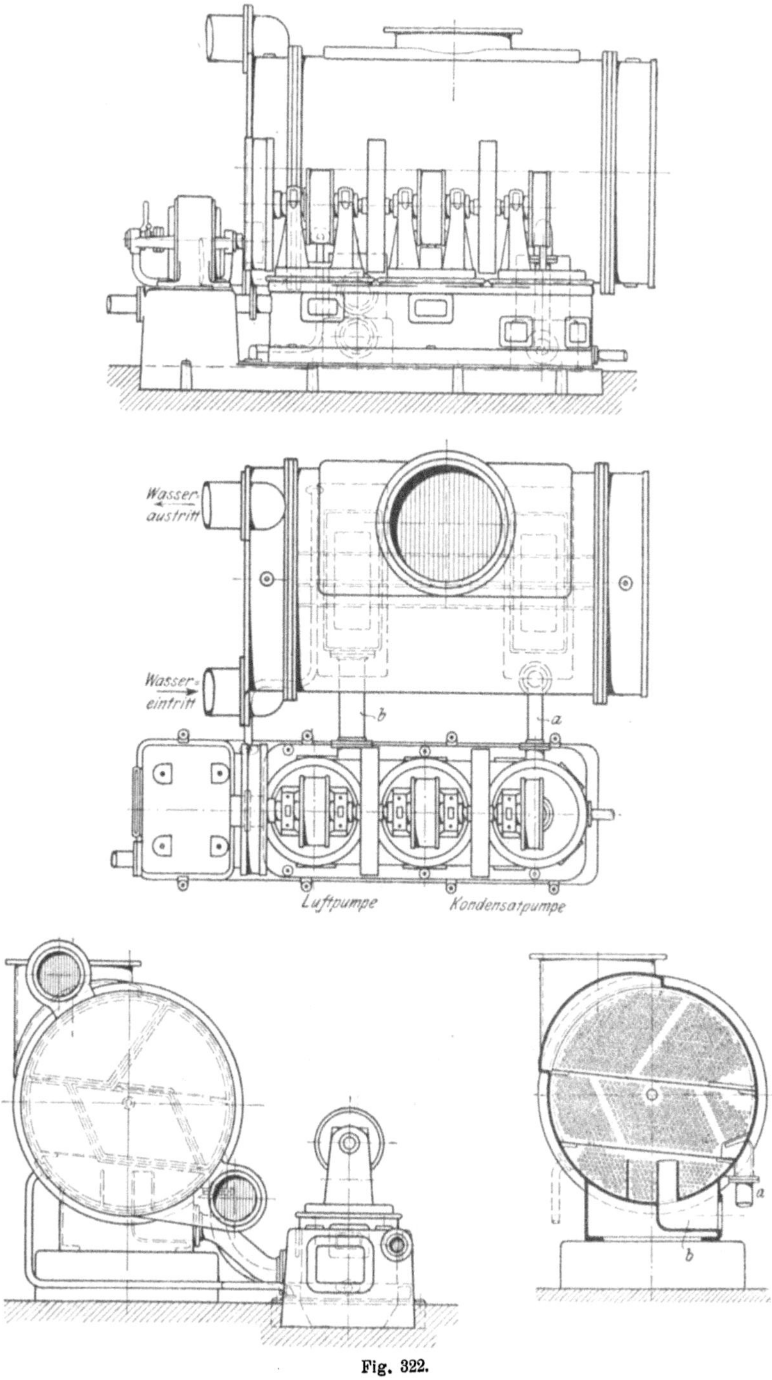
Wasser-
austritt
Wasser-
eintritt
b
a
Luftpumpe
Kondensatpumpe
a
b

Fig. 322.

Rohre kleineren Durchmessers haben den Vorteil guter Kühlwasser-Ausnutzung insofern, als bei größeren Durchmessern der Kern des Wasserstromes infolge der schlechten Wärmeleitung des Wassers nur geringe Wärmemengen aufnimmt, sie haben den Nachteil, die Reinigung bei Verschmutzung zu erschweren. Die Marine schreibt 15 mm Rohrdurchmesser vor, bei Landanlagen sind je nach Beschaffenheit des

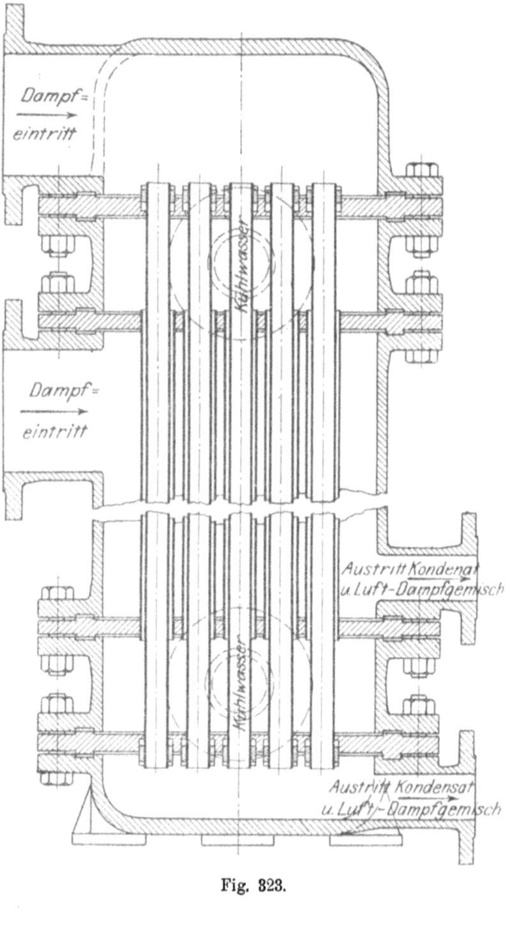

Fig. 323.

Kühlwassers Durchmesser von 22,4—23,5—30,5 mm üblich. Wandstärke 1 mm. Beträgt die Rohrlänge mehr als das 120 fache des Durchmessers, so sind zur Vermeidung von Schwingungen und Brüchen stützende Zwischenböden vorzusehen. Die nahtlos gezogenen Messingrohre zeigen eine Zusammensetzung von etwa 63 v. Ht. Kupfer, 37 v. Ht. Zink; für salzhaltiges oder saures Kühlwasser werden verzinnte Messingrohre von 70 v. Ht. Kupfer, 29 v. Ht. Zink und 1 v. Ht. Zinn gewählt und die Rohre und Stützböden aus Muntzmetall hergestellt.

Werden die Kühlrohre in die Rohrplatten eingewalzt, so müssen diese eine gewisse Beweglichkeit besitzen, um die Wärmeausdehnung der Rohre zu ermöglichen. Vielfach werden diese nach Fig. 324 stopfbüchsenartig mittels Baumwolle oder Gummischnur abgedichtet, wobei die Rohrplatten durch eingewalzte oder eingeschraubte Ankerrohre versteift werden müssen.

Fig. 325 zeigt die Sorgesche Verbund-Gummidichtung. Die Gummiringe *R* sind fest mit der den Rohrboden bedeckenden Gummiplatte verbunden und werden mit dieser um die Röhren gestülpt. Die

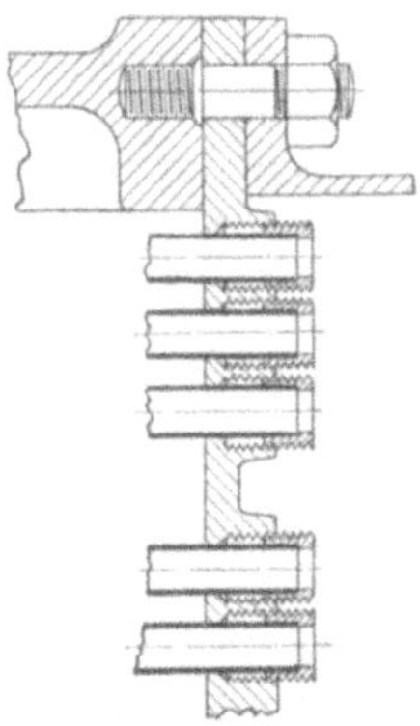

Fig. 324.

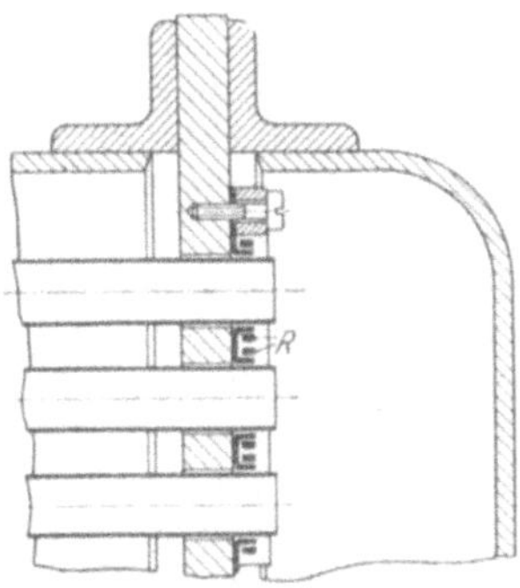

Fig. 325.

Ringe werden sowohl durch ihre eigene Spannkraft als auch durch den Überdruck zwischen Wasserkammer und dem luftleeren Kondensator fest gegen die Rohrenden gepreßt, so daß der Dichtungsdruck mit der Luftleere zunimmt.

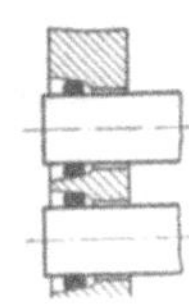

Fig. 326.

Bei dieser und ähnlichen Bauarten werden die Rohrböden nicht durch Ausfräsungen für Stopfbüchsen geschwächt und sind durch die Gummiplatten gegen das Kühlwasser abgeschlossen, was besonders bei großen gußeisernen Böden und bei Anwendung von schmiedeeisernen Böden bei Salzwasser von Bedeutung ist.

Fig. 326 zeigt eine gleichartige, mittels Gummiringe wirkende Dichtung.

Die Wassergeschwindigkeit in den Kühlrohren beträgt 1,8 bis 2,5 m/sek.

Da — wie schon erwähnt — die Rohre am Dampfeintritt die stärkste Wärmeaufnahme zeigen und das in ihnen fließende Kühlwasser am stärksten zur Schlammausscheidung und Kesselsteinansatz neigt, so lassen Brown, Boveri & Co. hier eine größere Wassergeschwindigkeit als in den übrigen Rohren zu.

Der Abdampfstutzen der Turbine und der Eintrittsstutzen des Kondensators werden zweckmäßig durch ein elastisches Rohr oder eine Wasserstopfbüchse zum Ausgleich der Wärmedehnungen verbunden. Ein am Kondensator angeordnetes, selbsttätig wirkendes Sicherheitsventil läßt bei einem bestimmten Überdruck den Turbinendampf in die Auspuffleitung entweichen. Wenigstens bei großen Anlagen erübrigt sich durch diese Einrichtung das Anbringen eines besonderen Wechselschiebers für Umschaltung auf Auspuff.

Besonderer Wert ist auf leichte und dauernde Reinigung des Kühlrohrinnern zu legen. Muß verunreinigtes Wasser zur Kühlung verwendet werden, so werden die Kühlrohre durch Ablagerung feiner Schlammteilchen verschmutzt, die allmählich eine feste Kruste bilden.

Bei dem Dauerbetrieb-Kondensator von Brown, Boveri & Co. sind die Wasserkammern durch eine senkrechte Mittelwand geteilt, welche die Wasserwege in zwei Hälften scheidet, von denen jede ihren eigenen Wasserzu- und -Abfluß hat, die für sich abgeschlossen werden können. Werden Ein- und Austritt des Kühlwassers der zu reinigenden Kondensatorhälfte geschlossen und der zugehörige in der senkrechten Ebene geteilte und im Gelenk aufklappbare Deckel geöffnet, so kann ohne Betriebsstörung das freiliegende Rohrinnere gereinigt werden. Nach Versuchen beträgt die Luftleere bei Vollast und Betrieb mit nur einer Kondensatorhälfte 1 bis 3 v. Ht. weniger als mit ganzem Kondensator unter sonst gleichen Verhältnissen; bei Halblast und halbem Kondensator ist die Luftleere sogar etwas höher als bei voller Beanspruchung mit ganzem Kondensator.

M. A. N. führt die Reinigung nach Bauart Hülsmeyer aus. Hierbei wird, um die Schmutzteilchen fortzureißen, die Durchflußgeschwindigkeit in den Kühlrohren mehrere Male in der Woche gesteigert, was durch Verkleinerung des Gesamtquerschnittes der Kühlrohre bei annähernd gleichbleibender Wassermenge erreicht wird.

4. Beziehungen zwischen Oberflächenkondensator und Luftpumpe. Unterkühlung.

Wird bei 0,05 at Kondensatordruck die Temperatur des Dampfluftgemisches von 25^0 ($p_d = 0{,}0323$ at, $p_l = 0{,}05 - 0{,}0323 = 0{,}0177$ at) auf 30^0 ($p_d = 0{,}0433$, $p_l = 0{,}0067$) erhöht, so muß bei gleicher Luftleere und gleichem Luftgewicht das Hubvolumen der Pumpe um das $\frac{0{,}0177}{0{,}0067} = 2{,}7$ fache vergrößert werden.

In dem Dampfluftgemisch an der Luftabsaugstelle muß die Lufttemperatur niedriger als die dem Kondensatordruck entsprechende Sättigungstemperatur des Dampfes sein, da bei Gleichheit beider Temperaturen der Dampfdruck gleich dem Kondensatordruck, der Luftdruck gleich Null, das abzusaugende Luftvolumen also unendlich groß würde.

Der Oberflächenkondensator hat sonach nicht nur die Aufgabe, den Dampf zu kondensieren, sondern es muß auch die durch Undichtheiten in den Kondensator eindringende Luft gekühlt werden.

Die zur Luftkühlung erforderliche Kühlfläche ist von der Luftpumpengröße abhängig, deren Einfluß Fig. 327 zeigt.

Als Abszissen sind die Temperaturen am Austritt des Kondensators, als Ordinaten in der unteren Figur die absoluten Teildrücke von Luft und Dampf, in der oberen Figur die Luftvolumina aufgetragen.

Angenommen sind eine Luftleere von 95 v.Ht., eine stündliche Luftmenge von 1 kg und ein stündliches Absaugevolumen der Luftpumpe von 50 cbm.

Kurve 1 gibt die Dampfdrucke p_d für die unterhalb der Sättigungstemperatur der Kondensatorspannung p_k liegenden Temperaturen an, damit also auch gleichzeitig die Luftdrucke $p_l = p_k - p_d$.

Kurve 2 ist aus Kurve 1 berechnet.

Kurve 3 stellt zum Vergleich die Volumenänderung von 1 kg trockener Luft bei den verschiedenen Temperaturen dar. Bei 0° wären 16 cbm, bei einer der Dampfspannung von 0,05 atm. entsprechenden Temperatur von 32,5° wären 18 cbm abzusaugen.

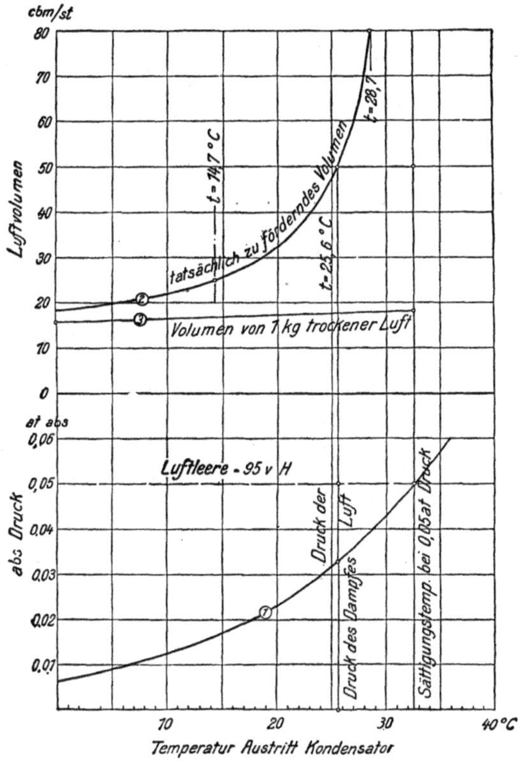

Fig. 327.

Im vorliegenden Fall werden — wie angenommen — 50 cbm stündlich abgesaugt, woraus an der Absaugestelle eine Temperatur der Luft von 25,6° folgt. Soll bei einer Verdoppelung der Luftmenge die Luftleere dieselbe bleiben, so müßte bei 50 cbm stündlichem Fördervolumen der Pumpe die Luft auf 14,7° heruntergekühlt werden.

Die Temperatur der abgesaugten Luft ist um so höher, je weniger Luft im Kondensator vorhanden ist, je mehr die Luftpumpe fördert.

Mit „Unterkühlung" bezeichnet man den Temperaturunterschied $t_k - t_c$, der durch Abkühlung des Dampfluftgemisches zum Schluß auf eine tiefere Temperatur entsteht. Das flüssige Kondensat wird durch Berührung der vom kältesten Kühlwasser durchströmten Kühlflächen unterkühlt und hierauf mit der abziehenden Luft gemischt, so daß die Luft an der Absaugstelle wirksam verdichtet wird. Diese bei Naßluftpumpen gebräuchliche Unterkühlung auch des Kondensates bedingt mit Rücksicht auf die verringerte Speisetemperatur einen Wärmeverlust. Bei Trockenluftpumpen braucht nur die Luft abgekühlt zu werden, das Kondensat kann höhere Temperatur behalten.

Eine Ausführung mit Unterkühlung auch des Kondensats zeigt der Contraflow-Kondensator nach Fig. 322. Das Kondensat umgibt die kältesten Kühlrohre bis zur Höhe des Standrohres *b*; vorteilhaft ist bei dieser Anordnung, daß der größte Teil des Kondensats mit höherer Temperatur bei *a* abgesaugt wird. In der Ausführung nach Fig. 320 wird nur die Luft abgekühlt. In der Nähe des Kühlwassereintritts wird ein Teil der Kühlrohre durch eine Wand abgezweigt und an den derart begrenzten Raum die Absaugung angeschlossen.

5. Berechnung der Oberflächenkondensation.

Im folgenden bedeuten:

k den Wärmedurchgangskoeffizient der Kondensator-Kühlfläche in W.E./qm/st/^{0} C,

α_1 den Eintrittskoeffizient beim Übergang der Wärme vom Dampf an die Rohrwandung,

α_2 den Austrittskoeffizient beim Übergang der Wärme aus der Wandung in das Kühlwasser,

λ den Leitkoeffizient durch die Wandung bei 1 m Wandstärke,

c die Wassergeschwindigkeit in den Kühlrohren,

ϑ den mittleren Temperaturunterschied zwischen Dampf- und Kühlwasserraum, in ^{0} C,

Q die stündlich abzuführende Wärmemenge in W.E.,

F die Kondensatorkühlfläche in qm, e = Wandstärke der Kühlrohre in m, dann ist

$$Q = k \cdot \vartheta \cdot F.$$

$$\vartheta = \frac{t_c + t_d}{2} - \frac{t_a + t_e}{2},$$

oder annähernd, da im weitaus größten Teil des Kondensators der Wärmeübergang nicht im Gegenstrom, sondern bei konstanter Sättigungstemperatur vor sich geht;

$$\vartheta = t_k - \frac{t_a + t_e}{2}.$$

Bezüglich des Wärmeleitungskoeffizienten k gilt die Beziehung:

$$\frac{1}{k} = \frac{1}{\alpha_1} + \frac{e}{\lambda} + \frac{1}{\alpha_2}.$$

Nach Versuchen von Ser ist:

$$\alpha_1 = 19\,000 \text{ W.E.}$$

Für 1 qm Fläche und 1 m Stärke ist $\lambda = 90$ für Messingwandung; für 1 mm Wandstärke folgt:

$$\lambda = 90\,000 \text{ W.E.}$$

Für α_2 folgt nach Versuchen von Ser:

$$\alpha_2 = 4500 \sqrt{c}.$$

Mit c = 0,5 m/sek. folgt z. B. $\alpha_2 = 3180$, so daß nach Einsetzung dieser Werte wird:

$$\frac{1}{k} = \frac{1}{19000} + \frac{1}{90000} + \frac{1}{3180}; \; k = 2640 \text{ W.E.}$$

Die Zahl α_2 übt sonach maßgebenden Einfluß aus; ist die Abhängigkeit der Wärmeübertragung vom Temperaturunterschied bekannt, so kann bei gegebenen Temperaturen von Kühlwasser und Dampf die Größe der Kühlfläche berechnet werden.

Fig. 328 zeigt das Ergebnis diesbezüglicher Versuche von Josse-Hoefer und anderen. Der Wärmeübergang ist abhängig von dem Temperaturunterschied Dampf-Wasser, von der Wassergeschwindigkeit und der Dampfdichte. Der Wärmeübergang ist dementsprechend der 0,9 bis 1,9fachen Potenz des Temperaturunterschiedes proportional, doch kann bei praktischen Berechnungen der Exponent = 1 gesetzt werden;

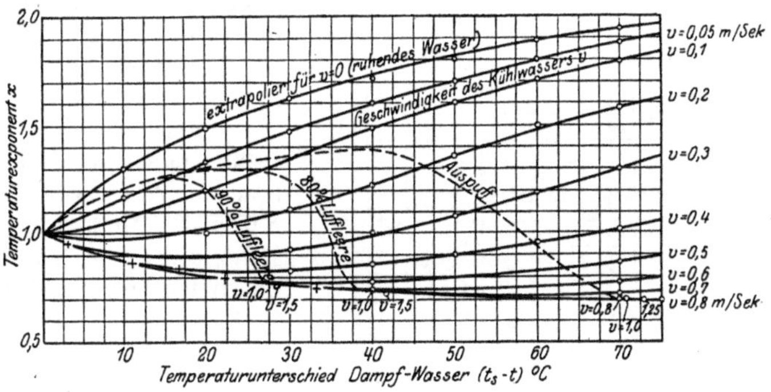

Fig. 328.

wenigstens nähert er sich dieser Zahl stark bei den meist üblichen Wassergeschwindigkeiten.

In dem Teile des Kondensators, welcher der Luftkühlung dient, ist die Wassergeschwindigkeit ohne Bedeutung; hier kommt es ausschließlich auf große Luftgeschwindigkeiten an, denen aber bei hoher Luftleere wegen des Strömungswiderstandes, der mit dem Quadrat der Geschwindigkeit zunimmt, eine Grenze gezogen ist.

In Fig. 329 sind Ergebnisse Jossescher Versuche dargestellt. Bei den in Oberflächenkondensatoren meist zu findenden Unterdrucken wird man bei 5 m/sek. Luftgeschwindigkeit mit einem Durchgangskoeffizienten von etwa 3 rechnen können.

Infolge der geringen spezifischen Wärme der Luft wird die Kühlwassertemperatur in dem mit Luft gefüllten Teil des Kondensators nur unmerklich zunehmen, die Kühlfläche bleibt hier ohne Wirkung. In Fig. 330 ist nach Josse die Verringerung der Wärmeaufnahme des Kühlwassers bei größeren Luftmengen dargestellt.

Die Abszissen geben die Kühlflächen, bzw. die Kühlrohrlängen wieder, die Ordinaten die Kühlwassertemperaturen für eine kleinere und eine größere Luftmenge. Es zeigt sich, daß bei letzterer rd. 40 v. Ht. der Kühlfläche nur zur Luftkühlung verwendet, ihrem eigentlichen Zweck also entzogen wird.

Selbst unter Annahme bestimmter Verhältnisse — Menge der eindringenden Luft, die sich natürlich nur schätzen läßt, Größe der Luftpumpe usw. — läßt sich die Größe der Kühlfläche nicht vorausbestimmen, da infolge der Verteilung der Luft im Kondensator die Wärme in den verschiedenen Teilen desselben ganz verschieden übertragen wird[1]). Man ist deshalb auf Erfahrungswerte angewiesen, entweder wird der Wärmeübergangskoeffizient k angenommen oder noch einfacher die pro qm Kühlfläche zu kondensierende Dampfmenge geschätzt.

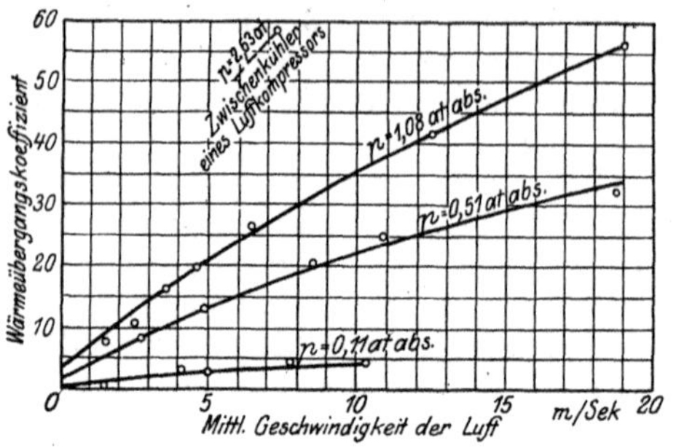

Fig. 329.

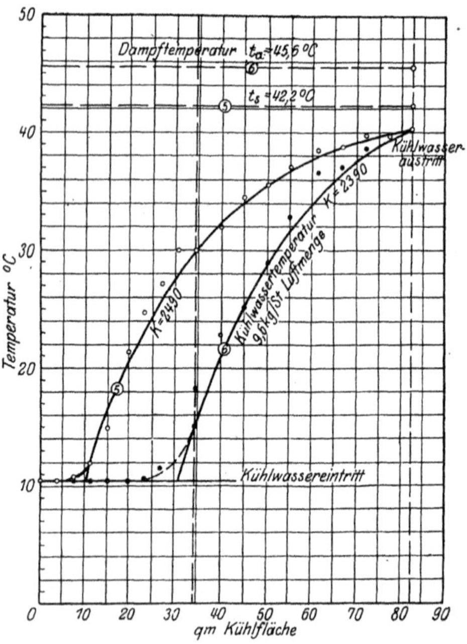

Fig. 330.

Meist wird k = 1500 bis 1800 eingesetzt. Durch Einbau von Wirbelstreifen in die Kühlrohre hat Josse eine Erhöhung des Durchgangskoeffizienten auf 2500 bis 3000 W.E. erzielt. Bei Oberflächenkondensatoren von Schiffsturbinen wird für 50 bis 60 kg zu kondensierenden Dampf 1 qm Kühlfläche angenommen.

Beispiel. Die Oberflächenkondensation einer 1000 K.W.-Dampfturbine ist zu berechnen. p = 12 at. abs., t = 300°; p_k = 0,06 at., t_k = 35,8°. Effektiver Wirkungsgrad der Turbine $\eta_e = 0{,}65$. Dynamowirkungsgrad $\eta_d = 0{,}90$. Gewicht der eindringenden Luft: 5 kg/st. Nach der I S-Tafel ist i_1 = 730 W.E., das Wärmegefälle 211 W.E.

In Arbeit werden $0{,}65 \cdot 211 = 137{,}15$ W.E. verwandelt, sonach Dampfverbrauch:

$$D_e = \frac{632}{137{,}15} = 4{,}61 \text{ kg.} \quad \text{Leistung } N_e = 1{,}36 \cdot \frac{1000}{0{,}9} = 1510 \text{ PS}_e.$$

Stündliches Dampfgewicht: $G_{st} = 1510 \cdot 4{,}61 = 6910$ kg.

[1]) Vergl. K. Hoefer, Berechnung und Betriebsverhältnisse der Oberflächenkondensatoren unter Berücksichtigung der in den Kondensator eindringenden Luft. Zeitschr. Ver. deutsch. Ing. 1919. S. 629.

Von jedem kg Dampf werden 730 — 137 = 593 W.E. in den Kondensator übergeführt.

Angenommen: $t_e = 20^0$; $t_a = t_k - 2{,}8 = 35{,}8 - 2{,}8 = 33^0$.

Die Unterkühlung soll $3{,}8^0$ betragen, sonach $t_c = t_k - 3{,}8 = 32^0$.

Damit wird: $593 - 32 = n \cdot (33 - 20)$; $n = 43$.

Teildruck des Dampfes bei einer Unterkühlungstemperatur von 32^0: 0,046 at.

Teildruck der Luft bei derselben Temperatur: 0,06 — 0,046 = 0,014 at.; $p_l =$ 140 kg/qm.

Absolute Lufttemperatur: $273 + 32 = 305^0 = T_l$.

$$V_l = \frac{G \cdot R\ T_l}{p_l} = \frac{5 \cdot 29{,}3 \cdot 305}{140} = 320 \text{ cbm/st.}$$

$$V_{l\ \text{sek.}} = \frac{320}{3600} = 89 \text{ ltr/sek.} \qquad G_d = \frac{6910}{3600} = 1{,}92 \text{ ltr/sek.}$$

Sekundl. Hubvolumen der Luftpunpe bei $\eta_{\text{vol.}} = 0{,}85$:

$$\frac{90{,}92}{0{,}85} = 107 \text{ ltr.}$$

Kondensatorfläche: k = 3000 gewählt.

$$\frac{t_e + t_a}{2} = \frac{33 + 20}{2} = 26{,}5^0; \qquad t_k = 35{,}8^0;$$

$$F = \frac{Q}{k\,(35{,}8 - 26{,}5)} = \frac{6910 \cdot 561}{3000 \cdot 9{,}3} = 139 \text{ qm.}$$

d) Die Strahlluftpumpen.

Ausführungsarten.

Den Strahlvorrichtungen liegen folgende Vorgänge zugrunde:

1. Dem Arbeitsmittel wird eine hohe Geschwindigkeit, die bei Wasser 20 bis 30 m/sek., bei Dampf 800 bis 1200 m/sek. beträgt, erteilt.
2. Mischung mit dem zu fördernden Körper.
3. Rückverwandlung der Geschwindigkeitsenergie in Druckenergie in einem sich erweiternden Diffusor oder Leitapparat.

1. Dampf und Luftgemisch werden durch einen Wasserstrahl abgesaugt. Hierbei kann die Geschwindigkeit des Wasserstrahls unmittelbar durch ein Schleuderrad hervorgebracht werden, oder der Strahl entströmt einer Düse, wobei der erforderliche Wasserdruck ebenfalls durch eine Schleuderpumpe erzeugt wird.

2. Bei zeitweise zu erwartendem stärkeren Lufteintritt in den Kondensator wird dem Wasserstrahlapparat ein mit Auspuffdampf arbeitender Dampfstrahlapparat vorgeschaltet (Bauart Josse-Gensecke). Der Abdampf einer Hilfsturbine, die etwa mit atmosphärischem Gegendruck arbeitet, kann für den Betrieb der Strahlvorrichtung nutzbar gemacht werden. Die Geschwindigkeitssteigerung des Dampfes wird ausschließlich durch Expansion in Düsen erzielt. Die Luft wird zunächst durch den Dampfstrahlapparat auf einen Zwischendruck verdichtet, worauf der Wasserstrahlapparat die Förderung gegen die Atmosphäre übernimmt. In einem Zwischenbehälter werden Dampf und

abgezogenes Kondensat niedergeschlagen, um derart die Auspuffdampfwärme an das Kondensat überzuführen und für den Kesselbetrieb nutzbar zu machen.

3. Fig. 331 zeigt die Wirkungsweise eines mit Frischdampf betriebenen Strahlapparates, der Luft aus einer Luftleere von 85 bis 95 v. Ht. ansaugen und gegen die Atmosphäre fördern kann.

Der erforderliche Dampfverbrauch beträgt etwa 1,5 bis 2,5 v. Ht. des Dampfverbrauches der normal belasteten Turbine. Der gesamte Dampfwärmeinhalt wird dem Kessel zugeführt.

Da bei geringer Belastung der Turbine das Kondensat so hoch erwärmt werden kann, daß der Betriebsdampf der Apparate nicht kondensiert, so ist für diesen Fall ein selbsttätig wirkender Hilfskühler, der von Kühlwasser durchflossen wird, vorzusehen. Infolge von Wirbelbildung im Schleuderrad und bei der Energieumwandlung im Diffusor nimmt die Temperatur des Strahlwassers zu, so daß es vor der Wiederverwendung gekühlt werden muß. Erwärmung des Schleuderwassers der Schleuderstrahlpumpen um nur wenige Grade verschlechtert schon erheblich die Luftleere, während bei Düsenwasserstrahlapparaten die gesamte Kühlwassermenge vor Durchfluß des Kondensators für die Luftabsaugung benutzt werden kann. In letzterem Fall ist die Erzeugung einer nur mäßigen Geschwindigkeit von etwa 25 m/sek. erforderlich und die Kühlwasserpumpe ist für die dem vermehrten Widerstand entsprechende höhere Förderhöhe ohne sonstige Änderung ihrer Bauart einzurichten. Kaltes Strahlwasser vermindert Temperatur und Volumen der angesaugten Luft, so daß das geförderte Luftgewicht zunimmt. Ebenso wird der Teildruck des Dampfes verringert.

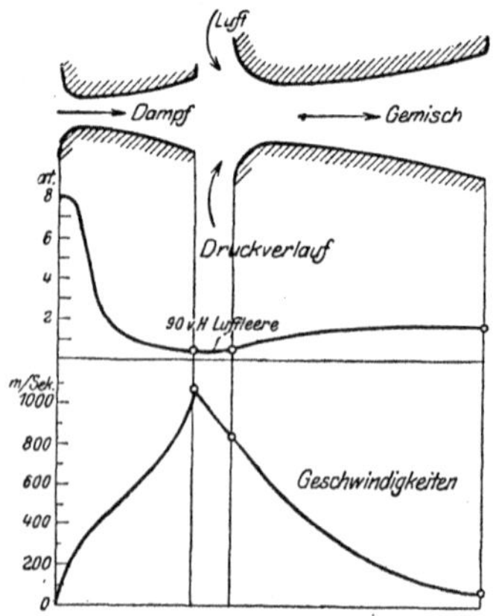

Fig. 331.

Kleine Wassermengen bei großer Geschwindigkeit (v $\cong$ 60 m/sek.) erfordern Aufstellung einer besonderen Schleuderradpumpe.

Als eine Abart der Strahlluftpumpen sind die Körtingschen Wasserstrahlkondensatoren aufzufassen. Bei diesen als Mischkondensator wirkenden Vorrichtungen saugt das das Kondensat aufnehmende Kühlwasser selbst die Luft an und verdichtet sie auf atmosphärische Spannung.

Das Einspritzwasser strömt in einem geschlossenen Strahl durch ein Führungsrohr mit düsenartigen Öffnungen, durch die der Dampf zutritt. Das Kondensat tritt an der der Einströmung gegenüberliegenden Seite durch eine nach unten hin sich erweiternde Öffnung aus, wodurch die Geschwindigkeit abnimmt und in Spannung zur Überwindung des äußeren Luftdruckes umgesetzt wird.

Je nach der Art, in der diese Austrittsgeschwindigkeit erzeugt wird, unterscheidet man Gefälle- und Unterwasserkondensatoren. Bei den ersteren strömt das Wasser mit einem Druck zu, der für sich allein zur Erteilung der erforderlichen Austrittsgeschwindigkeit genügt. Bei den Unterwasserkondensatoren wird die Geschwindigkeit durch die Stoßkraft des Abdampfes erzeugt, die von der Dampfmenge und dem Druckunterschied vor und hinter den Düsen abhängig ist. Die Beschleunigung des austretenden Wasserstrahls erfordert demnach infolge dieses

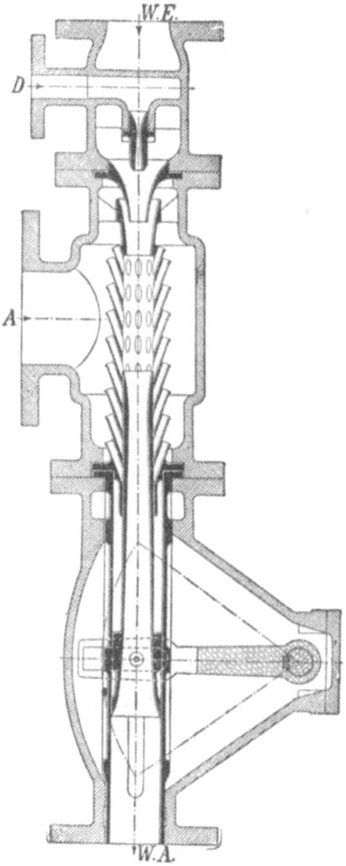

Fig. 332.

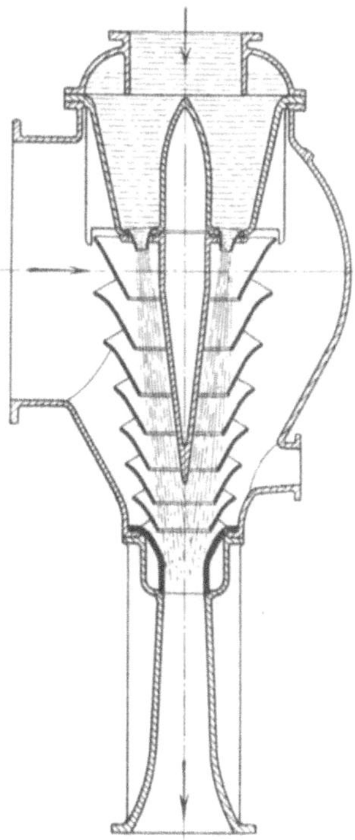

Fig 333.

Druckunterschiedes einen Verlust an Luftleere, die nicht höher als 65 bis 68 cm gehalten werden kann.

Bei Gefällekondensatoren ist an Kühlwasser etwa das 30 fache des zu kondensierenden Dampfgewichtes erforderlich. Die Vorrichtung kann nie versagen, und es wird die ganze Luftleere ohne irgend welchen Abzug für Pumpenbetrieb usw. nutzbar gemacht.

Kondensatoren mit festen Düsen müssen, falls der Dampfverbrauch nicht konstant ist, für den geringsten Dampfverbrauch berechnet werden und geben dann bei vermehrtem Dampfzufluß eine sehr schlechte

Luftleere. Sollen Unterwasserkondensatoren praktisch verwendbar sein, so muß beim geringsten Dampfverbrauch die Düsenöffnung für den Dampf verkleinert werden.

Dieses Ziel wird mit dem in Fig. 332 dargestellten Universalstrahlkondensator erreicht, bei dem die Aufnahmedüse im Führungsrohr verschoben werden kann, wodurch die Düsenöffnungen mehr oder weniger freigelegt werden. Bei kleinstem Dampfverbrauch werden,

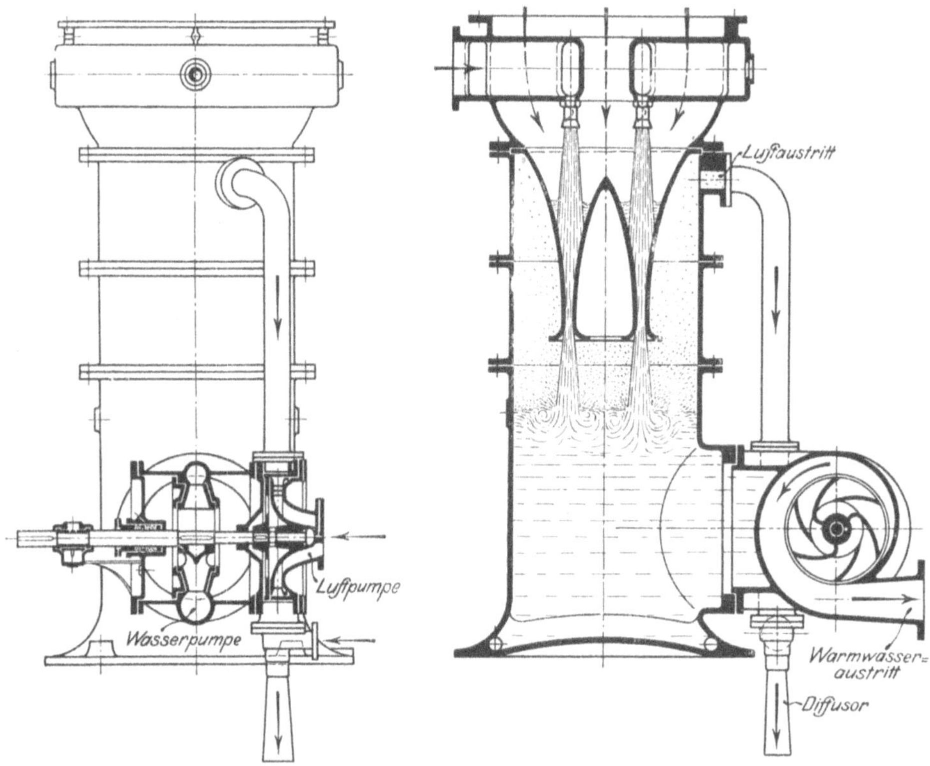

Fig. 333 a.

um hohe Dampfgeschwindigkeit zu erhalten, die meisten Düsenöffnungen verdeckt. Es nimmt also auch in diesem Fall die Luftleere ab, doch erreicht sie höheren Grad bei stärkerem Dampfverbrauch. Die Aufnahmedüse wird durch einen Hebel bewegt, der mit dem Stellzeug des Regulators gekuppelt werden kann. Zum Anlassen dieser Kondensatoren ist eine besondere Düse für Frischdampf angebracht, die nach erfolgtem Wasserzulauf abgestellt wird. Die Saughöhe soll bei Verwendung der Universalkondensatoren so gering wie möglich sein und niemals 3 m übersteigen, wobei darauf zu achten ist, daß das abfließende Wasser mindestens bis auf die Höhe des Unterwassers zurückgeführt wird.

Große Saughöhe beeinträchtigt die Nutzwirkung und die Regulierfähigkeit.

Fig. 333 zeigt den neuen Körtingschen Vielstrahlkondensator, dessen Arbeitsweise grundsätzlich mit dem Vollstrahlkondensator nach Fig. 332 übereinstimmt.

Durch die Zerlegung des stärkeren Vollstrahls in eine größere Anzahl feinerer Strahlen wird bei entsprechender Ausbildung des Düsensystems die Luftleere verbessert, so daß der Vielstrahlkondensator hauptsächlich als Turbinenkondensator Verwendung findet.

Versagt der Kondensator, so wird der Eintritt von Wasser in die Abdampfleitung durch Aufhebung der Luftleere selbsttätig mittelst Schwimmerventil und einem davon betätigten Lufteinlaßventil verhindert.

Fig. 333a stellt die Mischkondensation, Bauart Westinghouse-Leblanc dar[1]).

Das Einspritzwasser fließt von einem Ringraume durch eine Anzahl kleinerer Düsen in eine größere Düse von ringförmigem Querschnitt, wobei durch die entstehende Saugwirkung Dampf und Luft mitgerissen werden, so daß im oberen Teile des Kondensators sogar eine höhere Luftleere herrschen kann als im unteren Teile.

Nach Versuchen ist die Luftleere am Turbinenstutzen unter Umständen sogar höher als die theoretische, d. h. als die der Temperatur des ablaufenden, warmen Wassers entsprechende Luftleere.

Das Wasser wird durch eine Balckesche Schleuderradpumpe, Luft und Dampf werden durch eine Westinghouse-Leblanc-Pumpe abgesaugt.

In dem Schleuderrad-Kondensator nach Fig. 334 wird der einströmende Dampf in dem Raume vor dem Schleuderrad durch das eingebrachte Wasser kondensiert.

Soll der Kondensator das Betriebswasser selbst ansaugen, so muß er durch die bezeichnete Rohrleitung mittelst Frischdampf angelassen werden.

Das Wasser wird mittelst eines teilweise beaufschlagten Schleuderrades in kleinen Pfropfen durch eine Düse geschleudert und saugt hierbei die Luft an, die von den Wasserpfropfen umschlossen wird. Es entsteht ein brausendes Gemisch. Durch die Verlangsamung der Geschwindigkeit in den zunehmenden Düsenquerschnitten wird die Bewegungsenergie in Druck umgesetzt. Die Pumpen können sowohl durch Elektromotoren als auch durch kleine Dampfturbinen angetrieben werden.

Fig. 335. Pumpen-Aggregat der A.E.G. Der Dampf, der das mit drei Geschwindigkeitskränzen arbeitende Curtis-Rad antreibt, strömt zunächst durch das von Hand betätigte Absperrventil, hierauf durch das vom Regulator beeinflußte Drosselventil. Der Abdampf strömt durch ein Sieb, das größere Unreinigkeiten usw. zurückhält, der hinter dem Curtis-Rad gelegenen Stufe der Haupturbine zu.

---

[1]) Ausführung Maschinenbau-A. G. Balcke, Bochum.

Auf der Welle sitzen Kühlwasser-, Kondensat- und Luftpumpe, letztere nach Fig. 336 eingerichtet. In den oberen Teil des Gehäuses eingebaute Ringteller bewirken das Austreiben der Luft aus dem Schleuderwasser der Luftpumpe; die Luft entweicht durch das an der Spitze des Gehäuses angeordnete Luftventil ins Freie.

Fig. 336 veranschaulicht die Art, in der kleine Luftvolumina, von Wasserpfropfen eingeschlossen, sich infolge der ihnen erteilten Geschwindigkeitsenergie längs den Kanälen bewegen und hierbei immer mehr verdichtet werden.

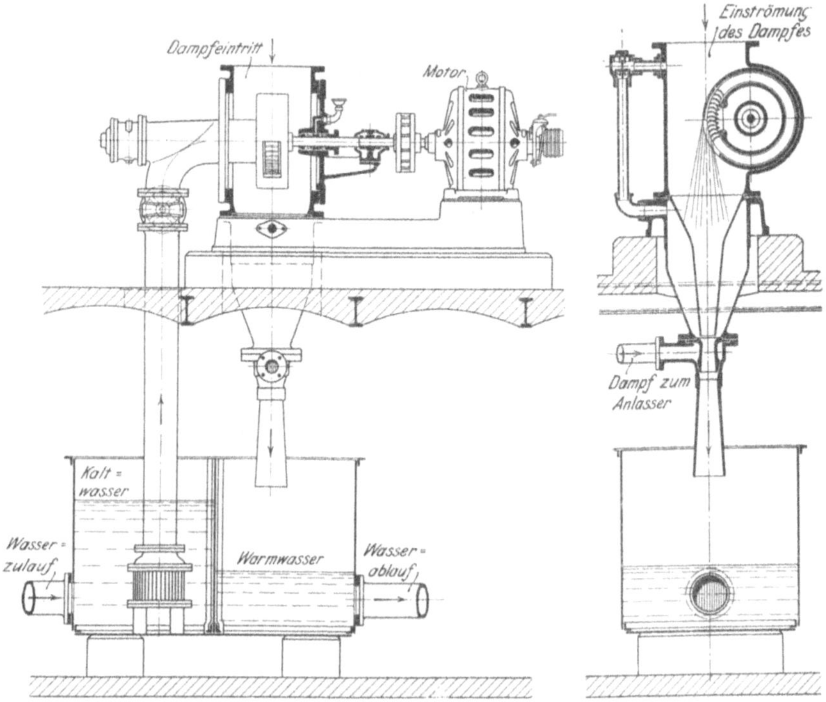

Fig. 331.

Als Vorteil der Schleuderrad-Kondensationen ist zu erwähnen, daß das Kondensat vollständig ölfrei ist. Da der angesaugte Dampf in dem Arbeitswasser sofort kondensiert, so wird nur Luft gefördert, deren Verdichtungswärme zudem vom Wasser aufgenommen wird.

Als Arbeitswasser kann gekühltes Wasser oder auch Kondensat Verwendung finden. Bei Versuchen an einer Kondensation mit Westinghouse-Leblanc-Schleuderpumpen wurde festgestellt, daß der Unterschied zwischen der Kühlwassertemperatur und der der Luftleere entsprechenden Temperatur des gesättigten Dampfes nur 1,25° betrug[1]).

[1]) Zeitschr. Ver. deutsch. Ing. 1909. S. 1246.

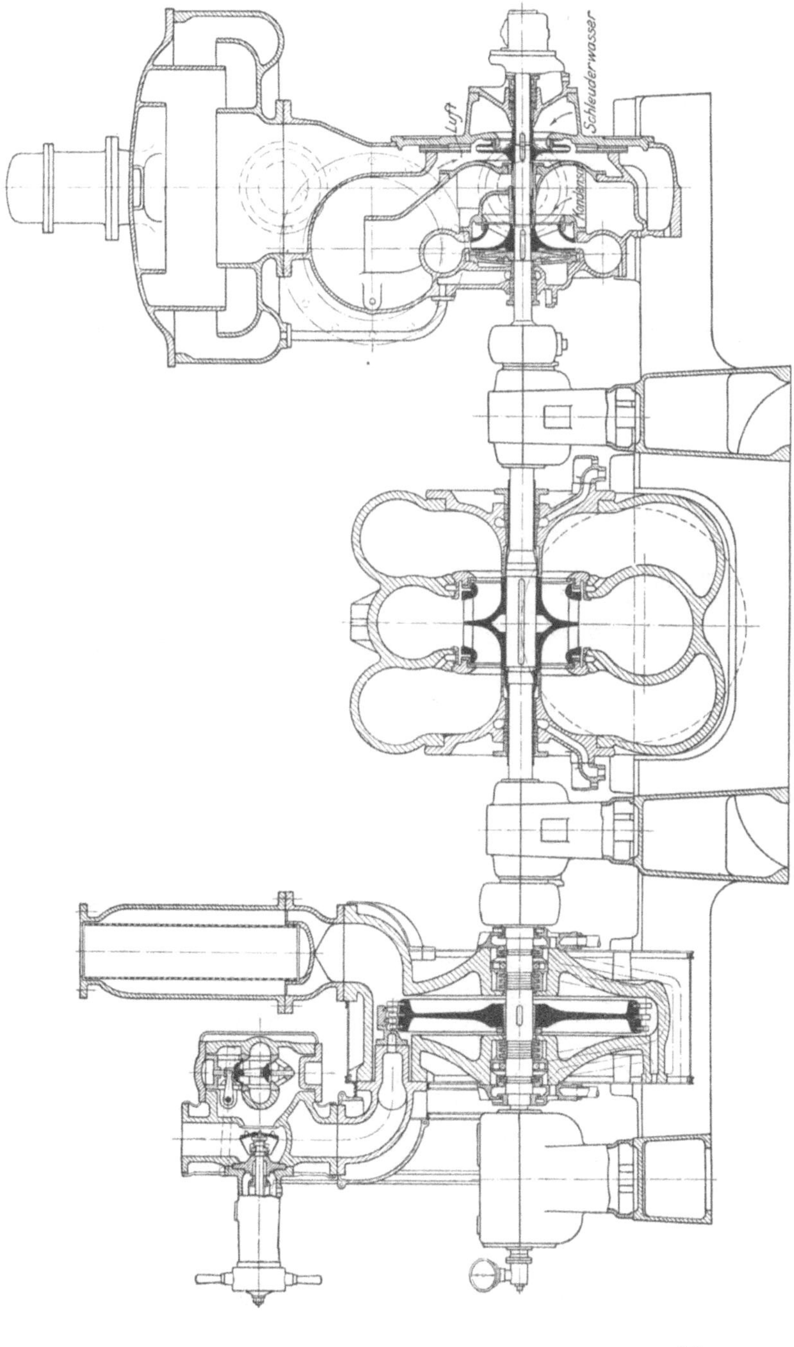

Fig. 335.

Die Fig. 337—338 geben die von der Maschinenfabrik Augsburg-Nürnberg ausgeführte Bauart Paul H. Müller-Hannover wieder. Bei Anlagen nach Fig. 338, die mit Frischwasser arbeitet, wird — da der Kühlwasserdruck für den Düsenbetrieb meist nicht ausreicht — das Strahlwasser entweder durch eine besondere Pumpe oder durch eine der Kühlwasserpumpe in gemeinschaftlichem Gehäuse zugeschaltete Druckstufe herangeschafft. Das Ablaufwasser der Düse fließt unter Abscheidung der Luft dem Frischwasserkanal zu, um dann vermischt mit Frischwasser erneut in die Pumpe zu gelangen. Wenn möglich, wird das Strahlwasser unter Einschaltung eines besonderen Umlaufbehälters in geschlossenem Kreislauf verwendet. Durch Beifügung einer kleinen Zusatzwassermenge wird die Kompressionswärme des Luftgemisches abgeführt. Arbeitet hingegen die Kondensationsanlage mit rückgekühltem Wasser, so genügt der zur Hebung des Wassers auf den Kühlturm, sowie zur Überwindung der Rohr- und Kondensatorwiderstände erforderliche Druck von etwa 6 m Wassersäule auch zum Betrieb der Düse. Strahlwasser und Kühlwasser werden durch eine gemeinsame Pumpe gefördert. Die Luft wird im Kühlturmbecken ausgeschieden.

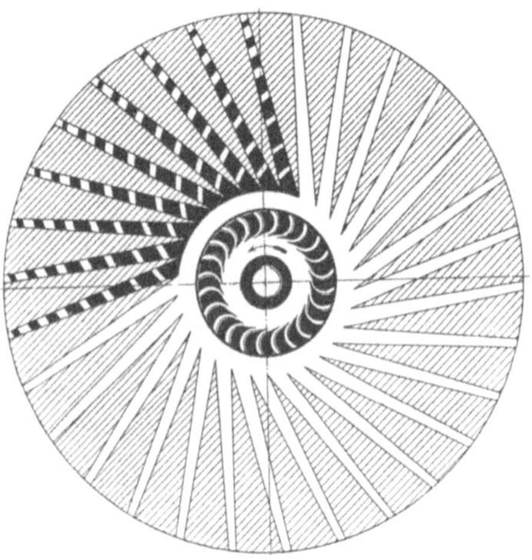

Fig. 336.

Steht Kühlwasser mit einem für den Düsenbetrieb genügenden natürlichen Gefälle zur Verfügung, so wird das gesamte Kühlwasser vor Eintritt in den Kondensator durch die Düse geleitet, und es erübrigt sich die Aufstellung einer besonderen Pumpe für Kühl- und Strahlwasser.

Fig. 339. Verbund-Dampfstrahl-Luftpumpe, Bauart Hoefer. Bei dieser Vorrichtung durchströmt der Dampf zwei hintereinander geschaltete Düsen, von denen die erste kreisförmigen, die zweite ringförmigen Querschnitt hat. In der Kreisdüse expandiert der Dampf auf den Ansaugedruck p_1, unter dem die Luft zuströmt. Nach Umsetzung der Geschwindigkeit im ersten Diffusor in den Druck $p_2 > p_1$ faßt der aus der Ringdüse tretende Dampf die Luft von außen und fördert sie in den zweiten Diffusor, in dem der Enddruck p_3 erreicht wird.

Der Blecheinsatz in der Saugkammer hat den Zweck, die abzusaugende Luft gegen die heißen Wandungen zu isolieren. Zwischen Gehäuse und Einsatz entsteht im Betrieb ein luftleerer Raum, der ebenfalls isolierend wirkt.

Diese Strahlpumpe wird in ähnlicher Ausführung von der Maschinenbau-A.-G. Balcke nach Fig. 340 so angeordnet, daß die Abwärme

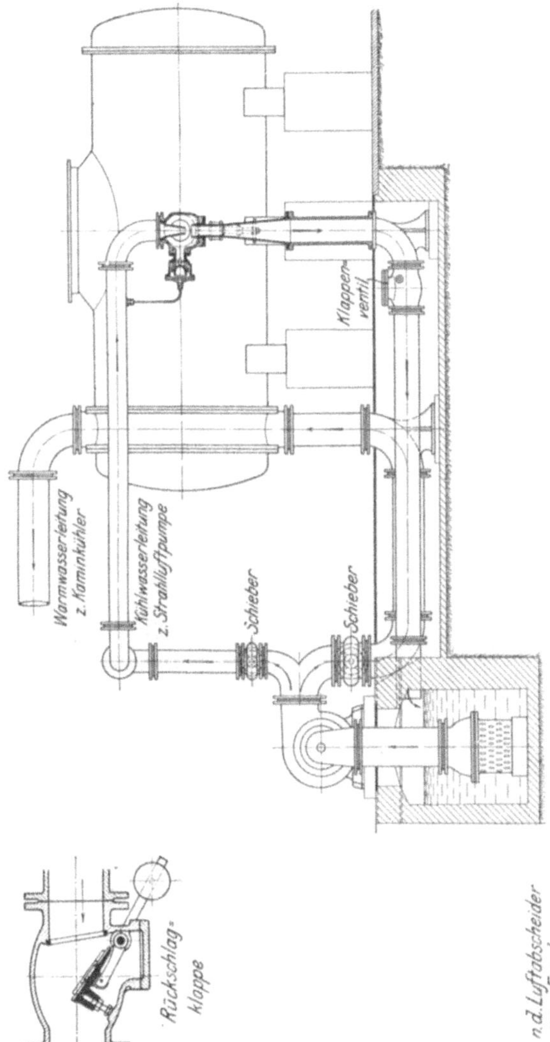

Fig. 338.

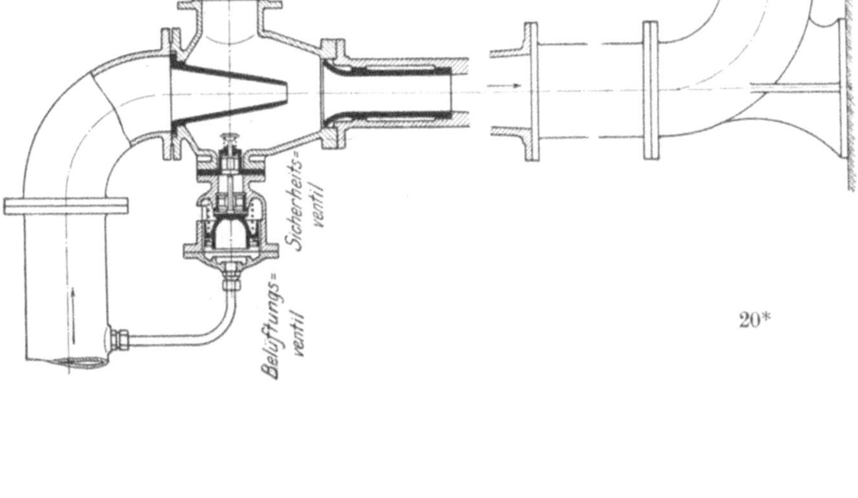

Fig. 337.

des Strahldampfes in einem Oberflächen-Wärmeaustausch-Apparat, der einen Teil der Kondensatdruckleitung bildet, an das Kondensat übergeführt wird. Dieser wird dadurch um einige Grad erwärmt.

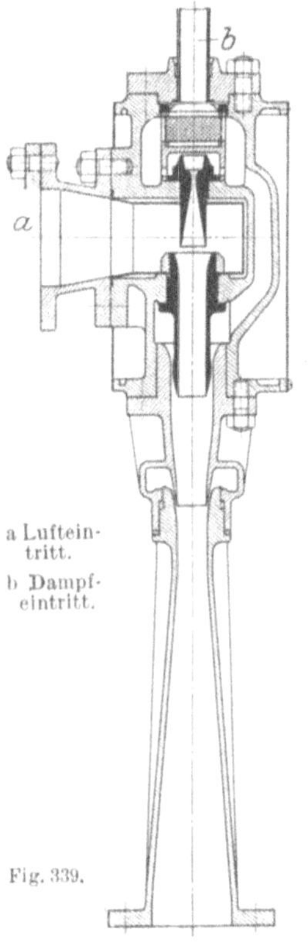

a Lufteintritt.
b Dampfeintritt.

Fig. 339.

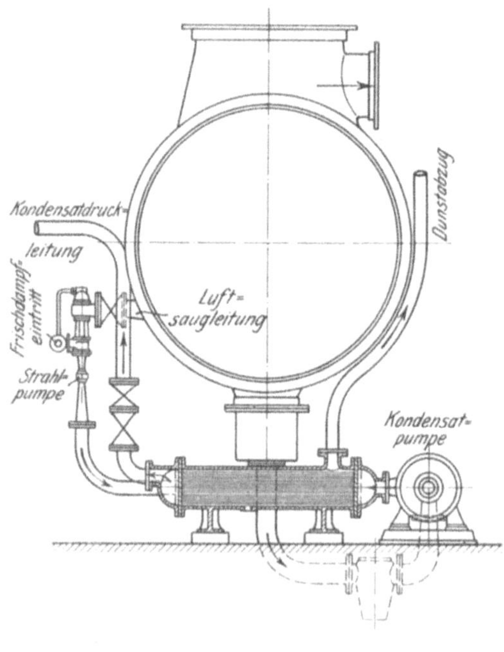

Fig. 340.

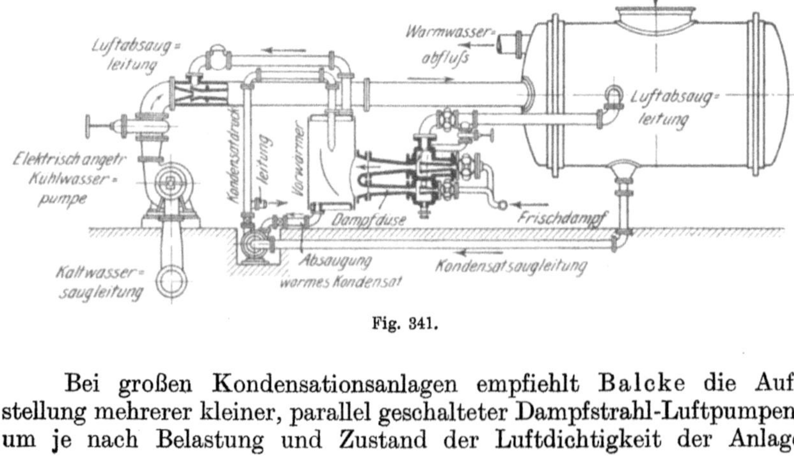

Fig. 341.

Bei großen Kondensationsanlagen empfiehlt Balcke die Aufstellung mehrerer kleiner, parallel geschalteter Dampfstrahl-Luftpumpen, um je nach Belastung und Zustand der Luftdichtigkeit der Anlage einen oder mehrere Apparate ausschalten und dadurch an Betriebsdampf sparen zu können.

Fig. 341. Kondensationsanlage nach den Patenten Josse-Gensecke, gebaut von Louis Schwarz & Co. in Dortmund. Dampf- und Wasserstrahlapparat sind hintereinander geschaltet. Es sind zwei Dampfdüsen verschiedener Größe vorgesehen, die sowohl einzeln als zusammen arbeiten können. Der Strahldampf wird durch Einspritzen des Kondensates aus dem Hauptkondensator niedergeschlagen und das Kondensat dadurch vorgewärmt. Die dargestellte Anlage ist für eine Stundenleistung von 18 000 kg Dampf bestimmt.

e) Die Luftpumpen.

1. Die nassen Luftpumpen.

Als nasse Luftpumpen bezeichnet man diejenigen Luftpumpen, die neben der Luft noch das Kondensat, bzw. das Kühlwasser fördern im Gegensatz zu den trockenen Luftpumpen, die nur Luft fördern.

Ist der Querschnitt der Saugventile oder Saugschlitze von richtiger Größe, so tritt bei jedem Hub die auf diesen entfallende Kühlwassermenge in den Pumpenraum über, und die Luft strömt nach. Bei zu engen Querschnitten wird die Höhe der Wasserschicht der erforderlichen Steigerung der Durchschnittsgeschwindigkeit entsprechend zunehmen und den Abfluß der Luft hemmen. Der Kondensatordruck wird nunmehr steigen und einen stärkeren Wasserabfluß verursachen, bis sich ein Beharrungszustand einstellt, in dem, allerdings bei verschlechterter Luftleere, die auf jeden Hub entfallenden Wasser- und Luftmengen abgezogen werden.

Je nach der Wirkungsweise sind ein- und zweistufige Luftpumpen sowie Luftpumpen mit Ausfüllung des schädlichen Raumes durch Kondensat zu unterscheiden.

a) **Einstufige Luftpumpen.** Fig. 342. Die Luft wird auf einen Druck verdichtet, der den der Atmosphäre um den Strömungswiderstand im Druckventil übertrifft. Beim Beginn des Saughubes expandiert die Luft aus dem schädlichen Raum heraus, wie auf S. 325 dargelegt, und der räumliche Wirkungsgrad wird beeinträchtigt. Die Luftpumpe nach Fig. 342 zeichnet sich durch einfache Anordnung und gute Zugänglichkeit der Ventile aus und ist auch zum unmittelbaren Antrieb durch die verlängerte Kolbenstange geeignet.

Die Saugventile sind schräg gelegt, so daß die Luft zu den Druckventilen leicht aufsteigen kann und diese geräuschlos aufgestoßen werden.

In der Bauart nach Fig. 343 wird durch die Vereinigung zweier einfach wirkenden Pumpen doppelte Wirkung erzielt. Der Ausguß ist so zu legen, daß sich stets eine Wasserschicht auf dem Kolben befindet, die als Dichtung gegen den Übertritt von Luft aus dem Druckraum nach dem Saugraum wirkt.

Mitunter werden Luft und Wasser getrennt angesaugt. Steht der Kolben in der Totlage, so ist der Raum zwischen ihm und den Ventilen vollständig mit Wasser gefüllt. Bei der Weiterbewegung des

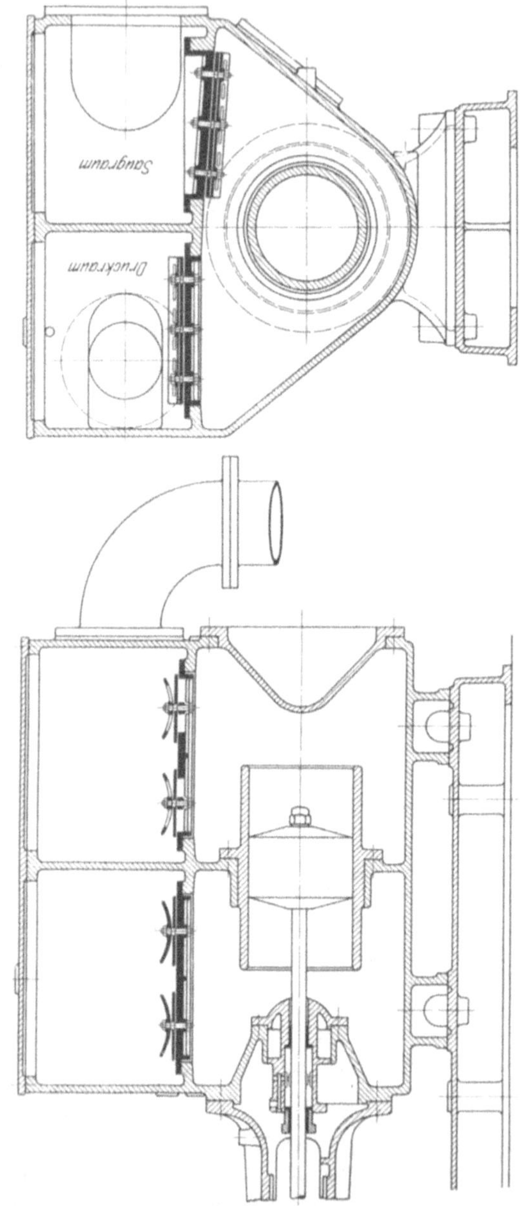

Fig. 342.

Kolbens wird der Wasserspiegel unter den Druckventilen sinken und sich hier eine Luftleere einstellen, so daß die unterhalb der Druckventile liegenden Luftventile sich öffnen, sobald die Luftleere in der Pumpe kleiner als im Kondensator ist. Infolge des hierbei stattfindenden

Druckausgleiches muß die Überströmgeschwindigkeit des Wassers durch die statische Druckhöhe der Saugwassersäule erzeugt werden.

Ausführungen dieser Art haben den Vorteil, daß die für Luft und Wasser gesondert auszuführenden Ventile der durchströmenden Flüssigkeit mehr angepaßt und infolge der in den Luftventilen gestatteten

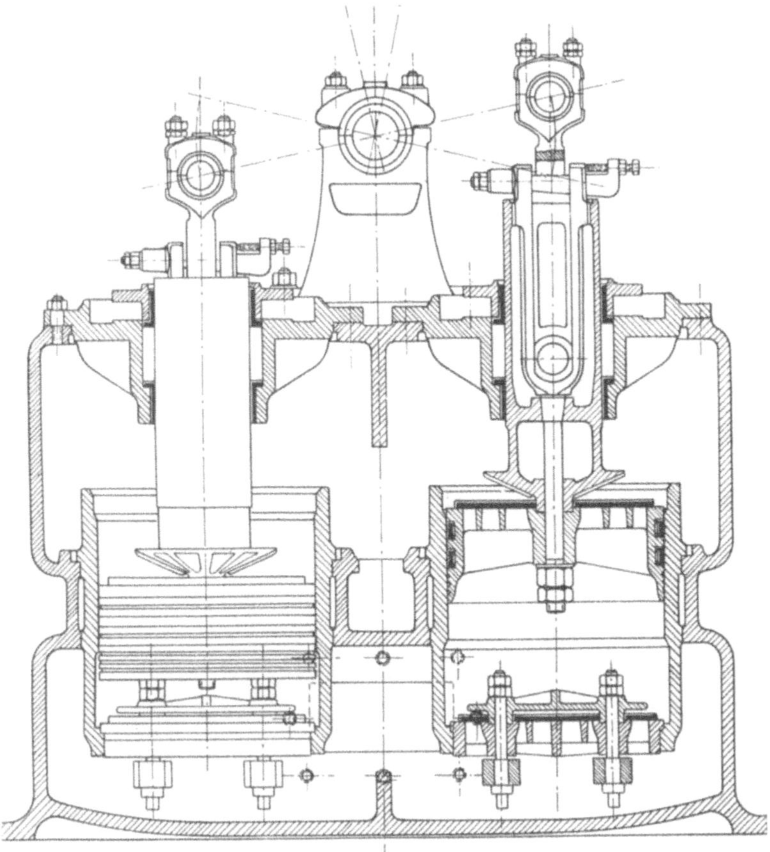

Fig. 343.

höheren Durchflußgeschwindigkeit (20 m/sek.) kleiner gehalten werden können. (Hornsche Pumpe.)

Ähnliche Verhältnisse treten bei der Bauart nach Fig. 344 ein. Nach teilweiser Zurücklegung des Saughubes geben die im Zylinderscheitel gelegenen Ventile den Luftdurchtritt frei, während durch die seitlich gelegenen Saugventile das Wasser einströmt. (Durch die in jedem Pumpendeckel angeordneten Klappen — die im übrigen nach Lage und Ausführung den vorhin erwähnten besonderen Luftventilen gleichen — strömt das Kondensat einer zweiten Maschine zu, falls an dieser die Luftpumpe schadhaft werden sollte.)

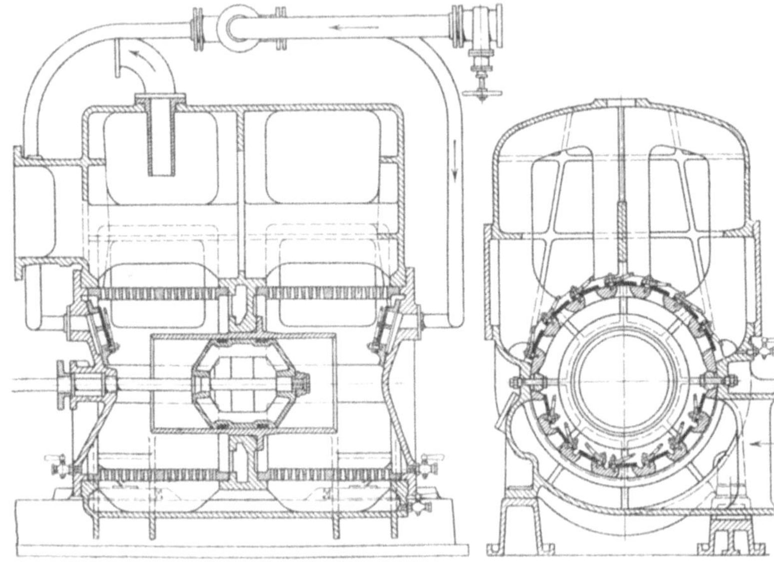

Fig. 344.

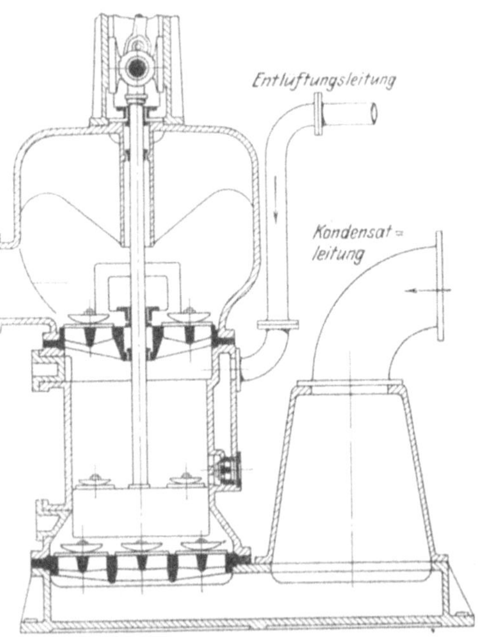

Fig. 345.

Örtliche und zeitliche Trennung der Ansaugung von Luft von der des Wassers ist in Fig. 345 durchgeführt. Das Kondensat wird der Pumpe durch ein unten kegelförmig erweitertes Rohr zugeleitet, das

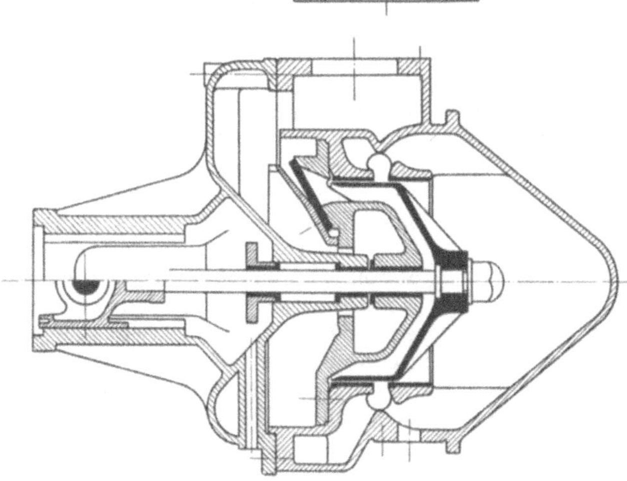

Fig. 346[1]).

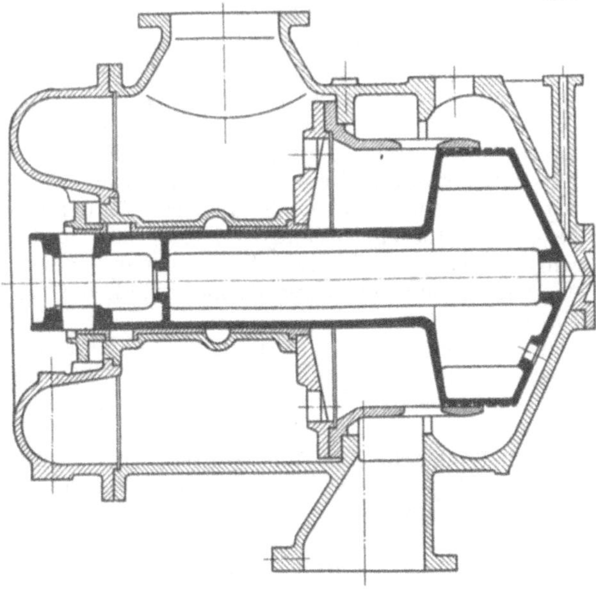

Fig. 347[2]).

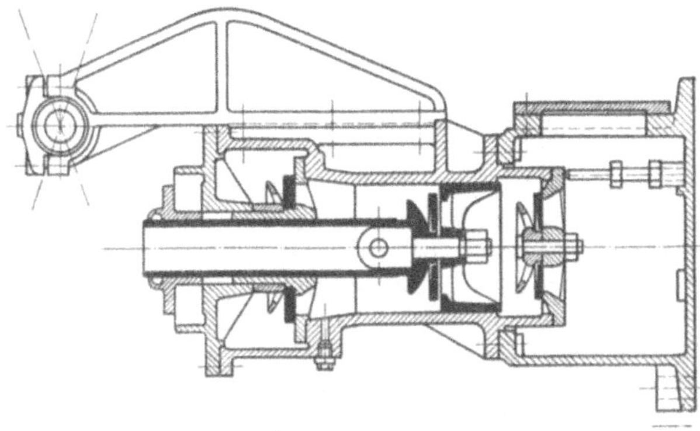

Fig. 348[3]).

[1]) Ausführung Hanomag. Maßstab ~ 1 : 17.
[2]) Ausführung Aschersiebener Maschinenbau-A.-G. Maßstab ~ 1 : 17.
[3]) Maschinenbau-Ges. Karlsruhe. Maßstab 1 : 15.

an die tiefste Stelle des Kondensators angeschlossen ist. Die hydro statische Druckhöhe über den Saugventilen dient auch hier zur Überwindung der Ventilwiderstände und der Massenträgheit der Saugwassersäule. Die Entlüftungsleitung geht von der kältesten Stelle des Kondensators aus und ist durch ein besonderes Ventil gegen den Hubraum abgeschlossen. Geht der Kolben aufwärts, so saugt er zunächst nur Wasser an, bis nach Ansaugung der auf den Hub entfallenden Wassermenge das Luftventil freigelegt wird. Im zweiten Teil des Hubes wird nur Luft und Dampfgemisch angesaugt, das sonach (wie auch bei der Hornschen Pumpe) durch die Saugwassersäule nicht hindurchzutreten braucht. In der gezeichneten Ausführung befindet sich über den Druckventilen ein großer Windkessel, da die Pumpe das Wasser 4 bis 5 m hoch zu drücken hat.

In Fig. 346—347 sind einstufige Luftpumpen mit Saugschlitzen nach Edwards dargestellt. Anfang und Schluß der Saugquerschnitteröffnung werden vom Kolben zwangläufig gesteuert. Der Saugventilwiderstand entfällt und der räumliche Wirkungsgrad (s. S. 330) wird verbessert, der schädliche Raum verkleinert. Der wirksame Hub erfährt jedoch theoretisch eine Verminderung um die Schlitzlänge. Siehe hierüber die auf S. 319 erwähnten Versuche von Doerfel.

Fig. 346 zeigt die Brown-Kuhnsche Bauart. Bei der Abwärtsbewegung des unten kegelförmigen Plungers strömt das im Gehäuse nach oben gedrängte Wasser durch die Schlitze in den Kolben. Die Druckventile befinden sich auf der oberen Zylinderwand, die sich nach unten als Verdränger fortsetzt.

Fig. 347 zeigt eine Bauart ohne Verdränger. Die Unterbringung der Druckventilquerschnitte wird erleichtert. Die nach Schlitzabschluß über dem Kolben verbleibende Wasserschicht erschwert den Luftdurchtritt.

b) **Zweistufige Luftpumpen.** Das Wesen dieser Bauart ergibt sich aus einem Vergleich der Fig. 343 und 348. In Fig. 348 sind über dem Pumpenraum Rückschlagklappen angebracht, die sich beim Kolbenniedergang schließen. Oberhalb des abwärtsgehenden Kolbens wird sich sonach eine Luftleere einstellen, so daß der zur Öffnung der Kolbenventile erforderliche Überdruck unter denselben geringer ausfällt, als wenn auf ihnen der Druck der Atmosphäre lastete.

Die Indizierung von Ober- und Unterraum der Pumpe ergibt Diagramme nach Fig. 349 und die Eröffnung der Kolbenventile geht theoretisch in dem Schnittpunkt der Expansionskurve des Oberraums mit der Kompressionskurve im Unterraum vor sich.

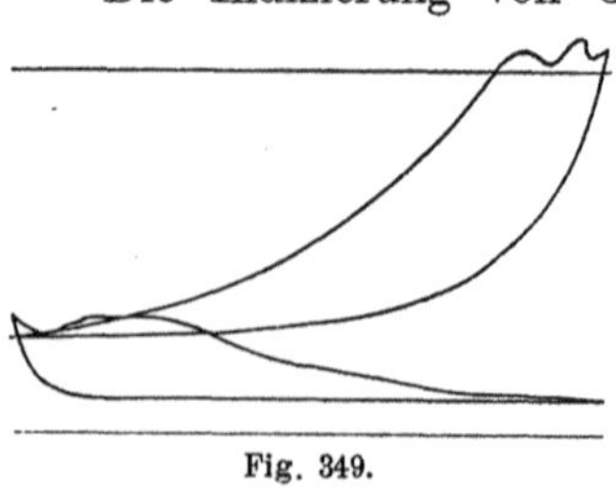
Fig. 349.

Die Expansion aus dem schädlichen Raum, von einem niedrigeren Kompressionsdruck ausgehend, erstreckt sich auf einen kleineren Teil des Diagramms, wodurch der räumliche Wirkungsgrad wesentlich verbessert wird. Die obere Seite kann zur Erzielung ruhigen Ganges reichlich beluftet werden, ohne daß die Luftleere dadurch beeinträchtigt wird. Auch die Unterseite arbeitet ruhiger, da der niedrigere Eröffnungsdruck im Augenblick der Eröffnung ein größeres Luftvolumen und damit einen größeren Abstand zwischen Kolben- und Wasserfläche bedingt und dadurch Anprallen des Wassers und Stoßwirkungen verhindert.

Der Plungerdurchmesser ist durch den Ausschlag der Zugstange bestimmt. Differentialwirkung, wie sie bei Wasserpumpen stattfindet,

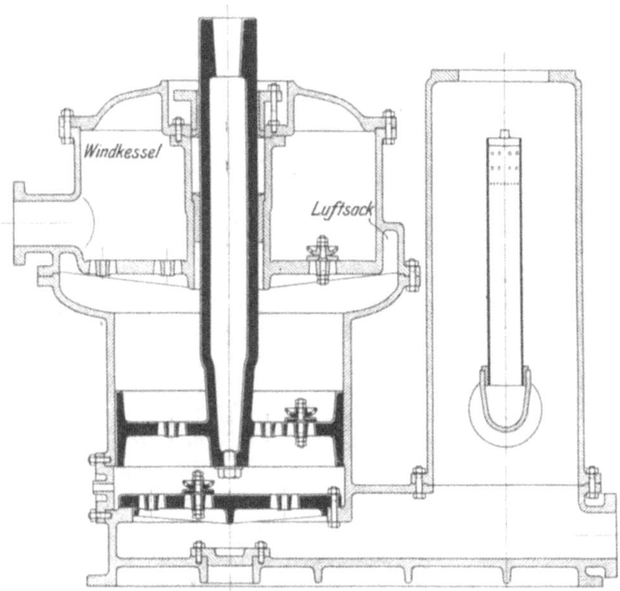

Fig. 350.

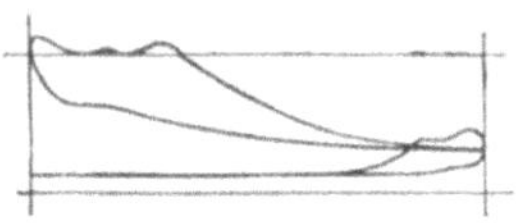

Fig. 351.

läßt sich bei Luftpumpen nicht erreichen. Die Unterseite arbeitet mit nur etwa $^1/_4$ bis $^1/_3$ Wasserfüllung, so daß beim Abwärtsgang des Kolbens die Luft nicht den zur Öffnung der Rückschlagklappen erforderlichen Druck annehmen kann. Die Pumpe wirft sonach nur beim Kolbenaufgang aus.

Bei größerem Plungerdurchmesser erfährt der Druckraum eine Verkleinerung gegenüber dem Saugraum, so daß die Wassersäule über dem Kolben beim Beginn des Druckhubes eine größere Höhe erreicht und das Wasser bei größter Kolbengeschwindigkeit gegen die Rückschlagklappen anprallt, namentlich wenn nur wenig Luft mit eingeschlossen war.

Große Plungerdurchmesser sind deshalb häufig Ursache stärkeren Stoßes und es empfiehlt sich im allgemeinen, den Zapfen, Fig. 350, an das obere Plungerende zu legen.

Doerfel ordnet im Oberraum der Verbundluftpumpen einen Luftsack an, Fig. 350, dessen Inhalt sich bei Kolbenabwärtsgang soweit ausdehnt, daß die Spannung über dem Kolben bis etwa auf die doppelte Saugspannung abnimmt. Die Kolbenventile öffnen dadurch später als bei Ausführung nach Fig. 348, bei welcher der Druck im Unterraum nicht so hoch ansteigt.

Die Verdichtung des Luftsackes beim Kolbenaufgang mildert den Stoß bei der Klappeneröffnung auch bei großer Wassermenge, außerdem wird das Gestänge stets gespannt gehalten, so daß der Gang weich und stoßfrei ist. Fig. 351 zeigt die Wirkungsweise der Doerfelschen Pumpe.

Bei Pumpen nach Fig. 357 kann der Luftsack im hohlen Unterteil des oberen Kolbens untergebracht werden.

Fig. 352 zeigt die Anordnung des Doerfelschen Luftsackes bei einer liegenden Bauart. Die Ausführung zeigt an der höchsten Stelle des Zylinders das bekannte Luftloch, die Schlitzöffnungen liegen im unteren Teil des Umfanges, so daß sie durch den aufliegenden Kolbenkörper und die Wasserfüllung dicht gehalten werden. Beim Verdichtungshub wird ein Teil der angesaugten Luft vom Kolben wieder in den Kondensator zurückgeschoben, da der Spannungs-Ausgleich zwischen Pumpe und Kondensator meist vor dem Hubende hergestellt ist. Da spätestens kurz vor Abschluß der Schlitze eine Drosselung stattfindet, so rechnet man in bezug auf den räumlichen Wirkungsgrad allzu sicher, wenn der ganze Schlitz vom Hub in Abzug gebracht wird.

Sind die Schlitze zu eng bemessen, so tritt Pendeln der Luftleere ein. Das Wasser staut sich vor den Schlitzen, bis die am Abfluß verhinderte Luft einen so hohen Druck annimmt, daß unter dessen Einfluß Wasser und Luft durch die Schlitze gepreßt werden, und die Luftleere sich verbessert, worauf sich der Vorgang wiederholt.

An einer Versuchspumpe von gleicher Bauart wie die Verbundluftpumpe nach Fig. 352 hat Doerfel Versuche im Maschinenbau-Laboratorium der deutschen technischen Hochschule Prag angestellt. (Vgl. Techn. Blätter 1913, Heft 2—4.)

Bei diesen Versuchen wurden Umlaufzahl, Luft- und Wassermenge und die Schlitzlänge — diese durch Einsetzen von Kolben und Kolbenstangen verschiedener Länge — geändert.

Ergebnisse dieser Versuche zeigt Fig. 353 in räumlicher Darstellung. Die senkrecht gelegten Schnittflächen entsprechen gleichbleibenden Einspritzwassermengen. Wie ersichtlich, ist Proportionalität zwischen erzielter Luftleere und zugeführter Luftmenge vorhanden, so daß die Abhängigkeit beider voneinander durch Geraden wiedergegeben wird. Verlängerung dieser Geraden bis zur Grundebene gibt im Abstand der Schnittpunkte von der Nulllinie ein Bild von der Größe der Luftmengen, die auch bei völliger Abstellung der Luftzufuhr infolge des Luftgehaltes des Einspritzwassers und unvollständiger Entluftung des Wassers im schädlichen Raum der Pumpe in dieser anwesend sind.

Für kleine schädliche Räume ist die Verbindungslinie erwähnter Schnittpunkte eine Gerade, die im gleichbleibenden Abstand von der Nulllinie verläuft, die Luftmengen bleiben also unabhängig von der Einspritzwassermenge konstant.

Da aber andererseits die mit dem Einspritzwasser zugeführte absorbierte Luft in diesen Luftmengen enthalten sein muß, so ist zu schließen, daß große Wassermengen besser entluftet werden als kleine, bei denen Luft und Wasser vollständig durcheinander geworfen und dadurch die Luftabscheidung erschwert wird.

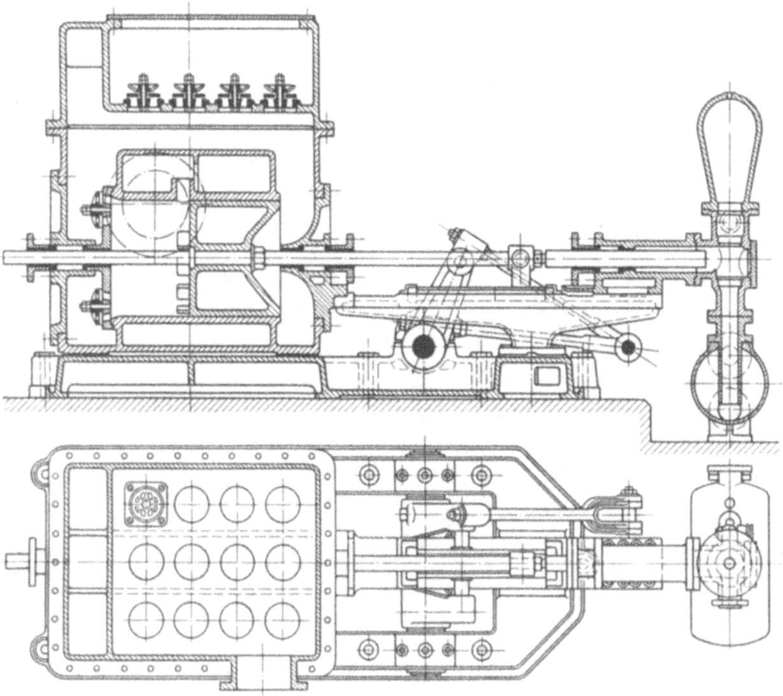

Fig. 352.

Die Diagramme zeigen weiterhin, daß bei größeren Wassermengen und verringerter Luftzufuhr eine beschleunigte Steigerung der Luftspannung eintritt und damit ein Störungsbereich entsteht, der allerdings mit wachsender Luftzufuhr selbst bei größter Wassermenge wieder rasch in die Proportionalitätsgerade übergeht. Die Druckverluste zwischen Pumpenraum und Kondensator nehmen innerhalb des Störungsbereiches infolge erschwerten Wasserdurchflusses durch die Schlitze zu, sind also auf unzureichende Schluckfähigkeit zurückzuführen. Der Einfluß zu enger Schlitze wurde durch Wasserstandsgläser nachgewiesen. Im Störungsbereich stellt sich das Wasser bis nahe an die Kante des oben befindlichen Luftloches und bleibt auch während des Durchflusses durch die Schlitze hoch. Auch bei Vergrößerung der Luftmenge bleibt das Wasser in der Nähe der Oberkante der seitlichen Schlitze, steht also höher als im Pumpenkörper nach dessen Füllung. Erst bei weitem Schlitz oder kleinerer Wassermenge stellt sich das Wasser immer unter Mitte Zylinder ein, wobei die Linie der Luftspannungen bis zur kleinsten Luftmenge gerade bleibt. Stauung des Wassers erfolgt demnach soweit, bis die erforderliche Druckhöhe für den Durchtritt erreicht ist.

Der bei Verschlechterung der Luftleere trotz des Luftloches vorkommende Spannungsunterschied zwischen Kondensator und Pumpe vermindert die Stauhöhe.

Die Verschlechterung der Luftleere wächst mit der Umlaufzahl, größere Umlaufzahlen erfordern auch weitere Schlitze. Aus diesen Ver-

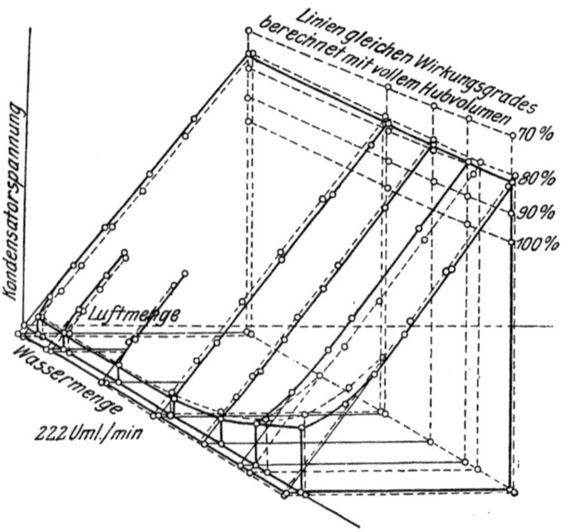

Fig. 353.

hältnissen erklärt sich auch die Verschlechterung der Luftspannung bei Verwendung warmen Kühlwassers und die Schwierigkeit, bei den mit großen Wassermengen arbeitenden Luftpumpen der Einspritzkondensationen genügende Luftleeren zu erhalten. Es zeigte sich, daß bei Erhöhung der Umlaufzahl von 150 auf 220 Uml./Min. ganz bedeutende Druckunterschiede zwischen Kondensator und Pumpenraum auftraten. Bei Pumpen mit Saugklappen ist ähnliches Verhalten zu erwarten.

In Fig. 353 sind die Kurven gleichen Wirkungsgrades eingetragen. Die erzielte Luftleere wird in Beziehung gesetzt zu der Luftspannung

$$p_1 = \frac{\text{Luftmenge mal barometr. Luftdruck}}{\text{Hubvolumen minus Wasserfüllung}}.$$

Die wirklichen Luftspannungen zeigen etwas veränderlichen Wirkungsgrad in Abhängigkeit von Umlaufzahl und Schlitzverlust.

Bemerkenswert sind fernerhin die in Fig. 354 dargestellten Ergebnisse, die zum Teil mit Hilfe der Indikatordiagramme erzielt wurden.

Die Ansaugespannungen nehmen mit der geförderten Luftmenge etwas zu, der Wirkungsgrad der Luftförderung wird durch den größer werdenden Luftrest aus dem schädlichen Raum verschlechtert. Die

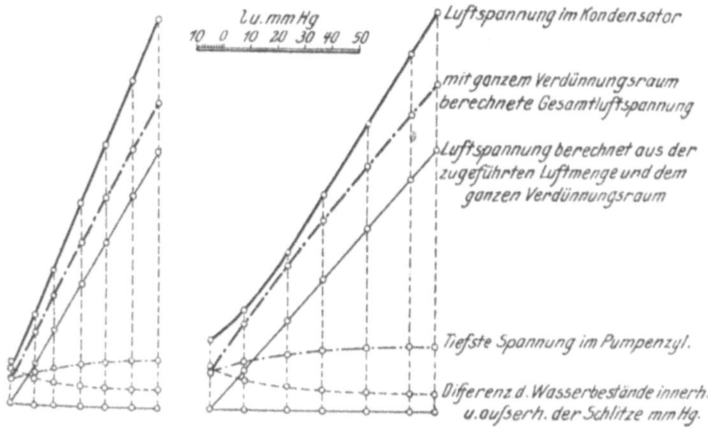

n = 150. Wasserfüllung 120 l. n = 222. Wasserfüllung 180 l.

Fig. 354.

Luftspannung ist einmal aus der zugeführten Luftmenge, sodann aus der Summe dieser und der im schädlichen Raum verbleibenden Luftmenge berechnet, diese Summe als „Gesamtluftspannung" bezeichnet. Der „Verdünnungsraum" wurde hierbei gleich Hubraum minus Wasserfüllung gesetzt. Ein Vergleich dieser Gesamtluftspannung mit der im Kondensator er-

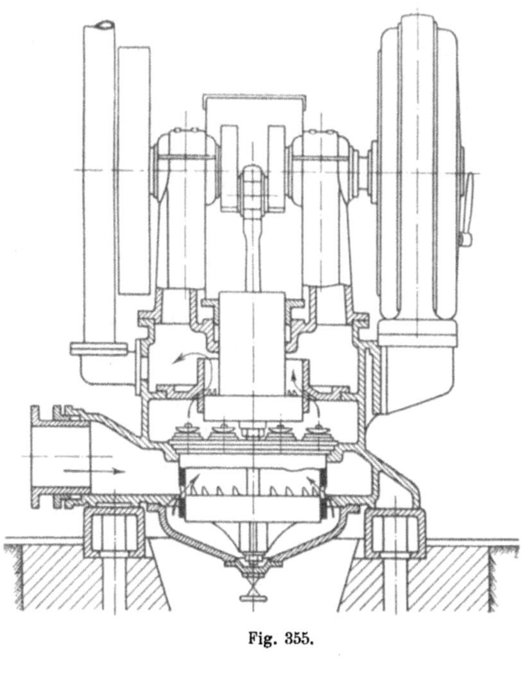

Fig. 355.

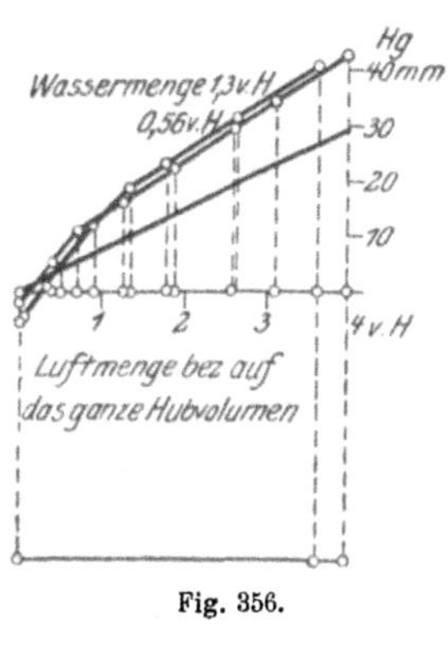

Fig. 356.

reichten Luftspannung läßt eine Berechnung des wahrscheinlich wirksamen kleineren Hubraumes zu. Bei ausreichender Bemessung der

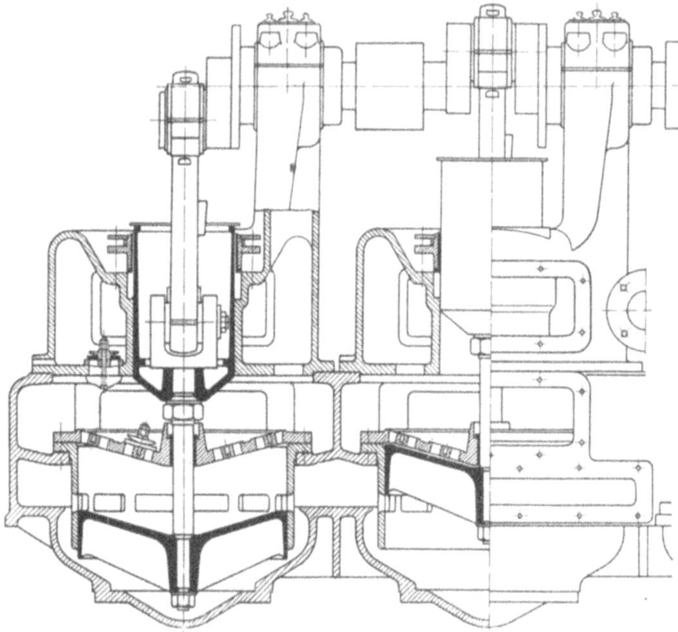

Fig. 357[1]).

Schlitze ist anzunehmen, daß etwa ein Drittel der Schlitzlänge zum wirksamen Hub hinzugerechnet werden kann.

Fig. 355 zeigt eine Luftpumpe der A.E.G., bei der auch die zweite Stufe durch Schlitze ansaugt, so daß nur eine Ventilplatte erforderlich wird. Ein nach dem Ausgußraum öffnendes Sicherheitsventil im Oberraum verhindert Schäden durch allzu große Wasserfüllung.

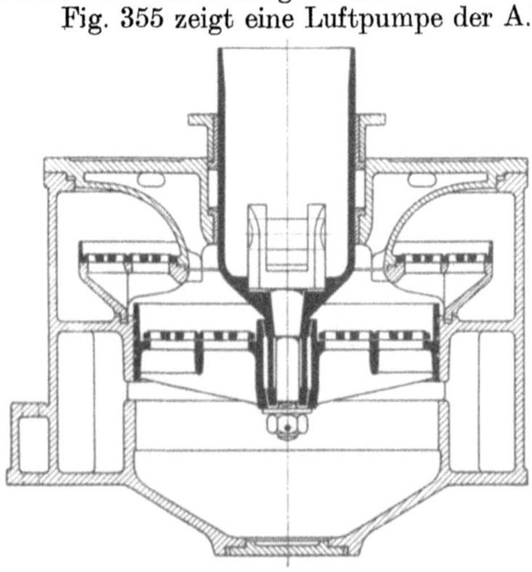

Fig. 358.

Fig. 356 zeigt weiterhin die von Doerfel an der A.E.G.-Luftpumpe festgestellten Ergebnisse. Die Versuche wurden mit zweierlei Wassermengen bei zunehmender Luftzufuhr angestellt. Als Ordinaten sind die Gesamtspannungen $p_l + p_d$ wieder-

[1]) Maschinenfabrik Augsburg-Nürnberg. Maßstab ∼ 1:25.

gegeben; p_d wird durch eine der Wassertemperatur von 37° entsprechende Wagerechte dargestellt. Auch hier gilt das Proportionalitätsgesetz und es folgen bei 25 v. Ht. Schlitzlänge Wirkungsgrade von 70—72 v. Ht., bezogen auf den oben genannten „Verdünnungsraum". Bei kleinen Luftmengen und bei Luftabschluß wurden Gesamt-

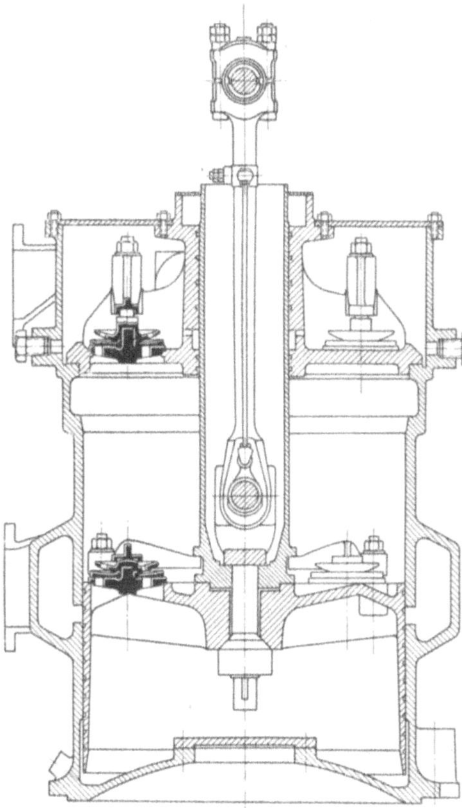

Fig. 359.

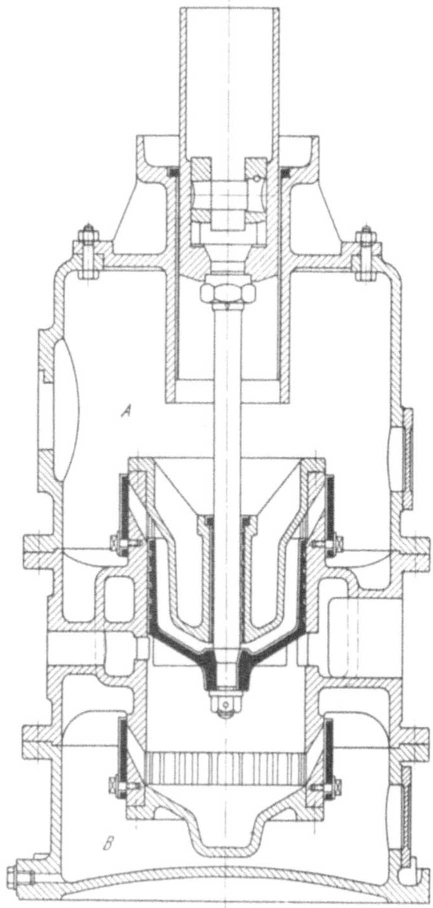

Fig. 360.

spannungen erzielt, die kleiner sind als sich nach dem Proportionalitätsgesetz ergeben und sogar unter die Sättigungsspannung reichen, so daß hier auf eine die Dampfentwicklung übertreffende Absaugung, also auf eine „Dampfverdünnung" geschlossen werden kann, die wahrscheinlich durch Unterkühlung der Luft gefördert wurde.

In der Ausführung nach Fig. 357 bestimmt der Tauchkolben der zweiten Stufe das Druckverhältnis.

In Fig. 358 ist eine sowohl mit Verbundwirkung nach Doerfel als mit Saugschlitzen ausgeführte Luftpumpe[1]) wiedergegeben.

Ähnliche Ausführungsweise, aber ohne Luftsack, zeigt die Luft pumpe nach Fig. 359[2]). Die mit dieser Anordnung erhaltenen Diagramme sind in Fig. 349 dargestellt.

In Fig. 360[3]) ist eine doppeltwirkende Luftpumpe mit Saugschlitzen wiedergegeben.

Die Druckräume *A* und *B* stehen miteinander in Verbindung; Luft und Kondensat treten dem die Schlitze umgebenden Ringraume zu. Die Druckklappen umgeben konzentrisch den Pumpenkörper.

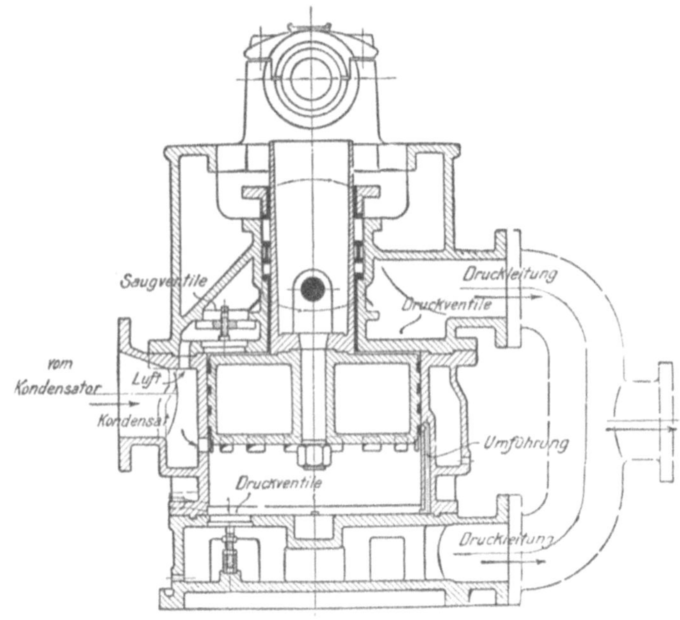

Fig. 361.

Bei der Josseschen Luftpumpe nach Fig. 361 fließen bei der oberen Kolbentotlage das Kondensat und ein Teil der Luft durch Schlitze in den Raum unterhalb des Kolbens, der beim Niedergange auf seiner oberen Seite den Rest der Luft durch Ventile ansaugt.

Kurz vor der unteren Totlage legt der Kolben einen Umführungskanal frei, so daß Wasser von der unteren Kolbenseite auf die obere gespritzt wird, dort den schädlichen Raum ausfüllt und die durch die Luftverdichtung erwärmte, obere Kolbenseite abkühlt.

---

[1]) Ausführung von A. Borsig, Tegel bei Berlin.

[2]) Ausführung von Sack & Kießelbach, Rath.

[3]) Ausführung der Prager Maschinenbau-A.-G. vorm. Ruston & Co., Prag.

Die Diagramme, Fig. 362, bei n = 250 aufgenommen, lassen in dem fast senkrechten Verlauf der Rückexpansionslinie die Ausfüllung der schädlichen Räume erkennen.

Ist die Ausführungsweise nach einem der gegebenen Beispiele gewählt, so sind beim Entwurf noch folgende Regeln zu beachten: Richtungswechsel in der Wasserbewegung innerhalb der Pumpe ist zu vermeiden, da er Anlaß zu stoßendem Gang gibt. Dieser tritt auch bei kleinem „schädlichen Raum" auf, der wegen seines geringen Luftinhaltes außerordentlich rasche Kompression herbeiführt, so daß das Wasser gegen die Ventile schlägt. Diagramm Fig. 363a. Durch Anwendung von Schnüffelventilen lassen sich diese Stöße, allerdings bei gleichzeitiger Verschlechterung der Luftleere, verhindern. Die von diesen Ventilen eingesaugte Luft bildet unter den Druckventilen einen Puffer,

Fig. 362.

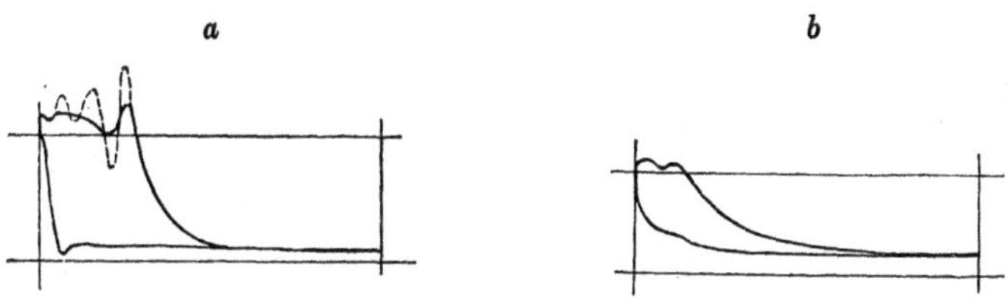

Fig. 363.

und der Ausgußdruck wird durch allmähliche Kompression dieser Luft erreicht. Zuviel Luft verursacht zwar sanften Gang, verschlechtert aber auch wegen der Expansion aus dem schädlichen Raum den Wirkungsgrad. Diagramm Fig. 363b. Ist das Kondensat um mehr als 1 bis 1,5 m über Luftpumpenausguß zu heben, so empfiehlt sich Aufstellung einer besonderen Pumpe, um so mehr, als sonst auch die Luft entsprechend komprimiert werden muß.

Die Ventile müssen leicht zugänglich und so angeordnet sein, daß Luftsäcke nicht entstehen können.

Als Material für die Klappen sind Gummi, für heißes Wasser Dermatine gebräuchlich. Ventilsitze mit runden Öffnungen nach Fig. 364b sind solchen nach Fig. 364a vorzuziehen, da bei ersteren die Klappen gleichmäßiger beansprucht werden. Der Auflagerdruck soll 2 bis 2,5 kg/qcm nicht überschreiten, wobei als Auflagerfläche die halbe Stegbreite rings um die Öffnung anzunehmen ist. Stegbreite $\geqq$ 8 mm.

Der Ventilsitz wird durch Gummischnüre oder durch verstemmten Rostkitt gedichtet, der namentlich bei eingeschobenen Platten Verwendung findet. Klappenventile, die sich vor der Durchbiegung um einige mm heben, werden weniger beansprucht. Ihre Ausführung empfiehlt sich besonders bei Anwendung des weniger biegsamen Dermatine. Die Fangteller sind zu lochen, damit die Klappen nicht anhaften. Metallventile werden seltener angewendet, sie eignen sich für höhere Temperaturen, aber nur für reines Wasser.

Die Luftpumpenkolben werden meistens als gußeiserne Hohlkörper mit Ringen aus Rotguß oder Phosphorbronze ausgeführt, bei unreinem Wasser Dichtung mit Holz oder Leder. Die Stopfbüchsen werden vielfach von Wasserkasten umgeben, so daß keine Luft eindringen kann.

Bei nicht zu hohen Kolbengeschwindigkeiten ist der Antrieb der Luftpumpe durch die verlängerte Dampfkolbenstange bei liegenden

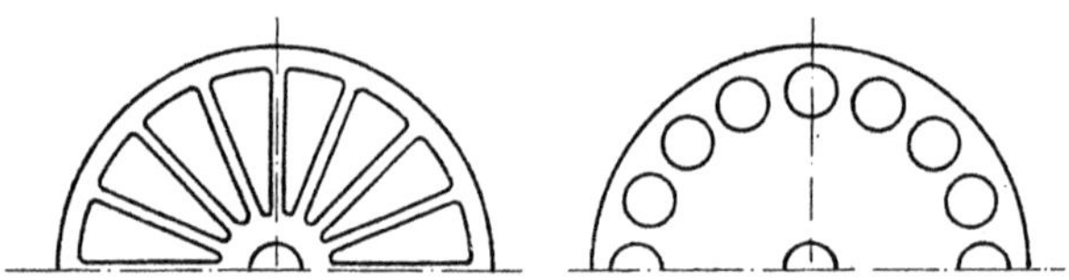

Fig. 364.

Maschinen wegen der einfachen Aufstellung, billigen Fundamentierung und guten Zugänglichkeit sehr gebräuchlich, doch ergeben sich infolge der hochzuführenden Abdampfleitung die auf S. 281 erwähnten Nachteile. Ist die Kolbengeschwindigkeit größer als 2,5 bis 3 m, so werden meist unter Flur stehende Luftpumpen vorgezogen, eine Aufstellung, die bei größeren Saughöhen zur Notwendigkeit wird. Der Antrieb erfolgt dann mittelst Winkelhebels vom Kurbelzapfen, Kreuzkopf oder von der rückwärtigen Kolbenstangenführung aus, seltener ist der Antrieb durch Exzenter. Der Luftpumpenhub ist hierbei möglichst klein zu halten, um die Beschleunigung zu verringern und um bei stehenden Pumpen genügenden Kolbenquerschnitt für die Unterbringung der Ventile zu erhalten. Es muß die größte Beschleunigung $\frac{v^2}{r}$ kleiner als die Beschleunigung $g = 9,8$ der Schwerkraft sein, da sich sonst beim Niedergang Kolben und Wasser trennen und erst am Hubende mit Stoß zusammentreffen. Die Zapfen des Gestänges sind für einen Flächendruck von 15 bis 20 kg/qcm zu berechnen.

Die Ventilquerschnitte sind so zu berechnen, als ob der ganze Zylinder mit Wasser gefüllt wäre. Die Durchgangsgeschwindigkeit darf im freien Querschnitt der Ventilsitze bis zu 4 m/sek., am Umfang der Klappen bis zu 3 m/sek. betragen. Ventilhub 8 bis 12 mm. Geschwindigkeit in Saug- und Druckrohr bis zu 2,5 m. Da der freie Sitzquerschnitt der Kolbenventile stehender Pumpen nur $1/4$ des Kolbenquerschnittes ausmachen kann, so ist hier zur Vermeidung übermäßiger Wassergeschwindigkeit die Kolbengeschwindigkeit ≤ 1 m zu wählen.

2. Die Pumpen für Luftförderung allein.

Die Verdichtung der Luft vom Kondensatordruck p_k auf den atm. Druck bedingt eine ungefähr zehnfache Kompression, bei welcher der Einfluß des schädlichen Raumes auf den volumetrischen Wirkungsgrad und die Erwärmung der Luft von großer Bedeutung sind. Beträgt z. B. der schädliche Raum 5 v. Ht. des Hubvolumens v und wird bei durchgreifender Wasserkühlung isothermische Kompression angenommen, so wird die Saugleistung bei einer Luftleere $p_k = 0{,}1$ kg/qcm ungefähr auf die Hälfte vermindert, gemäß der Gleichung

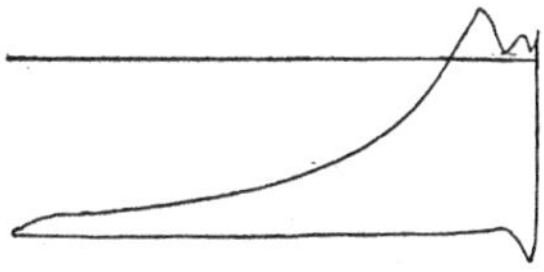

Fig. 365.

$$0{,}05\,v \cdot 1 = v' \cdot 0{,}1; \quad v' = 0{,}5\,v.$$

Die am Ende des Druckhubes im schädlichen Raum zurückgebliebene Luft von atm. Spannung dehnt sich aus, so daß erst nach Zurücklegung von 45 v. Ht. Kolbenweg die Saugspannung erreicht wird und das Saugventil öffnet. Bei einer Luftleere $p_k = 0{,}05$ sinkt der Wirkungsgrad sogar auf Null, d. h. es wird nicht mehr angesaugt, sondern die im schädlichen Raum befindliche Luft dehnt sich abwechselnd aus.

Diese Wirkung des schädlichen Raumes wird durch Überströmung der Luft beim Hubwechsel vom schädlichen Raum auf die andere Kolbenseite verringert.

Luftpumpen mit Überströmung.

Bei diesen zuerst von Weiß eingeführten Pumpen wird durch einen meist im Schieber selbst liegenden Umführungskanal unmittelbar hinter dem Kolbentotpunkt der Druckausgleich zwischen beiden Kolbenseiten bewirkt. Die Luft strömt mit atm. Spannung aus dem schädlichen Raum auf die andere Kolbenseite, wo eben die Kompression beginnt, dort die Spannung erhöhend, bis sie dem sich vermindernden Druck im schädlichen Raum gleich ist. Fig. 365[1]). Der räumliche Wirkungsgrad steigt bis zu 97 v. Ht.

Luftpumpe von Balcke & Co., Fig. 366. Der Lufteintritt wird durch einen Rundschieber, der Austritt durch besondere, direkt an den Luftkanälen sitzende Ventile gesteuert. Diese sind am tiefsten Punkt der Kanäle angeordnet, so daß Wasser, das in den Luftzylinder gelangt, leicht abfließen kann. Eine Zerstörung des Zylinders durch Wasserschlag ist dadurch ausgeschlossen. Der Rundschieber, der in einem für sich abgeschlossenen Raume liegt und beständig unter Öl gehalten werden kann, ist mit einem Überströmkanal ausgeführt, der in der Kolbentotlage beide Zylinderseiten miteinander verbindet.

Fig. 367. Luftpumpe von Köster, ausgeführt von Pokorny & Wittekind.

---

1) Diagramm einer Kösterschen Luftpumpe (Pokorny & Wittekind).

Der Schieber läuft nicht in einem Schieberkasten, sondern liegt frei sichtbar, was dadurch erreicht wird, daß Saugstutzen S und Druckstutzen D auf derselben Seite des Schieberspiegels untergebracht sind. Die Luft gelangt aus dem Kondensator in die Öffnung S und verteilt

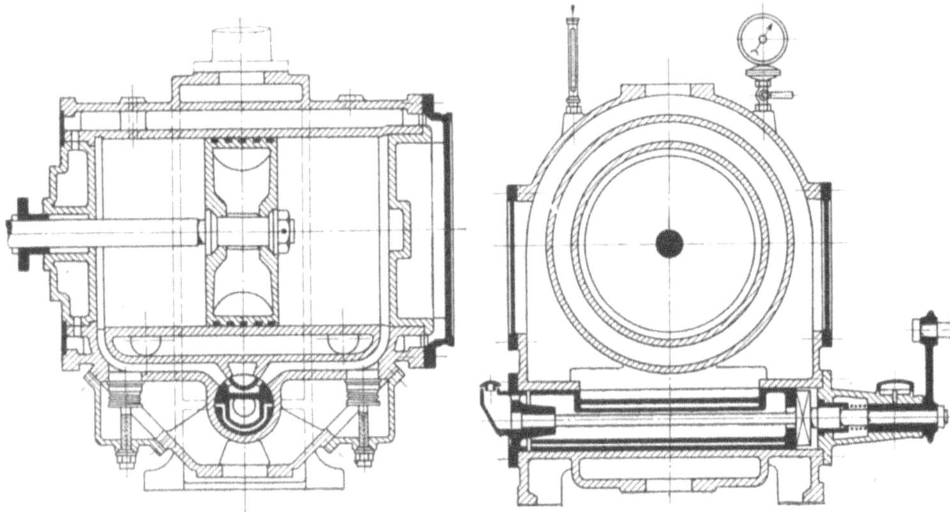

Fig. 366.

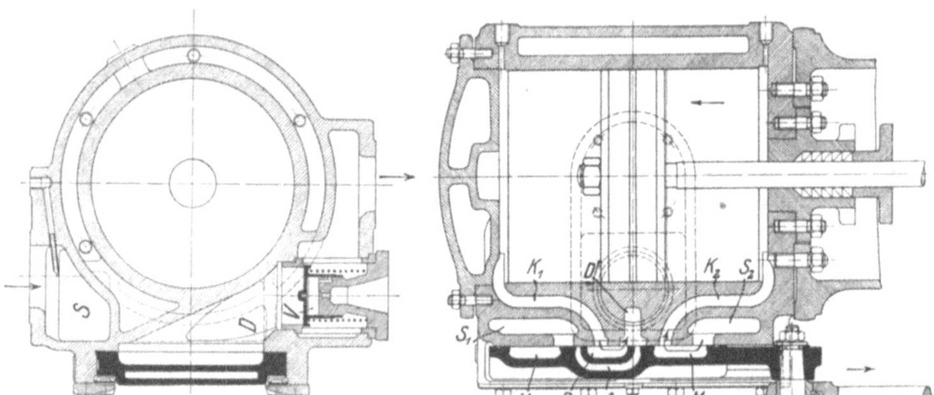

Fig. 367.

sich von hier in die Saugräume S_1 und S_2. In Fig. 367 geht der Kolben nach links, saugt durch M_2 und K_2 aus S_2 Luft an und drückt zugleich auf der linken Seite die beim vorhergehenden Hube angesaugte Luft durch K_1, P und D ins Freie. Das Exzenter des Schiebers ist gegen die Kurbel um 90^0 versetzt. Außer den Muscheln M_1 und M_2, durch welche die Luft in den Zylinder gelangt, und der Muschel P, durch welche der

Austritt erfolgt, besitzt der Schieber noch den Kanal A, der die Überströmung vermittelt.

Das Rückschlagventil V verhindert, daß Luft von außen in den Zylinder gelangen kann, wenn der Schieber den Druckkanal öffnet und in diesem noch keine atm. Spannung herrscht.

Bei beiden beschriebenen Pumpen ist reichliche Wasserkühlung durch Mantel und Deckel vorgesehen.

3. Kraftbedarf und Bemessung der Pumpen.

Bei der Bestimmung der Pumpenabmessungen und des Kraftbedarfes müssen zunächst Annahmen über die in den Kondensator eindringenden Luftmengen gemacht werden.

Der Luftgehalt des Kühlwassers ist verschwindend gering, er beträgt dem Volumen nach nur 1 bis 2 v. Ht. Grundwasser führt sogar noch geringere Luftmengen mit sich.

Von größerer Bedeutung sind die von Undichtheiten herrührenden Luftmengen, deren Größe von dem Zustand der Anlage abhängig ist. Weiß schlägt für deren Schätzung folgende, auf Grund von Versuchen gewonnene Zahlen vor:

$$L = \frac{1}{1000} \cdot (\lambda \cdot W + \mu \cdot D),$$

worin

$L =$ minutl. Luftmenge in cbm,
$W =$ minutl. Kühlwassermenge in kg,
$D =$ minutl. zu kondensierende Dampfmenge in kg,
$\lambda = 0{,}02$ Absorptionskoeffizient,
$\mu =$ Undichtheitskoeffizient.
$\mu = 1{,}8 + 0{,}01\,Z$ bei groben Betrieben, wie in Hüttenwerken.
$\mu = 1{,}8 + 0{,}006\,Z$ bei feineren Betrieben, wie in Elektrizitätswerken.
$Z =$ Gesamtlänge der Abdampfleitungen in m.

Für neue Anlagen sind die Weißschen Werte um etwa 20 bis 30 v. Ht. zu groß.

In Dampfturbinen kann die Luft nur durch die Stopfbüchsen eintreten, vorausgesetzt, daß Kesselspeisepumpe und Luftpumpe ohne Schnüffelventile arbeiten.

Dichten die Stopfbüchsen durch Sperrdampf ab, so ist auch hier Eindringen von Luft ausgeschlossen. Außerdem ist das in geschlossenem Kreislauf benutzte Kondensat entlüftet, so daß mit dem Dampf keine Luft eintritt.

Undichte Stellen können noch an den Flanschen der Abdampfleitung, sowie am Kondensator selbst vorkommen.

Bei einem Versuch an einer 300 KW.-Parsonsturbine hat Josse die von der Luftpumpe geförderte Luft gemessen[1]).

Auf 3000 kg/st. Dampf kam eine Luftmenge von 0,25 kg/st.

[1]) Josse, Zeitschr. d. Ver. deutsch. Ing. 1909. S. 330.

Stodola schätzt die durch Undichtheiten eindringende Luftmenge bei Dampfturbinen auf 1,0 bis 0,5 kg auf je 1000 kg Dampfniederschlag[1]).

a) Trockene Luftpumpen.

In trockenen Luftpumpen mit reichlicher Wasserkühlung geht die Verdichtung nach einer Polytrope vor sich. Die zur Verdichtung und zum Fortdrücken erforderliche Arbeit beträgt:

$$L = p_0 \cdot v \cdot \frac{n}{n-1}\left[\left(\frac{p_a}{p_0}\right)^{\frac{n-1}{n}} - 1\right] \text{mkg.}$$

Hierin bedeuten:

p_0 die absolute Saugspannung in kg/qm.
p_a die absolute Druckspannung in kg/qm.
v das angesaugte Volumen in cbm von der Spannung p_0.

Da ein Gemisch von Luft und trocken gesättigtem Dampf anzusaugen ist, so wird bei Überhitzung des Dampfes während der Verdichtung:

$$n = \frac{c'_p + m \cdot c''_p}{c'_v + m \cdot c''_v}$$

$c'_p = 0{,}24$ für Luft, $c''_p = 0{,}48$ für Wasserdampf, $m = \frac{\text{Dampfgewicht}}{\text{Luftgewicht}}$.
$c'_v = 0{,}17$ „ „ , $c''_v = 0{,}37$ „ „ .

Für Werte von $m = 0$ bis $m = 100$ schwankt n in den Grenzen zwischen 1,41 und 1,3. Die Untersuchung zeigt, daß der Kraftbedarf der trockenen Luftpumpe durch den Wasserdampfgehalt nur wenig beeinflußt wird.

Da Mantel- und Deckelkühlung den Exponenten n der Eins nähern, so genügt für überschlägliche Rechnungen Annahme der isothermischen Verdichtung. Es wird:

$$L = a \cdot p_0 \cdot v \cdot \ln \frac{p_a}{p_0},$$

worin durch $a = 1{,}1$ bis 1,2 der größere Arbeitsbedarf der polytropischen Kompression berücksichtigt wird. Druckausgleich erhöht den Kraftbedarf.

Mechanischer Wirkungsgrad der Luftpumpe: 0,88 bis $0{,}92 = \eta_m$.
Räumlicher Wirkungsgrad: $0{,}90$—$0{,}96 = \eta_v$.

Ist O = Zylinderquerschnitt,
s = Kolbenhub,
n = minutl. Umlaufzahl,
v = erforderlicher, sekundl. Saugleistung, so folgt für doppelte Wirkung:

$$v = \eta_v \cdot O\,c = \eta_v \cdot O\,\frac{n\,s}{30}.$$

b) Nasse Luftpumpen.

Das Kondensat nimmt während der Verdichtung die Kompressionswärme der Luft auf, so daß der Vorgang isothermisch verläuft. Wegen

[1]) Stodola, Die Dampfturbinen. 5. Auflage, S. 732. Berlin: Julius Springer 1922.

der gleichbleibenden Temperatur wird der Dampf im Gemisch seinen Druck beibehalten und dementsprechend bei der Kompression kondensieren. Die aus der freiwerdenden Verdampfungswärme folgende Er-

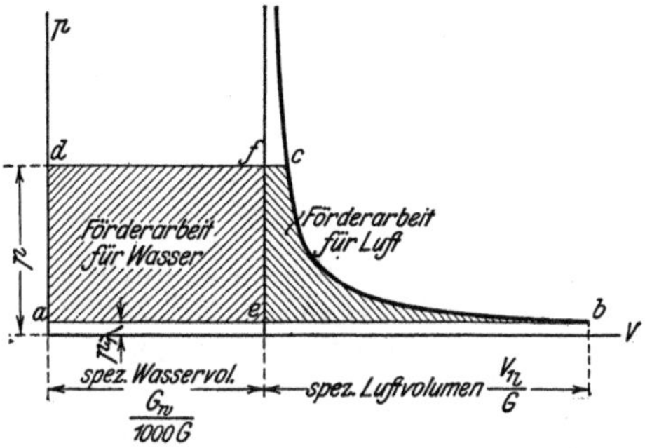

Fig. 368.

wärmung des in der Pumpe vorhandenen Kondensats kann unberücksichtigt bleiben.

Der Dampfdruck im Pumpenzylinder bleibt sonach annähernd konstant; der Luftdruck wird dementsprechend von $p_l = p_k - p_d$ auf $p = p_a - p_d$, der Wasserdruck von p_k auf p_a gesteigert ($p_a - p_k = p - p_l$).

Arbeitsbedarf:

$$L = p_l \cdot v \cdot \ln \frac{p}{p_l} + G_w \frac{p - p_l}{1000}.$$

Fig. 368 zeigt die Aufzeichnung des Diagramms.

Im Diagramm der Schlitzpumpe, Fig. 369b, verläuft die Sauglinie

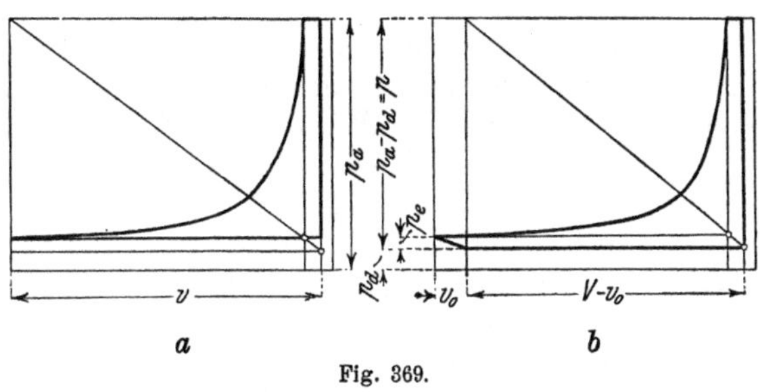

Fig. 369.

im Abstand p_d von der Null-Linie gegenüber Abstand p_k in Fig. 369a. Ist v_0 = Schlitzlänge mal Luftkolbenquerschnitt, so wird

$$L = p_l \cdot (V - v_0) \cdot \ln \frac{p}{p_l} + p_l \cdot (V - v_0) + G_w \frac{p - p_l}{1000}.$$

Bei gleichen Verhältnissen ist $V - v_0 = v$ zu setzen; die Schlitzpumpe weist also größeren Arbeitsbedarf auf als die Ventilpumpe.

Die Auftragung der Werte $L_l = p_l \cdot v \cdot \ln \frac{p}{p_l}$ für verschiedene Drucke p_l ergibt die in Fig. 370 dargestellte Kurve.

Der Druck p_l, für den L_l den Höchstwert erreicht, wird gefunden, indem die Gleichung mit konstantem v und p nach p_l differentiert und der Differentialquotient $\frac{d L_l}{d p_l} = 0$ gesetzt wird. L_l wird am größten bei dem Druck $p_{krit} = \frac{p}{e}$, worin $e = 2{,}72$ die Grundzahl der natürlichen Logarithmen bedeutet.

Die Wasserförderarbeit $L_w = G_w \cdot \frac{p - p_l}{1000}$ wächst linear mit p_l. Die Vereinigung beider Kurven, die Gesamtarbeit $L = L_l + L_w$ darstellend, ist in Fig. 376 wiedergegeben. Bei konstanter Wasserfüllung von 30 v. Ht. liegt das theoretische Maximum der Luftpumpenarbeit ungefähr bei 74 v. Ht. Luftleere.

Fördert die Pumpe außer dem Kondensat auch das Kühlwasser. so ist für G_w ein entsprechend größerer Wert einzusetzen.

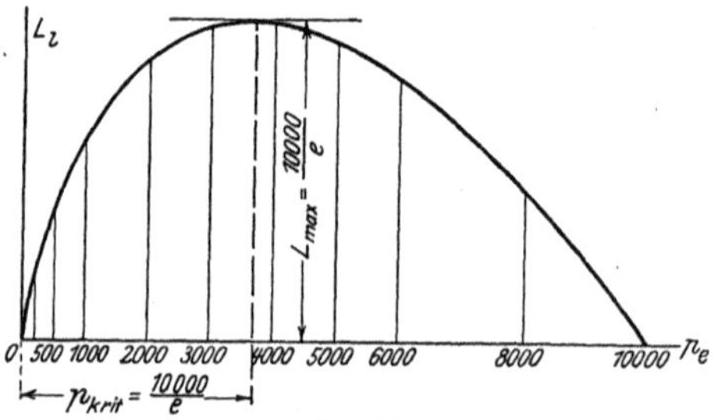

Fig. 370.

Bei den Naßluftpumpen ist neben dem die Rückexpansion aus dem schädlichen Raum berücksichtigenden und aus dem Pumpendiagramm ersichtlichen räumlichen Wirkungsgrad η_v der auch sonstige Verluste in Betracht ziehende Liefergrad η' zu beachten.

Für einstufige Naßluftpumpen ist $\eta_v = 0{,}7$ bis $0{,}8$, kann jedoch — so bei Einschnüfflung von Luft — auch kleiner sein. Bei Schlitzpumpen ist anzunehmen, daß höchstens die Hälfte der Schlitzlänge noch zum nutzbaren Hub zu rechnen ist (s. S. 320), richtiger ist, für den Entwurf den ganzen Schlitz nicht in die Rechnung einzusetzen. Ist die Schlitzlänge $= 0{,}1$ Hub, so wird der Liefergrad für einstufige Schlitzpumpen:

$$\eta' \cong 0{,}9 \cdot 0{,}7 = 0{,}63 \text{ bis } 0{,}9 \cdot 0{,}8 = 0{,}72.$$

Bei Luftpumpen mit Saugklappen ist — worauf Dr.-Ing. K. Schmidt[1]) aufmerksam gemacht hat — der Saugklappenwiderstand zu beachten.

Ist $p_k = 1500$ kg/qm, $p_d = 800$ kg/qm, $p_l = 700$ kg/qm, so wird bei 300 kg/qm Saugklappenwiderstand die absolute Saugspannung im Pumpenzylinder 1200 kg/qm betragen. Da infolge Anwesenheit des

[1]) Die Berechnung der Luftpumpen für Oberflächenkondensationen. Berlin: Julius Springer 1909.

Kondensats im Pumpenraum der Dampfdruck hier ebenfalls 800 kg/qm beträgt, so ist hier ein Luftdruck von nur 1200 — 800 = 400 kg/qm vorhanden und die Drosselung macht eine Vergrößerung des berechneten Volumens auf das $\frac{700}{400}$ fache erforderlich.

Der Liefergrad beträgt nur

$$\eta' = \eta_v \cdot \frac{400}{700} = 0{,}7 \cdot \frac{400}{700} = 0{,}40.$$

Bei doppelstufigen Naßluftpumpen nimmt η_v bedeutend günstigere Werte an, dasselbe ist der Fall bei den mit Ausfüllung des schädlichen Raumes arbeitenden Naßluftpumpen.

Für die mit einer Kolbendampfmaschine zusammenarbeitende Luftpumpe wird vielfach eine Bemessung derart empfohlen, daß das Kühlwasser und Kondensat unter Zugrundelegung eines Kühlwasserverhältnisses n = 29, also $G_w = 29 + 1 = 30$ mit 25 v. Ht. Füllung des Hubraumes gefördert wird.

Bei dieser Rechnung wird also das Hubvolumen $V = O \cdot s$ gleich dem 120 fachen des niederzuschlagenden Dampfgewichtes D gesetzt. Hieraus folgen die einfachen Beziehungen (D = stündl. Dampfgewicht in kg):

$$V \cdot 2n\,60 = 120\,D, \quad V = \frac{D}{n} \text{ für doppeltwirkende Pumpen,}$$

$$V = 2\frac{D}{n} \text{ für einfachwirkende Pumpen.}$$

4. Berechnung der Schlitzpumpen.

Die Berechnung dieser Pumpen gestaltet sich wesentlich anders als bei den übrigen Bauarten.

Im folgenden bedeuten:

L = pro Hub fortzuschaffende Luftmenge,

W = pro Hub fortzuschaffende Wassermenge,

h = wirksamer Hub = Entfernung von Oberkante Schlitz bis zur höchsten Kolbenlage.

$h_1 \cong 0{,}8\,h : 1\,h$ = Höhe der Saugschlitze,

$H = h + h_1$ = Gesamthub,

D_3 = Kolbendurchmesser, D_1, D_2, D_4, D_5 weitere aus Fig. 371 zu entnehmende Durchmesser.

F_3 = Kolbenquerschnitt. F_1, F_2, F_4, F_5 die zu D_1, D_2, D_4, D_5 gehörigen Querschnitte.

V bezeichnet denjenigen Raum, der sich in der oberen Totlage des mit Wasser ausgefüllt gedachten Kolbens zwischen diesem und den Druckklappen befindet.

Die Berechnung des Hubraumes wird wie bei den übrigen einfachwirkenden Luftpumpen vorgenommen, indem das pro Hub anzusaugende Wasser- und Luftgemisch

$$L + W = F_3 \cdot h$$

gesetzt wird.

Der Gesamthub H ist durch die Wahl der mittleren Kolbengeschwindigkeit $c = \frac{H \cdot n}{30} = 1{,}0 \div 1{,}5$ m bestimmt, wodurch nach Annahme von h und h_1 auch F_3 bezw. D_3 festgelegt ist.

Bestimmung des Verdrängerdurchmessers D_1. Hat der Kolben die obere Schlitzkante erreicht, Fig. 371c, so muß im Pumpenraum das Wasser um x von der oberen Kolbenkante k entfernt sein, falls mit Sicherheit ein Zurückströmen aus dem Pumpenraum in das Gehäuse vermieden werden soll. In der gezeichneten Stellung ist die Kolbenoberkante um h + 10 mm — ein Spielraum von 10 mm in der oberen Totlage vorausgesetzt — von der oberen Pumpenwand entfernt. Geht der Kolben um h aufwärts, so verdrängt er ein Volumen von der Größe

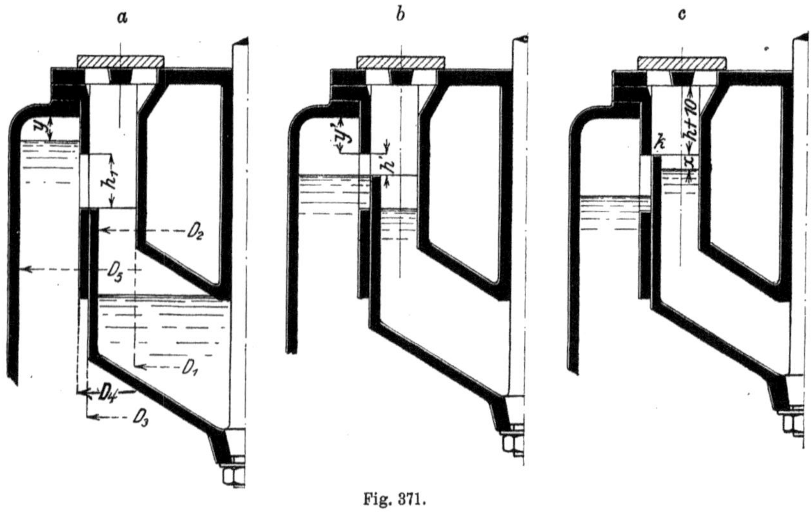

Fig. 371.

$V' = F_3 \cdot h$. Hierbei wird der Raum V zwischen dem inneren Wasserspiegel und den Druckventilen ausgefüllt und außerdem die Wassermenge W ausgestoßen. Es besteht die Beziehung

$$F_3 \cdot h = W + V + (F_2 - F_1) \cdot x + (F_3 - F_1) \cdot h.$$

$$F_1 = \frac{D_1^2 \pi}{4} = \frac{W + V + F_2 x}{x + h}.$$

Bestimmung der Druckventilquerschnitte. In Fig. 371c beginnt soeben die Kompression der eingeschlossenen Luftmenge L. Das Wasser tritt zuletzt aus und die Ausströmung beginnt, wenn der Kolben um $x' = \frac{W}{F_3}$ von seiner oberen Totlage entfernt ist. Um unter Voraussetzung unendlicher Pleuelstangenlänge die Kolbengeschwindigkeit bei Beginn der Wasserförderung zu ermitteln, multipliziert man $c_{max} = \frac{H \cdot n \cdot \pi}{60}$ mit dem Verhältnis der größten Ordinate zu der zum Kolbenweg x' gehörigen Ordinate z, so daß

$$c_x = c_{max} \cdot \frac{z}{H}.$$

Ist $c = 3 \div 4$ m die Wassergeschwindigkeit bei Beginn der Ausströmung, so wird die freie Ventilfläche

$$f = \frac{F_3 c_x}{c}.$$

Berechnung des Gehäusedurchmessers D_5. Die Einströmung des Wassers in den Pumpenraum beginnt und hört auf, wenn der Wasserspiegel im Gehäuse mit der Kolbenoberkante gleichsteht. Hierbei müssen die Saugschlitze noch um einen gewissen Betrag h' — Fig. 371b — geöffnet sein, damit die Luft vor und nach dem Wasserdurchfluß einströmen kann. Außerdem soll bei tiefster Kolbenstellung — also beim höchsten Wasserstand im Gehäuse — zwischen Wasserspiegel und oberer Gehäusewand ein Spielraum y vorhanden sein, damit das Wasser nicht anschlägt.

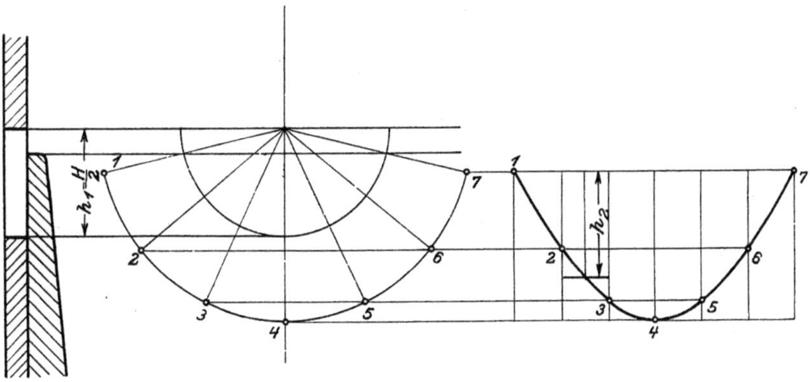

Fig. 372.

Beträgt die für die Lufteinströmung bestimmte Schlitz-Öffnung $h' \left(= \frac{1}{4} h_1 \div \frac{1}{3} h_1\right)$, so ist nach Fig. 371b der Kolben von seiner oberen Totlage um $h + h'$ entfernt.

Es besteht sonach die Beziehung, falls in der unteren Kolbentotlage der erwähnte Spielraum y vorhanden sein soll:

$$F_3 (h_1 - h') = (F_5 - F_4) \cdot (h' + y' - y) + w$$

$$F_5 = \frac{D_5^2 \pi}{4} = \frac{F_3 (h_1 - h') - w}{h' + y' - y} + F_4.$$

Legt der Kolben den Weg $(h_1 - h')$ nach unten hin und zurück, so wird das Wasser aus dem Gehäuse in die Pumpe strömen. Der Kolben wird hierbei von der Kurbel $r = \frac{H}{2}$ bewegt, während die Bewegung des äußeren Wasserspiegels von einer Kurbel $r' = r \cdot \frac{F_3}{(F_5 - F_4)}$ hervorgebracht gedacht werden kann.

Es ändert an dem tatsächlichen Vorgang nichts, wenn man sich weiterhin den Wasserspiegel stillstehend und den Kolben von einer Kurbel r + r′ angetrieben vorstellt. Für den Kolbenweg (h_1 — h′) ist in Fig. 372 das Kolbenwegdiagramm entworfen. Die Ordinaten desselben geben die jeweiligen Höhenunterschiede zwischen Wasserspiegel und Kolbenoberkante wieder und die einlaufende Wassermenge kann nach der Überlaufformel

$$w = \frac{2}{3} \cdot \mu \cdot \sqrt{2gh} \cdot b \cdot t \cdot h$$

berechnet werden. Hierin bedeuten:

μ = 0,6 = Ausflußkoeffizient,
b = Breite sämtlicher Schlitze,
t = Einlaufzeit, die vermittelst der Kurbelwinkel festgestellt werden kann.

Hiernach wird für jeden Kurbelwinkel die mittlere Höhe h ermittelt (z. B. ist in Fig. 372 für den Winkel 2—3 die mittlere Höhe = h_2) und w

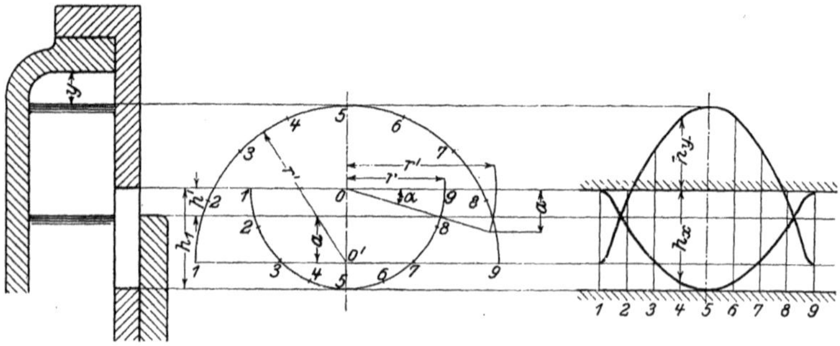

Fig. 373.

berechnet. Es muß $\Sigma w > W$ sein. Nimmt die Pumpe die zuzuführende Wassermenge nicht auf, so ist zur Vermeidung von Wasseransammlungen im Gehäuse, welche Stöße verursachen, die Schlitzbreite größer zu wählen oder, falls hierdurch der Einsatz zu sehr geschwächt wird, für höhere Schlitze zu sorgen. Im letzteren Fall ist die Rechnung den gänzlich veränderten Verhältnissen entsprechend nochmals durchzuführen.

Steigt der Wasserspiegel im äußeren Gehäuse weit über den Schlitz, so werden die einlaufenden Wassermengen nach der Formel

$$w = \frac{2}{3} \mu \cdot \sqrt{2g} \left(h_x^{\frac{3}{2}} - h_y^{\frac{3}{2}}\right) \cdot b\,t$$

berechnet.

Fig. 373 zeigt die Konstruktion für diesen Fall.

Die Größe des Kurbelradius *r′* wird wie vorhin berechnet. Die Bewegung beider Kurbeln ist nunmehr gesondert in Sinuslinien darzustellen, die sich im Abstand *h′* von der oberen Schlitzkante schneiden müssen. Dementsprechend muß der Mittelpunkt *o′* der Kurbelbewegung *r′* um die Strecke *a* unter *h′* liegen.

5. Berechnung der Wasserstrahl-Luftpumpe[1]).

a) Für Luftförderung allein.

Mit Bezug auf Fig. 374 bezeichnen:

p_x einen beliebigen Druck in der Fangdüse,
f_x den zugehörigen Querschnitt der Fangdüse,
f_1, p_1, c_1 die Werte von f, p, c am Eintritt in die Fangdüse,
f_2, p_2, c_2 die entsprechenden Werte am Austritt der Düse.
G_w und G_l die durch die Düse tretenden Wasser- und Luftgewichte in kg/sek.

Die Verdichtung der Luft kann als isothermisch angesehen werden, da die Verdichtungswärme in das Wasser übergeht.

Infolge von Wirbelbildung wird die Geschwindigkeit nicht vollständig in Druck umgesetzt; von der theoretischen der Geschwindigkeitsverringerung entsprechenden Druckzunahme geht ein Teil $\zeta\left(\frac{c_1^2 - c_2^2}{2g}\right)$ verloren, und es bleibt für die Verdichtungsarbeit:

$$G_w (1-\zeta) \cdot \frac{c_1^2 - c_2^2}{2g} = V_l \cdot p_l \cdot \ln \frac{p_{max}}{p_l} + G_w \frac{p_{max} - p_l}{1000} \quad . \; . \; (1)$$

Hierin ist das erste G_w an Stelle von $G = G_w + G_l$ gesetzt.

p_{max} = größtem, erreichbaren Druck, auf den die Strahlpumpe fördern kann. (Vergl. Fig. 375.)

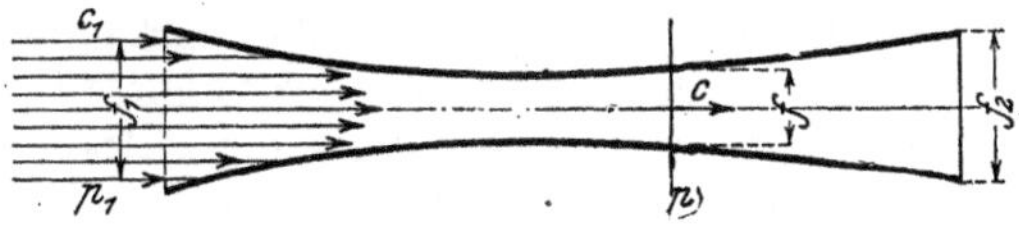

Fig. 374.

Für den beliebigen Querschnitt f_x und Druck p_x wird:

$$c_x = \sqrt{c_1^2 - 2g \frac{V_l \cdot p_l \cdot \ln \frac{p_x}{p_l} + \frac{G_w}{1000}(p_x - p_l)}{G(1-\zeta)}} \quad . \; . \; . \; (2)$$

$$f_x = \frac{G \cdot v}{c_x} = \frac{V_l \cdot \frac{p_l}{p_x} + \frac{G_w}{1000}}{c_x} \quad . \; . \; . \; . \; . \; . \; . \; . \; . \; . \; . \; (3)$$

Der Pumpe strömt das Wasser mit einer dem Druckunterschied $\frac{p_{max} - p_1}{1000}$ (in m W.S.) entsprechenden Geschwindigkeit zu. Um die Geschwindigkeit c_1 zu erzeugen, hat die Pumpe noch die zusätzliche Druckhöhe H aufzubringen. Ist φ ein Beiwert, der die Strömungsverluste in der Eintrittsdüse berücksichtigt, so wird:

$$\left(\frac{p_{max} - p_1}{1000} + H\right) \cdot \varphi = \frac{c_1^2}{2g} \quad . \; . \; . \; . \; . \; . \; . \; . \; (4)$$

$$H = \frac{c_1^2}{2g} \cdot \frac{1}{\varphi} - \frac{p_{max} - p_1}{1000} \quad . \; . \; . \; . \; . \; . \; . \; (5)$$

[1]) Vergl. C. Pfleiderer. Zeitschr. Ver. deutsch. Ing. 1914. S. 965.

Nach Einsetzung des für $\frac{c_1^2}{2g}$ aus Gl. 1 sich ergebenden Wertes wird:

$$H = \frac{p_1 \cdot V_1 \cdot \ln \frac{p_{max}}{p_1} + G_w \frac{p_{max} - p_1}{1000}}{G_w (1 - \zeta) \cdot \varphi} + \frac{c_2^2}{2g} \cdot \frac{1}{\varphi} - \frac{p_{max} - p_1}{1000} \quad . \quad (6)$$

H kann hiernach rechnerisch oder nach Fig. 377 zeichnerisch ermittelt werden.

Pumpenleistung:

$$G_w \cdot H = \frac{p_1 \cdot V_1 \cdot \ln \frac{p_{max}}{p_1}}{(1 - \zeta) \cdot \varphi} + \frac{G_w \frac{p_{max} - p_1}{1000} \cdot [1 - (1 - \zeta) \cdot \varphi]}{(1 - \zeta) \cdot \varphi} + \frac{c_2^2}{2g} \cdot \frac{1}{\varphi} \quad . \quad (7)$$

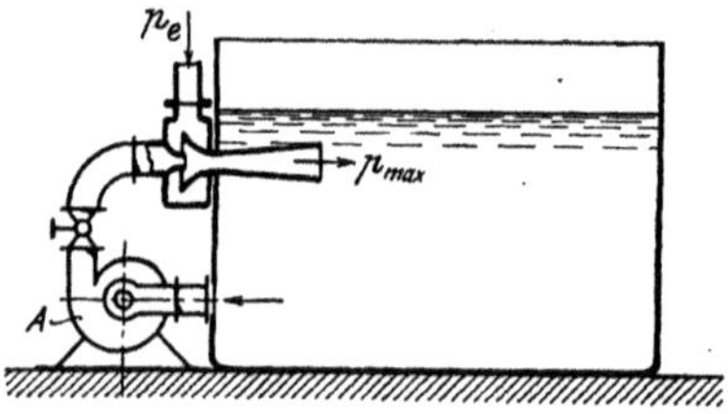

Fig. 375.

Das erste Glied von Gl. 7 entspricht dem Arbeitsaufwand für die Luftförderung, in Fig. 376 durch Kurve I dargestellt. Das zweite Glied ist der durch die doppelte Geschwindigkeitsumsetzung des Wassers bedingte Verlust, in Fig. 376 durch die Gerade II wiedergegeben.

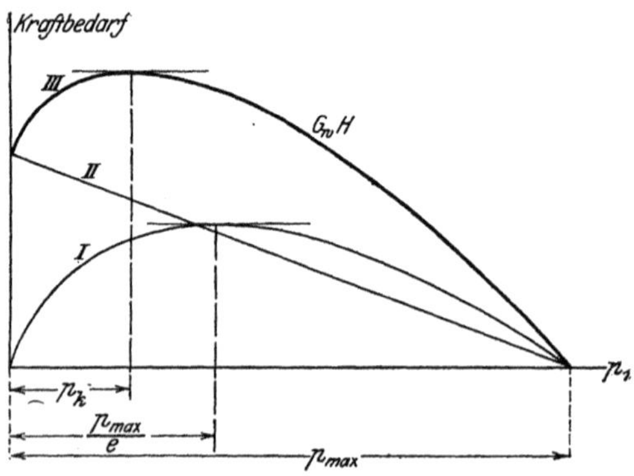

Fig. 376.

Kurve III ergibt als Summe der Ordinaten von I und II den Arbeitsbedarf der Pumpe, wenn noch $\frac{c_2^2}{2g} \cdot \frac{1}{\varphi}$ hinzu addiert wird.

$$\text{Wirkungsgrad: } \eta = \frac{V_1 \cdot p_1 \cdot \ln \frac{p_{max}}{p_1}}{G_w \cdot H}$$

Beispiel. Ein Wasserstrahl-Luftsauger nach Fig. 374 ist zu berechnen. Außendruck $p = 10200$ kg/qcm, entsprechend rd. 750 mm Barometerstand. Kondensatordruck $p_k = 0{,}06$ at., Aufschlagwassertemperatur 20°.

$$G_l = 6 \text{ kg/st.},\ T_l = 273 + 20 = 293^0.$$

Dampfdruck für 20°: $p_d = 0{,}0238$ at, $p_l = p_k - p_d = 362$ kg/qm.

Abzusaugendes Luftvolumen:

$$V_l = \frac{G_l \cdot R \cdot T}{p_l} = \frac{6}{3600} \cdot \frac{29{,}3 \cdot 293}{362} = 0{,}0349 \text{ cbm/sek.}$$

Teildruck der Luft am Austritt aus der Düse:

$$p_{max} = p - p_d = 10200 - 238 \backsimeq 10000 \text{ kg/qm.}$$

Geschätzt: $\zeta = 0{,}5$; $\varphi = 0{,}9$; $(1 - \zeta) \cdot \varphi = 0{,}45$. $G_w = 700 \cdot V_l$.

Bei Berechnung der Anlage für einen Druck $p_l = 362$ kg/qm würde die Pumpe bei einer Verschlechterung der Luftleere abschnappen. Es werde deshalb die Bemessung für $p_l = 0{,}1$ atm. entsprechend $p_k = p_d + p_l = 0{,}0238 + 0{,}1 = 0{,}1238$ at durchgeführt. Hierbei soll die Austrittsgeschwindigkeit $c_2 = 5$ m/sek. betragen.

$$\frac{c_2^2}{2g} \cdot \frac{1}{\varphi} = \frac{25}{19{,}6} \cdot \frac{1}{0{,}9} = 1{,}42.$$

$$c_1 = \sqrt{2g \cdot \frac{0{,}0349 \cdot 1000 \cdot \ln \dfrac{10000}{1000} + 24{,}43 \dfrac{10\,000 - 1000}{1000}}{24{,}43 \cdot 0{,}5} + 25} = 22{,}5 \text{ m/sek.}$$

Für einen beliebigen Querschnitt f_x der Düse wird z. B. mit $p_x = 5000$ kg/qm

$$c_x = \sqrt{22{,}5^2 - 2g \cdot \frac{0{,}0349 \cdot 1000 \ln \dfrac{5000}{1000} + 24{,}43 \dfrac{5000 - 1000}{1000}}{24{,}43 \cdot 0{,}5}} = 16{,}12 \text{ m/sek.}$$

$$f_x = \frac{0{,}0349 \cdot \dfrac{1000}{5000} + \dfrac{24{,}43}{1000}}{16{,}12} = 0{,}00195 \text{ qm} = 19{,}5 \text{ qcm.}$$

Für den Austritt der Düse wird mit $c_2 = 5$ m/sek, $p_x = p_2 = 10000$ kg/qm,

$$f_2 = \frac{0{,}0349 \cdot \dfrac{1000}{10\,000} + \dfrac{24{,}43}{1000}}{5} = 0{,}0056 \text{ qm} = 56 \text{ qcm.}$$

$$H = \frac{c_1^2}{2g} \cdot \frac{1}{\varphi} - \frac{p_{max} - p_l}{1000} = 28{,}72 - 9 = 19{,}72 \text{ m.}$$

In Fig. 377, die sich auf 1 cbm Luft bezieht, also $G_w = 700$ kg, hat die zu $p_l = 1000$ kg/qm gehörige Ordinate die Größe 115,3 mm, so daß sich mit dem Maßstab 1 mm = 50 kgm der Wert

$$V_l \cdot p_l \cdot \ln \frac{p_{max}}{p_l} + G_w \frac{p_{max} - p_l}{1000} [1 - (1 - \zeta) \cdot \varphi] = 5765 \text{ kgm}$$

ergibt. Wird dieser Wert durch $G_w (1 - \zeta) \cdot \varphi = 700 \cdot 0{,}45$ dividiert, so erhält man $H' = 18{,}3$ m. Hierzu $\dfrac{c^2}{2g} \cdot \dfrac{1}{\varphi} = 1{,}42$ ergibt wie oben $H = 19{,}72$ m.

$$\text{Pumpenleistung: } \frac{G_w \cdot H}{75} = \frac{24{,}43 \cdot 19{,}72}{75} = 6{,}42 \text{ PS.}$$

$$\text{Wirkungsgrad: } \eta = \frac{V_l}{G_w} \cdot \frac{p_l \cdot \ln \dfrac{p_{max}}{p_l}}{H} = \frac{1}{700} \cdot \frac{1000 \cdot \ln 10}{19{,}72} = 0{,}167.$$

Aus Fig. 377 ist ersichtlich, daß H'_{max} bei rd. $p_1 = 2500$ kg/qm liegt.
Es ist $H'_{max} = 20{,}3$ m.
Austrittsgeschwindigkeit c_2 folgt zu:

$$c_2 = \frac{0{,}0349 \cdot \frac{2500}{10\,000} + \frac{24{,}43}{1000}}{0{,}0056} = 6 \text{ m/sek.}$$

$$H_{max} = 20{,}3 + \frac{6^2}{2\,g} \cdot \frac{1}{\varphi} = 22{,}34 \text{ m.}$$

Soll Abschnappen der Pumpe überhaupt vermieden werden, so muß die Pumpenleistung $\frac{24{,}43 \cdot 22{,}34}{75} = 7{,}3$ PS betragen.

In Fig. 378 ist der Gang einer Berechnung dargestellt. Soll das Düsenprofil für gleichmäßige Änderung der Förderleistung, also für

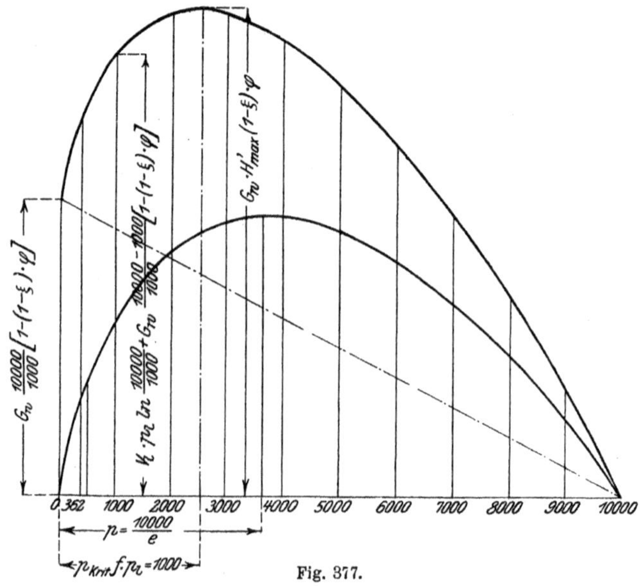

Fig. 377.

$\frac{dL}{dx} =$ konst. eingerichtet werden, so zieht man durch den Endpunkt *A* der *L*-Kurve eine Wagerechte bis zum Schnittpunkt *B* mit der im Endpunkt *V* der Düsenachse errichteten Senkrechten. Halbmesser r = EF für Punkt *x* der Düsenachse wird erhalten, indem Schnittpunkt *C* auf Strahl *OB* nach der *L*-Kurve übertragen wird.

Für gleichmäßige Geschwindigkeitsabnahme, also $\frac{dc}{dx} = 0$, wird die Gerade GH gezogen und in gleicher Weise bezüglich der *c*-Kurve wie vorhin bezüglich der *L*-Kurve verfahren. Für *x* wird der Halbmesser r = IK. Die Düse wird zweckmäßig nach beiden Seiten fortgesetzt, wie gestrichelt eingetragen, um einerseits Auffangen aller Wasserstrahlen zu sichern, andererseits behufs Ausnutzung der ganzen Strömungsenergie genügend kleine Austrittsgeschwindigkeit zu erhalten.

b) Für Förderung von Luft und Kondensat.

Hier gelten dieselben Gleichungen wie unter a, nur ist statt $G_w \frac{p_{max} - p_l}{1000}$ überall $(G_w + G_d) \frac{p_{max} - p_l}{1000}$ einzusetzen.

Ebenso ist überall — wegen der Änderung der Temperatur — V durch $V = \frac{G R \cdot T_l}{p_l}$ zu ersetzen.

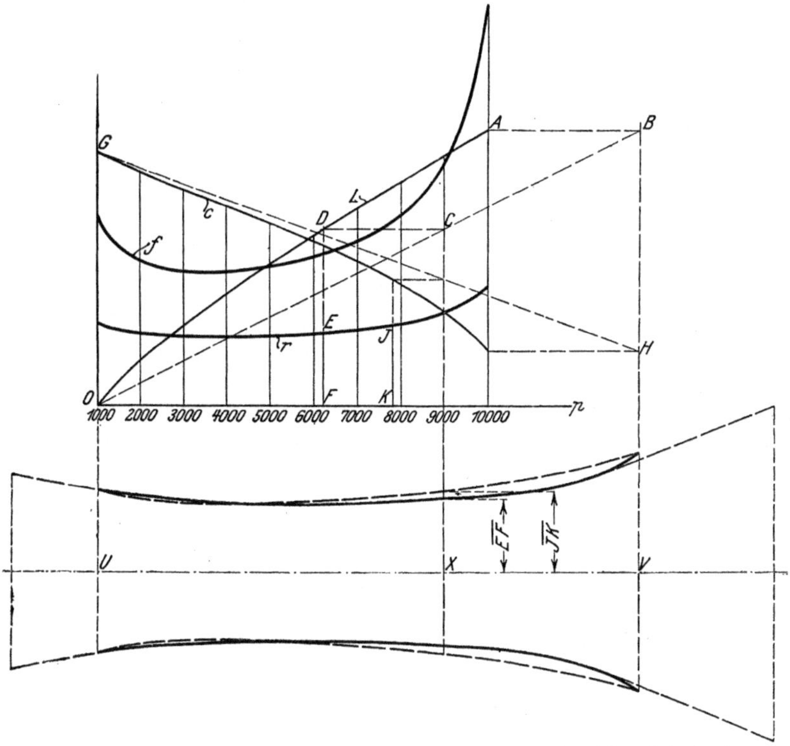

Fig. 378. Förderarbeiten *L*, Geschwindigkeit *c* und Düsenquerschnitte *f* in Abhängigkeit vom zugehörigen Druck *p*. Konstruktion der Fangdüse.

Temperatur T_l ist nur für den Ein- und Austritt des Aufschlagwassers bekannt, so daß Zwischenwerte anzunehmen sind.

$$\text{Düsenquerschnitt: } f_x = \frac{\frac{G_l R \cdot T_x}{p_x} + \frac{G_w + G_d}{1000}}{c_x}.$$

Gang der Berechnung. G_w folgt aus $G_w (t_a - t_e) = G_d (i - t_a)$. Wird c_2 angenommen, so kann c_1 berechnet werden aus:

$$\frac{c_1^2}{2g} = \frac{G_l R T_l \ln \frac{p_{max}}{p_l} + \frac{G_w + G_d}{1000}}{G(1 - \zeta)} + \frac{c_2^2}{2g}.$$

Ist c_0 die Geschwindigkeit, mit der das angesaugte oder unter Druckhöhe zufließende Wasser in den Körting-Kondensator nach Fig. 332 eintritt, so wird

$$G_w \cdot c_0 + G_d \cdot c_d = (G_w + G_d) \cdot c_1.$$

$$c_d = \frac{(G_w + G_d) \cdot c_1 - G_w \cdot c_0}{G_d}.$$

Die Geschwindigkeit c_d des Dampfes verzehrt Druckgefälle, sie wird sonach auf Kosten der Luftleere erzeugt. (S. S. 301, Fig. 332.)

f) Die Entölung des Abdampfes.

Die Verwendung des Kondensates für die Dampfkesselspeisung ist insofern vorteilhaft, als die im Kondensat enthaltene Wärmemenge ausgenutzt und insbesondere bei Oberflächenkondensation ein völlig kesselsteinfreies Speisewasser gewonnen werden kann. Vor der Einführung in den Kessel muß das Kondensat von dem in ihm enthaltenen Öl befreit werden, denn die zur Schmierung des Dampfzylinders verwendeten Ölmengen werden nur teilweise in der Maschine verbraucht, der weitaus größte Teil zieht mit dem Abdampf ab. Ölhaltiges Speisewasser verursacht Ölbelag auf den Kesselheizflächen, der schon in geringer Stärke die Wärmedurchlässigkeit verringert und bei größerer Ansammlung „Wärmestauungen" herbeiführt, d. h. die Wärme bleibt infolge der verringerten Durchlässigkeit in den Blechen, die rotglühend werden und teilweise ihre Festigkeit verlieren, so daß unter Umständen Kesselexplosionen die Folge sein können.

Das Öl kann in verschiedenen Arten abgeschieden werden:

1. Durch Abstehen in großen Klärteichen oder Gefäßen. Öl und Wasser trennen sich entsprechend dem Unterschied der spez. Gewichte.
2. Durch Zusatz chemischer Mittel. Als solche werden Tonerdehydrat, Schwerspat usw. verwendet, die im Wasser Flocken bilden, an welche die Ölteilchen sich hängen.
3. Durch Filtration. Das Kondensat wird durch Schichten von Sand, Kiesel, Sägemehl, Koks oder durch Filtertücher geleitet, die das Öl aufnehmen, so daß dasselbe nicht zurückgewonnen wird. Nur im Fall der Verwendung von Koks kann dieser nachher als Brennstoff verbraucht und somit auch das Öl verwertet werden. Die Filtriergeschwindigkeit soll 10 bis 15 m/st. betragen, wird jedoch mit Rücksicht auf die Filtergröße häufig überschritten.

Fig. 379, Filter von L. Schwarz & Co., Dortmund, für eine stündliche Kondensatmenge von 25 cbm. Der in drei Stückgrößen verwendete Koks liegt auf Holzrosten mit gelochten Eisenblechen, die mittels Handgriffen leicht herausgenommen werden können. Das Kondensat fließt stets von oben zu, so daß die nicht in Form von Emulsion vorhandene Ölmenge am Überlauf abgezogen werden kann und nicht in die Koksschichten gelangt.

4. Durch Richtungs- und Geschwindigkeitsänderung des Dampfes.

Zu Vorrichtungen dieser Art gehören die Fliehkraft- und Stoßkraftentöler. Nach Versuchen des Bayerischen Revisionsvereins (Zeitschr. Ver. deutsch. Ing. 1910. S. 1969) läßt sich mit diesen Entölern der Abdampf soweit reinigen, daß in 1 cbm Wasser 10 bis 15 g Öl zurückbleiben. Diese Entölung genügt, um sowohl die Kühlflächen der Rückkühlwerke, als auch die Heizflächen, die der Dampf nach der Entölung bestreicht, rein zu halten. Die Einrichtung macht sich bezahlt; das Ausgußwasser kann in Flußläufe eingeführt werden.

Die Entölung läßt sich um so leichter durchführen, je höher der Flammpunkt des Öls gegenüber der Dampftemperatur liegt, da

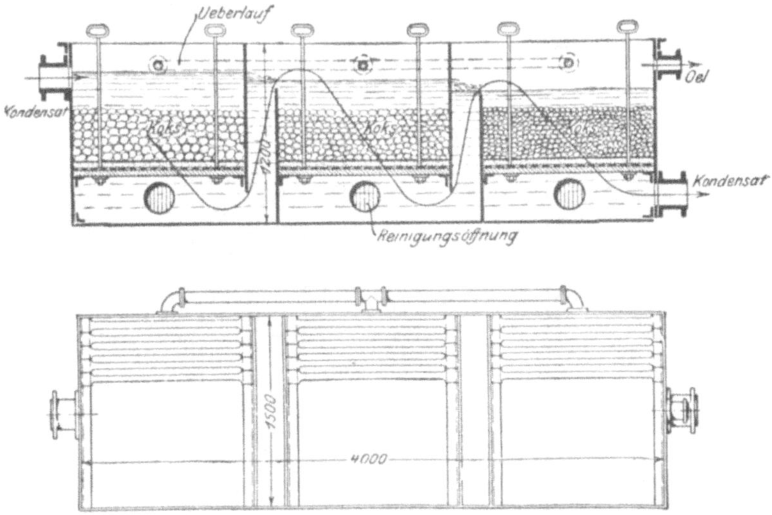

Fig. 379.

verdampftes Öl besonders schwer auszuscheiden ist. Hierdurch wird auch die Erschwerung der Entölung bei Anwendung überhitzten Dampfes begründet.

Ebenso erschwert Fettgehalt die Ausscheidung, da die freie Fettsäure verdampft und im Entöler ausgeschieden werden muß.

Da der Ölflammpunkt nicht erheblich über 300° gesteigert werden kann, so führt die Einleitung des Öls in den überhitzten Dampf vor dessen Eintritt in den Zylinder zur Verdampfung. Es empfiehlt sich, das Öl nach erfolgter Temperaturverminderung des Dampfes dem Zylinder zuzuführen.

In den Fig. 380—382 sind Fliehkraftentöler dargestellt.

Fig. 380 Entöler von H. Reisert. Der eintretende Abdampf wird durch eine Spirale in kreisende Bewegung versetzt, wobei die schwereren Ölteilchen gegen ein Siebblech geschleudert werden und sich unten sammeln (Bauart Macdonald).

Die Wirkungsweise des Kießelbachschen Entölers, Fig. 381 (ausgeführt von Sack & Kießelbach, Düsseldorf-Rath), ist grundsätzlich derselben Art wie die Reisertsche Vorrichtung, doch wird durch die Zerlegung des Dampfstromes in eine große Anzahl von Einzelströmen eine gründlichere Entölung bewirkt.

Fig. 382 zeigt die Vorrichtung von Scheibe & Söhne, Leipzig.

Der Dampf tritt durch das feststehende Leitrad *B* in das Laufrad *C* und setzt dadurch die mit *C* verbundene Zentrifugentrommel in Drehung. Das Öl wird an den Trommelmantel geschleudert und rutscht wegen dessen

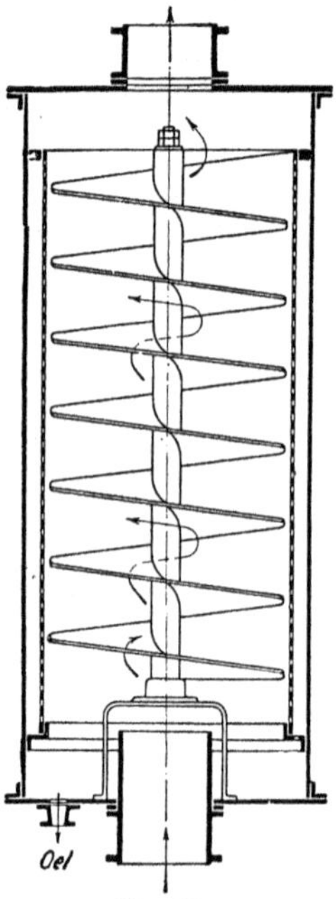

Fig. 380.

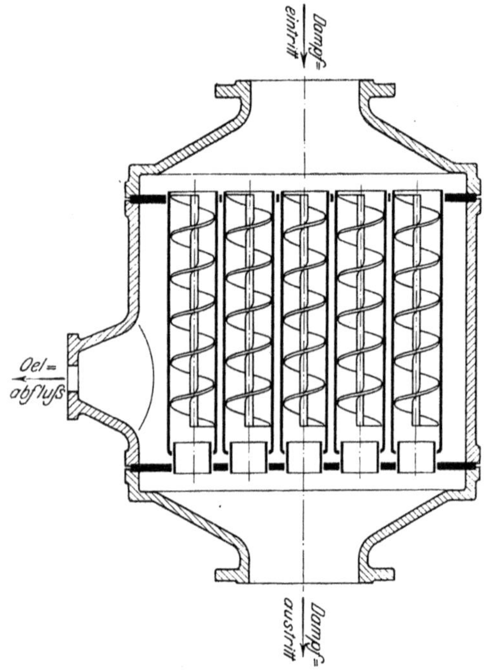

Fig. 381.

Neigung durch die am äußersten Rande der Trommel angebrachten Öffnungen ab. Von hier wird das Ölwasser, sofern Auspuffdampf oder höher gespannter Abdampf entölt wird, mittels Drosselhahn nach der Trennungsanlage geleitet; bei Kondensationsbetrieb wird das Ölwasser entweder durch eine kleine Pumpe abgesaugt oder durch ein Abzapfgefäß zeitweise abgezapft. Bei *D* verläßt der entölte Dampf die Vorrichtung.

Zur Ermittlung der Umlaufzahl wird die unten aus dem Entöler herausragende Hilfswelle mit dem Umlaufzähler nach oben gedrückt, wobei das Reibungsrad zum Eingriff kommt.

Soll die Umlaufzahl unabhängig von den Schwankungen der Dampfbelastung stoßweise arbeitender Dampfmaschinen sein, so werden die Entöler mit äußerem Antrieb durch Riemenscheibe oder Elektromotor ausgeführt.

Die Schleuderwirkung der Scheibeschen Vorrichtung kann unabhängig von der Dampfmenge in weiten Grenzen durch Verstellung

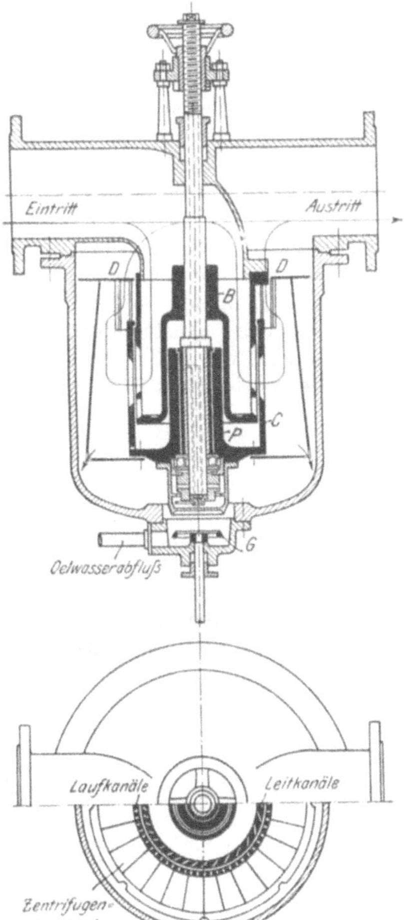

Fig. 382.

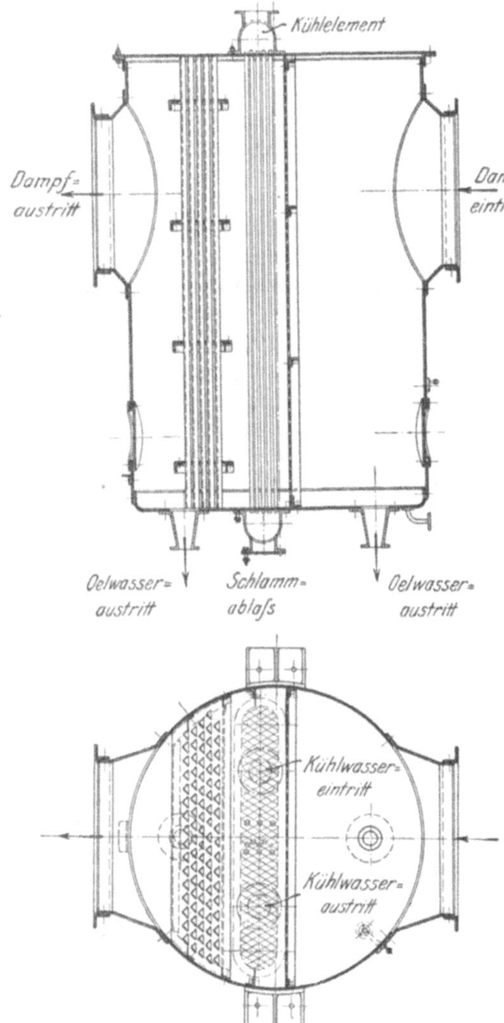

Fig. 383.

des Leitrades geregelt werden, so daß sie der durchgehenden Dampfmenge angepaßt werden kann. Ein weiterer Vorteil besteht darin, daß die nach unten kegelig erweiterte Trommel, gegen die das Öl geschleudert wird, ebenfalls umläuft. Jeder an die rasch umlaufende Trommel geworfene Öltropfen fällt dadurch sofort nach unten in das Gehäuse und kommt mit dem Dampf nicht weiter in Berührung. (Zeitschr. Ver. deutsch. Ing. 1910, S. 2106.)

Bei dem Entöler der Maschinenbau-A.-G. Balcke, Fig. 383, ist den Widerständen ein Siebblech mit dahinter liegendem Kühlelement, das aus einem von Kühlwasser durchflossenen Rohrbündel besteht, vorgeschaltet. Das Kühlelement hat die Aufgabe, den Dampf „abzuschrecken".

Pokorny & Wittekind, Frankfurt, versehen ihren Zentrifugal-Entöler mit Wassereinspritzung, so daß alle Flächen stetig berieselt werden und die Ölteilchen nicht auf die Wandung gelangen, sondern auf eine Wasserschicht, mit der sie sofort weggeschwemmt werden. Dadurch wird verhindert, daß der Dampf beim Vorbeistreichen an den Wandungen von diesen Öl mitnimmt. Das dem Kühlwasser entnommene Einspritzwasser nimmt auf dem Wege zum Entöler nahezu Dampftemperatur an, so daß es dem Dampf außer dem Öl nur verschwindend wenig Niederschlagwasser entzieht.

Die das Öl abziehenden Pumpen arbeiten vielfach ohne Saugventile; das Öl- und Wassergemisch tritt durch Schlitze in den Pumpenstiefel. Am Ende des jeweiligen Pumpenhubes wird eine Verbindung des Pumpeninneren mit der Luftleere hergestellt, so daß während der Einströmung des Ölwassers eine ebenso hohe Luftleere im Pumpenraum wie im Kondensator vorhanden ist. Das Ölwasser läuft mit seinem natürlichen Gefälle ein und ein Versagen ist ausgeschlossen.

g) Die Rückkühlung[1]).

Ist für den Kondensationsbetrieb nicht genügend Kühlwasser vorhanden, so kann die zur Kühlung gebrauchte Wassermenge nach Austritt aus dem Kondensator künstlich abgekühlt werden, so daß dieselbe Wassermenge einen beständigen Kreislauf beschreibt und nicht erneuert zu werden braucht. Zu diesem Zweck wird das Wasser durch sogenannte „Rückkühlanlagen" geführt, in denen es fein verteilt mit der durchströmenden Luft in innige Berührung gebracht wird. Die im Kondensator aufgenommene Wärme wird dem Wasser in der Hauptsache durch Verdunstung und durch Erwärmung der Luft entzogen.

Der Wärmeentzug durch die Verdunstung kann in einfachster Weise berechnet werden. Streichen L kg Luft von t_e^0 durch das Kühlwerk und treten sie aus diesem mit der Temperatur t_a^0 aus, so haben sie insgesamt

$$L \cdot c_p \, (t_a - t_e)$$

W.E. aufgenommen, wenn $c_p = 0{,}24$ spez. Wärme.

Nach dem Daltonschen Gesetz können Luft und Dampf in demselben Raume unabhängig voneinander bestehen. Ist z. B. die Luft mit Wasserdampf von 15° gesättigt, so entspricht dieser Dampftemperatur ein Druck von 12,7 mm Quecksilbersäule, so daß, wenn das Barometer einen Druck von 760 mm anzeigt, der Druck der Luft allein 760 — 12,7 = 747,3 mm betragen muß.

[1]) Nach Otto H. Müller jr. in Z. 1905, S. 5 u. f.

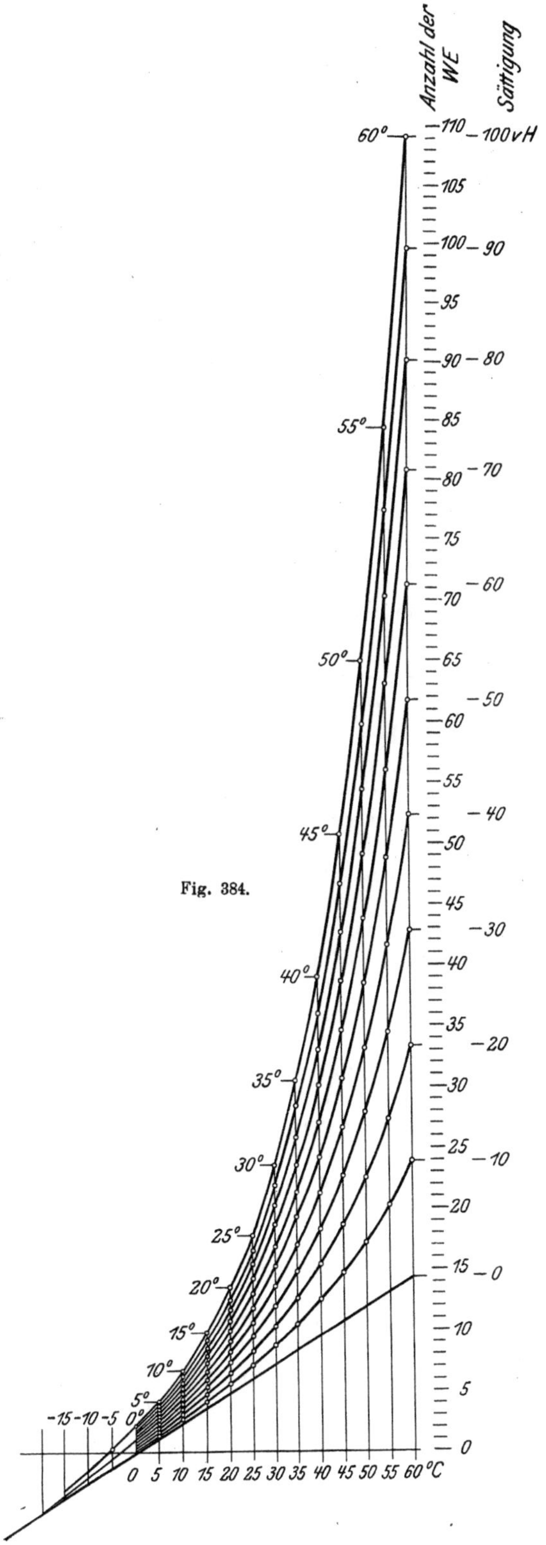

Fig. 384.

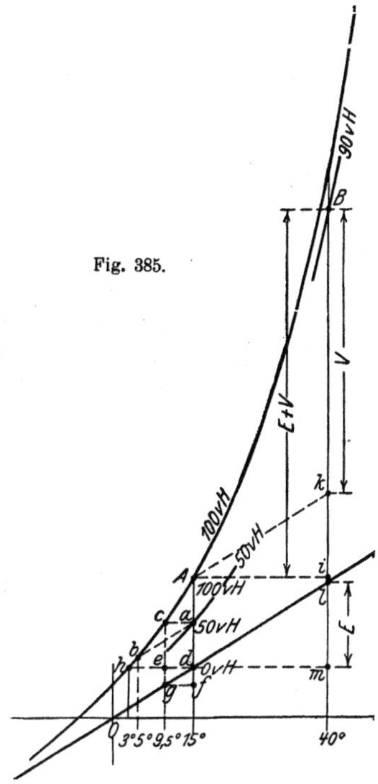

Fig. 385.

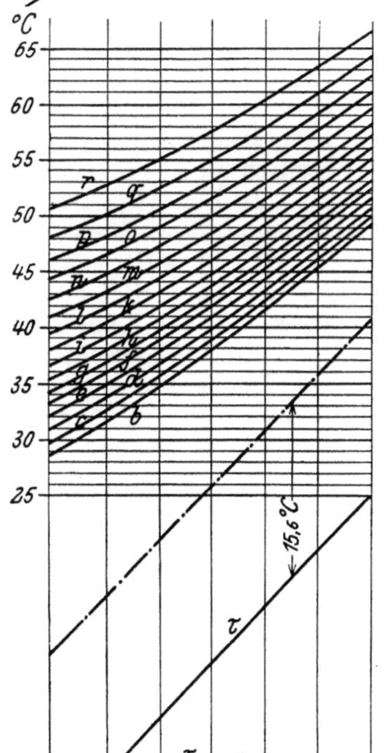

Fig. 386.

Ist die Atmosphäre nur halb mit Wasserdampf gesättigt, so wird der Dampfdruck jetzt nur die Hälfte — 6,35 mm — betragen und der Luftdruck ist entsprechend größer. Dem Druck von 6,35 mm entspricht eine Temperatur von 5°, da aber der Dampf die Temperatur 15° des Gemisches aufweist, so muß er überhitzt sein. Kühlt man das Gemisch ab, so nimmt die Sättigung relativ zu, bis die Atmosphäre bei 5° voll gesättigt ist. Bei 5° liegt der Taupunkt, denn weitere Abkühlung bewirkt Kondensation des Wasserdampfes.

Umgekehrt folgt, daß gesättigte Atmosphäre durch Erwärmung an Sättigung verliert und befähigt wird, weitere Dampfmengen aufzunehmen. Hierin besteht ihre wertvollste Eigenschaft für den Rückkühlbetrieb.

Die in der Atmosphäre vertretene Wärme beträgt $d_e = \alpha_e \cdot \lambda_e \cdot \gamma_e \cdot v_e$, worin

α_e = Sättigungsgrad,
λ_e = Gesamtwärme des Wasserdampfes,
γ_e = spez. Gewicht,
$v_e = \frac{R \cdot T_e}{p_e}$ = Volumen von 1 kg Luft.

Ist in der austretenden Luft die Wärmemenge $d_a = \alpha_a \lambda_a \gamma_a v_a$ enthalten, so hat die Atmosphäre an Wärme insgesamt aufgenommen:

$$L\,[c_p\,(t_a - t_e) + (d_a - d_e)].$$

Aus der graphischen Darstellung, Fig. 384, können die in der Atmosphäre vertretenen Wärmemengen abgelesen werden. Als Abszissen sind die trocken gemessenen Temperaturen, als Ordinaten die Anzahl der W.E. bei verschiedenen Sättigungsgraden aufgetragen.

Die durch den Nullpunkt gehende schräge Gerade stellt die Wärme $c_p \cdot t$ der trockenen Luft dar, die darüber liegenden Strecken geben sonach die durch den Wasserdampf in der Atmosphäre vertretenen Wärmemengen $\alpha_0\ \lambda_0\ \gamma_0\ v_0$ an.

In Fig. 385 ist ein Teil dieser graphischen Darstellung vergrößert wiedergegeben. Zieht man durch den zu 15° gehörigen Punkt *a*, der zugleich 50 v. Ht. Sättigung angibt, eine Parallele zu *o l*, so gelangt man auf der 100 v. Ht. Sättigung anzeigenden Kurve zum Punkt *b*, dem Taupunkt, zu dem eine Temperatur von 5° gehört.

Eine Wagerechte, durch denselben Punkt *a* gezogen, ergibt den zur Temperatur von 9,5° gehörenden Punkt *c*, d. h. Atmosphäre von 15° und 50 v. Ht. Sättigung hat gleichen Wärmewert wie solche von 9,5° und 100 v. Ht. Sättigung.

Im vorliegenden Fall bezeichnet Punkt *c* die „Kühlgrenze", die tiefste Temperatur, auf welche gekühlt werden kann.

Diese kann durch das sog „feuchte Thermometer" bequem festgestellt werden. Die Kugel eines im Schatten hängenden Quecksilberthermometers wird mit feuchter Gaze umwickelt und befächelt, wobei die Temperatur sinkt. Die Kühlgrenze ist erreicht, wenn ein weiteres Sinken nicht mehr stattfindet. Weiteres Fächeln befördert zwar die Verdunstung, führt aber keine Temperaturerniedrigung herbei, da die durch die Verdunstung entzogene Wärme dem Wasser durch die Luft wieder ersetzt wird.

Durch Vergleich der Temperatur des feuchten Thermometers mit der trocken gemessenen ergibt sich nach Fig. 384 leicht der Feuchtigkeitsgehalt der Atmosphäre.

Die Kühlgrenze zeigt die physikalisch mögliche Temperatur an, bis auf welche das Wasser abgekühlt werden kann. Als Maximalkühlgrenze im Hochsommer kann für Nord- und Mitteldeutschland 20° C, für Süddeutschland 22° C angenommen werden.

Werden nun im Beharrungszustand eines Betriebes z. B. 600 000 W.E. stündlich an das Kühlwerk abgegeben, und beträgt die umlaufende Wassermenge 30 cbm, so wird sich deren Temperatur um 20° erhöhen. Nur die Lage, nicht die Breite dieser Kühlzone kann geändert werden. Bei einem guten Kühler werden die Temperaturen vielleicht zwischen 20° und 40°, bei einem schlechten zwischen 60° und 40° liegen. Der Abstand der Mitteltemperatur von der Kühlgrenze ist für den Gütegrad des Kühlers maßgebend.

Als zweckmäßige Breite der Kühlzone ist nach Otto H. Müller ein Abstand der Wassertemperaturen von 14 bis 15° C anzusehen.

In Fig. 386 sind Versuchsergebnisse dargestellt, die an dem eisernen Worthington-Kühlturm des Stuttgarter Elektrizitätswerkes festgestellt wurden. Die Abdampfmengen waren hierbei nach beistehender Zahlentafel sehr verschieden, während das Verhältnis der Kühlwassermenge zur Abdampfmenge (40 : 1) annähernd konstant blieb.

Versuchsgruppe	Mittelwert der Abdampfmenge	Versuchsgruppe	Mittelwert der Abdampfmenge
a	2330	k	5550
b	2650	l	6100
c	2950	m	6700
d	3250	n	7350
e	3550	o	8100
f	3850	p	8950
g	4200	q	9850
h	4600	r	11150
i	5050		

Die Kurven geben für die verschiedenen Anzeigen des feuchten Thermometers nur die Wassertemperaturen an, da diese sowohl für die Höhe der Luftleere als auch für die Haltbarkeit der Gummiklappen hauptsächlich in Betracht kommen.

Der Temperaturabstand betrug durchschnittlich 15,6° C. Die in dieser Entfernung zur τ-Linie gezogene, strichpunktierte Parallele gibt somit die für ein vollkommenes Kühlwerk eben noch möglichen Warmwassertemperaturen an, wenn mit einer Kühlwassermenge gleich 40fachem Dampfgewicht gearbeitet wird.

Wie ersichtlich, nehmen die Warmwassertemperaturen bei größerer Belastung zu, trotzdem das Kühlwasserverhältnis und damit die Kühlzonenbreite unveränderlich sind. Die dann abzuführenden, größeren Wärmemengen erfordern größere Luftgewichte, d. h. verstärkten Auftrieb, der beim „Anlauf" bis zum Erreichen des Beharrungszustandes zunehmen muß. Die Stärke des Auftriebes hängt aber von den Wassertemperaturen bezw. der Temperatur im Innern des Kühlers ab.

Das Diagramm Fig. 387 gibt Versuche an dem Worthington-Kühler des Elektrizitätswerkes Leipzig-Lindenau wieder. Bei diesen Versuchen wurde die Wasserumlaufmenge geändert. Aus dem Diagramm geht hervor, daß die Schwankungen der Mitteltemperatur kleiner als diejenigen der Wärmezufuhr sind. Im Falle gleichbleibender Wärmezufuhr bewegen sich die Warmwasser- und Kühlwasser-Temperaturlinien bei Änderung der Umlaufmenge um gleiche Beträge nach jeder Seite der Mitteltemperatur.

Durch Erhöhung des Wasserumlaufes wird somit die Warmwassertemperatur herabgezogen und die Luftleere verbessert, ein Umstand, der besonders bei Anwendung von Dampfturbinen von Wichtigkeit ist, so daß hier die größere Pumpenarbeit wohl aufgewendet werden darf.

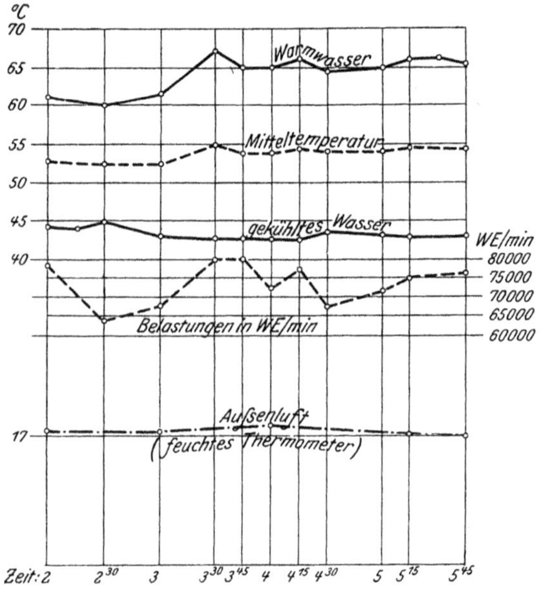

Fig. 387.

Erhöhung des Kühlwasserumlaufes im Kühler allein, also nicht gleichzeitig im Kondensator, ist hingegen nicht nur nutzlos, sondern unmittelbar schädlich.

Bei der Anschaffung einer Rückkühlanlage sind sonach die stündliche Abdampf- und Kühlwassermenge dem Erbauer anzugeben. Dieser hat auf Grund der Angaben die Höhenlage der Kühlzone — und zwar für die verschiedenen Außenlufttemperaturen und Feuchtigkeitsgrade der Atmosphäre — zu gewährleisten.

W e i ß setzt: die Ansichtsfläche eines offenen Gradierwerkes $F = \frac{1}{24} \cdot V$,

die Grundfläche von Kaminkühler $F = \frac{1}{17} \cdot V$,

worin V = minutl. Luftmenge in cbm, um pro Minute die verlangte Anzahl von kg Wasser zu kühlen.

Zur Rückkühlung werden verwendet:

1. Gradierwerke. Diese bestehen aus einem Holzgerüst, auf dem in mehreren Stockwerken Reiser, Latten usw. untergebracht sind. Das aus dem Kondensator kommende Wasser gelangt aus einem Haupttrog

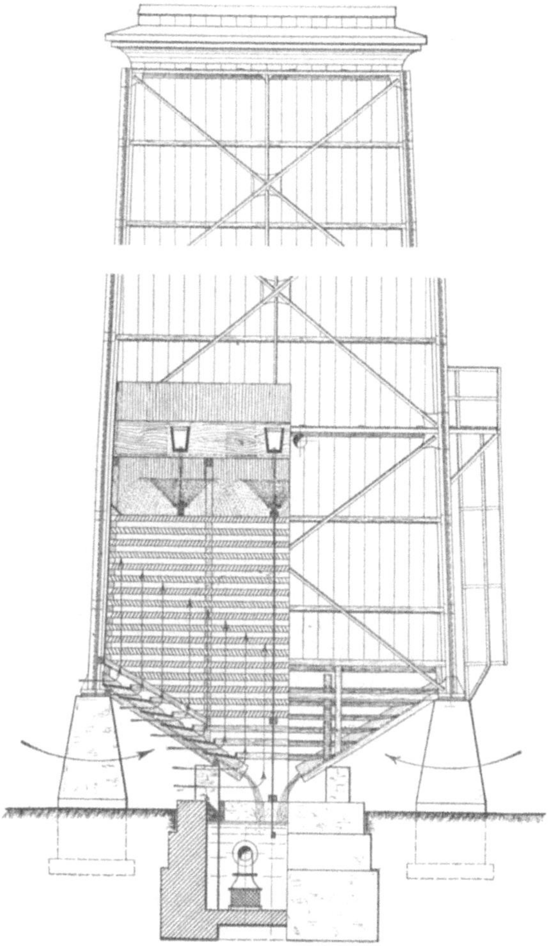

Fig. 388.

in mehrere kleine Tröge, von denen es durch seitlich und am Boden befindliche Öffnungen auf die Reiser gelangt. Die Kühlwirkung ist eine sehr energische und kann bis unter die Lufttemperatur gehen. Der feine Wasserstaub und Dunst sind für die Umgebung belästigend.

2. Kühlwerke mit künstlichem Zug. Diese werden meistens als Kaminkühler ausgeführt, bei dem sich über dem Gradierwerk ein kaminähnlicher Aufsatz befindet, so daß die im Innern des Kühlers

befindliche warme Luft nach oben strömt und kalte Luft nachsaugt. Infolge ihrer Unabhängigkeit von der Windstärke brauchen sie nicht wie die Gradierwerke frei aufgestellt zu werden.

Die Kaminkühler können in Holz, Mauerwerk oder Eisen ausgeführt werden. Die in etwa $^1/_4$ der Höhe eingebaute Wasserkühlvorrichtung besteht im wesentlichen aus den Trögen, den Rieselrinnen und Rieselböden. Die Luft tritt durch Öffnungen in den Seitenwänden unter die Berieselung, steigt auf und wird oben mit Wasserdampf gemischt abgeführt.

Ein Nachteil dieser Bauart ist, daß der größte Teil der Luft in der Nähe der Wandungen aufsteigt. Bis in die Mitte des Kühlers dringt

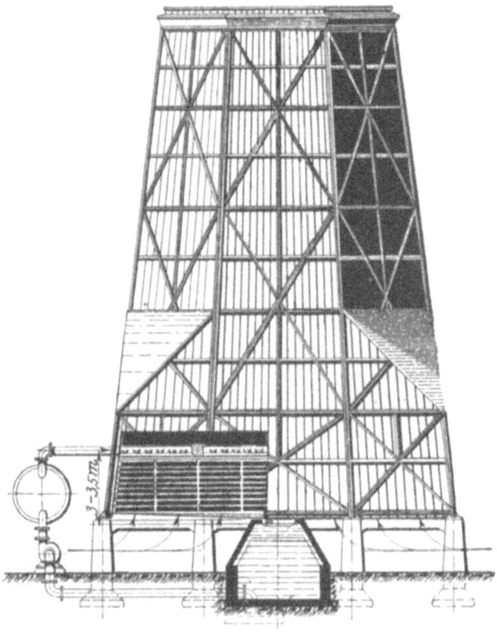

Fig. 389.

nur wenig Luft vor und diese ist überdies — da sie das herunterfallende Wasser auf längerem Wege durchdringen muß — schon erwärmt und zum Teil mit Wasserdampf gesättigt.

Bei der neuen Anordnung der Maschinenbau-A.-G. Balcke, Bochum, wird nach Fig. 388 das gesamte, gekühlte Wasser in schräg übereinander liegenden Schalen aufgefangen und durch diese Sammelrinnen zugeführt. Dadurch tritt auf der ganzen Grundfläche des Kühlers Frischluft ein, die mit dem herunterrieselnden Wasser noch nicht in Berührung gekommen ist.

Ein weiterer Vorteil dieser Treppenrost-Luftzuführung besteht darin, daß der Sammelbehälter sehr klein ausgeführt werden kann und außerdem nicht mehr mit dem Kühler verbunden zu sein braucht. Es genügt, unter dem Kühler einen kleinen Sammelschacht anzuordnen und diesen mit dem eigentlichen Sammelbehälter, der in der Nähe der Verwendungsstelle des Wassers liegen kann, zu verbinden.

In Fig. 389 ist der „gefällverlustfreie“ Kaminkühler, Bauart Balcke, dargestellt. Der Sammelbehälter ist bis unter die Rieselvorrichtung hochgezogen, so daß der Gefällverlust durch die Lufteintrittsöffnung, vgl. Fig. 388, vermieden wird. Der Wasserspiegel im hochgezogenen Behälter wird durch eine geeignete Vorrichtung in höchster Lage festgelegt.

Figur 390 zeigt die bei dieser Bauart zur Verwendung gelangende Wasserverteilung. Bei der älteren Anordnung, Fig. 390a, gelangt das Wasser in ein ausgedehntes System hölzerner Tröge, in deren Böden Gasrohre angebracht sind, durch die das Wasser auf Spritzteller schlägt.

Bei der neuen Berieselung, Fig. 390b, wird das Wasser unmittelbar und ohne Gefälleverlust in Verteilungsarme mit gezackten Seitenwänden geleitet, durch die das Wasser in eine große Anzahl feiner Strahlen zerlegt wird. Fig. 390 läßt die ersparte Gefällhöhe erkennen.

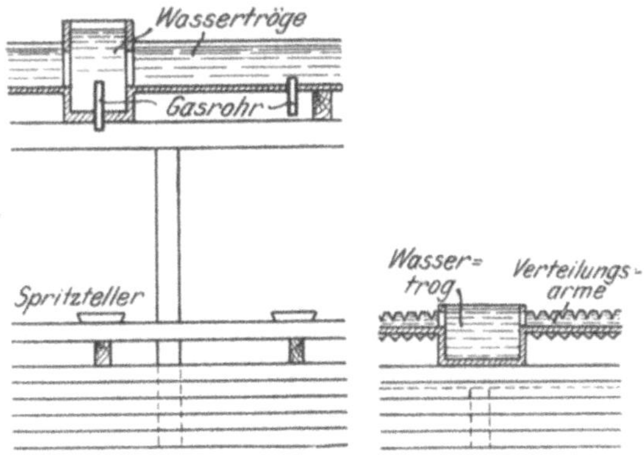

Fig. 390a und b.

Für die Bauart des neuen Kühlers Balcke-Moll, Fig. 391, ist kennzeichnend, daß die eigentliche Kühlvorrichtung nicht im Turme selbst, sondern außerhalb desselben angeordnet ist. Ferner streicht die Luft nicht im Gegenstrom, sondern in horizontaler Richtung quer durch das kühlende Wasser.

Diese Anordnung macht es möglich, dem in Innern durch keinerlei Einbauten verengten Turm von unten bis oben mit demselben Querschnitt auszuführen. Der erzeugte Luftzug wird wesentlich größer, und da im ganzen Kamin eine gleichbleibende Luftgeschwindigkeit herrscht, so werden störende Wirbelbildungen vermieden.

Die Lage der Kühlvorrichtung um den Turm herum bietet überdies den Vorteil, daß jeder einzelne seitliche Anbau durch Seitenwände abgeschlossen und zwecks Reinigung und Reparatur ausgeschaltet und trocken gelegt werden kann, während der übrige Teil weiter arbeitet. Da sich Hauptverteilungstrog und Wasserverteilungs-Vorrichtung außerhalb des Turmes über der eigentlichen Kühlvorrichtung befinden, sind diese auch während des Betriebes für Überwachung und Regulierung leicht zugänglich.

Aus dem Verteilungstrog fließt das Wasser durch einstellbare Öffnungen in flache Verteilungsschalen, welche die eigentliche Kühlvorrichtung nach oben vollkommen abschließen, so daß keine Schwaden nach außen entweichen können. An die Verteilungsschalen schließt sich die eigentliche Berieselungsvorrichtung an, durch die das Wasser fein zerstäubt wird. Das Wasser fällt aus kurzen Gasrohrstücken, die in den Wasserschalen befestigt sind, auf gezackte Spritzteller, die mit den Gasrohren durch angeschweißte Rundeisen fest verbunden sind.

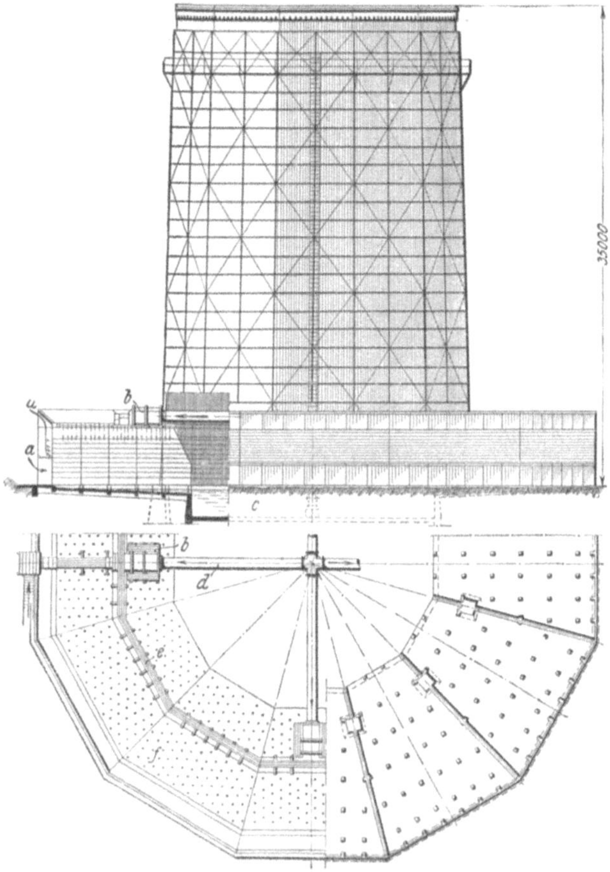

Fig. 391.
a Luftzutritt. *b* Meßtrog. *c* Kühlteich. *d* Wasserleitung. *e* Hauptverteilungstrog. *f* Verteilungs-Öffnungen.

Von den Spritztellern gelangt das Wasser auf die aus Lattenreihen bestehende Rieselvorrichtung.

Dem Hauptverteilungstrog ist eine Meßlutte vorgeschaltet, mit der jederzeit während des Betriebes an einem Wasser-Überlauf die jeweilige hydraulische Belastung des Kühlers festgestellt werden kann.

Fig. 392. Rieseleinbau von Otto Estner, Dortmund. Das Wasser gelangt nicht durch freien Fall und gleichzeitige Tropfenbildung durch

Latten zum Sammelbehälter, sondern wird durch rauhe, geneigt eingebaute Flächen gezwungen, in fein verteilter Schicht mit geringer Geschwindigkeit hinabzufließen, wodurch die Zeitdauer der Lufteinwirkung wesentlich vergrößert wird.

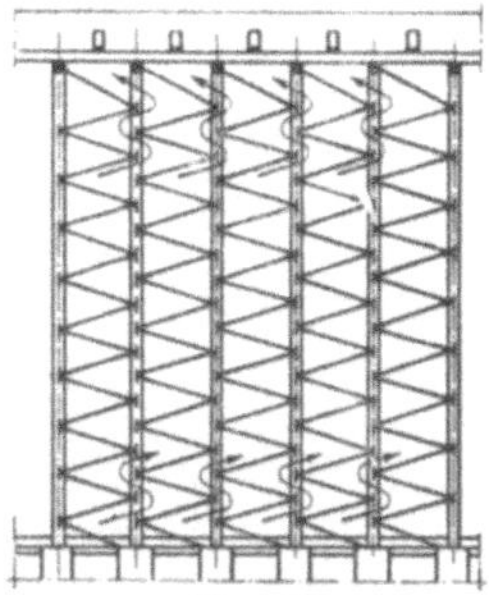

Fig. 392.

3. Streudüsen-Anlage nach Körting. Im Inneren der Düse, Fig. 393, ist ein festsitzender Schraubengang angebracht, der dem hindurchströmenden Wasser eine drehende Bewegung erteilt, so daß der Wasserstrang nach Verlassen der Düse durch die Fliehkraft zerstäubt wird. Zur Erzielung einer möglichst feinen Verteilung ist es zweckmäßig, Düsen von höchstens 10 mm Durchmesser zu benutzen und so aufzustellen, daß der verfügbare Raum völlig von dem Wasserstaub ausgefüllt wird. Das zerstreute Wasser soll sich ohne Verlust in einem dicht gemauerten oder eisernen Behälter sammeln können. Die Düsen sind in solcher Weise zu verteilen, daß die am Rande des Behälters angebrachten eine Neigung nach der Mitte hin von ungefähr 70° gegen die Wagerechte haben, während die mittleren senkrecht stehen. Die Entfernung der Düsen voneinander soll mindestens 1,5 m betragen. Der Wasserdruck vor den Düsen braucht zur Erzielung einer feinen Verteilung nicht größer als 1 at zu sein. Körtingsche Anlagen kühlen das Wasser bei warmer, trockener Luft auf Luftwärme, bei warmer, mitteltrockener Luft auf 3 bis 4° C über Luftwärme und bei kühler, feuchter Luft auf 8 bis 9° über Luftwärme ab.

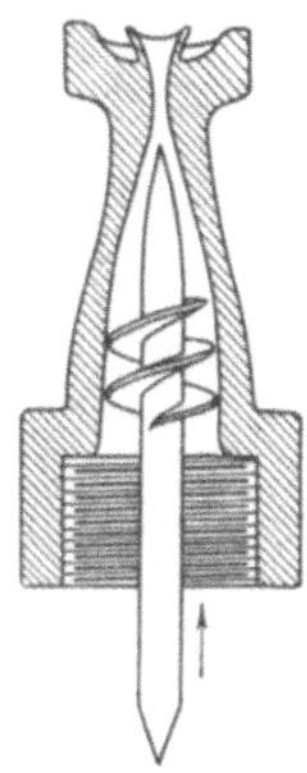

Fig. 393.

Die erforderliche Grundfläche beträgt bei freier Aufstellung für eine Düse bis 10 mm Durchmesser etwa 6 qm, für eine Düse bis zu 18 mm Durchmesser etwa 9 qm. Pumpenarbeit = 1,5 bis 2 v. Ht. der Maschinenleistung.

4. Kühlteiche. Diese stellen die einfachste Form der Rückkühlanlagen dar. Das heiße Wasser fließt in einen großen Teich, an dessen entgegengesetztem Ende das gekühlte Wasser wieder angesaugt wird. Die Kühlung erfolgt durch Verdunstung und Lufterwärmung nur an der Oberfläche und ist namentlich im Sommer sehr gering. Der Boden muß wasserdicht ausgemauert oder ausbetoniert sein. 1 PS erfordert ungefähr 3 qm Grundfläche.

h) Zentralkondensationen.

In den räumlich ausgedehnten Betrieben der Berg- und Hüttenwerke würde die Ausführung von Einzelkondensatoren sehr umständlichen Betrieb verursachen, ganz abgesehen von den Schwierigkeiten, wie sie z. B. bei den Kondensatoren von Reversiermaschinen auftreten würden. In solchen Fällen ist es von Vorteil, sämtliche Abdampfleitungen

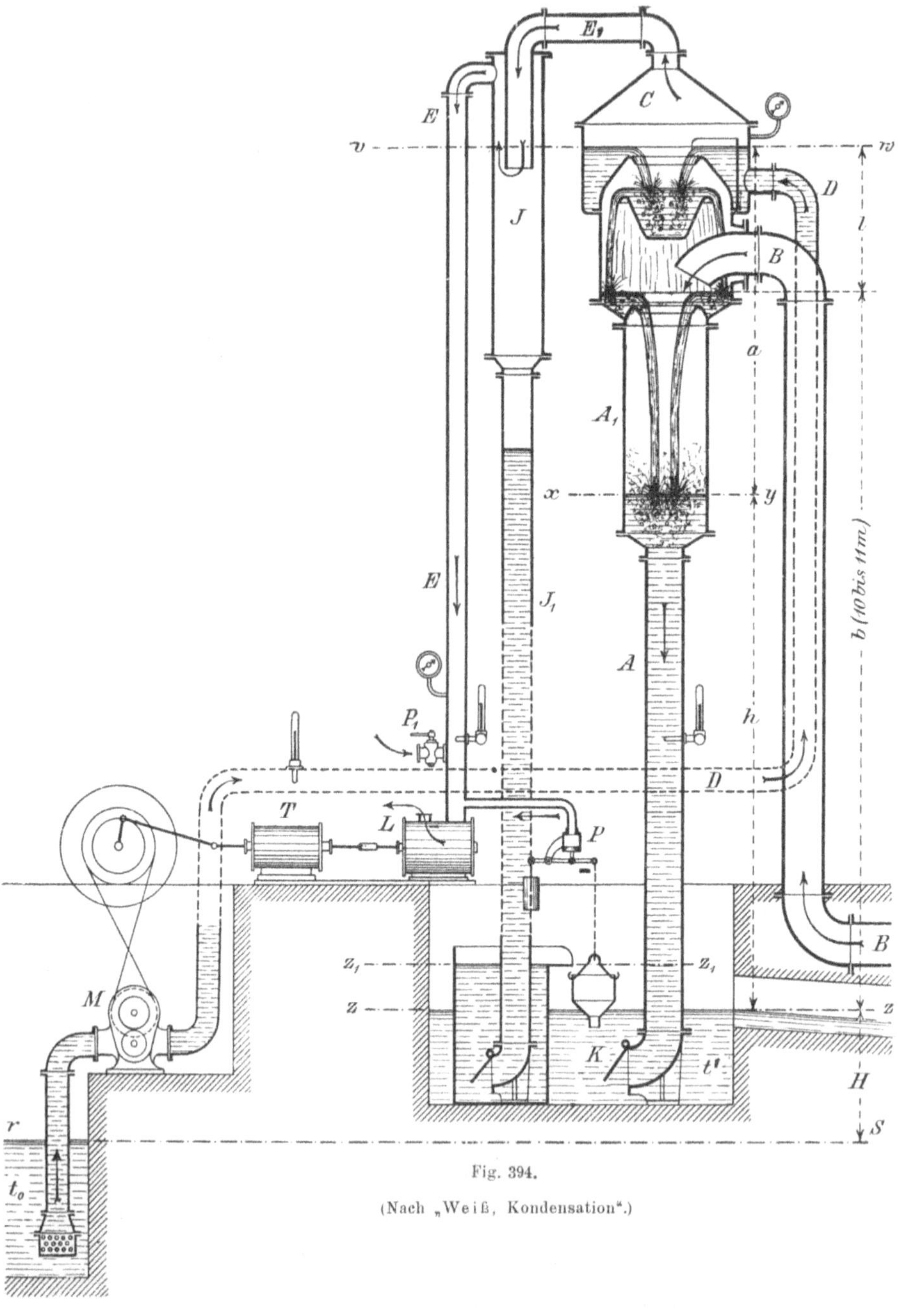

Fig. 394.

(Nach „Weiß, Kondensation".)

einem gemeinschaftlichen Kondensator zuzuführen. Wie der Dampfdruck der Kesselbatterien selbst bei dem aussetzenden Betrieb der Förder- oder Walzenzugmaschinen nur wenig schwankt, da diese Maschinen einerseits nur einen Teil der gesamten Dampferzeugung beanspruchen, während sich andererseits die Schwankungen ausgleichen, so wird auch die Luftleere der Zentralkondensation beständiger bleiben. Die Trennung gibt weiterhin die Möglichkeit, die Pumpenanlage infolge ihrer Unabhängigkeit von anderen Maschinen ihren Eigenheiten entsprechend besser durchzubilden; auch wird die ganze Anlage übersichtlicher.

Bei der Berechnung der Zentralkondensation ist wieder die sekundliche Dampfmenge zugrunde zu legen, wie sie sich aus der Speisewassermessung bezw. aus den Garantiezahlen — in diesem Fall mit reichlichem Zuschlag — ergibt.

Die durch Undichtheiten eindringende Luftmenge kann nach der Weißschen Formel S. 327 berechnet werden; andere Konstrukteure nehmen je nach Umfang und Zustand der Rohrleitungen für das anzusaugende Luftvolumen in l das 50- bis 70 fache des Dampfgewichtes an.

Fig. 394 stellt eine Weißsche Gegenstromkondensation dar. Wird der Kondensator so hoch über Flur gestellt, daß seine Unterkante in einer Höhe von ungefähr 10,5 m über dem Warmwasserbehälter liegt, so kann das Wasser durch ein barometrisches Abfallrohr statt durch eine Pumpe abgezogen werden. Durch den äußeren Atmosphärendruck wird das Wasser im Abfallrohr je nach Größe der Luftleere mehr oder weniger hochgedrückt. Dieselbe Wassermenge, die oben eintritt, läuft unten ab. Hierbei sind meist zwei Wasserpumpen erforderlich: die eine hebt das Wasser auf den Kühler, während die andere das gekühlte Wasser in den hochstehenden Kondensator schafft. Letztere Pumpe wird entbehrlich, wenn durch ein hochstehendes Gradierwerk selbsttätiges Ansaugen durch den Kondensator ermöglicht wird ($H + a = 0$ oder negativ). Diese Vereinfachung beeinträchtigt aber die Betriebssicherheit, da der Kondensator das Wasser gänzlich fallen läßt, falls die Luftleere durch vermehrten Dampfzufluß derart sinkt, daß das Kühlwasser nicht mehr angesaugt wird.

Ist die Luftleere Schwankungen unterworfen, so wird die Wassersäule im Abfallrohr auf- und niedergehen und unter Umständen das Abdampfrohr B unter Wasser setzen. Um dies zu verhindern, ist am Fuße des Abfallrohres eine Rückschlagklappe angebracht, so daß das Wasser zurückfallen, aber nicht aufsteigen kann.

Im Wasserabscheider J sondert sich das mit der Luft durch das Rohr E_1 abgezogene Wasser ab, ehe die Luft durch Rohr E der trockenen Luftpumpe zuströmt. Die Fortsetzung des Wasserabscheiders als Fallrohr J_1 hat folgenden Zweck:

Ist die Luftpumpe zu groß geraten, so wird sie aus dem oberen Teil des Kondensators nicht nur die dort vorhandene Luft ansaugen, sondern auch Dampf nach oben ziehen, der sich an dem dort eintretenden Kühlwasser kondensiert und durch Rohr E_1 abfließt. Wäre Rohr E die direkte Fortsetzung von E_1, so würde der Luftpumpenzylinder voll Wasser laufen. Überschreitet die Luftleere den physikalisch möglichen Betrag, so fließt sogar alles Wasser durch Rohr J_1 ab, während der Austritt durch Rohr A bei gleichzeitiger Verschlechterung der Luftleere aufhört[1]).

Dieser anormale Zustand, der andauern will, kann beseitigt werden, indem durch den Lufthahn P_1 soviel Luft zugelassen wird, als die Luftpumpe mehr anzusaugen bestrebt ist. Um diese Luftzufuhr selbsttätig zu bewirken, ist an dem Lufthahn P ein Querhebel angebracht, der auf der einen Seite ein Gegengewicht, auf der anderen einen Eimer trägt, in dessen Boden eine Öffnung ist. Tritt das Wasser durch Rohr J_1 aus, so füllt sich der Eimer, öffnet den Lufthahn und schließt denselben erst, wenn der Wasserzufluß aufhört, da dann das im Eimer befindliche Wasser durch die Bodenöffnung abläuft.

Wie leicht ersichtlich, beträgt die Druckhöhe der Umlaufpumpe $H + a$ und wird $= a$, wenn die Wasserspiegel im Warm- und Kühlwasserbehälter auf gleicher Höhe liegen.

Fig. 395. Kondensation von Pokorny & Wittekind, Frankfurt. An den Oberflächenkondensator ist ein Nachkondensator mit Einspritzung angeschlossen, in dem eine entsprechend kalte Temperatur herrscht. Hierdurch wird erreicht, daß der Dampfdruck in diesem Raum sehr klein wird, da nun aber der Druck in den beiden unmittelbar in Verbindung stehenden Räumen ein und derselbe ist, so wird die Luft gezwungen, den Druckausgleich herzustellen und nach Eintritt in den Hauptkondensator sogleich in den Nachkondensator zu strömen, wo sie von der

---

[1]) Der unterste Grenzwert für die Kondensatorspannung ist die der Austrittstemperatur t_a entsprechende Spannung des gesättigten Wasserdampfes ($p = d_{ta}$). Dieser physikalisch mögliche Betrag der Luftleere kann bei Parallelstromkondensation nur bei unendlich großer Luftpumpe, bei Gegenstrom durch eine Luftpumpe von endlicher Größe erreicht werden.

Nach dem Mariotteschen Gesetz wird $v \cdot p_1 = L \cdot p = L \cdot 1$, wenn

v das Volumen der minutlich in den Luftpumpenzylinder tretenden Luft vom Druck 1,

L das Volumen der minutlich in den Kondensator eindringenden Außenluft vom atm. Druck $p = 1$ ist.

Hieraus folgt der Luftdruck: $p_1 = \frac{L}{v}$; und es wird der Kondensatordruck:

$$p_{par} = \frac{L}{v} + p_{dta}$$

bei Parallelstrom,

$$p_{geg} = \frac{L}{v} + p_{dte + \alpha}$$

bei Gegenstrom. (Bezüglich α s. Anmerkung auf S. 284.)

Setzt man hierin den Wert $p = p_{dta}$ ein, so wird die Luftpumpenleistung v_{max} zur Erzielung des erwähnten Grenzwertes:

$$v_{par} = \infty$$

für Parallelstrom

$$v_{geg} = \frac{L}{p_{dta} - p_{dte + \alpha}}$$

für Gegenstrom.

Ist die Luftpumpe für Gegenstrom größer als der letztgenannte Wert, so ist sie bestrebt, die Luftleere über den physikalisch möglichen Wert zu steigern, und es treten die oben erwähnten Vorgänge ein.

Luftpumpe im gekühlten Zustand, also mit kleinstem Volumen abgesaugt wird.

Der Oberflächenkondensator wird ohne Scheidewände ausgeführt. Eine oben angebrachte Wulst dient dazu, den Dampfstrom gleichmäßig verteilt und mit wenig Querschnittsverengerung in das Rohrbündel einzuführen. Der Wasserraum des Oberflächenkondensators ist durch eine oben angeschlossene Rohrleitung mit dem Vakuumraum verbunden, so daß bei der Inbetriebsetzung die Luftpumpe auch den Wasserraum luftleer pumpt. Tauchen nun die beiden Enden der Kühlwassersaug- und Druckleitung in das Wasser ein, so wird dieses durch den atm. Druck in den Wasserraum gehoben, und ist das genannte Verbindungsrohr 10 m über Wasserspiegel geführt, so kann das Kühlwasser nicht in den Vakuum-

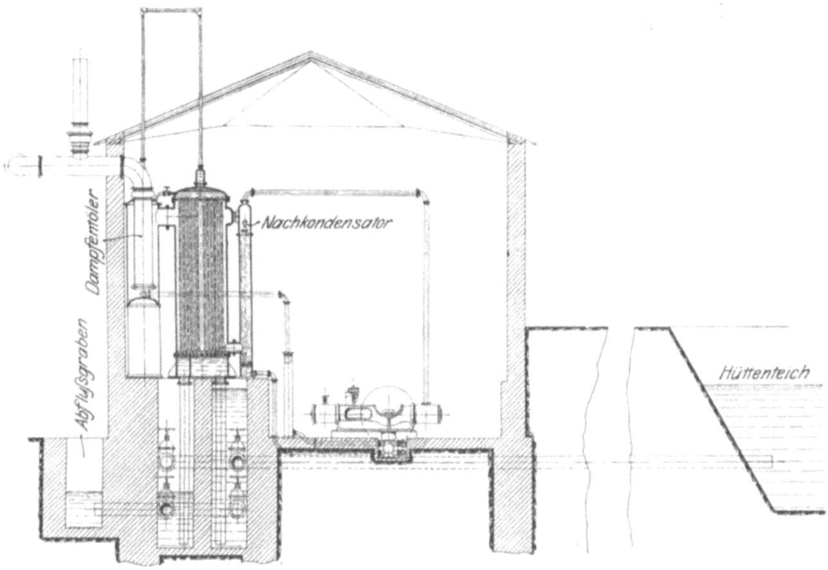

Fig. 395.

raum gelangen, sondern es wird, wenn die beiden Wasserspiegel im Kalt- und Warmwasserbehälter sich in gleicher Höhe befinden, stehen bleiben und nur den Wasserraum des Kondensators und das Verbindungsrohr anfüllen. Liegt der Kaltwasserspiegel höher als der Warmwasserspiegel, so wird auch ohne Pumpe ein Kühlwasserumlauf nach Heberart hervorgerufen; liegen beide Wasserspiegel auf derselben Höhe, so braucht die einzuschaltende Pumpe nur die Bewegungswiderstände zu überwinden.

Fig. 396 gibt eine Turbinen-Kondensation der Maschinenbau-A.-G. Balcke & Co. wieder, die sich von einer Zentral-Oberflächen-Kondensation im wesentlichen nur dadurch unterscheidet, daß der bei letzterer erforderliche Entöler nebst Ölwasserpumpe fehlen. Bei der in Fig. 396 dargestellten Anordnung kann der Turbinenabdampf durch Ventil-Schaltung auch in den Notauspuff oder in eine Zentralkondensation geleitet werden.

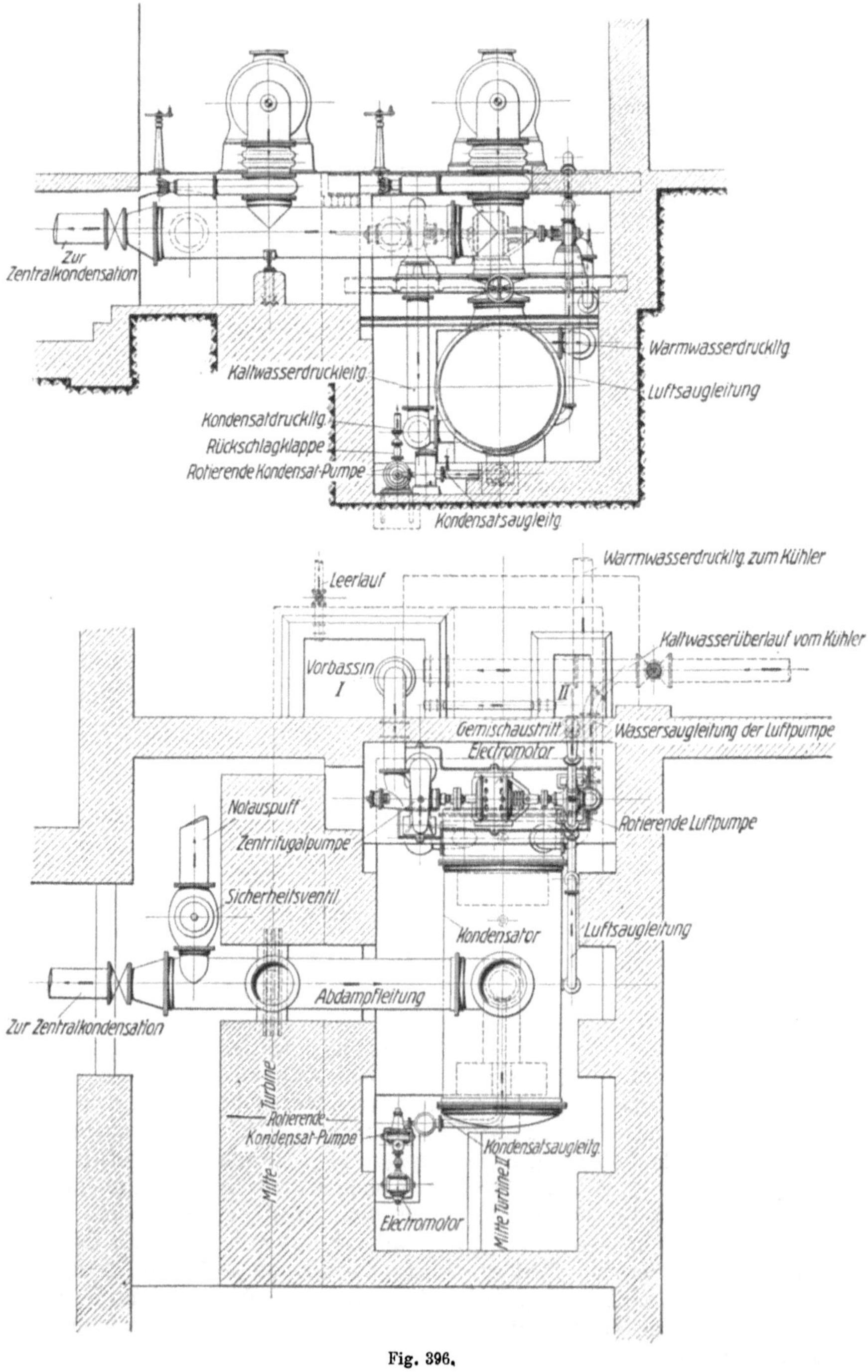
Zur
Zentralkondensation
Warmwasserdruckltg.
Kaltwasserdruckleitg.
Luftsaugleitung
Kondensatdruckltg.
Rückschlagklappe
Rotierende Kondensat-Pumpe
Kondensatsaugleitg.
Leerlauf
Warmwasserdruckltg. zum Kühler
Kaltwasserüberlauf vom Kühler
Vorbassin
I
II
Gemischaustritt
Wassersaugleitung der Luftpumpe
Electromotor
Notauspuff
Zentrifugalpumpe
Rotierende Luftpumpe
Sicherheitsventil
Kondensator
Luftsaugleitung
Abdampfleitung
Zur Zentralkondensation
Turbine
Rotierende
Kondensat-Pumpe
Kondensatsaugleitg.
Mitte
Mitte Turbine II
Electromotor

Fig. 396.

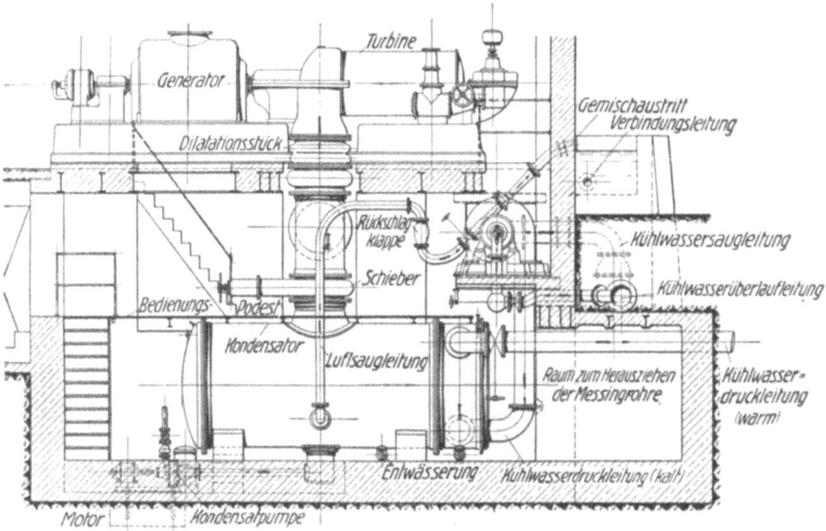

Zu Fig. 396.

i) Der Nutzen der Kondensation.

Verhalten der Turbinen-Kondensation.

Beträgt der nach S. 15 bestimmte Nutzdampfverbrauch D_n kg, und stellt sich bei der Aufzeichnung eines dem aufgenommenen Auspuffdiagramm gleichgroßen Diagramms mit Kondensation heraus, daß die infolge der kleineren Füllung erzielte Ersparnis an Nutzdampf $\varrho \cdot D_n$ beträgt, so ergibt sich die auf den Gesamtdampfverbrauch $D = (1 + \alpha) \cdot D_n$ bezogene Dampfersparnis zu:

$$\eta = \frac{\varrho \cdot D_n}{D} = \frac{\varrho \cdot D_n}{(1+\alpha) \cdot D_n} = \frac{\varrho}{1+\alpha}.$$

Der Koeffizient α, der die durch Abkühlung und Undichtheit entstehenden Verluste proportional dem Nutzdampfverbrauch schätzt und durch Speisewassermessung in jedem einzelnen Fall ermittelt werden kann, hat nach Weiß für Auspuffmaschinen den Mittelwert:

$\alpha = 0{,}55$ bei Einzylindermaschinen,
$\alpha = 0{,}35$ bei Zweifachexpansionsmaschinen,

Sonach würde bei einer Einzylindermaschine, wenn die Ersparnis an Nutzdampf aus dem Diagramm zu 35 v. Ht. bestimmt worden wäre, der Nutzen durch Anhängung einer Kondensation:

$$\eta = \frac{\varrho}{1+\alpha} = \frac{0{,}35}{1+0{,}55} = 0{,}226.$$

Diese Berechnungsweise bezieht sich hauptsächlich auf nachträgliche Anbringung einer Kondensation an einer vorhandenen Anlage, da für neue Maschinen meist bestimmte Verbrauchsziffern bekannt sind, bzw. aus dem Folgenden berechnet werden können.

Bei Kondensationsmaschinen ist der Koeffizient α' wegen der größeren Temperatur- und Druckunterschiede mit einem Faktor $a > 1$ zu multiplizieren, so daß $\alpha' = a \cdot \alpha$.

Werden die oben angegebenen Werte von α für einen Gegendruck von 1 atm. angenommen, und sollen sich dieselben proportional der Gegendruckabnahme so vergrößern, daß $\alpha' = 1{,}4\,\alpha$ für $p_1 = 0{,}2$ wird, so erhält man:

$$a = 1 + \frac{1 - p_1}{2},$$

so daß für Kondensationsmaschinen:

$$\alpha' = \left(1 + \frac{1 - p_1}{2}\right) \cdot \alpha.$$

Als Dampfverlustkoeffizient folgt hiernach z. B. für eine Verbundmaschine mit Kondensation bei einem Gegendruck $p_1 = 0{,}15$ atm.:

$$\alpha' = \left(1 + \frac{1 - 0{,}15}{2}\right) \cdot 0{,}35 = 0{,}49.$$

Hohe Luftleere ist nun nicht immer ein Beweis für die Wirtschaftlichkeit einer Kondensationsanlage. Ist z. B. bei einem Gegenstromkondensator die Kühlwassertemperatur $t_0 = 30^0$, so erfordert ein Kondensatordruck von 0,16 atm. 22 kg Wasser pro 1 kg Dampf; soll die Luftleere auf 0,08 atm. sinken, so werden für jedes kg Dampf 47,5 kg Kühlwasser nötig. Um sonach 0,08 Luftleere zu gewinnen, müssen die Kühlwassermenge und damit Bemessung und Arbeitsbedarf der Pumpe um mehr als das Doppelte vergrößert werden, so daß sowohl die zu verzinsenden und zu tilgenden Anschaffungskosten, als auch die laufenden Betriebskosten steigen.

Die größere Luftleere verursacht hingegen keine Zunahme der durch Undichtheiten eindringenden Luftmenge, denn diese erreicht ihren größten Endwert, wenn das Verhältnis:

$$\frac{\text{Luft-Teildruck } p_l}{\text{Außendruck } 1} = 0{,}5$$

ist, und bleibt von da ab konstant.

Sonach dringt bei einer Luftspannung $p_l = 0{,}1$ kg/qcm dieselbe Luftmenge ein wie bei $p_l = 0{,}5$ kg/qcm.

Die von der Luftmenge abhängigen Pumpenabmessungen brauchen demnach nur soweit vergrößert zu werden, als durch die Ausdehnung der Luft auf den niedrigeren Partialdruck $p_l = p_k - p_d$ bedingt ist.

Wird das Kondensat zur Kesselspeisung benutzt, so kommt außerdem noch der Verlust an Vorwärmung des Speisewassers in Betracht.

Bezeichnen N_i die Anzahl der PS_i, n der Dampfverbrauch pro PS_i-Stunde in kg, so gehen mit je 1 Grad Temperaturerniedrigung $(n \cdot N_i)$ W.E. für die Vorwärmung verloren. Bezeichnet η den thermischen Wirkungsgrad, d. h. das Verhältnis der ausgenutzten Wärme zur ganzen, der Maschine zugeführten Wärme, so hätten von diesen $(n \cdot N_i)$ W.E. in der Maschine umgesetzt werden können: $\eta \cdot n\,N_i \cdot 427$ mkg.

Verursachte 1^0 Temperaturerniedrigung eine Zunahme des mittleren Druckes um dp, so wurde andererseits eine stündliche Mehrleistung von der Größe: $O \cdot c \cdot dp \cdot 3600$ mkg erzeugt, worin O = Kolbenfläche, c = sek. Kolbengeschwindigkeit. Sind beide Arbeitsmengen einander gleich, d. h. ist:

$$\eta \cdot n\,N_i \cdot 427 = O \cdot c \cdot dp \cdot 3600,$$

so ist die Grenze für die Temperaturerniedrigung gegeben.

Eingehende Versuche sind von Prof. Josse[1]) an einer rd. 180 PS_i leistenden Dreifachexpansionsmaschine mit Oberflächenkondensation angestellt worden.

Wurde das aus dem Kondensator ablaufende von Öl gereinigte Kondensat mit dem Dampfwasser der Heizmäntel in den Kessel zurückgeführt, so stellte sich beim Betrieb mit gesättigtem Dampf der gesamte Rückgewinn an Wärme auf 7,6 v. Ht. bei 90 v. Ht. Luftleere, 10 v. Ht. bei 80 v. Ht. Luftleere und 12,5 v. Ht. bei 70 v. Ht. Luftleere.

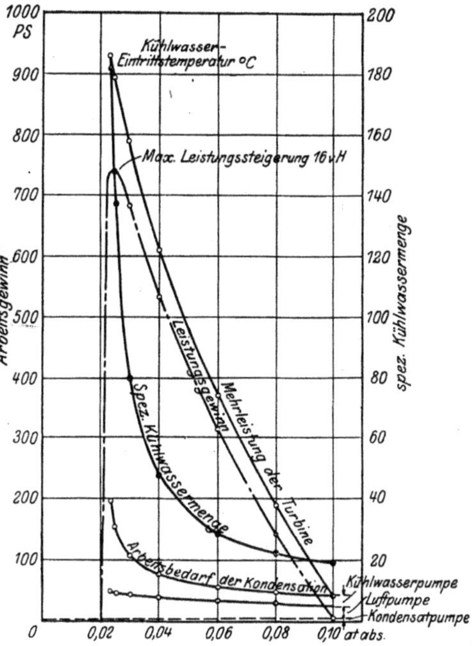

Fig. 397. (Nach Josse.)

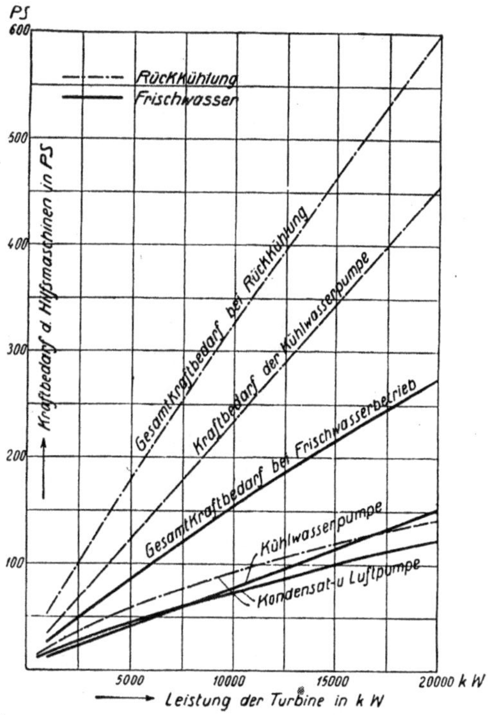

Fig. 398. (Nach Klingenberg.)

Dementsprechend ergab sich der günstigste Wärmeaufwand für die PS_i-Stunde nicht bei 0,1 kg/qcm, sondern bei 0,2 kg/qcm Gegendruck. Bei Betrieb mit überhitztem Dampf zeigte sich zwischen dem kleinsten Gegendruck bei 90 v. Ht. Luftleere und dem größten bei 70 v. Ht. Luftleere überhaupt kein merklicher Unterschied im Wärmeverbrauch.

Bezieht man den Wärmeverbrauch auf die PS_e-Stunde, so wird mit Rücksicht auf die bei größerer Luftleere zunehmende Arbeit der Kühlwasserförderung die geringere Luftleere wirtschaftlich vorteilhafter. Bei ortfesten Anlagen, bei denen die Kondensation nicht zu weit von der Dampfmaschine entfernt liegt, dürfte die günstigste Luftleere 80 bis 85 v. Ht. betragen, vorausgesetzt, daß der Rückführung des Kondensates in den Kessel die gebührende Beachtung geschenkt wird.

[1]) Josse, Neuere Wärmekraftmaschinen, S. 38 u. f.

Höchste Luftleere ist nur wirtschaftlich bei sehr hohen Kohlenpreisen und bei reichlich vorhandenem Kühlwasser. Besonders bei großen Anlagen mit Rückkühlung wird die Aufstellung einer Rentabilitätsrechnung stets erforderlich.

Eine grundsätzlich andere Betrachtung der Kondensationsverhältnisse wird bei den Dampfturbinen nötig, da bei ihnen infolge der stets vollständigen Expansion der Einfluß der Luftleere von viel größerer Bedeutung als bei den Kolbenmaschinen ist.

Außerdem findet eine Verminderung der Reibungs- und Ventilationsverluste bei Verringerung der Dampfdichte statt.

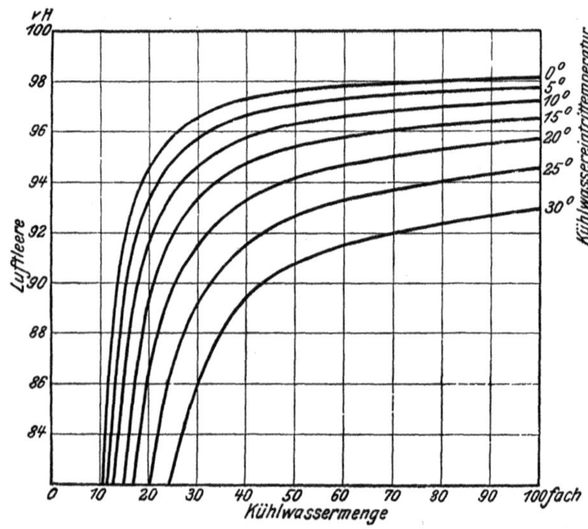

Fig. 399[1]).

Fig. 397 bezieht sich auf einen stündlichen Dampfverbrauch von 20 000 kg, Temperatur = 300°, Druck = 13 at. Bei einem Gütegrad n = 0,7 werden 3250 kW erzeugt. Der Punkt größter Leistungssteigerung, bei dem die Mehrleistung der Turbine durch die Verbesserung der Luftleere kleiner als die Steigerung des Arbeitsbedarfes wird, liegt bei einer spezifischen Kühlwassermenge von 180 kg, wobei die Leistungssteigerung gegenüber einer spezifischen Kühlwassermenge von 20 kg 515 kW = 16 v. Ht. beträgt. Praktisch wird meist eine spezifische Kühlwassermenge von 60 kg gewählt, einzelne Firmen gehen bis zu 80 kg, doch bringt eine weitere Erhöhung nur geringen Nutzen.

Die Darstellung in Fig. 397 ist ohne Rücksicht auf die Anschaffungskosten entworfen. Werden diese in Betracht gezogen, so liegt infolge höherer Anschaffungskosten der Pumpenanlage das Maximum tiefer als bei 180 kg Kühlwassermenge.

In Fig. 398 ist der Energiebedarf für verschiedene Turbinengrößen bei Frischwasserbetrieb und Rückkühlbetrieb unter Berücksichtigung

[1]) Guilleaume. Zeitschr. Ver. deutsch. Ing. 1915. S. 301.

des mit Fördermenge und Förderhöhe wechselnden Wirkungsgrades der Umlaufpumpe zusammengestellt. Es sind mittlere Verhältnisse zugrunde gelegt und zwar 95 v. H. Luftleere, 50fache Kühlwassermenge und 5 m manometrische Förderhöhe der Pumpe bei Frischwasserbetrieb,

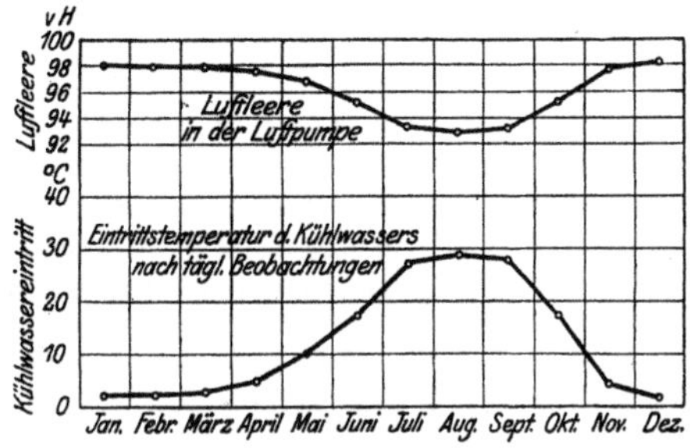

Fig. 400.

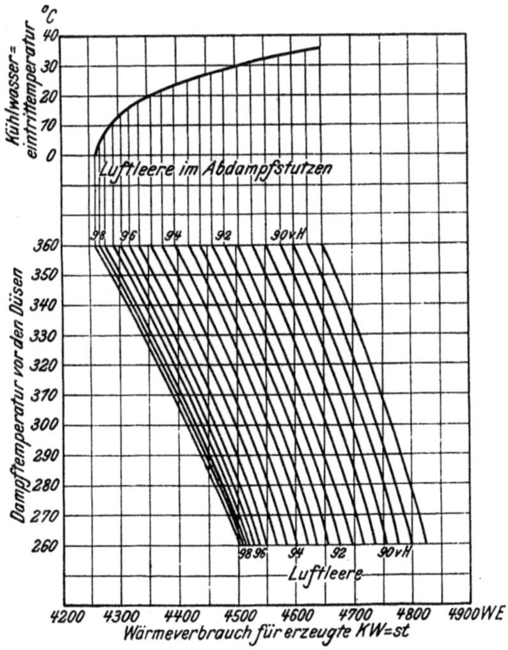

Fig. 401.

während bei Rückkühlung die entsprechenden Werte 90 v. H., 60 und 12,5 m betragen.

Fig. 399 zeigt die erreichbaren Luftleeren am Abdampfstutzen bei verschiedenen Wassermengen und Kühlwasser-Eintrittstemperaturen, die durch Veränderung der Umlaufzahl der Kühlwasserpumpe eingestellt wurde.

Da in ausgeführten Anlagen die Kühlwasserpumpen stets gleich große Wassermengen liefern, so vergrößert sich bei abnehmender Leistung das Verhältnis $\frac{\text{Kühlwassermenge}}{\text{Dampfmenge}}$ und die Luftleere wird verbessert.

Die verhältnismäßig starke Veränderlichkeit der mittleren Luftleeren infolge der Schwankungen der mittleren monatlichen Kühlwassertemperaturen ist in Fig. 400 an Hand der Verhältnisse des Berliner Krafthauses Moabit, das sein Kühlwasser dem Spandauer Schiffahrtskanal entnimmt, wiedergegeben.

Fig. 401 zeigt für eine 45fache Kühlwassermenge und einen Dampfdruck von 15 Atm. abs. den Zusammenhang zwischen Wärmeverbrauch für die erzeugte kW.-st., Dampftemperatur und Luftleere, bzw. Kühl-

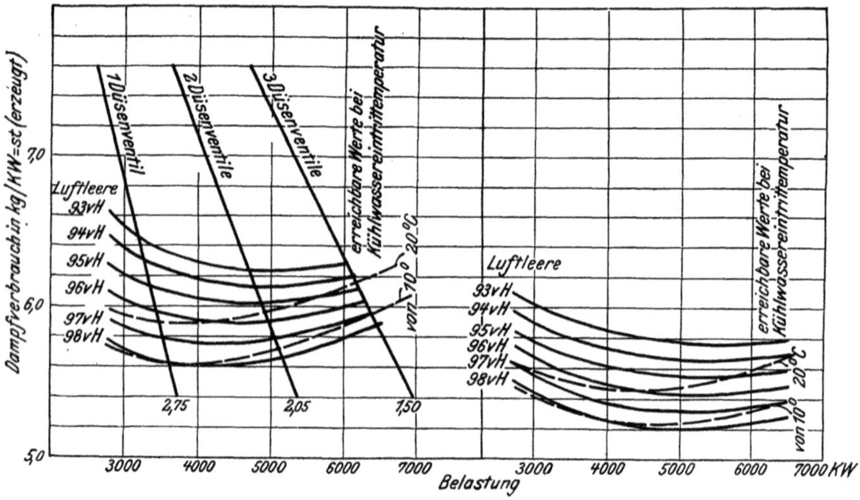

Fig. 402.

wasser-Eintrittstemperatur. Aus dieser Zusammenstellung kann der Einfluß hoher Dampftemperaturen und guter Luftleere zahlenmäßig entnommen werden. (Der Einfluß der Dampftemperatur auf den Wärmeverbrauch der Turbine läßt die großen Verluste erkennen, die entstehen, wenn die Wirtschaftlichkeit der Brennstoffe nach dem erzielten Kessel-Wirkungsgrad beurteilt wird.)

In Fig. 402 sind die Dampfverbrauchskurven neuerer A.E.G.-Turbinen bei verschiedenen Luftleeren für veränderliche Belastung dargestellt. Kurven des erreichbaren Dampfverbrauches bei verschiedenen Kühlwassertemperaturen sind punktiert eingetragen. Der flache Verlauf der Kurven, den geringen Einfluß der Belastung auf den Dampfverbrauch wiedergebend, wird durch Vergrößerung der Durchtrittsquerschnitte in der letzten Stufe erzielt, während bei älteren Bauarten, auf die sich die links eingetragenen Kurven beziehen, die Querschnitte für die großen Volumina bei hoher Luftleere zu klein waren.

G. Die Dampfturbinen.

a) Die Hauptgleichungen.

Jede Turbine besteht aus einem feststehenden Leitrad und dem sich drehenden Laufrad, das entweder am ganzen Umfang (voll) oder an einem Teile desselben (partiell) beaufschlagt wird. Je nach Strömungsrichtung des Arbeitsmittels werden Axial- und Radialturbinen unterschieden.

Im folgenden bedeutet:

c die absolute Geschwindigkeit,
w die relative Geschwindigkeit,
u die Umfangsgeschwindigkeit,
H_0 die gesamte Gefällhöhe,
α den Winkel zwischen u und c,
β den Winkel zwischen u und w (Schaufelwinkel)

Zeiger 1 bezieht sich auf den Eintritt, 2 auf den Austritt, th auf den theoretischen Wert. Es werde angenommen, daß $c_{th} < \sqrt{2 g H_0}$, so daß am Austritt aus dem Leitrad, im Spalt, noch ein Überdruck $h = H_0 - \frac{c_{th}^2}{2g}$, der sog. Spaltdruck, vorhanden sei. An dieser Stelle setzt sich dann die Gesamtenergie von 1 kg des Arbeitsmittels aus der kinetischen Energie $\frac{c_{th}^2}{2g}$ und der potentiellen Energie h zusammen. Wäre der Wirkungsgrad $= 1$, so könnte die Arbeit $H_0 = \frac{c_{th}^2}{2g} + h$ gewonnen werden. Die Austrittsgeschwindigkeit c_2 muß aber unter allen Umständen vorhanden sein und geht für die Ausnutzung verloren, so daß bei Vernachlässigung der Reibungs- und Wirbelverluste höchstens in Arbeit umgewandelt werden kann:

$$h + \frac{c_{th}^2 - c_2^2}{2g} = \varepsilon' H_0 \quad . \quad . \quad . \quad . \quad . \quad . \quad (1)$$

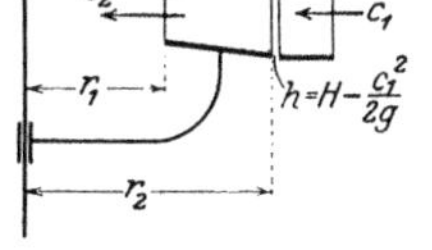

Fig. 403.

Bei der in Fig. 403 dargestellten Bauart strömt das Arbeitsmittel radial nach innen, so daß eine der Fliehkraft entsprechende Arbeit beim Durchfluß des Laufrades zu leisten ist von der Größe:

$$\int_{r_2}^{r_1} \frac{r \cdot \omega^2}{g} \cdot dr = \frac{(r_1^2 - r_2^2) \cdot \omega^2}{2g} = \frac{u_1^2 - u_2^2}{2g}.$$

Da die Schaufelräume sich nach dem Austritt hin verengern, so muß w_1 auf w_2 vergrößert werden, was die Arbeit:

$$\frac{w_2^2 - w_1^2}{2g}$$

erfordert.

Diese Arbeiten müssen vom Spaltdruck h geleitet werden, es folgt:

$$h = \frac{u_1^2 - u_2^2}{2g} + \frac{w_2^2 - w_2^2}{2g} \quad . \; . \; . \; . \; . \; . \; . \; . \; . \; . \quad (2)$$

Setzt man diesen Wert in Gleichung 1 und berücksichtigt durch den hydraulischen Wirkungsgrad ε (statt ε') alle im Laufrad auftretenden Verluste, so erhält man die Hauptgleichung des Turbinenbaues:

$$\frac{c_1^2 - c_2^2}{2g} + \frac{u_1^2 - u_2^2}{2g} + \frac{w_2^2 - w_1^2}{2g} = \varepsilon H_0 \quad . \; . \; . \; . \; . \quad (3)$$

In Berücksichtigung der Reibung im Leitrad ist hier außerdem $c_1 < c_{th}$ eingesetzt.

Aus den Geschwindigkeitsdiagrammen nach Fig. 404 folgt:

$$w_1^2 = c_1^2 + u_1^2 - 2 c_1 u_1 \cdot \cos \alpha_1$$
$$w_2^2 = c_2^2 + u_2^2 - 2 c_2 u_2 \cos \alpha_2.$$

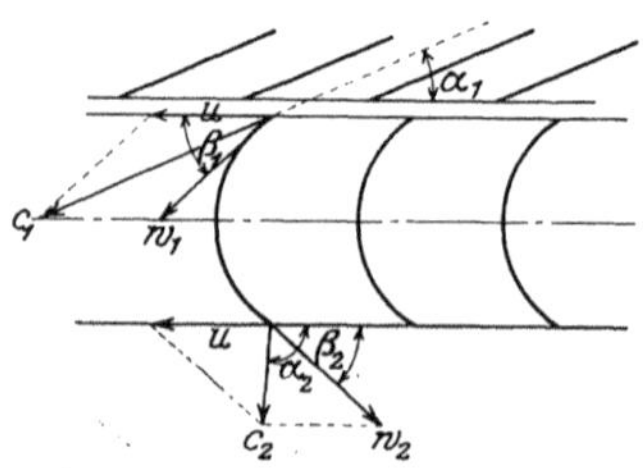

Fig. 404.

Nach Einsetzung dieser Werte in die Gleichung 3 ergibt sich die „vereinfachte Hauptgleichung“

$$\varepsilon g H_0 = c_1 \cos \alpha_1 \cdot u_1 - c_2 \cos \alpha_2 \cdot \cos \alpha_2 \quad . \; . \quad (4)$$

Bezeichnet man die Projektionen $c_1 . \cos \alpha_1$ und $c_2 \cos \alpha_2$ von c_1 und c_2 auf u mit c_{1u} und c_{2u}, so folgt die Schreibweise:

$$\varepsilon g H_0 = c_{1u} \cdot u_1 - c_{2u} \cdot u_2 \quad . \; . \; . \; . \; . \; . \; . \; . \quad (4a)$$

Aktion und Reaktion. In Fig. 403 war vorausgesetzt, daß $c_{th} < \sqrt{2 g H_0}$, in diesem Falle handelt es sich um eine Reaktionsturbine, während bei den Aktionsturbinen $c_{th} = \sqrt{2 g H_0}$ ist, d. h. das ganze Gefälle wird in Geschwindigkeit umgewandelt. Es wird — theoretisch — $w_1 = w_2$.

Aktion	Reaktion
$c_{th} = \sqrt{2 g H_0}$	$c_{th} > \sqrt{2 g H_0}$
$w_1 = w_2$	$w_2 > w_1$
Druckumsetzung nur im Leitrad. Gleiche Drucke vor und hinter jedem Laufrad.	Druckumsetzung im Leit- und Laufrad. Druck vor dem Laufrad größer als hinter dem Laufrad.

Ist $h = \frac{H_0}{2}$, so hat man „halben Reaktionsgrad“.

Mit wenigen Ausnahmen (Eyermann-, Ljungströmturbine) arbeiten die Dampfturbinen mit axialem Durchfluß des Dampfes, wobei $u_1 = u_2$. Dementsprechend nimmt die Hauptgleichung folgende Form an:

$$\frac{c_1^2 - c_2^2}{2g} = \varepsilon H_0 \quad \text{bei Aktionsturbinen}$$

$$\frac{c_1^2 - c_2^2}{2g} + \frac{w_2^2 - w_1^2}{2g} = \varepsilon H_0 \quad \text{bei Reaktionsturbinen.}$$

Schaufelform und Wirkungsgrad. Das Arbeitsmittel soll stoßfrei in das Laufrad eintreten; zu diesem Zweck muß das erste Laufschaufelelement parallel zur Richtung von w_1 verlaufen. Die Schaufelform bestimmt die „relative Bahn“ des Arbeitsmittels, durch die Krümmung des Schaufel-Endes ist sonach die Richtung von w_2 festgelegt.

In Fig. 405 ist die ideale Schaufelform einer Aktionsturbine dargestellt. Mit $u = \frac{c_{th}}{2}$ wird $w = \frac{c_{th}}{2} = u$, sonach $c_2 = 0$, $\eta = 1$. Wenngleich diese Schaufelform sich nicht praktisch ausführen läßt, da immer

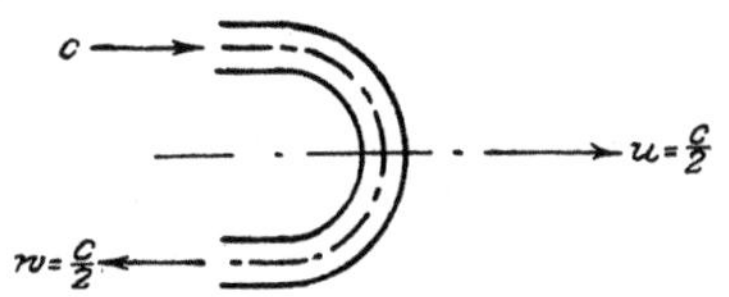

Fig. 405.

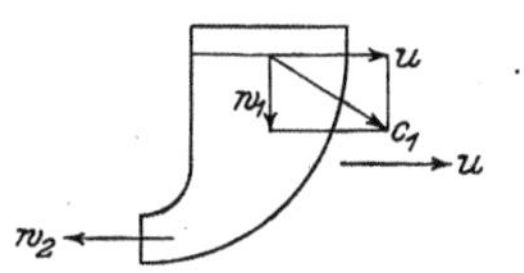

Fig. 406.

$c_2 > 0$ sein muß, so wird man doch bestrebt sein, sich dieser Form möglichst zu nähern.

In Fig. 406 ist eine „Reaktionsschaufel“ dargestellt. Durch den Ausfluß des Arbeitsmittels wird eine Gegenkraft auf die Gefäßwand ausgeübt, die nach bekannten Sätzen der Mechanik die Größe $P = m \cdot c_2$ hat, wenn m = sek. ausfließender Masse.

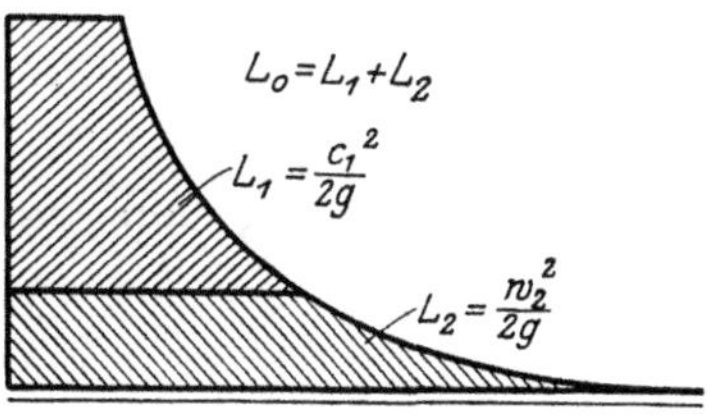

Fig. 407.

Wird das Gefäß in der angegebenen Richtung mit der Geschwindigkeit u bewegt, so kommt w_2 in Betracht und der Rückdruck leistet die Arbeit:

$$P_u = m \cdot w_2 \cdot u = \frac{w_2 \cdot u}{g} \text{ (auf 1 kg bezogen).}$$

In den vorhergehenden Entwicklungen bedeutet H_0 nicht eine Strecke, sondern eine Arbeit H_0 mkg, die von 1 kg geleistet wird. Bei den Dampfturbinen wird das entsprechende Druckgefälle infolge adiabatischer Expansion von p_1 auf p_2 — durch das pv-Diagramm mit vollständiger Expansion dargestellt — als L_0 bezeichnet, so daß $c_{th} = \sqrt{2 g L_0} = \sqrt{2 g \cdot \frac{H_0}{A}}$, wenn L_0 in mkg, H_0 in kcal wiedergegeben wird. Der Querschnitt des Reaktionsgefäßes werde so groß vorausgesetzt, daß w_1 vernachlässigt werden kann ($w_1 = 0$). Weiterhin arbeite die Turbine mit halbem Reaktionsgrad, d. h. es sei $L_1 = L_2 = \frac{L_0}{2}$. Fig. 407.

Dann ergibt sich als Arbeit:

$$\frac{c_1^2 + w_2^2 - c_2^2}{2g} = L_0 - \frac{c_2^2}{2g} \cdot \left(\frac{c_1^2}{2g} = L_1 = L_2 = \frac{w_2^2}{2g}\right).$$

Soll wiederum der Höchstwert der Arbeit, L_0, erreicht werden, so muß $c_2 = 0$ sein, was bei $w_2 = u$ der Fall ist. Da $w_2 = c_1$, wird also (für $c_2 = 0$) auch $c_1 = u$.

In einer Aktionsturbine wäre $c_{th} = \sqrt{2\,g\,L_0}$, $u = \frac{c_{th}}{2}$; in der Reaktionsturbine ist $u = c_{th} = \sqrt{2g\frac{L_0}{2}} = \text{rd}\cdot 0{,}7\,c_{th}$. Die Reaktionsturbine erfordert also höhere Umfangsgeschwindigkeit als die Aktionsturbine.

b) Ausfluß von Dämpfen.

Ist $f \cdot p$ der Druck auf die Rückseite eines von zwei unendlich benachbarten Querschnitten begrenzten Massenelementes m, $(p + dp)$ der gegen die Strömungsrichtung auf die Vorderseite wirkende Druck, so verursacht der resultierende Druck $-f \cdot dp$ die Beschleunigung $\frac{dc}{dt}$, wenn dc = Geschwindigkeitszunahme zwischen beiden Querschnitten.

$$-f \cdot dp = m \cdot \frac{dc}{dt}.$$

Mit $m = \frac{f \cdot \gamma}{g} \cdot ds$ wird $dp = -\frac{\gamma}{g} \cdot \frac{ds}{dt} \cdot dc = -\frac{\gamma}{g} \cdot c \cdot dc$, da $\frac{ds}{dt} = c$.

Da $c \cdot dc = d\frac{c^2}{2}$ und $\gamma = \frac{1}{v}$, so folgt:

$$-v \cdot dp = d\left(\frac{c^2}{2g}\right) \quad \ldots \ldots \ldots \ldots (1)$$

Die Zunahme $d\left(\frac{c^2}{2g}\right)$ der lebendigen Kraft $\frac{c^2}{2g}$ (auf 1 kg bezogen) ist gleich der Nutzarbeit $-v \cdot dp$, abgegeben bei der Entlastung um dp. Herrscht im Ausflußgefäß der Druck p_1, in der Vorlage p_2, so ist bei adiabatischer Zustandsänderung während der Strömung:

$$p_1 v_1^k = p_2 v_2^k \quad \ldots \ldots \ldots \ldots (2)$$

Hierin ist für

gesättigten Dampf: $k = 1{,}035 + 0{,}1 \cdot x_1$,
überhitzten Dampf: $k = 1{,}333$.

Aus 2) folgt:

$$\frac{p_2 v_2}{p_1 v_1} = \left(\frac{v_1}{v_2}\right)^{k-1} = \left(\frac{p_2}{p_1}\right)^{\frac{k-1}{k}} \quad \ldots \ldots \ldots (3)$$

und aus 3) durch Differentiation:

$$k\,p\,dv + v \cdot dp = 0 \quad \ldots \ldots \ldots \ldots (4)$$

oder

$$(k - 1)\,v \cdot dp = k \cdot d\,(p\,v) \quad \ldots \ldots \ldots (5)$$

Durch Einsetzung des sich hieraus ergebenden Wertes für $v\,dp$ in Gl. 1) ergibt sich:

$$d\left(\frac{c^2}{2g}\right) = -\frac{k}{k-1} \cdot d\,(p\,v) \quad \ldots \ldots \ldots (6)$$

und hieraus folgt durch Integration, da im Ausflußgefäß die Geschwindigkeit c = 0 ist:

$$\frac{c^2}{2\,g} = \frac{k}{k-1} \cdot (p_1 \cdot v_1 - p_2 \cdot v_2) \quad \ldots\ldots\ldots \quad (7)$$

Mit Benutzung der Gl. 3) findet sich für die Geschwindigkeit c im Querschnitt f:

$$c = \sqrt{2\,g \cdot \frac{k}{k-1} \cdot p_1 v_1 \left[1 - \left(\frac{p_2}{p_1}\right)^{\frac{k-1}{k}}\right]} \quad \ldots\ldots \quad (8)$$

Hierin stellt der Ausdruck

$$\frac{k}{k-1} \cdot p_1 \cdot v_1 \left[1 - \left(\frac{p_2}{p_1}\right)^{\frac{k-1}{k}}\right]$$

das „Arbeitsgefälle“ bei der adiabatischen Expansion von p_1 auf p_2 dar, so daß Gl. 8) auch geschrieben werden kann:

$$c = \sqrt{2\,g \cdot L} = \sqrt{2\,g \cdot \frac{i_1 - i_2}{A}} = 91{,}5\,\sqrt{i_1 - i_2} \quad \ldots\ldots \quad (8\,a)$$

$i_1 - i_2$ ist dem IS-Diagramm als Strecke zu entnehmen. Ist G = Dampfgewicht pro Sekunde, so ist nach der „Kontinuitätsgleichung“:

$$G \cdot v = f \cdot c.$$

Hieraus und aus Gleichung 2) folgt:

$$G = \frac{f}{v_1} \cdot \left(\frac{p_2}{p_1}\right)^{\frac{1}{k}} \cdot c.$$

Mit Benutzung von Gleichung 8) wird:

$$G = f \sqrt{2\,g \cdot \frac{k}{k-1} \cdot \frac{p_1}{v_1} \left[\left(\frac{p_2}{p_1}\right)^{\frac{2}{k}} - \left(\frac{p_2}{p_1}\right)^{\frac{k+1}{k}}\right]} \quad \ldots\ldots \quad (9)$$

Das Druckverhältnis $\frac{p_2}{p_1}$, für das G den Höchstwert annimmt, wird als „kritisches Druckverhältnis“ bezeichnet und aus dem Höchstwert des unter der Wurzel der Gl. 9) stehenden Klammerausdruckes berechnet, der nach $\frac{p_2}{p_1}$ differentiert und gleich Null gesetzt wird.

$$\frac{2}{k}\left(\frac{p_2}{p_1}\right)^{\frac{2}{k}-1} - \frac{k+1}{k}\left(\frac{p_2}{p_1}\right)^{\frac{1}{k}} = 0; \text{ hieraus: } \left(\frac{p_2}{p_1}\right)_{krit} = \left(\frac{2}{k+1}\right)^{\frac{k}{k-1}}.$$

Pro Sekunde durch den kleinsten Querschnitt f_k strömendes Dampfgewicht:

$$G = f_k \cdot \sqrt{2\,g \cdot \frac{k}{k+1} \cdot \frac{p_1}{v_1} \cdot \left(\frac{2}{k+1}\right)^{\frac{2}{k-1}}} \quad \ldots\ldots \quad (10)$$

Aus Gl. 8) folgt die Durchflußgeschwindigkeit:

$$c_{max} = \sqrt{2\,g \cdot \frac{k}{k+1} \cdot p_1 \cdot v_1} \text{ (Schallgeschwindigkeit)} \quad (11)$$

Setzt man $p_1 v_1^k = p_k v_k^k$, worin p_k den kritischen Wert des Druckes p_2, v_k das zu p_k gehörige, spezifische Volumen bedeutet, so wird unter Benutzung der Gleichung:

$$\frac{p_k}{p_1} = \left(\frac{2}{k+1}\right)^{\frac{k}{k-1}}$$

$$c_{max} = c_k = \sqrt{g\,k\,p_k\,v_k} \quad \ldots \ldots \ldots \ldots \quad (11\,a)$$

Dieser Ausdruck stellt wie auch Gl. 11) die Geschwindigkeit dar, mit der sich der Schall in Dampf vom Zustand p_k, v_k fortpflanzt. Das Verhältnis $\frac{c}{v}$ erreicht hierbei seinen Höchstwert.

Es wird für Sattdampf mit $x_1 = 1$, also $k = 1{,}135$:

$$\left(\frac{p_2}{p_1}\right)_{krit} = 0{,}5774$$

$$c_{max} = 323\,\sqrt{p_1\,v_1} \quad \ldots \ldots \ldots \quad (11\,a)$$

$$\frac{G}{f_k} = 199\sqrt{\frac{p_1}{v_1}} \quad \ldots \ldots \ldots \quad (12)$$

Ist z. B. $x = 0{,}9$, so wird mit $k = 1{,}035 + 0{,}1 \cdot 0{,}9$

$$\left(\frac{p_2}{p_1}\right)_{krit} = 0{,}5796.$$

Ist die Strömung nicht reibungsfrei, ist also eine Verlustziffer ζ einzuführen, s. S. 385, so wird

$$\left(\frac{p_2}{p_1}\right)_{krit} = \left(\frac{2}{n+1}\right)^{\frac{n}{n-1}},$$

worin

$$n = \frac{k\,(1+\zeta)}{1 + k\,\zeta}.$$

Für $k = 1{,}2$, $\zeta = 0{,}2$ folgt z. B. $\frac{p_k}{p_1} = 0{,}572$.

Für überhitzten Dampf gelten dieselben Gleichungen mit $k = 1{,}333$. Es wird:

$$\left(\frac{p_2}{p_1}\right)_{krit} = 0{,}546,$$

$$c_{max} = 333\,\sqrt{p_1 v_1} \quad \ldots \ldots \ldots \quad (13)$$

$$\frac{G}{f_k} = 211\sqrt{\frac{p_1}{v_1}} \quad \ldots \ldots \ldots \quad (14)$$

f_k in m^2, p_1 in at.

Für f_k in mm^2 und für stündlich angegebene Dampfmenge folgt

$$G_{st} = 0{,}72 \cdot f_k \sqrt{\frac{p_1}{v_1}} \text{ für gesättigten Dampf } (p_1 \text{ in kg/cm}^2),$$

$$G_{st} = 0{,}76 \cdot f_k \sqrt{\frac{p_1}{v_1}} \text{ für überhitzten Dampf.}$$

Die nach den Gl. 11a) und 13) berechneten Dampfgeschwindigkeiten betragen maximal ungefähr 460 m/sek. für gesättigten, 560 m/sek. für überhitzten Dampf. Auch bei weiterer Verringerung des Gegendruckes p_2 unter den „kritischen“ Druck p_k ($= 0{,}5774\,p_1$ bei gesättigtem, $= 0{,}546$ bei überhitztem Dampf) läßt sich eine Erhöhung der

Geschwindigkeit nicht erreichen, da nach der Theorie der Mündungsdruck unverändert bleibt, sobald der Gegendruck unter den kritischen Wert herabsinkt.

Erst außerhalb der Mündung expandiert der Strahl auf den Außendruck, wie auch durch Druckmessungen Stodolas festgestellt worden ist.

In den Gl. 12) und 14): $G = \psi \cdot f_k \sqrt{\frac{p_1}{v_1}}$ wird ψ als „Ausflußfaktor" bezeichnet. Bendemann und Loschge haben bei Versuchen (veröffentlicht in den Forschungsheften 37 und 144) festgestellt, daß bei Werten von $\frac{p_2}{p_1} < 0{,}54$ dieser Faktor sowohl für gesättigten als für überhitzten Dampf stets von gleicher Größe war und etwa 203 betrug.

Die Tatsache, daß bei Düsen häufig größere Durchflußmengen gesättigten Dampfes als theoretisch möglich beobachtet worden sind, erklärt Stodola damit, daß die adiabatische Expansion strömenden, gesättigten Dampfes wie beim überhitzten Dampf (mit $p v^{1,3} =$ konst., statt $p v =$ konst.) vor sich geht. Belichtungsversuche zeigten nämlich Unsichtbarkeit des Dampfstrahls bis zum engsten Querschnitt, also Auftreten einer „Kondensationsverzögerung".

Größere Geschwindigkeiten als die nach den Gl. 11a) und 13) berechneten ergeben sich, wenn dem Dampf in sich erweiternden Düsen nach Laval Gelegenheit zur adiabatischen Expansion gegeben wird. Die Erweiterung ist nötig, da bei abnehmendem Gegendruck Strömungsgeschwindigkeit und Dampfvolumen zunehmen, dieses jedoch stärker als die Geschwindigkeit. Im engsten Querschnitt der Lavaldüse stellen sich die Schallgeschwindigkeit c_k und der kritische Druck p_k ein. Die Geschwindigkeiten $c > c_k$ werden für die jeweiligen Werte $p_2 < p_k$ aus den Gl. 8) und 8a) bestimmt.

In der Nähe des kritischen Druckgefälles ist die Wirkung der Querschnittserweiterung besonders stark, wie aus folgender Zusammenstellung hervorgeht.

Erweiterung der Leitvorrichtung in vH	0	0,046	0,184	0,413	0,735	1,144	4,629
Überschreitung der Schallgeschwindigkeit in vH .	0	2	4	6	8	10	20

Die Abmessungen der Düse werden durch den kleinsten und größten Querschnitt, sowie durch den Erweiterungswinkel festgelegt.

Der engste Querschnitt folgt aus den Gl. 12) und 14):

$$f_k = \frac{G_{sek}}{199\sqrt{\frac{p_1}{v_1}}}, \text{ bzw. } f_k = \frac{G_{sek}}{211\sqrt{\frac{p_1}{v_1}}},$$

wenn p_1 in kg/cm² eingesetzt ist.

Der Austrittsquerschnitt F_a wird mit Hilfe der Kontinuitätsgleichung

$$F_a = \frac{G \cdot v}{c_1}$$

berechnet, worin

$$c_1 = \varphi \cdot 91{,}5 \sqrt{i_1 - i_2}.$$

Beiwert φ berücksichtigt die Düsenverluste.

Für gesättigten Dampf ist:

$$v = ux + 0{,}001 \text{ oder } v \cong u \cdot x,$$

für überhitzten Dampf:

$$v = \frac{R \cdot T}{p} - C$$

mit $R = 0{,}0047$, $C = 0{,}016$, p in kg/cm².

Kegelwinkel α der Düse $\sim 10^0$. Bei größerem Winkel α liegt die Gefahr vor, daß sich der Strahl ablöst, bei kleinerem Winkel wird die Wandreibung zu groß.

Fig. 408 gibt Versuche Stodolas an Düsen bei vergrößertem Gegendruck wieder, wodurch die gleichen Verhältnisse wie bei Düsen von zu großer Länge, bzw. mit zu starker Erweiterung eintreten. In diesen expandiert nämlich der Dampf auf einen niedrigeren Druck als auf den der Vorlage, worauf mehr oder weniger starke Drucksteigerung auftritt, je nach Höhe des Gegendruckes.

Diese Erscheinung wurde zuerst auf „Verdichtungsstöße" zurückgeführt; Dampfteilchen von hoher Geschwindigkeit prallen gegen Dampfmassen von geringerer Geschwindigkeit an. Flügel (Zeitschr. Ver. deutsch. Ing. 1917. S. 654) vertritt folgende Ansicht: Der Dampf expandiert in normaler Weise bis zu einem Querschnitt des erweiterten Teiles auf den entsprechenden Druck p_1, um von hier ab wieder auf p_2 verdichtet zu werden. In diesem Querschnitt erfährt der Hauptstrahl infolge Ablösung eine von der Wand ausgehende Einschnürung (daher die Druckzunahme) bei gleichzeitiger heftiger Wirbelbildung.

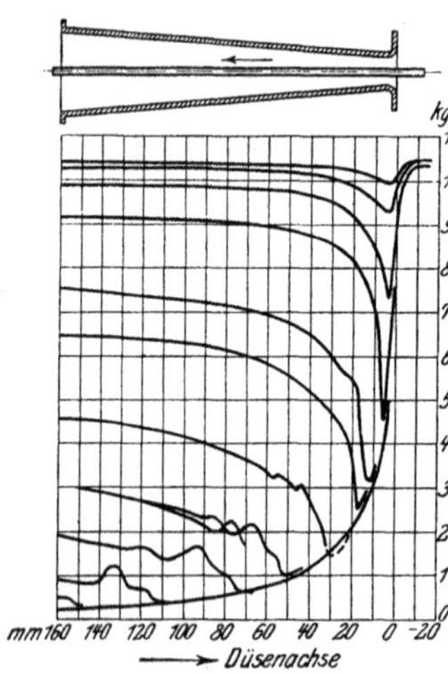

Fig. 408.

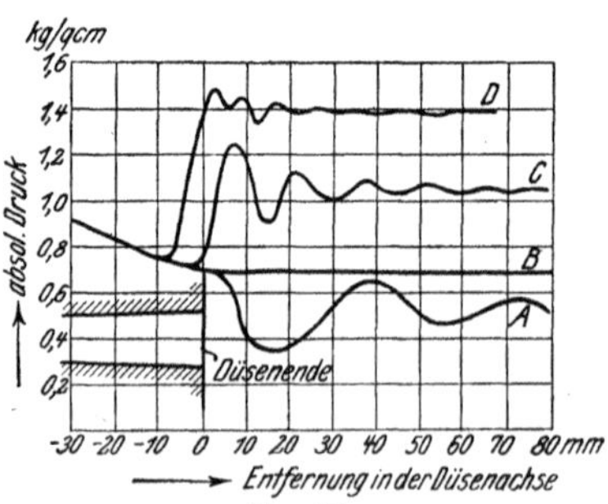

Fig. 409.

Fig. 409 zeigt die Ergebnisse weiterer Versuche Stodolas. Im Falle der Linie *B* war der Gegendruck genau auf den Expansionsdruck eingestellt. Linie *A* zeigt Schallschwingungen infolge zu kleinen Gegendruckes. Bei Linie *D* erstreckt sich die Stauung bis in die Düse hinein. Innerhalb der Düse verläuft bei diesen geringen Druckabweichungen die Expansion regelmäßig.

In Fig. 410 sind nach Moyer als Abszissen die Abweichungen des vorhandenen Querschnittsverhältnisses von dem theoretisch richtigen, als Ordinaten die infolge dieser Abweichungen eintretende Verminderung des Geschwindigkeitskoeffizienten φ dargestellt.

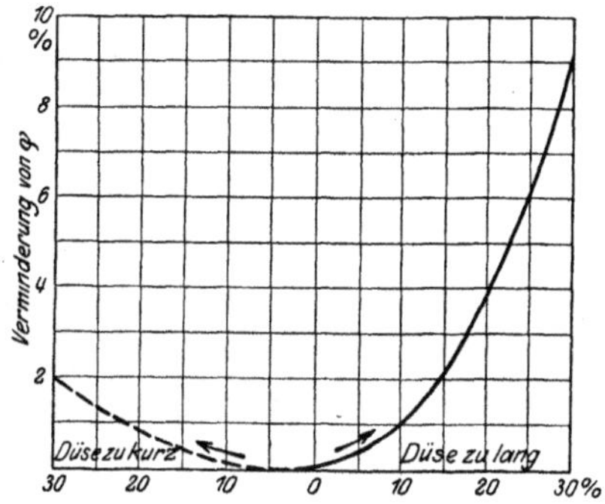

Fig. 410.

In Fig. 411 sind Versuche von Dr. Christlein an einem parallelwandigen Leitapparat wiedergegeben. Die Abszissen stellen die für das jeweilige Druckverhältnis erreichbaren theoretischen Geschwindigkeiten c_{th}, die Ordinaten den Geschwindigkeitskoeffizienten $\varphi = \frac{c}{c_{th}}$ dar[1]). Es ergibt sich, daß die kritische Geschwindigkeit überschritten werden kann und φ erst nach dieser Überschreitung den Höchstwert erreicht. Auch bei konischen Düsen stellte Christlein Zunahme von φ mit der Geschwindigkeit fest. Bei größeren Geschwindigkeiten verhalten sich — im Gegensatz zu den nachfolgend wiedergegebenen Versuchen von Brown, Boveri & Co. — die Düsen günstiger als die einfache Leitvorrichtung.

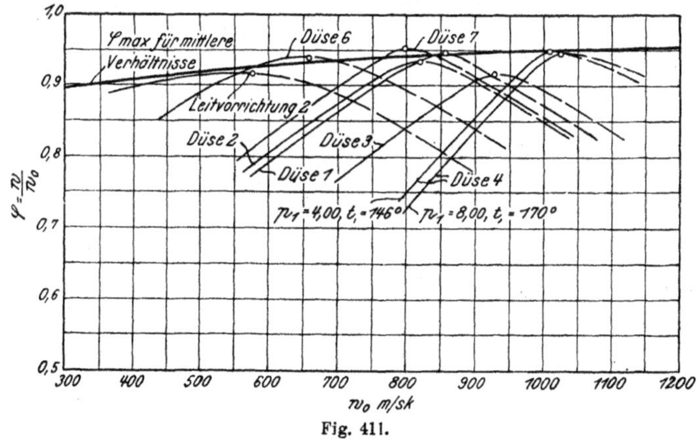

Fig. 411.

Diese Geschwindigkeitsüberschreitung schreibt Christlein den im Inneren gekrümmter Kanäle leicht vorkommenden Strahlkontraktionen verbunden mit Strahlablösung zu, die auch bei parallelwandigen Leitvorrichtungen zur konischen Strahlform Veranlassung geben kann.

Loschge[2]) hat hingegen nachgewiesen, daß überkritische Ge-

[1]) In Fig. 411 ist c_{th} durch w_0 bezeichnet.

[2]) Loschge, Über den Ausfluß des Dampfes aus Mündungen. Mitteil. über Forschungsarbeiten. Heft 144. Verlag von Jul. Springer.

schwindigkeiten bis zu 800 m/sek. sich auch dann in einfachen Leitradmündungen einstellen, wenn Strahlablösung ausgeschlossen ist.

Fig. 412[1]) zeigt die Verteilung der Linien gleichen Druckes, der „Isobaren", über den Querschnitt der Leitvorrichtung. Die Kurven des größten Druckgefälles verlaufen als Orthogonaltrajektorien der Isobaren, so daß ein schräg zur Düsenachse gerichtetes Druckgefälle

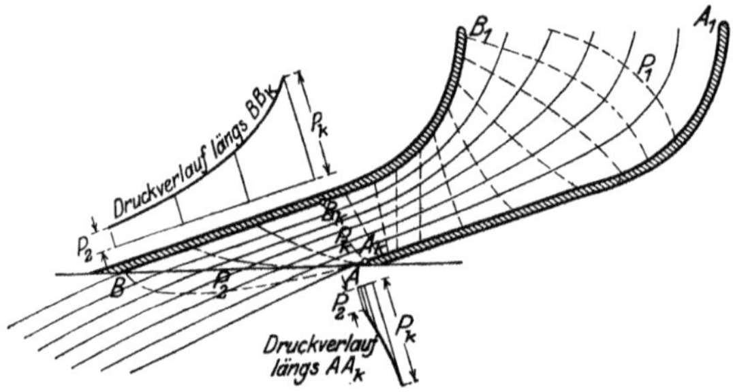

Fig. 412.

im Strahl entsteht. Es treten Geschwindigkeitskomponenten in Richtung des größten Druckgefälles auf, die sich geometrisch mit den gegebenen Geschwindigkeiten zusammensetzen und eine Umlenkung des Dampfstromes verursachen. Diese Ablenkung hat eine Vergrößerung der dem Dampfstrom zur Verfügung stehenden Querschnitte zufolge, wodurch bei überkritischem Gefälle in und vor der Mündung Überschallgeschwindigkeiten möglich werden.

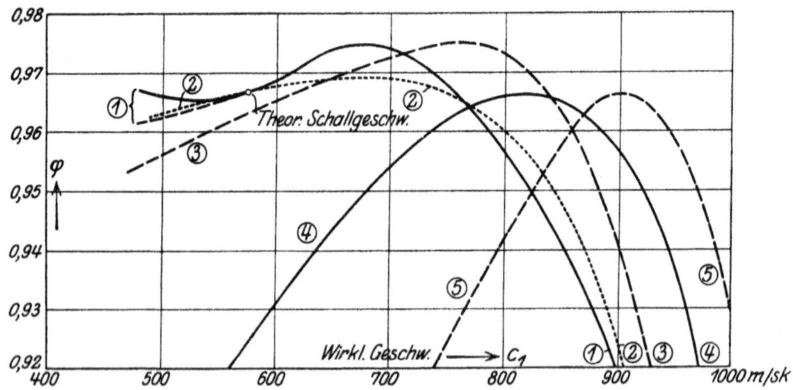

Fig. 413.

Die Versuche **Christleins** waren mit einer Ungenauigkeit behaftet; Versuche **Stodolas** an Leitvorrichtungen von Escher, Wyss & Co. im Maschinenprüffeld der Hochschule Zürich ergaben die in Fig. 413 dargestellten Ergebnisse.

[1]) **Baer**, Zur Frage der Erweiterung der Düsen von Dampfturbinen, Zeitschr. Ver. deutsch. Ing. 1916. S. 645.

Versuche Stodolas an Escher-Wyss-Leitvorrichtungen.

Schaulinien in Fig.	1	2	3	4	5
Austrittswinkel.	17° 20′	17° 20′	16° 58′	17° 15′	16° 40′
Engster Querschnitt cm²	2 × 1,932	2 × 1,847	2 × 2,116	2 × 2,237	2 × 2,176
Erweiterungsverhältnis .	1,0	1,0187	1,052	1,187	1,560
Anfangsdruck at abs	4,61	4,602	4,617	4,618	4,620
Anfangstemperatur ° C	181,4	223,6	219,4	219,5	219,3
Ausflußzahl ψ[1])	2,002	1,995	2,023	1,997	1,988

In Schaulinie 1 ist der dem theoretischen kritischen Verhältnis entsprechende Punkt der Schallgeschwindigkeit eingetragen. Stodola vermutet, daß bei einer Wiederholung der Versuche sich ein Verlauf der Kurve 1 gleich dem von Kurve 2 ergeben haben würde.

In Fig. 414 sind Versuchsergebnisse von Brown, Boveri & Co. wiedergegeben.

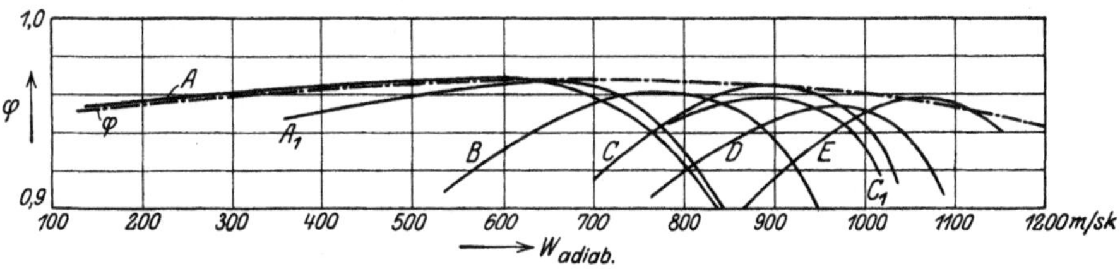

Fig. 414. (Nach Stodola.)

Düse		A	B	C	D	E
Unveränderte Höhe . . .	mm	12,01	12,04	11,975	12,00	12,00
Breite an engster Stelle .	mm	12,03	15,0	9,30	6,34	3,42
Breite am Anfang des Schrägabschnittes . . .	mm	12,03	21,0	21,0	20,5	21,6
Erweiterungsverhältnis		1	1,40	2,26	3,24	6,32

Der Schrägabschnitt zeigte eine Neigung von 30° gegen die Achse. Im Gegensatz zu den Christleinschen Versuchen zeigt hier bis rund 650 m/sek Geschwindigkeit die nichterweiterte Düse das günstigste Verhalten.

Versuche der A.E.G. an einer Einzeldüse ohne dahinter geschaltetes Laufrad ergaben, daß der Geschwindigkeitskoeffizient φ von der Schallgeschwindigkeit ab zunächst praktisch unveränderlich ist und mit zunehmender Überschreitung innerhalb der Versuchsgrenzen allmählich langsam abnimmt. Fig. 415.

Bei Druckgefällen, die unterhalb des kritischen Wertes liegen oder diesen gerade erreichen, wird der Dampfstrahl nicht abgelenkt.

[1]) Siehe Bemerkung auf S. 371 betreffend Gleichungen 12 und 14.

c) Elementare Theorie der Dampfturbinen[1]).

Je nach Wirkungsweise und Ausführung werden unterschieden:

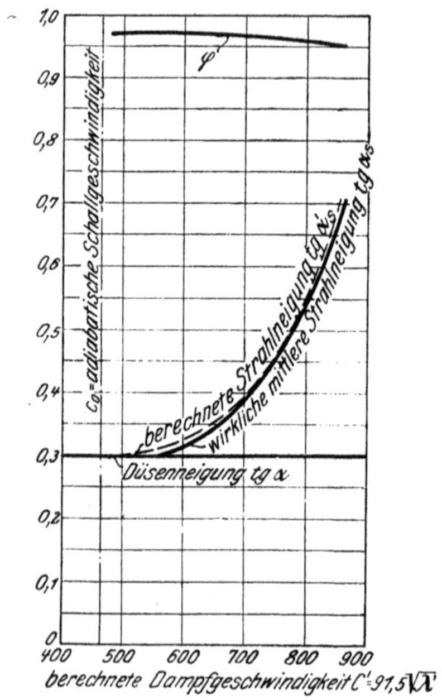

Fig. 415

1. Einstufige Druckturbinen.
2. Einstufige Druckturbinen mit mehrfachen Geschwindigkeitsstufen.
3. Mehrstufige Druckturbinen mit einfachen Geschwindigkeitsstufen.
4. Mehrstufige Druckturbinen mit mehrfachen Geschwindigkeitsstufen.
5. Vielstufige Überdruckturbinen.
6. Verbundturbinen mit Geschwindigkeitsrad und daran anschließender, mehrfacher Druck- oder Überdruckstufung.

1. Die einstufige Druckturbine (Laval, Riedler-Stumpf).

Schema s. Fig. 416. Der Dampfdruck wird in der erwähnten Lavalschen Düse vollständig in Geschwindigkeit umgesetzt, so daß die Eintrittsgeschwindigkeit bei ausgeführten Turbinen 1000 bis 1100 m beträgt.

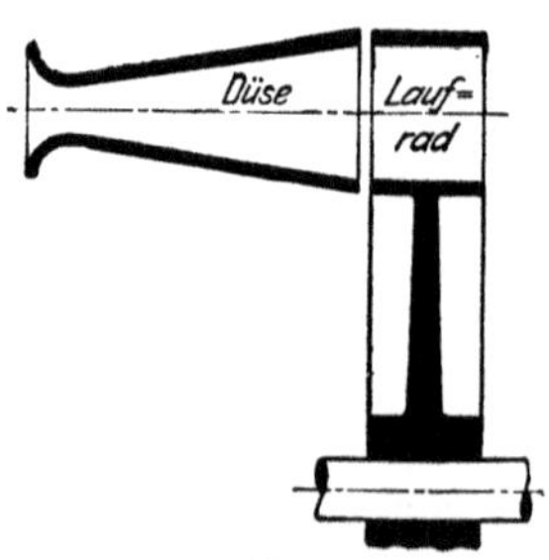

Fig. 416.

Der Wirkungsgrad beträgt:

$\eta = \frac{c_1^2 - c_2^2}{c_1^2}$, wenn $\varphi = 1$. Wird in dem theoretischen Diagramm Fig. 417 (mit $w_1 = w_2$, $\beta_1 = \beta_2$) das Austrittsdiagramm umgeklappt, wie punktiert angegeben, so folgt:

$$c_2^2 = c_1^2 + (2\,u)^2 - 2 \cdot c_1\,(2\,u) \cdot \cos\alpha$$

und hieraus:

$$\eta = 4 \cdot \frac{u}{c_1}\left(\cos\alpha - \frac{u}{c_1}\right).$$

Ist α festgelegt und β_1 stets so gewählt, daß der Eintritt stoßfrei ist, so wird η durch $\frac{u}{c_1}$ bestimmt. Der Höchstwert $\eta_{max} = \cos^2\alpha$ wird bei $\frac{u}{c_1} = \frac{1}{2} \cdot \cos\alpha$ erhalten. Es läßt sich also, wie auch schon aus den Darlegungen zu Fig. 405 zu folgern war, der Wirkungsgrad durch Verkleinerung von α erhöhen.

[1]) Nach Stodola.

Wird gewählt: $\alpha = 20^0$, $c_1 = 1000$ m, so wäre $\eta_{max} = 88{,}36$ vH bei $u = \frac{c_1}{2} \cdot \cos\alpha = 470$ m. Wird die Umfangsgeschwindigkeit auf den zulässigen Wert 400 m herabgesetzt, so folgt $\eta = 86{,}4$ vH. Diese

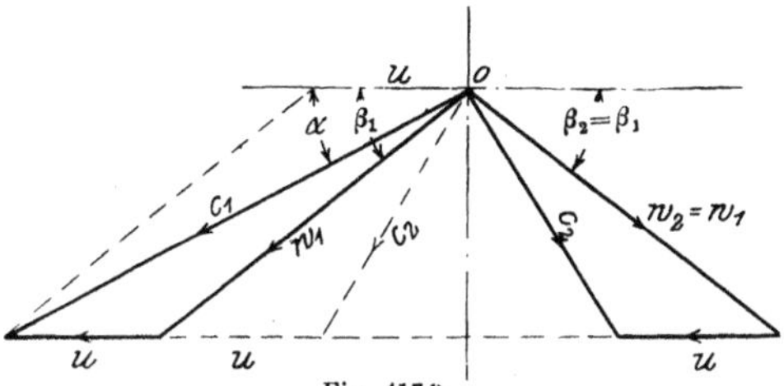

Fig. 417[1].

unbedeutende Abnahme des Wirkungsgrades wird durch die infolge der kleineren Umlaufgeschwindigkeit stattfindende Verringerung der Leerlaufarbeit mehr als aufgehoben.

Durch die Reibung in der Düse erreicht die Geschwindigkeit c_1 nicht den berechneten Wert c_{th}, sondern es wird, wenn

$$c_{th} = \sqrt{2gL_0} = \sqrt{2g\frac{i_1 - i_2}{A}}$$

ist,

$$c_1 = \varphi \cdot c_{th}.$$

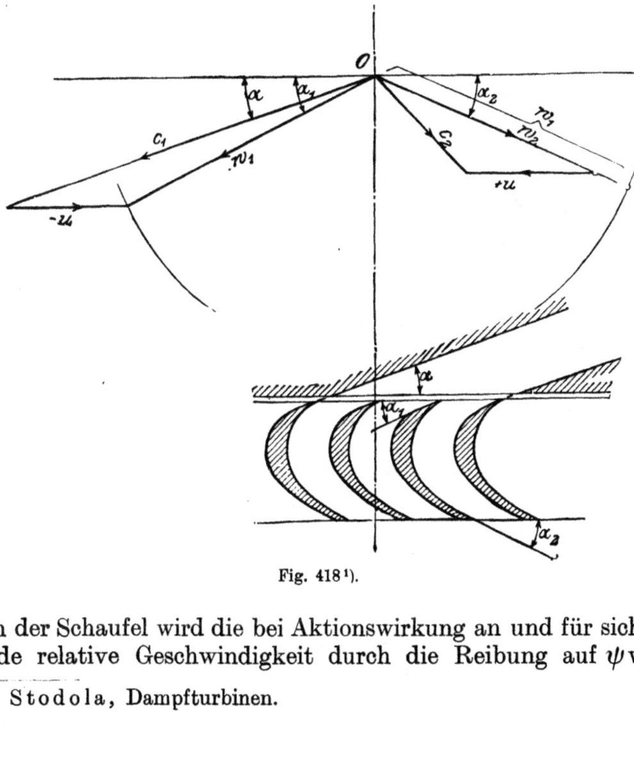

Fig. 418[1]).

In der Schaufel wird die bei Aktionswirkung an und für sich gleichbleibende relative Geschwindigkeit durch die Reibung auf $\psi w_1 = w_2$

[1]) Stodola, Dampfturbinen.

vermindert, Fig. 418; ist weiterhin c_2 die absolute Austrittsgeschwindigkeit, so folgen die Verluste in der Düse:

$$\frac{c_{th}^2 - c_1^2}{2g} = (1-\varphi^2)\frac{c_{th}^2}{2g},$$

in den Schaufeln:

$$\frac{w_1^2 - w_2^2}{2g} = (1-\psi^2)\frac{w_1^2}{2g},$$

beim Austritt:

$$\frac{c_2^2}{2g}.$$

Sonach ergibt sich als Arbeit von 1 kg Dampf, am Schaufelumfang gemessen:

$$L_u = \frac{c_{th}^2}{2g} - \frac{c_{th}^2 - c_1^2}{2g} - \frac{w_1^2 - w_2^2}{2g} - \frac{c_2^2}{2g}.$$

2. Die einfache Druckstufe mit mehreren Geschwindigkeitsstufen.

Schema s. Fig. 419.

Die Austrittsgeschwindigkeit nimmt mit kleiner werdender Umfangsgeschwindigkeit zu. Wird in dem Austrittsparallelogramm, Fig. 420, die Umfangsgeschwindigkeit u auf u' verkleinert, so folgt, (wenn im Eintrittsdreieck die Größe von w_1 hierbei nicht geändert wird), $c_2' > c_2$, da

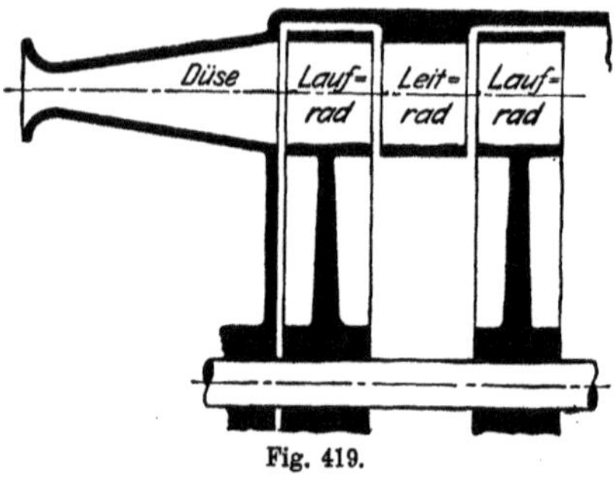

Fig. 419.

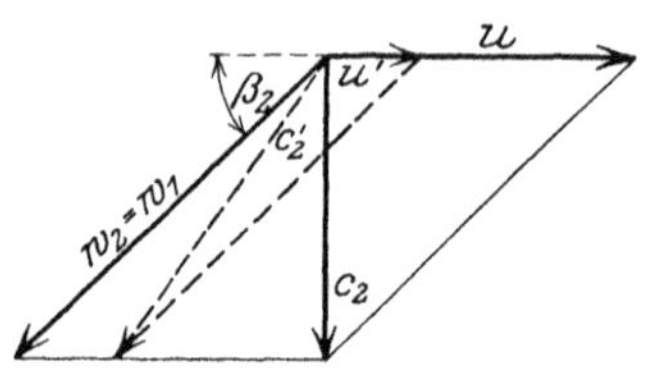

Fig. 420.

w_2 (= w_1) nach Größe und (durch β_2) nach Richtung unveränderlich festgelegt ist. Bei weitgehender Verringerung der Umfangsgeschwindigkeit lohnt es sich, den mit hoher Geschwindigkeit aus dem Laufrad strömenden Dampf in einem zweiten Leitrad umzulenken und auf ein weiteres Laufrad zu führen.

Der Dampf wird in Düsen A_1, Fig. 421, genau wie bei der einstufigen Turbine vollständig entspannt und tritt in das Rad B_1. Er wird sodann in einem Leitrad A_2 umgelenkt und einem zweiten Laufrad B_2 zugeführt usw. Der Dampf strömt sonach durch sämtliche Lauf- und Leiträder mit demselben Enddruck; seine Geschwindigkeit nimmt hierbei, der Arbeitsabgabe und der Reibung entsprechend, schnell ab, so daß die vom Dampf durchströmten Querschnitte ständig zunehmen müssen. Das Dampfvolumen nimmt infolge der Reibungswärme ebenfalls zu.

Wird vorausgesetzt, daß für Ein- und Austritt eines jeden Leitrades die Winkel einander gleich seien, und wird dasselbe bezüglich der Winkel eines jeden Laufrades angenommen, so ergibt sich ein Ge-

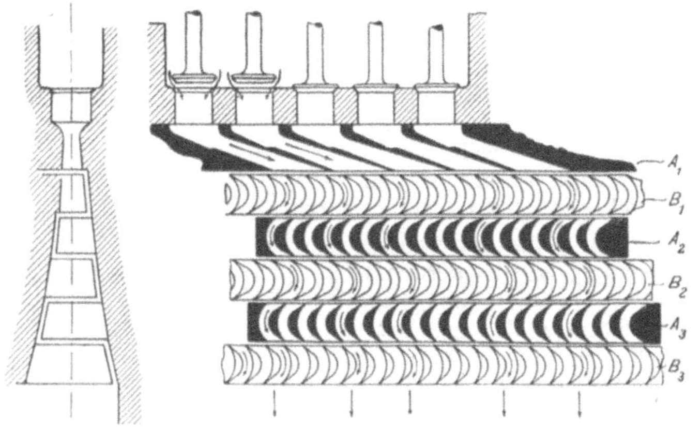

Fig. 421.

schwindigkeitsplan nach Fig. 422. Der in der Düse bis auf den Gegendruck expandierte Dampf erreicht die absolute Eintrittsgeschwindigkeit c_1, die mit $-u$ die relative Geschwindigkeit w_1 ergibt. Nun ist $w_2 = \psi \cdot w_1$ und so folgt für die Austrittseite aus u und w_2 auch

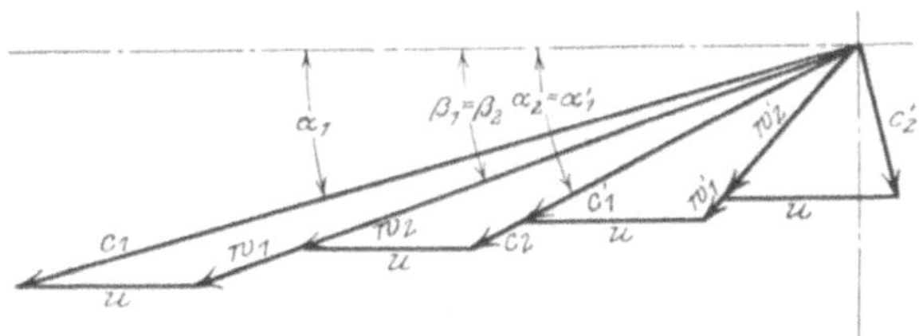

Fig. 422.

$c_1' = \psi \cdot c_2$, woraus das Geschwindigkeitsdreieck des Laufrades II aufgezeichnet werden kann.

Da nach Fig. 422 die absoluten und relativen Geschwindigkeiten abnehmen, so müssen in demselben Maße die Querschnitte entsprechend zunehmen.

Genaue Berechnung der Querschnitte s. S. 436.

Die Verluste durch Wirbelbildung, Schaufelreibung usw. werden bei der Geschwindigkeitsstufung bedeutend, so daß gewöhnlich für jede Druckstufe nicht mehr als zwei Geschwindigkeitsstufen angewandt werden.

3. Mehrstufige Druckturbinen mit einfachen Geschwindigkeitsstufen.

Schema s. Fig. 423.

Die Fig. 424 zeigt dieses zuerst von Curtis eingeführte Prinzip, der anfänglich mehrere einstufige Druckturbinen (Lavalturbinen) hintereinander schaltete. Die Dampfleitung f mündet in die Düse d ein, in welcher der Druck um einen gewissen Betrag sinkt. Nach Durchströmung des ersten Rades findet in der Düse *g* ein weiterer Druckabfall statt, ebenso später in den Düsen *h* und *i*.

Jede Teilturbine unterscheidet sich demnach nur insofern von der einzelnen Lavalturbine, als hinter dem Laufrad der niedrigste Druck noch nicht erreicht ist. Der Vorteil der Anordnung liegt darin, daß der den Düsen entströmende

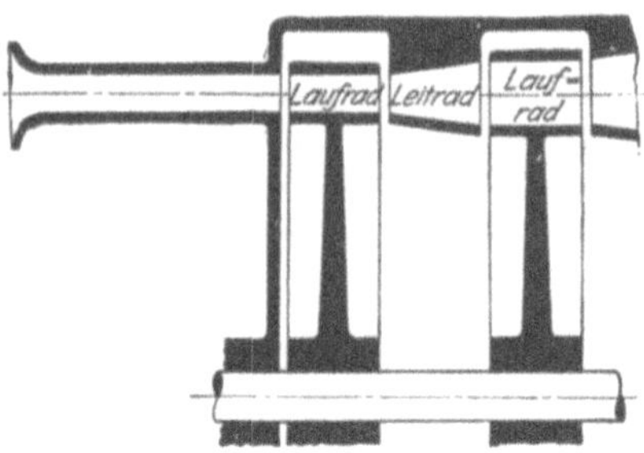

Fig. 423.

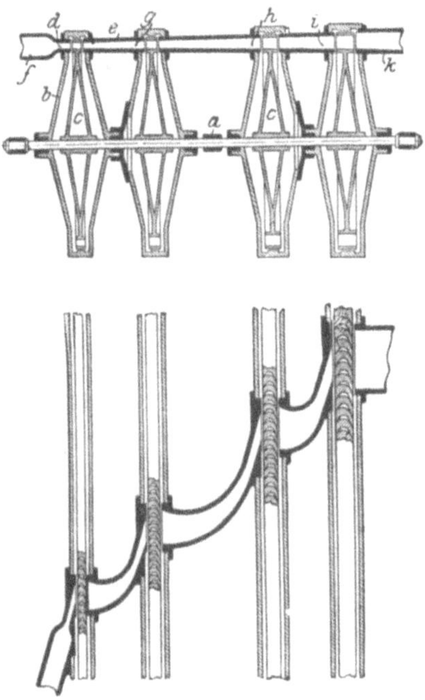

Fig. 424.

Dampf, da er die Strömungsenergie noch zum Teil enthält, eine viel geringere Geschwindigkeit besitzt, die auf kleinere Umfangsgeschwindigkeiten führt. Die Arbeit wird am zweckmäßigsten so verteilt, daß die von den Einzelrädern geleisteten Arbeiten einander gleich sind. Zu dem Zweck wird das Spannungsdiagramm nach Fig. 425 — oder bei Einführung der Dampfwärme das Entropiediagramm — in die entsprechende Anzahl gleicher Teile zerlegt, und es kann nun jede einzelne Turbine in der gleichen Weise wie die einstufige Turbine berechnet werden.

Angenommen, das Diagramm Fig. 425 wäre in einer einstufigen Turbine verwertet worden, so wäre die theoretische Austrittsgeschwindigkeit

$$c_{th} = \sqrt{2\,g\,L_0};$$

hingegen ist bei z Stufen:

$$L_0' = \frac{L_0}{z},$$

sonach:

$$c_{th}' = \sqrt{2\,g\,L_0'} = \sqrt{2\,g\frac{L_0}{z}} = \frac{c_{th}}{\sqrt{z}}.$$

Die entsprechenden Geschwindigkeiten sind der Quadratwurzel aus der Stufenzahl umgekehrt proportional.

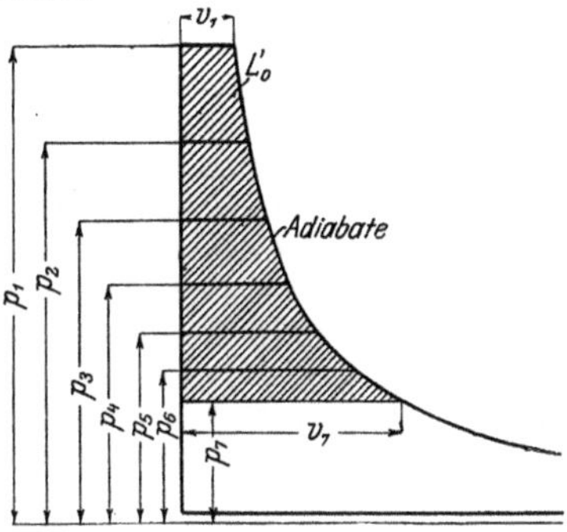

Fig. 425.

Soll für jedes Einzelrad der Wirkungsgrad η der einstufigen Turbine erreicht werden, so muß sein:

$$u' = \frac{u}{\sqrt{z}}.$$

Als Austrittsverlust der einstufigen Turbine ergibt sich $L = \frac{c_2^2}{2g}$.

Der Austrittsverlust der Einzelturbine wird bei z Stufen:

$$L_{z1} = \frac{c_2'^2}{2g} = \frac{1}{2g}\left(\frac{c_2^2}{z}\right),$$

und da der Gesamtverlust z mal so groß ist, so wird:

$$L_z = \frac{c_2^2}{2g},$$

also so groß wie bei der einstufigen Turbine. Hierbei ist aber folgendes zu beachten.

Wird die Austrittsgeschwindigkeit jedesmal vollständig vernichtet, so folgt als Wärmewert der Verluste in einer Stufe:

Wärmewert der Düsenreibung:	$(1-\varphi^2)\,A\,L_0$;
„ „ Schaufelreibung:	$\frac{A}{2g}(w_1^2 - w_2^2)$
Umsetzung der Austrittsgeschwindigkeit:	$\frac{A}{2g}\cdot c_2^2$
zusammen:	Q_v.

Diese Wärmemenge, die bei der einstufigen Turbine nutzlos entweicht, wird bei der mehrstufigen Turbine dazu verwendet, den Dampfzustand zu ändern. Bei gesättigtem Dampf wird die spez. Dampfmenge x vermehrt, bei überhitztem Dampf steigt dessen Temperatur. Die Entropie nimmt hierbei zu.

Bei voller Beaufschlagung kann die Austrittsgeschwindigkeit der vorhergehenden Stufe in der folgenden zum größten Teil nutzbar gemacht werden. Beispiel s. S. 436.

Die schematische Darstellung nach Fig. 423 zeigt erweiterte Düsen. Diese Einrichtung wird nötig, wenn das Diagramm Fig. 425 in nur wenige Einzelgefälle L_0' zerlegt worden ist, so daß $c_{th}' = \sqrt{2\,g\,L_0'}$ die kritische Geschwindigkeit bedeutend übersteigt. Bei weiterer Zerlegung des Diagramms, also kleineren Einzelgefällen L_0', kann der Dampf von einer Stufe zur anderen durch parallelwandige Leitvorrichtungen überführt werden, unter Umständen — je nach Stufenzahl — mit Ausnutzung der Expansion im Schrägabschnitt.

Aus der Kontinuitätsgleichung $F = \frac{G v}{c_2}$ folgt, daß dem bei der Expansion sich vergrößernden Volumen entsprechend die Querschnitte nach dem Kondensator-Ende hin — namentlich in den letzten Stufen — stark zunehmen müssen. Diese Querschnittszunahme kann erreicht werden durch Vergrößerung: a) der teilweisen Beaufschlagung von Stufe zu Stufe, b) der Schaufellängen, c) der Schaufelwinkel, d) der Raddurchmesser, e) der Einzelgefälle in den letzten Stufen. Fig. 426 läßt die letztgenannten Mittel erkennen, doch handelt es sich bei dieser Darstellung um eine ältere Ausführung, da neuerdings möglichst gleiche Raddurchmesser beibehalten werden.

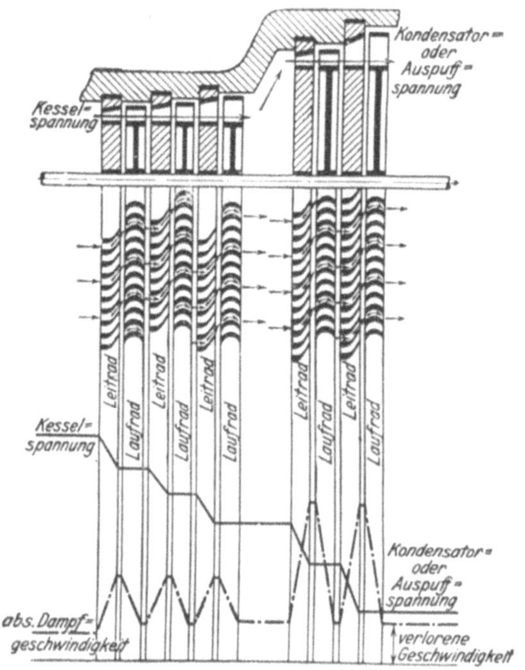

Fig. 426.

Wird mit der axialen Komponente der Geschwindigkeiten c_1 und c_2, also auch mit dem axialen Querschnitt gerechnet, so folgt hier für das sekundliche Dampfvolumen:

$$G v = \pi \cdot D_m \cdot l \cdot \tau \cdot c_{1a}.$$

D_m = mittlerer Schaufelraddurchmesser, l = Schaufellänge, τ = Verengungsfaktor, der die Verengung des ganzen Querschnittes $\pi \cdot D_m \cdot l$ durch die Schaufelstärken berücksichtigt. $c_{1a} = c_1 \cdot \sin \alpha_1$ = Axialkomponente von c_1. Wie ersichtlich, nimmt c_{1a} mit dem Winkel α_1 zu.

4. Die Turbinen mit mehrfachen Druck- und Geschwindigkeitsstufen.

Diese haben mehrere Druckstufen und innerhalb jeder Druckstufe sind zwei bis drei Geschwindigkeitsstufen vorhanden. Die Anzahl der Düsen kann hierbei für jede Druckstufe zunehmen, in diesen selbst wird die erforderliche Querschnittsvergrößerung durch Zunahme der Schaufellängen und Vergrößerung der Winkel erreicht. Die Bauart findet sich in Nordamerika, verliert aber auch hier an Bedeutung.

5. Die Überdruckturbinen.

Schema s. Fig. 427. Der Dampf expandiert auch in den Laufradschaufeln.

Da nach S. 368 die Überdruckturbine bei dem häufigen Reaktionsgrad = 0,5 eine rd. 1,4 mal größere Umfangsgeschwindigkeit als die Druckturbine aufweist, so kann sie nur in vielstufiger Anordnung ausgeführt werden.

Fig. 427.

Gegenüber der Druckturbine hat die Überdruckturbine außer der größeren Umfangsgeschwindigkeit zwei weitere grundsätzliche Nachteile: es müssen besondere Ausgleichvorrichtungen zur Aufnahme des Achsschubes vorhanden sein, und es kann nicht teilweise beaufschlagt werden. Während in der Druckturbine, da bei ihr die Umsetzung der Wärme in Strömungsenergie in den Leitradschaufeln vor sich geht, nur vor und hinter den feststehenden Leiträdern Druckunterschiede vorhanden sind, treten diese in den Überdruckturbinen auch vor und hinter den Laufrädern auf, wodurch ein starker, axialer Schub entsteht, der besondere Ausgleichkolben erfordert. Diese Druckunterschiede verursachen außerdem bei *a* und *b* Spaltverluste. Fig. 428.

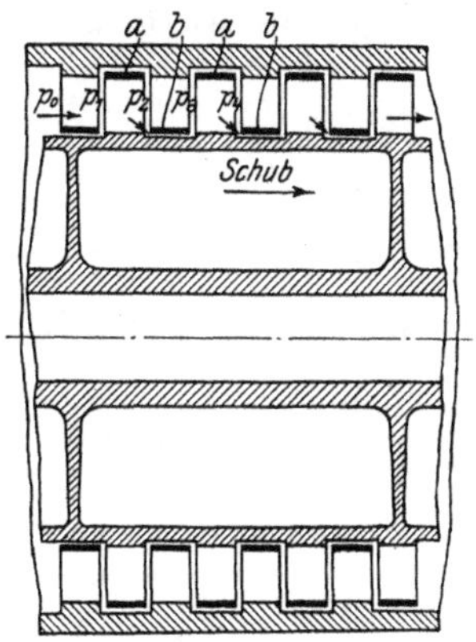

Fig. 428.

Da die Überdruckturbine nur voll beaufschlagt werden kann, so tritt der Dampf der Turbine durch die ganze Ringöffnung des ersten Leitrades zu. Bezüglich der durch den Spalt δ zwischen Laufrad und Gehäuse verursachten Undichtheitsverluste ist ein möglichst kleines Verhältnis $\frac{\delta}{l}$ günstig, was auf große Schaufellänge l und dementsprechend — bei festliegendem Eintrittsquerschnitt — auf kleine Durchmesser D_m führt. Liegt auch, wie es fast stets der Fall ist, die minutliche Umlaufzahl (n = 3000 oder 1500) fest, so werden u und damit auch c klein, da das Verhältnis $\frac{u}{c}$ zur Erzielung eines guten Wirkungsgrades bestimmte Werte haben muß. Kleine Geschwindigkeiten c führen aber zu großer Stufenzahl. Soll diese verringert werden, so wird das Verhältnis $\frac{\delta}{l}$ ungünstiger.

Ist c_0 die Geschwindigkeit, mit der der Dampf dem Leitrad zuströmt, und wird die Ausflußgeschwindigkeit c_2 der vorhergehenden Stufen in den folgenden nutzbar gemacht, also $c_0 = c_2$, so werden bei gleichen Lauf- und Leitschaufeln innerhalb einer Stufe gleiche Gefälle mit gleichgroßen Verlusten ($\varphi = \psi$) umgesetzt. Der Reaktionsgrad beträgt 0,5. (In den Niederdruckstufen ist jedoch wegen der starken Zunahme des spezifischen Volumens der Reaktionsgrad, d. h. das Verhältnis des im Laufrad verarbeiteten Wärmegefälles zum Stufengefälle, größer als 0,5.)

Nach Fig. 429 wird:

$$i_0 - i_1' = A \cdot \frac{c_1^2 - c_0^2}{2g} + AZ$$

für das Leitrad,

$$i_1 - i_2' = A \cdot \frac{w_2^2 - w_1^2}{2g} + AZ$$

für das Laufrad,

worin Z den kinetischen Verlust darstellt, der hauptsächlich durch die Kanalreibung verursacht wird. Wird gesetzt:

$$AZ = A \cdot \zeta \cdot \frac{c_1^2}{2g}$$

mit ζ als Widerstandskoeffizient,

so folgt, als aufgewendetes adiabatisches Gefälle:

$$i_0 - i_1' = \frac{A}{2g} [(1 + \zeta) \cdot c_1^2 - c_0^2] \quad \ldots \ldots \ldots \quad (1)$$

für das Leitrad,

$$i_1 - i_2' = \frac{A}{2g} [(1 + \zeta) \cdot w_2^2 - w_1^2] \quad \ldots \ldots \ldots \quad (2)$$

entsprechend für das Laufrad.

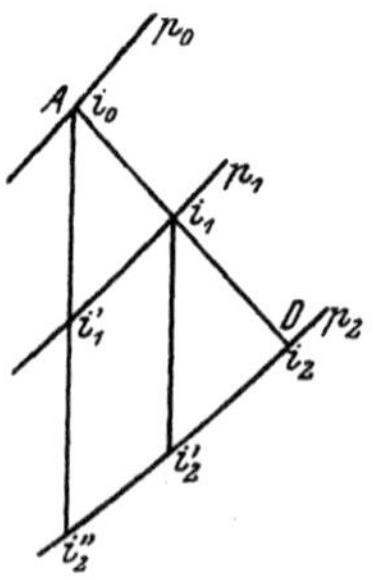

Fig. 429.

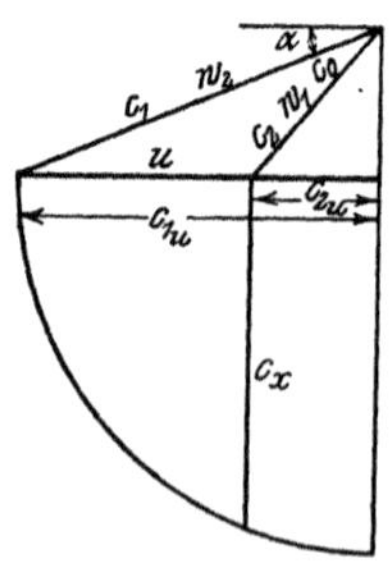

Fig. 430.

Die tatsächlich auftretenden Geschwindigkeiten sind in dem Geschwindigkeitsdreieck, Fig. 430, wiedergegeben. Aus ihnen folgt die wirkliche Erhöhung der kinetischen Energie:

$$i_0 - i_1 = \frac{A}{2g} (c_1^2 - c_0^2) \quad \ldots \ldots \ldots \ldots \quad (3)$$

für das Leitrad,

$$i_1 - i_2 = \frac{A}{2g} \cdot (w_2^2 - w_1^2) \quad \ldots \ldots \ldots \quad (4)$$

für das Laufrad, also für die ganze Stufe:

$$h = i_0 - i_2 = \frac{A}{2g} (c_1^2 - c_0^2 + w_2^2 - w_1^2) \quad \ldots \quad (5)$$

Nach Fig. 430 kann dieser Ausdruck für die Leistung am Radumfang auch geschrieben werden:

$$h = \frac{A}{2g} (2c_1^2 - 2c_2^2) = \frac{A}{g} (c_1^2 - w_1^2) \cdot \quad \ldots \ldots \quad (5a)$$

$$h = \frac{A}{g} (c_{1u}^2 + c_a^2) - (c_{2u}^2 + c_a^2)] = \frac{A}{g} (c_{1u}^2 - c_{2u}^2) \quad \ldots \quad (6)$$

$$h = \frac{A}{g} (c_{1u} + c_{2u}) (c_{1u} - c_{2u}) = \frac{A}{g} \cdot c_x^2 \quad \ldots \ldots \quad (7)$$

c_x ist sonach das geometrische Mittel von c_{1u} und c_{2u}, d. h. von den Komponenten der Geschwindigkeiten c_1 und c_2 in Richtung der Umfangsgeschwindigkeit u. c_a stellt in vorstehenden Gleichungen die Axialkomponente der Geschwindigkeiten dar.

Setzt man in Gl. 5a $k = \frac{c_1}{u}$, also $c_1 = k \cdot u$, so ist nach Fig. **430**

$$w_1^2 = c_1^2 \cdot \sin^2 \alpha_1 + (c_1 \cdot \cos \alpha_1 - u)^2 = c_1^2 - 2ku^2 \cos \alpha_1 + u^2$$

$$h = \frac{2k \cos \alpha_1 - 1}{g} \cdot u^2 \text{ (in mkg)} \quad \ldots \ldots \ldots \quad (8)$$

Mit $\frac{c_1^2}{\varphi^2}$ als theoretischem Wert der Eintrittsgeschwindigkeit folgt als Verlust im Leitrad:

$$\frac{c_1^2}{\varphi^2} - c_1^2 = \zeta \cdot c_1^2 \quad \ldots \ldots \ldots \quad (9)$$

so daß als hydraulischer Widerstandskoeffizient folgt:

$$\zeta = \frac{1}{\varphi^2} - 1$$

und entsprechend

$$\zeta = \frac{1}{\psi^2} - 1$$

für das Laufrad.

Fig. 431 zeigt die Schaufelung einer Überdruckturbine. Die Querschnitte, senkrecht zur Relativgeschwindigkeit gemessen, nehmen nach dem Austritt hin ab, so daß $w_2 > w_1$.

6. Die Verbundturbinen.

Bei Aktionsturbinen treten infolge der teilweisen Beaufschlagung Ventilationsverluste auf, auch kann bei kleinerer Beaufschlagung nicht auf Verwertung der Austrittsgeschwindigkeit in der folgenden Stufe gerechnet werden. Bei Aktionsturbinen werden diese Nachteile, bei Reaktionsturbinen die vorstehend erwähnten Schwierigkeiten im Hochdruckgebiet durch Vorschalten eines meist zweikränzigen „Curtis."

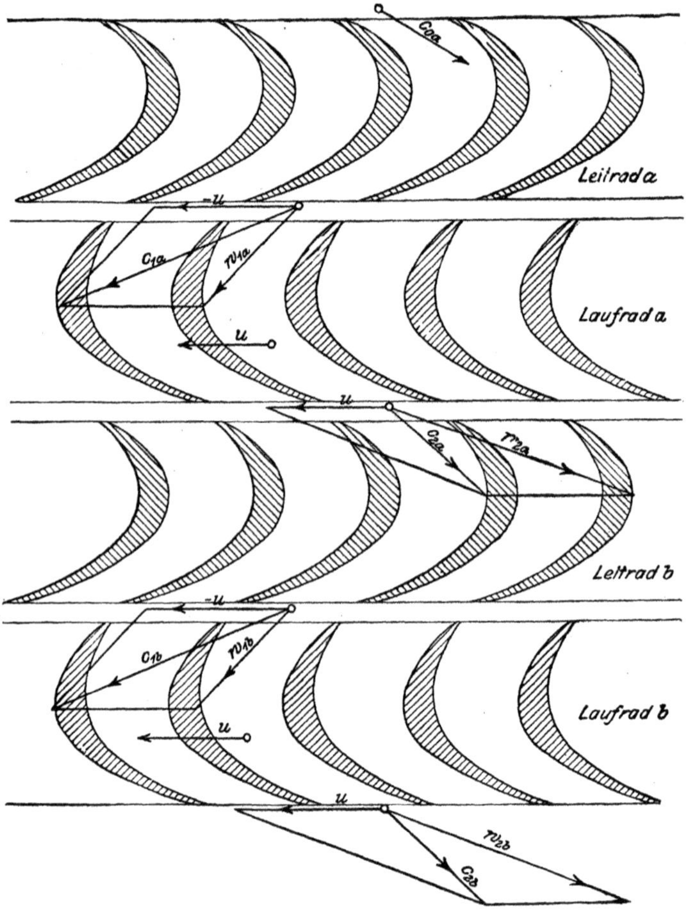

Fig. 431 [1]).

oder Geschwindigkeitsrades beseitigt, in dem der Dampf auf ein solches Volumen expandiert, daß die nachfolgenden Stufen voll beaufschlagt werden können, wobei sich die Reaktionsräder mit günstigen Schaufellängen ausführen lassen.

[1]) Stodola, Dampfturbinen.

7. Dampfverbrauch und Wirkungsgrade. Verluste durch Reibung, Ventilation, Stopfbüchsen und Undichtheiten. $\Sigma u^2 \cdot z$.

Zur Leistung von 1 PSh ist theoretisch die Wärmemenge

$$60 \cdot 60 \cdot 75 \cdot A = \frac{270000}{427} = 632{,}2 \text{ kcal.}$$

erforderlich.

Für 1 kg Dampf beträgt das adiabatische Gefälle $AL_0 = i_0 - i_1$ kcal, sonach theoretischer Dampfverbrauch der idealen Maschine:

$$D_0 = \frac{632{,}3}{i_0 - i_1} \text{ kcal} = \frac{632{,}3}{A \cdot L_0}.$$

Dieser theoretische Verbrauch wird wegen der Verluste in den Schaufeln, durch Radreibung und Ventilation, sowie wegen der zum Antrieb der Luftpumpe, der Ölumlaufpumpe, des Reglers und zur Überwindung der Lagerreibung erforderlichen Arbeit überschritten.

Werden diese Gesamtverluste durch den thermodynamischen Wirkungsgrad η_e, bezogen auf die effektive Leistung L_e, berücksichtigt, so folgt:

$$D_e = \frac{D_0}{\eta_e} = \frac{632{,}3}{\eta_e (i_0 - i_1)} = \frac{632{,}3}{A \cdot L_e}; \quad \eta_e = \frac{L_e}{L_0}.$$

Der „Gesamtwirkungsgrad“ ist das Verhältnis:

$$\eta_0 = \frac{A L_e}{Q_0},$$

worin Q_0 = gesamter Wärmeaufwand für 1 kg Dampf, der wesentlich größer als $(i_0 - i_1)$ ist und annähernd — je nach Speisewassertemperatur — den Wert i_0 erreicht.

Der größte in der Dampfturbine vorkommende Verlust entsteht bei Abgabe der Dampfarbeit an die Schaufeln. Die Reibungsverluste in den Leitschaufeln werden durch den Koeffizienten φ, in den Laufschaufeln durch ψ bestimmt, so daß $c_1 = \varphi \cdot c_{th}$ und (bei Aktionsturbinen) $w_2 = \psi \cdot w_1$.

Wird die Arbeit am Schaufelkranz mit L bezeichnet, so folgt als thermodynamischer Schaufelwirkungsgrad

$$\eta_u = \frac{L_u}{L_0}.$$

Die vom Dampf an die Turbinenwelle abgegebene Arbeit L_i wird nach Abzug der Dampfreibungsarbeit L_r aller im Dampf bewegten Teile erhalten:

$$L_i = L_u - L_r.$$

$$\eta_i = \frac{L_i}{L_0} = \text{„innerer Wirkungsgrad“}.$$

(In der älteren Literatur wird η_i als „indizierter“ Wirk ngsgrad bezeichnet.)

Ist η_m der die Verluste durch Lagerreibung, Antrieb von Luftpumpe usw. bestimmende, mechanische Wirkungsgrad, so wird:

$$\eta_m = \frac{L_e}{L_i}.$$

$$\eta_e = \eta_i \cdot \eta_m.$$

Aus Gleichung 4a, S. 366, folgt:

$$L_u = \frac{u}{g} \cdot (c_{1u} \pm c_{2u}). \quad \ldots \ldots \ldots \quad (1)$$

Hierin ist das negative Vorzeichen maßgebend, wenn c_{1u} und c_{2u} gleichgerichtet sind. Setzt man

$$L_0 = \frac{c_{th}^2}{2g},$$

so wird

$$\eta_u = \frac{L_u}{L_0} = \frac{2u(c_{1u} \pm c_{2u})}{c_{th}^2}.$$

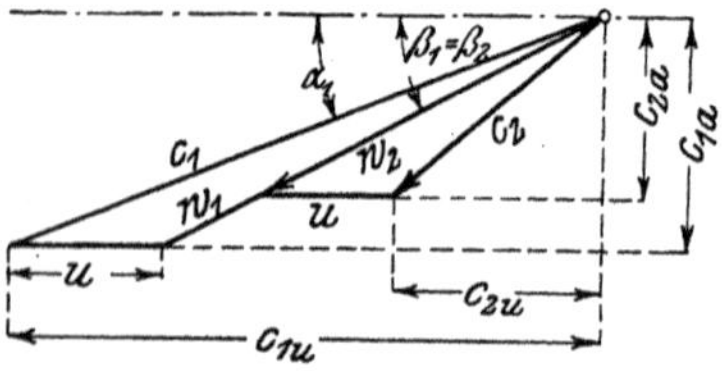

Fig. 432.

Nun ist:

$$c_{1u} = c_1 \cdot \cos \alpha_1, \qquad c_{2u} = (w_2 \cdot \cos \beta_2 - u).$$

In Gleichung 1) eingesetzt ergibt:

$$L_u = \frac{u}{g}(c_1 \cdot \cos \alpha_1 + w_2 \cdot \cos \beta_2 - u).$$

Ist $\beta_1 = \beta_2$ („gleichwinklige Schaufel"), Fig. 432, so wird mit $w_2 = \psi \cdot w_1$:

$$w_2 \cdot \cos \beta_2 = \psi w_1 \cdot \cos \beta_1 = \psi(c_1 \cdot \cos \alpha_1 - u)$$

und

$$L_u = \frac{u}{g}(1 + \psi) \cdot (c_1 \cdot \cos \alpha_1 - u).$$

Setzt man

$$L_0 = \frac{c_{th}^2}{2g} = \frac{c_1^2}{\varphi^2 \cdot 2g},$$

so folgt die Bankische Formel:

$$\eta_u = 2\varphi^2(1 + \psi)\left(\cos \alpha_1 - \frac{u}{c_1}\right) \cdot \frac{u}{c_1}.$$

Der Wirkungsgrad η_u ist nur von dem Verhältnis $\frac{c_1}{u}$ abhängig; er erreicht seinen Höchstwert

$$\eta_{u_{max}} = \frac{\varphi^2}{2}(1 + \psi)\cos^2 \alpha_1 \text{ für } u = \frac{c_1 \cdot \cos \alpha_1}{2}.$$

Der Wirkungsgrad η_u ändert sich mit u nach einem parabolischen Gesetz, Fig. 433, vorausgesetzt, daß c_1, φ, ψ und α_1 konstant bleiben, $\beta_1 = \beta_2$ stets stoßfreien Eintritt ergibt.

Geschwindigkeitskoeffizient $\varphi = 0{,}95$ im Mittel
$\psi = 0{,}85$

Wie auf S. 382 erwähnt, werden zur Bewältigung der rasch anwachsenden Dampfvolumina in den letzten Stufen die Winkel α vergrößert. Den Einfluß dieser Maßnahme auf den Wirkungsgrad η_u zeigt Fig. 434 [1]). η_u nimmt mit wachsendem α ab.

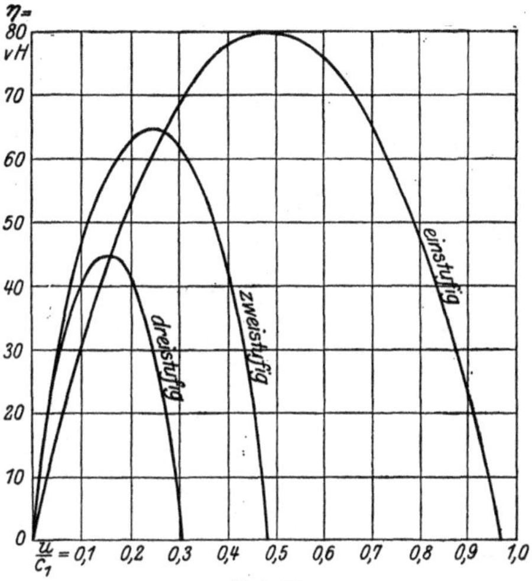

Fig. 433.

Bei Geschwindigkeitsstufung ist die Summe sämtlicher in die Richtung von u fallenden Komponenten der absoluten Geschwindigkeiten einzusetzen:

$$\eta_u = \frac{2u(c_{1u} \pm c_{2u} + c'_{1u} \pm c'_{2u} \cdot \cdot)}{c_{th}^2};$$

Auch hier wird der Wirkungsgrad in hohem Maße durch die Wahl der Winkel beeinflußt. Bei der mehr schematischen Darstellung der Geschwindigkeitsstufung nach Fig. 422 nimmt die Leistung des zweiten Kranzes stark ab, wie aus der Verringerung der Geschwindigkeitskomponenten c_u zu folgern ist. In dieser Beziehung ist die Stufung [nach Fig. 435 und 436 günstiger, bei der die Austrittswinkel β_2 stark verkleinert sind. Der Wirkungsgrad wird besser, doch nehmen nun die Axialkomponenten sehr stark ab, was auf unzulässige Schaufelerweiterungen führt. Meist gebräuchlich ist deshalb die Stufung nach Fig. 435, die mit ihren Eigenschaften zwischen den Ausführungen nach Fig. 422 und 436 steht.

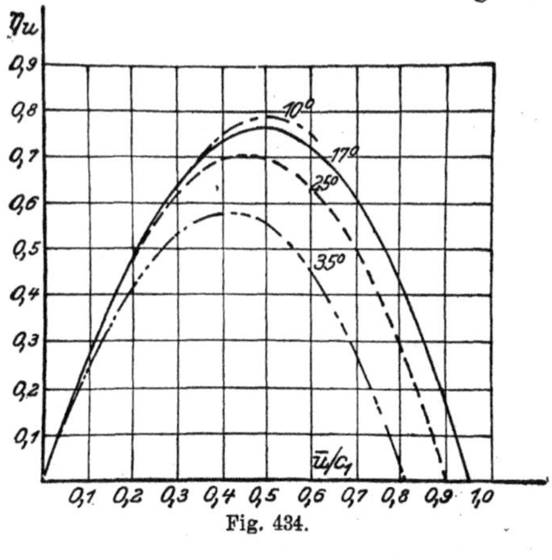

Fig. 434.

[1]) Loschge, Zeitschr. Ver. deutsch. Ing. 1921, S. 741.

Wirkungsgrad der Überdruckturbinen. Als Wirkungsgrad einer Stufe ist das Verhältnis der gewonnenen inneren Arbeit L_i zum verfügbaren Gefälle zu bezeichnen. Bei Verwertung der Auslaßgeschwindigkeit aus der vorhergehenden Stufe — womit bei Reaktionsturbinen infolge der vollen Beaufschlagung immer zu rechnen ist — besteht das nutzbare Gefälle nicht nur aus dem adiabatischen Stufengefälle, sondern es kommt noch zu diesem der Wärmewert $A \cdot \frac{c_0^2}{2g}$ aus der vorhergehenden Stufe hinzu, während andererseits von der gewonnenen, inneren Arbeit der Wärmewert $A \cdot \frac{c_2^2}{2g}$ abzuziehen ist, der aber in der nachfolgenden Stufe verwertet wird.

Zur Kennzeichnung dieser Verhältnisse hat Stodola den Begriff des „Schaufelwirkungsgrades" (früher als „scheinbarer Stufenwirkungs-

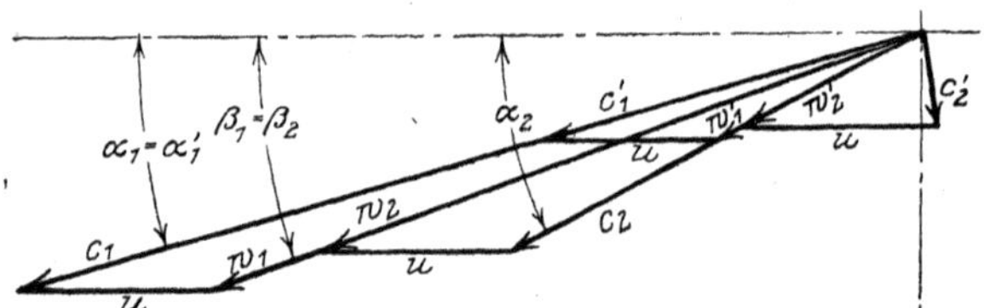

Fig. 435.

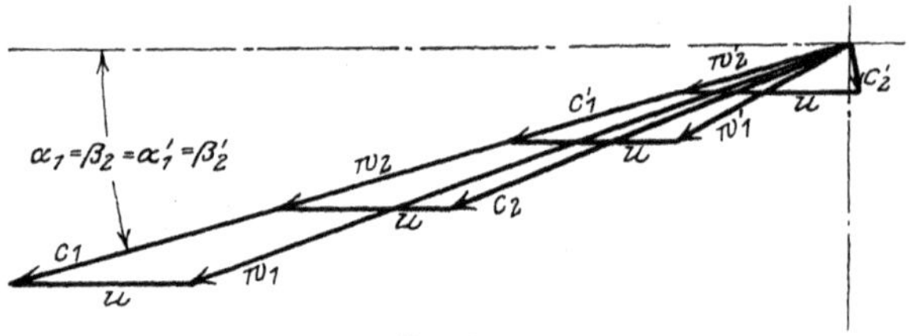

Fig. 436.

grad" bezeichnet) eingeführt, durch den ohne Berücksichtigung der Zutritts- und Auslaßgeschwindigkeiten c_0 und c_2 lediglich die Reibungsverluste in einer Stufe bestimmt werden. Der Schaufelwirkungsgrad ist das Verhältnis des in einer Stufe nutzbar umgesetzten Gefälles zum adiabatischen Gefälle. Ist $c_0 = c_2$, so ist der Schaufelwirkungsgrad bei kongruenten Schaufeln annähernd gleich dem gewöhnlichen Wirkungsgrad η_u am Radumfang. Es ist der Schaufelwirkungsgrad mit Bezug auf Fig. 429:

$$\eta_s = \frac{i_0 - i_2}{i_0 - i_2''} = 1 - \zeta_s.$$

ζ_s ist das Verhältnis der Verlustwärme zum adiabatischen Stufengefälle.

Sitzen alle Stufen eines Reaktionsteiles auf einer Trommel vom gleichbleibendem Durchmesser, so daß nur die Austrittsgeschwindigkeit der letzten Stufe verloren geht, so unterscheidet sich der Schaufelwirkungsgrad dieses Reaktionsteiles vom Mittel der Schaufelwirkungsgrade der Einzelstufen um den Betrag der rückgewinnbaren Wärme.

Durch Berücksichtigung des Austrittsverlustes der letzten Stufe und der Spaltverluste ergibt sich aus dem Gesamtschaufelwirkungsgrad der innere Wirkungsgrad des Trommelteiles. Nach Fig. 429 ist der Verlustkoeffizient:

$$\zeta_s = \frac{i_2 - i_2''}{i_0 - i_2''}.$$

Nach den Gleichungen auf S. 384 ist der Verlust pro Stufe:

$$i_2 - i_2'' = 2 \cdot \frac{A}{2g} \cdot \zeta \cdot c_1^2$$

und das verfügbare Stufengefälle (mit $w_1 = c_0$)

$$i_0 - i_2'' = \frac{A}{g}\left[(1+\zeta)\cdot c_1^2 - c_0^2\right],$$

so daß folgt:

$$\zeta_s = \frac{\zeta c_1^2}{(1+\zeta)\cdot c_1^2 - c_0^2} = \frac{\zeta}{(1+\zeta) - \frac{c_0^2}{c_1^2}}.$$

Nach den Gleichungen 1) und 3) auf S. 384 wird der Schaufelwirkungsgrad:

$$\eta_s = 1 - \zeta_s = \frac{c_1^2 - w_1^2}{(1+\zeta)\cdot c_1^2 - w_1^2}.$$

Mit $w_1^2 = c_1^2 + u^2 - 2 \, . \, c_1 u \cos\alpha$ wird:

$$\eta_s = \frac{2\left(\frac{u}{c_1}\right)\cdot\cos\alpha - \left(\frac{u}{c_1}\right)^2}{2\left(\frac{u}{c_1}\right)\cdot\cos\alpha - \left(\frac{u}{c_1}\right)^2 + \zeta}.$$

Der größte Wert liegt bei $u/c_1 = \cos\alpha$.

ζ_s gibt den Verlust in Teilen des Wärmegefälles, ζ in Teilen der kinetischen Energie an. Nach Stodola ist für kleine Einheiten $\zeta_s = 0{,}4$, für große $= 0{,}2$.

Fig. 437 zeigt den Einfluß des Winkels α auf η_u, der geringer ist als bei der Aktionsturbine, Fig. 434. In den Niederdruckstufen der Reaktionsturbinen können sonach wesentlich größere Winkel α zur Erzielung großer Axialkomponenten c_{1a} genommen werden.

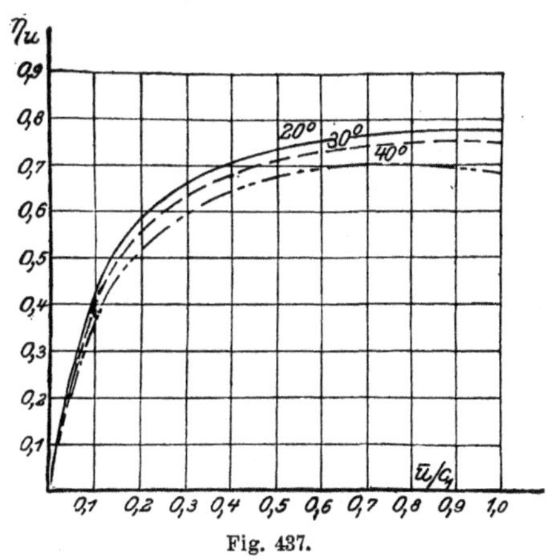

Fig. 437.

Radreibungs- und Ventilationsarbeit. Für diese stellt Stodola auf Grund von Versuchen die folgende Formel auf:

$$N_r = (\beta_1 \cdot D^2 + (1-\varepsilon)\cdot\beta_2 \cdot D \cdot L^{1,5}) \frac{u^3}{10^6}\cdot\gamma.$$

Hierin bedeuten:

N_r die Reibungsarbeit in PS für das unverhüllte Rad,
D den mittleren Schaufeldurchmesser in m,

L die Schaufellänge in cm,
u die mittlere Umfangsgeschwindigkeit in m/sek.,
γ das spezifische Gewicht des umgebenden Dampfes,
$\beta_1 = 1{,}46$; $\beta_2 = 0{,}83$,
ε das Verhältnis der beaufschlagten Bogenlänge zum ganzen Bogen.

Das erste Glied gibt die Reibungsarbeit der glatten Scheibe wieder, das zweite Glied berücksichtigt den durch die Schaufeln entstehenden Verlust. Der Geltungsbereich der Formel erstreckt sich auf u = 60 bis 100 m/sek.

Für die Reibung mehrkränziger Räder setzt Forner:

$$N_r = \beta \cdot 10^{-10} \cdot D_m{}^4 \cdot n^3 \cdot L_m \cdot \gamma.$$

L_m = mittlerer Schaufellänge in cm,
n = Umlaufzahl/min.
β = 2,4 für einkränzige Räder,
= 2,8 für zweikränzige Räder,
= 3,8 für dreikränzige Räder,
= 5,8 für vierkränzige Räder.

Die Formel gilt für L = 1,0 bis 10,0 cm. Soll die Reibungsarbeit in kcal, bezogen auf 1 kg arbeitendes Dampfgewicht, angegeben werden, so ist:

$$q_r = \frac{N_r \cdot 75}{427 \cdot G_{sek}}$$

Stopfbüchsenverlust. Die Strömungsgeschwindigkeit im Spalt zweier aufeinander folgenden Labyrinthräume, in denen die Pressungen p und p′ herrschen, hat — für γ = spez. Gewicht beim Druck p, f = Spaltquerschnitt — den Wert:

$$G_{sek} = f \cdot \gamma \cdot c = f \cdot \sqrt{\frac{2g(p-p')}{\gamma}} \cdot \gamma = f \cdot \sqrt{2g(p-p') \cdot \gamma}.$$

Die aufeinander folgenden Zustandspunkte liegen auf der Drossellinie mit annähernd $pv = \frac{1}{k}$ = konst., $\gamma = \frac{1}{v} = k \cdot p$, wobei k einen Mittelwert darstellt.

Es folgt schließlich:

$$G_{sek} = f \cdot \sqrt{\frac{g \cdot k}{z}(p_1^2 - p_2^2)} = f \cdot \sqrt{\frac{g(p_1^2 - p_2^2)}{z \cdot p_1 \cdot v_1}}, \quad \ldots \quad (1)$$

worin z = Anzahl der Labyrinthe. p_1 und p_2 als Anfangs- und Endwerte sind in kg/m², f in m² einzusetzen.

Für die im letzten Labyrinth mögliche Überschallgeschwindigkeit wird:

$$G_{sek} = \psi \cdot f \cdot \sqrt{\frac{p_x}{v_x}} = \psi \cdot f \sqrt{k\, p_x^2}, \quad \ldots \quad (2)$$

worin p_x den Druck, v_x das Volumen vor der letzten Verengung bedeuten.

Das Auftreten der Überschallgeschwindigkeit kann in folgender Weise festgestellt werden:

Das spezifische Volumen v_2 in der letzten Stufe bestimmt sich zu $v_2 = \frac{p_1 \cdot v_1}{p_2}$, so daß $c_2 = \frac{G \cdot v_2}{f}$.

Ist dieser Wert größer als $c_s = \sqrt{k_0 \cdot g\, p_2 v_2}$, so tritt Überschallgeschwindigkeit ein. k_0 = Exponent der Adiabate. Für die vorhergehenden (z — 1) Stufen kann Gleichung 1) benutzt werden. Man erhält:

$$G_{sek} = f \cdot \sqrt{\frac{kg}{z-1} \cdot (p_1^2 - p_x^2)} \quad \ldots \ldots \ldots \quad (3)$$

Durch Gleichsetzung der Formeln 2 und 3 ergibt sich unter Benutzung der Gleichung 2) für den Fall, daß die Schallgeschwindigkeit erreicht wird:

$$G_{sek} = f \cdot \sqrt{\frac{k g p_1^2}{(z-1) + \frac{g}{\psi^2}}}, \quad \frac{g}{\psi^2} = 2{,}5, \quad k = \frac{1}{p_1 \cdot v_1}.$$

$$G_{sek} = f \cdot \sqrt{\frac{g}{z + 1{,}5}\left(\frac{p_1}{v_1}\right)}$$

Beispiel. Der Überdruck des das Eindringen der Luft verhindernden gedrosselten Dampfes betrage $p_1 = 1{,}0$ kg/cm². z = 10. Wellendurchmesser = 150 mm, radiales Spiel: 0,3 mm im warmen Zustand. Spez. Volumen des von 7 auf 1 at gedrosselten Dampfes $v_1 = 2{,}0$ m³/kg.

$$f = 150{,}3 \cdot \pi \cdot 0{,}3 = 142 \text{ mm}^2.$$

$$G = f \sqrt{\frac{g}{z + 1{,}5} \cdot \frac{p_1}{v_1}} = 0{,}000142 \sqrt{\frac{9{,}81}{10 + 1{,}5} \cdot \frac{10\,000}{2}} = 0{,}000142 \sqrt{4265} = 33{,}48 \text{ kg/h}$$

Verluste durch Undichtheiten. Die Zwischenböden, welche die einzelnen Stufen voneinander trennen, umgeben die Welle mit geringem Spielraum, der Verluste durch direkte Überströmung verursacht. Bei Bestimmung dieser Verluste sind zwei Fälle zu unterscheiden:

a) Die Stufen arbeiten mit Überschallgeschwindigkeit. Beim Durchfließen der Spielräume liegen dann andere Verhältnisse wie bei der Strömung durch die sich erweiternden Leitvorrichtungen vor. Als Beispiel werde die Überströmung des Dampfes von Stufe I zu Stufe II in Fig. 437 betrachtet. Es sei

$$G_{sek} = G_a + G_u,$$

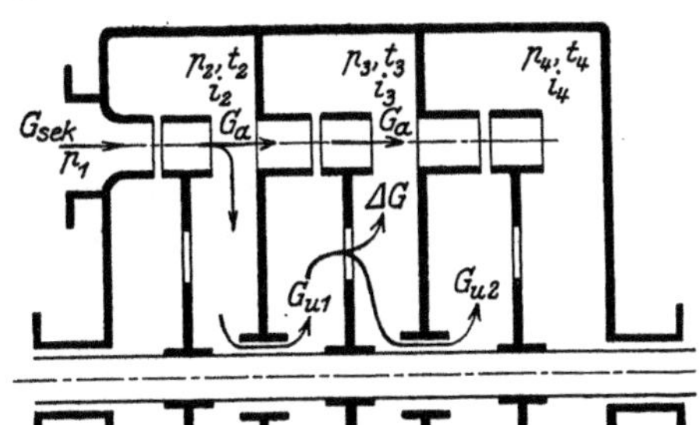

Fig. 438.

worin G_a = Arbeitsdampf, G_u = Undichtheitsdampf. In Fig. 438 ströme die Dampfmenge G_{u1} durch den ersten, G_{u2} durch den zweiten Ringspalt, so daß $\Delta G = G_{u1} - G_{u2}$ sich in Stufe II mit dem Arbeitsdampf G_a vor der dritten Düse mischt. G_{u1} und G_{u2} werden mittels der Formel $G = \psi f \cdot \sqrt{\frac{p_1}{v_1}}$ berechnet. Der Dampfzustand in Stufe I ist durch p_2, t_2 gegeben, der mit dem entsprechenden, konstant bleibenden Wärmeinhalt i_2 nach Stufe II übertretende Dampf findet dort den durch p_3, t_3 bestimmten Dampfzustand vor. Es wird

$$\Delta G \cdot i_2 + G_a \cdot i_3 = (\Delta G + G_a) \cdot i_x.$$

Mit i_x kann die Lage des Anfangspunktes der Expansion in Stufe III im Entropie- oder I.-S.-Diagramm bestimmt werden.

b) Die Stufen arbeiten mit Unterschallgeschwindigkeit. Hier kann in gleicher Weise wie vorhin, aber mit $G \cdot v = f \cdot c$, worin c = Geschwindigkeit sowohl im Leitapparat als auch im Ringspalt, f = Ringspaltfläche, gerechnet werden. Einfacher ist die Einführung einer „Radnabenkorrektur".

Beispiel s. S. 438.

$\Sigma u^2 \cdot z$. Ist das adiabatische Einzelfälle $= h_0$, so wird

$$\frac{A}{2g} \cdot c_{th}^2 = h_0 = \frac{A}{2g} \cdot \left(\frac{c_{th}}{u}\right)^2 \cdot u^2, \text{ oder, mit } \xi_0 = \frac{u}{c_{th}}$$

$$\frac{A}{2g} \cdot \frac{u^2}{\xi_0^2} = h_0.$$

Ist ξ_{01} in z_1 Stufen einer Turbine oder einer Radgruppe als Mittelwert konstant, so entsteht durch Summierung der Einzelfälle die Beziehung:

$$H_{01} = \Sigma h_{01} = \frac{A}{2g} \cdot \frac{z_1 u_1^2}{\xi_{01}}.$$

Für eine zweite Turbine folgt entsprechend

$$H_{02} = \Sigma h_{02} = \frac{A}{2g} \cdot \frac{z_2 \cdot u_2^2}{\xi_{02}}.$$

Ist $\xi_{01} = \xi_{02}$, so zeigt sich, daß bei $\Sigma \cdot u_2^2 z_2 = \Sigma \cdot u_1^2 z_1$ der innere Wirkungsgrad beider Turbine nahezu gleich groß ist, gleichwie das Gefälle auf die Stufen verteilt worden ist. Zwei Turbinen, für das gleiche Gefälle H_{01} und H_{02} entworfen, haben sonach denselben inneren Wirkungsgrad und sind gleichwertig, wenn $\xi_{01} = \xi_{02}$ und $\Sigma u_1^2 \cdot z_1 = \Sigma u_2^2 \cdot z_2$, wobei die Stufenzahlen z_1 und z_2 wesentlich voneinander abweichen können. Für die Beurteilung der Wirkungsweise einer Turbine ist der Wert $\Sigma u^2 . z$ von maßgebender Bedeutung.

Die Schaufelung.

In Fig. 439—441 sind verschiedene Schaufelformen wiedergegeben, von denen Fig. 439 Blechschaufeln, die Fig. 440 und 441 sog. „Stock-

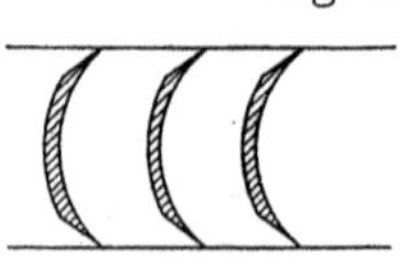

Fig. 439.

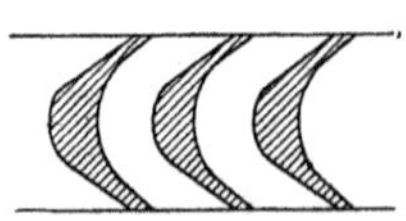

Fig. 440.

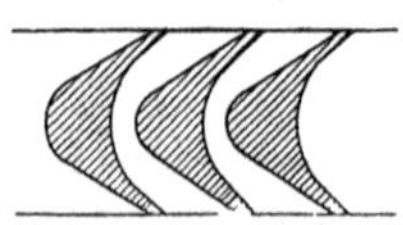

Fig. 441.

schaufeln" darstellen. In Fig. 439 ist der Querschnitt in der Mitte größer als an Ein- und Austritt, umgekehrt bei Fig. 441, während die Ausführung nach Fig. 440 konstanten Querschnitt zeigt.

Zwei häufig auftretende Verluste werden durch Fig. 442 und 443 erklärt; in Fig. 442 entsteht ein Eintrittsstoß infolge stumpfer Schaufelkante, in Fig. **443** ein Rückenstoß, wobei der Dampf durch den Stoß gegen den Schaufelrücken eine bremsende Wirkung ausübt. Viele Konstrukteure nehmen deshalb als Schaufelwinkel den Winkel β_1' in Fig. 511, um den bremsenden „Rückenstoß“ zu vermeiden. Der hierbei auftretende „Bauchstoß“ liefert wenigstens noch eine Antriebskomponente. Mitunter wird auch als Winkel β_1 Mittel der beiden Winkel β_1' und β_2'' in Rechnung gesetzt. Fig. **444** zeigt schlechte Führung am Dampfaustritt. Der Dampfstrahl wird nicht genügend umgelenkt und entsprechend die Umfangskraft verringert.

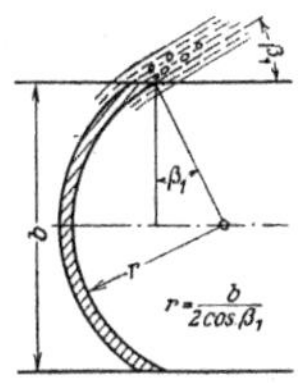

Fig. 442.

Letztere ist nicht konstant, wie zuerst Banki nachgewiesen hat, sondern verändert sich nach Versuchen von Brown, Boveri & Co. um die in Fig. **445** angegebenen Beträge. Die Umfangskraft ändert sich periodisch um ± 5 v H mit der Schaufelteilung t. Diese Wirkung ist aus den Fig. **446** und **447** zu folgern. Bei der Lage des Schaufelrades nach Fig. **446**

Fig. 443.

Fig. 444.

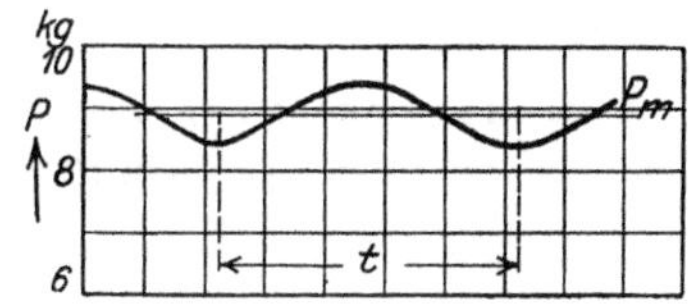

Fig. 445.

sind alle Schaufeln beaufschlagt, während bei Weiterdrehung um $\frac{t}{2}$ zwei Schaufeln nicht mehr ganz beaufschlagt sind.

Der Schaufelkoeffizient ψ wird in der Hauptsache von dem erwähnten Eintrittsverlust, der Dampfreibung an den Wandungen und durch die Größe der Umlenkung beeinflußt.

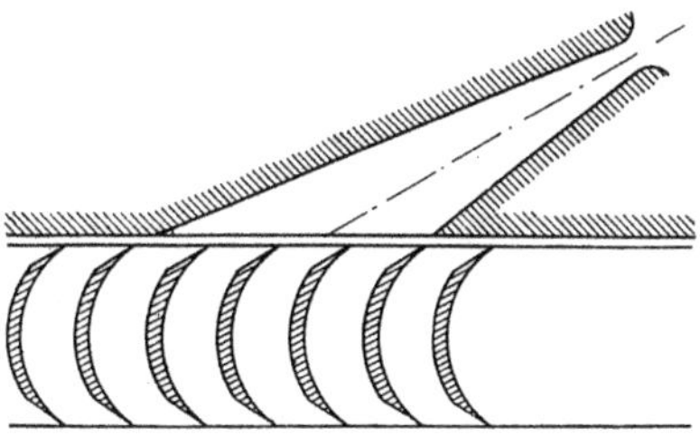

Fig. 446.

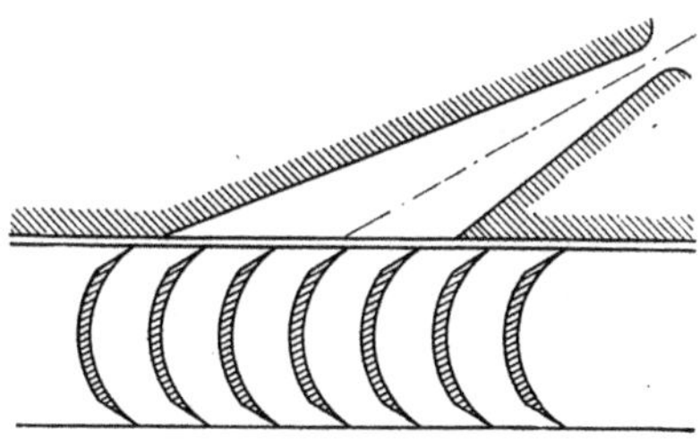

Fig. 447.

Besonders stark macht sich die Größe der Umlenkung geltend, so daß großer Krümmungsradius trotz Zunahme der Schaufelweite b und damit der Wandreibung günstig wirkt.

Was die Größe der Relativgeschwindigkeit in ihrem Einfluß auf ψ betrifft, so wächst nach Briling ψ mit wachsender Geschwindigkeit unterhalb der Schallgeschwindigkeit, bis zu der sich die Versuche erstreckten. Nach Christlein erreicht ψ einen Höchstwert bei der Überschallgeschwindigkeit und nimmt nach deren Überschreitung wieder ab. Versuche von Brown-Boveri ergaben rasche Zunahme von ψ mit wachsendem w_1 bis zu etwa 500 m/sek., worauf ψ wieder abnahm.

Abmessungen. Nach Versuchen von Briling war die günstigste Teilung $t = \frac{r}{2 \sin \alpha}$, worin r = Krümmungsradius der Blechschaufel, Fig. 441. Für $\alpha_1 = \alpha_2 : 30^0$ folgt t = r. Versuche von Stodola ergaben t = bis 1,3 r.

Als Mindestschaufellängen werden gewählt: 4 bis 6 mm bei Leistungen bis 100 PS., 10 bis 15 mm bei 1000 PS., 20 bis 25 mm bei 10 000 PS. Für kurze Schaufeln beträgt die Breite b = 8 bis 10 mm bei 5 bis 6 mm Teilung, so daß bei $\beta_1 = 30^0$ der Krümmungsradius $r = \frac{b}{2 \cos \beta_1} = 4{,}6$ bis 5,8 mm folgt (Fig. 442). Für lange Schaufeln ist b = 25, t = 14 bis 16 mm, r = 14,5 mm. Neuerdings wird auch $b = \frac{l}{12}$, t = b gesetzt, wenn l = Schaufellänge.

Laufschaufeln werden aus gezogenen Stäben mit gleichbleibendem Querschnitt hergestellt, oder gefräst, wobei sie als Körper

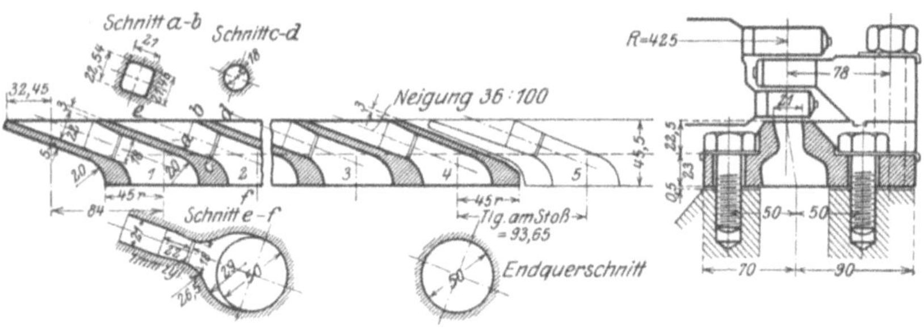

Fig. 448. (Nach Stodola.)

gleicher Festigkeit mit kräftigem Fuß und schwächerem Kopf ausgeführt werden.

Die A.E.G. verwendet in der ersten Stufe fünfprozentigen Nickelstahl, in den mittleren Stufen gezogenes Bronze- oder Messingmaterial und bei den langen Schaufeln der letzten Stufen, die einen Baustoff von großer Zerreißfestigkeit und Härte verlangen, wiederum Nickelstahl. Messing, aus 72 vH Kupfer und 28 vH Zink zusammengesetzt, findet bei Schaufeln bis zu 200^0 Temperatur, für Füllstücke und Bandagen bis zu 250^0 Verwendung. Für die Schaufeln ist die Temperatur niedriger angesetzt, da hier die unberechenbare Erwärmung durch Dampfreibung hinzukommt. Da Bronzeschaufeln bei Betrieb in zu hohen Temperaturen schalenartig abblättern, so führt die A.E.G. sie nur bei Temperaturen von etwa 180—200^0 aus, trotzdem eine Zersetzung der Bronze erst bei 300^0 eintritt.

Alle Stahlschaufeln der A.E.G. sind gefräst, während die Metallschaufeln kalt gezogen sind.

In der Thyssen-Röder-Turbine sind die Mitteldruckschaufeln aus schwedischem Holzkohleneisen gezogen, während für die letzten Niederdruckstufen zweiprozentiger Chromstahl verwendet wird.

In den Fig. 448 bis 450 sind Ausführungen von Leit- und Laufschaufeln wiedergegeben. Fig. 448: Ausführung der A.E.G. Der engste Querschnitt ist rund und geht auf 22 mm Länge in annähernd quadratische Form über. Baustoff: Gußeisen. Wandstärke am Austritt: 3 mm. Die Düsensegmente haben rippenförmige Vorsprünge, an denen der die Umlenkschaufeln tragende Ring befestigt ist.

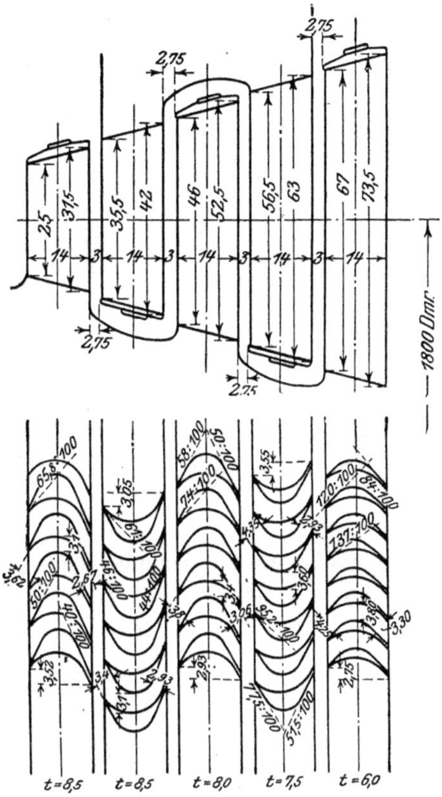

Fig. 449.

Fig. 449 zeigt die Schaufelung des dreikränzigen Curtisrades einer A.E.G.-Versuchsturbine [1]), Fig. 450 die Schaufeln einer von Gebr. Sulzer, Winterthur, gebauten Reaktionsturbine mit vorgeschaltetem Geschwindigkeitsrad [2]).

Die Fig. 464, 451 bis 453 zeigen weitere Bauarten. Nach Fig. 464 werden die Schaufeln einzeln in die ⊥-förmige Nut oder in Rillen des Laufradumfanges eingebracht. Die hierzu dienende seitliche Aussparung der Scheibe wird nach der Beschaufelung durch ein Schloß abgedeckt.

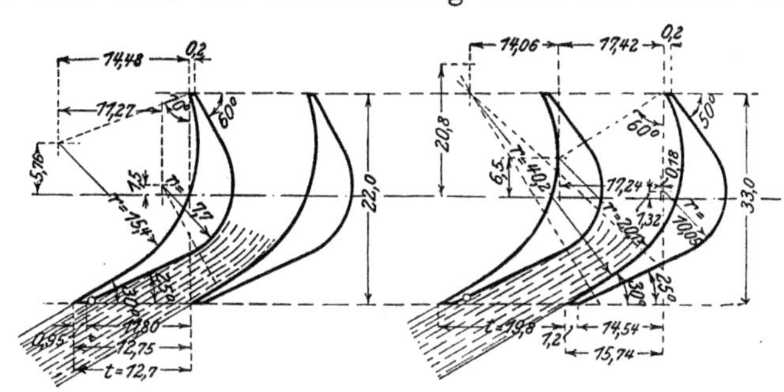

Fig. 450.

[1]) Baer, Z. 1916, S. 669.
[2]) Stodola, Z. 1911, S. 1846.

Der erforderliche Abstand zwischen den Schaufeln wird durch Abstandsstücke von entsprechender Form hergestellt. Die Ausführung nach Fig. 451, 452 ist für Einbringen der zu einem Segment verbundenen Schaufeln eingerichtet. Wie in Fig. 464 werden die Schaufeln zur Verminderung von Wirbel- und Reibungsverlusten außen durch ein Band abgeschlossen, das durch Zapfen auf den Schaufelköpfen mit diesen vernietet wird. Die derart miteinander verbundenen Schaufeln werden in einen mit Sägeschnitten versehenen Grundring und neben dem so entstandenen Segment wird eine Keilbeilage in die Trommelnut eingebracht. Nach Eintreiben des Keiles wird der obere Rand der Beilage umgebogen.

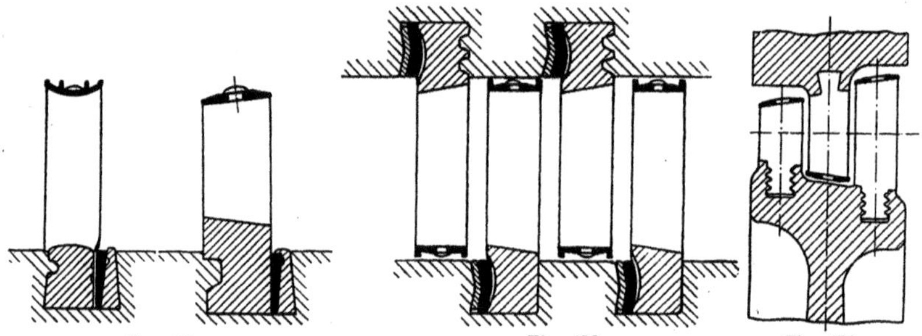

Fig. 451. Fig. 452. Fig. 453.

Berechnung der Schaufellänge. Ist τ = Verengungsfaktor (= 0,9 im Mittel), so wird der freie Querschnitt eines Laufrades am Austritt:

$$f_{2a} = D\pi \cdot l \cdot \tau = 2{,}83\, Dl = \frac{G \cdot v}{c_{2a}}$$

$$l = \frac{G \cdot v}{2{,}83\, D \cdot c_{2a}}$$

Nun ist:

$$D = \frac{60 \cdot u}{\pi \cdot n} = \frac{19{,}1\, u}{n}$$

$$\frac{c_{2a}}{c_{1a}} = \frac{w_2}{w_1} = \psi; \quad c_{2a} = \psi \cdot c_{1a} = \psi \cdot c_1 \cdot \sin \alpha_1$$

$$l = \frac{Gv \cdot n}{2{,}83 \cdot 19{,}1 \cdot u \cdot \psi \cdot c_1 \sin \alpha_1}.$$

Nach Einführung des Wertes $\frac{u}{c_1}$ folgt:

$$l = \frac{G \cdot v \cdot n}{56{,}1 \cdot u^2 \cdot \psi \cdot \frac{c_1}{u} \cdot \sin \alpha_1}.$$

Für n = 3000 Uml./min. wird:

$$l = \frac{G \cdot v \cdot 53{,}5}{u^2 \cdot \psi \cdot \frac{c_1}{u} \cdot \sin \alpha_1}.$$

Die **Schaufellänge** wird bei **Reaktionsturbinen** häufig in folgender Weise berechnet:

$$\frac{G v}{c_1 \cdot \sin \alpha_1} = \pi \cdot D \cdot l \cdot \tau = F. \qquad \tau = \text{Verengungsziffer.}$$

Setzt man:

$$c_1 = k u, \quad u = \frac{\pi \cdot D \cdot n}{60},$$

so folgt:

$$F = \frac{60 \quad G}{\pi \cdot n \cdot k \cdot \sin \alpha_1} \cdot \frac{v}{D}.$$

Nach Gleichsetzung der Werte für F ergibt sich:

$$D^2 l = \frac{60\, G v}{\pi^2 \cdot n k \sin \alpha_1} \cdot \frac{1}{\tau}.$$

Da in den Stufengruppen außer G, π^2, n auch k und α_1 häufig konstant sind, so folgt:

$$D^2 \cdot l = C \cdot v.$$

Die Grenzleistung[1]).

Die Höchstleistung einer Turbine wird durch den freien Austrittsquerschnitt des letzten Laufrades bestimmt. Die größte Schaufellänge — soweit sie nicht durch Festigkeitsrücksichten festgelegt ist, s. S. **459** — beträgt $^1/_5$ oder äußerst $^1/_4$ des mittleren Schaufelkranzdurchmessers D. Größere Schaufellängen sind unzulässig, da sonst der Unterschied in der Teilung der beiden Kreise vom Durchmesser D und $(D + 2\,l)$ zu groß wird, die Schaufelkanäle werden nach innen zu eng, nach außen zu weit.

Es werde der Austrittsverlust zu **3** bis **5** v H des Gesamtgefälles gewählt, so daß $c_2 = 91{,}5\ \sqrt{\zeta_a \cdot H_0}$. Der Verbrauch für die kWh bestimmt sich zu

$$G_{kw} = \frac{632}{0{,}736 \cdot \eta_e \cdot \eta_{Dyn}\, H_0}, \qquad \eta_{Dyn} = \text{Dynamowirkungsgrad.}$$

Mit $G_{sek} = \dfrac{f_{2a} \cdot c_{2a}}{v}$ und $\dfrac{D}{l} = 5$, $\dfrac{632}{0{,}736} = 859$ folgt dann die größtmöglichste Leistung:

$$N_{kw} = \frac{3600 \cdot G_{sek}}{G_{kw}} = \frac{3600 \cdot f_{2a} \cdot c_{2a}}{v \,.\, G_{kw}} =$$

$$= \frac{3600 \cdot \pi \cdot \tau \cdot D^2 \cdot 91{,}5,\ H_0^{\frac{3}{2}} \sqrt{\zeta_a} \cdot \sin \alpha_2 \cdot \eta_e \cdot \eta_{Dyn}}{v \cdot 5 \cdot 859}$$

Aus dieser Gleichung folgt:

1. Da bei hoher Luftleere das spezifische Volumen v zunimmt, so ist bei schlechter Luftleere die Leistung größer. So leistet eine Turbine — nach Angabe der erbauenden Firma — 9000 PS. bei 95 v H Luftleere, hingegen 12000 PS. bei 91 v H Luftleere.

2. Die Höchstleistung wird nach vorstehender Gleichung weder durch die Drehzahl n, noch durch die Umfangsgeschwindigkeit u beeinflußt, die beide nicht vorkommen.

Vgl. hierzu die Ausführungen auf S. 430.

[1]) Loschge, Z. 1921, S. 739. — Stodola, 5. Aufl., S. 218.

Empirische Bestimmung des Dampfverbrauches[1]).

Nach S. 387 ist:

$$D = \frac{632{,}3}{\eta_e\,(i_1 - i_0)}.$$

Mit der Nennleistung N_n nimmt η_e nach Fig. 454 zu, anfänglich rasch, um in der Nähe von 0,8 nur noch langsam zu steigen. Auftragen der Werte $N_0 = \frac{G\,(i_1 - i_0)}{632{,}3} = \frac{N_n}{\eta_e}$ ergibt eine Gerade, die auf der Abszissenachse die negative Leistung N_v abschneidet. Bei Änderung der Dampfverhältnisse, die η_e nahezu unabhängig von der Turbinengröße beeinflussen, folgen neue Geraden, die alle die Abszissenachse in demselben Punkt schneiden, da sich hierbei die Ordinaten von η_e in demselben Verhältnis ändern. Es wird die Leistung der vollkommenen Turbine:

$$N_0 = a \cdot (N_n + N_v) = \frac{N_n}{\eta_e} \quad \ldots \ldots \ldots \quad (1)$$

a ist — wie bemerkt — durch die Dampfverhältnisse bestimmt. Die Dampfmenge in kg/h für die Nennleistung folgt aus:

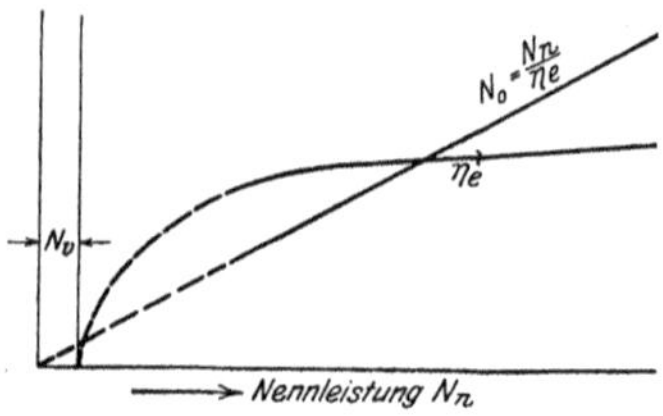

Fig. 454.

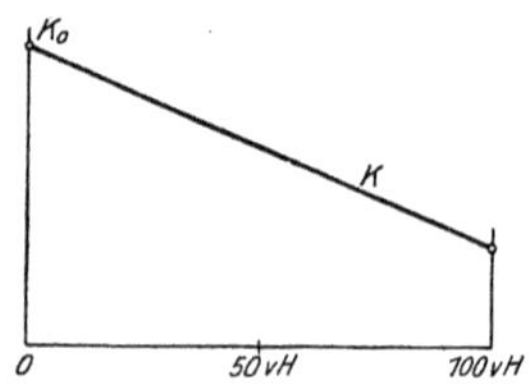

Fig. 455.

$$G_n = \frac{632{,}3 \cdot N_n}{\eta_e\,(i_1 - i_0)} = \frac{632{,}3 \cdot N_0}{i_1 - i_0} = \frac{632{,}3}{i_1 - i_0} \cdot a\,(N_n + N_v) = K \cdot (N_n + N_v) \quad (1\,a)$$

Spezifischer Verbrauch:

$$D_n = \frac{G_n}{N_n} = K\left(1 + \frac{N_v}{N_n}\right).$$

D_n und damit auch K ändern sich nach Fig. 455 in den Grenzen V = 90 bis 98 v H Vakuum fast genau geradlinig. Es wird

$$K = K_0\left(1 - \frac{V}{V_0}\right).$$

D_n und K_0 ändern sich bis 350° C ebenfalls fast geradlinig mit der Temperatur. Es ist:

$$K_0 = b_0\left(1 - \frac{t_1}{t_0}\right).$$

Mit Annäherung gilt:

$$b_0 = D_0\left(1 + \frac{p_0}{p_1}\right).$$

[1]) Nach Dr. Ing. G. Forner. Zeitschr. Ver. deutsch. Ing. 1922.

Nach Einsetzung dieser Werte in Gleichung 1) folgt:

$$D_n = D_0 \left(1 + \frac{p_0}{p_1}\right) \left(1 - \frac{t_1}{t_0}\right) \left(1 - \frac{V}{V_0}\right) \cdot \left(1 + \frac{N_v}{N_n}\right) \text{ in kg/PSh} \quad (2)$$

Mit $D_0 = 14$ kg/PSh, $p_0 = 2$ at, $t_0 = 900^0$, $V_0 = 148$ vH, $N_0 = 100$ wird:

$$D_n = 14 \left(1 + \frac{2}{p_1}\right) \cdot \left(1 - \frac{t_1}{900}\right) \cdot \left(1 - \frac{V}{148}\right) \cdot \left(1 + \frac{100}{N_n}\right) \text{ kg/PSh} \quad (3)$$

Diese Gleichung zur Bestimmung des spezifischen Dampfverbrauches ist gültig für $N_n \geqq 500$ PS, $p_1 = 9$ bis 25 at abs., $t_1 = t_s$ bis 350^0 (t_s = Sättigungstemperatur), Luftleere = 90 bis 98 vH.

Für die Teillast N_x bestimmt Forner den Dampfverbrauch zu:

$$D_x = D_n \cdot \frac{\gamma}{\beta} \quad \ldots\ldots\ldots\ldots \quad (4)$$

Hierin ist $\gamma = \frac{G_x}{G_n}$ das Verhältnis der stündlichen Verbrauchsziffern für die Teillast N_x und die Nennleistung N_n. $\beta = \frac{N_x}{N_n}$.

Erfahrungsgemäß kann gesetzt werden:

$\gamma = \beta + 0{,}1\,(1{,}1 - \beta)^2 - 0{,}001$ bei Drosselregelung,
$\gamma = \beta + 0{,}1\,(0{,}8 - \beta)^2 - 0{,}004$ bei Düsenregelung.

Gleichung 4) ist wieder gültig für die oben erwähnten Grenzen, gilt aber nicht für Überlast.

Zur leichteren Benutzung der Gleichungen dienen die folgenden Zahlenwerte:

β =	0,25	0,50	0,75	0,1
$\frac{\gamma}{\beta}$ =	1,250	1,070	1,015	1,0 für Drosselregelung.
	1,105	1,010	0,995	1,0 für Düsenregelung.

Beispiele s. S. 497.

d) Die wichtigsten Ausführungsarten der Dampfturbinen.

Das zweikränzige teilweise beaufschlagte Geschwindigkeitsrad ist fast allgemein als Hochdruckstufe eingeführt. Als Vorteil dieser Anordnung ist zu erwähnen, daß Druck und Temperatur des aus den Düsen strömenden Dampfes in weitgehendem Maße herabgezogen sind. Das Dampfvolumen hat nach Durchströmen des Geschwindigkeitsrades eine solche Größe erreicht, daß in Vermeidung von Ventilationsverlusten die folgenden Niederdruckräder voll beaufschlagt werden können. Die Stufenzahl kann verringert werden, so daß Raumbeanspruchung und Herstellungskosten abnehmen.

Die Überdruckwirkung wird nur noch in den Niederdruckstufen ausgeführt, in den Hochdruckstufen ist sie aus den auf S. 383 angegebenen Gründen verlassen worden.

Von großem Einfluß auf die neuere Ausbildung der Dampfturbinen sind weiterhin die durch die Christleinschen Versuche festgestellten Ergebnisse geworden, die zur Anwendung von Überschallgeschwindigkeiten in parallelwandigen Leitvorrichtungen führten, so daß in den

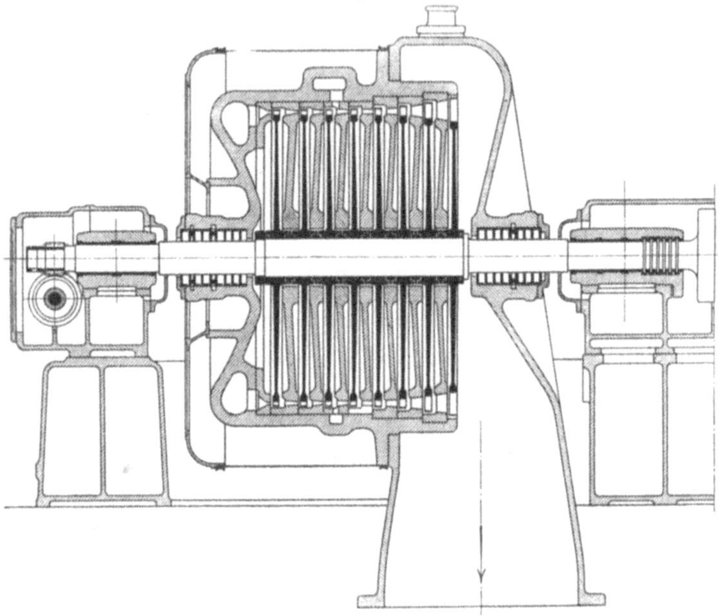

Fig. 456.

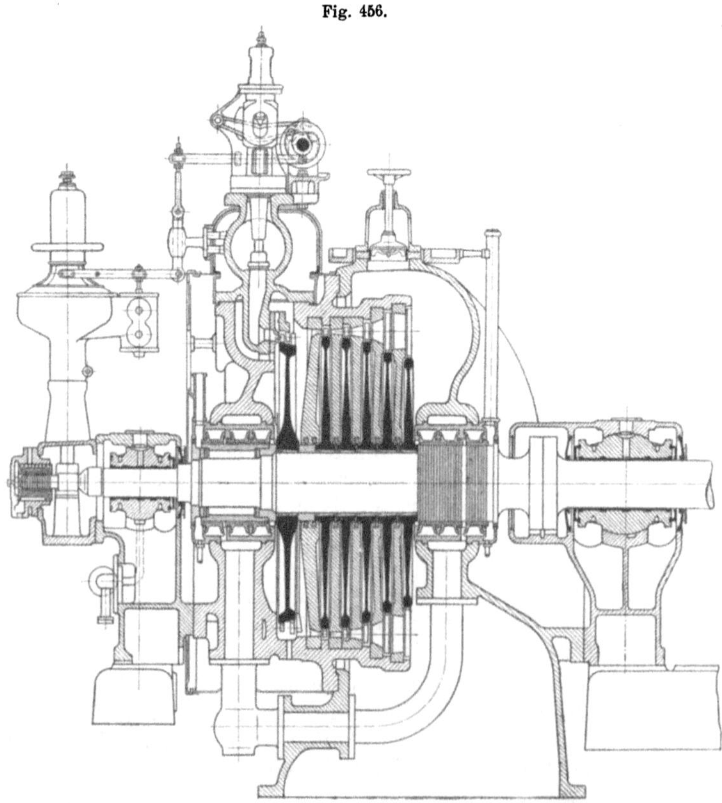

Fig. 457.

einzelnen Stufen größere Druckgefälle umgesetzt und damit eine weitere Verringerung der Stufenzahl erzielt werden konnte.

Escher, Wyß & Co. ist nahezu die einzige der führenden Firmen, die das Geschwindigkeitsrad nicht ausführt. Fig. 456 zeigt ihre Ausführungsart. Versuchsergebnisse, am 24. März 1921 an einer von Escher-Wyß für die Zentrale Moabit gelieferten 20 000 kW-Turbine (n = 1500 Uml/min) erhalten, sind in der beistehenden Tafel wiedergegeben. Die zweite Zahlentafel gibt Versuche an einer Escher-Wyß-Getriebeturbine wieder. Die M.A.N. baut ihre Gleichdruckturbine mit oder ohne zweikränziges Geschwindigkeitsrad, mit oder ohne Überschallgeschwindigkeit. Im allgemeinen liefert sie kleinere und mittlere Turbinen (n = 3000) mit Geschwindigkeitsrad, die größeren Maschinen hingegen als reine Gleichdruckturbinen, gegebenenfalls mit Überschallgeschwindigkeit. Auch die M.A.N. führt die Übersetzung vom Schnellen ins Langsame durch besondere Turbinen-Zahnradgetriebe aus.

1. Versuch	Nr.	1	2	3
2. Belastung		$^4/_4$	$^3/_4$	$^1/_2$
3. Nutzleistung, abzüglich Erregung	kW	20 382	15 541	10 362
4. Umlaufzahl pro Minute		1 510	1 520	1 525
5. Wirkungsgrad des Generators	vH	95,7	95,0	93,4
6. Nutzleistung der Turbine	PS_e	29 000	22 120	15 080
7. Druck vor Turbinenventil	at abs.	14,23	14,15	14,45
8. Temperatur vor Turbinenventil	^{0} C	321,6	313,3	312,2
9. Druck vor dem ersten Leitrad	at abs.	13,89	10,56	7,273
10. Luftleere im Turbinenaustrittsrohr	vH	95,3	96,14	96,9
11. Stündliche Dampfmenge einschließlich Dampfmenge der Hilfsturbine für Kondensation	kg	100 495	77 845	53 978
12. Gemessener Dampfverbrauch einschließlich Kondensation	kg/kWh	4,930	5,035	5,202
13. Stündliche Dampfmenge ausschließlich Dampfmenge der Hilfsturbine für Kondensation	kg	98 090	75 540	51 700
14. Gemessener Dampfverbrauch ausschließlich Kondensation	kg/kWh	4,805	4,885	4,985
15. Gemessener Dampfverbrauch ausschließlich Kondensation	kg/PS_eh	3,380	3,410	3,430

Versuche an einer 2250 PS-Getriebeturbine, 6000/2100 Uml/min am 28. Juni 1921 (Tréfilieries Laminoirs du Havre).

Leistung (Gleichstrom)	kW	1446,0
Kondensat stündlich	kg	8563,41
Druck	at abs.	12,34
Temperatur	^{0} C	304,17
Druck vor erstem Leitrad	at abs.	10,47
Temperatur am Abdampf der Turbine	^{0} C	32,26
Vakuum am Abdampf der Turbine	vH	95,1
Turbinenleistung an der Generatorkupplung	PS_e	2166
Dampfverbrauch einschließlich Getriebeverluste	kg/PS_eh	3,944

Fig. 457: A.E.G.-Turbine mit Curtis-Rad und Druckstufen.

Fig. 458 A.E.G.-Turbine. Für die Bauart ist grundlegend: Anwendung eines zweikränzigen Geschwindigkeitsrades, weitere Expansion in vier Stufen, von denen die letzte aus zwei parallelgeschalteten Rädern besteht.

Arbeiten diese mit Überdruckwirkung, so wird gegenüber parallelgeschalteten Gleichdruckstufen der Vorteil erzielt, daß das Verhältnis von Dampfgeschwindigkeit zu Umfangsgeschwindigkeit erheblich kleiner

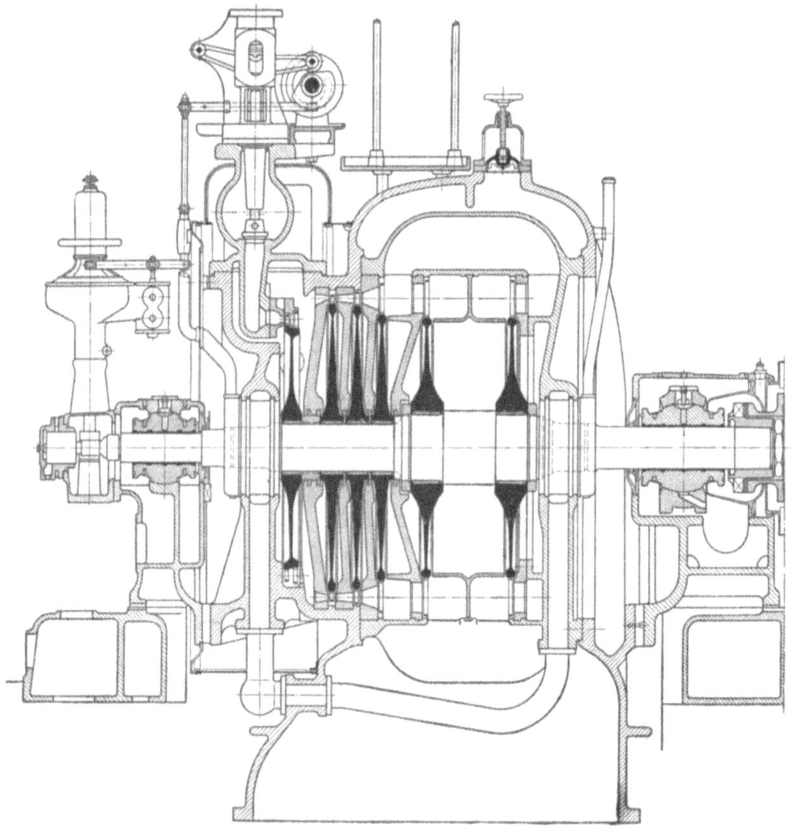

Fig. 458.

gewählt werden kann. Hierdurch wird das in der letzten Stufe umgesetzte Gefälle, das stets mit verhältnismäßig niedrigem Wirkungsgrad ausgenutzt wird, bedeutend kleiner, als es bei zwei parallelgeschalteten Gleichdruckstufen von gleicher Umfangsgeschwindigkeit möglich wäre, während für die übrigen Stufen, in denen ein günstigerer Wirkungsgrad erreichbar ist, ein größeres Gefälle verfügbar wird.

Fig. 459 stellt eine 12 500 kW-Turbine der Metropolitan-Vickers Electrical Co., Manchester, dar, die bei n = 3000 Uml/min mit 13 at. 65⁰ Überhitzung und 92 vH. Luftleere arbeitet. Dem zweikränzigen

Curtis-Rad und 10 Gleichdruckstufen folgen drei parallel geschaltete Auspuffstufen, durch deren Anordnung der verfügbare Austrittsquerschnitt von 15 auf 21,3 m² vergrößert wird.

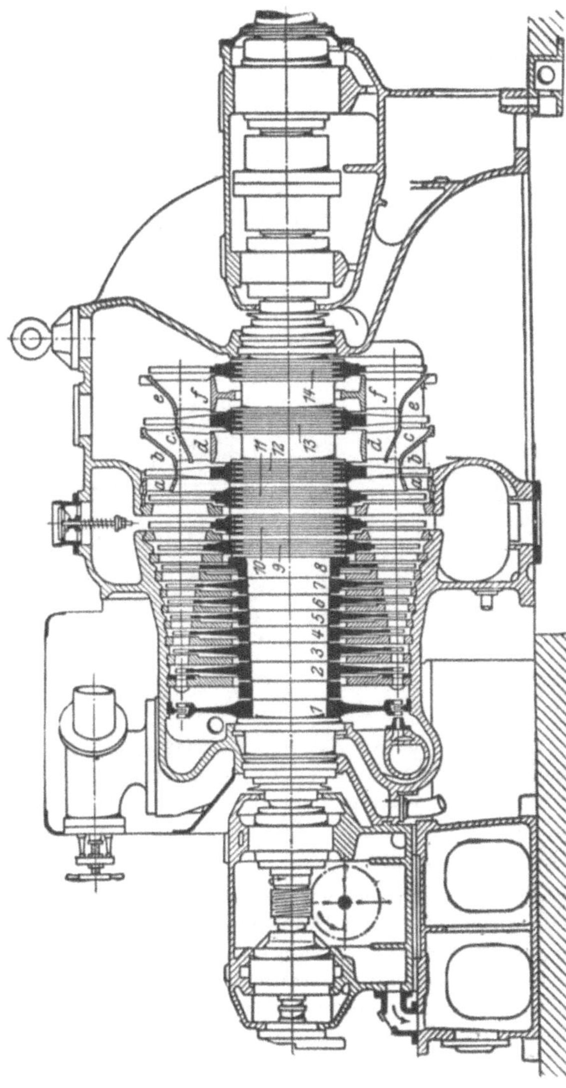

Fig. 459. 125000 kW-Turbine bei 3000 Uml/min von Vickers (mittlerer Schaufeldurchmesser rd. 1070 mm). Maßstab rd. 1:40.

Der Weg des aus Stufe 11 austretenden Dampfes wird durch den Leitschaufelring a so geteilt, daß der äußere Dampfstrom unmittelbar über a in den äußeren Ring des Rades 12 übertritt, hier seine Arbeit abgibt und dann durch Kanal b zum Kondensator strömt, während der innere Dampfstrom ohne Druckänderung vor das Laufrad 12 gelangt. Die inneren Schaufeln dieses Laufrades sind als Überdruckschaufeln so ausgebildet, daß der Dampf beim Durchfluß nur ganz geringe Änderungen von Druck und Geschwindigkeit erfährt. Der Dampf gelangt dann vor die Leitschaufelringe c und d. Ein Teil wird wieder in den Leitschaufeln c auf Kondensatordruck entspannt, durchströmt den äußeren Kranz des Laufrades 13 und hierauf Kanal e. Der Rest des Dampfes gelangt durch die Leitschaufeln d und den inneren Schaufelkranz des Laufrades 13 in die Leitvorrichtung f und in das Laufrad 14. Vor der letzten Druckstufe wird also der gesamte Dampfstrom in drei Teile zerlegt, die ihre Energie an drei verschiedene Laufräder abgeben.

Fig. 460. Ausführung Brown-Boveri.

Welle und Trommel werden bei dieser Bauart durch Schrumpfen miteinander verbunden; da sich der aufgezogene Teil beim Warm-

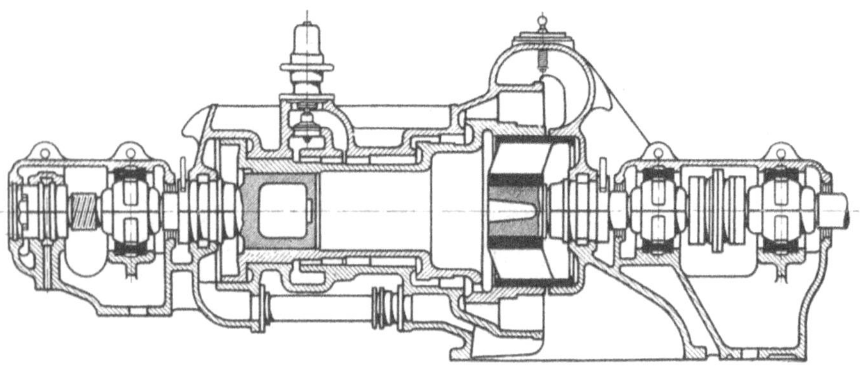

Fig. 460.

werden stärker erwärmt als der Zapfen, so heizt man, um das Lockerwerden der Schrumpfung zu vermeiden, den Hohlraum des Zapfens entweder von der Trommel aus oder durch besondere Öffnungen am Zapfenumfang durch Frischdampf. Die Verbindung ist weiterhin durch einen Bajonettverschluß gesichert.

Der Axialdruck der dritten, größten Radgruppe wurde in früheren Ausführungen durch einen an der Dampfeintrittseite angeordneten Entlastungskolben ausgeglichen, der infolge seines großen Durchmessers eine für das Gießen und die Wärmeausdehnungen nachteilige Erweiterung des Gehäuses auf der Einlaßseite bedingte. Dieser Entlastungskolben wird bei der Turbine nach Fig. 460 dadurch ersetzt, daß das Trommelinnere durch Öffnungen mit dem Dampfraum vor der dritten Radgruppe verbunden wird und auf der Austrittseite ein Entlastungskolben nach Bauart Fullagar angebracht ist, während die an der Dampfeintrittsstelle befindlichen Entlastungskolben unverändert wie früher ausgeführt werden.

Fig. 461. Bauart Brown-Boveri. Der Überdruckschaufelung des Niederdruckteiles sind zwei einkränzige Geschwindigkeitsräder vorgeschaltet. Zur Erhöhung der Leistung, bzw. der Umlaufzahl sind die sechs letzten Stufen als Einzellaufräder ausgeführt, die auf die Welle aufgeschrumpft sind. Ein mit der Welle aus einem Stück hergestellter Entlastungskolben gleicht den Axialdruck der sechs dem Überdruck ihres verarbeiteten Gefälles ausgesetzten Laufräder und den des Mitteldruckteiles aus, wobei ein Teil des Axialdruckes durch das Kammlager aufgenommen wird. Die Welle wird durch Längsbohrungen entlastet, durch die der Undichtigkeitsdampf des Labyrinthkolbens zum Niederdruckteil strömt.

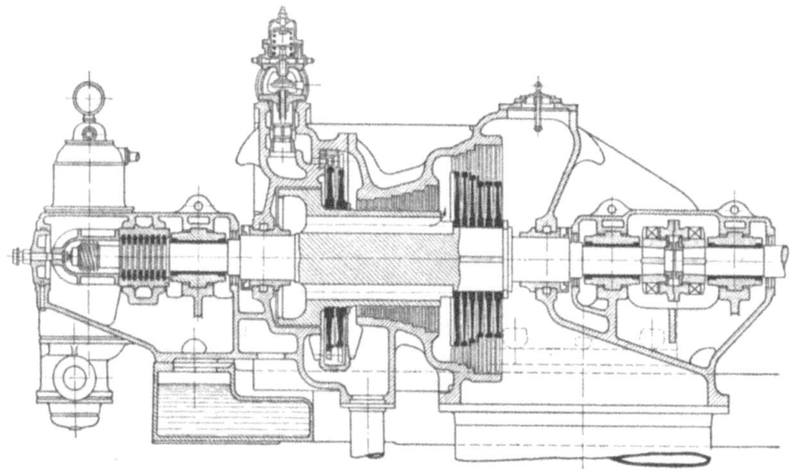

Fig. 461.

Der mit dem Gehäuse-Unterteil zusammengegossene, die Geschwindigkeitsräder umgebende Schutzkranz verhindert Ventilationsverluste.

Versuchsergebnisse von B.B.C.-Turbinen mit Geschwindigkeitsrad.

Ort der Aufstellung	Sterkrade 1918	Amsterdam 1919
Leistung ohne Abzug der Kondensationsarbeit kW	6000	6230
Uml/min	3000	3000
Dampfdruck . . . . . at abs.	12,0	14,0
Temperatur . . . . . °C	350	350
Druck im Abdampfrohr . . . . . at abs.	0,085	0,04
Dampfverbrauch . . . . . kg/kWh	5,18	4,84
Thermodynamischer Wirkungsgrad . . . . . vH	77,8	74,5

Fig. 462. Bauart Melms-Pfenninger. Der Axialdruck wird durch den Unterschied der Flächen von Labyrinthkolben und Überdrucktrommel ausgeglichen. Trommel, Geschwindigkeitsrad und Labyrinthkolben sind miteinander verschraubt. Die Wellenenden werden entweder ebenfalls mit der Trommel verschraubt oder in die Trommel eingepreßt. Nabe und eingepreßter Zapfen sind gleicher Betriebstemperatur ausgesetzt.

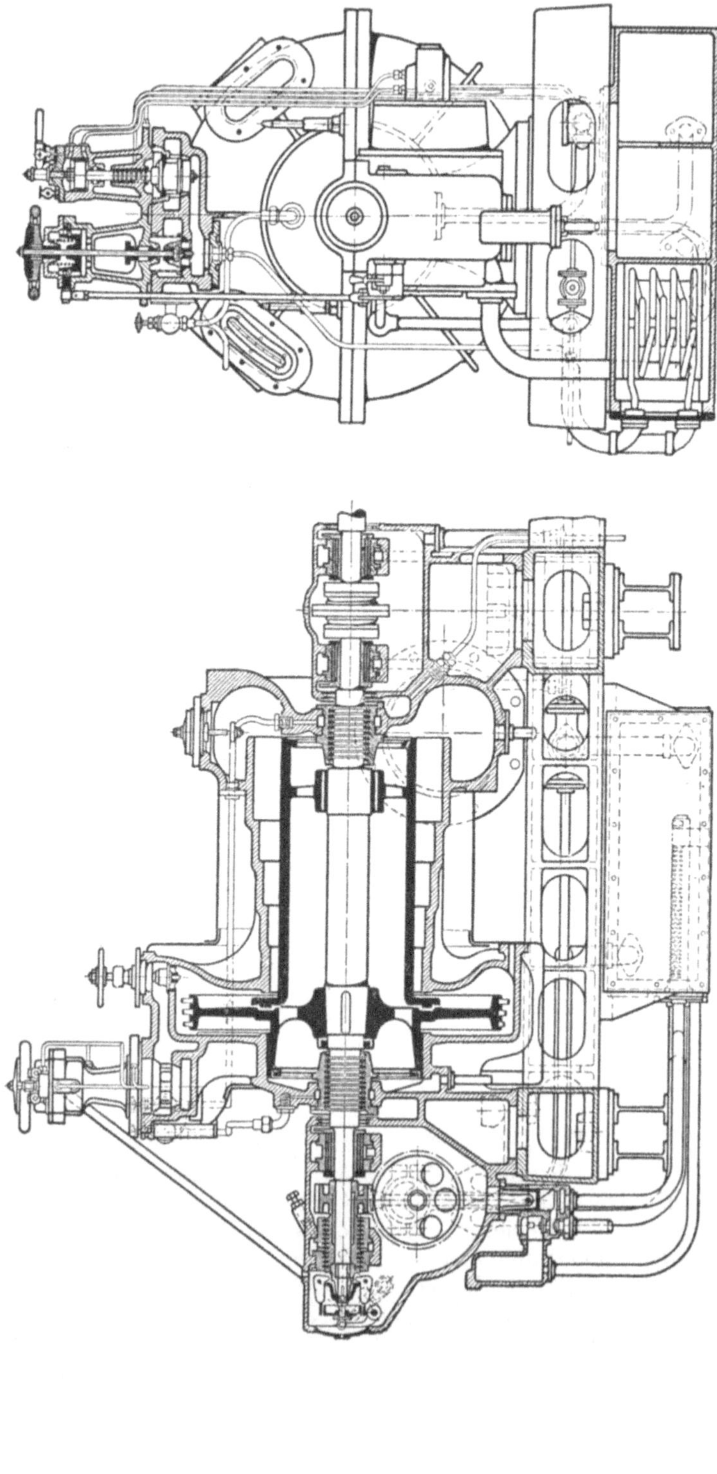

Fig. 462.

Turbinen mit großer Leistung und hoher Umlaufzahl führen Melms und Pfenninger als Doppelend-Turbinen, ebenfalls mit vorgeschaltetem Geschwindigkeitsrad, aus. Infolge Aufhebung des Achsschubes werden hierbei die Labyrinthkolben entbehrlich. Ausführungsbeispiele gibt Zerkowitz in der Zeitschr. Ver. deutsch. Ing. 1922, S. 564.

Fig. 463 zeigt die Bauart Thyssen - Röder, eine der ersten „Grenzleistungsturbinen“. Die letzten Niederdruckschaufelungen sind, um den erforderlichen Querschnitt zu erhalten, auf Scheiben gleicher Festigkeit angebracht, die ohne Mittelbohrung mit der Trommel verschraubt sind.

Gehäuse. Das gußeiserne Gehäuse ist in der wagerechten Mittelebene geteilt; jeder Teil wird mit den Leitradhälften verschraubt, so daß nach Aufheben der oberen Mantelhälfte das Turbineninnere leicht zugänglich wird. Um günstige Verteilung des Baustoffes, gleichmäßige Ausdehnung bei Erwärmung und Vermeidung von Spannungen zu erzielen, soll sich die Gestaltung des Gehäuses der zylindrischen Form möglichst nähern.

Ausglühen des Gehäuses beseitigt innere Spannungen und verhindert das Werfen nach der Bearbeitung. Die Wellenlager werden entweder unmittelbar am Gehäuse angegossen oder — um Wärmeübertragung zu vermeiden — unabhängig von diesem auf die Grundplatte gestellt. Da das Gehäuse mit Rücksicht auf die Kondensatorleitung am Niederdruckende mit der Grundplatte zu verschrauben ist, so muß das am Hochdruckende angegossene Lager auf Gleitschienen gelagert werden, um der Ausdehnung durch die Wärme nachgeben zu können. Damit sich die Lage der Gehäusemittellinie durch Einwirkung der Wärme nicht ändert, muß das Gehäuse in der Mittelebene unterstützt werden oder zwischen den Lagerständern frei schweben.

Welle. Der Baustoff ist meist Siemens - Martin- oder Nickel-Stahl, der durch wiederholtes Ausglühen spannungsfrei gemacht wird. Die Welle wird entweder als biegsame oder starre Welle bemessen. Im ersteren Fall liegt die Betriebsumlaufzahl oberhalb der kritischen Zahl, so daß beim Anlassen durch diese hindurchgegangen werden muß, wobei mitunter ein Ausschleifen der Leitradbuchsen eintritt; bei guter Auswuchtung der Scheiben sind die Schwingungen jedoch unmerklich. Da die kritische Umlaufzahl von der Wellendurchbiegung abhängig ist, diese linear mit der Belastung und in der dritten Potenz mit der Lagerentfernung zunimmt, so werden große Maschinen entsprechender Baulänge bei $n = 1500$ und 1000 Uml/min mit starrer Welle ausgeführt.

Leiträder. Diese werden als zweiteilige, gewölbte Gußscheiben mit eingegossenen Schaufeln aus Nickelstahlblech ausgeführt. Fig. 464. Um Undichtheitsverluste zu verringern, ist der Ringquerschnitt zwischen Leitradnabe und Welle möglichst klein zu halten. Bei kleineren Druckunterschieden zwischen zwei Stufen werden Kupferringsegmente, welche die Welle mit Spiel umgeben, in schwalbenschwanzförmige Nuten der Leitradnaben eingestemmt.

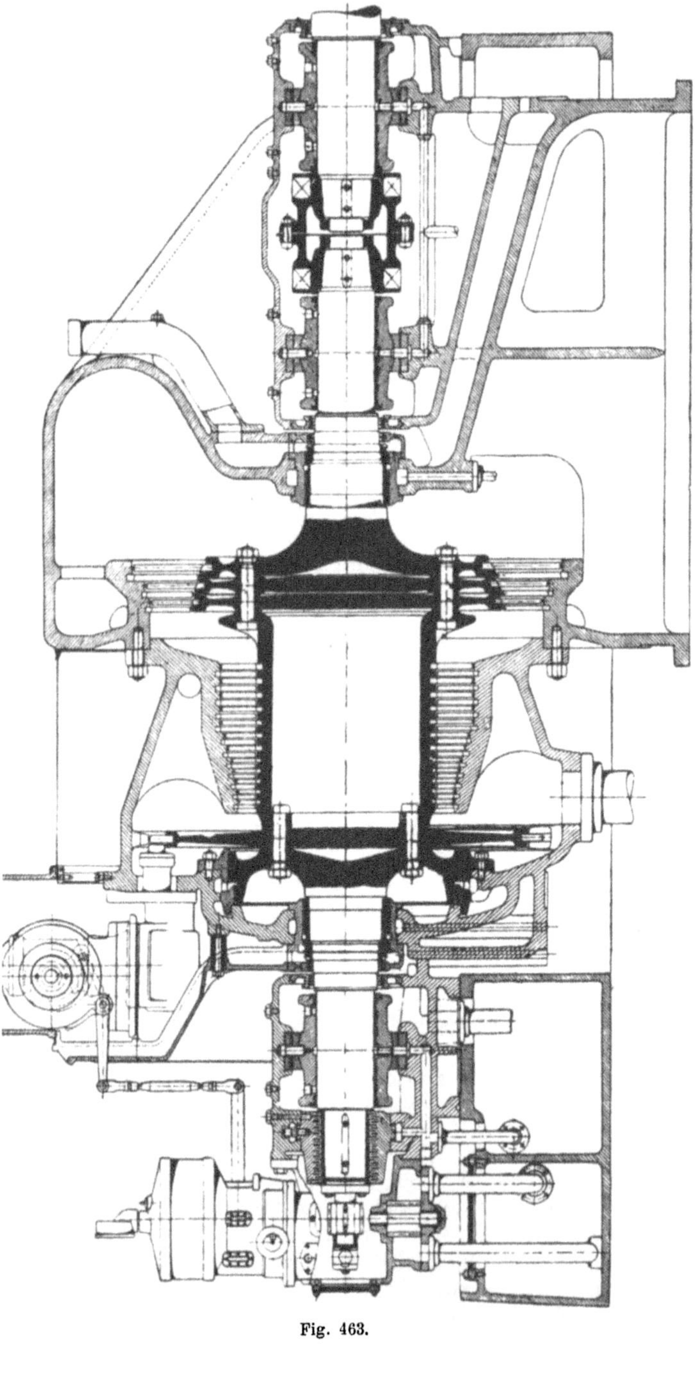

Fig. 463.

Vollständiger Abschluß ohne Schmierung wird durch graphithaltige Kohlenringe, wie bei Stopfbuchsen üblich, erreicht.

Eine Leitraddichtung besonderer Art rührt von der Firma Gebr. Stork in Hengelo her und ist in Fig. 465 dargestellt.

Die beiden in die Leiträder eingebauten Hälften der Laufbuchsen werden durch Federn gegeneinander gedrückt, deren Enden an den Leitradnaben befestigt sind. Die Spannung der unteren Feder ist so bemessen, daß sie der Buchse das Gleichgewicht hält; die Welle wird sonach fast ohne Druck berührt. Die Laufbuchsen, durch feststehende Leisten gegen Verdrehen gesichert und mit Labyrinthdichtung versehen, können ungehindert mit der Welle mitschwingen.

Durch den Druckunterschied zwischen zwei benachbarten Stufen wird die Buchse gegen die Leitradfläche gepreßt.

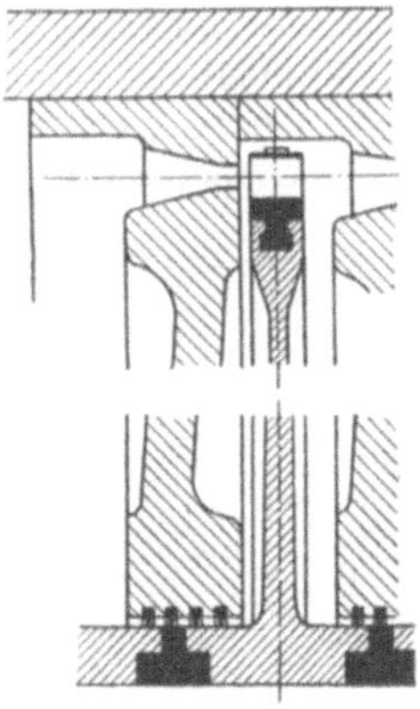

Fig. 464.

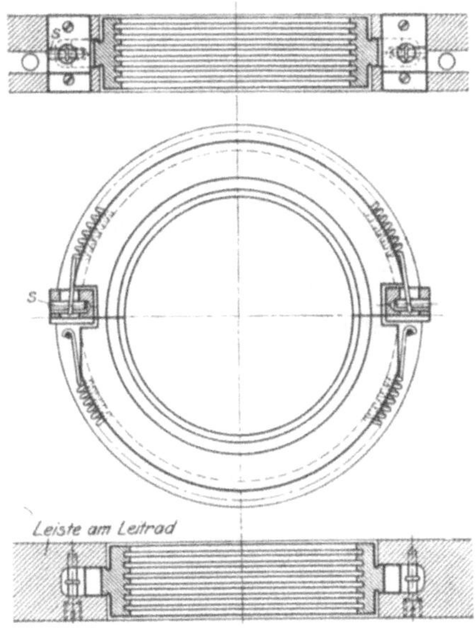

Fig. 465.

Laufräder werden aus Siemens-Martin- oder Nickelstahl als Körper von annähernd gleicher Festigkeit hergestellt. Bohrungen in der Wand sind vorzusehen, um Druckunterschiede, die bei plötzlichen Belastungsänderungen auftreten können, auszugleichen. Damit die Räder nicht festrosten, werden sie nicht auf der Welle selbst, sondern auf besonderen Paßringen befestigt. In axialer Richtung wird der Rädersatz auf der einen Seite durch einen Bund an der Welle, auf der anderen Seite durch eine Mutter gehalten. Spielräume zwischen den einzelnen Radnaben verhindern das Auftreten von Spannungen bei Ausdehnung durch die Wärme.

Der axiale Spielraum zwischen Leit- und Laufrad beträgt je nach Größe der Turbine in der Hochdruckstufe beiderseits 2 bis 6 mm, in den Niederdruckstufen 5 bis 10 mm. Je nach Radgröße wird zwischen Rad und Gehäuse ein Spielraum von 7 bis 12 mm vorgesehen.

Wellenabdichtung erfolgt entweder durch Labyrinthwirkung, Fig. 466, oder durch Stopfbuchse, Fig. 467. Labyrinthdichtungen werden auf der Abdampfseite durch gedrosselten Dampf — Sperrdampf — gegen das Eindringen der Luft gesichert. Bei Auspuffbetrieb wird der aus der Dichtung austretende Dampf durch einen Ejektor abgesaugt. Auf der Oberfläche von Stahlgußbuchsen, die auf der Welle befestigt sind, wird eine Reihe scharf zugespitzter Ringe herausgedreht, in deren Zwischenräume Ringe hineinragen, die sich an der Innenseite mehrteiliger am Turbinendeckel befestigter Buchsen befinden.

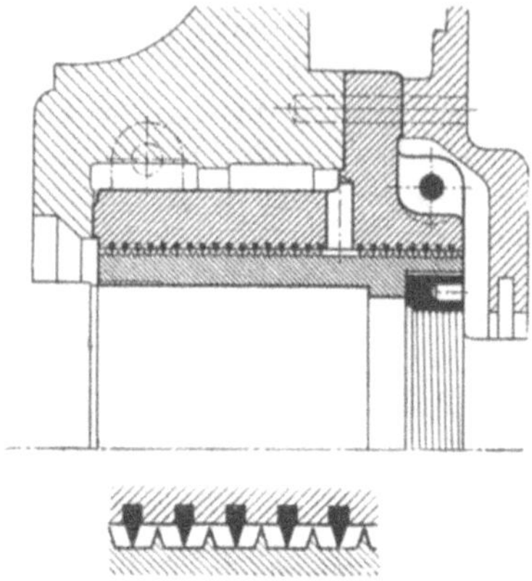

Fig. 466.

Die A.E.G. verwendet den aus der Hochdruckstopfbuchse austretenden Dampf als Sperrdampf für die Niederdruckstopfbuchse.

In der Stopfbuchse nach Fig. 467 werden die in mehreren kammerartig aneinander gereihten Metallringen untergebrachten zweiteiligen Ringe aus Preßkohle durch Spannfedern so zusammengepreßt, daß sie die Welle ohne Druck umschließen.

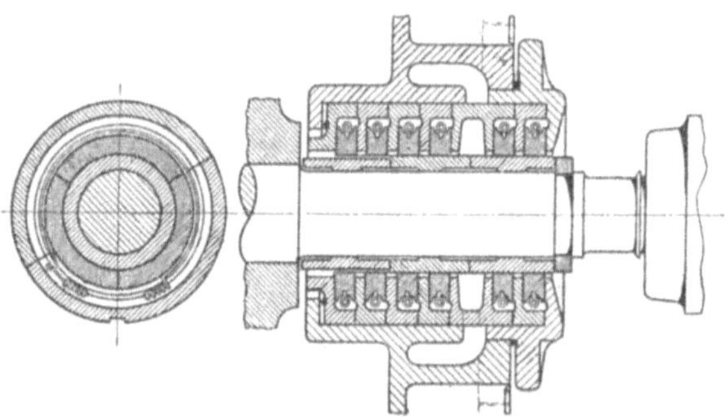

Fig. 467.

In Fig. 468 ist die durch Wasser und Dampf abdichtende Stopfbuchse der in Fig. 459 gezeigten Turbine dargestellt. Der aus der Buchse austretende Dampf wird in einen Speisewasservorwärmer geleitet. Die inneren Labyrinthringe sind aus Flußstahlbuchsen herausgedreht, die nur mit geringer Auflage auf den betreffenden Wellenzapfen aufgepaßt sind. Erhitzen sich diese Buchsen durch Fressen der Dich-

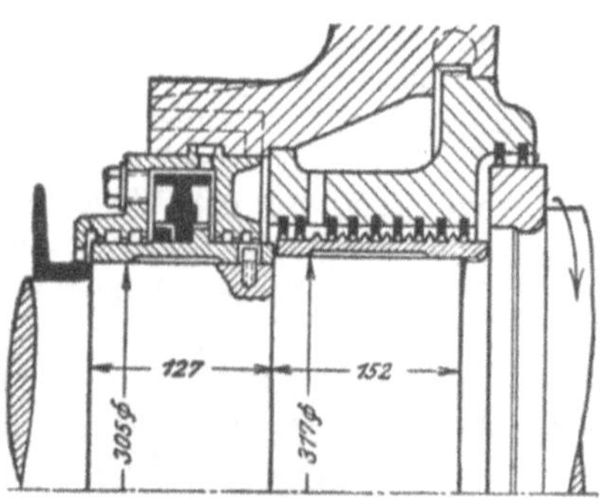

Fig. 468.

tung, so kann die erzeugte Wärme nicht so rasch auf die Turbinenwelle übergeleitet werden. Die dadurch verursachte Erwärmung bleibt gering, da die äußeren Labyrinthringe sehr dünn bemessen und an den Laufflächen schneidenartig zugespitzt sind. Die Ringe werden in kurzen Stücken mit versetzten Schnittstellen eingesetzt, dann werden die zweiteiligen inneren Buchsen eingefügt, die durch ihre Nutenform die Lage der äußeren Ringe sichern.

Regelvorrichtungen. Fig. 468 a gibt einen indirekt wirkenden Regler wieder. Die Spindel des Regulierventils k ist mit dem Kolben h

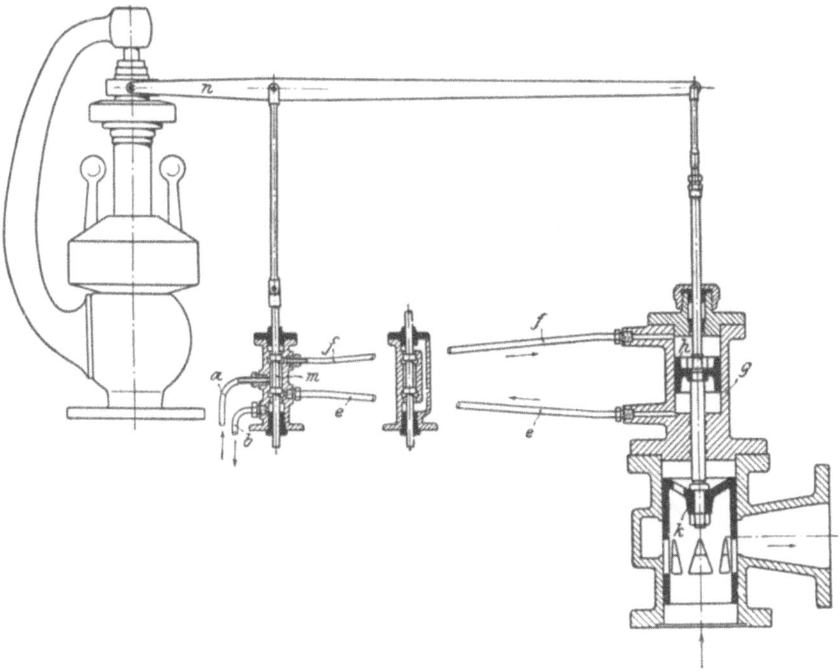

Fig. 468a.

eines Servomotors verbunden, von dessen Zylinder g zwei Leitungen f und e zu dem vom Regulator bewegten Steuerschieber m führen. An diesen sind die beiden Leitungen a und b angeschlossen, von denen a zu einem mit Drucköl gefüllten Akkumulator führt. Das Rohr dient als Rücklaufleitung und führt das Öl in das Saugreservoir einer Kreiselpumpe zurück, die den erforderlichen Druck erzeugt. Steigt der Regulator, so dient das rechte Ende des oberen Querhebels als Drehpunkt, der Schieber wird gehoben, und dadurch eine Verbindung zwischen den Rohrleitungen a und f einerseits, b und e andererseits hergestellt. Die Druckflüssigkeit tritt über den Kolben h und bewegt diesen und das Ventil k abwärts, so daß der Dampf gedrosselt wird. Bei dieser Abwärtsbewegung bildet das linke Ende des oberen Hebels den Drehpunkt, wodurch der Schieber wieder in seine mittlere Schlußlage gebracht wird. Ein Sicherheitsventil verhindert Überschreitung der normalen Umlaufzahl.

Die konstruktiv sehr schön durchgebildete Regelung der A.E.G. zeigt Fig. 458. Der Regler verdreht eine Welle mit Nocken, die so gestaltet sind, daß nacheinander die zu den einzelnen Düsengruppen führenden Ventile geöffnet oder geschlossen werden.

In grundsätzlich gleicher Weise arbeitet die in Fig. 469 dargestellte Regelung der M.A.N.

Die Fig. 470 und 471 zeigen die Drosselregelung von Brown, Boveri & Co.

Mit der axial verschiebbaren Muffe des Fliehkraftreglers F ist ein Schieber I verbunden, der sich in einer feststehenden Buchse H dreht. In dieser ist ein mit dem Öldruckraum in Verbindung stehender

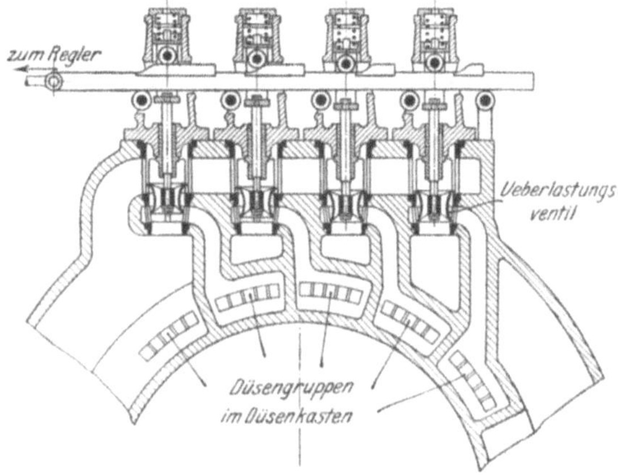

Fig. 469

Schlitz angeordnet, dessen freier Querschnitt von der Lage des Schiebers abhängig ist.

Der mit dem Drosselventil B verbundene Kolben C wird durch den Öldruck nach oben, durch Feder D nach unten gedrückt. Fig. 471.

Steigt bei Belastungsabnahme die Umlaufzahl, so wird der freie Schlitzquerschnitt in der Regulierbuchse H vergrößert, so daß bei ungeänderter Zuflußmenge der Öldruck unter dem Kolben C sinkt und die Feder das Drosselventil senkt.

Die Regulierkante des Schiebers stellt in der Abwicklung eine Wellenlinie dar; bei jeder Umdrehung der Reglerwelle wird infolgedessen der Schlitzquerschnitt vergrößert und verkleinert. Hierdurch wird ein ständiges Steigen und Fallen des Öldruckes und damit ein Heben und Senken des Druckölkolbens C bewirkt. Durch diese Schwingungen, 200 bis 400 in der Minute, wird die Empfindlichkeit der Regelung gesteigert.

Durch Konusantrieb und Gewinde kann die Reglerbüchse gehoben oder gesenkt werden. Damit werden der freie Schlitzquerschnitt und der Öldruck, bei gleichbleibender Belastung auch die Umlaufzahl geändert. Der Verstellungsbereich beträgt 5 vH der normalen Umlaufzahl.

Die Reglerbuchse kann entweder von Hand oder durch ein magnetisches Fernschaltwerk von der Schalttafel aus verstellt werden.

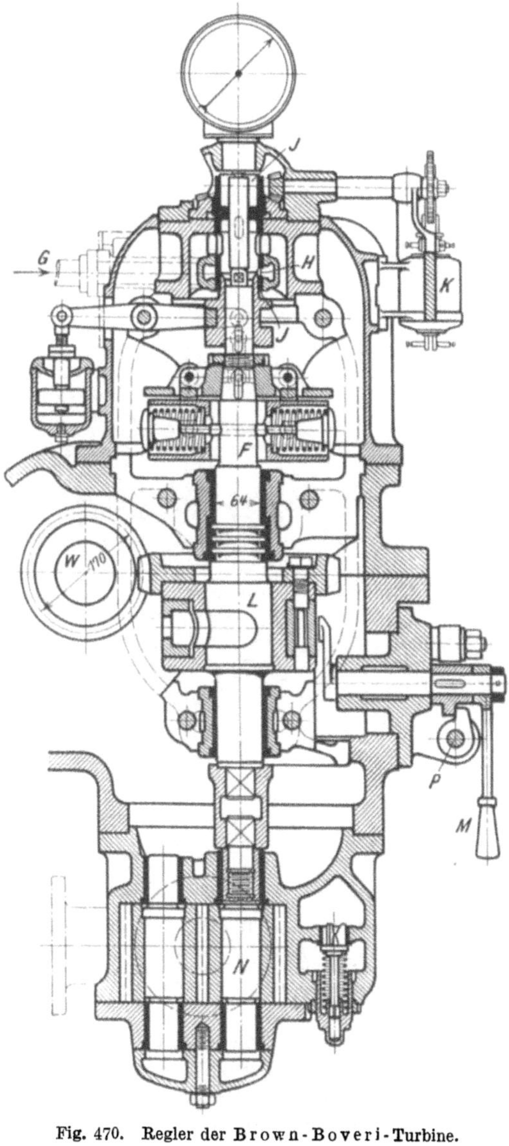

Fig. 470. Regler der Brown-Boveri-Turbine.

F Hauptregler, *G* Verbindungsrohr zwischen Steuerung und Kolben *G*, *H* Futter des Schiebers mit Auslaßschlitzen, *J* Reglerschieber, *K* elektromagnetische Drehzahlverstellung, *L* Sicherheitsregler, *M* Ein- und Ausrückhebel für den Sicherheitsregler, *N* Ölpumpe, *P* Welle und Klinke zum Sicherheitsregler.

Sonstige Einzelheiten. Reaktionsturbinen werden fast durchweg mit Überlastungsventilen ausgerüstet, die unter dem Einfluß des Fliehkraftreglers stehen und bei einer Überlastung von etwa 25 vH gedrosselten Frischdampf späteren Stufen zuführen.

Versagt die Regelung, Ölversorgung des Reglers oder der Ölumlauf für die Lager, so wird das Regelventil durch eine Schnellschlußvorrich-

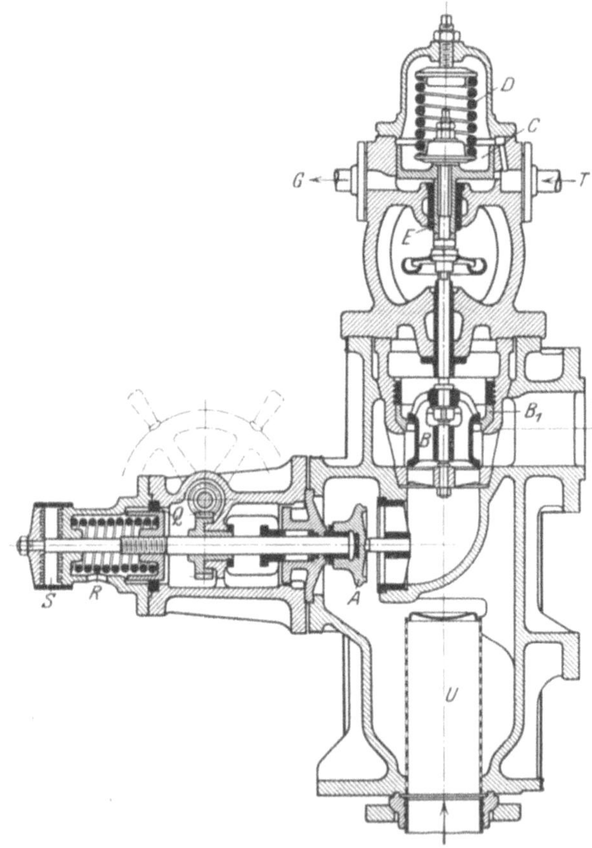

Fig. 471. Ventilgetriebe der Brown-Boveri-Turbine.
A Hauptabsperrventil, *B* Drosselventil, B_1 oberer Ventilsitz, *C* Kraftkolben, *D* Ventilfeder, *Q* Auslösering, *R* Schnellschlußfeder, *S* Pufferteller, *T* Verbindungsrohr zwischen Ölpumpe und Kraftkolben, *U* Dampfsieb.

tung geschlossen, sobald der Öldruck einen bestimmten Mindestwert unterschreitet. Ein Schnellregler schließt, sobald die Umlaufzahl die normale um 10 vH überschreitet. Durch Auslösen eines Hebels kann Schnellschluß auch unabhängig vom Sicherheitsregler von Hand bewirkt werden. Fig. 470.

Das Öl für die Umlaufschmierung der Lager wird aus dem in der Grundplatte angeordneten Ölbehälter mittels Zahnradpumpe durch

Ölkühler in die Lager gedrückt und läuft von dort in den Ölbehälter zurück. Die Zahnradpumpe, die auch das Öl für den Servomotor auf höheren Druck bringt, wird zweistufig ausgeführt.

Die Ölkühler werden mit ausziehbaren vom Kühlwasser durchflossenen Röhrenbündeln versehen.

Zur Sicherung des Abstandes zwischen den Leit- und Laufrädern der Aktionsturbinen dient ein Kammlager, das am Abdampfende angeordnet und mit dem Gehäuse verbunden wird, so daß es den Wärmedehnungen folgen kann.

e) Die Regelung. Verhalten bei geänderter Belastung.

Die effektive Leistung der Dampfturbine hat nach S. 387 die Größe:

$$N_e = \frac{G_e}{D_e} = \eta_e \cdot G_e \frac{i_0 - i_1}{632}.$$

Die Regelung beeinflußt dementsprechend entweder das Dampfgewicht oder das Wärmegefälle oder beide gleichzeitig.

1. Drosselregelung. Durch Änderung des Einlaßventil-Querschnittes wird der Druck vor der ersten Leitvorrichtung und damit sowohl das Dampfgewicht als auch das Wärmegefälle geändert. Im I.S.-Diagramm wird das ursprünglich vorhandene Gefälle verkleinert und zwar durch Höherlegen des unteren Gefällepunktes.

Liegt — was bei Aktionsturbinen fast immer zutrifft — bei voller Belastung der Wert $\frac{u_1}{c_1}$ auf dem aufsteigenden Ast der Wirkungsgradkurve nach Fig. 433, so wird bei Entlastung das Verhältnis $\frac{u_1}{c_1}$ größer und der Wirkungsgrad nimmt zu, bis weitere Drosselung den Wert $\frac{u_1}{c_1}$ auf den absteigenden Ast gelangen läßt. Hierin ist die wirtschaftliche Wirkungsweise der Drosselregelung begründet, die sich nach dem Gesagten bei den mit geringer Umfangsgeschwindigkeit, also mit kleineren Werten $\frac{u_1}{c_1}$ arbeitenden Turbinen besonders bemerkbar macht.

2. Füllungsregelung. Der Zustand des Dampfes vor Eintritt in die Turbine, also das Wärmegefälle, bleibt ungeändert. Durch Absperrung einzelner Düsen wird nur das Dampfgewicht geändert. Bei einer große konstruktive Schwierigkeiten bietenden Änderung der Querschnitte auch in den folgenden Stufen im gleichen Verhältnis wie vor der ersten bliebe der Dampfverbrauch für alle Belastungen konstant.

Versuche und Rechnung zeigen, daß bei Füllungsregelung in mehrstufigen Turbinen der größere Teil der Leistung mit verringertem η_u geleistet wird, so daß auch der Gesamtwirkungsgrad abnimmt. Die Luftleere nimmt mit sinkender Belastung, der Ventilationsverlust mit abnehmender Beaufschlagung zu.

3. Kombinierte Regelung. Die Düsen werden gruppenweise geschlossen, Leistungen, die zwischen den einzelnen Abschaltungspunkten

liegen, werden durch Drosselung geregelt. In Fig. 472 und 473 sind nach Forner[1]) Drossel-, ideale Düsen- und kombinierte Regelung in Vergleich gezogen, wobei unter „idealer" Regelung eine solche verstanden wird, bei der stets voller Druck vor der Düse herrscht, was eine unendlich große Anzahl unendlich kleiner Düsen voraussetzt. In Fig. 472 sind die Teilbelastungen der Turbine als Abszissen, die Abweichungen vom normalen Dampfverbrauch als Ordinaten aufgetragen.

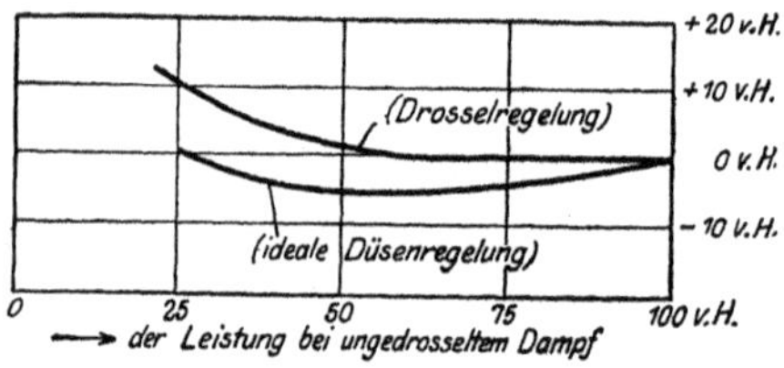

Fig. 472.

Die dargestellten Kurven haben keine allgemeine Gültigkeit, das Verhältnis der beiden Kurven in Fig. 472 zueinander bleibt aber auch unter geänderten Verhältnissen dasselbe. Werden beispielsweise bei einer ausgeführten Turbine die Abmessungen des Niederdruckteiles so gewählt, daß die Drosselkurve steiler verläuft, so wird bei Verwendung des gleichen Niederdruckteiles in der Turbine mit Düsenregelung auch deren Kurve steiler.

Bei der gemischten Regelung nach Fig. 473 verläuft die Dampfverbrauchskurve wellenförmig.

Für die Drosselregelung gelten folgende auch auf theoretischem Wege abzuleitenden Erfahrungssätze:

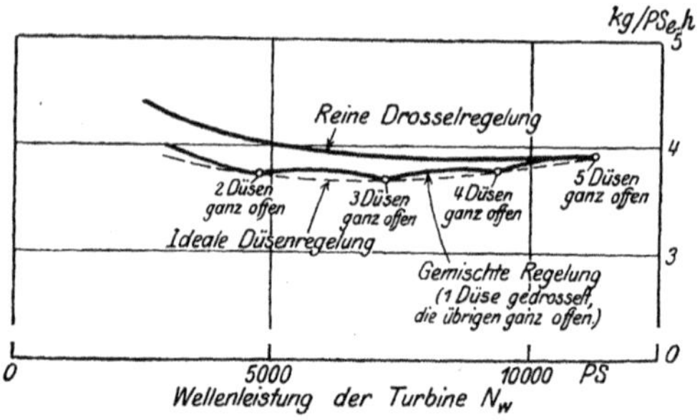

Fig. 473.

1. Die die Turbine durchfließende Dampfmenge G ist dem absoluten Druck vor dem ersten Leitrad proportional. $G = k \cdot p$.

2. Der Leerlauf-Dampfverbrauch beträgt etwa 10 vH des Dampfverbrauches für Vollast.

3. Die Nutzleistung nimmt linear mit dem absoluten Dampfdruck zu. Sowohl für Drossel- als auch für Füllungsregelung gilt der weitere Satz:

4. Die Stufendrucke nehmen linear mit der stündlichen Dampfmenge zu.

Bei Drossel- und Füllungs-Regelung ergeben sich für eine bestimmte Turbine für die gleiche Dampfmenge in denselben Stufen auch die gleichen absoluten Drucke. Während aber bei der Drossel-Regelung der Druck vor dem ersten Leitrad bei verringerter Leistung sinkt, bleibt er bei Füllungs-Regelung unverändert. In diesem Fall wird in der ersten Stufe bei Belastungsabnahme ein bedeutend größeres Wärmegefälle umgesetzt als bei der Drossel-Regelung.

[1]) Der Einfluß der rückgewinnbaren Verlustwärme des Hochdruckteils auf den Dampfverbrauch der Dampfturbinen. Verlag: Julius Springer 1921.

Die Diagramme Fig. 474 und 475 zeigen Versuchsergebnisse an A.E.G.-Turbinen von 3000 kW, deren erstes Rad zweikränzig, deren übrigen 9 Räder einkränzig ausgeführt waren (Baer, Forschungsheft 86).

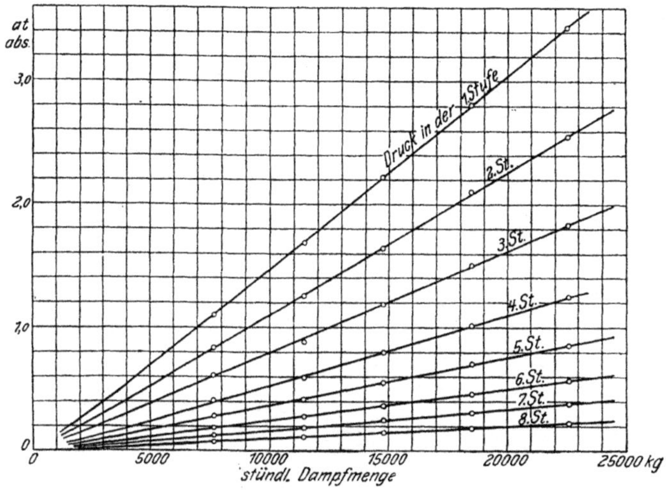

Fig. 474. Füllungsregelung.

In Fig. 476 sind Versuchsergebnisse, von Gensecke, an einer Parsons-Überdruckturbine von 300 kW festgestellt, wiedergegeben.

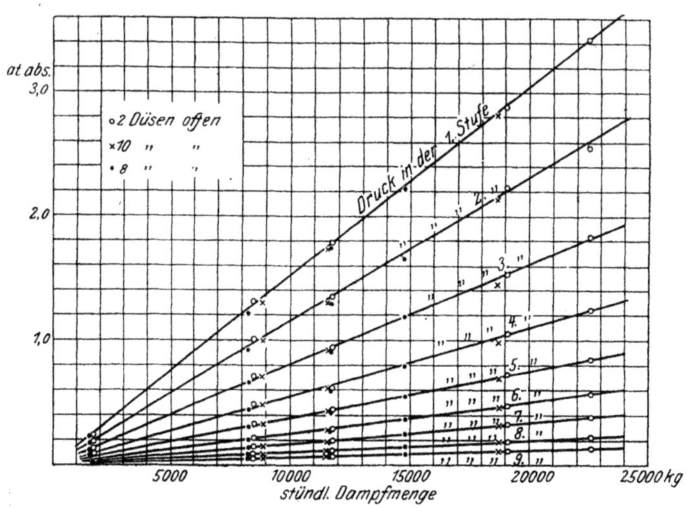

Fig. 475. Drosselregelung.

Satz 4 gilt nicht für die letzten Stufen, da sich hier ein kleinerer Druck als die vorhandene Luftleere einstellen würde.

Als weitere Eigenschaften der Regelungsarten sind noch anzuführen: Bei Verringerung der Belastung findet Leistungskonzentration im Hochdruckteil statt und zwar bei Füllungsregelung stärker als bei Drosselregelung.

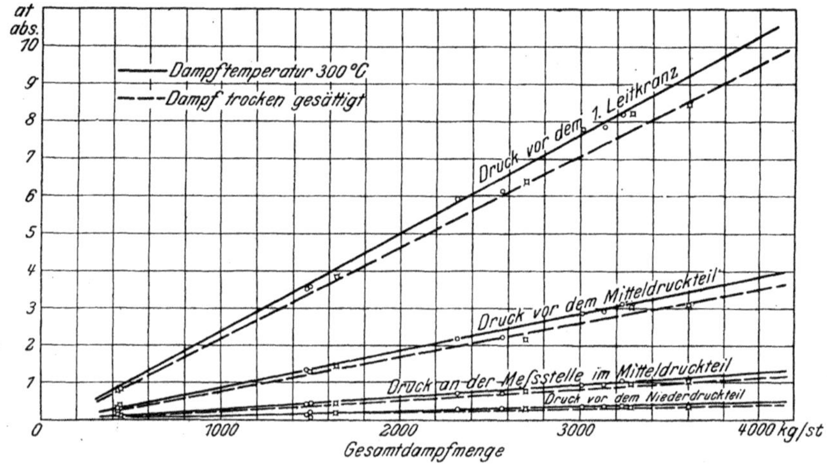

Fig. 476.

Bei der Füllungsregelung nimmt das adiabatische Gefälle der ersten Stufe zu, das der letzten Stufe ab. In den mittleren Stufen bleiben die Gefälle gleich. Bei der Drosselregelung wird das Gefälle

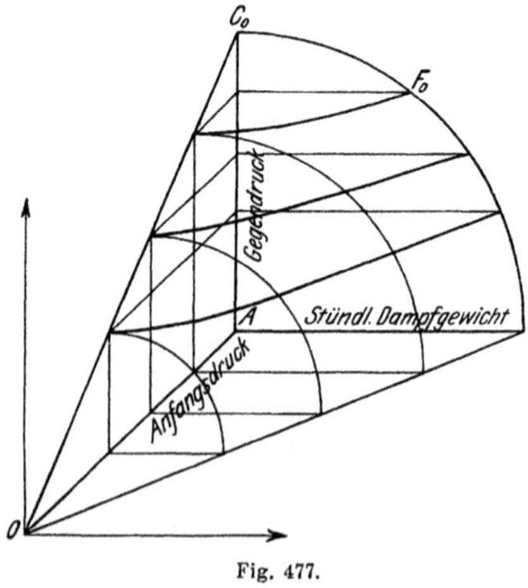

Fig. 477.

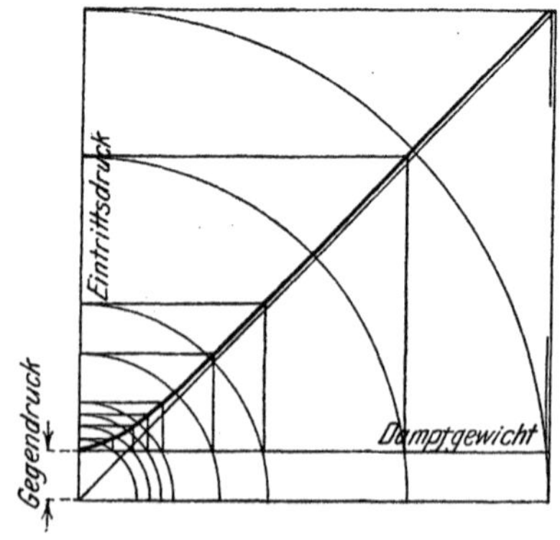

Fig. 478.

fast ausschließlich in der letzten Stufe verringert, die Gefälle der ersten Stufen bleiben fast konstant.

Bemerkenswert ist der Einfluß von Luftleere und Überhitzung bei beiden Regelungsarten. Bei der Drosselregelung wird mit abnehmender Belastung das Gesamtgefälle verringert, während es bei der Düsenregelung infolge des zunehmenden Vakuums eine geringe Vergrößerung erfährt. Bei der Füllungsregelung wird sich sonach der Einfluß des verbesserten Vakuums — an dem größeren Gesamtgefälle gemessen — weniger bemerkbar machen, besonders da hier bei eintretender Entlastung die Leistungskonzentration auf den Hochdruckteil stärker ist, als bei der Drosselregelung. Dadurch wird die Füllungsregelung weniger empfindlich gegen Änderungen der Luftleere. Umgekehrt tritt bei der Füllungsregelung der Einfluß der Überhitzung stärker hervor, da sich dieser infolge der erwähnten Leistungsverschiebung bei Entlastung auf einen größeren Teil der Gesamtleistung und auf höhere Dampfgeschwindigkeiten als bei der Drosselturbine geltend macht. Auch die Ventilationsverluste, die mit der Entlastung wegen der damit verbundenen Verringerung der Beaufschlagung bei der Füllungsregelung zunehmen, werden durch die Überhitzung verringert (Baer, Forschungsheft 86, Verlag: Julius Springer 1910).

Für große Expansionsverhältnisse, wenn der Gegendruck einen verhältnismäßig großen Betrag des Anfangsdruckes ausmacht, hat Stodola durch Versuche an einer 8 stufigen Überdruckturbine nach Fig. 477 die Ellipse als Grundgesetz für die Veränderung der Dampfmenge mit dem Gegendruck — Anfangsdruck als gegeben und konstante Umlaufzahl vorausgesetzt — aufgestellt. Bei unveränderlichem Anfangsdruck OA und Anwachsen des Gegendruckes von Null auf AC_0 nimmt das Dampfgewicht nach der annähernd elliptischen Kurve $B_0F_0C_0$ ab.

Nach Fig. 478 können die Maßstäbe für Dampfgewicht und Druck so gewählt werden, daß Kreise als Hilfskurven entstehen.

Die Druckverteilung bei Belastungsänderung ist in folgender Weise zu ermitteln, wenn von der Veränderung der Dampfmenge G ausgegangen wird. Für die neugewählte Dampfmenge G' $\left(\text{z. B. } G' = \frac{G}{2}\right)$ ergibt sich auf der wagerechten Drossellinie des I.S.-Diagramms (hier mit $p' = \frac{p}{2}$) der Anfangspunkt der Expansion, während der Endpunkt infolge des veränderten Dampfgewichtes unbekannt ist.

Zu seiner Bestimmung wird das Gefälle $h = AB$, $h_1 = AB_1 \ldots$ probeweise angenommen und durch Berechnung des zu jedem Gefälle gehörigen c_1 der Wirkungsgrad η_u — bei konstantem u — nach S. 388 festgestellt. Fig. 479. Die Anfangspunkte E_1, $E_2 \ldots$ der Expansion in der folgenden Stufe liegen dann im Abstand $h_i = \eta_u \cdot h = AE'$, $h_{i1} = \eta_{u1} \cdot h_1 = AE_1' \ldots$ unter der durch A gezogenen Wagerechten. Damit wird in dem Linienzug $E_3 E E_1 E_2$ der geometrische Ort für die möglichen Endzustände in der untersuchten Stufe erhalten. Ist das Druckgefälle der Stufe größer als das kritische, so sind nach Baer für die Punkte E_3, E, E_1, E_2, in denen p und t bekannt sind, die Dampfgewichte nach der Formel $G = \psi \cdot f \sqrt{\frac{p_1}{v_1}}$ (vgl. S. 370) zu berechnen und nach Fig. 480 zu den Drucken p_1, p_2, p_3

als Ordinaten aufzutragen. Eine im Abstand G′ gezogene Wagerechte gibt im Schnittpunkt Z den Druck p_x an, auf den die Expansion führt.

Der Endpunkt der Expansion kann auch im Schnittpunkt der nach Fig. 479 entworfenen Expansionslinie mit der „Kurve gleicher Dampfaufnahme“ gefunden werden. Vergl. Fig. 481.

Werden in Fig. 480 die Gefälle h, h_1, h_2 . . . sowie die den Punkten E, E_1, E_2 . . . entsprechenden Temperaturen über p aufgetragen, so erhält man in den Schnittpunkten der entstehenden Kurven mit der p_x-Ordinate das adiabatische Gefälle in der untersuchten Stufe und die Anfangstemperatur für die nächste Stufe.

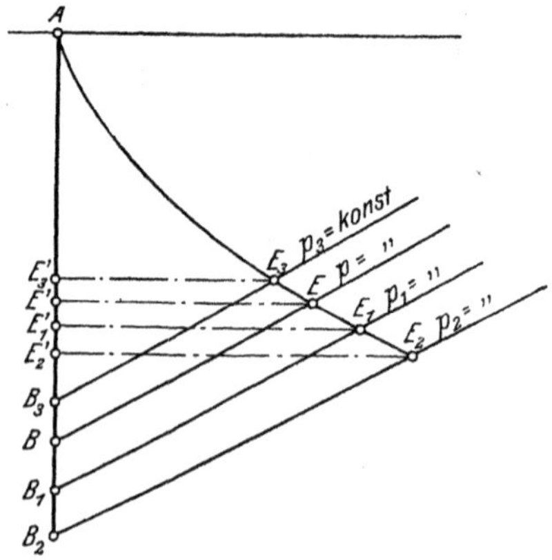

Fig. 479.

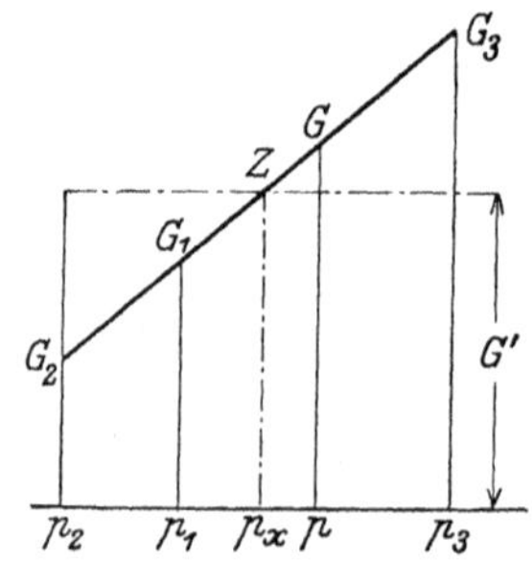

Fig. 480.

Die Drosselkurve i = konst. stimmt ungefähr mit der Kurve pv = k überein.

Satz 1 auf S. 418: G = k · p kann deshalb auch geschrieben werden:

$$G = \frac{\text{konst}}{v} \text{ oder } Gv = \text{konst.}$$

Das die Turbine sekundlich durchströmende Gesamtvolumen ist bei Drossel-Regelung konstant.

Setzt man:

$$G = \text{konst} \cdot \sqrt{p_1 \cdot p_1} = \text{konst} \cdot \sqrt{p_1 \cdot \frac{k}{v_1}} = C\sqrt{\frac{p_1}{v_1}},$$

so erhält man:

$$G_{st} = 3600 \cdot C\sqrt{\frac{p_1}{v_1}} = C_1 \cdot \sqrt{\frac{p_1}{v_1}}.$$

Beispiel. Die Konstante C_1 einer Parsons-Turbine, die pro Stunde 8000 kg Dampf von $p_1 = 12$ at und $t_1 = 250^0$ verbraucht, ist zu bestimmen.

Aus p_1 und t_1 folgt $v_1 = 0{,}1945$ m³/kg.

$$C_1 = G_{st}\sqrt{\frac{v_1}{p_1}} = 8000\sqrt{\frac{0{,}1945}{12}} = 1018{,}40.$$

$$\frac{v_1}{p_1} = \left(\frac{1018,40}{8000}\right)^2 = 0,1273^2 = 0,0162.$$

Sonach entsprechen bei 8000 kg/h Dampfaufnahme folgende Werte:

$p_1 =$	12	11,75	11,5	11,25	11 at
$v_1 =$	0,195	0,190	0,186	0,182	0,178 m³/kg.

Mischen sich bei einer Zweidruckturbine vor Eintritt in die Niederdruckschaufelung b kg Abdampf mit a kg Frischdampf, der in der Hochdruckstufe schon expandiert ist, so wird nach Fig. 481 die Expansionslinie AB für a kg Frischdampf in der gleichen Weise, wie für Fig. 479 angegeben, aufgezeichnet. CD ist die Kurve gleicher Dampfaufnahme, für (a + b) kg berechnet. CD wird gefunden, indem aus der Gleichung $G = C_1\sqrt{\frac{p_1}{v_1}}$ zusammengehörige Werte von p_1 und v_1 berechnet und in das I.S.-Diagramm eingetragen werden. Drosselgerade EF ist der geometrische Ort für die Dampfzustände des nach dem Niederdruckteil fließenden Abdampfes. Aus EF und AB bestimmt sich für gleichen Druck an Hand der Mischungsformel die Kurve GH, die den zweiten geometrischen Ort für den Zustand vor dem ersten Leitrad darstellt. Der gesuchte Dampfzustand vor dem Abdampfteil ist durch Schnittpunkt D gegeben.

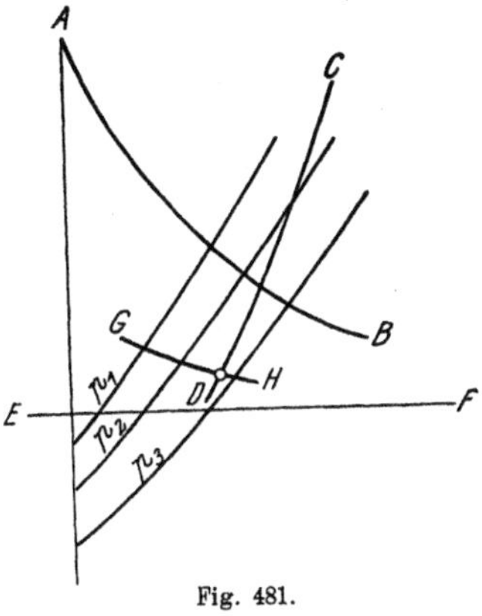

Fig. 481.

f) Berechnung der Dampfturbinen.

1. Berechnung von Zoelly-Turbinen mit Überschallgeschwindigkeit.

Die auf Grund der Christlein-Versuche festgestellte, wertvolle Eigenschaft der einfachen Mündung, infolge der Wirkung des Schrägabschnittes Umsetzung überkritischer Gefälle zuzulassen, hat im praktischen Turbinenbau eine erhebliche Verminderung der Druckstufen und damit der Herstellungskosten und Raumbeanspruchung veranlaßt.

Für die Aufzeichnung der Geschwindigkeitsdreiecke und für die Bestimmung der Schaufelform ist der Ablenkungswinkel ω des Dampfstrahls zu ermitteln, was in folgender Weise geschehen kann:

1. Verfahren[1]). Bewegt sich ein Geschoß in ruhender Luft mit der Geschwindigkeit c, so entsteht eine Verdichtungswelle, die einerseits mit der Geschoßgeschwindigkeit c, andererseits mit der Schallgeschwindigkeit c_s fortschreitet. Die dadurch bedingte schräge Lage

[1]) Th. Meyer, „Über zweidimensionale Bewegungsvorgänge in einem Gas usw.“ Forschungsarbeiten. Heft 62. Dr.-Ing. Christlein, Zeitschr. f. das ges. Turbinenwesen. 1912. S. 185. Dr. Loschge, Zeitschr. Ver. deutsch. Ing. 1916. S. 770.

der Welle schließt den „Machschen“ Winkel δ mit der Geschoßbahn ein. Es ist $\sin \delta = \frac{c_s}{c}$. Fig. 482.

Umgekehrt schließt Prandtl, daß, wenn sich Luft oder Dampf mit einer Geschwindigkeit $c > c_s$ gegen ein vorhandenes Hindernis bewegt, dieses eine feststehende Verdichtungswelle verursacht. Fig. 483. Das-

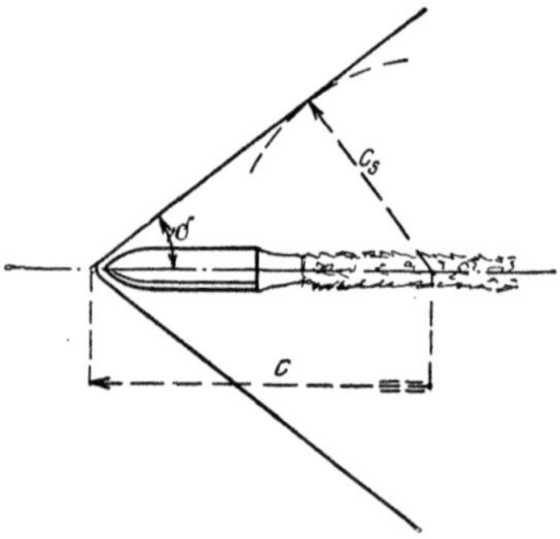

Fig. 482.

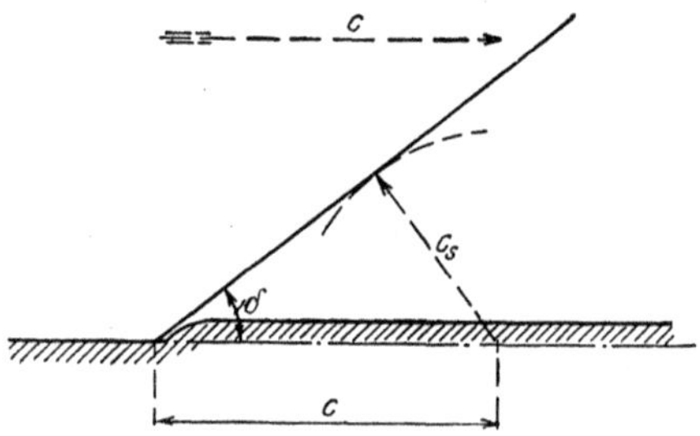

Fig. 483.

selbe Gesetz gilt für eine feststehende Verdünnungswelle, wie sie in einem Dampfstrahl vorhanden ist, der eine Düse verläßt und in einen Raum mit niedrigerem Druck austritt. Die Drucksenkung macht sich zunächst im Fahrstrahl C II′ bemerkbar, der unter dem Machschen Winkel δ_2' gegen

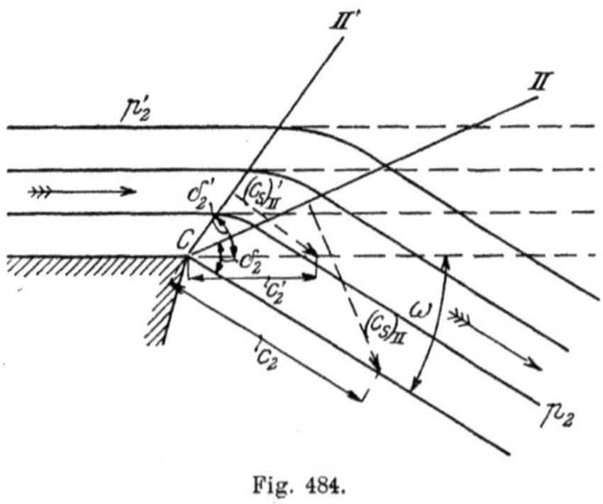

Fig. 484.

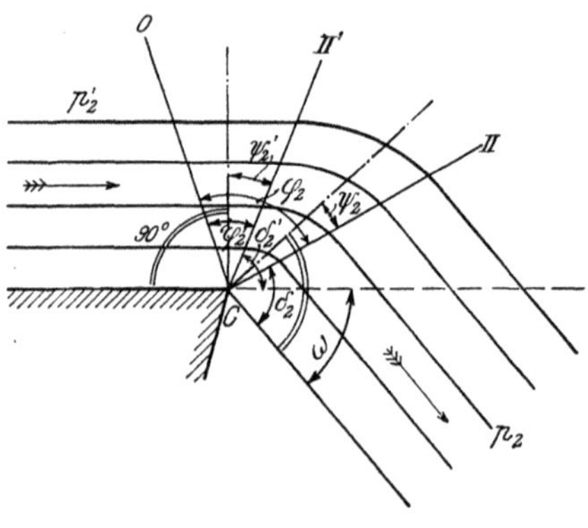

Fig. 485.

die Strömungsrichtung geneigt ist. Fig. 484. Ist $(c_s)'_{II}$ die für alle Punkte des Fahrstrahls gleiche Schallgeschwindigkeit, c_2' die Strahlgeschwindigkeit, die ebenfalls in allen Punkten des Fahrstrahls gleichen Wert hat, so ist $\sin \delta_2' = \frac{(c_s)'_{II}}{c_2'}$. Der Gegendruck p_2 stellt sich auf einem zweiten von C aus gezogenen Fahrstrahl C II ein, der unter dem Machschen Winkel δ gegen die neue Strömungsrichtung geneigt ist. Sind $(c_s)_{II}$

und c_2 wie vorhin die entsprechenden Werte für C II, so folgt $\sin \delta_2 = \frac{(c_s)_{II}}{c_2}$.

Der Übergang von Druck p_2' auf p_2 geht sonach in dem von den beiden Fahrstrahlen C II' und C II eingeschlossenen Keil vor sich. Die in diesem Keil liegenden Isobaren sind gerade Linien, die von der Ecke C ausgehen; sie bewirken eine Drehung des Dampfstrahls um ω (vgl. S. 437).

Th. Meyer hat unter Annahme reibungsfreier Strömung die Lage von C II' und C II, sowie den Ablenkungswinkel ω rechnerisch bestimmt. Ist in Fig. 485

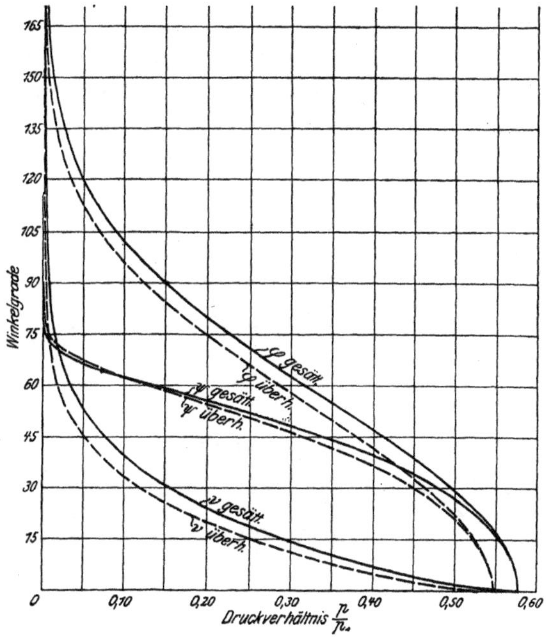

Fig. 486.

δ = Machscher Winkel, den irgend eine geradlinige Isobare im Keilgebiet mit der Strömungsrichtung aufweist,

ψ = Komplementwinkel zu δ,

φ = Winkel, den die betrachtete Isobare mit einer angenommenen Hilfsachse OC einschließt,

p_1 = Druck vor der Düse,

p = Druck auf der betrachteten Isobare, der zwischen Null und dem kritischen Druck p_k liegen kann,

δ_2, ψ_2, φ_2 und δ_2', ψ_2', φ_2' die entsprechenden Winkel für C II und C II', so wird:

$$1.\quad \operatorname{tg}\left[\varphi \sqrt{\frac{k-1}{k+1}}\right] = \sqrt{\frac{2}{k+1}\left(\frac{p_1}{p}\right)^{\frac{k-1}{k}} - 1},$$

$$2.\quad \operatorname{tg}\psi = \sqrt{\frac{2}{k-1}\left(\frac{p_1}{p}\right)^{\frac{k-1}{k}} - \frac{k+1}{k-1}},$$

$$3.\quad \omega = (\varphi_2 - \psi_2) - (\varphi_1 - \psi_1) = \nu_2 - \nu_1,$$

wenn allgemein $\varphi - \psi = \nu$ gesetzt wird.

Für die Druckverhältnisse $\frac{p}{p_1} = 0{,}1$ bis $0{,}6$ sind die Werte von φ und ψ in Fig. 486 wiedergegeben.

Bei der Zoelly-Mündung wird nun die Schallgeschwindigkeit c_s im Querschnitt CD erreicht. Fig. 487. Es wird $(c_s)'_{II} = c_2'$, damit $\delta_2' = \frac{\pi}{2}$ $\psi' = 0$, und nach Gl. 1 und 2 auch $\varphi_2' = 0$, d. h. CD und CII′ fallen zusammen, ebenso (da $\varphi_2' = 0$) CD und Hilfsachse CO. Die Ermittlung von φ_2

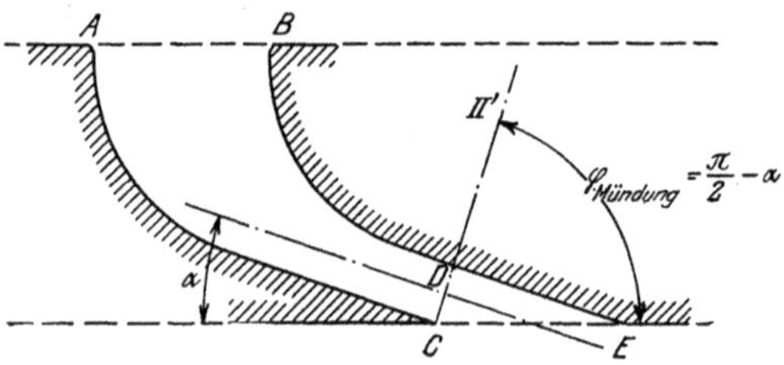

Fig. 487.

für den Fahrstrahl CII wird nunmehr sehr einfach. Aus Fig. 486 wird der zum Druckgefälle $\frac{p_2}{p_1}$ gehörige Wert von φ entnommen und nach Fig. 487 eingetragen. Da $\nu_2' = 0$ für Querschnitt CD, wird die Ablenkung ω als Wert von ν zu der gegebenen Größe von $\frac{p_2}{p_1}$ gefunden. Umgekehrt kann, da $\varphi_{\text{Mündung}} = \frac{\pi}{2} - \alpha$, aus Fig. 486 das höchste Druckgefälle für jeden φ-Wert sofort entnommen werden.

Beispiel. Im ersten Rad expandiert der Dampf von 12 auf 3 at, $t = 300^0$. Winkel $\alpha = 18^0$ gewählt, sonach $\varphi = 72^0$. $\frac{p_2}{p_1} = \frac{3}{12} = 0{,}25$. Gefälle $= 72{,}9$ kcal. Der zu diesem Verhältnis gehörige Wert φ beträgt 66^0, das Druckgefälle wird also mit Sicherheit umgesetzt. Fig. 486 gibt weiter $\nu = \omega = 16^0$. Neigungswinkel des austretenden Dampfstrahls: $\alpha + \omega = 18 + 16 = 34^0$. Das Geschwindigkeitsdreieck nach Fig. 488 ergibt $A L_u = A \cdot \frac{u}{g}(c_{1u} + c_{2u}) = 43{,}8$ kcal, $\eta_u = \frac{A \cdot L_u}{A \cdot L_0} = \frac{43{,}8}{72{,}9} = 0{,}601$.

Zur Erzielung eines günstigen Wirkungsgrades η_u ist α möglichst klein zu wählen, womit auch ω klein wird.

Sollen die Verluste berücksichtigt werden, so ist $\omega = 13^0$ für $\frac{p_2}{p_1} = 0{,}25$ (vergl. Loschge, Zeitschr. Ver. deutsch. Ing. 1916, S. 774).

2. Verfahren auf Grund der Kontinuitätsgleichung[1]). Fig. 489. Ist h die Höhe der Leitradöffnung, so wird:

$$G = \frac{F \cdot c_k}{v_k} = \frac{F' \cdot c_1}{v_2}$$

$$F = b_2 \cdot h; \quad F' = b_2' \cdot h.$$

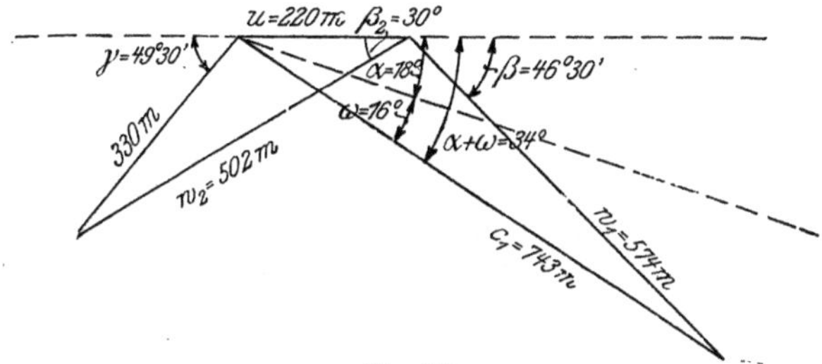

Fig. 488.

$$\frac{b_2 \cdot c_k}{v_k} = \frac{b_2' \cdot c_1}{v_2} \text{ oder, da } \frac{b_2}{\sin \alpha_1} = \frac{b_2'}{\sin \alpha'}:$$

$$\frac{b_2'}{b_2} = \frac{v_2}{v_k} \cdot \frac{c_k}{c_1}$$

$$\sin \alpha' = \frac{v_2}{v_k} \cdot \frac{c_k}{c_1} \cdot \sin \alpha_1.$$

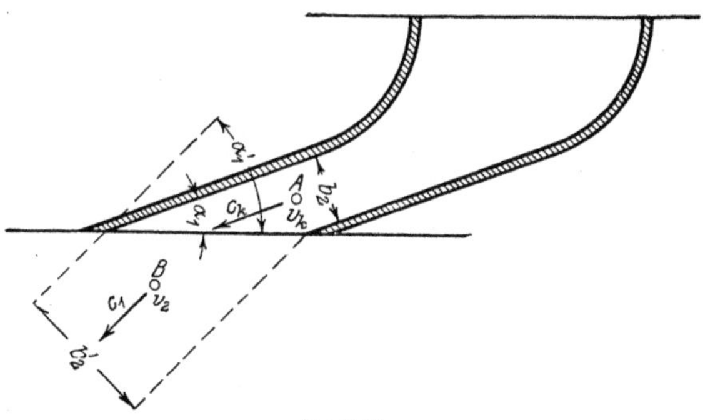

Fig. 489.

Diese Berechnung der Strahlablenkung ergibt praktisch befriedigende Übereinstimmung mit den bei Versuchen ermittelten Werten. Die gemessene Strahlablenkung stimmt mit der auf Grund der Kontinuität berechneten bis über 70 vH Überschreitung der Schallgeschwindigkeit genügend genau überein. In dem Gebiet von 700 bis 800 m/sek ist die Übereinstimmung fast vollkommen. (Zeitschr. Ver. deutsch. Ing. 1916, S. 931.) Bei einer von Christlein untersuchten Leitvorrichtung waren:

[1]) Baer, Zeitschr. Ver. deutsch. Ing. 1916. S. 648.

$\alpha_1 = 21{,}8^0$, entsprechend $\sin\alpha_1 = 0{,}372$, Anfangsdruck $p_1 = 2{,}01$ kg/cm² abs., Enddruck $p_2 = 0{,}249$ kg/cm² abs.

Die Dampffeuchtigkeit werde zu 5 vH, der Geschwindigkeitskoeffizient $\varphi = 0{,}96$ geschätzt. Mit $\frac{p_k}{p_1} = 0{,}577$ und $p_k = 1{,}159$ kg/cm² ergeben sich aus dem I.S.-Diagramm (Fig. 490) die Werte:

$$c_k = 406 \text{ m/sek}, \qquad v_k = 1{,}390 \text{ m}^3/\text{kg}$$
$$c_1 = 759 \text{ m/sek}, \qquad v_2 = 5{,}520 \text{ m}^3/\text{kg}.$$

Sonach wird:

$$\sin\alpha_1' = 0{,}372 \cdot \frac{5{,}520}{1{,}390} \cdot \frac{406}{759} = 0{,}791.$$
$$\alpha_1' = 52{,}3^0.$$

Damit folgt die Strahlablenkung zu:

$$\omega = 52{,}3^0 - 21{,}8^0 = 30{,}5^0.$$

Aus der photographischen Aufnahme folgerte Christlein den Wert $\omega =$ rd. 33^0 und berechnete nach Th. Meyer den Wert 31^0.

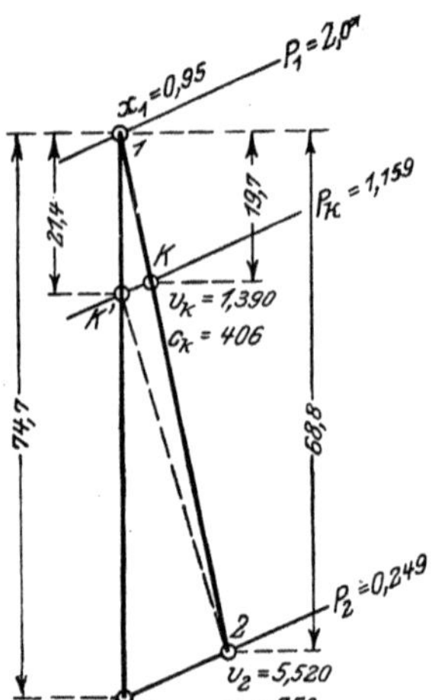

Fig. 490.

Für die erweiterte und mit zu großem Druckgefälle arbeitende Düse wären an Stelle von c_k und v_k die dem Erweiterungsverhältnis entsprechenden Werte von Druck und Volumen in die Rechnung einzusetzen.

3. In neuerer Zeit hat Zerkowitz (Zeitschr. Ver. deutsch. Ing. 1922) diese Frage behandelt und kommt zu dem Schluß, daß die durchströmende Dampfmenge (und damit die Grenzleistung) vollkommen feststeht, sobald der engste Querschnitt f_k und der Dampfzustand p_k, v_k im engsten Querschnitt gegeben sind.

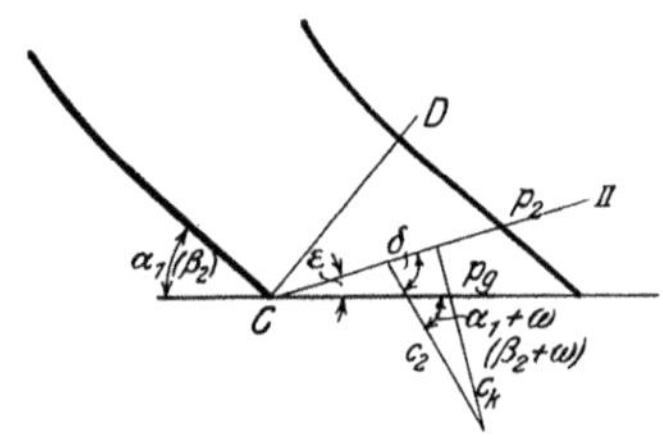

Fig. 491.

Die geradlinige Isobare C II in Fig. 491, auf welcher der Druck p_2 herrscht, schließt nach S. 424 mit der Richtung der Strömungsgeschwindigkeit den Machschen Winkel ein, für den gilt:

$$\sin\delta = \frac{c_k}{c_2}.$$

Nach der Stetigkeitsgleichung auf S. 427 ist

$$\frac{c_k}{v_k} \cdot \sin\alpha = \frac{c_2}{v_2} \cdot \sin(\alpha + \omega).$$

Durch beide Gleichungen ist die Lage des Fahrstrahls C II mit dem Druck p_2 bestimmt. Es ist:

$$\delta = \alpha + \omega + \varepsilon,$$
$$\alpha + \omega = \delta - \varepsilon.$$

Wie aus Fig. 491 hervorgeht, würde der Schrägabschnitt nicht vollständig ausgenutzt, wenn der Gegendruck $= p_2$ wäre. Der niedrigstmögliche Gegendruck p_g wird auf dem Fahrstrahl C G auftreten. Hierbei ist $\varepsilon = 0$ und $\delta = \alpha' = \alpha + \omega$, der Fahrstrahl C II fällt mit C G zusammen.

Sind die Zustände p_k, v_k, c_k im engsten Querschnitt f_k bekannt, so kann man verschiedene Werte p_2 annehmen und zu diesen $\sin(\alpha + \omega)$ und $\sin\delta$ berechnen und durch Kurven darstellen. Der Schnittpunkt dieser Kurven, in dem $\alpha + \omega = \delta$, gibt den Gegendruck p_g an, der noch ausgenutzt wird.

Beispiel. Es werde adiabatische, reibungsfreie Strömung vorausgesetzt. Im engsten Querschnitt eines Überdruck-Laufrades, bei dem β_2 statt α, w_k statt c_k zu setzen ist, sei $p_k = 0{,}08$ at $= 800$ kg/m², $v_k = 17{,}5$ m³/kg. Dann wird mit $\frac{p_k}{p_1} = 0{,}577$ der Anfangsdruck $p_1 = 1384$ kg/m², das Gefälle h_k (zwischen p_1 und p_k) $= 18{,}6$ kcal, $w_k = 91{,}5\sqrt{18{,}6} = 395$ m/sek. Mit $\beta_2 = 40^0$ wird $\frac{w_k}{v_k} \cdot \sin\beta_2 = 14{,}5$. Nunmehr sollen die Verhältnisse für verschiedene Enddrücke p_2 ermittelt werden. h_2 ist das Gefälle zwischen p_1 und dem Gegendruck p_2. Aus dem I. S.-Diagramm folgt für

p_2	$=$ 0,06	0,05	0,04	0,03	at
v_2	$=$ 22,65	22,68	32,63	42,4	m³/kg
h_2	$=$ 27,45	33,9	40,9	49,45	kcal
w_2	$=$ 480	532	584	642	m/sek
$\sin(\beta_2 + \omega)$	$=$ 0,689	0,72	0,811	0,959	
ω	$=$ 3⁰ 30′	6⁰ 40′	14⁰ 10′	23⁰ 40′	
$\sin\delta$	$=$ 0,808	0,723	0,651	0,585	

Die Auftragung von $\sin(\beta_2 + \omega)$ und $\sin\delta$ in Abhängigkeit von p_2 ergibt im Schnittpunkt beider Kurven den niedrigstmöglichen Gegendruck $p_g = 0{,}05$ at, Fig. 492.

Für die nicht reibungsfreie Strömung kann p_1 mittels der auf S. 370 wiedergegebenen Formel $\frac{p_k}{p_1} = \left(\frac{2}{n+1}\right)^{\frac{n}{n-1}}$ mit $n = \frac{k(1+\zeta)}{1+k\zeta}$ bestimmt werden, wobei allerdings der zu p_1 gehörige und in k enthaltene Wert x_1 nicht bekannt ist ($k = 1{,}035 + 0{,}1\,x_1$, s. S. 370). Mit großer Annäherung kann x_1 gleich dem zu $p_k : 0{,}577$ gehörigen und aus dem I. S.-Diagramm zu entnehmenden Wert x gesetzt werden.

Dann wird wiederum mit $p_k = 0{,}08$ at, $v_k = 17{,}5$ m³/kg und $\frac{p_k}{p_1} = 0{,}588$: $p_1 = 0{,}136$ at, $h_k = 14{,}3$ kcal, $w_k = 346$ m/sek. Es läßt sich folgende Zahlentafel aufstellen:

p_2	$=$ 0,08	0,06	0,05	0,045	0,04	0,03	at
v_2	$=$ 17,5	23,0	27,0	29,8	33,3	43,4	m³/kg
h_2	$=$ 14,3	21,2	25,1	28,1	31,4	38,1	kcal
w_2	$=$ 346	421	458	485	511	565	m/sek
$\sin(\beta_2 + \omega)$	$=$ —	0,686	0,739	0,773	0,819	0,965	
ω	$=$ —	3⁰ 20′	7⁰ 20′	10⁰ 40′	15⁰	34⁰ 50′	
$\sin\delta$	$=$ —	0,929	0,844	0,795	0,752	0,6724	

Der Schnittpunkt der beiden Kurven $\sin(\beta_2 + \omega)$ und $\sin\delta$ liegt nunmehr bei $p_g = 0{,}044$ at. (Fig. 492 a.) Eine Erniedrigung des Druckes unter 0,044 at — oben unter 0,05 at — würde im Außenraum außerhalb der Schaufel vor sich gehen und auf diese keinen Einfluß ausüben. Die Berücksichtigung der Reibung führt also auf größere Expansionsfähigkeit der Düse. Wäre der mittlere Laufschaufeldurchmesser $D_m = 1400$ mm, so würde sich mit n = 3000 Uml/min, also $u_1 = 220$ m/sek und $\beta_2 = 40^0$ durch Aufzeichnung der Geschwindigkeitsdiagramme die folgende Zahlentafel ergeben:

p_2 =	0,08	0,06	0,05	0,045 at
c_2 =	227	300	348	385 m/sek
h_2 =	14,3	21,2	25,1	28,1 kcal
h_a =	6,1	10,7	14,4	(17,6) kcal
$h_2 - h_a$ =	8,2	10,5	10,7	(10,5) kcal

Hierin ist wie auch in der vorhergehenden Zahlentafel h_2 das „innere", aus der Zustandskurve mit $\zeta = 0{,}20$ sich ergebende Gefälle, $h_2 - h_a$ das nach Ab-

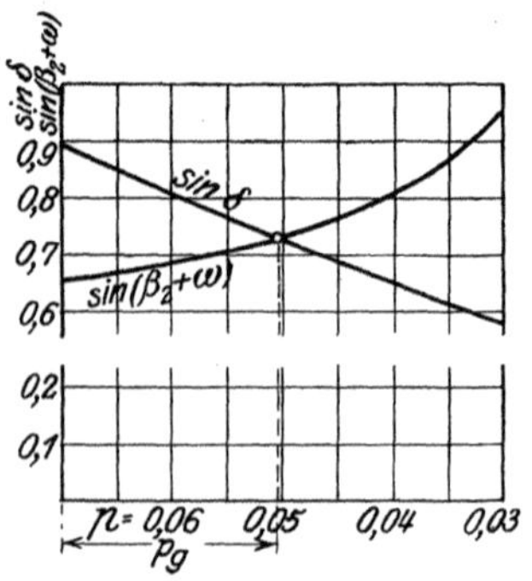

Fig. 492.

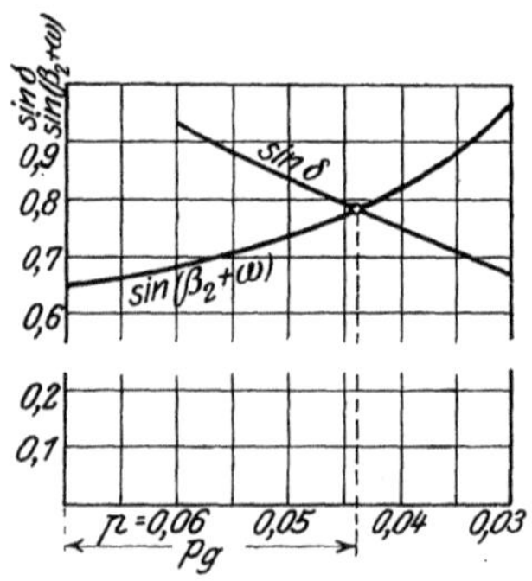

Fig. 492 a.

zug des Austrittsverlustes $h_a = \frac{c_2}{2g} \cdot A$ ausgenutzte Gefälle. Es zeigt sich, daß die Verringerung von 0,06 auf 0,05 at infolge Zunahme von h_a nur 0,2 kcal Gewinn bringt, während Erniedrigung unter 0,05 at nutzlos bleibt. Ist also in einer Schaufelung $p_k = 0{,}08$ at, so kann nur eine Luftleere bis 0,06 wirtschaftlich aus genutzt werden, wobei mit $3^0\,20'$ Strahlablenkung der „wirkliche" Schaufelwinkel $\beta_2' = 43^0\,20'$ ist. Sind also f_k, p_k und c_k gegeben, so ist auch die durchströmende Dampfmenge und damit die Grenzleistung gegeben. Es ist:

$$(G_{sek})_{max} = \frac{f_k \cdot w_k}{v_k}.$$

Soll mit dieser Überdruckturbine eine Gleichdruckturbine verglichen werden, so ist — um gleichen Austrittsverlust zu erhalten — wieder $w_2 = 421$ m/sek, $\beta_2 = 43^0\,20'$ zu setzen, so daß mit u das Austrittsdreieck aufgezeichnet werden kann. Mit $w_1 = \frac{w_2}{\psi}$, $w_{1a} = w_{2a}$ folgen $c_1 = 705$ m/sek und $\alpha_1' = 23^0$. Durch Rückwärtsrechnen ermittelt sich der Leitschaufelwinkel zu $\alpha = 12^0$. Die Ablenkung würde sonach 11^0 betragen, der Leitradwinkel wäre ungewöhnlich klein und würde eine sichere Beherrschung der Strömung nicht gewährleisten. Da auch $w_1 > w_k$, so ergeben sich Strömungsstörungen, zu deren Vermeidung Zerkowitz leichte Überdruckwirkung im letzten Laufrad empfiehlt. w_1 wird dadurch herabgesetzt.

2. Thermodynamische Berechnung der Dampfturbinen.

Berechnung mittels des Entropie-(T.-S.-) Diagramms.

Aufzeichnung des Diagramms. Als Maßstab ist geeignet: 1^0 C = 1 mm, 1 Entropie-Einheit = 200 mm, als 1 kcal = 200 mm². Die Abszissen τ der unteren Grenzkurve, wie die Werte $\frac{r}{T}$ werden den Dampftafeln entnommen und, wie für 2 at angegeben, eingetragen. Von der durch C gelegten Senkrechten werden die Entropiewerte des überhitzten Dampfes $\int_{T_s}^{T_ü} \frac{c_p\, dT}{T} = c_p \ln \frac{T_ü}{T_s}$ aufgetragen, worin $T_ü$ = jeweiliger Überhitzungstemperatur, T_s = der zu C gehörigen Sättigungstemperatur. Kurve Ca wird als „Isobare", d. h. Kurve gleichen Druckes, bezeichnet. Das Diagramm wird in eine der Stufenzahl entsprechende Anzahl gleicher Teile zerlegt.

Beispiel 1. Es ist eine zweistufige Gegendruckturbine mit Curtis-Rädern von 1000 kW-Leistung zu berechnen, in welcher der Dampf

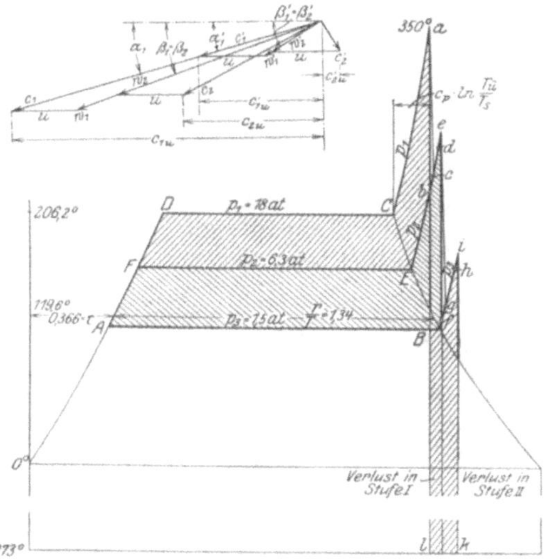

Fig. 493.

von 18 at abs., 350^0 auf 1,5 at expandiert. n = 3000 Uml./min. Angenommen:

Dynamowirkungsgrad $\eta_{Dyn} = 0{,}95$, Düsenreibungskoeffizient: $\varphi = 0{,}95$, Schaufelreibungskoeffizient $= 0{,}82$ (auch für die Umlenkschaufeln), $\alpha_1 = 15^0$, $\beta_1 = \beta_2$, $\frac{u}{c} = 0{,}2$ (vgl. Fig. 433), $\eta_i = 0{,}65$, $\eta_m = 0{,}94$, $\eta_e = \eta_i \cdot \eta_m = 0{,}60$.

Die Aufzeichnung des Diagramms ergibt einen Inhalt der Fläche ABaCDA von 25 600 mm², so daß $H_0 = 128$ kcal (Fig. 493). Jede Druckstufe hat sonach 64 kcal zu verarbeiten, die durch die Flächen FDCabEF und AFEbBA dargestellt werden.

Im folgenden geben die Zeiger a, b ... zu den Temperaturen t die Punkte a, b... des Diagramms an, auf welche die Temperaturen bezogen werden.

Leistung und Dampfverbrauch.

$$N_e = \frac{1000 \cdot 1{,}36}{0{,}95} = 1440\ PS_e,$$

Theoretischer Dampfverbrauch:

$$D_{th} = \frac{632{,}3}{128} = 4{,}95\ kg/PS_e h,$$

Wirklicher Dampfverbrauch:

$$D = \frac{D_{th}}{\eta_e} = 8{,}26\ kg/PS_e h.$$

Sekundlicher Dampfverbrauch:

$$G_{sek} = \frac{8{,}26 \cdot 1440}{3600} = 3{,}3\ kg/sek.$$

Stufe I.

$$c_1 = \varphi \cdot 91{,}5 \sqrt{h} = 0{,}95 \cdot 91{,}5 \sqrt{64} = 695\ m/sek.$$

$$u = 0{,}2 \cdot c_1 = 139\ m/sek. \quad \text{Rad-Dmr. } D = \frac{60\,u}{\pi \cdot n} = 890\ mm.$$

In Stufe I expandiert der Dampf adiabatisch von a nach b; infolge der Düsenreibung wird der Endpunkt der Expansion nach c verlegt. Die Lage des Punktes c bestimmt sich aus der Beziehung:

$$q_d = \frac{c_{th}^2 - c_1^2}{2g} \cdot A = (1 - \varphi^2) \cdot h_f = 6{,}4\ kcal = c_p\,(t_c - t_b) = 0{,}5\,(t_c - 221),$$

$$t_c = 233{,}8^0.$$

(Die Fläche unterhalb b c bis zur -273^0-Grundlinie muß, im Wärmemaßstab ausgedrückt — also hier durch 200 dividiert, auf mm² bezogen — ebenfalls die Wärmemenge q_d ergeben.)

Nach Aufzeichnung des Geschwindigkeitsdiagramms, Fig. 493, folgen als weitere Einzelverluste:

1. Laufschaufelverlust:

$$\frac{w_1^2\,(1 - \psi^2)}{2g} \cdot A = 12{,}4\ kcal$$

Umlenkschaufelverlust:

$$\frac{c_2^2\,(1 - \psi^2)}{2g} \cdot A = 4{,}35\ kcal$$

2. Laufschaufelverlust:

$$\frac{w'^2_1\,(1 - \psi^2)}{2g} \cdot A = 0{,}83\ kcal$$

Auslaßverlust:

$$\frac{c'^2_2}{2g} \cdot A = 0{,}585\ kcal$$

Gesamtverlust: 24,565 kcal.

Q_v läßt sich einfacher mittels des Wirkungsgrades η_u ermitteln. Es ist:

$$\eta_u = \frac{2u}{c_{th}^2}(c_{1u} + c_{2u} + c'_{1u} + c'_{2u}) = \frac{2 \cdot 139}{730^2}(670 + 291 + 264 - 36{,}5) = 0{,}624$$

(c'_{2u} ist hier negativ einzusetzen, vgl. S. 388.)

$Q_v = (1 - 0{,}624) \cdot 64 = 24$ kcal.

Mit $Q_v = c_p\,(t_d - t_b)$ — wieder auf b zu beziehen, da in Q_v der Düsenverlust q_d enthalten ist — folgt die Lage des Punktes d.

Zu diesem Verlust am Radumfang tritt noch der durch Radreibung, der nach der Fornerschen Formel S. 392 zu berechnen ist. Die Schaufelhöhe wird im Leitrad zu 13, im ersten Laufrad am Eintritt zu 15 mm gewählt.

Raddurchmesser $D = \frac{60 \cdot u}{\pi \cdot n} = 0{,}890$ m.

Volumen im Punkt d: $v = \frac{R \cdot T}{p} - C = \frac{0{,}0047 \cdot 573}{6{,}3} - 0{,}016 =$ $0{,}39$ m³/kg.

Beim Durchfluß des Dampfes durch die Schaufeln nimmt infolge der in Wärme umgesetzten Reibungsverluste das Volumen zu, während die Dampfgeschwindigkeit abnimmt. Das erfordert eine Zunahme der Schaufelhöhe auf rund 50 mm. (Genaue Berechnung s. in Beispiel 2), sonach mittlere Schaufelhöhe $\frac{1{,}5 + 5{,}0}{2} = 3{,}25$ cm.

Radreibungsverlust, in kW berechnet:

$$N_{kw} = \frac{20{,}5 \cdot D^4 \cdot l_m \cdot n^3}{10^9 \cdot v} = \frac{20{,}5 \cdot 0{,}89^4 \cdot 0{,}0325}{10^9 \cdot 0{,}39} = 29 \text{ kW},$$

$$q_r = \frac{N_{kw} \cdot 1{,}36 \cdot 75}{3{,}3 \cdot 427} = 2{,}1 \text{ kcal.}$$

(q_r gibt den Verlust pro 1 kg Dampf an. Dementsprechend ist durch $G_{sek} = 3{,}3$ zu dividieren.)

Mit $q_r = c_p\,(t_e - t_d)$ folgt die Lage des Punktes e, der den Expansionsbeginn für Stufe II angibt.

Berechnung der Düse. In Punkt a ist $p_1 = 18$ at, $t_1 = 350^0$, somit

$$v_{min} = \frac{0{,}0047 \cdot 623}{18} - 0{,}016 = 0{,}147 \text{ m}^3/\text{kg}.$$

Punkt c:

$$p_2 = 6{,}3 \text{ at}, \ t_2 = 233{,}8^0,$$
$$v_{max} = 0{,}362 \text{ m}^3/\text{kg}.$$

$$f_{min} = \frac{G}{211\sqrt{\frac{p_1}{v_1}}} = \frac{3{,}3}{211\sqrt{122{,}5}} = 0{,}00141 \text{ m}^2 = 14{,}1 \text{ cm}^2,$$

$$f_{max} = \frac{G \cdot v_{max}}{c_1} = \frac{3{,}3 \cdot 0{,}362}{695} = 0{,}00172 = 17{,}2 \text{ cm}^2.$$

Die axiale Durchtrittsfläche, die den Beaufschlagungsbogen bestimmt, folgt mit

$$f_a = \frac{f_{max}}{\tau \cdot \sin \alpha_1} = \frac{17{,}2}{0{,}8 \cdot 0{,}26} = 77{,}5 \text{ cm}^2.$$

Faktor τ berücksichtigt die Verengung des freien Querschnittes durch die Schaufelstärken. Mit Schaufelhöhe $l = 1,3$ cm wird der beaufschlagte Bogen $= \frac{77,5}{1,3} = 59,6$ cm.

Stufe II.

In der Düse expandiert der Dampf adiabatisch von e nach f, tatsächlich nach g. Das Wärmegefälle ist durch den Rückgewinn unter b e vergrößert, so daß andere Geschwindigkeitsdreiecke folgen. Die Punkte g, h, i werden nach Bestimmung von Q_v und q_r gefunden, wobei in der gleichen Weise wie in Stufe I vorzugehen ist. Punkt i gibt den Zustand des Dampfes bei der Überströmung nach dem Kondensator wieder, so daß die Fläche B f i k l B den endgültigen Verlust darstellt.

Der innere Wirkungsgrad ergibt sich schließlich aus der Beziehung:

$$\frac{\text{Fläche ABaDA} - \text{Fläche BfiklB}}{\text{Fläche ABaDA}} = \eta_i.$$

Beispiel 2. Es ist eine 5000 kW-Turbine mit vorgeschaltetem Geschwindigkeitsrad zu berechnen, in dem der Dampf von 16 at, 330° auf 1,8 at expandiert. In den folgenden drei Druckstufen wird auf 0,05 at weiter expandiert.

Gewählt: $\alpha_1 = 15^0$, $\beta_1 = \beta_2$, $\varphi = 0,97$, $\psi = 0,85$ für die Laufkränze und Umlenkschaufeln, $\frac{u}{c_1} = 0,22$ für das zweikränzige Geschwindigkeitsrad, $\frac{u}{c_1} = 0,43$ für die Niederdruckräder.

Vorläufig werde geschätzt: $\eta_i = 0,76$, $\eta_m = 0,94$, also $\eta_e = 0,713$. Dynamowirkungsgrad $\eta_D = 0,95$.

Dampfverbrauch. Nach dem IS-Diagramm ist $H_0 = 231,5$ kcal, sonach der theoretische Dampfverbrauch:

$$D_0 = \frac{632,3}{231,5} = 2,731 \text{ kg/PS}_e\text{h}$$

Verbrauch pro $PS_e h$:

$$D_e = \frac{2,731}{0,713} = 3,83 \text{ kg.}$$

Verbrauch pro kWh:

$$D = \frac{3,83}{0,95} \cdot 1,36 = 5,84 \text{ kg.}$$

Sekundlicher Dampfverbrauch:

$$G = 7,61 \text{ kg/sek.}$$

Geschwindigkeitsrad. $H_{0g} = 111$ kcal, $c_1 = 0,97 \cdot 91,5\sqrt{111} = 935$ m/sek; $u = 0,22 \cdot 935 = 206$ m/sek. Raddurchmesser $D = \frac{60 \cdot u}{\pi \cdot n} = 1,310$ m.

Nach dem Geschwindigkeitsdiagramm wird:

$$\eta_u = \frac{2u}{c_{th}^2}(c_{1u} + c_{2u} + c_{1u}' - c_{2u}') = 0,70.$$

Gesamtverlust am Radumfang $Q_v = (1 - \eta_u) \cdot H_{0g} = 33,3$ kcal.

Einzelverluste:

Düsenverlust $q_d = (1 - \varphi^2) \cdot 111 = 6{,}66$ kcal.

Verlust im 1. Laufschaufelkranz $q_{s1} = (1 - \psi^2) \cdot \frac{w_1^2}{2g} \cdot A = 18$ kcal.

Verlust im Umlenkrad $q_u = \frac{c_2^2 - c_1'^2}{2g} \cdot A = 6{,}2$ kcal.

Verlust im 2. Laufschaufelkranz $q_{s2} = \frac{w_1'^2 - w_2'^2}{2g} \cdot A = 1{,}094$ kcal.

Auslaßverlust $q_a = \frac{c_2^2}{2g} \cdot A = 1{,}5$ kcal.

Die gesonderte (in Fig. 494 der Deutlichkeit halber nicht maßstäbliche) Eintragung dieser Verluste in das IS-Diagramm ergibt die

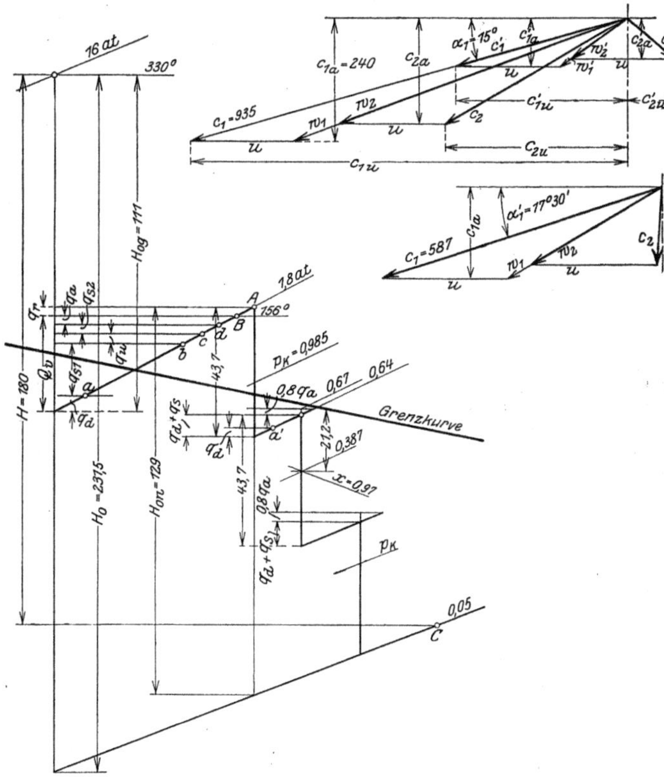

Fig. 494.

Punkte a, b, c, d und ermöglicht die Berechnung der zu diesen Punkten gehörigen Volumina, deren Kenntnis für die Bestimmung der Schaufelhöhen erforderlich ist.

Aus dieser Berechnung — s. folgenden Abschnitt — folgt die mittlere Schaufellänge l = 43 mm, womit nach Forner — s. S. 392 — die Radreibung bestimmt werden kann.

$$N_r = \frac{2{,}8 \cdot 1{,}31^4 \cdot 3000^3 \cdot 4{,}3}{10^{10} \cdot v} = 87 \text{ PS.}$$

v = Volumen im Punkt B mit $t = 156^0$, $p = 1{,}8$ at; $v = 1{,}104$ m³/kg. Reibungsarbeit in kcal, bezogen auf 1 kg/sek:

$$q_r = \frac{87 \cdot 75}{427 \cdot 7{,}61} = 2 \text{ kcal.}$$

Auftragung von q_r an B ergibt den Anfangspunkt A der Expansion in der Niederdruckstufung.

Berechnung der Querschnitte.

a) Düse.

$$f_{min} = \frac{G}{211\sqrt{\frac{p_1}{v_1}}} = \frac{7{,}61}{211\sqrt{\frac{16}{0{,}161}}} = 36 \text{ cm}^2;$$

$$v_1 = \frac{0{,}0047\,(273 + 330)}{16} - 0{,}016 = 0{,}161 \text{ m}^3/\text{kg.}$$

$$f_{max} = \frac{G \cdot v_a}{c_1} = \frac{7{,}61 \cdot (0{,}988 \cdot 0{,}99)}{935} = 79{,}82 \text{ cm}^2;$$

$x = 0{,}988$, spez. Volumen $u = 0{,}99$ m³/kg.

Die in der Radebene gelegene Durchtrittsfläche berechnet sich mit dem geschätzten Verengungsfaktor $\tau = 0{,}85$ zu

$$f_{2a} = \frac{G \cdot v}{c_{1a} \cdot \tau} = \frac{7{,}61 \cdot 0{,}98}{240 \cdot 0{,}85} = 365 \text{ cm}^2.$$

Angenommene Leitschaufellänge: 18 mm, Beaufschlagungslänge: $\frac{365}{1{,}8} = 200$ cm.

a) Schaufellängen des Geschwindigkeitsrades.

Angenommene Schaufellänge beim Eintritt in den ersten Laufkranz: $l_a = 20$ mm.

Die Schaufelhöhe l_b am Austritt aus dem ersten Laufkranz ist dann:

$$l_b = l_a \cdot \frac{c_{1a} \cdot v_b}{c_{2a} \cdot v_a} = 25{,}6 \text{ mm.}$$

Die Zeiger an v bezeichnen die zugehörigen Punkte im Diagramm.

In gleicher Weise findet sich für den Eintritt in den zweiten Laufkranz:

$$l_c = l_a \cdot \frac{c_{1a}}{v_a} \cdot \frac{v_c}{c_{1a}'} = 55{,}8 \text{ mm.}$$

Am Austritt aus dem Laufrad:

$$l_d = l_a \cdot \frac{c_{1a}}{v_a} \cdot \frac{v_d}{c_2'} = 66 \text{ mm.}$$

Mittlere Schaufelhöhe (s. Formel für N_r): $\frac{20 + 66}{2} = 43$ mm.

Berechnung der Niederdruckstufen.

Der Wärmerückgewinn wird zu 2 kcal geschätzt unter der Annahme, daß von dem Austrittsverlust in der ersten und zweiten Stufe nur 20 vH verloren gehen, während 80 vH unmittelbar weiter verwertet werden können.

Dann ist das Gesamtgefälle: 129 + 2 = 131 kcal und das Stufengefälle 43,7 kcal.

I. Stufe. $c_0 = 91{,}5\sqrt{43{,}7} = 605$ m/sek, $c_1 = 0{,}97 \cdot 605 = 587$ m/sek.

Die Niederdruckstufung arbeitet sonach mit überkritischem Gefälle, so daß bei Verwendung parallelwandiger Leitvorrichtungen nach S. 427 vorzugehen ist.

$$\sin \alpha_1' = \frac{v_2}{v_k} \cdot \frac{c_k}{c_1} \cdot \sin \alpha_1,$$

$$\alpha_1 = 15^0,\ p_k = 0{,}546 \cdot 1{,}8 = 0{,}985 \text{ at},\ t_k = 102^0,\ v_k = 1{,}774 \text{ m}^3/\text{kg}.$$

Das Wärmegefälle von 1,8 at auf $p_k = 0{,}985$ at beträgt 26,3 kcal, sonach — bei Annahme verlustfreier Expansion bis zum engsten Querschnitt

$$c_k = 91{,}5\sqrt{26{,}3} = 469 \text{ m/sek.}$$

v_2 wird durch Punkt a' nach Auftragen von $q_d = (1 - 0{,}97^2) \cdot 43{,}7 = 2{,}62$ kcal erhalten. Mit x = 0,986, u = 2,6 m³/kg wird $v_2 = 2{,}56$ m³/kg.

Nach Einsetzen dieser Werte in die Gleichung für $\sin \alpha_1$ folgt $\alpha_1' = 17^0\,30'$, der Strahl wird also um $2^0\,30'$ abgelenkt. Mit α_1' ist der Wirkungsgrad am Radumfang zu bestimmen:

$$\eta_u = 2\varphi^2(1+\psi)\cdot\left(\cos \alpha_1' - \frac{u}{c_1}\right)\cdot\frac{u}{c_1} = 0{,}78;\ u = 0{,}43 \cdot 587 = 253 \text{ m/sek.}$$

$$Q_v = (1 - 0{,}78) \cdot 43{,}7 = 9{,}6 \text{ kcal.}$$

$$D = \frac{60 \cdot u}{\pi \cdot n} = 1{,}61 \text{ m.}$$

Leitschaufellänge:

$$v_2 = 2{,}56 \text{ m}^3/\text{kg},\ c_{1a} = 186 \text{ m/sek.}$$

$$f_{1a} = \frac{7{,}61 \cdot 2{,}56}{186 \cdot 0{,}85} = 1236 \text{ m}^2.$$

Radumfang = $161 \cdot \pi = 506$ cm, sonach bei voller Beaufschlagung:

$$l_1 = \frac{1236}{506} = 2{,}44 \text{ cm.}$$

Schaufelhöhe am Eintritt in das Laufrad 27 mm, am Austritt ist wie oben bei der Geschwindigkeitsstufung die Schaufelhöhe der verringerten Geschwindigkeit c_{2a} und dem durch die Schaufelreibung vergrößerten Volumen entsprechend zu vergrößern. Mit x = 0,994, $c_{2a} = 157$ m/sek folgt

$$l_2 = 2{,}7 \cdot \frac{2{,}58 \cdot 186}{2{,}56 \cdot 157} = 3{,}24 \text{ cm.}$$

Es ist der Einfluß der Radreibung zu prüfen (s. S. 391). Mit $\varepsilon = 1$, wird

$$N_r = \frac{1{,}46 \cdot 1{,}61^2}{2{,}56} \cdot \frac{253^3}{10^6} = 24{,}2 \text{ PS};\quad q_r = \frac{24{,}2 \cdot 75}{427 \cdot 7{,}61} = 0{,}55 \text{ kcal,}$$

auf 1 kg/sek bezogen.

Der Einfluß der Radreibung und Ventilation, in den folgenden Stufen noch geringer, wurde vernachlässigt.

II. Stufe. Infolge der vollen Beaufschlagung in Stufe I wird — wie eingangs erwähnt — angenommen, daß 80 vH der Austrittsgeschwindigkeit aus Stufe I als kinetische Energie in Stufe II verwertet werden können. Durch diese Verwertung ändert sich das kritische Druckverhältnis insofern, als man sich diese Energie durch adiabatische Verdichtung in Druckenergie zurückverwandelt denken muß, so daß nach dem IS-Diagramm in Stufe II für die Berechnung von p_k, c_k und v_k nicht der Druck 0,64 at, sondern der nach Auftragen von $0{,}8 \cdot \frac{c_2^2}{2g} \cdot A$ erhaltene Druck 0,67 at maßgebend ist.

Es wird — da die Expansion im Sättigungsgebiet verläuft — $p_k = 0{,}577 \cdot 0{,}67 = 0{,}387$ at, $h_k = 21{,}2$ kcal, $c_k = 91{,}5 \sqrt{21{,}2} = 421$ m/sek, $\alpha_1' = 20^0$.

Stufe II und III werden im übrigen wie Stufe I berechnet.

Die Expansion führt auf Punkt C, dem vorgeschriebenen Kondensatordruck und einem inneren Wirkungsgrad $\eta_i = 0{,}78$ (statt, wie angenommen, 0,76) entsprechend.

Undichtheitsverluste. Die Hochdruckstopfbuchse, mit Labyrinthdichtung ausgeführt, hat den Innendruck von 1,5 at abs. gegen die äußere Atmosphäre abzudichten, die Schallgeschwindigkeit wird sonach nicht erreicht, und es ist (nach S. 392) bei $z = 10$ Labyrinthen der Undichtheitsverlust zu berechnen nach der Formel:

$$G_{sek} = f \sqrt{\frac{g\,(p_1^2 - p_2^2)}{z \cdot p_1 \cdot v_1}}.$$

Beträgt die Spaltweite an der 240 mm starken Welle im warmen Zustand 0,3 mm, so folgt mit $v_1 \cong 1{,}104$ m³/kg, entsprechend Punkt B im IS-Diagramm, $f = 226$ mm²:

$$G = 226 \cdot 10^{-4} \sqrt{\frac{9{,}8\,(15\,000^2 - 10\,000^2)}{10 \cdot 15\,000 \cdot 1{,}104}} \cong 0{,}02 \text{ kg/sek} = 72 \text{ kg/h}.$$

Diese Dampfmenge wäre in der Niederdruckstopfbuchse als Sperrdampf zu verwerten.

Die freien Querschnitte in den Leiträdern $\left(f = \frac{G \cdot v}{c_{1a}}\right)$ betragen in den drei Niederdruckstufen: 1051, 2737 und 8670. Wird die Welle von den drei Leiträdern mit 0,4 mm Spiel umgeben, so hat jeder Spaltquerschnitt die Größe $2{,}4 \cdot \pi \cdot 0{,}4 = 3$ cm². Sonach beträgt die Undichtheit in der ersten Stufe $\frac{3 \cdot 100}{1051 + 3} = 0{,}29$ vH (mit 1051 + 3 als gesamten Dampfquerschnitt). In gleicher Weise finden sich für die zweite und dritte Stufe 0,11 und 0,034 vH, so daß der Gesamt-Undichtheitsverlust in den drei Stufen $(0{,}29 + 0{,}11 + 0{,}034) : 3 = 0{,}15$ vH beträgt. Sonach wäre der Dampfverbrauch noch mit $(1 + 0{,}0015)$ zu multiplizieren, und η_i nimmt entsprechend ab.

Dieser ungewöhnlich geringe Undichtheitsverlust ist auf die große Leistung des Curtis-Rades, in dem bis auf 1,5 at expandiert wird und das nahezu die Hälfte der Gesamtleistung übernimmt, zurückzuführen.

Bei Turbinen der hier angenommenen Größe beträgt der Leistungsanteil des Geschwindigkeitsrades gewöhnlich nur 25 bis 30 vH. Dabei wird zwar der Wirkungsgrad des Hochdruckteils verbessert, doch nehmen andererseits die Undichtheitsverluste in der Niederdruckstufung stark zu.

3. Rechnerische Angaben über Einzelheiten der Reaktionsturbinen.

Trommel. Diese wird meist mit drei, häufig auch mit vier und fünf Absätzen ausgeführt, um ohne unzulässige Vergrößerung der Schaufellänge, die höchstens $^1/_6$ des Trommeldurchmessers betragen darf, der starken Volumenzunahme entsprechende Querschnitte zu erhalten.

Parsons-Turbinen englischer Bauart werden mit drei Absätzen: Hochdruck-, Mitteldruck- und Niederdrucktrommel ausgeführt, wobei auf die ersten beiden Teile je $^1/_4$, auf den Niederdruckteil die Hälfte des Gesamtgefälles verteilt wird. Andere Ausführungen zeigen mitunter Verwertung des halben Gefälles in der — längsten — Hochdrucktrommel.

Umfangsgeschwindigkeit. Dieser ist eine obere Grenze durch die Rücksicht auf die Schaufelung der ersten Räder gesetzt. Infolge der erforderlichen Vollbeaufschlagung werden hier bei großen Umfangsgeschwindigkeiten die Schaufeln zu kurz, der Spaltverlust zu groß. Mindestschaufellänge bei 1000 PS etwa 25 bis 30 mm. Man fängt deshalb mit $u = 35$ bis 40 m/sek in den ersten Stufen an und wählt $u = 65$ bis 90 m/sek in den letzten Stufen.

Dampfgeschwindigkeit. Würde c_1 zur Verringerung der mit dem Quadrat der Geschwindigkeit zunehmenden Reibungsverluste so klein gewählt, daß $c_2 \perp u$, so verarbeitete jedes Rad ein zu kleines Gefälle, die Stufenzahl würde zu groß. Große Geschwindigkeiten vermindern zwar die Stufenzahl, steigern jedoch die Reibungsverluste.

Als praktisch richtiges Mittel schlägt Stodola

$$\frac{u}{c_1} = 0{,}5 \ldots . 0{,}3$$

vor.

Schaufelwinkel. Mit der Verkleinerung der Winkel nehmen die in den Stufen umgesetzten Einzelgefälle, aber ebenso Reibung und Wirbelbildung zu. In den ersten Stufen wählt man $\alpha_1 = \beta_2 = 20$ bis 25^0, in den letzten Stufen $\alpha_1 = \beta_2 = 40$ bis 50^0. Über den Einfluß von α auf η_u s. S. 391.

Axialschub. Der Axialschub wird von den die Trommelabsätze belastenden Drucken, sowie von den Druckunterschieden verursacht, die vor und hinter jedem Laufrad vorhanden sind.

Bedeuten: F die vom Dampf erfüllte Ringfläche,
G das sekundl. Dampfgewicht,
p_1 und p_2 die Dampfspannungen direkt vor und hinter einer Lauf- oder Leitschaufelreihe,
P die gesamte Axialkraft, so wird:

$$P = (p_1 - p_2) \cdot F - \frac{G}{g}(c'_{2a} - c_{1a}).$$

Der Ausdruck $\frac{G}{g}(c'_{2a} - c_{1a})$ stellt die sekundliche Änderung der Bewegungsgröße dar.

Da in einer Trommelstufe der Axialquerschnitt konstant bleibt, die Volumina zunehmen, so muß die axiale Austrittsgeschwindigkeit c'_{2a}

am Ende der Stufe größer als die axiale Eintrittsgeschwindigkeit c_{1a} am Beginn der Stufe sein.

Sind v' und v'' die spezifischen Dampfvolumina am Anfang und Ende der Expansionsstufen, so ist

$$\frac{c'_{2a}}{c_{1a}} = \frac{v''}{v'}.$$

Unter Berücksichtigung des Umstandes, daß bei halbem Reaktionsgrad nur die Hälfte des gesamten Axialdruckes auf die Laufradreihe entfällt, wird

$$P' = \frac{p_1 - p_2}{2} \cdot F - \frac{G}{2g} \cdot \left(\frac{v''}{v'} - 1\right) \cdot c_{1a}.$$

Das zweite Glied kann, da sehr klein, bei praktischen Rechnungen vernachlässigt werden.

Spaltverlust. Ist δ = Spielraum zwischen Schaufel und Gehäuse, D = mittlerer Schaufelraddurchmesser, in halber Schaufellänge gemessen, so wird angenähert:

$$2 F_s = 2 D \pi \cdot \delta,$$

da der Dampf durch den radialen Spalt sowohl am Laufrad außen, als am Leitrad innen strömt. Bei Voraussetzung, daß die Axialgeschwindigkeit im Spalt gleich der in der Schaufel ist, ist der Gesamtverlust im Spalt durch das Verhältnis $\dfrac{2\delta}{l \cdot \tau + 2\delta}$ gegeben.

Bei Versuchen von Stodola stellte sich die Spaltdampfmenge größer heraus als sich aus dem Verhältnis zwischen Spalt- und Schaufelhöhe ergibt.

Nach den Versuchen von Chilton und Newton (Engineering 1911, S. 151) vergrößert sich der Durchflußquerschnitt infolge des Spaltquerschnittes im Verhältnis

$$\frac{l + \sigma \cdot \delta}{l}$$

und die Arbeitsdampfmenge steht zur Gesamtdampfmenge, die in die Schaufelung eintritt, in dem Verhältnis:

$$\frac{l - \delta}{l + \sigma \cdot \delta}, \quad \text{worin } \sigma = \frac{1}{\sin \alpha_1} - 1.$$

Stufenzahl. Nach Gleichung 5a), S. 385, ist das nutzbare Stufengefälle

$$h = A \cdot \frac{c_1^2 - w_1^2}{g}.$$

Werden sämtliche Stufengefälle addiert, so ergibt sich das wirksame Gefälle

$$H_w = \Sigma h = i_0 - i_k.$$

Ist z die Anzahl der Stufen, h_m das in jeder Stufe ausgenutzte mittlere Gefälle, so folgt:

$$H_w = \Sigma h = z \cdot h_m = i_0 - i_k.$$

Wäre i_k bekannt, so könnte hiernach die Stufenzahl $z = \dfrac{i_0 - i_k}{h_m}$ berechnet werden. Der Wert i_k wird von Stodola angenähert nach

Fig. 495 ermittelt, wobei zu beachten ist, daß der endgültige Zustand des Dampfes nicht durch i_k gegeben ist, sondern erst nach Eintragen des Austrittsverlustes $A\frac{c_2^2}{2g}$ bestimmt ist.

Die Reibungsarbeit habe für jede Stufe nach Gleichung 9) auf S. 385 die Größe:

$$h_r = 2\cdot\frac{A}{2g}\cdot\left(\frac{c_1^2}{\varphi^2} - c_1^2\right) = 2\cdot\frac{A}{2g}\cdot\zeta\cdot c_1^2,$$

wobei die Verluste im Leit- und Laufrad je die Hälfte dieses Wertes betragen. Ist h_{rm} der mittlere Wert der Reibungsarbeit in jeder Stufe, so ist der Gesamtverlust:

$$H_r = \Sigma h_r = z\cdot h_{rm}.$$

Diese Reibungswärme H_r wird im Entropiediagramm Fig. 495 durch die schraffierte Fläche dargestellt, deren Zustandskurve A_0A_k angenähert durch eine Gerade ersetzt werden kann. Dann ist:

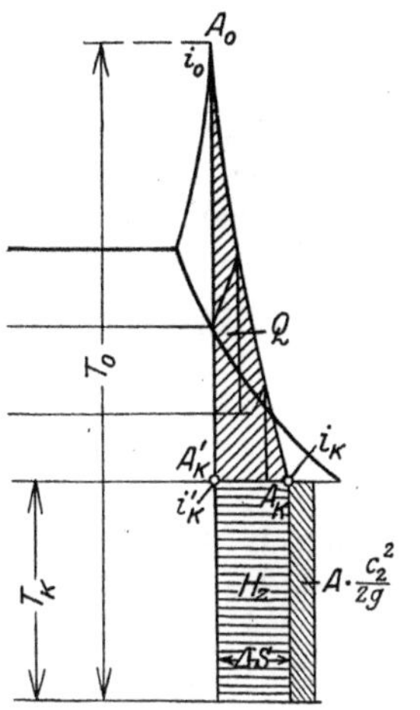

Fig. 495.

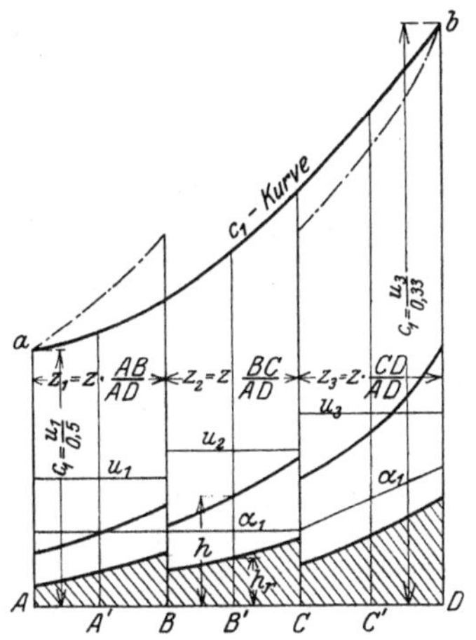

Fig. 496.

$$Q = (T_0 - T_k)\cdot\frac{\Delta S}{2};\quad H_z = T_k\cdot\Delta S.$$

Also $$\Sigma h_r = Q + H_z = \frac{T_0+T_k}{2T_k}\cdot H_z.\qquad H_z = z\cdot h_{rm}\cdot\frac{2T_k}{T_0+T_k}.$$

Das adiabatische Gefälle setzt sich aus dem wirksamen Gefälle H_w und dem endgültigen Verlust H_z zusammen. Es ist:

$$H_0 = H_w + H_z = z\left(h_m + h_{rm}\cdot\frac{2T_k}{T_0+T_k}\right).$$

Hieraus ist die Stufenzahl z zu berechnen, wenn durch vorläufige Annahmen h_m und h_{rm} gegeben sind. Zu diesem Zweck kann in folgender Weise vorgegangen werden (Fig. 496).

Nach Wahl der kleinsten und größten Umfangsgeschwindigkeit wird über eine Grundlinie AD eine hyperbelartig verlaufende c_1-Kurve a b aufgetragen, wobei der Kleinstwert von c_1 beispielsweise durch $c_{1min} = \frac{u_1}{0,5}$, der Größtwert durch $c_{1max} = \frac{u_3}{0,33}$ gegeben ist, wenn $\frac{u}{c_1}$ zwischen den Grenzen 0,33 und 0,5 bleiben soll. Der Verlauf der c_1-Kurve bestimmt dann auch durch das Verhältnis $\frac{u}{c_1}$ die Lage der durch B und C gezogenen Senkrechten, woraus die Trommelstufung folgt. Es empfiehlt sich jedoch immer, von a aus und nach b hin die Kurve steiler zu nehmen als der stetige Verlauf ergibt.

Nach Annahme des inneren Wirkungsgrades η_i sind Dampfververbrauch und Wärmeinhalt i_k, sowie Volumen des aus der letzten Stufe strömenden Dampfes bekannt, so daß die Schaufellängen der ersten und letzten Stufe nach der Gleichung

$$G \cdot v \cdot \pi D \cdot l \cdot \tau \cdot c_{1a}$$

auf ihre Zulässigkeit geprüft werden können. α_1 läßt man am Kondensatorenende zunehmen. Siehe S. 382. Mit

$$h = \frac{2 k \cos \alpha_1 - 1}{g} \cdot u^2 \cdot A$$

sind sodann die verwerteten Gefälle h einiger Einzelstufen, z. B. A, A', B, B', C, C' D zu berechnen und aufzutragen. Die einzelnen Punkte sind durch stetige Kurven zu verbinden. Die Planimetrierung der entstehenden Fläche ergibt h_m. In gleicher Weise ist h_{rm} durch Auftragen der einzelnen Werte $\frac{A}{2g} \cdot \zeta \cdot c_1^2$ zu ermitteln. Damit kann gemäß der Beziehung:

$$H_0 = z \left(h_m + h_{rm} \cdot \frac{2 T_k}{T_0 + T_k}\right)$$

die Stufenzahl z ermittelt werden. Das Verhältnis der Strecken AB, BC, CD zu AD gibt an, wie die Gesamtstufenzahl z auf die einzelnen Trommelteile zu verteilen ist.

Eintragen der derart gewonnenen Verhältnisse in das IS-Diagramm gibt Aufklärung über die Zulässigkeit der angenommenen Darstellung.

Bei diesem Vorgehen von der ersten Gruppe aus ergeben sich mitunter für die letzte Stufe unzulässige Schaufellängen, so daß sich nach Koob empfiehlt, von der letzten Stufe auszugehen.

In diesem Fall wird der Austrittsverlust $A \cdot \frac{c_2^2}{2g}$ als Bruchteil des Gesamtgefälles $(i_0 - i_1)$ angenommen und mit dem so ermittelten Wert c_2 der Geschwindigkeitsplan der letzten Stufe aufgezeichnet, woraus c_{2a} — die Axialkomponente von c_2 — folgt.

$$f_{2a} = \frac{G \cdot v_2}{c_{2a}}.$$

Das spezifische Dampfvolumen v_2 am Austritt der Turbine ist durch die Zustandskurve gegeben. (Schnittpunkt der auf die Luftleere sich beziehenden Linie gleichen Druckes mit der Wagerechten, die im Abstand $\eta_i (i_0 - i_1)$ vom Anfangspunkt der Adiabate gelegt ist. Abtragen des Auslaßverlustes. Beispiel s. S. 444.)

Der Geschwindigkeitsplan ist so lange abzuändern, bis $l_2 \leqq {}^1/_6$ Trommeldurchmesser.

Die vorhergehenden Stufen sind hierauf mit vorgeschriebenem Wärmegefälle zu bestimmen.

In den Gruppen mit gleichlangen Schaufeln wird:

$$v : v' : v'' \cdots = c_1 \cdot \sin \alpha_1 : c_1' \cdot \sin \alpha_1' : c_1'' \cdot \sin \alpha_2'' \cdots$$

Durch Vergrößerung des Winkels α_1 läßt sich sonach c_1 konstant oder weniger veränderlich halten.

Für die letzten Stufen gibt dieses Annäherungsverfahren infolge des hier besonders steilen Verlaufes der Volumenkurve nur sehr ungenaue Ergebnisse, so daß die Stodolasche v^2-Methode mit Vorteil anzuwenden ist. Der Querschnitt des ersten Leitrades der zu behandelnden Schaufelgruppe hat die Größe

$$F = \tau \cdot \pi D \cdot l_1 \cdot \sin \alpha_1 = \tau \cdot F_1, \quad \tau = \text{Verengungszahl.}$$

Für den Austritt aus dem Leitrad, dem der Dampf mit der Geschwindigkeit c_0 aus der vorhergehenden Stufe zuströmt, sind gleichzeitig die Gleichung der Energieumsetzung und die Kontinuitätsgleichung zu erfüllen.

$$A \cdot \frac{c_1^2}{2g} = i_0 - i_1 + A \cdot \frac{c_0^2}{2g}.$$

$$G \cdot v_1 = F \cdot c_1.$$

Nach Quadrierung der letzten Gleichung findet sich:

$$\frac{v_1^2}{\frac{A}{2g} \cdot c_1^2} = \frac{F^2}{\frac{A}{2g} \cdot G^2} = \operatorname{tang} \varphi = \frac{\frac{F^2}{G^2}}{\frac{A}{2g}}.$$

In der betreffenden Trommelstufe sind die jeweiligen Werte der Querschnitte F, sowie das sek. Dampfgewicht G bekannt. v^2 kann als Funktion des

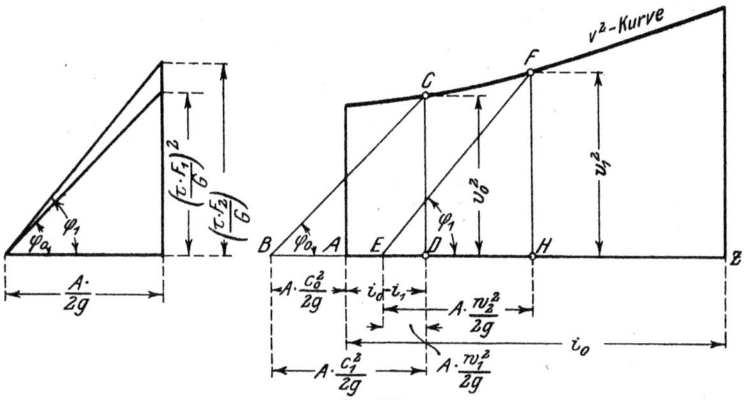

Fig. 497.

Wärmeinhaltes aus der angenommenen (oder beobachteten) Zustandskurve dargestellt werden. Hieraus ergibt sich folgendes Verfahren. Fig. 497.

AZ gibt das gesamte in der Gruppe zu verwertende Wärmegefälle wieder. Vom Anfangspunkt A ab wird $AB = A \cdot \frac{c_0^2}{2g}$ abgetragen und unter Winkel φ_0 die Gerade BC bis zum Schnittpunkt C mit der v^2-Kurve gezogen. Dann ist Strecke $BD = A \cdot \frac{c_1^2}{2g}$, Strecke $AD = i_0 - i_1 =$ dem im Leitrad umgesetzten Gefälle. Mit c_1, u und α_1 kann nunmehr das Eintrittsdreieck aufgezeichnet und damit w_1 bestimmt werden. Von D ab wird wie vorhin $A \cdot \frac{w_1^2}{2g}$ abgetragen, dadurch w_2, und so das im Laufrad umgesetzte Gefälle DH erhalten. Die Punkte D und H geben die Dampfzustände hinter dem ersten Leit- und Laufrad an.

Wird in dieser Weise fortgefahren, so muß zum Schluß das verwertete Gefälle = AZ sein. Ergeben die Linien BC, EF usw. keinen Schnittpunkt mit der v^2-Kurve, so sind die Querschnitte für die Bewältigung des Dampfvolumens zu eng und müssen durch Verlängerung der Schaufel oder Vergrößerung der Austrittswinkel erweitert werden.

Beispiel. In dem Curtis-Rad einer Verbundturbine expandiert der Dampf auf p = 1,84 at abs., t = 188°, in der anschließenden Niederdruck-Reaktionsturbine expandiert der Dampf auf 0,05 at, einem adiabatischen Gefälle $H_0 = 134{,}5$ kcal entsprechend (Fig. 498). Der innere Wirkungsgrad der Niederdruckturbine allein werde zu $\eta_i = 0{,}72$ angenommen, so daß das in innere Arbeit umgesetzte Gefälle $H_i = 96{,}8$ kcal beträgt. In Anlehnung an Ausführungen werden drei Stufengruppen vorausgesetzt. Die Umfangsgeschwindigkeit der ersten Trommel, im mittleren Schaufelkreis gemessen, sei u = 60 m/sek, die der letzten 95 m/sek. Für n = 1500 folgen die Durchmesser aus $D = \frac{60\,u}{\pi \cdot n}$ zu 766 mm

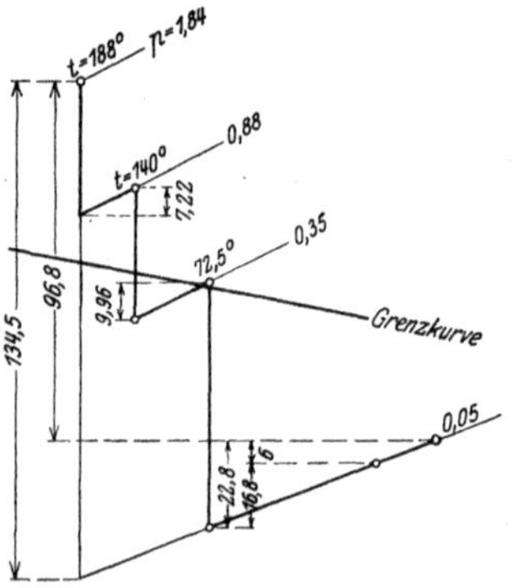

Fig. 498.

und 1200 mm. Das sekundliche Dampfgewicht ist G = 3,914 kg/sek. Eintrittsgeschwindigkeit des Dampfes in die erste Stufe $c_1 = 100$ m/sek $\left(\frac{u}{c_1} = 0{,}6 \text{ entsprechend}\right)$, in der letzten Stufe ist $c_1 = 300$ m/sek, dem Verhältnis $\frac{95}{300} = 0{,}32$ entsprechend. Eintrittswinkel α_1 beträgt durchweg 28° und nimmt nur in den letzten Stufen auf 35° zu.

P r ü f u n g d e r S c h a u f e l l ä n g e a n E i n - u n d A u s t r i t t. Verengungsfaktor $\tau = 0{,}72$ in der ersten, $= 0{,}90$ in der letzten Trommelstufe geschätzt.

Am Eintritt ist $c_{1a} = 100 \sin 28^0 = 47$ m/sek; $v = 1{,}162$ m³/kg (bei p = 1,8 at, t = 188°), G v = 4,55 m/sek. Freier Querschnitt $f = \frac{G\,v}{c_{1a}} = 0{,}097$ m². Schaufellänge $l = \frac{f}{D\pi \cdot \tau} \cong 56$ mm.

Der Endzustand des Dampfes in der letzten Schaufelreihe wird durch Eintragen des geschätzten Austrittsverlustes von 6 kcal in das IS-Diagramm erhalten und führt auf $x \cong 0{,}957$, so daß mit u = 28,82 m³/kg (bei 0,05 at) v = 27,58 m³/kg wird. G v = 107,95 m³/sek. $c_1 \cdot \sin \alpha = 300 \cdot \sin 35^0 = 171$ m/sek. $f = \frac{107{,}95}{171} = 0{,}63$ m². $l = \frac{0{,}63}{1{,}2\,\pi \cdot \tau} \cong$ 180 mm. Beide Schaufellängen sind zulässig, wie für den Eintritt o. w. zu erwarten war.

Mit dem Reaktionsgrad 0,5 werden die Leit- und Laufschaufel-Profile gleich, und es wird nach Fig. 430 $c_2 = w_1$. Die Aufzeichnung des letzten Geschwindigkeitsdreieckes mit $c_1 = 300$ m/sek, $\alpha_1 = 35^0$ ergibt $w_1 = c_2 = 230$ m/sek und den Austrittsverlust $A \cdot \frac{c_2^2}{2g} \cong 6$ kcal.

Gruppe I. Linienzug a b, von 100 auf 160 m/sek führend, wird schätzungsweise eingezeichnet, Fig. 499, und für Anfang und Ende, wie auch für eine beliebige Zwischenstufe (hier mit 122 m/sek arbeitend), werden das nutzbare Gefälle und die Reibungsarbeit bestimmt.

$$h = \frac{2 \cdot k \cdot \cos \alpha_1 - 1}{g} \cdot u^2 \cdot A$$

$$\left(k = \frac{c_1}{u} = \frac{100}{60}, \frac{122}{60}, \frac{160}{60{,}8}\right), \cos 28^0 = 0{,}88, \frac{A}{g} = 4185.$$

Es folgt für die Punkte a, a′ und b:

$$h_a = \frac{2 \cdot 1{,}66 \cdot 0{,}88 - 1}{9{,}81 \cdot 427} \cdot 60^2 = 1{,}65 \text{ kcal},$$

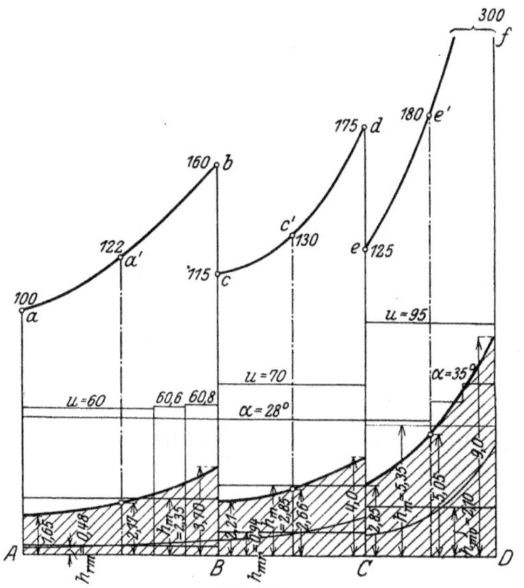

Fig. 499.

$$h_{a'} = \frac{2 \cdot 2 \cdot 0{,}88 - 1}{9{,}81 \cdot 427} \cdot 60^2 = 2{,}17 \text{ kcal},$$

$$h_b = \frac{2 \cdot 2{,}63 \cdot 0{,}88 - 1}{9{,}81 \cdot 427} \cdot 60^2 = 3{,}70 \text{ kcal}.$$

In Stufe I ist im letzten Geschwindigkeitsdreieck (mit $c_1 = 160$, $u = 60{,}8$ m/sek) $c_2 = 287$ m/sek, also Austrittsverlust $A \cdot \frac{c_2^2}{2g} =$ 1,46 kcal. Die Auftragung der Gefälle h ergibt eine Fläche von der mittleren Höhe $h_m = 2{,}35$ kcal.

Die Erhöhung der Umfangsgeschwindigkeit auf $u = 60{,}6$ m/sek bzw. 60,8 m/sek ist auf Verlängerung der Schaufel in dem letzten Drittel der Stufe zurückzuführen, den Schaufelkreis-Dmr. 0,772 m und 0,774 m entsprechend.

Gruppe II. Die Eintrittsgeschwindigkeit in die erste Stufe ist zu 115 m/sek gewählt und steigt auf 175 m/sek an. Für die drei Stufen c, c′ und d ist $h_c = 2{,}21$, $h_{c'} = 2{,}66$, $h_d = 4{,}0$ kcal. Es folgt $h_m = 2{,}85$ kcal.

Gruppe III. In der ersten Stufe ist $c_1 = 125$ m/sek, Zwischenwert: $c_1 = 180$ m/sek, Endwert: $c_1 = 300$ m/sek. Mit $h_e = 2{,}85$, $h_{e'} = 5{,}05$, $h_f = 9{,}0$ kcal wird $h_m = 5{,}35$ kcal.

Für die ganze Turbine, auf Grundlinie A D bezogen, wird $h_m = 3{,}34$ kcal.

Wird von dem ausgenutzten Gefälle H = 97 kcal ausgegangen, Fig. 498, so findet sich die Stufenzahl aus: $H = \Sigma h_m$, $z = H : h_m = 97 : 3{,}34 \cong 29$ Stufen. Aus dem Verhältnis der Strecken A B, B C, C D zur Grundlinie A D folgt die Stufenzahl: z = 12 in Gruppe I, z = 9 in Gruppe II, z = 8 in Gruppe III.

Hierauf werden die Reibungs- und Auslaßverluste für jede Gruppe ermittelt, letztere folgen aus den mit $c_1 = 160$, 175 und 300 m/sek aufgezeichneten Geschwindigkeitsdreiecken zu: 1,46, 1,5 und 6 kcal. Die Reibungsverluste, als $h_r = 2 \cdot A \cdot \frac{c_1^2}{2g} \cdot \zeta$ für die drei Stufen in jeder Gruppe aufgetragen, betragen als mittlere Höhen der entstehenden Flächen: $h_{rm} = 0{,}48$ in Gruppe I, 0,94 in Gruppe II, 2,10 in Gruppe III. Der Gesamtverlust, aus Auslaß- und Reibungsverlust bestehend, beträgt sonach:

in Gruppe I: $1{,}46 + 12 \cdot 0{,}48 = 7{,}22$ kcal,
in Gruppe II: $1{,}50 + 9 \cdot 0{,}94 = 9{,}96$ kcal,
in Gruppe III: $6 + 8 \cdot 2{,}10 = 22{,}8$ kcal.

Die Eintragung dieser Werte in das IS-Diagramm führt auf den eingangs mit $\eta_i = 0{,}72$ gewählten Endpunkt der Expansion; die Schaufellängen können nunmehr aus den durch den Verlauf im IS-Diagramm bestimmten Volumina berechnet werden.

4. Berechnung der Einzelteile.

a) Berechnung der Scheibenräder.

Im folgenden bedeuten:

x = radialer Abstand eines Punktes von der Achse,
y = Scheibendicke im Abstand x,
σ_r = Radialspannung,
σ_t = Tangentialspannung,
ω = Winkelgeschwindigkeit,
m = Kontraktionskoeffizient = 0,3 für Flußeisen und Stahl.

Unter Vertauschung des Schwerpunktradius mit x ergibt sich nach Fig. 500:

$$\text{Volumen: } dv = y \cdot x\,d\varphi \cdot dx.$$

$$\text{Masse: } dm = \frac{dv \cdot \gamma}{g}.$$

$$\text{Fliehkraft: } dZ = dm \cdot x \cdot \omega^2.$$

$$\text{Seitenkräfte: } dT = y \cdot dx \cdot \sigma_t.$$

Radiale Kraft auf innere Stirnwand: $dR = y \cdot x d\varphi \cdot \sigma_r$.
Radiale Kraft auf äußere Stirnwand:

$$dR' = (y + dy) \cdot (x + dx) d\varphi \cdot (\sigma_r + d\sigma_r).$$

Gleichgewicht ist vorhanden, wenn die Summe der Radialkräfte und der Radialkomponenten der Tangentialkräfte $= 0$ ist.

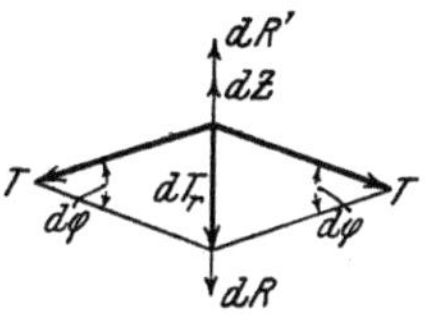

Fig. 500.

Nach Fig. 500 ist die Radialkomponente

$$dT_r = 2T \cdot \sin\frac{d\varphi}{2} = T \cdot d\varphi.$$

$$dR' + dZ - dR - T \cdot d\varphi = 0.$$

Nach Einsetzung der Werte für die einzelnen Kräfte erhält man:

$$(y \cdot d\sigma_r + \sigma_r \cdot dy)\frac{x}{dx} + y(\sigma_r - \sigma_t) + \frac{\gamma}{g} y \cdot x^2 \cdot \omega^2 = 0 \quad . \quad . \quad . \quad (1)$$

oder

$$\frac{d(xy\sigma_r)}{dx} - y \cdot \sigma_t + \frac{\gamma}{g} \cdot y x^2 \cdot \omega^2 = 0 \quad . \quad . \quad . \quad . \quad . \quad . \quad (1)$$

Es bezeichnen:

ξ die radiale Verschiebung im Endpunkt des Radius x,
ε_r die spezifische Dehnung in radialer Richtung,
ε_t die spezifische Dehnung in tangentialer Richtung.

In radialer Richtung sucht die Spannung σ_r das Scheibenelement um $\frac{\sigma_r}{E}$ zu verlängern, während die tangentiale Spannung σ_t verkürzend wirkt, und zwar um den Betrag $\frac{m \cdot \sigma_t}{E}$. In radialer Richtung folgt die spezifische Ausdehnung:

$$\varepsilon_r = \frac{\sigma_r - m \cdot \sigma_t}{E} \quad . \quad . \quad . \quad . \quad . \quad . \quad . \quad . \quad . \quad . \quad (2)$$

Ebenso in tangentialer Richtung:

$$\varepsilon_t = \frac{\sigma_t - m \cdot \sigma}{E} \quad . \quad . \quad . \quad . \quad . \quad . \quad . \quad . \quad . \quad . \quad (2)$$

Diese Dehnungen können durch die Verschiebung ξ ausgedrückt werden. Infolge dieser Verschiebung wächst der Umfang eines unendlich dünnen Ringes vom Radius x von $2\pi x$ auf $2\pi(x + \xi)$. Folglich wird:

$$\varepsilon_t = \frac{2\pi(x + \xi) - 2x\pi}{2\pi x} = \frac{\xi}{x}.$$

Für einen anfänglich im Abstand $x + dx$ befindlichen Punkt *B* erhält man die Verschiebung

$$\xi' = \xi + \frac{d\xi}{dx} \cdot dx,$$

da die Verschiebung eines im Abstand x befindlichen Punktes *A* durch ξ gegeben ist.

Die ursprüngliche Länge dx der Strecke *AB* wird nach der Ausdehnung:

$$dx' = (x + dx + \xi') - (x + \xi) = \xi' - \xi + dx = \frac{d\xi}{dx} \cdot dx + dx.$$

Sonach die spezifische Dehnung:

$$\varepsilon_r = \frac{d\,x' - d\,x}{d\,x} = \frac{d\,\xi}{d\,x}.$$

Nach Einsetzung dieser Werte in Gleichung 2) erhält man:

$$\sigma_r = \frac{E}{1-m^2}(\varepsilon_r + m\,\varepsilon_t) = \frac{E}{1-m^2}\left(m\frac{\xi}{x} + \frac{d\,\xi}{d\,x}\right) \quad . \quad . \quad . \quad . \quad . \quad (3)$$

$$\sigma_t = \frac{E}{1-m^2}(m\cdot\varepsilon_r + \varepsilon_t) = \frac{E}{1-m^2}\left(\frac{\xi}{x} + m\cdot\frac{d\,\xi}{d\,x}\right) \quad . \quad . \quad . \quad . \quad (3)$$

1. Berechnung der Scheibe gleicher Festigkeit.

Für diese ist: $\sigma_r = \sigma_t = \sigma = \text{konst.}$; $d\sigma_r = d\sigma_t = 0$.

Eingesetzt in Gleichung 1) folgt:

$$\sigma\cdot d\,y\cdot\frac{x}{d\,x} + \frac{\gamma}{g}\cdot y\cdot x^2\,\omega^2 = 0,$$

oder

$$\frac{d\,y}{y\cdot d\,x} + \frac{\gamma}{g}\cdot\frac{x\cdot\omega^2}{\sigma} = 0$$

$$\frac{d\,(\ln y)}{d\,x} = -\frac{\gamma}{g}\,\frac{x\cdot\omega^2}{\sigma}$$

$$\ln y = -\frac{\gamma}{g}\cdot\frac{x^2\cdot\omega^2}{2\sigma} + k$$

$$y = e^{-\frac{\gamma}{g}\cdot\frac{x^2\omega^2}{2\sigma}+k} = K\cdot e^{-\frac{\gamma}{g}\cdot\frac{x^2\omega^2}{2\sigma}}.$$

Ist y_0 die Breite der Scheibe in der Drehachse, so wird nach Einsetzung von $x = 0$:

$$y_0 = K\cdot e^0 = K,$$

folglich:

$$y = y_0\cdot e^{-\frac{\gamma}{g}\cdot\frac{x^2\omega^2}{2\sigma}}.$$

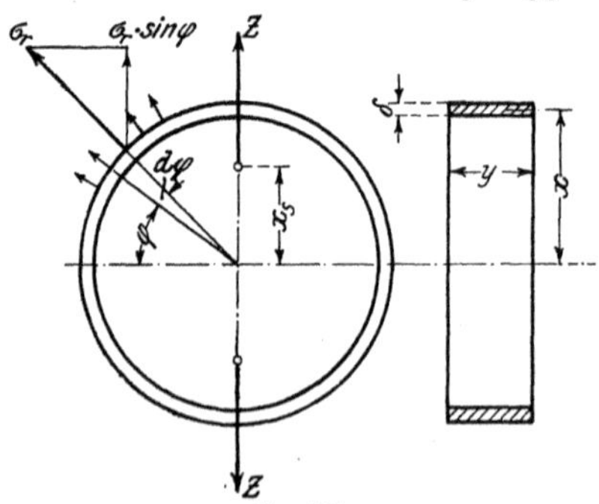

Fig. 501.

Nach Wahl der schwächsten Scheibendicke y' am äußeren Rand und Ermittlung der hierzu gehörigen Spannung σ kann y_0 bestimmt werden.

Stodola nimmt den äußeren Schaufelkranz, der breiter als y' sein muß, als frei rotierenden Ring an, der nach Fig. 501 in folgender Weise beansprucht wird.

Die Fliehkraft Z ist bestrebt, beide Ringstücke in zwei Querschnitten f auseinanderzureißen, so daß hier die Tangentialspannung σ^t entsteht.

$$Z = 2f\cdot\sigma_t = m\cdot x_s\cdot\omega^2; \quad x_s = \text{Schwerkreisradius.}$$

$$\sigma_t = \frac{m\cdot x_s\cdot\omega^2}{2f}.$$

Nach Einführung von:

$$m = \frac{\gamma}{g}\cdot f\cdot x\cdot\pi \quad \text{und} \quad x_s = \frac{2x}{\pi}$$

folgt:

$$\sigma_t = \frac{\gamma}{g}\cdot x^2\cdot\omega^2 = \frac{\gamma}{g}\cdot u^2; \qquad (u = x\cdot\omega).$$

Es ist einzusetzen: γ in kg/cm³, g = 981 cm/sek², u in cm.

Die Beanspruchung eines frei rotierenden Ringes hängt also nur von der Umfangsgeschwindigkeit ab. Annähernd ist für u in m/sek $\sigma_t = 0{,}08\ u^2$, so daß sich folgende Aufstellung ergibt:

u m/sek	25	30	50	60	75	90	100	120	150	200	400
σ_t kg/cm²	50	72	200	288	450	646	800	1150	1800	3200	12800

Beispiel. Die in Fig. 502 dargestellte Radscheibe ist als Körper gleicher Festigkeit auszuführen. n = 10000 Uml./min. Auf dem Umfang sitzen 330 Schaufeln von je 7 g Gewicht. Gewählt: $\sigma = 1800$ kg/cm², m = 0,3.

$$\omega = \frac{\pi \cdot n}{30} = \frac{\pi \cdot 10\,000}{30} = 1047,\ y' = 4{,}2 \text{ mm},\ y = 12 \text{ mm}.$$

Die größte Kranzstärke folgt zu:

$$\delta = \frac{\sigma \cdot \frac{y'}{y} - \sigma_r}{\sigma_t - (1-m)\sigma} \cdot x = \frac{1800 \cdot \frac{0{,}42}{1{,}2} - \sigma_r}{\sigma_t - 0{,}7 \cdot 1800} \cdot 34{,}9.$$

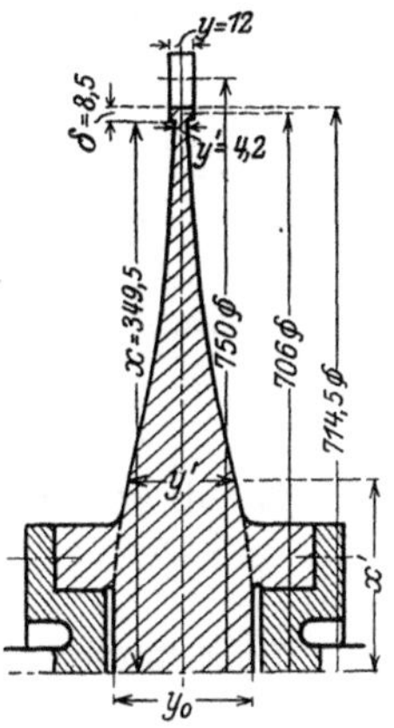

Fig. 502.

Berechnung von σ_r. Die Fliehkraft der 330 Schaufeln, auf den Schaufelkreisdmr. = 750 mm bezogen, beträgt:

$$Z = m r \cdot \omega^2 = \frac{330 \cdot 0{,}007}{9{,}81} \cdot 0{,}375 \cdot 1047^2 = 96\,466 \text{ kg}.$$

Bei gleichmäßiger Verteilung der Fliehkraft auf die Zylinderfläche $1{,}2 \cdot 71{,}5\,\pi$ folgt:

$$\sigma_r = \frac{Z}{1{,}2 \cdot 71{,}5\,\pi} \sim 360 \text{ kg/cm}^2.$$

Berechnung von σ_t. Nach Obigem kann mit großer Annäherung gesetzt werden: $\sigma_t = 0{,}08 \cdot u^2$.

$$u = \frac{D\pi \cdot n}{60} = \frac{0{,}706 \cdot \pi \cdot 10000}{60} = 368 \text{ m/sek. (D = Schwerkreisdmr. des Kranzes.)}$$

$\sigma_t = 0{,}08 \cdot 368^2 = 10\,834$ kg/cm².

$$\delta = \frac{1800 \cdot \frac{0{,}42}{1{,}2} - 360}{10\,834 - 1260} \cdot 34{,}9 = 1{,}30 \text{ cm}.$$

Die Ausführung zeigt $\delta = 8{,}5$ mm.

Berechnung der Scheibenbreite y_0 $\left(\frac{\gamma}{g} = \frac{0{,}08}{981} \sim \frac{8}{10^6},\ \text{bezogen auf cm}\right)$.

$$y_0 = y' \cdot e^{\frac{\gamma}{g} \cdot \frac{x^2 \cdot \omega^2}{2\sigma}} = 0{,}42 \cdot e^{\frac{8}{10^6} \cdot \frac{1047^2 \cdot 34{,}9^2}{2 \cdot 1800}} = 0{,}42 \cdot e^3 = 8{,}45 \text{ cm}.$$

Für einen anderen Radius, z. B. x' = 25 cm, folgt die Scheibenbreite aus:

$$y' = \frac{8{,}45}{e^{\frac{8}{10^6} \cdot \frac{10472^2}{2 \cdot 1800} \cdot 25^2}} = \frac{8{,}45}{e^{1{,}5}} = 1{,}9 \text{ cm}.$$

Wird die Fliehkraft der Schaufeln und des Schaufelkranzes gleichmäßig verteilt gedacht und durch die Radialspannung σ_r auf die mittlere Zylinderfläche vom Radius x bezogen, ersetzt, so folgt als Vertikalkomponente für das Bogenstück $x \cdot d\varphi$:

$$\sigma_r \cdot \sin\varphi \cdot y \cdot x \cdot d\varphi$$

und als Resultierende der Vertikalkomponenten:

$$\int_{\pi}^{0} \sigma_r \cdot y \cdot x \cdot d\varphi \cdot \sin\varphi = 2\sigma_r \cdot y \cdot x.$$

Spannung:

$$\frac{2\sigma_r \cdot y \cdot x}{2f} = \sigma_r \cdot \frac{x}{\delta}; \qquad f = y \cdot \delta.$$

Gesamtspannung unter Berücksichtigung der Schaufeln:

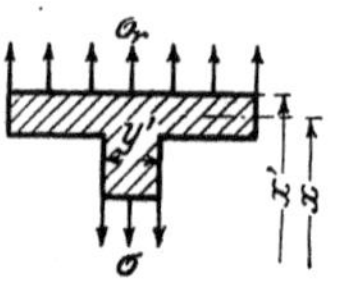

Fig. 503.

$$\sigma = \sigma_t + \sigma_r \frac{x}{\delta}.$$

Beispiel s. S. 455.

Hinzu kommt, Fig. 503, an der Kranz-Innenseite die nach innen wirkende Spannung $y'\sigma$, und es ergibt sich bei gleichem Vorgehen wie bezüglich σ_r:

$$\frac{2y' \cdot \sigma \cdot x'}{2y \cdot \delta} = \sigma \frac{y' \cdot x}{y \cdot \delta}.$$

Resultierende Kranzspannung:

$$\sigma_K = \sigma_t + \sigma_r \cdot \frac{x}{\delta} - \sigma \frac{y' \cdot x'}{y \cdot \delta}.$$

Diese ergibt in Verbindung mit der Dehnung

$$\varepsilon_K = \frac{\sigma_K}{E}$$

die radiale Verschiebung an der Kranz-Innenseite:

$$\xi_K = \varepsilon_K \cdot x' = \left(\sigma_t + \sigma_r \frac{x}{\delta} - \sigma \frac{y' \cdot x'}{y \cdot \delta}\right) \cdot \frac{x'}{E}.$$

Radiale Verschiebung an der Berührungsstelle:

$$\xi' = \frac{(1-m) \cdot \sigma}{E} \cdot x'.$$

Aus Gleichsetzung beider Verschiebungen folgt mit $x \sim x'$ als größte zulässige Kranzstärke:

$$\delta = \frac{\sigma \dfrac{y'}{y} - \sigma_r}{\sigma_t - (1-m) \cdot \sigma} \cdot x'.$$

Bei kleinerem δ wird die Spannung in Scheibenmitte kleiner als am Rande.

Scheiben gleicher Festigkeit werden meist durch Flanschen mit der Welle verschraubt, da Bohrungen die Spannung erheblich vergrößern.

2. Scheiben mit hyperboloidischem Profil[1]).

Ein einfacher Sonderfall entsteht, wenn das Profil der Scheibe der Gleichung

$$y = C x^{2\beta}$$

entspricht.

---

[1]) Grübler, Zeitschr. Ver. deutsch. Ing. 1906.

Setzt man diesen Wert in Gleichung 1) ein, so folgt:

$$x \frac{d\sigma_r}{dx} + (2\beta + 1)\sigma_r - \sigma_t + \frac{\gamma}{g} \cdot x^2 \cdot \omega^2 = 0$$

und nach Einsetzung der aus den Gleichungen 3) zu entnehmenden Werten für σ_r und σ_t, sowie der aus Gl. 3) folgenden Beziehung:

$$\frac{d\sigma_r}{dx} = \frac{E}{1-m^2}\left(\frac{d^2\xi}{dx^2} + m\frac{x \cdot d\xi - \xi \cdot dx}{x^2 \cdot dx}\right)$$

ergibt sich weiterhin:

$$\frac{d^2\xi}{dx^2} + \frac{2\beta+1}{x} \cdot \frac{d\xi}{dx} + (2m \cdot \beta - 1)\frac{\xi}{x^2} + \frac{1-m^2}{E} \cdot \frac{\gamma}{g} \cdot x \cdot \omega^2 = 0.$$

Allgemeines Integral dieser Gleichung:

$$\xi = a \cdot x^3 + k' \cdot x^{\psi'} + k'' \cdot x^{\psi''} \quad . \quad . \quad . \quad . \quad . \quad . \quad . \quad . \quad (4)$$

mit

$$a = -\frac{(1-m^2) \cdot \frac{\gamma}{g} \cdot \omega^2}{E\,[8 + 2\beta\,(3 + m)]}, \quad . \quad . \quad . \quad . \quad . \quad . \quad . \quad . \quad (4)$$

und ψ', ψ'' als Wurzeln der Gleichung:

$$\psi^2 + 2\beta \cdot \psi + 2m \cdot \beta - 1 = 0 \quad . \quad . \quad . \quad . \quad . \quad . \quad . \quad . \quad (4)$$

und k', k'' als Integrationskonstanten, die durch die Randbedingungen zu bestimmen sind.

$$\frac{d\xi}{dx} = 3a \cdot x^2 + k' \cdot \psi' \cdot x^{\psi'-1} + k'' \cdot \psi'' \cdot x^{\psi''-1}.$$

Setzt man diesen Wert und den von ξ in Gleichung 3) ein, so erhält man:

$$\sigma_r = \frac{E}{1-m^2}\left[(3 + m) \cdot a x^2 + k'(\psi' + m) \cdot x^{\psi'-1} + k''(\psi'' + m) \cdot x^{\psi''-1}\right] \quad . \quad (5)$$

$$\sigma_t = \frac{E}{1-m^2}\left[(1 + 3m)\, a x^2 + k'(1 + m \cdot \psi')\, x^{\psi'-1} + k''(1 + m\,\psi'') \cdot x^{\psi''-1}\right] \quad (5)$$

3. Berechnung von Scheiben mit willkürlichem, aber symmetrischem Profil.

In Fig. 504 sind einige der durch die Gleichung $y = C \cdot x^{2\beta}$ darstellbaren Kurven dargestellt.

Gerade c ergibt sich mit $C > 0$ für $\beta = \frac{1}{2}$, c′ für $\beta > \frac{1}{2}$, c″ für $\beta < \frac{1}{2}$ und > 0, c‴ für $\beta < 0$, c_0 für $C = 0$.

Eine Scheibe willkürlicher, aber symmetrischer Formgebung kann nun auf ihre Beanspruchung untersucht werden, indem sie in eine Anzahl von Teilen I, II, III, Fig. 505, zerlegt wird, von denen jeder Einzelteil durch eine hyperboloidische Form möglichst genau ersetzt wird. Die Kurvenstücke der Begrenzung werden dementsprechend durch Kurven ersetzt, die der Gleichung $y = C \cdot x^{2\beta}$ genügen müssen.

Teil I. Infolge der konstanten Nabenbreite ist $y = C$, also $\beta_I = 0$.

Nach Gleichung 4) wird:

$\psi_I^2 = 1$, sonach $\psi_I' = +1$, $\psi_I'' = -1$.

$$a_I = -\frac{1-m^2}{8E} \cdot \frac{\gamma}{g} \cdot \omega^2.$$

Für die Bohrung der Nabe beträgt die radiale Spannung $\sigma_{r0} = 0$.

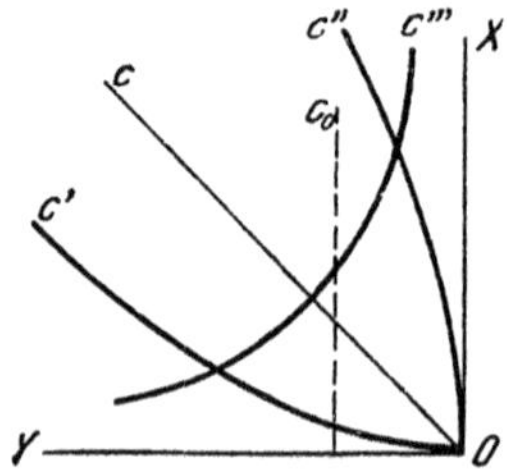

Fig. 504.

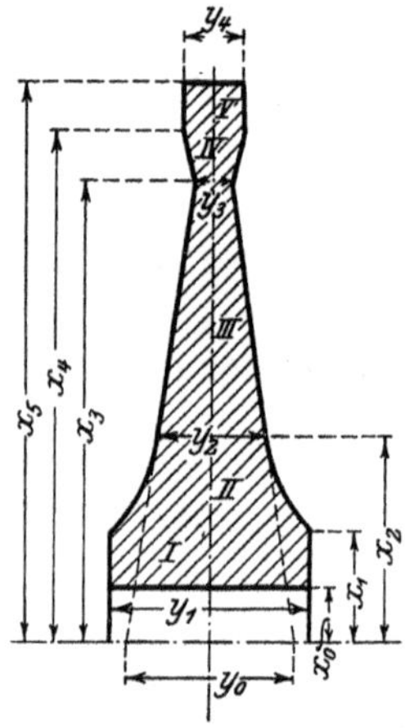

Fig. 505.

Dann wird nach Gleichung 5):

$$0 = (3 + m) \cdot a_I \cdot x_0^2 + (1 + m) \cdot k_I' - (1 - m) \cdot k_I'' \cdot \frac{1}{x_0^2}$$

$$\frac{1-m^2}{E} \cdot \sigma_{t_0} = (1 + 3m) \cdot a_I \cdot x_0^2 + (1 + m) k_I' + (1 - m) k_I'' \cdot \frac{1}{x_0^2}.$$

Beide Gleichungen ergeben durch Vereinigung die Integrationskonstanten:

$$k_I' = \frac{1-m}{2E} \sigma_{t_0} - 2 a_I \cdot x_0^2 \quad . \quad . \quad . \quad . \quad . \quad . \quad . \quad . \quad (6)$$

$$k_{II}' = x_0^2 \left(\frac{1+m}{E} \sigma_{t_0} + a_I \cdot x_0^2 \right) \quad . \quad . \quad . \quad . \quad . \quad . \quad . \quad (6)$$

Teil II. $\quad \frac{y_1}{y_2} = \left(\frac{x_1}{x_2}\right)^{2\beta_{II}}.$

$$2\beta_{II} = \frac{\log y_1 - \log y_2}{\log x_1 - \log x_2}; \quad C_{II} = \frac{y_1}{x_1^{2\beta_{II}}} = \frac{y_2}{x_2^{2\beta_{II}}}.$$

Die Werte a_{II}, ψ_{II}' und ψ_{II}'' sind entsprechend I zu ermitteln. Gleichung 5) ist sowohl für Teil I, als Teil II anzusetzen, da Radius x_1 in beiden Teilen vorkommt. Es folgt:

$$\sigma_r = \frac{E}{1-m^2} [(3 + m) \cdot a_I x_1^2 + k_I' (\psi_I' + m) \cdot x_1^{\psi_I' - 1} + k_I'' (\psi_I'' + m) x_1^{\psi_I'' - 1}].$$

$$= \frac{E}{1-m^2} [(3 + m) \cdot a_{II} \cdot x_1^2 + k_{II}' (\psi_{II}' + m)^{\psi_{II}' - 1}$$

$$+ k_{II}'' (\psi_{II}'' + m) x_1^{\psi_{II}'' - 1}].$$

$$\sigma_t = \frac{E}{1-m^2}[(1+3m)a_I \cdot x_1^2 + k_I'(1+m\psi_I') \cdot x_1^{\psi_I'-1} + k_I''(1+m\cdot\psi_I'')\cdot x_1^{\psi_I''-1}].$$

$$= \frac{E}{1-m^2}[(1+3m)\cdot a_{II}\cdot x_1^2 + k_{II}'(1+m\psi_{II}')\cdot x_1^{\psi_{II}'-1} + k_{II}''(1+m\cdot\psi_{II}'')\ x_1^{\psi_{II}''-1}].$$

$$k_{II}' = \frac{1}{(\psi_{II}'-\psi_{II}'')x_1^{\psi_{II}'-1}}[(a_I-a_{II})\cdot x_1^2(3-\psi_{II}'') + (\psi_I'-\psi_{II}'')\cdot k_I'\cdot x_1^{\psi_I'-1} + (\psi_I''-\psi_{II}'')\cdot k_I''\cdot x_1^{\psi_I''-1}].$$

$$k_{II}'' = \frac{1}{(\psi_{II}''-\psi_{II}')\cdot x_1^{\psi_{II}''-1}}[(a_I-a_{II})\cdot x_1^2(3-\psi_{II}') + (\psi_I'-\psi_{II}')\cdot k_I'\cdot x_1^{\psi_I'-1} + (\psi_I''-\psi_{II}')\cdot k_I''\cdot x_1^{\psi_I''-1}].$$

Nach Einführung der Werte für a_I, a_{II}, ψ_I', ψ_{II}', ψ_I'', ψ_{II}'', k_I', k_I'' und x_1 erhält man zwei Gleichungen für k_{II}' und k_{II}'' mit σ_{t_0} als Unbekannter.

In gleicher Weise ist bezüglich des Teiles III usw. vorzugehen. Sämtliche Werte von k sind bekannt, sobald σ_{t_0} ermittelt ist. Stärke y' wird mit Rücksicht auf Transport, Bearbeitung usw. zu 7 bis 10 mm bei kleinen, 10 bis 20 mm bei großen Rädern gewählt. Ist Z_s die durch die Schaufeln hervorgerufene Fliehkraft, so wird:

$$\sigma_s = \sigma_{r_a} = \frac{Z_s}{2r\pi\cdot y}.$$

Setzt man in Gleichung 5) die mit dem Wert σ_{t_0} behafteten Konstanten k' und k'' ein, die Gleichung selbst gleich σ_{r_a}, so kann σ_{t_0} — und damit sämtliche Konstanten k — ermittelt werden. Gleichung 5) gibt dann für sämtliche Teile die Spannungen.

Beim Entwurf kann nach Seite 448

$$y_0 = \varphi \cdot y' \cdot e^{\frac{\gamma}{g}\cdot\frac{x^2\omega^2}{2\sigma}}$$

gesetzt werden.

Mit $\varphi = 1{,}6$ bis $1{,}8$ wird die durch die Bohrung verursachte Spannungszunahme berücksichtigt.

Als Beanspruchung wählt man

$\sigma = 800$ bis 1200 bei Flußstahl von etwa $6000\ kg/cm^2$ Zerreißfestigkeit,

$\sigma = 1200$ bis 1600 für Nickelstahl von $9000\ kg/cm^2$ Zerreißfestigkeit.

Beispiel. Es ist eine Laufradscheibe für $n = 5000$ zu berechnen. Die Spannung soll $1200\ kg/cm^2$ nicht übersteigen. Bohrung 140 mm. Der Kranz der Scheibe soll eine Breite von 30 mm und einen äußeren Durchmesser von 840 mm erhalten.

$x_3\omega$ im Abstande $x_3 = 20000$ cm/sek. $= 2\cdot 10^4$.

$y_3 = 10$ mm angenommen, $x_3 = 38{,}2$ cm.

$$\omega = \frac{\pi\cdot n}{30} = \frac{5000\cdot\pi}{30} = 524; \quad \frac{\gamma}{g} \cong \frac{8}{10^6}\ \text{(bezogen auf cm)}.$$

$$e^{\frac{\gamma}{g}\cdot\frac{(x\omega)^2}{2\sigma}} = e^{\frac{8}{10^6}\cdot\frac{4\cdot 10^8}{2\cdot 1200}}.$$

$y_0 = 1{,}6\cdot 3{,}81 \cong 60$ mm.

Fliehkraft der Schaufeln $= z\,.\,\frac{\gamma}{g}\cdot v\,.\,x\omega^2 = 172000$ kg, worin

$$z = 220, \quad (t = 12 \text{ mm}).$$
$$\text{Volumen } v = 8{,}3 \text{ cm}^3.$$
$$x = 42.$$

Auf die äußere Zylinderfläche des Kranzes verteilt, ergibt sich eine radiale Randspannung:

$$\sigma_s = \frac{172\,000}{81 \cdot \pi \cdot 3} = 225 \text{ kg/qcm} \qquad (x_5 = 40{,}5 \text{ cm}).$$

Teil I. Für diesen Teil ist $y_1 = 8{,}5$ cm (angenommen) konstant, sonach $\beta_1 = 0$ und mit $E = 2\,200\,000$:

$$a_I = -(1 - m^2) \cdot \frac{\gamma}{g} \cdot \omega^2 \frac{1}{E\,[8 + 2\,\beta\,(3 + m)]}$$
$$= -(1 - 0{,}3^2) \cdot \frac{8}{10^6} \cdot 524^2 \cdot \frac{1}{2200000 \cdot 8} = -\frac{1{,}13}{10^7}$$

Es folgt: $\psi^2 + 2\,\beta\,\psi + 2\,m\,\beta - 1 = 0$

$\psi^2 = 1. \qquad \psi_I' = +1; \; \psi_I'' = -1.$

Für $x_0 = 7$ cm:

$$k_I' = \frac{1 - m}{2\,E} \cdot \sigma_{t_0} - 2\,a_I\,x_0^2 = \frac{1 - 0{,}3}{2 \cdot 2200000} \cdot \sigma_{t_0} + 2 \cdot \frac{1{,}13}{10^7} \cdot 49 = \frac{1{,}59}{10^7} \cdot \sigma_{t_0} + \frac{1{,}12}{10^5}.$$

$$k_I'' = x_0^2 \left(\frac{1 + m}{E} \cdot \sigma_{t_0} + a_I \cdot x_0^2\right) = 49 \left(\frac{1 + 0{,}3}{2200000} \cdot \sigma_{t_0} - \frac{1{,}13}{10^7} \cdot 49\right)$$
$$= \frac{2{,}9}{10^5} \cdot \sigma_{t_0} - \frac{271}{10^6}.$$

Teil II. Mit $y_1 = 8{,}5$ cm, $x_1 = 10{,}5$ cm
$y_2 = 4{,}2$ cm, $x_2 = 15$ cm folgt:

$$2\,\beta_2 = \frac{\log 8{,}5 - \log 4{,}2}{\log 10{,}5 - \log 15} = -1{,}978.$$

$$C_{II} = \frac{y_1}{x_1^{2\,\beta_2}} = \frac{y_2}{x_2^{2\,\beta_2}} = \frac{4{,}2}{15^{-1{,}978}} = 890.$$

$$a_{II} = -(1 - 0{,}3^2) \cdot \frac{8}{10^6} \cdot 524^2 \cdot \frac{1}{2200000\,(8 - 1{,}978 \cdot 3{,}3)} = -\frac{6{,}13}{10^7}.$$

$$\psi^2 + 2\,\beta\,\psi + 2\,m\,\beta - 1 = 0.$$
$$\psi^2 - 1{,}978\,\psi - 0{,}3 \cdot 1{,}978 - 1 = 0.$$
$$\psi_{II}' = 2{,}58; \quad \psi_{II}'' = -0{,}62.$$

$$k_{II}' = \frac{1}{(2{,}58 + 0{,}62) \cdot 10{,}5^{2{,}58 - 1}} \left[\left(-\frac{1{,}13}{10^7} + \frac{6{,}13}{10^7}\right) \cdot 10{,}5^2\,(3 + 0{,}62) + (1 + 0{,}62) \cdot k_I' \cdot 10{,}5^{1-1} + (-1 + 0{,}62)\,k_I'' \cdot 10{,}5^{-1-1}\right].$$

Nach Einsetzen der Werte für k_I' und k_I'' erhält man

$$k_{II}' = \frac{1{,}2}{10^9} \cdot \sigma_{t_0} + \frac{1{,}77}{10^6}.$$

$$k_{II}'' = \frac{1}{(-0{,}62 - 2{,}58)\,10{,}5^{-1{,}62}} \left[\left(-\frac{1{,}13}{10^7} + \frac{6{,}13}{10^7}\right) \cdot 10{,}5^2\,(3 - 2{,}58) + (1 - 2{,}58) \cdot k_I' \cdot 10{,}5^{1-1} + (-1 - 2{,}58)\,k_I'' \cdot 10{,}5^{-2}\right].$$

Nach Einsetzen der Werte für k_I' und k_I'' folgt:

$$k_{II}'' = \frac{1{,}68}{10^5} \cdot \sigma_{t_0} - \frac{1{,}37}{10^4}.$$

In gleicher Weise werden die Werte $2\,\beta$, a, ψ', ψ'' für die folgenden Teile berechnet und damit die Konstanten k′ und k″ bestimmt.

Die in letzteren vorkommende Spannung σ_{t_0} wird ermittelt, indem die Spannungsgleichung 5 mit der Radialspannung $\sigma_{r_5} = \sigma_s$ und dem Radius r_5 angesetzt wird, so daß aus ihr σ_{t_0} als einzige Unbekannte errechnet werden kann.

Mit dem Wert σ_{t_0} können nun die Konstanten k' und k'' endgültig bestimmt und in Gleichung 5) für die Berechnung der Spannungen σ_r und σ_t eingesetzt werden.

b) Berechnung der Trommeln und Zwischenböden.

Für die Trommeln folgt wie für den frei rotierenden Ring:

$$\text{Gesamtspannung } \sigma = \sigma_t + \sigma_r \cdot \frac{x}{\delta}.$$

Beispiel. Es ist die Beanspruchung der in Fig. 506 dargestellten Trommel zu ermitteln. n = 1500 Uml./min., Schaufelteilung t = 19,8 mm, Schaufelgewicht = 147,6 g.

1. Beanspruchung $\sigma_t = \frac{\gamma}{g} \cdot u^2$. γ (Flußstahl) = 7,9 g/cm³. D_m = 945 cm.

$$u = \frac{D_m \pi \cdot n}{60} = \frac{945 \cdot \pi \cdot 1500}{60} = 6425 \text{ cm/sek.}$$

$$\sigma_t = \frac{0{,}0079}{981} \cdot 6425^2 = 333 \text{ kg/cm}^2.$$

2. Beanspruchung $\frac{\sigma_r \cdot x}{\delta}$ durch die Schaufeln.

Fliehkraft Z der Einzelschaufel:

$$\frac{G}{g} \cdot \frac{u^2}{r} \quad \cdot \quad u = \frac{1{,}2 \cdot \pi \cdot n}{60} = 94{,}25 \text{ m/sek.}$$

$Z = \frac{0{,}1476}{9{,}81} \cdot \frac{94{,}25^2}{0{,}6} = 223$ kg. Diese Fliehkraft soll gleichmäßig verteilt und auf 1 cm² der mittleren Zylinderfläche vom Radius $x = \frac{D_m}{2}$ bezogen werden. Auf dem Zylinder von D Durchmesser gehört zu einer Schaufel die Grundfläche a · t = 8 · 1,98 = 15,84 cm². Diese Fläche, auf D_m bezogen, verkleinert sich auf den Betrag $15{,}84 \cdot \frac{D_m}{D} = 12{,}5$ cm², so daß auf 1 cm² entfällt:

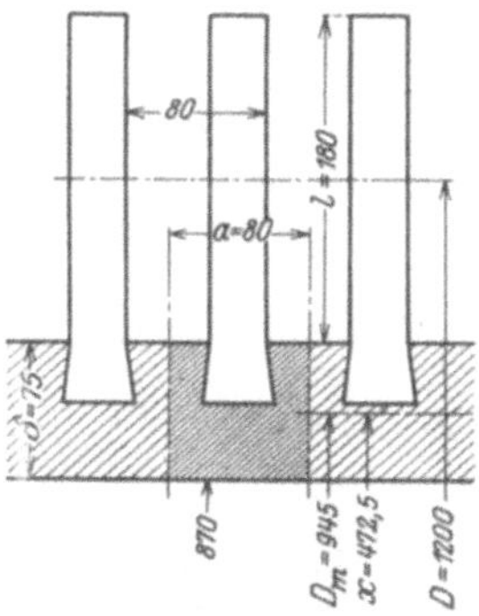

Fig. 506.

$$\sigma_r = \frac{223}{12{,}5} = 18 \text{ kg/cm}^2.$$

$$\sigma_r \cdot \frac{x}{\delta} = 18 \cdot \frac{472{,}5}{75} = 63 \text{ kg/cm}^2.$$

$$\text{Gesamte Kranzspannung: } \sigma = \sigma_t + \sigma_r \cdot \frac{x}{\delta} = 333 + 63 = 396 \text{ kg/cm}^2.$$

Berechnung der Zwischenböden.

Bedeuten:
- D den äußeren Durchmesser,
- δ die Wanddicke,
- p den Dampfüberdruck in at,
- σ_{max} die Spannung in der Mitte,
- f die Einsenkung in der Mitte,
- k_b die zulässige Biegungsbeanspruchung,

so ist nach Bach für die ungeteilte Scheibe:

$$\sigma_{max} = \varphi \cdot \frac{D^2}{4\,\delta^2}\, p \lesseqqgtr k_b \quad \text{mit } \varphi = 1{,}2 \text{ bis } 1{,}3$$

$$f = \psi \cdot \frac{D^4}{16 \cdot \delta^3} \cdot \frac{p}{E} \quad \text{mit } \psi = 0{,}65 \text{ bis } 0{,}7.$$

Für geteilte Scheiben ist nach Versuchen Stodolas:

$$\sigma_{\text{halb}} = \alpha \cdot \sigma_{\text{voll}} \text{ mit } \alpha = 1{,}6$$
$$f_{\text{halb}} = \beta \cdot f_{\text{voll}} \text{ mit } \beta = 2{,}4.$$

c) Berechnung der Wellen.

Ist der Schwerpunkt S eines mit der beiderseits gelagerten Welle W rotierenden Gewichtes G um die Strecke e von der geometrischen Wellenachse entfernt, Fig. 507 und wird bei einer mäßigen Winkelgeschwindigkeit ω die Welle um y durchgebogen, so hat die durchbiegende Zentrifugalkraft die Größe:

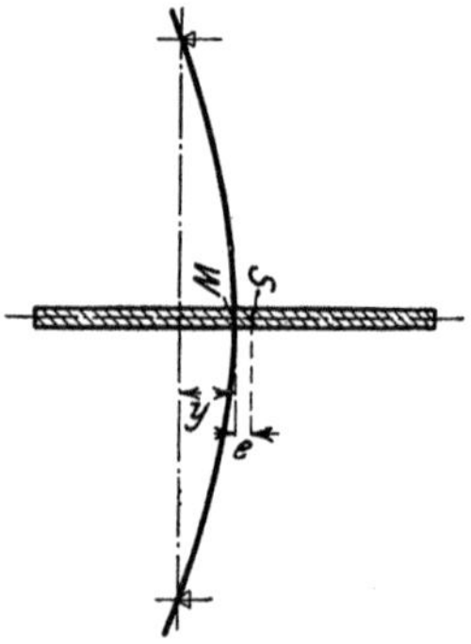

Fig. 507.

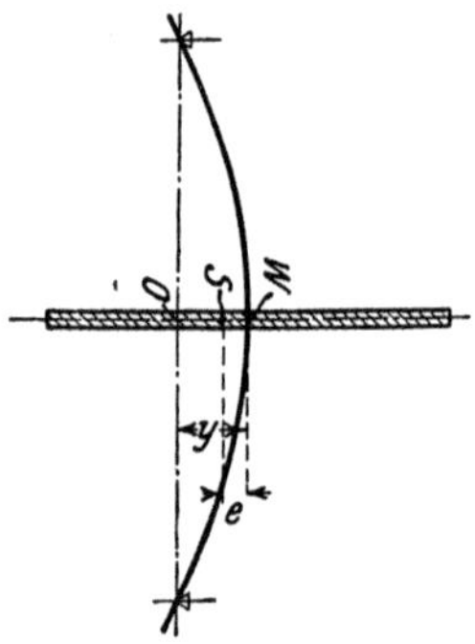

Fig. 508.

$$Z = m(y + e) \cdot \omega^2 = \alpha y,$$

wenn mit α diejenige Kraft bezeichnet wird, welche die Welle um 1 cm durchbiegt.

Hieraus folgt die Durchbiegung:

$$y = \frac{m \cdot \omega^2 \cdot e}{\alpha - m \cdot \omega^2}.$$

Sonach nimmt die Ausbiegung y mit größer werdender Winkelgeschwindigkeit schnell zu und wird unendlich groß, wenn der Nenner gleich Null wird, also

$$\alpha = m\,\omega^2.$$

„Kritische Winkelgeschwindigkeit“:

$$\omega = \omega_K = \sqrt{\frac{\alpha}{m}}.$$

Die Welle bricht dann nicht, wenn eine Hubbegrenzung die Durchbiegung hindert, oder die Steigerung der Umlaufgeschwindigkeit so schnell vor sich geht, daß die Welle „keine Zeit“ zur Durchbiegung hat. Es stellt sich nach Überschreitung der kritischen Umlaufzahl ein neuer stabiler Gleichgewichtszustand ein, den Fig. 508 zeigt.

Es wird mit $m(y - e)\,\omega^2 = \alpha y$:

$$y = \frac{e}{1 - \frac{\alpha}{m\,\omega^2}}.$$

Mit steigendem ω nimmt y ab. Für ω_K wird:

$$y = \frac{e}{1 - \frac{\omega_K^2}{\omega^2}}$$

und die auf die Lager übertragene Fliehkraft hat die Größe:

$$Z = \alpha \cdot y = \frac{m\, e\, \omega^2}{\frac{\omega^2}{\omega_K^2} - 1}.$$

Ist f die Durchbiegung der Welle unter dem Eigengewicht, so wird:

$$f = \frac{G}{\alpha}.$$

Da $G = mg$ und $\alpha = m\omega_K^2$, so folgt:

$$\omega_K = \sqrt{\frac{g}{f}}, \text{ worin } g = 981 \text{ cm/sek.}^2.$$

Für mehrere Scheiben, die auf der Welle aufgekeilt sind, hat Dunkerley durch Versuche die Beziehung aufgestellt:

$$\frac{1}{\omega_K^2} = \frac{1}{\omega_1^2} + \frac{1}{\omega_2^2} + \frac{1}{\omega_3^2} + \cdots,$$

worin ω_1, ω_2, ω_3 die kritischen Winkelgeschwindigkeiten der gewichtslosen Welle sind, die jedesmal nur mit den Scheiben 1, 2, 3 belastet ist[1]).

Setzt man:

$$\omega_1 = \sqrt{\frac{g}{f_1}}, \quad \omega_2 = \sqrt{\frac{g}{f_2}} \cdots,$$

so erhält man:

$$\frac{1}{\omega_K^2} = \frac{f_1}{g} + \frac{f_2}{g} + \frac{f_3}{g} + \cdots$$

$$\omega_K = \sqrt{\frac{g}{\Sigma f}}.$$

f_1, f_2, f_3.. sind die Durchbiegungen unter der Last, die sich durch die Belastung mit den Scheiben 1, 2, 3 als Einzellasten, vermehrt um die Gewichte der zugehörigen Wellenstücke, einstellen.

Die hiernach errechneten Werte sind um etwa 4,5 vH kleiner als die wirklichen Größen.

Beispiel. Der Vorentwurf einer dreistufigen Turbine ergibt eine Gewichtsverteilung auf der Welle nach Fig. 509. G_1, G_2, G_3 sind die Gewichte der Scheiben einschließlich der Gewichte der zugehörigen Wellenstücke, G_4 ist das Gewicht der Kupplung.

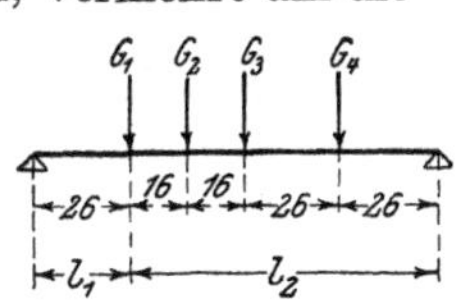

Fig. 509.

Die Durchbiegung eines Trägers auf zwei Stützen beträgt

$$f = \frac{P}{E \cdot J} \cdot \frac{l_1^2 \cdot l_2^2}{3 l}.$$

Durchmesser der Welle zunächst angenommen zu 110 mm, so daß $J = 718{,}7$, $E = 2\,200\,000$. Gewicht für 1 m Wellenlänge $= 61{,}6$ kg.

[1]) Dr. Ing. Martin Krause, Zeitschr. Ver. deutsch. Ing. 1914. S. 878.

$$f_1 = \frac{400}{2200000 \cdot 718{,}7} \cdot \frac{26^2 \cdot 84^2}{330} = 0{,}00365.$$

In gleicher Weise wird:

$$f_2 = 0{,}00624$$
$$f_3 = 0{,}00696$$
$$f_4 = 0{,}0004$$
$$\Sigma f = 0{,}01725.$$

$$\omega_K = \sqrt{\frac{981}{0{,}01725}} = 238; \quad n_K = \frac{30 \cdot \omega_K}{\pi} = \frac{30 \cdot 238}{3{,}14} = 2274 \text{ Uml./min.}$$

Nach Vergrößerung um 4,5 vH ergibt sich $n_K = 2376$.

Soll die kritische Umlaufzahl mit $n_K = 6000$ oberhalb der Betriebsumlaufzahl $n = 5000$ liegen, so würde nach Division durch 1,045 die Rechnung für $n_K = 5740$ durchzuführen sein.

Es wird:
$$\omega_K = \frac{3{,}14 \cdot 5740}{30} = 600.$$

$$\omega_K^2 = \frac{g}{\Sigma f}; \quad \Sigma f = \frac{g}{\omega_K^2} = \frac{981}{60^2} = 0{,}00272.$$

Unter Benutzung der ersten Rechnung mit 110 mm Wellendurchmesser ergibt sich, da die Durchbiegungen sich umgekehrt verhalten wie die vierten Potenzen der Durchmesser:

$$D^4 = \frac{0{,}01725}{0{,}00272} \cdot d^4.$$
$$D = 180 \text{ mm}.$$

Bei abgesetzter Welle werden die Durchbiegungen nach Castigliano in folgender Weise bestimmt.

Wird ein Stab durch ein Biegungsmoment M beansprucht, so ist unter Vernachlässigung von Quer- und Längskräften die Formänderung f_n im Punkte n des Stabes infolge der Belastung

$$f_n = \int \frac{M}{EJ} \frac{\partial M}{\partial P_n} ds.$$

wenn am Orte der gesuchten Formänderung eine Kraft P_n wirkt. Die Integration darf sich nur soweit erstrecken, wie Stetigkeit des Querschnittes vorliegt. In Fig. 510 sei die zweifach gelagerte Welle im Angriffspunkt des Kraft P festgehalten gedacht, am freien Ende wirke allein die Auflagerkraft A; zerlegt man den Träger in vier Teile, so wird mit $ds = dx$ für

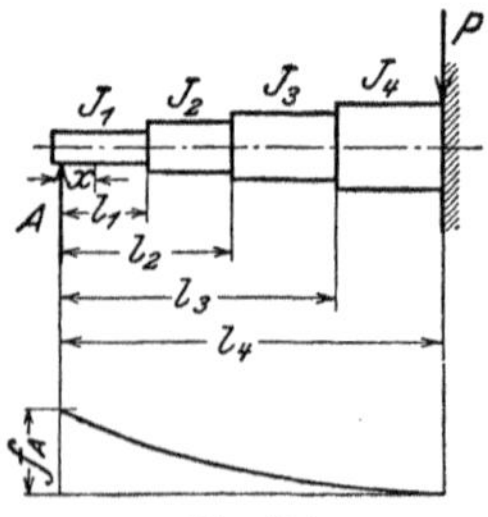

Fig. 510.

Teil I. $$M_I = Ax; \quad \frac{\partial M_I}{\partial A} = x,$$

$$f_1 = \int_0^{l_1} \frac{M_I}{EJ_I} x\,dx = \frac{1}{EJ_1} {}^1\!/_3 A l_1^3.$$

Teil II. $$M_{II} = Ax; \quad \frac{\partial M_{II}}{\partial A} = x,$$

$$f_2 = \int_{l_1}^{l_2} \frac{M_{II}}{EJ_2} x\,dx = \frac{1}{EJ_2} {}^1\!/_3 A (l_2^3 - l_1^3).$$

In gleicher Weise ergeben sich

$$f_3 = \frac{1}{EJ_3} {}^1\!/_3 A (l_3^3 - l_2^3)$$

$$f_4 = \frac{1}{EJ_4} {}^1\!/_3 A (l_4^3 - l_3^3).$$

Die gesamte senkrechte Verschiebung des Auflagerpunktes wird

$$f_A = \frac{A}{3E}\left(\frac{l_1^3}{J_1} + \frac{l_2^3 - l_1^3}{J_2} + \frac{l_3^3 - l_2^3}{J_3} + \frac{l_4^3 - l_3^3}{J_4}\right) \quad . \; . \; . \; (1)$$

Ähnlich bestimmt man die senkrechte Verschiebung des rechten Auflagerpunktes infolge der Kraft B. Trägt man die Verschiebungen von A und B als Ordinaten auf und verbindet die Endpunkte miteinander, so schneidet die Verbindungslinie senkrecht unter P die Ordinate f ab.

Eine genauere, auf Anwendung des Mohrschen Satzes beruhende Bestimmung der kritischen Umlaufzahl s. Stodola. 5. Auflage, S. 381.

d) Festigkeitsberechnung der Schaufeln.

a) Berechnung auf Biegung. Die nach dem Schwerpunkt des Schaufelprofils, Fig. 511, übertragene resultierende Biegungskraft ist nach den Richtungen der beiden Hauptträgheitsachsen (d. h. nach den Schwerpunktachsen, in denen das Trägheitsmoment seinen Höchst-, bzw. Kleinstwert aufweist) zu zerlegen. Für jede dieser Achsen ist die Beanspruchung getrennt zu berechnen. Nach Bauer-Lasche[1]) kann die Lage der Trägheitsachsen mit Annäherung ermittelt, bzw. angenommen werden, indem durch den Schwerpunkt S eine Parallele zur Verbindungslinie I II der beiden Schaufelkanten gezogen wird.

Als biegende Kräfte treten die durch die Geschwindigkeitsänderungen in der Schaufel entstehenden Kräfte sowie — bei Reaktionsturbinen — die Druckunterschiede vor und hinter der Schaufel auf. Die erstgenannten Kräfte können nach dem Satz vom Antrieb bestimmt werden, nach dem die Umfangskraft gleich der sekundlich die Schaufel durchströmenden Dampfmasse $\frac{G'}{g}$, multipliziert mit der Geschwindigkeitsänderung, ist.

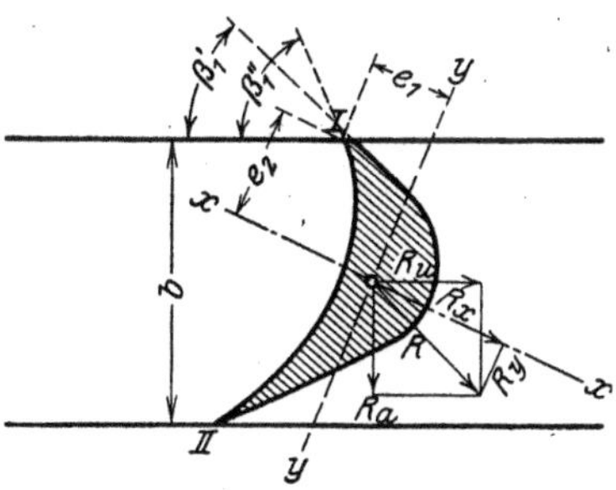

Fig. 511.

Dementsprechend wird mit den Bezeichnungen der Fig. 511 die Kraft in tangentialer Richtung

$$R_u = \frac{G'}{g} \cdot (c_{1u} - c_{2u}) \quad . \; . \; . \; . \; . \; . \; . \; . \; . \; . \; (1)$$

Der Axialdruck setzt sich aus zwei Komponenten zusammen, von denen die durch die Geschwindigkeitsänderung bedingte wie vorhin zu $\frac{G'}{g}(c_{1a} - c_{2a})$ berechnet wird, während die zweite Komponente von dem erwähnten Überdruck $(p_1 - p_2)$ herrührt, der — auf die Einzelschaufel bezogen — auf eine Fläche von der Größe $t \cdot l$ (t = Teilung, l = Schaufellänge) wirkt. Es folgt:

$$R_a = (p_1 - p_2) \cdot t \cdot l + \frac{G'}{g} \cdot (c_{1a} - c_{2a}) \quad . \; . \; . \; . \; . \; . \; (2)$$

[1]) Bauer und Lasche, Schiffsturbinen. Verlag R. Oldenbourg, München und Berlin.

In Gleichung 1) sind c_{1u} und c_{2u} zu addieren, wenn sie verschiedene Vorzeichen haben. In Gleichung 2) ist das zweite Glied zu subtrahieren, wenn $c_{1a} < c_{2a}$.

R_a und R_u sind zu einer Resultierenden zu vereinigen, die wieder nach den Richtungen xx und yy zu zerlegen ist. Es folgt:

$$M_x = R_x \cdot \frac{l}{2} = W \cdot k_b = \frac{\text{Trägheitsmoment in bezug auf Achse yy}}{\text{Abstand } e_1} \cdot k_b.$$

$$M_y = R_y \cdot \frac{l}{2} = W \cdot k_b = \frac{\text{Trägheitsmoment in bezug auf Achse xx}}{\text{Abstand } e_2} \cdot k_b.$$

Beide Biegungsbeanspruchungen wären zusammenzusetzen, doch wird meist M_y vernachlässigt.

b) Zu der nach vorstehendem ermittelten Zugbeanspruchung in den Schaufelecken I und II tritt noch die durch die Fliehkraft verursachte.

Da bei dieser Berechnung die Versteifungen nicht berücksichtigt sind, so sind die erhaltenen Spannungen nur etwa mit der Hälfte der vorstehend ermittelten Werte in die Festigkeitsrechnung einzusetzen.

Die Aktionsschaufeln werden in gleicher Weise berechnet, nur entfällt bei ihnen das erste Glied der Gleichung 2).

b) Berechnung auf Zug durch die Fliehkraft. Es wird für 1 cm² Querschnitt

$$\sigma_z = \frac{u^2}{r} \cdot \frac{l \cdot \gamma}{g \cdot 100}.$$

Hierin ist zu setzen:

u in m/sek, r in m, l in dcm, γ in kg/dcm³, g in m/sek².

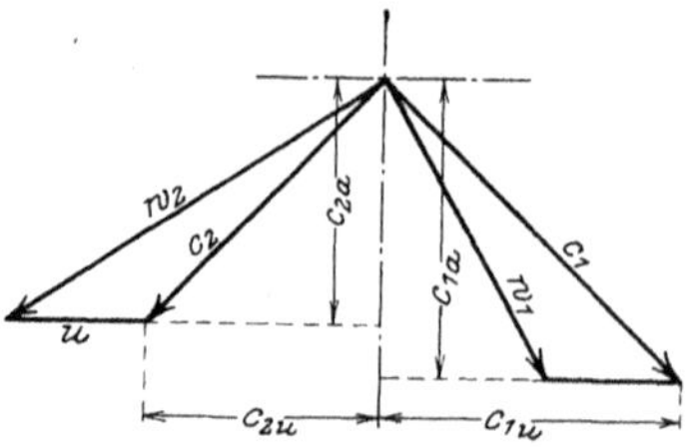

Fig. 512.

Mitunter läßt man zur Erzielung großer Schaufellängen die Schaufeln nach dem Ende hin dünner, oft auch schmäler werden.

c) Fällt die Eigenschwingungszahl der Schaufel mit Schwingungen der Laufscheiben oder mit der Zahl der Dampfstöße zusammen, so entstehen außerordentlich hohe Beanspruchungen der Schaufeln.

Tiefste sek. Schwingungszahl eines an einem Ende eingespannten Trägers:

$$n_{sek} = 0{,}560 \sqrt{\frac{J \cdot E}{m\, l^3}}.$$ (Stodola, 5. Aufl., S. 296.)

Beispiel.

Dampfmenge	3,914 kg/sek.
Mittlerer Schaufelkranzdurchmesser D	1,200 m.
Uml./min.	1500.
Umfangsgeschwindigkeit u .	94,5 m/sek.
Schaufelzahl	190.
Teilung t	1,98 cm.
Schaufellänge l	18 cm.
G′	$\frac{3{,}914}{190} = 0{,}0206$ kg/sek.
$c_{1u} + c_{2u}$ (Fig. 512)	207 + 165 = 372 m/sek.

$c_{1a} - c_{2a}$ (Fig. 512) . . . . $197 - 162 = 35$ m/sek.

Druckunterschied vor u. hinter
Schaufel $(p_1 - p_2)$ . . . . 0,004 at.

$$R_u = \frac{0{,}0206}{9{,}81} \cdot 42 = 1{,}087 \text{ kg.}$$

$$R_a = 1{,}98 \cdot 18 \cdot 0{,}004 + \frac{0{,}0206}{9{,}81} \cdot 35 = 0{,}143 + 0{,}0735 = 0{,}217 \text{ kg.}$$

$$R = \sqrt{1{,}087^2 + 0{,}217^2} = 0{,}38 \text{ kg.}$$

$$R_x \cong R \cong 0{,}38.$$

$$R_y \cong 0.$$

$$M_x = R_x \cdot \frac{l}{2} = 0{,}38 \cdot 9 = 3{,}42 \text{ cm/kg.}$$

Mit $W = 0{,}01$ cm^4, $e = 1$ cm folgt die Beanspruchung in den Ecken I und II:

$$k_b = \frac{3{,}42}{0{,}01} = 342 \text{ kg/cm}^2 \text{ (Zugspannung).}$$

Zugbeanspruchung durch die Fliehkraft:

$$\sigma_z = \frac{u^2}{r} \cdot \frac{l \cdot \gamma}{g \cdot 100} = \frac{94{,}5^2}{0{,}6} \cdot \frac{1{,}8 \cdot 8{,}0}{9{,}81 \cdot 100} = 220 \text{ kg/cm}^2.$$

Unter Berücksichtigung der Versteifung würde sich ergeben:

$$\sigma_z = \frac{342}{2} + 220 = 391 \text{ kg/cm}^2.$$

H. Verwertung von Abdampf und Zwischendampf.

a) Ausführungsarten und Wirkungsweise.

Die Wärmebilanz einer Dampfmaschine zeigt, daß von der auf dem Rost des Dampfkessels erzeugten Wärmemenge rd. 60 vH in den Kondensator übergeführt werden. Die Verwendung dieser Wärmemenge für Koch- und Heizzwecke ist der Zweck der Abdampf- und Zwischendampf-Verwertung.

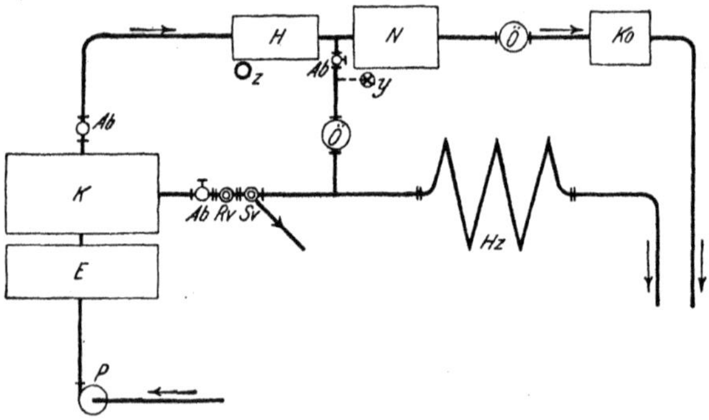

Fig. 513.

In den Fig. 513, 520, 522 und 531 sind schematisch verschiedene Ausführungsarten wiedergegeben; die angedeuteten Kolbenmaschinen können durch Dampfturbinen ersetzt werden. Es bedeuten: *P* Speisepumpe, *K* Dampfkessel, *E* Rauchgasvorwärmer, *Ab* Absperrventil, *Rv* Reduzierventil, *Sv* Sicherheitsventil, *H* Hochdruckzylinder, *N* Niederdruckzylinder, *Ö* Ölabscheider, *Ko* Kondensator, *AM* Einzylindermaschine, *y* Druckregler, *Hz* Heizung, *z* Geschwindigkeitsregler.

1. Zwischendampf-Verwertung.

Fig. 513. Der Heizdampf wird dem Aufnehmer entnommen. Wird mehr Dampf gebraucht, als der *HD*-Zylinder liefern kann, so setzt ein selbsttätiges Druckminderungsventil gedrosselten Frischdampf zu. Der Druckregler hält die Aufnehmerspannung entsprechend der in der Heizdampfleitung gewünschten Temperatur konstant. Braucht z. B. die Heizung plötzlich weniger Dampf, oder nimmt mit der Belastung die dem *HD*-Zylinder zuzuführende Dampfmenge zu, so vergrößert der Druckregler infolge der wachsenden Aufnehmerspannung die Niederdruckfüllung, so daß mehr Dampf zum *ND*-Zylinder abfließt. Die Leistungserhöhung hier bewirkt Steigen des Geschwindigkeitsreglers, der bis zum Erreichen des neuen Beharrungszustandes die Hochdruckfüllung verringert.

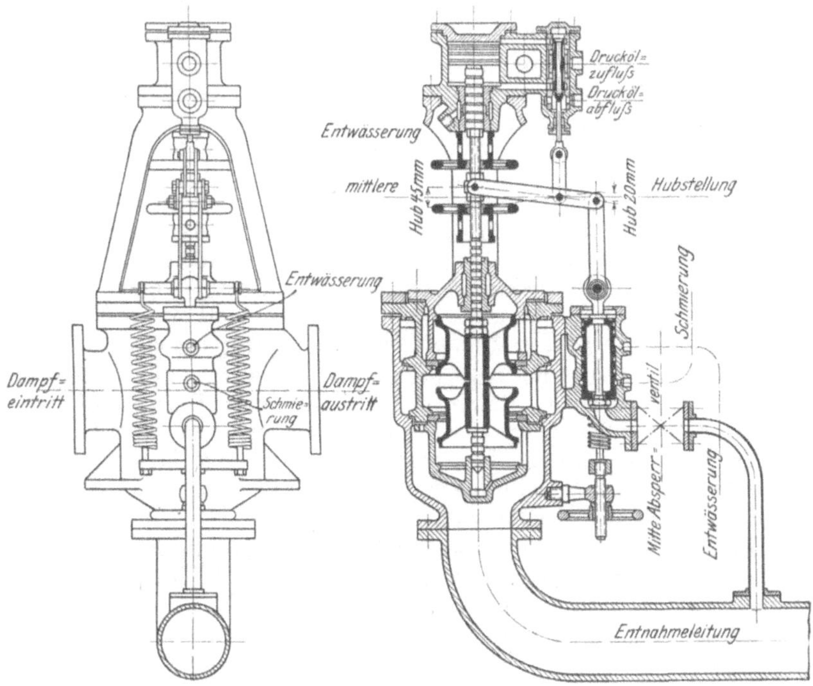

Fig. 514.

Bei den mit Zwischendampfentnahme arbeitenden „Anzapfturbinen" besteht der Hochdruckteil häufig nur aus einem Geschwindigkeitsrad. Ein vom Druckregler gesteuertes Überströmventil regelt den Dampfzufluß zu den Niederdruckstufen gemäß der durch die wechselnde Dampfentnahme bedingten Veränderlichkeit der Heizdampfspannung.

Fig. 514 zeigt den von der Görlitzer Maschinenbau-Anstalt gebauten Druckregler. Der vom Aufnehmer kommende Dampf tritt in den Raum zwischen den beiden Doppelsitzventilen, von denen das obere den Weg zum Niederdruckzylinder, das untere den zur Heizung steuert. Der Kolben des Druckreglers wird auf der einen Seite durch den Entnahmedruck, auf der anderen Seite durch zwei der einstellbaren Heizdampfspannung entsprechend angespannte Federn belastet. Ist die Heizdampfentnahme normal, so halten sich Federn und Entnahmedruck das Gleichgewicht. Wird in der Heizung eine größere Dampfmenge verbraucht, so sinkt der Heizdampfdruck, der Kolben des Druckreglers bewegt sich nach unten und der mit dem Druckreglerkolben verbundene Hilfsschieber läßt Drucköl unter den Servomotorkolben treten, wodurch das Doppelventil gehoben wird.

Das obere Ventil beeinflußt den zur Niederdruckturbine, das untere Ventil den in die Heizleitung strömenden Dampf. Diese Anordnung bietet den Vorteil, daß innerhalb gewisser Grenzen der Druck vor dem Niederdruckteil höher gehalten werden kann als der Heizdruck.

In diesem Falle wird durch das untere Ventil nach der Heizung zu gedrosselt. Ein Wärmeverlust ist hiermit nicht verknüpft. Bei abnehmender Belastung sinkt der Druck vor dem Niederdruckteil; dies geschieht so lange ohne Drosselung des zum Niederdruckteil strömenden Dampfes, bis sich der Heizdruck vor dem Niederdruckteil eingestellt hat. Erst dann drosselt das obere Ventil bei weiter sinkender Belastung den zum Niederdruckteil strömenden Dampf, während das untere Ventil den zur Heizung gehenden Dampf ungedrosselt durchläßt. Durch entsprechende Wahl des Druckes vor der Niederdruckturbine kann deshalb die Drosselung des Niederdruckdampfes auf ein bestimmtes Maß beschränkt werden, was den Dampfverbrauch günstig beeinflußt.

Wie aus vorstehend angegebener Wirkungsweise des einfachen Druckreglers hervorgeht, nimmt bei schwankendem Heizdampfbedarf und konstanter Belastung der Geschwindigkeitsregler verschiedene Stellungen ein, so daß die Umlaufzahl nicht konstant bleibt. Diesen Nachteil vermeidet die Görlitzer Maschinenbau-A.G. durch die in Fig. 515 dargestellte Regulierung.

Die von der Druckregler-Spindel bewegte Regulierstange R ist an eine um ihren linken Endpunkt a schwingende Rückführungsstange T angelenkt, deren rechter Endpunkt mit der Doppelventil-Spindel verbunden ist. Im normalen Betrieb wird der linke Endpunkt durch zwei Federn festgehalten. Erst wenn das vom Geschwindigkeitsregler verstellte Frischdampfventil die unterste Stellung erreicht, wird mittels Knagge k der linke Endpunkt nach unten gedrückt, so daß das Ventil vor dem Niederdruckteil schließt. Diese Einrichtung verhindert das Durchgehen der Turbine im Leerlauf, falls Dampf aus der Heizleitung in die entlastete Turbine zurückströmt.

Schlägt die Knagge bei offenem Frischdampfventil oben an, dann schließt das Heizventil ganz oder teilweise. Dieser Fall tritt ein, wenn aus irgend einem Grunde zuviel Heizdampf entnommen wird, und zwar so viel, daß die Turbinenleistung heruntergehen würde. In beiden Fällen wirkt die Knagge dem Druckregler entgegen und schaltet ihn gewissermaßen aus.

An die Regulatormuffe der Frischdampf-Ventilspindel und an die Spindel des Doppelventils sind Winkelhebel angelegt, die durch eine Querstange S miteinander verbunden sind. Dieses Gestänge bezweckt die Konstanthaltung der Umlaufzahl bei schwankender Entnahme. Nimmt die Entnahme zu, will also der Heizdruck sinken, so öffnet das Heizdampfventil und schließt das Niederdruckventil mehr, die Entnahme-Ventilspindel bewegt sich nach oben. Mittels des Winkelhebel-Gestänges wird dadurch die Reguliermuffe auf der Spindel des Frischdampfventils nach unten geschoben und dieses vom Servomotor der größeren Dampfmenge entsprechend geöffnet, ohne daß der Zentrifugal-Regler in Tätigkeit tritt.

Melms & Pfenninger, München-Hirschau, führen die Regelung ihrer Anzapfturbinen so aus, daß die Drehzahl des Turbo-Aggregates

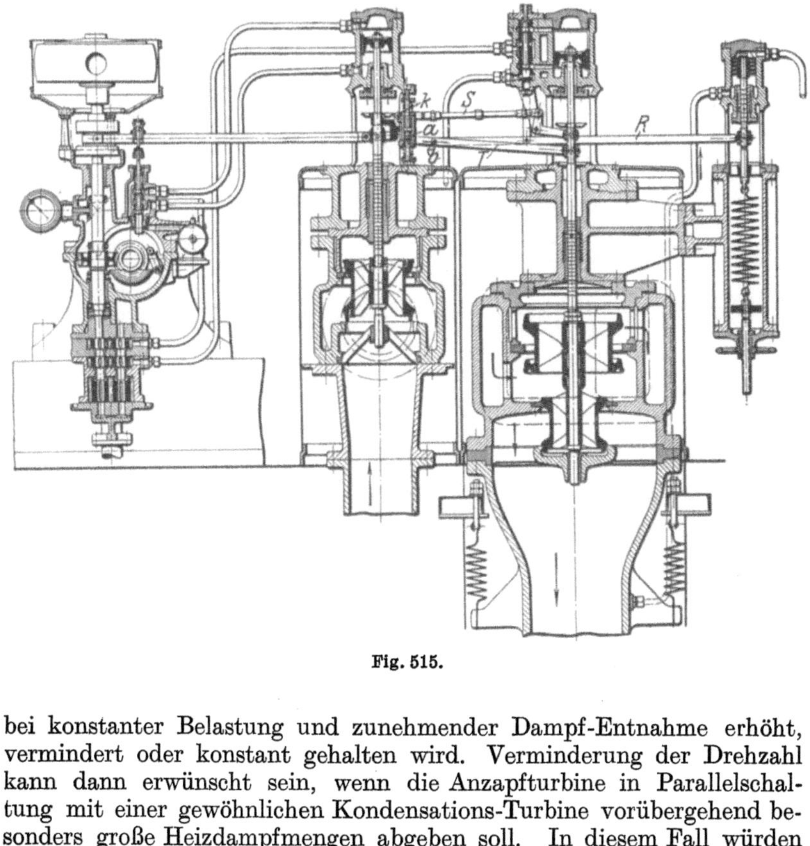

Fig. 515.

bei konstanter Belastung und zunehmender Dampf-Entnahme erhöht, vermindert oder konstant gehalten wird. Verminderung der Drehzahl kann dann erwünscht sein, wenn die Anzapfturbine in Parallelschaltung mit einer gewöhnlichen Kondensations-Turbine vorübergehend besonders große Heizdampfmengen abgeben soll. In diesem Fall würden bei großer Leistung die Düsensätze nicht ausreichen, um die erforderliche Dampfmenge zu bewältigen, und es muß gedrosselter Frischdampf die fehlende Zwischendampfmenge ersetzen. Arbeitet nun die Steuerung der Anzapfturbine derart, daß mit zunehmender Heizdampfabgabe die Drehzahl sinkt, so übernimmt die parallel geschaltete Kondensations-Turbine die größere Leistung, und die Anzapfturbine wird entlastet.

In Fig. 516 ist das verschiedenartige Verhalten von Anzapf-Kolbenmaschinen und -turbinen wiedergegeben. Bei der Turbine nimmt die Anzapfmenge mit Verringerung der Belastung zu.

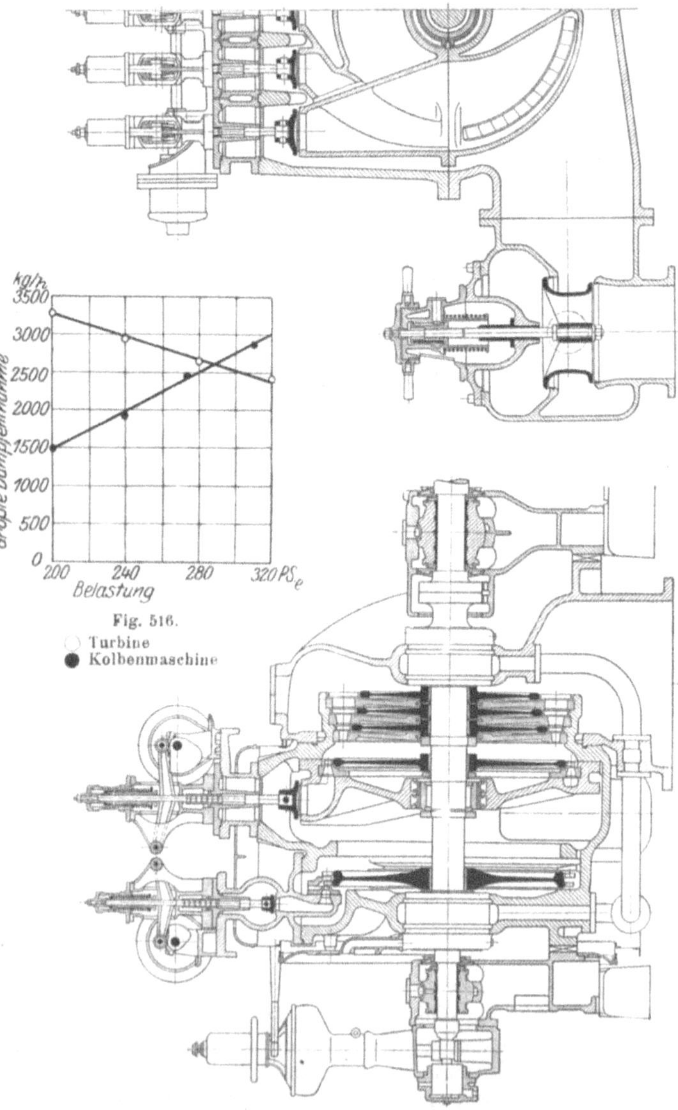

Fig. 516.
○ Turbine
● Kolbenmaschine

Fig. 517.

Es ist zu beachten, daß beim Durchgehen der Maschine die Dampfzufuhr abgestellt wird, der sinkende Aufnehmerdruck größte Niederdruckfüllung einstellt. Rückströmen des Heizdampfes ist in diesem Fall durch Einschaltung eines Sicherheitsventils zu verhindern.

Mitunter wird die Einrichtung getroffen, daß der Geschwindigkeitsregler die Niederdruckfüllung, der Druckregler die Hochdruckfüllung beeinflußt. Ist bei weitgehender Entlastung die Niederdruck-

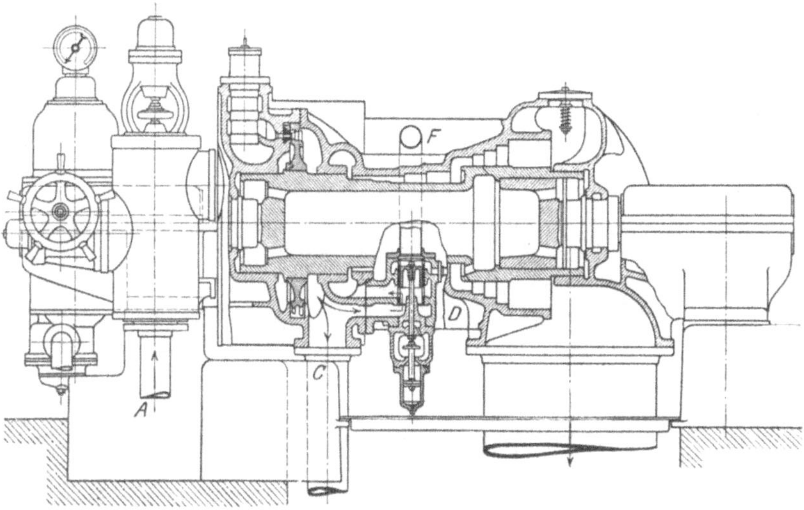

Fig. 518.

füllung gleich Null geworden, so wirkt der Geschwindigkeitsregler bei weiterem Steigen auf die Hochdruckfüllung ein, so Durchgehen mit Sicherheit verhütend.

Fig. 517 gibt die Bauart der A.E.G. wieder.

Je nach der Größe der Dampfentnahme verstellt der Druckregler fünf Einlaßventile und damit den Beaufschlagungsgrad des ersten Niederdruckrades.

Fig. 518 zeigt die Anzapfturbine von Brown-Boveri. Der vom zweikränzigen Geschwindigkeitsrad kommende Dampf geht zum Teil nach Maßgabe des vom Überströmventil D freigelegten Querschnittes durch das Rohr C zur Verwendungsstelle des Heizdampfes.

In Fig. 519 ist das Überströmventil dargestellt. Die obere Seite des Kolbenschiebers wird durch Rohr F von dem durch ein Druckminderungsventil konstant gehaltenen Kesseldruck belastet, während die untere Seite dem Heizdampfdruck ausgesetzt ist. Durch Einstellung des Druckminderungsventils von Hand kann der Entnahmedruck geändert werden.

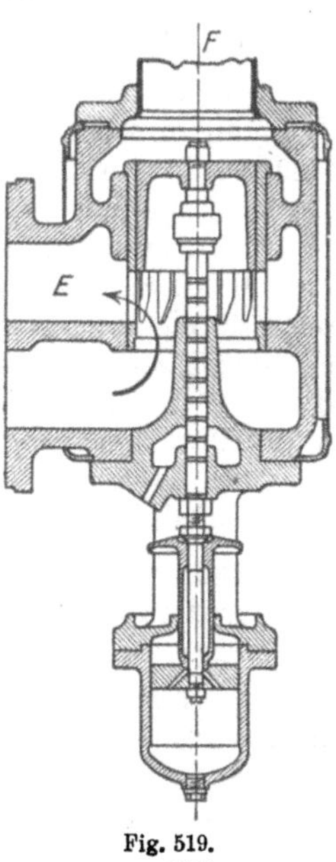

Fig. 519.

Geben zwei Entnahmeturbinen Dampf in die gleiche Heizleitung ab, so ist mit der

Entnahmesteuerung nach Bauart M.A.N. eine Schnellschlußvorrichtung für den Niederdruckteil der Turbine zu verbinden. Wird nämlich Turbine I bis auf Leerlauf entlastet, ohne daß vorher der Heizdampfschieber dieser Turbine von Hand abgesperrt worden ist, so wäre es bei Versagen der Rückschlagklappe möglich, daß der von der belasteten Turbine II abgegebene Heizdampf in den Niederdruckteil der entlasteten Turbine I gelangt und diese zum Durchgehen bringt, auch wenn ihre Frischdampfzuführung durch die normale Schnellschlußvorrichtung geschlossen ist.

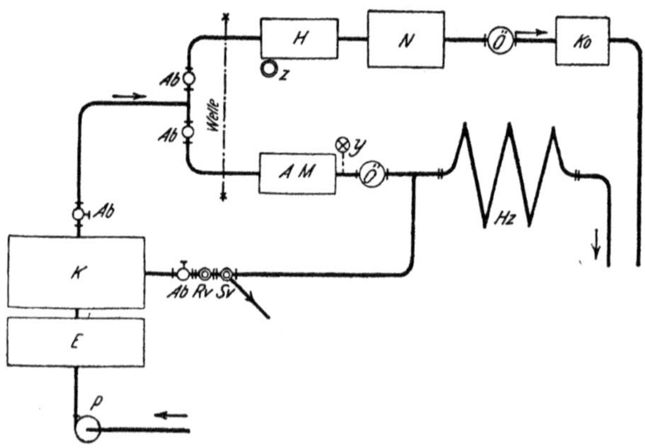

Fig. 520.

2. Anlagen mit Gegendruckmaschinen.

In der Anlage nach Fig. 520 ist neben der Verbundmaschine eine Einzylindermaschine vorgesehen, die gewissermaßen als Druckminderungsventil wirkt. Die Leistung der Maschine wird dementsprechend durch die Größe des Heizdampfbedarfes bestimmt. Ein Druckregler, mit der Heizdampfleitung in Verbindung stehend, regelt die Füllung und hält den Heizdruck konstant. Die Einzylindermaschine ist direkt oder durch eine gemeinsame Transmission mit der Verbundmaschine gekuppelt, deren Geschwindigkeitsregler auch die veränderliche Leistung der Heizdampfmaschine auszugleichen hat. Ein Sicherheitsregler verhütet Durchgehen in dem Fall, daß die durch den Heizdampfbedarf bedingte Leistung der Einzylindermaschine größer als die Widerstandsarbeit wird.

Dampfturbinen, die in der gleichen Art wie die hier erwähnte Einzylinderkolbenmaschine arbeiten, werden als „Gegendruckturbinen" bezeichnet.

In Fig. 521 ist die Bauart A.E.G. einer Gegendruckturbine, aus einem zweikränzigen Geschwindigkeitsrad bestehend, wiedergegeben.

Als Vorteile der Anlagen nach Fig. 520 sind die Verwendung sehr hohen Kesseldruckes und starker Überhitzung zu bezeichnen. Diese

Vorteile werden bei Anlagen nach Fig. 522 gesteigert, in denen der Dampf zunächst einer Hochdruck-Einzylindermaschine zuströmt und nachher

Fig. 521.

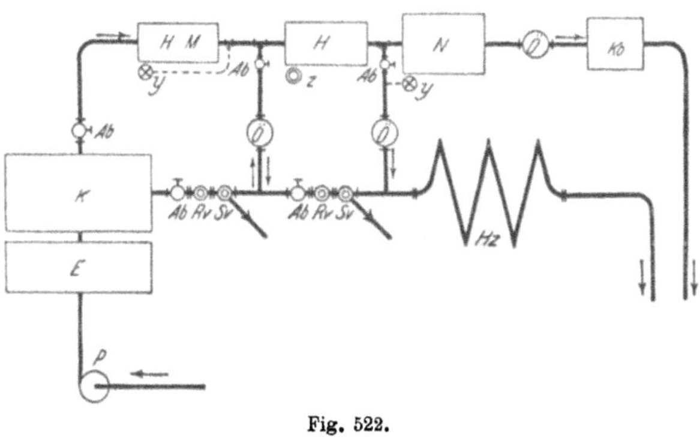

Fig. 522.

in einer Verbundmaschine weiter ausgenutzt wird. Es wird hierbei Dampfentnahme an zwei Stellen möglich: zwischen beiden Maschinen und am Aufnehmer der Verbundmaschine.

3. Einzylindermaschinen für Heizdampf-Entnahme.

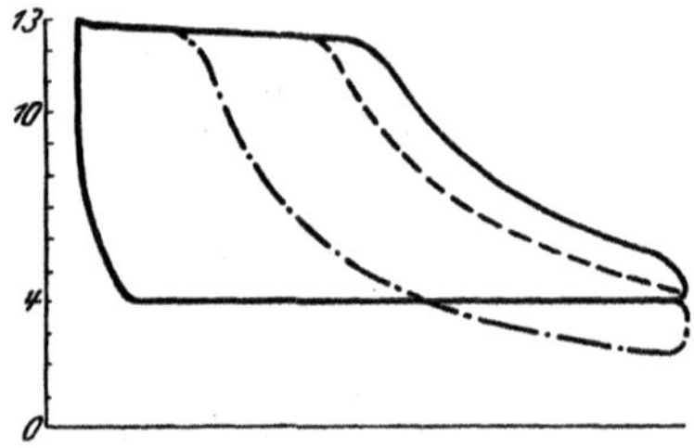

Fig. 523.

Bei den Gegendruckmaschinen und den Hochdruckseiten der mit Zwischendampfentnahme arbeitenden Verbundmaschinen zeigt sich der schon erwähnte Nachteil, daß bei kleinen Füllungen im Diagramm eine arbeitverzehrende Schleife nach Fig. 523 entsteht.

Die Görlitzer Maschinenbau-Anstalt stellt zur Beseitigung dieses Übelstandes die Auslaß-Steuerung unter den Einfluß des Reglers der

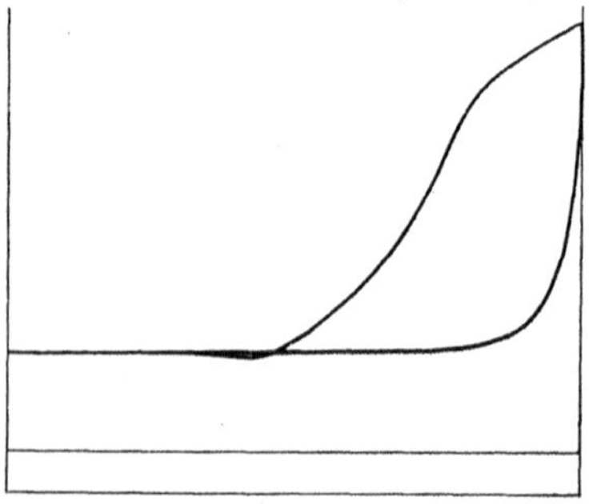

Fig. 524.

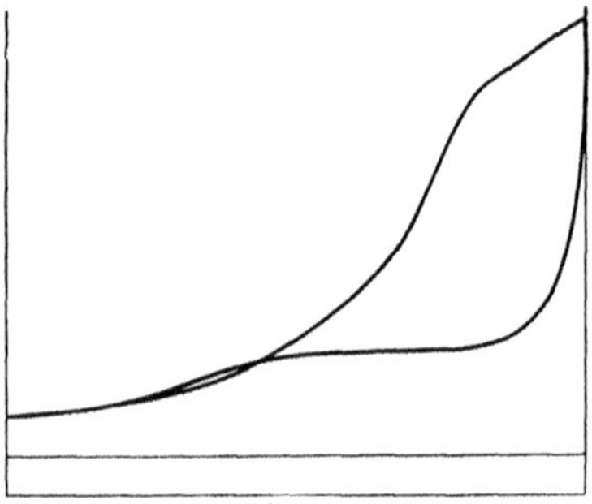

Fig. 525.

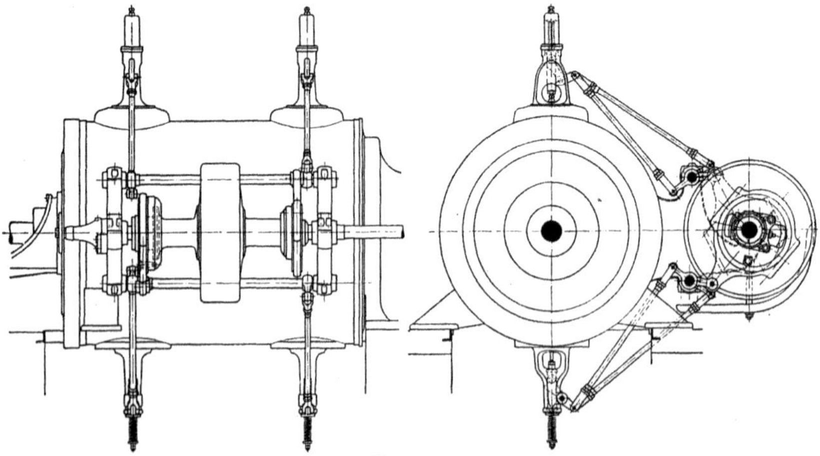

Fig. 526.

Einlaß-Steuerung, wobei entweder nach Fig. 524 die Vorausströmung bei allen Füllungen stets in dem Augenblick eingeleitet wird, wenn die Expansionslinie die Gegendrucklinie schneidet, oder es bleibt nach Fig. 525 der Auslaß nach dem Totpunkt geöffnet. In letzterem Fall verdichtet der zurückgehende Kolben den Dampf bis zu der Stelle des Hubes, an der sich Expansionslinie und Gegendrucklinie schneiden.

Fig. 526 zeigt die diesem Zweck dienende Steuerung, die als sog. Einexzentersteuerung ausgeführt wird, d. h. die beiden Einlaß-, wie

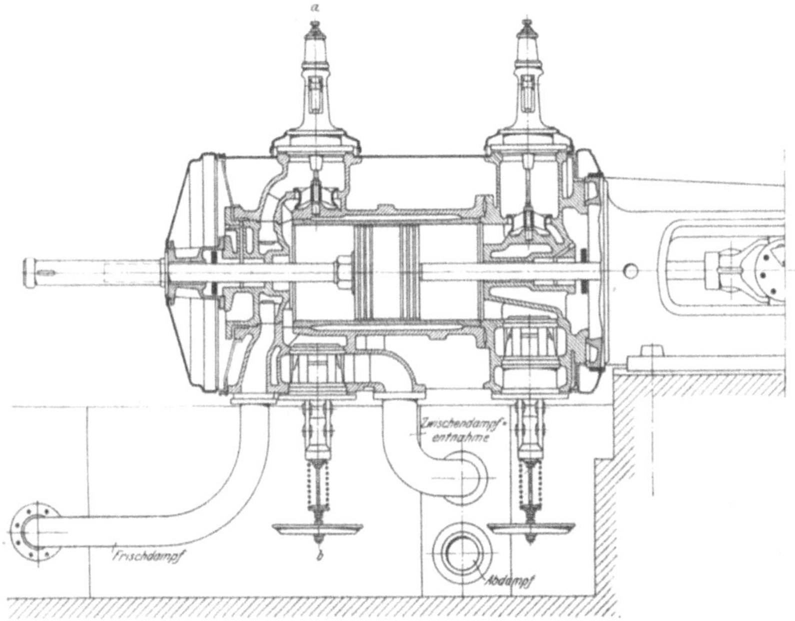

Fig. 527.

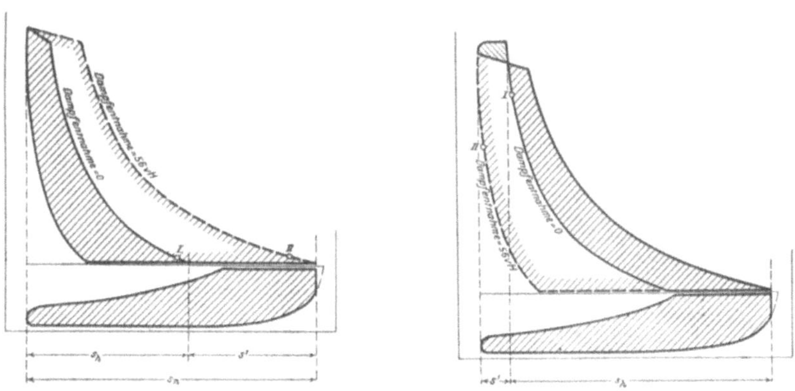

Fig. 528—529.

die beiden Auslaßventile werden durch je ein Exzenter gesteuert. Beide Exzenter, unter dem Einfluß eines Beharrungsreglers stehend, übertragen die Bewegung zunächst auf eine Zwischenwelle, auf der die Antriebshebel gegeneinander versetzt aufgekeilt sind.

Die Steuerung der M i s s o n g - Maschine, Fig. 527 (Ausführung von Thyssen & Co., Mülheim-Ruhr), deren eine Kolbenseite die Hochdruck-

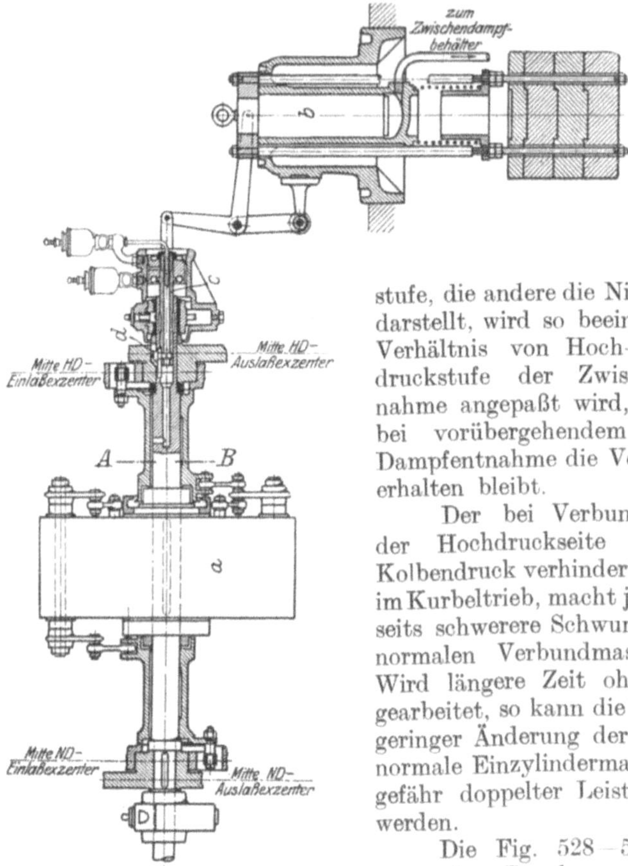

stufe, die andere die Niederdruckstufe darstellt, wird so beeinflußt, daß das Verhältnis von Hoch- und Niederdruckstufe der Zwischendampfentnahme angepaßt wird, so daß auch bei vorübergehendem Wegfall der Dampfentnahme die Verbundwirkung erhalten bleibt.

Der bei Verbundwirkung auf der Hochdruckseite stets größere Kolbendruck verhindert Druckwechsel im Kurbeltrieb, macht jedoch andererseits schwerere Schwungräder als bei normalen Verbundmaschinen nötig. Wird längere Zeit ohne Heizdampf gearbeitet, so kann die Maschine nach geringer Änderung der Steuerung als normale Einzylindermaschine mit ungefähr doppelter Leistung betrieben werden.

Die Fig. 528—529 geben die genanntem Zweck angepaßte Dampfverteilung wieder. In Fig. 528 zeigt Punkt I den Beginn der Vorausströmung an, so gewählt, daß bei allen Beanspruchungen Schleifenbildung vermieden wird. s' ist toter Hub. Mit Zunahme der Hochdruckfüllung und des Heizdampfbedarfes nimmt die Vorausströmung ab; das wirksame Hochdruckvolumen wächst von s_h auf s_n.

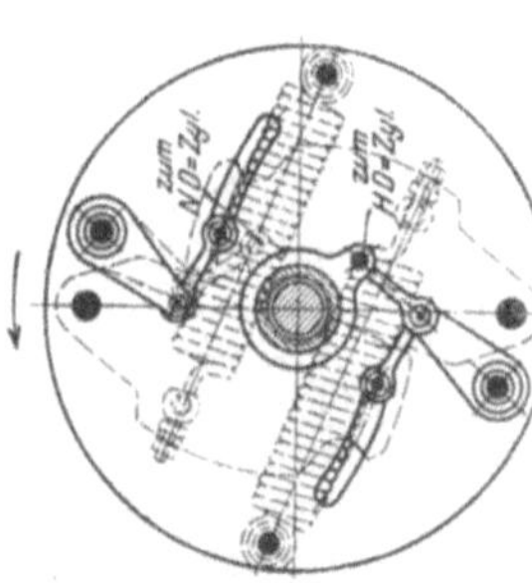

Fig. 530.

Fig. 529 zeigt eine zweite Art der Anpassung, wobei das Hochdruckvolumen durch Beeinflussung von Kompression und Voreinströmung geändert wird. Bei fehlender Dampfentnahme beginnt die Voreinströmung in Punkt I, um Schleifenbildung, soweit sie nicht durch den Strömungswiderstand in den Einlaßorganen entsteht, zu verhindern. Die Missong-Maschine arbeitet nach Fig. 529.

Der Druckregler verstellt die Hochdrucksteuerung, der Geschwindigkeitsregler die Niederdrucksteuerung, wobei bezüglich des Durchgehens auch hier der oben erwähnte Vorteil erreicht wird. Stellt z. B. bei Abnahme des Heizdampfbedarfes der Druckregler im HD.-Zylinder kleinere Füllung und größere Kompression ein, so vergrößert der Geschwindigkeitsregler die Niederdruckfüllung und deckt damit den Entfall an Hochdruckleistung. Infolge des stärkeren Dampfabflusses sinkt der Aufnehmerdruck; der Druckregler wirkt im gleichen Sinne wie der Geschwindigkeitsregler.

Bei Entlastung stellt der Geschwindigkeitsregler kleinere Niederdruckfüllung ein. Die hierdurch bedingte Erhöhung des Aufnehmerdruckes bewirkt Vergrößerung der Kompression und Verkleinerung der Füllung.

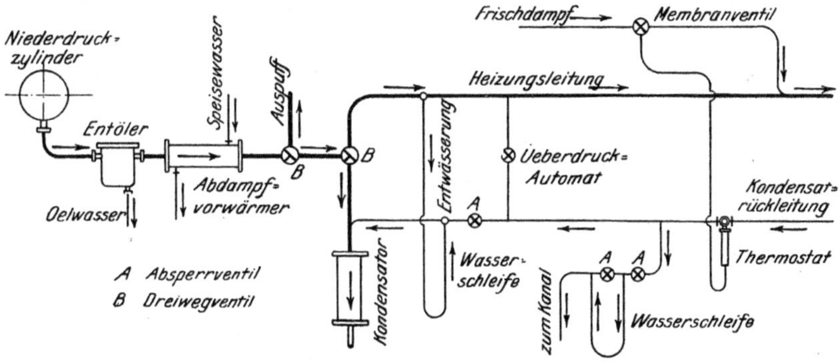

Fig. 531.

Fig. 530 zeigt die Bauart der Steuerung. Flachregler *a* verdreht die Einlaßexzenter beider Zylinderseiten, Druckregler *b* durch Gleitstück *c* und schraubenförmige Nut *d* Ein- und Auslaßexzenter.

Es ist weiterhin der Vorschlag gemacht worden, die eine Seite einer Einzylindermaschine mit Kondensation zu betreiben und durch einen Geschwindigkeitsregler zu regeln, während die andere Seite den Auspuffdampf in die Heizleitung entläßt und unter dem Einfluß des an diese angeschlossenen Druckreglers steht. Die Auslaßorgane müssen sonach stets getrennt ausgeführt werden.

4. Vakuumheizungen. Können Heizanlagen mit Temperaturen, die wesentlich unter 100° C liegen, betrieben werden, so empfiehlt sich in vielen Fällen Vakuumheizung, die in verschiedenen Bauarten ausgeführt werden kann.

Fig. 531 zeigt eine Anlage von Franz Wagner in Krimmitschau. Der Abdampf strömt durch Entöler und Vorwärmer entweder zur Heizung oder unmittelbar zum Kondensator. Von den Heizkörpern führt eine Rückleitung von kleinerem Durchmesser Dampf, Luft und das Kondenswasser der Heizung zur Luftpumpe. Gibt die Maschine mehr Dampf ab, als die Heizung erfordert, so wird Steigerung des Kolbengegendruckes dadurch vermieden, daß der Dampfüberschuß durch einen Vakuumregler unmittelbar in den Kondensator strömt. Genügt die Abdampfmenge nicht, so wird durch einen in die Rückleitung eingesetzten Thermostaten ein Frischdampfeinlaßventil geöffnet, ohne daß der Heizdruck eine gewisse Höhe überschreitet.

In der folgenden Zahlentafel sind einige durch Versuche des Bayerischen Revisionsvereins erzielte Ergebnisse zusammengestellt. Leistung der Maschine: 158,5 PS. bei angeschlossener, 155,7 PS. bei abgestellter Heizung. Stündliche Heizleistung: 780000 kcal.

Vakuum im Kondensator	Temperatur in der		Vakuum		Druckverbrauch der Heizung
	Heizungsleitung	Kondensatrückleitung	Heizungsleitung	Kondensatrückleitung	
1. Maschine arbeitet auf Heizung; Überdruckautomat abgeflanscht.					
67,6 cm	52° C	39° C	60,3 cm	65,7 cm	5,4 cm
2. Frischdampfheizung angestellt; Maschine unabhängig von der Heizung.					
62,0 cm	—	—	—	—	—
3. Maschine arbeitet auf Heizung; Überdruckautomat ist eingeschaltet.					
a) ohne Frischdampfzusatz:					
65,0 cm	50° C	44° C	61,2 cm	63,6 cm	2,4 cm
b) mit Frischdampfzusatz: öffnet der Überdruckautomat bei 7 cm = 0,095 at Druckunterschied zwischen Heizungs- und Kondensatrückleitung.					

Wie ersichtlich, beträgt der Druckverbrauch der Heizung höchstens 7 cm Quecksilber. Bei angeschlossener Heizung war die Luftleere im Kondensator um 5,6 cm besser als bei unabhängig betriebener Maschine. Der Druck hinter dem Niederdruckkolben war hingegen in beiden Fällen vollständig gleich.

5. Kondensationsanlagen mit Luftkühlung. Ausnutzung der Abwärme kann bei Kondensationsmaschinen auch dadurch erreicht werden, daß das in einem Oberflächenkondensator auf 60 bis 70° erwärmte Kühlwasser in einer Warmwasserheizung verwertet (Zeitschrift Ver. deutsch. Ing 1910, S. 244) oder Luft statt Wasser als Kühlmittel für die Kondensation benutzt wird. Nach Angaben von Balcke-Bochum kann eine Verbundmaschine von 200 PS_e mittlerer Leistung und 6 kg/PSh Dampfverbrauch 40 bis 45000 m³ Luft stündlich um 35° erwärmen. Die praktisch erreichbaren Luftleeren gehen bei günstigen Verhältnissen bis zu 85 vH. Ohne Ausnutzung der Luftleere kann die Lufterwärmung bis auf 80° gesteigert werden.

Derartige Kondensatoren erfordern wegen der geringen spezifischen Wärme der Luft und der niederen Wärmeübergangszahl sehr große Kühlflächen. Während man bei Wasser mehrere Tausend kcal für 1 m² Kühlfläche und 1° Temperaturdifferenz übertragen kann, haben die entsprechenden Zahlen bei Luft nur die Größenordnung von etwa 50

In Fig. 532 ist nach Josse die Abhängigkeit der Wärmeübergangszahlen von der Luftgeschwindigkeit dargestellt. Für v = 15 m/sek werden Werte von 55 bis 60 erhalten.

Bei einer von Josse entworfenen Anlage mit Luftkühlung sind zwei Dampfturbinen von 250 und 150 kW aufgestellt, von denen die erstere für den Winterbetrieb, die zweite für den Sommerbetrieb bestimmt ist. Für die Lufterwärmung im Winter sind Heizkammern ausgeführt, deren Oberfläche so reichlich bemessen ist, daß sie im Sommer als Oberflächenkondensator den Abdampf der 150 kW-Turbine niederschlagen können. Hierbei konnte man mit einer Luftleere von 80 vH rechnen und den stündlichen Dampfverbrauch von rd. 2300 kg bei 0,2 at Gegendruck auf rd. 1350 kg bei 80 vH Luftleere vermindern. Im Winter wird der Abdampf der 250 kW-Turbine teils im Oberflächenkondensator, dessen Wasser der Warmwasserheizung zugeführt wird, teils in dem als Luftkondensator ausgebildeten Lufterwärmer niedergeschlagen. Unabhängiger Betrieb von Sommerlüftung und Kondensation wird durch Anordnung eines zweiten Ventilators ermöglicht. Durch Einspritzung geringer Wassermengen in die durch den Luftkondensator geblasene Luft wird eine Verdunstungswirkung erzielt

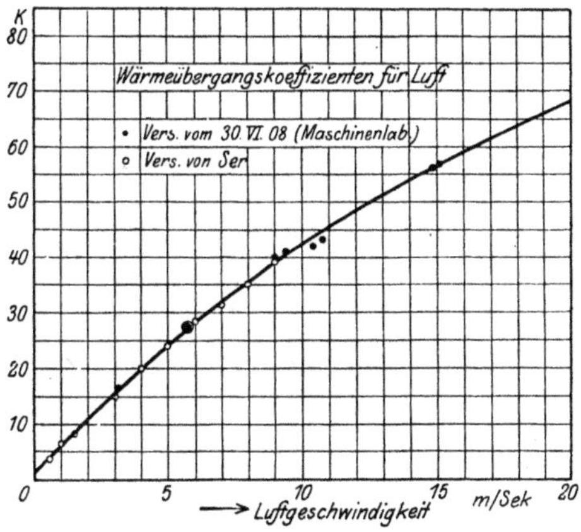

Fig. 532.

Der Luftkondensator (Bauart Rudolf Otto Meyer) besteht aus einfachen gußeisernen Heizkörpern von rhombischem Querschnitt.

Bei einer Luftleere von 80 vH können stündlich 100000 m³ Luft von 15 auf 45⁰ erwärmt werden. Kraftbedarf des Ventilators rd. 15 PS.

6. Kraftanlagen für Verwertung von Niederdruckdampf. Anlagen dieser Art bezwecken die Erzeugung von Arbeit aus den Dampfmengen, die namentlich auf Zechen und Hüttenwerken in Fördermaschinen, Dampfhämmern, Walzenzugmaschinen usw. schlecht ausgenutzt werden. Das IS.-Diagramm zeigt, daß bei adiabatischer Expansion von 1,1 at abs. auf 0,06 at die gleiche Arbeitsmenge erhalten wird wie bei Expansion von 12 at, 300⁰ auf 1,15 at. Von der im Abdampf enthaltenen Wärmemenge können bei üblichen Verhältnissen noch etwa 8,5 vH in elektrische Energie umgesetzt werden.

Abdampfturbinen. Da wegen der Betriebspausen der oben genannten Hütten- und Bergwerksmaschinen der Dampf nicht unmittelbar in die Turbine strömen kann, so ist in die Rohrleitung zwischen Turbine und Primärmaschine ein Wärmespeicher eingeschaltet, der den stoßweise zufließenden Dampf mit annähernd gleichem Druck der Turbine zuführt.

Die Wärmespeicher sind in grundsätzlich verschiedenen Bauarten ausführbar. In den älteren Bauarten ist der Wärmespeicher mit Wasser gefüllt, das während der Arbeitsperiode der Primärmaschine die Wärme des nicht zur Turbine abfließenden Dampfes aufnimmt, diesen gleichzeitig kondensierend. Temperatur und Druck im Wärmespeicher steigen. In den Betriebspausen fällt der Druck, und die aufgespeicherte Wärme verdampft eine entsprechende Wassermenge.

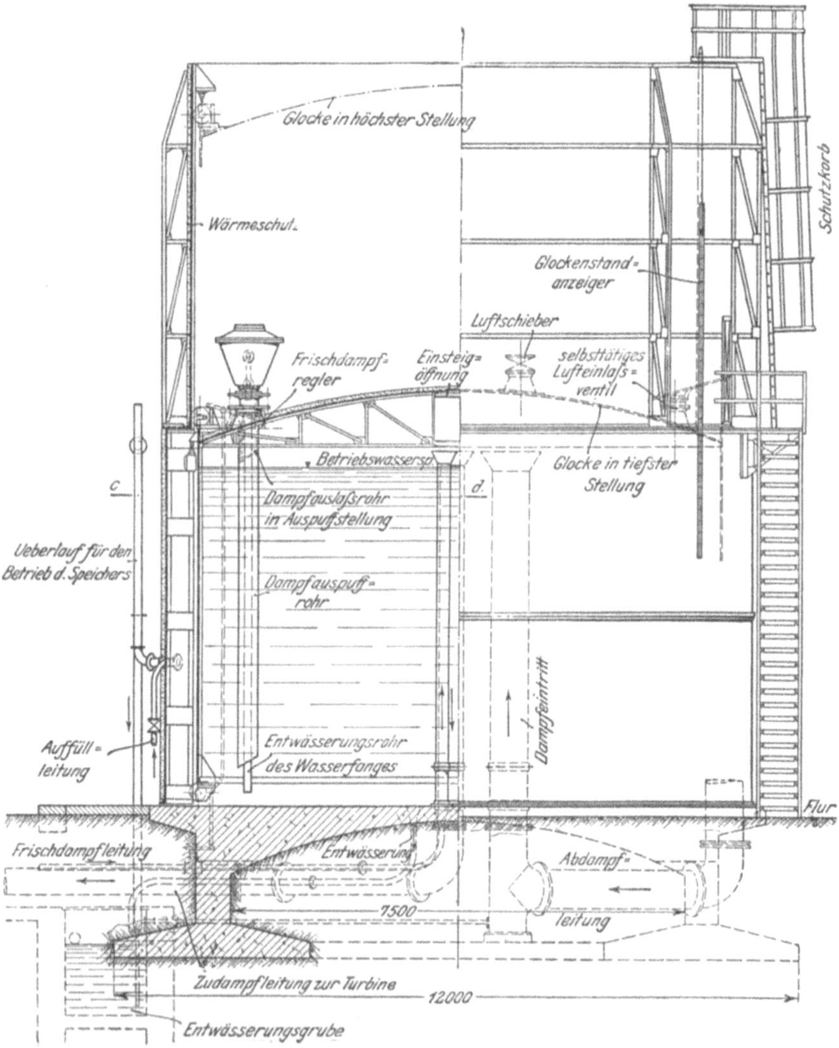

Fig. 533.

Die Bauart nach den Patenten Harlé-Balcke stellt sich als Dampfspeicher nach Art der Gasometer für Gasanstalten dar, Fig. 533[1]).

[1]) Zeitschr. Ver. deutsch. Ing. 1915, S. 787.

Erreicht die Glocke ihren höchsten Stand, so wird ein Sicherheitsventil mechanisch geöffnet. Sinkt die Glocke, so wird in einer bestimmten Stellung ein Frischdampf-Einlaßventil geöffnet, das so viel Dampf zuführt, als zum Ersatz der Kondensationsverluste nötig ist. Die Glocke wird also in der Schwebe gehalten, bis neue Dampfmengen von den Primärmaschinen zuströmen. Beim Abstellen der Anlage wird ein Luftventil geöffnet, das auch beim geringsten Unterdruck selbsttätig öffnet.

Der Dampfdruck beträgt 1,03 bis 1,04 at, der Kondensatverlust etwa 1 vH der gesamten Dampfmenge.

In neuerer Zeit werden vielfach geschlossene Behälter ohne bewegliche Teile angewendet, in denen der vorhandene Dampf durch die zu speichernde Dampfmenge zusammengedrückt wird. (Bauart Estner-Ladewig.) Zur Isolation wird Mauerwerk in solchem Abstand von der Speicherwand aufgeführt, daß letztere leicht zugänglich bleibt. Durch Einschaltung des entstehenden Zwischenraumes in die letzten Feuerzüge einer Dampfkesselanlage kann der Speicherdampf überhitzt werden; so ist bei einer Anlage auf Zeche Emscher Lippe die Temperatur bis auf 160° gesteigert worden, wobei die Umleitung der Abgase einen Zugverlust von nur 2 mm verursachte.

Die Raumverhältnisse der einzelnen Anlagen können in folgender Weise überschläglich ermittelt werden.

Bei den ersterwähnten Wasserspeichern gibt 1 kg Speicherdampf von 1 at abs. Druck 540 kcal Verdampfungswärme an Wasser von 99,1° (dem gleichen Druck entsprechend) ab. Bei der zugelassenen Drucksteigerung auf 1,2 at beträgt die Wassertemperatur 104,2°, es können also 5 kcal aufgenommen werden, so daß für 1 kg Speicherdampf $\frac{540}{5} = 108$ kg Wasser erforderlich sind.

Die Glocke des Harléschen Speichers braucht nicht größer bemessen zu werden, als der aufzuspeichernden Dampfmenge entspricht; durch den Wasserbehälter, in dem die Glocke schwimmt, wird der Raum äußerlich auf das Doppelte vergrößert.

Im feststehenden Speicher soll ebenfalls eine Druckerhöhung von 1 auf 1,2 at zugelassen werden. Da 1 kg Dampf von 1 at ein Volumen von 1,722 m^3, Dampf von 1,2 at ein solches von 1,452 m^3 einnimmt, so wird durch die Verdichtung ein Raum von 0,270 m^3 frei, in dem 0,186 kg Dampf untergebracht werden können. 15,7 vH des vorhandenen Raumes dient zur Speicherung. Der feststehende Raumspeicher muß sonach einen Inhalt gleich dem 6,5 fachen Volumen der aufzunehmenden Dampfmenge erhalten.

Im übrigen zeigen die Wasserspeicher bei unregelmäßigem Dampfzufluß beträchtliche Druckschwankungen, da die geringen Temperaturunterschiede den Wärmeaustausch verschleppen. Bei plötzlichen Dampfzuflüssen bläst das Sicherheitsventil ab, bei stockendem Dampfzufluß entsteht Luftleere.

Dampfverbrauchszahlen reiner Abdampfturbinen in kg/PS$_e$h.

Kondensatordruck	Eintrittsdruck in at abs.		
	2,0	1,0	0,5
0,08	9,3	12	16,5
0,13	10,7	14,4	21,5
0,18	12	16,5	28

Zweidruckturbinen. Reine Abdampfturbinen zeigen auch in Verbindung mit Wärmespeichern den Nachteil, daß bei unregelmäßiger Dampfzufuhr gedrosselter Frischdampf zur Verwendung gelangen muß. Wird der Abdampfradgruppe eine meist aus einem Curtisrad bestehende Hochdruckstufe vorgeschaltet, der bei Abdampfmangel selbsttätig Frischdampf zugeführt wird, so wird Unabhängigkeit von den Primärmaschinen bei wirtschaftlicher Arbeitsweise erreicht. Es ist jedoch nicht Zweck der Zweidruckturbinen, die Abdampfspeicher überflüssig zu machen. Die einfachste Regelung dieser Maschinen würde sich erreichen lassen, wenn der Regler zuerst das Abdampfventil und nach dessen völliger Eröffnung das Frischdampfventil zu heben beginnt. Diese Anordnung hat jedoch den großen Nachteil, daß bei ganz geöffnetem Abdampfventil der Dampf aus dem Wärmespeicher frei überströmt und sich in diesem eine Luftleere einstellt, die den Speicher stark beansprucht und Eindringen von Luft an undichten Stellen verursacht.

Außerdem führen Schwankungen des Abdampfdruckes auch bei gleichbleibender Belastung zu verschiedenen dem Ungleichförmigkeitsgrad des Reglers entsprechenden Umlaufzahlen. Zweidruckturbinen müssen aber mit sehr empfindlicher Regelung ausgerüstet werden, damit bei dem meist vorkommenden Arbeiten der Turbodynamo auf ein Drehstromnetz die übrigen mit ihr geschalteten Maschinen möglichst wenig zur Stromlieferung herangezogen werden und in erster Linie die Arbeitsfähigkeit des Abdampfes ausgenutzt wird.

Eine zweckentsprechende Regelung muß deshalb folgende Bedingungen erfüllen:

a) Der Geschwindigkeitsregler greift nur bei Belastungsschwankungen ein.

b) Sowohl bei Mischdruck- als auch bei Abdampfbetrieb muß der Zufluß zur Turbine so beeinflußt werden, daß der Speicherdruck konstant bleibt, falls dies nicht wie beim Glockenspeicher schon in der Speicher-Bauart begründet ist.

Die Lösung dieser Aufgabe macht das Zusammenwirken eines Fliehkraftreglers mit einem Druckregler erforderlich.

In Fig. 534 ist die Rateausche Regelung dargestellt. Feder k ist bestrebt, das Abdampfventil zu öffnen und durch Gestänge $a\,b\,c\,d\,e\,f$ das Frischdampfventil zu schließen. Hat der Abdampfdruck normale

Größe, so steht die Kolbenstange des vom Abdampfdruckregler *w* beeinflußten Servomotors *s* nicht in Verbindung mit Hebel *h a g* und der Fliehkraftregler wirkt allein. Bei Belastungsschwankungen ist *d* Festpunkt, *c* bewegt sich auf dem Bogen $\widehat{13}$ und das Abdampfventil wird mehr oder weniger geöffnet. Nimmt der Abdampfdruck ab, so wird Punkt *h* angehoben und das Abdampfventil entgegen der Federspannung gesenkt. Bleibt hierbei die Belastung unveränderlich, so wird *i* Festpunkt, *c* auf $\widehat{32}$ bewegt und das Frischdampfventil um einen der Senkung des Abdampfventils entsprechenden Betrag gehoben.

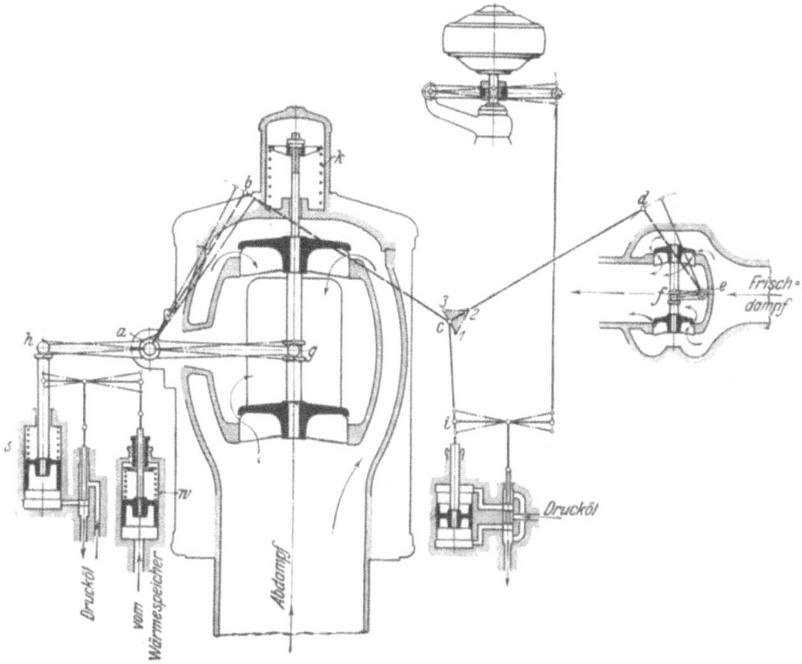

Fig. 534.

Bei gleichbleibendem Abdampfdruck und veränderlicher Belastung wird *c* auf $\widehat{12}$ verlegt und das Frischdampfventil verstellt.

Die Längen des Gestänges sind so bemessen, daß bei voller Eröffnung des Abdampfventils das Frischdampfventil geschlossen ist: reiner Abdampfbetrieb, und umgekehrt: reiner Frischdampfbetrieb.

7. Der Ruths-Speicher. Eine besondere Bedeutung kommt dem Ruths-Wärmespeicher zu, der nicht die Aufgabe hat, den Wärmefluß zu einer Einzelmaschine zu regeln, sondern die Wärmeverteilung in einer Gesamtanlage durch Schaffung eines Ausgleichbehälters zu beeinflussen. Der Speicher nimmt überschüssigen Dampf auf und gibt ihn zur Zeit größeren Bedarfes wieder ab. Infolge seiner Unabhängigkeit vom Kessel kann der Druck im Speicher kleiner als der Kesseldruck sein, was nicht nur die Herstellung der Speicherbehälter erleichtert, sondern vor allem aus dem Grunde wichtig ist, weil bei Druckabfall im Gebiet der niedrigen Spannungen viel größere Dampfmengen frei werden als bei hohen Drucken. 1 at Druckabfall läßt beispielsweise bei 15 at nur 5 kg, bei 3 at aber 21 kg Dampf frei werden. Außerdem werden große Druckschwankungen im Speicher ohne Rückwirkung auf die Kesselspannung ermöglicht. Die Einschaltung des Dampfspeichers hat zur Folge, daß Druck und Dampferzeugung vollständig konstant bleiben und in einzelnen Fällen die Rauchschieber jede Woche höchstens zweimal verstellt werden müssen.

Um die Regelungsorgane nur für die Schwankungen des Dampfverbrauches bemessen zu müssen, sind die Speicher parallel zur Dampfleitung angeschlossen. Bei Verwendung überhitzten Dampfes bleibt sonach die Überhitzung auch hinter dem Speicher erhalten.

Zu diesem Zweck befinden sich in der Rohrleitung zum Speicher zwei Rückschlagventile. Ist Dampf überflüssig, so steigt sein Druck in der Leitung über den Speicherdruck, und der Dampf strömt durch das eine Rückschlagventil in ein im Behälter liegendes Verteilungsrohr. Die von hier ausgehenden Mundstücke sind von Rohren umgeben, die zwecks Förderung des Wasserumlaufes als Diffusoren ausgebildet sind. Infolge dieser Einrichtung beträgt der Temperaturunterschied im Speicherwasser nur etwa 0,2° C. Sinkt der Druck in der Leitung unter den Speicherdruck, so öffnet sich das andere Rückschlagventil, und das Speicherwasser verdampft.

Da jedem Druck im Speicher ein ganz bestimmter Wasserstand entspricht, so kann der Wasserstand unabhängig vom Ladezustand kontrolliert werden. Der Wasserstandszeiger ist in Atmosphären eingeteilt, so daß durch den Vergleich mit dem Manometer sofort festgestellt werden kann, ob Wasser zu- oder abzulassen ist.

Die Behälter, zu 90 bis 95 vH mit Wasser gefüllt, sind aus Eisenblech genietet und von einer 100 mm starken Wärmeschutzmasse umgeben. Isolierkappen lassen die vorgeschriebene Kontrolle der Nietreihen zu. Die Isolierung wird ihrerseits wieder durch Eisenblechbekleidung gegen Witterungseinflüsse geschützt. Das Innere des Speichers ist durch einen Deckel an der Stirnseite zugänglich. Besondere Beachtung verdienen die an den Speichern verwendeten „Arca“-Druckregler des schwedischen Ingenieurs R a g n a r C a r l s t e d t, die hohen Anforderungen zu entsprechen haben.

Um bei plötzlicher Entnahme großer Dampfmengen das Überkochen zu verhindern, ist im Dampfdom eine Lavaldüse angeordnet, die infolge ihrer Querschnittsbemessung nur die für zulässig erachteten Dampfmengen ausströmen läßt.

Soll überhitzter Dampf aufgespeichert werden, so wird ein Speicher für die Überhitzungswärme vorgeschaltet, der — nach Art des Siemens-Regenerators wirkend — aus einem Eisenbehälter besteht, in dem gußeiserne Platten schichtenweise so gelagert sind, daß die Oberfläche sehr groß, der Durchgangswiderstand für den Dampf sehr gering ist.

Der Ladedampf gibt vor Eintritt in den Hauptspeicher seine Überhitzungswärme an die Platten ab, der aus dem Speicher strömende Dampf nimmt die in den Platten aufgespeicherte Wärme wieder auf.

Eine einfache Regelungsvorrichtung hält die Überhitzungstemperatur konstant.

Die Temperatur des Entladedampfes wird durch eine Regelvorrichtung, die einen Teil des Dampfes nicht durch den Überhitzer, sondern durch eine Umführungsleistung strömen läßt, selbsttätig konstant gehalten.

Durch Anwendung der Ruths-Speicher wird erzielt:

Ausgleich von Schwankungen im Dampfverbrauch,

Ausgleich von Schwankungen im Kraftverbrauch,

Ausgleich von Schwankungen in der Wärmezufuhr (Gasbetrieb, Abhitze, überschüssiger elektrischer Strom u. dgl.).

In den beiden ersten Fällen werden alle in der Anlage auftretenden Dampf- oder Kraftschwankungen so vollständig ausgeglichen, daß die Kessel ständig mit einer konstanten und der mittleren Belastung entsprechenden Dampfleistung betrieben werden können. Im letzteren Fall ermöglicht der Ruths-Speicher verlustlose Ausnutzung der Überschußwärme, indem er die Schwankungen in der Energiezufuhr einerseits und der Energieverwendung andererseits ausgleicht. Die Verwendung der Ilgner-Anlagen kann eingeschränkt, Behälter für Hochofengase können ersetzt werden.

Die Speicher wurden bisher mit Fassungsvermögen bis 345 m^3 ausgeführt, die Druckabfälle betragen beispielsweise 6 bis 1 at oder 3 bis 0,5 at. Speicherfähigkeit im allgemeinen 5000 bis 20 000, einzelne Ausführungen bis 36 000 kg Dampf. Speichervolumen etwa 10 bis 30 m^3 je 1 t Dampf, Aufspeicherung dieser Dampfmenge erfordert rd. 2 t Eisengewicht des Behälters. Druckverlust in oben erwähnter Lavaldüse bei gewöhnlicher Dampfentnahme etwa 0,01 at. Was die Abkühlungsverluste betrifft, so kühlte sich ein außer Betrieb gesetzter Speicher während 24 h um 7° C ab bei 13° C Außentemperatur. Der Abkühlungsverlust beträgt 0,1 bis 0,5 vH der Kesselleistung. Brennstoffersparnis 15 bis 20 vH.

Ausführungsbeispiele. Die Aktiebolaget Vaporackumulator in Stockholm, die im Besitz der Ruthsschen Patente ist, hat eine große Reihe von wärmewirtschaftlich äußerst interessanten Anlagen geliefert, von denen hier nur einige typische Arten kurz dargestellt seien.

Dampfspeicheranlage der Hamburger Bryggeriet (Brauerei), Stockholm. Die 500 PS leistende Anzapf-Verbundmaschine entläßt den Dampf in einen Oberflächenkondensator; das in diesem auf etwa 40° C erwärmte Kühlwasser wird in der Brauerei weiter verwertet. Die Hochdruckfüllung wird durch einen Regler bei steigendem Kesseldruck vergrößert, der Fliehkraftregler beeinflußt die Niederdruckfüllung. Der Anzapfdampf wird mit 3,5 bis 2 at Überdruck dem Speicher zugeführt, aus dem der Dampf durch ein Druckminderventil mit 2 at in die Leitung für die Dampfverbraucher des Sudhauses übertritt.

Der Speicher gleicht nicht nur die Ungleichmäßigkeiten im Kochdampfbedarf, sondern auch die Kraftschwankungen aus, indem z. B. bei plötzlicher Leistungszunahme der Fliehkraftregler die Niederdruckfüllung vergrößert, so daß der vorher zum Speicher abgeleitete Hochdruck-Abdampf nunmehr direkt dem Niederdruckzylinder zuströmt.

Der Hochdruckzylinder ist durch diese Anordnung dauernd konstant belastet. Dem Vorteil dieser Arbeitsweise und des konstanten Kesseldruckes steht nur der unwesentliche Nachteil gegenüber, daß bei höherem Speicherdruck als 2 at der Dampf in oben angegebenen Grenzen zu drosseln ist. Der Heizer heizt dauernd gleichmäßig, nur bei allzu weiter Druckminderung im Speicher ist das Feuer zu verstärken und umgekehrt.

Speicheranlagen für Kraftwerke. Von besonderem Interesse ist die Verwendung in reinen Kraftbetrieben, wo dem Speicher die Deckung der Spitzenbelastung zufällt, so daß bei Neuanlagen die Kesselhäuser nur in stark verringertem Umfang zu errichten sind.

Einige Turbinen der Zentrale werden als Hochdruckturbinen ausgeführt, die vom Kessel direkt gespeist werden und zur Zeit geringer Belastung allein im Betrieb sind. Der Abdampf dieser Turbinen wird im Speicher „aufbewahrt". Zur Zeit der Spitzenbelastung werden dann die aus dem Speicher gespeisten Niederdruckturbinen in Betrieb gesetzt. Wie bei dem vorigen Ausführungsbeispiel geht auch hier in der Maschine kein Druckgefälle verloren, das immer gleich der Summe der Unterschiede zwischen Kessel- und Speicherdruck und zwischen diesem und dem Kondensatordruck ist. Es wird lediglich ein der Flüssigkeitshöhe im Speicher entsprechender Druck von 0,1 at eingebüßt.

Wie ersichtlich, kann in vielen Fällen der Ruths-Speicher die teuren und unwirtschaftlichen Akkumulatorbatterien ersetzen. In Drehstromkraftwerken kann die Energie unmittelbar im Dampf aufgespeichert werden.

Das Städtische Elektrizitätswerk in Malmö bezieht Drehstrom mit 50 000 Volt Spannung von einem entfernten Wasserkraftwerk.

Als Reserveanlage bei Stromunterbrechung dienen eine Akkumulatorenbatterie und eine Dampfkraftreserve, die stets unter Druck gehalten werden muß. Ersparnis der damit verbundenen Kosten und Vermeidung einer geplanten Erweiterung der Batterie wurde durch Aufstellung eines Ruths-Speichers erreicht, der an zwei Steilrohrkessel von je 500 m^2 Heizfläche angeschlossen ist und den Dampf an eine 3750 kW-Turbine abgibt. Diese arbeitet mit Regeleinrichtungen, die bei sinkendem Entladedruck den Dampf in niedrigere Stufen selbsttätig einführen. Der dauernd als Synchronmotor leerlaufende Generator treibt die Turbine an und gibt zur Phasenkompensation in das Netz der Wasserkraftanlage wattlosen Strom ab, wodurch rd. 800 kW gewonnen werden. Der Zentrifugalregler sperrt die Zuleitung zur Turbine ab; sinkt die Periodenzahl infolge Unterbrechung der Stromzufuhr vom Wasserkraftwerk, so greift der Regler ein, und die Speicheranlage liefert den Dampf zur Turbine.

Diese Beispiele dürften zeigen, daß der Ruths-Speicher eher als ein Bestandteil der Kraftmaschinenanlage als der Kesselanlage anzusehen ist. Der Speicher wirkt wie ein großer Aufnehmer (Receiver), in dem der Dampf sich nicht während Bruchteile einer Maschinenumdrehung, sondern unter Umständen stundenlang aufhält.

Diese Auffassung läßt auch den Unterschied zwischen dem Ruths-Speicher und dem Speicher von Druitt Halpin klar hervortreten. Bei dem Halpin-Speicher (beschrieben in Zeitschr. Ver. deutsch. Ing. 1904, S. 1396 und 2011) wird während der Spitzenbelastung die Kesselanlage aus einem Speisewasserbehälter aufgespeist, in den zur Zeit geringerer Belastung ein Teil des Kesseldampfes eingeleitet wird. Die Speisewassertemperatur entspricht hierbei dem auch in dem Behälter herrschenden Kesseldruck.

In Hochofenwerken, deren elektrische Zentrale die Grundbelastung durch Gasmaschinen deckt, während für die Spitzenbelastung Dampfturbinen dienen, kann der zwischen die Stufen der Turbine geschaltete Ruths-Speicher sowohl auf der Gasseite wie auf der elektrischen Seite ausgleichen und die Anordnung großer Gasbehälter zum Ausgleich der Schwankungen in der Gaszufuhr überflüssig machen.

Nach Verwendung der Gichtgase in Winderhitzern und Großgasmaschinen geht der Gasüberschuß zu Dampfkesseln, die parallel mit den Abwärmeverwertern arbeiten. Von den Kesseln strömt der Dampf durch ein Ventil, das die Düsenregelung der Hochdruckstufe einer Dampfturbine beeinflußt und das etwa 0,1 at unterhalb des durch die Sicherheitsventile bestimmten Druckes Dampf zur Turbine führt. Von der Hochdruckstufe strömt der Dampf entweder zum Ruths-Speicher oder durch ein vom Fliehkraftregler verstelltes Ventil zur Niederdruckstufe. Da der Turbogenerator den Gasdynamos parallel gestaltet ist, so übernimmt die Dampfturbine die Spitzenbelastung.

b) Bemessung der Zwischendampf- und Abdampfmaschinen.

Allgemeine Regeln über die Bemessung der Zwischendampf- und Abdampfverwertungsanlagen lassen sich bei der außerordentlichen Verschiedenheit der Betriebsbedingungen, unter denen diese Maschinen arbeiten, nicht aufstellen. Es sind jedoch allgemein die folgenden Punkte zu beachten:

1. Verbundmaschinen mit Zwischendampfentnahme. Kleine Leistungen im *HD*-Zylinder ergeben Schleifenbildung, da der Expansionsdruck unter Aufnehmerdruck fällt. Diese Schleife bedeutet Arbeitsverlust und tritt namentlich bei den steil abfallenden Expansionslinien des überhitzten Dampfes auf.

Das Verhältnis $\frac{\mathrm{NDZ}}{\mathrm{HDZ}}$ ist bei starker Entnahme klein zu wählen und wird selbst in der Größe 1:1 ausgeführt, während sich bei geringerer Entnahme das Zylinderverhältnis mit 2:1 bis 2,3:1 den normalen Werten mehr nähert. Was andererseits den mitunter starken Spannungsabfall am Ende der Hochdruckexpansion betrifft, so wird dadurch theoretisch die Güte des Aufnehmerdampfes verringert; der spezifische Dampfgehalt ist kleiner als bei adiabatischer Expansion von Frischdampfdruck auf Aufnehmerdruck. Praktisch tritt jedoch eine leichte Verbesserung des Aufnehmerdampfes durch die infolge des plötzlichen Druckabfalles und Drosselung verursachte Wiederverdampfung auf. Bei Überhitzungstemperaturen von 80 bis 100° kann der Aufnehmerdampf als trocken gesättigt angesehen werden.

Der Niederdruckzylinder soll bei normaler Entnahme nicht mit zu kleinen Füllungen arbeiten, da hierdurch der Dampfverbrauch erhöht wird. Der Dampfverbrauch wird zweckmäßig mit Hilfe der Gütegrade η_g geschätzt, die durch Füllungsgröße, Aufnehmerdruck und Überhitzung

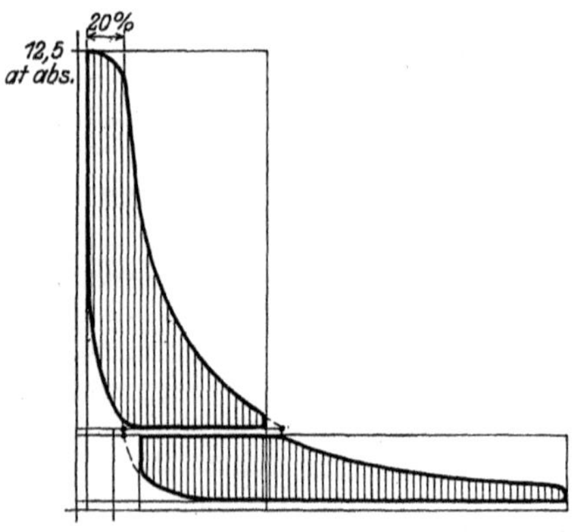

Fig. 535.

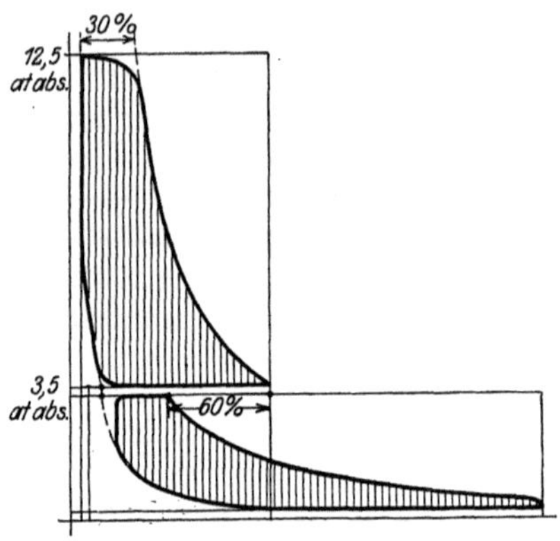

Fig. 537.

bzw. Feuchtigkeitsgehalt bestimmt werden. Letzterer ist an Hand des IS-Diagramms annähernd zu ermitteln.

Gütegrad der Hochdruckzylinder:

$$\eta_g = 0{,}75 \text{ bis } 0{,}85 \text{ (bis } 0{,}93).$$

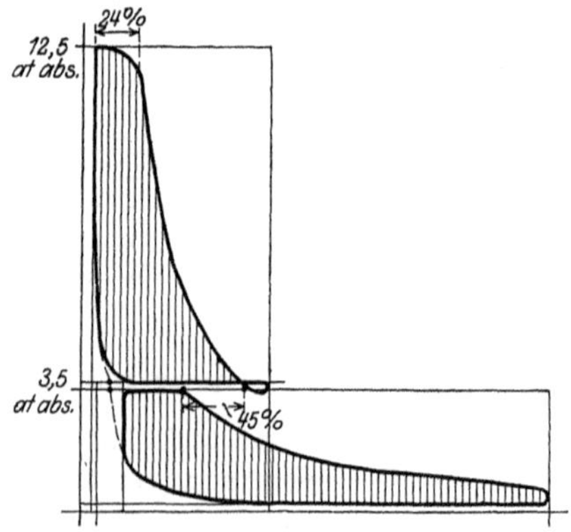

Fig. 536.

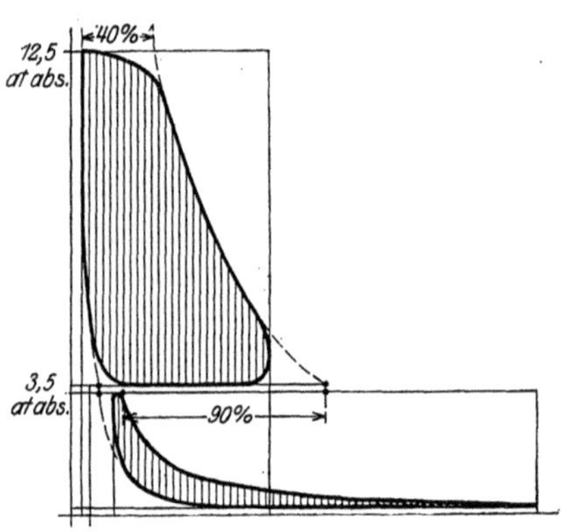

Fig. 538.

Gütegrad der Niederdruckzylinder:

$$\eta_g = 0{,}65 \text{ bis } 0{,}75 \text{ (fallend bis } 0{,}55 \text{ bei sehr starker Entnahme).}$$

In den Fig. 535 bis 538 ist die Bestimmung der Abmessungen mittelst der Dampfdiagramme durchgeführt. Fig. 535 zeigt das normale Verbunddiagramm ohne Zwischendampfentnahme, Fig. 536 bis 538 die

Dampfverteilung bei Entnahmen von 45, 60 und 90 vH, Zwischendruck (3,5 at abs.) und Leistung sind in allen Fällen gleich. Erhöhung der Entnahme auf 100 vH würde Ausschaltung des Niederdruckzylinders bedeuten, der von der Maschine in unwirtschaftlicher Weise leer mitzuziehen wäre. Auch würden Betriebsstörungen durch das Trockenlaufen des Niederdruckkolbens entstehen. Zu geringe Entnahme ruft andrerseits die vorstehend erwähnte Schleifenbildung hervor, so daß — falls nicht besondere Maßnahmen getroffen sind — der Zwischendampfentnahme nach oben und unten eine Grenze gezogen ist.

Die Niederdrucksteuerungen sind von Hand verstellbar auszuführen, um bei Arbeit ohne Entnahme günstige Verhältnisse einstellen zu können.

2. Anzapfturbinen. Diese weisen zunächst die Vorteile auf, daß der Zwischendampf ölfrei und Schleifenbildung unmöglich ist. Da bei der Dampfturbine der innere Wirkungsgrad η_i, auf die mit vollständiger Expansion arbeitende verlustlose Maschine bezogen, im Hochdruckteil kleiner als bei der Kolbenmaschine ist, so ergibt sich aus dem IS Diagramm bei Expansion zwischen gleichen Druckgrenzen für den Turbinenzwischendampf ein geringerer Feuchtigkeitsgehalt als für die Kolbenmaschine. Die Güte des Heizdampfes wird weiterhin dadurch verbessert, daß die Verluste durch Schaufelumsetzung, Radreibung usw. im Arbeitsdampf als Wärme wieder erscheinen. Hingegen nimmt der Dampfverbrauch mit dem Aufnehmerdruck bei Turbinen schneller als bei Kolbenmaschinen zu.

Der Hochdruckteil ist für größte Leistung bei größter Dampfentnahme einzurichten. Die Niederdruckstufe erhält dann nur so viel Dampf, als zum Ableiten der durch die Niederdruckräder erzeugten Reibungswärme und zur Verhinderung des Trockenlaufens der Kondensatpumpe nötig ist.

Anzustreben ist eine derartige Bemessung des Niederdruckteiles, daß bei größter Leistung und beim Betrieb ohne Dampfentnahme der Dampf von der Anzapfstelle ungedrosselt zum Niederdruckteil abfließen kann. Wird bei der gleichen Leistung Heizdampf entnommen, so steigt die Hochdruckleistung um die Heizdampfarbeit; die Niederdruckleistung muß durch Drosselung entsprechend verringert werden.

Auch bei kleinen Leistungen ohne Zwischendampfentnahme entstehen Drosselverluste, da der Regler den Druck an der Anzapfstelle konstant hält, während der Druck vor dem Niederdruckteil nach den auf S. 418 gemachten Angaben sich mit der durchtretenden Dampfmenge ändert. Für diesen Betrieb ist deshalb Ausschaltung des Überströmventils vorzusehen, so daß der Dampf ungedrosselt dem Niederdruckteil zuströmen kann.

Wird das Überströmventil in seiner höchsten Lage festgehalten, so arbeitet die Anzapfturbine wie eine normale Kondensations-Turbine. Der Gesamtdampfverbrauch in Abhängigkeit von der Leistung wird in Fig. 539 durch die Gerade A B wiedergegeben. Bei Steuerung des Überströmventils ohne Dampfentnahme wird mit abnehmender Leistung der Dampfdruck p_2 vor dem Ventil praktisch unveränderlich bleiben, während der Druck des zum Niederdruckteil abströmenden Dampfes auf p_3, Fig. 540, gedrosselt wird. Der dadurch erhöhte Dampfverbrauch wird für diese Betriebsart durch die Gerade A′B dargestellt. **Im Punkt B, einer gewissen Überlast entsprechend, ist das Überströmventil ganz geöffnet und die Drosselung hört auf.** Die Dampfmenge G ergibt nach Fig. 540 die innere Turbinen-Leistung:

$$N_i = \frac{G}{632}\left(h_1 \cdot \eta_{i1} + h_2 \cdot \eta_{i2}\right).$$

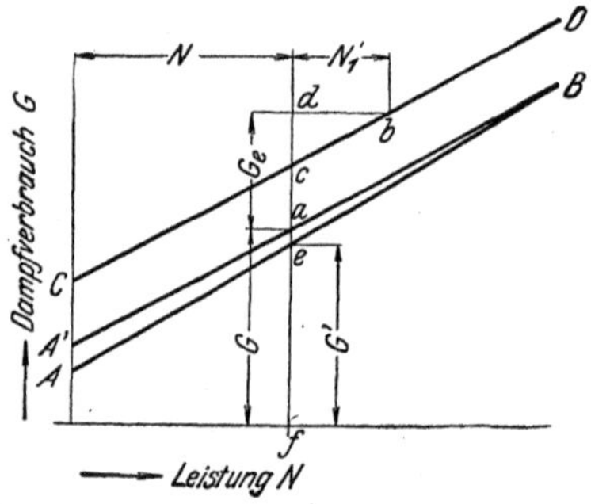

Fig. 539.

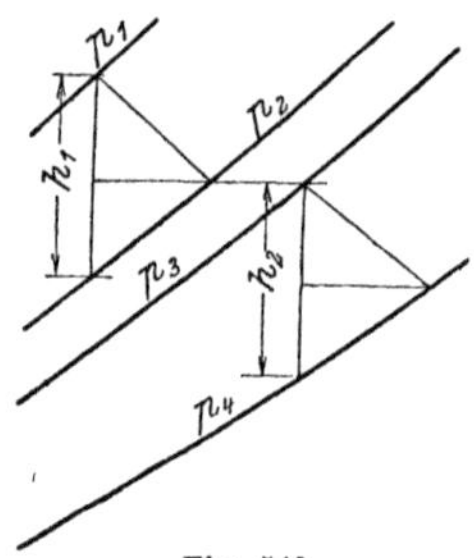

Fig. 540.

Die Leistung am Radumfang des Hochdruckteiles beträgt:

$$N_{u1} = \frac{G}{632} \cdot h_1 \cdot \eta_{u1}, \quad \text{wobei } N_{i1} = N_{u1} + N_v,$$

$$N_v = \text{Ventilationsverluste}.$$

Wird dem Hochdruckteil die Dampfmenge $G + G_e$ zugeführt, wobei G_e = Entnahmemenge, so wird die von G_e herrührende Hochdruckleistung:

$$N'_{u1} = \frac{G_e}{632} \cdot h_1 \cdot \eta_{u1}, \quad \text{also } \frac{N'_{u1}}{N_{u1}} = \frac{G_e}{G}.$$

Da die Verluste schon berücksichtigt sind, so kann

$$N'_{u1} = N'_1$$

gesetzt werden.

In Fig. 539 wird Punkt d durch Auftragung von G_e von a aus erhalten. Eine durch d gelegte Wagerechte, N'_1 entsprechend, läßt Punkt b gewinnen. Eine Parallele CD durch b zu A′B gezogen, gibt den Zusammenhang zwischen Leistung und Gesamtdampfverbrauch für G_e = konst. an.

Aus Fig. 539 kann nun die Wärme-Ersparnis gegenüber Kondensationsbetrieb mit getrennter Heizdampferzeugung ermittelt werden. In diesem Fall ließe sich die Leistung N durch die Dampfmenge G′ erzeugen. Unter Berücksichtigung der größeren Wertigkeit des gedrosselten Frischdampfes erfordert die den G_e kg entsprechende Wärmemenge eine Frischdampfmenge von schätzungsweise 0,9 G_e kg. Sonach Gesamtdampfverbrauch bei getrenntem Betrieb: $G' + 0{,}9\ G_e$, im Diagramm

Fig. 539 durch eine Strecke $z = \overline{ef} + 0{,}9 \cdot \overline{ad}$ darstellbar Bei Anzapfbetrieb gibt $\overline{fc}$ den Gesamtverbrauch an. Sonach Ersparnis in vH: $\frac{z - \overline{fc}}{z} \cdot 100$.

Fig. 541 zeigt das für derartige Turbinen kennzeichnende Verhalten einer A.E.G.-Turbine. Auf der Ordinatenachse sind für die drei Belastungen von 500, 750 und 1000 kW die Dampfverbrauchspunkte *a*, *b*, *c* für ausgeschaltetes Überströmventil (Entnahme = 0) angegeben. Werden bei gleichem Maßstab der Ordinaten und Abszissen durch die Punkte Geraden unter 45° gezogen, so geben die Schnittpunkte *d*, *e*, *f*

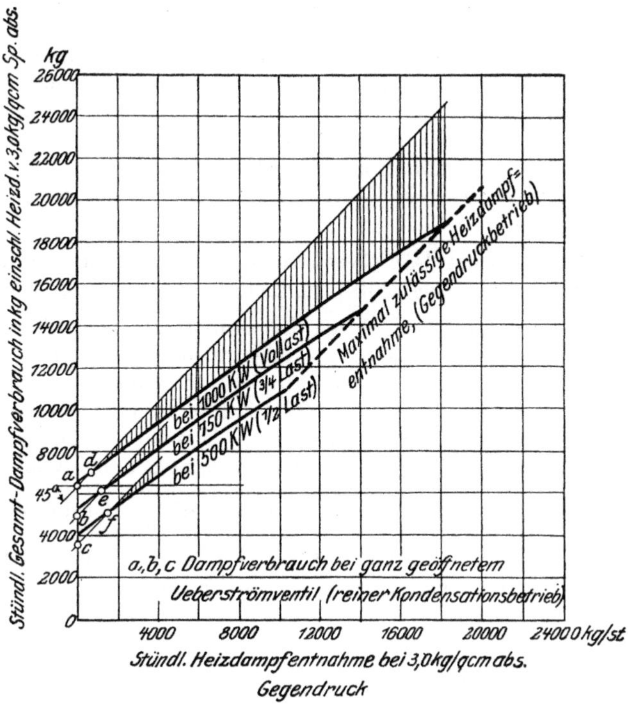

Fig. 541.

dieser Geraden mit den Dampfverbrauchskurven diejenigen Entnahmen an, bei denen die — aus den schraffierten Flächen zu entnehmenden — Ersparnisse gegenüber getrennter Heizdampferzeugung beginnen. Vor den Punkten *d*, *e*, *f* sind die Drosselverluste dadurch, daß bei geringer Heizdampfentnahme eine verhältnismäßig große Dampfmenge durch das Überströmventil hindurchtreten muß, größer als der Gewinn, der durch Anzapfung der Turbine in Vermeidung getrennter Heizdampferzeugung erwächst.

Eine aus dem Koordinaten-Anfangspunkt unter 45° aufsteigende

Gerade würde diejenigen Betriebszustände darstellen, bei denen der gesamte eintretende Dampf für Heizdampfzwecke gebraucht würde.

Die in Fig. 541 eingezeichnete Linie: „Maximal zulässige Heizdampfentnahme“ verläuft parallel zu der erwähnten Geraden in einem Abstand gleich dem Betrag an Dampf, der bei reinem Gegendruckbetrieb durch die Abdichtung zwischen Hoch- und Niederdruckteil in diesen überströmt.

Die Vorteile der Anzapfung sind um so größer, je bedeutender die entnommenen Dampfmengen und je niedriger die Anzapfdrucke sind. Bei niedrigem Gegendruck beginnt die Ersparnis schon bei kleineren Dampfmengen als bei höherem Gegendruck.

Da bei großen Dampfentnahmen die Leistung hauptsächlich vom Hochdruckteil aufzubringen ist, so ist dieser besonders sorgfältig auszubilden. Aus demselben Grunde wird ohne wesentliche Beeinträchtigung der Wirtschaftlichkeit eine Verminderung der Niederdruckstufenzahl möglich. So beträgt z. B. für eine 1000 kW-Turbine bei einer Entnahme von 5000 kg/h der Dampfverbrauch 8,62 kg/kWh bei 4 Niederdruckstufen, 8,56 kg/kWh bei 5 Stufen. (Baer, Zeitschr. f. d. ges. Turbinenwesen 1920, S. 14.)

Allgemein wird der Dampfverbrauch um so weniger von der Höhe des Entnahmedruckes beeinflußt, je kleiner die Entnahmemenge ist.

Da der Entnahmedruck durch Drosselung der nach dem Niederdruckteil abfließenden Dampfmenge konstant gehalten wird, so werden sich nach S. 420 die Gefälle in den ersten Stufen hinter der Entnahmestelle nicht ändern, wogegen die Gefälle der letzten Niederdruckstufen mit sinkender Leistung stark abnehmen. Dementsprechend sind die Gefälle so zu verteilen, daß in diesen letzten Stufen bei Vollbelastung größere Gefälle umgesetzt werden. Das Verhältnis $\frac{u}{c_1}$, das den Wirkungsgrad η_u bestimmt, wird durch diese Maßnahme bei Vollast verringert, steigt jedoch mit der Verringerung der Belastung.

3. Gegendruckturbinen.

Da bei geringerer Belastung der mit konstantem Entnahmedruck arbeitenden Gegendruckturbinen das Gefälle der letzten Stufen abnimmt, so empfiehlt sich, für Normallast die Düsen der letzten Stufen für ein größeres Gefälle zu bemessen, so daß der Wirkungsgrad bei Vollast zwar etwas verringert wird, bei Abnahme der Leistung oder Erhöhung des Gegendruckes aber zunimmt.

Im übrigen sind sowohl bei Anzapf- wie bei Gegendruckturbinen Dampfdruck und Überhitzung möglichst hoch zu wählen; der Dampfverbrauch wird dadurch um so günstiger beeinflußt, je höher der Entnahmedruck ist. Bei einer Gegendruckturbine mit 300° Eintrittstemperatur und 4 at abs. Gegendruck wird z. B. durch Erhöhung des Dampfdruckes von 12 auf 18 at abs. der Dampfverbrauch um 22,5 vH verbessert.

Zusammenstellung von Versuchsergebnissen an Gegendruck- und Entnahmeturbinen[1]).

Normale Leistung	Umdrehungszahl	Überdruck vor dem Einlaßventil	Temp. vor dem Einlaßventil	Gegendruck bzw. Entnahmedruck	Vakuum im Kondensator	Gesamte stündl. Dampfmenge	Dampfentnahme in vH	Dampfverbr. für die Leistungseinheit	Belastung	Wirkungsgrad bez. auf die Leist. am Radumfang	Bem.
	U. p. M.	at	°C			kg/h				vH	
750 kW	3000	14,67	308,7	4,95 at abs.	—	—	100	23,44 kg/kWh	721 kW	74,1	Gegendruck
750 ,,	3000	14,50	254	5,02 ,, ,,	—	—	100	26,49 ,,	688,5 ,,	75,0	,,
1500 ,,	3000	12,53	303	Entn. geschl.	91,5 vH	—	0	6,74 ,,	1496,5 ,,	72,2	Entnahme
1500 ,,	3000	10,75	300,4	Entn. geschl.	91,7 ,,	—	0	766 ,,	754,6 ,,	65,5	,,
1500 ,,	3000	11,83	327	2,64 at abs.	90,25 ,,	13960	46,1	10,26 ,,	1362 ,,	66,0	,,
1000 PS	3000	14,9	303	5,1 ,, ,,	—	14630	100	20,6 kg/PS$_e$h	710 PS$_e$	63,7	Gegendruck
1000 kW	3000	11,3	338,4	1,46 at Üb.	—	—	100	17,1 kg/kWh	998 kW	65,0	,,
1000 ,,	3000	11,2	348,7	2,49 ,, ,,	—	—	100	20,8 ,,	998 ,,	65,1	,,
1000 ,,	3000	10,4	367	3,50 ,, ,,	—	—	100	25,0 ,,	994 ,,	68,7	,,
1000 ,,	3000	11,78	339	1,512 ,, ,,	—	—	100	16,78 ,,	750 ,,	65,9	,,
1820 PS$_e$	3000	14,7	325	1,85 ,, ,,	0,0695 at abs.	11730	46,4	9,46 ,,	1240 ,,	58	Entnahme
1820 ,,	3000	14,7	326	Entn. geschl.	0,068 ,, ,,	8048	0	6,16 ,,	1302 ,,	70,2	,,
1000 ,,	3000	10,0	280	2,5 at Übd.	0,031 ,, ,,	4189	39,6	13,7 ,,	305,6 ,,	48,3	,,
1000 ,,	3000	9,54	286	2,5 ,, ,,	0,03 ,, ,,	5156	32,0	10,38 ,,	496,8 ,,	56,5	,,
1000 ,,	3000	9,65	269	Entn. geschl.	0,032 ,, ,,	4892	0	7,42 ,,	659,3 ,,	60,8	,,
1000 ,,	3000	9,54	268	Entn. geschl.	0,03 ,, ,,	3754	0	7,67 ,,	489,7 ,,	58,8	,,
1000 ,,	3000	10,0	281	Entn. geschl.	0,026 ,, ,,	2723	0	8,76 ,,	311 ,,	52,4	,,
1500 ,,	3000	9,7	334	3,10 at Übd.	0,04 ,, ,,	7397	51,4	12,32 ,,	600 ,,	58,2	,,
1500 ,,	3000	11,0	331	Entn. geschl.	0,05 ,, ,,	5755	0	6,17 ,,	932 ,,	70,0	,,
1500 ,,	3000	11,0	321	Entn. geschl.	0,045 ,, ,,	4660	0	6,16 ,,	756 ,,	71,1	,,
1500 ,,	3000	11,1	305	Entn. geschl.	0,045 ,, ,,	3386	0	6,56 ,,	516 ,,	70,0	,,
972 ,,	2500	14,4	311	2,07 at Übd.	—	16281	100	17,64 kg/PS$_e$h	923 PS$_e$	61,5	Gegendruck
972 ,,	2500	16,0	315	2,09 ,, ,,	—	11497	100	17,72 ,,	649 ,,	59,5	,,
972 ,,	2500	15,3	307	1,93 ,, ,,	—	5928	100	20,03 ,,	296 ,,	53,5	,,
1000 kW	3000	16,7	380	2,36 ,, ,,	93,6 vH	9252,7	49,3	9,25 kg/kWh	1000,8 kW	64,5	Entnahme
1000 ,,	3000	17,0	365	2,4 ,, ,,	95,4 ,,	7815,1	59	10,33 ,,	756,5 ,,	62,0	—
1000 ,,	3000	13,5	363,7	2,16 ,, ,,	94,3 ,,	7089,5	57,7	10,89 ,,	651,3 ,,	61,9	—
750 ,,	1500	12,1	272,5	1,8 ,, ,,	—	16417	100	20,0 ,,	822 ,,	68,7	Gegendruck
750 ,,	1500	11,86	278	1,8 ,, ,,	—	13561	100	22,25 ,,	610 ,,	68,4	—
750 ,,	1500	12,5	276	2,5 ,, ,,	—	17517	100	22,2 ,,	790 ,,	70,7	—

[1]) Nach Prof. Dr. Baer. Zeitschr. f. d. ges. Turbinenwesen, 1920, S. 27.

4. **Zweidruckturbinen.** In Fig. 542 sind die Verhältnisse einer Abdampfanlage dargestellt, die von der stark veränderlichen Dampfabgabe einer Fördermaschine und der im Durchschnitt als konstant einzusetzenden Dampfabgabe mehrerer kleineren ständig umlaufenden Maschinen gespeist wird. Während der Beschleunigungsperiode von 17 Sek. und der Beharrungsperiode von 35 Sek. muß der den Bedarf der Abdampfturbine übersteigende Betrag an Abdampf aufgespeichert werden, der dann während der folgenden 20,4 Sek. andauernden Förderpause zur Maschine abfließt.

Der Abdampfspeicher muß eine bedeutende Größe erhalten, wenn — wie in Fig. 542 — die Abdampfradgruppe nur die durchschnittliche

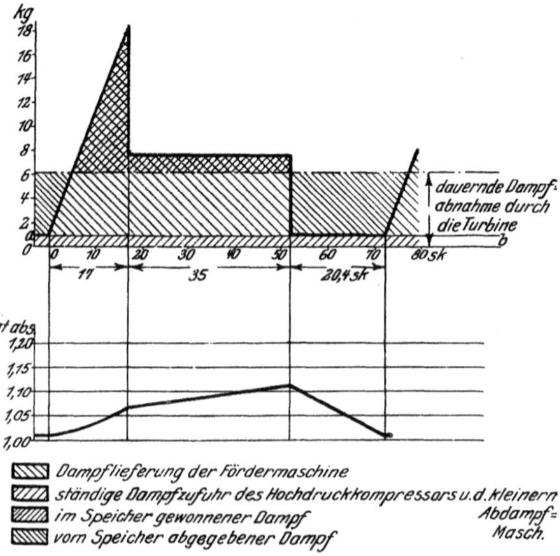

Fig. 542.

Abdampfmenge aufnehmen kann. Vergrößerung der Abdampfradgruppe ermöglicht Verkleinerung des Speichers und dessen Anwendung würde sich vollständig erübrigen, wenn die Turbine für Aufnahme des größten vorkommenden Dampfzuflusses eingerichtet würde. In diesem Falle aber arbeitet die Turbine während des weitaus größten Zeitraumes mit Frischdampfzusatz und mit mehr oder weniger stark gedrosseltem Abdampf.

Meist wird die Anlage so bemessen, daß größter Abdampfmenge kleinste Dauerbelastung entspricht, so daß reiner Abdampfbetrieb selten ist.

In Fig. 543 bis 544 sind Dampfverbrauchskurven von Zweidruckturbinen mit Düsen- und Drosselregelung wiedergegeben. Durch die Punkte 2500, 5000 usw. kg/h der Geraden für Abdampfbetrieb sind Parallelen zur Geraden für reinen Frischdampfbetrieb gezogen, die bei

Düsenregelung mit großer Annäherung — die Abweichungen liegen innerhalb der Grenze von 5 vH — die wirklichen Dampfverbrauchsziffern angeben. Die ausgezogenen Linien geben die gefundenen Dampfverbrauchskurven wieder. Bei Drosselregelung ist diese Übereinstimmung infolge des verringerten Düsenwirkungsgrades bei kombiniertem Betrieb, der eine Erhöhung des Dampfverbrauches bedingt, nicht vorhanden. Der tatsächliche Verbrauch ist größer als sich durch die jeweilige Eintragung der Parallelen ergibt.

Da nach den Versuchen von Dr. Christlein der Leitradkoeffizient paralleler Leitradkanäle bei veränderlicher Expansion nicht verringert wird, so ist das gleiche Ergebnis wie für Düsenregelung bei Turbinen mit parallelwandigen Leitkanälen zu erwarten.

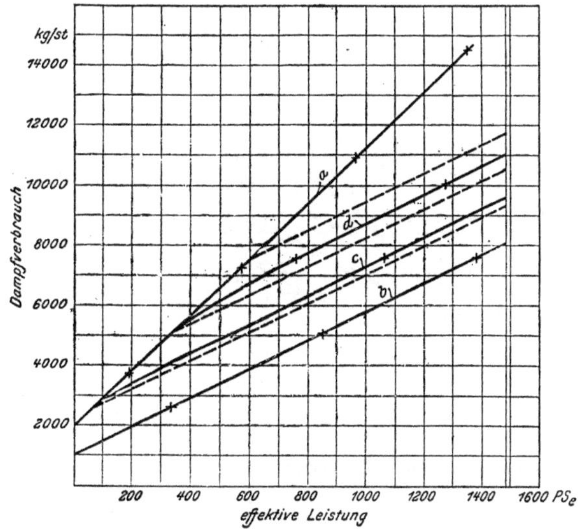

Fig. 543. Effektiver Dampfverbrauch der Zweidruckturbine mit Drosselregelung. a = Reiner Abdampfbetrieb. b = Reiner Frischdampfbetrieb. c = Betrieb mit 2500 kg/h Abdampf. d = Betrieb mit 5000 kg/h Abdampf.

Bei Zweidruckturbinen ist zu beachten, daß unter Umständen bei Betrieb mit Frischdampf allein nicht die mögliche Höchstleistung erreicht bzw. bei der Höchstleistung nicht die gesamte Abdampfmenge verarbeitet werden kann.

Für eine Leistung von 1000 PS_e stehen z. B. 10000 kg Abdampf, von 1 at abs. stündlich zur Verfügung. Die Turbine wird für 1500 PS_e, die mitunter geleistet werden müssen, entworfen und dementsprechend die Beaufschlagung des Hochdruckrades gewählt. Bei reinem Frischdampfbetrieb betrage der Verbrauch 7500 kg/h für 1500 PS_e, wobei unter Voraussetzung der Proportionalität von Druck und Dampfmenge vor dem Niederdruckteil eine Spannung von 0,75 at herrschen wird.

Ist nun die Steuerung derart eingerichtet, daß bei Zufuhr der gesamten Abdampfmenge von 10000 kg, also bei einem Druck von

1 at vor der Niederdruckstufe das Frischdampfventil geschlossen wird, so kann die Leistung nicht über 1000 PS_e gesteigert werden.

Zur Erzielung der Leistung von 1500 PS_e sind die folgenden Mittel anzuwenden:

1. Bei der Höchstleistung von 1500 PS_e wird auf die Verarbeitung der größten Abdampfmenge verzichtet. Steigt sonach die Leistung über 1000 PS_e, so wird der Mehrbetrag vom Frischdampf unter entsprechender Ausschaltung des Abdampfes aufgebracht. Vor der Niederdruckstufe ist ständig ein Druck von 1 at vorhanden. Diese Bauart

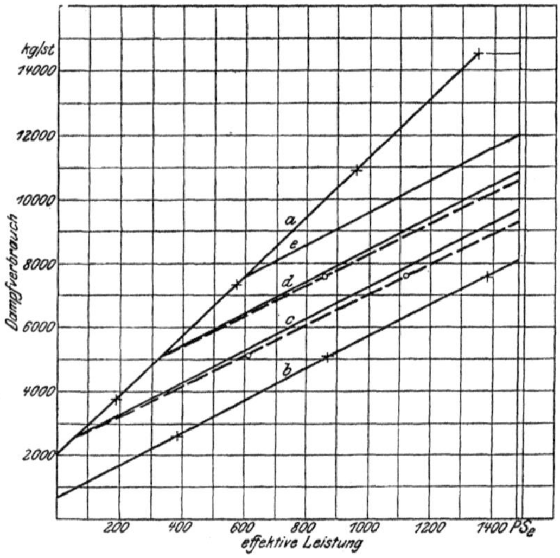

Fig. 544. Effektiver Dampfverbrauch der Zweidruckturbine mit Düsenregelung.

a = Reiner Abdampfbetrieb. b = Reiner Frischdampfbetrieb. c = Betrieb mit 2500 kg/h. Abdampf. d = Betrieb mit 5000 kg/h Abdampf. e = Betrieb mit 7500 kg/h Abdampf.

macht Anordnung von Wärmespeichern nötig, die bei Leistungssteigerung über 1000 PS_e den überschüssigen Abdampf aufnehmen.

2. Vor dem Abdampfteil wird eine Drucksteigerung zugelassen, die eine nicht immer zulässige Erhöhung des Gegendruckes in den der Turbine vorgeschalteten Kolbenmaschinen bedingt. Sind 3000 kg Dampf zur Leistung der $1500-1000 = 500$ PS_e erforderlich, so hätte der Abdampfteil $10000 + 3000 = 13000$ kg von 1,3 at aufzunehmen. Infolge der Zunahme des Abdampfgefälles brauchten in Wirklichkeit nur etwa 12500 kg Dampf bei 1,25 at aufgenommen zu werden.

3. Ein Teil des Abdampfes wird durch eine selbsttätige Überlastungsvorrichtung einer Stufe mit größerer Schaufellänge zugeführt, falls die gesamte Abdampfmenge nicht ohne Druckerhöhung über 1 at zutreten soll.

4. Der Eintrittsquerschnitt der Niederdruckstufe ist so zu bemessen, daß die größte Dampfmenge — also im vorliegenden Fall

13 000 kg — bei 1 at Druck aufgenommen werden kann. Anlagen dieser Art zeigen den Nachteil, daß der Querschnitt zu groß ist,

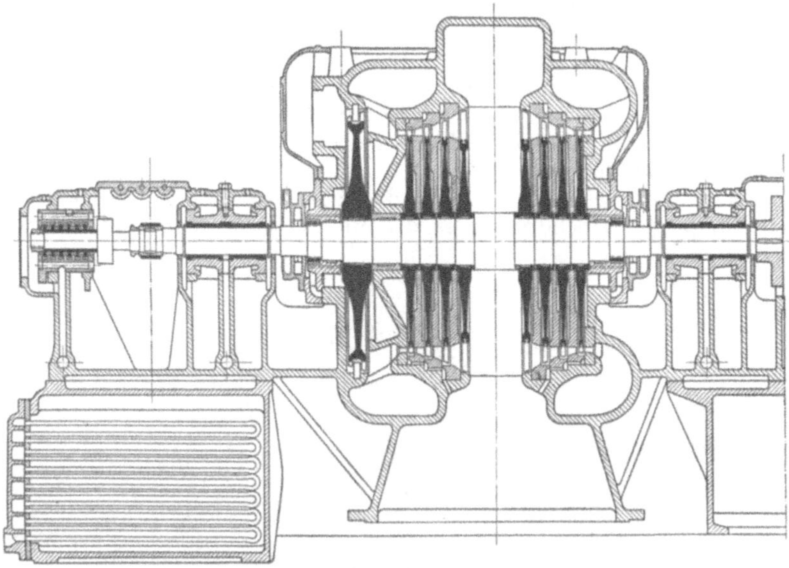

Fig. 545.

wenn nur mit Abdampf gearbeitet werden soll. Dieser müßte hier auf $\frac{10}{31} = 0{,}77$ at gedrosselt werden.

Diesen Übelstand vermeiden Pokorny & Wittekind, Frankfurt

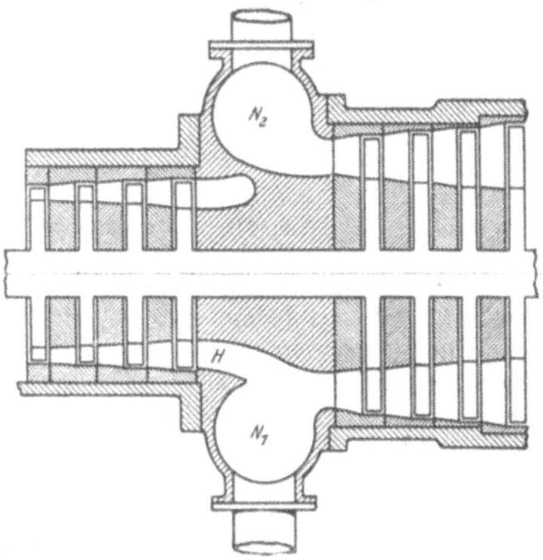

Fig. 546.

a. M., durch Unterteilung der Abdampfturbine in zwei auf derselben Welle wie die Hochdruckturbine sitzende Radgruppen, die bei Abdampfbetrieb parallel beaufschlagt werden. Fig. 545. Bei Frischdampfbetrieb ist nur eine Radgruppe an die Hochdruckturbine angeschlossen. Die dann vor dieser Radgruppe herrschende Spannung ist der Spannung für gleiche Belastung bei Abdampfbetrieb nahezu gleich.

Oerlikon führt die Zweidruckturbinen aus gleichem Grunde nach **Fig. 546** aus. Beim Betrieb mit Frischdampf werden der Hochdruckteil und die Abteilung N_1 des Niederdruckteiles beaufschlagt; beide Teile sind sonach hintereinandergeschaltet. Bei Abdampfbetrieb sind N_1 und N_2 parallel geschaltet.

Fig. **547** zeigt die Zweidruckturbine der A.E.G., bei welcher der Dampf des Hochdruckteiles die Mittelstufe umgeht und erst die

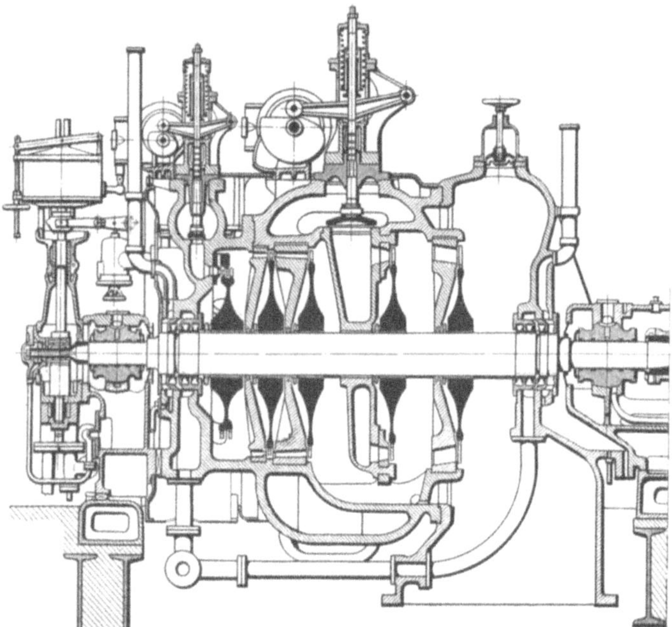

Fig. 547.

Niederdruckstufe wieder beaufschlagt. Durch diese Ausführungsart wird zunächst der Nachteil vermieden, daß — wie bei anderen Bauarten — die Hochdruckräder ständig in ruhendem Dampf von atm. Pressung arbeiten. Die Räder drehen sich bei reinem Abdampfbetrieb ohne Arbeitsleistung, die durch Ventilationswirkung erzeugte Wärme wird nur zum geringen Teil durch Leitung und Strahlung abgeführt. Die Folge ist, daß die Hochdruckstufen bald unzulässig hohe Temperatur annehmen.

In der Bauart nach Fig. **547** gelangt nur der im Mitteldruckrad bereits expandierte Dampf in die Hochdruckstufen. Das Mitteldruckrad wird vom Abdampf voll beaufschlagt, so daß eine größtmögliche Abdampfmenge verarbeitet werden kann, während bei den sonst üblichen

Abdampfturbinen der Abdampf etwa zur Hälfte das Mitteldruckrad beaufschlagt, dessen andere Hälfte durch expandierten Hochdruckdampf beaufschlagt wird. Da nun die Schaufellänge ein bestimmtes Maß nicht überschreiten darf, sind hierbei auch Düsen-Austrittsquerschnitt und Abdampfmenge beschränkt.

c) Empirische Bestimmung des Dampfverbrauches[1]).

Abdampfturbinen. Fast ausschließlich gelangt trocken gesättigter Dampf von $p_1 \cong 1$ at abs. zur Verwendung. Mit $K_0 = 49$ kg/PSh, $V_0 = 115$ vH, $N_v = 60$ PS wird

$$D_n = 49\left(1 - \frac{V}{115}\right)\left(1 + \frac{60}{N_n}\right) \text{ kg/PSh} \quad \ldots\ldots \quad (1)$$

Für Teillasten gilt Gleichung 4), S. 401 mit

$$\gamma = \beta + 0{,}125\,(1{,}1 - \beta)^2 - 0{,}00125 \quad \ldots\ldots \quad (1\,a)$$

bei Drosselregelung,

$$\gamma = \beta + 0{,}125\,(0{,}8 - \beta)^2 - 0{,}005 \quad \ldots\ldots \quad (1\,b)$$

bei Düsenregelung.

Gegendruckturbinen. Für diese Turbinenart gelten Fig. 454 und Gleichung 1), also

$$\frac{1}{\eta_e} = K \cdot \left(1 + \frac{N_0}{N_n}\right).$$

$$D_n = \frac{632{,}3}{i_1 - i_0} \cdot K\left(1 + \frac{N_0}{N_n}\right) \quad \ldots\ldots \quad (2)$$

K ist von der Überhitzung $\tau = t_ü - t_s$ abhängig, η_e ändert sich nahezu geradlinig mit τ_1.

$$K = K'\left(1 - \frac{\tau_1}{\tau_0}\right),$$

worin K' und τ_0 konstante Beiwerte sind. Es folgt:

$$D_n = \frac{632{,}3}{i_0 - i_1} \cdot K'\left(1 - \frac{\tau_1}{\tau_0}\right) \cdot \left(1 + \frac{N_0}{N_n}\right).$$

Mit $t_s = 200^0$ als Mittelwert für die meist gebräuchlichen Eintritts-Sattdampftemperaturen, $T_s = 273 + t_s$, $T_1 = 273 + t_1$ wird

$$D_n = \frac{632{,}3}{i_1 - i_0} \cdot \frac{K'}{\tau_0}\left(\tau_0 + 473 - T_1\right)\left(1 + \frac{N_0}{N_n}\right).$$

In den Grenzen von $p_1 = 8$ bis 20 at abs., $t_1 = 250$ bis 400^0, $\varepsilon = 0{,}05$ bis $0{,}5 = \frac{p_2}{p_1}$ = Verhältnis der Drucke vor und hinter der Turbine ist annähernd:

$$i_1 - i_0 = 0{,}5 \cdot T_1\,(1 - \varepsilon^{0,21}).$$

Es wird:

$$D_n = \frac{1264{,}6\,.\,K'}{\tau_0\,(1 - \varepsilon^{0,21})} \cdot \left(\frac{\tau_0 + 473}{T_1} - 1\right) \cdot \left(1 + \frac{N_0}{N_n}\right).$$

Für

$$\frac{1264{,}6 \cdot K'}{\tau_0} \cdot \left(\frac{\tau_0 + 473}{\tau_0} - 1\right)$$

[1]) Nach Dr. Ing. G. Forner. Zeitschr. Ver. deutsch. Ing. 1922.

kann näherungsweise gesetzt werden:

$$D_0 \left(1 - \frac{t_1}{t_0}\right),$$

so daß folgt:

$$D_n = D_0 \cdot \frac{\left(1 - \frac{t_1}{t_0}\right) \cdot \left(1 + \frac{N_0}{N_n}\right)}{(1 - \varepsilon^{0,21})}.$$

Mit den aus Versuchen abgeleiteten Werten $D_0 = 5{,}45$ kg/PS$_e$h, $N_0 = 50$ PS, $t_0 = 740^0$ wird:

$$D_n = \frac{5{,}45 \left(t - \frac{t_1}{740}\right) \cdot \left(1 - \frac{50}{N_n}\right)}{(1 - \varepsilon^{0,21})}.$$

Die Gleichung gilt für $N_n \geqq 200$ PS.

Für Teillasten gelten näherungsweise dieselben Gleichungen wie bei den Abdampfturbinen.

Anzapfturbinen. Die bei dem Belastungsgrad $\beta = \frac{N_x}{N_n}$ durch die Turbine stündlich fließende Dampfmenge wird erhalten durch Multiplikation des Dampfverbrauches der reinen Kondensationsturbine mit

$$m \cong [1{,}02 + 0{,}2\,(0{,}65 - \beta)^2] \quad . \quad . \quad . \quad . \quad . \quad . \quad . \quad . \quad . \quad (4)$$

Bei β =	0	0,25	0,50	0,75	1,00
wird m =	1,1055	1,052	1,025	1,022	1,045
der Mehrverbrauch in vH	10,5	5,2	2,5	2,2	4,5.

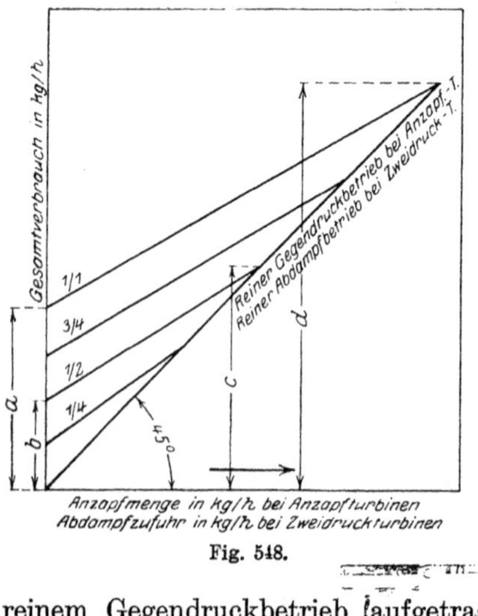

Fig. 548.

Ist G_r die bei reinem Gegendruckbetrieb und der Belastung $N_x = \beta \cdot N_n$ durch die Turbine stündlich fließende Dampfmenge, so folgt:

$$G_r \cong G_x + 0{,}05\, G_n \quad . \quad . \quad . \quad . \quad . \quad . \quad . \quad (5)$$

worin G_x = Dampfverbrauch einer gleichartigen Gegendruckturbine bei Teillast, G_n = Dampfverbrauch einer reinen Gegendruckturbine bei Nennleistung.

In Fig. 548 ist die Ermittlung des Dampfverbrauches für gemischten Betrieb dargestellt. Auf der Ordinate wird der Gesamtverbrauch ohne Anzapfung, auf der unter 45° durch den Nullpunkt gezogenen Geraden der Verbrauch G_r bei reinem Gegendruckbetrieb aufgetragen. Die zu gleichen Belastungen gehörigen Verbrauchspunkte werden durch Geraden verbunden.

Zweidruckturbinen. Die Werte G_x der gleichwertigen Abdampfturbine (Gleichung 1, 1a und b) sind mit

$$m_r \cong 1 + 0{,}2\,(0{,}65 - \beta)^2 \quad \ldots \ldots \quad (6)$$

zu multiplizieren, um G_r für reinen Abdampfbetrieb zu erhalten. In gleicher Weise sind die Werte G_x der Kondensationsturbine mit

$$m_v \cong (1{,}05 - 0{,}08\,\beta) \quad \ldots \ldots \quad (7)$$

zu multiplizieren, um die Werte G_0 bei Betrieb ohne Abdampf zu erhalten. Für gemischten Betrieb ist wieder nach Fig. 548 zu verfahren.

Beispiel. Es sind die Dampfverbrauchsziffern einer 1500 kW-Anzapf-Turbine zu bestimmen, die mit Frischdampf von $p_1 = 18$ at abs. bei 350° und 95 vH. Luftleere arbeitet; Anzapfdruck 2 at abs. Drosselregelung. Es ist zunächst nach Gleichung 3), S. 401 der Dampfverbrauch der reinen Kondensationsturbine zu bestimmen.

1. Dampfverbrauch der reinen Kondensationsturbine.

$$N_n = \frac{1500 \,.\, 1{,}36}{0{,}95} = 2140 \text{ PS}_e \text{ mit } 0{,}95 \text{ Dynamo-Wirkungsgrad.}$$

$$D_n = 14\left(1 + \frac{2}{18}\right)\cdot\left(1 - \frac{350}{900}\right)\cdot\left(1 - \frac{95}{148}\right)\cdot\left(1 + \frac{100}{2140}\right) =$$

$$= 14 \,.\, 1{,}11 \,.\, 0{,}612 \,.\, 0{,}358 \,.\, 1{,}05 = 3{,}57 \text{ kg/PS}_e\text{h.}$$

2. Verbrauch der reinen Kondensationsturbine bei Teilbelastungen.

$$D_x = D_n \cdot \frac{\gamma}{\beta}.$$

$\beta = 0{,}25$	0,5	0,75	1,0
$\frac{\gamma}{\beta} = 1{,}25$	1.070	1,015	1,0
$D_x = 4{,}46$	3,82	3,62	3,57

3. Verbrauch der Anzapfturbine ohne Entnahme.

$$D_x' = m \,.\, D_x$$

$m = 1{,}052$	1,025	1,022	1,045
$D_x' = 4{,}69$	3,92	3,70	3,73
$N_x = 535$	1070	1650	2140
$G_x = 2509$	4194	5939	7982

4. Verbrauch der reinen Gegendruckturbine.

$$D_n = 5{,}45 \,.\, \frac{\left(1 - \frac{t_1}{740}\right)\left(1 + \frac{50}{N_n}\right)}{1 - \varepsilon^{0{,}21}}.$$

Für 2 at Anzapfdruck und 18 at Eintrittsdruck wird $\frac{p_2}{p_1} = 0{,}11$ und

$$(1 - 0{,}11^{0{,}21}) = 0{,}37, \quad \left(1 + \frac{50}{2140}\right) = 1{,}0233 \text{ und } \left(1 - \frac{350}{740}\right) = 0{,}473.$$

$$D_n = 7 \text{ kg/PS}_e\text{h.}$$

5. Verbrauch der reinen Gegendruckturbine bei Teillasten.

$$G_n = 2140 \,.\, 7 \times 14\,980 \text{ kg/h}$$

$\beta = 0{,}25$	0,50	0,75	1,0
$\frac{\gamma}{\beta} = 1{,}355$	1,088	1,02	1,0
$D_x = 9{,}49$	7,62	7,14	7
$G_x = 5077$	8152	11460	14980.

6. Dampfverbrauch der Anzapfturbine als Gegendruckturbine.

$$G_r = G_x + 0{,}05\ G_n = G_x + 749 \text{ kg}.$$

$\beta =$	0,25	0,5	0,75	1,0
$G_r =$	5826	8902	12209	15729.

Wirtschaftliche Vergleiche.

Wirtschaftliche Vergleiche der verschiedenen Ausführungsarten lassen sich durch Darstellungen nach Fig. 549 durchführen. In dieser Figur, die sich auf konstante Leistung und 2 at abs. Gegendruck bezieht, stellt Kurve b den Gesamtdampfverbrauch einer mit Zwischendampfentnahme arbeitenden Verbundmaschine, Kurve a den nach Abzug des Heizdampfes auf die Erzeugung von 1 PS_eh entfallenden Dampfverbrauch dar. Die Geraden c und d geben die gleichen Zahlen bei einer Gegendruckmaschine wieder. Es ist die nicht zutreffende Annahme gemacht, daß der Hochdruckseite die ganze zugeführte Dampfmenge entzogen werden kann, wobei die Hochdruckseite infolge Wegfalls der Niederdruckleistung als Gegendruckmaschine mit großer Füllung arbeitet und bei gleichem mechanischen Wirkungsgrad ihr Wärmeverbrauch mit dem der Gegendruckmaschine zusammenfällt. Dieser Wärmeverbrauch

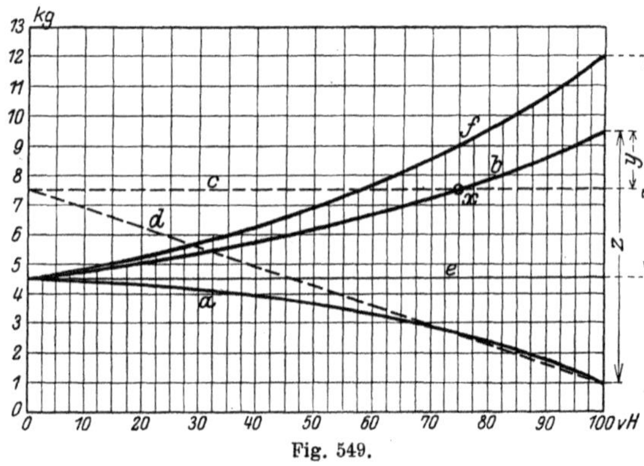

Fig. 549.

entspricht einem Dampfverbrauch von rd. 1 kg pro PS_eh, da das Wärmeäquivalent für 1 PS_ih = 632 kcal ist, für 1 PS_eh also der Wärmeverbrauch zu etwa 685 kcal = Gesamtwärme für 1 kg Heißdampf angesetzt werden kann.

Gerade e stellt den konstanten Dampfverbrauch der Verbundmaschine einer mit Frischdampfentnahme arbeitenden Anlage dar. Wird vorausgesetzt, daß 90 vH Frischdampf = 100 vH Zwischendampf gleichwertig ist, so wird der Gesamtverbrauch f dieser Anlage gefunden, indem die Ordinaten $Z_1 = 0{,}9$ Z von e aus abgetragen werden.

Wie ersichtlich, arbeitet bei kleineren Entnahmen die Zwischendampfmaschine günstiger als die Gegendruckmaschine. Trotz des gleichen Wärmeverbrauches gibt bei 100 vH Heizdampfentnahme die Hochdruckseite infolge der größeren Füllung eine um den Betrag y größere Dampfmenge als die Gegendruckmaschine ab, da z. B. bei Vollfüllung der Hochdruckseite die Arbeit auf Kosten der äußeren

Verdampfungswärme A p u geleistet wird, die für 1 kg Dampf ungefähr 46 kcal beträgt; bei einem Gütegrad = 1, der annähernd erreicht werden wird, müssen sonach 685 : 46 ≅ 15 kg Dampf durch den Hochdruckzylinder geleitet werden.

In Fig. 550 ist der Vergleich einer mit verschiedenen Gegendrucken arbeitenden Einzylindermaschine mit einer Anlage, bei der gedrosselter Frischdampf als Heizdampf dient, durchgeführt. a_1 bis a_4 stellen den Dampfverbrauch der Gegendruckmaschine bei den angegebenen Heizdampfspannungen dar, b gibt den Dampfverbrauch der Verbundmaschine bei getrennter Heizdampf-Erzeugung wieder. Der Gesamtdampfverbrauch der letzteren Anlage, durch die Geraden c_1 bis c_4 gekennzeichnet, wird erhalten, indem — der größeren Wertigkeit des gedrosselten Frisch-

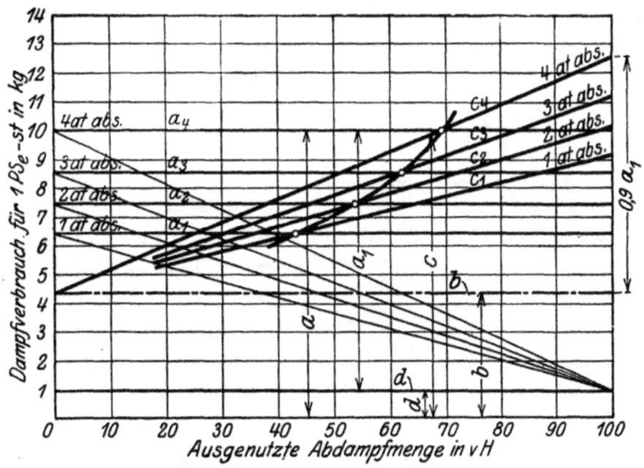

Fig. 550.

dampfes entsprechend — für die vier angenommenen Fälle das 0,9fache der von der Einzylindermaschine abgegebenen Heizdampfmenge zum Dampfverbrauch b addiert wird. Die durch die Schnittpunkte der Geraden a_1 bis a_4 mit c_1 bis c_4 gelegte Kurve gibt für die verschiedenen Heizdampfdrucke die Entnahme an, bei der beide in Vergleich gezogenen Anlagen gleichen Dampfverbrauch aufweisen. Erst über die durch die Kurve bezeichneten Entnahmemengen hinaus wird die Gegendruckmaschine günstiger, wenn die Anlagekosten unberücksichtigt bleiben.

Einen schnellen Überblick über die zahlenmäßigen Verhältnisse ermöglichen die Darstellungen nach Fig. 551 und 552, die sich auf 1 und 3 at als Gegendruck beziehen. Als Abszisse ist die Heizwärme, als Ordinate die gesamte Wärmezufuhr aufgetragen. In allen Fällen werden Maschinen von etwa 1000 kW mit 15 at Eintrittsdruck und 350° Eintrittstemperatur vorausgesetzt. Die durch den Koordinaten-Anfangspunkt unter 45° gezogene Gerade gibt die Verringerung der für 1 PS_eh gebrauchten Wärmemenge an. Eine zu dieser Geraden durch 700 kcal — Wärmeverbrauch für PS_eh in kcal bei vollständiger Abdampfverwertung, s. S. 498 — gezogene Parallele gibt in den Abständen von den Dampfverbrauchslinien G, V usw. die Verluste durch den nicht ausgenutzten Abdampf an.

Linienzug F kennzeichnet die Verhältnisse bei Kondensationsbetrieb mit Frischdampfzusatz. Da der gedrosselte Frischdampf hochwertiger als der Abdampf ist, so sind die (von der Wagerechten durch e an beginnenden) Ordinaten der unter 45° gelegten Geraden e f im Verhältnis 0,9 verkleinert, wodurch der maßgebende Linienzug e g erhalten wird.

Die Verbrauchslinie der Anzapfkolbenmaschine ist dadurch bestimmt, daß mit zunehmender Entnahme der Dampfverbrauch sich immer mehr dem der Gegendruckmaschine nähert, um ihn bei vollständiger Ausschaltung des Niederdruckzylinders und Betrieb des Hochdruckzylinders ausschließlich mit Gegendruck zu erreichen. Im vorliegenden Fall wurde als größte Entnahme $V_{max} = 80$ vH des Gesamtverbrauches bei Kondensationsbetrieb angenommen. Wird hierüber Anzapfdampf gebraucht, so ist von Punkt h ab gedrosselter Frischdampf zuzusetzen. Eine Entnahme von nur 80 vH des Normalverbrauches gestattet günstigere Zylinderverhältnisse als bei noch höheren Entnahmemengen. In Fig. 551 gelangt dies dadurch zum Ausdruck, daß die Gerade k h unterhalb der Verbindungslinie k i verläuft.

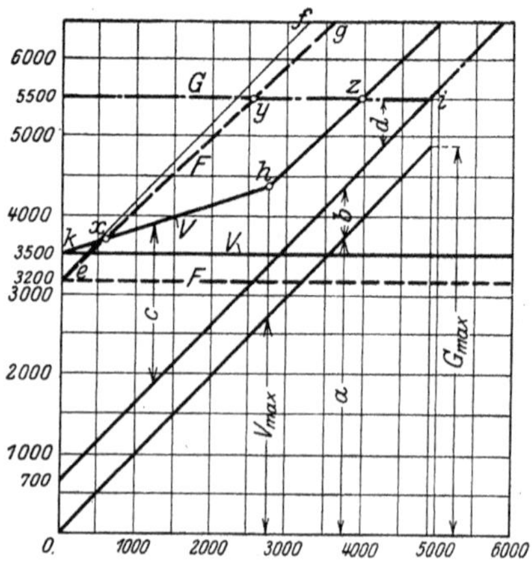

Fig. 551. 1 at abs. Gegendruck.

a = Heizwärme. b = Nutzleistung. c = Verlust durch Kondensation. d = Verlust durch Auspuffwärme F = Kondensationsbetrieb mit Frischdampfzusatz. V = Verbundmaschine mit Zwischendampfentnahme. G = Gegendruckmaschine.

Aus den Darstellungen folgt, daß unterhalb der Wärmeentnahme x Kondensationsbetrieb mit Frischdampfzusatz günstiger ist als Anzapfbetrieb, von y ab ist die Gegendruckmaschine dem Kondensationsbetrieb überlegen. Punkt z bzw. n bestimmt den Wärmeverbrauch, bei dem die Gegendruckmaschine auch günstiger wirkt als die Entnahmekolbenmaschine mit Frischdampfzusatz. Aus dem Abstand (z. B. bei 3000 kcal Wärmeentnahme) zwischen den F- und V-Linien ist ersichtlich, daß mit zunehmendem Gegendruck die Wirtschaftlichkeit der Anzapfmaschine gegenüber dem Kondensationsbetrieb abnimmt.

In Fig. 552 sind auch die Verbrauchslinien für Gegendruck- und Anzapfturbine eingetragen. Die steiler ansteigende Verbrauchslinie der Anzapfturbine schneidet die Linie der Anzapfkolbenmaschine in q, von hier ab wirkt letztere günstiger bis zum Punkt n, trotzdem in h Frischdampfzusatz vorgesehen ist. Bei reinem Gegendruckbetrieb gibt die Anzapfturbine, infolge der leerlaufenden Niederdruckräder einen höheren Dampfverbrauch aufweisend, vom Schnittpunkt m ab eine größere Wärmemenge als die Gegendruckturbine ab.

Im übrigen zeigt das Diagramm Fig. 552, daß Dampfturbinen Entnahme viel größerer Dampfmengen als Kolbenmaschinen ermöglichen.

1. Beispiel. Ein Shedbau von 16 000 m³ Inhalt und mit einem Wärmebedarf von 35 kcal/h/m³ soll mit Abdampf von 1,4 at abs. einer Gegendruckmaschine geheizt werden, deren Abmessungen zu bestimmen sind. Eintrittsdruck 14 at abs., Eintrittstemperatur 330⁰, der Expansionsenddruck werde zur Vermeidung von Schleifenbildung auch bei geringerer Belastung zu 2 at abs. gewählt. Gütegrad $\eta_g = 0{,}75$ (geschätzt).

Bei Expansion von 14 at, 330⁰ auf 2 at abs. beträgt nach der I.-S.-Tafel das Wärmegefälle $i_1 - i_e = 101$ kcal, $x \sim 1$, so daß nach der Dampftabelle $v_e \cong 1{,}06$ m³/kg.

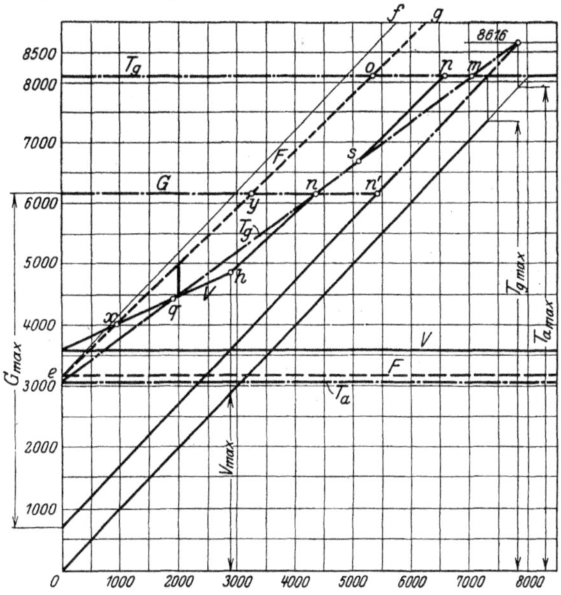

Fig. 552. 3 at abs. Gegendruck. a = Heizwärme. b = Nutzleistung c = Verlust durch Kondensation. d = Verlust durch Auspuffwärme F = Kondensationsbetrieb mit Frischdampfzusatz. V = Verbundmaschine mit Zwischendampfentnahme G = Gegendruckmaschine. Tg = Gegendruckturbine. Ta = Anzapfturbine.

Nach S. 26 wird:

$$L_0 = 427 \cdot 101 + 10\,000\,(2 - 1{,}4) \cdot 1{,}06 = 49\,487 \text{ mkg.}$$

$$L_i = L_0 \cdot \eta_g = 49\,487 \cdot 0{,}75 = 37\,115 \text{ mkg.}$$

1 kg Dampf leistet (nach S. 25)

$$\frac{37\,115}{270\,000} = 0{,}137 \text{ PS.}$$

1 PSh erfordert sonach

$$\frac{1}{0{,}137} = 7{,}3 \text{ kg.}$$

Der Gesamtwärmebedarf beträgt 16 000 · 35 = 560 000 kcal/h, 1 kg Dampf von 1,4 at abs. gibt in der Heizung die latente Wärme r = 534 kcal ab, so daß der Maschine 560 000 : 534 = 1050 kg Dampf stündlich zuzuführen sind, die 1050 : 7,3 = 144 PS leisten.

Nach S. 26 ist:

$$p_{m_{th}} = \frac{427 \cdot 101}{10\,000 \cdot 1{,}06} + 0{,}6 = 4{,}67 \text{ at},$$

$$p_m = 0{,}75 \cdot 4{,}67 = 3{,}5 \text{ at}.$$

$$N_i = 144 = \frac{O \cdot c \cdot p_m}{75}; \quad O \cdot c = 3000 \text{ (O in cm}^2\text{)}.$$

Wird der Hub s = 1,5 D (D = Zyl.-Dmr.) gewählt, so folgt mit

$$O = \frac{D^2\pi}{4}, \quad c = \frac{n \cdot s}{30} = \frac{n \cdot 1{,}5\,D}{30}:$$

$$\frac{3000}{10\,000} = \frac{n \cdot 1{,}5\,D}{30} \cdot \frac{D^2\,\pi}{4} \left(O = \frac{D^2\,\pi}{4} \text{ in m}^2\right).$$

Mit n = 150 Uml/min folgt: $D^3 = 0{,}05$, D = 390 mm, s = 1,5 · 390 ≅ 600 mm.

2. **Beispiel.** Es ist die Dampfmenge festzustellen, die eine 1000 PS_i-Maschine von noch unbekannten Zylinderabmessungen stündlich abgeben kann, wenn die Hochdruckfüllung 30 vH, der Expansionsdruck im Niederdruckzylinder 0,65 at betragen soll. Heizdruck 2 at abs. Eintrittsdruck = 10 at abs., Dampftemperatur 300° (Fig. 553).

a) Mit 30 vH Füllung folgt aus der Beziehung $p\,v^{1,3}$ = konst. ein Expansionsenddruck im Hochdruckzylinder von 2,46 at abs., so daß bei den gewählten Verhältnissen Schleifenbildung vermieden wird.

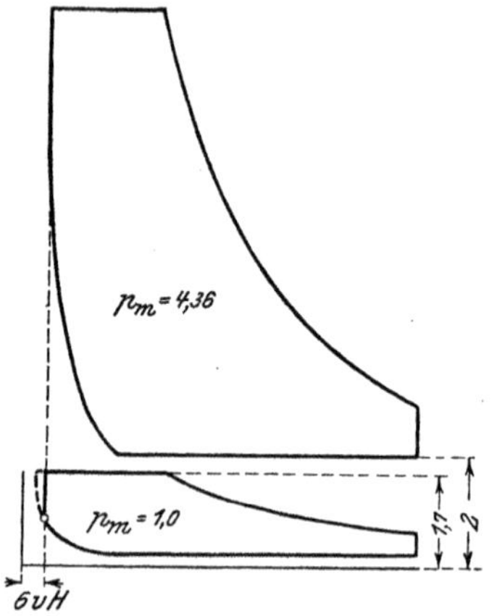

Fig. 553.

Nach S. 26 leistet 1 kg Dampf in der verlustlosen Maschine bei Expansion von 10 at auf 2,46 at und 2,0 at Gegendruck:

$$L_0 = 427\,(i_a - i_e) + 10\,000\,(p_e - p_r) \cdot v_e = 427 \cdot 72 + 10\,000\,(2{,}46 - 2) \cdot 0{,}727$$
$$= 34\,088 \text{ kgm}$$

$$i_a - i_e = 72 \text{ kcal (nach Mollier-Tafel)}.$$

$$v_e = \frac{1}{\gamma}; \quad \gamma = 0{,}5877 \cdot p^{0,94}.$$ (Die geringe Überhitzung wurde vernachlässigt.)

Bei Annahme eines Gütegrades $\eta_g = 0{,}83$ wird der Dampfverbrauch:

$$\frac{270\,000}{34\,088 \cdot 0{,}83} = 9{,}54 \text{ kg/PS}_e\text{h}.$$

Mittlerer theoretischer Druck:

$$p_{m_{th}} = \frac{427 \cdot (i_a - i_e)}{10000 \cdot v_e} + p_e - p_r = 4{,}83 \text{ at.}$$

Wirklicher mittlerer Druck: $p_m = \eta_g \cdot p_{m_{th}} = 0{,}83 \cdot 4{,}83 = 4{,}00$ at.

Wird die Leistung des Hochdruckzylinders zu 700 PS_i angesetzt, so ist der Gesamtdampfverbrauch $700 \cdot 9{,}54 = 6678$ kg/h.

Nach Fig. 553 wird für den Niederdruckzylinder eine Drosselung von 2 at auf 1,7 at angenommen, wobei für $p_r = 0{,}2$ at das Wärmegefälle 40 kcal beträgt. (Dampf von 2 at als trocken gesättigt vorausgesetzt.)

$$x = 0{,}955. \quad v_s = 2{,}6 \text{ m}^3/\text{kg}; \quad v_e = 0{,}955 \cdot 2{,}6 = 2{,}48 \text{ m}^3.$$

$$L_0 = 427 \cdot 40 + 10000 \cdot 0{,}45 \cdot 2{,}48 = 28240 \text{ mkg.}$$

Gütegrad η_g geschätzt zu 0,73

$$\text{Dampfverbrauch: } D = \frac{270000}{28240 \cdot 0{,}73} = 13{,}1 \text{ kg/PS}_i\text{h.}$$

Mittlerer theoretischer Druck:

$$p_{m_{th}} = \frac{427 \cdot 40}{24800} + 0{,}65 - 0{,}2 = 1{,}14 \text{ at.}$$

Wirklicher mittlerer Druck: $1{,}14 \cdot 0{,}73 = 0{,}83$ at.
Gesamtdampfverbrauch: $300 \cdot 13{,}1 = 3930$ kg.
Als Heizdampfmenge bleibt verfügbar: $6678 - 3930 \cong 2750$ kg.
Mit dem Hub $s = 1100$ mm, $n = 100$ Uml/min., $c = 3{,}67$ m/sek. erhält der Hochdruckzylinder 680 mm Durchm., der Niederdruckzylinder 975 mm.
Zylinderverhältnis rd. 1 : 2,05.

Es werde weiterhin die Dampfmenge ermittelt, die bei der größten Füllung des Hochdruckzylinders von 50 vH zur Verfügung steht.

Unter Berücksichtigung des schädlichen Raumes von 6 vH berechnet sich der theoretische Enddruck zu $p_e = p_a \cdot \left(\frac{56}{106}\right)^{1,3} = 4{,}46$ at.

Gefälle zwischen 10 und 4,46 at : 45 kcal; Endtemperatur: 200°.

$$v_e = \frac{0{,}0047 \cdot 473}{4{,}46} - 0{,}016 = 0{,}484 \text{ m}^3/\text{kg.}$$

$$\text{Mittlerer, theoretischer Druck: } \frac{427 \cdot 45}{4840} + 4{,}46 - 2 = 6{,}46 \text{ at.}$$

Gütegrad $\eta_g = 0{,}85$ geschätzt.
Wirklicher mittlerer Druck: $6{,}46 \cdot 0{,}85 = 5{,}5$ at.

Leistung des Hochdruckzylinders:

$$N_i = \frac{O \cdot c \cdot p_m}{75} = \frac{3500 \cdot 3{,}67 \cdot 5{,}5}{75} \cong 930 \text{ PS.}$$

$$L_0 = 427 \cdot 45 + 10000 \cdot 0{,}484 \cdot 2{,}46 = 31121 \text{ mkg.}$$

$$\text{Dampfverbrauch: } \frac{270000}{0{,}85 \cdot 31121} = 10{,}2 \text{ kg.}$$

Gesamtdampfverbrauch: $930 \cdot 10{,}2 =$ rd. 9500 kg.

Der Niederdruckzylinder hat $1000 - 930 = 70$ PS. zu leisten, wozu ein mittlerer Druck $p_m \cong 0{,}2$ at nötig ist.

Schätzt man den Dampfverbrauch zu 25 kg für die PS_ih, so strömen stündlich $70 \cdot 25 = 1750$ kg Dampf zum Niederdruckzylinder ab, so daß $9500 - 1750 = 7750$ kg Heizdampf verfügbar bleiben.

b) Dieselbe Aufgabe werde mit Hilfe der Diagramme Fig. 535 bis 538 gelöst.

		Hochdruck-zylinder	Niederdruck-zylinder
Mittlerer Druck, aus dem Diagramm bestimmt:	at	4,36	1,0
Völligkeitsgrad (geschätzt):		0,93	0,9
Wirklicher mittlerer Druck:	at	4	0,9
Leistung:	PS_i	700	300
Kolbenfläche O:	cm^2	3580	7121
Durchmesser, unter Berücksichtigung der Kolbenstange:	mm	680	965
Zylinderverhältnis:		1 : 2,014	
Hubvolumen (1100 mm Hub):	l	399,5	804,5

Füllungsraum des Hochdruckzylinders (30 vH Füllung, 6 vH schädl. Raum): $0{,}36 \cdot 399{,}5 = 143{,}8$ l.

Die Eintrittsverluste des Dampfes werden durch die Annahme, daß am Ende der Füllung die Temperatur 230° statt 300° betrage, berücksichtigt.

Spezifisches Volumen dieses Dampfes:

$$v = \frac{0{,}0047\,(273 + 230)}{10} - 0{,}016 = 0{,}22 \text{ m}^3/\text{kg}.$$

Spezifisches Gewicht:

$$\gamma = \frac{1}{0{,}22} = 4{,}55 \text{ kg/m}^3.$$

Füllungsgewicht: $4{,}55 \cdot 0{,}1438 = 0{,}6543$ kg.

Im schädlichen Raum bleibt Dampf von 8 at zurück, der als Restdampf vom Füllungsgewicht abzuziehen ist ($0{,}06 \cdot 0{,}400 \cdot \gamma = 0{,}098$):

$$0{,}6543 - 0{,}098 = 0{,}5563 \text{ kg}.$$

Anzahl der Hübe in der Stunde: $2\text{n} \cdot 60 = 12000$.

Gesamtdampfverbrauch: $12000 \cdot 0{,}5563 = 6676$ kg.

Dampfverbrauch pro PS_ih im Hochdruckzylinder: 9,54 kg.

Der Dampf im Aufnehmer werde als trocken gesättigt angenommen.

Aus dem vorgeschriebenen Expansionsenddruck von 0,65 at folgt die Niederdruckfüllung zu 34,5 vH, so daß unter Hinzurechnung des schädlichen Raumes von 6 vH und bei vorläufiger Vernachlässigung der Kompression bei jedem Hub $0{,}405 \cdot 804{,}5$ l $= 0{,}326$ m³ mit Dampf von 1,7 at abs. und 0,968 kg/m³ spez. Gewicht zu füllen sind. Es ist $G = 0{,}326 \cdot 0{,}968 = 0{,}3156$ kg.

Der schädliche Raum von $0{,}06 \cdot 804{,}5 = 48{,}27$ l ist mit Dampf von 0,9 at und $\gamma = 0{,}53$ kg/m³ gefüllt, dem Gewicht $0{,}048 \cdot 0{,}53 = 0{,}025$ kg entsprechend.

Sonach Füllungsgewicht: $0{,}3156 - 0{,}025 = 0{,}291$ kg.

Stündliches Dampfgewicht: $12000 \cdot 0{,}291 = 3492$ kg.

Wirklicher Gesamtdampfverbrauch der Niederdruckseite geschätzt zu $1{,}2 \cdot 3492 = 4190$ kg.

Verbrauch pro Niederdruck-PS_ih: $\frac{4190}{300} \backsim 14$ kg.

Heizdampfentnahme: $6676 - 4190 = 2486$ kg.

In vorstehendem Beispiel sind die zu schätzenden Werte mit Absicht so gewählt, daß sich möglichst weitgehende Übereinstimmung mit den im ersten Beispiel errechneten Ergebnisse einstellte.

Die Berechnung nach Beispiel a verdient den Vorzug gegenüber Beispiel b, weil nur die Gütegrade anzunehmen sind, über die zuverlässige Angaben vorliegen.

Betrag der Ersparnis. Die Dampfwärme des Dampfes von 300° und 10 at abs. beträgt $i = \lambda + c_p\,(t_{ü} - t_1) = 663{,}8 + 0{,}53\,(300 - 179) = 728$ kcal. Nach Beispiel a) ist der Gesamtdampfverbrauch = 6678, sonach der Gesamtwärmeaufwand $6678 \cdot 728 = 4861584$ kcal.

Bei getrennter Heizdampferzeugung hätte sich die vorgeschriebene Leistung von 1000 PS_i in einer Verbundmaschine mit einem Dampfverbrauch von 5000 kg, einem geschätzten Dampfverbrauch von 5,0 kg/PS_ih entsprechend, erreichen lassen. Sonach Wärmeaufwand für 1000 PS_i Leistung: $5000 \cdot 728 = 3\,640\,000$ kcal.

Die Dampfwärme des trocken gesättigten Dampfes von 2 at abs. beträgt 645,6 kcal, so daß für 2750 kg Heizdampf $2750 \cdot 645{,}6 = 1\,775\,400$ kcal aufzuwenden sind. Für Kraft und Heizung sind insgesamt aufzuwenden: $3\,640\,000 + 1\,775\,400 = 5\,415\,400$ kcal gegenüber 4 861 584 kcal bei Abdampfmaschinenanlage.

$$\text{Ersparnis: } \frac{5\,415\,400 - 4\,861\,584}{5\,415\,400} \cdot 100 = 12{,}3 \text{ vH.}$$

Bei dieser überschlägigen Rechnung ist angenommen, daß die Heizdampfmenge von 2750 kg gerade dem Bedarf entspricht und dauernd entzogen wird, sowie daß der Zwischendampf dem einer Kesselanlage gedrosselt oder ungedrosselt entnommenen Heizdampf gleichwertig sei.

3. Beispiel. Eine Dampfturbine soll bei jeder Dampfentnahme, die bis 5000 kg/h steigen kann, 1700 PS_e leisten. Bei Expansion des Dampfes von 12 at, 300° auf 0,06 at, einem Wärmegefälle von 211 kcal entsprechend, soll $\eta_i = 0{,}66$ sein. Mechanischer Wirkungsgrad $\eta_m = 0{,}93$. $\eta_e = \eta_i \cdot \eta_m = 0{,}62$.

$$\text{Dampfverbrauch für 1 } PS_e h: \frac{632{,}3}{0{,}62 \cdot 211} \cong 4{,}85 \text{ kg.}$$

Die Hochdruckstufe wird als zweikränziges Geschwindigkeitsrad ausgeführt, in dem der Dampf von 12 at auf den Heizdampfdruck von 2 at expandiert. Das Wärmegefälle beträgt hierbei 90 kcal.

$$\text{Theoretische Leistung: } L_0 = \frac{90 \cdot 427}{75 \cdot 3600} = 0{,}1423 \text{ PS für 1 kg Dampf.}$$

Die gewählten Geschwindigkeiten ($u = 140$ m/sek., $c_1 = 810$ m/sek.) ergeben $\eta_u = 0{,}55$, sonach Leistung am Schaufelradumfang:

$$L_u = 0{,}55 \cdot 0{,}1423 = 0{,}0783 \; PS_u \text{ für 1 kg Dampf.}$$

Ohne Berücksichtigung des Heizdampfbedarfes ergibt sich ein Gesamtdampfverbrauch $4{,}85 \cdot 1700 = 8245$ kg/h.

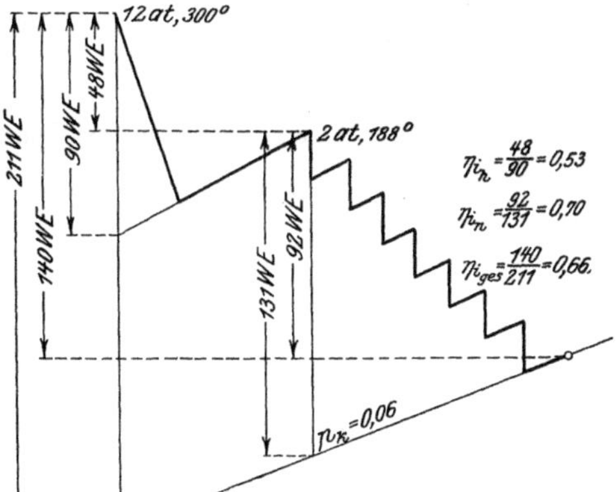

Fig. 554.

Diese Dampfmenge leistet im Hochdruckteil $8245 \cdot 0{,}0783 = 665{,}6 \; PS_u$.

Nach Abzug der auf 12 PS geschätzten Radreibung beträgt die indizierte Leistung der Hochdruckstufe: $665{,}6 - 12 = 653{,}6 \; PS_i$, die an die Welle abgegeben werden. Da insgesamt $\frac{1700}{0{,}93} \cong 1830 \; PS_i$ zu leisten sind, so entfallen auf den Niederdruckteil im normalen Betrieb $1830 - 650 = 1180 \; PS_i$.

Fig. 554 zeigt die weitere Verwertung des Dampfes in 7 Niederdruckstufen. Die gemachten Annahmen führen mit einer zu vernachlässigenden Abweichung auf 0,06 at Enddruck, sind sonach zutreffend.

Verfügbares Niederdruckgefälle: 131 kcal. Wärmerückgewinnung: 7 kcal, Wiederverwertung der Austrittsenergie: 6,5 kcal.

Einzelgefälle: $\dfrac{131+7+6{,}5}{7} = 20{,}9$ kcal.

$$\varphi_d = 0{,}95; \quad \psi = 0{,}8; \quad c_1 = 0{,}95\,[91{,}5\,\sqrt{20{,}9}] = 397{,}6 \text{ m/sek.};$$
$$\delta_1 = 20^0, \quad u_1 = 130 \text{ m/sek.}$$

$$\eta_u = 2\cdot 0{,}95^2\,(1+0{,}8)\left[\cos 20^0 - \frac{130}{398}\right]\cdot\frac{130}{398} = 0{,}65.$$

Während des Betriebes mit Heizdampfentnahme wird die Hochdruckstufe eine der Heizdampfmenge entsprechende Mehrarbeit leisten. Der Niederdruckteil arbeitet mit gedrosseltem Dampf; der Wirkungsgrad η_u nimmt hier zu, da $u = 130$ m/sek unverändert bleibt, c_1 infolge des verringerten Wärmegefälles kleiner wird.

Die gewünschte Übersicht läßt sich nur durch Proberechnung erhalten.

1. Annahme. Bei größter Leistung von 1700 PS_e = 1830 PS_i und stärkster Dampfentnahme von 5000 kg/h strömen der Turbine stündlich 11600 kg Dampf zu. Im Hochdruckteil werden $11600\cdot 0{,}0783 - 12 = 896$ PS_i geleistet, so daß auf den Niederdruckteil $1830 - 896 = 934$ PS_i entfallen; für diese Leistung stehen $11600 - 5000 = 6600$ kg Dampf zur Verfügung.

Der gegenüber 8245 kg Stundendampf auf 6600 kg/h verringerten Durchflußmenge entsprechend verringert sich der Druck vor dem Niederdruckteil auf $2\cdot\dfrac{6600}{8245} = 1{,}6$ at. Die durch 2 atm., 188⁰ nach $p = 1{,}6$ at gezogene, wagerechte Drossellinie zeigt keine wesentliche Veränderung der Temperatur.

Wärmegefälle zwischen 1,6 at, 188⁰ und 0,06 at = 123 kcal.

$$L_0 = \frac{123\cdot 427}{270000} = 0{,}1938 \text{ PS}_i.$$

Sonach theoretische Gesamtleistung: $6600\cdot 0{,}1938 = 1279$ PS_i.

$$\eta_i = \frac{934}{1279} = 0{,}73.$$

Es ist nachzuprüfen, ob dieser Wirkungsgrad annähernd erreicht werden kann.

Einzelgefälle: $\dfrac{123+7+6{,}5}{7} = 19{,}5$ kcal.

$$c_1 = 0{,}95\cdot 91{,}5\,\sqrt{19{,}5} = 385 \text{ m/sek.}$$
$$\eta_u = 2\cdot 0{,}95^2\cdot 1{,}8\left[0{,}94 - \frac{130}{385}\right]\cdot\frac{130}{385} = 3{,}24\cdot 0{,}602\cdot 0{,}338 \backsimeq 0{,}66.$$

Mit diesem Wert von η_u läßt sich $\eta_i = 0{,}73$ naturgemäß nicht erreichen.

2. Annahme. Der Turbine strömen stündlich 11800 kg Dampf zu.

Leistung im Hochdruckteil: $11800\cdot 0{,}0783 - 12 = 910$ PS_i.

Leistung im Niederdruckteil: $1830 - 910 = 920$ PS_i.

Dampfverbrauch im Niederdruckteil: $11800 - 5000 = 6800$ kg.

Dampfdruck vor der Niederdruckstufe: $2\cdot\dfrac{6800}{8245} = 1{,}65$ at.

Wärmegefälle: 124 kcal.

$$L_0 = \frac{124\cdot 427}{270000} = 0{,}196 \text{ PS.}$$

Sonach theoretische Gesamtleistung: $6800\cdot 0{,}196 = 1333$ PS.

$$\eta_i = \frac{920}{1333} = 0{,}69.$$

3. Annahme. Bei einem stündlichen Dampfzufluß von 11900 kg entfällt auf den Niederdruckteil eine Leistung von $1830 - (0{,}0783\cdot 11900 - 12) = 910$ PS.

Wärmegefälle = 125 W.E. $L_0 = \frac{125 \cdot 427}{270000} = 0{,}198$. Theoretische Gesamtleistung: $6900 \cdot 0{,}198 = 1366$ PS.

$$\eta_i = \frac{910}{1366} = 0{,}666.$$

Wird berücksichtigt, daß die Luftleere infolge der Verringerung der Niederdruckdampfmenge verbessert wird, so dürfte Annahme 3 passend erscheinen.

Die im normalen Betrieb 8245 kg/h verbrauchende Dampfturbine erfordert also 11 900 kg/h Dampf, wenn bei gleichbleibender Leistung von 1700 PS 5000 kg Heizdampf pro Stunde entzogen werden.

Es werden sonach 5000 — (11 900 — 8245) = 1345 kg Frischdampf pro Stunde gespart, wenn für diesen Frischdampf gleicher Wärmewert wie für den aus dem Turbinenhochdruckteil austretenden Dampf angenommen wird.

4. Beispiel[1]). Für eine Zweidruckturbine, die bei Frischdampfbetrieb 1000 kW leisten soll, steht Dampf von 8 at abs. und 250° zur Verfügung. Der Dampfverbrauch soll höchstens 8,1 kg/kWh betragen. An Abdampf können stündlich 14 500 kg von 1,05 at abs. verwertet werden. Mit dieser Abdampfmenge soll eine Leistung von 900 kW bei einer Luftleere von 92 vH erreichbar sein, dem Dampfverbrauch 16,2 kg/kWh entsprechend.

Wirkungsgrad des Stromerzeugers: 90,5 vH bei 900 kW, 92 vH bei 1000 kW.

Der Niederdruckteil soll als Doppelender-Reaktionsturbine ausgebildet werden, so daß beide Stopfbuchsen gegen Luftleere abdichten. Der in diesen von 8 at, 250° auf 1 at heruntergedrosselte Dampf hat ein spezifisches Volumen $v_1 = 2{,}4$ m³/kg, und es wird bei 12 Expansionen, einem radialen Spiel von 0,5 mm und bei 160 mm Wellendurchmesser der Stopfbuchsenverlust nach S. 393:

$$G_{sek} = 2f\sqrt{\frac{g}{z + 1{,}5} \cdot \frac{p_1}{v_1}} = 0{,}0276 \text{ kg/sek.} = 100 \text{ kg/h.}$$

Sonach tritt in die Schaufelung das Dampfgewicht 8100 — 100 = 8000 kg bei Frischdampfbetrieb, 14 500 — 100 = 14400 kg = 4 kg/sek. bei Abdampfbetrieb.

Arbeitsaufwand für Lagerreibung und Ölpumpe N = 11,25 PS.

Sonach steht für Frischdampfbetrieb eine Arbeitsdampfmenge von 2,22 kg/sek. für die Erzeugung von 1475 + 11,25 = 1486,25 PS_i und für die Abdampfturbine eine Dampfmenge von 4 kg/sek. für die Erzeugung von 1350 + 11,25 = 1361,25 PS_i zur Verfügung.

a) Abdampfturbine. Diese wird zunächst ohne Berücksichtigung der vorgeschalteten Hochdruckstufe für eine Expansion von 1,0 at auf 92 vH Luftleere und für 1361,25 PS_i Leistung bei 4 kg/sek Dampfzufluß berechnet. Dem hieraus sich ergebenden Wärmegefälle von 88,5 kcal entspricht ein theoretischer Dampfverbrauch von 7,15 kg/PS. Soll der indizierte Dampfverbrauch $\frac{14400}{1361{,}25} = 10{,}6$ kg/PS_i erreicht werden, so muß $\eta_i = 67{,}5$ vH werden. Mit Rücksicht auf die Wärmezufuhr durch die Hochdruckrad-Reibung wird $\eta_i = 0{,}70$ gewählt.

Das indizierte Gefälle von $88{,}5 \cdot 0{,}7 = 61{,}9$ kcal ergibt im I.-S.-Diagramm als Endpunkt für 92 vH Luftleere die Dampfnässe $x = 0{,}94$, das spezifische Volumen $v_s = 17{,}35$ m³/kg und das Gesamtvolumen $4 \cdot 17{,}35 = 69{,}4$ m³/kg.

Wird eine absolute Austrittsgeschwindigkeit $c_2 = 150$ m/sek. vorausgesetzt, einem Auslaßverlust von 2,7 kcal = 3 vH des adiabatischen Gefälles entsprechend, so findet sich der tatsächliche Dampfzustand beim Verlassen der letzten Laufradreihe durch Eintragung ins I.-S.-Diagramm; das Gesamtdampfvolumen wird für jede Turbinenseite $\frac{4}{2} \cdot 17{,}15 = 34{,}3$ m³, wobei $p_k = 0{,}08$ at, $x = 0{,}932$, $v_s = 18{,}41$ m³/kg.

[1]) Das Beispiel ist der ausgezeichneten Dr. Ing.-Dissertation: „Die Abdampf- und Zweidruckturbinen" von Karl Röder entnommen, hier aber nur in den Grundzügen durchgeführt.

Bei 700 mm mittlerem Schaufelraddurchmesser in letzter Stufe, u = 110 m/sek. $\beta_2 = 30^0$ wird die relative Austrittsgeschwindigkeit $w_2 = 234$ m/sek.

Mit dem Verengungsfaktor $\tau = 0{,}9$ wird die Schaufellänge:

$$l = \frac{G \cdot v}{\tau \; D \pi \cdot w_2 \cdot \sin \beta_2} = 0{,}149 \text{ m} = 149 \text{ mm};$$

sonach Niederdrucktrommeldurchmesser = 700 — 150 = 550 mm.

Wird der Dampfzustand in der Mitte der ersten Schaufelgruppe zu p = 0,8 atm., x = 0,995 geschätzt, so ergibt sich mit 160 m/sek. Dampfgeschwindigkeit, 600 mm mittlerem Durchmesser bei 550 mm durchgehendem Trommeldurchmesser die Schaufellänge

$$l = \frac{\frac{4}{2} \cdot 2{,}12 \cdot 0{,}995}{160 \cdot \pi \cdot 0{,}6 \cdot \frac{1}{3}} = 42 \text{ mm}.$$

Hierin bedeutet das „Öffnungsverhältnis" $= \frac{1}{3}$ das Verhältnis zwischen dem gesamten der Schaufelhöhe entsprechenden Ringraum und dem Dampfstrahlquerschnitt senkrecht zur Strömungsrichtung am Dampfaustritt.

Soll das Verhalten der Turbine bei $\frac{3}{4}$, $\frac{1}{2}$ und $\frac{1}{4}$ der vollen Dampfmenge von 4 kg/sek. ermittelt werden, so ist schätzungsweise Steigerung der Luftleere von 0,08 at bei Vollast auf 0,065 at bei $\frac{1}{4}$ Dampfmenge anzunehmen.

b) Zweidruckturbine. Der im vorstehenden berechnete Abdampfteil soll nunmehr als Bestandteil einer Zweidruckturbine untersucht werden.

Wie oben angegeben, soll bei Beaufschlagung der Turbine mit Frischdampf allein die indizierte Leistung 1486,25 PS. bei 8000 kg/h Dampf betragen, sonach indizierter Dampfverbrauch 5,4 kg/h.

Der vorgeschaltete Hochdruckteil soll aus einer Druckstufe mit Geschwindigkeitsstufung bestehen.

1. Frischdampfbetrieb.

Für die Überschlagsrechnung wird vorausgesetzt, daß der Endpunkt der Hochdruckexpansion in die durch den Anfangszustand des Abdampfes gelegte Drossellinie fällt.

Druck vor der Niederdruckschaufelung: $1 \cdot \frac{8000}{14\,400} = 0{,}55$ at, hierbei entwickelt der Niederdruckteil 679,25 PS_i, so daß der Frischdampfteil 1486,75 — 679,25 = 807,5 PS_i (einschließlich des in der Überschlagsrechnung zu vernachlässigenden Reibungs- und Ventilationswiderstandes) bei Expansion des Dampfes von 7,5 at und 250° auf 0,55 at zu leisten hat. Das verfügbare Gefälle beträgt hierbei 114 kcal, der theoretische Dampfverbrauch 5,55 kg/PS_i, die theoretisch erzielbare Leistung $\frac{8000}{5{,}5} = 1440$ PS. Sonach erforderlicher Mindestwirkungsgrad $\frac{807{,}5}{1440} = 55{,}8$ vH.

Die Untersuchung der mit Drosselregelung arbeitenden Frischdampfturbine für die den stündlichen Dampfmengen von 7500 kg, 5000 kg und 2500 kg entsprechenden Belastungen zeigt, daß bei Abnahme von 7500 kg auf 2500 kg stündlicher Dampfzufuhr das in der Frischdampfstufe verwertete Gefälle nur um 3,5 vH von 114 auf 110 kcal sinkt.

Für die Berechnung der Düse werde eine stündliche Dampfaufnahme von 7500 kg zugrunde gelegt.

Für $p_0 = 7{,}0275$ at, $v_0 = 0{,}331$ m³/kg und $G = \frac{7500}{3600} = 2{,}085$ kg/h wird $f_m = \frac{G}{2{,}09}\sqrt{\frac{v_0}{p_0}} = 21{,}75$ cm². $\varphi = 0{,}96$.

Der Endzustand bei 114 kcal adiabatischer Expansion und $0{,}08 \cdot 114 = 9{,}1$ kcal Verlust ist $p_1 = 0{,}521$, $x_1 = 0{,}9455$, $v_1 = 2{,}96$ m³/kg, $c_1 = 936$ m/sek., also der Austrittsquerschnitt $f = 2{,}085 \cdot \frac{2{,}96}{936} = 66$ cm².

Erweiterungsverhältnis der Düse $\backsim 3$.

Dieses Verhältnis bleibt bei reinem Frischdampfbetrieb und Drosselregelung für alle Belastungen richtig.

2. Mischbetrieb mit 2500 kg/h Abdampf und 2500 kg/h Frischdampf. Es werde angenommen, daß der Dampfzustand der Mischung auf der Abdampfdrosselkurve liege. Dann findet sich der Anfangsdruck der Expansion im

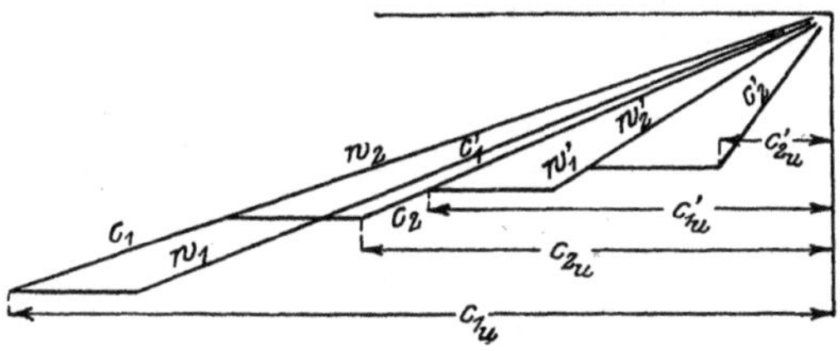

Fig. 555. Reiner Frischdampfbetrieb.

Abdampfteil aus der Kegelschnittkurve, Fig. 478, zu 0,355 at. Im Frischdampfventil werden die 2500 kg/h auf $7{,}5 \cdot \frac{2500}{8000} = 2{,}34$ at gedrosselt. Die Düsenerweiterung ist für den vorliegenden Fall zu groß. Durch Proberechnung wird die Abweichung der richtigen Erweiterung von der ausgeführten zu 29 vH

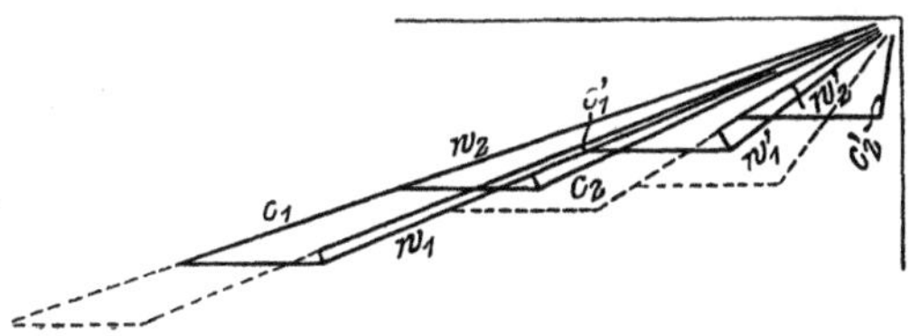

Fig. 556. Betrieb mit je 2500 kg/h. Frisch- und Abdampf. (Diagramm Fig. 555 ist punktiert eingetragen.)

festgestellt, womit nach Fig. 410 φ um 8 vH auf 0,88 sinkt. Verfügbares adiabatisches Gefälle = 87 kcal. $c_0 = 854$ m/sek., $c_1 = 750$ m/sek.

Die Aufzeichnung der Geschwindigkeitsdiagramme ergibt, Fig. 556:
$c_1 = 750$ m/sek., $w_1 = 616$ m/sek., $w_2 = 523$ m/sek.;
$c_2 = 393$ m/sek., $c_1' = 338$ m/sek., $w_1' = 213$ m/sek.;
$w_2' = 189$ m/sek., $c_2' = 100$ m/sek.
Stoßverluste: 11,15 und 20 m/sek., also zusammen 0,1 kcal.

Leistung der Frischdampfstufe pro 1 kg Dampf: $\frac{u}{g} \cdot A \cdot \Sigma(c_{1u} \pm c_{2u})$:

$$\frac{141}{9{,}81} \cdot \frac{1}{427}(712 + 356 + 311 + 20) - 0{,}1 = 46{,}8 \text{ kcal.}$$

Wirkungsgrad der Geschwindigkeitsschaufelung: $\frac{46,8}{\left(\frac{750}{91,5}\right)^2} = 69,7$ vH für $\frac{u}{c_1} = 0,1875$.

Wirkungsgrad der Frischdampfstufe ohne Berücksichtigung der Radreibung und Ventilation: $\frac{46,8}{87} = 53,9$ vH.

Spezifisches Volumen des Endzustandes: 5,4 m³/kg, sonach Radreibung nach Forner (für zweikränzige Räder, mit $D_m = 0,9$ m, $L_m = 0,04$ m, n = 3000 s. S. 392) = 1,27 kcal für 1 kg Dampf. Als tatsächlicher Zustand am Ende der Frischdampfstufe folgt: 0,355 at, t = 145°.

Der gedrosselte Abdampf von gleichem Druck hat den unverminderten Wärmeinhalt von 640 kcal; der Dampf aus der Frischdampfstufe hat den Wärmeinhalt 707 — 46,8 + 1,27 = 661,47 kcal. Der Wärmeinhalt nach der Mischung, die zu gleichen Teilen erfolgt, ist das arithmetische Mittel 650,47 kcal. Damit folgt der Zustand vor dem Abdampfteil: p = 0,355 at, t = 120°. Der hierdurch gekennzeichnete Punkt liegt auf der Kurve gleicher Dampfaufnahme von 5000 kg/h, so daß Expansion des Frischdampfteiles auf andere Drucke nicht untersucht zu werden braucht.

Im Abdampfteil geht die Expansion auf 0,067 at vor sich, das adiabatische Gefälle beträgt 62 kcal. Mit diesen Werten ist die Niederdruckstufe zu untersuchen.

Die innere Leistung dieser Stufe ergibt sich zu 371 PS_i, Leistung der Hochdruckstufe: $(46,8 - 1,27) \cdot 0,695 \cdot \frac{427}{75} = 181$ PS_i. Gesamtleistung: 552 PS_i = 540,75 PS_e.

I. Besondere Anordnungen.

1. Dampfmaschinen mit Drehkolben.

Als Beispiel für diese Maschinenart werde die in Fig. 557—558 dargestellte Maschine von Hult erwähnt. Wie ersichtlich, handelt es sich um eine Verbesserung der Daviesschen Maschine. Auf einer hohlen Welle, die an einem Ende eine Kuppelung trägt, während am anderen Ende ein Stahlring aufgeschraubt ist, der den axialen Dampfdruck aufnimmt, ist eine Walze befestigt, in der drei Klappen gleiten. Die Walze kreist innerhalb eines exzentrisch zu ihr und der Welle liegenden Zylinders, der ebenso wie die Welle durch Rollringe e gegen das Gestell abgestützt ist. Die Rollbahnen d und die zwischen ihnen laufenden Rollringe e bestehen aus Stahl und sind an den Laufflächen gehärtet. Einer Verschiebung der Rollringe gegeneinander wird durch die Rollen f begegnet, die zur Vermeidung unnötiger Reibung etwas kleinere Durchmesser als die Ringe haben und an Führungsscheiben befestigt sind.

Im Ruhestand wird stets eine der drei Klappen durch ihre eigene Schwere gegen die Zylinderwand gedrückt, und diese Abdichtung genügt, um die Maschine in Betrieb zu setzen. Während des Betriebes werden die Klappen durch die Zentrifugalkraft gegen die Zylinderwandung gedrückt. Um die Reibung zwischen Klappe und Zylinder zu vermindern, ist letzterer umlaufend angeordnet; er wird durch die Reibung zwischen ihm und der Walze mitgenommen, so daß für die Reibungsarbeit nur die relative Geschwindigkeit zwischen Klappe und Zylinder in Frage kommt.

Die Vorrichtung zur Dampfverteilung besteht aus einer inneren, am Gestelldeckel befestigten Hülse b und einer mit der Welle umlaufenden Futterhülse c mit drei Öffnungen für den Dampfdurchtritt, die sich an der Öffnung in der inneren Hülse b vorbeibewegen, während welcher Zeit die Füllung stattfindet. Der am Ende der Welle sitzende Regulator wirkt drehend auf ein Ventil, das in der Verlängerung der Hülse c untergebracht ist. In dieser Weise wird die Reibung zwischen der feststehenden Verteilhülse und dem Regelventil vermieden, und der Regulator hat beim Ausschlag nur eine relative Bewegung herbeizuführen.

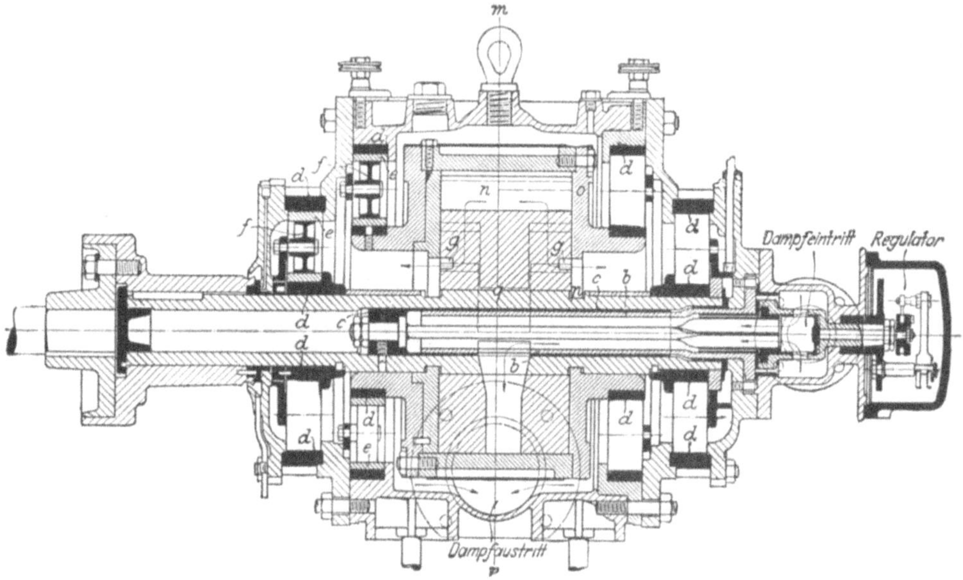

Fig. 557.

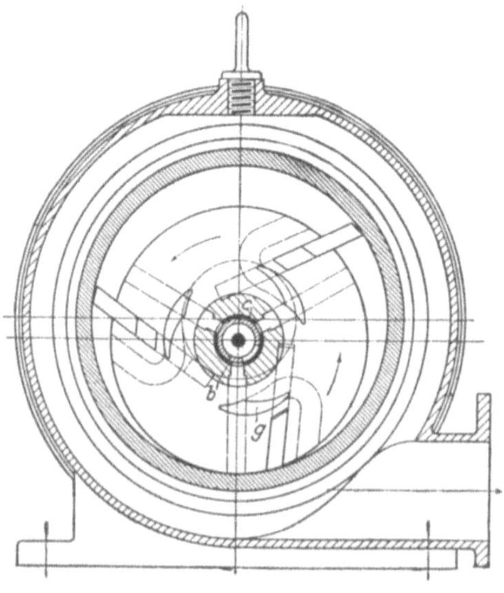

Fig. 558.

Auf die Leistung kann außer durch Drosselung auch durch Füllungsänderung eingewirkt werden, was hauptsächlich bei größeren Maschinen geschieht.

Die Ausströmkanäle g münden an den Stirnen der Walze aus. Durch die zur Welle und Walze exzentrische Lagerung des Zylinders mit seinem Deckel wird nämlich eine Fläche gebildet, die von den zwei inwendig sich berührenden Kreisen der Welle und der Deckelöffnung begrenzt wird, so daß eine an der Stirne der Walze befindliche Öffnung durch ihre Bewegung gegenüber dem Zylinderdeckel geöffnet und geschlossen wird. Der Dampf strömt aus dem Gestell in das Auslaßrohr. Das Maschinengestell, das sämtliche bewegte Teile umschließt, ist mit einer Verschalung versehen, nach deren Entfernung man an die Regulierschraube gelangt, die mittelst Kegels die seitliche Dichtung nachzustellen gestattet. Zwei weitere Schrauben dienen zum Nachstellen in radialer Richtung, um am Berührungspunkt zwischen Walze und Zylinder den Dichtungsdruck herzustellen.

Auch der Hultschen Maschine ist ein nachhaltiger Erfolg nicht beschieden gewesen.

2. Lokomobilen.

Dampfmaschinen, die mit ihrem Kessel fest verbunden sind, werden auch dann als „Lokomobilen" bezeichnet, wenn das Ganze nicht, wie dies die Benennung eigentlich voraussetzt, auf einem fahrbaren Untergestell angeordnet ist.

Da der Kessel, der fast ausschließlich mit Rauchröhren ausgeführt wird, als Maschinenfundament dienen muß, so ist bei der Bemessung der Kesselwandstärke zu beachten, daß der auf Verbiegung der oberen Kesselwand wirkende Kolbendruck an einem Hebelarm gleich Maschinenhöhe angreift. Dieses Biegungsmoment ist von der Kesselwand aufzunehmen, wenn Zylinder und Hauptwellenlager für sich, ohne Verbindung miteinander, aufgenietet werden. Der Kessel muß dann eine größere Wandstärke erhalten, als ihm unter alleiniger Berücksichtigung des Arbeitsdruckes zukommt und wird außerdem zweckmäßig durch an der Innenseite der oberen Wand längsgelegte I-Eisen widerstandsfähiger gemacht.

Vorteilhafter ist die Anordnung von Strebestangen, die Zylinder und Lager miteinander verbinden, so daß nur der freiwirkende Massendruck auf die Kesselwand übertragen wird (Ausführung Lanz-Mannheim). Die Lager können hierbei gleitbar auf ihrem Sattel angeordnet und mit diesem durch Schrauben nur so fest verbunden werden, daß deren Anzug zwar genügt, die Lager auf dem Sattel zu halten, nicht aber, um die Wärmeausdehnung des Kessels zu hindern. Da diese bei längeren Kesseln 3 bis 6 mm beträgt, und um diesen Betrag auch annähernd die Entfernung zwischen Zylinder und Hauptlager wächst, falls keine Verbindung zwischen ihnen vorhanden ist, so ergibt sich hieraus auch die große Bedeutung der Strebestangen für die richtige Einstellung der Steuerung.

Weitere Entlastung des Kessels wird bei Verbundmaschinen durch Versetzung der Kurbeln unter 180° erreicht, dadurch gelangt auch der Einfluß der Regulierung um $\frac{1}{4}$ Umdrehung eher zur Geltung; doch werden schwerere Schwungräder nötig.

Der senkrechte Druck des Kreuzkopfes kann vernachlässigt werden, da der Zugänglichkeit halber die Pleuelstangenlänge = 7 bis 8 mal Kurbelradius wird.

Als Kreuzkopfführung wurde früher die Schlittenführung bevorzugt, die leichte Zugänglichkeit der Zylinderstopfbüchsen gestattet; neuerdings wird die Rundführung ausgeführt.

R. Wolf in Magdeburg-Buckau baut Maschinen von 23 bis 75 PS_e Normalleistung als Tandemverbundmaschinen, Fig. 559, Maschinen von 100 bis 640 PS_e in Zwillingsverbund-Anordnung. Je nach Größe der Maschinen beträgt der Betriebsdruck 12 oder 16 at, die Dampftemperatur schwankt je nach Belastung innerhalb der Grenzen von 300 bis 350° C.

Bei den Tandemmaschinen bilden Geradführung, Lagersattel und Lager ein Gußstück, bei den Verbundmaschinen ist die Geradführung mit dem Sattel verschraubt. Die Zylinder sind auf einem Führungsbock gleitend angeordnet, so daß sie der Längsdehnung des Kessels folgen können.

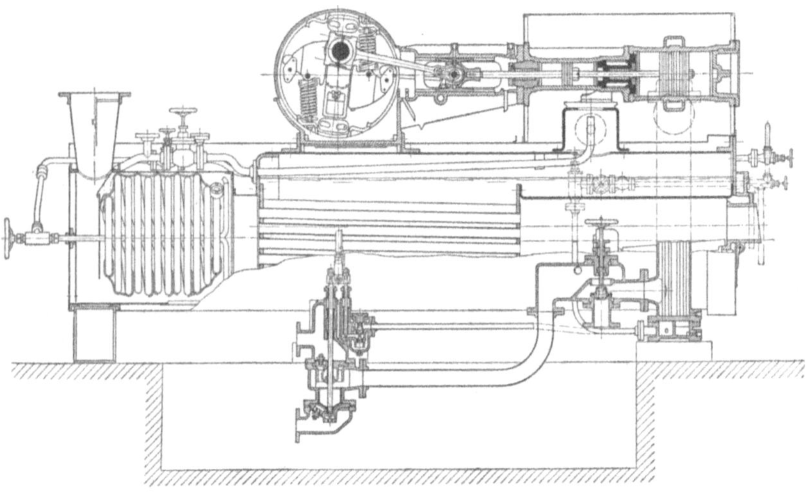

Fig 559.

Auslaß des Hochdruckzylinders und Einlaß des Niederdruckzylinders werden durch einen einzigen Kolbenschieber gesteuert, wobei das Schiebergehäuse den Aufnehmer bildet. Ein Flachregler bestimmt die Dampfverteilung. Der Niederdruckzylinder arbeitet mit Gleichstromwirkung; um unzulässig hohe Verdichtungsdrucke bei geringer Luftleere oder Auspuff zu verhindern, werden die Einlaßkanäle des Niederdruckzylinders durch den Kolbenschieber so gesteuert, daß sie zugleich als Hilfsauslaß dienen.

Fig. 560 zeigt einen Querschnitt durch die von Heinrich Lanz in Mannheim gebauten Verbundlokomobile. Der Lagersattel ruht nicht unmittelbar auf dem Kessel, sondern auf Stahlblechstützen, die mit dem Kessel vernietet sind. Die Kesselwärme wird dadurch nicht auf die Lager übertragen. Die Stahlblechstützen werden durch die schon erwähnte Strebestangenverbindung von den Triebwerkkräften entlastet.

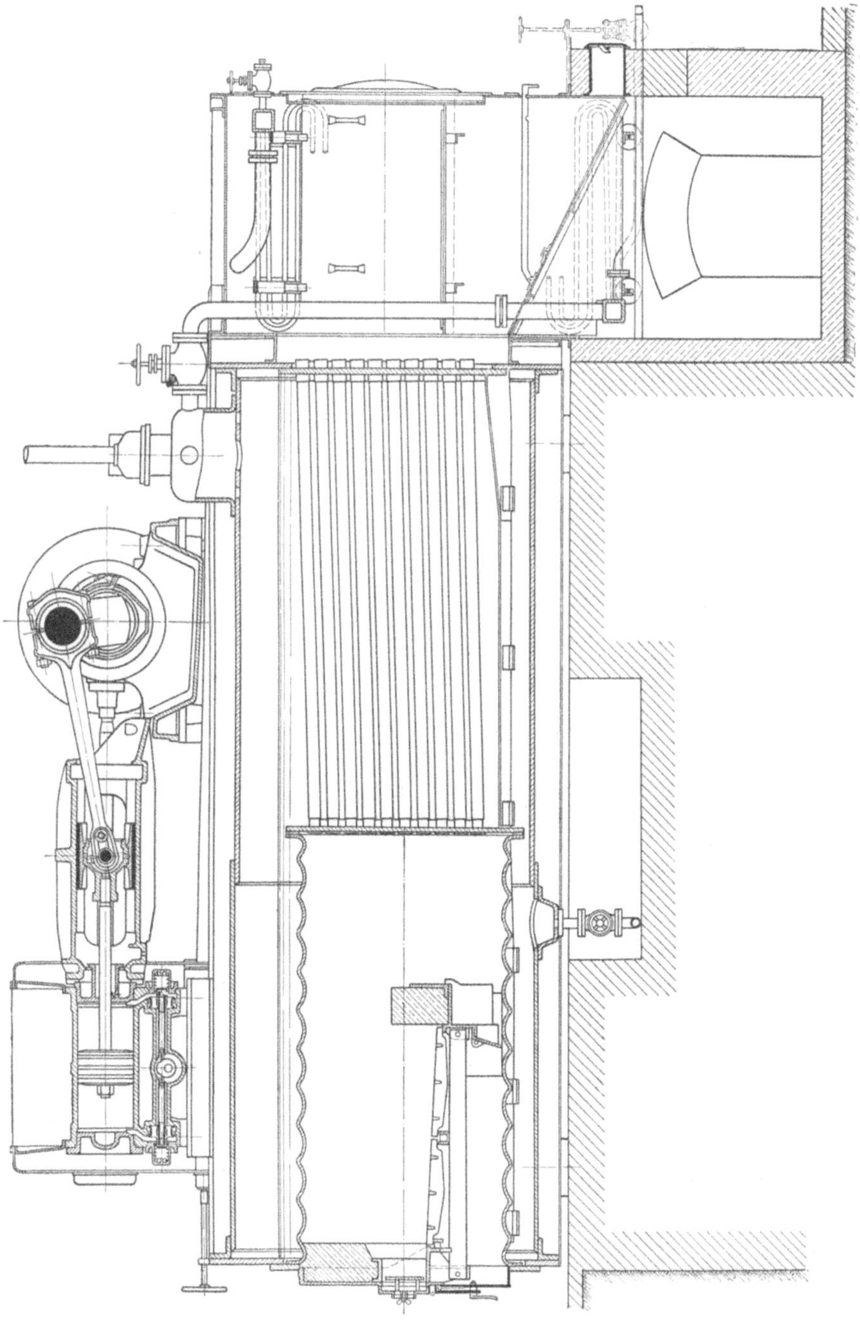

Fig. 560.

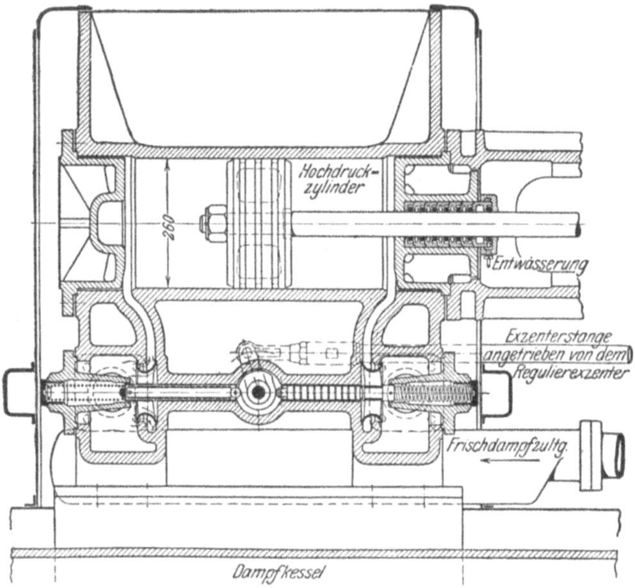

Fig. 561.

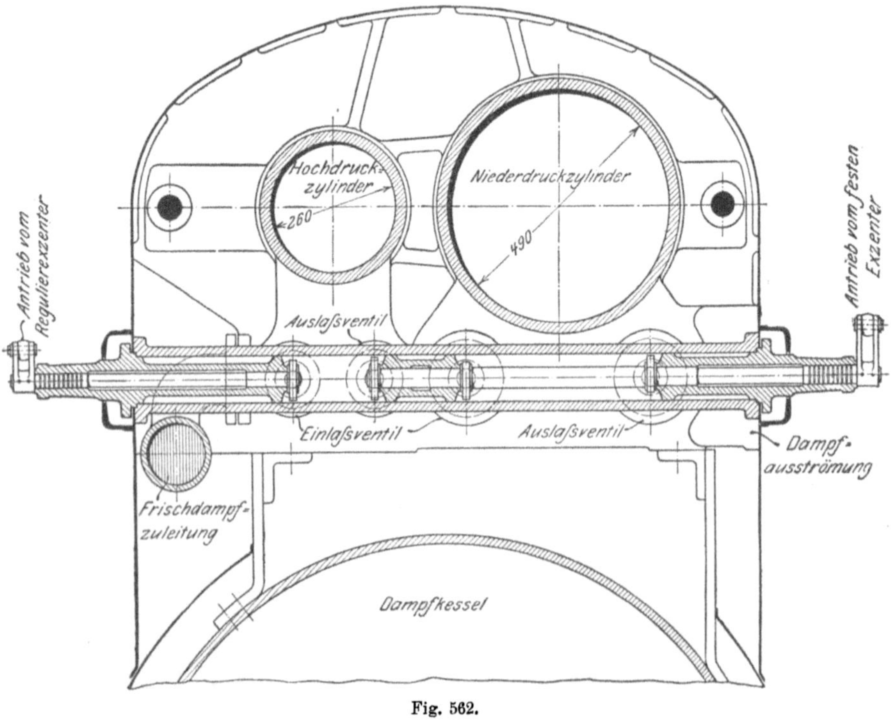

Fig. 562.

Bei Lokomobilen über 400 PS liegt der Lagersattel auf Ständern, die, ohne den Kessel zu berühren, unmittelbar auf dem Fundament ruhen, so daß der Kessel auch von den Gewichten des Lagersattels und des Schwungrades entlastet ist.

Der Zylinderkörper ist gleitbar auf den Kessel gestützt.

Die Lentzsche Ventilsteuerung ist in den Fig. 561 bis 563 wiedergegeben. Größere Lokomobilen arbeiten mit drei Ventilpaaren, indem die Auslaßventile des Hochdruckzylinders gleichzeitig den Einlaß des Niederdruckzylinders steuern. (Die Kurbelkröpfungen der Hauptwelle sind unter 180^0 versetzt.)

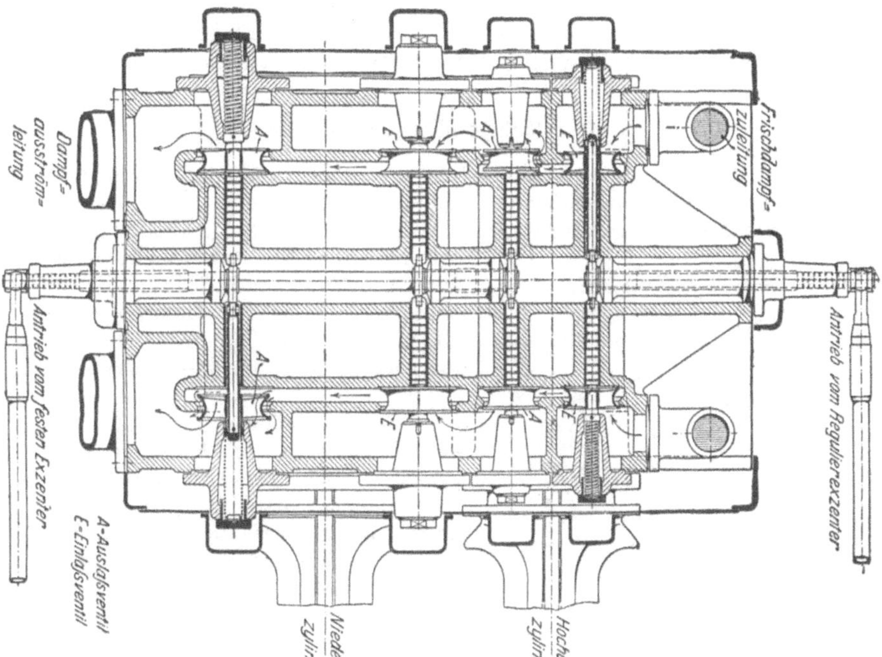

Fig. 563.

Die wagerecht liegenden Ventile sind mit langen, in auswechselbaren Büchsen laufenden Spindeln verschraubt, deren Rollen durch Schubkurven auf einer senkrecht zur Zylinderlängsachse liegenden Schwingwelle gesteuert werden.

Für die Hochdruckeinlaßventile ist eine besondere vom Achsenregulator gesteuerte Schwingwelle vorgesehen, während die Hochdruckauslaßventile und die vier Ventile des Niederdruckzylinders von einer zweiten Schwingwelle gemeinsam unveränderlich gesteuert werden.

Die Ventile liegen unmittelbar auf dem Gußkörper der Zylinder (ohne besondere Ventilkörbe) auf. Die ohne Dampfmantel ausgeführten Zylinder sind mit den Ventilkammern und den Hülsen für die Schwingwellen und Ventilspindeln so aus einem Stück gegossen, daß sich die Zylinder etwas ausdehnen können.

Bemerkenswert ist die Einfachheit der Dampfwege zwischen den einzelnen Ventilen.

Die Vorteile, die mit dem Lokomobilbetrieb verbunden sind, bestehen hauptsächlich im Fortfall der Rohrleitung zwischen Kessel und Maschine und der in dieser entstehenden Niederschlagsverluste. Ebenso fallen Fundament, Kesselhaus und Kesseleinmauerung fort, bzw. nehmen geringere Abmessungen an. Die Aufstellung ist bedeutend einfacher als bei ortfesten Maschinen.

Von großer Bedeutung ist weiterhin, daß die ganze Maschinenanlage von einem Fabrikanten geliefert wird, wodurch Einheitlichkeit derselben und genauere Einhaltung der Garantie gewährleistet wird.

3. Die Mehrstoffkraftmaschine.

In der Dampfmaschine entsteht ein großer Verlust dadurch, daß aus den auf S. 3 angegebenen Gründen die Expansion lange vor Erreichen des Kondensatordruckes aufhören muß, und daß die Kondensationstemperatur wesentlich höher als die Außentemperatur liegt. Selbst bei einer Kühlwassertemperatur von 10 bis 15⁰ wird die Kondensatortemperatur nicht unter 45⁰ heruntergehen.

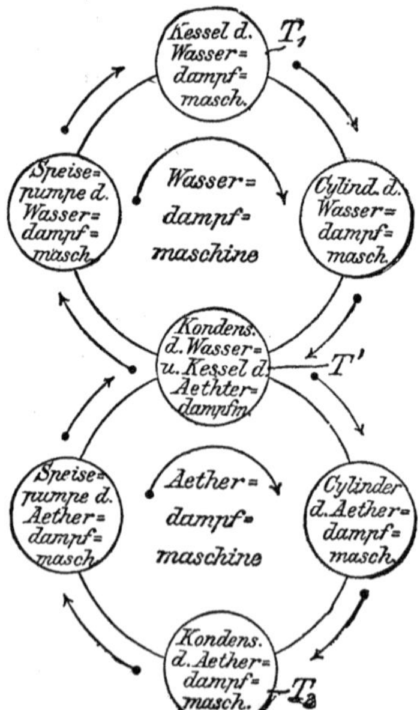

Fig. 564.

Dieses Gefälle von 30 bis 35⁰ kann sonach in der Dampfmaschine praktisch nicht verwertet werden.

Benutzt man hingegen Flüssigkeiten, deren Sättigungsdrücke höher liegen, so kann die Endtemperatur nunmehr tiefer gelegt werden, da bei dieser immer noch Spannungen über der Atmosphäre vorhanden sind.

Solche Dämpfe, die sog. Kaltdämpfe, sind Ammoniak, schwefelige Säure, Ätherdampf usw. Die Schweflig-Säure-Dämpfe, die für ausgeführte Abwärmekraftmaschinen allein in Frage gekommen sind, haben bei einer Temperatur von 60⁰ einen Druck von 11 at abs., bei 15⁰ einen Druck von 2,87 at abs., so daß sie in einem Zylinder arbeitverrichtend von ersterer Spannung auf letztere expandieren können.

Für die Verwendung dieser Dämpfe spricht besonders die Eigenschaft, daß sie selbstschmierend wirken, so daß die Beifügung von Schmieröl, das die Kondensatorflächen belegen würde, unnötig wird.

Die Wärmemenge, die bei der Dampfmaschine zur Erhitzung des Kaltdampfes zur Verfügung steht, ist sehr bedeutend, da, abgesehen von den Strahlungsverlusten, nur ein unbedeutender Teil der zugeführten Gesamtwärme in Arbeit umgewandelt wird.

Fig. 564 zeigt das Schema einer derartigen Anlage. Der aus dem Zylinder der Wasserdampfmaschine entweichende Auspuffdampf strömt in den Oberflächenkondensator, wo er seine Wärme an den kälteren Kaltdampf unter gleichzeitiger Verdampfung desselben abgibt. Die hier entwickelten Dämpfe expandieren im Zylinder der Kaltdampfmaschine bis auf einen Druck, der nahezu der Kühlwassertemperatur entspricht. Der ausströmende Kaltdampf wird ebenfalls in einen Oberflächenkondensator geführt, dort durch Kühlwasser verflüssigt und hierauf durch eine Pumpe in den Verdampfer zurückgebracht.

Versuche, die Prof. Josse im Maschinenlaboratorium der Techn. Hochschule Berlin an einer Dreizylindermaschine mit angehängter SO_2-Maschine ausführte, und bei denen mit 310° Überhitzung und 11 at Dampfüberdruck gearbeitet wurde, ergaben u. a. im günstigsten Fall einen Dampfverbrauch der Dampfmaschine allein von 5 kg. Die Abwärmemaschine leistete hierbei 34,2 vH der Dampfmaschinenarbeit. Der Dampfverbrauch der vereinigten Maschine wurde zu 3,74 kg pro PS_ih ermittelt.

Die Gesamtleistung betrug rd. 170 PS_i. Das Kühlwasser wurde von 10° auf 15,7° erwärmt.

Aus diesen Versuchen kann gefolgert werden, daß bei günstigen Verhältnissen 14 kg Abdampf 1 PS_ih in der SO_2-Maschine leisten können.

Mit der Annahme, daß Steigerung des Dampfdruckes über 20 at keine wirtschaftlichen Vorteile bietet (s. jedoch folgenden Abschnitt), kommt Schreber in seiner Schrift: „Die Theorie der Mehrstoffdampfmaschine" zu dem Schluß, daß das in der Dampfmaschine verwertbare Temperaturgefälle überhaupt nicht mit einer Dampfart, sondern durch verschiedene Flüssigkeiten in aufeinanderfolgenden Stufen auszunützen ist.

Als derartige Arbeitsmittel eignen sich besonders diejenigen Dämpfe, bei denen der kritische Bruch $k = \frac{c}{r} = \frac{\text{spez. Flüssigkeitswärme}}{\text{Verdampfungswärme}}$ sehr klein ist. Je geringer nämlich c ist, um so kleiner fällt im Entropiediagramm Fig. 18, S. 19, das Dreieck ABE aus, je größer r, um so länger wird das Rechteck A B C D, und um so mehr nähert sich der Wirkungsgrad dem des Carnot-Prozesses. In Übereinstimmung mit der Erfahrung zeigt sich, daß der Wasserdampf innerhalb der benutzten Drucke das am meisten geeignete Arbeitsmittel ist. Die in der nächst höheren Stufe zu verwendende Flüssigkeit muß bei 180° mindestens 0,5 at Druck aufweisen, denn jene Temperatur soll in der Wasserdampfmaschine als obere Temperatur nicht unterschritten werden. Dieser Bedingung entspricht Anilin, das zudem selbstschmierende Eigenschaften besitzt und dessen Druck für 310° rd. 10 bis 12 at betragen soll.

Für die untere Stufe schlägt Schreber statt der schwefligen Säure Äthylamin vor, das zwar teurer im Preis ist, dafür sich aber sonst günstiger verhält. Als Schema folgt:

310° Anilin 190° Wasserdampf 80° Äthylamin 30°.

Die Zahlen geben die Temperaturen an, zwischen denen die eingeschriebenen Körper arbeiten.

Wesentlich ist die von für Schreber befürwortete Anordnung, daß nicht nur die im Abdampf der höheren Stufe enthaltene Wärme der nächsten Stufe zugeführt wird, sondern daß auch die Heizgase stufenweise ausgenutzt werden.

Diese kühlen sich am Anilin-Kessel bis auf 460° C ab, bleiben demnach um 150° über der höchsten Anilintemperatur. Hierauf werden sie dem gleichzeitig als Kondensator für Anilin dienenden Wasserkessel zugeführt, um schließlich mit 290° den Äthylaminkessel zu umspülen. Mit einer Temperatur von 180° treten sie sodann in den Schornstein. Noch günstigere Ergebnisse werden erhalten, wenn das Kondensat nicht sofort in die Verdampfer zurückgespeist, sondern mittelst Vorwärmer im Gegenstrom zu den Heizgasen geführt wird. Da das Kondensat auf diesem Wege die in den Heizgasen enthaltene Wärme ohne Temperatursturz vollständig aufnehmen kann, so wird die Wärmeausnützung günstiger, und die Kesselheizfläche in den Verdampfern kann wegfallen.

Schreber berechnet für die Mehrstoffdampfmaschine einen thermischen Wirkungsgrad von 33,4 vH, so daß gerade $\frac{1}{3}$ der in den Heizgasen enthaltenen Energie in Arbeit umgesetzt wird. Soll nur eine Zweistoffdampfmaschine ausgeführt werden, so ist die Kombination des Wasserdampfes mit Anilin günstiger als die mit Äthylamin.

4. Die Schmidtsche Hochdruckdampfmaschine[1]).

Die Hochdruckdampfmaschine des Dr. Ing. W. Schmidt, Cassel-Wilhelmshöhe, arbeitet mit 60 at Betriebsdruck. Zur Ermöglichung weitgehender Dampfdehnung im Niederdruckzylinder wird der in diesem Zylinder arbeitende Dampf durch Zwischenüberhitzung auf eine so hohe Temperatur gebracht, daß die dampfberührten Flächen von Kolben, Deckel und Zylindermantel die Sättigungstemperatur des eintretenden Dampfes erreichen; die Anfangskondensation wird hierbei trotz der großen Zylinder vermieden. Für die Höhe der Überhitzung stellt Schmidt die Erfahrungsregel auf, daß die die Sättigungstemperatur des eintretenden Dampfes übersteigende Überhitzung in ° C je nach Anfangsdruck, Füllung und Kompression das 1,5 bis 3fache des in der betreffenden Stufe zu verarbeitenden Sattdampf-Temperaturgefälles sein muß. Für die Zwischenüberhitzung verwendet Schmidt höchstgespannten, gesättigten Kesseldampf von etwa 250 bis 275°, wodurch Temperaturen von 220 bis 250° in den unteren Stufen erhalten werden.

Versuche an einer vierstufigen Höchstdruckmaschine ergaben bei 55 at, 95 vH Luftleere im Kondensator, 435° Frischdampftemperatur und 250° vor dem zweiten Mitteldruck-, bzw. 220° vor dem Niederdruckzylinder einen Dampfverbrauch von 2,33 kg/PS_ih ohne den für die Zwischenüberhitzung gebrauchten Sattdampf und einen Gesamtwärmeverbrauch von 2070 kcal/PS_ih einschließlich der Zwischenüberhitzungswärme. Bei Umrechnung der für die Zwischenüberhitzung gebrauchten Wärme auf überhitzten Frischdampf beträgt der Gesamtdampfverbrauch

[1]) O. H. Hartmann, Zeitschr. Ver. deutsch. Ing. 1921.

2,62 kg/PS$_i$h. Der Gütegrad der Maschine, auf die verlustlose Maschine mit vollständiger Expansion bezogen, beträgt 81,7 vH für 55 at und 435°.

Der Höchstdruckdampfmaschine kommt besondere Bedeutung für die Verkoppelung von Kraft- und Wärmewirtschaft zu. Bei Betrieb mit etwa 3 bis 4 at Gegendruck lassen sich diese Maschinen mit dem gleichen Wärmeaufwand betreiben wie Kondensationsmaschinen für übliche Anfangsdrucke. Auch bietet der höchstgespannte Dampf besondere Vorteile bei Vorschaltung einer Höchstdruckanlage vor eine vorhandene Abwärmeverwertungsanlage, deren Leistungsfähigkeit z. B. durch Erhöhung des Gegendruckes vergrößert werden kann.

5. Das Regenerativ-Verfahren.

Um in der Dampfmaschine einen Wirkungsgrad zu erreichen, der dem des entsprechenden Carnot-Prozesses gleich ist, stehen zwei Mittel zur Verfügung: entweder führt man den dynamischen Speisewassererhitzer ein, dessen Verwendung in der Praxis aber mehr Nachteile als Vorteile zur Folge haben würde, oder man strebt einen ähnlichen Arbeitsvorgang an, wie ihn Stirling bei seinen Heißluftmaschinen ausgeführt hat, d. h. man begrenzt das Entropiediagramm seitlich nicht durch Adiabaten, sondern durch Isoadiabaten. Isoadiabatisch werden diejenigen Zustandsänderungen genannt, deren Darstellung im Entropiediagramm horizontal äquidistante Kurven ergibt.

Sind demnach die Grenztemperaturen T_1 und T_2 bestimmt, so gibt es unendlich viele Prozesse, die ebenso wie der Carnot-Prozeß ein Maximum an Arbeit liefern. Beim Ersatz der Adiabaten durch beliebig verlaufende Isoadiabaten bleibt eben das Wärmegewicht wie beim Carnot-Prozeß konstant, und das den letzteren im Entropiediagramm darstellende Rechteck wird durch eine Fläche ersetzt, die mit jenem gleiche Basis $\left(\frac{Q}{T}\right)$ und gleiche Höhe $(T_1 - T_2)$, also auch gleichen Inhalt hat.

Eine eigenartige Einrichtung weist die von Thurston untersuchte Pumpmaschine der Nordberg Mfg. Co. auf, bei der das Speisewasser durch Wärmeabgabe expandierenden Dampfes erhitzt wird. Vom Oberflächenkondensator wird nämlich das Dampf- und Wassergemisch in einen Behälter hinaufgepumpt, in dem sich Platten befinden, die vom Auspuffdampf des vierten Zylinders unter Luftleere geheizt werden. Hierauf durchströmt das Speisewasser hintereinander vier Vorwärmer, von denen der erste in der Weise geheizt wird, daß nach $^7/_8$ Hub des großen Zylinders Dampf durch eine besondere Leitung hineinströmt. Die übrigen Vorwärmer werden durch den Dampf der Aufnehmer und der Mäntel geheizt. Das Sankey-Diagramm [1]), Fig. 565, zeigt, daß 22 vH der von dem Kessel gelieferten Wärme nutzbar gemacht werden kann. Der Dampfverbrauch betrug bei 14 at Kesseldruck und einer Leistung von 712 PS$_i$ 5,54 kg/PSh. Bei einem Versuch ohne die

[1]) Dieses nach seinem Urheber Sankey genannte Diagramm wird seiner Anschaulichkeit wegen vielfach angewendet und gibt die Wärmeverteilung in Form von Strömen an.

Speisewasservorwärmung nahm der Verbrauch bis 5,2 kg ab. Gleichzeitig ergab sich aber eine geringere Leistung für die dem Kessel zugeführte Wärmeeinheit.

Der Wirkungsgrad des Kreislaufes dieser Maschine soll nach Thurston 84 vH eines gleichartigen Carnot-Prozesses betragen. Daß eine derartige Vorwärmung große Annäherung an den Carnot-Prozeß zur Folge hat, zeigt das Entropiediagramm, Fig. 566, aus dem u. a. ersichtlich ist, daß ein Teil der günstigen Wirkung durch Ausnutzung

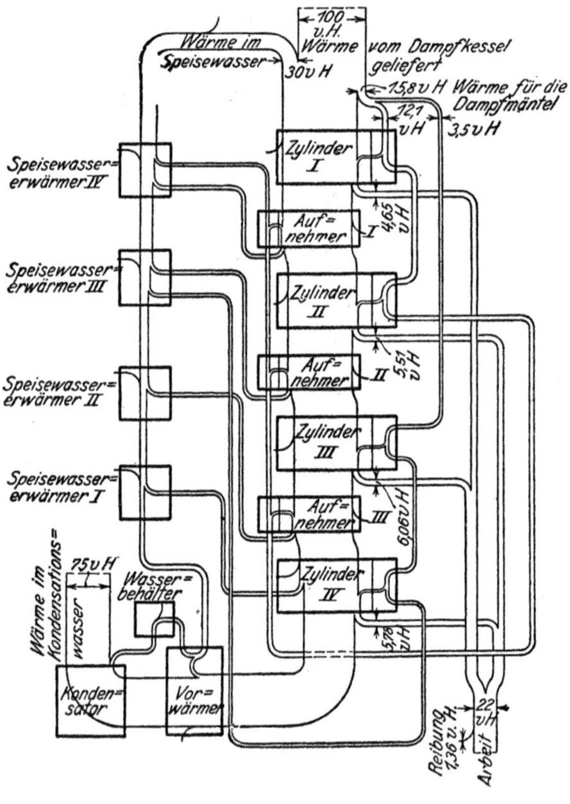

Fig. 565.

des sonst eintretenden Verlustes infolge der großen Expansions-Endspannung entsteht. Der eingeschlagene Weg ist besonders deshalb interessant, weil damit eines der wenigen Mittel verwendet ist, den Wirkungsgrad des Carnot-Prozesses zu erreichen. Cotteril und Ancona (Z. 1897, S. 554) haben übrigens schon früher auf diese Art der Vorwärmung hingewiesen.

In neuerer Zeit haben E. Lewicki, Imle, v. Knorring und Nadrowski das Regenerativverfahren im Turbinenbetrieb verwendet. Nach der Patentschrift wird der aus der Turbine tretende, noch überhitzte

Abdampf durch Heizkörper geleitet, die im Wasser- oder Dampfraum des Kessels liegen und Frischdampf erzeugen oder überhitzen. Der austretende Abdampf wird hierauf nach Durchströmen eines Vorwärmers

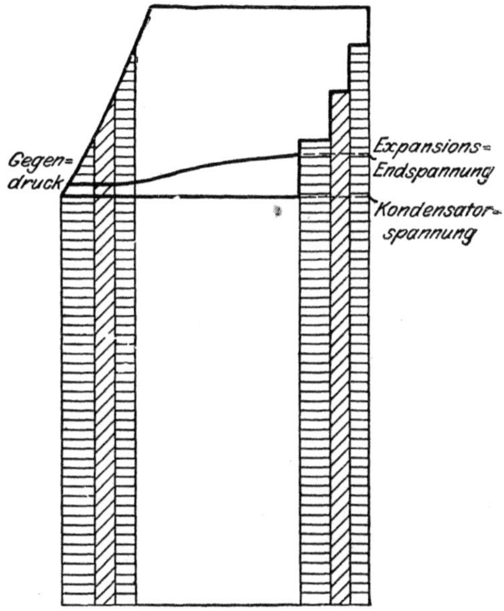

Fig. 566.

in die Atmosphäre oder den Kondensator entlassen. Es wird demnach möglich, das gesamte Wärmegefälle des Abdampfes oberhalb der Siedetemperatur für den Frischdampf zu verwerten und in den Arbeitsprozeß zurückzuführen.

Versuche mit diesem Verfahren, bei einer zweistufigen Turbine nach Laval angewendet, sind von gutem Erfolg gewesen.

Dampf- und Gasturbinen. Mit einem Anhang über die Aussichten der Wärmekraftmaschinen. Von Professor Dr.-Ing. **A. Stodola** in Zürich. Fünfte, umgearbeitete und erweiterte Auflage. Mit 1104 Textabbildungen und 12 Tafeln. Unveränderter Neudruck. Erscheint im Frühjahr 1923.

Konstruktion und Material im Bau von Dampfturbinen und Turbodynamos. Von Dr.-Ing. **O. Lasche**, Direktor der A.E.G. Zweite Auflage. Mit 345 Textabbildungen. 1921. Gebunden GZ. 12

Bau und Berechnung der Dampfturbinen. Eine kurze Einführung. Von Oberingenieur Studienrat **Franz Seufert**, Stettin. Zweite Auflage. Mit etwa 54 Textabbildungen. In Vorbereitung

---

Anleitung und Durchführung von Versuchen von Dampfmaschinen, Dampfkesseln, Dampfturbinen und Verbrennungskraftmaschinen. Zugleich Hilfsbuch für den Unterricht in Maschinenlaboratorien technischer Lehranstalten. Von Oberingenieur **Franz Seufert**. Sechste, erweiterte Auflage. Mit 52 Abbildungen. 1921. GZ. 3.5

Anleitung zur Berechnung einer Dampfmaschine. Von Geh. Hofrat Professor **R. Graßmann.** Vierte Auflage. Erscheint Anfang 1923

Die Leistungssteigerung von Großdampfkesseln. Eine Untersuchung über die Verbesserung von Leistung und Wirtschaftlichkeit und über neuere Bestrebungen im Dampfkesselbau. Von Dr.-Ing. **Friedrich Münzinger.** Mit 173 Textabbildungen. 1922. GZ. 4; gebunden GZ. 6

Kohlenstaubfeuerungen für ortsfeste Dampfkessel. Eine kritische Untersuchung über Bau, Betrieb und Eignung. Von Dr.-Ing. **Friedrich Münzinger.** Mit 61 Textfiguren. 1921. GZ. 4

Die Dampfkessel. Lehr- und Handbuch für Studierende Technischer Hochschulen, Schüler Höherer Maschinenbauschulen und Techniken sowie für Ingenieure und Techniker. Von Prof. **F. Tetzner** †. Siebente, umgearbeitete Auflage von Oberlehrer **O. Heinrich,** Berlin. Mit etwa 450 Textabbildungen und 20 Tafeln. Erscheint Ende 1922

Die Werkstoffe für den Dampfkesselbau. Eigenschaften und Verhalten bei der Herstellung, Weiterverarbeitung und im Betriebe. Von Dr.-Ing. **Kurt Meerbach**, Aachen. Mit 53 Textabbildungen. 1922. GZ. 6; gebunden GZ. 8.3

Hochleistungskessel. Studien und Versuche über Wärmeübergang, Zugbedarf und die wirtschaftlichen und praktischen Grenzen einer Leistungssteigerung bei Großdampfkesseln nebst einem Überblick über Betriebserfahrungen. Von Dr.-Ing. **Hans Thoma** in München. Mit 65 Textfiguren. 1921. GZ. 4.5; gebunden GZ. 6.5

Die Grundzahlen (GZ.) entsprechen den ungefähren Vorkriegspreisen und ergeben mit dem jeweiligen Entwertungsfaktor (Umrechnungsschlüssel) vervielfacht den Verkaufspreis. Über den zur Zeit geltenden Umrechnungsschlüssel geben alle Buchhandlungen sowie der Verlag bereitwilligst Auskunft.

Die technische Mechanik des Maschineningenieurs mit besonderer Berücksichtigung der Anwendungen. Von Dipl.-Ing. **P. Stephan**, Regierungsbaumeister, Professor. In 4 Bänden.

Erster Band: **Allgemeine Statik.** Mit 300 Textfiguren. 1921. Gebunden GZ. 4

Zweiter Band: **Die Statik der Maschinenteile.** Mit 276 Textfiguren. 1921. Gebunden GZ. 7

Dritter Band: **Bewegungslehre und Dynamik fester Körper.** Mit 264 Textfiguren. 1922. Gebunden GZ. 7

Vierter Band: **Die Elastizität gerader Stäbe.** Mit 255 Textfiguren. 1922. Gebunden GZ. 7

Leitfaden der Mechanik für Maschinenbauer. Mit zahlreichen Beispielen für den Selbstunterricht. Von Prof. Dr.-Ing. **Karl Laudien** in Breslau. Mit 229 Textfiguren. 1921. GZ. 5.6

Theoretische Mechanik. Eine einleitende Abhandlung über die Prinzipien der Mechanik. Mit erläuternden Beispielen und zahlreichen Übungsaufgaben. Von Professor **A. E. H. Love**, Oxford. Autorisierte deutsche Übersetzung der zweiten Auflage von Dr.-Ing. **Hans Polster**. Mit 88 Textfiguren. 1920. GZ. 12; gebunden GZ. 14

Ed. Autenrieth, Technische Mechanik. Ein Lehrbuch der Statik und Dynamik für Ingenieure. Neu bearbeitet von Dr.-Ing. **Max Enßlin** in Eßlingen. Dritte, verbesserte Auflage. Mit 295 Textabbildungen. 1922. Gebunden GZ. 15

Technische Schwingungslehre. Ein Handbuch für Ingenieure, Physiker und Mathematiker bei der Untersuchung der in der Technik angewendeten periodischen Vorgänge. Von Dipl.-Ing. Dr. **Wilhelm Hort**, Berlin. Zweite, völlig umgearbeitete Auflage. Mit 423 Textfiguren. 1922. Gebunden GZ. 20

Mechanik. Von Professor Dr. **Th. Pöschl**, Prag. Erscheint im Frühjahr 1923

Technische Elementar-Mechanik. Grundsätze mit Beispielen aus dem Maschinenbau. Von Professor Dipl.-Ing. **Rudolf Vogdt**, Aachen. Zweite, verbesserte und erweiterte Auflage. Mit 197 Textfiguren. 1922. GZ. 2,5

Technische Hydrodynamik. Von Professor Dr. **Franz Prášil**, Zürich. Zweite Auflage. In Vorbereitung

---

Technische Thermodynamik. Von Professor **W. Schüle.**

Erster Band: Die für den Maschinenbau wichtigsten Lehren nebst technischen Anwendungen. Vierte, neubearbeitete Auflage. Berichtigter Neudruck. Mit 225 Textfiguren und 7 Tafeln. Erscheint Ende 1922

Zweiter Band: Höhere Thermodynamik mit Einschluß der chemischen Zustandsänderungen nebst ausgewählten Abschnitten aus dem Gesamtgebiet der technischen Anwendungen. Vierte, neubearbeitete Auflage. Mit etwa 210 Textfiguren und 4 Tafeln. Erscheint Ende 1922

Die Grundzahlen (GZ.) entsprechen den ungefähren Vorkriegspreisen und ergeben mit dem jeweiligen Entwertungsfaktor (Umrechnungsschlüssel) vervielfacht den Verkaufspreis. Über den zur Zeit geltenden Umrechnungsschlüssel geben alle Buchhandlungen sowie der Verlag bereitwilligst Auskunft.

GPSR Compliance

The European Union's (EU) General Product Safety Regulation (GPSR) is a set of rules that requires consumer products to be safe and our obligations to ensure this.

If you have any concerns about our products, you can contact us on ProductSafety@springernature.com

In case Publisher is established outside the EU, the EU authorized representative is:

Springer Nature Customer Service Center GmbH
Europaplatz 3
69115 Heidelberg, Germany

Batch number: 10682323

Printed by Printforce, the Netherlands